FRANZ TRIEBEL

RECHEN-RESULTATE

Tabellen zum Ablesen der Resultate von Multiplikationen und Divisionen

bis 100 x 1000 = 100000

in Bruchteilen und ganzen Zahlen

Zum praktischen Gebrauch

für Stückzahl-, Lohn- und Prozentberechnungen

Rechenhilfsmittel für alle Arten des Rechnens mit Zahlen jeder Größe

Radizieren (Wurzelsuchen) nach vereinfachtem Verfahren

Achte Auflage · 30. Tausend

1956

TECHNISCHER VERLAG HERBERT CRAM · BERLIN W 35

Printed in Germany
Druck: Thormann & Goetsch, Berlin SW 61

Vorwort zur achten Auflage

Die zunehmende Verbreitung des Buches, die sich aus bereits 29000 Benutzern dokumentiert, hat abermals einen Neudruck, das 30. Tausend, in der bewährten Form erforderlich gemacht.

Obwohl bereits mancherlei Rechentabellen vorhanden sind, ist in zahlreichen Anerkennungsschreiben aus weitesten Kreisen des Erwerbslebens und von Mathematikern bekundet worden, daß sich die Tabellen als unentbehrliches Hilfsmittel erwiesen haben. Es ist mit diesem Buch jedem, auch dem Ungeübten, aus Handel und Industrie ein Mittel in die Hand gegeben, das ihm jede Berechnung, sowohl mit kleinen als auch mit großen Zahlen, ohne Fehler schnell und sicher ermöglicht. Sei es für Stücklöhne oder Lohnstunden, sei es zur Berechnung von Maschinenleistungen oder zur Bewertung von Materialien, sei es für Prozentberechnungen, Multiplikationen und Divisionen, leicht, schnell und sicher lassen sich alle Berechnungen mit Zahlen jeder Größe ausführen. Die vielseitige Verwendung des Buches geht aus den Beispielen klar hervor. Die übersichtliche Anordnung der einzelnen Tabellen schließt beim Aufsuchen der Resultate jeden Fehler aus. Die Genauigkeit der Tabellen, bereits seit Jahren von Betrieben, die höchste Anforderungen stellen, praktisch erprobt, bieten eine besondere Gewähr für die Richtigkeit der Resultate.

Bei der vorliegenden achten Auflage sind, wie bei den bereits früher erschienenen Auflagen, die Resultate der Bruchteile 1/4, 1/2 und 3/4 in den Tabellen 1 bis 100 nicht nach oben abgerundet, sondern genau auf zwei Dezimalstellen berechnet worden.

Findet das Buch auch fernerhin Beifall und gesellen sich den alten Freunden neue hinzu, so ist der Zweck der Neuausgabe erreicht.

Berlin, im Oktober 1955

Anleitung für die Benutzung

Die Tabellen enthalten die Ergebnisse (Resultate) der Vervielfachungen (Multiplikationen) von 1—1000 mit 1—100. Die Zahlen 1—1000 sind am Kopf jeder Tabelle mit großen fetten Ziffern, die Zahlen 1—100 in den Längsspalten mit kleinen fetten Ziffern angegeben. Bis zu Seite 102 (Zahl 100) steigen die Vervielfachungen (Multiplikationen) von links nach rechts um je $^1/_4$ bis auf $100^3/_4$. **Die fetten Bruchziffern im Kopf der Tabellen 1—100 sind niemals mit der großen fetten Kopfzahl, sondern immer mit den kleinen fetten Zahlen der Längsspalten zu verbinden.**

Die mit den Zahlen 101—350, 351—600, 601—850 und 851—1000 bedruckten, über den Seitenrand herausstehenden Registerstreifen zerlegen das Buch in Abteilungen, die diesen Zahlen entsprechen.

Beispiele für Multiplikation

85 × 37

Das Ergebnis (3145) befindet sich in der Tabelle mit der großen Kopfzahl 37 neben der kleinen fetten Zahl 85 in der Längsspalte

85 × 145

Das Ergebnis (12 325) befindet sich in der Tabelle mit der großen Kopfzahl 145 neben der kleinen fetten Zahl 85 in der Längsspalte

85¼, 85½, 85¾ × 37

Die Ergebnisse ($3154{,}_{25}$ $3163{,}_{50}$ $3172{,}_{75}$) befinden sich in der Tabelle mit der großen Kopfzahl 37 neben der kleinen fetten Zahl 85 in den im Kopf der Tabelle mit den fetten Bruchziffern ¼, ½ und ¾ gekennzeichneten Längsspalten

76¼ (76,25) × 145

Aus der Tabelle mit der großen Kopfzahl 145 ablesen

76 × 145 = 11020
(¼ = 0,25) 25 × 145 = $36{,}_{25}$
Ergebnis = $11056{,}_{25}$

4638 × 37

46 00 × 37 = 170200
38 × 37 = 1406
Ergebnis = 171606

4638 × 145

46 00 × 145 = 667000
38 × 145 = 5510
Ergebnis = 672510

Kürzer mit sofortigem Niederschreiben der Ergebnisse (Resultate)

46|38 × 37 = 1716|06

Vom Ergebnis der ersten Gruppe 38 × 37 = 1406 nur die Einer und Zehner (06) niederschreiben; dem Ergebnis der zweiten Gruppe 46 × 37 = 1702 die übriggebliebene Zahl der ersten Gruppe (14) hinzuzählen

3 574 983 × 37

3|5 7|4 9|8 3 × 3 7 = 1 3 2|2 7|4 3|71

46|38 × 145 = 6725|10

Vom Ergebnis der ersten Gruppe 38 × 145 = 5510 nur die Einer und Zehner (10) niederschreiben; dem Ergebnis der zweiten Gruppe 46 × 145 = 6670 die übriggebliebene Zahl der ersten Gruppe (55) hinzuzählen

5 163 508 × 145

5|1 6|3 5|0 8 × 1 4 5 = 7 4 8|7 0 8 6 6 0

Das Zuzählen bei den einzelnen Gruppen wird — soweit es nicht im Kopfe auszuführen ist — zweckmäßig auf einem Zettel vorzunehmen sein

Multiplikation größerer Zahlen

36|12 × 1|145

36|12 × 145 = 523740
36|12 × 1 = 3612
3612 × 1145 = 4135740

12|0736 × 141|145

1207|36 × 145 = 17506720
1207|36 × 141 = 17023776
120736 × 141145 = 17041282720

6|14|27 × 37|143

6|14|27 × 143 = 8784061
6|14|27 × 37 = 2272799
61427 × 37143 = 2281583061

543517|24 × 142|145

54|35|17|24 × 145 = 7880999980
54|35|17|24 × 142 = 7717944808
54351724 × 142145 = 7725825807980

Teilung (Division) von Zahlen jeder Größe

Ein besonderer Vorteil beim Teilen mit diesen Tabellen liegt darin, daß zwei Stellen des Teilungsergebnisses (Quotient) zugleich ermittelt werden, und daß auch die Vervielfachung (Multiplikation) mit zwei Stellen zugleich erfolgt. Die Anwendung der Tabellen beim Teilen mit ein-, zwei- und dreistelligen Zahlen ergibt sich aus den nachstehenden Beispielen 1—3 sowie den Beispielen 4 und 8 zur Anleitung, Seite V. Ist der Teiler (Divisor) größer als dreistellig, dann ist er — entgegengesetzt dem Verfahren bei der Vervielfachung (Multiplikation) — von **links** nach **rechts** in Gruppen zu drei Zahlen einzuteilen. Zur Feststellung, wie oft der Teiler (Divisor) in der zu teilenden Zahl (Dividendus) enthalten ist, sind die ersten drei Zahlen des Teilers mit der entsprechenden ersten Gruppe der zu teilenden Zahl (Dividendus) in Betracht zu ziehen. Die Vervielfachung (Multiplikation) geschieht in der Weise, daß von den Ergebnissen der einzelnen Gruppen — **der Einteilung des Teilers folgend** — soviel Zahlen niederzuschreiben sind, wie die vervielfachte Gruppe desselben Zahlen enthält. Die übriggebliebenen Zahlen sind dem Ergebnis der nächsten Gruppe hinzuzuzählen.

Beispiele

1.

35635 : 5 = 7127
71×5 = 355
135
27×5 = 135

Oder kürzer:
35635 : 5 = 7127
135

2.

270359 : 37 = 7307
73 × 37 = 2701
259
07 × 37 = 259
(0 beim Ergebnis beachten!)

3.

1262370 : 145 = 8706
87 × 145 = 12615
870
06 × 145 = 870 (0 beim Ergebnis beachten!)

4.

1219783092 : 145|2 = 840071
84 × 145|2 = 12196|8
103092
0071 × 145|2 = 10309|2
(00 beim Ergebnis beachten!)

5.

3455 553 9447 : 142|145|37 = 2431
24 × 142|145|37 = 3411|488|88
4406 506 47
31 × 142|145|37 = 4406|506|47

6.

1,185669 : 0,141 umgew.:
1185,669 : 141 = 8,409
8,4×141 = 1184,4
1269
09×141 = 1269 (0 beachten!)

7.

0,2842 : 14,5 umgew.:
2,842 : 145 = 0,01960
19 × 145 = 2755
8700
60 × 145 = 8700

8.

32359,362 : 1453,7 umgew.:
323593,62 : 145|37 = 22,26
22×145|37 = 319814
377962
26 × 145|37 = 377962

Beispiele für Stückzahl-, Zinsen- und Prozentberechnungen

1.

100 Stück kosten 12,37 DM
3845 „ „ $\frac{12{,}37 \times 3845}{100}$
38,45× 0,37 = (14,2265) 14,23 DM
38,45×12,00 = 461,40 „
Ergebnis: 475,63 DM

2.

100 Stück kosten 142,37 DM
4525 „ „ $\frac{142{,}37 \times 45{,}25}{100}$
45,25× 0,37 = (16,7425) 16,74 DM
45,25×142,00 = 6425,50 „
Ergebnis: 6442,24 DM

3.

Wieviel Zinsen bringen 345 DM zu 4½ Prozent in 125 Tagen?
Formel: $\frac{\text{Prozent} \times \text{Kapital} \times \text{Tage}}{360 \times 100}$

$\frac{9 \times 345 \times 125}{2 \times 360 \times 100} = \frac{388125}{72000}$

Ergebnis: 5,39 DM

4.

Zu liefern sind: 18650 Stück;
geliefert wurden: 19396 „ ;
mithin mehr: 746 Stück.
Wieviel Prozent sind mehr geliefert?
$\frac{746 \times 100}{18650} = \frac{74600}{}$ 74600 : 18650 = 4
Ergebnis: 4 Prozent

5.

Zu liefern sind: 24500 Stück;
geliefert wurden: 23226 „ ;
mithin weniger: 1274 Stück.
Wieviel Proz. sind weniger geliefert?
$\frac{1274 \times 100}{24500} = \frac{1274{,}0}{}$ 1274 : 245 = 5,2
Ergebnis: 5,2 Prozent

6.

1 kg Papier kostet 1,50 DM;
1 qm wiegt 110 Gramm.
Wieviel kosten 1000 Bogen in Größe von 45×68 cm?
1000 Bogen = 45×68×1000
= 3060000 qcm oder 306 qm;
1000 Bg. wiegen 306×110 g = 33,660 kg;
1000 Bg. kost. 33,660×1,50 = 50,49 DM
Ergebnis: 50,49 DM

Beispiele für das Rechnen mit Brüchen

1.

$75\frac{5}{6} \times 1{,}45$

75 × 1,45 = 108,75
$\frac{5}{6} \times 1{,}45 = \frac{145 \times 5}{6} =$ 1,21
Ergebnis: 109,96

2.

$1{,}41 : \frac{3}{7}$

$\frac{1{,}41 \times 7}{3} = \frac{987}{3}$

Ergebnis: 3,29

3.

$15\frac{5}{6} \times 12\frac{1}{7}$

$\frac{95 \times 85}{6 \times 7} = \frac{8075}{42}$

Ergebnis: $192\frac{11}{12}$

4.

$65\frac{3}{4} : 15\frac{1}{9}$

$\frac{263 \times 9}{4 \times 136} = \frac{2367}{544}$

Ergebnis: $4\frac{191}{544}$ *)

*) Zum Kürzen von Brüchen wird empfohlen: F. Triebels „Teilbar durch?“ — Tafeln zur Feststellung der Teilbarkeit der Zahlen bis 1000 nebst Verzeichnis der unteilbaren Zahlen (Primzahlen) bis 10 000. Geh. DM 1,50.

Wurzelsuchen (Radizieren)

A. Quadratwurzel

Die Ermittlung der Quadratwurzeln erfolgt unter Ablesen der einzelnen Ergebnisse (Produkte) mit zwei Stellen zugleich. Das Verfahren ist aus den folgenden Beispielen 1—3 ersichtlich. Mit Hilfe der unter den Beispielen befindlichen Tabelle läßt sich a^2 ohne Rechenarbeit leicht feststellen. (Formel: $a^2+2ab+b^2$).

Beispiele:

1.

$\sqrt[2]{87\,79|69} = 937$

$a^2 = 93 \times 93 = 8649$

$2\,a = (2 \times 93)\ 186 : 1306$

$-2\,a\,b = 7 \times 186 = 1302$

49

$-b^2 = 7 \times 7 = 49$

2.

$\sqrt[2]{53\,90|49|64} = 7342$

$a^2 = 73 \times 73 = 5329$

$2\,a = (2 \times 73)\ 146 : 6149$

$-2\,a\,b = 42 \times 146 = 6132$

1764

$-b^2 = 42 \times 42 = 1764$

3.

$\sqrt[2]{11{,}95|08|49} = 3{,}457$

$a^2 = 3{,}4 \times 3{,}4 = 11{,}56$

$2\,a\,(2 \times 34)\ 68 : 3908$

$-2\,a\,b = 57 \times 68 = 3876$

3249

$-b^2 = 57 \times 57 = 3249$

Tabelle zur Feststellung der Quadratwurzeln von 2—10 000.
Die fetten Zahlen sind die Quadratwurzeln der danebenstehenden Zahl.

		11	121	**21**	441	**31**	961	**41**	1681	**51**	2601	**61**	3721	**71**	5041	**81**	6561	**91**	8281
2	4	**12**	144	**22**	484	**32**	1024	**42**	1764	**52**	2704	**62**	3844	**72**	5184	**82**	6724	**92**	8464
3	9	**13**	169	**23**	529	**33**	1089	**43**	1849	**53**	2809	**63**	3969	**73**	5329	**83**	6889	**93**	8649
4	16	**14**	196	**24**	576	**34**	1156	**44**	1936	**54**	2916	**64**	4096	**74**	5476	**84**	7056	**94**	8836
5	25	**15**	225	**25**	625	**35**	1225	**45**	2025	**55**	3025	**65**	4225	**75**	5625	**85**	7225	**95**	9025
6	36	**16**	256	**26**	676	**36**	1296	**46**	2116	**56**	3136	**66**	4356	**76**	5776	**86**	7396	**96**	9216
7	49	**17**	289	**27**	729	**37**	1369	**47**	2209	**57**	3249	**67**	4489	**77**	5929	**87**	7569	**97**	9409
8	64	**18**	324	**28**	784	**38**	1444	**48**	2304	**58**	3364	**68**	4624	**78**	6084	**88**	7744	**98**	9604
9	81	**19**	361	**29**	841	**39**	1521	**49**	2401	**59**	3481	**69**	4761	**79**	6241	**89**	7921	**99**	9801
10	100	**20**	400	**30**	900	**40**	1600	**50**	2500	**60**	3600	**70**	4900	**80**	6400	**90**	8100	**100**	10000

B. Kubikwurzel

Auch bei Kubikwurzeln läßt sich a^3 mit Hilfe der nachstehenden Tabelle mit zwei Stellen zugleich durch Ablesen mühelos ermitteln. Das Verfahren ist aus den Beispielen 4 und 5 ersichtlich. (Formel: $a^3+3a^2b+3ab^2+b^3$.)

Beispiele:

4.

$\sqrt[3]{2460|375} = 135$

$a^3 = 13^3 = 2197$

$3\,a^2\,(3 \times 13^2) = 507 : 2633$

$-3\,a^2\,b = 5 \times 507 = 2535$

987

$-3\,a\,b^2 = 3 \times 13 \times 5^2 = 975$

125

$-b^3 = 5^3 = 125$

5.

$\sqrt[3]{665{,}338|617} = 8{,}73$

$a^3 = 8{,}7^3 = 658{,}503$

$3\,a^2\,(3 \times 87^2) = 22707 : 68356$

$-3\,a^2\,b = 3 \times 22707 = 68121$

2351

$-3\,a\,b^2 = 3 \times 87 \times 3^2 = 2349$

27

$-b^3 = 3^3 = 27$

Tabelle zur Feststellung der Kubikwurzeln von 2—1 000 000.
Die fetten Zahlen sind die Kubikwurzeln der danebenstehenden Zahl.

		11	1331	**21**	9261	**31**	29791	**41**	68921	**51**	132651	**61**	226981	**71**	357911	**81**	531441	**91**	753571
2	8	**12**	1728	**22**	10648	**32**	32768	**42**	74088	**52**	140608	**62**	238328	**72**	373248	**82**	551368	**92**	778688
3	27	**13**	2197	**23**	12167	**33**	35937	**43**	79507	**53**	148877	**63**	250047	**73**	389017	**83**	571787	**93**	804357
4	64	**14**	2744	**24**	13824	**34**	39304	**44**	85184	**54**	157464	**64**	262144	**74**	405224	**84**	592704	**94**	830584
5	125	**15**	3375	**25**	15625	**35**	42875	**45**	91125	**55**	166375	**65**	274625	**75**	421875	**85**	614125	**95**	857375
6	216	**16**	4096	**26**	17576	**36**	46656	**46**	97336	**56**	175616	**66**	287496	**76**	438976	**86**	636056	**96**	884736
7	343	**17**	4913	**27**	19683	**37**	50653	**47**	103823	**57**	185193	**67**	300763	**77**	456533	**87**	658503	**97**	912673
8	512	**18**	5832	**28**	21952	**38**	54872	**48**	110592	**58**	195112	**68**	314432	**78**	474552	**88**	681472	**98**	941192
9	729	**19**	6859	**29**	24389	**39**	59319	**49**	117649	**59**	205379	**69**	328509	**79**	493039	**89**	704969	**99**	970299
10	1000	**20**	8000	**30**	27000	**40**	64000	**50**	125000	**60**	216000	**70**	343000	**80**	512000	**90**	729000	**100**	1000000

Bei der Teilung (Division) durch $2\,a$ oder durch $3\,a^2$ ist darauf Bedacht zu nehmen, daß von dem Rest noch andere Abzüge, d. h. bei der Quadratwurzel b^2, bei der Kubikwurzel $3\,a\,b^2$ und b^3 zu machen sind. Deshalb darf bei der Teilung (Division) häufig nicht das richtige Teilungsergebnis (Quotient) gesetzt werden, sondern es muß um 1 verringert werden.

1

		¼	½	¾			¼	½	¾
1	1	1,25	1,50	1,75	**51**	51	51,25	51,50	51,75
2	2	2,25	2,50	2,75	**52**	52	52,25	52,50	52,75
3	3	3,25	3,50	3,75	**53**	53	53,25	53,50	53,75
4	4	4,25	4,50	4,75	**54**	54	54,25	54,50	54,75
5	5	5,25	5,50	5,75	**55**	55	55,25	55,50	55,75
6	6	6,25	6,50	6,75	**56**	56	56,25	56,50	56,75
7	7	7,25	7,50	7,75	**57**	57	57,25	57,50	57,75
8	8	8,25	8,50	8,75	**58**	58	58,25	58,50	58,75
9	9	9,25	9,50	9,75	**59**	59	59,25	59,50	59,75
10	10	10,25	10,50	10,75	**60**	60	60,25	60,50	60,75
11	11	11,25	11,50	11,75	**61**	61	61,25	61,50	61,75
12	12	12,25	12,50	12,75	**62**	62	62,25	62,50	62,75
13	13	13,25	13,50	13,75	**63**	63	63,25	63,50	63,75
14	14	14,25	14,50	14,75	**64**	64	64,25	64,50	64,75
15	15	15,25	15,50	15,75	**65**	65	65,25	65,50	65,75
16	16	16,25	16,50	16,75	**66**	66	66,25	66,50	66,75
17	17	17,25	17,50	17,75	**67**	67	67,25	67,50	67,75
18	18	18,25	18,50	18,75	**68**	68	68,25	68,50	68,75
19	19	19,25	19,50	19,75	**69**	69	69,25	69,50	69,75
20	20	20,25	20,50	20,75	**70**	70	70,25	70,50	70,75
21	21	21,25	21,50	21,75	**71**	71	71,25	71,50	71,75
22	22	22,25	22,50	22,75	**72**	72	72,25	72,50	72,75
23	23	23,25	23,50	23,75	**73**	73	73,25	73,50	73,75
24	24	24,25	24,50	24,75	**74**	74	74,25	74,50	74,75
25	25	25,25	25,50	25,75	**75**	75	75,25	75,50	75,75
26	26	26,25	26,50	26,75	**76**	76	76,25	76,50	76,75
27	27	27,25	27,50	27,75	**77**	77	77,25	77,50	77,75
28	28	28,25	28,50	28,75	**78**	78	78,25	78,50	78,75
29	29	29,25	29,50	29,75	**79**	79	79,25	79,50	79,75
30	30	30,25	30,50	30,75	**80**	80	80,25	80,50	80,75
31	31	31,25	31,50	31,75	**81**	81	81,25	81,50	81,75
32	32	32,25	32,50	32,75	**82**	82	82,25	82,50	82,75
33	33	33,25	33,50	33,75	**83**	83	83,25	83,50	83,75
34	34	34,25	34,50	34,75	**84**	84	84,25	84,50	84,75
35	35	35,25	35,50	35,75	**85**	85	85,25	85,50	85,75
36	36	36,25	36,50	36,75	**86**	86	86,25	86,50	86,75
37	37	37,25	37,50	37,75	**87**	87	87,25	87,50	87,75
38	38	38,25	38,50	38,75	**88**	88	88,25	88,50	88,75
39	39	39,25	39,50	39,75	**89**	89	89,25	89,50	89,75
40	40	40,25	40,50	40,75	**90**	90	90,25	90,50	90,75
41	41	41,25	41,50	41,75	**91**	91	91,25	91,50	91,75
42	42	42,25	42,50	42,75	**92**	92	92,25	92,50	92,75
43	43	43,25	43,50	43,75	**93**	93	93,25	93,50	93,75
44	44	44,25	44,50	44,75	**94**	94	94,25	94,50	94,75
45	45	45,25	45,50	45,75	**95**	95	95,25	95,50	95,75
46	46	46,25	46,50	46,75	**96**	96	96,25	96,50	96,75
47	47	47,25	47,50	47,75	**97**	97	97,25	97,50	97,75
48	48	48,25	48,50	48,75	**98**	98	98,25	98,50	98,75
49	49	49,25	49,50	49,75	**99**	99	99,25	99,50	99,75
50	50	50,25	50,50	50,75	**100**	100	100,25	100,50	100,75

2

		¼	½	¾			¼	½	¾
1	2	2,50	3	3,50	**51**	102	102,50	103	103,50
2	4	4,50	5	5,50	**52**	104	104,50	105	105,50
3	6	6,50	7	7,50	**53**	106	106,50	107	107,50
4	8	8,50	9	9,50	**54**	108	108,50	109	109,50
5	10	10,50	11	11,50	**55**	110	110,50	111	111,50
6	12	12,50	13	13,50	**56**	112	112,50	113	113,50
7	14	14,50	15	15,50	**57**	114	114,50	115	115,50
8	16	16,50	17	17,50	**58**	116	116,50	117	117,50
9	18	18,50	19	19,50	**59**	118	118,50	119	119,50
10	20	20,50	21	21,50	**60**	120	120,50	121	121,50
11	22	22,50	23	23,50	**61**	122	122,50	123	123,50
12	24	24,50	25	25,50	**62**	124	124,50	125	125,50
13	26	26,50	27	27,50	**63**	126	126,50	127	127,50
14	28	28,50	29	29,50	**64**	128	128,50	129	129,50
15	30	30,50	31	31,50	**65**	130	130,50	131	131,50
16	32	32,50	33	33,50	**66**	132	132,50	133	133,50
17	34	34,50	35	35,50	**67**	134	134,50	135	135,50
18	36	36,50	37	37,50	**68**	136	136,50	137	137,50
19	38	38,50	39	39,50	**69**	138	138,50	139	139,50
20	40	40,50	41	41,50	**70**	140	140,50	141	141,50
21	42	42,50	43	43,50	**71**	142	142,50	143	143,50
22	44	44,50	45	45,50	**72**	144	144,50	145	145,50
23	46	46,50	47	47,50	**73**	146	146,50	147	147,50
24	48	48,50	49	49,50	**74**	148	148,50	149	149,50
25	50	50,50	51	51,50	**75**	150	150,50	151	151,50
26	52	52,50	53	53,50	**76**	152	152,50	153	153,50
27	54	54,50	55	55,50	**77**	154	154,50	155	155,50
28	56	56,50	57	57,50	**78**	156	156,50	157	157,50
29	58	58,50	59	59,50	**79**	158	158,50	159	159,50
30	60	60,50	61	61,50	**80**	160	160,50	161	161,50
31	62	62,50	63	63,50	**81**	162	162,50	163	163,50
32	64	64,50	65	65,50	**82**	164	164,50	165	165,50
33	66	66,50	67	67,50	**83**	166	166,50	167	167,50
34	68	68,50	69	69,50	**84**	168	168,50	169	169,50
35	70	70,50	71	71,50	**85**	170	170,50	171	171,50
36	72	72,50	73	73,50	**86**	172	172,50	173	173,50
37	74	74,50	75	75,50	**87**	174	174,50	175	175,50
38	76	76,50	77	77,50	**88**	176	176,50	177	177,50
39	78	78,50	79	79,50	**89**	178	178,50	179	179,50
40	80	80,50	81	81,50	**90**	180	180,50	181	181,50
41	82	82,50	83	83,50	**91**	182	182,50	183	183,50
42	84	84,50	85	85,50	**92**	184	184,50	185	185,50
43	86	86,50	87	87,50	**93**	186	186,50	187	187,50
44	88	88,50	89	89,50	**94**	188	188,50	189	189,50
45	90	90,50	91	91,50	**95**	190	190,50	191	191,50
46	92	92,50	93	93,50	**96**	192	192,50	193	193,50
47	94	94,50	95	95,50	**97**	194	194,50	195	195,50
48	96	96,50	97	97,50	**98**	196	196,50	197	197,50
49	98	98,50	99	99,50	**99**	198	198,50	199	199,50
50	100	100,50	101	101,50	**100**	200	200,50	201	201,50

3

		¼	½	¾			¼	½	¾
1	3	3,75	4,50	5,25	**51**	153	153,75	154,50	155,25
2	6	6,75	7,50	8,25	**52**	156	156,75	157,50	158,25
3	9	9,75	10,50	11,25	**53**	159	159,75	160,50	161,25
4	12	12,75	13,50	14,25	**54**	162	162,75	163,50	164,25
5	15	15,75	16,50	17,25	**55**	165	165,75	166,50	167,25
6	18	18,75	19,50	20,25	**56**	168	168,75	169,50	170,25
7	21	21,75	22,50	23,25	**57**	171	171,75	172,50	173,25
8	24	24,75	25,50	26,25	**58**	174	174,75	175,50	176,25
9	27	27,75	28,50	29,25	**59**	177	177,75	178,50	179,25
10	30	30,75	31,50	32,25	**60**	180	180,75	181,50	182,25
11	33	33,75	34,50	35,25	**61**	183	183,75	184,50	185,25
12	36	36,75	37,50	38,25	**62**	186	186,75	187,50	188,25
13	39	39,75	40,50	41,25	**63**	189	189,75	190,50	191,25
14	42	42,75	43,50	44,25	**64**	192	192,75	193,50	194,25
15	45	45,75	46,50	47,25	**65**	195	195,75	196,50	197,25
16	48	48,75	49,50	50,25	**66**	198	198,75	199,50	200,25
17	51	51,75	52,50	53,25	**67**	201	201,75	202,50	203,25
18	54	54,75	55,50	56,25	**68**	204	204,75	205,50	206,25
19	57	57,75	58,50	59,25	**69**	207	207,75	208,50	209,25
20	60	60,75	61,50	62,25	**70**	210	210,75	211,50	212,25
21	63	63,75	64,50	65,25	**71**	213	213,75	214,50	215,25
22	66	66,75	67,50	68,25	**72**	216	216,75	217,50	218,25
23	69	69,75	70,50	71,25	**73**	219	219,75	220,50	221,25
24	72	72,75	73,50	74,25	**74**	222	222,75	223,50	224,25
25	75	75,75	76,50	77,25	**75**	225	225,75	226,50	227,25
26	78	78,75	79,50	80,25	**76**	228	228,75	229,50	230,25
27	81	81,75	82,50	83,25	**77**	231	231,75	232,50	233,25
28	84	84,75	85,50	86,25	**78**	234	234,75	235,50	236,25
29	87	87,75	88,50	89,25	**79**	237	237,75	238,50	239,25
30	90	90,75	91,50	92,25	**80**	240	240,75	241,50	242,25
31	93	93,75	94,50	95,25	**81**	243	243,75	244,50	245,25
32	96	96,75	97,50	98,25	**82**	246	246,75	247,50	248,25
33	99	99,75	100,50	101,25	**83**	249	249,75	250,50	251,25
34	102	102,75	103,50	104,25	**84**	252	252,75	253,50	254,25
35	105	105,75	106,50	107,25	**85**	255	255,75	256,50	257,25
36	108	108,75	109,50	110,25	**86**	258	258,75	259,50	260,25
37	111	111,75	112,50	113,25	**87**	261	261,75	262,50	263,25
38	114	114,75	115,50	116,25	**88**	264	264,75	265,50	266,25
39	117	117,75	118,50	119,25	**89**	267	267,75	268,50	269,25
40	120	120,75	121,50	122,25	**90**	270	270,75	271,50	272,25
41	123	123,75	124,50	125,25	**91**	273	273,75	274,50	275,25
42	126	126,75	127,50	128,25	**92**	276	276,75	277,50	278,25
43	129	129,75	130,50	131,25	**93**	279	279,75	280,50	281,25
44	132	132,75	133,50	134,25	**94**	282	282,75	283,50	284,25
45	135	135,75	136,50	137,25	**95**	285	285,75	286,50	287,25
46	138	138,75	139,50	140,25	**96**	288	288,75	289,50	290,25
47	141	141,75	142,50	143,25	**97**	291	291,75	292,50	293,25
48	144	144,75	145,50	146,25	**98**	294	294,75	295,50	296,25
49	147	147,75	148,50	149,25	**99**	297	297,75	298,50	299,25
50	150	150,75	151,50	152,25	**100**	300	300,75	301,50	302,25

4

		¼	½	¾			¼	½	¾
1	4	5	6	7	**51**	204	205	206	207
2	8	9	10	11	**52**	208	209	210	211
3	12	13	14	15	**53**	212	213	214	215
4	16	17	18	19	**54**	216	217	218	219
5	20	21	22	23	**55**	220	221	222	223
6	24	25	26	27	**56**	224	225	226	227
7	28	29	30	31	**57**	228	229	230	231
8	32	33	34	35	**58**	232	233	234	235
9	36	37	38	39	**59**	236	237	238	239
10	40	41	42	43	**60**	240	241	242	243
11	44	45	46	47	**61**	244	245	246	247
12	48	49	50	51	**62**	248	249	250	251
13	52	53	54	55	**63**	252	253	254	255
14	56	57	58	59	**64**	256	257	258	259
15	60	61	62	63	**65**	260	261	262	263
16	64	65	66	67	**66**	264	265	266	267
17	68	69	70	71	**67**	268	269	270	271
18	72	73	74	75	**68**	272	273	274	275
19	76	77	78	79	**69**	276	277	278	279
20	80	81	82	83	**70**	280	281	282	283
21	84	85	86	87	**71**	284	285	286	287
22	88	89	90	91	**72**	288	289	290	291
23	92	93	94	95	**73**	292	293	294	295
24	96	97	98	99	**74**	296	297	298	299
25	100	101	102	103	**75**	300	301	302	303
26	104	105	106	107	**76**	304	305	306	307
27	108	109	110	111	**77**	308	309	310	311
28	112	113	114	115	**78**	312	313	314	315
29	116	117	118	119	**79**	316	317	318	319
30	120	121	122	123	**80**	320	321	322	323
31	124	125	126	127	**81**	324	325	326	327
32	128	129	130	131	**82**	328	329	330	331
33	132	133	134	135	**83**	332	333	334	335
34	136	137	138	139	**84**	336	337	338	339
35	140	141	142	143	**85**	340	341	342	343
36	144	145	146	147	**86**	344	345	346	347
37	148	149	150	151	**87**	348	349	350	351
38	152	153	154	155	**88**	352	353	354	355
39	156	157	158	159	**89**	356	357	358	359
40	160	161	162	163	**90**	360	361	362	363
41	164	165	166	167	**91**	364	365	366	367
42	168	169	170	171	**92**	368	369	370	371
43	172	173	174	175	**93**	372	373	374	375
44	176	177	178	179	**94**	376	377	378	379
45	180	181	182	183	**95**	380	381	382	383
46	184	185	186	187	**96**	384	385	386	387
47	188	189	190	191	**97**	388	389	390	391
48	192	193	194	195	**98**	392	393	394	395
49	196	197	198	199	**99**	396	397	398	399
50	200	201	202	203	**100**	400	401	402	403

		¼	½	¾			¼	½	¾
1	5	6,25	7,50	8,75	**51**	255	256,25	257,50	258,75
2	10	11,25	12,50	13,75	**52**	260	261,25	262,50	263,75
3	15	16,25	17,50	18,75	**53**	265	266,25	267,50	268,75
4	20	21,25	22,50	23,75	**54**	270	271,25	272,50	273,75
5	25	26,25	27,50	28,75	**55**	275	276,25	277,50	278,75
6	30	31,25	32,50	33,75	**56**	280	281,25	282,50	283,75
7	35	36,25	37,50	38,75	**57**	285	286,25	287,50	288,75
8	40	41,25	42,50	43,75	**58**	290	291,25	292,50	293,75
9	45	46,25	47,50	48,75	**59**	295	296,25	297,50	298,75
10	50	51,25	52,50	53,75	**60**	300	301,25	302,50	303,75
11	55	56,25	57,50	58,75	**61**	305	306,25	307,50	308,75
12	60	61,25	62,50	63,75	**62**	310	311,25	312,50	313,75
13	65	66,25	67,50	68,75	**63**	315	316,25	317,50	318,75
14	70	71,25	72,50	73,75	**64**	320	321,25	322,50	323,75
15	75	76,25	77,50	78,75	**65**	325	326,25	327,50	328,75
16	80	81,25	82,50	83,75	**66**	330	331,25	332,50	333,75
17	85	86,25	87,50	88,75	**67**	335	336,25	337,50	338,75
18	90	91,25	92,50	93,75	**68**	340	341,25	342,50	343,75
19	95	96,25	97,50	98,75	**69**	345	346,25	347,50	348,75
20	100	101,25	102,50	103,75	**70**	350	351,25	352,50	353,75
21	105	106,25	107,50	108,75	**71**	355	356,25	357,50	358,75
22	110	111,25	112,50	113,75	**72**	360	361,25	362,50	363,75
23	115	116,25	117,50	118,75	**73**	365	366,25	367,50	368,75
24	120	121,25	122,50	123,75	**74**	370	371,25	372,50	373,75
25	125	126,25	127,50	128,75	**75**	375	376,25	377,50	378,75
26	130	131,25	132,50	133,75	**76**	380	381,25	382,50	383,75
27	135	136,25	137,50	138,75	**77**	385	386,25	387,50	388,75
28	140	141,25	142,50	143,75	**78**	390	391,25	392,50	393,75
29	145	146,25	147,50	148,75	**79**	395	396,25	397,50	398,75
30	150	151,25	152,50	153,75	**80**	400	401,25	402,50	403,75
31	155	156,25	157,50	158,75	**81**	405	406,25	407,50	408,75
32	160	161,25	162,50	163,75	**82**	410	411,25	412,50	413,75
33	165	166,25	167,50	168,75	**83**	415	416,25	417,50	418,75
34	170	171,25	172,50	173,75	**84**	420	421,25	422,50	423,75
35	175	176,25	177,50	178,75	**85**	425	426,25	427,50	428,75
36	180	181,25	182,50	183,75	**86**	430	431,25	432,50	433,75
37	185	186,25	187,50	188,75	**87**	435	436,25	437,50	438,75
38	190	191,25	192,50	193,75	**88**	440	441,25	442,50	443,75
39	195	196,25	197,50	198,75	**89**	445	446,25	447,50	448,75
40	200	201,25	202,50	203,75	**90**	450	451,25	452,50	453,75
41	205	206,25	207,50	208,75	**91**	455	456,25	457,50	458,75
42	210	211,25	212,50	213,75	**92**	460	461,25	462,50	463,75
43	215	216,25	217,50	218,75	**93**	465	466,25	467,50	468,75
44	220	221,25	222,50	223,75	**94**	470	471,25	472,50	473,75
45	225	226,25	227,50	228,75	**95**	475	476,25	477,50	478,75
46	230	231,25	232,50	233,75	**96**	480	481,25	482,50	483,75
47	235	236,25	237,50	238,75	**97**	485	486,25	487,50	488,75
48	240	241,25	242,50	243,75	**98**	490	491,25	492,50	493,75
49	245	246,25	247,50	248,75	**99**	495	496,25	497,50	498,75
50	250	251,25	252,50	253,75	**100**	500	501,25	502,50	503,75

6

		¼	½	¾			¼	½	¾
1	6	7,50	9	10,50	**51**	306	307,50	309	310,50
2	12	13,50	15	16,50	**52**	312	313,50	315	316,50
3	18	19,50	21	22,50	**53**	318	319,50	321	322,50
4	24	25,50	27	28,50	**54**	324	325,50	327	328,50
5	30	31,50	33	34,50	**55**	330	331,50	333	334,50
6	36	37,50	39	40,50	**56**	336	337,50	339	340,50
7	42	43,50	45	46,50	**57**	342	343,50	345	346,50
8	48	49,50	51	52,50	**58**	348	349,50	351	352,50
9	54	55,50	57	58,50	**59**	354	355,50	357	358,50
10	60	61,50	63	64,50	**60**	360	361,50	363	364,50
11	66	67,50	69	70,50	**61**	366	367,50	369	370,50
12	72	73,50	75	76,50	**62**	372	373,50	375	376,50
13	78	79,50	81	82,50	**63**	378	379,50	381	382,50
14	84	85,50	87	88,50	**64**	384	385,50	387	388,50
15	90	91,50	93	94,50	**65**	390	391,50	393	394,50
16	96	97,50	99	100,50	**66**	396	397,50	399	400,50
17	102	103,50	105	106,50	**67**	402	403,50	405	406,50
18	108	109,50	111	112,50	**68**	408	409,50	411	412,50
19	114	115,50	117	118,50	**69**	414	415,50	417	418,50
20	120	121,50	123	124,50	**70**	420	421,50	423	424,50
21	126	127,50	129	130,50	**71**	426	427,50	429	430,50
22	132	133,50	135	136,50	**72**	432	433,50	435	436,50
23	138	139,50	141	142,50	**73**	438	439,50	441	442,50
24	144	145,50	147	148,50	**74**	444	445,50	447	448,50
25	150	151,50	153	154,50	**75**	450	451,50	453	454,50
26	156	157,50	159	160,50	**76**	456	457,50	459	460,50
27	162	163,50	165	166,50	**77**	462	463,50	465	466,50
28	168	169,50	171	172,50	**78**	468	469,50	471	472,50
29	174	175,50	177	178,50	**79**	474	475,50	477	478,50
30	180	181,50	183	184,50	**80**	480	481,50	483	484,50
31	186	187,50	189	190,50	**81**	486	487,50	489	490,50
32	192	193,50	195	196,50	**82**	492	493,50	495	496,50
33	198	199,50	201	202,50	**83**	498	499,50	501	502,50
34	204	205,50	207	208,50	**84**	504	505,50	507	508,50
35	210	211,50	213	214,50	**85**	510	511,50	513	514,50
36	216	217,50	219	220,50	**86**	516	517,50	519	520,50
37	222	223,50	225	226,50	**87**	522	523,50	525	526,50
38	228	229,50	231	232,50	**88**	528	529,50	531	532,50
39	234	235,50	237	238,50	**89**	534	535,50	537	538,50
40	240	241,50	243	244,50	**90**	540	541,50	543	544,50
41	246	247,50	249	250,50	**91**	546	547,50	549	550,50
42	252	253,50	255	256,50	**92**	552	553,50	555	556,50
43	258	259,50	261	262,50	**93**	558	559,50	561	562,50
44	264	265,50	267	268,50	**94**	564	565,50	567	568,50
45	270	271,50	273	274,50	**95**	570	571,50	573	574,50
46	276	277,50	279	280,50	**96**	576	577,50	579	580,50
47	282	283,50	285	286,50	**97**	582	583,50	585	586,50
48	288	289,50	291	292,50	**98**	588	589,50	591	592,50
49	294	295,50	297	298,50	**99**	594	595,50	597	598,50
50	300	301,50	303	304,50	**100**	600	601,50	603	604,50

7

		¼	½	¾			¼	½	¾
1	7	8,75	10,50	12,25	**51**	357	358,75	360,50	362,25
2	14	15,75	17,50	19,25	**52**	364	365,75	367,50	369,25
3	21	22,75	24,50	26,25	**53**	371	372,75	374,50	376,25
4	28	29,75	31,50	33,25	**54**	378	379,75	381,50	383,25
5	35	36,75	38,50	40,25	**55**	385	386,75	388,50	390,25
6	42	43,75	45,50	47,25	**56**	392	393,75	395,50	397,25
7	49	50,75	52,50	54,25	**57**	399	400,75	402,50	404,25
8	56	57,75	59,50	61,25	**58**	406	407,75	409,50	411,25
9	63	64,75	66,50	68,25	**59**	413	414,75	416,50	418,25
10	70	71,75	73,50	75,25	**60**	420	421,75	423,50	425,25
11	77	78,75	80,50	82,25	**61**	427	428,75	430,50	432,25
12	84	85,75	87,50	89,25	**62**	434	435,75	437,50	439,25
13	91	92,75	94,50	96,25	**63**	441	442,75	444,50	446,25
14	98	99,75	101,50	103,25	**64**	448	449,75	451,50	453,25
15	105	106,75	108,50	110,25	**65**	455	456,75	458,50	460,25
16	112	113,75	115,50	117,25	**66**	462	463,75	465,50	467,25
17	119	120,75	122,50	124,25	**67**	469	470,75	472,50	474,25
18	126	127,75	129,50	131,25	**68**	476	477,75	479,50	481,25
19	133	134,75	136,50	138,25	**69**	483	484,75	486,50	488,25
20	140	141,75	143,50	145,25	**70**	490	491,75	493,50	495,25
21	147	148,75	150,50	152,25	**71**	497	498,75	500,50	502,25
22	154	155,75	157,50	159,25	**72**	504	505,75	507,50	509,25
23	161	162,75	164,50	166,25	**73**	511	512,75	514,50	516,25
24	168	169,75	171,50	173,25	**74**	518	519,75	521,50	523,25
25	175	176,75	178,50	180,25	**75**	525	526,75	528,50	530,25
26	182	183,75	185,50	187,25	**76**	532	533,75	535,50	537,25
27	189	190,75	192,50	194,25	**77**	539	540,75	542,50	544,25
28	196	197,75	199,50	201,25	**78**	546	547,75	549,50	551,25
29	203	204,75	206,50	208,25	**79**	553	554,75	556,50	558,25
30	210	211,75	213,50	215,25	**80**	560	561,75	563,50	565,25
31	217	218,75	220,50	222,25	**81**	567	568,75	570,50	572,25
32	224	225,75	227,50	229,25	**82**	574	575,75	577,50	579,25
33	231	232,75	234,50	236,25	**83**	581	582,75	584,50	586,25
34	238	239,75	241,50	243,25	**84**	588	589,75	591,50	593,25
35	245	246,75	248,50	250,25	**85**	595	596,75	598,50	600,25
36	252	253,75	255,50	257,25	**86**	602	603,75	605,50	607,25
37	259	260,75	262,50	264,25	**87**	609	610,75	612,50	614,25
38	266	267,75	269,50	271,25	**88**	616	617,75	619,50	621,25
39	273	274,75	276,50	278,25	**89**	623	624,75	626,50	628,25
40	280	281,75	283,50	285,25	**90**	630	631,75	633,50	635,25
41	287	288,75	290,50	292,25	**91**	637	638,75	640,50	642,25
42	294	295,75	297,50	299,25	**92**	644	645,75	647,50	649,25
43	301	302,75	304,50	306,25	**93**	651	652,75	654,50	656,25
44	308	309,75	311,50	313,25	**94**	658	659,75	661,50	663,25
45	315	316,75	318,50	320,25	**95**	665	666,75	668,50	670,25
46	322	323,75	325,50	327,25	**96**	672	673,75	675,50	677,25
47	329	330,75	332,50	334,25	**97**	679	680,75	682,50	684,25
48	336	337,75	339,50	341,25	**98**	686	687,75	689,50	691,25
49	343	344,75	346,50	348,25	**99**	693	694,75	696,50	698,25
50	350	351,75	353,50	355,25	**100**	700	701,75	703,50	705,25

7

8

		¼	½	¾			¼	½	¾
1	8	10	12	14	**51**	408	410	412	414
2	16	18	20	22	**52**	416	418	420	422
3	24	26	28	30	**53**	424	426	428	430
4	32	34	36	38	**54**	432	434	436	438
5	40	42	44	46	**55**	440	442	444	446
6	48	50	52	54	**56**	448	450	452	454
7	56	58	60	62	**57**	456	458	460	462
8	64	66	68	70	**58**	464	466	468	470
9	72	74	76	78	**59**	472	474	476	478
10	80	82	84	86	**60**	480	482	484	486
11	88	90	92	94	**61**	488	490	492	494
12	96	98	100	102	**62**	496	498	500	502
13	104	106	108	110	**63**	504	506	508	510
14	112	114	116	118	**64**	512	514	516	518
15	120	122	124	126	**65**	520	522	524	526
16	128	130	132	134	**66**	528	530	532	534
17	136	138	140	142	**67**	536	538	540	542
18	144	146	148	150	**68**	544	546	548	550
19	152	154	156	158	**69**	552	554	556	558
20	160	162	164	166	**70**	560	562	564	566
21	168	170	172	174	**71**	568	570	572	574
22	176	178	180	182	**72**	576	578	580	582
23	184	186	188	190	**73**	584	586	588	590
24	192	194	196	198	**74**	592	594	596	598
25	200	202	204	206	**75**	600	602	604	606
26	208	210	212	214	**76**	608	610	612	614
27	216	218	220	222	**77**	616	618	620	622
28	224	226	228	230	**78**	624	626	628	630
29	232	234	236	238	**79**	632	634	636	638
30	240	242	244	246	**80**	640	642	644	646
31	248	250	252	254	**81**	648	650	652	654
32	256	258	260	262	**82**	656	658	660	662
33	264	266	268	270	**83**	664	666	668	670
34	272	274	276	278	**84**	672	674	676	678
35	280	282	284	286	**85**	680	682	684	686
36	288	290	292	294	**86**	688	690	692	694
37	296	298	300	302	**87**	696	698	700	702
38	304	306	308	310	**88**	704	706	708	710
39	312	314	316	318	**89**	712	714	716	718
40	320	322	324	326	**90**	720	722	724	726
41	328	330	332	334	**91**	728	730	732	734
42	336	338	340	342	**92**	736	738	740	742
43	344	346	348	350	**93**	744	746	748	750
44	352	354	356	358	**94**	752	754	756	758
45	360	362	364	366	**95**	760	762	764	766
46	368	370	372	374	**96**	768	770	772	774
47	376	378	380	382	**97**	776	778	780	782
48	384	386	388	390	**98**	784	786	788	790
49	392	394	396	398	**99**	792	794	796	798
50	400	402	404	406	**100**	800	802	804	806

9

		¼	½	¾			¼	½	¾
1	9	11,25	13,50	15,75	**51**	459	461,25	463,50	465,75
2	18	20,25	22,50	24,75	**52**	468	470,25	472,50	474,75
3	27	29,25	31,50	33,75	**53**	477	479,25	481,50	483,75
4	36	38,25	40,50	42,75	**54**	486	488,25	490,50	492,75
5	45	47,25	49,50	51,75	**55**	495	497,25	499,50	501,75
6	54	56,25	58,50	60,75	**56**	504	506,25	508,50	510,75
7	63	65,25	67,50	69,75	**57**	513	515,25	517,50	519,75
8	72	74,25	76,50	78,75	**58**	522	524,25	526,50	528,75
9	81	83,25	85,50	87,75	**59**	531	533,25	535,50	537,75
10	90	92,25	94,50	96,75	**60**	540	542,25	544,50	546,75
11	99	101,25	103,50	105,75	**61**	549	551,25	553,50	555,75
12	108	110,25	112,50	114,75	**62**	558	560,25	562,50	564,75
13	117	119,25	121,50	123,75	**63**	567	569,25	571,50	573,75
14	126	128,25	130,50	132,75	**64**	576	578,25	580,50	582,75
15	135	137,25	139,50	141,75	**65**	585	587,25	589,50	591,75
16	144	146,25	148,50	150,75	**66**	594	596,25	598,50	600,75
17	153	155,25	157,50	159,75	**67**	603	605,25	607,50	609,75
18	162	164,25	166,50	168,75	**68**	612	614,25	616,50	618,75
19	171	173,25	175,50	177,75	**69**	621	623,25	625,50	627,75
20	180	182,25	184,50	186,75	**70**	630	632,25	634,50	636,75
21	189	191,25	193,50	195,75	**71**	639	641,25	643,50	645,75
22	198	200,25	202,50	204,75	**72**	648	650,25	652,50	654,75
23	207	209,25	211,50	213,75	**73**	657	659,25	661,50	663,75
24	216	218,25	220,50	222,75	**74**	666	668,25	670,50	672,75
25	225	227,25	229,50	231,75	**75**	675	677,25	679,50	681,75
26	234	236,25	238,50	240,75	**76**	684	686,25	688,50	690,75
27	243	245,25	247,50	249,75	**77**	693	695,25	697,50	699,75
28	252	254,25	256,50	258,75	**78**	702	704,25	706,50	708,75
29	261	263,25	265,50	267,75	**79**	711	713,25	715,50	717,75
30	270	272,25	274,50	276;75	**80**	720	722,25	724,50	726,75
31	279	281,25	283,50	285,75	**81**	729	731,25	733,50	735,75
32	288	290,25	292,50	294,75	**82**	738	740,25	742,50	744,75
33	297	299,25	301,50	303,75	**83**	747	749,25	751,50	753,75
34	306	308,25	310,50	312,75	**84**	756	758,25	760,50	762,75
35	315	317,25	319,50	321,75	**85**	765	767,25	769,50	771,75
36	324	326,25	328,50	330,75	**86**	774	776,25	778,50	780,75
37	333	335,25	337,50	339,75	**87**	783	785,25	787,50	789,75
38	342	344,25	346,50	348,75	**88**	792	794,25	796,50	798,75
39	351	353,25	355,50	357,75	**89**	801	803,25	805,50	807,75
40	360	362,25	364,50	366,75	**90**	810	812,25	814,50	816,75
41	369	371,25	373,50	375,75	**91**	819	821,25	823,50	825,75
42	378	380,25	382,50	384,75	**92**	828	830,25	832,50	834,75
43	387	389,25	391,50	393,75	**93**	837	839,25	841,50	843,75
44	396	398,25	400,50	402,75	**94**	846	848,25	850,50	852,75
45	405	407,25	409,50	411,75	**95**	855	857,25	859,50	861,75
46	414	416,25	418,50	420,75	**96**	864	866,25	868,50	870,75
47	423	425,25	427,50	429,75	**97**	873	875,25	877,50	879,75
48	432	434,25	436,50	438,75	**98**	882	884,25	886,50	888,75
49	441	443,25	445,50	447,75	**99**	891	893,25	895,50	897,75
50	450	452,25	454,50	456,75	**100**	900	902,25	904,50	906,75

10

		¼	½	¾			¼	½	¾
1	10	12,50	15	17,50	**51**	510	512,50	515	517,50
2	20	22,50	25	27,50	**52**	520	522,50	525	527,50
3	30	32,50	35	37,50	**53**	530	532,50	535	537,50
4	40	42,50	45	47,50	**54**	540	542,50	545	547,50
5	50	52,50	55	57,50	**55**	550	552,50	555	557,50
6	60	62,50	65	67,50	**56**	560	562,50	565	567,50
7	70	72,50	75	77,50	**57**	570	572,50	575	577,50
8	80	82,50	85	87,50	**58**	580	582,50	585	587,50
9	90	92,50	95	97,50	**59**	590	592,50	595	597,50
10	100	102,50	105	107,50	**60**	600	602,50	605	607,50
11	110	112,50	115	117,50	**61**	610	612,50	615	617,50
12	120	122,50	125	127,50	**62**	620	622,50	625	627,50
13	130	132,50	135	137,50	**63**	630	632,50	635	637,50
14	140	142,50	145	147,50	**64**	640	642,50	645	647,50
15	150	152,50	155	157,50	**65**	650	652,50	655	657,50
16	160	162,50	165	167,50	**66**	660	662,50	665	667,50
17	170	172,50	175	177,50	**67**	670	672,50	675	677,50
18	180	182,50	185	187,50	**68**	680	682,50	685	687,50
19	190	192,50	195	197,50	**69**	690	692,50	695	697,50
20	200	202,50	205	207,50	**70**	700	702,50	705	707,50
21	210	212,50	215	217,50	**71**	710	712,50	715	717,50
22	220	222,50	225	227,50	**72**	720	722,50	725	727,50
23	230	232,50	235	237,50	**73**	730	732,50	735	737,50
24	240	242,50	245	247,50	**74**	740	742,50	745	747,50
25	250	252,50	255	257,50	**75**	750	752,50	755	757,50
26	260	262,50	265	267,50	**76**	760	762,50	765	767,50
27	270	272,50	275	277,50	**77**	770	772,50	775	777,50
28	280	282,50	285	287,50	**78**	780	782,50	785	787,50
29	290	292,50	295	297,50	**79**	790	792,50	795	797,50
30	300	302,50	305	307,50	**80**	800	802,50	805	807,50
31	310	312,50	315	317,50	**81**	810	812,50	815	817,50
32	320	322,50	325	327,50	**82**	820	822,50	825	827,50
33	330	332,50	335	337,50	**83**	830	832,50	835	837,50
34	340	342,50	345	347,50	**84**	840	842,50	845	847,50
35	350	352,50	355	357,50	**85**	850	852,50	855	857,50
36	360	362,50	365	367,50	**86**	860	862,50	865	867,50
37	370	372,50	375	377,50	**87**	870	872,50	875	877,50
38	380	382,50	385	387,50	**88**	880	882,50	885	887,50
39	390	392,50	395	397,50	**89**	890	892,50	895	897,50
40	400	402,50	405	407,50	**90**	900	902,50	905	907,50
41	410	412,50	415	417,50	**91**	910	912,50	915	917,50
42	420	422,50	425	427,50	**92**	920	922,50	925	927,50
43	430	432,50	435	437,50	**93**	930	932,50	935	937,50
44	440	442,50	445	447,50	**94**	940	942,50	945	947,50
45	450	452,50	455	457,50	**95**	950	952,50	955	957,50
46	460	462,50	465	467,50	**96**	960	962,50	965	967,50
47	470	472,50	475	477,50	**97**	970	972,50	975	977,50
48	480	482,50	485	487,50	**98**	980	982,50	985	987,50
49	490	492,50	495	497,50	**99**	990	992,50	995	997,50
50	500	502,50	505	507,50	**100**	1000	1002,50	1005	1007,50

		¼	½	¾			¼	½	¾
1	11	13,75	16,50	19,25	**51**	561	563,75	566,50	569,25
2	22	24,75	27,50	30,25	**52**	572	574,75	577,50	580,25
3	33	35,75	38,50	41,25	**53**	583	585,75	588,50	591,25
4	44	46,75	49,50	52,25	**54**	594	596,75	599,50	602,25
5	55	57,75	60,50	63,25	**55**	605	607,75	610,50	613,25
6	66	68,75	71,50	74,25	**56**	616	618,75	621,50	624,25
7	77	79,75	82,50	85,25	**57**	627	629,75	632,50	635,25
8	88	90,75	93,50	96,25	**58**	638	640,75	643,50	646,25
9	99	101,75	104,50	107,25	**59**	649	651,75	654,50	657,25
10	110	112,75	115,50	118,25	**60**	660	662,75	665,50	668,25
11	121	123,75	126,50	129,25	**61**	671	673,75	676,50	679,25
12	132	134,75	137,50	140,25	**62**	682	684,75	687,50	690,25
13	143	145,75	148,50	151,25	**63**	693	695,75	698,50	701,25
14	154	156,75	159,50	162,25	**64**	704	706,75	709,50	712,25
15	165	167,75	170,50	173,25	**65**	715	717,75	720,50	723,25
16	176	178,75	181,50	184,25	**66**	726	728,75	731,50	734,25
17	187	189,75	192,50	195,25	**67**	737	739,75	742,50	745,25
18	198	200,75	203,50	206,25	**68**	748	750,75	753,50	756,25
19	209	211,75	214,50	217,25	**69**	759	761,75	764,50	767,25
20	220	222,75	225,50	228,25	**70**	770	772,75	775,50	778,25
21	231	233,75	236,50	239,25	**71**	781	783,75	786,50	789,25
22	242	244,75	247,50	250,25	**72**	792	794,75	797,50	800,25
23	253	255,75	258,50	261,25	**73**	803	805,75	808,50	811,25
24	264	266,75	269,50	272,25	**74**	814	816,75	819,50	822,25
25	275	277,75	280,50	283,25	**75**	825	827,75	830,50	833,25
26	286	288,75	291,50	294,25	**76**	836	838,75	841,50	844,25
27	297	299,75	302,50	305,25	**77**	847	849,75	852,50	855,25
28	308	310,75	313,50	316,25	**78**	858	860,75	863,50	866,25
29	319	321,75	324,50	327,25	**79**	869	871,75	874,50	877,25
30	330	332,75	335,50	338,25	**80**	880	882,75	885,50	888,25
31	341	343,75	346,50	349,25	**81**	891	893,75	896,50	899,25
32	352	354,75	357,50	360,25	**82**	902	904,75	907,50	910,25
33	363	365,75	368,50	371,25	**83**	913	915,75	918,50	921,25
34	374	376,75	379,50	382,25	**84**	924	926,75	929,50	932,25
35	385	387,75	390,50	393,25	**85**	935	937,75	940,50	943,25
36	396	398,75	401,50	404,25	**86**	946	948,75	951,50	954,25
37	407	409,75	412,50	415,25	**87**	957	959,75	962,50	965,25
38	418	420,75	423,50	426,25	**88**	968	970,75	973,50	976,25
39	429	431,75	434,50	437,25	**89**	979	981,75	984,50	987,25
40	440	442,75	445,50	448,25	**90**	990	992,75	995,50	998,25
41	451	453,75	456,50	459,25	**91**	1001	1003,75	1006,50	1009,25
42	462	464,75	467,50	470,25	**92**	1012	1014,75	1017,50	1020,25
43	473	475,75	478,50	481,25	**93**	1023	1025,75	1028,50	1031,25
44	484	486,75	489,50	492,25	**94**	1034	1036,75	1039,50	1042,25
45	495	497,75	500,50	503,25	**95**	1045	1047,75	1050,50	1053,25
46	506	508,75	511,50	514,25	**96**	1056	1058,75	1061,50	1064,25
47	517	519,75	522,50	525,25	**97**	1067	1069,75	1072,50	1075,25
48	528	530,75	533,50	536,25	**98**	1078	1080,75	1083,50	1086,25
49	539	541,75	544,50	547,25	**99**	1089	1091,75	1094,50	1097,25
50	550	552,75	555,50	558,25	**100**	1100	1102,75	1105,50	1108,25

12

		¼	½	¾			¼	½	¾
1	12	15	18	21	**51**	612	615	618	621
2	24	27	30	33	**52**	624	627	630	633
3	36	39	42	45	**53**	636	639	642	645
4	48	51	54	57	**54**	648	651	654	657
5	60	63	66	69	**55**	660	663	666	669
6	72	75	78	81	**56**	672	675	678	681
7	84	87	90	93	**57**	684	687	690	693
8	96	99	102	105	**58**	696	699	702	705
9	108	111	114	117	**59**	708	711	714	717
10	120	123	126	129	**60**	720	723	726	729
11	132	135	138	141	**61**	732	735	738	741
12	144	147	150	153	**62**	744	747	750	753
13	156	159	162	165	**63**	756	759	762	765
14	168	171	174	177	**64**	768	771	774	777
15	180	183	186	189	**65**	780	783	786	789
16	192	195	198	201	**66**	792	795	798	801
17	204	207	210	213	**67**	804	807	810	813
18	216	219	222	225	**68**	816	819	822	825
19	228	231	234	237	**69**	828	831	834	837
20	240	243	246	249	**70**	840	843	846	849
21	252	255	258	261	**71**	852	855	858	861
22	264	267	270	273	**72**	864	867	870	873
23	276	279	282	285	**73**	876	879	882	885
24	288	291	294	297	**74**	888	891	894	897
25	300	303	306	309	**75**	900	903	906	909
26	312	315	318	321	**76**	912	915	918	921
27	324	327	330	333	**77**	924	927	930	933
28	336	339	342	345	**78**	936	939	942	945
29	348	351	354	357	**79**	948	951	954	957
30	360	363	366	369	**80**	960	963	966	969
31	372	375	378	381	**81**	972	975	978	981
32	384	387	390	393	**82**	984	987	990	993
33	396	399	402	405	**83**	996	999	1002	1005
34	408	411	414	417	**84**	1008	1011	1014	1017
35	420	423	426	429	**85**	1020	1023	1026	1029
36	432	435	438	441	**86**	1032	1035	1038	1041
37	444	447	450	453	**87**	1044	1047	1050	1053
38	456	459	462	465	**88**	1056	1059	1062	1065
39	468	471	474	477	**89**	1068	1071	1074	1077
40	480	483	486	489	**90**	1080	1083	1086	1089
41	492	495	498	501	**91**	1092	1095	1098	1101
42	504	507	510	513	**92**	1104	1107	1110	1113
43	516	519	522	525	**93**	1116	1119	1122	1125
44	528	531	534	537	**94**	1128	1131	1134	1137
45	540	543	546	549	**95**	1140	1143	1146	1149
46	552	555	558	561	**96**	1152	1155	1158	1161
47	564	567	570	573	**97**	1164	1167	1170	1173
48	576	579	582	585	**98**	1176	1179	1182	1185
49	588	591	594	597	**99**	1188	1191	1194	1197
50	600	603	606	609	**100**	1200	1203	1206	1209

13

		¼	½	¾			¼	½	¾	
1	13	16,25	19,50	22,75	**51**	663	666,25	669,50	672,75	
2	26	29,25	32,50	35,75	**52**	676	679,25	682,50	685,75	
3	39	42,25	45,50	48,75	**53**	689	692,25	695,50	698,75	
4	52	55,25	58,50	61,75	**54**	702	705,25	708,50	711,75	
5	65	68,25	71,50	74,75	**55**	715	718,25	721,50	724,75	
6	78	81,25	84,50	87,75	**56**	728	731,25	734,50	737,75	
7	91	94,25	97,50	100,75	**57**	741	744,25	747,50	750,75	
8	104	107,25	110,50	113,75	**58**	754	757,25	760,50	763,75	
9	117	120,25	123,50	126,75	**59**	767	770,25	773,50	776,75	
10	130	133,25	136,50	139,75	**60**	780	783,25	786,50	789,75	
11	143	146,25	149,50	152,75	**61**	793	796,25	799,50	802,75	13
12	156	159,25	162,50	165,75	**62**	806	809,25	812,50	815,75	
13	169	172,25	175,50	178,75	**63**	819	822,25	825,50	828,75	
14	182	185,25	188,50	191,75	**64**	832	835,25	838,50	841,75	
15	195	198,25	201,50	204,75	**65**	845	848,25	851,50	854,75	
16	208	211,25	214,50	217,75	**66**	858	861,25	864,50	867,75	
17	221	224,25	227,50	230,75	**67**	871	874,25	877,50	880,75	
18	234	237,25	240,50	243,75	**68**	884	887,25	890,50	893,75	
19	247	250,25	253,50	256,75	**69**	897	900,25	903,50	906,75	
20	260	263,25	266,50	269,75	**70**	910	913,25	916,50	919,75	
21	273	276,25	279,50	282,75	**71**	923	926,25	929,50	932,75	
22	286	289,25	292,50	295,75	**72**	936	939,25	942,50	945,75	
23	299	302,25	305,50	308,75	**73**	949	952,25	955,50	958,75	
24	312	315,25	318,50	321,75	**74**	962	965,25	968,50	971,75	
25	325	328,25	331,50	334,75	**75**	975	978,25	981,50	984,75	
26	338	341,25	344,50	347,75	**76**	988	991,25	994,50	997,75	
27	351	354,25	357,50	360,75	**77**	1001	1004,25	1007,50	1010,75	
28	364	367,25	370,50	373,75	**78**	1014	1017,25	1020,50	1023,75	
29	377	380,25	383,50	386,75	**79**	1027	1030,25	1033,50	1036,75	
30	390	393,25	396,50	399,75	**80**	1040	1043,25	1046,50	1049,75	
31	403	406,25	409,50	412,75	**81**	1053	1056,25	1059,50	1062,75	
32	416	419,25	422,50	425,75	**82**	1066	1069,25	1072,50	1075,75	
33	429	432,25	435,50	438,75	**83**	1079	1082,25	1085,50	1088,75	
34	442	445,25	448,50	451,75	**84**	1092	1095,25	1098,50	1101,75	
35	455	458,25	461,50	464,75	**85**	1105	1108,25	1111,50	1114,75	
36	468	471,25	474,50	477,75	**86**	1118	1121,25	1124,50	1127,75	
37	481	484,25	487,50	490,75	**87**	1131	1134,25	1137,50	1140,75	
38	494	497,25	500,50	503,75	**88**	1144	1147,25	1150,50	1153,75	
39	507	510,25	513,50	516,75	**89**	1157	1160,25	1163,50	1166,75	
40	520	523,25	526,50	529,75	**90**	1170	1173,25	1176,50	1179,75	
41	533	536,25	539,50	542,75	**91**	1183	1186,25	1189,50	1192,75	
42	546	549,25	552,50	555,75	**92**	1196	1199,25	1202,50	1205,75	
43	559	562,25	565,50	568,75	**93**	1209	1212,25	1215,50	1218,75	
44	572	575,25	578,50	581,75	**94**	1222	1225,25	1228,50	1231,75	
45	585	588,25	591,50	594,75	**95**	1235	1238,25	1241,50	1244,75	
46	598	601,25	604,50	607,75	**96**	1248	1251,25	1254,50	1257,75	
47	611	614,25	617,50	620,75	**97**	1261	1264,25	1267,50	1270,75	
48	624	627,25	630,50	633,75	**98**	1274	1277,25	1280,50	1283,75	
49	637	640,25	643,50	646,75	**99**	1287	1290,25	1293,50	1296,75	
50	650	653,25	656,50	659,75	**100**	1300	1303,25	1306,50	1309,75	

14

		¼	½	¾			¼	½	¾
1	14	17,50	21	24,50	**51**	714	717,50	721	724,50
2	28	31,50	35	38,50	**52**	728	731,50	735	738,50
3	42	45,50	49	52,50	**53**	742	745,50	749	752,50
4	56	59,50	63	66,50	**54**	756	759,50	763	766,50
5	70	73,50	77	80,50	**55**	770	773,50	777	780,50
6	84	87,50	91	94,50	**56**	784	787,50	791	794,50
7	98	101,50	105	108,50	**57**	798	801,50	805	808,50
8	112	115,50	119	122,50	**58**	812	815,50	819	822,50
9	126	129,50	133	136,50	**59**	826	829,50	833	836,50
10	140	143,50	147	150,50	**60**	840	843,50	847	850,50
11	154	157,50	161	164,50	**61**	854	857,50	861	864,50
12	168	171,50	175	178,50	**62**	868	871,50	875	878,50
13	182	185,50	189	192,50	**63**	882	885,50	889	892,50
14	196	199,50	203	206,50	**64**	896	899,50	903	906,50
15	210	213,50	217	220,50	**65**	910	913,50	917	920,50
16	224	227,50	231	234,50	**66**	924	927,50	931	934,50
17	238	241,50	245	248,50	**67**	938	941,50	945	948,50
18	252	255,50	259	262,50	**68**	952	955,50	959	962,50
19	266	269,50	273	276,50	**69**	966	969,50	973	976,50
20	280	283,50	287	290,50	**70**	980	983,50	987	990,50
21	294	297,50	301	304,50	**71**	994	997,50	1001	1004,50
22	308	311,50	315	318,50	**72**	1008	1011,50	1015	1018,50
23	322	325,50	329	332,50	**73**	1022	1025,50	1029	1032,50
24	336	339,50	343	346,50	**74**	1036	1039,50	1043	1046,50
25	350	353,50	357	360,50	**75**	1050	1053,50	1057	1060,50
26	364	367,50	371	374,50	**76**	1064	1067,50	1071	1074,50
27	378	381,50	385	388,50	**77**	1078	1081,50	1085	1088,50
28	392	395,50	399	402,50	**78**	1092	1095,50	1099	1102,50
29	406	409,50	413	416,50	**79**	1106	1109,50	1113	1116,50
30	420	423,50	427	430,50	**80**	1120	1123,50	1127	1130,50
31	434	437,50	441	444,50	**81**	1134	1137,50	1141	1144,50
32	448	451,50	455	458,50	**82**	1148	1151,50	1155	1158,50
33	462	465,50	469	472,50	**83**	1162	1165,50	1169	1172,50
34	476	479,50	483	486,50	**84**	1176	1179,50	1183	1186,50
35	490	493,50	497	500,50	**85**	1190	1193,50	1197	1200,50
36	504	507,50	511	514,50	**86**	1204	1207,50	1211	1214,50
37	518	521,50	525	528,50	**87**	1218	1221,50	1225	1228,50
38	532	535,50	539	542,50	**88**	1232	1235,50	1239	1242,50
39	546	549,50	553	556,50	**89**	1246	1249,50	1253	1256,50
40	560	563,50	567	570,50	**90**	1260	1263,50	1267	1270,50
41	574	577,50	581	584,50	**91**	1274	1277,50	1281	1284,50
42	588	591,50	595	598,50	**92**	1288	1291,50	1295	1298,50
43	602	605,50	609	612,50	**93**	1302	1305,50	1309	1312,50
44	616	619,50	623	626,50	**94**	1316	1319,50	1323	1326,50
45	630	633,50	637	640,50	**95**	1330	1333,50	1337	1340,50
46	644	647,50	651	654,50	**96**	1344	1347,50	1351	1354,50
47	658	661,50	665	668,50	**97**	1358	1361,50	1365	1368,50
48	672	675,50	679	682,50	**98**	1372	1375,50	1379	1382,50
49	686	689,50	693	696,50	**99**	1386	1389,50	1393	1396,50
50	700	703,50	707	710,50	**100**	1400	1403,50	1407	1410,50

15

		¼	½	¾			¼	½	¾
1	15	18,75	22,50	26,25	**51**	765	768,75	772,50	776,25
2	30	33,75	37,50	41,25	**52**	780	783,75	787,50	791,25
3	45	48,75	52,50	56,25	**53**	795	798,75	802,50	806,25
4	60	63,75	67,50	71,25	**54**	810	813,75	817,50	821,25
5	75	78,75	82,50	86,25	**55**	825	828,75	832,50	836,25
6	90	93,75	97,50	101,25	**56**	840	843,75	847,50	851,25
7	105	108,75	112,50	116,25	**57**	855	858,75	862,50	866,25
8	120	123,75	127,50	131,25	**58**	870	873,75	877,50	881,25
9	135	138,75	142,50	146,25	**59**	885	888,75	892,50	896,25
10	150	153,75	157,50	161,25	**60**	900	903,75	907,50	911,25
11	165	168,75	172,50	176,25	**61**	915	918,75	922,50	926,25
12	180	183,75	187,50	191,25	**62**	930	933,75	937,50	941,25
13	195	198,75	202,50	206,25	**63**	945	948,75	952,50	956,25
14	210	213,75	217,50	221,25	**64**	960	963,75	967,50	971,25
15	225	228,75	232,50	236,25	**65**	975	978,75	982,50	986,25
16	240	243,75	247,50	251,25	**66**	990	993,75	997,50	1001,25
17	255	258,75	262,50	266,25	**67**	1005	1008,75	1012,50	1016,25
18	270	273,75	277,50	281,25	**68**	1020	1023,75	1027,50	1031,25
19	285	288,75	292,50	296,25	**69**	1035	1038,75	1042,50	1046,25
20	300	303,75	307,50	311,25	**70**	1050	1053,75	1057,50	1061,25
21	315	318,75	322,50	326,25	**71**	1065	1068,75	1072,50	1076,25
22	330	333,75	337,50	341,25	**72**	1080	1083,75	1087,50	1091,25
23	345	348,75	352,50	356,25	**73**	1095	1098,75	1102,50	1106,25
24	360	363,75	367,50	371,25	**74**	1110	1113,75	1117,50	1121,25
25	375	378,75	382,50	386,25	**75**	1125	1128,75	1132,50	1136,25
26	390	393,75	397,50	401,25	**76**	1140	1143,75	1147,50	1151,25
27	405	408,75	412,50	416,25	**77**	1155	1158,75	1162,50	1166,25
28	420	423,75	427,50	431,25	**78**	1170	1173,75	1177,50	1181,25
29	435	438,75	442,50	446,25	**79**	1185	1188,75	1192,50	1196,25
30	450	453,75	457,50	461,25	**80**	1200	1203,75	1207,50	1211,25
31	465	468,75	472,50	476,25	**81**	1215	1218,75	1222,50	1226,25
32	480	483,75	487,50	491,25	**82**	1230	1233,75	1237,50	1241,25
33	495	498,75	502,50	506,25	**83**	1245	1248,75	1252,50	1256,25
34	510	513,75	517,50	521,25	**84**	1260	1263,75	1267,50	1271,25
35	525	528,75	532,50	536,25	**85**	1275	1278,75	1282,50	1286,25
36	540	543,75	547,50	551,25	**86**	1290	1293,75	1297,50	1301,25
37	555	558,75	562,50	566,25	**87**	1305	1308,75	1312,50	1316,25
38	570	573,75	577,50	581,25	**88**	1320	1323,75	1327,50	1331,25
39	585	588,75	592,50	596,25	**89**	1335	1338,75	1342,50	1346,25
40	600	603,75	607,50	611,25	**90**	1350	1353,75	1357,50	1361,25
41	615	618,75	622,50	626,25	**91**	1365	1368,75	1372,50	1376,25
42	630	633,75	637,50	641,25	**92**	1380	1383,75	1387,50	1391,25
43	645	648,75	652,50	656,25	**93**	1395	1398,75	1402,50	1406,25
44	660	663,75	667,50	671,25	**94**	1410	1413,75	1417,50	1421,25
45	675	678,75	682,50	686,25	**95**	1425	1428,75	1432,50	1436,25
46	690	693,75	697,50	701,25	**96**	1440	1443,75	1447,50	1451,25
47	705	708,75	712,50	716,25	**97**	1455	1458,75	1462,50	1466,25
48	720	723,75	727,50	731,25	**98**	1470	1473,75	1477,50	1481,25
49	735	738,75	742,50	746,25	**99**	1485	1488,75	1492,50	1496,25
50	750	753,75	757,50	761,25	**100**	1500	1503,75	1507,50	1511,25

16

		¼	½	¾			¼	½	¾
1	16	20	24	28	**51**	816	820	824	828
2	32	36	40	44	**52**	832	836	840	844
3	48	52	56	60	**53**	848	852	856	860
4	64	68	72	76	**54**	864	868	872	876
5	80	84	88	92	**55**	880	884	888	892
6	96	100	104	108	**56**	896	900	904	908
7	112	116	120	124	**57**	912	916	920	924
8	128	132	136	140	**58**	928	932	936	940
9	144	148	152	156	**59**	944	948	952	956
10	160	164	168	172	**60**	960	964	968	972
11	176	180	184	188	**61**	976	980	984	988
12	192	196	200	204	**62**	992	996	1000	1004
13	208	212	216	220	**63**	1008	1012	1016	1020
14	224	228	232	236	**64**	1024	1028	1032	1036
15	240	244	248	252	**65**	1040	1044	1048	1052
16	256	260	264	268	**66**	1056	1060	1064	1068
17	272	276	280	284	**67**	1072	1076	1080	1084
18	288	292	296	300	**68**	1088	1092	1096	1100
19	304	308	312	316	**69**	1104	1108	1112	1116
20	320	324	328	332	**70**	1120	1124	1128	1132
21	336	340	344	348	**71**	1136	1140	1144	1148
22	352	356	360	364	**72**	1152	1156	1160	1164
23	368	372	376	380	**73**	1168	1172	1176	1180
24	384	388	392	396	**74**	1184	1188	1192	1196
25	400	404	408	412	**75**	1200	1204	1208	1212
26	416	420	424	428	**76**	1216	1220	1224	1228
27	432	436	440	444	**77**	1232	1236	1240	1244
28	448	452	456	460	**78**	1248	1252	1256	1260
29	464	468	472	476	**79**	1264	1268	1272	1276
30	480	484	488	492	**80**	1280	1284	1288	1292
31	496	500	504	508	**81**	1296	1300	1304	1308
32	512	516	520	524	**82**	1312	1316	1320	1324
33	528	532	536	540	**83**	1328	1332	1336	1340
34	544	548	552	556	**84**	1344	1348	1352	1356
35	560	564	568	572	**85**	1360	1364	1368	1372
36	576	580	584	588	**86**	1376	1380	1384	1388
37	592	596	600	604	**87**	1392	1396	1400	1404
38	608	612	616	620	**88**	1408	1412	1416	1420
39	624	628	632	636	**89**	1424	1428	1432	1436
40	640	644	648	652	**90**	1440	1444	1448	1452
41	656	660	664	668	**91**	1456	1460	1464	1468
42	672	676	680	684	**92**	1472	1476	1480	1484
43	688	692	696	700	**93**	1488	1492	1496	1500
44	704	708	712	716	**94**	1504	1508	1512	1516
45	720	724	728	732	**95**	1520	1524	1528	1532
46	736	740	744	748	**96**	1536	1540	1544	1548
47	752	756	760	764	**97**	1552	1556	1560	1564
48	768	772	776	780	**98**	1568	1572	1576	1580
49	784	788	792	796	**99**	1584	1588	1592	1596
50	800	804	808	812	**100**	1600	1604	1608	1612

17

		¼	½	¾			¼	½	¾
1	17	21,25	25,50	29,75	**51**	867	871,25	875,50	879,75
2	34	38,25	42,50	46,75	**52**	884	888,25	892,50	896,75
3	51	55,25	59,50	63,75	**53**	901	905,25	909,50	913,75
4	68	72,25	76,50	80,75	**54**	918	922,25	926,50	930,75
5	85	89,25	93,50	97,75	**55**	935	939,25	943,50	947,75
6	102	106,25	110,50	114,75	**56**	952	956,25	960,50	964,75
7	119	123,25	127,50	131,75	**57**	969	973,25	977,50	981,75
8	136	140,25	144,50	148,75	**58**	986	990,25	994,50	998,75
9	153	157,25	161,50	165,75	**59**	1003	1007,25	1011,50	1015,75
10	170	174,25	178,50	182,75	**60**	1020	1024,25	1028,50	1032,75
11	187	191,25	195,50	199,75	**61**	1037	1041,25	1045,50	1049,75
12	204	208,25	212,50	216,75	**62**	1054	1058,25	1062,50	1066,75
13	221	225,25	229,50	233,75	**63**	1071	1075,25	1079,50	1083,75
14	238	242,25	246,50	250,75	**64**	1088	1092,25	1096,50	1100,75
15	255	259,25	263,50	267,75	**65**	1105	1109,25	1113,50	1117,75
16	272	276,25	280,50	284,75	**66**	1122	1126,25	1130,50	1134,75
17	289	293,25	297,50	301,75	**67**	1139	1143,25	1147,50	1151,75
18	306	310,25	314,50	318,75	**68**	1156	1160,25	1164,50	1168,75
19	323	327,25	331,50	335,75	**69**	1173	1177,25	1181,50	1185,75
20	340	344,25	348,50	352,75	**70**	1190	1194,25	1198,50	1202,75
21	357	361,25	365,50	369,75	**71**	1207	1211,25	1215,50	1219,75
22	374	378,25	382,50	386,75	**72**	1224	1228,25	1232,50	1236,75
23	391	395,25	399,50	403,75	**73**	1241	1245,25	1249,50	1253,75
24	408	412,25	416,50	420,75	**74**	1258	1262,25	1266,50	1270,75
25	425	429,25	433,50	437,75	**75**	1275	1279,25	1283,50	1287,75
26	442	446,25	450,50	454,75	**76**	1292	1296,25	1300,50	1304,75
27	459	463,25	467,50	471,75	**77**	1309	1313,25	1317,50	1321,75
28	476	480,25	484,50	488,75	**78**	1326	1330,25	1334,50	1338,75
29	493	497,25	501,50	505,75	**79**	1343	1347,25	1351,50	1355,75
30	510	514,25	518,50	522,75	**80**	1360	1364,25	1368,50	1372,75
31	527	531,25	535,50	539,75	**81**	1377	1381,25	1385,50	1389,75
32	544	548,25	552,50	556,75	**82**	1394	1398,25	1402,50	1406,75
33	561	565,25	569,50	573,75	**83**	1411	1415,25	1419,50	1423,75
34	578	582,25	586,50	590,75	**84**	1428	1432,25	1436,50	1440,75
35	595	599,25	603,50	607,75	**85**	1445	1449,25	1453,50	1457,75
36	612	616,25	620,50	624,75	**86**	1462	1466,25	1470,50	1474,75
37	629	633,25	637,50	641,75	**87**	1479	1483,25	1487,50	1491,75
38	646	650,25	654,50	658,75	**88**	1496	1500,25	1504,50	1508,75
39	663	667,25	671,50	675,75	**89**	1513	1517,25	1521,50	1525,75
40	680	684,25	688,50	692,75	**90**	1530	1534,25	1538,50	1542,75
41	697	701,25	705,50	709,75	**91**	1547	1551,25	1555,50	1559,75
42	714	718,25	722,50	726,75	**92**	1564	1568,25	1572,50	1576,75
43	731	735,25	739,50	743,75	**93**	1581	1585,25	1589,50	1593,75
44	748	752,25	756,50	760,75	**94**	1598	1602,25	1606,50	1610,75
45	765	769,25	773,50	777,75	**95**	1615	1619,25	1623,50	1627,75
46	782	786,25	790,50	794,75	**96**	1632	1636,25	1640,50	1644,75
47	799	803,25	807,50	811,75	**97**	1649	1653,25	1657,50	1661,75
48	816	820,25	824,50	828,75	**98**	1666	1670,25	1674,50	1678,75
49	833	837,25	841,50	845,75	**99**	1683	1687,25	1691,50	1695,75
50	850	854,25	858,50	862,75	**100**	1700	1704,25	1708,50	1712,75

18

		¼	½	¾			¼	½	¾
1	18	22,50	27	31,50	**51**	918	922,50	927	931,50
2	36	40,50	45	49,50	**52**	936	940,50	945	949,50
3	54	58,50	63	67,50	**53**	954	958,50	963	967,50
4	72	76,50	81	85,50	**54**	972	976,50	981	985,50
5	90	94,50	99	103,50	**55**	990	994,50	999	1003,50
6	108	112,50	117	121,50	**56**	1008	1012,50	1017	1021,50
7	126	130,50	135	139,50	**57**	1026	1030,50	1035	1039,50
8	144	148,50	153	157,50	**58**	1044	1048,50	1053	1057,50
9	162	166,50	171	175,50	**59**	1062	1066,50	1071	1075,50
10	180	184,50	189	193,50	**60**	1080	1084,50	1089	1093,50
11	198	202,50	207	211,50	**61**	1098	1102,50	1107	1111,50
12	216	220,50	225	229,50	**62**	1116	1120,50	1125	1129,50
13	234	238,50	243	247,50	**63**	1134	1138,50	1143	1147,50
14	252	256,50	261	265,50	**64**	1152	1156,50	1161	1165,50
15	270	274,50	279	283,50	**65**	1170	1174,50	1179	1183,50
16	288	292,50	297	301,50	**66**	1188	1192,50	1197	1201,50
17	306	310,50	315	319,50	**67**	1206	1210,50	1215	1219,50
18	324	328,50	333	337,50	**68**	1224	1228,50	1233	1237,50
19	342	346,50	351	355,50	**69**	1242	1246,50	1251	1255,50
20	360	364,50	369	373,50	**70**	1260	1264,50	1269	1273,50
21	378	382,50	387	391,50	**71**	1278	1282,50	1287	1291,50
22	396	400,50	405	409,50	**72**	1296	1300,50	1305	1309,50
23	414	418,50	423	427,50	**73**	1314	1318,50	1323	1327,50
24	432	436,50	441	445,50	**74**	1332	1336,50	1341	1345,50
25	450	454,50	459	463,50	**75**	1350	1354,50	1359	1363,50
26	468	472,50	477	481,50	**76**	1368	1372,50	1377	1381,50
27	486	490,50	495	499,50	**77**	1386	1390,50	1395	1399,50
28	504	508,50	513	517,50	**78**	1404	1408,50	1413	1417,50
29	522	526,50	531	535,50	**79**	1422	1426,50	1431	1435,50
30	540	544,50	549	553,50	**80**	1440	1444,50	1449	1453,50
31	558	562,50	567	571,50	**81**	1458	1462,50	1467	1471,50
32	576	580,50	585	589,50	**82**	1476	1480,50	1485	1489,50
33	594	598,50	603	607,50	**83**	1494	1498,50	1503	1507,50
34	612	616,50	621	625,50	**84**	1512	1516,50	1521	1525,50
35	630	634,50	639	643,50	**85**	1530	1534,50	1539	1543,50
36	648	652,50	657	661,50	**86**	1548	1552,50	1557	1561,50
37	666	670,50	675	679,50	**87**	1566	1570,50	1575	1579,50
38	684	688,50	693	697,50	**88**	1584	1588,50	1593	1597,50
39	702	706,50	711	715,50	**89**	1602	1606,50	1611	1615,50
40	720	724,50	729	733,50	**90**	1620	1624,50	1629	1633,50
41	738	742,50	747	751,50	**91**	1638	1642,50	1647	1651,50
42	756	760,50	765	769,50	**92**	1656	1660,50	1665	1669,50
43	774	778,50	783	787,50	**93**	1674	1678,50	1683	1687,50
44	792	796,50	801	805,50	**94**	1692	1696,50	1701	1705,50
45	810	814,50	819	823,50	**95**	1710	1714,50	1719	1723,50
46	828	832,50	837	841,50	**96**	1728	1732,50	1737	1741,50
47	846	850,50	855	859,50	**97**	1746	1750,50	1755	1759,50
48	864	868,50	873	877,50	**98**	1764	1768,50	1773	1777,50
49	882	886,50	891	895,50	**99**	782	1786,50	17 1	1795,50
50	900	904,50	909	913,50	**100**	1800	1804,50	1809	1813,50

19

		¼	½	¾			¼	½	¾
1	19	23,75	28,50	33,25	**51**	969	973,75	978,50	983,25
2	38	42,75	47,50	52,25	**52**	988	992,75	997,50	1002,25
3	57	61,75	66,50	71,25	**53**	1007	1011,75	1016,50	1021,25
4	76	80,75	85,50	90,25	**54**	1026	1030,75	1035,50	1040,25
5	95	99,75	104,50	109,25	**55**	1045	1049,75	1054,50	1059,25
6	114	118,75	123,50	128,25	**56**	1064	1068,75	1073,50	1078,25
7	133	137,75	142,50	147,25	**57**	1083	1087,75	1092,50	1097,25
8	152	156,75	161,50	166,25	**58**	1102	1106,75	1111,50	1116,25
9	171	175,75	180,50	185,25	**59**	1121	1125,75	1130,50	1135,25
10	190	194,75	199,50	204,25	**60**	1140	1144,75	1149,50	1154,25
11	209	213,75	218,50	223,25	**61**	1159	1163,75	1168,50	1173,25
12	228	232,75	237,50	242,25	**62**	1178	1182,75	1187,50	1192,25
13	247	251,75	256,50	261,25	**63**	1197	1201,75	1206,50	1211,25
14	266	270,75	275,50	280,25	**64**	1216	1220,75	1225,50	1230,25
15	285	289,75	294,50	299,25	**65**	1235	1239,75	1244,50	1249,25
16	304	308,75	313,50	318,25	**66**	1254	1258,75	1263,50	1268,25
17	323	327,75	332,50	337,25	**67**	1273	1277,75	1282,50	1287,25
18	342	346,75	351,50	356,25	**68**	1292	1296,75	1301,50	1306,25
19	361	365,75	370,50	375,25	**69**	1311	1315,75	1320,50	1325,25
20	380	384,75	389,50	394,25	**70**	1330	1334,75	1339,50	1344,25
21	399	403,75	408,50	413,25	**71**	1349	1353,75	1358,50	1363,25
22	418	422,75	427,50	432,25	**72**	1368	1372,75	1377,50	1382,25
23	437	441,75	446,50	451,25	**73**	1387	1391,75	1396,50	1401,25
24	456	460,75	465,50	470,25	**74**	1406	1410,75	1415,50	1420,25
25	475	479,75	484,50	489,25	**75**	1425	1429,75	1434,50	1439,25
26	494	498,75	503,50	508,25	**76**	1444	1448,75	1453,50	1458,25
27	513	517,75	522,50	527,25	**77**	1463	1467,75	1472,50	1477,25
28	532	536,75	541,50	546,25	**78**	1482	1486,75	1491,50	1496,25
29	551	555,75	560,50	565,25	**79**	1501	1505,75	1510,50	1515,25
30	570	574,75	579,50	584,25	**80**	1520	1524,75	1529,50	1534,25
31	589	593,75	598,50	603,25	**81**	1539	1543,75	1548,50	1553,25
32	608	612,75	617,50	622,25	**82**	1558	1562,75	1567,50	1572,25
33	627	631,75	636,50	641,25	**83**	1577	1581,75	1586,50	1591,25
34	646	650,75	655,50	660,25	**84**	1596	1600,75	1605,50	1610,25
35	665	669,75	674,50	679,25	**85**	1615	1619,75	1624,50	1629,25
36	684	688,75	693,50	698,25	**86**	1634	1638,75	1643,50	1648,25
37	703	707,75	712,50	717,25	**87**	1653	1657,75	1662,50	1667,25
38	722	726,75	731,50	736,25	**88**	1672	1676,75	1681,50	1686,25
39	741	745,75	750,50	755,25	**89**	1691	1695,75	1700,50	1705,25
40	760	764,75	769,50	774,25	**90**	1710	1714,75	1719,50	1724,25
41	779	783,75	788,50	793,25	**91**	1729	1733,75	1738,50	1743,25
42	798	802,75	807,50	812,25	**92**	1748	1752,75	1757,50	1762,25
43	817	821,75	826,50	831,25	**93**	1767	1771,75	1776,50	1781,25
44	836	840,75	845,50	850,25	**94**	1786	1790,75	1795,50	1800,25
45	855	859,75	864,50	869,25	**95**	1805	1809,75	1814,50	1819,25
46	874	878,75	883,50	888,25	**96**	1824	1828,75	1833,50	1838,25
47	893	897,75	902,50	907,25	**97**	1843	1847,75	1852,50	1857,25
48	912	916,75	921,50	926,25	**98**	1862	1866,75	1871,50	1876,25
49	931	935,75	940,50	945,25	**99**	1881	1885,75	1890,50	1895,25
50	950	954,75	959,50	964,25	**100**	1900	1904,75	1909,50	1914,25

20

		¼	½	¾			¼	½	¾
1	20	25	30	35	**51**	1020	1025	1030	1035
2	40	45	50	55	**52**	1040	1045	1050	1055
3	60	65	70	75	**53**	1060	1065	1070	1075
4	80	85	90	95	**54**	1080	1085	1090	1095
5	100	105	110	115	**55**	1100	1105	1110	1115
6	120	125	130	135	**56**	1120	1125	1130	1135
7	140	145	150	155	**57**	1140	1145	1150	1155
8	160	165	170	175	**58**	1160	1165	1170	1175
9	180	185	190	195	**59**	1180	1185	1190	1195
10	200	205	210	215	**60**	1200	1205	1210	1215
11	220	225	230	235	**61**	1220	1225	1230	1235
12	240	245	250	255	**62**	1240	1245	1250	1255
13	260	265	270	275	**63**	1260	1265	1270	1275
14	280	285	290	295	**64**	1280	1285	1290	1295
15	300	305	310	315	**65**	1300	1305	1310	1315
16	320	325	330	335	**66**	1320	1325	1330	1335
17	340	345	350	355	**67**	1340	1345	1350	1355
18	360	365	370	375	**68**	1360	1365	1370	1375
19	380	385	390	395	**69**	1380	1385	1390	1395
20	400	405	410	415	**70**	1400	1405	1410	1415
21	420	425	430	435	**71**	1420	1425	1430	1435
22	440	445	450	455	**72**	1440	1445	1450	1455
23	460	465	470	475	**73**	1460	1465	1470	1475
24	480	485	490	495	**74**	1480	1485	1490	1495
25	500	505	510	515	**75**	1500	1505	1510	1515
26	520	525	530	535	**76**	1520	1525	1530	1535
27	540	545	550	555	**77**	1540	1545	1550	1555
28	560	565	570	575	**78**	1560	1565	1570	1575
29	580	585	590	595	**79**	1580	1585	1590	1595
30	600	605	610	615	**80**	1600	1605	1610	1615
31	620	625	630	635	**81**	1620	1625	1630	1635
32	640	645	650	655	**82**	1640	1645	1650	1655
33	660	665	670	675	**83**	1660	1665	1670	1675
34	680	685	690	695	**84**	1680	1685	1690	1695
35	700	705	710	715	**85**	1700	1705	1710	1715
36	720	725	730	735	**86**	1720	1725	1730	1735
37	740	745	750	755	**87**	1740	1745	1750	1755
38	760	765	770	775	**88**	1760	1765	1770	1775
39	780	785	790	795	**89**	1780	1785	1790	1795
40	800	805	810	815	**90**	1800	1805	1810	1815
41	820	825	830	835	**91**	1820	1825	1830	1835
42	840	845	850	855	**92**	1840	1845	1850	1855
43	860	865	870	875	**93**	1860	1865	1870	1875
44	880	885	890	895	**94**	1880	1885	1890	1895
45	900	905	910	915	**95**	1900	1905	1910	1915
46	920	925	930	935	**96**	1920	1925	1930	1935
47	940	945	950	955	**97**	1940	1945	1950	1955
48	960	965	970	975	**98**	1960	1965	1970	1975
49	980	985	990	995	**99**	1980	1985	1990	1995
50	1000	1005	1010	1015	**100**	2000	2005	2010	2015

21

		¼	½	¾			¼	½	¾
1	21	26,25	31,50	36,75	**51**	1071	1076,25	1081,50	1086,75
2	42	47,25	52,50	57,75	**52**	1092	1097,25	1102,50	1107,75
3	63	68,25	73,50	78,75	**53**	1113	1118,25	1123,50	1128,75
4	84	89,25	94,50	99,75	**54**	1134	1139,25	1144,50	1149,75
5	105	110,25	115,50	120,75	**55**	1155	1160,25	1165,50	1170,75
6	126	131,25	136,50	141,75	**56**	1176	1181,25	1186,50	1191,75
7	147	152,25	157,50	162,75	**57**	1197	1202,25	1207,50	1212,75
8	168	173,25	178,50	183,75	**58**	1218	1223,25	1228,50	1233,75
9	189	194,25	199,50	204,75	**59**	1239	1244,25	1249,50	1254,75
10	210	215,25	220,50	225,75	**60**	1260	1265,25	1270,50	1275,75
11	231	236,25	241,50	246,75	**61**	1281	1286,25	1291,50	1296,75
12	252	257,25	262,50	267,75	**62**	1302	1307,25	1312,50	1317,75
13	273	278,25	283,50	288,75	**63**	1323	1328,25	1333,50	1338,75
14	294	299,25	304,50	309,75	**64**	1344	1349,25	1354,50	1359,75
15	315	320,25	325,50	330,75	**65**	1365	1370,25	1375,50	1380,75
16	336	341,25	346,50	351,75	**66**	1386	1391,25	1396,50	1401,75
17	357	362,25	367,50	372,75	**67**	1407	1412,25	1417,50	1422,75
18	378	383,25	388,50	393,75	**68**	1428	1433,25	1438,50	1443,75
19	399	404,25	409,50	414,75	**69**	1449	1454,25	1459,50	1464,75
20	420	425,25	430,50	435,75	**70**	1470	1475,25	1480,50	1485,75 21
21	441	446,25	451,50	456,75	**71**	1491	1496,25	1501,50	1506,75
22	462	467,25	472,50	477,75	**72**	1512	1517,25	1522,50	1527,75
23	483	488,25	493,50	498,75	**73**	1533	1538,25	1543,50	1548,75
24	504	509,25	514,50	519,75	**74**	1554	1559,25	1564,50	1569,75
25	525	530,25	535,50	540,75	**75**	1575	1580,25	1585,50	1590,75
26	546	551,25	556,50	561,75	**76**	1596	1601,25	1606,50	1611,75
27	567	572,25	577,50	582,75	**77**	1617	1622,25	1627,50	1632,75
28	588	593,25	598,50	603,75	**78**	1638	1643,25	1648,50	1653,75
29	609	614,25	619,50	624,75	**79**	1659	1664,25	1669,50	1674,75
30	630	635,25	640,50	645,75	**80**	1680	1685,25	1690,50	1695,75
31	651	656,25	661,50	666,75	**81**	1701	1706,25	1711,50	1716,75
32	672	677,25	682,50	687,75	**82**	1722	1727,25	1732,50	1737,75
33	693	698,25	703,50	708,75	**83**	1743	1748,25	1753,50	1758,75
34	714	719,25	724,50	729,75	**84**	1764	1769,25	1774,50	1779,75
35	735	740,25	745,50	750,75	**85**	1785	1790,25	1795,50	1800,75
36	756	761,25	766,50	771,75	**86**	1806	1811,25	1816,50	1821,75
37	777	782,25	787,50	792,75	**87**	1827	1832,25	1837,50	1842,75
38	798	803,25	808,50	813,75	**88**	1848	1853,25	1858,50	1863,75
39	819	824,25	829,50	834,75	**89**	1869	1874,25	1879,50	1884,75
40	840	845,25	850,50	855,75	**90**	1890	1895,25	1900,50	1905,75
41	861	866,25	871,50	876,75	**91**	1911	1916,25	1921,50	1926,75
42	882	887,25	892,50	897,75	**92**	1932	1937,25	1942,50	1947,75
43	903	908,25	913,50	918,75	**93**	1953	1958,25	1963,50	1968,75
44	924	929,25	934,50	939,75	**94**	1974	1979,25	1984,50	1989,75
45	945	950,25	955,50	960,75	**95**	1995	2000,25	2005,50	2010,75
46	966	971,25	976,50	981,75	**96**	2016	2021,25	2026,50	2031,75
47	987	992,25	997,50	1002,75	**97**	2037	2042,25	2047,50	2052,75
48	1008	1013,25	1018,50	1023,75	**98**	2058	2063,25	2068,50	2073,75
49	1029	1034,25	1039,50	1044,75	**99**	2079	2084,25	2089,50	2094,75
50	1050	1055,25	1060,50	1065,75	**100**	2100	2105,25	2110,50	2115,75

22

		¼	½	¾			¼	½	¾
1	22	27,50	33	38,50	**51**	1122	1127,50	1133	1138,50
2	44	49,50	55	60,50	**52**	1144	1149,50	1155	1160,50
3	66	71,50	77	82,50	**53**	1166	1171,50	1177	1182,50
4	88	93,50	99	104,50	**54**	1188	1193,50	1199	1204,50
5	110	115,50	121	126,50	**55**	1210	1215,50	1221	1226,50
6	132	13 ,50	143	148,50	**56**	1232	1237,50	1243	1248,50
7	154	159,50	165	170,50	**57**	1254	1259,50	1265	1270,50
8	176	181,50	187	192,50	**58**	1276	1281,50	1287	1292,50
9	198	203,50	209	214,50	**59**	1298	1303,50	1309	1314,50
10	220	225,50	231	236,50	**60**	1320	1325,50	1331	1336,50
11	242	247,50	253	258,50	**61**	1342	1347,50	1353	1358,50
12	264	269,50	275	280,50	**62**	1364	1369,50	1375	1380,50
13	286	291,50	297	302,50	**63**	1386	1391,50	1397	1402,50
14	308	313,50	319	324,50	**64**	1408	1413,50	1419	1424,50
15	330	335,50	341	346.50	**65**	1430	1435,50	1441	1446,50
16	352	357,50	363	368,50	**66**	1452	1457,50	1463	1468,50
17	374	379,50	385	390,50	**67**	1474	1479,50	1485	1490,50
18	396	401,50	407	412,50	**68**	1496	1501,50	1507	1512,50
19	418	423,50	429	434,50	**69**	1518	1523,50	1529	1534,50
20	440	445,50	451	456,50	**70**	1540	1545,50	1551	1556,50
21	462	467,50	473	478,50	**71**	1562	1567,50	1573	1578,50
22	484	489,50	495	500,50	**72**	1584	1589,50	1595	1600,50
23	506	511,50	517	522,50	**73**	1606	1611,50	1617	1622,50
24	528	533,50	539	544,50	**74**	1628	1633,50	1639	1644,50
25	550	555,50	561	566,50	**75**	1650	1655,50	1661	1666,50
26	572	577,50	583	588,50	**76**	1672	1677,50	1683	1688,50
27	594	599,50	605	610,50	**77**	1694	1699,50	1705	1710,50
28	616	621,50	627	632,50	**78**	1716	1721,50	1727	1732,50
29	638	643,50	649	654,50	**79**	1738	1743,50	1749	1754,50
30	660	665,50	671	676,50	**80**	1760	1765,50	1771	1776,50
31	682	687,50	693	698,50	**81**	1782	1787,50	1793	1798,50
32	704	709,50	715	720,50	**82**	1804	1809,50	1815	1820,50
33	726	731,50	737	742,50	**83**	1826	1831,50	1837	1842,50
34	748	753,50	759	764,50	**84**	1848	1853,50	1859	1864,50
35	770	775,50	781	786,50	**85**	1870	1875,50	1881	1886,50
36	792	797,50	803	808,50	**86**	1892	1897,50	1903	1908,50
37	814	819,50	825	830,50	**87**	1914	1919,50	1925	1930,50
38	836	841,50	847	852,50	**88**	1936	1941,50	1947	1952,50
39	858	863,50	869	874,50	**89**	1958	1963,50	1969	1974,50
40	880	885,50	891	896,50	**90**	1980	1985,50	1991	1996,50
41	902	907,50	913	918,50	**91**	2002	2007,50	2013	2018,50
42	924	929,50	935	940,50	**92**	2024	2029,50	2035	2040,50
43	946	951,50	957	962,50	**93**	2046	2051,50	2057	2062,50
44	968	973,50	979	984,50	**94**	2068	2073,50	2079	2084,50
45	990	995,50	1001	1006,50	**95**	2090	2095,50	2101	2106,50
46	1012	1017,50	1023	1028,50	**96**	2112	2117,50	2123	2128,50
47	1034	1039,50	1045	1050,50	**97**	2134	2139,50	2145	2150,50
48	1056	1061,50	1067	1072,50	**98**	2156	2161,50	2167	2172,50
49	1078	1083,50	1089	1094,50	**99**	2178	2183,50	2189	2194,50
50	1100	1105,50	1111	1116,50	**100**	2200	2205,50	2211	2216,50

23

		¼	½	¾			¼	½	¾
1	23	28,75	34,50	40,25	**51**	1173	1178,75	1184,50	1190,25
2	46	51,75	57,50	63,25	**52**	1196	1201,75	1207,50	1213,25
3	69	74,75	80,50	86,25	**53**	1219	1224,75	1230,50	1236,25
4	92	97,75	103,50	109,25	**54**	1242	1247,75	1253,50	1259,25
5	115	120,75	126,50	132,25	**55**	1265	1270,75	1276,50	1282,25
6	138	143,75	149,50	155,25	**56**	1288	1293,75	1299,50	1305,25
7	161	166,75	172,50	178,25	**57**	1311	1316,75	1322,50	1328,25
8	184	189,75	195,50	201,25	**58**	1334	1339,75	1345,50	1351,25
9	207	212,75	218,50	224,25	**59**	1357	1362,75	1368,50	1374,25
10	230	235,75	241,50	247,25	**60**	1380	1385,75	1391,50	1397,25
11	253	258,75	264,50	270,25	**61**	1403	1408,75	1414,50	1420,25
12	276	281,75	287,50	293,25	**62**	1426	1431,75	1437,50	1443,25
13	299	304,75	310,50	316,25	**63**	1449	1454,75	1460,50	1466,25
14	322	327,75	333,50	339,25	**64**	1472	1477,75	1483,50	1489,25
15	345	350,75	356,50	362,25	**65**	1495	1500,75	1506,50	1512,25
16	368	373,75	379,50	385,25	**66**	1518	1523,75	1529,50	1535,25
17	391	396,75	402,50	408,25	**67**	1541	1546,75	1552,50	1558,25
18	414	419,75	425,50	431,25	**68**	1564	1569,75	1575,50	1581,25
19	437	442,75	448,50	454,25	**69**	1587	1592,75	1598,50	1604,25
20	460	465,75	471,50	477,25	**70**	1610	1615,75	1621,50	1627,25
21	483	488,75	494,50	500,25	**71**	1633	1638,75	1644,50	1650,25
22	506	511,75	517,50	523,25	**72**	1656	1661,75	1667,50	1673,25
23	529	534,75	540,50	546,25	**73**	1679	1684,75	1690,50	1696,25
24	552	557,75	563,50	569,25	**74**	1702	1707,75	1713,50	1719,25
25	575	580,75	586,50	592,25	**75**	1725	1730,75	1736,50	1742,25
26	598	603,75	609,50	615,25	**76**	1748	1753,75	1759,50	1765,25
27	621	626,75	632,50	638,25	**77**	1771	1776,75	1782,50	1788,25
28	644	649,75	655,50	661,25	**78**	1794	1799,75	1805,50	1811,25
29	667	672,75	678,50	684,25	**79**	1817	1822,75	1828,50	1834,25
30	690	695,75	701,50	707,25	**80**	1840	1845,75	1851,50	1857,25
31	713	718,75	724,50	730,25	**81**	1863	1868,75	1874,50	1880,25
32	736	741,75	747,50	753,25	**82**	1886	1891,75	1897,50	1903,25
33	759	764,75	770,50	776,25	**83**	1909	1914,75	1920,50	1926,25
34	782	787,75	793,50	799,25	**84**	1932	1937,75	1943,50	1949,25
35	805	810,75	816,50	822,25	**85**	1955	1960,75	1966,50	1972,25
36	828	833,75	839,50	845,25	**86**	1978	1983,75	1989,50	1995,25
37	851	856,75	862,50	868,25	**87**	2001	2006,75	2012,50	2018,25
38	874	879,75	885,50	891,25	**88**	2024	2029,75	2035,50	2041,25
39	897	902,75	908,50	914,25	**89**	2047	2052,75	2058,50	2064,25
40	920	925,75	931,50	937,25	**90**	2070	2075,75	2081,50	2087,25
41	943	948,75	954,50	960,25	**91**	2093	2098,75	2104,50	2110,25
42	966	971,75	977,50	983,25	**92**	2116	2121,75	2127,50	2133,25
43	989	994,75	1000,50	1006,25	**93**	2139	2144,75	2150,50	2156,25
44	1012	1017,75	1023,50	1029,25	**94**	2162	2167,75	2173,50	2179,25
45	1035	1040,75	1046,50	1052,25	**95**	2185	2190,75	2196,50	2202,25
46	1058	1063,75	1069,50	1075,25	**96**	2208	2213,75	2219,50	2225,25
47	1081	1086,75	1092,50	1098,25	**97**	2231	2236,75	2242,50	2248,25
48	1104	1109,75	1115,50	1121,25	**98**	2254	2259,75	2265,50	2271,25
49	1127	1132,75	1138,50	1144,25	**99**	2277	2282,75	2288,50	2294,25
50	1150	1155,75	1161,50	1167,25	**100**	2300	2305,75	2311,50	2317,25

24

		¼	½	¾			¼	½	¾
1	24	30	36	42	**51**	1224	1230	1236	1242
2	48	54	60	66	**52**	1248	1254	1260	1266
3	72	78	84	90	**53**	1272	1278	1284	1290
4	96	102	108	114	**54**	1296	1302	1308	1314
5	120	126	132	138	**55**	1320	1326	1332	1338
6	144	150	156	162	**56**	1344	1350	1356	1362
7	168	174	180	186	**57**	1368	1374	1380	1386
8	192	198	204	210	**58**	1392	1398	1404	1410
9	216	222	228	234	**59**	1416	1422	1428	1434
10	240	246	252	258	**60**	1440	1446	1452	1458
11	264	270	276	282	**61**	1464	1470	1476	1482
12	288	294	300	306	**62**	1488	1494	1500	1506
13	312	318	324	330	**63**	1512	1518	1524	1530
14	336	342	348	354	**64**	1536	1542	1548	1554
15	360	366	372	378	**65**	1560	1566	1572	1578
16	384	390	396	402	**66**	1584	1590	1596	1602
17	408	414	420	426	**67**	1608	1614	1620	1626
18	432	438	444	450	**68**	1632	1638	1644	1650
19	456	462	468	474	**69**	1656	1662	1668	1674
20	480	486	492	498	**70**	1680	1686	1692	1698
21	504	510	516	522	**71**	1704	1710	1716	1722
22	528	534	540	546	**72**	1728	1734	1740	1746
23	552	558	564	570	**73**	1752	1758	1764	1770
24	576	582	588	594	**74**	1776	1782	1788	1794
25	600	606	612	618	**75**	1800	1806	1812	1818
26	624	630	636	642	**76**	1824	1830	1836	1842
27	648	654	660	666	**77**	1848	1854	1860	1866
28	672	678	684	690	**78**	1872	1878	1884	1890
29	696	702	708	714	**79**	1896	1902	1908	1914
30	720	726	732	738	**80**	1920	1926	1932	1938
31	744	750	756	762	**81**	1944	1950	1956	1962
32	768	774	780	786	**82**	1968	1974	1980	1986
33	792	798	804	810	**83**	1992	1998	2004	2010
34	816	822	828	834	**84**	2016	2022	2028	2034
35	840	846	852	858	**85**	2040	2046	2052	2058
36	864	870	876	882	**86**	2064	2070	2076	2082
37	888	894	900	906	**87**	2088	2094	2100	2106
38	912	918	924	930	**88**	2112	2118	2124	2130
39	936	942	948	954	**89**	2136	2142	2148	2154
40	960	966	972	978	**90**	2160	2166	2172	2178
41	984	990	996	1002	**91**	2184	2190	2196	2202
42	1008	1014	1020	1026	**92**	2208	2214	2220	2226
43	1032	1038	1044	1050	**93**	2232	2238	2244	2250
44	1056	1062	1068	1074	**94**	2256	2262	2268	2274
45	1080	1086	1092	1098	**95**	2280	2286	2292	2298
46	1104	1110	1116	1122	**96**	2304	2310	2316	2322
47	1128	1134	1140	1146	**97**	2328	2334	2340	2346
48	1152	1158	1164	1170	**98**	2352	2358	2364	2370
49	1176	1182	1188	1194	**99**	2376	2382	2388	2394
50	1200	1206	1212	1218	**100**	2400	2406	2412	2418

25

		¼	½	¾			¼	½	¾
1	25	31,25	37,50	43,75	**51**	1275	1281,25	1287,50	1293,75
2	50	56,25	62,50	68,75	**52**	1300	1306,25	1312,50	1318,75
3	75	81,25	87,50	93,75	**53**	1325	1331,25	1337,50	1343,75
4	100	106,25	112,50	118,75	**54**	1350	1356,25	1362,50	1368,75
5	125	131,25	137,50	143,75	**55**	1375	1381,25	1387,50	1393,75
6	150	156,25	162,50	168,75	**56**	1400	1406,25	1412,50	1418,75
7	175	181,25	187,50	193,75	**57**	1425	1431,25	1437,50	1443,75
8	200	206,25	212,50	218,75	**58**	1450	1456,25	1462,50	1468,75
9	225	231,25	237,50	243,75	**59**	1475	1481,25	1487,50	1493,75
10	250	256,25	262,50	268,75	**60**	1500	1506,25	1512,50	1518,75
11	275	281,25	287,50	293,75	**61**	1525	1531,25	1537,50	1543,75
12	300	306,25	312,50	318,75	**62**	1550	1556,25	1562,50	1568,75
13	325	331,25	337,50	343,75	**63**	1575	1581,25	1587,50	1593,75
14	350	356,25	362,50	368,75	**64**	1600	1606,25	1612,50	1618,75
15	375	381,25	387,50	393,75	**65**	1625	1631,25	1637,50	1643,75
16	400	406,25	412,50	418,75	**66**	1650	1656,25	1662,50	1668,75
17	425	431,25	437,50	443,75	**67**	1675	1681,25	1687,50	1693,75
18	450	456,25	462,50	468,75	**68**	1700	1706,25	1712,50	1718,75
19	475	481,25	487,50	493,75	**69**	1725	1731,25	1737,50	1743,75
20	500	506,25	512,50	518,75	**70**	1750	1756,25	1762,50	1768,75
21	525	531,25	537,50	543,75	**71**	1775	1781,25	1787,50	1793,75
22	550	556,25	562,50	568,75	**72**	1800	1806,25	1812,50	1818,75
23	575	581,25	587,50	593,75	**73**	1825	1831,25	1837,50	1843,75
24	600	606,25	612,50	618,75	**74**	1850	1856,25	1862,50	1868,75
25	625	631,25	637,50	643,75	**75**	1875	1881,25	1887,50	1893,75
26	650	656,25	662,50	668,75	**76**	1900	1906,25	1912,50	1918,75
27	675	681,25	687,50	693,75	**77**	1925	1931,25	1937,50	1943,75
28	700	706,25	712,50	718,75	**78**	1950	1956,25	1962,50	1968,75
29	725	731,25	737,50	743,75	**79**	1975	1981,25	1987,50	1993,75
30	750	756,25	762,50	768,75	**80**	2000	2006,25	2012,50	2018,75
31	775	781,25	787,50	793,75	**81**	2025	2031,25	2037,50	2043,75
32	800	806,25	812,50	818,75	**82**	2050	2056,25	2062,50	2068,75
33	825	831,25	837,50	843,75	**83**	2075	2081,25	2087,50	2093,75
34	850	856,25	862,50	868,75	**84**	2100	2106,25	2112,50	2118,75
35	875	881,25	887,50	893,75	**85**	2125	2131,25	2137,50	2143,75
36	900	906,25	912,50	918,75	**86**	2150	2156,25	2162,50	2168,75
37	925	931,25	937,50	943,75	**87**	2175	2181,25	2187,50	2193,75
38	950	956,25	962,50	968,75	**88**	2200	2206,25	2212,50	2218,75
39	975	981,25	987,50	993,75	**89**	2225	2231,25	2237,50	2243,75
40	1000	1006,25	1012,50	1018,75	**90**	2250	2256,25	2262,50	2268,75
41	1025	1031,25	1037,50	1043,75	**91**	2275	2281,25	2287,50	2293,75
42	1050	1056,25	1062,50	1068,75	**92**	2300	2306,25	2312,50	2318,75
43	1075	1081,25	1087,50	1093,75	**93**	2325	2331,25	2337,50	2343,75
44	1100	1106,25	1112,50	1118,75	**94**	2350	2356,25	2362,50	2368,75
45	1125	1131,25	1137,50	1143,75	**95**	2375	2381,25	2387,50	2393,75
46	1150	1156,25	1162,50	1168,75	**96**	2400	2406,25	2412,50	2418,75
47	1175	1181,25	1187,50	1193,75	**97**	2425	2431,25	2437,50	2443,75
48	1200	1206,25	1212,50	1218,75	**98**	2450	2456,25	2462,50	2468,75
49	1225	1231,25	1237,50	1243,75	**99**	2475	2481,25	2487,50	2493,75
50	1250	1256,25	1262,50	1268,75	**100**	2500	2506,25	2512,50	2518,75

26

		¼	½	¾			¼	½	¾
1	26	32,50	39	45,50	**51**	1326	1332,50	1339	1345,50
2	52	58,50	65	71,50	**52**	1352	1358,50	1365	1371,50
3	78	84,50	91	97,50	**53**	1378	1384,50	1391	1397,50
4	104	110,50	117	123,50	**54**	1404	1410,50	1417	1423,50
5	130	136,50	143	149,50	**55**	1430	1436,50	1443	1449,50
6	156	162,50	169	175,50	**56**	1456	1462,50	1469	1475,50
7	182	188,50	195	201,50	**57**	1482	1488,50	1495	1501,50
8	208	214,50	221	227,50	**58**	1508	1514,50	1521	1527,50
9	234	240,50	247	253,50	**59**	1534	1540,50	1547	1553,50
10	260	266,50	273	279,50	**60**	1560	1566,50	1573	1579,50
11	286	292,50	299	305,50	**61**	1586	1592,50	1599	1605,50
12	312	318,50	325	331,50	**62**	1612	1618,50	1625	1631,50
13	338	344,50	351	357,50	**63**	1638	1644,50	1651	1657,50
14	364	370,50	377	383,50	**64**	1664	1670,50	1677	1683,50
15	390	396,50	403	409,50	**65**	1690	1696,50	1703	1709,50
16	416	422,50	429	435,50	**66**	1716	1722,50	1729	1735,50
17	442	448,50	455	461,50	**67**	1742	1748,50	1755	1761,50
18	468	474,50	481	487,50	**68**	1768	1774,50	1781	1787,50
19	494	500,50	507	513,50	**69**	1794	1800,50	1807	1813,50
20	520	526,50	533	539,50	**70**	1820	1826,50	1833	1839,50
21	546	552,50	559	565,50	**71**	1846	1852,50	1859	1865,50
22	572	578,50	585	591,50	**72**	1872	1878,50	1885	1891,50
23	598	604,50	611	617,50	**73**	1898	1904,50	1911	1917,50
24	624	630,50	637	643,50	**74**	1924	1930,50	1937	1943,50
25	650	656,50	663	669,50	**75**	1950	1956,50	1963	1969,50
26	676	682,50	689	695,50	**76**	1976	1982,50	1989	1995,50
27	702	708,50	715	721,50	**77**	2002	2008,50	2015	2021,50
28	728	734,50	741	747,50	**78**	2028	2034,50	2041	2047,50
29	754	760,50	767	773,50	**79**	2054	2060,50	2067	2073,50
30	780	786,50	793	799,50	**80**	2080	2086,50	2093	2099,50
31	806	812,50	819	825,50	**81**	2106	2112,50	2119	2125,50
32	832	838,50	845	851,50	**82**	2132	2138,50	2145	2151,50
33	858	864,50	871	877,50	**83**	2158	2164,50	2171	2177,50
34	884	890,50	897	903,50	**84**	2184	2190,50	2197	2203,50
35	910	916,50	923	929,50	**85**	2210	2216,50	2223	2229,50
36	936	942,50	949	955,50	**86**	2236	2242,50	2249	2255,50
37	962	968,50	975	981,50	**87**	2262	2268,50	2275	2281,50
38	988	994,50	1001	1007,50	**88**	2288	2294,50	2301	2307,50
39	1014	1020,50	1027	1033,50	**89**	2314	2320,50	2327	2333,50
40	1040	1046,50	1053	1059,50	**90**	2340	2346,50	2353	2359,50
41	1066	1072,50	1079	1085,50	**91**	2366	2372,50	2379	2385,50
42	1092	1098,50	1105	1111,50	**92**	2392	2398,50	2405	2411,50
43	1118	1124,50	1131	1137,50	**93**	2418	2424,50	2431	2437,50
44	1144	1150,50	1157	1163,50	**94**	2444	2450,50	2457	2463,50
45	1170	1176,50	1183	1189,50	**95**	2470	2476,50	2483	2489,50
46	1196	1202,50	1209	1215,50	**96**	2496	2502,50	2509	2515,50
47	1222	1228,50	1235	1241,50	**97**	2522	2528,50	2535	2541,50
48	1248	1254,50	1261	1267,50	**98**	2548	2554,50	2561	2567,50
49	1274	1280,50	1287	1293,50	**99**	2574	2580,50	2587	2593,50
50	1300	1306,50	1313	1319,50	**100**	2600	2606,50	2613	2619,50

27

		¼	½	¾			¼	½	¾
1	27	33,75	40,50	47,25	**51**	1377	1383,75	1390,50	1397,25
2	54	60,75	67,50	74,25	**52**	1404	1410,75	1417,50	1424,25
3	81	87,75	94,50	101,25	**53**	1431	1437,75	1444,50	1451,25
4	108	114,75	121,50	128,25	**54**	1458	1464,75	1471,50	1478,25
5	135	141,75	148,50	155,25	**55**	1485	1491,75	1498,50	1505,25
6	162	168,75	175,50	182,25	**56**	1512	1518,75	1525,50	1532,25
7	189	195,75	202,50	209,25	**57**	1539	1545,75	1552,50	1559,25
8	216	222,75	229,50	236,25	**58**	1566	1572,75	1579,50	1586,25
9	243	249,75	256,50	263,25	**59**	1593	1599,75	1606,50	1613,25
10	270	276,75	283,50	290,25	**60**	1620	1626,75	1633,50	1640,25
11	297	303,75	310,50	317,25	**61**	1647	1653,75	1660,50	1667,25
12	324	330,75	337,50	344,25	**62**	1674	1680,75	1687,50	1694,25
13	351	357,75	364,50	371,25	**63**	1701	1707,75	1714,50	1721,25
14	378	384,75	391,50	398,25	**64**	1728	1734,75	1741,50	1748,25
15	405	411,75	418,50	425,25	**65**	1755	1761,75	1768,50	1775,25
16	432	438,75	445,50	452,25	**66**	1782	1788,75	1795,50	1802,25
17	459	465,75	472,50	479,25	**67**	1809	1815,75	1822,50	1829,25
18	486	492,75	499,50	506,25	**68**	1836	1842,75	1849,50	1856,25
19	513	519,75	526,50	533,25	**69**	1863	1869,75	1876,50	1883,25
20	540	546,75	553,50	560,25	**70**	1890	1896,75	1903,50	1910,25
21	567	573,75	580,50	587,25	**71**	1917	1923,75	1930,50	1937,25
22	594	600,75	607,50	614,25	**72**	1944	1950,75	1957,50	1964,25
23	621	627,75	634,50	641,25	**73**	1971	1977,75	1984,50	1991,25
24	648	654,75	661,50	668,25	**74**	1998	2004,75	2011,50	2018,25
25	675	681,75	688,50	695,25	**75**	2025	2031,75	2038,50	2045,25
26	702	708,75	715,50	722,25	**76**	2052	2058,75	2065,50	2072,25
27	729	735,75	742,50	749,25	**77**	2079	2085,75	2092,50	2099,25
28	756	762,75	769,50	776,25	**78**	2106	2112,75	2119,50	2126,25
29	783	789,75	796,50	803,25	**79**	2133	2139,75	2146,50	2153,25
30	810	816,75	823,50	830,25	**80**	2160	2166,75	2173,50	2180,25
31	837	843,75	850,50	857,25	**81**	2187	2193,75	2200,50	2207,25
32	864	870,75	877,50	884,25	**82**	2214	2220,75	2227,50	2234,25
33	891	897,75	904,50	911,25	**83**	2241	2247,75	2254,50	2261,25
34	918	924,75	931,50	938,25	**84**	2268	2274,75	2281,50	2288,25
35	945	951,75	958,50	965,25	**85**	2295	2301,75	2308,50	2315,25
36	972	978,75	985,50	992,25	**86**	2322	2328,75	2335,50	2342,25
37	999	1005,75	1012,50	1019,25	**87**	2349	2355,75	2362,50	2369,25
38	1026	1032,75	1039,50	1046,25	**88**	2376	2382,75	2389,50	2396,25
39	1053	1059,75	1066,50	1073,25	**89**	2403	2409,75	2416,50	2423,25
40	1080	1086,75	1093,50	1100,25	**90**	2430	2436,75	2443,50	2450,25
41	1107	1113,75	1120,50	1127,25	**91**	2457	2463,75	2470,50	2477,25
42	1134	1140,75	1147,50	1154,25	**92**	2484	2490,75	2497,50	2504,25
43	1161	1167,75	1174,50	1181,25	**93**	2511	2517,75	2524,50	2531,25
44	1188	1194,75	1201,50	1208,25	**94**	2538	2544,75	2551,50	2558,25
45	1215	1221,75	1228,50	1235,25	**95**	2565	2571,75	2578,50	2585,25
46	1242	1248,75	1255,50	1262,25	**96**	2592	2598,75	2605,50	2612,25
47	1269	1275,75	1282,50	1289,25	**97**	2619	2625,75	2632,50	2639,25
48	1296	1302,75	1309,50	1316,25	**98**	2646	2652,75	2659,50	2666,25
49	1323	1329,75	1336,50	1343,25	**99**	2673	2679,75	2686,50	2693,25
50	1350	1356,75	1363,50	1370,25	**100**	2700	2706,75	2713,50	2720,25

28

		¼	½	¾			¼	½	¾
1	28	35	42	49	**51**	1428	1435	1442	1449
2	56	63	70	77	**52**	1456	1463	1470	1477
3	84	91	98	105	**53**	1484	1491	1498	1505
4	112	119	126	133	**54**	1512	1519	1526	1533
5	140	147	154	161	**55**	1540	1547	1554	1561
6	168	175	182	189	**56**	1568	1575	1582	1589
7	196	203	210	217	**57**	1596	1603	1610	1617
8	224	231	238	245	**58**	1624	1631	1638	1645
9	252	259	266	273	**59**	1652	1659	1666	1673
10	280	287	294	301	**60**	1680	1687	1694	1701
11	308	315	322	329	**61**	1708	1715	1722	1729
12	336	343	350	357	**62**	1736	1743	1750	1757
13	364	371	378	385	**63**	1764	1771	1778	1785
14	392	399	406	413	**64**	1792	1799	1806	1813
15	420	427	434	441	**65**	1820	1827	1834	1841
16	448	455	462	469	**66**	1848	1855	1862	1869
17	476	483	490	497	**67**	1876	1883	1890	1897
18	504	511	518	525	**68**	1904	1911	1918	1925
19	532	539	546	553	**69**	1932	1939	1946	1953
20	560	567	574	581	**70**	1960	1967	1974	1981
21	588	595	602	609	**71**	1988	1995	2002	2009
22	616	623	630	637	**72**	2016	2023	2030	2037
23	644	651	658	665	**73**	2044	2051	2058	2065
24	672	679	686	693	**74**	2072	2079	2086	2093
25	700	707	714	721	**75**	2100	2107	2114	2121
26	728	735	742	749	**76**	2128	2135	2142	2149
27	756	763	770	777	**77**	2156	2163	2170	2177
28	784	791	798	805	**78**	2184	2191	2198	2205
29	812	819	826	833	**79**	2212	2219	2226	2233
30	840	847	854	861	**80**	2240	2247	2254	2261
31	868	875	882	889	**81**	2268	2275	2282	2289
32	896	903	910	917	**82**	2296	2303	2310	2317
33	924	931	938	945	**83**	2324	2331	2338	2345
34	952	959	966	973	**84**	2352	2359	2366	2373
35	980	987	994	1001	**85**	2380	2387	2394	2401
36	1008	1015	1022	1029	**86**	2408	2415	2422	2429
37	1036	1043	1050	1057	**87**	2436	2443	2450	2457
38	1064	1071	1078	1085	**88**	2464	2471	2478	2485
39	1092	1099	1106	1113	**89**	2492	2499	2506	2513
40	1120	1127	1134	1141	**90**	2520	2527	2534	2541
41	1148	1155	1162	1169	**91**	2548	2555	2562	2569
42	1176	1183	1190	1197	**92**	2576	2583	2590	2597
43	1204	1211	1218	1225	**93**	2604	2611	2618	2625
44	1232	1239	1246	1253	**94**	2632	2639	2646	2653
45	1260	1267	1274	1281	**95**	2660	2667	2674	2681
46	1288	1295	1302	1309	**96**	2688	2695	2702	2709
47	1316	1323	1330	1337	**97**	2716	2723	2730	2737
48	1344	1351	1358	1365	**98**	2744	2751	2758	2765
49	1372	1379	1386	1393	**99**	2772	2779	2786	2793
50	1400	1407	1414	1421	**100**	2800	2807	2814	2821

29

		¼	½	¾			¼	½	¾
1	29	36,25	43,50	50,75	**51**	1479	1486,25	1493,50	1500,75
2	58	65,25	72,50	79,75	**52**	1508	1515,25	1522,50	1529,75
3	87	94,25	101,50	108,75	**53**	1537	1544,25	1551,50	1558,75
4	116	123,25	130,50	137,75	**54**	1566	1573,25	1580,50	1587,75
5	145	152,25	159,50	166,75	**55**	1595	1602,25	1609,50	1616,75
6	174	181,25	188,50	195,75	**56**	1624	1631,25	1638,50	1645,75
7	203	210,25	217,50	224,75	**57**	1653	1660,25	1667,50	1674,75
8	232	239,25	246,50	253,75	**58**	1682	1689,25	1696,50	1703,75
9	261	268,25	275,50	282,75	**59**	1711	1718,25	1725,50	1732,75
10	290	297,25	304,50	311,75	**60**	1740	1747,25	1754,50	1761,75
11	319	326,25	333,50	340,75	**61**	1769	1776,25	1783,50	1790,75
12	348	355,25	362,50	369,75	**62**	1798	1805,25	1812,50	1819,75
13	377	384,25	391,50	398,75	**63**	1827	1834,25	1841,50	1848,75
14	406	413,25	420,50	427,75	**64**	1856	1863,25	1870,50	1877,75
15	435	442,25	449,50	456,75	**65**	1885	1892,25	1899,50	1906,75
16	464	471,25	478,50	485,75	**66**	1914	1921,25	1928,50	1935,75
17	493	500,25	507,50	514,75	**67**	1943	1950,25	1957,50	1964,75
18	522	529,25	536,50	543,75	**68**	1972	1979,25	1986,50	1993,75
19	551	558,25	565,50	572,75	**69**	2001	2008,25	2015,50	2022,75
20	580	587,25	594,50	601,75	**70**	2030	2037,25	2044,50	2051,75
21	609	616,25	623,50	630,75	**71**	2059	2066,25	2073,50	2080,75
22	638	645,25	652,50	659,75	**72**	2088	2095,25	2102,50	2109,75
23	667	674,25	681,50	688,75	**73**	2117	2124,25	2131,50	2138,75
24	696	703,25	710,50	717,75	**74**	2146	2153,25	2160,50	2167,75
25	725	732,25	739,50	746,75	**75**	2175	2182,25	2189,50	2196,75
26	754	761,25	768,50	775,75	**76**	2204	2211,25	2218,50	2225,75
27	783	790,25	797,50	804,75	**77**	2233	2240,25	2247,50	2254,75
28	812	819,25	826,50	833,75	**78**	2262	2269,25	2276,50	2283,75
29	841	848,25	855,50	862,75	**79**	2291	2298,25	2305,50	2312,75
30	870	877,25	884,50	891,75	**80**	2320	2327,25	2334,50	2341,75
31	899	906,25	913,50	920,75	**81**	2349	2356,25	2363,50	2370,75
32	928	935,25	942,50	949,75	**82**	2378	2385,25	2392,50	2399,75
33	957	964,25	971,50	978,75	**83**	2407	2414,25	2421,50	2428,75
34	986	993,25	1000,50	1007,75	**84**	2436	2443,25	2450,50	2457,75
35	1015	1022,25	1029,50	1036,75	**85**	2465	2472,25	2479,50	2486,75
36	1044	1051,25	1058,50	1065,75	**86**	2494	2501,25	2508,50	2515,75
37	1073	1080,25	1087,50	1094,75	**87**	2523	2530,25	2537,50	2544,75
38	1102	1109,25	1116,50	1123,75	**88**	2552	2559,25	2566,50	2573,75
39	1131	1138,25	1145,50	1152,75	**89**	2581	2588,25	2595,50	2602,75
40	1160	1167,25	1174,50	1181,75	**90**	2610	2617,25	2624,50	2631,75
41	1189	1196,25	1203,50	1210,75	**91**	2639	2646,25	2653,50	2660,75
42	1218	1225,25	1232,50	1239,75	**92**	2668	2675,25	2682,50	2689,75
43	1247	1254,25	1261,50	1268,75	**93**	2697	2704,25	2711,50	2718,75
44	1276	1283,25	1290,50	1297,75	**94**	2726	2733,25	2740,50	2747,75
45	1305	1312,25	1319,50	1326,75	**95**	2755	2762,25	2769,50	2776,75
46	1334	1341,25	1348,50	1355,75	**96**	2784	2791,25	2798,50	2805,75
47	1363	1370,25	1377,50	1384,75	**97**	2813	2820,25	2827,50	2834,75
48	1392	1399,25	1406,50	1413,75	**98**	2842	2849,25	2856,50	2863,75
49	1421	1428,25	1435,50	1442,75	**99**	2871	2878,25	2885,50	2892,75
50	1450	1457,25	1464,50	1471,75	**100**	2900	2907,25	2914,50	2921,75

30

		¼	½	¾			¼	½	¾
1	30	37,50	45	52,50	**51**	1530	1537,50	1545	1552,50
2	60	67,50	75	82,50	**52**	1560	1567,50	1575	1582,50
3	90	97,50	105	112,50	**53**	1590	1597,50	1605	1612,50
4	120	127,50	135	142,50	**54**	1620	1627,50	1635	1642,50
5	150	157,50	165	172,50	**55**	1650	1657,50	1665	1672,50
6	180	187,50	195	202,50	**56**	1680	1687,50	1695	1702,50
7	210	217,50	225	232,50	**57**	1710	1717,50	1725	1732,50
8	240	247,50	255	262,50	**58**	1740	1747,50	1755	1762,50
9	270	277,50	285	292,50	**59**	1770	1777,50	1785	1792,50
10	300	307,50	315	322,50	**60**	1800	1807,50	1815	1822,50
11	330	337,50	345	352,50	**61**	1830	1837,50	1845	1852,50
12	360	367,50	375	382,50	**62**	1860	1867,50	1875	1882,50
13	390	397,50	405	412,50	**63**	1890	1897,50	1905	1912,50
14	420	427,50	435	442,50	**64**	1920	1927,50	1935	1942,50
15	450	457,50	465	472,50	**65**	1950	1957,50	1965	1972,50
16	480	487,50	495	502,50	**66**	1980	1987,50	1995	2002,50
17	510	517,50	525	532,50	**67**	2010	2017,50	2025	2032,50
18	540	547,50	555	562,50	**68**	2040	2047,50	2055	2062,50
19	570	577,50	585	592,50	**69**	2070	2077,50	2085	2092,50
20	600	607,50	615	622,50	**70**	2100	2107,50	2115	2122,50
21	630	637,50	645	652,50	**71**	2130	2137,50	2145	2152,50
22	660	667,50	675	682,50	**72**	2160	2167,50	2175	2182,50
23	690	697,50	705	712,50	**73**	2190	2197,50	2205	2212,50
24	720	727,50	735	742,50	**74**	2220	2227,50	2235	2242,50
25	750	757,50	765	772,50	**75**	2250	2257,50	2265	2272,50
26	780	787,50	795	802,50	**76**	2280	2287,50	2295	2302,50
27	810	817,50	825	832,50	**77**	2310	2317,50	2325	2332,50
28	840	847,50	855	862,50	**78**	2340	2347,50	2355	2362,50
29	870	877,50	885	892,50	**79**	2370	2377,50	2385	2392,50
30	900	907,50	915	922,50	**80**	2400	2407,50	2415	2422,50
31	930	937,50	945	952,50	**81**	2430	2437,50	2445	2452,50
32	960	967,50	975	982,50	**82**	2460	2467,50	2475	2482,50
33	990	997,50	1005	1012,50	**83**	2490	2497,50	2505	2512,50
34	1020	1027,50	1035	1042,50	**84**	2520	2527,50	2535	2542,50
35	1050	1057,50	1065	1072,50	**85**	2550	2557,50	2565	2572,50
36	1080	1087,50	1095	1102,50	**86**	2580	2587,50	2595	2602,50
37	1110	1117,50	1125	1132,50	**87**	2610	2617,50	2625	2632,50
38	1140	1147,50	1155	1162,50	**88**	2640	2647,50	2655	2662,50
39	1170	1177,50	1185	1192,50	**89**	2670	2677,50	2685	2692,50
40	1200	1207,50	1215	1222,50	**90**	2700	2707,50	2715	2722,50
41	1230	1237,50	1245	1252,50	**91**	2730	2737,50	2745	2752,50
42	1260	1267,50	1275	1282,50	**92**	2760	2767,50	2775	2782,50
43	1290	1297,50	1305	1312,50	**93**	2790	2797,50	2805	2812,50
44	1320	1327,50	1335	1342,50	**94**	2820	2827,50	2835	2842,50
45	1350	1357,50	1365	1372,50	**95**	2850	2857,50	2865	2872,50
46	1380	1387,50	1395	1402,50	**96**	2880	2887,50	2895	2902,50
47	1410	1417,50	1425	1432,50	**97**	2910	2917,50	2925	2932,50
48	1440	1447,50	1455	1462,50	**98**	2940	2947,50	2955	2962,50
49	1470	1477,50	1485	1492,50	**99**	2970	2977,50	2985	2992,50
50	1500	1507,50	1515	1522,50	**100**	3000	3007,50	3015	3022,50

31

		¼	½	¾			¼	½	¾
1	31	38,75	46,50	54,25	**51**	1581	1588,75	1596,50	1604,25
2	62	69,75	77,50	85,25	**52**	1612	1619,75	1627,50	1635,25
3	93	100,75	108,50	116,25	**53**	1643	1650,75	1658,50	1666,25
4	124	131,75	139,50	147,25	**54**	1674	1681,75	1689,50	1697,25
5	155	162,75	170,50	178,25	**55**	1705	1712,75	1720,50	1728,25
6	186	193,75	201,50	209,25	**56**	1736	1743,75	1751,50	1759,25
7	217	224,75	232,50	240,25	**57**	1767	1774,75	1782,50	1790,25
8	248	255,75	263,50	271,25	**58**	1798	1805,75	1813,50	1821,25
9	279	286,75	294,50	302,25	**59**	1829	1836,75	1844,50	1852,25
10	310	317,75	325,50	333,25	**60**	1860	1867,75	1875,50	1883,25
11	341	348,75	356,50	364,25	**61**	1891	1898,75	1906,50	1914,25
12	372	379,75	387,50	395,25	**62**	1922	1929,75	1937,50	1945,25
13	403	410,75	418,50	426,25	**63**	1953	1960,75	1968,50	1976,25
14	434	441,75	449,50	457,25	**64**	1984	1991,75	1999,50	2007,25
15	465	472,75	480,50	488,25	**65**	2015	2022,75	2030,50	2038,25
16	496	503,75	511,50	519,25	**66**	2046	2053,75	2061,50	2069,25
17	527	534,75	542,50	550,25	**67**	2077	2084,75	2092,50	2100,25
18	558	565,75	573,50	581,25	**68**	2108	2115,75	2123,50	2131,25
19	589	596,75	604,50	612,25	**69**	2139	2146,75	2154,50	2162,25
20	620	627,75	635,50	643,25	**70**	2170	2177,75	2185,50	2193,25
21	651	658,75	666,50	674,25	**71**	2201	2208,75	2216,50	2224,25
22	682	689,75	697,50	705,25	**72**	2232	2239,75	2247,50	2255,25
23	713	720,75	728,50	736,25	**73**	2263	2270,75	2278,50	2286,25
24	744	751,75	759,50	767,25	**74**	2294	2301,75	2309,50	2317,25
25	775	782,75	790,50	798,25	**75**	2325	2332,75	2340,50	2348,25
26	806	813,75	821,50	829,25	**76**	2356	2363,75	2371,50	2379,25
27	837	844,75	852,50	860,25	**77**	2387	2394,75	2402,50	2410,25
28	868	875,75	883,50	891,25	**78**	2418	2425,75	2433,50	2441,25
29	899	906,75	914,50	922,25	**79**	2449	2456,75	2464,50	2472,25
30	930	937,75	945,50	953,25	**80**	2480	2487,75	2495,50	2503,25
31	961	968,75	976,50	984,25	**81**	2511	2518,75	2526,50	2534,25
32	992	999,75	1007,50	1015,25	**82**	2542	2549,75	2557,50	2565,25
33	1023	1030,75	1038,50	1046,25	**83**	2573	2580,75	2588,50	2596,25
34	1054	1061,75	1069,50	1077,25	**84**	2604	2611,75	2619,50	2627,25
35	1085	1092,75	1100,50	1108,25	**85**	2635	2642,75	2650,50	2658,25
36	1116	1123,75	1131,50	1139,25	**86**	2666	2673,75	2681,50	2689,25
37	1147	1154,75	1162,50	1170,25	**87**	2697	2704,75	2712,50	2720,25
38	1178	1185,75	1193,50	1201,25	**88**	2728	2735,75	2743,50	2751,25
39	1209	1216,75	1224,50	1232,25	**89**	2759	2766,75	2774,50	2782,25
40	1240	1247,75	1255,50	1263,25	**90**	2790	2797,75	2805,50	2813,25
41	1271	1278,75	1286,50	1294,25	**91**	2821	2828,75	2836,50	2844,25
42	1302	1309,75	1317,50	1325,25	**92**	2852	2859,75	2867,50	2875,25
43	1333	1340,75	1348,50	1356,25	**93**	2883	2890,75	2898,50	2906,25
44	1364	1371,75	1379,50	1387,25	**94**	2914	2921,75	2929,50	2937,25
45	1395	1402,75	1410,50	1418,25	**95**	2945	2952,75	2960,50	2968,25
46	1426	1433,75	1441,50	1449,25	**96**	2976	2983,75	2991,50	2999,25
47	1457	1464,75	1472,50	1480,25	**97**	3007	3014,75	3022,50	3030,25
48	1488	1495,75	1503,50	1511,25	**98**	3038	3045,75	3053,50	3061,25
49	1519	1526,75	1534,50	1542,25	**99**	3069	3076,75	3084,50	3092,25
50	1550	1557,75	1565,50	1573,25	**100**	3100	3107,75	3115,50	3123,25

32

		¼	½	¾			¼	½	¾
1	32	40	48	56	**51**	1632	1640	1648	1656
2	64	72	80	88	**52**	1664	1672	1680	1688
3	96	104	112	120	**53**	1696	1704	1712	1720
4	128	136	144	152	**54**	1728	1736	1744	1752
5	160	168	176	184	**55**	1760	1768	1776	1784
6	192	200	208	216	**56**	1792	1800	1808	1816
7	224	232	240	248	**57**	1824	1832	1840	1848
8	256	264	272	280	**58**	1856	1864	1872	1880
9	288	296	304	312	**59**	1888	1896	1904	1912
10	320	328	336	344	**60**	1920	1928	1936	1944
11	352	360	368	376	**61**	1952	1960	1968	1976
12	384	392	400	408	**62**	1984	1992	2000	2008
13	416	424	432	440	**63**	2016	2024	2032	2040
14	448	456	464	472	**64**	2048	2056	2064	2072
15	480	488	496	504	**65**	2080	2088	2096	2104
16	512	520	528	536	**66**	2112	2120	2128	2136
17	544	552	560	568	**67**	2144	2152	2160	2168
18	576	584	592	600	**68**	2176	2184	2192	2200
19	608	616	624	632	**69**	2208	2216	2224	2232
20	640	648	656	664	**70**	2240	2248	2256	2264
21	672	680	688	696	**71**	2272	2280	2288	2296
22	704	712	720	728	**72**	2304	2312	2320	2328
23	736	744	752	760	**73**	2336	2344	2352	2360
24	768	776	784	792	**74**	2368	2376	2384	2392
25	800	808	816	824	**75**	2400	2408	2416	2424
26	832	840	848	856	**76**	2432	2440	2448	2456
27	864	872	880	888	**77**	2464	2472	2480	2488
28	896	904	912	920	**78**	2496	2504	2512	2520
29	928	936	944	952	**79**	2528	2536	2544	2552
30	960	968	976	984	**80**	2560	2568	2576	2584
31	992	1000	1008	1016	**81**	2592	2600	2608	2616
32	1024	1032	1040	1048	**82**	2624	2632	2640	2648
33	1056	1064	1072	1080	**83**	2656	2664	2672	2680
34	1088	1096	1104	1112	**84**	2688	2696	2704	2712
35	1120	1128	1136	1144	**85**	2720	2728	2736	2744
36	1152	1160	1168	1176	**86**	2752	2760	2768	2776
37	1184	1192	1200	1208	**87**	2784	2792	2800	2808
38	1216	1224	1232	1240	**88**	2816	2824	2832	2840
39	1248	1256	1264	1272	**89**	2848	2856	2864	2872
40	1280	1288	1296	1304	**90**	2880	2888	2896	2904
41	1312	1320	1328	1336	**91**	2912	2920	2928	2936
42	1344	1352	1360	1368	**92**	2944	2952	2960	2968
43	1376	1384	1392	1400	**93**	2976	2984	2992	3000
44	1408	1416	1424	1432	**94**	3008	3016	3024	3032
45	1440	1448	1456	1464	**95**	3040	3048	3056	3064
46	1472	1480	1488	1496	**96**	3072	3080	3088	3096
47	1504	1512	1520	1528	**97**	3104	3112	3120	3128
48	1536	1544	1552	1560	**98**	3136	3144	3152	3160
49	1568	1576	1584	1592	**99**	3168	3176	3184	3192
50	1600	1608	1616	1624	**100**	3200	3208	3216	3224

33

		¼	½	¾			¼	½	¾
1	33	41,25	49,50	57,75	**51**	1683	1691,25	1699,50	1707,75
2	66	74,25	82,50	90,75	**52**	1716	1724,25	1732,50	1740,75
3	99	107,25	115,50	123,75	**53**	1749	1757,25	1765,50	1773,75
4	132	140,25	148,50	156,75	**54**	1782	1790,25	1798,50	1806,75
5	165	173,25	181,50	189,75	**55**	1815	1823,25	1831,50	1839,75
6	198	206,25	214,50	222,75	**56**	1848	1856,25	1864,50	1872,75
7	231	239,25	247,50	255,75	**57**	1881	1889,25	1897,50	1905,75
8	264	272,25	280,50	288,75	**58**	1914	1922,25	1930,50	1938,75
9	297	305,25	313,50	321,75	**59**	1947	1955,25	1963,50	1971,75
10	330	338,25	346,50	354,75	**60**	1980	1988,25	1996,50	2004,75
11	363	371,25	379,50	387,75	**61**	2013	2021,25	2029,50	2037,75
12	396	404,25	412,50	420,75	**62**	2046	2054,25	2062,50	2070,75
13	429	437,25	445,50	453,75	**63**	2079	2087,25	2095,50	2103,75
14	462	470,25	478,50	486,75	**64**	2112	2120,25	2128,50	2136,75
15	495	503,25	511,50	519,75	**65**	2145	2153,25	2161,50	2169,75
16	528	536,25	544,50	552,75	**66**	2178	2186,25	2194,50	2202,75
17	561	569,25	577,50	585,75	**67**	2211	2219,25	2227,50	2235,75
18	594	602,25	610,50	618,75	**68**	2244	2252,25	2260,50	2268,75
19	627	635,25	643,50	651,75	**69**	2277	2285,25	2293,50	2301,75
20	660	668,25	676,50	684,75	**70**	2310	2318,25	2326,50	2334,75
21	693	701,25	709,50	717,75	**71**	2343	2351,25	2359,50	2367,75
22	726	734,25	742,50	750,75	**72**	2376	2384,25	2392,50	2400,75
23	759	767,25	775,50	783,75	**73**	2409	2417,25	2425,50	2433,75
24	792	800,25	808,50	816,75	**74**	2442	2450,25	2458,50	2466,75
25	825	833,25	841,50	849,75	**75**	2475	2483,25	2491,50	2499,75
26	858	866,25	874,50	882,75	**76**	2508	2516,25	2524,50	2532,75
27	891	899,25	907,50	915,75	**77**	2541	2549,25	2557,50	2565,75
28	924	932,25	940,50	948,75	**78**	2574	2582,25	2590,50	2598,75
29	957	965,25	973,50	981,75	**79**	2607	2615,25	2623,50	2631,75
30	990	998,25	1006,50	1014,75	**80**	2640	2648,25	2656,50	2664,75
31	1023	1031,25	1039,50	1047,75	**81**	2673	2681,25	2689,50	2697,75
32	1056	1064,25	1072,50	1080,75	**82**	2706	2714,25	2722,50	2730,75
33	1089	1097,25	1105,50	1113,75	**83**	2739	2747,25	2755,50	2763,75
34	1122	1130,25	1138,50	1146,75	**84**	2772	2780,25	2788,50	2796,75
35	1155	1163,25	1171,50	1179,75	**85**	2805	2813,25	2821,50	2829,75
36	1188	1196,25	1204,50	1212,75	**86**	2838	2846,25	2854,50	2862,75
37	1221	1229,25	1237,50	1245,75	**87**	2871	2879,25	2887,50	2895,75
38	1254	1262,25	1270,50	1278,75	**88**	2904	2912,25	2920,50	2928,75
39	1287	1295,25	1303,50	1311,75	**89**	2937	2945,25	2953,50	2961,75
40	1320	1328,25	1336,50	1344,75	**90**	2970	2978,25	2986,50	2994,75
41	1353	1361,25	1369,50	1377,75	**91**	3003	3011,25	3019,50	3027,75
42	1386	1394,25	1402,50	1410,75	**92**	3036	3044,25	3052,50	3060,75
43	1419	1427,25	1435,50	1443,75	**93**	3069	3077,25	3085,50	3093,75
44	1452	1460,25	1468,50	1476,75	**94**	3102	3110,25	3118,50	3126,75
45	1485	1493,25	1501,50	1509,75	**95**	3135	3143,25	3151,50	3159,75
46	1518	1526,25	1534,50	1542,75	**96**	3168	3176,25	3184,50	3192,75
47	1551	1559,25	1567,50	1575,75	**97**	3201	3209,25	3217,50	3225,75
48	1584	1592,25	1600,50	1608,75	**98**	3234	3242,25	3250,50	3258,75
49	1617	1625,25	1633,50	1641,75	**99**	3267	3275,25	3283,50	3291,75
50	1650	1658,25	1666,50	1674,75	**100**	3300	3308,25	3316,50	3324,75

34

		¼	½	¾			¼	½	¾
1	34	42,50	51	59,50	**51**	1734	1742,50	1751	1759,50
2	68	76,50	85	93,50	**52**	1768	1776,50	1785	1793,50
3	102	110,50	119	127,50	**53**	1802	1810,50	1819	1827,50
4	136	144,50	153	161,50	**54**	1836	1844,50	1853	1861,50
5	170	178,50	187	195,50	**55**	1870	1878,50	1887	1895,50
6	204	212,50	221	229,50	**56**	1904	1912,50	1921	1929,50
7	238	246,50	255	263,50	**57**	1938	1946,50	1955	1963,50
8	272	280,50	289	297,50	**58**	1972	1980,50	1989	1997,50
9	306	314,50	323	331,50	**59**	2006	2014,50	2023	2031,50
10	340	348,50	357	365,50	**60**	2040	2048,50	2057	2065,50
11	374	382,50	391	399,50	**61**	2074	2082,50	2091	2099,50
12	408	416,50	425	433,50	**62**	2108	2116,50	2125	2133,50
13	442	450,50	459	467,50	**63**	2142	2150,50	2159	2167,50
14	476	484,50	493	501,50	**64**	2176	2184,50	2193	2201,50
15	510	518,50	527	535,50	**65**	2210	2218,50	2227	2235,50
16	544	552,50	561	569,50	**66**	2244	2252,50	2261	2269,50
17	578	586,50	595	603,50	**67**	2278	2286,50	2295	2303,50
18	612	620,50	629	637,50	**68**	2312	2320,50	2329	2337,50
19	646	654,50	663	671,50	**69**	2346	2354,50	2363	2371,50
20	680	688,50	697	705,50	**70**	2380	2388,50	2397	2405,50
21	714	722,50	731	739,50	**71**	2414	2422,50	2431	2439,50
22	748	756,50	765	773,50	**72**	2448	2456,50	2465	2473,50
23	782	790,50	799	807,50	**73**	2482	2490,50	2499	2507,50
24	816	824,50	833	841,50	**74**	2516	2524,50	2533	2541,50
25	850	858,50	867	875,50	**75**	2550	2558,50	2567	2575,50
26	884	892,50	901	909,50	**76**	2584	2592,50	2601	2609,50
27	918	926,50	935	943,50	**77**	2618	2626,50	2635	2643,50
28	952	960,50	969	977,50	**78**	2652	2660,50	2669	2677,50
29	986	994,50	1003	1011,50	**79**	2686	2694,50	2703	2711,50
30	1020	1028,50	1037	1045,50	**80**	2720	2728,50	2737	2745,50
31	1054	1062,50	1071	1079,50	**81**	2754	2762,50	2771	2779,50
32	1088	1096,50	1105	1113,50	**82**	2788	2796,50	2805	2813,50
33	1122	1130,50	1139	1147,50	**83**	2822	2830,50	2839	2847,50
34	1156	1164,50	1173	1181,50	**84**	2856	2864,50	2873	2881,50
35	1190	1198,50	1207	1215,50	**85**	2890	2898,50	2907	2915,50
36	1224	1232,50	1241	1249,50	**86**	2924	2932,50	2941	2949,50
37	1258	1266,50	1275	1283,50	**87**	2958	2966,50	2975	2983,50
38	1292	1300,50	1309	1317,50	**88**	2992	3000,50	3009	3017,50
39	1326	1334,50	1343	1351,50	**89**	3026	3034,50	3043	3051,50
40	1360	1368,50	1377	1385,50	**90**	3060	3068,50	3077	3085,50
41	1394	1402,50	1411	1419,50	**91**	3094	3102,50	3111	3119,50
42	1428	1436,50	1445	1453,50	**92**	3128	3136,50	3145	3153,50
43	1462	1470,50	1479	1487,50	**93**	3162	3170,50	3179	3187,50
44	1496	1504,50	1513	1521,50	**94**	3196	3204,50	3213	3221,50
45	1530	1538,50	1547	1555,50	**95**	3230	3238,50	3247	3255,50
46	1564	1572,50	1581	1589,50	**96**	3264	3272,50	3281	3289,50
47	1598	1606,50	1615	1623,50	**97**	3298	3306,50	3315	3323,50
48	1632	1640,50	1649	1657,50	**98**	3332	3340,50	3349	3357,50
49	1666	1674,50	1683	1691,50	**99**	3366	3374,50	3383	3391,50
50	1700	1708,50	1717	1725,50	**100**	3400	3408,50	3417	3425,50

35

		¼	½	¾			¼	½	¾
1	35	43,75	52,50	61,25	**51**	1785	1793,75	1802,50	1811,25
2	70	78,75	87,50	96,25	**52**	1820	1828,75	1837,50	1846,25
3	105	113,75	122,50	131,25	**53**	1855	1863,75	1872,50	1881,25
4	140	148,75	157,50	166,25	**54**	1890	1898,75	1907,50	1916,25
5	175	183,75	192,50	201,25	**55**	1925	1933,75	1942,50	1951,25
6	210	218,75	227,50	236,25	**56**	1960	1968,75	1977,50	1986,25
7	245	253,75	262,50	271,25	**57**	1995	2003,75	2012,50	2021,25
8	280	288,75	297,50	306,25	**58**	2030	2038,75	2047,50	2056,25
9	315	323,75	332,50	341,25	**59**	2065	2073,75	2082,50	2091,25
10	350	358,75	367,50	376,25	**60**	2100	2108,75	2117,50	2126,25
11	385	393,75	402,50	411,25	**61**	2135	2143,75	2152,50	2161,25
12	420	428,75	437,50	446,25	**62**	2170	2178,75	2187,50	2196,25
13	455	463,75	472,50	481,25	**63**	2205	2213,75	2222,50	2231,25
14	490	498,75	507,50	516,25	**64**	2240	2248,75	2257,50	2266,25
15	525	533,75	542,50	551,25	**65**	2275	2283,75	2292,50	2301,25
16	560	568,75	577,50	586,25	**66**	2310	2318,75	2327,50	2336,25
17	595	603,75	612,50	621,25	**67**	2345	2353,75	2362,50	2371,25
18	630	638,75	647,50	656,25	**68**	2380	2388,75	2397,50	2406,25
19	665	673,75	682,50	691,25	**69**	2415	2423,75	2432,50	2441,25
20	700	708,75	717,50	726,25	**70**	2450	2458,75	2467,50	2476,25
21	735	743,75	752,50	761,25	**71**	2485	2493,75	2502,50	2511,25
22	770	778,75	787,50	796,25	**72**	2520	2528,75	2537,50	2546,25
23	805	813,75	822,50	831,25	**73**	2555	2563,75	2572,50	2581,25
24	840	848,75	857,50	866,25	**74**	2590	2598,75	2607,50	2616,25
25	875	883,75	892,50	901,25	**75**	2625	2633,75	2642,50	2651,25
26	910	918,75	927,50	936,25	**76**	2660	2668,75	2677,50	2686,25
27	945	953,75	962,50	971,25	**77**	2695	2703,75	2712,50	2721,25
28	980	988,75	997,50	1006,25	**78**	2730	2738,75	2747,50	2756,25
29	1015	1023,75	1032,50	1041,25	**79**	2765	2773,75	2782,50	2791,25
30	1050	1058,75	1067,50	1076,25	**80**	2800	2808,75	2817,50	2826,25
31	1085	1093,75	1102,50	1111,25	**81**	2835	2843,75	2852,50	2861,25
32	1120	1128,75	1137,50	1146,25	**82**	2870	2878,75	2887,50	2896,25
33	1155	1163,75	1172,50	1181,25	**83**	2905	2913,75	2922,50	2931,25
34	1190	1198,75	1207,50	1216,25	**84**	2940	2948,75	2957,50	2966,25
35	1225	1233,75	1242,50	1251,25	**85**	2975	2983,75	2992,50	3001,25
36	1260	1268,75	1277,50	1286,25	**86**	3010	3018,75	3027,50	3036,25
37	1295	1303,75	1312,50	1321,25	**87**	3045	3053,75	3062,50	3071,25
38	1330	1338,75	1347,50	1356,25	**88**	3080	3088,75	3097,50	3106,25
39	1365	1373,75	1382,50	1391,25	**89**	3115	3123,75	3132,50	3141,25
40	1400	1408,75	1417,50	1426,25	**90**	3150	3158,75	3167,50	3176,25
41	1435	1443,75	1452,50	1461,25	**91**	3185	3193,75	3202,50	3211,25
42	1470	1478,75	1487,50	1496,25	**92**	3220	3228,75	3237,50	3246,25
43	1505	1513,75	1522,50	1531,25	**93**	3255	3263,75	3272,50	3281,25
44	1540	1548,75	1557,50	1566,25	**94**	3290	3298,75	3307,50	3316,25
45	1575	1583,75	1592,50	1601,25	**95**	3325	3333,75	3342,50	3351,25
46	1610	1618,75	1627,50	1636,25	**96**	3360	3368,75	3377,50	3386,25
47	1645	1653,75	1662,50	1671,25	**97**	3395	3403,75	3412,50	3421,25
48	1680	1688,75	1697,50	1706,25	**98**	3430	3438,75	3447,50	3456,25
49	1715	1723,75	1732,50	1741,25	**99**	3465	3473,75	3482,50	3491,25
50	1750	1758,75	1767,50	1776,25	**100**	3500	3508,75	3517,50	3526,25

36

		¼	½	¾			¼	½	¾
1	36	45	54	63	**51**	1836	1845	1854	1863
2	72	81	90	99	**52**	1872	1881	1890	1899
3	108	117	126	135	**53**	1908	1917	1926	1935
4	144	153	162	171	**54**	1944	1953	1962	1971
5	180	189	198	207	**55**	1980	1989	1998	2007
6	216	225	234	243	**56**	2016	2025	2034	2043
7	252	261	270	279	**57**	2052	2061	2070	2079
8	288	297	306	315	**58**	2088	2097	2106	2115
9	324	333	342	351	**59**	2124	2133	2142	2151
10	360	369	378	387	**60**	2160	2169	2178	2187
11	396	405	414	423	**61**	2196	2205	2214	2223
12	432	441	450	459	**62**	2232	2241	2250	2259
13	468	477	486	495	**63**	2268	2277	2286	2295
14	504	513	522	531	**64**	2304	2313	2322	2331
15	540	549	558	567	**65**	2340	2349	2358	2367
16	576	585	594	603	**66**	2376	2385	2394	2403
17	612	621	630	639	**67**	2412	2421	2430	2439
18	648	657	666	675	**68**	2448	2457	2466	2475
19	684	693	702	711	**69**	2484	2493	2502	2511
20	720	729	738	747	**70**	2520	2529	2538	2547
21	756	765	774	783	**71**	2556	2565	2574	2583
22	792	801	810	819	**72**	2592	2601	2610	2619
23	828	837	846	855	**73**	2628	2637	2646	2655
24	864	873	882	891	**74**	2664	2673	2682	2691
25	900	909	918	927	**75**	2700	2709	2718	2727
26	936	945	954	963	**76**	2736	2745	2754	2763
27	972	981	990	999	**77**	2772	2781	2790	2799
28	1008	1017	1026	1035	**78**	2808	2817	2826	2835
29	1044	1053	1062	1071	**79**	2844	2853	2862	2871
30	1080	1089	1098	1107	**80**	2880	2889	2898	2907
31	1116	1125	1134	1143	**81**	2916	2925	2934	2943
32	1152	1161	1170	1179	**82**	2952	2961	2970	2979
33	1188	1197	1206	1215	**83**	2988	2997	3006	3015
34	1224	1233	1242	1251	**84**	3024	3033	3042	3051
35	1260	1269	1278	1287	**85**	3060	3069	3078	3087
36	1296	1305	1314	1323	**86**	3096	3105	3114	3123
37	1332	1341	1350	1359	**87**	3132	3141	3150	3159
38	1368	1377	1386	1395	**88**	3168	3177	3186	3195
39	1404	1413	1422	1431	**89**	3204	3213	3222	3231
40	1440	1449	1458	1467	**90**	3240	3249	3258	3267
41	1476	1485	1494	1503	**91**	3276	3285	3294	3303
42	1512	1521	1530	1539	**92**	3312	3321	3330	3339
43	1548	1557	1566	1575	**93**	3348	3357	3366	3375
44	1584	1593	1602	1611	**94**	3384	3393	3402	3411
45	1620	1629	1638	1647	**95**	3420	3429	3438	3447
46	1656	1665	1674	1683	**96**	3456	3465	3474	3483
47	1692	1701	1710	1719	**97**	3492	3501	3510	3519
48	1728	1737	1746	1755	**98**	3528	3537	3546	3555
49	1764	1773	1782	1791	**99**	3564	3573	3582	3591
50	1800	1809	1818	1827	**100**	3600	3609	3618	3627

37

		¼	½	¾			¼	½	¾
1	37	46,25	55,50	64,75	**51**	1887	1896,25	1905,50	1914,75
2	74	83,25	92,50	101,75	**52**	1924	1933,25	1942,50	1951,75
3	111	120,25	129,50	138,75	**53**	1961	1970,25	1979,50	1988,75
4	148	157,25	166,50	175,75	**54**	1998	2007,25	2016,50	2025,75
5	185	194,25	203,50	212,75	**55**	2035	2044,25	2053,50	2062,75
6	222	231,25	240,50	249,75	**56**	2072	2081,25	2090,50	2099,75
7	259	268,25	277,50	286,75	**57**	2109	2118,25	2127,50	2136,75
8	296	305,25	314,50	323,75	**58**	2146	2155,25	2164,50	2173,75
9	333	342,25	351,50	360,75	**59**	2183	2192,25	2201,50	2210,75
10	370	379,25	388,50	397,75	**60**	2220	2229,25	2238,50	2247,75
11	407	416,25	425,50	434,75	**61**	2257	2266,25	2275,50	2284,75
12	444	453,25	462,50	471,75	**62**	2294	2303,25	2312,50	2321,75
13	481	490,25	499,50	508,75	**63**	2331	2340,25	2349,50	2358,75
14	518	527,25	536,50	545,75	**64**	2368	237 ,25	2386,50	2395,75
15	555	564,25	573,50	582,75	**65**	2405	2414,25	2423,50	2432,75
16	592	601,25	610,50	619,75	**66**	2442	2451,25	2460,50	2469,75
17	629	638,25	647,50	656,75	**67**	2479	2488,25	2497,50	2506,75
18	666	675,25	684,50	693,75	**68**	2516	2525,25	2534,50	2543,75
19	703	712,25	721,50	730,75	**69**	2553	2562,25	2571,50	2580,75
20	740	749,25	758,50	767,75	**70**	2590	2599,25	2608,50	2617,75
21	777	786,25	795,50	804,75	**71**	2627	2636,25	2645,50	2654,75
22	814	823,25	832,50	841,75	**72**	2664	2673,25	2682,50	2691,75
23	851	860,25	869,50	878,75	**73**	2701	2710,25	2719,50	2728,75
24	888	897,25	906,50	915,75	**74**	2738	2747,25	2756,50	2765,75
25	925	934,25	943,50	952,75	**75**	2775	2784,25	2793,50	2802,75
26	962	971,25	980,50	989,75	**76**	2812	2821,25	2830,50	2839,75
27	999	1008,25	1017,50	1026,75	**77**	2849	2858,25	2867,50	2876,75
28	1036	1045,25	1054,50	1063,75	**78**	2886	2895,25	2904,50	2913,75
29	1073	1082,25	1091,50	1100,75	**79**	2923	2932,25	2941,50	2950,75
30	1110	1119,25	1128,50	1137,75	**80**	2960	2969,25	2978,50	2987,75
31	1147	1156,25	1165,50	1174,75	**81**	2997	3006,25	3015,50	3024,75
32	1184	1193,25	1202,50	1211,75	**82**	3034	3043,25	3052,50	3061,75
33	1221	1230,25	1239,50	1248,75	**83**	3071	3080,25	3089,50	3098,75
34	1258	1267,25	1276,50	1285,75	**84**	3108	3117,25	3126,50	3135,75
35	1295	1304,25	1313,50	1322,75	**85**	3145	3154,25	3163,50	3172,75
36	1332	1341,25	1350,50	1359,75	**86**	3182	3191,25	3200,50	3209,75
37	1369	1378,25	1387,50	1396,75	**87**	3219	3228,25	3237,50	3246,75
38	1406	1415,25	1424,50	1433,75	**88**	3256	3265,25	3274,50	3283,75
39	1443	1452,25	1461,50	1470,75	**89**	3293	3302,25	3311,50	3320,75
40	1480	1489,25	1498,50	1507,75	**90**	3330	3339,25	3348,50	3357,75
41	1517	1526,25	1535,50	1544,75	**91**	3367	3376,25	3385,50	3394,75
42	1554	1563,25	1572,50	1581,75	**92**	3404	3413,25	3422,50	3431,75
43	1591	1600,25	1609,50	1618,75	**93**	3441	3450,25	3459,50	3468,75
44	1628	1637,25	1646,50	1655,75	**94**	3478	3487,25	3496,50	3505,75
45	1665	1674,25	1683,50	1692,75	**95**	3515	3524,25	3533,50	3542,75
46	1702	1711,25	1720,50	1729,75	**96**	3552	3561,25	3570,50	3579,75
47	1739	1748,25	1757,50	1766,75	**97**	3589	3598,25	3607,50	3616,75
48	1776	1785,25	1794,50	1803,75	**98**	3626	3635,25	3644,50	3653,75
49	1813	1822,25	1831,50	1840,75	**99**	3663	3672,25	3681,50	3690,75
50	1850	1859,25	1868,50	1877,75	**100**	3700	3709,25	3718,50	3727,75

37

38

		¼	½	¾			¼	½	¾
1	38	47,50	57	66,50	**51**	1938	1947,50	1957	1966,50
2	76	85,50	95	104,50	**52**	1976	1985,50	1995	2004,50
3	114	123,50	133	142,50	**53**	2014	2023,50	2033	2042,50
4	152	161,50	171	180,50	**54**	2052	2061,50	2071	2080,50
5	190	199,50	209	218,50	**55**	2090	2099,50	2109	2118,50
6	228	237,50	247	256,50	**56**	2128	2137,50	2147	2156,50
7	266	275,50	285	294,50	**57**	2166	2175,50	2185	2194,50
8	304	313,50	323	332,50	**58**	2204	2213,50	2223	2232,50
9	342	351,50	361	370,50	**59**	2242	2251,50	2261	2270,50
10	380	389,50	399	408,50	**60**	2280	2289,50	2299	2308,50
11	418	427,50	437	446,50	**61**	2318	2327,50	2337	2346,50
12	456	465,50	475	484,50	**62**	2356	2365,50	2375	2384,50
13	494	503,50	513	522,50	**63**	2394	2403,50	2413	2422,50
14	532	541,50	551	560,50	**64**	2432	2441,50	2451	2460,50
15	570	579,50	589	598,50	**65**	2470	2479,50	2489	2498,50
16	608	617,50	627	636,50	**66**	2508	2517,50	2527	2536,50
17	646	655,50	665	674,50	**67**	2546	2555,50	2565	2574,50
18	684	693,50	703	712,50	**68**	2584	2593,50	2603	2612,50
19	722	731,50	741	750,50	**69**	2622	2631,50	2641	2650,50
20	760	769,50	779	788,50	**70**	2660	2669,50	2679	2688,50
21	798	807,50	817	826,50	**71**	2698	2707,50	2717	2726,50
22	836	845,50	855	864,50	**72**	2736	2745,50	2755	2764,50
23	874	883,50	893	902,50	**73**	2774	2783,50	2793	2802,50
24	912	921,50	931	940,50	**74**	2812	2821,50	2831	2840,50
25	950	959,50	969	978,50	**75**	2850	2859,50	2869	2878,50
26	988	997,50	1007	1016,50	**76**	2888	2897,50	2907	2916,50
27	1026	1035,50	1045	1054,50	**77**	2926	2935,50	2945	2954,50
28	1064	1073,50	1083	1092,50	**78**	2964	2973,50	2983	2992,50
29	1102	1111,50	1121	1130,50	**79**	3002	3011,50	3021	3030,50
30	1140	1149,50	1159	1168,50	**80**	3040	3049,50	3059	3068,50
31	1178	1187,50	1197	1206,50	**81**	3078	3087,50	3097	3106,50
32	1216	1225,50	1235	1244,50	**82**	3116	3125,50	3135	3144,50
33	1254	1263,50	1273	1282,50	**83**	3154	3163,50	3173	3182,50
34	1292	1301,50	1311	1320,50	**84**	3192	3201,50	3211	3220,50
35	1330	1339,50	1349	1358,50	**85**	3230	3239,50	3249	3258,50
36	1368	1377,50	1387	1396,50	**86**	3268	3277,50	3287	3296,50
37	1406	1415,50	1425	1434,50	**87**	3306	3315,50	3325	3334,50
38	1444	1453,50	1463	1472,50	**88**	3344	3353,50	3363	3372,50
39	1482	1491,50	1501	1510,50	**89**	3382	3391,50	3401	3410,50
40	1520	1529,50	1539	1548,50	**90**	3420	3429,50	3439	3448,50
41	1558	1567,50	1577	1586,50	**91**	3458	3467,50	3477	3486,50
42	1596	1605,50	1615	1624,50	**92**	3496	3505,50	3515	3524,50
43	1634	1643,50	1653	1662,50	**93**	3534	3543,50	3553	3562,50
44	1672	1681,50	1691	1700,50	**94**	3572	3581,50	3591	3600,50
45	1710	1719,50	1729	1738,50	**95**	3610	3619,50	3629	3638,50
46	1748	1757,50	1767	1776,50	**96**	3648	3657,50	3667	3676,50
47	1786	1795,50	1805	1814,50	**97**	3686	3695,50	3705	3714,50
48	1824	1833,50	1843	1852,50	**98**	3724	3733,50	3743	3752,50
49	1862	1871,50	1881	1890,50	**99**	3762	3771,50	3781	3790,50
50	1900	1909,50	1919	1928,50	**100**	3800	3809,50	3819	3828,50

39

		¼	½	¾			¼	½	¾
1	39	48,75	58,50	68,25	**51**	1989	1998,75	2008,50	2018,25
2	78	87,75	97,50	107,25	**52**	2028	2037,75	2047,50	2057,25
3	117	126,75	136,50	146,25	**53**	2067	2076,75	2086,50	2096,25
4	156	165,75	175,50	185,25	**54**	2106	2115,75	2125,50	2135,25
5	195	204,75	214,50	224,25	**55**	2145	2154,75	2164,50	2174,25
6	234	243,75	253,50	263,25	**56**	2184	2193,75	2203,50	2213,25
7	273	282,75	292,50	302,25	**57**	2223	2232,75	2242,50	2252,25
8	312	321,75	331,50	341,25	**58**	2262	2271,75	2281,50	2291,25
9	351	360,75	370,50	380,25	**59**	2301	2310,75	2320,50	2330,25
10	390	399,75	409,50	419,25	**60**	2340	2349,75	2359,50	2369,25
11	429	438,75	448,50	458,25	**61**	2379	2388,75	2398,50	2408,25
12	468	477,75	487,50	497,25	**62**	2418	2427,75	2437,50	2447,25
13	507	516,75	526,50	536,25	**63**	2457	2466,75	2476,50	2486,25
14	546	555,75	565,50	575,25	**64**	2496	2505,75	2515,50	2525,25
15	585	594,75	604,50	614,25	**65**	2535	2544,75	2554,50	2564,25
16	624	633,75	643,50	653,25	**66**	2574	2583,75	2593,50	2603,25
17	663	672,75	682,50	692,25	**67**	2613	2622,75	2632,50	2642,25
18	702	711,75	721,50	731,25	**68**	2652	2661,75	2671,50	2681,25
19	741	750,75	760,50	770,25	**69**	2691	2700,75	2710,50	2720,25
20	780	789,75	799,50	809,25	**70**	2730	2739,75	2749,50	2759,25
21	819	828,75	838,50	848,25	**71**	2769	2778,75	2788,50	2798,25
22	858	867,75	877,50	887,25	**72**	2808	2817,75	2827,50	2837,25
23	897	906,75	916,50	926,25	**73**	2847	2856,75	2866,50	2876,25
24	936	945,75	955,50	965,25	**74**	2886	2895,75	2905,50	2915,25
25	975	984,75	994,50	1004,25	**75**	2925	2934,75	2944,50	2954,25
26	1014	1023,75	1033,50	1043,25	**76**	2964	2973,75	2983,50	2993,25
27	1053	1062,75	1072,50	1082,25	**77**	3003	3012,75	3022,50	3032,25
28	1092	1101,75	1111,50	1121,25	**78**	3042	3051,75	3061,50	3071,25
29	1131	1140,75	1150,50	1160,25	**79**	3081	3090,75	3100,50	3110,25
30	1170	1179,75	1189,50	1199,25	**80**	3120	3129,75	3139,50	3149,25
31	1209	1218,75	1228,50	1238,25	**81**	3159	3168,75	3178,50	3188,25
32	1248	1257,75	1267,50	1277,25	**82**	3198	3207,75	3217,50	3227,25
33	1287	1296,75	1306,50	1316,25	**83**	3237	3246,75	3256,50	3266,25
34	1326	1335,75	1345,50	1355,25	**84**	3276	3285,75	3295,50	3305,25
35	1365	1374,75	1384,50	1394,25	**85**	3315	3324,75	3334,50	3344,25
36	1404	1413,75	1423,50	1433,25	**86**	3354	3363,75	3373,50	3383,25
37	1443	1452,75	1462,50	1472,25	**87**	3393	3402,75	3412,50	3422,25
38	1482	1491,75	1501,50	1511,25	**88**	3432	3441,75	3451,50	3461,25
39	1521	1530,75	1540,50	1550,25	**89**	3471	3480,75	3490,50	3500,25
40	1560	1569,75	1579,50	1589,25	**90**	3510	3519,75	3529,50	3539,25
41	1599	1608,75	1618,50	1628,25	**91**	3549	3558,75	3568,50	3578,25
42	1638	1647,75	1657,50	1667,25	**92**	3588	3597,75	3607,50	3617,25
43	1677	1686,75	1696,50	1706,25	**93**	3627	3636,75	3646,50	3656,25
44	1716	1725,75	1735,50	1745,25	**94**	3666	3675,75	3685,50	3695,25
45	1755	1764,75	1774,50	1784,25	**95**	3705	3714,75	3724,50	3734,25
46	1794	1803,75	1813,50	1823,25	**96**	3744	3753,75	3763,50	3773,25
47	1833	1842,75	1852,50	1862,25	**97**	3783	3792,75	3802,50	3812,25
48	1872	1881,75	1891,50	1901,25	**98**	3822	3831,75	3841,50	3851,25
49	1911	1920,75	1930,50	1940,25	**99**	3861	3870,75	3880,50	3890,25
50	1950	1959,75	1969,50	1979,25	**100**	3900	3909,75	3919,50	3929,25

40

		¼	½	¾			¼	½	¾
1	40	50	60	70	**51**	2040	2050	2060	2070
2	80	90	100	110	**52**	2080	2090	2100	2110
3	120	130	140	150	**53**	2120	2130	2140	2150
4	160	170	180	190	**54**	2160	2170	2180	2190
5	200	210	220	230	**55**	2200	2210	2220	2230
6	240	250	260	270	**56**	2240	2250	2260	2270
7	280	290	300	310	**57**	2280	2290	2300	2310
8	320	330	340	350	**58**	2320	2330	2340	2350
9	360	370	380	390	**59**	2360	2370	2380	2390
10	400	410	420	430	**60**	2400	2410	2420	2430
11	440	450	460	470	**61**	2440	2450	2460	2470
12	480	490	500	510	**62**	2480	2490	2500	2510
13	520	530	540	550	**63**	2520	2530	2540	2550
14	560	570	580	590	**64**	2560	2570	2580	2590
15	600	610	620	630	**65**	2600	2610	2620	2630
16	640	650	660	670	**66**	2640	2650	2660	2670
17	680	690	700	710	**67**	2680	2690	2700	2710
18	720	730	740	750	**68**	2720	2730	2740	2750
19	760	770	780	790	**69**	2760	2770	2780	2790
20	800	810	820	830	**70**	2800	2810	2820	2830
21	840	850	860	870	**71**	2840	2850	2860	2870
22	880	890	900	910	**72**	2880	2890	2900	2910
23	920	930	940	950	**73**	2920	2930	2940	2950
24	960	970	980	990	**74**	2960	2970	2980	2990
25	1000	1010	1020	1030	**75**	3000	3010	3020	3030
26	1040	1050	1060	1070	**76**	3040	3050	3060	3070
27	1080	1090	1100	1110	**77**	3080	3090	3100	3110
28	1120	1130	1140	1150	**78**	3120	3130	3140	3150
29	1160	1170	1180	1190	**79**	3160	3170	3180	3190
30	1200	1210	1220	1230	**80**	3200	3210	3220	3230
31	1240	1250	1260	1270	**81**	3240	3250	3260	3270
32	1280	1290	1300	1310	**82**	3280	3290	3300	3310
33	1320	1330	1340	1350	**83**	3320	3330	3340	3350
34	1360	1370	1380	1390	**84**	3360	3370	3380	3390
35	1400	1410	1420	1430	**85**	3400	3410	3420	3430
36	1440	1450	1460	1470	**86**	3440	3450	3460	3470
37	1480	1490	1500	1510	**87**	3480	3490	3500	3510
38	1520	1530	1540	1550	**88**	3520	3530	3540	3550
39	1560	1570	1580	1590	**89**	3560	3570	3580	3590
40	1600	1610	1620	1630	**90**	3600	3610	3620	3630
41	1640	1650	1660	1670	**91**	3640	3650	3660	3670
42	1680	1690	1700	1710	**92**	3680	3690	3700	3710
43	1720	1730	1740	1750	**93**	3720	3730	3740	3750
44	1760	1770	1780	1790	**94**	3760	3770	3780	3790
45	1800	1810	1820	1830	**95**	3800	3810	3820	3830
46	1840	1850	1860	1870	**96**	3840	3850	3860	3870
47	1880	1890	1900	1910	**97**	3880	3890	3900	3910
48	1920	1930	1940	1950	**98**	3920	3930	3940	3950
49	1960	1970	1980	1990	**99**	3960	3970	3980	3990
50	2000	2010	2020	2030	**100**	4000	4010	4020	4030

41

		¼	½	¾			¼	½	¾
1	41	51,25	61,50	71,75	**51**	2091	2101,25	2111,50	2121,75
2	82	92,25	102,50	112,75	**52**	2132	2142,25	2152,50	2162,75
3	123	133,25	143,50	153,75	**53**	2173	2183,25	2193,50	2203,75
4	164	174,25	184,50	194,75	**54**	2214	2224,25	2234,50	2244,75
5	205	215,25	225,50	235,75	**55**	2255	2265,25	2275,50	2285,75
6	246	256,25	266,50	276,75	**56**	2296	2306,25	2316,50	2326,75
7	287	297,25	307,50	317,75	**57**	2337	2347,25	2357,50	2367,75
8	328	338,25	348,50	358,75	**58**	2378	2388,25	2398,50	2408,75
9	369	379,25	389,50	399,75	**59**	2419	2429,25	2439,50	2449,75
10	410	420,25	430,50	440,75	**60**	2460	2470,25	2480,50	2490,75
11	451	461,25	471,50	481,75	**61**	2501	2511,25	2521,50	2531,75
12	492	502,25	512,50	522,75	**62**	2542	2552,25	2562,50	2572,75
13	533	543,25	553,50	563,75	**63**	2583	2593,25	2603,50	2613,75
14	574	584,25	594,50	604,75	**64**	2624	2634,25	2644,50	2654,75
15	615	625,25	635,50	645,75	**65**	2665	2675,25	2685,50	2695,75
16	656	666,25	676,50	686,75	**66**	2706	2716,25	2726,50	2736,75
17	697	707,25	717,50	727,75	**67**	2747	2757,25	2767,50	2777,75
18	738	748,25	758,50	768,75	**68**	2788	2798,25	2808,50	2818,75
19	779	789,25	799,50	809,75	**69**	2829	2839,25	2849,50	2859,75
20	820	830,25	840,50	850,75	**70**	2870	2880,25	2890,50	2900,75
21	861	871,25	881,50	891,75	**71**	2911	2921,25	2931,50	2941,75
22	902	912,25	922,50	932,75	**72**	2952	2962,25	2972,50	2982,75
23	943	953,25	963,50	973,75	**73**	2993	3003,25	3013,50	3023,75
24	984	994,25	1004,50	1014,75	**74**	3034	3044,25	3054,50	3064,75
25	1025	1035,25	1045,50	1055,75	**75**	3075	3085,25	3095,50	3105,75
26	1066	1076,25	1086,50	1096,75	**76**	3116	3126,25	3136,50	3146,75
27	1107	1117,25	1127,50	1137,75	**77**	3157	3167,25	3177,50	3187,75
28	1148	1158,25	1168,50	1178,75	**78**	3198	3208,25	3218,50	3228,75
29	1189	1199,25	1209,50	1219,75	**79**	3239	3249,25	3259,50	3269,75
30	1230	1240,25	1250,50	1260,75	**80**	3280	3290,25	3300,50	3310,75
31	1271	1281,25	1291,50	1301,75	**81**	3321	3331,25	3341,50	3351,75
32	1312	1322,25	1332,50	1342,75	**82**	3362	3372,25	3382,50	3392,75
33	1353	1363,25	1373,50	1383,75	**83**	3403	3413,25	3423,50	3433,75
34	1394	1404,25	1414,50	1424,75	**84**	3444	3454,25	3464,50	3474,75
35	1435	1445,25	1455,50	1465,75	**85**	3485	3495,25	3505,50	3515,75
36	1476	1486,25	1496,50	1506,75	**86**	3526	3536,25	3546,50	3556,75
37	1517	1527,25	1537,50	1547,75	**87**	3567	3577,25	3587,50	3597,75
38	1558	1568,25	1578,50	1588,75	**88**	3608	3618,25	3628,50	3638,75
39	1599	1609,25	1619,50	1629,75	**89**	3649	3659,25	3669,50	3679,75
40	1640	1650,25	1660,50	1670,75	**90**	3690	3700,25	3710,50	3720,75
41	1681	1691,25	1701,50	1711,75	**91**	3731	3741,25	3751,50	3761,75
42	1722	1732,25	1742,50	1752,75	**92**	3772	3782,25	3792,50	3802,75
43	1763	1773,25	1783,50	1793,75	**93**	3813	3823,25	3833,50	3843,75
44	1804	1814,25	1824,50	1834,75	**94**	3854	3864,25	3874,50	3884,75
45	1845	1855,25	1865,50	1875,75	**95**	3895	3905,25	3915,50	3925,75
46	1886	1896,25	1906,50	1916,75	**96**	3936	3946,25	3956,50	3966,75
47	1927	1937,25	1947,50	1957,75	**97**	3977	3987,25	3997,50	4007,75
48	1968	1978,25	1988,50	1998,75	**98**	4018	4028,25	4038,50	4048,75
49	2009	2019,25	2029,50	2039,75	**99**	4059	4069,25	4079,50	4089,75
50	2050	2060,25	2070,50	2080,75	**100**	4100	4110,25	4120,50	4130,75

42

		¼	½	¾			¼	½	¾
1	42	52,50	63	73,50	**51**	2142	2152,50	2163	2173,50
2	84	94,50	105	115,50	**52**	2184	2194,50	2205	2215,50
3	126	136,50	147	157,50	**53**	2226	2236,50	2247	2257,50
4	168	178,50	189	199,50	**54**	2268	2278,50	2289	2299,50
5	210	220,50	231	241,50	**55**	2310	2320,50	2331	2341,50
6	252	262,50	273	283,50	**56**	2352	2362,50	2373	2383,50
7	294	304,50	315	325,50	**57**	2394	2404,50	2415	2425,50
8	336	346,50	357	367,50	**58**	2436	2446,50	2457	2467,50
9	378	388,50	399	409,50	**59**	2478	2488,50	2499	2509,50
10	420	430,50	441	451,50	**60**	2520	2530,50	2541	2551,50
11	462	472,50	483	493,50	**61**	2562	2572,50	2583	2593,50
12	504	514,50	525	535,50	**62**	2604	2614,50	2625	2635,50
13	546	556,50	567	577,50	**63**	2646	2656,50	2667	2677,50
14	588	598,50	609	619,50	**64**	2688	2698,50	2709	2719,50
15	630	640,50	651	661,50	**65**	2730	2740,50	2751	2761,50
16	672	682,50	693	703,50	**66**	2772	2782,50	2793	2803,50
17	714	724,50	735	745,50	**67**	2814	2824,50	2835	2845,50
18	756	766,50	777	787,50	**68**	2856	2866,50	2877	2887,50
19	798	808,50	819	829,50	**69**	2898	2908,50	2919	2929,50
20	840	850,50	861	871,50	**70**	2940	2950,50	2961	2971,50
21	882	892,50	903	913,50	**71**	2982	2992,50	3003	3013,50
22	924	934,50	945	955,50	**72**	3024	3034,50	3045	3055,50
23	966	976,50	987	997,50	**73**	3066	3076,50	3087	3097,50
24	1008	1018,50	1029	1039,50	**74**	3108	3118,50	3129	3139,50
25	1050	1060,50	1071	1081,50	**75**	3150	3160,50	3171	3181,50
26	1092	1102,50	1113	1123,50	**76**	3192	3202,50	3213	3223,50
27	1134	1144,50	1155	1165,50	**77**	3234	3244,50	3255	3265,50
28	1176	1186,50	1197	1207,50	**78**	3276	3286,50	3297	3307,50
29	1218	1228,50	1239	1249,50	**79**	3318	3328,50	3339	3349,50
30	1260	1270,50	1281	1291,50	**80**	3360	3370,50	3381	3391,50
31	1302	1312,50	1323	1333,50	**81**	3402	3412,50	3423	3433,50
32	1344	1354,50	1365	1375,50	**82**	3444	3454,50	3465	3475,50
33	1386	1396,50	1407	1417,50	**83**	3486	3496,50	3507	3517,50
34	1428	1438,50	1449	1459,50	**84**	3528	3538,50	3549	3559,50
35	1470	1480,50	1491	1501,50	**85**	3570	3580,50	3591	3601,50
36	1512	1522,50	1533	1543,50	**86**	3612	3622,50	3633	3643,50
37	1554	1564,50	1575	1585,50	**87**	3654	3664,50	3675	3685,50
38	1596	1606,50	1617	1627,50	**88**	3696	3706,50	3717	3727,50
39	1638	1648,50	1659	1669,50	**89**	3738	3748,50	3759	3769,50
40	1680	1690,50	1701	1711,50	**90**	3780	3790,50	3801	3811,50
41	1722	1732,50	1743	1753,50	**91**	3822	3832,50	3843	3853,50
42	1764	1774,50	1785	1795,50	**92**	3864	3874,50	3885	3895,50
43	1806	1816,50	1827	1837,50	**93**	3906	3916,50	3927	3937,50
44	1848	1858,50	1869	1879,50	**94**	3948	3958,50	3969	3979,50
45	1890	1900,50	1911	1921,50	**95**	3990	4000,50	4011	4021,50
46	1932	1942,50	1953	1963,50	**96**	4032	4042,50	4053	4063,50
47	1974	1984,50	1995	2005,50	**97**	4074	4084,50	4095	4105,50
48	2016	2026,50	2037	2047,50	**98**	4116	4126,50	4137	4147,50
49	2058	2068,50	2079	2089,50	**99**	4158	4168,50	4179	4189,50
50	2100	2110,50	2121	2131,50	**100**	4200	4210,50	4221	4231,50

43

		¼	½	¾			¼	½	¾
1	43	53,75	64,50	75,25	**51**	2193	2203,75	2214,50	2225,25
2	86	96,75	107,50	118,25	**52**	2236	2246,75	2257,50	2268,25
3	129	139,75	150,50	161,25	**53**	2279	2289,75	2300,50	2311,25
4	172	182,75	193,50	204,25	**54**	2322	2332,75	2343,50	2354,25
5	215	225,75	236,50	247,25	**55**	2365	2375,75	2386,50	2397,25
6	258	268,75	279,50	290,25	**56**	2408	2418,75	2429,50	2440,25
7	301	311,75	322,50	333,25	**57**	2451	2461,75	2472,50	2483,25
8	344	354,75	365,50	376,25	**58**	2494	2504,75	2515,50	2526,25
9	387	397,75	408,50	419,25	**59**	2537	2547,75	2558,50	2569,25
10	430	440,75	451,50	462,25	**60**	2580	2590,75	2601,50	2612,25
11	473	483,75	494,50	505,25	**61**	2623	2633,75	2644,50	2655,25
12	516	526,75	537,50	548,25	**62**	2666	2676,75	2687,50	2698,25
13	559	569,75	580,50	591,25	**63**	2709	2719,75	2730,50	2741,25
14	602	612,75	623,50	634,25	**64**	2752	2762,75	2773,50	2784,25
15	645	655,75	666,50	677,25	**65**	2795	2805,75	2816,50	2827,25
16	688	698,75	709,50	720,25	**66**	2838	2848,75	2859,50	2870,25
17	731	741,75	752,40	763,25	**67**	2881	2891,75	2902,50	2913,25
18	774	784,75	795,50	806,25	**68**	2924	2934,75	2945,50	2956,25
19	817	827,75	838,50	849,25	**69**	2967	2977,75	2988,50	2999,25
20	860	870,75	881,50	892,25	**70**	3010	3020,75	3031,50	3042,25
21	903	913,75	924,50	935,25	**71**	3053	3063,75	3074,50	3085,25
22	946	956,75	967,50	978,25	**72**	3096	3106,75	3117,50	3128,25
23	989	999,75	1010,50	1021,25	**73**	3139	3149,75	3160,50	3171,25
24	1032	1042,75	1053,50	1064,25	**74**	3182	3192,75	3203,50	3214,25
25	1075	1085,75	1096,50	1107,25	**75**	3225	3235,75	3246,50	3257,25
26	1118	1128,75	1139,50	1150,25	**76**	3268	3278,75	3289,50	3300,25
27	1161	1171,75	1182,50	1193,25	**77**	3311	3321,75	3332,50	3343,25
28	1204	1214,75	1225,50	1236,25	**78**	3354	3364,75	3375,50	3386,25
29	1247	1257,75	1268,50	1279,25	**79**	3397	3407,75	3418,50	3429,25
30	1290	1300,75	1311,50	1322,25	**80**	3440	3450,75	3461,50	3472,25
31	1333	1343,75	1354,50	1365,25	**81**	3483	3493,75	3504,50	3515,25
32	1376	1386,75	1397,50	1408,25	**82**	3526	3536,75	3547,50	3558,25
33	1419	1429,75	1440,50	1451,25	**83**	3569	3579,75	3590,50	3601,25
34	1462	1472,75	1483,50	1494,25	**84**	3612	3622,75	3633,50	3644,25
35	1505	1515,75	1526,50	1537,25	**85**	3655	3665,75	3676,50	3687,25
36	1548	1558,75	1569,50	1580,25	**86**	3698	3708,75	3719,50	3730,25
37	1591	1601,75	1612,50	1623,25	**87**	3741	3751,75	3762,50	3773,25
38	1634	1644,75	1655,50	1666,25	**88**	3784	3794,75	3805,50	3816,25
39	1677	1687,75	1698,50	1709,25	**89**	3827	3837,75	3848,50	3859,25
40	1720	1730,75	1741,50	1752,25	**90**	3870	3880,75	3891,50	3902,25
41	1763	1773,75	1784,50	1795,25	**91**	3913	3923,75	3934,50	3945,25
42	1806	1816,75	1827,50	1838,25	**92**	3956	3966,75	3977,50	3988,25
43	1849	1859,75	1870,50	1881,25	**93**	3999	4009,75	4020,50	4031,25
44	1892	1902,75	1913,50	1924,25	**94**	4042	4052,75	4063,50	4074,25
45	1935	1945,75	1956,50	1967,25	**95**	4085	4095,75	4106,50	4117,25
46	1978	1988,75	1999,50	2010,25	**96**	4128	4138,75	4149,50	4160,25
47	2021	2031,75	2042,50	2053,25	**97**	4171	4181,75	4192,50	4203,25
48	2064	2074,75	2085,50	2096,25	**98**	4214	4224,75	4235,50	4246,25
49	2107	2117,75	2128,50	2139,25	**99**	4257	4267,75	4278,50	4289,25
50	2150	2160,75	2171,50	2182,25	**100**	4300	4310,75	4321,50	4332,25

44

		¼	½	¾			¼	½	¾
1	44	55	66	77	**51**	2244	2255	2266	2277
2	88	99	110	121	**52**	2288	2299	2310	2321
3	132	143	154	165	**53**	2332	2343	2354	2365
4	176	187	198	209	**54**	2376	2387	2398	2409
5	220	231	242	253	**55**	2420	2431	2442	2453
6	264	275	286	297	**56**	2464	2475	2486	2497
7	308	319	330	341	**57**	2508	2519	2530	2541
8	352	363	374	385	**58**	2552	2563	2574	2585
9	396	407	418	429	**59**	2596	2607	2618	2629
10	440	451	462	473	**60**	2640	2651	2662	2673
11	484	495	506	517	**61**	2684	2695	2706	2717
12	528	539	550	561	**62**	2728	2739	2750	2761
13	572	583	594	605	**63**	2772	2783	2794	2805
14	616	627	638	649	**64**	2816	2827	2838	2849
15	660	671	682	693	**65**	2860	2871	2882	2893
16	704	715	726	737	**66**	2904	2915	2926	2937
17	748	759	770	781	**67**	2948	2959	2970	2981
18	792	803	814	825	**68**	2992	3003	3014	3025
19	836	847	858	869	**69**	3036	3047	3058	3069
20	880	891	902	913	**70**	3080	3091	3102	3113
21	924	935	946	957	**71**	3124	3135	3146	3157
22	968	979	990	1001	**72**	3168	3179	3190	3201
23	1012	1023	1034	1045	**73**	3212	3223	3234	3245
24	1056	1067	1078	1089	**74**	3256	3267	3278	3289
25	1100	1111	1122	1133	**75**	3300	3311	3322	3333
26	1144	1155	1166	1177	**76**	3344	3355	3366	3377
27	1188	1199	1210	1221	**77**	3388	3399	3410	3421
28	1232	1243	1254	1265	**78**	3432	3443	3454	3465
29	1276	1287	1298	1309	**79**	3476	3487	3498	3509
30	1320	1331	1342	1353	**80**	3520	3531	3542	3553
31	1364	1375	1386	1397	**81**	3564	3575	3586	3597
32	1408	1419	1430	1441	**82**	3608	3619	3630	3641
33	1452	1463	1474	1485	**83**	3652	3663	3674	3685
34	1496	1507	1518	1529	**84**	3696	3707	3718	3729
35	1540	1551	1562	1573	**85**	3740	3751	3762	3773
36	1584	1595	1606	1617	**86**	3784	3795	3806	3817
37	1628	1639	1650	1661	**87**	3828	3839	3850	3861
38	1672	1683	1694	1705	**88**	3872	3883	3894	3905
39	1716	1727	1738	1749	**89**	3916	3927	3938	3949
40	1760	1771	1782	1793	**90**	3960	3971	3982	3993
41	1804	1815	1826	1837	**91**	4004	4015	4026	4037
42	1848	1859	1870	1881	**92**	4048	4059	4070	4081
43	1892	1903	1914	1925	**93**	4092	4103	4114	4125
44	1936	1947	1958	1969	**94**	4136	4147	4158	4169
45	1980	1991	2002	2013	**95**	4180	4191	4202	4213
46	2024	2035	2046	2057	**96**	4224	4235	4246	4257
47	2068	2079	2090	2101	**97**	4268	4279	4290	4301
48	2112	2123	2134	2145	**98**	4312	4323	4334	4345
49	2156	2167	2178	2189	**99**	4356	4367	4378	4389
50	2200	2211	2222	2233	**100**	4400	4411	4422	4433

45

		¼	½	¾			¼	½	¾
1	45	56,25	67,50	78,75	**51**	2295	2306,25	2317,50	2328,75
2	90	101,25	112,50	123,75	**52**	2340	2351,25	2362,50	2373,75
3	135	146,25	157,50	168,75	**53**	2385	2396,25	2407,50	2418,75
4	180	191,25	202,50	213,75	**54**	2430	2441,25	2452,50	2463,75
5	225	236,25	247,50	258,75	**55**	2475	2486,25	2497,50	2508,75
6	270	281,25	292,50	303,75	**56**	2520	2531,25	2542,50	2553,75
7	315	326,25	337,50	348,75	**57**	2565	2576,25	2587,50	2598,75
8	360	371,25	382,50	393,75	**58**	2610	2621,25	2632,50	2643,75
9	405	416,25	427,50	438,75	**59**	2655	2666,25	2677,50	2688,75
10	450	461,25	472,50	483,75	**60**	2700	2711,25	2722,50	2733,75
11	495	506,25	517,50	528,75	**61**	2745	2756,25	2767,50	2778,75
12	540	551,25	562,50	573,75	**62**	2790	2801,25	2812,50	2823,75
13	585	596,25	607,50	618,75	**63**	2835	2846,25	2857,50	2868,75
14	630	641,25	652,50	663,75	**64**	2880	2891,25	2902,50	2913,75
15	675	686,25	697,50	708,75	**65**	2925	2936,25	2947,50	2958,75
16	720	731,25	742,50	753,75	**66**	2970	2981,25	2992,50	3003,75
17	765	776,25	787,50	798,75	**67**	3015	3026,25	3037,50	3048,75
18	810	821,25	832,50	843,75	**68**	3060	3071,25	3082,50	3093,75
19	855	866,25	877,50	888,75	**69**	3105	3116,25	3127,50	3138,75
20	900	911,25	922,50	933,75	**70**	3150	3161,25	3172,50	3183,75
21	945	956,25	967,50	978,75	**71**	3195	3206,25	3217,50	3228,75
22	990	1001,25	1012,50	1023,75	**72**	3240	3251,25	3262,50	3273,75
23	1035	1046,25	1057,50	1068,75	**73**	3285	3296,25	3307,50	3318,75
24	1080	1091,25	1102,50	1113,75	**74**	3330	3341,25	3352,50	3363,75
25	1125	1136,25	1147,50	1158,75	**75**	3375	3386,25	3397,50	3408,75
26	1170	1181,25	1192,50	1203,75	**76**	3420	3431,25	3442,50	3453,75
27	1215	1226,25	1237,50	1248,75	**77**	3465	3476,25	3487,50	3498,75
28	1260	1271,25	1282,50	1293,75	**78**	3510	3521,25	3532,50	3543,75
29	1305	1316,25	1327,50	1338,75	**79**	3555	3566,25	3577,50	3588,75
30	1350	1361,25	1372,50	1383,75	**80**	3600	3611,25	3622,50	3633,75
31	1395	1406,25	1417,50	1428,75	**81**	3645	3656,25	3667,50	3678,75
32	1440	1451,25	1462,50	1473,75	**82**	3690	3701,25	3712,50	3723,75
33	1485	1496,25	1507,50	1518,75	**83**	3735	3746,25	3757,50	3768,75
34	1530	1541,25	1552,50	1563,75	**84**	3780	3791,25	3802,50	3813,75
35	1575	1586,25	1597,50	1608,75	**85**	3825	3836,25	3847,50	3858,75
36	1620	1631,25	1642,50	1653,75	**86**	3870	3881,25	3892,50	3903,75
37	1665	1676,25	1687,50	1698,75	**87**	3915	3926,25	3937,50	3948,75
38	1710	1721,25	1732,50	1743,75	**88**	3960	3971,25	3982,50	3993,75
39	1755	1766,25	1777,50	1788,75	**89**	4005	4016,25	4027,50	4038,75
40	1800	1811,25	1822,50	1833,75	**90**	4050	4061,25	4072,50	4083,75
41	1845	1856,25	1867,50	1878,75	**91**	4095	4106,25	4117,50	4128,75
42	1890	1901,25	1912,50	1923,75	**92**	4140	4151,25	4162,50	4173,75
43	1935	1946,25	1957,50	1968,75	**93**	4185	4196,25	4207,50	4218,75
44	1980	1991,25	2002,50	2013,75	**94**	4230	4241,25	4252,50	4263,75
45	2025	2036,25	2047,50	2058,75	**95**	4275	4286,25	4297,50	4308,75
46	2070	2081,25	2092,50	2103,75	**96**	4320	4331,25	4342,50	4353,75
47	2115	2126,25	2137,50	2148,75	**97**	4365	4376,25	4387,50	4398,75
48	2160	2171,25	2182,50	2193,75	**98**	4410	4421,25	4432,50	4443,75
49	2205	2216,25	2227,50	2238,75	**99**	4455	4466,25	4477,50	4488,75
50	2250	2261,25	2272,50	2283,75	**100**	4500	4511,25	4522,50	4533,75

46

		¼	½	¾			¼	½	¾
1	46	57,50	69	80,50	**51**	2346	2357,50	2369	2380,50
2	92	103,50	115	126,50	**52**	2392	2403,50	2415	2426,50
3	138	149,50	161	172,50	**53**	2438	2449,50	2461	2472,50
4	184	195,50	207	218,50	**54**	2484	2495,50	2507	2518,50
5	230	241,50	253	264,50	**55**	2530	2541,50	2553	2564,50
6	276	287,50	299	310,50	**56**	2576	2587,50	2599	2610,50
7	322	333,50	345	356,50	**57**	2622	2633,50	2645	2656,50
8	368	379,50	391	402,50	**58**	2668	2679,50	2691	2702,50
9	414	425,50	437	448,50	**59**	2714	2725,50	2737	2748,50
10	460	471,50	483	494,50	**60**	2760	2771,50	2783	2794,50
11	506	517,50	529	540,50	**61**	2806	2817,50	2829	2840,50
12	552	563,50	575	586,50	**62**	2852	2863,50	2875	2886,50
13	598	609,50	621	632,50	**63**	2898	2909,50	2921	2932,50
14	644	655,50	667	678,50	**64**	2944	2955,50	2967	2978,50
15	690	701,50	713	724,50	**65**	2990	3001,50	3013	3024,50
16	736	747,50	759	770,50	**66**	3036	3047,50	3059	3070,50
17	782	793,50	805	816,50	**67**	3082	3093,50	3105	3116,50
18	828	839,50	851	862,50	**68**	3128	3139,50	3151	3162,50
19	874	885,50	897	908,50	**69**	3174	3185,50	3197	3208,50
20	920	931,50	943	954,50	**70**	3220	3231,50	3243	3254,50
21	966	977,50	989	1000,50	**71**	3266	3277,50	3289	3300,50
22	1012	1023,50	1035	1046,50	**72**	3312	3323,50	3335	3346,50
23	1058	1069,50	1081	1092,50	**73**	3358	3369,50	3381	3392,50
24	1104	1115,50	1127	1138,50	**74**	3404	3415,50	3427	3438,50
25	1150	1161,50	1173	1184,50	**75**	3450	3461,50	3473	3484,50
26	1196	1207,50	1219	1230,50	**76**	3496	3507,50	3519	3530,50
27	1242	1253,50	1265	1276,50	**77**	3542	3553,50	3565	3576,50
28	1288	1299,50	1311	1322,50	**78**	3588	3599,50	3611	3622,50
29	1334	1345,50	1357	1368,50	**79**	3634	3645,50	3657	3668,50
30	1380	1391,50	1403	1414,50	**80**	3680	3691,50	3703	3714,50
31	1426	1437,50	1449	1460,50	**81**	3726	3737,50	3749	3760,50
32	1472	1483,50	1495	1506,50	**82**	3772	3783,50	3795	3806,50
33	1518	1529,50	1541	1552,50	**83**	3818	3829,50	3841	3852,50
34	1564	1575,50	1587	1598,50	**84**	3864	3875,50	3887	3898,50
35	1610	1621,50	1633	1644,50	**85**	3910	3921,50	3933	3944,50
36	1656	1667,50	1679	1690,50	**86**	3956	3967,50	3979	3990,50
37	1702	1713,50	1725	1736,50	**87**	4002	4013,50	4025	4036,50
38	1748	1759,50	1771	1782,50	**88**	4048	4059,50	4071	4082,50
39	1794	1805,50	1817	1828,50	**89**	4094	4105,50	4117	4128,50
40	1840	1851,50	1863	1874,50	**90**	4140	4151,50	4163	4174,50
41	1886	1897,50	1909	1920,50	**91**	4186	4197,50	4209	4220,50
42	1932	1943,50	1955	1966,50	**92**	4232	4243,50	4255	4266,50
43	1978	1989,50	2001	2012,50	**93**	4278	4289,50	4301	4312,50
44	2024	2035,50	2047	2058,50	**94**	4324	4335,50	4347	4358,50
45	2070	2081,50	2093	2104,50	**95**	4370	4381,50	4393	4404,50
46	2116	2127,50	2139	2150,50	**96**	4416	4427,50	4439	4450,50
47	2162	2173,50	2185	2196,50	**97**	4462	4473,50	4485	4496,50
48	2208	2219,50	2231	2242,50	**98**	4508	4519,50	4531	4542,50
49	2254	2265,50	2277	2288,50	**99**	4554	4565,50	4577	4588,50
50	2300	2311,50	2323	2334,50	**100**	4600	4611,50	4623	4634,50

47

		¼	½	¾			¼	½	¾
1	47	58,75	70,50	82,25	**51**	2397	2408,75	2420,50	2432,25
2	94	105,75	117,50	129,25	**52**	2444	2455,75	2467,50	2479,25
3	141	152,75	164,50	176,25	**53**	2491	2502,75	2514,50	2526,25
4	188	199,75	211,50	223,25	**54**	2538	2549,75	2561,50	2573,25
5	235	246,75	258,50	270,25	**55**	2585	2596,75	2608,50	2620,25
6	282	293,75	305,50	317,25	**56**	2632	2643,75	2655,50	2667,25
7	329	340,75	352,50	364,25	**57**	2679	2690,75	2702,50	2714,25
8	376	387,75	399,50	411,25	**58**	2726	2737,75	2749,50	2761,25
9	423	434,75	446,50	458,25	**59**	2773	2784,75	2796,50	2808,25
10	470	481,75	493,50	505,25	**60**	2820	2831,75	2843,50	2855,25
11	517	528,75	540,50	552,25	**61**	2867	2878,75	2890,50	2902,25
12	564	575,75	587,50	599,25	**62**	2914	2925,75	2937,50	2949,25
13	611	622,75	634,50	646,25	**63**	2961	2972,75	2984,50	2996,25
14	658	669,75	681,50	693,25	**64**	3008	3019,75	3031,50	3043,25
15	705	716,75	728,50	740,25	**65**	3055	3066,75	3078,50	3090,25
16	752	763,75	775,50	787,25	**66**	3102	3113,75	3125,50	3137,25
17	799	810,75	822,50	834,25	**67**	3149	3160,75	3172,50	3184,25
18	846	857,75	869,50	881,25	**68**	3196	3207,75	3219,50	3231,25
19	893	904,75	916,50	928,25	**69**	3243	3254,75	3266,50	3278,25
20	940	951,75	963,50	975,25	**70**	3290	3301,75	3313,50	3325,25
21	987	998,75	1010,50	1022,25	**71**	3337	3348,75	3360,50	3372,25
22	1034	1045,75	1057,50	1069,25	**72**	3384	3395,75	3407,50	3419,25
23	1081	1092,75	1104,50	1116,25	**73**	3431	3442,75	3454,50	3466,25
24	1128	1139,75	1151,50	1163,25	**74**	3478	3489,75	3501,50	3513,25
25	1175	1186,75	1198,50	1210,25	**75**	3525	3536,75	3548,50	3560,25
26	1222	1233,75	1245,50	1257,25	**76**	3572	3583,75	3595,50	3607,25
27	1269	1280,75	1292,50	1304,25	**77**	3619	3630,75	3642,50	3654,25
28	1316	1327,75	1339,50	1351,25	**78**	3666	3677,75	3689,50	3701,25
29	1363	1374,75	1386,50	1398,25	**79**	3713	3724,75	3736,50	3748,25
30	1410	1421,75	1433,50	1445,25	**80**	3760	3771,75	3783,50	3795,25
31	1457	1468,75	1480,50	1492,25	**81**	3807	3818,75	3830,50	3842,25
32	1504	1515,75	1527,50	1539,25	**82**	3854	3865,75	3877,50	3889,25
33	1551	1562,75	1574,50	1586,25	**83**	3901	3912,75	3924,50	3936,25
34	1598	1609,75	1621,50	1633,25	**84**	3948	3959,75	3971,50	3983,25
35	1645	1656,75	1668,50	1680,25	**85**	3995	4006,75	4018,50	4030,25
36	1692	1703,75	1715,50	1727,25	**86**	4042	4053,75	4065,50	4077,25
37	1739	1750,75	1762,50	1774,25	**87**	4089	4100,75	4112,50	4124,25
38	1786	1797,75	1809,50	1821,25	**88**	4136	4147,75	4159,50	4171,25
39	1833	1844,75	1856,50	1868,25	**89**	4183	4194,75	4206,50	4218,25
40	1880	1891,75	1903,50	1915,25	**90**	4230	4241,75	4253,50	4265,25
41	1927	1938,75	1950,50	1962,25	**91**	4277	4288,75	4300,50	4312,25
42	1974	1985,75	1997,50	2009,25	**92**	4324	4335,75	4347,50	4359,25
43	2021	2032,75	2044,50	2056,25	**93**	4371	4382,75	4394,50	4406,25
44	2068	2079,75	2091,50	2103,25	**94**	4418	4429,75	4441,50	4453,25
45	2115	2126,75	2138,50	2150,25	**95**	4465	4476,75	4488,50	4500,25
46	2162	2173,75	2185,50	2197,25	**96**	4512	4523,75	4535,50	4547,25
47	2209	2220,75	2232,50	2244,25	**97**	4559	4570,75	4582,50	4594,25
48	2256	2267,75	2279,50	2291,25	**98**	4606	4617,75	4629,50	4641,25
49	2303	2314,75	2326,50	2338,25	**99**	4653	4664,75	4676,50	4688,25
50	2350	2361,75	2373,50	2385,25	**100**	4700	4711,75	4723,50	4735,25

48

		¼	½	¾			¼	½	¾
1	48	60	72	84	**51**	2448	2460	2472	2484
2	96	108	120	132	**52**	2496	2508	2520	2532
3	144	156	168	180	**53**	2544	2556	2568	2580
4	192	204	216	228	**54**	2592	2604	2616	2628
5	240	252	264	276	**55**	2640	2652	2664	2676
6	288	300	312	324	**56**	2688	2700	2712	2724
7	336	348	360	372	**57**	2736	2748	2760	2772
8	384	396	408	420	**58**	2784	2796	2808	2820
9	432	444	456	468	**59**	2832	2844	2856	2868
10	480	492	504	516	**60**	2880	2892	2904	2916
11	528	540	552	564	**61**	2928	2940	2952	2964
12	576	588	600	612	**62**	2976	2988	3000	3012
13	624	636	648	660	**63**	3024	3036	3048	3060
14	672	684	696	708	**64**	3072	3084	3096	3108
15	720	732	744	756	**65**	3120	3132	3144	3156
16	768	780	792	804	**66**	3168	3180	3192	3204
17	816	828	840	852	**67**	3216	3228	3240	3252
18	864	876	888	900	**68**	3264	3276	3288	3300
19	912	924	936	948	**69**	3312	3324	3336	3348
20	960	972	984	996	**70**	3360	3372	3384	3396
21	1008	1020	1032	1044	**71**	3408	3420	3432	3444
22	1056	1068	1080	1092	**72**	3456	3468	3480	3492
23	1104	1116	1128	1140	**73**	3504	3516	3528	3540
24	1152	1164	1176	1188	**74**	3552	3564	3576	3588
25	1200	1212	1224	1236	**75**	3600	3612	3624	3636
26	1248	1260	1272	1284	**76**	3648	3660	3672	3684
27	1296	1308	1320	1332	**77**	3696	3708	3720	3732
28	1344	1356	1368	1380	**78**	3744	3756	3768	3780
29	1392	1404	1416	1428	**79**	3792	3804	3816	3828
30	1440	1452	1464	1476	**80**	3840	3852	3864	3876
31	1488	1500	1512	1524	**81**	3888	3900	3912	3924
32	1536	1548	1560	1572	**82**	3936	3948	3960	3972
33	1584	1596	1608	1620	**83**	3984	3996	4008	4020
34	1632	1644	1656	1668	**84**	4032	4044	4056	4068
35	1680	1692	1704	1716	**85**	4080	4092	4104	4116
36	1728	1740	1752	1764	**86**	4128	4140	4152	4164
37	1776	1788	1800	1812	**87**	4176	4188	4200	4212
38	1824	1836	1848	1860	**88**	4224	4236	4248	4260
39	1872	1884	1896	1908	**89**	4272	4284	4296	4308
40	1920	1932	1944	1956	**90**	4320	4332	4344	4356
41	1968	1980	1992	2004	**91**	4368	4380	4392	4404
42	2016	2028	2040	2052	**92**	4416	4428	4440	4452
43	2064	2076	2088	2100	**93**	4464	4476	4488	4500
44	2112	2124	2136	2148	**94**	4512	4524	4536	4548
45	2160	2172	2184	2196	**95**	4560	4572	4584	4596
46	2208	2220	2232	2244	**96**	4608	4620	4632	4644
47	2256	2268	2280	2292	**97**	4656	4668	4680	4692
48	2304	2316	2328	2340	**98**	4704	4716	4728	4740
49	2352	2364	2376	2388	**99**	4752	4764	4776	4788
50	2400	2412	2424	2436	**100**	4800	4812	4824	4836

49

		¼	½	¾			¼	½	¾
1	49	61,25	73,50	85,75	**51**	2499	2511,25	2523,50	2535,75
2	98	110,25	122,50	134,75	**52**	2548	2560,25	2572,50	2584,75
3	147	159,25	171,50	183,75	**53**	2597	2609,25	2621,50	2633,75
4	196	208,25	220,50	232,75	**54**	2646	2658,25	2670,50	2682,75
5	245	257,25	269,50	281,75	**55**	2695	2707,25	2719,50	2731,75
6	294	306,25	318,50	330,75	**56**	2744	2756,25	2768,50	2780,75
7	343	355,25	367,50	379,75	**57**	2793	2805,25	2817,50	2829,75
8	392	404,25	416,50	428,75	**58**	2842	2854,25	2866,50	2878,75
9	441	453,25	465,50	477,75	**59**	2891	2903,25	2915,50	2927,75
10	490	502,25	514,50	526,75	**60**	2940	2952,25	2964,50	2976,75
11	539	551,25	563,50	575,75	**61**	2989	3001,25	3013,50	3025,75
12	588	600,25	612,50	624,75	**62**	3038	3050,25	3062,50	3074,75
13	637	649,25	661,50	673,75	**63**	3087	3099,25	3111,50	3123,75
14	686	698,25	710,50	722,75	**64**	3136	3148,25	3160,50	3172,75
15	735	747,25	759,50	771,75	**65**	3185	3197,25	3209,50	3221,75
16	784	796,25	808,50	820,75	**66**	3234	3246,25	3258,50	3270,75
17	833	845,25	857,50	869,75	**67**	3283	3295,25	3307,50	3319,75
18	882	894,25	906,50	918,75	**68**	3332	3344,25	3356,50	3368,75
19	931	943,25	955,50	967,75	**69**	3381	3393,25	3405,50	3417,75
20	980	992,25	1004,50	1016,75	**70**	3430	3442,25	3454,50	3466,75
21	1029	1041,25	1053,50	1065,75	**71**	3479	3491,25	3503,50	3515,75
22	1078	1090,25	1102,50	1114,75	**72**	3528	3540,25	3552,50	3564,75
23	1127	1139,25	1151,50	1163,75	**73**	3577	3589,25	3601,50	3613,75
24	1176	1188,25	1200,50	1212,75	**74**	3626	3638,25	3650,50	3662,75
25	1225	1237,25	1249,50	1261,75	**75**	3675	3687,25	3699,50	3711,75
26	1274	1286,25	1298,50	1310,75	**76**	3724	3736,25	3748,50	3760,75
27	1323	1335,25	1347,50	1359,75	**77**	3773	3785,25	3797,50	3809,75
28	1372	1384,25	1396,50	1408,75	**78**	3822	3834,25	3846,50	3858,75
29	1421	1433,25	1445,50	1457,75	**79**	3871	3883,25	3895,50	3907,75
30	1470	1482,25	1494,50	1506,75	**80**	3920	3932,25	3944,50	3956,75
31	1519	1531,25	1543,50	1555,75	**81**	3969	3981,25	3993,50	4005,75
32	1568	1580,25	1592,50	1604,75	**82**	4018	4030,25	4042,50	4054,75
33	1617	1629,25	1641,50	1653,75	**83**	4067	4079,25	4091,50	4103,75
34	1666	1678,25	1690,50	1702,75	**84**	4116	4128,25	4140,50	4152,75
35	1715	1727,25	1739,50	1751,75	**85**	4165	4177,25	4189,50	4201,75
36	1764	1776,25	1788,50	1800,75	**86**	4214	4226,25	4238,50	4250,75
37	1813	1825,25	1837,50	1849,75	**87**	4263	4275,25	4287,50	4299,75
38	1862	1874,25	1886,50	1898,75	**88**	4312	4324,25	4336,50	4348,75
39	1911	1923,25	1935,50	1947,75	**89**	4361	4373,25	4385,50	4397,75
40	1960	1972,25	1984,50	1996,75	**90**	4410	4422,25	4434,50	4446,75
41	2009	2021,25	2033,50	2045,75	**91**	4459	4471,25	4483,50	4495,75
42	2058	2070,25	2082,50	2094,75	**92**	4508	4520,25	4532,50	4544,75
43	2107	2119,25	2131,50	2143,75	**93**	4557	4569,25	4581,50	4593,75
44	2156	2168,25	2180,50	2192,75	**94**	4606	4618,25	4630,50	4642,75
45	2205	2217,25	2229,50	2241,75	**95**	4655	4667,25	4679,50	4691,75
46	2254	2266,25	2278,50	2290,75	**96**	4704	4716,25	4728,50	4740,75
47	2303	2315,25	2327,50	2339,75	**97**	4753	4765,25	4777,50	4789,75
48	2352	2364,25	2376,50	2388,75	**98**	4802	4814,25	4826,50	4838,75
49	2401	2413,25	2425,50	2437,75	**99**	4851	4863,25	4875,50	4887,75
50	2450	2462,25	2474,50	2486,75	**100**	4900	4912,25	4924,50	4936,75

50

		¼	½	¾			¼	½	¾
1	50	62,50	75	87,50	**51**	2550	2562,50	2575	2587,50
2	100	112,50	125	137,50	**52**	2600	2612,50	2625	2637,50
3	150	162,50	175	187,50	**53**	2650	2662,50	2675	2687,50
4	200	212,50	225	237,50	**54**	2700	2712,50	2725	2737,50
5	250	262,50	275	287,50	**55**	2750	2762,50	2775	2787,50
6	300	312,50	325	337,50	**56**	2800	2812,50	2825	2837,50
7	350	362,50	375	387,50	**57**	2850	2862,50	2875	2887,50
8	400	412,50	425	437,50	**58**	2900	2912,50	2925	2937,50
9	450	462,50	475	487,50	**59**	2950	2962,50	2975	2987,50
10	500	512,50	525	537,50	**60**	3000	3012,50	3025	3037,50
11	550	562,50	575	587,50	**61**	3050	3062,50	3075	3087,50
12	600	612,50	625	637,50	**62**	3100	3112,50	3125	3137,50
13	650	662,50	675	687,50	**63**	3150	3162,50	3175	3187,50
14	700	712,50	725	737,50	**64**	3200	3212,50	3225	3237,50
15	750	762,50	775	787,50	**65**	3250	3262,50	3275	3287,50
16	800	812,50	825	837,50	**66**	3300	3312,50	3325	3337,50
17	850	862,50	875	887,50	**67**	3350	3362,50	3375	3387,50
18	900	912,50	925	937,50	**68**	3400	3412,50	3425	3437,50
19	950	962,50	975	987,50	**69**	3450	3462,50	3475	3487,50
20	1000	1012,50	1025	1037,50	**70**	3500	3512,50	3525	3537,50
21	1050	1062,50	1075	1087,50	**71**	3550	3562,50	3575	3587,50
22	1100	1112,50	1125	1137,50	**72**	3600	3612,50	3625	3637,50
23	1150	1162,50	1175	1187,50	**73**	3650	3662,50	3675	3687,50
24	1200	1212,50	1225	1237,50	**74**	3700	3712,50	3725	3737,50
25	1250	1262,50	1275	1287,50	**75**	3750	3762,50	3775	3787,50
26	1300	1312,50	1325	1337,50	**76**	3800	3812,50	3825	3837,50
27	1350	1362,50	1375	1387,50	**77**	3850	3862,50	3875	3887,50
28	1400	1412,50	1425	1437,50	**78**	3900	3912,50	3925	3937,50
29	1450	1462,50	1475	1487,50	**79**	3950	3962,50	3975	3987,50
30	1500	1512,50	1525	1537,50	**80**	4000	4012,50	4025	4037,50
31	1550	1562,50	1575	1587,50	**81**	4050	4062,50	4075	4087,50
32	1600	1612,50	1625	1637,50	**82**	4100	4112,50	4125	4137,50
33	1650	1662,50	1675	1687,50	**83**	4150	4162,50	4175	4187,50
34	1700	1712,50	1725	1737,50	**84**	4200	4212,50	4225	4237,50
35	1750	1762,50	1775	1787,50	**85**	4250	4262,50	4275	4287,50
36	1800	1812,50	1825	1837,50	**86**	4300	4312,50	4325	4337,50
37	1850	1862,50	1875	1887,50	**87**	4350	4362,50	4375	4387,50
38	1900	1912,50	1925	1937,50	**88**	4400	4412,50	4425	4437,50
39	1950	1962,50	1975	1987,50	**89**	4450	4462,50	4475	4487,50
40	2000	2012,50	2025	2037,50	**90**	4500	4512,50	4525	4537,50
41	2050	2062,50	2075	2087,50	**91**	4550	4562,50	4575	4587,50
42	2100	2112,50	2125	2137,50	**92**	4600	4612,50	4625	4637,50
43	2150	2162,50	2175	2187,50	**93**	4650	4662,50	4675	4687,50
44	2200	2212,50	2225	2237,50	**94**	4700	4712,50	4725	4737,50
45	2250	2262,50	2275	2287,50	**95**	4750	4762,50	4775	4787,50
46	2300	2312,50	2325	2337,50	**96**	4800	4812,50	4825	4837,50
47	2350	2362,50	2375	2387,50	**97**	4850	4862,50	4875	4887,50
48	2400	2412,50	2425	2437,50	**98**	4900	4912,50	4925	4937,50
49	2450	2462,50	2475	2487,50	**99**	4950	4962,50	4975	4987,50
50	2500	2512,50	2525	2537,50	**100**	5000	5012,50	5025	5037,50

51

		¼	½	¾			¼	½	¾
1	51	63,75	76,50	89,25	**51**	2601	2613,75	2626,50	2639,25
2	102	114,75	127,50	140,25	**52**	2652	2664,75	2677,50	2690,25
3	153	165,75	178,50	191,25	**53**	2703	2715,75	2728,50	2741,25
4	204	216,75	229,50	242,25	**54**	2754	2766,75	2779,50	2792,25
5	255	267,75	280,50	293,25	**55**	2805	2817,75	2830,50	2843,25
6	306	318,75	331,50	344,25	**56**	2856	2868,75	2881,50	2894,25
7	357	369,75	382,50	395,25	**57**	2907	2919,75	2932,50	2945,25
8	408	420,75	433,50	446,25	**58**	2958	2970,75	2983,50	2996,25
9	459	471,75	484,50	497,25	**59**	3009	3021,75	3034,50	3047,25
10	510	522,75	535,50	548,25	**60**	3060	3072,75	3085,50	3098,25
11	561	573,75	586,50	599,25	**61**	3111	3123,75	3136,50	3149,25
12	612	624,75	637,50	650,25	**62**	3162	3174,75	3187,50	3200,25
13	663	675,75	688,50	701,25	**63**	3213	3225,75	3238,50	3251,25
14	714	726,75	739,50	752,25	**64**	3264	3276,75	3289,50	3302,25
15	765	777,75	790,50	803,25	**65**	3315	3327,75	3340,50	3353,25
16	816	828,75	841,50	854,25	**66**	3366	3378,75	3391,50	3404,25
17	867	879,75	892,50	905,25	**67**	3417	3429,75	3442,50	3455,25
18	918	930,75	943,50	956,25	**68**	3468	3480,75	3493,50	3506,25
19	969	981,75	994,50	1007,25	**69**	3519	3531,75	3544,50	3557,25
20	1020	1032,75	1045,50	1058,25	**70**	3570	3582,75	3595,50	3608,25
21	1071	1083,75	1096,50	1109,25	**71**	3621	3633,75	3646,50	3659,25
22	1122	1134,75	1147,50	1160,25	**72**	3672	3684,75	3697,50	3710,25
23	1173	1185,75	1198,50	1211,25	**73**	3723	3735,75	3748,50	3761,25
24	1224	1236,75	1249,50	1262,25	**74**	3774	3786,75	3799,50	3812,25
25	1275	1287,75	1300,50	1313,25	**75**	3825	3837,75	3850,50	3863,25
26	1326	1338,75	1351,50	1364,25	**76**	3876	3888,75	3901,50	3914,25
27	1377	1389,75	1402,50	1415,25	**77**	3927	3939,75	3952,50	3965,25
28	1428	1440,75	1453,50	1466,25	**78**	3978	3990,75	4003,50	4016,25
29	1479	1491,75	1504,50	1517,25	**79**	4029	4041,75	4054,50	4067,25
30	1530	1542,75	1555,50	1568,25	**80**	4080	4092,75	4105,50	4118,25
31	1581	1593,75	1606,50	1619,25	**81**	4131	4143,75	4156,50	4169,25
32	1632	1644,75	1657,50	1670,25	**82**	4182	4194,75	4207,50	4220,25
33	1683	1695,75	1708,50	1721,25	**83**	4233	4245,75	4258,50	4271,25
34	1734	1746,75	1759,50	1772,25	**84**	4284	4296,75	4309,50	4322,25
35	1785	1797,75	1810,50	1823,25	**85**	4335	4347,75	4360,50	4373,25
36	1836	1848,75	1861,50	1874,25	**86**	4386	4398,75	4411,50	4424,25
37	1887	1899,75	1912,50	1925,25	**87**	4437	4449,75	4462,50	4475,25
38	1938	1950,75	1963,50	1976,25	**88**	4488	4500,75	4513,50	4526,25
39	1989	2001,75	2014,50	2027,25	**89**	4539	4551,75	4564,50	4577,25
40	2040	2052,75	2065,50	2078,25	**90**	4590	4602,75	4615,50	4628,25
41	2091	2103,75	2116,50	2129,25	**91**	4641	4653,75	4666,50	4679,25
42	2142	2154,75	2167,50	2180,25	**92**	4692	4704,75	4717,50	4730,25
43	2193	2205,75	2218,50	2231,25	**93**	4743	4755,75	4768,50	4781,25
44	2244	2256,75	2269,50	2282,25	**94**	4794	4806,75	4819,50	4832,25
45	2295	2307,75	2320,50	2333,25	**95**	4845	4857,75	4870,50	4883,25
46	2346	2358,75	2371,50	2384,25	**96**	4896	4908,75	4921,50	4934,25
47	2397	2409,75	2422,50	2435,25	**97**	4947	4959,75	4972,50	4985,25
48	2448	2460,75	2473,50	2486,25	**98**	4998	5010,75	5023,50	5036,25
49	2499	2511,75	2524,50	2537,25	**99**	5049	5061,75	5074,50	5087,25
50	2550	2562,75	2575,50	2588,25	**100**	5100	5112,75	5125,50	5138,25

52

		¼	½	¾			¼	½	¾
1	52	65	78	91	**51**	2652	2665	2678	2691
2	104	117	130	143	**52**	2704	2717	2730	2743
3	156	169	182	195	**53**	2756	2769	2782	2795
4	208	221	234	247	**54**	2808	2821	2834	2847
5	260	273	286	299	**55**	2860	2873	2886	2899
6	312	325	338	351	**56**	2912	2925	2938	2951
7	364	377	390	403	**57**	2964	2977	2990	3003
8	416	429	442	455	**58**	3016	3029	3042	3055
9	468	481	494	507	**59**	3068	3081	3094	3107
10	520	533	546	559	**60**	3120	3133	3146	3159
11	572	585	598	611	**61**	3172	3185	3198	3211
12	624	637	650	663	**62**	3224	3237	3250	3263
13	676	689	702	715	**63**	3276	3289	3302	3315
14	728	741	754	767	**64**	3328	3341	3354	3367
15	780	793	806	819	**65**	3380	3393	3406	3419
16	832	845	858	871	**66**	3432	3445	3458	3471
17	884	897	910	923	**67**	3484	3497	3510	3523
18	936	949	962	975	**68**	3536	3549	3562	3575
19	988	1001	1014	1027	**69**	3588	3601	3614	3627
20	1040	1053	1066	1079	**70**	3640	3653	3666	3679
21	1092	1105	1118	1131	**71**	3692	3705	3718	3731
22	1144	1157	1170	1183	**72**	3744	3757	3770	3783
23	1196	1209	1222	1235	**73**	3796	3809	3822	3835
24	1248	1261	1274	1287	**74**	3848	3861	3874	3887
25	1300	1313	1326	1339	**75**	3900	3913	3926	3939
26	1352	1365	1378	1391	**76**	3952	3965	3978	3991
27	1404	1417	1430	1443	**77**	4004	4017	4030	4043
28	1456	1469	1482	1495	**78**	4056	4069	4082	4095
29	1508	1521	1534	1547	**79**	4108	4121	4134	4147
30	1560	1573	1586	1599	**80**	4160	4173	4186	4199
31	1612	1625	1638	1651	**81**	4212	4225	4238	4251
32	1664	1677	1690	1703	**82**	4264	4277	4290	4303
33	1716	1729	1742	1755	**83**	4316	4329	4342	4355
34	1768	1781	1794	1807	**84**	4368	4381	4394	4407
35	1820	1833	1846	1859	**85**	4420	4433	4446	4459
36	1872	1885	1898	1911	**86**	4472	4485	4498	4511
37	1924	1937	1950	1963	**87**	4524	4537	4550	4563
38	1976	1989	2002	2015	**88**	4576	4589	4602	4615
39	2028	2041	2054	2067	**89**	4628	4641	4654	4667
40	2080	2093	2106	2119	**90**	4680	4693	4706	4719
41	2132	2145	2158	2171	**91**	4732	4745	4758	4771
42	2184	2197	2210	2223	**92**	4784	4797	4810	4823
43	2236	2249	2262	2275	**93**	4836	4849	4862	4875
44	2288	2301	2314	2327	**94**	4888	4901	4914	4927
45	2340	2353	2366	2379	**95**	4940	4953	4966	4979
46	2392	2405	2418	2431	**96**	4992	5005	5018	5031
47	2444	2457	2470	2483	**97**	5044	5057	5070	5083
48	2496	2509	2522	2535	**98**	5096	5109	5122	5135
49	2548	2561	2574	2587	**99**	5148	5161	5174	5187
50	2600	2613	2626	2639	**100**	5200	5213	5226	5239

53

		¼	½	¾			¼	½	¾
1	53	66,25	79,50	92,75	**51**	2703	2716,25	2729,50	2742,75
2	106	119,25	132,50	145,75	**52**	2756	2769,25	2782,50	2795,75
3	159	172,25	185,50	198,75	**53**	2809	2822,25	2835,50	2848,75
4	212	225,25	238,50	251,75	**54**	2862	2875,25	2888,50	2901,75
5	265	278,25	291,50	304,75	**55**	2915	2928,25	2941,50	2954,75
6	318	331,25	344,50	357,75	**56**	2968	2981,25	2994,50	3007,75
7	371	384,25	397,50	410,75	**57**	3021	3034,25	3047,50	3060,75
8	424	437,25	450,50	463,75	**58**	3074	3087,25	3100,50	3113,75
9	477	490,25	503,50	516,75	**59**	3127	3140,25	3153,50	3166,75
10	530	543,25	556,50	569,75	**60**	3180	3193,25	3206,50	3219,75
11	583	596,25	609,50	622,75	**61**	3233	3246,25	3259,50	3272,75
12	636	649,25	662,50	675,75	**62**	3286	3299,25	3312,50	3325,75
13	689	702,25	715,50	728,75	**63**	3339	3352,25	3365,50	3378,75
14	742	755,25	768,50	781,75	**64**	3392	3405,25	3418,50	3431,75
15	795	808,25	821,50	834,75	**65**	3445	3458,25	3471,50	3484,75
16	848	861,25	874,50	887,75	**66**	3498	3511,25	3524,50	3537,75
17	901	914,25	927,50	940,75	**67**	3551	3564,25	3577,50	3590,75
18	954	967,25	980,50	993,75	**68**	3604	3617,25	3630,50	3643,75
19	1007	1020,25	1033,50	1046,75	**69**	3657	3670,25	3683,50	3696,75
20	1060	1073,25	1086,50	1099,75	**70**	3710	3723,25	3736,50	3749,75
21	1113	1126,25	1139,50	1152,75	**71**	3763	3776,25	3789,50	3802,75
22	1166	1179,25	1192,50	1205,75	**72**	3816	3829,25	3842,50	3855,75
23	1219	1232,25	1245,50	1258,75	**73**	3869	3882,25	3895,50	3908,75
24	1272	1285,25	1298,50	1311,75	**74**	3922	3935,25	3948,50	3961,75
25	1325	1338,25	1351,50	1364,75	**75**	3975	3988,25	4001,50	4014,75
26	1378	1391,25	1404,50	1417,75	**76**	4028	4041,25	4054,50	4067,75
27	1431	1444,25	1457,50	1470,75	**77**	4081	4094,25	4107,50	4120,75
28	1484	1497,25	1510,50	1523,75	**78**	4134	4147,25	4160,50	4173,75
29	1537	1550,25	1563,50	1576,75	**79**	4187	4200,25	4213,50	4226,75
30	1590	1603,25	1616,50	1629,75	**80**	4240	4253,25	4266,50	4279,75
31	1643	1656,25	1669,50	1682,75	**81**	4293	4306,25	4319,50	4332,75
32	1696	1709,25	1722,50	1735,75	**82**	4346	4359,25	4372,50	4385,75
33	1749	1762,25	1775,50	1788,75	**83**	4399	4412,25	4425,50	4438,75
34	1802	1815,25	1828,50	1841,75	**84**	4452	4465,25	4478,50	4491,75
35	1855	1868,25	1881,50	1894,75	**85**	4505	4518,25	4531,50	4544,75
36	1908	1921,25	1934,50	1947,75	**86**	4558	4571,25	4584,50	4597,75
37	1961	1974,25	1987,50	2000,75	**87**	4611	4624,25	4637,50	4650,75
38	2014	2027,25	2040,50	2053,75	**88**	4664	4677,25	4690,50	4703,75
39	2067	2080,25	2093,50	2106,75	**89**	4717	4730,25	4743,50	4756,75
40	2120	2133,25	2146,50	2159,75	**90**	4770	4783,25	4796,50	4809,75
41	2173	2186,25	2199,50	2212,75	**91**	4823	4836,25	4849,50	4862,75
42	2226	2239,25	2252,50	2265,75	**92**	4876	4889,25	4902,50	4915,75
43	2279	2292,25	2305,50	2318,75	**93**	4929	4942,25	4955,50	4968,75
44	2332	2345,25	2358,50	2371,75	**94**	4982	4995,25	5008,50	5021,75
45	2385	2398,25	2411,50	2424,75	**95**	5035	5048,25	5061,50	5074,75
46	2438	2451,25	2464,50	2477,75	**96**	5088	5101,25	5114,50	5127,75
47	2491	2504,25	2517,50	2530,75	**97**	5141	5154,25	5167,50	5180,75
48	2544	2557,25	2570,50	2583,75	**98**	5194	5207,25	5220,50	5233,75
49	2597	2610,25	2623,50	2636,75	**99**	5247	5260,25	5273,50	5286,75
50	2650	2663,25	2676,50	2689,75	**100**	5300	5313,25	5326,50	5339,75

54

		¼	½	¾			¼	½	¾
1	54	67,50	81	94,50	**51**	2754	2767,50	2781	2794,50
2	108	121,50	135	148,50	**52**	2808	2821,50	2835	2848,50
3	162	175,50	189	202,50	**53**	2862	2875,50	2889	2902,50
4	216	229,50	243	256,50	**54**	2916	2929,50	2943	2956,50
5	270	283,50	297	310,50	**55**	2970	2983,50	2997	3010,50
6	324	337,50	351	364,50	**56**	3024	3037,50	3051	3064,50
7	378	391,50	405	418,50	**57**	3078	3091,50	3105	3118,50
8	432	445,50	459	472,50	**58**	3132	3145,50	3159	3172,50
9	486	499,50	513	526,50	**59**	3186	3199,50	3213	3226,50
10	540	553,50	567	580,50	**60**	3240	3253,50	3267	3280,50
11	594	607,50	621	634,50	**61**	3294	3307,50	3321	3334,50
12	648	661,50	675	688,50	**62**	3348	3361,50	3375	3388,50
13	702	715,50	729	742,50	**63**	3402	3415,50	3429	3442,50
14	756	769,50	783	796,50	**64**	3456	3469,50	3483	3496,50
15	810	823,50	837	850,50	**65**	3510	3523,50	3537	3550,50
16	864	877,50	891	904,50	**66**	3564	3577,50	3591	3604,50
17	918	931,50	945	958,50	**67**	3618	3631,50	3645	3658,50
18	972	985,50	999	1012,50	**68**	3672	3685,50	3699	3712,50
19	1026	1039,50	1053	1066,50	**69**	3726	3739,50	3753	3766,50
20	1080	1093,50	1107	1120,50	**70**	3780	3793,50	3807	3820,50
21	1134	1147,50	1161	1174,50	**71**	3834	3847,50	3861	3874,50
22	1188	1201,50	1215	1228,50	**72**	3888	3901,50	3915	3928,50
23	1242	1255,50	1269	1282,50	**73**	3942	3955,50	3969	3982,50
24	1296	1309,50	1323	1336,50	**74**	3996	4009,50	4023	4036,50
25	1350	1363,50	1377	1390,50	**75**	4050	4063,50	4077	4090,50
26	1404	1417,50	1431	1444,50	**76**	4104	4117,50	4131	4144,50
27	1458	1471,50	1485	1498,50	**77**	4158	4171,50	4185	4198,50
28	1512	1525,50	1539	1552,50	**78**	4212	4225,50	4239	4252,50
29	1566	1579,50	1593	1606,50	**79**	4266	4279,50	4293	4306,50
30	1620	1633,50	1647	1660,50	**80**	4320	4333,50	4347	4360,50
31	1674	1687,50	1701	1714,50	**81**	4374	4387,50	4401	4414,50
32	1728	1741,50	1755	1768,50	**82**	4428	4441,50	4455	4468,50
33	1782	1795,50	1809	1822,50	**83**	4482	4495,50	4509	4522,50
34	1836	1849,50	1863	1876,50	**84**	4536	4549,50	4563	4576,50
35	1890	1903,50	1917	1930,50	**85**	4590	4603,50	4617	4630,50
36	1944	1957,50	1971	1984,50	**86**	4644	4657,50	4671	4684,50
37	1998	2011,50	2025	2038,50	**87**	4698	4711,50	4725	4738,50
38	2052	2065,50	2079	2092,50	**88**	4752	4765,50	4779	4792,50
39	2106	2119,50	2133	2146,50	**89**	4806	4819,50	4833	4846,50
40	2160	2173,50	2187	2200,50	**90**	4860	4873,50	4887	4900,50
41	2214	2227,50	2241	2254,50	**91**	4914	4927,50	4941	4954,50
42	2268	2281,50	2295	2308,50	**92**	4968	4981,50	4995	5008,50
43	2322	2335,50	2349	2362,50	**93**	5022	5035,50	5049	5062,50
44	2376	2389,50	2403	2416,50	**94**	5076	5089,50	5103	5116,50
45	2430	2443,50	2457	2470,50	**95**	5130	5143,50	5157	5170,50
46	2484	2497,50	2511	2524,50	**96**	5184	5197,50	5211	5224,50
47	2538	2551,50	2565	2578,50	**97**	5238	5251,50	5265	5278,50
48	2592	2605,50	2619	2632,50	**98**	5292	5305,50	5319	5332,50
49	2646	2659,50	2673	2686,50	**99**	5346	5359,50	5373	5386,50
50	2700	2713,50	2727	2740,50	**100**	5400	5413,50	5427	5440,50

55

		¼	½	¾			¼	½	¾
1	55	68,75	82,50	96,25	**51**	2805	2818,75	2832,50	2846,25
2	110	123,75	137,50	151,25	**52**	2860	2873,75	2887,50	2901,25
3	165	178,75	192,50	206,25	**53**	2915	2928,75	2942,50	2956,25
4	220	233,75	247,50	261,25	**54**	2970	2983,75	2997,50	3011,25
5	275	288,75	302,50	316,25	**55**	3025	3038,75	3052,50	3066,25
6	330	343,75	357,50	371,25	**56**	3080	3093,75	3107,50	3121,25
7	385	398,75	412,50	426,25	**57**	3135	3148,75	3162,50	3176,25
8	440	453,75	467,50	481,25	**58**	3190	3203,75	3217,50	3231,25
9	495	508,75	522,50	536,25	**59**	3245	3258,75	3272,50	3286,25
10	550	563,75	577,50	591,25	**60**	3300	3313,75	3327,50	3341,25
11	605	618,75	632,50	646,25	**61**	3355	3368,75	3382,50	3396,25
12	660	673,75	687,50	701,25	**62**	3410	3423,75	3437,50	3451,25
13	715	728,75	742,50	756,25	**63**	3465	3478,75	3492,50	3506,25
14	770	783,75	797,50	811,25	**64**	3520	3533,75	3547,50	3561,25
15	825	838,75	852,50	866,25	**65**	3575	3588,75	3602,50	3616,25
16	880	893,75	907,50	921,25	**66**	3630	3643,75	3657,50	3671,25
17	935	948,75	962,50	976,25	**67**	3685	3698,75	3712,50	3726,25
18	990	1003,75	1017,50	1031,25	**68**	3740	3753,75	3767,50	3781,25
19	1045	1058,75	1072,50	1086,25	**69**	3795	3808,75	3822,50	3836,25
20	1100	1113,75	1127,50	1141,25	**70**	3850	3863,75	3877,50	3891,25
21	1155	1168,75	1182,50	1196,25	**71**	3905	3918,75	3932,50	3946,25
22	1210	1223,75	1237,50	1251,25	**72**	3960	3973,75	3987,50	4001,25
23	1265	1278,75	1292,50	1306,25	**73**	4015	4028,75	4042,50	4056,25
24	1320	1333,75	1347,50	1361,25	**74**	4070	4083,75	4097,50	4111,25
25	1375	1388,75	1402,50	1416,25	**75**	4125	4138,75	4152,50	4166,25
26	1430	1443,75	1457,50	1471,25	**76**	4180	4193,75	4207,50	4221,25
27	1485	1498,75	1512,50	1526,25	**77**	4235	4248,75	4262,50	4276,25
28	1540	1553,75	1567,50	1581,25	**78**	4290	4303,75	4317,50	4331,25
29	1595	1608,75	1622,50	1636,25	**79**	4345	4358,75	4372,50	4386,25
30	1650	1663,75	1677,50	1691,25	**80**	4400	4413,75	4427,50	4441,25
31	1705	1718,75	1732,50	1746,25	**81**	4455	4468,75	4482,50	4496,25
32	1760	1773,75	1787,50	1801,25	**82**	4510	4523,75	4537,50	4551,25
33	1815	1828,75	1842,50	1856,25	**83**	4565	4578,75	4592,50	4606,25
34	1870	1883,75	1897,50	1911,25	**84**	4620	4633,75	4647,50	4661,25
35	1925	1938,75	1952,50	1966,25	**85**	4675	4688,75	4702,50	4716,25
36	1980	1993,75	2007,50	2021,25	**86**	4730	4743,75	4757,50	4771,25
37	2035	2048,75	2062,50	2076,25	**87**	4785	4798,75	4812,50	4826,25
38	2090	2103,75	2117,50	2131,25	**88**	4840	4853,75	4867,50	4881,25
39	2145	2158,75	2172,50	2186,25	**89**	4895	4908,75	4922,50	4936,25
40	2200	2213,75	2227,50	2241,25	**90**	4950	4963,75	4977,50	4991,25
41	2255	2268,75	2282,50	2296,25	**91**	5005	5018,75	5032,50	5046,25
42	2310	2323,75	2337,50	2351,25	**92**	5060	5073,75	5087,50	5101,25
43	2365	2378,75	2392,50	2406,25	**93**	5115	5128,75	5142,50	5156,25
44	2420	2433,75	2447,50	2461,25	**94**	5170	5183,75	5197,50	5211,25
45	2475	2488,75	2502,50	2516,25	**95**	5225	5238,75	5252,50	5266,25
46	2530	2543,75	2557,50	2571,25	**96**	5280	5293,75	5307,50	5321,25
47	2585	2598,75	2612,50	2626,25	**97**	5335	5348,75	5362,50	5376,25
48	2640	2653,75	2667,50	2681,25	**98**	5390	5403,75	5417,50	5431,25
49	2695	2708,75	2722,50	2736,25	**99**	5445	5458,75	5472,50	5486,25
50	2750	2763,75	2777,50	2791,25	**100**	5500	5513,75	5527,50	5541,25

56

		¼	½	¾			¼	½	¾
1	56	70	84	98	**51**	2856	2870	2884	2898
2	112	126	140	154	**52**	2912	2926	2940	2954
3	168	182	196	210	**53**	2968	2982	2996	3010
4	224	238	252	266	**54**	3024	3038	3052	3066
5	280	294	308	322	**55**	3080	3094	3108	3122
6	336	350	364	378	**56**	3136	3150	3164	3178
7	392	406	420	434	**57**	3192	3206	3220	3234
8	448	462	476	490	**58**	3248	3262	3276	3290
9	504	518	532	546	**59**	3304	3318	3332	3346
10	560	574	588	602	**60**	3360	3374	3388	3402
11	616	630	644	658	**61**	3416	3430	3444	3458
12	672	686	700	714	**62**	3472	3486	3500	3514
13	728	742	756	770	**63**	3528	3542	3556	3570
14	784	798	812	826	**64**	3584	3598	3612	3626
15	840	854	868	882	**65**	3640	3654	3668	3682
16	896	910	924	938	**66**	3696	3710	3724	3738
17	952	966	980	994	**67**	3752	3766	3780	3794
18	1008	1022	1036	1050	**68**	3808	3822	3836	3850
19	1064	1078	1092	1106	**69**	3864	3878	3892	3906
20	1120	1134	1148	1162	**70**	3920	3934	3948	3962
21	1176	1190	1204	1218	**71**	3976	3990	4004	4018
22	1232	1246	1260	1274	**72**	4032	4046	4060	4074
23	1288	1302	1316	1330	**73**	4088	4102	4116	4130
24	1344	1358	1372	1386	**74**	4144	4158	4172	4186
25	1400	1414	1428	1442	**75**	4200	4214	4228	4242
26	1456	1470	1484	1498	**76**	4256	4270	4284	4298
27	1512	1526	1540	1554	**77**	4312	4326	4340	4354
28	1568	1582	1596	1610	**78**	4368	4382	4396	4410
29	1624	1638	1652	1666	**79**	4424	4438	4452	4466
30	1680	1694	1708	1722	**80**	4480	4494	4508	4522
31	1736	1750	1764	1778	**81**	4536	4550	4564	4578
32	1792	1806	1820	1834	**82**	4592	4606	4620	4634
33	1848	1862	1876	1890	**83**	4648	4662	4676	4690
34	1904	1918	1932	1946	**84**	4704	4718	4732	4746
35	1960	1974	1988	2002	**85**	4760	4774	4788	4802
36	2016	2030	2044	2058	**86**	4816	4830	4844	4858
37	2072	2086	2100	2114	**87**	4872	4886	4900	4914
38	2128	2142	2156	2170	**88**	4928	4942	4956	4970
39	2184	2198	2212	2226	**89**	4984	4998	5012	5026
40	2240	2254	2268	2282	**90**	5040	5054	5068	5082
41	2296	2310	2324	2338	**91**	5096	5110	5124	5138
42	2352	2366	2380	2394	**92**	5152	5166	5180	5194
43	2408	2422	2436	2450	**93**	5208	5222	5236	5250
44	2464	2478	2492	2506	**94**	5264	5278	5292	5306
45	2520	2534	2548	2562	**95**	5320	5334	5348	5362
46	2576	2590	2604	2618	**96**	5376	5390	5404	5418
47	2632	2646	2660	2674	**97**	5432	5446	5460	5474
48	2688	2702	2716	2730	**98**	5488	5502	5516	5530
49	2744	2758	2772	2786	**99**	5544	5558	5572	5586
50	2800	2814	2828	2842	**100**	5600	5614	5628	5642

57

		¼	½	¾			¼	½	¾
1	57	71,25	85,50	99,75	**51**	2907	2921,25	2935,50	2949,75
2	114	128,25	142,50	156,75	**52**	2964	2978,25	2992,50	3006,75
3	171	185,25	199,50	213,75	**53**	3021	3035,25	3049,50	3063,75
4	228	242,25	256,50	270,75	**54**	3078	3092,25	3106,50	3120,75
5	285	299,25	313,50	327,75	**55**	3135	3149,25	3163,50	3177,75
6	342	356,25	370,50	384,75	**56**	3192	3206,25	3220,50	3234,75
7	399	413,25	427,50	441,75	**57**	3249	3263,25	3277,50	3291,75
8	456	470,25	484,50	498,75	**58**	3306	3320,25	3334,50	3348,75
9	513	527,25	541,50	555,75	**59**	3363	3377,25	3391,50	3405,75
10	570	584,25	598,50	612,75	**60**	3420	3434,25	3448,50	3462,75
11	627	641,25	655,50	669,75	**61**	3477	3491,25	3505,50	3519,75
12	684	698,25	712,50	726,75	**62**	3534	3548,25	3562,50	3576,75
13	741	755,25	769,50	783,75	**63**	3591	3605,25	3619,50	3633,75
14	798	812,25	826,50	840,75	**64**	3648	3662,25	3676,50	3690,75
15	855	869,25	883,50	897,75	**65**	3705	3719,25	3733,50	3747,75
16	912	926,25	940,50	954,75	**66**	3762	3776,25	3790,50	3804,75
17	969	983,25	997,50	1011,75	**67**	3819	3833,25	3847,50	3861,75
18	1026	1040,25	1054,50	1068,75	**68**	3876	3890,25	3904,50	3918,75
19	1083	1097,25	1111,50	1125,75	**69**	3933	3947,25	3961,50	3975,75
20	1140	1154,25	1168,50	1182,75	**70**	3990	4004,25	4018,50	4032,75
21	1197	1211,25	1225,50	1239,75	**71**	4047	4061,25	4075,50	4089,75
22	1254	1268,25	1282,50	1296,75	**72**	4104	4118,25	4132,50	4146,75
23	1311	1325,25	1339,50	1353,75	**73**	4161	4175,25	4189,50	4203,75
24	1368	1382,25	1396,50	1410,75	**74**	4218	4232,25	4246,50	4260,75
25	1425	1439,25	1453,50	1467,75	**75**	4275	4289,25	4303,50	4317,75
26	1482	1496,25	1510,50	1524,75	**76**	4332	4346,25	4360,50	4374,75
27	1539	1553,25	1567,50	1581,75	**77**	4389	4403,25	4417,50	4431,75
28	1596	1610,25	1624,50	1638,75	**78**	4446	4460,25	4474,50	4488,75
29	1653	1667,25	1681,50	1695,75	**79**	4503	4517,25	4531,50	4545,75
30	1710	1724,25	1738,50	1752,75	**80**	4560	4574,25	4588,50	4602,75
31	1767	1781,25	1795,50	1809,75	**81**	4617	4631,25	4645,50	4659,75
32	1824	1838,25	1852,50	1866,75	**82**	4674	4688,25	4702,50	4716,75
33	1881	1895,25	1909,50	1923,75	**83**	4731	4745,25	4759,50	4773,75
34	1938	1952,25	1966,50	1980,75	**84**	4788	4802,25	4816,50	4830,75
35	1995	2009,25	2023,50	2037,75	**85**	4845	4859,25	4873,50	4887,75
36	2052	2066,25	2080,50	2094,75	**86**	4902	4916,25	4930,50	4944,75
37	2109	2123,25	2137,50	2151,75	**87**	4959	4973,25	4987,50	5001,75
38	2166	2180,25	2194,50	2208,75	**88**	5016	5030,25	5044,50	5058,75
39	2223	2237,25	2251,50	2265,75	**89**	5073	5087,25	5101,50	5115,75
40	2280	2294,25	2308,50	2322,75	**90**	5130	5144,25	5158,50	5172,75
41	2337	2351,25	2365,50	2379,75	**91**	5187	5201,25	5215,50	5229,75
42	2394	2408,25	2422,50	2436,75	**92**	5244	5258,25	5272,50	5286,75
43	2451	2465,25	2479,50	2493,75	**93**	5301	5315,25	5329,50	5343,75
44	2508	2522,25	2536,50	2550,75	**94**	5358	5372,25	5386,50	5400,75
45	2565	2579,25	2593,50	2607,75	**95**	5415	5429,25	5443,50	5457,75
46	2622	2636,25	2650,50	2664,75	**96**	5472	5486,25	5500,50	5514,75
47	2679	2693,25	2707,50	2721,75	**97**	5529	5543,25	5557,50	5571,75
48	2736	2750,25	2764,50	2778,75	**98**	5586	5600,25	5614,50	5628,75
49	2793	2807,25	2821,50	2835,75	**99**	5643	5657,25	5671,50	5685,75
50	2850	2864,25	2878,50	2892,75	**100**	5700	5714,25	5728,50	5742,75

58

		¼	½	¾			¼	½	¾
1	58	72,50	87	101,50	**51**	2958	2972,50	2987	3001,50
2	116	130,50	145	159,50	**52**	3016	3030,50	3045	3059,50
3	174	188,50	203	217,50	**53**	3074	3088,50	3103	3117,50
4	232	246,50	261	275,50	**54**	3132	3146,50	3161	3175,50
5	290	304,50	319	333,50	**55**	3190	3204,50	3219	3233,50
6	348	362,50	377	391,50	**56**	3248	3262,50	3277	3291,50
7	406	420,50	435	449,50	**57**	3306	3320,50	3335	3349,50
8	464	478,50	493	507,50	**58**	3364	3378,50	3393	3407,50
9	522	536,50	551	565,50	**59**	3422	3436,50	3451	3465,50
10	580	594,50	609	623,50	**60**	3480	3494,50	3509	3523,50
11	638	652,50	667	681,50	**61**	3538	3552,50	3567	3581,50
12	696	710,50	725	739,50	**62**	3596	3610,50	3625	3639,50
13	754	768,50	783	797,50	**63**	3654	3668,50	3683	3697,50
14	812	826,50	841	855,50	**64**	3712	3726,50	3741	3755,50
15	870	884,50	899	913,50	**65**	3770	3784,50	3799	3813,50
16	928	942,50	957	971,50	**66**	3828	3842,50	3857	3871,50
17	986	1000,50	1015	1029,50	**67**	3886	3900,50	3915	3929,50
18	1044	1058,50	1073	1087,50	**68**	3944	3958,50	3973	3987,50
19	1102	1116,50	1131	1145,50	**69**	4002	4016,50	4031	4045,50
20	1160	1174,50	1189	1203,50	**70**	4060	4074,50	4089	4103,50
21	1218	1232,50	1247	1261,50	**71**	4118	4132,50	4147	4161,50
22	1276	1290,50	1305	1319,50	**72**	4176	4190,50	4205	4219,50
23	1334	1348,50	1363	1377,50	**73**	4234	4248,50	4263	4277,50
24	1392	1406,50	1421	1435,50	**74**	4292	4306,50	4321	4335,50
25	1450	1464,50	1479	1493,50	**75**	4350	4364,50	4379	4393,50
26	1508	1522,50	1537	1551,50	**76**	4408	4422,50	4437	4451,50
27	1566	1580,50	1595	1609,50	**77**	4466	4480,50	4495	4509,50
28	1624	1638,50	1653	1667,50	**78**	4524	4538,50	4553	4567,50
29	1682	1696,50	1711	1725,50	**79**	4582	4596,50	4611	4625,50
30	1740	1754,50	1769	1783,50	**80**	4640	4654,50	4669	4683,50
31	1798	1812,50	1827	1841,50	**81**	4698	4712,50	4727	4741,50
32	1856	1870,50	1885	1899,50	**82**	4756	4770,50	4785	4799,50
33	1914	1928,50	1943	1957,50	**83**	4814	4828,50	4843	4857,50
34	1972	1986,50	2001	2015,50	**84**	4872	4886,50	4901	4915,50
35	2030	2044,50	2059	2073,50	**85**	4930	4944,50	4959	4973,50
36	2088	2102,50	2117	2131,50	**86**	4988	5002,50	5017	5031,50
37	2146	2160,50	2175	2189,50	**87**	5046	5060,50	5075	5089,50
38	2204	2218,50	2233	2247,50	**88**	5104	5118,50	5133	5147,50
39	2262	2276,50	2291	2305,50	**89**	5162	5176,50	5191	5205,50
40	2320	2334,50	2349	2363,50	**90**	5220	5234,50	5249	5263,50
41	2378	2392,50	2407	2421,50	**91**	5278	5292,50	5307	5321,50
42	2436	2450,50	2465	2479,50	**92**	5336	5350,50	5365	5379,50
43	2494	2508,50	2523	2537,50	**93**	5394	5408,50	5423	5437,50
44	2552	2566,50	2581	2595,50	**94**	5452	5466,50	5481	5495,50
45	2610	2624,50	2639	2653,50	**95**	5510	5524,50	5539	5553,50
46	2668	2682,50	2697	2711,50	**96**	5568	5582,50	5597	5611,50
47	2726	2740,50	2755	2769,50	**97**	5626	5640,50	5655	5669,50
48	2784	2798,50	2813	2827,50	**98**	5684	5698,50	5713	5727,50
49	2842	2856,50	2871	2885,50	**99**	5742	5756,50	5771	5785,50
50	2900	2914,50	2929	2943,50	**100**	5800	5814,50	5829	5843,50

59

		¼	½	¾			¼	½	¾
1	59	73,75	88,50	103,25	**51**	3009	3023,75	3038,50	3053,25
2	118	132,75	147,50	162,25	**52**	3068	3082,75	3097,50	3112,25
3	177	191,75	206,50	221,25	**53**	3127	3141,75	3156,50	3171,25
4	236	250,75	265,50	280,25	**54**	3186	3200,75	3215,50	3230,25
5	295	309,75	324,50	339,25	**55**	3245	3259,75	3274,50	3289,25
6	354	368,75	383,50	398,25	**56**	3304	3318,75	3333,50	3348,25
7	413	427,75	442,50	457,25	**57**	3363	3377,75	3392,50	3407,25
8	472	486,75	501,50	516,25	**58**	3422	3436,75	3451,50	3466,25
9	531	545,75	560,50	575,25	**59**	3481	3495,75	3510,50	3525,25
10	590	604,75	619,50	634,25	**60**	3540	3554,75	3569,50	3584,25
11	649	663,75	678,50	693,25	**61**	3599	3613,75	3628,50	3643,25
12	708	722,75	737,50	752,25	**62**	3658	3672,75	3687,50	3702,25
13	767	781,75	796,50	811,25	**63**	3717	3731,75	3746,50	3761,25
14	826	840,75	855,50	870,25	**64**	3776	3790,75	3805,50	3820,25
15	885	899,75	914,50	929,25	**65**	3835	3849,75	3864,50	3879,25
16	944	958,75	973,50	988,25	**66**	3894	3908,75	3923,50	3938,25
17	1003	1017,75	1032,50	1047,25	**67**	3953	3967,75	3982,50	3997,25
18	1062	1076,75	1091,50	1106,25	**68**	4012	4026,75	4041,50	4056,25
19	1121	1135,75	1150,50	1165,25	**69**	4071	4085,75	4100,50	4115,25
20	1180	1194,75	1209,50	1224,25	**70**	4130	4144,75	4159,50	4174,25
21	1239	1253,75	1268,50	1283,25	**71**	4189	4203,75	4218,50	4233,25
22	1298	1312,75	1327,50	1342,25	**72**	4248	4262,75	4277,50	4292,25
23	1357	1371,75	1386,50	1401,25	**73**	4307	4321,75	4336,50	4351,25
24	1416	1430,75	1445,50	1460,25	**74**	4366	4380,75	4395,50	4410,25
25	1475	1489,75	1504,50	1519,25	**75**	4425	4439,75	4454,50	4469,25
26	1534	1548,75	1563,50	1578,25	**76**	4484	4498,75	4513,50	4528,25
27	1593	1607,75	1622,50	1637,25	**77**	4543	4557,75	4572,50	4587,25
28	1652	1666,75	1681,50	1696,25	**78**	4602	4616,75	4631,50	4646,25
29	1711	1725,75	1740,50	1755,25	**79**	4661	4675,75	4690,50	4705,25
30	1770	1784,75	1799,50	1814,25	**80**	4720	4734,75	4749,50	4764,25
31	1829	1843,75	1858,50	1873,25	**81**	4779	4793,75	4808,50	4823,25
32	1888	1902,75	1917,50	1932,25	**82**	4838	4852,75	4867,50	4882,25
33	1947	1961,75	1976,50	1991,25	**83**	4897	4911,75	4926,50	4941,25
34	2006	2020,75	2035,50	2050,25	**84**	4956	4970,75	4985,50	5000,25
35	2065	2079,75	2094,50	2109,25	**85**	5015	5029,75	5044,50	5059,25
36	2124	2138,75	2153,50	2168,25	**86**	5074	5088,75	5103,50	5118,25
37	2183	2197,75	2212,50	2227,25	**87**	5133	5147,75	5162,50	5177,25
38	2242	2256,75	2271,50	2286,25	**88**	5192	5206,75	5221,50	5236,25
39	2301	2315,75	2330,50	2345,25	**89**	5251	5265,75	5280,50	5295,25
40	2360	2374,75	2389,50	2404,25	**90**	5310	5324,75	5339,50	5354,25
41	2419	2433,75	2448,50	2463,25	**91**	5369	5383,75	5398,50	5413,25
42	2478	2492,75	2507,50	2522,25	**92**	5428	5442,75	5457,50	5472,25
43	2537	2551,75	2566,50	2581,25	**93**	5487	5501,75	5516,50	5531,25
44	2596	2610,75	2625,50	2640,25	**94**	5546	5560,75	5575,50	5590,25
45	2655	2669,75	2684,50	2699,25	**95**	5605	5619,75	5634,50	5649,25
46	2714	2728,75	2743,50	2758,25	**96**	5664	5678,75	5693,50	5708,25
47	2773	2787,75	2802,50	2817,25	**97**	5723	5737,75	5752,50	5767,25
48	2832	2846,75	2861,50	2876,25	**98**	5782	5796,75	5811,50	5826,25
49	2891	2905,75	2920,50	2935,25	**99**	5841	5855,75	5870,50	5885,25
50	2950	2964,75	2979,50	2994,25	**100**	5900	5914,75	5929,50	5944,25

60

		¼	½	¾			¼	½	¾
1	60	75	90	105	**51**	3060	3075	3090	3105
2	120	135	150	165	**52**	3120	3135	3150	3165
3	180	195	210	225	**53**	3180	3195	3210	3225
4	240	255	270	285	**54**	3240	3255	3270	3285
5	300	315	330	345	**55**	3300	3315	3330	3345
6	360	375	390	405	**56**	3360	3375	3390	3405
7	420	435	450	465	**57**	3420	3435	3450	3465
8	480	495	510	525	**58**	3480	3495	3510	3525
9	540	555	570	585	**59**	3540	3555	3570	3585
10	600	615	630	645	**60**	3600	3615	3630	3645
11	660	675	690	705	**61**	3660	3675	3690	3705
12	720	735	750	765	**62**	3720	3735	3750	3765
13	780	795	810	825	**63**	3780	3795	3810	3825
14	840	855	870	885	**64**	3840	3855	3870	3885
15	900	915	930	945	**65**	3900	3915	3930	3945
16	960	975	990	1005	**66**	3960	3975	3990	4005
17	1020	1035	1050	1065	**67**	4020	4035	4050	4065
18	1080	1095	1110	1125	**68**	4080	4095	4110	4125
19	1140	1155	1170	1185	**69**	4140	4155	4170	4185
20	1200	1215	1230	1245	**70**	4200	4215	4230	4245
21	1260	1275	1290	1305	**71**	4260	4275	4290	4305
22	1320	1335	1350	1365	**72**	4320	4335	4350	4365
23	1380	1395	1410	1425	**73**	4380	4395	4410	4425
24	1440	1455	1470	1485	**74**	4440	4455	4470	4485
25	1500	1515	1530	1545	**75**	4500	4515	4530	4545
26	1560	1575	1590	1605	**76**	4560	4575	4590	4605
27	1620	1635	1650	1665	**77**	4620	4635	4650	4665
28	1680	1695	1710	1725	**78**	4680	4695	4710	4725
29	1740	1755	1770	1785	**79**	4740	4755	4770	4785
30	1800	1815	1830	1845	**80**	4800	4815	4830	4845
31	1860	1875	1890	1905	**81**	4860	4875	4890	4905
32	1920	1935	1950	1965	**82**	4920	4935	4950	4965
33	1980	1995	2010	2025	**83**	4980	4995	5010	5025
34	2040	2055	2070	2085	**84**	5040	5055	5070	5085
35	2100	2115	2130	2145	**85**	5100	5115	5130	5145
36	2160	2175	2190	2205	**86**	5160	5175	5190	5205
37	2220	2235	2250	2265	**87**	5220	5235	5250	5265
38	2280	2295	2310	2325	**88**	5280	5295	5310	5325
39	2340	2355	2370	2385	**89**	5340	5355	5370	5385
40	2400	2415	2430	2445	**90**	5400	5415	5430	5445
41	2460	2475	2490	2505	**91**	5460	5475	5490	5505
42	2520	2535	2550	2565	**92**	5520	5535	5550	5565
43	2580	2595	2610	2625	**93**	5580	5595	5610	5625
44	2640	2655	2670	2685	**94**	5640	5655	5670	5685
45	2700	2715	2730	2745	**95**	5700	5715	5730	5745
46	2760	2775	2790	2805	**96**	5760	5775	5790	5805
47	2820	2835	2850	2865	**97**	5820	5835	5850	5865
48	2880	2895	2910	2925	**98**	5880	5895	5910	5925
49	2940	2955	2970	2985	**99**	5940	5955	5970	5985
50	3000	3015	3030	3045	**100**	6000	6015	6030	6045

61

		¼	½	¾			¼	½	¾
1	61	76,25	91,50	106,75	**51**	3111	3126,25	3141,50	3156,75
2	122	137,25	152,50	167,75	**52**	3172	3187,25	3202,50	3217,75
3	183	198,25	213,50	228,75	**53**	3233	3248,25	3263,50	3278,75
4	244	259,25	274,50	289,75	**54**	3294	3309,25	3324,50	3339,75
5	305	320,25	335,50	350,75	**55**	3355	3370,25	3385,50	3400,75
6	366	381,25	396,50	411,75	**56**	3416	3431,25	3446,50	3461,75
7	427	442,25	457,50	472,75	**57**	3477	3492,25	3507,50	3522,75
8	488	503,25	518,50	533,75	**58**	3538	3553,25	3568,50	3583,75
9	549	564,25	579,50	594,75	**59**	3599	3614,25	3629,50	3644,75
10	610	625,25	640,50	655,75	**60**	3660	3675,25	3690,50	3705,75
11	671	686,25	701,50	716,75	**61**	3721	3736,25	3751,50	3766,75
12	732	747,25	762,50	777,75	**62**	3782	3797,25	3812,50	3827,75
13	793	808,25	823,50	838,75	**63**	3843	3858,25	3873,50	3888,75
14	854	869,25	884,50	899,75	**64**	3904	3919,25	3934,50	3949,75
15	915	930,25	945,50	960,75	**65**	3965	3980,25	3995,50	4010,75
16	976	991,25	1006,50	1021,75	**66**	4026	4041,25	4056,50	4071,75
17	1037	1052,25	1067,50	1082,75	**67**	4087	4102,25	4117,50	4132,75
18	1098	1113,25	1128,50	1143,75	**68**	4148	4163,25	4178,50	4193,75
19	1159	1174,25	1189,50	1204,75	**69**	4209	4224,25	4239,50	4254,75
20	1220	1235,25	1250,50	1265,75	**70**	4270	4285,25	4300,50	4315,75
21	1281	1296,25	1311,50	1326,75	**71**	4331	4346,25	4361,50	4376,75
22	1342	1357,25	1372,50	1387,75	**72**	4392	4407,25	4422,50	4437,75
23	1403	1418,25	1433,50	1448,75	**73**	4453	4468,25	4483,50	4498,75
24	1464	1479,25	1494,50	1509,75	**74**	4514	4529,25	4544,50	4559,75
25	1525	1540,25	1555,50	1570,75	**75**	4575	4590,25	4605,50	4620,75
26	1586	1601,25	1616,50	1631,75	**76**	4636	4651,25	4666,50	4681,75
27	1647	1662,25	1677,50	1692,75	**77**	4697	4712,25	4727,50	4742,75
28	1708	1723,25	1738,50	1753,75	**78**	4758	4773,25	4788,50	4803,75
29	1769	1784,25	1799,50	1814,75	**79**	4819	4834,25	4849,50	4864,75
30	1830	1845,25	1860,50	1875,75	**80**	4880	4895,25	4910,50	4925,75
31	1891	1906,25	1921,50	1936,75	**81**	4941	4956,25	4971,50	4986,75
32	1952	1967,25	1982,50	1997,75	**82**	5002	5017,25	5032,50	5047,75
33	2013	2028,25	2043,50	2058,75	**83**	5063	5078,25	5093,50	5108,75
34	2074	2089,25	2104,50	2119,75	**84**	5124	5139,25	5154,50	5169,75
35	2135	2150,25	2165,50	2180,75	**85**	5185	5200,25	5215,50	5230,75
36	2196	2211,25	2226,50	2241,75	**86**	5246	5261,25	5276,50	5291,75
37	2257	2272,25	2287,50	2302,75	**87**	5307	5322,25	5337,50	5352,75
38	2318	2333,25	2348,50	2363,75	**88**	5368	5383,25	5398,50	5413,75
39	2379	2394,25	2409,50	2424,75	**89**	5429	5444,25	5459,50	5474,75
40	2440	2455,25	2470,50	2485,75	**90**	5490	5505,25	5520,50	5535,75
41	2501	2516,25	2531,50	2546,75	**91**	5551	5566,25	5581,50	5596,75
42	2562	2577,25	2592,50	2607,75	**92**	5612	5627,25	5642,50	5657,75
43	2623	2638,25	2653,50	2668,75	**93**	5673	5688,25	5703,50	5718,75
44	2684	2699,25	2714,50	2729,75	**94**	5734	5749,25	5764,50	5779,75
45	2745	2760,25	2775,50	2790,75	**95**	5795	5810,25	5825,50	5840,75
46	2806	2821,25	2836,50	2851,75	**96**	5856	5871,25	5886,50	5901,75
47	2867	2882,25	2897,50	2912,75	**97**	5917	5932,25	5947,50	5962,75
48	2928	2943,25	2958,50	2973,75	**98**	5978	5993,25	6008,50	6023,75
49	2989	3004,25	3019,50	3034,75	**99**	6039	6054,25	6069,50	6084,75
50	3050	3065,25	3080,50	3095,75	**100**	6100	6115,25	6130,50	6145,75

62

		¼	½	¾			¼	½	¾
1	62	77,50	93	108,50	**51**	3162	3177,50	3193	3208,50
2	124	139,50	155	170,50	**52**	3224	3239,50	3255	3270,50
3	186	201,50	217	232,50	**53**	3286	3301,50	3317	3332,50
4	248	263,50	279	294,50	**54**	3348	3363,50	3379	3394,50
5	310	325,50	341	356,50	**55**	3410	3425,50	3441	3456,50
6	372	387,50	403	418,50	**56**	3472	3487,50	3503	3518,50
7	434	449,50	465	480,50	**57**	3534	3549,50	3565	3580,50
8	496	511,50	527	542,50	**58**	3596	3611,50	3627	3642,50
9	558	573,50	589	604,50	**59**	3658	3673,50	3689	3704,50
10	620	635,50	651	666,50	**60**	3720	3735,50	3751	3766,50
11	682	697,50	713	728,50	**61**	3782	3797,50	3813	3828,50
12	744	759,50	775	790,50	**62**	3844	3859,50	3875	3890,50
13	806	821,50	837	852,50	**63**	3906	3921,50	3937	3952,50
14	868	883,50	899	914,50	**64**	3968	3983,50	3999	4014,50
15	930	945,50	961	976,50	**65**	4030	4045,50	4061	4076,50
16	992	1007,50	1023	1038,50	**66**	4092	4107,50	4123	4138,50
17	1054	1069,50	1085	1100,50	**67**	4154	4169,50	4185	4200,50
18	1116	1131,50	1147	1162,50	**68**	4216	4231,50	4247	4262,50
19	1178	1193,50	1209	1224,50	**69**	4278	4293,50	4309	4324,50
20	1240	1255,50	1271	1286,50	**70**	4340	4355,50	4371	4386,50
21	1302	1317,50	1333	1348,50	**71**	4402	4417,50	4433	4448,50
22	1364	1379,50	1395	1410,50	**72**	4464	4479,50	4495	4510,50
23	1426	1441,50	1457	1472,50	**73**	4526	4541,50	4557	4572,50
24	1488	1503,50	1519	1534,50	**74**	4588	4603,50	4619	4634,50
25	1550	1565,50	1581	1596,50	**75**	4650	4665,50	4681	4696,50
26	1612	1627,50	1643	1658,50	**76**	4712	4727,50	4743	4758,50
27	1674	1689,50	1705	1720,50	**77**	4774	4789,50	4805	4820,50
28	1736	1751,50	1767	1782,50	**78**	4836	4851,50	4867	4882,50
29	1798	1813,50	1829	1844,50	**79**	4898	4913,50	4929	4944,50
30	1860	1875,50	1891	1906,50	**80**	4960	4975,50	4991	5006,50
31	1922	1937,50	1953	1968,50	**81**	5022	5037,50	5053	5068,50
32	1984	1999,50	2015	2030,50	**82**	5084	5099,50	5115	5130,50
33	2046	2061,50	2077	2092,50	**83**	5146	5161,50	5177	5192,50
34	2108	2123,50	2139	2154,50	**84**	5208	5223,50	5239	5254,50
35	2170	2185,50	2201	2216,50	**85**	5270	5285,50	5301	5316,50
36	2232	2247,50	2263	2278,50	**86**	5332	5347,50	5363	5378,50
37	2294	2309,50	2325	2340,50	**87**	5394	5409,50	5425	5440,50
38	2356	2371,50	2387	2402,50	**88**	5456	5471,50	5487	5502,50
39	2418	2433,50	2449	2464,50	**89**	5518	5533,50	5549	5564,50
40	2480	2495,50	2511	2526,50	**90**	5580	5595,50	5611	5626,50
41	2542	2557,50	2573	2588,50	**91**	5642	5657,50	5673	5688,50
42	2604	2619,50	2635	2650,50	**92**	5704	5719,50	5735	5750,50
43	2666	2681,50	2697	2712,50	**93**	5766	5781,50	5797	5812,50
44	2728	2743,50	2759	2774,50	**94**	5828	5843,50	5859	5874,50
45	2790	2805,50	2821	2836,50	**95**	5890	5905,50	5921	5936,50
46	2852	2867,50	2883	2898,50	**96**	5952	5967,50	5983	5998,50
47	2914	2929,50	2945	2960,50	**97**	6014	6029,50	6045	6060.50
48	2976	2991,50	3007	3022,50	**98**	6076	6091,50	6107	6122,50
49	3038	3053,50	3069	3084,50	**99**	6138	6153,50	6169	6184,50
50	3100	3115,50	3131	3146,50	**100**	6200	6215,50	6231	6246,50

63

		¼	½	¾			¼	½	¾
1	63	78,75	94,50	110,25	**51**	3213	3228,75	3244,50	3260,25
2	126	141,75	157,50	173,25	**52**	3276	3291,75	3307,50	3323,25
3	189	204,75	220,50	236,25	**53**	3339	3354,75	3370,50	3386,25
4	252	267,75	283,50	299,25	**54**	3402	3417,75	3433,50	3449,25
5	315	330,75	346,50	362,25	**55**	3465	3480,75	3496,50	3512,25
6	378	393,75	409,50	425,25	**56**	3528	3543,75	3559,50	3575,25
7	441	456,75	472,50	488,25	**57**	3591	3606,75	3622,50	3638,25
8	504	519,75	535,50	551,25	**58**	3654	3669,75	3685,50	3701,25
9	567	582,75	598,50	614,25	**59**	3717	3732,75	3748,50	3764,25
10	630	645,75	661,50	677,25	**60**	3780	3795,75	3811,50	3827,25
11	693	708,75	724,50	740,25	**61**	3843	3858,75	3874,50	3890,25
12	756	771,75	787,50	803,25	**62**	3906	3921,75	3937,50	3953,25
13	819	834,75	850,50	866,25	**63**	3969	3984,75	4000,50	4016,25
14	882	897,75	913,50	929,25	**64**	4032	4047,75	4063,50	4079,25
15	945	960,75	976,50	992,25	**65**	4095	4110,75	4126,50	4142,25
16	1008	1023,75	1039,50	1055,25	**66**	4158	4173,75	4189,50	4205,25
17	1071	1086,75	1102,50	1118,25	**67**	4221	4236,75	4252,50	4268,25
18	1134	1149,75	1165,50	1181,25	**68**	4284	4299,75	4315,50	4331,25
19	1197	1212,75	1228,50	1244,25	**69**	4347	4362,75	4378,50	4394,25
20	1260	1275,75	1291,50	1307,25	**70**	4410	4425,75	4441,50	4457,25
21	1323	1338,75	1354,50	1370,25	**71**	4473	4488,75	4504,50	4520,25
22	1386	1401,75	1417,50	1433,25	**72**	4536	4551,75	4567,50	4583,25
23	1449	1464,75	1480,50	1496,25	**73**	4599	4614,75	4630,50	4646,25
24	1512	1527,75	1543,50	1559,25	**74**	4662	4677,75	4693,50	4709,25
25	1575	1590,75	1606,50	1622,25	**75**	4725	4740,75	4756,50	4772,25
26	1638	1653,75	1669,50	1685,25	**76**	4788	4803,75	4819,50	4835,25
27	1701	1716,75	1732,50	1748,25	**77**	4851	4866,75	4882,50	4898,25
28	1764	1779,75	1795,50	1811,25	**78**	4914	4929,75	4945,50	4961,25
29	1827	1842,75	1858,50	1874,25	**79**	4977	4992,75	5008,50	5024,25
30	1890	1905,75	1921,50	1937,25	**80**	5040	5055,75	5071,50	5087,25
31	1953	1968,75	1984,50	2000,25	**81**	5103	5118,75	5134,50	5150,25
32	2016	2031,75	2047,50	2063,25	**82**	5166	5181,75	5197,50	5213,25
33	2079	2094,75	2110,50	2126,25	**83**	5229	5244,75	5260,50	5276,25
34	2142	2157,75	2173,50	2189,25	**84**	5292	5307,75	5323,50	5339,25
35	2205	2220,75	2236,50	2252,25	**85**	5355	5370,75	5386,50	5402,25
36	2268	2283,75	2299,50	2315,25	**86**	5418	5433,75	5449,50	5465,25
37	2331	2346,75	2362,50	2378,25	**87**	5481	5496,75	5512,50	5528,25
38	2394	2409,75	2425,50	2441,25	**88**	5544	5559,75	5575,50	5591,25
39	2457	2472,75	2488,60	2504,25	**89**	5607	5622,75	5638,50	5654,25
40	2520	2535,75	2551,50	2567,25	**90**	5670	5685,75	5701,50	5717,25
41	2583	2598,75	2614,50	2630,25	**91**	5733	5748,75	5764,50	5780,25
42	2646	2661,75	2677,50	2693,25	**92**	5796	5811,75	5827,50	5843,25
43	2709	2724,75	2740,50	2756,25	**93**	5859	5874,75	5890,50	5906,25
44	2772	2787,75	2803,50	2819,25	**94**	5922	5937,75	5953,50	5969,25
45	2835	2850,75	2866,50	2882,25	**95**	5985	6000,75	6016,50	6032,25
46	2898	2913,75	2929,50	2945,25	**96**	6048	6063,75	6079,50	6095,25
47	2961	2976,75	2992,50	3008,25	**97**	6111	6126,75	6142,50	6158,25
48	3024	3039,75	3055,50	3071,25	**98**	6174	6189,75	6205,50	6221,25
49	3087	3102,75	3118,50	3134,25	**99**	6237	6252,75	6268,50	6284,25
50	3150	3165,75	3181,50	3197,25	**100**	6300	6315,75	6331,50	6347,25

64

		¼	½	¾			¼	½	¾
1	64	80	96	112	**51**	3264	3280	3296	3312
2	128	144	160	176	**52**	3328	3344	3360	3376
3	192	208	224	240	**53**	3392	3408	3424	3440
4	256	272	288	304	**54**	3456	3472	3488	3504
5	320	336	352	368	**55**	3520	3536	3552	3568
6	384	400	416	432	**56**	3584	3600	3616	3632
7	448	464	480	496	**57**	3648	3664	3680	3696
8	512	528	544	560	**58**	3712	3728	3744	3760
9	576	592	608	624	**59**	3776	3792	3808	3824
10	640	656	672	688	**60**	3840	3856	3872	3888
11	704	720	736	752	**61**	3904	3920	3936	3952
12	768	784	800	816	**62**	3968	3984	4000	4016
13	832	848	864	880	**63**	4032	4048	4064	4080
14	896	912	928	944	**64**	4096	4112	4128	4144
15	960	976	992	1008	**65**	4160	4176	4192	4208
16	1024	1040	1056	1072	**66**	4224	4240	4256	4272
17	1088	1104	1120	1136	**67**	4288	4304	4320	4336
18	1152	1168	1184	1200	**68**	4352	4368	4384	4400
19	1216	1232	1248	1264	**69**	4416	4432	4448	4464
20	1280	1296	1312	1328	**70**	4480	4496	4512	4528
21	1344	1360	1376	1392	**71**	4544	4560	4576	4592
22	1408	1424	1440	1456	**72**	4608	4624	4640	4656
23	1472	1488	1504	1520	**73**	4672	4688	4704	4720
24	1536	1552	1568	1584	**74**	4736	4752	4768	4784
25	1600	1616	1632	1648	**75**	4800	4816	4832	4848
26	1664	1680	1696	1712	**76**	4864	4880	4896	4912
27	1728	1744	1760	1776	**77**	4928	4944	4960	4976
28	1792	1808	1824	1840	**78**	4992	5008	5024	5040
29	1856	1872	1888	1904	**79**	5056	5072	5088	5104
30	1920	1936	1952	1968	**80**	5120	5136	5152	5168
31	1984	2000	2016	2032	**81**	5184	5200	5216	5232
32	2048	2064	2080	2096	**82**	5248	5264	5280	5296
33	2112	2128	2144	2160	**83**	5312	5328	5344	5360
34	2176	2192	2208	2224	**84**	5376	5392	5408	5424
35	2240	2256	2272	2288	**85**	5440	5456	5472	5488
36	2304	2320	2336	2352	**86**	5504	5520	5536	5552
37	2368	2384	2400	2416	**87**	5568	5584	5600	5616
38	2432	2448	2464	2480	**88**	5632	5648	5664	5680
39	2496	2512	2528	2544	**89**	5696	5712	5728	5744
40	2560	2576	2592	2608	**90**	5760	5776	5792	5808
41	2624	2640	2656	2672	**91**	5824	5840	5856	5872
42	2688	2704	2720	2736	**92**	5888	5904	5920	5936
43	2752	2768	2784	2800	**93**	5952	5968	5984	6000
44	2816	2832	2848	2864	**94**	6016	6032	6048	6064
45	2880	2896	2912	2928	**95**	6080	6096	6112	6128
46	2944	2960	2976	2992	**96**	6144	6160	6176	6192
47	3008	3024	3040	3056	**97**	6208	6224	6240	6256
48	3072	3088	3104	3120	**98**	6272	6288	6304	6320
49	3136	3152	3168	3184	**99**	6336	6352	6368	6384
50	3200	3216	3232	3248	**100**	6400	6416	6432	6448

65

		¼	½	¾			¼	½	¾
1	65	81,25	97,50	113,75	**51**	3315	3331,25	3347,50	3363,75
2	130	146,25	162,50	178,75	**52**	3380	3396,25	3412,50	3428,75
3	195	211,25	227,50	243,75	**53**	3445	3461,25	3477,50	3493,75
4	260	276,25	292,50	308,75	**54**	3510	3526,25	3542,50	3558,75
5	325	341,25	357,50	373,75	**55**	3575	3591,25	3607,50	3623,75
6	390	406,25	422,50	438,75	**56**	3640	3656,25	3672,50	3688,75
7	455	471,25	487,50	503,75	**57**	3705	3721,25	3737,50	3753,75
8	520	536,25	552,50	568,75	**58**	3770	3786,25	3802,50	3818,75
9	585	601,25	617,50	633,75	**59**	3835	3851,25	3867,50	3883,75
10	650	666,25	682,50	698,75	**60**	3900	3916,25	3932,50	3948,75
11	715	731,25	747,50	763,75	**61**	3965	3981,25	3997,50	4013,75
12	780	796,25	812,50	828,75	**62**	4030	4046,25	4062,50	4078,75
13	845	861,25	877,50	893,75	**63**	4095	4111,25	4127,50	4143,75
14	910	926,25	942,50	958,75	**64**	4160	4176,25	4192,50	4208,75
15	975	991,25	1007,50	1023,75	**65**	4225	4241,25	4257,50	4273,75
16	1040	1056,25	1072,50	1088,75	**66**	4290	4306,25	4322,50	4338,75
17	1105	1121,25	1137,50	1153,75	**67**	4355	4371,25	4387,50	4403,75
18	1170	1186,25	1202,50	1218,75	**68**	4420	4436,25	4452,50	4468,75
19	1235	1251,25	1267,50	1283,75	**69**	4485	4501,25	4517,50	4533,75
20	1300	1316,25	1332,50	1348,75	**70**	4550	4566,25	4582,50	4598,75
21	1365	1381,25	1397,50	1413,75	**71**	4615	4631,25	4647,50	4663,75
22	1430	1446,25	1462,50	1478,75	**72**	4680	4696,25	4712,50	4728,75
23	1495	1511,25	1527,50	1543,75	**73**	4745	4761,25	4777,50	4793,75
24	1560	1576,25	1592,50	1608,75	**74**	4810	4826,25	4842,50	4858,75
25	1625	1641,25	1657,50	1673,75	**75**	4875	4891,25	4907,50	4923,75
26	1690	1706,25	1722,50	1738,75	**76**	4940	4956,25	4972,50	4988,75
27	1755	1771,25	1787,50	1803,75	**77**	5005	5021,25	5037,50	5053,75
28	1820	1836,25	1852,50	1868,75	**78**	5070	5086,25	5102,50	5118,75
29	1885	1901,25	1917,50	1933,75	**79**	5135	5151,25	5167,50	5183,75
30	1950	1966,25	1982,50	1998,75	**80**	5200	5216,25	5232,50	5248,75
31	2015	2031,25	2047,50	2063,75	**81**	5265	5281,25	5297,50	5313,75
32	2080	2096,25	2112,50	2128,75	**82**	5330	5346,25	5362,50	5378,75
33	2145	2161,25	2177,50	2193,75	**83**	5395	5411,25	5427,50	5443,75
34	2210	2226,25	2242,50	2258,75	**84**	5460	5476,25	5492,50	5508,75
35	2275	2291,25	2307,50	2323,75	**85**	5525	5541,25	5557,50	5573,75
36	2340	2356,25	2372,50	2388,75	**86**	5590	5606,25	5622,50	5638,75
37	2405	2421,25	2437,50	2453,75	**87**	5655	5671,25	5687,50	5703,75
38	2470	2486,25	2502,50	2518,75	**88**	5720	5736,25	5752,50	5768,75
39	2535	2551,25	2567,50	2583,75	**89**	5785	5801,25	5817,50	5833,75
40	2600	2616,25	2632,50	2648,75	**90**	5850	5866,25	5882,50	5898,75
41	2665	2681,25	2697,50	2713,75	**91**	5915	5931,25	5947,50	5963,75
42	2730	2746,25	2762,50	2778,75	**92**	5980	5996,25	6012,50	6028,75
43	2795	2811,25	2827,50	2843,75	**93**	6045	6061,25	6077,50	6093,75
44	2860	2876,25	2892,50	2908,75	**94**	6110	6126,25	6142,50	6158,75
45	2925	2941,25	2957,50	2973,75	**95**	6175	6191,25	6207,50	6223,75
46	2990	3006,25	3022,50	3038,75	**96**	6240	6256,25	6272,50	6288,75
47	3055	3071,25	3087,50	3103,75	**97**	6305	6321,25	6337,50	6353,75
48	3120	3136,25	3152,50	3168,75	**98**	6370	6386,25	6402,50	6418,75
49	3185	3201,25	3217,50	3233,75	**99**	6435	6451,25	6467,50	6483,75
50	3250	3266,25	3282,50	3298,75	**100**	6500	6516,25	6532,50	6548,75

66

		¼	½	¾			¼	½	¾
1	66	82,50	99	115,50	**51**	3366	3382,50	3399	3415,50
2	132	148,50	165	181,50	**52**	3432	3448,50	3465	3481,50
3	198	214,50	231	247,50	**53**	3498	3514,50	3531	3547,50
4	264	280,50	297	313,50	**54**	3564	3580,50	3597	3613,50
5	330	346,50	363	379,50	**55**	3630	3646,50	3663	3679,50
6	396	412,50	429	445,50	**56**	3696	3712,50	3729	3745,50
7	462	478,50	495	511,50	**57**	3762	3778,50	3795	3811,50
8	528	544,50	561	577,50	**58**	3828	3844,50	3861	3877,50
9	594	610,50	627	643,50	**59**	3894	3910,50	3927	3943,50
10	660	676,50	693	709,50	**60**	3960	3976,50	3993	4009,50
11	726	742,50	759	775,50	**61**	4026	4042,50	4059	4075,50
12	792	808,50	825	841,50	**62**	4092	4108,50	4125	4141,50
13	858	874,50	891	907,50	**63**	4158	4174,50	4191	4207,50
14	924	940,50	957	973,50	**64**	4224	4240,50	4257	4273,50
15	990	1006,50	1023	1039,50	**65**	4290	4306,50	4323	4339,50
16	1056	1072,50	1089	1105,50	**66**	4356	4372,50	4389	4405,50
17	1122	1138,50	1155	1171,50	**67**	4422	4438,50	4455	4471,50
18	1188	1204,50	1221	1237,50	**68**	4488	4504,50	4521	4537,50
19	1254	1270,50	1287	1303,50	**69**	4554	4570,50	4587	4603,50
20	1320	1336,50	1353	1369,50	**70**	4620	4636,50	4653	4669,50
21	1386	1402,50	1419	1435,50	**71**	4686	4702,50	4719	4735,50
22	1452	1468,50	1485	1501,50	**72**	4752	4768,50	4785	4801,50
23	1518	1534,50	1551	1567,50	**73**	4818	4834,50	4851	4867,50
24	1584	1600,50	1617	1633,50	**74**	4884	4900,50	4917	4933,50
25	1650	1666,50	1683	1699,50	**75**	4950	4966,50	4983	4999,50
26	1716	1732,50	1749	1765,50	**76**	5016	5032,50	5049	5065,50
27	1782	1798,50	1815	1831,50	**77**	5082	5098,50	5115	5131,50
28	1848	1864,50	1881	1897,50	**78**	5148	5164,50	5181	5197,50
29	1914	1930,50	1947	1963,50	**79**	5214	5230,50	5247	5263,50
30	1980	1996,50	2013	2029,50	**80**	5280	5296,50	5313	5329,50
31	2046	2062,50	2079	2095,50	**81**	5346	5362,50	5379	5395,50
32	2112	2128,50	2145	2161,50	**82**	5412	5428,50	5445	5461,50
33	2178	2194,50	2211	2227,50	**83**	5478	5494,50	5511	5527,50
34	2244	2260,50	2277	2293,50	**84**	5544	5560,50	5577	5593,50
35	2310	2326,50	2343	2359,50	**85**	5610	5626,50	5643	5659,50
36	2376	2392,50	2409	2425,50	**86**	5676	5692,50	5709	5725,50
37	2442	2458,50	2475	2491,50	**87**	5742	5758,50	5775	5791,50
38	2508	2524,50	2541	2557,50	**88**	5808	5824,50	5841	5857,50
39	2574	2590,50	2607	2623,50	**89**	5874	5890,50	5907	5923,50
40	2640	2656,50	2673	2689,50	**90**	5940	5956,50	5973	5989,50
41	2706	2722,50	2739	2755,50	**91**	6006	6022,50	6039	6055,50
42	2772	2788,50	2805	2821,50	**92**	6072	6088,50	6105	6121,50
43	2838	2854,50	2871	2887,50	**93**	6138	6154,50	6171	6187,50
44	2904	2920,50	2937	2953,50	**94**	6204	6220,50	6237	6253,50
45	2970	2986,50	3003	3019,50	**95**	6270	6286,50	6303	6319,50
46	3036	3052,50	3069	3085,50	**96**	6336	6352,50	6369	6385,50
47	3102	3118,50	3135	3151,50	**97**	6402	6418,50	6435	6451,50
48	3168	3184,50	3201	3217,50	**98**	6468	6484,50	6501	6517,50
49	3234	3250,50	3267	3283,50	**99**	6534	6550,50	6567	6583,50
50	3300	3316,50	3333	3349,50	**100**	6600	6616,50	6633	6649,50

67

		¼	½	¾			¼	½	¾
1	67	83,75	100,50	117,25	**51**	3417	3433,75	3450,50	3467,25
2	134	150,75	167,50	184,25	**52**	3484	3500,75	3517,50	3534,25
3	201	217,75	234,50	251,25	**53**	3551	3567,75	3584,50	3601,25
4	268	284,75	301,50	318,25	**54**	3618	3634,75	3651,50	3668,25
5	335	351,75	368,50	385,25	**55**	3685	3701,75	3718,50	3735,25
6	402	418,75	435,50	452,25	**56**	3752	3768,75	3785,50	3802,25
7	469	485,75	502,50	519,25	**57**	3819	3835,75	3852,50	3869,25
8	536	552,75	569,50	586,25	**58**	3886	3902,75	3919,50	3936,25
9	603	619,75	636,50	653,25	**59**	3953	3969,75	3986,50	4003,25
10	670	686,75	703,50	720,25	**60**	4020	4036,75	4053,50	4070,25
11	737	753,75	770,50	787,25	**61**	4087	4103,75	4120,50	4137,25
12	804	820,75	837,50	854,25	**62**	4154	4170,75	4187,50	4204,25
13	871	887,75	904,50	921,25	**63**	4221	4237,75	4254,50	4271,25
14	938	954,75	971,50	988,25	**64**	4288	4304,75	4321,50	4338,25
15	1005	1021,75	1038,50	1055,25	**65**	4355	4371,75	4388,50	4405,25
16	1072	1088,75	1105,50	1122,25	**66**	4422	4438,75	4455,50	4472,25
17	1139	1155,75	1172,50	1189,25	**67**	4489	4505,75	4522,50	4539,25
18	1206	1222,75	1239,50	1256,25	**68**	4556	4572,75	4589,50	4606,25
19	1273	1289,75	1306,50	1323,25	**69**	4623	4639,75	4656,50	4673,25
20	1340	1356,75	1373,50	1390,25	**70**	4690	4706,75	4723,50	4740,25
21	1407	1423,75	1440,50	1457,25	**71**	4757	4773,75	4790,50	4807,25
22	1474	1490,75	1507,50	1524,25	**72**	4824	4840,75	4857,50	4874,25
23	1541	1557,75	1574,50	1591,25	**73**	4891	4907,75	4924,50	4941,25
24	1608	1624,75	1641,50	1658,25	**74**	4958	4974,75	4991,50	5008,25
25	1675	1691,75	1708,50	1725,25	**75**	5025	5041,75	5058,50	5075,25
26	1742	1758,75	1775,50	1792,25	**76**	5092	5108,75	5125,50	5142,25
27	1809	1825,75	1842,50	1859,25	**77**	5159	5175,75	5192,50	5209,25
28	1876	1892,75	1909,50	1926,25	**78**	5226	5242,75	5259,50	5276,25
29	1943	1959,75	1976,50	1993,25	**79**	5293	5309,75	5326,50	5343,25
30	2010	2026,75	2043,50	2060,25	**80**	5360	5376,75	5393,50	5410,25
31	2077	2093,75	2110,50	2127,25	**81**	5427	5443,75	5460,50	5477,25
32	2144	2160,75	2177,50	2194,25	**82**	5494	5510,75	5527,50	5544,25
33	2211	2227,75	2244,50	2261,25	**83**	5561	5577,75	5594,50	5611,25
34	2278	2294,75	2311,50	2328,25	**84**	5628	5644,75	5661,50	5678,25
35	2345	2361,75	2378,50	2395,25	**85**	5695	5711,75	5728,50	5745,25
36	2412	2428,75	2445,50	2462,25	**86**	5762	5778,75	5795,50	5812,25
37	2479	2495,75	2512,50	2529,25	**87**	5829	5845,75	5862,50	5879,25
38	2546	2562,75	2579,50	2596,25	**88**	5896	5912,75	5929,50	5946,25
39	2613	2629,75	2646,50	2663,25	**89**	5963	5979,75	5996,50	6013,25
40	2680	2696,75	2713,50	2730,25	**90**	6030	6046,75	6063,50	6080,25
41	2747	2763,75	2780,50	2797,25	**91**	6097	6113,75	6130,50	6147,25
42	2814	2830,75	2847,50	2864,25	**92**	6164	6180,75	6197,50	6214,25
43	2881	2897,75	2914,50	2931,25	**93**	6231	6247,75	6264,50	6281,25
44	2948	2964,75	2981,50	2998,25	**94**	6298	6314,75	6331,50	6348,25
45	3015	3031,75	3048,50	3065,25	**95**	6365	6381,75	6398,50	6415,25
46	3082	3098,75	3115,50	3132,25	**96**	6432	6448,75	6465,50	6482,25
47	3149	3165,75	3182,50	3199,25	**97**	6499	6515,75	6532,50	6549,25
48	3216	3232,75	3249,50	3266,25	**98**	6566	6582,75	6599,50	6616,25
49	3283	3299,75	3316,50	3333,25	**99**	6633	6649,75	6666,50	6683,25
50	3350	3366,75	3383,50	3400,25	**100**	6700	6716,75	6733,50	6750,25

68

		¼	½	¾			¼	½	¾
1	68	85	102	119	**51**	3468	3485	3502	3519
2	136	153	170	187	**52**	3536	3553	3570	3587
3	204	221	238	255	**53**	3604	3621	3638	3655
4	272	289	306	323	**54**	3672	3689	3706	3723
5	340	357	374	391	**55**	3740	3757	3774	3791
6	408	425	442	459	**56**	3808	3825	3842	3859
7	476	493	510	527	**57**	3876	3893	3910	3927
8	544	561	578	595	**58**	3944	3961	3978	3995
9	612	629	646	663	**59**	4012	4029	4046	4063
10	680	697	714	731	**60**	4080	4097	4114	4131
11	748	765	782	799	**61**	4148	4165	4182	4199
12	816	833	850	867	**62**	4216	4233	4250	4267
13	884	901	918	935	**63**	4284	4301	4318	4335
14	952	969	986	1003	**64**	4352	4369	4386	4403
15	1020	1037	1054	1071	**65**	4420	4437	4454	4471
16	1088	1105	1122	1139	**66**	4488	4505	4522	4539
17	1156	1173	1190	1207	**67**	4556	4573	4590	4607
18	1224	1241	1258	1275	**68**	4624	4641	4658	4675
19	1292	1309	1326	1343	**69**	4692	4709	4726	4743
20	1360	1377	1394	1411	**70**	4760	4777	4794	4811
21	1428	1445	1462	1479	**71**	4828	4845	4862	4879
22	1496	1513	1530	1547	**72**	4896	4913	4930	4947
23	1564	1581	1598	1615	**73**	4964	4981	4998	5015
24	1632	1649	1666	1683	**74**	5032	5049	5066	5083
25	1700	1717	1734	1751	**75**	5100	5117	5134	5151
26	1768	1785	1802	1819	**76**	5168	5185	5202	5219
27	1836	1853	1870	1887	**77**	5236	5253	5270	5287
28	1904	1921	1938	1955	**78**	5304	5321	5338	5355
29	1972	1989	2006	2023	**79**	5372	5389	5406	5423
30	2040	2057	2074	2091	**80**	5440	5457	5474	5491
31	2108	2125	2142	2159	**81**	5508	5525	5542	5559
32	2176	2193	2210	2227	**82**	5576	5593	5610	5627
33	2244	2261	2278	2295	**83**	5644	5661	5678	5695
34	2312	2329	2346	2363	**84**	5712	5729	5746	5763
35	2380	2397	2414	2431	**85**	5780	5797	5814	5831
36	2448	2465	2482	2499	**86**	5848	5865	5882	5899
37	2516	2533	2550	2567	**87**	5916	5933	5950	5967
38	2584	2601	2618	2635	**88**	5984	6001	6018	6035
39	2652	2669	2686	2703	**89**	6052	6069	6086	6103
40	2720	2737	2754	2771	**90**	6120	6137	6154	6171
41	2788	2805	2822	2839	**91**	6188	6205	6222	6239
42	2856	2873	2890	2907	**92**	6256	6273	6290	6307
43	2924	2941	2958	2975	**93**	6324	6341	6358	6375
44	2992	3009	3026	3043	**94**	6392	6409	6426	6443
45	3060	3077	3094	3111	**95**	6460	6477	6494	6511
46	3128	3145	3162	3179	**96**	6528	6545	6562	6579
47	3196	3213	3230	3247	**97**	6596	6613	6630	6647
48	3264	3281	3298	3315	**98**	6664	6681	6698	6715
49	3332	3349	3366	3383	**99**	6732	6749	6766	6783
50	3400	3417	3434	3451	**100**	6800	6817	6834	6851

69

		¼	½	¾			¼	½	¾
1	69	86,25	103,50	120,75	**51**	3519	3536,25	3553,50	3570,75
2	138	155,25	172,50	189,75	**52**	3588	3605,25	3622,50	3639,75
3	207	224,25	241,50	258,75	**53**	3657	3674,25	3691,50	3708,75
4	276	293,25	310,50	327,75	**54**	3726	3743,25	3760,50	3777,75
5	345	362,25	379,50	396,75	**55**	3795	3812,25	3829,50	3846,75
6	414	431,25	448,50	465,75	**56**	3864	3881,25	3898,50	3915,75
7	483	500,25	517,50	534,75	**57**	3933	3950,25	3967,50	3984,75
8	552	569,25	586,50	603,75	**58**	4002	4019,25	4036,50	4053,75
9	621	638,25	655,50	672,75	**59**	4071	4088,25	4105,50	4122,75
10	690	707,25	724,50	741,75	**60**	4140	4157,25	4174,50	4191,75
11	759	776,25	793,50	810,75	**61**	4209	4226,25	4243,50	4260,75
12	828	845,25	862,50	879,75	**62**	4278	4295,25	4312,50	4329,75
13	897	914,25	931,50	948,75	**63**	4347	4364,25	4381,50	4398,75
14	966	983,25	1000,50	1017,75	**64**	4416	4433,25	4450,50	4467,75
15	1035	1052,25	1069,50	1086,75	**65**	4485	4502,25	4519,50	4536,75
16	1104	1121,25	1138,50	1155,75	**66**	4554	4571,25	4588,50	4605,75
17	1173	1190,25	1207,50	1224,75	**67**	4623	4640,25	4657,50	4674,75
18	1242	1259,25	1276,50	1293,75	**68**	4692	4709,25	4726,50	4743,75
19	1311	1328,25	1345,50	1362,75	**69**	4761	4778,25	4795,50	4812,75
20	1380	1397,25	1414,50	1431,75	**70**	4830	4847,25	4864,50	4881,75
21	1449	1466,25	1483,50	1500,75	**71**	4899	4916,25	4933,50	4950,75
22	1518	1535,25	1552,50	1569,75	**72**	4968	4985,25	5002,50	5019,75
23	1587	1604,25	1621,50	1638,75	**73**	5037	5054,25	5071,50	5088,75
24	1656	1673,25	1690,50	1707,75	**74**	5106	5123,25	5140,50	5157,75
25	1725	1742,25	1759,50	1776,75	**75**	5175	5192,25	5209,50	5226,75
26	1794	1811,25	1828,50	1845,75	**76**	5244	5261,25	5278,50	5295,75
27	1863	1880,25	1897,50	1914,75	**77**	5313	5330,25	5347,50	5364,75
28	1932	1949,25	1966,50	1983,75	**78**	5382	5399,25	5416,50	5433,75
29	2001	2018,25	2035,50	2052,75	**79**	5451	5468,25	5485,50	5502,75
30	2070	2087,25	2104,50	2121,75	**80**	5520	5537,25	5554,50	5571,75
31	2139	2156,25	2173,50	2190,75	**81**	5589	5606,25	5623,50	5640,75
32	2208	2225,25	2242,50	2259,75	**82**	5658	5675,25	5692,50	5709,75
33	2277	2294,25	2311,50	2328,75	**83**	5727	5744,25	5761,50	5778,75
34	2346	2363,25	2380,50	2397,75	**84**	5796	5813,25	5830,50	5847,75
35	2415	2432,25	2449,50	2466,75	**85**	5865	5882,25	5899,50	5916,75
36	2484	2501,25	2518,50	2535,75	**86**	5934	5951,25	5968,50	5985,75
37	2553	2570,25	2587,50	2604,75	**87**	6003	6020,25	6037,50	6054,75
38	2622	2639,25	2656,50	2673,75	**88**	6072	6089,25	6106,50	6123,75
39	2691	2708,25	2725,50	2742,75	**89**	6141	6158,25	6175,50	6192,75
40	2760	2777,25	2794,50	2811,75	**90**	6210	6227,25	6244,50	6261,75
41	2829	2846,25	2863,50	2880,75	**91**	6279	6296,25	6313,50	6330,75
42	2898	2915,25	2932,50	2949,75	**92**	6348	6365,25	6382,50	6399,75
43	2967	2984,25	3001,50	3018,75	**93**	6417	6434,25	6451,50	6468,75
44	3036	3053,25	3070,50	3087,75	**94**	6486	6503,25	6520,50	6537,75
45	3105	3122,25	3139,50	3156,75	**95**	6555	6572,25	6589,50	6606,75
46	3174	3191,25	3208,50	3225,75	**96**	6624	6641,25	6658,50	6675,75
47	3243	3260,25	3277,50	3294,75	**97**	6693	6710,25	6727,50	6744,75
48	3312	3329,25	3346,50	3363,75	**98**	6762	6779,25	6796,50	6813,75
49	3381	3398,25	3415,50	3432,75	**99**	6831	6848,25	6865,50	6882,75
50	3450	3467,25	3484,50	3501,75	**100**	6900	6917,25	6934,50	6951,75

70

		¼	½	¾			¼	½	¾
1	70	87,50	105	122,50	**51**	3570	3587,50	3605	3622,50
2	140	157,50	175	192,50	**52**	3640	3657,50	3675	3692,50
3	210	227,50	245	262,50	**53**	3710	3727,50	3745	3762,50
4	280	297,50	315	332,50	**54**	3780	3797,50	3815	3832,50
5	350	367,50	385	402,50	**55**	3850	3867,50	3885	3902,50
6	420	437,50	455	472,50	**56**	3920	3937,50	3955	3972,50
7	490	507,50	525	542,50	**57**	3990	4007,50	4025	4042,50
8	560	577,50	595	612,50	**58**	4060	4077,50	4095	4112,50
9	630	647,50	665	682,50	**59**	4130	4147,50	4165	4182,50
10	700	717,50	735	752,50	**60**	4200	4217,50	4235	4252,50
11	770	787,50	805	822,50	**61**	4270	4287,50	4305	4322,50
12	840	857,50	875	892,50	**62**	4340	4357,50	4375	4392,50
13	910	927,50	945	962,50	**63**	4410	4427,50	4445	4462,50
14	980	997,50	1015	1032,50	**64**	4480	4497,50	4515	4532,50
15	1050	1067,50	1085	1102,50	**65**	4550	4567,50	4585	4602,50
16	1120	1137,50	1155	1172,50	**66**	4620	4637,50	4655	4672,50
17	1190	1207,50	1225	1242,50	**67**	4690	4707,50	4725	4742,50
18	1260	1277,50	1295	1312,50	**68**	4760	4777,50	4795	4812,50
19	1330	1347,50	1365	1382,50	**69**	4830	4847,50	4865	4882,50
20	1400	1417,50	1435	1452,50	**70**	4900	4917,50	4935	4952,50
21	1470	1487,50	1505	1522,50	**71**	4970	4987,50	5005	5022,50
22	1540	1557,50	1575	1592,50	**72**	5040	5057,50	5075	5092,50
23	1610	1627,50	1645	1662,50	**73**	5110	5127,50	5145	5162,50
24	1680	1697,50	1715	1732,50	**74**	5180	5197,50	5215	5232,50
25	1750	1767,50	1785	1802,50	**75**	5250	5267,50	5285	5302,50
26	1820	1837,50	1855	1872,50	**76**	5320	5337,50	5355	5372,50
27	1890	1907,50	1925	1942,50	**77**	5390	5407,50	5425	5442,50
28	1960	1977,50	1995	2012,50	**78**	5460	5477,50	5495	5512,50
29	2030	2047,50	2065	2082,50	**79**	5530	5547,50	5565	5582,50
30	2100	2117,50	2135	2152,50	**80**	5600	5617,50	5635	5652,50
31	2170	2187,50	2205	2222,50	**81**	5670	5687,50	5705	5722,50
32	2240	2257,50	2275	2292,50	**82**	5740	5757,50	5775	5792,50
33	2310	2327,50	2345	2362,50	**83**	5810	5827,50	5845	5862,50
34	2380	2397,50	2415	2432,50	**84**	5880	5897,50	5915	5932,50
35	2450	2467,50	2485	2502,50	**85**	5950	5967,50	5985	6002,50
36	2520	2537,50	2555	2572,50	**86**	6020	6037,50	6055	6072,50
37	2590	2607,50	2625	2642,50	**87**	6090	6107,50	6125	6142,50
38	2660	2677,50	2695	2712,50	**88**	6160	6177,50	6195	6212,50
39	2730	2747,50	2765	2782,50	**89**	6230	6247,50	6265	6282,50
40	2800	2817,50	2835	2852,50	**90**	6300	6317,50	6335	6352,50
41	2870	2887,50	2905	2922,50	**91**	6370	6387,50	6405	6422,50
42	2940	2957,50	2975	2992,50	**92**	6440	6457,50	6475	6492,50
43	3010	3027,50	3045	3062,50	**93**	6510	6527,50	6545	6562,50
44	3080	3097,50	3115	3132,50	**94**	6580	6597,50	6615	6632,50
45	3150	3167,50	3185	3202,50	**95**	6650	6667,50	6685	6702,50
46	3220	3237,50	3255	3272,50	**96**	6720	6737,50	6755	6772,50
47	3290	3307,50	3325	3342,50	**97**	6790	6807,50	6825	6842,50
48	3360	3377,50	3395	3412,50	**98**	6860	6877,50	6895	6912,50
49	3430	3447,50	3465	3482,50	**99**	6930	6947,50	6965	6982,50
50	3500	3517,50	3535	3552,50	**100**	7000	7017,50	7035	7052,50

		¼	½	¾			¼	½	¾
1	71	88,75	106,50	124,25	**51**	3621	3638,75	3656,50	3674,25
2	142	159,75	177,50	195,25	**52**	3692	3709,75	3727,50	3745,25
3	213	230,75	248,50	266,25	**53**	3763	3780,75	3798,50	3816,25
4	284	301,75	319,50	337,25	**54**	3834	3851,75	3869,50	3887,25
5	355	372,75	390,50	408,25	**55**	3905	3922,75	3940,50	3958,25
6	426	443,75	461,50	479,25	**56**	3976	3993,75	4011,50	4029,25
7	497	514,75	532,50	550,25	**57**	4047	4064,75	4082,50	4100,25
8	568	585,75	603,50	621,25	**58**	4118	4135,75	4153,50	4171,25
9	639	656,75	674,50	692,25	**59**	4189	4206,75	4224,50	4242,25
10	710	727,75	745,50	763,25	**60**	4260	4277,75	4295,50	4313,25
11	781	798,75	816,50	834,25	**61**	4331	4348,75	4336,50	4384,25
12	852	869,75	887,50	905,25	**62**	4402	4419,75	4437,50	4455,25
13	923	940,75	958,50	976,25	**63**	4473	4490,75	4508,50	4526,25
14	994	1011,75	1029,50	1047,25	**64**	4544	4561,75	4579,50	4597,25
15	1065	1082,75	1100,50	1118,25	**65**	4615	4632,75	4650,50	4668,25
16	1136	1153,75	1171,50	1189,25	**66**	4686	4703,75	4721,50	4739,25
17	1207	1224,75	1242,50	1260,25	**67**	4757	4774,75	4792,50	4810,25
18	1278	1295,75	1313,50	1331,25	**68**	4828	4845,75	4863,50	4881,25
19	1349	1366,75	1384,50	1402,25	**69**	4899	4916,75	4934,50	4952,25
20	1420	1437,75	1455,50	1473,25	**70**	4970	4987,75	5005,50	5023,25
21	1491	1508,75	1526,50	1544,25	**71**	5041	5058,75	5076,50	5094,25
22	1562	1579,75	1597,50	1615,25	**72**	5112	5129,75	5147,50	5165,25
23	1633	1650,75	1668,50	1686,25	**73**	5183	5200,75	5218,50	5236,25
24	1704	1721,75	1739,50	1757,25	**74**	5254	5271,75	5289,50	5307,25
25	1775	1792,75	1810,50	1828,25	**75**	5325	5342,75	5360,50	5378,25
26	1846	1863,75	1881,50	1899,25	**76**	5396	5413,75	5431,50	5449,25
27	1917	1934,75	1952,50	1970,25	**77**	5467	5484,75	5502,50	5520,25
28	1988	2005,75	2023,50	2041,25	**78**	5538	5555,75	5573,50	5591,25
29	2059	2076,75	2094,50	2112,25	**79**	5609	5626,75	5644,50	5662,25
30	2130	2147,75	2165,50	2183,25	**80**	5680	5697,75	5715,50	5733,25
31	2201	2218,75	2236,50	2254,25	**81**	5751	5768,75	5786,50	5804,25
32	2272	2289,75	2307,50	2325,25	**82**	5822	5839,75	5857,50	5875,25
33	2343	2360,75	2378,50	2396,25	**83**	5893	5910,75	5928,50	5946,25
34	2414	2431,75	2449,50	2467,25	**84**	5964	5981,75	5999,50	6017,25
35	2485	2502,75	2520,50	2538,25	**85**	6035	6052,75	6070,50	6088,25
36	2556	2573,75	2591,50	2609,25	**86**	6106	6123,75	6141,50	6159,25
37	2627	2644,75	2662,50	2680,25	**87**	6177	6194,75	6212,50	6230,25
38	2698	2715,75	2733,50	2751,25	**88**	6248	6265,75	6283,50	6301,25
39	2769	2786,75	2804,50	2822,25	**89**	6319	6336,75	6354,50	6372,25
40	2840	2857,75	2875,50	2893,25	**90**	6390	6407,75	6425,50	6443,25
41	2911	2928,75	2946,50	2964,25	**91**	6461	6478,75	6496,50	6514,25
42	2982	2999,75	3017,50	3035,25	**92**	6532	6549,75	6567,50	6585,25
43	3053	3070,75	3088,50	3106,25	**93**	6603	6620,75	6638,50	6656,25
44	3124	3141,75	3159,50	3177,25	**94**	6674	6691,75	6709,50	6727,25
45	3195	3212,75	3230,50	3248,25	**95**	6745	6762,75	6780,50	6798,25
46	3266	3283,75	3301,50	3319,25	**96**	6816	6833,75	6851,50	6869,25
47	3337	3354,75	3372,50	3390,25	**97**	6887	6904,75	6922,50	6940,25
48	3408	3425,75	3443,50	3461,25	**98**	6958	6975,75	6993,50	7011,25
49	3479	3496,75	3514,50	3532,25	**99**	7029	7046,75	7064,50	7082,25
50	3550	3567,75	3585,50	3603,25	**100**	7100	7117,75	7135,50	7153,25

72

		¼	½	¾			¼	½	¾
1	72	90	108	126	**51**	3672	3690	3708	3726
2	144	162	180	198	**52**	3744	3762	3780	3798
3	216	234	252	270	**53**	3816	3834	3852	3870
4	288	306	324	342	**54**	3888	3906	3924	3942
5	360	378	396	414	**55**	3960	3978	3996	4014
6	432	450	468	486	**56**	4032	4050	4068	4086
7	504	522	540	558	**57**	4104	4122	4140	4158
8	576	594	612	630	**58**	4176	4194	4212	4230
9	648	666	684	702	**59**	4248	4266	4284	4302
10	720	738	756	774	**60**	4320	4338	4356	4374
11	792	810	828	846	**61**	4392	4410	4428	4446
12	864	882	900	918	**62**	4464	4482	4500	4518
13	936	954	972	990	**63**	4536	4554	4572	4590
14	1008	1026	1044	1062	**64**	4608	4626	4644	4662
15	1080	1098	1116	1134	**65**	4680	4698	4716	4734
16	1152	1170	1188	1206	**66**	4752	4770	4788	4806
17	1224	1242	1260	1278	**67**	4824	4842	4860	4878
18	1296	1314	1332	1350	**68**	4896	4914	4932	4950
19	1368	1386	1404	1422	**69**	4968	4986	5004	5022
20	1440	1458	1476	1494	**70**	5040	5058	5076	5094
21	1512	1530	1548	1566	**71**	5112	5130	5148	5166
22	1584	1602	1620	1638	**72**	5184	5202	5220	5238
23	1656	1674	1692	1710	**73**	5256	5274	5292	5310
24	1728	1746	1764	1782	**74**	5328	5346	5364	5382
25	1800	1818	1836	1854	**75**	5400	5418	5436	5454
26	1872	1890	1908	1926	**76**	5472	5490	5508	5526
27	1944	1962	1980	1998	**77**	5544	5562	5580	5598
28	2016	2034	2052	2070	**78**	5616	5634	5652	5670
29	2088	2106	2124	2142	**79**	5688	5706	5724	5742
30	2160	2178	2196	2214	**80**	5760	5778	5796	5814
31	2232	2250	2268	2286	**81**	5832	5850	5868	5886
32	2304	2322	2340	2358	**82**	5904	5922	5940	5958
33	2376	2394	2412	2430	**83**	5976	5994	6012	6030
34	2448	2466	2484	2502	**84**	6048	6066	6084	6102
35	2520	2538	2556	2574	**85**	6120	6138	6156	6174
36	2592	2610	2628	2646	**86**	6192	6210	6228	6246
37	2664	2682	2700	2718	**87**	6264	6282	6300	6318
38	2736	2754	2772	2790	**88**	6336	6354	6372	6390
39	2808	2826	2844	2862	**89**	6408	6426	6444	6462
40	2880	2898	2916	2934	**90**	6480	6498	6516	6534
41	2952	2970	2988	3006	**91**	6552	6570	6588	6606
42	3024	3042	3060	3078	**92**	6624	6642	6660	6678
43	3096	3114	3132	3150	**93**	6696	6714	6732	6750
44	3168	3186	3204	3222	**94**	6768	6786	6804	6822
45	3240	3258	3276	3294	**95**	6840	6858	6876	6894
46	3312	3330	3348	3366	**96**	6912	6930	6948	6966
47	3384	3402	3420	3438	**97**	6984	7002	7020	7038
48	3456	3474	3492	3510	**98**	7056	7074	7092	7110
49	3528	3546	3564	3582	**99**	7128	7146	7164	7182
50	3600	3618	3636	3654	**100**	7200	7218	7236	7254

73

		¼	½	¾			¼	½	¾
1	73	91,25	109,50	127,75	**51**	3723	3741,25	3759,50	3777,75
2	146	164,25	182,50	200,75	**52**	3796	3814,25	3832,50	3850,75
3	219	237,25	255,50	273,75	**53**	3869	3887,25	3905,50	3923,75
4	292	310,25	328,50	346,75	**54**	3942	3960,25	3978,50	3996,75
5	365	383,25	401,50	419,75	**55**	4015	4033,25	4051,50	4069,75
6	438	456,25	474,50	492,75	**56**	4088	4106,25	4124,50	4142,75
7	511	529,25	547,50	565,75	**57**	4161	4179,25	4197,50	4215,75
8	584	602,25	620,50	638,75	**58**	4234	4252,25	4270,50	4288,75
9	657	675,25	693,50	711,75	**59**	4307	4325,25	4343,50	4361,75
10	730	748,25	766,50	784,75	**60**	4380	4398,25	4416,50	4434,75
11	803	821,25	839,50	857,75	**61**	4453	4471,25	4489,50	4507,75
12	876	894,25	912,50	930,75	**62**	4526	4544,25	4562,50	4580,75
13	949	967,25	985,50	1003,75	**63**	4599	4617,25	4635,50	4653,75
14	1022	1040,25	1058,50	1076,75	**64**	4672	4690,25	4708,50	4726,75
15	1095	1113,25	1131,50	1149,75	**65**	4745	4763,25	4781,50	4799,75
16	1168	1186,25	1204,50	1222,75	**66**	4818	4836,25	4854,50	4872,75
17	1241	1259,25	1277,50	1295,75	**67**	4891	4909,25	4927,50	4945,75
18	1314	1332,25	1350,50	1368,75	**68**	4964	4982,25	5000,50	5018,75
19	1387	1405,25	1423,50	1441,75	**69**	5037	5055,25	5073,50	5091,75
20	1460	1478,25	1496,50	1514,75	**70**	5110	5128,25	5146,50	5164,75
21	1533	1551,25	1569,50	1587,75	**71**	5183	5201,25	5219,50	5237,75
22	1606	1624,25	1642,50	1660,75	**72**	5256	5274,25	5292,50	5310,75
23	1679	1697,25	1715,50	1733,75	**73**	5329	5347,25	5365,50	5383,75
24	1752	1770,25	1788,50	1806,75	**74**	5402	5420,25	5438,50	5456,75
25	1825	1843,25	1861,50	1879,75	**75**	5475	5493,25	5511,50	5529,75
26	1898	1916,25	1934,50	1952,75	**76**	5548	5566,25	5584,50	5602,75
27	1971	1989,25	2007,50	2025,75	**77**	5621	5639,25	5657,50	5675,75
28	2044	2062,25	2080,50	2098,75	**78**	5694	5712,25	5730,50	5748,75
29	2117	2135,25	2153,50	2171,75	**79**	5767	5785,25	5803,50	5821,75
30	2190	2208,25	2226,50	2244,75	**80**	5840	5858,25	5876,50	5894,75
31	2263	2281,25	2299,50	2317,75	**81**	5913	5931,25	5949,50	5967,75
32	2336	2354,25	2372,50	2390,75	**82**	5986	6004,25	6022,50	6040,75
33	2409	2427,25	2445,50	2463,75	**83**	6059	6077,25	6095,50	6113,75
34	2482	2500,25	2518,50	2536,75	**84**	6132	6150,25	6168,50	6186,75
35	2555	2573,25	2591,50	2609,75	**85**	6205	6223,25	6241,50	6259,75
36	2628	2646,25	2664,50	2682,75	**86**	6278	6296,25	6314,50	6332,75
37	2701	2719,25	2737,50	2755,75	**87**	6351	6369,25	6387,50	6405,75
38	2774	2792,25	2810,50	2828,75	**88**	6424	6442,25	6460,50	6478,75
39	2847	2865,25	2883,50	2901,75	**89**	6497	6515,25	6533,50	6551,75
40	2920	2938,25	2956,50	2974,75	**90**	6570	6588,25	6606,50	6624,75
41	2993	3011,25	3029,50	3047,75	**91**	6643	6661,25	6679,50	6697,75
42	3066	3084,25	3102,50	3120,75	**92**	6716	6734,25	6752,50	6770,75
43	3139	3157,25	3175,50	3193,75	**93**	6789	6807,25	6825,50	6843,75
44	3212	3230,25	3248,50	3266,75	**94**	6862	6880,25	6898,50	6916,75
45	3285	3303,25	3321,50	3339,75	**95**	6935	6953,25	6971,50	6989,75
46	3358	3376,25	3394,50	3412,75	**96**	7008	7026,25	7044,50	7062,75
47	3431	3449,25	3467,50	3485,75	**97**	7081	7099,25	7117,50	7135,75
48	3504	3522,25	3540,50	3558,75	**98**	7154	7172,25	7190,50	7208,75
49	3577	3595,25	3613,50	3631,75	**99**	7227	7245,25	7263,50	7281,75
50	3650	3668,25	3686,50	3704,75	**100**	7300	7318,25	7336,50	7354,75

74

		¼	½	¾			¼	½	¾
1	74	92,50	111	129,50	**51**	3774	3792,50	3811	3829,50
2	148	166,50	185	203,50	**52**	3848	3866,50	3885	3903,50
3	222	240,50	259	277,50	**53**	3922	3940,50	3959	3977,50
4	296	314,50	333	351,50	**54**	3996	4014,50	4033	4051,50
5	370	388,50	407	425,50	**55**	4070	4088,50	4107	4125,50
6	444	462,50	481	499,50	**56**	4144	4162,50	4181	4199,50
7	518	536,50	555	573,50	**57**	4218	4236,50	4255	4273,50
8	592	610,50	629	647,50	**58**	4292	4310,50	4329	4347,50
9	666	684,50	703	721,50	**59**	4366	4384,50	4403	4421,50
10	740	758,50	777	795,50	**60**	4440	4458,50	4477	4495,50
11	814	832,50	851	869,50	**61**	4514	4532,50	4551	4569,50
12	888	906,50	925	943,50	**62**	4588	4606,50	4625	4643,50
13	962	980,50	999	1017,50	**63**	4662	4680,50	4699	4717,50
14	1036	1054,50	1073	1091,50	**64**	4736	4754,50	4773	4791,50
15	1110	1128,50	1147	1165,50	**65**	4810	4828,50	4847	4865,50
16	1184	1202,50	1221	1239,50	**66**	4884	4902,50	4921	4939,50
17	1258	1276,50	1295	1313,50	**67**	4958	4976,50	4995	5013,50
18	1332	1350,50	1369	1387,50	**68**	5032	5050,50	5069	5087,50
19	1406	1424,50	1443	1461,50	**69**	5106	5124,50	5143	5161,50
20	1480	1498,50	1517	1535,50	**70**	5180	5198,50	5217	5235,50
21	1554	1572,50	1591	1609,50	**71**	5254	5272,50	5291	5309,50
22	1628	1646,50	1665	1683,50	**72**	5328	5346,50	5365	5383,50
23	1702	1720,50	1739	1757,50	**73**	5402	5420,50	5439	5457,50
24	1776	1794,50	1813	1831,50	**74**	5476	5494,50	5513	5531,50
25	1850	1868,50	1887	1905,50	**75**	5550	5568,50	5587	5605,50
26	1924	1942,50	1961	1979,50	**76**	5624	5642,50	5661	5679,50
27	1998	2016,50	2035	2053,50	**77**	5698	5716,50	5735	5753,50
28	2072	2090,50	2109	2127,50	**78**	5772	5790,50	5809	5827,50
29	2146	2164,50	2183	2201,50	**79**	5846	5864,50	5883	5901,50
30	2220	2238,50	2257	2275,50	**80**	5920	5938,50	5957	5975,50
31	2294	2312,50	2331	2349,50	**81**	5994	6012,50	6031	6049,50
32	2368	2386,50	2405	2423,50	**82**	6068	6086,50	6105	6123,50
33	2442	2460,50	2479	2497,50	**83**	6142	6160,50	6179	6197,50
34	2516	2534,50	2553	2571,50	**84**	6216	6234,50	6253	6271,50
35	2590	2608,50	2627	2645,50	**85**	6290	6308,50	6327	6345,50
36	2664	2682,50	2701	2719,50	**86**	6364	6382,50	6401	6419,50
37	2738	2756,50	2775	2793,50	**87**	6438	6456,50	6475	6493,50
38	2812	2830,50	2849	2867,50	**88**	6512	6530,50	6549	6567,50
39	2886	2904,50	2923	2941,50	**89**	6586	6604,50	6623	6641,50
40	2960	2978,50	2997	3015,50	**90**	6660	6678,50	6697	6715,50
41	3034	3052,50	3071	3089,50	**91**	6734	6752,50	6771	6789,50
42	3108	3126,50	3145	3163,50	**92**	6808	6826,50	6845	6863,50
43	3182	3200,50	3219	3237,50	**93**	6882	6900,50	6919	6937,50
44	3256	3274,50	3293	3311,50	**94**	6956	6974,50	6993	7011,50
45	3330	3348,50	3367	3385,50	**95**	7030	7048,50	7067	7085,50
46	3404	3422,50	3441	3459,50	**96**	7104	7122,50	7141	7159,50
47	3478	3496,50	3515	3533,50	**97**	7178	7196,50	7215	7233,50
48	3552	3570,50	3589	3607,50	**98**	7252	7270,50	7289	7307,50
49	3626	3644,50	3663	3681,50	**99**	7326	7344,50	7363	7381,50
50	3700	3718,50	3737	3755,50	**100**	7400	7418,50	7437	7455,50

75

		¼	½	¾			¼	½	¾
1	75	93,75	112,50	131,25	**51**	3825	3843,75	3862,50	3881,25
2	150	168,75	187,50	206,25	**52**	3900	3918,75	3937,50	3956,25
3	225	243,75	262,50	281,25	**53**	3975	3993,75	4012,50	4031,25
4	300	318,75	337,50	356,25	**54**	4050	4068,75	4087,50	4106,25
5	375	393,75	412,50	431,25	**55**	4125	4143,75	4162,50	4181,25
6	450	468,75	487,50	506,25	**56**	4200	4218,75	4237,50	4256,25
7	525	543,75	562,50	581,25	**57**	4275	4293,75	4312,50	4331,25
8	600	618,75	637,50	656,25	**58**	4350	4368,75	4387,50	4406,25
9	675	693,75	712,50	731,25	**59**	4425	4443,75	4462,50	4481,25
10	750	768,75	787,50	806,25	**60**	4500	4518,75	4537,50	4556,25
11	825	843,75	862,50	881,25	**61**	4575	4593,75	4612,50	4631,25
12	900	918,75	937,50	956,25	**62**	4650	4668,75	4687,50	4706,25
13	975	993,75	1012,50	1031,25	**63**	4725	4743,75	4762,50	4781,25
14	1050	1068,75	1087,50	1106,25	**64**	4800	4818,75	4837,50	4856,25
15	1125	1143,75	1162,50	1181,25	**65**	4875	4893,75	4912,50	4931,25
16	1200	1218,75	1237,50	1256,25	**66**	4950	4968,75	4987,50	5006,25
17	1275	1293,75	1312,50	1331,25	**67**	5025	5043,75	5062,50	5081,25
18	1350	1368,75	1387,50	1406,25	**68**	5100	5118,75	5137,50	5156,25
19	1425	1443,75	1462,50	1481,25	**69**	5175	5193,75	5212,50	5231,25
20	1500	1518,75	1537,50	1556,25	**70**	5250	5268,75	5287,50	5306,25
21	1575	1593,75	1612,50	1631,25	**71**	5325	5343,75	5362,50	5381,25
22	1650	1668,75	1687,50	1706,25	**72**	5400	5418,75	5437,50	5456,25
23	1725	1743,75	1762,50	1781,25	**73**	5475	5493,75	5512,50	5531,25
24	1800	1818,75	1837,50	1856,25	**74**	5550	5568,75	5587,50	5606,25
25	1875	1893,75	1912,50	1931,25	**75**	5625	5643,75	5662,50	5681,25
26	1950	1968,75	1987,50	2006,25	**76**	5700	5718,75	5737,50	5756,25
27	2025	2043,75	2062,50	2081,25	**77**	5775	5793,75	5812,50	5831,25
28	2100	2118,75	2137,50	2156,25	**78**	5850	5868,75	5887,50	5906,25
29	2175	2193,75	2212,50	2231,25	**79**	5925	5943,75	5962,50	5981,25
30	2250	2268,75	2287,50	2306,25	**80**	6000	6018,75	6037,50	6056,25
31	2325	2343,75	2362,50	2381,25	**81**	6075	6093,75	6112,50	6131,25
32	2400	2418,75	2437,50	2456,25	**82**	6150	6168,75	6187,50	6206,25
33	2475	2493,75	2512,50	2531,25	**83**	6225	6243,75	6262,50	6281,25
34	2550	2568,75	2587,50	2606,25	**84**	6300	6318,75	6337,50	6356,25
35	2625	2643,75	2662,50	2681,25	**85**	6375	6393,75	6412,50	6431,25
36	2700	2718,75	2737,50	2756,25	**86**	6450	6468,75	6487,50	6506,25
37	2775	2793,75	2812,50	2831,25	**87**	6525	6543,75	6562,50	6581,25
38	2850	2868,75	2887,50	2906,25	**88**	6600	6618,75	6637,50	6656,25
39	2925	2943,75	2962,50	2981,25	**89**	6675	6693,75	6712,50	6731,25
40	3000	3018,75	3037,50	3056,25	**90**	6750	6768,75	6787,50	6806,25
41	3075	3093,75	3112,50	3131,25	**91**	6825	6843,75	6862,50	6881,25
42	3150	3168,75	3187,50	3206,25	**92**	6900	6918,75	6937,50	6956,25
43	3225	3243,75	3262,50	3281,25	**93**	6975	6993,75	7012,50	7031,25
44	3300	3318,75	3337,50	3356,25	**94**	7050	7068,75	7087,50	7106,25
45	3375	3393,75	3412,50	3431,25	**95**	7125	7143,75	7162,50	7181,25
46	3450	3468,75	3487,50	3506,25	**96**	7200	7218,75	7237,50	7256,25
47	3525	3543,75	3562,50	3581,25	**97**	7275	7293,75	7312,50	7331,25
48	3600	3618,75	3637,50	3656,25	**98**	7350	7368,75	7387,50	7406,25
49	3675	3693,75	3712,50	3731,25	**99**	7425	7443,75	7462,50	7481,25
50	3750	3768,75	3787,50	3806,25	**100**	7500	7518,75	7537,50	7556,25

76

		¼	½	¾			¼	½	¾
1	76	95	114	133	**51**	3876	3895	3914	3933
2	152	171	190	209	**52**	3952	3971	3990	4009
3	228	247	266	285	**53**	4028	4047	4066	4085
4	304	323	342	361	**54**	4104	4123	4142	4161
5	380	399	418	437	**55**	4180	4199	4218	4237
6	456	475	494	513	**56**	4256	4275	4294	4313
7	532	551	570	589	**57**	4332	4351	4370	4389
8	608	627	646	665	**58**	4408	4427	4446	4465
9	684	703	722	741	**59**	4484	4503	4522	4541
10	760	779	798	817	**60**	4560	4579	4598	4617
11	836	855	874	893	**61**	4636	4655	4674	4693
12	912	931	950	969	**62**	4712	4731	4750	4769
13	988	1007	1026	1045	**63**	4788	4807	4826	4845
14	1064	1083	1102	1121	**64**	4864	4883	4902	4921
15	1140	1159	1178	1197	**65**	4940	4959	4978	4997
16	1216	1235	1254	1273	**66**	5016	5035	5054	5073
17	1292	1311	1330	1349	**67**	5092	5111	5130	5149
18	1368	1387	1406	1425	**68**	5168	5187	5206	5225
19	1444	1463	1482	1501	**69**	5244	5263	5282	5301
20	1520	1539	1558	1577	**70**	5320	5339	5358	5377
21	1596	1615	1634	1653	**71**	5396	5415	5434	5453
22	1672	1691	1710	1729	**72**	5472	5491	5510	5529
23	1748	1767	1786	1805	**73**	5548	5567	5586	5605
24	1824	1843	1862	1881	**74**	5624	5643	5662	5681
25	1900	1919	1938	1957	**75**	5700	5719	5738	5757
26	1976	1995	2014	2033	**76**	5776	5795	5814	5833
27	2052	2071	2090	2109	**77**	5852	5871	5890	5909
28	2128	2147	2166	2185	**78**	5928	5947	5966	5985
29	2204	2223	2242	2261	**79**	6004	6023	6042	6061
30	2280	2299	2318	2337	**80**	6080	6099	6118	6137
31	2356	2375	2394	2413	**81**	6156	6175	6194	6213
32	2432	2451	2470	2489	**82**	6232	6251	6270	6289
33	2508	2527	2546	2565	**83**	6308	6327	6346	6365
34	2584	2603	2622	2641	**84**	6384	6403	6422	6441
35	2660	2679	2698	2717	**85**	6460	6479	6498	6517
36	2736	2755	2774	2793	**86**	6536	6555	6574	6593
37	2812	2831	2850	2869	**87**	6612	6631	6650	6669
38	2888	2907	2926	2945	**88**	6688	6707	6726	6745
39	2964	2983	3002	3021	**89**	6764	6783	6802	6821
40	3040	3059	3078	3097	**90**	6840	6859	6878	6897
41	3116	3135	3154	3173	**91**	6916	6935	6954	6973
42	3192	3211	3230	3249	**92**	6992	7011	7030	7049
43	3268	3287	3306	3325	**93**	7068	7087	7106	7125
44	3344	3363	3382	3401	**94**	7144	7163	7182	7201
45	3420	3439	3458	3477	**95**	7220	7239	7258	7277
46	3496	3515	3534	3553	**96**	7296	7315	7334	7353
47	3572	3591	3610	3629	**97**	7372	7391	7410	7429
48	3648	3667	3686	3705	**98**	7448	7467	7486	7505
49	3724	3743	3762	3781	**99**	7524	7543	7562	7581
50	3800	3819	3838	3857	**100**	7600	7619	7638	7657

77

		¼	½	¾			¼	½	¾	
1	77	96,25	115,50	134,75	**51**	3927	3946,25	3965,50	3984,75	
2	154	173,25	192,50	211,75	**52**	4004	4023,25	4042,50	4061,75	
3	231	250,25	269,50	288,75	**53**	4081	4100,25	4119,50	4138,75	
4	308	327,25	346,50	365,75	**54**	4158	4177,25	4196,50	4215,75	
5	385	404,25	423,50	442,75	**55**	4235	4254,25	4273,50	4292,75	
6	462	481,25	500,50	519,75	**56**	4312	4331,25	4350,50	4369,75	
7	539	558,25	577,50	596,75	**57**	4389	4408,25	4427,50	4446,75	
8	616	635,25	654,50	673,75	**58**	4466	4485,25	4504,50	4523,75	
9	693	712,25	731,50	750,75	**59**	4543	4562,25	4581,50	4600,75	
10	770	789,25	808,50	827,75	**60**	4620	4639,25	4658,50	4677,75	
11	847	866,25	885,50	904,75	**61**	4697	4716,25	4735,50	4754,75	
12	924	943,25	962,50	981,75	**62**	4774	4793,25	4812,50	4831,75	
13	1001	1020,25	1039,50	1058,75	**63**	4851	4870,25	4889,50	4908,75	
14	1078	1097,25	1116,50	1135,75	**64**	4928	4947,25	4966,50	4985,75	
15	1155	1174,25	1193,50	1212,75	**65**	5005	5024,25	5043,50	5062,75	
16	1232	1251,25	1270,50	1289,75	**66**	5082	5101,25	5120,50	5139,75	
17	1309	1328,25	1347,50	1366,75	**67**	5159	5178,25	5197,50	5216,75	
18	1386	1405,25	1424,50	1443,75	**68**	5236	5255,25	5274,50	5293,75	
19	1463	1482,25	1501,50	1520,75	**69**	5313	5332,25	5351,50	5370,75	
20	1540	1559,25	1578,50	1597,75	**70**	5390	5409,25	5428,50	5447,75	
21	1617	1636,25	1655,50	1674,75	**71**	5467	5486,25	5505,50	5524,75	
22	1694	1713,25	1732,50	1751,75	**72**	5544	5563,25	5582,50	5601,75	
23	1771	1790,25	1809,50	1828,75	**73**	5621	5640,25	5659,50	5678,75	
24	1848	1867,25	1886,50	1905,75	**74**	5698	5717,25	5736,50	5755,75	
25	1925	1944,25	1963,50	1982,75	**75**	5775	5794,25	5813,50	5832,75	
26	2002	2021,25	2040,50	2059,75	**76**	5852	5871,25	5890,50	5909,75	77
27	2079	2098,25	2117,50	2136,75	**77**	5929	5948,25	5967,50	5986,75	
28	2156	2175,25	2194,50	2213,75	**78**	6006	6025,25	6044,50	6063,75	
29	2233	2252,25	2271,50	2290,75	**79**	6083	6102,25	6121,50	6140,75	
30	2310	2329,25	2348,50	2367,75	**80**	6160	6179,25	6198,50	6217,75	
31	2387	2406,25	2425,50	2444,75	**81**	6237	6256,25	6275,50	6294,75	
32	2464	2483,25	2502,50	2521,75	**82**	6314	6333,25	6352,50	6371,75	
33	2541	2560,25	2579,50	2598,75	**83**	6391	6410,25	6429,50	6448,75	
34	2618	2637,25	2656,50	2675,75	**84**	6468	6487,25	6506,50	6525,75	
35	2695	2714,25	2733,50	2752,75	**85**	6545	6564,25	6583,50	6602,75	
36	2772	2791,25	2810,50	2829,75	**86**	6622	6641,25	6660,50	6679,75	
37	2849	2868,25	2887,50	2906,75	**87**	6699	6718,25	6737,50	6756,75	
38	2926	2945,25	2964,50	2983,75	**88**	6776	6795,25	6814,50	6833,75	
39	3003	3022,25	3041,50	3060,75	**89**	6853	6872,25	6891,50	6910,75	
40	3080	3099,25	3118,50	3137,75	**90**	6930	6949,25	6968,50	6987,75	
41	3157	3176,25	3195,50	3214,75	**91**	7007	7026,25	7045,50	7064,75	
42	3234	3253,25	3272,50	3291,75	**92**	7084	7103,25	7122,50	7141,75	
43	3311	3330,25	3349,50	3368,75	**93**	7161	7180,25	7199,50	7218,75	
44	3388	3407,25	3426,50	3445,75	**94**	7238	7257,25	7276,50	7295,75	
45	3465	3484,25	3503,50	3522,75	**95**	7315	7334,25	7353,50	7372,75	
46	3542	3561,25	3580,50	3599,75	**96**	7392	7411,25	7430,50	7449,75	
47	3619	3638,25	3657,50	3676,75	**97**	7469	7488,25	7507,50	7526,75	
48	3696	3715,25	3734,50	3753,75	**98**	7546	7565,25	7584,50	7603,75	
49	3773	3792,25	3811,50	3830,75	**99**	7623	7642,25	7661,50	7680,75	
50	3850	3869,25	3888,50	3907,75	**100**	7700	7719,25	7738,50	7757,75	

78

		¼	½	¾			¼	½	¾
1	78	97,50	117	136,50	**51**	3978	3997,50	4017	4036,50
2	156	175,50	195	214,50	**52**	4056	4075,50	4095	4114,50
3	234	253,50	273	292,50	**53**	4134	4153,50	4173	4192,50
4	312	331,50	351	370,50	**54**	4212	4231,50	4251	4270,50
5	390	409,50	429	448,50	**55**	4290	4309,50	4329	4348,50
6	468	487,50	507	526,50	**56**	4368	4387,50	4407	4426,50
7	546	565,50	585	604,50	**57**	4446	4465,50	4485	4504,50
8	624	643,50	663	682,50	**58**	4524	4543,50	4563	4582,50
9	702	721,50	741	760,50	**59**	4602	4621,50	4641	4660,50
10	780	799,50	819	838,50	**60**	4680	4699,50	4719	4738,50
11	858	877,50	897	916,50	**61**	4758	4777,50	4797	4816,50
12	936	955,50	975	994,50	**62**	4836	4855,50	4875	4894,50
13	1014	1033,50	1053	1072,50	**63**	4914	4933,50	4953	4972,50
14	1092	1111,50	1131	1150,50	**64**	4992	5011,50	5031	5050,50
15	1170	1189,50	1209	1228,50	**65**	5070	5089,50	5109	5128,50
16	1248	1267,50	1287	1306,50	**66**	5148	5167,50	5187	5206,50
17	1326	1345,50	1365	1384,50	**67**	5226	5245,50	5265	5284,50
18	1404	1423,50	1443	1462,50	**68**	5304	5323,50	5343	5362,50
19	1482	1501,50	1521	1540,50	**69**	5382	5401,50	5421	5440,50
20	1560	1579,50	1599	1618,50	**70**	5460	5479,50	5499	5518,50
21	1638	1657,50	1677	1696,50	**71**	5538	5557,50	5577	5596,50
22	1716	1735,50	1755	1774,50	**72**	5616	5635,50	5655	5674,50
23	1794	1813,50	1833	1852,50	**73**	5694	5713,50	5733	5752,50
24	1872	1891,50	1911	1930,50	**74**	5772	5791,50	5811	5830,50
25	1950	1969,50	1989	2008,50	**75**	5850	5869,50	5889	5908,50
26	2028	2047,50	2067	2086,50	**76**	5928	5947,50	5967	5986,50
27	2106	2125,50	2145	2164,50	**77**	6006	6025,50	6045	6064,50
28	2184	2203,50	2223	2242,50	**78**	6084	6103,50	6123	6142,50
29	2262	2281,50	2301	2320,50	**79**	6162	6181,50	6201	6220,50
30	2340	2359,50	2379	2398,50	**80**	6240	6259,50	6279	6298,50
31	2418	2437,50	2457	2476,50	**81**	6318	6337,50	6357	6376,50
32	2496	2515,50	2535	2554,50	**82**	6396	6415,50	6435	6454,50
33	2574	2593,50	2613	2632,50	**83**	6474	6493,50	6513	6532,50
34	2652	2671,50	2691	2710,50	**84**	6552	6571,50	6591	6610,50
35	2730	2749,50	2769	2788,50	**85**	6630	6649,50	6669	6688,50
36	2808	2827,50	2847	2866,50	**86**	6708	6727,50	6747	6766,50
37	2886	2905,50	2925	2944,50	**87**	6786	6805,50	6825	6844,50
38	2964	2983,50	3003	3022,50	**88**	6864	6883,50	6903	6922,50
39	3042	3061,50	3081	3100,50	**89**	6942	6961,50	6981	7000,50
40	3120	3139,50	3159	3178,50	**90**	7020	7039,50	7059	7078,50
41	3198	3217,50	3237	3256,50	**91**	7098	7117,50	7137	7156,50
42	3276	3295,50	3315	3334,50	**92**	7176	7195,50	7215	7234,50
43	3354	3373,50	3393	3412,50	**93**	7254	7273,50	7293	7312,50
44	3432	3451,50	3471	3490,50	**94**	7332	7351,50	7371	7390,50
45	3510	3529,50	3549	3568,50	**95**	7410	7429,50	7449	7468,50
46	3588	3607,50	3627	3646,50	**96**	7488	7507,50	7527	7546,50
47	3666	3685,50	3705	3724,50	**97**	7566	7585,50	7605	7624,50
48	3744	3763,50	3783	3802,50	**98**	7644	7663,50	7683	7702,50
49	3822	3841,50	3861	3880,50	**99**	7722	7741,50	7761	7780,50
50	3900	3919,50	3939	3958,50	**100**	7800	7819,50	7839	7858,50

		¼	½	¾			¼	½	¾
1	79	98,75	118,50	138,25	**51**	4029	4048,75	4068,50	4088,25
2	158	177,75	197,50	217,25	**52**	4108	4127,75	4147,50	4167,25
3	237	256,75	276,50	296,25	**53**	4187	4206,75	4226,50	4246,25
4	316	335,75	355,50	375,25	**54**	4266	4285,75	4305,50	4325,25
5	395	414,75	434,50	454,25	**55**	4345	4364,75	4384,50	4404,25
6	474	493,75	513,50	533,25	**56**	4424	4443,75	4463,50	4483,25
7	553	572,75	592,50	612,25	**57**	4503	4522,75	4542,50	4562,25
8	632	651,75	671,50	691,25	**58**	4582	4601,75	4621,50	4641,25
9	711	730,75	750,50	770,25	**59**	4661	4680,75	4700,50	4720,25
10	790	809,75	829,50	849,25	**60**	4740	4759,75	4779,50	4799,25
11	869	888,75	908,50	928,25	**61**	4819	4838,75	4858,50	4878,25
12	948	967,75	987,50	1007,25	**62**	4898	4917,75	4937,50	4957,25
13	1027	1046,75	1066,50	1086,25	**63**	4977	4996,75	5016,50	5036,25
14	1106	1125,75	1145,50	1165,25	**64**	5056	5075,75	5095,50	5115,25
15	1185	1204,75	1224,50	1244,25	**65**	5135	5154,75	5174,50	5194,25
16	1264	1283,75	1303,50	1323,25	**66**	5214	5233,75	5253,50	5273,25
17	1343	1362,75	1382,50	1402,25	**67**	5293	5312,75	5332,50	5352,25
18	1422	1441,75	1461,50	1481,25	**68**	5372	5391,75	5411,50	5431,25
19	1501	1520,75	1540,50	1560,25	**69**	5451	5470,75	5490,50	5510,25
20	1580	1599,75	1619,50	1639,25	**70**	5530	5549,75	5569,50	5589,25
21	1659	1678,75	1698,50	1718,25	**71**	5609	5628,75	5648,50	5668,25
22	1738	1757,75	1777,50	1797,25	**72**	5688	5707,75	5727,50	5747,25
23	1817	1836,75	1856,50	1876,25	**73**	5767	5786,75	5806,50	5826,25
24	1896	1915,75	1935,50	1955,25	**74**	5846	5865,75	5885,50	5905,25
25	1975	1994,75	2014,50	2034,25	**75**	5925	5944,75	5964,50	5984,25
26	2054	2073,75	2093,50	2113,25	**76**	6004	6023,75	6043,50	6063,25
27	2133	2152,75	2172,50	2192,25	**77**	6083	6102,75	6122,50	6142,25
28	2212	2231,75	2251,50	2271,25	**78**	6162	6181,75	6201,50	6221,25
29	2291	2310,75	2330,50	2350,25	**79**	6241	6260,75	6280,50	6300,25
30	2370	2389,75	2409,50	2429,25	**80**	6320	6339,75	6359,50	6379,25
31	2449	2468,75	2488,50	2508,25	**81**	6399	6418,75	6438,50	6458,25
32	2528	2547,75	2567,50	2587,25	**82**	6478	6497,75	6517,50	6537,25
33	2607	2626,75	2646,50	2666,25	**83**	6557	6576,75	6596,50	6616,25
34	2686	2705,75	2725,50	2745,25	**84**	6636	6655,75	6675,50	6695,25
35	2765	2784,75	2804,50	2824,25	**85**	6715	6734,75	6754,50	6774,25
36	2844	2863,75	2883,50	2903,25	**86**	6794	6813,75	6833,50	6853,25
37	2923	2942,75	2962,50	2982,25	**87**	6873	6892,75	6912,50	6932,25
38	3002	3021,75	3041,50	3061,25	**88**	6952	6971,75	6991,50	7011,25
39	3081	3100,75	3120,50	3140,25	**89**	7031	7050,75	7070,50	7090,25
40	3160	3179,75	3199,50	3219,25	**90**	7110	7129,75	7149,50	7169,25
41	3239	3258,75	3278,50	3298,25	**91**	7189	7208,75	7228,50	7248,25
42	3318	3337,75	3357,50	3377,25	**92**	7268	7287,75	7307,50	7327,25
43	3397	3416,75	3436,50	3456,25	**93**	7347	7366,75	7386,50	7406,25
44	3476	3495,75	3515,50	3535,25	**94**	7426	7445,75	7465,50	7485,25
45	3555	3574,75	3594,50	3614,25	**95**	7505	7524,75	7544,50	7564,25
46	3634	3653,75	3673,50	3693,25	**96**	7584	7603,75	7623,50	7643,25
47	3713	3732,75	3752,50	3772,25	**97**	7663	7682,75	7702,50	7722,25
48	3792	3811,75	3831,50	3851,25	**98**	7742	7761,75	7781,50	7801,25
49	3871	3890,75	3910,50	3930,25	**99**	7821	7840,75	7860,50	7880,25
50	3950	3969,75	3989,50	4009,25	**100**	7900	7919,75	7939,50	7959,25

80

		¼	½	¾			¼	½	¾
1	80	100	120	140	**51**	4080	4100	4120	4140
2	160	180	200	220	**52**	4160	4180	4200	4220
3	240	260	280	300	**53**	4240	4260	4280	4300
4	320	340	360	380	**54**	4320	4340	4360	4380
5	400	420	440	460	**55**	4400	4420	4440	4460
6	480	500	520	540	**56**	4480	4500	4520	4540
7	560	580	600	620	**57**	4560	4580	4600	4620
8	640	660	680	700	**58**	4640	4660	4680	4700
9	720	740	760	780	**59**	4720	4740	4760	4780
10	800	820	840	860	**60**	4800	4820	4840	4860
11	880	900	920	940	**61**	4880	4900	4920	4940
12	960	980	1000	1020	**62**	4960	4980	5000	5020
13	1040	1060	1080	1100	**63**	5040	5060	5080	5100
14	1120	1140	1160	1180	**64**	5120	5140	5160	5180
15	1200	1220	1240	1260	**65**	5200	5220	5240	5260
16	1280	1300	1320	1340	**66**	5280	5300	5320	5340
17	1360	1380	1400	1420	**67**	5360	5380	5400	5420
18	1440	1460	1480	1500	**68**	5440	5460	5480	5500
19	1520	1540	1560	1580	**69**	5520	5540	5560	5580
20	1600	1620	1640	1660	**70**	5600	5620	5640	5660
21	1680	1700	1720	1740	**71**	5680	5700	5720	5740
22	1760	1780	1800	1820	**72**	5760	5780	5800	5820
23	1840	1860	1880	1900	**73**	5840	5860	5880	5900
24	1920	1940	1960	1980	**74**	5920	5940	5960	5980
25	2000	2020	2040	2060	**75**	6000	6020	6040	6060
26	2080	2100	2120	2140	**76**	6080	6100	6120	6140
27	2160	2180	2200	2220	**77**	6160	6180	6200	6220
28	2240	2260	2280	2300	**78**	6240	6260	6280	6300
29	2320	2340	2360	2380	**79**	6320	6340	6360	6380
30	2400	2420	2440	2460	**80**	6400	6420	6440	6460
31	2480	2500	2520	2540	**81**	6480	6500	6520	6540
32	2560	2580	2600	2620	**82**	6560	6580	6600	6620
33	2640	2660	2680	2700	**83**	6640	6660	6680	6700
34	2720	2740	2760	2780	**84**	6720	6740	6760	6780
35	2800	2820	2840	2860	**85**	6800	6820	6840	6860
36	2880	2900	2920	2940	**86**	6880	6900	6920	6940
37	2960	2980	3000	3020	**87**	6960	6980	7000	7020
38	3040	3060	3080	3100	**88**	7040	7060	7080	7100
39	3120	3140	3160	3180	**89**	7120	7140	7160	7180
40	3200	3220	3240	3260	**90**	7200	7220	7240	7260
41	3280	3300	3320	3340	**91**	7280	7300	7320	7340
42	3360	3380	3400	3420	**92**	7360	7380	7400	7420
43	3440	3460	3480	3500	**93**	7440	7460	7480	7500
44	3520	3540	3560	3580	**94**	7520	7540	7560	7580
45	3600	3620	3640	3660	**95**	7600	7620	7640	7660
46	3680	3700	3720	3740	**96**	7680	7700	7720	7740
47	3760	3780	3800	3820	**97**	7760	7780	7800	7820
48	3840	3860	3880	3900	**98**	7840	7860	7880	7900
49	3920	3940	3960	3980	**99**	7920	7940	7960	7980
50	4000	4020	4040	4060	**100**	8000	8020	8040	8060

81

		¼	½	¾			¼	½	¾
1	81	101,25	121,50	141,75	**51**	4131	4151,25	4171,50	4191,75
2	162	182,25	202,50	222,75	**52**	4212	4232,25	4252,50	4272,75
3	243	263,25	283,50	303,75	**53**	4293	4313,25	4333,50	4353,75
4	324	344,25	364,50	384,75	**54**	4374	4394,25	4414,50	4434,75
5	405	425,25	445,50	465,75	**55**	4455	4475,25	4495,50	4515,75
6	486	506,25	526,50	546,75	**56**	4536	4556,25	4576,50	4596,75
7	567	587,25	607,50	627,75	**57**	4617	4637,25	4657,50	4677,75
8	648	668,25	688,50	708,75	**58**	4698	4718,25	4738,50	4758,75
9	729	749,25	769,50	789,75	**59**	4779	4799,25	4819,50	4839,75
10	810	830,25	850,50	870,75	**60**	4860	4880,25	4900,50	4920,75
11	891	911,25	931,50	951,75	**61**	4941	4961,25	4981,50	5001,75
12	972	992,25	1012,50	1032,75	**62**	5022	5042,25	5062,50	5082,75
13	1053	1073,25	1093,50	1113,75	**63**	5103	5123,25	5143,50	5163,75
14	1134	1154,25	1174,50	1194,75	**64**	5184	5204,25	5224,50	5244,75
15	1215	1235,25	1255,50	1275,75	**65**	5265	5285,25	5305,50	5325,75
16	1296	1316,25	1336,50	1356,75	**66**	5346	5366,25	5386,50	5406,75
17	1377	1397,25	1417,50	1437,75	**67**	5427	5447,25	5467,50	5487,75
18	1458	1478,25	1498,50	1518,75	**68**	5508	5528,25	5548,50	5568,75
19	1539	1559,25	1579,50	1599,75	**69**	5589	5609,25	5629,50	5649,75
20	1620	1640,25	1660,50	1680,75	**70**	5670	5690,25	5710,50	5730,75
21	1701	1721,25	1741,50	1761,75	**71**	5751	5771,25	5791,50	5811,75
22	1782	1802,25	1822,50	1842,75	**72**	5832	5852,25	5872,50	5892,75
23	1863	1883,25	1903,50	1923,75	**73**	5913	5933,25	5953,50	5973,75
24	1944	1964,25	1984,50	2004,75	**74**	5994	6014,25	6034,50	6054,75
25	2025	2045,25	2065,50	2085,75	**75**	6075	6095,25	6115,50	6135,75
26	2106	2126,25	2146,50	2166,75	**76**	6156	6176,25	6196,50	6216,75
27	2187	2207,25	2227,50	2247,75	**77**	6237	6257,25	6277,50	6297,75
28	2268	2288,25	2308,50	2328,75	**78**	6318	6338,25	6358,50	6378,75
29	2349	2369,25	2389,50	2409,75	**79**	6399	6419,25	6439,50	6459,75
30	2430	2450,25	2470,50	2490,75	**80**	6480	6500,25	6520,50	6540,75
31	2511	2531,25	2551,50	2571,75	**81**	6561	6581,25	6601,50	6621,75
32	2592	2612,25	2632,50	2652,75	**82**	6642	6662,25	6682,50	6702,75
33	2673	2693,25	2713,50	2733,75	**83**	6723	6743,25	6763,50	6783,75
34	2754	2774,25	2794,50	2814,75	**84**	6804	6824,25	6844,50	6864,75
35	2835	2855,25	2875,50	2895,75	**85**	6885	6905,25	6925,50	6945,75
36	2916	2936,25	2956,50	2976,75	**86**	6966	6986,25	7006,50	7026,75
37	2997	3017,25	3037,50	3057,75	**87**	7047	7067,25	7087,50	7107,75
38	3078	3098,25	3118,50	3138,75	**88**	7128	7148,25	7168,50	7188,75
39	3159	3179,25	3199,50	3219,75	**89**	7209	7229,25	7249,50	7269,75
40	3240	3260,25	3280,50	3300,75	**90**	7290	7310,25	7330,50	7350,75
41	3321	3341,25	3361,50	3381,75	**91**	7371	7391,25	7411,50	7431,75
42	3402	3422,25	3442,50	3462,75	**92**	7452	7472,25	7492,50	7512,75
43	3483	3503,25	3523,50	3543,75	**93**	7533	7553,25	7573,50	7593,75
44	3564	3584,25	3604,50	3624,75	**94**	7614	7634,25	7654,50	7674,75
45	3645	3665,25	3685,50	3705,75	**95**	7695	7715,25	7735,50	7755,75
46	3726	3746,25	3766,50	3786,75	**96**	7776	7796,25	7816,50	7836,75
47	3807	3827,25	3847,50	3867,75	**97**	7857	7877,25	7897,50	7917,75
48	3888	3908,25	3928,50	3948,75	**98**	7938	7958,25	7978,50	7998,75
49	3969	3989,25	4009,50	4029,75	**99**	8019	8039,25	8059,50	8079,75
50	4050	4070,25	4090,50	4110,75	**100**	8100	8120,25	8140,50	8160,75

81

82

		¼	½	¾			¼	½	¾
1	82	102,50	123	143,50	**51**	4182	4202,50	4223	4243,50
2	164	184,50	205	225,50	**52**	4264	4284,50	4305	4325,50
3	246	266,50	287	307,50	**53**	4346	4366,50	4387	4407,50
4	328	348,50	369	389,50	**54**	4428	4448,50	4469	4489,50
5	410	430,50	451	471,50	**55**	4510	4530,50	4551	4571,50
6	492	512,50	533	553,50	**56**	4592	4612,50	4633	4653,50
7	574	594,50	615	635,50	**57**	4674	4694,50	4715	4735,50
8	656	676,50	697	717,50	**58**	4756	4776,50	4797	4817,50
9	738	758,50	779	799,50	**59**	4838	4858,50	4879	4899,50
10	820	840,50	861	881,50	**60**	4920	4940,50	4961	4981,50
11	902	922,50	943	963,50	**61**	5002	5022,50	5043	5063,50
12	984	1004,50	1025	1045,50	**62**	5084	5104,50	5125	5145,50
13	1066	1086,50	1107	1127,50	**63**	5166	5186,50	5207	5227,50
14	1148	1168,50	1189	1209,50	**64**	5248	5268,50	5289	5309,50
15	1230	1250,50	1271	1291,50	**65**	5330	5350,50	5371	5391,50
16	1312	1332,50	1353	1373,50	**66**	5412	5432,50	5453	5473,50
17	1394	1414,50	1435	1455,50	**67**	5494	5514,50	5535	5555,50
18	1476	1496,50	1517	1537,50	**68**	5576	5596,50	5617	5637,50
19	1558	1578,50	1599	1619,50	**69**	5658	5678,50	5699	5719,50
20	1640	1660,50	1681	1701,50	**70**	5740	5760,50	5781	5801,50
21	1722	1742,50	1763	1783,50	**71**	5822	5842,50	5863	5883,50
22	1804	1824,50	1845	1865,50	**72**	5904	5924,50	5945	5965,50
23	1886	1906,50	1927	1947,50	**73**	5986	6006,50	6027	6047,50
24	1968	1988,50	2009	2029,50	**74**	6068	6088,50	6109	6129,50
25	2050	2070,50	2091	2111,50	**75**	6150	6170,50	6191	6211,50
26	2132	2152,50	2173	2193,50	**76**	6232	6252,50	6273	6293,50
27	2214	2234,50	2255	2275,50	**77**	6314	6334,50	6355	6375,50
28	2296	2316,50	2337	2357,50	**78**	6396	6416,50	6437	6457,50
29	2378	2398,50	2419	2439,50	**79**	6478	6498,50	6519	6539,50
30	2460	2480,50	2501	2521,50	**80**	6560	6580,50	6601	6621,50
31	2542	2562,50	2583	2603,50	**81**	6642	6662,50	6683	6703,50
32	2624	2644,50	2665	2685,50	**82**	6724	6744,50	6765	6785,50
33	2706	2726,50	2747	2767,50	**83**	6806	6826,50	6847	6867,50
34	2788	2808,50	2829	2849,50	**84**	6888	6908,50	6929	6949,50
35	2870	2890,50	2911	2931,50	**85**	6970	6990,50	7011	7031,50
36	2952	2972,50	2993	3013,50	**86**	7052	7072,50	7093	7113,50
37	3034	3054,50	3075	3095,50	**87**	7134	7154,50	7175	7195,50
38	3116	3136,50	3157	3177,50	**88**	7216	7236,50	7257	7277,50
39	3198	3218,50	3239	3259,50	**89**	7298	7318,50	7339	7359,50
40	3280	3300,50	3321	3341,50	**90**	7380	7400,50	7421	7441,50
41	3362	3382,50	3403	3423,50	**91**	7462	7482,50	7503	7523,50
42	3444	3464,50	3485	3505,50	**92**	7544	7564,50	7585	7605,50
43	3526	3546,50	3567	3587,50	**93**	7626	7646,50	7667	7687,50
44	3608	3628,50	3649	3669,50	**94**	7708	7728,50	7749	7769,50
45	3690	3710,50	3731	3751,50	**95**	7790	7810,50	7831	7851,50
46	3772	3792,50	3813	3833,50	**96**	7872	7892,50	7913	7933,50
47	3854	3874,50	3895	3915,50	**97**	7954	7974,50	7995	8015,50
48	3936	3956,50	3977	3997,50	**98**	8036	8056,50	8077	8097,50
49	4018	4038,50	4059	4079,50	**99**	8118	8138,50	8159	8179,50
50	4100	4120,50	4141	4161,50	**100**	8200	8220,50	8241	8261,50

83

		¼	½	¾			¼	½	¾
1	83	103,75	124,50	145,25	**51**	4233	4253,75	4274,50	4295,25
2	166	186,75	207,50	228,25	**52**	4316	4336,75	4357,50	4378,25
3	249	269,75	290,50	311,25	**53**	4399	4419,75	4440,50	4461,25
4	332	352,75	373,50	394,25	**54**	4482	4502,75	4523,50	4544,25
5	415	435,75	456,50	477,25	**55**	4565	4585,75	4606,50	4627,25
6	498	518,75	539,50	560,25	**56**	4648	4668,75	4689,50	4710,25
7	581	601,75	622,50	643,25	**57**	4731	4751,75	4772,50	4793,25
8	664	684,75	705,50	726,25	**58**	4814	4834,75	4855,50	4876,25
9	747	767,75	788,50	809,25	**59**	4897	4917,75	4938,50	4959,25
10	830	850,75	871,50	892,25	**60**	4980	5000,75	5021,50	5042,25
11	913	933,75	954,50	975,25	**61**	5063	5083,75	5104,50	5125,25
12	996	1016,75	1037,50	1058,25	**62**	5146	5166,75	5187,50	5208,25
13	1079	1099,75	1120,50	1141,25	**63**	5229	5249,75	5270,50	5291,25
14	1162	1182,75	1203,50	1224,25	**64**	5312	5332,75	5353,50	5374,25
15	1245	1265,75	1286,50	1307,25	**65**	5395	5415,75	5436,50	5457,25
16	1328	1348,75	1369,50	1390,25	**66**	5478	5498,75	5519,50	5540,25
17	1411	1431,75	1452,50	1473,25	**67**	5561	5581,75	5602,50	5623,25
18	1494	1514,75	1535,50	1556,25	**68**	5644	5664,75	5685,50	5706,25
19	1577	1597,75	1618,50	1639,25	**69**	5727	5747,75	5768,50	5789,25
20	1660	1680,75	1701,50	1722,25	**70**	5810	5830,75	5851,50	5872,25
21	1743	1763,75	1784,50	1805,25	**71**	5893	5913,75	5934,50	5955,25
22	1826	1846,75	1867,50	1888,25	**72**	5976	5996,75	6017,50	6038,25
23	1909	1929,75	1950,50	1971,25	**73**	6059	6079,75	6100,50	6121,25
24	1992	2012,75	2033,50	2054,25	**74**	6142	6162,75	6183,50	6204,25
25	2075	2095,75	2116,50	2137,25	**75**	6225	6245,75	6266,50	6287,25
26	2158	2178,75	2199,50	2220,25	**76**	6308	6328,75	6349,50	6370,25
27	2241	2261,75	2282,50	2303,25	**77**	6391	6411,75	6432,50	6453,25
28	2324	2344,75	2365,50	2386,25	**78**	6474	6494,75	6515,50	6536,25
29	2407	2427,75	2448,50	2469,25	**79**	6557	6577,75	6598,50	6619,25
30	2490	2510,75	2531,50	2552,25	**80**	6640	6660,75	6681,50	6702,25
31	2573	2593,75	2614,50	2635,25	**81**	6723	6743,75	6764,50	6785,25
32	2656	2676,75	2697,50	2718,25	**82**	6806	6826,75	6847,50	6868,25
33	2739	2759,75	2780,50	2801,25	**83**	6889	6909,75	6930,50	6951,25
34	2822	2842,75	2863,50	2884,25	**84**	6972	6992,75	7013,50	7034,25
35	2905	2925,75	2946,50	2967,25	**85**	7055	7075,75	7096,50	7117,25
36	2988	3008,75	3029,50	3050,25	**86**	7138	7158,75	7179,50	7200,25
37	3071	3091,75	3112,50	3133,25	**87**	7221	7241,75	7262,50	7283,25
38	3154	3174,75	3195,50	3216,25	**88**	7304	7324,75	7345,50	7366,25
39	3237	3257,75	3278,50	3299,25	**89**	7387	7407,75	7428,50	7449,25
40	3320	3340,75	3361,50	3382,25	**90**	7470	7490,75	7511,50	7532,25
41	3403	3423,75	3444,50	3465,25	**91**	7553	7573,75	7594,50	7615,25
42	3486	3506,75	3527,50	3548,25	**92**	7636	7656,75	7677,50	7698,25
43	3569	3589,75	3610,50	3631,25	**93**	7719	7739,75	7760,50	7781,25
44	3652	3672,75	3693,50	3714,25	**94**	7802	7822,75	7843,50	7864,25
45	3735	3755,75	3776,50	3797,25	**95**	7885	7905,75	7926,50	7947,25
46	3818	3838,75	3859,50	3880,25	**96**	7968	7988,75	8009,50	8030,25
47	3901	3921,75	3942,50	3963,25	**97**	8051	8071,75	8092,50	8113,25
48	3984	4004,75	4025,50	4046,25	**98**	8134	8154,75	8175,50	8196,25
49	4067	4087,75	4108,50	4129,25	**99**	8217	8237,75	8258,50	8279,25
50	4150	4170,75	4191,50	4212,25	**100**	8300	8320,75	8341,50	8362,25

84

		¼	½	¾			¼	½	¾
1	84	105	126	147	**51**	4284	4305	4326	4347
2	168	189	210	231	**52**	4368	4389	4410	4431
3	252	273	294	315	**53**	4452	4473	4494	4515
4	336	357	378	399	**54**	4536	4557	4578	4599
5	420	441	462	483	**55**	4620	4641	4662	4683
6	504	525	546	567	**56**	4704	4725	4746	4767
7	588	609	630	651	**57**	4788	4809	4830	4851
8	672	693	714	735	**58**	4872	4893	4914	4935
9	756	777	798	819	**59**	4956	4977	4998	5019
10	840	861	882	903	**60**	5040	5061	5082	5103
11	924	945	966	987	**61**	5124	5145	5166	5187
12	1008	1029	1050	1071	**62**	5208	5229	5250	5271
13	1092	1113	1134	1155	**63**	5292	5313	5334	5355
14	1176	1197	1218	1239	**64**	5376	5397	5418	5439
15	1260	1281	1302	1323	**65**	5460	5481	5502	5523
16	1344	1365	1386	1407	**66**	5544	5565	5586	5607
17	1428	1449	1470	1491	**67**	5628	5649	5670	5691
18	1512	1533	1554	1575	**68**	5712	5733	5754	5775
19	1596	1617	1638	1659	**69**	5796	5817	5838	5859
20	1680	1701	1722	1743	**70**	5880	5901	5922	5943
21	1764	1785	1806	1827	**71**	5964	5985	6006	6027
22	1848	1869	1890	1911	**72**	6048	6069	6090	6111
23	1932	1953	1974	1995	**73**	6132	6153	6174	6195
24	2016	2037	2058	2079	**74**	6216	6237	6258	6279
25	2100	2121	2142	2163	**75**	6300	6321	6342	6363
26	2184	2205	2226	2247	**76**	6384	6405	6426	6447
27	2268	2289	2310	2331	**77**	6468	6489	6510	6531
28	2352	2373	2394	2415	**78**	6552	6573	6594	6615
29	2436	2457	2478	2499	**79**	6636	6657	6678	6699
30	2520	2541	2562	2583	**80**	6720	6741	6762	6783
31	2604	2625	2646	2667	**81**	6804	6825	6846	6867
32	2688	2709	2730	2751	**82**	6888	6909	6930	6951
33	2772	2793	2814	2835	**83**	6972	6993	7014	7035
34	2856	2877	2898	2919	**84**	7056	7077	7098	7119
35	2940	2961	2982	3003	**85**	7140	7161	7182	7203
36	3024	3045	3066	3087	**86**	7224	7245	7266	7287
37	3108	3129	3150	3171	**87**	7308	7329	7350	7371
38	3192	3213	3234	3255	**88**	7392	7413	7434	7455
39	3276	3297	3318	3339	**89**	7476	7497	7518	7539
40	3360	3381	3402	3423	**90**	7560	7581	7602	7623
41	3444	3465	3486	3507	**91**	7644	7665	7686	7707
42	3528	3549	3570	3591	**92**	7728	7749	7770	7791
43	3612	3633	3654	3675	**93**	7812	7833	7854	7875
44	3696	3717	3738	3759	**94**	7896	7917	7938	7959
45	3780	3801	3822	3843	**95**	7980	8001	8022	8043
46	3864	3885	3906	3927	**96**	8064	8085	8106	8127
47	3948	3969	3990	4011	**97**	8148	8169	8190	8211
48	4032	4053	4074	4095	**98**	8232	8253	8274	8295
49	4116	4137	4158	4179	**99**	8316	8337	8358	8379
50	4200	4221	4242	4263	**100**	8400	8421	8442	8463

85

		¼	½	¾			¼	½	¾
1	85	106,25	127,50	148,75	**51**	4335	4356,25	4377,50	4398,75
2	170	191,25	212,50	233,75	**52**	4420	4441,25	4462,50	4483,75
3	255	276,25	297,50	318,75	**53**	4505	4526,25	4547,50	4568,75
4	340	361,25	382,50	403,75	**54**	4590	4611,25	4632,50	4653,75
5	425	446,25	467,50	488,75	**55**	4675	4696,25	4717,50	4738,75
6	510	531,25	552,50	573,75	**56**	4760	4781,25	4802,50	4823,75
7	595	616,25	637,50	658,75	**57**	4845	4866,25	4887,50	4908,75
8	680	701,25	722,50	743,75	**58**	4930	4951,25	4972,50	4993,75
9	765	786,25	807,50	828,75	**59**	5015	5036,25	5057,50	5078,75
10	850	871,25	892,50	913,75	**60**	5100	5121,25	5142,50	5163,75
11	935	956,25	977,50	998,75	**61**	5185	5206,25	5227,50	5248,75
12	1020	1041,25	1062,50	1083,75	**62**	5270	5291,25	5312,50	5333,75
13	1105	1126,25	1147,50	1168,75	**63**	5355	5376,25	5397,50	5418,75
14	1190	1211,25	1232,50	1253,75	**64**	5440	5461,25	5482,50	5503,75
15	1275	1296,25	1317,50	1338,75	**65**	5525	5546,25	5567,50	5588,75
16	1360	1381,25	1402,50	1423,75	**66**	5610	5631,25	5652,50	5673,75
17	1445	1466,25	1487,50	1508,75	**67**	5695	5716,25	5737,50	5758,75
18	1530	1551,25	1572,50	1593,75	**68**	5780	5801,25	5822,50	5843,75
19	1615	1636,25	1657,50	1678,75	**69**	5865	5886,25	5907,50	5928,75
20	1700	1721,25	1742,50	1763,75	**70**	5950	5971,25	5992,50	6013,75
21	1785	1806,25	1827,50	1848,75	**71**	6035	6056,25	6077,50	6098,75
22	1870	1891,25	1912,50	1933,75	**72**	6120	6141,25	6162,50	6183,75
23	1955	1976,25	1997,50	2018,75	**73**	6205	6226,25	6247,50	6268,75
24	2040	2061,25	2082,50	2103,75	**74**	6290	6311,25	6332,50	6353,75
25	2125	2146,25	2167,50	2188,75	**75**	6375	6396,25	6417,50	6438,75
26	2210	2231,25	2252,50	2273,75	**76**	6460	6481,25	6502,50	6523,75
27	2295	2316,25	2337,50	2358,75	**77**	6545	6566,25	6587,50	6608,75
28	2380	2401,25	2422,50	2443,75	**78**	6630	6651,25	6672,50	6693,75
29	2465	2486,25	2507,50	2528,75	**79**	6715	6736,25	6757,50	6778,75
30	2550	2571,25	2592,50	2613,75	**80**	6800	6821,25	6842,50	6863,75
31	2635	2656,25	2677,50	2698,75	**81**	6885	6906,25	6927,50	6948,75
32	2720	2741,25	2762,50	2783,75	**82**	6970	6991,25	7012,50	7033,75
33	2805	2826,25	2847,50	2868,75	**83**	7055	7076,25	7097,50	7118,75
34	2890	2911,25	2932,50	2953,75	**84**	7140	7161,25	7182,50	7203,75
35	2975	2996,25	3017,50	3038,75	**85**	7225	7246,25	7267,50	7288,75
36	3060	3081,25	3102,50	3123,75	**86**	7310	7331,25	7352,50	7373,75
37	3145	3166,25	3187,50	3208,75	**87**	7395	7416,25	7437,50	7458,75
38	3230	3251,25	3272,50	3293,75	**88**	7480	7501,25	7522,50	7543,75
39	3315	3336,25	3357,50	3378,75	**89**	7565	7586,25	7607,50	7628,75
40	3400	3421,25	3442,50	3463,75	**90**	7650	7671,25	7692,50	7713,75
41	3485	3506,25	3527,50	3548,75	**91**	7735	7756,25	7777,50	7798,75
42	3570	3591,25	3612,50	3633,75	**92**	7820	7841,25	7862,50	7883,75
43	3655	3676,25	3697,50	3718,75	**93**	7905	7926,25	7947,50	7968,75
44	3740	3761,25	3782,50	3803,75	**94**	7990	8011,25	8032,50	8053,75
45	3825	3846,25	3867,50	3888,75	**95**	8075	8096,25	8117,50	8138,75
46	3910	3931,25	3952,50	3973,75	**96**	8160	8181,25	8202,50	8223,75
47	3995	4016,25	4037,50	4058,75	**97**	8245	8266,25	8287,50	8308,75
48	4080	4101,25	4122,50	4143,75	**98**	8330	8351,25	8372,50	8393,75
49	4165	4186,25	4207,50	4228,75	**99**	8415	8436,25	8457,50	8478,75
50	4250	4271,25	4292,50	4313,75	**100**	8500	8521,25	8542,50	8563,75

86

		¼	½	¾			¼	½	¾
1	86	107,50	129	150,50	**51**	4386	4407,50	4429	4450,50
2	172	193,50	215	236,50	**52**	4472	4493,50	4515	4536,50
3	258	279,50	301	322,50	**53**	4558	4579,50	4601	4622,50
4	344	365,50	387	408,50	**54**	4644	4665,50	4687	4708,50
5	430	451,50	473	494,50	**55**	4730	4751,50	4773	4794,50
6	516	537,50	559	580,50	**56**	4816	4837,50	4859	4880,50
7	602	623,50	645	666,50	**57**	4902	4923,50	4945	4966,50
8	688	709,50	731	752,50	**58**	4988	5009,50	5031	5052,50
9	774	795,50	817	838,50	**59**	5074	5095,50	5117	5138,50
10	860	881,50	903	924,50	**60**	5160	5181,50	5203	5224,50
11	946	967,50	989	1010,50	**61**	5246	5267,50	5289	5310,50
12	1032	1053,50	1075	1096,50	**62**	5332	5353,50	5375	5396,50
13	1118	1139,50	1161	1182,50	**63**	5418	5439,50	5461	5482,50
14	1204	1225,50	1247	1268,50	**64**	5504	5525,50	5547	5568,50
15	1290	1311,50	1333	1354,50	**65**	5590	5611,50	5633	5654,50
16	1376	1397,50	1419	1440,50	**66**	5676	5697,50	5719	5740,50
17	1462	1483,50	1505	1526,50	**67**	5762	5783,50	5805	5826,50
18	1548	1569,50	1591	1612,50	**68**	5848	5869,50	5891	5912,50
19	1634	1655,50	1677	1698,50	**69**	5934	5955,50	5977	5998,50
20	1720	1741,50	1763	1784,50	**70**	6020	6041,50	6063	6084,50
21	1806	1827,50	1849	1870,50	**71**	6106	6127,50	6149	6170,50
22	1892	1913,50	1935	1956,50	**72**	6192	6213,50	6235	6256,50
23	1978	1999,50	2021	2042,50	**73**	6278	6299,50	6321	6342,50
24	2064	2085,50	2107	2128,50	**74**	6364	6385,50	6407	6428,50
25	2150	2171,50	2193	2214,50	**75**	6450	6471,50	6493	6514,50
26	2236	2257,50	2279	2300,50	**76**	6536	6557,50	6579	6600,50
27	2322	2343,50	2365	2386,50	**77**	6622	6643,50	6665	6686,50
28	2408	2429,50	2451	2472,50	**78**	6708	6729,50	6751	6772,50
29	2494	2515,50	2537	2558,50	**79**	6794	6815,50	6837	6858,50
30	2580	2601,50	2623	2644,50	**80**	6880	6901,50	6923	6944,50
31	2666	2687,50	2709	2730,50	**81**	6966	6987,50	7009	7030,50
32	2752	2773,50	2795	2816,50	**82**	7052	7073,50	7095	7116,50
33	2838	2859,50	2881	2902,50	**83**	7138	7159,50	7181	7202,50
34	2924	2945,50	2967	2988,50	**84**	7224	7245,50	7267	7288,50
35	3010	3031,50	3053	3074,50	**85**	7310	7331,50	7353	7374,50
36	3096	3117,50	3139	3160,50	**86**	7396	7417,50	7439	7460,50
37	3182	3203,50	3225	3246,50	**87**	7482	7503,50	7525	7546,50
38	3268	3289,50	3311	3332,50	**88**	7568	7589,50	7611	7632,50
39	3354	3375,50	3397	3418,50	**89**	7654	7675,50	7697	7718,50
40	3440	3461,50	3483	3504,50	**90**	7740	7761,50	7783	7804,50
41	3526	3547,50	3569	3590,50	**91**	7826	7847,50	7869	7890,50
42	3612	3633,50	3655	3676,50	**92**	7912	7933,50	7955	7976,50
43	3698	3719,50	3741	3762,50	**93**	7998	8019,50	8041	8062,50
44	3784	3805,50	3827	3848,50	**94**	8084	8105,50	8127	8148,50
45	3870	3891,50	3913	3934,50	**95**	8170	8191,50	8213	8234,50
46	3956	3977,50	3999	4020,50	**96**	8256	8277,50	8299	8320,50
47	4042	4063,50	4085	4106,50	**97**	8342	8363,50	8385	8406,50
48	4128	4149,50	4171	4192,50	**98**	8428	8449,50	8471	8492,50
49	4214	4235,50	4257	4278,50	**99**	8514	8535,50	8557	8578,50
50	4300	4321,50	4343	4364,50	**100**	8600	8621,50	8643	8664,50

87

		¼	½	¾			¼	½	¾
1	87	108,75	130,50	152,25	**51**	4437	4458,75	4480,50	4502,25
2	174	195,75	217,50	239,25	**52**	4524	4545,75	4567,50	4589,25
3	261	282,75	304,50	326,25	**53**	4611	4632,75	4654,50	4676,25
4	348	369,75	391,50	413,25	**54**	4698	4719,75	4741,50	4763,25
5	435	456,75	478,50	500,25	**55**	4785	4806,75	4828,50	4850,25
6	522	543,75	565,50	587,25	**56**	4872	4893,75	4915,50	4937,25
7	609	630,75	652,50	674,25	**57**	4959	4980,75	5002,50	5024,25
8	696	717,75	739,50	761,25	**58**	5046	5067,75	5089,50	5111,25
9	783	804,75	826,50	848,25	**59**	5133	5154,75	5176,50	5198,25
10	870	891,75	913,50	935,25	**60**	5220	5241,75	5263,50	5285,25
11	957	978,75	1000,50	1022,25	**61**	5307	5328,75	5350,50	5372,25
12	1044	1065,75	1087,50	1109,25	**62**	5394	5415,75	5437,50	5459,25
13	1131	1152,75	1174,50	1196,25	**63**	5481	5502,75	5524,50	5546,25
14	1218	1239,75	1261,50	1283,25	**64**	5568	5589,75	5611,50	5633,25
15	1305	1326,75	1348,50	1370,25	**65**	5655	5676,75	5698,50	5720,25
16	1392	1413,75	1435,50	1457,25	**66**	5742	5763,75	5785,50	5807,25
17	1479	1500,75	1522,50	1544,25	**67**	5829	5850,75	5872,50	5894,25
18	1566	1587,75	1609,50	1631,25	**68**	5916	5937,75	5959,50	5981,25
19	1653	1674,75	1696,50	1718,25	**69**	6003	6024,75	6046,50	6068,25
20	1740	1761,75	1783,50	1805,25	**70**	6090	6111,75	6133,50	6155,25
21	1827	1848,75	1870,50	1892,25	**71**	6177	6198,75	6220,50	6242,25
22	1914	1935,75	1957,50	1979,25	**72**	6264	6285,75	6307,50	6329,25
23	2001	2022,75	2044,50	2066,25	**73**	6351	6372,75	6394,50	6416,25
24	2088	2109,75	2131,50	2153,25	**74**	6438	6459,75	6481,50	6503,25
25	2175	2196,75	2218,50	2240,25	**75**	6525	6546,75	6568,50	6590,25
26	2262	2283,75	2305,50	2327,25	**76**	6612	6633,75	6655,50	6677,25
27	2349	2370,75	2392,50	2414,25	**77**	6699	6720,75	6742,50	6764,25
28	2436	2457,75	2479,50	2501,25	**78**	6786	6807,75	6829,50	6851,25
29	2523	2544,75	2566,50	2588,25	**79**	6873	6894,75	6916,50	6938,25
30	2610	2631,75	2653,50	2675,25	**80**	6960	6981,75	7003,50	7025,25
31	2697	2718,75	2740,50	2762,25	**81**	7047	7068,75	7090,50	7112,25
32	2784	2805,75	2827,50	2849,25	**82**	7134	7155,75	7177,50	7199,25
33	2871	2892,75	2914,50	2936,25	**83**	7221	7242,75	7264,50	7286,25
34	2958	2979,75	3001,50	3023,25	**84**	7308	7329,75	7351,50	7373,25
35	3045	3066,75	3088,50	3110,25	**85**	7395	7416,75	7438,50	7460,25
36	3132	3153,75	3175,50	3197,25	**86**	7482	7503,75	7525,50	7547,25
37	3219	3240,75	3262,50	3284,25	**87**	7569	7590,75	7612,50	7634,25
38	3306	3327,75	3349,50	3371,25	**88**	7656	7677,75	7699,50	7721,25
39	3393	3414,75	3436,50	3458,25	**89**	7743	7764,75	7786,50	7808,25
40	3480	3501,75	3523,50	3545,25	**90**	7830	7851,75	7873,50	7895,25
41	3567	3588,75	3610,50	3632,25	**91**	7917	7938,75	7960,50	7982,25
42	3654	3675,75	3697,50	3719,25	**92**	8004	8025,75	8047,50	8069,25
43	3741	3762,75	3784,50	3806,25	**93**	8091	8112,75	8134,50	8156,25
44	3828	3849,75	3871,50	3893,25	**94**	8178	8199,75	8221,50	8243,25
45	3915	3936,75	3958,50	3980,25	**95**	8265	8286,75	8308,50	8330,25
46	4002	4023,75	4045,50	4067,25	**96**	8352	8373,75	8395,50	8417,25
47	4089	4110,75	4132,50	4154,25	**97**	8439	8460,75	8482,50	8504,25
48	4176	4197,75	4219,50	4241,25	**98**	8526	8547,75	8569,50	8591,25
49	4263	4284,75	4306,50	4328,25	**99**	8613	8634,75	8656,50	8678,25
50	4350	4371,75	4393,50	4415,25	**100**	8700	8721,75	8743,50	8765,25

88

		¼	½	¾			¼	½	¾
1	88	110	132	154	**51**	4488	4510	4532	4554
2	176	198	220	242	**52**	4576	4598	4620	4642
3	264	286	308	330	**53**	4664	4686	4708	4730
4	352	374	396	418	**54**	4752	4774	4796	4818
5	440	462	484	506	**55**	4840	4862	4884	4906
6	528	550	572	594	**56**	4928	4950	4972	4994
7	616	638	660	682	**57**	5016	5038	5060	5082
8	704	726	748	770	**58**	5104	5126	5148	5170
9	792	814	836	858	**59**	5192	5214	5236	5258
10	880	902	924	946	**60**	5280	5302	5324	5346
11	968	990	1012	1034	**61**	5368	5390	5412	5434
12	1056	1078	1100	1122	**62**	5456	5478	5500	5522
13	1144	1166	1188	1210	**63**	5544	5566	5588	5610
14	1232	1254	1276	1298	**64**	5632	5654	5676	5698
15	1320	1342	1364	1386	**65**	5720	5742	5764	5786
16	1408	1430	1452	1474	**66**	5808	5830	5852	5874
17	1496	1518	1540	1562	**67**	5896	5918	5940	5962
18	1584	1606	1628	1650	**68**	5984	6006	6028	6050
19	1672	1694	1716	1738	**69**	6072	6094	6116	6138
20	1760	1782	1804	1826	**70**	6160	6182	6204	6226
21	1848	1870	1892	1914	**71**	6248	6270	6292	6314
22	1936	1958	1980	2002	**72**	6336	6358	6380	6402
23	2024	2046	2068	2090	**73**	6424	6446	6468	6490
24	2112	2134	2156	2178	**74**	6512	6534	6556	6578
25	2200	2222	2244	2266	**75**	6600	6622	6644	6666
26	2288	2310	2332	2354	**76**	6688	6710	6732	6754
27	2376	2398	2420	2442	**77**	6776	6798	6820	6842
28	2464	2486	2508	2530	**78**	6864	6886	6908	6930
29	2552	2574	2596	2618	**79**	6952	6974	6996	7018
30	2640	2662	2684	2706	**80**	7040	7062	7084	7106
31	2728	2750	2772	2794	**81**	7128	7150	7172	7194
32	2816	2838	2860	2882	**82**	7216	7238	7260	7282
33	2904	2926	2948	2970	**83**	7304	7326	7348	7370
34	2992	3014	3036	3058	**84**	7392	7414	7436	7458
35	3080	3102	3124	3146	**85**	7480	7502	7524	7546
36	3168	3190	3212	3234	**86**	7568	7590	7612	7634
37	3256	3278	3300	3322	**87**	7656	7678	7700	7722
38	3344	3366	3388	3410	**88**	7744	7766	7788	7810
39	3432	3454	3476	3498	**89**	7832	7854	7876	7898
40	3520	3542	3564	3586	**90**	7920	7942	7964	7986
41	3608	3630	3652	3674	**91**	8008	8030	8052	8074
42	3696	3718	3740	3762	**92**	8096	8118	8140	8162
43	3784	3806	3828	3850	**93**	8184	8206	8228	8250
44	3872	3894	3916	3938	**94**	8272	8294	8316	8338
45	3960	3982	4004	4026	**95**	8360	8382	8404	8426
46	4048	4070	4092	4114	**96**	8448	8470	8492	8514
47	4136	4158	4180	4202	**97**	8536	8558	8580	8602
48	4224	4246	4268	4290	**98**	8624	8646	8668	8690
49	4312	4334	4356	4378	**99**	8712	8734	8756	8778
50	4400	4422	4444	4466	**100**	8800	8822	8844	8866

89

		¼	½	¾			¼	½	¾
1	89	111,25	133,50	155,75	**51**	4539	4561,25	4583,50	4605,75
2	178	200,25	222,50	244,75	**52**	4628	4650,25	4672,50	4694,75
3	267	289,25	311,50	333,75	**53**	4717	4739,25	4761,50	4783,75
4	356	378,25	400,50	422,75	**54**	4806	4828,25	4850,50	4872,75
5	445	467,25	489,50	511,75	**55**	4895	4917,25	4939,50	4961,75
6	534	556,25	578,50	600,75	**56**	4984	5006,25	5028,50	5050,75
7	623	645,25	667,50	689,75	**57**	5073	5095,25	5117,50	5139,75
8	712	734,25	756,50	778,75	**58**	5162	5184,25	5206,50	5228,75
9	801	823,25	845,50	867,75	**59**	5251	5273,25	5295,50	5317,75
10	890	912,25	934,50	956,75	**60**	5340	5362,25	5384,50	5406,75
11	979	1001,25	1023,50	1045,75	**61**	5429	5451,25	5473,50	5495,75
12	1068	1090,25	1112,50	1134,75	**62**	5518	5540,25	5562,50	5584,75
13	1157	1179,25	1201,50	1223,75	**63**	5607	5629,25	5651,50	5673,75
14	1246	1268,25	1290,50	1312,75	**64**	5696	5718,25	5740,50	5762,75
15	1335	1357,25	1379,50	1401,75	**65**	5785	5807,25	5829,50	5851,75
16	1424	1446,25	1468,50	1490,75	**66**	5874	5896,25	5918,50	5940,75
17	1513	1535,25	1557,50	1579,75	**67**	5963	5985,25	6007,50	6029,75
18	1602	1624,25	1646,50	1668,75	**68**	6052	6074,25	6096,50	6118,75
19	1691	1713,25	1735,50	1757,75	**69**	6141	6163,25	6185,50	6207,75
20	1780	1802,25	1824,50	1846,75	**70**	6230	6252,25	6274,50	6296,75
21	1869	1891,25	1913,50	1935,75	**71**	6319	6341,25	6363,50	6385,75
22	1958	1980,25	2002,50	2024,75	**72**	6408	6430,25	6452,50	6474,75
23	2047	2069,25	2091,50	2113,75	**73**	6497	6519,25	6541,50	6563,75
24	2136	2158,25	2180,50	2202,75	**74**	6586	6608,25	6630,50	6652,75
25	2225	2247,25	2269,50	2291,75	**75**	6675	6697,25	6719,50	6741,75
26	2314	2336,25	2358,50	2380,75	**76**	6764	6786,25	6808,50	6830,75
27	2403	2425,25	2447,50	2469,75	**77**	6853	6875,25	6897,50	6919,75
28	2492	2514,25	2536,50	2558,75	**78**	6942	6964,25	6986,50	7008,75
29	2581	2603,25	2625,50	2647,75	**79**	7031	7053,25	7075,50	7097,75
30	2670	2692,25	2714,50	2736,75	**80**	7120	7142,25	7164,50	7186,75
31	2759	2781,25	2803,50	2825,75	**81**	7209	7231,25	7253,50	7275,75
32	2848	2870,25	2892,50	2914,75	**82**	7298	7320,25	7342,50	7364,75
33	2937	2959,25	2981,50	3003,75	**83**	7387	7409,25	7431,50	7453,75
34	3026	3048,25	3070,50	3092,75	**84**	7476	7498,25	7520,50	7542,75
35	3115	3137,25	3159,50	3181,75	**85**	7565	7587,25	7609,50	7631,75
36	3204	3226,25	3248,50	3270,75	**86**	7654	7676,25	7698,50	7720,75
37	3293	3315,25	3337,50	3359,75	**87**	7743	7765,25	7787,50	7809,75
38	3382	3404,25	3426,50	3448,75	**88**	7832	7854,25	7876,50	7898,75
39	3471	3493,25	3515,50	3537,75	**89**	7921	7943,25	7965,50	7987,75
40	3560	3582,25	3604,50	3626,75	**90**	8010	8032,25	8054,50	8076,75
41	3649	3671,25	3693,50	3715,75	**91**	8099	8121,25	8143,50	8165,75
42	3738	3760,25	3782,50	3804,75	**92**	8188	8210,25	8232,50	8254,75
43	3827	3849,25	3871,50	3893,75	**93**	8277	8299,25	8321,50	8343,75
44	3916	3938,25	3960,50	3982,75	**94**	8366	8388,25	8410,50	8432,75
45	4005	4027,25	4049,50	4071,75	**95**	8455	8477,25	8499,50	8521,75
46	4094	4116,25	4138,50	4160,75	**96**	8544	8566,25	8588,50	8610,75
47	4183	4205,25	4227,50	4249,75	**97**	8633	8655,25	8677,50	8699,75
48	4272	4294,25	4316,50	4338,75	**98**	8722	8744,25	8766,50	8788,75
49	4361	4383,25	4405,50	4427,75	**99**	8811	8833,25	8855,50	8877,75
50	4450	4472,25	4494,50	4516,75	**100**	8900	8922,25	8944,50	8966,75

90

		¼	½	¾			¼	½	¾
1	90	112,50	135	157,50	**51**	4590	4612,50	4635	4657,50
2	180	202,50	225	247,50	**52**	4680	4702,50	4725	4747,50
3	270	292,50	315	337,50	**53**	4770	4792,50	4815	4837,50
4	360	382,50	405	427,50	**54**	4860	4882,50	4905	4927,50
5	450	472,50	495	517,50	**55**	4950	4972,50	4995	5017,50
6	540	562,50	585	607,50	**56**	5040	5062,50	5085	5107,50
7	630	652,50	675	697,50	**57**	5130	5152,50	5175	5197,50
8	720	742,50	765	787,50	**58**	5220	5242,50	5265	5287,50
9	810	832,50	855	877,50	**59**	5310	5332,50	5355	5377,50
10	900	922,50	945	967,50	**60**	5400	5422,50	5445	5467,50
11	990	1012,50	1035	1057,50	**61**	5490	5512,50	5535	5557,50
12	1080	1102,50	1125	1147,50	**62**	5580	5602,50	5625	5647,50
13	1170	1192,50	1215	1237,50	**63**	5670	5692,50	5715	5737,50
14	1260	1282,50	1305	1327,50	**64**	5760	5782,50	5805	5827,50
15	1350	1372,50	1395	1417,50	**65**	5850	5872,50	5895	5917,50
16	1440	1462,50	1485	1507,50	**66**	5940	5962,50	5985	6007,50
17	1530	1552,50	1575	1597,50	**67**	6030	6052,50	6075	6097,50
18	1620	1642,50	1665	1687,50	**68**	6120	6142,50	6165	6187,50
19	1710	1732,50	1755	1777,50	**69**	6210	6232,50	6255	6277,50
20	1800	1822,50	1845	1867,50	**70**	6300	6322,50	6345	6367,50
21	1890	1912,50	1935	1957,50	**71**	6390	6412,50	6435	6457,50
22	1980	2002,50	2025	2047,50	**72**	6480	6502,50	6525	6547,50
23	2070	2092,50	2115	2137,50	**73**	6570	6592,50	6615	6637,50
24	2160	2182,50	2205	2227,50	**74**	6660	6682,50	6705	6727,50
25	2250	2272,50	2295	2317,50	**75**	6750	6772,50	6795	6817,50
26	2340	2362,50	2385	2407,50	**76**	6840	6862,50	6885	6907,50
27	2430	2452,50	2475	2497,50	**77**	6930	6952,50	6975	6997,50
28	2520	2542,50	2565	2587,50	**78**	7020	7042,50	7065	7087,50
29	2610	2632,50	2655	2677,50	**79**	7110	7132,50	7155	7177,50
30	2700	2722,50	2745	2767,50	**80**	7200	7222,50	7245	7267,50
31	2790	2812,50	2835	2857,50	**81**	7290	7312,50	7335	7357,50
32	2880	2902,50	2925	2947,50	**82**	7380	7402,50	7425	7447,50
33	2970	2992,50	3015	3037,50	**83**	7470	7492,50	7515	7537,50
34	3060	3082,50	3105	3127,50	**84**	7560	7582,50	7605	7627,50
35	3150	3172,50	3195	3217,50	**85**	7650	7672,50	7695	7717,50
36	3240	3262,50	3285	3307,50	**86**	7740	7762,50	7785	7807,50
37	3330	3352,50	3375	3397,50	**87**	7830	7852,50	7875	7897,50
38	3420	3442,50	3465	3487,50	**88**	7920	7942,50	7965	7987,50
39	3510	3532,50	3555	3577,50	**89**	8010	8032,50	8055	8077,50
40	3600	3622,50	3645	3667,50	**90**	8100	8122,50	8145	8167,50
41	3690	3712,50	3735	3757,50	**91**	8190	8212,50	8235	8257,50
42	3780	3802,50	3825	3847,50	**92**	8280	8302,50	8325	8347,50
43	3870	3892,50	3915	3937,50	**93**	8370	8392,50	8415	8437,50
44	3960	3982,50	4005	4027,50	**94**	8460	8482,50	8505	8527,50
45	4050	4072,50	4095	4117,50	**95**	8550	8572,50	8595	8617,50
46	4140	4162,50	4185	4207,50	**96**	8640	8662,50	8685	8707,50
47	4230	4252,50	4275	4297,50	**97**	8730	8752 50	8775	8797,50
48	4320	4342,50	4365	4387,50	**98**	8820	8842,50	8865	8887,50
49	4410	4432,50	4455	4477,50	**99**	8910	8932,50	8955	8977,50
50	4500	4522,50	4545	4567,50	**100**	9000	9022,50	9045	9067,50

91

		¼	½	¾			¼	½	¾	
1	91	113,75	136,50	159,25	**51**	4641	4663,75	4686,50	4709,25	
2	182	204,75	227,50	250,25	**52**	4732	4754,75	4777,50	4800,25	
3	273	295,75	318,50	341,25	**53**	4823	4845,75	4868,50	4891,25	
4	364	386,75	409,50	432,25	**54**	4914	4936,75	4959,50	4982,25	
5	455	477,75	500,50	523,25	**55**	5005	5027,75	5050,50	5073,25	
6	546	568,75	591,50	614,25	**56**	5096	5118,75	5141,50	5164,25	
7	637	659,75	682,50	705,25	**57**	5187	5209,75	5232,50	5255,25	
8	728	750,75	773,50	796,25	**58**	5278	5300,75	5323,50	5346,25	
9	819	841,75	864,50	887,25	**59**	5369	5391,75	5414,50	5437,25	
10	910	932,75	955,50	978,25	**60**	5460	5482,75	5505,50	5528,25	
11	1001	1023,75	1046,50	1069,25	**61**	5551	5573,75	5596,50	5619,25	
12	1092	1114,75	1137,50	1160,25	**62**	5642	5664,75	5687,50	5710,25	
13	1183	1205,75	1228,50	1251,25	**63**	5733	5755,75	5778,50	5801,25	
14	1274	1296,75	1319,50	1342,25	**64**	5824	5846,75	5869,50	5892,25	
15	1365	1387,75	1410,50	1433,25	**65**	5915	5937,75	5960,50	5983,25	
16	1456	1478,75	1501,50	1524,25	**66**	6006	6028,75	6051,50	6074,25	
17	1547	1569,75	1592,50	1615,25	**67**	6097	6119,75	6142,50	6165,25	
18	1638	1660,75	1683,50	1706,25	**68**	6188	6210,75	6233,50	6256,25	
19	1729	1751,75	1774,50	1797,25	**69**	6279	6301,75	6324,50	6347,25	
20	1820	1842,75	1865,50	1888,25	**70**	6370	6392,75	6415,50	6438,25	
21	1911	1933,75	1956,50	1979,25	**71**	6461	6483,75	6506,50	6529,25	
22	2002	2024,75	2047,50	2070,25	**72**	6552	6574,75	6597,50	6620,25	
23	2093	2115,75	2138,50	2161,25	**73**	6643	6665,75	6688,50	6711,25	
24	2184	2206,75	2229,50	2252,25	**74**	6734	6756,75	6779,50	6802,25	
25	2275	2297,75	2320,50	2343,25	**75**	6825	6847,75	6870,50	6893,25	
26	2366	2388,75	2411,50	2434,25	**76**	6916	6938,75	6961,50	6984,25	
27	2457	2479,75	2502,50	2525,25	**77**	7007	7029,75	7052,50	7075,25	
28	2548	2570,75	2593,50	2616,25	**78**	7098	7120,75	7143,50	7166,25	
29	2639	2661,75	2684,50	2707,25	**79**	7189	7211,75	7234,50	7257,25	
30	2730	2752,75	2775,50	2798,25	**80**	7280	7302,75	7325,50	7348,25	
31	2821	2843,75	2866,50	2889,25	**81**	7371	7393,75	7416,50	7439,25	
32	2912	2934,75	2957,50	2980,25	**82**	7462	7484,75	7507,50	7530,25	
33	3003	3025,75	3048,50	3071,25	**83**	7553	7575,75	7598,50	7621,25	
34	3094	3116,75	3139,50	3162,25	**84**	7644	7666,75	7689,50	7712,25	
35	3185	3207,75	3230,50	3253,25	**85**	7735	7757,75	7780,50	7803,25	
36	3276	3298,75	3321,50	3344,25	**86**	7826	7848,75	7871,50	7894,25	
37	3367	3389,75	3412,50	3435,25	**87**	7917	7939,75	7962,50	7985,25	
38	3458	3480,75	3503,50	3526,25	**88**	8008	8030,75	8053,50	8076,25	
39	3549	3571,75	3594,50	3617,25	**89**	8099	8121,75	8144,50	8167,25	
40	3640	3662,75	3685,50	3708,25	**90**	8190	8212,75	8235,50	8258,25	
41	3731	3753,75	3776,50	3799,25	**91**	8281	8303,75	8326,50	8349,25	91
42	3822	3844,75	3867,50	3890,25	**92**	8372	8394,75	8417,50	8440,25	
43	3913	3935,75	3958,50	3981,25	**93**	8463	8485,75	8508,50	8531,25	
44	4004	4026,75	4049,50	4072,25	**94**	8554	8576,75	8599,50	8622,25	
45	4095	4117,75	4140,50	4163,25	**95**	8645	8667,75	8690,50	8713,25	
46	4186	4208,75	4231,50	4254,25	**96**	8736	8758,75	8781,50	8804,25	
47	4277	4299,75	4322,50	4345,25	**97**	8827	8849,75	8872,50	8895,25	
48	4368	4390,75	4413,50	4436,25	**98**	8918	8940,75	8963,50	8986,25	
49	4459	4481,75	4504,50	4527,25	**99**	9009	9031,75	9054,50	9077,25	
50	4550	4572,75	4595,50	4618,25	**100**	9100	9122,75	9145,50	9168,25	

92

		¼	½	¾			¼	½	¾
1	92	115	138	161	**51**	4692	4715	4738	4761
2	184	207	230	253	**52**	4784	4807	4830	4853
3	276	299	322	345	**53**	4876	4899	4922	4945
4	368	391	414	437	**54**	4968	4991	5014	5037
5	460	483	506	529	**55**	5060	5083	5106	5129
6	552	575	598	621	**56**	5152	5175	5198	5221
7	644	667	690	713	**57**	5244	5267	5290	5313
8	736	759	782	805	**58**	5336	5359	5382	5405
9	828	851	874	897	**59**	5428	5451	5474	5497
10	920	943	966	989	**60**	5520	5543	5566	5589
11	1012	1035	1058	1081	**61**	5612	5635	5658	5681
12	1104	1127	1150	1173	**62**	5704	5727	5750	5773
13	1196	1219	1242	1265	**63**	5796	5819	5842	5865
14	1288	1311	1334	1357	**64**	5888	5911	5934	5957
15	1380	1403	1426	1449	**65**	5980	6003	6026	6049
16	1472	1495	1518	1541	**66**	6072	6095	6118	6141
17	1564	1587	1610	1633	**67**	6164	6187	6210	6233
18	1656	1679	1702	1725	**68**	6256	6279	6302	6325
19	1748	1771	1794	1817	**69**	6348	6371	6394	6417
20	1840	1863	1886	1909	**70**	6440	6463	6486	6509
21	1932	1955	1978	2001	**71**	6532	6555	6578	6601
22	2024	2047	2070	2093	**72**	6624	6647	6670	6693
23	2116	2139	2162	2185	**73**	6716	6739	6762	6785
24	2208	2231	2254	2277	**74**	6808	6831	6854	6877
25	2300	2323	2346	2369	**75**	6900	6923	6946	6969
26	2392	2415	2438	2461	**76**	6992	7015	7038	7061
27	2484	2507	2530	2553	**77**	7084	7107	7130	7153
28	2576	2599	2622	2645	**78**	7176	7199	7222	7245
29	2668	2691	2714	2737	**79**	7268	7291	7314	7337
30	2760	2783	2806	2829	**80**	7360	7383	7406	7429
31	2852	2875	2898	2921	**81**	7452	7475	7498	7521
32	2944	2967	2990	3013	**82**	7544	7567	7590	7613
33	3036	3059	3082	3105	**83**	7636	7659	7682	7705
34	3128	3151	3174	3197	**84**	7728	7751	7774	7797
35	3220	3243	3266	3289	**85**	7820	7843	7866	7889
36	3312	3335	3358	3381	**86**	7912	7935	7958	7981
37	3404	3427	3450	3473	**87**	8004	8027	8050	8073
38	3496	3519	3542	3565	**88**	8096	8119	8142	8165
39	3588	3611	3634	3657	**89**	8188	8211	8234	8257
40	3680	3703	3726	3749	**90**	8280	8303	8326	8349
41	3772	3795	3818	3841	**91**	8372	8395	8418	8441
42	3864	3887	3910	3933	**92**	8464	8487	8510	8533
43	3956	3979	4002	4025	**93**	8556	8579	8602	8625
44	4048	4071	4094	4117	**94**	8648	8671	8694	8717
45	4140	4163	4186	4209	**95**	8740	8763	8786	8809
46	4232	4255	4278	4301	**96**	8832	8855	8878	8901
47	4324	4347	4370	4393	**97**	8924	8947	8970	8993
48	4416	4439	4462	4485	**98**	9016	9039	9062	9085
49	4508	4531	4554	4577	**99**	9108	9131	9154	9177
50	4600	4623	4646	4669	**100**	9200	9223	9246	9269

93

		¼	½	¾			¼	½	¾	
1	93	116,25	139,50	162,75	**51**	4743	4766,25	4789,50	4812,75	
2	186	209,25	232,50	255,75	**52**	4836	4859,25	4882,50	4905,75	
3	279	302,25	325,50	348,75	**53**	4929	4952,25	4975,50	4998,75	
4	372	395,25	418,50	441,75	**54**	5022	5045,25	5068,50	5091,75	
5	465	488,25	511,50	534,75	**55**	5115	5138,25	5161,50	5184,75	
6	558	581,25	604,50	627,75	**56**	5208	5231,25	5254,50	5277,75	
7	651	674,25	697,50	720,75	**57**	5301	5324,25	5347,50	5370,75	
8	744	767,25	790,50	813,75	**58**	5394	5417,25	5440,50	5463,75	
9	837	860,25	883,50	906,75	**59**	5487	5510,25	5533,50	5556,75	
10	930	953,25	976,50	999,75	**60**	5580	5603,25	5626,50	5649,75	
11	1023	1046,25	1069,50	1092,75	**61**	5673	5696,25	5719,50	5742,75	
12	1116	1139,25	1162,50	1185,75	**62**	5766	5789,25	5812,50	5835,75	
13	1209	1232,25	1255,50	1278,75	**63**	5859	5882,25	5905,50	5928,75	
14	1302	1325,25	1348,50	1371,75	**64**	5952	5975,25	5998,50	6021,75	
15	1395	1418,25	1441,50	1464,75	**65**	6045	6068,25	6091,50	6114,75	
16	1488	1511,25	1534,50	1557,75	**66**	6138	6161,25	6184,50	6207,75	
17	1581	1604,25	1627,50	1650,75	**67**	6231	6254,25	6277,50	6300,75	
18	1674	1697,25	1720,50	1743,75	**68**	6324	6347,25	6370,50	6393,75	
19	1767	1790,25	1813,50	1836,75	**69**	6417	6440,25	6463,50	6486,75	
20	1860	1883,25	1906,50	1929,75	**70**	6510	6533,25	6556,50	6579,75	
21	1953	1976,25	1999,50	2022,75	**71**	6603	6626,25	6649,50	6672,75	
22	2046	2069,25	2092,50	2115,75	**72**	6696	6719,25	6742,50	6765,75	
23	2139	2162,25	2185,50	2208,75	**73**	6789	6812,25	6835,50	6858,75	
24	2232	2255,25	2278,50	2301,75	**74**	6882	6905,25	6928,50	6951,75	
25	2325	2348,25	2371,50	2394,75	**75**	6975	6998,25	7021,50	7044,75	
26	2418	2441,25	2464,50	2487,75	**76**	7068	7091,25	7114,50	7137,75	
27	2511	2534,25	2557,50	2580,75	**77**	7161	7184,25	7207,50	7230,75	
28	2604	2627,25	2650,50	2673,75	**78**	7254	7277,25	7300,50	7323,75	
29	2697	2720,25	2743,50	2766,75	**79**	7347	7370,25	7393,50	7416,75	
30	2790	2813,25	2836,50	2859,75	**80**	7440	7463,25	7486,50	7509,75	
31	2883	2906,25	2929,50	2952,75	**81**	7533	7556,25	7579,50	7602,75	
32	2976	2999,25	3022,50	3045,75	**82**	7626	7649,25	7672,50	7695,75	
33	3069	3092,25	3115,50	3138,75	**83**	7719	7742,25	7765,50	7788,75	
34	3162	3185,25	3208,50	3231,75	**84**	7812	7835,25	7858,50	7881,75	
35	3255	3278,25	3301,50	3324,75	**85**	7905	7928,25	7951,50	7974,75	
36	3348	3371,25	3394,50	3417,75	**86**	7998	8021,25	8044,50	8067,75	
37	3441	3464,25	3487,50	3510,75	**87**	8091	8114,25	8137,50	8160,75	
38	3534	3557,25	3580,50	3603,75	**88**	8184	8207,25	8230,50	8253,75	
39	3627	3650,25	3673,50	3696,75	**89**	8277	8300,25	8323,50	8346,75	
40	3720	3743,25	3766,50	3789,75	**90**	8370	8393,25	8416,50	8439,75	
41	3813	3836,25	3859,50	3882,75	**91**	8463	8486,25	8509,50	8532,75	
42	3906	3929,25	3952,50	3975,75	**92**	8556	8579,25	8602,50	8625,75	
43	3999	4022,25	4045,50	4068,75	**93**	8649	8672,25	8695,50	8718,75	**93**
44	4092	4115,25	4138,50	4161,75	**94**	8742	8765,25	8788,50	8811,75	
45	4185	4208,25	4231,50	4254,75	**95**	8835	8858,25	8881,50	8904,75	
46	4278	4301,25	4324,50	4347,75	**96**	8928	8951,25	8974,50	8997,75	
47	4371	4394,25	4417,50	4440,75	**97**	9021	9044,25	9067,50	9090,75	
48	4464	4487,25	4510,50	4533,75	**98**	9114	9137,25	9160,50	9183,75	
49	4557	4580,25	4603,50	4626,75	**99**	9207	9230,25	9253,50	9276,75	
50	4650	4673,25	4696,50	4719,75	**100**	9300	9323,25	9346,50	9369,75	

94

		¼	½	¾			¼	½	¾
1	94	117,50	141	164,50	**51**	4794	4817,50	4841	4864,50
2	188	211,50	235	258,50	**52**	4888	4911,50	4935	4958,50
3	282	305,50	329	352,50	**53**	4982	5005,50	5029	5052,50
4	376	399,50	423	446,50	**54**	5076	5099,50	5123	5146,50
5	470	493,50	517	540,50	**55**	5170	5193,50	5217	5240,50
6	564	587,50	611	634,50	**56**	5264	5287,50	5311	5334,50
7	658	681,50	705	728,50	**57**	5358	5381,50	5405	5428,50
8	752	775,50	799	822,50	**58**	5452	5475,50	5499	5522,50
9	846	869,50	893	916,50	**59**	5546	5569,50	5593	5616,50
10	940	963,50	987	1010,50	**60**	5640	5663,50	5687	5710,50
11	1034	1057,50	1081	1104,50	**61**	5734	5757,50	5781	5804,50
12	1128	1151,50	1175	1198,50	**62**	5828	5851,50	5875	5898,50
13	1222	1245,50	1269	1292,50	**63**	5922	5945,50	5969	5992,50
14	1316	1339,50	1363	1386,50	**64**	6016	6039,50	6063	6086,50
15	1410	1433,50	1457	1480,50	**65**	6110	6133,50	6157	6180,50
16	1504	1527,50	1551	1574,50	**66**	6204	6227,50	6251	6274,50
17	1598	1621,50	1645	1668,50	**67**	6298	6321,50	6345	6368,50
18	1692	1715,50	1739	1762,50	**68**	6392	6415,50	6439	6462,50
19	1786	1809,50	1833	1856,50	**69**	6486	6509,50	6533	6556,50
20	1880	1903,50	1927	1950,50	**70**	6580	6603,50	6627	6650,50
21	1974	1997,50	2021	2044,50	**71**	6674	6697,50	6721	6744,50
22	2068	2091,50	2115	2138,50	**72**	6768	6791,50	6815	6838,50
23	2162	2185,50	2209	2232,50	**73**	6862	6885,50	6909	6932,50
24	2256	2279,50	2303	2326,50	**74**	6956	6979,50	7003	7026,50
25	2350	2373,50	2397	2420,50	**75**	7050	7073,50	7097	7120,50
26	2444	2467,50	2491	2514,50	**76**	7144	7167,50	7191	7214,50
27	2538	2561,50	2585	2608,50	**77**	7238	7261,50	7285	7308,50
28	2632	2655,50	2679	2702,50	**78**	7332	7355,50	7379	7402,50
29	2726	2749,50	2773	2796,50	**79**	7426	7449,50	7473	7496,50
30	2820	2843,50	2867	2890,50	**80**	7520	7543,50	7567	7590,50
31	2914	2937,50	2961	2984,50	**81**	7614	7637,50	7661	7684,50
32	3008	3031,50	3055	3078,50	**82**	7708	7731,50	7755	7778,50
33	3102	3125,50	3149	3172,50	**83**	7802	7825,50	7849	7872,50
34	3196	3219,50	3243	3266,50	**84**	7896	7919,50	7943	7966,50
35	3290	3313,50	3337	3360,50	**85**	7990	8013,50	8037	8060,50
36	3384	3407,50	3431	3454,50	**86**	8084	8107,50	8131	8154,50
37	3478	3501,50	3525	3548,50	**87**	8178	8201,50	8225	8248,50
38	3572	3595,50	3619	3642,50	**88**	8272	8295,50	8319	8342,50
39	3666	3689,50	3713	3736,50	**89**	8366	8389,50	8413	8436,50
40	3760	3783,50	3807	3830,50	**90**	8460	8483,50	8507	8530,50
41	3854	3877,50	3901	3924,50	**91**	8554	8577,50	8601	8624,50
42	3948	3971,50	3995	4018,50	**92**	8648	8671,50	8695	8718,50
43	4042	4065,50	4089	4112,50	**93**	8742	8765,50	8789	8812,50
44	4136	4159,50	4183	4206,50	**94**	8836	8859,50	8883	8906,50
45	4230	4253,50	4277	4300,50	**95**	8930	8953,50	8977	9000,50
46	4324	4347,50	4371	4394,50	**96**	9024	9047,50	9071	9094,50
47	4418	4441,50	4465	4488,50	**97**	9118	9141,50	9165	9188,50
48	4512	4535,50	4559	4582,50	**98**	9212	9235,50	9259	9282,50
49	4606	4629,50	4653	4676,50	**99**	9306	9329,50	9353	9376,50
50	4700	4723,50	4747	4770,50	**100**	9400	9423,50	9447	9470,50

95

		¼	½	¾			¼	½	¾
1	95	118,75	142,50	166,25	**51**	4845	4868,75	4892,50	4916,25
2	190	213,75	237,50	261,25	**52**	4940	4963,75	4987,50	5011,25
3	285	308,75	332,50	356,25	**53**	5035	5058,75	5082,50	5106,25
4	380	403,75	427,50	451,25	**54**	5130	5153,75	5177,50	5201,25
5	475	498,75	522,50	546,25	**55**	5225	5248,75	5272,50	5296,25
6	570	593,75	617,50	641,25	**56**	5320	5343,75	5367,50	5391,25
7	665	688,75	712,50	736,25	**57**	5415	5438,75	5462,50	5486,25
8	760	783,75	807,50	831,25	**58**	5510	5533,75	5557,50	5581,25
9	855	878,75	902,50	926,25	**59**	5605	5628,75	5652,50	5676,25
10	950	973,75	997,50	1021,25	**60**	5700	5723,75	5747,50	5771,25
11	1045	1068,75	1092,50	1116,25	**61**	5795	5818,75	5842,50	5866,25
12	1140	1163,75	1187,50	1211,25	**62**	5890	5913,75	5937,50	5961,25
13	1235	1258,75	1282,50	1306,25	**63**	5985	6008,75	6032,50	6056,25
14	1330	1353,75	1377,50	1401,25	**64**	6080	6103,75	6127,50	6151,25
15	1425	1448,75	1472,50	1496,25	**65**	6175	6198,75	6222,50	6246,25
16	1520	1543,75	1567,50	1591,25	**66**	6270	6293,75	6317,50	6341,25
17	1615	1638,75	1662,50	1686,25	**67**	6365	6388,75	6412,50	6436,25
18	1710	1733,75	1757,50	1781,25	**68**	6460	6483,75	6507,50	6531,25
19	1805	1828,75	1852,50	1876,25	**69**	6555	6578,75	6602,50	6626,25
20	1900	1923,75	1947,50	1971,25	**70**	6650	6673,75	6697,50	6721,25
21	1995	2018,75	2042,50	2066,25	**71**	6745	6768,75	6792,50	6816,25
22	2090	2113,75	2137,50	2161,25	**72**	6840	6863,75	6887,50	6911,25
23	2185	2208,75	2232,50	2256,25	**73**	6935	6958,75	6982,50	7006,25
24	2280	2303,75	2327,50	2351,25	**74**	7030	7053,75	7077,50	7101,25
25	2375	2398,75	2422,50	2446,25	**75**	7125	7148,75	7172,50	7196,25
26	2470	2493,75	2517,50	2541,25	**76**	7220	7243,75	7267,50	7291,25
27	2565	2588,75	2612,50	2636,25	**77**	7315	7338,75	7362,50	7386,25
28	2660	2683,75	2707,50	2731,25	**78**	7410	7433,75	7457,50	7481,25
29	2755	2778,75	2802,50	2826,25	**79**	7505	7528,75	7552,50	7576,25
30	2850	2873,75	2897,50	2921,25	**80**	7600	7623,75	7647,50	7671,25
31	2945	2968,75	2992,50	3016,25	**81**	7695	7718,75	7742,50	7766,25
32	3040	3063,75	3087,50	3111,25	**82**	7790	7813,75	7837,50	7861,25
33	3135	3158,75	3182,50	3206,25	**83**	7885	7908,75	7932,50	7956,25
34	3230	3253,75	3277,50	3301,25	**84**	7980	8003,75	8027,50	8051,25
35	3325	3348,75	3372,50	3396,25	**85**	8075	8098,75	8122,50	8146,25
36	3420	3443,75	3467,50	3491,25	**86**	8170	8193,75	8217,50	8241,25
37	3515	3538,75	3562,50	3586,25	**87**	8265	8288,75	8312,50	8336,25
38	3610	3633,75	3657,50	3681,25	**88**	8360	8383,75	8407,50	8431,25
39	3705	3728,75	3752,50	3776,25	**89**	8455	8478,75	8502,50	8526,25
40	3800	3823,75	3847,50	3871,25	**90**	8550	8573,75	8597,50	8621,25
41	3895	3918,75	3942,50	3966.25	**91**	8645	8668,75	8692,50	8716,25
42	3990	4013,75	4037,50	4061,25	**92**	8740	8763,75	8787,50	8811,25
43	4085	4108,75	4132,50	4156,25	**93**	8835	8858,75	8882,50	8906,25
44	4180	4203,75	4227,50	4251,25	**94**	8930	8953,75	8977,50	9001,25
45	4275	4298,75	4322,50	4346,25	**95**	9025	9048,75	9072,50	9096,25
46	4370	4393,75	4417,50	4441,25	**96**	9120	9143,75	9167,50	9191,25
47	4465	4488,75	4512,50	4536,25	**97**	9215	9238,75	9262,50	9286,25
48	4560	4583,75	4607,50	4631,25	**98**	9310	9333,75	9357,50	9381,25
49	4655	4678,75	4702,50	4726,25	**99**	9405	9428,75	9452,50	9476,25
50	4750	4773,75	4797,50	4821,25	**100**	9500	9523,75	9547,50	9571,25

96

		¼	½	¾			¼	½	¾
1	96	120	144	168	**51**	4896	4920	4944	4968
2	192	216	240	264	**52**	4992	5016	5040	5064
3	288	312	336	360	**53**	5088	5112	5136	5160
4	384	408	432	456	**54**	5184	5208	5232	5256
5	480	504	528	552	**55**	5280	5304	5328	5352
6	576	600	624	648	**56**	5376	5400	5424	5448
7	672	696	720	744	**57**	5472	5496	5520	5544
8	768	792	816	840	**58**	5568	5592	5616	5640
9	864	888	912	936	**59**	5664	5688	5712	5736
10	960	984	1008	1032	**60**	5760	5784	5808	5832
11	1056	1080	1104	1128	**61**	5856	5880	5904	5928
12	1152	1176	1200	1224	**62**	5952	5976	6000	6024
13	1248	1272	1296	1320	**63**	6048	6072	6096	6120
14	1344	1368	1392	1416	**64**	6144	6168	6192	6216
15	1440	1464	1488	1512	**65**	6240	6264	6288	6312
16	1536	1560	1584	1608	**66**	6336	6360	6384	6408
17	1632	1656	1680	1704	**67**	6432	6456	6480	6504
18	1728	1752	1776	1800	**68**	6528	6552	6576	6600
19	1824	1848	1872	1896	**69**	6624	6648	6672	6696
20	1920	1944	1968	1992	**70**	6720	6744	6768	6792
21	2016	2040	2064	2088	**71**	6816	6840	6864	6888
22	2112	2136	2160	2184	**72**	6912	6936	6960	6984
23	2208	2232	2256	2280	**73**	7008	7032	7056	7080
24	2304	2328	2352	2376	**74**	7104	7128	7152	7176
25	2400	2424	2448	2472	**75**	7200	7224	7248	7272
26	2496	2520	2544	2568	**76**	7296	7320	7344	7368
27	2592	2616	2640	2664	**77**	7392	7416	7440	7464
28	2688	2712	2736	2760	**78**	7488	7512	7536	7560
29	2784	2808	2832	2856	**79**	7584	7608	7632	7656
30	2880	2904	2928	2952	**80**	7680	7704	7728	7752
31	2976	3000	3024	3048	**81**	7776	7800	7824	7848
32	3072	3096	3120	3144	**82**	7872	7896	7920	7944
33	3168	3192	3216	3240	**83**	7968	7992	8016	8040
34	3264	3288	3312	3336	**84**	8064	8088	8112	8136
35	3360	3384	3408	3432	**85**	8160	8184	8208	8232
36	3456	3480	3504	3528	**86**	8256	8280	8304	8328
37	3552	3576	3600	3624	**87**	8352	8376	8400	8424
38	3648	3672	3696	3720	**88**	8448	8472	8496	8520
39	3744	3768	3792	3816	**89**	8544	8568	8592	8616
40	3840	3864	3888	3912	**90**	8640	8664	8688	8712
41	3936	3960	3984	4008	**91**	8736	8760	8784	8808
42	4032	4056	4080	4104	**92**	8832	8856	8880	8904
43	4128	4152	4176	4200	**93**	8928	8952	8976	9000
44	4224	4248	4272	4296	**94**	9024	9048	9072	9096
45	4320	4344	4368	4392	**95**	9120	9144	9168	9192
46	4416	4440	4464	4488	**96**	9216	9240	9264	9288
47	4512	4536	4560	4584	**97**	9312	9336	9360	9384
48	4608	4632	4656	4680	**98**	9408	9432	9456	9480
49	4704	4728	4752	4776	**99**	9504	9528	9552	9576
50	4800	4824	4848	4872	**100**	9600	9624	9648	9672

97

		¼	½	¾			¼	½	¾
1	97	121,25	145,50	169,75	**51**	4947	4971,25	4995,50	5019,75
2	194	218,25	242,50	266,75	**52**	5044	5068,25	5092,50	5116,75
3	291	315,25	339,50	363,75	**53**	5141	5165,25	5189,50	5213,75
4	388	412,25	436,50	460,75	**54**	5238	5262,25	5286,50	5310,75
5	485	509,25	533,50	557,75	**55**	5335	5359,25	5383,50	5407,75
6	582	606,25	630,50	654,75	**56**	5432	5456,25	5480,50	5504,75
7	679	703,25	727,50	751,75	**57**	5529	5553,25	5577,50	5601,75
8	776	800,25	824,50	848,75	**58**	5626	5650,25	5674,50	5698,75
9	873	897,25	921,50	945,75	**59**	5723	5747,25	5771,50	5795,75
10	970	994,25	1018,50	1042,75	**60**	5820	5844,25	5868,50	5892,75
11	1067	1091,25	1115,50	1139,75	**61**	5917	5941,25	5965,50	5989,75
12	1164	1188,25	1212,50	1236,75	**62**	6014	6038,25	6062,50	6086,75
13	1261	1285,25	1309,50	1333,75	**63**	6111	6135,25	6159,50	6183,75
14	1358	1382,25	1406,50	1430,75	**64**	6208	6232,25	6256,50	6280,75
15	1455	1479,25	1503,50	1527,75	**65**	6305	6329,25	6353,50	6377,75
16	1552	1576,25	1600,50	1624,75	**66**	6402	6426,25	6450,50	6474,75
17	1649	1673,25	1697,50	1721,75	**67**	6499	6523,25	6547,50	6571,75
18	1746	1770,25	1794,50	1818,75	**68**	6596	6620,25	6644,50	6668,75
19	1843	1867,25	1891,50	1915,75	**69**	6693	6717,25	6741,50	6765,75
20	1940	1964,25	1988,50	2012,75	**70**	6790	6814,25	6838,50	6862,75
21	2037	2061,25	2085,50	2109,75	**71**	6887	6911,25	6935,50	6959,75
22	2134	2158,25	2182,50	2206,75	**72**	6984	7008,25	7032,50	7056,75
23	2231	2255,25	2279,50	2303,75	**73**	7081	7105,25	7129,50	7153,75
24	2328	2352,25	2376,50	2400,75	**74**	7178	7202,25	7226,50	7250,75
25	2425	2449,25	2473,50	2497,75	**75**	7275	7299,25	7323,50	7347,75
26	2522	2546,25	2570,50	2594,75	**76**	7372	7396,25	7420,50	7444,75
27	2619	2643,25	2667,50	2691,75	**77**	7469	7493,25	7517,50	7541,75
28	2716	2740,25	2764,50	2788,75	**78**	7566	7590,25	7614,50	7638,75
29	2813	2837,25	2861,50	2885,75	**79**	7663	7687,25	7711,50	7735,75
30	2910	2934,25	2958,50	2982,75	**80**	7760	7784,25	7808,50	7832,75
31	3007	3031,25	3055,50	3079,75	**81**	7857	7881,25	7905,50	7929,75
32	3104	3128,25	3152,50	3176,75	**82**	7954	7978,25	8002,50	8026,75
33	3201	3225,25	3249,50	3273,75	**83**	8051	8075,25	8099,50	8123,75
34	3298	3322,25	3346,50	3370,75	**84**	8148	8172,25	8196,50	8220,75
35	3395	3419,25	3443,50	3467,75	**85**	8245	8269,25	8293,50	8317,75
36	3492	3516,25	3540,50	3564,75	**86**	8342	8366,25	8390,50	8414,75
37	3589	3613,25	3637,50	3661,75	**87**	8439	8463,25	8487,50	8511,75
38	3686	3710,25	3734,50	3758,75	**88**	8536	8560,25	8584,50	8608,75
39	3783	3807,25	3831,50	3855,75	**89**	8633	8657,25	8681,50	8705,75
40	3880	3904,25	3928,50	3952,75	**90**	8730	8754,25	8778,50	8802,75
41	3977	4001,25	4025,50	4049,75	**91**	8827	8851,25	8875,50	8899,75
42	4074	4098,25	4122,50	4146,75	**92**	8924	8948,25	8972,50	8996,75
43	4171	4195,25	4219,50	4243,75	**93**	9021	9045,25	9069,50	9093,75
44	4268	4292,25	4316,50	4340,75	**94**	9118	9142,25	9166,50	9190,75
45	4365	4389,25	4413,50	4437,75	**95**	9215	9239,25	9263,50	9287,75
46	4462	4486,25	4510,50	4534,75	**96**	9312	9336,25	9360,50	9384,75
47	4559	4583,25	4607,50	4631,75	**97**	9409	9433,25	9457,50	9481,75
48	4656	4680,25	4704,50	4728,75	**98**	9506	9530,25	9554,50	9578,75
49	4753	4777,25	4801,50	4825,75	**99**	9603	9627,25	9651,50	9675,75
50	4850	4874,25	4898,50	4922,75	**100**	9700	9724,25	9748,50	9772,75

98

		¼	½	¾			¼	½	¾
1	98	122,50	147	171,50	**51**	4998	5022,50	5047	5071,50
2	196	220,50	245	269,50	**52**	5096	5120,50	5145	5169,50
3	294	318,50	343	367,50	**53**	5194	5218,50	5243	5267,50
4	392	416,50	441	465,50	**54**	5292	5316,50	5341	5365,50
5	490	514,50	539	563,50	**55**	5390	5414,50	5439	5463,50
6	588	612,50	637	661,50	**56**	5488	5512,50	5537	5561,50
7	686	710,50	735	759,50	**57**	5586	5610,50	5635	5659,50
8	784	808,50	833	857,50	**58**	5684	5708,50	5733	5757,50
9	882	906,50	931	955,50	**59**	5782	5806,50	5831	5855,50
10	980	1004,50	1029	1053,50	**60**	5880	5904,50	5929	5953,50
11	1078	1102,50	1127	1151,50	**61**	5978	6002,50	6027	6051,50
12	1176	1200,50	1225	1249,50	**62**	6076	6100,50	6125	6149,50
13	1274	1298,50	1323	1347,50	**63**	6174	6198,50	6223	6247,50
14	1372	1396,50	1421	1445,50	**64**	6272	6296,50	6321	6345,50
15	1470	1494,50	1519	1543,50	**65**	6370	6394,50	6419	6443,50
16	1568	1592,50	1617	1641,50	**66**	6468	6492,50	6517	6541,50
17	1666	1690,50	1715	1739,50	**67**	6566	6590,50	6615	6639,50
18	1764	1788,50	1813	1837,50	**68**	6664	6688,50	6713	6737,50
19	1862	1886,50	1911	1935,50	**69**	6762	6786,50	6811	6835,50
20	1960	1984,50	2009	2033,50	**70**	6860	6884,50	6909	6933,50
21	2058	2082,50	2107	2131,50	**71**	6958	6982,50	7007	7031,50
22	2156	2180,50	2205	2229,50	**72**	7056	7080,50	7105	7129,50
23	2254	2278,50	2303	2327,50	**73**	7154	7178,50	7203	7227,50
24	2352	2376,50	2401	2425,50	**74**	7252	7276,50	7301	7325,50
25	2450	2474,50	2499	2523,50	**75**	7350	7374,50	7399	7423,50
26	2548	2572,50	2597	2621,50	**76**	7448	7472,50	7497	7521,50
27	2646	2670,50	2695	2719,50	**77**	7546	7570,50	7595	7619,50
28	2744	2768,50	2793	2817,50	**78**	7644	7668,50	7693	7717,50
29	2842	2866,50	2891	2915,50	**79**	7742	7766,50	7791	7815,50
30	2940	2964,50	2989	3013,50	**80**	7840	7864,50	7889	7913,50
31	3038	3062,50	3087	3111,50	**81**	7938	7962,50	7987	8011,50
32	3136	3160,50	3185	3209,50	**82**	8036	8060,50	8085	8109,50
33	3234	3258,50	3283	3307,50	**83**	8134	8158,50	8183	8207,50
34	3332	3356,50	3381	3405,50	**84**	8232	8256,50	8281	8305,50
35	3430	3454,50	3479	3503,50	**85**	8330	8354,50	8379	8403,50
36	3528	3552,50	3577	3601,50	**86**	8428	8452,50	8477	8501,50
37	3626	3650,50	3675	3699,50	**87**	8526	8550,50	8575	8599,50
38	3724	3748,50	3773	3797,50	**88**	8624	8648,50	8673	8697,50
39	3822	3846,50	3871	3895,50	**89**	8722	8746,50	8771	8795,50
40	3920	3944,50	3969	3993,50	**90**	8820	8844,50	8869	8893,50
41	4018	4042,50	4067	4091,50	**91**	8918	8942,50	8967	8991,50
42	4116	4140,50	4165	4189,50	**92**	9016	9040,50	9065	9089,50
43	4214	4238,50	4263	4287,50	**93**	9114	9138,50	9163	9187,50
44	4312	4336,50	4361	4385,50	**94**	9212	9236,50	9261	9285,50
45	4410	4434,50	4459	4483,50	**95**	9310	9334,50	9359	9383,50
46	4508	4532,50	4557	4581,50	**96**	9408	9432,50	9457	9481,50
47	4606	4630,50	4655	4679,50	**97**	9506	9530,50	9555	9579,50
48	4704	4728,50	4753	4777,50	**98**	9604	9628,50	9653	9677,50
49	4802	4826,50	4851	4875,50	**99**	9702	9726,50	9751	9775,50
50	4900	4924,50	4949	4973,50	**100**	9800	9824,50	9849	9873,50

99

		¼	½	¾			¼	½	¾
1	99	123,75	148,50	173,25	**51**	5049	5073,75	5098,50	5123,25
2	198	222,75	247,50	272,25	**52**	5148	5172,75	5197,50	5222,25
3	297	321,75	346,50	371,25	**53**	5247	5271,75	5296,50	5321,25
4	396	420,75	445,50	470,25	**54**	5346	5370,75	5395,50	5420,25
5	495	519,75	544,50	569,25	**55**	5445	5469,75	5494,50	5519,25
6	594	618,75	643,50	668,25	**56**	5544	5568,75	5593,50	5618,25
7	693	717,75	742,50	767,25	**57**	5643	5667,75	5692,50	5717,25
8	792	816,75	841,50	866,25	**58**	5742	5766,75	5791,50	5816,25
9	891	915,75	940,50	965,25	**59**	5841	5865,75	5890,50	5915,25
10	990	1014,75	1039,50	1064,25	**60**	5940	5964,75	5989,50	6014,25
11	1089	1113,75	1138,50	1163,25	**61**	6039	6063,75	6088,50	6113,25
12	1188	1212,75	1237,50	1262,25	**62**	6138	6162,75	6187,50	6212,25
13	1287	1311,75	1336,50	1361,25	**63**	6237	6261,75	6286,50	6311,25
14	1386	1410,75	1435,50	1460,25	**64**	6336	6360,75	6385,50	6410,25
15	1485	1509,75	1534,50	1559,25	**65**	6435	6459,75	6484,50	6509,25
16	1584	1608,75	1633,50	1658,25	**66**	6534	6558,75	6583,50	6608,25
17	1683	1707,75	1732,50	1757,25	**67**	6633	6657,75	6682,50	6707,25
18	1782	1806,75	1831,50	1856,25	**68**	6732	6756,75	6781,50	6806,25
19	1881	1905,75	1930,50	1955,25	**69**	6831	6855,75	6880,50	6905,25
20	1980	2004,75	2029,50	2054,25	**70**	6930	6954,75	6979,50	7004,25
21	2079	2103,75	2128,50	2153,25	**71**	7029	7053,75	7078,50	7103,25
22	2178	2202,75	2227,50	2252,25	**72**	7128	7152,75	7177,50	7202,25
23	2277	2301,75	2326,50	2351,25	**73**	7227	7251,75	7276,50	7301,25
24	2376	2400,75	2425,50	2450,25	**74**	7326	7350,75	7375,50	7400,25
25	2475	2499,75	2524,50	2549,25	**75**	7425	7449,75	7474,50	7499,25
26	2574	2598,75	2623,50	2648,25	**76**	7524	7548,75	7573,50	7598,25
27	2673	2697,75	2722,50	2747,25	**77**	7623	7647,75	7672,50	7697,25
28	2772	2796,75	2821,50	2846,25	**78**	7722	7746,75	7771,50	7796,25
29	2871	2895,75	2920,50	2945,25	**79**	7821	7845,75	7870,50	7895,25
30	2970	2994,75	3019,50	3044,25	**80**	7920	7944,75	7969,50	7994,25
31	3069	3093,75	3118,50	3143,25	**81**	8019	8043,75	8068,50	8093,25
32	3168	3192,75	3217,50	3242,25	**82**	8118	8142,75	8167,50	8192,25
33	3267	3291,75	3316,50	3341,25	**83**	8217	8241,75	8266,50	8291,25
34	3366	3390,75	3415,50	3440,25	**84**	8316	8340,75	8365,50	8390,25
35	3465	3489,75	3514,50	3539,25	**85**	8415	8439,75	8464,50	8489,25
36	3564	3588,75	3613.50	3638,25	**86**	8514	8538,75	8563,50	8588,25
37	3663	3687,75	3712,50	3737,25	**87**	8613	8637,75	8662,50	8687,25
38	3762	3786,75	3811,50	3836,25	**88**	8712	8736,75	8761,50	8786,25
39	3861	3885,75	3910,50	3935,25	**89**	8811	8835,75	8860,50	8885,25
40	3960	3984,75	4009,50	4034,25	**90**	8910	8934,75	8959,50	8984,25
41	4059	4083,75	4108,50	4133,25	**91**	9009	9033,75	9058,50	9083,25
42	4158	4182,75	4207,50	4232,25	**92**	9108	9132,75	9157,50	9182,25
43	4257	4281,75	4306,50	4331,25	**93**	9207	9231,75	9256,50	9281,25
44	4356	4380,75	4405,50	4430,25	**94**	9306	9330,75	9355,50	9380,25
45	4455	4479,75	4504,50	4529,25	**95**	9405	9429,75	9454,50	9479,25
46	4554	4578,75	4603,50	4628,25	**96**	9504	9528,75	9553,50	9578,25
47	4653	4677,75	4702,50	4727,25	**97**	9603	9627,75	9652,50	9677,25
48	4752	4776,75	4801,50	4826,25	**98**	9702	9726,75	9751,50	9776,25
49	4851	4875,75	4900,50	4925,25	**99**	9801	9825,75	9850,50	9875,25
50	4950	4974,75	4999,50	5024,25	**100**	9900	9924,75	9949,50	9974,25

100

		¼	½	¾			¼	½	¾
1	100	125	150	175	**51**	5100	5125	5150	5175
2	200	225	250	275	**52**	5200	5225	5250	5275
3	300	325	350	375	**53**	5300	5325	5350	5375
4	400	425	450	475	**54**	5400	5425	5450	5475
5	500	525	550	575	**55**	5500	5525	5550	5575
6	600	625	650	675	**56**	5600	5625	5650	5675
7	700	725	750	775	**57**	5700	5725	5750	5775
8	800	825	850	875	**58**	5800	5825	5850	5875
9	900	925	950	975	**59**	5900	5925	5950	5975
10	1000	1025	1050	1075	**60**	6000	6025	6050	6075
11	1100	1125	1150	1175	**61**	6100	6125	6150	6175
12	1200	1225	1250	1275	**62**	6200	6225	6250	6275
13	1300	1325	1350	1375	**63**	6300	6325	6350	6375
14	1400	1425	1450	1475	**64**	6400	6425	6450	6475
15	1500	1525	1550	1575	**65**	6500	6525	6550	6575
16	1600	1625	1650	1675	**66**	6600	6625	6650	6675
17	1700	1725	1750	1775	**67**	6700	6725	6750	6775
18	1800	1825	1850	1875	**68**	6800	6825	6850	6875
19	1900	1925	1950	1975	**69**	6900	6925	6950	6975
20	2000	2025	2050	2075	**70**	7000	7025	7050	7075
21	2100	2125	2150	2175	**71**	7100	7125	7150	7175
22	2200	2225	2250	2275	**72**	7200	7225	7250	7275
23	2300	2325	2350	2375	**73**	7300	7325	7350	7375
24	2400	2425	2450	2475	**74**	7400	7425	7450	7475
25	2500	2525	2550	2575	**75**	7500	7525	7550	7575
26	2600	2625	2650	2675	**76**	7600	7625	7650	7675
27	2700	2725	2750	2775	**77**	7700	7725	7750	7775
28	2800	2825	2850	2875	**78**	7800	7825	7850	7875
29	2900	2925	2950	2975	**79**	7900	7925	7950	7975
30	3000	3025	3050	3075	**80**	8000	8025	8050	8075
31	3100	3125	3150	3175	**81**	8100	8125	8150	8175
32	3200	3225	3250	3275	**82**	8200	8225	8250	8275
33	3300	3325	3350	3375	**83**	8300	8325	8350	8375
34	3400	3425	3450	3475	**84**	8400	8425	8450	8475
35	3500	3525	3550	3575	**85**	8500	8525	8550	8575
36	3600	3625	3650	3675	**86**	8600	8625	8650	8675
37	3700	3725	3750	3775	**87**	8700	8725	8750	8775
38	3800	3825	3850	3875	**88**	8800	8825	8850	8875
39	3900	3925	3950	3975	**89**	8900	8925	8950	8975
40	4000	4025	4050	4075	**90**	9000	9025	9050	9075
41	4100	4125	4150	4175	**91**	9100	9125	9150	9175
42	4200	4225	4250	4275	**92**	9200	9225	9250	9275
43	4300	4325	4350	4375	**93**	9300	9325	9350	9375
44	4400	4425	4450	4475	**94**	9400	9425	9450	9475
45	4500	4525	4550	4575	**95**	9500	9525	9550	9575
46	4600	4625	4650	4675	**96**	9600	9625	9650	9675
47	4700	4725	4750	4775	**97**	9700	9725	9750	9775
48	4800	4825	4850	4875	**98**	9800	9825	9850	9875
49	4900	4925	4950	4975	**99**	9900	9925	9950	9975
50	5000	5025	5050	5075	**100**	10000	10025	10050	10075

101

1	101	11	1111	21	2121	31	3131	41	4141	51	5151	61	6161	71	7171	81	8181	91	9191
2	202	12	1212	22	2222	32	3232	42	4242	52	5252	62	6262	72	7272	82	8282	92	9292
3	303	13	1313	23	2323	33	3333	43	4343	53	5353	63	6363	73	7373	83	8383	93	9393
4	404	14	1414	24	2424	34	3434	44	4444	54	5454	64	6464	74	7474	84	8484	94	9494
5	505	15	1515	25	2525	35	3535	45	4545	55	5555	65	6565	75	7575	85	8585	95	9595
6	606	16	1616	26	2626	36	3636	46	4646	56	5656	66	6666	76	7676	86	8686	96	9696
7	707	17	1717	27	2727	37	3737	47	4747	57	5757	67	6767	77	7777	87	8787	97	9797
8	808	18	1818	28	2828	38	3838	48	4848	58	5858	68	6868	78	7878	88	8888	98	9898
9	909	19	1919	29	2929	39	3939	49	4949	59	5959	69	6969	79	7979	89	8989	99	9999
10	1010	20	2020	30	3030	40	4040	50	5050	60	6060	70	7070	80	8080	90	9090	100	10100

102

1	102	11	1122	21	2142	31	3162	41	4182	51	5202	61	6222	71	7242	81	8262	91	9282
2	204	12	1224	22	2244	32	3264	42	4284	52	5304	62	6324	72	7344	82	8364	92	9384
3	306	13	1326	23	2346	33	3366	43	4386	53	5406	63	6426	73	7446	83	8466	93	9486
4	408	14	1428	24	2448	34	3468	44	4488	54	5508	64	6528	74	7548	84	8568	94	9588
5	510	15	1530	25	2550	35	3570	45	4590	55	5610	65	6630	75	7650	85	8670	95	9690
6	612	16	1632	26	2652	36	3672	46	4692	56	5712	66	6732	76	7752	86	8772	96	9792
7	714	17	1734	27	2754	37	3774	47	4794	57	5814	67	6834	77	7854	87	8874	97	9894
8	816	18	1836	28	2856	38	3876	48	4896	58	5916	68	6936	78	7956	88	8976	98	9996
9	918	19	1938	29	2958	39	3978	49	4998	59	6018	69	7038	79	8058	89	9078	99	10098
10	1020	20	2040	30	3060	40	4080	50	5100	60	6120	70	7140	80	8160	90	9180	100	10200

103

1	103	11	1133	21	2163	31	3193	41	4223	51	5253	61	6283	71	7313	81	8343	91	9373
2	206	12	1236	22	2266	32	3296	42	4326	52	5356	62	6386	72	7416	82	8446	92	9476
3	309	13	1339	23	2369	33	3399	43	4429	53	5459	63	6489	73	7519	83	8549	93	9579
4	412	14	1442	24	2472	34	3502	44	4532	54	5562	64	6592	74	7622	84	8652	94	9682
5	515	15	1545	25	2575	35	3605	45	4635	55	5665	65	6695	75	7725	85	8755	95	9785
6	618	16	1648	26	2678	36	3708	46	4738	56	5768	66	6798	76	7828	86	8858	96	9888
7	721	17	1751	27	2781	37	3811	47	4841	57	5871	67	6901	77	7931	87	8961	97	9991
8	824	18	1854	28	2884	38	3914	48	4944	58	5974	68	7004	78	8034	88	9064	98	10094
9	927	19	1957	29	2987	39	4017	49	5047	59	6077	69	7107	79	8137	89	9167	99	10197
10	1030	20	2060	30	3090	40	4120	50	5150	60	6180	70	7210	80	8240	90	9270	100	10300

104

1	104	11	1144	21	2184	31	3224	41	4264	51	5304	61	6344	71	7384	81	8424	91	9464
2	208	12	1248	22	2288	32	3328	42	4368	52	5408	62	6448	72	7488	82	8528	92	9568
3	312	13	1352	23	2392	33	3432	43	4472	53	5512	63	6552	73	7592	83	8632	93	9672
4	416	14	1456	24	2496	34	3536	44	4576	54	5616	64	6656	74	7696	84	8736	94	9776
5	520	15	1560	25	2600	35	3640	45	4680	55	5720	65	6760	75	7800	85	8840	95	9880
6	624	16	1664	26	2704	36	3744	46	4784	56	5824	66	6864	76	7904	86	8944	96	9984
7	728	17	1768	27	2808	37	3848	47	4888	57	5928	67	6968	77	8008	87	9048	97	10088
8	832	18	1872	28	2912	38	3952	48	4992	58	6032	68	7072	78	8112	88	9152	98	10192
9	936	19	1976	29	3016	39	4056	49	5096	59	6136	69	7176	79	8216	89	9256	99	10296
10	1040	20	2080	30	3120	40	4160	50	5200	60	6240	70	7280	80	8320	90	9360	100	10400

105

1	105	11	1155	21	2205	31	3255	41	4305	51	5355	61	6405	71	7455	81	8505	91	9555
2	210	12	1260	22	2310	32	3360	42	4410	52	5460	62	6510	72	7560	82	8610	92	9660
3	315	13	1365	23	2415	33	3465	43	4515	53	5565	63	6615	73	7665	83	8715	93	9765
4	420	14	1470	24	2520	34	3570	44	4620	54	5670	64	6720	74	7770	84	8820	94	9870
5	525	15	1575	25	2625	35	3675	45	4725	55	5775	65	6825	75	7875	85	8925	95	9975
6	630	16	1680	26	2730	36	3780	46	4830	56	5880	66	6930	76	7980	86	9030	96	10080
7	735	17	1785	27	2835	37	3885	47	4935	57	5985	67	7035	77	8085	87	9135	97	10185
8	840	18	1890	28	2940	38	3990	48	5040	58	6090	68	7140	78	8190	88	9240	98	10290
9	945	19	1995	29	3045	39	4095	49	5145	59	6195	69	7245	79	8295	89	9345	99	10395
10	1050	20	2100	30	3150	40	4200	50	5250	60	6300	70	7350	80	8400	90	9450	100	10500

106

1	106	**11**	1166	**21**	2226	**31**	3286	**41**	4346	**51**	5406	**61**	6466	**71**	7526	**81**	8586	**91**	9646
2	212	**12**	1272	**22**	2332	**32**	3392	**42**	4452	**52**	5512	**62**	6572	**72**	7632	**82**	8692	**92**	9752
3	318	**13**	1378	**23**	2438	**33**	3498	**43**	4558	**53**	5618	**63**	6678	**73**	7738	**83**	8798	**93**	9858
4	424	**14**	1484	**24**	2544	**34**	3604	**44**	4664	**54**	5724	**64**	6784	**74**	7844	**84**	8904	**94**	9964
5	530	**15**	1590	**25**	2650	**35**	3710	**45**	4770	**55**	5830	**65**	6890	**75**	7950	**85**	9010	**95**	10070
6	636	**16**	1696	**26**	2756	**36**	3816	**46**	4876	**56**	5936	**66**	6996	**76**	8056	**86**	9116	**96**	10176
7	742	**17**	1802	**27**	2862	**37**	3922	**47**	4982	**57**	6042	**67**	7102	**77**	8162	**87**	9222	**97**	10282
8	848	**18**	1908	**28**	2968	**38**	4028	**48**	5088	**58**	6148	**68**	7208	**78**	8268	**88**	9328	**98**	10388
9	954	**19**	2014	**29**	3074	**39**	4134	**49**	5194	**59**	6254	**69**	7314	**79**	8374	**89**	9434	**99**	10494
10	1060	**20**	2120	**30**	3180	**40**	4240	**50**	5300	**60**	6360	**70**	7420	**80**	8480	**90**	9540	**100**	10600

107

1	107	**11**	1177	**21**	2247	**31**	3317	**41**	4387	**51**	5457	**61**	6527	**71**	7597	**81**	8667	**91**	9737
2	214	**12**	1284	**22**	2354	**32**	3424	**42**	4494	**52**	5564	**62**	6634	**72**	7704	**82**	8774	**92**	9844
3	321	**13**	1391	**23**	2461	**33**	3531	**43**	4601	**53**	5671	**63**	6741	**73**	7811	**83**	8881	**93**	9951
4	428	**14**	1498	**24**	2568	**34**	3638	**44**	4708	**54**	5778	**64**	6848	**74**	7918	**84**	8988	**94**	10058
5	535	**15**	1605	**25**	2675	**35**	3745	**45**	4815	**55**	5885	**65**	6955	**75**	8025	**85**	9095	**95**	10165
6	642	**16**	1712	**26**	2782	**36**	3852	**46**	4922	**56**	5992	**66**	7062	**76**	8132	**86**	9202	**96**	10272
7	749	**17**	1819	**27**	2889	**37**	3959	**47**	5029	**57**	6099	**67**	7169	**77**	8239	**87**	9309	**97**	10379
8	856	**18**	1926	**28**	2996	**38**	4066	**48**	5136	**58**	6206	**68**	7276	**78**	8346	**88**	9416	**98**	10486
9	963	**19**	2033	**29**	3103	**39**	4173	**49**	5243	**59**	6313	**69**	7383	**79**	8453	**89**	9523	**99**	10593
10	1070	**20**	2140	**30**	3210	**40**	4280	**50**	5350	**60**	6420	**70**	7490	**80**	8560	**90**	9630	**100**	10700

108

1	108	**11**	1188	**21**	2268	**31**	3348	**41**	4428	**51**	5508	**61**	6588	**71**	7668	**81**	8748	**91**	9828
2	216	**12**	1296	**22**	2376	**32**	3456	**42**	4536	**52**	5616	**62**	6696	**72**	7776	**82**	8856	**92**	9936
3	324	**13**	1404	**23**	2484	**33**	3564	**43**	4644	**53**	5724	**63**	6804	**73**	7884	**83**	8964	**93**	10044
4	432	**14**	1512	**24**	2592	**34**	3672	**44**	4752	**54**	5832	**64**	6912	**74**	7992	**84**	9072	**94**	10152
5	540	**15**	1620	**25**	2700	**35**	3780	**45**	4860	**55**	5940	**65**	7020	**75**	8100	**85**	9180	**95**	10260
6	648	**16**	1728	**26**	2808	**36**	3888	**46**	4968	**56**	6048	**66**	7128	**76**	8208	**86**	9288	**96**	10368
7	756	**17**	1836	**27**	2916	**37**	3996	**47**	5076	**57**	6156	**67**	7236	**77**	8316	**87**	9396	**97**	10476
8	864	**18**	1944	**28**	3024	**38**	4104	**48**	5184	**58**	6264	**68**	7344	**78**	8424	**88**	9504	**98**	10584
9	972	**19**	2052	**29**	3132	**39**	4212	**49**	5292	**59**	6372	**69**	7452	**79**	8532	**89**	9612	**99**	10692
10	1080	**20**	2160	**30**	3240	**40**	4320	**50**	5400	**60**	6480	**70**	7560	**80**	8640	**90**	9720	**100**	10800

109

1	109	**11**	1199	**21**	2289	**31**	3379	**41**	4469	**51**	5559	**61**	6649	**71**	7739	**81**	8829	**91**	9919
2	218	**12**	1308	**22**	2398	**32**	3488	**42**	4578	**52**	5668	**62**	6758	**72**	7848	**82**	8938	**92**	10028
3	327	**13**	1417	**23**	2507	**33**	3597	**43**	4687	**53**	5777	**63**	6867	**73**	7957	**83**	9047	**93**	10137
4	436	**14**	1526	**24**	2616	**34**	3706	**44**	4796	**54**	5886	**64**	6976	**74**	8066	**84**	9156	**94**	10246
5	545	**15**	1635	**25**	2725	**35**	3815	**45**	4905	**55**	5995	**65**	7085	**75**	8175	**85**	9265	**95**	10355
6	654	**16**	1744	**26**	2834	**36**	3924	**46**	5014	**56**	6104	**66**	7194	**76**	8284	**86**	9374	**96**	10464
7	763	**17**	1853	**27**	2943	**37**	4033	**47**	5123	**57**	6213	**67**	7303	**77**	8393	**87**	9483	**97**	10573
8	872	**18**	1962	**28**	3052	**38**	4142	**48**	5232	**58**	6322	**68**	7412	**78**	8502	**88**	9592	**98**	10682
9	981	**19**	2071	**29**	3161	**39**	4251	**49**	5341	**59**	6431	**69**	7521	**79**	8611	**89**	9701	**99**	10791
10	1090	**20**	2180	**30**	3270	**40**	4360	**50**	5450	**60**	6540	**70**	7630	**80**	8720	**90**	9810	**100**	10900

110

1	110	**11**	1210	**21**	2310	**31**	3410	**41**	4510	**51**	5610	**61**	6710	**71**	7810	**81**	8910	**91**	10010
2	220	**12**	1320	**22**	2420	**32**	3520	**42**	4620	**52**	5720	**62**	6820	**72**	7920	**82**	9020	**92**	10120
3	330	**13**	1430	**23**	2530	**33**	3630	**43**	4730	**53**	5830	**63**	6930	**73**	8030	**83**	9130	**93**	10230
4	440	**14**	1540	**24**	2640	**34**	3740	**44**	4840	**54**	5940	**64**	7040	**74**	8140	**84**	9240	**94**	10340
5	550	**15**	1650	**25**	2750	**35**	3850	**45**	4950	**55**	6050	**65**	7150	**75**	8250	**85**	9350	**95**	10450
6	660	**16**	1760	**26**	2860	**36**	3960	**46**	5060	**56**	6160	**66**	7260	**76**	8360	**86**	9460	**96**	10560
7	770	**17**	1870	**27**	2970	**37**	4070	**47**	5170	**57**	6270	**67**	7370	**77**	8470	**87**	9570	**97**	10670
8	880	**18**	1980	**28**	3080	**38**	4180	**48**	5280	**58**	6380	**68**	7480	**78**	8580	**88**	9680	**98**	10780
9	990	**19**	2090	**29**	3190	**39**	4290	**49**	5390	**59**	6490	**69**	7590	**79**	8690	**89**	9790	**99**	10890
10	1100	**20**	2200	**30**	3300	**40**	4400	**50**	5500	**60**	6600	**70**	7700	**80**	8800	**90**	9900	**100**	11000

111

1	111	11	1221	21	2331	31	3441	41	4551	51	5661	61	6771	71	7881	81	8991	91	10101
2	222	12	1332	22	2442	32	3552	42	4662	52	5772	62	6882	72	7992	82	9102	92	10212
3	333	13	1443	23	2553	33	3663	43	4773	53	5883	63	6993	73	8103	83	9213	93	10323
4	444	14	1554	24	2664	34	3774	44	4884	54	5994	64	7104	74	8214	84	9324	94	10434
5	555	15	1665	25	2775	35	3885	45	4995	55	6105	65	7215	75	8325	85	9435	95	10545
6	666	16	1776	26	2886	36	3996	46	5106	56	6216	66	7326	76	8436	86	9546	96	10656
7	777	17	1887	27	2997	37	4107	47	5217	57	6327	67	7437	77	8547	87	9657	97	10767
8	888	18	1998	28	3108	38	4218	48	5328	58	6438	68	7548	78	8658	88	9768	98	10878
9	999	19	2109	29	3219	39	4329	49	5439	59	6549	69	7659	79	8769	89	9879	99	10989
10	1110	20	2220	30	3330	40	4440	50	5550	60	6660	70	7770	80	8880	90	9990	100	11100

112

1	112	11	1232	21	2352	31	3472	41	4592	51	5712	61	6832	71	7952	81	9072	91	10192
2	224	12	1344	22	2464	32	3584	42	4704	52	5824	62	6944	72	8064	82	9184	92	10304
3	336	13	1456	23	2576	33	3696	43	4816	53	5936	63	7056	73	8176	83	9296	93	10416
4	448	14	1568	24	2688	34	3808	44	4928	54	6048	64	7168	74	8288	84	9408	94	10528
5	560	15	1680	25	2800	35	3920	45	5040	55	6160	65	7280	75	8400	85	9520	95	10640
6	672	16	1792	26	2912	36	4032	46	5152	56	6272	66	7392	76	8512	86	9632	96	10752
7	784	17	1904	27	3024	37	4144	47	5264	57	6384	67	7504	77	8624	87	9744	97	10864
8	896	18	2016	28	3136	38	4256	48	5376	58	6496	68	7616	78	8736	88	9856	98	10976
9	1008	19	2128	29	3248	39	4368	49	5488	59	6608	69	7728	79	8848	89	9968	99	11088
10	1120	20	2240	30	3360	40	4480	50	5600	60	6720	70	7840	80	8960	90	10080	100	11200

113

1	113	11	1243	21	2373	31	3503	41	4633	51	5763	61	6893	71	8023	81	9153	91	10283
2	226	12	1356	22	2486	32	3616	42	4746	52	5876	62	7006	72	8136	82	9266	92	10396
3	339	13	1469	23	2599	33	3729	43	4859	53	5989	63	7119	73	8249	83	9379	93	10509
4	452	14	1582	24	2712	34	3842	44	4972	54	6102	64	7232	74	8362	84	9492	94	10622
5	565	15	1695	25	2825	35	3955	45	5085	55	6215	65	7345	75	8475	85	9605	95	10735
6	678	16	1808	26	2938	36	4068	46	5198	56	6328	66	7458	76	8588	86	9718	96	10848
7	791	17	1921	27	3051	37	4181	47	5311	57	6441	67	7571	77	8701	87	9831	97	10961
8	904	18	2034	28	3164	38	4294	48	5424	58	6554	68	7684	78	8814	88	9944	98	11074
9	1017	19	2147	29	3277	39	4407	49	5537	59	6667	69	7797	79	8927	89	10057	99	11187
10	1130	20	2260	30	3390	40	4520	50	5650	60	6780	70	7910	80	9040	90	10170	100	11300

114

1	114	11	1254	21	2394	31	3534	41	4674	51	5814	61	6954	71	8094	81	9234	91	10374
2	228	12	1368	22	2508	32	3648	42	4788	52	5928	62	7068	72	8208	82	9348	92	10488
3	342	13	1482	23	2622	33	3762	43	4902	53	6042	63	7182	73	8322	83	9462	93	10602
4	456	14	1596	24	2736	34	3876	44	5016	54	6156	64	7296	74	8436	84	9576	94	10716
5	570	15	1710	25	2850	35	3990	45	5130	55	6270	65	7410	75	8550	85	9690	95	10830
6	684	16	1824	26	2964	36	4104	46	5244	56	6384	66	7524	76	8664	86	9804	96	10944
7	798	17	1938	27	3078	37	4218	47	5358	57	6498	67	7638	77	8778	87	9918	97	11058
8	912	18	2052	28	3192	38	4332	48	5472	58	6612	68	7752	78	8892	88	10032	98	11172
9	1026	19	2166	29	3306	39	4446	49	5586	59	6726	69	7866	79	9006	89	10146	99	11286
10	1140	20	2280	30	3420	40	4560	50	5700	60	6840	70	7980	80	9120	90	10260	100	11400

115

1	115	11	1265	21	2415	31	3565	41	4715	51	5865	61	7015	71	8165	81	9315	91	10465
2	230	12	1380	22	2530	32	3680	42	4830	52	5980	62	7130	72	8280	82	9430	92	10580
3	345	13	1495	23	2645	33	3795	43	4945	53	6095	63	7245	73	8395	83	9545	93	10695
4	460	14	1610	24	2760	34	3910	44	5060	54	6210	64	7360	74	8510	84	9660	94	10810
5	575	15	1725	25	2875	35	4025	45	5175	55	6325	65	7475	75	8625	85	9775	95	10925
6	690	16	1840	26	2990	36	4140	46	5290	56	6440	66	7590	76	8740	86	9890	96	11040
7	805	17	1955	27	3105	37	4255	47	5405	57	6555	67	7705	77	8855	87	10005	97	11155
8	920	18	2070	28	3220	38	4370	48	5520	58	6670	68	7820	78	8970	88	10120	98	11270
9	1035	19	2185	29	3335	39	4485	49	5635	59	6785	69	7935	79	9085	89	10235	99	11385
10	1150	20	2300	30	3450	40	4600	50	5750	60	6900	70	8050	80	9200	90	10350	100	11500

116

1	116	**11**	1276	**21**	2436	**31**	3596	**41**	4756	**51**	5916	**61**	7076	**71**	8236	**81**	9396	**91**	10556
2	232	**12**	1392	**22**	2552	**32**	3712	**42**	4872	**52**	6032	**62**	7192	**72**	8352	**82**	9512	**92**	10672
3	348	**13**	1508	**23**	2668	**33**	3828	**43**	4988	**53**	6148	**63**	7308	**73**	8468	**83**	9628	**93**	10788
4	464	**14**	1624	**24**	2784	**34**	3944	**44**	5104	**54**	6264	**64**	7424	**74**	8584	**84**	9744	**94**	10904
5	580	**15**	1740	**25**	2900	**35**	4060	**45**	5220	**55**	6380	**65**	7540	**75**	8700	**85**	9860	**95**	11020
6	696	**16**	1856	**26**	3016	**36**	4176	**46**	5336	**56**	6496	**66**	7656	**76**	8816	**86**	9976	**96**	11136
7	812	**17**	1972	**27**	3132	**37**	4292	**47**	5452	**57**	6612	**67**	7772	**77**	8932	**87**	10092	**97**	11252
8	928	**18**	2088	**28**	3248	**38**	4408	**48**	5568	**58**	6728	**68**	7888	**78**	9048	**88**	10208	**98**	11368
9	1044	**19**	2204	**29**	3364	**39**	4524	**49**	5684	**59**	6844	**69**	8004	**79**	9164	**89**	10324	**99**	11484
10	1160	**20**	2320	**30**	3480	**40**	4640	**50**	5800	**60**	6960	**70**	8120	**80**	9280	**90**	10440	**100**	11600

117

1	117	**11**	1287	**21**	2457	**31**	3627	**41**	4797	**51**	5967	**61**	7137	**71**	8307	**81**	9477	**91**	10647
2	234	**12**	1404	**22**	2574	**32**	3744	**42**	4914	**52**	6084	**62**	7254	**72**	8424	**82**	9594	**92**	10764
3	351	**13**	1521	**23**	2691	**33**	3861	**43**	5031	**53**	6201	**63**	7371	**73**	8541	**83**	9711	**93**	10881
4	468	**14**	1638	**24**	2808	**34**	3978	**44**	5148	**54**	6318	**64**	7488	**74**	8658	**84**	9828	**94**	10998
5	585	**15**	1755	**25**	2925	**35**	4095	**45**	5265	**55**	6435	**65**	7605	**75**	8775	**85**	9945	**95**	11115
6	702	**16**	1872	**26**	3042	**36**	4212	**46**	5382	**56**	6552	**66**	7722	**76**	8892	**86**	10062	**96**	11232
7	819	**17**	1989	**27**	3159	**37**	4329	**47**	5499	**57**	6669	**67**	7839	**77**	9009	**87**	10179	**97**	11349
8	936	**18**	2106	**28**	3276	**38**	4446	**48**	5616	**58**	6786	**68**	7956	**78**	9126	**88**	10296	**98**	11466
9	1053	**19**	2223	**29**	3393	**39**	4563	**49**	5733	**59**	6903	**69**	8073	**79**	9243	**89**	10413	**99**	11583
10	1170	**20**	2340	**30**	3510	**40**	4680	**50**	5850	**60**	7020	**70**	8190	**80**	9360	**90**	10530	**100**	11700

118

1	118	**11**	1298	**21**	2478	**31**	3658	**41**	4838	**51**	6018	**61**	7198	**71**	8378	**81**	9558	**91**	10738
2	236	**12**	1416	**22**	2596	**32**	3776	**42**	4956	**52**	6136	**62**	7316	**72**	8496	**82**	9676	**92**	10856
3	354	**13**	1534	**23**	2714	**33**	3894	**43**	5074	**53**	6254	**63**	7434	**73**	8614	**83**	9794	**93**	10974
4	472	**14**	1652	**24**	2832	**34**	4012	**44**	5192	**54**	6372	**64**	7552	**74**	8732	**84**	9912	**94**	11092
5	590	**15**	1770	**25**	2950	**35**	4130	**45**	5310	**55**	6490	**65**	7670	**75**	8850	**85**	10030	**95**	11210
6	708	**16**	1888	**26**	3068	**36**	4248	**46**	5428	**56**	6608	**66**	7788	**76**	8968	**86**	10148	**96**	11328
7	826	**17**	2006	**27**	3186	**37**	4366	**47**	5546	**57**	6726	**67**	7906	**77**	9086	**87**	10266	**97**	11446
8	944	**18**	2124	**28**	3304	**38**	4484	**48**	5664	**58**	6844	**68**	8024	**78**	9204	**88**	10384	**98**	11564
9	1062	**19**	2242	**29**	3422	**39**	4602	**49**	5782	**59**	6962	**69**	8142	**79**	9322	**89**	10502	**99**	11682
10	1180	**20**	2360	**30**	3540	**40**	4720	**50**	5900	**60**	7080	**70**	8260	**80**	9440	**90**	10620	**100**	11800

119

1	119	**11**	1309	**21**	2499	**31**	3689	**41**	4879	**51**	6069	**61**	7259	**71**	8449	**81**	9639	**91**	10829
2	238	**12**	1428	**22**	2618	**32**	3808	**42**	4998	**52**	6188	**62**	7378	**72**	8568	**82**	9758	**92**	10948
3	357	**13**	1547	**23**	2737	**33**	3927	**43**	5117	**53**	6307	**63**	7497	**73**	8687	**83**	9877	**93**	11067
4	476	**14**	1666	**24**	2856	**34**	4046	**44**	5236	**54**	6426	**64**	7616	**74**	8806	**84**	9996	**94**	11186
5	595	**15**	1785	**25**	2975	**35**	4165	**45**	5355	**55**	6545	**65**	7735	**75**	8925	**85**	10115	**95**	11305
6	714	**16**	1904	**26**	3094	**36**	4284	**46**	5474	**56**	6664	**66**	7854	**76**	9044	**86**	10234	**96**	11424
7	833	**17**	2023	**27**	3213	**37**	4403	**47**	5593	**57**	6783	**67**	7973	**77**	9163	**87**	10353	**97**	11543
8	952	**18**	2142	**28**	3332	**38**	4522	**48**	5712	**58**	6902	**68**	8092	**78**	9282	**88**	10472	**98**	11662
9	1071	**19**	2261	**29**	3451	**39**	4641	**49**	5831	**59**	7021	**69**	8211	**79**	9401	**89**	10591	**99**	11781
10	1190	**20**	2380	**30**	3570	**40**	4760	**50**	5950	**60**	7140	**70**	8330	**80**	9520	**90**	10710	**100**	11900

120

1	120	**11**	1320	**21**	2520	**31**	3720	**41**	4920	**51**	6120	**61**	7320	**71**	8520	**81**	9720	**91**	10920
2	240	**12**	1440	**22**	2640	**32**	3840	**42**	5040	**52**	6240	**62**	7440	**72**	8640	**82**	9840	**92**	11040
3	360	**13**	1560	**23**	2760	**33**	3960	**43**	5160	**53**	6360	**63**	7560	**73**	8760	**83**	9960	**93**	11160
4	480	**14**	1680	**24**	2880	**34**	4080	**44**	5280	**54**	6480	**64**	7680	**74**	8880	**84**	10080	**94**	11280
5	600	**15**	1800	**25**	3000	**35**	4200	**45**	5400	**55**	6600	**65**	7800	**75**	9000	**85**	10200	**95**	11400
6	720	**16**	1920	**26**	3120	**36**	4320	**46**	5520	**56**	6720	**66**	7920	**76**	9120	**86**	10320	**96**	11520
7	840	**17**	2040	**27**	3240	**37**	4440	**47**	5640	**57**	6840	**67**	8040	**77**	9240	**87**	10440	**97**	11640
8	960	**18**	2160	**28**	3360	**38**	4560	**48**	5760	**58**	6960	**68**	8160	**78**	9360	**88**	10560	**98**	11760
9	1080	**19**	2280	**29**	3480	**39**	4680	**49**	5880	**59**	7080	**69**	8280	**79**	9480	**89**	10680	**99**	11880
10	1200	**20**	2400	**30**	3600	**40**	4800	**50**	6000	**60**	7200	**70**	8400	**80**	9600	**90**	10800	**100**	12000

121

1	121	11	1331	21	2541	31	3751	41	4961	51	6171	61	7381	71	8591	81	9801	91	11011
2	242	12	1452	22	2662	32	3872	42	5082	52	6292	62	7502	72	8712	82	9922	92	11132
3	363	13	1573	23	2783	33	3993	43	5203	53	6413	63	7623	73	8833	83	10043	93	11253
4	484	14	1694	24	2904	34	4114	44	5324	54	6534	64	7744	74	8954	84	10164	94	11374
5	605	15	1815	25	3025	35	4235	45	5445	55	6655	65	7865	75	9075	85	10285	95	11495
6	726	16	1936	26	3146	36	4356	46	5566	56	6776	66	7986	76	9196	86	10406	96	11616
7	847	17	2057	27	3267	37	4477	47	5687	57	6897	67	8107	77	9317	87	10527	97	11737
8	968	18	2178	28	3388	38	4598	48	5808	58	7018	68	8228	78	9438	88	10648	98	11858
9	1089	19	2299	29	3509	39	4719	49	5929	59	7139	69	8349	79	9559	89	10769	99	11979
10	1210	20	2420	30	3630	40	4840	50	6050	60	7260	70	8470	80	9680	90	10890	100	12100

122

1	122	11	1342	21	2562	31	3782	41	5002	51	6222	61	7442	71	8662	81	9882	91	11102
2	244	12	1464	22	2684	32	3904	42	5124	52	6344	62	7564	72	8784	82	10004	92	11224
3	366	13	1586	23	2806	33	4026	43	5246	53	6466	63	7686	73	8906	83	10126	93	11346
4	488	14	1708	24	2928	34	4148	44	5368	54	6588	64	7808	74	9028	84	10248	94	11468
5	610	15	1830	25	3050	35	4270	45	5490	55	6710	65	7930	75	9150	85	10370	95	11590
6	732	16	1952	26	3172	36	4392	46	5612	56	6832	66	8052	76	9272	86	10492	96	11712
7	854	17	2074	27	3294	37	4514	47	5734	57	6954	67	8174	77	9394	87	10614	97	11834
8	976	18	2196	28	3416	38	4636	48	5856	58	7076	68	8296	78	9516	88	10736	98	11956
9	1098	19	2318	29	3538	39	4758	49	5978	59	7198	69	8418	79	9638	89	10858	99	12078
10	1220	20	2440	30	3660	40	4880	50	6100	60	7320	70	8540	80	9760	90	10980	100	12200

123

1	123	11	1353	21	2583	31	3813	41	5043	51	6273	61	7503	71	8733	81	9963	91	11193
2	246	12	1476	22	2706	32	3936	42	5166	52	6396	62	7626	72	8856	82	10086	92	11316
3	369	13	1599	23	2829	33	4059	43	5289	53	6519	63	7749	73	8979	83	10209	93	11439
4	492	14	1722	24	2952	34	4182	44	5412	54	6642	64	7872	74	9102	84	10332	94	11562
5	615	15	1845	25	3075	35	4305	45	5535	55	6765	65	7995	75	9225	85	10455	95	11685
6	738	16	1968	26	3198	36	4428	46	5658	56	6888	66	8118	76	9348	86	10578	96	11808
7	861	17	2091	27	3321	37	4551	47	5781	57	7011	67	8241	77	9471	87	10701	97	11931
8	984	18	2214	28	3444	38	4674	48	5904	58	7134	68	8364	78	9594	88	10824	98	12054
9	1107	19	2337	29	3567	39	4797	49	6027	59	7257	69	8487	79	9717	89	10947	99	12177
10	1230	20	2460	30	3690	40	4920	50	6150	60	7380	70	8610	80	9840	90	11070	100	12300

124

1	124	11	1364	21	2604	31	3844	41	5084	51	6324	61	7564	71	8804	81	10044	91	11284
2	248	12	1488	22	2728	32	3968	42	5208	52	6448	62	7688	72	8928	82	10168	92	11408
3	372	13	1612	23	2852	33	4092	43	5332	53	6572	63	7812	73	9052	83	10292	93	11532
4	496	14	1736	24	2976	34	4216	44	5456	54	6696	64	7936	74	9176	84	10416	94	11656
5	620	15	1860	25	3100	35	4340	45	5580	55	6820	65	8060	75	9300	85	10540	95	11780
6	744	16	1984	26	3224	36	4464	46	5704	56	6944	66	8184	76	9424	86	10664	96	11904
7	868	17	2108	27	3348	37	4588	47	5828	57	7068	67	8308	77	9548	87	10788	97	12028
8	992	18	2232	28	3472	38	4712	48	5952	58	7192	68	8432	78	9672	88	10912	98	12152
9	1116	19	2356	29	3596	39	4836	49	6076	59	7316	69	8556	79	9796	89	11036	99	12276
10	1240	20	2480	30	3720	40	4960	50	6200	60	7440	70	8680	80	9920	90	11160	100	12400

125

1	125	11	1375	21	2625	31	3875	41	5125	51	6375	61	7625	71	8875	81	10125	91	11375
2	250	12	1500	22	2750	32	4000	42	5250	52	6500	62	7750	72	9000	82	10250	92	11500
3	375	13	1625	23	2875	33	4125	43	5375	53	6625	63	7875	73	9125	83	10375	93	11625
4	500	14	1750	24	3000	34	4250	44	5500	54	6750	64	8000	74	9250	84	10500	94	11750
5	625	15	1875	25	3125	35	4375	45	5625	55	6875	65	8125	75	9375	85	10625	95	11875
6	750	16	2000	26	3250	36	4500	46	5750	56	7000	66	8250	76	9500	86	10750	96	12000
7	875	17	2125	27	3375	37	4625	47	5875	57	7125	67	8375	77	9625	87	10875	97	12125
8	1000	18	2250	28	3500	38	4750	48	6000	58	7250	68	8500	78	9750	88	11000	98	12250
9	1125	19	2375	29	3625	39	4875	49	6125	59	7375	69	8625	79	9875	89	11125	99	12375
10	1250	20	2500	30	3750	40	5000	50	6250	60	7500	70	8750	80	10000	90	11250	100	12500

126

1	126	11	1386	21	2646	31	3906	41	5166	51	6426	61	7686	71	8946	81	10206	91	11466
2	252	12	1512	22	2772	32	4032	42	5292	52	6552	62	7812	72	9072	82	10332	92	11592
3	378	13	1638	23	2898	33	4158	43	5418	53	6678	63	7938	73	9198	83	10458	93	11718
4	504	14	1764	24	3024	34	4284	44	5544	54	6804	64	8064	74	9324	84	10584	94	11844
5	630	15	1890	25	3150	35	4410	45	5670	55	6930	65	8190	75	9450	85	10710	95	11970
6	756	16	2016	26	3276	36	4536	46	5796	56	7056	66	8316	76	9576	86	10836	96	12096
7	882	17	2142	27	3402	37	4662	47	5922	57	7182	67	8442	77	9702	87	10962	97	12222
8	1008	18	2268	28	3528	38	4788	48	6048	58	7308	68	8568	78	9828	88	11088	98	12348
9	1134	19	2394	29	3654	39	4914	49	6174	59	7434	69	8694	79	9954	89	11214	99	12474
10	1260	20	2520	30	3780	40	5040	50	6300	60	7560	70	8820	80	10080	90	11340	100	12600

127

1	127	11	1397	21	2667	31	3937	41	5207	51	6477	61	7747	71	9017	81	10287	91	11557
2	254	12	1524	22	2794	32	4064	42	5334	52	6604	62	7874	72	9144	82	10414	92	11684
3	381	13	1651	23	2921	33	4191	43	5461	53	6731	63	8001	73	9271	83	10541	93	11811
4	508	14	1778	24	3048	34	4318	44	5588	54	6858	64	8128	74	9398	84	10668	94	11938
5	635	15	1905	25	3175	35	4445	45	5715	55	6985	65	8255	75	9525	85	10795	95	12065
6	762	16	2032	26	3302	36	4572	46	5842	56	7112	66	8382	76	9652	86	10922	96	12192
7	889	17	2159	27	3429	37	4699	47	5969	57	7239	67	8509	77	9779	87	11049	97	12319
8	1016	18	2286	28	3556	38	4826	48	6096	58	7366	68	8636	78	9906	88	11176	98	12446
9	1143	19	2413	29	3683	39	4953	49	6223	59	7493	69	8763	79	10033	89	11303	99	12573
10	1270	20	2540	30	3810	40	5080	50	6350	60	7620	70	8890	80	10160	90	11430	100	12700

128

1	128	11	1408	21	2688	31	3968	41	5248	51	6528	61	7808	71	9088	81	10368	91	11648
2	256	12	1536	22	2816	32	4096	42	5376	52	6656	62	7936	72	9216	82	10496	92	11776
3	384	13	1664	23	2944	33	4224	43	5504	53	6784	63	8064	73	9344	83	10624	93	11904
4	512	14	1792	24	3072	34	4352	44	5632	54	6912	64	8192	74	9472	84	10752	94	12032
5	640	15	1920	25	3200	35	4480	45	5760	55	7040	65	8320	75	9600	85	10880	95	12160
6	768	16	2048	26	3328	36	4608	46	5888	56	7168	66	8448	76	9728	86	11008	96	12288
7	896	17	2176	27	3456	37	4736	47	6016	57	7296	67	8576	77	9856	87	11136	97	12416
8	1024	18	2304	28	3584	38	4864	48	6144	58	7424	68	8704	78	9984	88	11264	98	12544
9	1152	19	2432	29	3712	39	4992	49	6272	59	7552	69	8832	79	10112	89	11392	99	12672
10	1280	20	2560	30	3840	40	5120	50	6400	60	7680	70	8960	80	10240	90	11520	100	12800

129

1	129	11	1419	21	2709	31	3999	41	5289	51	6579	61	7869	71	9159	81	10449	91	11739
2	258	12	1548	22	2838	32	4128	42	5418	52	6708	62	7998	72	9288	82	10578	92	11868
3	387	13	1677	23	2967	33	4257	43	5547	53	6837	63	8127	73	9417	83	10707	93	11997
4	516	14	1806	24	3096	34	4386	44	5676	54	6966	64	8256	74	9546	84	10836	94	12126
5	645	15	1935	25	3225	35	4515	45	5805	55	7095	65	8385	75	9675	85	10965	95	12255
6	774	16	2064	26	3354	36	4644	46	5934	56	7224	66	8514	76	9804	86	11094	96	12384
7	903	17	2193	27	3483	37	4773	47	6063	57	7353	67	8643	77	9933	87	11223	97	12513
8	1032	18	2322	28	3612	38	4902	48	6192	58	7482	68	8772	78	10062	88	11352	98	12642
9	1161	19	2451	29	3741	39	5031	49	6321	59	7611	69	8901	79	10191	89	11481	99	12771
10	1290	20	2580	30	3870	40	5160	50	6450	60	7740	70	9030	80	10320	90	11610	100	12900

130

1	130	11	1430	21	2730	31	4030	41	5330	51	6630	61	7930	71	9230	81	10530	91	11830
2	260	12	1560	22	2860	32	4160	42	5460	52	6760	62	8060	72	9360	82	10660	92	11960
3	390	13	1690	23	2990	33	4290	43	5590	53	6890	63	8190	73	9490	83	10790	93	12090
4	520	14	1820	24	3120	34	4420	44	5720	54	7020	64	8320	74	9620	84	10920	94	12220
5	650	15	1950	25	3250	35	4550	45	5850	55	7150	65	8450	75	9750	85	11050	95	12350
6	780	16	2080	26	3380	36	4680	46	5980	56	7280	66	8580	76	9880	86	11180	96	12480
7	910	17	2210	27	3510	37	4810	47	6110	57	7410	67	8710	77	10010	87	11310	97	12610
8	1040	18	2340	28	3640	38	4940	48	6240	58	7540	68	8840	78	10140	88	11440	98	12740
9	1170	19	2470	29	3770	39	5070	49	6370	59	7670	69	8970	79	10270	89	11570	99	12870
10	1300	20	2600	30	3900	40	5200	50	6500	60	7800	70	9100	80	10400	90	11700	100	13000

131

1	131	11	1441	21	2751	31	4061	41	5371	51	6681	61	7991	71	9301	81	10611	91	11921
2	262	12	1572	22	2882	32	4192	42	5502	52	6812	62	8122	72	9432	82	10742	92	12052
3	393	13	1703	23	3013	33	4323	43	5633	53	6943	63	8253	73	9563	83	10873	93	12183
4	524	14	1834	24	3144	34	4454	44	5764	54	7074	64	8384	74	9694	84	11004	94	12314
5	655	15	1965	25	3275	35	4585	45	5895	55	7205	65	8515	75	9825	85	11135	95	12445
6	786	16	2096	26	3406	36	4716	46	6026	56	7336	66	8646	76	9956	86	11266	96	12576
7	917	17	2227	27	3537	37	4847	47	6157	57	7467	67	8777	77	10087	87	11397	97	12707
8	1048	18	2358	28	3668	38	4978	48	6288	58	7598	68	8908	78	10218	88	11528	98	12838
9	1179	19	2489	29	3799	39	5109	49	6419	59	7729	69	9039	79	10349	89	11659	99	12969
10	1310	20	2620	30	3930	40	5240	50	6550	60	7860	70	9170	80	10480	90	11790	100	13100

132

1	132	11	1452	21	2772	31	4092	41	5412	51	6732	61	8052	71	9372	81	10692	91	12012
2	264	12	1584	22	2904	32	4224	42	5544	52	6864	62	8184	72	9504	82	10824	92	12144
3	396	13	1716	23	3036	33	4356	43	5676	53	6996	63	8316	73	9636	83	10956	93	12276
4	528	14	1848	24	3168	34	4488	44	5808	54	7128	64	8448	74	9768	84	11088	94	12408
5	660	15	1980	25	3300	35	4620	45	5940	55	7260	65	8580	75	9900	85	11220	95	12540
6	792	16	2112	26	3432	36	4752	46	6072	56	7392	66	8712	76	10032	86	11352	96	12672
7	924	17	2244	27	3564	37	4884	47	6204	57	7524	67	8844	77	10164	87	11484	97	12804
8	1056	18	2376	28	3696	38	5016	48	6336	58	7656	68	8976	78	10296	88	11616	98	12936
9	1188	19	2508	29	3828	39	5148	49	6468	59	7788	69	9108	79	10428	89	11748	99	13068
10	1320	20	2640	30	3960	40	5280	50	6600	60	7920	70	9240	80	10560	90	11880	100	13200

133

1	133	11	1463	21	2793	31	4123	41	5453	51	6783	61	8113	71	9443	81	10773	91	12103
2	266	12	1596	22	2926	32	4256	42	5586	52	6916	62	8246	72	9576	82	10906	92	12236
3	399	13	1729	23	3059	33	4389	43	5719	53	7049	63	8379	73	9709	83	11039	93	12369
4	532	14	1862	24	3192	34	4522	44	5852	54	7182	64	8512	74	9842	84	11172	94	12502
5	665	15	1995	25	3325	35	4655	45	5985	55	7315	65	8645	75	9975	85	11305	95	12635
6	798	16	2128	26	3458	36	4788	46	6118	56	7448	66	8778	76	10108	86	11438	96	12768
7	931	17	2261	27	3591	37	4921	47	6251	57	7581	67	8911	77	10241	87	11571	97	12901
8	1064	18	2394	28	3724	38	5054	48	6384	58	7714	68	9044	78	10374	88	11704	98	13034
9	1197	19	2527	29	3857	39	5187	49	6517	59	7847	69	9177	79	10507	89	11837	99	13167
10	1330	20	2660	30	3990	40	5320	50	6650	60	7980	70	9310	80	10640	90	11970	100	13300

134

1	134	11	1474	21	2814	31	4154	41	5494	51	6834	61	8174	71	9514	81	10854	91	12194
2	268	12	1608	22	2948	32	4288	42	5628	52	6968	62	8308	72	9648	82	10988	92	12328
3	402	13	1742	23	3082	33	4422	43	5762	53	7102	63	8442	73	9782	83	11122	93	12462
4	536	14	1876	24	3216	34	4556	44	5896	54	7236	64	8576	74	9916	84	11256	94	12596
5	670	15	2010	25	3350	35	4690	45	6030	55	7370	65	8710	75	10050	85	11390	95	12730
6	804	16	2144	26	3484	36	4824	46	6164	56	7504	66	8844	76	10184	86	11524	96	12864
7	938	17	2278	27	3618	37	4958	47	6298	57	7638	67	8978	77	10318	87	11658	97	12998
8	1072	18	2412	28	3752	38	5092	48	6432	58	7772	68	9112	78	10452	88	11792	98	13132
9	1206	19	2546	29	3886	39	5226	49	6566	59	7906	69	9246	79	10586	89	11926	99	13266
10	1340	20	2680	30	4020	40	5360	50	6700	60	8040	70	9380	80	10720	90	12060	100	13400

135

1	135	11	1485	21	2835	31	4185	41	5535	51	6885	61	8235	71	9585	81	10935	91	12285
2	270	12	1620	22	2970	32	4320	42	5670	52	7020	62	8370	72	9720	82	11070	92	12420
3	405	13	1755	23	3105	33	4455	43	5805	53	7155	63	8505	73	9855	83	11205	93	12555
4	540	14	1890	24	3240	34	4590	44	5940	54	7290	64	8640	74	9990	84	11340	94	12690
5	675	15	2025	25	3375	35	4725	45	6075	55	7425	65	8775	75	10125	85	11475	95	12825
6	810	16	2160	26	3510	36	4860	46	6210	56	7560	66	8910	76	10260	86	11610	96	12960
7	945	17	2295	27	3645	37	4995	47	6345	57	7695	67	9045	77	10395	87	11745	97	13095
8	1080	18	2430	28	3780	38	5130	48	6480	58	7830	68	9180	78	10530	88	11880	98	13230
9	1215	19	2565	29	3915	39	5265	49	6615	59	7965	69	9315	79	10665	89	12015	99	13365
10	1350	20	2700	30	4050	40	5400	50	6750	60	8100	70	9450	80	10800	90	12150	100	13500

136

1	136	**11**	1496	**21**	2856	**31**	4216	**41**	5576	**51**	6936	**61**	8296	**71**	9656	**81**	11016	**91**	12376
2	272	**12**	1632	**22**	2992	**32**	4352	**42**	5712	**52**	7072	**62**	8432	**72**	9792	**82**	11152	**92**	12512
3	408	**13**	1768	**23**	3128	**33**	4488	**43**	5848	**53**	7208	**63**	8568	**73**	9928	**83**	11288	**93**	12648
4	544	**14**	1904	**24**	3264	**34**	4624	**44**	5984	**54**	7344	**64**	8704	**74**	10064	**84**	11424	**94**	12784
5	680	**15**	2040	**25**	3400	**35**	4760	**45**	6120	**55**	7480	**65**	8840	**75**	10200	**85**	11560	**95**	12920
6	816	**16**	2176	**26**	3536	**36**	4896	**46**	6256	**56**	7616	**66**	8976	**76**	10336	**86**	11696	**96**	13056
7	952	**17**	2312	**27**	3672	**37**	5032	**47**	6392	**57**	7752	**67**	9112	**77**	10472	**87**	11832	**97**	13192
8	1088	**18**	2448	**28**	3808	**38**	5168	**48**	6528	**58**	7888	**68**	9248	**78**	10608	**88**	11968	**98**	13328
9	1224	**19**	2584	**29**	3944	**39**	5304	**49**	6664	**59**	8024	**69**	9384	**79**	10744	**89**	12104	**99**	13464
10	1360	**20**	2720	**30**	4080	**40**	5440	**50**	6800	**60**	8160	**70**	9520	**80**	10880	**90**	12240	**100**	13600

137

1	137	**11**	1507	**21**	2877	**31**	4247	**41**	5617	**51**	6987	**61**	8357	**71**	9727	**81**	11097	**91**	12467
2	274	**12**	1644	**22**	3014	**32**	4384	**42**	5754	**52**	7124	**62**	8494	**72**	9864	**82**	11234	**92**	12604
3	411	**13**	1781	**23**	3151	**33**	4521	**43**	5891	**53**	7261	**63**	8631	**73**	10001	**83**	11371	**93**	12741
4	548	**14**	1918	**24**	3288	**34**	4658	**44**	6028	**54**	7398	**64**	8768	**74**	10138	**84**	11508	**94**	12878
5	685	**15**	2055	**25**	3425	**35**	4795	**45**	6165	**55**	7535	**65**	8905	**75**	10275	**85**	11645	**95**	13015
6	822	**16**	2192	**26**	3562	**36**	4932	**46**	6302	**56**	7672	**66**	9042	**76**	10412	**86**	11782	**96**	13152
7	959	**17**	2329	**27**	3699	**37**	5069	**47**	6439	**57**	7809	**67**	9179	**77**	10549	**87**	11919	**97**	13289
8	1096	**18**	2466	**28**	3836	**38**	5206	**48**	6576	**58**	7946	**68**	9316	**78**	10686	**88**	12056	**98**	13426
9	1233	**19**	2603	**29**	3973	**39**	5343	**49**	6713	**59**	8083	**69**	9453	**79**	10823	**89**	12193	**99**	13563
10	1370	**20**	2740	**30**	4110	**40**	5480	**50**	6850	**60**	8220	**70**	9590	**80**	10960	**90**	12330	**100**	13700

138

1	138	**11**	1518	**21**	2898	**31**	4278	**41**	5658	**51**	7038	**61**	8418	**71**	9798	**81**	11178	**91**	12558
2	276	**12**	1656	**22**	3036	**32**	4416	**42**	5796	**52**	7176	**62**	8556	**72**	9936	**82**	11316	**92**	12696
3	414	**13**	1794	**23**	3174	**33**	4554	**43**	5934	**53**	7314	**63**	8694	**73**	10074	**83**	11454	**93**	12834
4	552	**14**	1932	**24**	3312	**34**	4692	**44**	6072	**54**	7452	**64**	8832	**74**	10212	**84**	11592	**94**	12972
5	690	**15**	2070	**25**	3450	**35**	4830	**45**	6210	**55**	7590	**65**	8970	**75**	10350	**85**	11730	**95**	13110
6	828	**16**	2208	**26**	3588	**36**	4968	**46**	6348	**56**	7728	**66**	9108	**76**	10488	**86**	11868	**96**	13248
7	966	**17**	2346	**27**	3726	**37**	5106	**47**	6486	**57**	7866	**67**	9246	**77**	10626	**87**	12006	**97**	13386
8	1104	**18**	2484	**28**	3864	**38**	5244	**48**	6624	**58**	8004	**68**	9384	**78**	10764	**88**	12144	**98**	13524
9	1242	**19**	2622	**29**	4002	**39**	5382	**49**	6762	**59**	8142	**69**	9522	**79**	10902	**89**	12282	**99**	13662
10	1380	**20**	2760	**30**	4140	**40**	5520	**50**	6900	**60**	8280	**70**	9660	**80**	11040	**90**	12420	**100**	13800

139

1	139	**11**	1529	**21**	2919	**31**	4309	**41**	5699	**51**	7089	**61**	8479	**71**	9869	**81**	11259	**91**	12649
2	278	**12**	1668	**22**	3058	**32**	4448	**42**	5838	**52**	7228	**62**	8618	**72**	10008	**82**	11398	**92**	12788
3	417	**13**	1807	**23**	3197	**33**	4587	**43**	5977	**53**	7367	**63**	8757	**73**	10147	**83**	11537	**93**	12927
4	556	**14**	1946	**24**	3336	**34**	4726	**44**	6116	**54**	7506	**64**	8896	**74**	10286	**84**	11676	**94**	13066
5	695	**15**	2085	**25**	3475	**35**	4865	**45**	6255	**55**	7645	**65**	9035	**75**	10425	**85**	11815	**95**	13205
6	834	**16**	2224	**26**	3614	**36**	5004	**46**	6394	**56**	7784	**66**	9174	**76**	10564	**86**	11954	**96**	13344
7	973	**17**	2363	**27**	3753	**37**	5143	**47**	6533	**57**	7923	**67**	9313	**77**	10703	**87**	12093	**97**	13483
8	1112	**18**	2502	**28**	3892	**38**	5282	**48**	6672	**58**	8062	**68**	9452	**78**	10842	**88**	12232	**98**	13622
9	1251	**19**	2641	**29**	4031	**39**	5421	**49**	6811	**59**	8201	**69**	9591	**79**	10981	**89**	12371	**99**	13761
10	1390	**20**	2780	**30**	4170	**40**	5560	**50**	6950	**60**	8340	**70**	9730	**80**	11120	**90**	12510	**100**	13900

140

1	140	**11**	1540	**21**	2940	**31**	4340	**41**	5740	**51**	7140	**61**	8540	**71**	9940	**81**	11340	**91**	12740
2	280	**12**	1680	**22**	3080	**32**	4480	**42**	5880	**52**	7280	**62**	8680	**72**	10080	**82**	11480	**92**	12880
3	420	**13**	1820	**23**	3220	**33**	4620	**43**	6020	**53**	7420	**63**	8820	**73**	10220	**83**	11620	**93**	13020
4	560	**14**	1960	**24**	3360	**34**	4760	**44**	6160	**54**	7560	**64**	8960	**74**	10360	**84**	11760	**94**	13160
5	700	**15**	2100	**25**	3500	**35**	4900	**45**	6300	**55**	7700	**65**	9100	**75**	10500	**85**	11900	**95**	13300
6	840	**16**	2240	**26**	3640	**36**	5040	**46**	6440	**56**	7840	**66**	9240	**76**	10640	**86**	12040	**96**	13440
7	980	**17**	2380	**27**	3780	**37**	5180	**47**	6580	**57**	7980	**67**	9380	**77**	10780	**87**	12180	**97**	13580
8	1120	**18**	2520	**28**	3920	**38**	5320	**48**	6720	**58**	8120	**68**	9520	**78**	10920	**88**	12320	**98**	13720
9	1260	**19**	2660	**29**	4060	**39**	5460	**49**	6860	**59**	8260	**69**	9660	**79**	11060	**89**	12460	**99**	13860
10	1400	**20**	2800	**30**	4200	**40**	5600	**50**	7000	**60**	8400	**70**	9800	**80**	11200	**90**	12600	**100**	14000

141

1	141	11	1551	21	2961	31	4371	41	5781	51	7191	61	8601	71	10011	81	11421	91	12831
2	282	12	1692	22	3102	32	4512	42	5922	52	7332	62	8742	72	10152	82	11562	92	12972
3	423	13	1833	23	3243	33	4653	43	6063	53	7473	63	8883	73	10293	83	11703	93	13113
4	564	14	1974	24	3384	34	4794	44	6204	54	7614	64	9024	74	10434	84	11844	94	13254
5	705	15	2115	25	3525	35	4935	45	6345	55	7755	65	9165	75	10575	85	11985	95	13395
6	846	16	2256	26	3666	36	5076	46	6486	56	7896	66	9306	76	10716	86	12126	96	13536
7	987	17	2397	27	3807	37	5217	47	6627	57	8037	67	9447	77	10857	87	12267	97	13677
8	1128	18	2538	28	3948	38	5358	48	6768	58	8178	68	9588	78	10998	88	12408	98	13818
9	1269	19	2679	29	4089	39	5499	49	6909	59	8319	69	9729	79	11139	89	12549	99	13959
10	1410	20	2820	30	4230	40	5640	50	7050	60	8460	70	9870	80	11280	90	12690	100	14100

142

1	142	11	1562	21	2982	31	4402	41	5822	51	7242	61	8662	71	10082	81	11502	91	12922
2	284	12	1704	22	3124	32	4544	42	5964	52	7384	62	8804	72	10224	82	11644	92	13064
3	426	13	1846	23	3266	33	4686	43	6106	53	7526	63	8946	73	10366	83	11786	93	13206
4	568	14	1988	24	3408	34	4828	44	6248	54	7668	64	9088	74	10508	84	11928	94	13348
5	710	15	2130	25	3550	35	4970	45	6390	55	7810	65	9230	75	10650	85	12070	95	13490
6	852	16	2272	26	3692	36	5112	46	6532	56	7952	66	9372	76	10792	86	12212	96	13632
7	994	17	2414	27	3834	37	5254	47	6674	57	8094	67	9514	77	10934	87	12354	97	13774
8	1136	18	2556	28	3976	38	5396	48	6816	58	8236	68	9656	78	11076	88	12496	98	13916
9	1278	19	2698	29	4118	39	5538	49	6958	59	8378	69	9798	79	11218	89	12638	99	14058
10	1420	20	2840	30	4260	40	5680	50	7100	60	8520	70	9940	80	11360	90	12780	100	14200

143

1	143	11	1573	21	3003	31	4433	41	5863	51	7293	61	8723	71	10153	81	11583	91	13013
2	286	12	1716	22	3146	32	4576	42	6006	52	7436	62	8866	72	10296	82	11726	92	13156
3	429	13	1859	23	3289	33	4719	43	6149	53	7579	63	9009	73	10439	83	11869	93	13299
4	572	14	2002	24	3432	34	4862	44	6292	54	7722	64	9152	74	10582	84	12012	94	13442
5	715	15	2145	25	3575	35	5005	45	6435	55	7865	65	9295	75	10725	85	12155	95	13585
6	858	16	2288	26	3718	36	5148	46	6578	56	8008	66	9438	76	10868	86	12298	96	13728
7	1001	17	2431	27	3861	37	5291	47	6721	57	8151	67	9581	77	11011	87	12441	97	13871
8	1144	18	2574	28	4004	38	5434	48	6864	58	8294	68	9724	78	11154	88	12584	98	14014
9	1287	19	2717	29	4147	39	5577	49	7007	59	8437	69	9867	79	11297	89	12727	99	14157
10	1430	20	2860	30	4290	40	5720	50	7150	60	8580	70	10010	80	11440	90	12870	100	14300

144

1	144	11	1584	21	3024	31	4464	41	5904	51	7344	61	8784	71	10224	81	11664	91	13104
2	288	12	1728	22	3168	32	4608	42	6048	52	7488	62	8928	72	10368	82	11808	92	13248
3	432	13	1872	23	3312	33	4752	43	6192	53	7632	63	9072	73	10512	83	11952	93	13392
4	576	14	2016	24	3456	34	4896	44	6336	54	7776	64	9216	74	10656	84	12096	94	13536
5	720	15	2160	25	3600	35	5040	45	6480	55	7920	65	9360	75	10800	85	12240	95	13680
6	864	16	2304	26	3744	36	5184	46	6624	56	8064	66	9504	76	10944	86	12384	96	13824
7	1008	17	2448	27	3888	37	5328	47	6768	57	8208	67	9648	77	11088	87	12528	97	13968
8	1152	18	2592	28	4032	38	5472	48	6912	58	8352	68	9792	78	11232	88	12672	98	14112
9	1296	19	2736	29	4176	39	5616	49	7056	59	8496	69	9936	79	11376	89	12816	99	14256
10	1440	20	2880	30	4320	40	5760	50	7200	60	8640	70	10080	80	11520	90	12960	100	14400

145

1	145	11	1595	21	3045	31	4495	41	5945	51	7395	61	8845	71	10295	81	11745	91	13195
2	290	12	1740	22	3190	32	4640	42	6090	52	7540	62	8990	72	10440	82	11890	92	13340
3	435	13	1885	23	3335	33	4785	43	6235	53	7685	63	9135	73	10585	83	12035	93	13485
4	580	14	2030	24	3480	34	4930	44	6380	54	7830	64	9280	74	10730	84	12180	94	13630
5	725	15	2175	25	3625	35	5075	45	6525	55	7975	65	9425	75	10875	85	12325	95	13775
6	870	16	2320	26	3770	36	5220	46	6670	56	8120	66	9570	76	11020	86	12470	96	13920
7	1015	17	2465	27	3915	37	5365	47	6815	57	8265	67	9715	77	11165	87	12615	97	14065
8	1160	18	2610	28	4060	38	5510	48	6960	58	8410	68	9860	78	11310	88	12760	98	14210
9	1305	19	2755	29	4205	39	5655	49	7105	59	8555	69	10005	79	11455	89	12905	99	14355
10	1450	20	2900	30	4350	40	5800	50	7250	60	8700	70	10150	80	11600	90	13050	100	14500

146

1	146	11	1606	21	3066	31	4526	41	5986	51	7446	61	8906	71	10366	81	11826	91	13286
2	292	12	1752	22	3212	32	4672	42	6132	52	7592	62	9052	72	10512	82	11972	92	13432
3	438	13	1898	23	3358	33	4818	43	6278	53	7738	63	9198	73	10658	83	12118	93	13578
4	584	14	2044	24	3504	34	4964	44	6424	54	7884	64	9344	74	10804	84	12264	94	13724
5	730	15	2190	25	3650	35	5110	45	6570	55	8030	65	9490	75	10950	85	12410	95	13870
6	876	16	2336	26	3796	36	5256	46	6716	56	8176	66	9636	76	11096	86	12556	96	14016
7	1022	17	2482	27	3942	37	5402	47	6862	57	8322	67	9782	77	11242	87	12702	97	14162
8	1168	18	2628	28	4088	38	5548	48	7008	58	8468	68	9928	78	11388	88	12848	98	14308
9	1314	19	2774	29	4234	39	5694	49	7154	59	8614	69	10074	79	11534	89	12994	99	14454
10	1460	20	2920	30	4380	40	5840	50	7300	60	8760	70	10220	80	11680	90	13140	100	14600

147

1	147	11	1617	21	3087	31	4557	41	6027	51	7497	61	8967	71	10437	81	11907	91	13377
2	294	12	1764	22	3234	32	4704	42	6174	52	7644	62	9114	72	10584	82	12054	92	13524
3	441	13	1911	23	3381	33	4851	43	6321	53	7791	63	9261	73	10731	83	12201	93	13671
4	588	14	2058	24	3528	34	4998	44	6468	54	7938	64	9408	74	10878	84	12348	94	13818
5	735	15	2205	25	3675	35	5145	45	6615	55	8085	65	9555	75	11025	85	12495	95	13965
6	882	16	2352	26	3822	36	5292	46	6762	56	8232	66	9702	76	11172	86	12642	96	14112
7	1029	17	2499	27	3969	37	5439	47	6909	57	8379	67	9849	77	11319	87	12789	97	14259
8	1176	18	2646	28	4116	38	5586	48	7056	58	8526	68	9996	78	11466	88	12936	98	14406
9	1323	19	2793	29	4263	39	5733	49	7203	59	8673	69	10143	79	11613	89	13083	99	14553
10	1470	20	2940	30	4410	40	5880	50	7350	60	8820	70	10290	80	11760	90	13230	100	14700

148

1	148	11	1628	21	3108	31	4588	41	6068	51	7548	61	9028	71	10508	81	11988	91	13468
2	296	12	1776	22	3256	32	4736	42	6216	52	7696	62	9176	72	10656	82	12136	92	13616
3	444	13	1924	23	3404	33	4884	43	6364	53	7844	63	9324	73	10804	83	12284	93	13764
4	592	14	2072	24	3552	34	5032	44	6512	54	7992	64	9472	74	10952	84	12432.	94	13912
5	740	15	2220	25	3700	35	5180	45	6660	55	8140	65	9620	75	11100	85	12580	95	14060
6	888	16	2368	26	3848	36	5328	46	6808	56	8288	66	9768	76	11248	86	12728	96	14208
7	1036	17	2516	27	3996	37	5476	47	6956	57	8436	67	9916	77	11396	87	12876	97	14356
8	1184	18	2664	28	4144	38	5624	48	7104	58	8584	68	10064	78	11544	88	13024	98	14504
9	1332	19	2812	29	4292	39	5772	49	7252	59	8732	69	10212	79	11692	89	13172	99	14652
10	1480	20	2960	30	4440	40	5920	50	7400	60	8880	70	10360	80	11840	90	13320	100	14800

149

1	149	11	1639	21	3129	31	4619	41	6109	51	7599	61	9089	71	10579	81	12069	91	13559
2	298	12	1788	22	3278	32	4768	42	6258	52	7748	62	9238	72	10728	82	12218	92	13708
3	447	13	1937	23	3427	33	4917	43	6407	53	7897	63	9387	73	10877	83	12367	93	13857
4	596	14	2086	24	3576	34	5066	44	6556	54	8046	64	9536	74	11026	84	12516	94	14006
5	745	15	2235	25	3725	35	5215	45	6705	55	8195	65	9685	75	11175	85	12665	95	14155
6	894	16	2384	26	3874	36	5364	46	6854	56	8344	66	9834	76	11324	86	12814	96	14304
7	1043	17	2533	27	4023	37	5513	47	7003	57	8493	67	9983	77	11473	87	12963	97	14453
8	1192	18	2682	28	4172	38	5662	48	7152	58	8642	68	10132	78	11622	88	13112	98	14602
9	1341	19	2831	29	4321	39	5811	49	7301	59	8791	69	10281	79	11771	89	13261	99	14751
10	1490	20	2980	30	4470	40	5960	50	7450	60	8940	70	10430	80	11920	90	13410	100	14900

150

1	150	11	1650	21	3150	31	4650	41	6150	51	7650	61	9150	71	10650	81	12150	91	13650
2	300	12	1800	22	3300	32	4800	42	6300	52	7800	62	9300	72	10800	82	12300	92	13800
3	450	13	1950	23	3450	33	4950	43	6450	53	7950	63	9450	73	10950	83	12450	93	13950
4	600	14	2100	24	3600	34	5100	44	6600	54	8100	64	9600	74	11100	84	12600	94	14100
5	750	15	2250	25	3750	35	5250	45	6750	55	8250	65	9750	75	11250	85	12750	95	14250
6	900	16	2400	26	3900	36	5400	46	6900	56	8400	66	9900	76	11400	86	12900	96	14400
7	1050	17	2550	27	4050	37	5550	47	7050	57	8550	67	10050	77	11550	87	13050	97	14550
8	1200	18	2700	28	4200	38	5700	48	7200	58	8700	68	10200	78	11700	88	13200	98	14700
9	1350	19	2850	29	4350	39	5850	49	7350	59	8850	69	10350	79	11850	89	13350	99	14850
10	1500	20	8000	30	4500	40	6000	50	7500	60	9000	70	10500	80	12000	90	13500	100	15000

151

1	151	**11**	1661	**21**	3171	**31**	4681	**41**	6191	**51**	7701	**61**	9211	**71**	10721	**81**	12231	**91**	13741
2	302	**12**	1812	**22**	3322	**32**	4832	**42**	6342	**52**	7852	**62**	9362	**72**	10872	**82**	12382	**92**	13892
3	453	**13**	1963	**23**	3473	**33**	4983	**43**	6493	**53**	8003	**63**	9513	**73**	11023	**83**	12533	**93**	14043
4	604	**14**	2114	**24**	3624	**34**	5134	**44**	6644	**54**	8154	**64**	9664	**74**	11174	**84**	12684	**94**	14194
5	755	**15**	2265	**25**	3775	**35**	5285	**45**	6795	**55**	8305	**65**	9815	**75**	11325	**85**	12835	**95**	14345
6	906	**16**	2416	**26**	3926	**36**	5436	**46**	6946	**56**	8456	**66**	9966	**76**	11476	**86**	12986	**96**	14496
7	1057	**17**	2567	**27**	4077	**37**	5587	**47**	7097	**57**	8607	**67**	10117	**77**	11627	**87**	13137	**97**	14647
8	1208	**18**	2718	**28**	4228	**38**	5738	**48**	7248	**58**	8758	**68**	10268	**78**	11778	**88**	13288	**98**	14798
9	1359	**19**	2869	**29**	4379	**39**	5889	**49**	7399	**59**	8909	**69**	10419	**79**	11929	**89**	13439	**99**	14949
10	1510	**20**	3020	**30**	4530	**40**	6040	**50**	7550	**60**	9060	**70**	10570	**80**	12080	**90**	13590	**100**	15100

152

1	152	**11**	1672	**21**	3192	**31**	4712	**41**	6232	**51**	7752	**61**	9272	**71**	10792	**81**	12312	**91**	13832
2	304	**12**	1824	**22**	3344	**32**	4864	**42**	6384	**52**	7904	**62**	9424	**72**	10944	**82**	12464	**92**	13984
3	456	**13**	1976	**23**	3496	**33**	5016	**43**	6536	**53**	8056	**63**	9576	**73**	11096	**83**	12616	**93**	14136
4	608	**14**	2128	**24**	3648	**34**	5168	**44**	6688	**54**	8208	**64**	9728	**74**	11248	**84**	12768	**94**	14288
5	760	**15**	2280	**25**	3800	**35**	5320	**45**	6840	**55**	8360	**65**	9880	**75**	11400	**85**	12920	**95**	14440
6	912	**16**	2432	**26**	3952	**36**	5472	**46**	6992	**56**	8512	**66**	10032	**76**	11552	**86**	13072	**96**	14592
7	1064	**17**	2584	**27**	4104	**37**	5624	**47**	7144	**57**	8664	**67**	10184	**77**	11704	**87**	13224	**97**	14744
8	1216	**18**	2736	**28**	4256	**38**	5776	**48**	7296	**58**	8816	**68**	10336	**78**	11856	**88**	13376	**98**	14896
9	1368	**19**	2888	**29**	4408	**39**	5928	**49**	7448	**59**	8968	**69**	10488	**79**	12008	**89**	13528	**99**	15048
10	1520	**20**	3040	**30**	4560	**40**	6080	**50**	7600	**60**	9120	**70**	10640	**80**	12160	**90**	13680	**100**	15200

153

1	153	**11**	1683	**21**	3213	**31**	4743	**41**	6273	**51**	7803	**61**	9333	**71**	10863	**81**	12393	**91**	13923
2	306	**12**	1836	**22**	3366	**32**	4896	**42**	6426	**52**	7956	**62**	9486	**72**	11016	**82**	12546	**92**	14076
3	459	**13**	1989	**23**	3519	**33**	5049	**43**	6579	**53**	8109	**63**	9639	**73**	11169	**83**	12699	**93**	14229
4	612	**14**	2142	**24**	3672	**34**	5202	**44**	6732	**54**	8262	**64**	9792	**74**	11322	**84**	12852	**94**	14382
5	765	**15**	2295	**25**	3825	**35**	5355	**45**	6885	**55**	8415	**65**	9945	**75**	11475	**85**	13005	**95**	14535
6	918	**16**	2448	**26**	3978	**36**	5508	**46**	7038	**56**	8568	**66**	10098	**76**	11628	**86**	13158	**96**	14688
7	1071	**17**	2601	**27**	4131	**37**	5661	**47**	7191	**57**	8721	**67**	10251	**77**	11781	**87**	13311	**97**	14841
8	1224	**18**	2754	**28**	4284	**38**	5814	**48**	7344	**58**	8874	**68**	10404	**78**	11934	**88**	13464	**98**	14994
9	1377	**19**	2907	**29**	4437	**39**	5967	**49**	7497	**59**	9027	**69**	10557	**79**	12087	**89**	13617	**99**	15147
10	1530	**20**	3060	**30**	4590	**40**	6120	**50**	7650	**60**	9180	**70**	10710	**80**	12240	**90**	13770	**100**	15300

154

1	154	**11**	1694	**21**	3234	**31**	4774	**41**	6314	**51**	7854	**61**	9394	**71**	10934	**81**	12474	**91**	14014
2	308	**12**	1848	**22**	3388	**32**	4928	**42**	6468	**52**	8008	**62**	9548	**72**	11088	**82**	12628	**92**	14168
3	462	**13**	2002	**23**	3542	**33**	5082	**43**	6622	**53**	8162	**63**	9702	**73**	11242	**83**	12782	**93**	14322
4	616	**14**	2156	**24**	3696	**34**	5236	**44**	6776	**54**	8316	**64**	9856	**74**	11396	**84**	12936	**94**	14476
5	770	**15**	2310	**25**	3850	**35**	5390	**45**	6930	**55**	8470	**65**	10010	**75**	11550	**85**	13090	**95**	14630
6	924	**16**	2464	**26**	4004	**36**	5544	**46**	7084	**56**	8624	**66**	10164	**76**	11704	**86**	13244	**96**	14784
7	1078	**17**	2618	**27**	4158	**37**	5698	**47**	7238	**57**	8778	**67**	10318	**77**	11858	**87**	13398	**97**	14938
8	1232	**18**	2772	**28**	4312	**38**	5852	**48**	7392	**58**	8932	**68**	10472	**78**	12012	**88**	13552	**98**	15092
9	1386	**19**	2926	**29**	4466	**39**	6006	**49**	7546	**59**	9086	**69**	10626	**79**	12166	**89**	13706	**99**	15246
10	1540	**20**	3080	**30**	4620	**40**	6160	**50**	7700	**60**	9240	**70**	10780	**80**	12320	**90**	13860	**100**	15400

155

1	155	**11**	1705	**21**	3255	**31**	4805	**41**	6355	**51**	7905	**61**	9455	**71**	11005	**81**	12555	**91**	14105
2	310	**12**	1860	**22**	3410	**32**	4960	**42**	6510	**52**	8060	**62**	9610	**72**	11160	**82**	12710	**92**	14260
3	465	**13**	2015	**23**	3565	**33**	5115	**43**	6665	**53**	8215	**63**	9765	**73**	11315	**83**	12865	**93**	14415
4	620	**14**	2170	**24**	3720	**34**	5270	**44**	6820	**54**	8370	**64**	9920	**74**	11470	**84**	13020	**94**	14570
5	775	**15**	2325	**25**	3875	**35**	5425	**45**	6975	**55**	8525	**65**	10075	**75**	11625	**85**	13175	**95**	14725
6	930	**16**	2480	**26**	4030	**36**	5580	**46**	7130	**56**	8680	**66**	10230	**76**	11780	**86**	13330	**96**	14880
7	1085	**17**	2635	**27**	4185	**37**	5735	**47**	7285	**57**	8835	**67**	10385	**77**	11935	**87**	13485	**97**	15035
8	1240	**18**	2790	**28**	4340	**38**	5890	**48**	7440	**58**	8990	**68**	10540	**78**	12090	**88**	13640	**98**	15190
9	1395	**19**	2945	**29**	4495	**39**	6045	**49**	7595	**59**	9145	**69**	10695	**79**	12245	**89**	13795	**99**	15345
10	1550	**20**	3100	**30**	4650	**40**	6200	**50**	7750	**60**	9300	**70**	10850	**80**	12400	**90**	13950	**100**	15500

156

1	156	11	1716	21	3276	31	4836	41	6396	51	7956	61	9516	71	11076	81	12636	91	14196
2	312	12	1872	22	3432	32	4992	42	6552	52	8112	62	9672	72	11232	82	12792	92	14352
3	468	13	2028	23	3588	33	5148	43	6708	53	8268	63	9828	73	11388	83	12948	93	14508
4	624	14	2184	24	3744	34	5304	44	6864	54	8424	64	9984	74	11544	84	13104	94	14664
5	780	15	2340	25	3900	35	5460	45	7020	55	8580	65	10140	75	11700	85	13260	95	14820
6	936	16	2496	26	4056	36	5616	46	7176	56	8736	66	10296	76	11856	86	13416	96	14976
7	1092	17	2652	27	4212	37	5772	47	7332	57	8892	67	10452	77	12012	87	13572	97	15132
8	1248	18	2808	28	4368	38	5928	48	7488	58	9048	68	10608	78	12168	88	13728	98	15288
9	1404	19	2964	29	4524	39	6084	49	7644	59	9204	69	10764	79	12324	89	13884	99	15444
10	1560	20	3120	30	4680	40	6240	50	7800	60	9360	70	10920	80	12480	90	14040	100	15600

157

1	157	11	1727	21	3297	31	4867	41	6437	51	8007	61	9577	71	11147	81	12717	91	14287
2	314	12	1884	22	3454	32	5024	42	6594	52	8164	62	9734	72	11304	82	12874	92	14444
3	471	13	2041	23	3611	33	5181	43	6751	53	8321	63	9891	73	11461	83	13031	93	14601
4	628	14	2198	24	3768	34	5338	44	6908	54	8478	64	10048	74	11618	84	13188	94	14758
5	785	15	2355	25	3925	35	5495	45	7065	55	8635	65	10205	75	11775	85	13345	95	14915
6	942	16	2512	26	4082	36	5652	46	7222	56	8792	66	10362	76	11932	86	13502	96	15072
7	1099	17	2669	27	4239	37	5809	47	7379	57	8949	67	10519	77	12089	87	13659	97	15229
8	1256	18	2826	28	4396	38	5966	48	7536	58	9106	68	10676	78	12246	88	13816	98	15386
9	1413	19	2983	29	4553	39	6123	49	7693	59	9263	69	10833	79	12403	89	13973	99	15543
10	1570	20	3140	30	4710	40	6280	50	7850	60	9420	70	10990	80	12560	90	14130	100	15700

158

1	158	11	1738	21	3318	31	4898	41	6478	51	8058	61	9638	71	11218	81	12798	91	14378
2	316	12	1896	22	3476	32	5056	42	6636	52	8216	62	9796	72	11376	82	12956	92	14536
3	474	13	2054	23	3634	33	5214	43	6794	53	8374	63	9954	73	11534	83	13114	93	14694
4	632	14	2212	24	3792	34	5372	44	6952	54	8532	64	10112	74	11692	84	13272	94	14852
5	790	15	2370	25	3950	35	5530	45	7110	55	8690	65	10270	75	11850	85	13430	95	15010
6	948	16	2528	26	4108	36	5688	46	7268	56	8848	66	10428	76	12008	86	13588	96	15168
7	1106	17	2686	27	4266	37	5846	47	7426	57	9006	67	10586	77	12166	87	13746	97	15326
8	1264	18	2844	28	4424	38	6004	48	7584	58	9164	68	10744	78	12324	88	13904	98	15484
9	1422	19	3002	29	4582	39	6162	49	7742	59	9322	69	10902	79	12482	89	14062	99	15642
10	1580	20	3160	30	4740	40	6320	50	7900	60	9480	70	11060	80	12640	90	14220	100	15800

159

1	159	11	1749	21	3339	31	4929	41	6519	51	8109	61	9699	71	11289	81	12879	91	14469
2	318	12	1908	22	3498	32	5088	42	6678	52	8268	62	9858	72	11448	82	13038	92	14628
3	477	13	2067	23	3657	33	5247	43	6837	53	8427	63	10017	73	11607	83	13197	93	14787
4	636	14	2226	24	3816	34	5406	44	6996	54	8586	64	10176	74	11766	84	13356	94	14946
5	795	15	2385	25	3975	35	5565	45	7155	55	8745	65	10335	75	11925	85	13515	95	15105
6	954	16	2544	26	4134	36	5724	46	7314	56	8904	66	10494	76	12084	86	13674	96	15264
7	1113	17	2703	27	4293	37	5883	47	7473	57	9063	67	10653	77	12243	87	13833	97	15423
8	1272	18	2862	28	4452	38	6042	48	7632	58	9222	68	10812	78	12402	88	13992	98	15582
9	1431	19	3021	29	4611	39	6201	49	7791	59	9381	69	10971	79	12561	89	14151	99	15741
10	1590	20	3180	30	4770	40	6360	50	7950	60	9540	70	11130	80	12720	90	14310	100	15900

160

1	160	11	1760	21	3360	31	4960	41	6560	51	8160	61	9760	71	11360	81	12960	91	14560
2	320	12	1920	22	3520	32	5120	42	6720	52	8320	62	9920	72	11520	82	13120	92	14720
3	480	13	2080	23	3680	33	5280	43	6880	53	8480	63	10080	73	11680	83	13280	93	14880
4	640	14	2240	24	3840	34	5440	44	7040	54	8640	64	10240	74	11840	84	13440	94	15040
5	800	15	2400	25	4000	35	5600	45	7200	55	8800	65	10400	75	12000	85	13600	95	15200
6	960	16	2560	26	4160	36	5760	46	7360	56	8960	66	10560	76	12160	86	13760	96	15360
7	1120	17	2720	27	4320	37	5920	47	7520	57	9120	67	10720	77	12320	87	13920	97	15520
8	1280	18	2880	28	4480	38	6080	48	7680	58	9280	68	10880	78	12480	88	14080	98	15680
9	1440	19	3040	29	4640	39	6240	49	7840	59	9440	69	11040	79	12640	89	14240	99	15840
10	1600	20	3200	30	4800	40	6400	50	8000	60	9600	70	11200	80	12800	90	14400	100	16000

161

1	161	11	1771	21	3381	31	4991	41	6601	51	8211	61	9821	71	11431	81	13041	91	14651
2	322	12	1932	22	3542	32	5152	42	6762	52	8372	62	9982	72	11592	82	13202	92	14812
3	483	13	2093	23	3703	33	5313	43	6923	53	8533	63	10143	73	11753	83	13363	93	14973
4	644	14	2254	24	3864	34	5474	44	7084	54	8694	64	10304	74	11914	84	13524	94	15134
5	805	15	2415	25	4025	35	5635	45	7245	55	8855	65	10465	75	12075	85	13685	95	15295
6	966	16	2576	26	4186	36	5796	46	7406	56	9016	66	10626	76	12236	86	13846	96	15456
7	1127	17	2737	27	4347	37	5957	47	7567	57	9177	67	10787	77	12397	87	14007	97	15617
8	1288	18	2898	28	4508	38	6118	48	7728	58	9338	68	10948	78	12558	88	14168	98	15778
9	1449	19	3059	29	4669	39	6279	49	7889	59	9499	69	11109	79	12719	89	14329	99	15939
10	1610	20	3220	30	4830	40	6440	50	8050	60	9660	70	11270	80	12880	90	14490	100	16100

162

1	162	11	1782	21	3402	31	5022	41	6642	51	8262	61	9882	71	11502	81	13122	91	14742
2	324	12	1944	22	3564	32	5184	42	6804	52	8424	62	10044	72	11664	82	13284	92	14904
3	486	13	2106	23	3726	33	5346	43	6966	53	8586	63	10206	73	11826	83	13446	93	15066
4	648	14	2268	24	3888	34	5508	44	7128	54	8748	64	10368	74	11988	84	13608	94	15228
5	810	15	2430	25	4050	35	5670	45	7290	55	8910	65	10530	75	12150	85	13770	95	15390
6	972	16	2592	26	4212	36	5832	46	7452	56	9072	66	10692	76	12312	86	13932	96	15552
7	1134	17	2754	27	4374	37	5994	47	7614	57	9234	67	10854	77	12474	87	14094	97	15714
8	1296	18	2916	28	4536	38	6156	48	7776	58	9396	68	11016	78	12636	88	14256	98	15876
9	1458	19	3078	29	4698	39	6318	49	7938	59	9558	69	11178	79	12798	89	14418	99	16038
10	1620	20	3240	30	4860	40	6480	50	8100	60	9720	70	11340	80	12960	90	14580	100	16200

163

1	163	11	1793	21	3423	31	5053	41	6683	51	8313	61	9943	71	11573	81	13203	91	14833
2	326	12	1956	22	3586	32	5216	42	6846	52	8476	62	10106	72	11736	82	13366	92	14996
3	489	13	2119	23	3749	33	5379	43	7009	53	8639	63	10269	73	11899	83	13529	93	15159
4	652	14	2282	24	3912	34	5542	44	7172	54	8802	64	10432	74	12062	84	13692	94	15322
5	815	15	2445	25	4075	35	5705	45	7335	55	8965	65	10595	75	12225	85	13855	95	15485
6	978	16	2608	26	4238	36	5868	46	7498	56	9128	66	10758	76	12388	86	14018	96	15648
7	1141	17	2771	27	4401	37	6031	47	7661	57	9291	67	10921	77	12551	87	14181	97	15811
8	1304	18	2934	28	4564	38	6194	48	7824	58	9454	68	11084	78	12714	88	14344	98	15974
9	1467	19	3097	29	4727	39	6357	49	7987	59	9617	69	11247	79	12877	89	14507	99	16137
10	1630	20	3260	30	4890	40	6520	50	8150	60	9780	70	11410	80	13040	90	14670	100	16300

164

1	164	11	1804	21	3444	31	5084	41	6724	51	8364	61	10004	71	11644	81	13284	91	14924
2	328	12	1968	22	3608	32	5248	42	6888	52	8528	62	10168	72	11808	82	13448	92	15088
3	492	13	2132	23	3772	33	5412	43	7052	53	8692	63	10332	73	11972	83	13612	93	15252
4	656	14	2296	24	3936	34	5576	44	7216	54	8856	64	10496	74	12136	84	13776	94	15416
5	820	15	2460	25	4100	35	5740	45	7380	55	9020	65	10660	75	12300	85	13940	95	15580
6	984	16	2624	26	4264	36	5904	46	7544	56	9184	66	10824	76	12464	86	14104	96	15744
7	1148	17	2788	27	4428	37	6068	47	7708	57	9348	67	10988	77	12628	87	14268	97	15908
8	1312	18	2952	28	4592	38	6232	48	7872	58	9512	68	11152	78	12792	88	14432	98	16072
9	1476	19	3116	29	4756	39	6396	49	8036	59	9676	69	11316	79	12956	89	14596	99	16236
10	1640	20	3280	30	4920	40	6560	50	8200	60	9840	70	11480	80	13120	90	14760	100	16400

165

1	165	11	1815	21	3465	31	5115	41	6765	51	8415	61	10065	71	11715	81	13365	91	15015
2	330	12	1980	22	3630	32	5280	42	6930	52	8580	62	10230	72	11880	82	13530	92	15180
3	495	13	2145	23	3795	33	5445	43	7095	53	8745	63	10395	73	12045	83	13695	93	15345
4	660	14	2310	24	3960	34	5610	44	7260	54	8910	64	10560	74	12210	84	13860	94	15510
5	825	15	2475	25	4125	35	5775	45	7425	55	9075	65	10725	75	12375	85	14025	95	15675
6	990	16	2640	26	4290	36	5940	46	7590	56	9240	66	10890	76	12540	86	14190	96	15840
7	1155	17	2805	27	4455	37	6105	47	7755	57	9405	67	11055	77	12705	87	14355	97	16005
8	1320	18	2970	28	4620	38	6270	48	7920	58	9570	68	11220	78	12870	88	14520	98	16170
9	1485	19	3135	29	4785	39	6435	49	8085	59	9735	69	11385	79	13035	89	14685	99	16335
10	1650	20	3300	30	4950	40	6600	50	8250	60	9900	70	11550	80	13200	90	14850	100	16500

166

1	166	**11**	1826	**21**	3486	**31**	5146	**41**	6806	**51**	8466	**61**	10126	**71**	11786	**81**	13446	**91**	15106
2	332	**12**	1992	**22**	3652	**32**	5312	**42**	6972	**52**	8632	**62**	10292	**72**	11952	**82**	13612	**92**	15272
3	498	**13**	2158	**23**	3818	**33**	5478	**43**	7138	**53**	8798	**63**	10458	**73**	12118	**83**	13778	**93**	15438
4	664	**14**	2324	**24**	3984	**34**	5644	**44**	7304	**54**	8964	**64**	10624	**74**	12284	**84**	13944	**94**	15604
5	830	**15**	2490	**25**	4150	**35**	5810	**45**	7470	**55**	9130	**65**	10790	**75**	12450	**85**	14110	**95**	15770
6	996	**16**	2656	**26**	4316	**36**	5976	**46**	7636	**56**	9296	**66**	10956	**76**	12616	**86**	14276	**96**	15936
7	1162	**17**	2822	**27**	4482	**37**	6142	**47**	7802	**57**	9462	**67**	11122	**77**	12782	**87**	14442	**97**	16102
8	1328	**18**	2988	**28**	4648	**38**	6308	**48**	7968	**58**	9628	**68**	11288	**78**	12948	**88**	14608	**98**	16268
9	1494	**19**	3154	**29**	4814	**39**	6474	**49**	8134	**59**	9794	**69**	11454	**79**	13114	**89**	14774	**99**	16434
10	1660	**20**	3320	**30**	4980	**40**	6640	**50**	8300	**60**	9960	**70**	11620	**80**	13280	**90**	14940	**100**	16600

167

1	167	**11**	1837	**21**	3507	**31**	5177	**41**	6847	**51**	8517	**61**	10187	**71**	11857	**81**	13527	**91**	15197
2	334	**12**	2004	**22**	3674	**32**	5344	**42**	7014	**52**	8684	**62**	10354	**72**	12024	**82**	13694	**92**	15364
3	501	**13**	2171	**23**	3841	**33**	5511	**43**	7181	**53**	8851	**63**	10521	**73**	12191	**83**	13861	**93**	15531
4	668	**14**	2338	**24**	4008	**34**	5678	**44**	7348	**54**	9018	**64**	10688	**74**	12358	**84**	14028	**94**	15698
5	835	**15**	2505	**25**	4175	**35**	5845	**45**	7515	**55**	9185	**65**	10855	**75**	12525	**85**	14195	**95**	15865
6	1002	**16**	2672	**26**	4342	**36**	6012	**46**	7682	**56**	9352	**66**	11022	**76**	12692	**86**	14362	**96**	16032
7	1169	**17**	2839	**27**	4509	**37**	6179	**47**	7849	**57**	9519	**67**	11189	**77**	12859	**87**	14529	**97**	16199
8	1336	**18**	3006	**28**	4676	**38**	6346	**48**	8016	**58**	9686	**68**	11356	**78**	13026	**88**	14696	**98**	16366
9	1503	**19**	3173	**29**	4843	**39**	6513	**49**	8183	**59**	9853	**69**	11523	**79**	13193	**89**	14863	**99**	16533
10	1670	**20**	3340	**30**	5010	**40**	6680	**50**	8350	**60**	10020	**70**	11690	**80**	13360	**90**	15030	**100**	16700

168

1	168	**11**	1848	**21**	3528	**31**	5208	**41**	6888	**51**	8568	**61**	10248	**71**	11928	**81**	13608	**91**	15288
2	336	**12**	2016	**22**	3696	**32**	5376	**42**	7056	**52**	8736	**62**	10416	**72**	12096	**82**	13776	**92**	15456
3	504	**13**	2184	**23**	3864	**33**	5544	**43**	7224	**53**	8904	**63**	10584	**73**	12264	**83**	13944	**93**	15624
4	672	**14**	2352	**24**	4032	**34**	5712	**44**	7392	**54**	9072	**64**	10752	**74**	12432	**84**	14112	**94**	15792
5	840	**15**	2520	**25**	4200	**35**	5880	**45**	7560	**55**	9240	**65**	10920	**75**	12600	**85**	14280	**95**	15960
6	1008	**16**	2688	**26**	4368	**36**	6048	**46**	7728	**56**	9408	**66**	11088	**76**	12768	**86**	14448	**96**	16128
7	1176	**17**	2856	**27**	4536	**37**	6216	**47**	7896	**57**	9576	**67**	11256	**77**	12936	**87**	14616	**97**	16296
8	1344	**18**	3024	**28**	4704	**38**	6384	**48**	8064	**58**	9744	**68**	11424	**78**	13104	**88**	14784	**98**	16464
9	1512	**19**	3192	**29**	4872	**39**	6552	**49**	8232	**59**	9912	**69**	11592	**79**	13272	**89**	14952	**99**	16632
10	1680	**20**	3360	**30**	5040	**40**	6720	**50**	8400	**60**	10080	**70**	11760	**80**	13440	**90**	15120	**100**	16800

169

1	169	**11**	1859	**21**	3549	**31**	5239	**41**	6929	**51**	8619	**61**	10309	**71**	11999	**81**	13689	**91**	15379
2	338	**12**	2028	**22**	3718	**32**	5408	**42**	7098	**52**	8788	**62**	10478	**72**	12168	**82**	13858	**92**	15548
3	507	**13**	2197	**23**	3887	**33**	5577	**43**	7267	**53**	8957	**63**	10647	**73**	12337	**83**	14027	**93**	15717
4	676	**14**	2366	**24**	4056	**34**	5746	**44**	7436	**54**	9126	**64**	10816	**74**	12506	**84**	14196	**94**	15886
5	845	**15**	2535	**25**	4225	**35**	5915	**45**	7605	**55**	9295	**65**	10985	**75**	12675	**85**	14365	**95**	16055
6	1014	**16**	2704	**26**	4394	**36**	6084	**46**	7774	**56**	9464	**66**	11154	**76**	12844	**86**	14534	**96**	16224
7	1183	**17**	2873	**27**	4563	**37**	6253	**47**	7943	**57**	9633	**67**	11323	**77**	13013	**87**	14703	**97**	16393
8	1352	**18**	3042	**28**	4732	**38**	6422	**48**	8112	**58**	9802	**68**	11492	**78**	13182	**88**	14872	**98**	16562
9	1521	**19**	3211	**29**	4901	**39**	6591	**49**	8281	**59**	9971	**69**	11661	**79**	13351	**89**	15041	**99**	16731
10	1690	**20**	3380	**30**	5070	**40**	6760	**50**	8450	**60**	10140	**70**	11830	**80**	13520	**90**	15210	**100**	16900

170

1	170	**11**	1870	**21**	3570	**31**	5270	**41**	6970	**51**	8670	**61**	10370	**71**	12070	**81**	13770	**91**	15470
2	340	**12**	2040	**22**	3740	**32**	5440	**42**	7140	**52**	8840	**62**	10540	**72**	12240	**82**	13940	**92**	15640
3	510	**13**	2210	**23**	3910	**33**	5610	**43**	7310	**53**	9010	**63**	10710	**73**	12410	**83**	14110	**93**	15810
4	680	**14**	2380	**24**	4080	**34**	5780	**44**	7480	**54**	9180	**64**	10880	**74**	12580	**84**	14280	**94**	15980
5	850	**15**	2550	**25**	4250	**35**	5950	**45**	7650	**55**	9350	**65**	11050	**75**	12750	**85**	14450	**95**	16150
6	1020	**16**	2720	**26**	4420	**36**	6120	**46**	7820	**56**	9520	**66**	11220	**76**	12920	**86**	14620	**96**	16320
7	1190	**17**	2890	**27**	4590	**37**	6290	**47**	7990	**57**	9690	**67**	11390	**77**	13090	**87**	14790	**97**	16490
8	1360	**18**	3060	**28**	4760	**38**	6460	**48**	8160	**58**	9860	**68**	11560	**78**	13260	**88**	14960	**98**	16660
9	1530	**19**	3230	**29**	4930	**39**	6630	**49**	8330	**59**	10030	**69**	11730	**79**	13430	**89**	15130	**99**	16830
10	1700	**20**	3400	**30**	5100	**40**	6800	**50**	8500	**60**	10200	**70**	11900	**80**	13600	**90**	15300	**100**	17000

171—175

171

1	171	**11**	1881	**21**	3591	**31**	5301	**41**	7011	**51**	8721	**61**	10431	**71**	12141	**81**	13851	**91**	15561
2	342	**12**	2052	**22**	3762	**32**	5472	**42**	7182	**52**	8892	**62**	10602	**72**	12312	**82**	14022	**92**	15732
3	513	**13**	2223	**23**	3933	**33**	5643	**43**	7353	**53**	9063	**63**	10773	**73**	12483	**83**	14193	**93**	15903
4	684	**14**	2394	**24**	4104	**34**	5814	**44**	7524	**54**	9234	**64**	10944	**74**	12654	**84**	14364	**94**	16074
5	855	**15**	2565	**25**	4275	**35**	5985	**45**	7695	**55**	9405	**65**	11115	**75**	12825	**85**	14535	**95**	16245
6	1026	**16**	2736	**26**	4446	**36**	6156	**46**	7866	**56**	9576	**66**	11286	**76**	12996	**86**	14706	**96**	16416
7	1197	**17**	2907	**27**	4617	**37**	6327	**47**	8037	**57**	9747	**67**	11457	**77**	13167	**87**	14877	**97**	16587
8	1368	**18**	3078	**28**	4788	**38**	6498	**48**	8208	**58**	9918	**68**	11628	**78**	13338	**88**	15048	**98**	16758
9	1539	**19**	3249	**29**	4959	**39**	6669	**49**	8379	**59**	10089	**69**	11799	**79**	13509	**89**	15219	**99**	16929
10	1710	**20**	3420	**30**	5130	**40**	6840	**50**	8550	**60**	10260	**70**	11970	**80**	13680	**90**	15390	**100**	17100

172

1	172	**11**	1892	**21**	3612	**31**	5332	**41**	7052	**51**	8772	**61**	10492	**71**	12212	**81**	13932	**91**	15652
2	344	**12**	2064	**22**	3784	**32**	5504	**42**	7224	**52**	8944	**62**	10664	**72**	12384	**82**	14104	**92**	15824
3	516	**13**	2236	**23**	3956	**33**	5676	**43**	7396	**53**	9116	**63**	10836	**73**	12556	**83**	14276	**93**	15996
4	688	**14**	2408	**24**	4128	**34**	5848	**44**	7568	**54**	9288	**64**	11008	**74**	12728	**84**	14448	**94**	16168
5	860	**15**	2580	**25**	4300	**35**	6020	**45**	7740	**55**	9460	**65**	11180	**75**	12900	**85**	14620	**95**	16340
6	1032	**16**	2752	**26**	4472	**36**	6192	**46**	7912	**56**	9632	**66**	11352	**76**	13072	**86**	14792	**96**	16512
7	1204	**17**	2924	**27**	4644	**37**	6364	**47**	8084	**57**	9804	**67**	11524	**77**	13244	**87**	14964	**97**	16684
8	1376	**18**	3096	**28**	4816	**38**	6536	**48**	8256	**58**	9976	**68**	11696	**78**	13416	**88**	15136	**98**	16856
9	1548	**19**	3268	**29**	4988	**39**	6708	**49**	8428	**59**	10148	**69**	11868	**79**	13588	**89**	15308	**99**	17028
10	1720	**20**	3440	**30**	5160	**40**	6880	**50**	8600	**60**	10320	**70**	12040	**80**	13760	**90**	15480	**100**	17200

173

1	173	**11**	1903	**21**	3633	**31**	5363	**41**	7093	**51**	8823	**61**	10553	**71**	12283	**81**	14013	**91**	15743
2	346	**12**	2076	**22**	3806	**32**	5536	**42**	7266	**52**	8996	**62**	10726	**72**	12456	**82**	14186	**92**	15916
3	519	**13**	2249	**23**	3979	**33**	5709	**43**	7439	**53**	9169	**63**	10899	**73**	12629	**83**	14359	**93**	16089
4	692	**14**	2422	**24**	4152	**34**	5882	**44**	7612	**54**	9342	**64**	11072	**74**	12802	**84**	14532	**94**	16262
5	865	**15**	2595	**25**	4325	**35**	6055	**45**	7785	**55**	9515	**65**	11245	**75**	12975	**85**	14705	**95**	16435
6	1038	**16**	2768	**26**	4498	**36**	6228	**46**	7958	**56**	9688	**66**	11418	**76**	13148	**86**	14878	**96**	16608
7	1211	**17**	2941	**27**	4671	**37**	6401	**47**	8131	**57**	9861	**67**	11591	**77**	13321	**87**	15051	**97**	16781
8	1384	**18**	3114	**28**	4844	**38**	6574	**48**	8304	**58**	10034	**68**	11764	**78**	13494	**88**	15224	**98**	16954
9	1557	**19**	3287	**29**	5017	**39**	6747	**49**	8477	**59**	10207	**69**	11937	**79**	13667	**89**	15397	**99**	17127
10	1730	**20**	3460	**30**	5190	**40**	6920	**50**	8650	**60**	10380	**70**	12110	**80**	13840	**90**	15570	**100**	17300

174

1	174	**11**	1914	**21**	3654	**31**	5394	**41**	7134	**51**	8874	**61**	10614	**71**	12354	**81**	14094	**91**	15834
2	348	**12**	2088	**22**	3828	**32**	5568	**42**	7308	**52**	9048	**62**	10788	**72**	12528	**82**	14268	**92**	16008
3	522	**13**	2262	**23**	4002	**33**	5742	**43**	7482	**53**	9222	**63**	10962	**73**	12702	**83**	14442	**93**	16182
4	696	**14**	2436	**24**	4176	**34**	5916	**44**	7656	**54**	9396	**64**	11136	**74**	12876	**84**	14616	**94**	16356
5	870	**15**	2610	**25**	4350	**35**	6090	**45**	7830	**55**	9570	**65**	11310	**75**	13050	**85**	14790	**95**	16530
6	1044	**16**	2784	**26**	4524	**36**	6264	**46**	8004	**56**	9744	**66**	11484	**76**	13224	**86**	14964	**96**	16704
7	1218	**17**	2958	**27**	4698	**37**	6438	**47**	8178	**57**	9918	**67**	11658	**77**	13398	**87**	15138	**97**	16878
8	1392	**18**	3132	**28**	4872	**38**	6612	**48**	8352	**58**	10092	**68**	11832	**78**	13572	**88**	15312	**98**	17052
9	1566	**19**	3306	**29**	5046	**39**	6786	**49**	8526	**59**	10266	**69**	12006	**79**	13746	**89**	15486	**99**	17226
10	1740	**20**	3480	**30**	5220	**40**	6960	**50**	8700	**60**	10440	**70**	12180	**80**	13920	**90**	15660	**100**	17400

175

1	175	**11**	1925	**21**	3675	**31**	5425	**41**	7175	**51**	8925	**61**	10675	**71**	12425	**81**	14175	**91**	15925
2	350	**12**	2100	**22**	3850	**32**	5600	**42**	7350	**52**	9100	**62**	10850	**72**	12600	**82**	14350	**92**	16100
3	525	**13**	2275	**23**	4025	**33**	5775	**43**	7525	**53**	9275	**63**	11025	**73**	12775	**83**	14525	**93**	16275
4	700	**14**	2450	**24**	4200	**34**	5950	**44**	7700	**54**	9450	**64**	11200	**74**	12950	**84**	14700	**94**	16450
5	875	**15**	2625	**25**	4375	**35**	6125	**45**	7875	**55**	9625	**65**	11375	**75**	13125	**85**	14875	**95**	16625
6	1050	**16**	2800	**26**	4550	**36**	6300	**46**	8050	**56**	9800	**66**	11550	**76**	13300	**86**	15050	**96**	16800
7	1225	**17**	2975	**27**	4725	**37**	6475	**47**	8225	**57**	9975	**67**	11725	**77**	13475	**87**	15225	**97**	16975
8	1400	**18**	3150	**28**	4900	**38**	6650	**48**	8400	**58**	10150	**68**	11900	**78**	13650	**88**	15400	**98**	17150
9	1575	**19**	3325	**29**	5075	**39**	6825	**49**	8575	**59**	10325	**69**	12075	**79**	13825	**89**	15575	**99**	17325
10	1750	**20**	3500	**30**	5250	**40**	7000	**50**	8750	**60**	10500	**70**	12250	**80**	14000	**90**	15750	**100**	17500

176

1	176	11	1936	21	3696	31	5456	41	7216	51	8976	61	10736	71	12496	81	14256	91	16016
2	352	12	2112	22	3872	32	5632	42	7392	52	9152	62	10912	72	12672	82	14432	92	16192
3	528	13	2288	23	4048	33	5808	43	7568	53	9328	63	11088	73	12848	83	14608	93	16368
4	704	14	2464	24	4224	34	5984	44	7744	54	9504	64	11264	74	13024	84	14784	94	16544
5	880	15	2640	25	4400	35	6160	45	7920	55	9680	65	11440	75	13200	85	14960	95	16720
6	1056	16	2816	26	4576	36	6336	46	8096	56	9856	66	11616	76	13376	86	15136	96	16896
7	1232	17	2992	27	4752	37	6512	47	8272	57	10032	67	11792	77	13552	87	15312	97	17072
8	1408	18	3168	28	4928	38	6688	48	8448	58	10208	68	11968	78	13728	88	15488	98	17248
9	1584	19	3344	29	5104	39	6864	49	8624	59	10384	69	12144	79	13904	89	15664	99	17424
10	1760	20	3520	30	5280	40	7040	50	8800	60	10560	70	12320	80	14080	90	15840	100	17600

177

1	177	11	1947	21	3717	31	5487	41	7257	51	9027	61	10797	71	12567	81	14337	91	16107
2	354	12	2124	22	3894	32	5664	42	7434	52	9204	62	10974	72	12744	82	14514	92	16284
3	531	13	2301	23	4071	33	5841	43	7611	53	9381	63	11151	73	12921	83	14691	93	16461
4	708	14	2478	24	4248	34	6018	44	7788	54	9558	64	11328	74	13098	84	14868	94	16638
5	885	15	2655	25	4425	35	6195	45	7965	55	9735	65	11505	75	13275	85	15045	95	16815
6	1062	16	2832	26	4602	36	6372	46	8142	56	9912	66	11682	76	13452	86	15222	96	16992
7	1239	17	3009	27	4779	37	6549	47	8319	57	10089	67	11859	77	13629	87	15399	97	17169
8	1416	18	3186	28	4956	38	6726	48	8496	58	10266	68	12036	78	13806	88	15576	98	17346
9	1593	19	3363	29	5133	39	6903	49	8673	59	10443	69	12213	79	13983	89	15753	99	17523
10	1770	20	3540	30	5310	40	7080	50	8850	60	10620	70	12390	80	14160	90	15930	100	17700

178

1	178	11	1958	21	3738	31	5518	41	7298	51	9078	61	10858	71	12638	81	14418	91	16198
2	356	12	2136	22	3916	32	5696	42	7476	52	9256	62	11036	72	12816	82	14596	92	16376
3	534	13	2314	23	4094	33	5874	43	7654	53	9434	63	11214	73	12994	83	14774	93	16554
4	712	14	2492	24	4272	34	6052	44	7832	54	9612	64	11392	74	13172	84	14952	94	16732
5	890	15	2670	25	4450	35	6230	45	8010	55	9790	65	11570	75	13350	85	15130	95	16910
6	1068	16	2848	26	4628	36	6408	46	8188	56	9968	66	11748	76	13528	86	15308	96	17088
7	1246	17	3026	27	4806	37	6586	47	8366	57	10146	67	11926	77	13706	87	15486	97	17266
8	1424	18	3204	28	4984	38	6764	48	8544	58	10324	68	12104	78	13884	88	15664	98	17444
9	1602	19	3382	29	5162	39	6942	49	8722	59	10502	69	12282	79	14062	89	15842	99	17622
10	1780	20	3560	30	5340	40	7120	50	8900	60	10680	70	12460	80	14240	90	16020	100	17800

179

1	179	11	1969	21	3759	31	5549	41	7339	51	9129	61	10919	71	12709	81	14499	91	16289
2	358	12	2148	22	3938	32	5728	42	7518	52	9308	62	11098	72	12888	82	14678	92	16468
3	537	13	2327	23	4117	33	5907	43	7697	53	9487	63	11277	73	13067	83	14857	93	16647
4	716	14	2506	24	4296	34	6086	44	7876	54	9666	64	11456	74	13246	84	15036	94	16826
5	895	15	2685	25	4475	35	6265	45	8055	55	9845	65	11635	75	13425	85	15215	95	17005
6	1074	16	2864	26	4654	36	6444	46	8234	56	10024	66	11814	76	13604	86	15394	96	17184
7	1253	17	3043	27	4833	37	6623	47	8413	57	10203	67	11993	77	13783	87	15573	97	17363
8	1432	18	3222	28	5012	38	6802	48	8592	58	10382	68	12172	78	13962	88	15752	98	17542
9	1611	19	3401	29	5191	39	6981	49	8771	59	10561	69	12351	79	14141	89	15931	99	17721
10	1790	20	3580	30	5370	40	7160	50	8950	60	10740	70	12530	80	14320	90	16110	100	17900

180

1	180	11	1980	21	3780	31	5580	41	7380	51	9180	61	10980	71	12780	81	14580	91	16380
2	360	12	2160	22	3960	32	5760	42	7560	52	9360	62	11160	72	12960	82	14760	92	16560
3	540	13	2340	23	4140	33	5940	43	7740	53	9540	63	11340	73	13140	83	14940	93	16740
4	720	14	2520	24	4320	34	6120	44	7920	54	9720	64	11520	74	13320	84	15120	94	16920
5	900	15	2700	25	4500	35	6300	45	8100	55	9900	65	11700	75	13500	85	15300	95	17100
6	1080	16	2880	26	4680	36	6480	46	8280	56	10080	66	11880	76	13680	86	15480	96	17280
7	1260	17	3060	27	4860	37	6660	47	8460	57	10260	67	12060	77	13860	87	15660	97	17460
8	1440	18	3240	28	5040	38	6840	48	8640	58	10440	68	12240	78	14040	88	15840	98	17640
9	1620	19	3420	29	5220	39	7020	49	8820	59	10620	69	12420	79	14220	89	16020	99	17820
10	1800	20	3600	30	5400	40	7200	50	9000	60	10800	70	12600	80	14400	90	16200	100	18000

181

1	181	**11**	1991	**21**	3801	**31**	5611	**41**	7421	**51**	9231	**61**	11041	**71**	12851	**81**	14661	**91**	16471
2	362	**12**	2172	**22**	3982	**32**	5792	**42**	7602	**52**	9412	**62**	11222	**72**	13032	**82**	14842	**92**	16652
3	543	**13**	2353	**23**	4163	**33**	5973	**43**	7783	**53**	9593	**63**	11403	**73**	13213	**83**	15023	**93**	16833
4	724	**14**	2534	**24**	4344	**34**	6154	**44**	7964	**54**	9774	**64**	11584	**74**	13394	**84**	15204	**94**	17014
5	905	**15**	2715	**25**	4525	**35**	6335	**45**	8145	**55**	9955	**65**	11765	**75**	13575	**85**	15385	**95**	17195
6	1086	**16**	2896	**26**	4706	**36**	6516	**46**	8326	**56**	10136	**66**	11946	**76**	13756	**86**	15566	**96**	17376
7	1267	**17**	3077	**27**	4887	**37**	6697	**47**	8507	**57**	10317	**67**	12127	**77**	13937	**87**	15747	**97**	17557
8	1448	**18**	3258	**28**	5068	**38**	6878	**48**	8688	**58**	10498	**68**	12308	**78**	14118	**88**	15928	**98**	17738
9	1629	**19**	3439	**29**	5249	**39**	7059	**49**	8869	**59**	10679	**69**	12489	**79**	14299	**89**	16109	**99**	17919
10	1810	**20**	3620	**30**	5430	**40**	7240	**50**	9050	**60**	10860	**70**	12670	**80**	14480	**90**	16290	**100**	18100

182

1	182	**11**	2002	**21**	3822	**31**	5642	**41**	7462	**51**	9282	**61**	11102	**71**	12922	**81**	14742	**91**	16562
2	364	**12**	2184	**22**	4004	**32**	5824	**42**	7644	**52**	9464	**62**	11284	**72**	13104	**82**	14924	**92**	16744
3	546	**13**	2366	**23**	4186	**33**	6006	**43**	7826	**53**	9646	**63**	11466	**73**	13286	**83**	15106	**93**	16926
4	728	**14**	2548	**24**	4368	**34**	6188	**44**	8008	**54**	9828	**64**	11648	**74**	13468	**84**	15288	**94**	17108
5	910	**15**	2730	**25**	4550	**35**	6370	**45**	8190	**55**	10010	**65**	11830	**75**	13650	**85**	15470	**95**	17290
6	1092	**16**	2912	**26**	4732	**36**	6552	**46**	8372	**56**	10192	**66**	12012	**76**	13832	**86**	15652	**96**	17472
7	1274	**17**	3094	**27**	4914	**37**	6734	**47**	8554	**57**	10374	**67**	12194	**77**	14014	**87**	15834	**97**	17654
8	1456	**18**	3276	**28**	5096	**38**	6916	**48**	8736	**58**	10556	**68**	12376	**78**	14196	**88**	16016	**98**	17836
9	1638	**19**	3458	**29**	5278	**39**	7098	**49**	8918	**59**	10738	**69**	12558	**79**	14378	**89**	16198	**99**	18018
10	1820	**20**	3640	**30**	5460	**40**	7280	**50**	9100	**60**	10920	**70**	12740	**80**	14560	**90**	16380	**100**	18200

183

1	183	**11**	2013	**21**	3843	**31**	5673	**41**	7503	**51**	9333	**61**	11163	**71**	12993	**81**	14823	**91**	16653
2	366	**12**	2196	**22**	4026	**32**	5856	**42**	7686	**52**	9516	**62**	11346	**72**	13176	**82**	15006	**92**	16836
3	549	**13**	2379	**23**	4209	**33**	6039	**43**	7869	**53**	9699	**63**	11529	**73**	13359	**83**	15189	**93**	17019
4	732	**14**	2562	**24**	4392	**34**	6222	**44**	8052	**54**	9882	**64**	11712	**74**	13542	**84**	15372	**94**	17202
5	915	**15**	2745	**25**	4575	**35**	6405	**45**	8235	**55**	10065	**65**	11895	**75**	13725	**85**	15555	**95**	17385
6	1098	**16**	2928	**26**	4758	**36**	6588	**46**	8418	**56**	10248	**66**	12078	**76**	13908	**86**	15738	**96**	17568
7	1281	**17**	3111	**27**	4941	**37**	6771	**47**	8601	**57**	10431	**67**	12261	**77**	14091	**87**	15921	**97**	17751
8	1464	**18**	3294	**28**	5124	**38**	6954	**48**	8784	**58**	10614	**68**	12444	**78**	14274	**88**	16104	**98**	17934
9	1647	**19**	3477	**29**	5307	**39**	7137	**49**	8967	**59**	10797	**69**	12627	**79**	14457	**89**	16287	**99**	18117
10	1830	**20**	3660	**30**	5490	**40**	7320	**50**	9150	**60**	10980	**70**	12810	**80**	14640	**90**	16470	**100**	18300

184

1	184	**11**	2024	**21**	3864	**31**	5704	**41**	7544	**51**	9384	**61**	11224	**71**	13064	**81**	14904	**91**	16744
2	368	**12**	2208	**22**	4048	**32**	5888	**42**	7728	**52**	9568	**62**	11408	**72**	13248	**82**	15088	**92**	16928
3	552	**13**	2392	**23**	4232	**33**	6072	**43**	7912	**53**	9752	**63**	11592	**73**	13432	**83**	15272	**93**	17112
4	736	**14**	2576	**24**	4416	**34**	6256	**44**	8096	**54**	9936	**64**	11776	**74**	13616	**84**	15456	**94**	17296
5	920	**15**	2760	**25**	4600	**35**	6440	**45**	8280	**55**	10120	**65**	11960	**75**	13800	**85**	15640	**95**	17480
6	1104	**16**	2944	**26**	4784	**36**	6624	**46**	8464	**56**	10304	**66**	12144	**76**	13984	**86**	15824	**96**	17664
7	1288	**17**	3128	**27**	4968	**37**	6808	**47**	8648	**57**	10488	**67**	12328	**77**	14168	**87**	16008	**97**	17848
8	1472	**18**	3312	**28**	5152	**38**	6992	**48**	8832	**58**	10672	**68**	12512	**78**	14352	**88**	16192	**98**	18032
9	1656	**19**	3496	**29**	5336	**39**	7176	**49**	9016	**59**	10856	**69**	12696	**79**	14536	**89**	16376	**99**	18216
10	1840	**20**	3680	**30**	5520	**40**	7360	**50**	9200	**60**	11040	**70**	12880	**80**	14720	**90**	16560	**100**	18400

185

1	185	**11**	2035	**21**	3885	**31**	5735	**41**	7585	**51**	9435	**61**	11285	**71**	13135	**81**	14985	**91**	16835
2	370	**12**	2220	**22**	4070	**32**	5920	**42**	7770	**52**	9620	**62**	11470	**72**	13320	**82**	15170	**92**	17020
3	555	**13**	2405	**23**	4255	**33**	6105	**43**	7955	**53**	9805	**63**	11655	**73**	13505	**83**	15355	**93**	17205
4	740	**14**	2590	**24**	4440	**34**	6290	**44**	8140	**54**	9990	**64**	11840	**74**	13690	**84**	15540	**94**	17390
5	925	**15**	2775	**25**	4625	**35**	6475	**45**	8325	**55**	10175	**65**	12025	**75**	13875	**85**	15725	**95**	17575
6	1110	**16**	2960	**26**	4810	**36**	6660	**46**	8510	**56**	10360	**66**	12210	**76**	14060	**86**	15910	**96**	17760
7	1295	**17**	3145	**27**	4995	**37**	6845	**47**	8695	**57**	10545	**67**	12395	**77**	14245	**87**	16095	**97**	17945
8	1480	**18**	3330	**28**	5180	**38**	7030	**48**	8880	**58**	10730	**68**	12580	**78**	14430	**88**	16280	**98**	18130
9	1665	**19**	3515	**29**	5365	**39**	7215	**49**	9065	**59**	10915	**69**	12765	**79**	14615	**89**	16465	**99**	18315
10	1850	**20**	3700	**30**	5550	**40**	7400	**50**	9250	**60**	11100	**70**	12950	**80**	14800	**90**	16650	**100**	18500

186

1	186	**11**	2046	**21**	3906	**31**	5766	**41**	7626	**51**	9486	**61**	11346	**71**	13206	**81**	15066	**91**	16926
2	372	**12**	2232	**22**	4092	**32**	5952	**42**	7812	**52**	9672	**62**	11532	**72**	13392	**82**	15252	**92**	17112
3	558	**13**	2418	**23**	4278	**33**	6138	**43**	7998	**53**	9858	**63**	11718	**73**	13578	**83**	15438	**93**	17298
4	744	**14**	2604	**24**	4464	**34**	6324	**44**	8184	**54**	10044	**64**	11904	**74**	13764	**84**	15624	**94**	17484
5	930	**15**	2790	**25**	4650	**35**	6510	**45**	8370	**55**	10230	**65**	12090	**75**	13950	**85**	15810	**95**	17670
6	1116	**16**	2976	**26**	4836	**36**	6696	**46**	8556	**56**	10416	**66**	12276	**76**	14136	**86**	15996	**96**	17856
7	1302	**17**	3162	**27**	5022	**37**	6882	**47**	8742	**57**	10602	**67**	12462	**77**	14322	**87**	16182	**97**	18042
8	1488	**18**	3348	**28**	5208	**38**	7068	**48**	8928	**58**	10788	**68**	12648	**78**	14508	**88**	16368	**98**	18228
9	1674	**19**	3534	**29**	5394	**39**	7254	**49**	9114	**59**	10974	**69**	12834	**79**	14694	**89**	16554	**99**	18414
10	1860	**20**	3720	**30**	5580	**40**	7440	**50**	9300	**60**	11160	**70**	13020	**80**	14880	**90**	16740	**100**	18600

187

1	187	**11**	2057	**21**	3927	**31**	5797	**41**	7667	**51**	9537	**61**	11407	**71**	13277	**81**	15147	**91**	17017
2	374	**12**	2244	**22**	4114	**32**	5984	**42**	7854	**52**	9724	**62**	11594	**72**	13464	**82**	15334	**92**	17204
3	561	**13**	2431	**23**	4301	**33**	6171	**43**	8041	**53**	9911	**63**	11781	**73**	13651	**83**	15521	**93**	17391
4	748	**14**	2618	**24**	4488	**34**	6358	**44**	8228	**54**	10098	**64**	11968	**74**	13838	**84**	15708	**94**	17578
5	935	**15**	2805	**25**	4675	**35**	6545	**45**	8415	**55**	10285	**65**	12155	**75**	14025	**85**	15895	**95**	17765
6	1122	**16**	2992	**26**	4862	**36**	6732	**46**	8602	**56**	10472	**66**	12342	**76**	14212	**86**	16082	**96**	17952
7	1309	**17**	3179	**27**	5049	**37**	6919	**47**	8789	**57**	10659	**67**	12529	**77**	14399	**87**	16269	**97**	18139
8	1496	**18**	3366	**28**	5236	**38**	7106	**48**	8976	**58**	10846	**68**	12716	**78**	14586	**88**	16456	**98**	18326
9	1683	**19**	3553	**29**	5423	**39**	7293	**49**	9163	**59**	11033	**69**	12903	**79**	14773	**89**	16643	**99**	18513
10	1870	**20**	3740	**30**	5610	**40**	7480	**50**	9350	**60**	11220	**70**	13090	**80**	14960	**90**	16830	**100**	18700

188

1	188	**11**	2068	**21**	3948	**31**	5828	**41**	7708	**51**	9588	**61**	11468	**71**	13348	**81**	15228	**91**	17108
2	376	**12**	2256	**22**	4136	**32**	6016	**42**	7896	**52**	9776	**62**	11656	**72**	13536	**82**	15416	**92**	17296
3	564	**13**	2444	**23**	4324	**33**	6204	**43**	8084	**53**	9964	**63**	11844	**73**	13724	**83**	15604	**93**	17484
4	752	**14**	2632	**24**	4512	**34**	6392	**44**	8272	**54**	10152	**64**	12032	**74**	13912	**84**	15792	**94**	17672
5	940	**15**	2820	**25**	4700	**35**	6580	**45**	8460	**55**	10340	**65**	12220	**75**	14100	**85**	15980	**95**	17860
6	1128	**16**	3008	**26**	4888	**36**	6768	**46**	8648	**56**	10528	**66**	12408	**76**	14288	**86**	16168	**96**	18048
7	1316	**17**	3196	**27**	5076	**37**	6956	**47**	8836	**57**	10716	**67**	12596	**77**	14476	**87**	16356	**97**	18236
8	1504	**18**	3384	**28**	5264	**38**	7144	**48**	9024	**58**	10904	**68**	12784	**78**	14664	**88**	16544	**98**	18424
9	1692	**19**	3572	**29**	5452	**39**	7332	**49**	9212	**59**	11092	**69**	12972	**79**	14852	**89**	16732	**99**	18612
10	1880	**20**	3760	**30**	5640	**40**	7520	**50**	9400	**60**	11280	**70**	13160	**80**	15040	**90**	16920	**100**	18800

189

1	189	**11**	2079	**21**	3969	**31**	5859	**41**	7749	**51**	9639	**61**	11529	**71**	13419	**81**	15309	**91**	17199
2	378	**12**	2268	**22**	4158	**32**	6048	**42**	7938	**52**	9828	**62**	11718	**72**	13608	**82**	15498	**92**	17388
3	567	**13**	2457	**23**	4347	**33**	6237	**43**	8127	**53**	10017	**63**	11907	**73**	13797	**83**	15687	**93**	17577
4	756	**14**	2646	**24**	4536	**34**	6426	**44**	8316	**54**	10206	**64**	12096	**74**	13986	**84**	15876	**94**	17766
5	945	**15**	2835	**25**	4725	**35**	6615	**45**	8505	**55**	10395	**65**	12285	**75**	14175	**85**	16065	**95**	17955
6	1134	**16**	3024	**26**	4914	**36**	6804	**46**	8694	**56**	10584	**66**	12474	**76**	14364	**86**	16254	**96**	18144
7	1323	**17**	3213	**27**	5103	**37**	6993	**47**	8883	**57**	10773	**67**	12663	**77**	14553	**87**	16443	**97**	18333
8	1512	**18**	3402	**28**	5292	**38**	7182	**48**	9072	**58**	10962	**68**	12852	**78**	14742	**88**	16632	**98**	18522
9	1701	**19**	3591	**29**	5481	**39**	7371	**49**	9261	**59**	11151	**69**	13041	**79**	14931	**89**	16821	**99**	18711
10	1890	**20**	3780	**30**	5670	**40**	7560	**50**	9450	**60**	11340	**70**	13230	**80**	15120	**90**	17010	**100**	18900

190

1	190	**11**	2090	**21**	3990	**31**	5890	**41**	7790	**51**	9690	**61**	11590	**71**	13490	**81**	15390	**91**	17290
2	380	**12**	2280	**22**	4180	**32**	6080	**42**	7980	**52**	9880	**62**	11780	**72**	13680	**82**	15580	**92**	17480
3	570	**13**	2470	**23**	4370	**33**	6270	**43**	8170	**53**	10070	**63**	11970	**73**	13870	**83**	15770	**93**	17670
4	760	**14**	2660	**24**	4560	**34**	6460	**44**	8360	**54**	10260	**64**	12160	**74**	14060	**84**	15960	**94**	17860
5	950	**15**	2850	**25**	4750	**35**	6650	**45**	8550	**55**	10450	**65**	12350	**75**	14250	**85**	16150	**95**	18050
6	1140	**16**	3040	**26**	4940	**36**	6840	**46**	8740	**56**	10640	**66**	12540	**76**	14440	**86**	16340	**96**	18240
7	1330	**17**	3230	**27**	5130	**37**	7030	**47**	8930	**57**	10830	**67**	12730	**77**	14630	**87**	16530	**97**	18430
8	1520	**18**	3420	**28**	5320	**38**	7220	**48**	9120	**58**	11020	**68**	12920	**78**	14820	**88**	16720	**98**	18620
9	1710	**19**	3610	**29**	5510	**39**	7410	**49**	9310	**59**	11210	**69**	13110	**79**	15010	**89**	16910	**99**	18810
10	1900	**20**	3800	**30**	5700	**40**	7600	**50**	9500	**60**	11400	**70**	13300	**80**	15200	**90**	17100	**100**	19000

191

1	191	**11**	2101	**21**	4011	**31**	5921	**41**	7831	**51**	9741	**61**	11651	**71**	13561	**81**	15471	**91**	17381
2	382	**12**	2292	**22**	4202	**32**	6112	**42**	8022	**52**	9932	**62**	11842	**72**	13752	**82**	15662	**92**	17572
3	573	**13**	2483	**23**	4393	**33**	6303	**43**	8213	**53**	10123	**63**	12033	**73**	13943	**83**	15853	**93**	17763
4	764	**14**	2674	**24**	4584	**34**	6494	**44**	8404	**54**	10314	**64**	12224	**74**	14134	**84**	16044	**94**	17954
5	955	**15**	2865	**25**	4775	**35**	6685	**45**	8595	**55**	10505	**65**	12415	**75**	14325	**85**	16235	**95**	18145
6	1146	**16**	3056	**26**	4966	**36**	6876	**46**	8786	**56**	10696	**66**	12606	**76**	14516	**86**	16426	**96**	18336
7	1337	**17**	3247	**27**	5157	**37**	7067	**47**	8977	**57**	10887	**67**	12797	**77**	14707	**87**	16617	**97**	18527
8	1528	**18**	3438	**28**	5348	**38**	7258	**48**	9168	**58**	11078	**68**	12988	**78**	14898	**88**	16808	**98**	18718
9	1719	**19**	3629	**29**	5539	**39**	7449	**49**	9359	**59**	11269	**69**	13179	**79**	15089	**89**	16999	**99**	18909
10	1910	**20**	3820	**30**	5730	**40**	7640	**50**	9550	**60**	11460	**70**	13370	**80**	15280	**90**	17190	**100**	19100

192

1	192	**11**	2112	**21**	4032	**31**	5952	**41**	7872	**51**	9792	**61**	11712	**71**	13632	**81**	15552	**91**	17472
2	384	**12**	2304	**22**	4224	**32**	6144	**42**	8064	**52**	9984	**62**	11904	**72**	13824	**82**	15744	**92**	17664
3	576	**13**	2496	**23**	4416	**33**	6336	**43**	8256	**53**	10176	**63**	12096	**73**	14016	**83**	15936	**93**	17856
4	768	**14**	2688	**24**	4608	**34**	6528	**44**	8448	**54**	10368	**64**	12288	**74**	14208	**84**	16128	**94**	18048
5	960	**15**	2880	**25**	4800	**35**	6720	**45**	8640	**55**	10560	**65**	12480	**75**	14400	**85**	16320	**95**	18240
6	1152	**16**	3072	**26**	4992	**36**	6912	**46**	8832	**56**	10752	**66**	12672	**76**	14592	**86**	16512	**96**	18432
7	1344	**17**	3264	**27**	5184	**37**	7104	**47**	9024	**57**	10944	**67**	12864	**77**	14784	**87**	16704	**97**	18624
8	1536	**18**	3456	**28**	5376	**38**	7296	**48**	9216	**58**	11136	**68**	13056	**78**	14976	**88**	16896	**98**	18816
9	1728	**19**	3648	**29**	5568	**39**	7488	**49**	9408	**59**	11328	**69**	13248	**79**	15168	**89**	17088	**99**	19008
10	1920	**20**	3840	**30**	5760	**40**	7680	**50**	9600	**60**	11520	**70**	13440	**80**	15360	**90**	17280	**100**	19200

193

1	193	**11**	2123	**21**	4053	**31**	5983	**41**	7913	**51**	9843	**61**	11773	**71**	13703	**81**	15633	**91**	17563
2	386	**12**	2316	**22**	4246	**32**	6176	**42**	8106	**52**	10036	**62**	11966	**72**	13896	**82**	15826	**92**	17756
3	579	**13**	2509	**23**	4439	**33**	6369	**43**	8299	**53**	10229	**63**	12159	**73**	14089	**83**	16019	**93**	17949
4	772	**14**	2702	**24**	4632	**34**	6562	**44**	8492	**54**	10422	**64**	12352	**74**	14282	**84**	16212	**94**	18142
5	965	**15**	2895	**25**	4825	**35**	6755	**45**	8685	**55**	10615	**65**	12545	**75**	14475	**85**	16405	**95**	18335
6	1158	**16**	3088	**26**	5018	**36**	6948	**46**	8878	**56**	10808	**66**	12738	**76**	14668	**86**	16598	**96**	18528
7	1351	**17**	3281	**27**	5211	**37**	7141	**47**	9071	**57**	11001	**67**	12931	**77**	14861	**87**	16791	**97**	18721
8	1544	**18**	3474	**28**	5404	**38**	7334	**48**	9264	**58**	11194	**68**	13124	**78**	15054	**88**	16984	**98**	18914
9	1737	**19**	3667	**29**	5597	**39**	7527	**49**	9457	**59**	11387	**69**	13317	**79**	15247	**89**	17177	**99**	19107
10	1930	**20**	3860	**30**	5790	**40**	7720	**50**	9650	**60**	11580	**70**	13510	**80**	15440	**90**	17370	**100**	19300

194

1	194	**11**	2134	**21**	4074	**31**	6014	**41**	7954	**51**	9894	**61**	11834	**71**	13774	**81**	15714	**91**	17654
2	388	**12**	2328	**22**	4268	**32**	6208	**42**	8148	**52**	10088	**62**	12028	**72**	13968	**82**	15908	**92**	17848
3	582	**13**	2522	**23**	4462	**33**	6402	**43**	8342	**53**	10282	**63**	12222	**73**	14162	**83**	16102	**93**	18042
4	776	**14**	2716	**24**	4656	**34**	6596	**44**	8536	**54**	10476	**64**	12416	**74**	14356	**84**	16296	**94**	18236
5	970	**15**	2910	**25**	4850	**35**	6790	**45**	8730	**55**	10670	**65**	12610	**75**	14550	**85**	16490	**95**	18430
6	1164	**16**	3104	**26**	5044	**36**	6984	**46**	8924	**56**	10864	**66**	12804	**76**	14744	**86**	16684	**96**	18624
7	1358	**17**	3298	**27**	5238	**37**	7178	**47**	9118	**57**	11058	**67**	12998	**77**	14938	**87**	16878	**97**	18818
8	1552	**18**	3492	**28**	5432	**38**	7372	**48**	9312	**58**	11252	**68**	13192	**78**	15132	**88**	17072	**98**	19012
9	1746	**19**	3686	**29**	5626	**39**	7566	**49**	9506	**59**	11446	**69**	13386	**79**	15326	**89**	17266	**99**	19206
10	1940	**20**	3880	**30**	5820	**40**	7760	**50**	9700	**60**	11640	**70**	13580	**80**	15520	**90**	17460	**100**	19400

195

1	195	**11**	2145	**21**	4095	**31**	6045	**41**	7995	**51**	9945	**61**	11895	**71**	13845	**81**	15795	**91**	17745
2	390	**12**	2340	**22**	4290	**32**	6240	**42**	8190	**52**	10140	**62**	12090	**72**	14040	**82**	15990	**92**	17940
3	585	**13**	2535	**23**	4485	**33**	6435	**43**	8385	**53**	10335	**63**	12285	**73**	14235	**83**	16185	**93**	18135
4	780	**14**	2730	**24**	4680	**34**	6630	**44**	8580	**54**	10530	**64**	12480	**74**	14430	**84**	16380	**94**	18330
5	975	**15**	2925	**25**	4875	**35**	6825	**45**	8775	**55**	10725	**65**	12675	**75**	14625	**85**	16575	**95**	18525
6	1170	**16**	3120	**26**	5070	**36**	7020	**46**	8970	**56**	10920	**66**	12870	**76**	14820	**86**	16770	**96**	18720
7	1365	**17**	3315	**27**	5265	**37**	7215	**47**	9165	**57**	11115	**67**	13065	**77**	15015	**87**	16965	**97**	18915
8	1560	**18**	3510	**28**	5460	**38**	7410	**48**	9360	**58**	11310	**68**	13260	**78**	15210	**88**	17160	**98**	19110
9	1755	**19**	3705	**29**	5655	**39**	7605	**49**	9555	**59**	11505	**69**	13455	**79**	15405	**89**	17355	**99**	19305
10	1950	**20**	3900	**30**	5850	**40**	7800	**50**	9750	**60**	11700	**70**	13650	**80**	15600	**90**	17550	**100**	19500

196

1	196	**11**	2156	**21**	4116	**31**	6076	**41**	8036	**51**	9996	**61**	11956	**71**	13916	**81**	15876	**91**	17836
2	392	**12**	2352	**22**	4312	**32**	6272	**42**	8232	**52**	10192	**62**	12152	**72**	14112	**82**	16072	**92**	18032
3	588	**13**	2548	**23**	4508	**33**	6468	**43**	8428	**53**	10388	**63**	12348	**73**	14308	**83**	16268	**93**	18228
4	784	**14**	2744	**24**	4704	**34**	6664	**44**	8624	**54**	10584	**64**	12544	**74**	14504	**84**	16464	**94**	18424
5	980	**15**	2940	**25**	4900	**35**	6860	**45**	8820	**55**	10780	**65**	12740	**75**	14700	**85**	16660	**95**	18620
6	1176	**16**	3136	**26**	5096	**36**	7056	**46**	9016	**56**	10976	**66**	12936	**76**	14896	**86**	16856	**96**	18816
7	1372	**17**	3332	**27**	5292	**37**	7252	**47**	9212	**57**	11172	**67**	13132	**77**	15092	**87**	17052	**97**	19012
8	1568	**18**	3528	**28**	5488	**38**	7448	**48**	9408	**58**	11368	**68**	13328	**78**	15288	**88**	17248	**98**	19208
9	1764	**19**	3724	**29**	5684	**39**	7644	**49**	9604	**59**	11564	**69**	13524	**79**	15484	**89**	17444	**99**	19404
10	1960	**20**	3920	**30**	5880	**40**	7840	**50**	9800	**60**	11760	**70**	13720	**80**	15680	**90**	17640	**100**	19600

197

1	197	**11**	2167	**21**	4137	**31**	6107	**41**	8077	**51**	10047	**61**	12017	**71**	13987	**81**	15957	**91**	17927
2	394	**12**	2364	**22**	4334	**32**	6304	**42**	8274	**52**	10244	**62**	12214	**72**	14184	**82**	16154	**92**	18124
3	591	**13**	2561	**23**	4531	**33**	6501	**43**	8471	**53**	10441	**63**	12411	**73**	14381	**83**	16351	**93**	18321
4	788	**14**	2758	**24**	4728	**34**	6698	**44**	8668	**54**	10638	**64**	12608	**74**	14578	**84**	16548	**94**	18518
5	985	**15**	2955	**25**	4925	**35**	6895	**45**	8865	**55**	10835	**65**	12805	**75**	14775	**85**	16745	**95**	18715
6	1182	**16**	3152	**26**	5122	**36**	7092	**46**	9062	**56**	11032	**66**	13002	**76**	14972	**86**	16942	**96**	18912
7	1379	**17**	3349	**27**	5319	**37**	7289	**47**	9259	**57**	11229	**67**	13199	**77**	15169	**87**	17139	**97**	19109
8	1576	**18**	3546	**28**	5516	**38**	7486	**48**	9456	**58**	11426	**68**	13396	**78**	15366	**88**	17336	**98**	19306
9	1773	**19**	3743	**29**	5713	**39**	7683	**49**	9653	**59**	11623	**69**	13593	**79**	15563	**89**	17533	**99**	19503
10	1970	**20**	3940	**30**	5910	**40**	7880	**50**	9850	**60**	11820	**70**	13790	**80**	15760	**90**	17730	**100**	19700

198

1	198	**11**	2178	**21**	4158	**31**	6138	**41**	8118	**51**	10098	**61**	12078	**71**	14058	**81**	16038	**91**	18018
2	396	**12**	2376	**22**	4356	**32**	6336	**42**	8316	**52**	10296	**62**	12276	**72**	14256	**82**	16236	**92**	18216
3	594	**13**	2574	**23**	4554	**33**	6534	**43**	8514	**53**	10494	**63**	12474	**73**	14454	**83**	16434	**93**	18414
4	792	**14**	2772	**24**	4752	**34**	6732	**44**	8712	**54**	10692	**64**	12672	**74**	14652	**84**	16632	**94**	18612
5	990	**15**	2970	**25**	4950	**35**	6930	**45**	8910	**55**	10890	**65**	12870	**75**	14850	**85**	16830	**95**	18810
6	1188	**16**	3168	**26**	5148	**36**	7128	**46**	9108	**56**	11088	**66**	13068	**76**	15048	**86**	17028	**96**	19008
7	1386	**17**	3366	**27**	5346	**37**	7326	**47**	9306	**57**	11286	**67**	13266	**77**	15246	**87**	17226	**97**	19206
8	1584	**18**	3564	**28**	5544	**38**	7524	**48**	9504	**58**	11484	**68**	13464	**78**	15444	**88**	17424	**98**	19404
9	1782	**19**	3762	**29**	5742	**39**	7722	**49**	9702	**59**	11682	**69**	13662	**79**	15642	**89**	17622	**99**	19602
10	1980	**20**	3960	**30**	5940	**40**	7920	**50**	9900	**60**	11880	**70**	13860	**80**	15840	**90**	17820	**100**	19800

199

1	199	**11**	2189	**21**	4179	**31**	6169	**41**	8159	**51**	10149	**61**	12139	**71**	14129	**81**	16119	**91**	18109
2	398	**12**	2388	**22**	4378	**32**	6368	**42**	8358	**52**	10348	**62**	12338	**72**	14328	**82**	16318	**92**	18308
3	597	**13**	2587	**23**	4577	**33**	6567	**43**	8557	**53**	10547	**63**	12537	**73**	14527	**83**	16517	**93**	18507
4	796	**14**	2786	**24**	4776	**34**	6766	**44**	8756	**54**	10746	**64**	12736	**74**	14726	**84**	16716	**94**	18706
5	995	**15**	2985	**25**	4975	**35**	6965	**45**	8955	**55**	10945	**65**	12935	**75**	14925	**85**	16915	**95**	18905
6	1194	**16**	3184	**26**	5174	**36**	7164	**46**	9154	**56**	11144	**66**	13134	**76**	15124	**86**	17114	**96**	19104
7	1393	**17**	3383	**27**	5373	**37**	7363	**47**	9353	**57**	11343	**67**	13333	**77**	15323	**87**	17313	**97**	19303
8	1592	**18**	3582	**28**	5572	**38**	7562	**48**	9552	**58**	11542	**68**	13532	**78**	15522	**88**	17512	**98**	19502
9	1791	**19**	3781	**29**	5771	**39**	7761	**49**	9751	**59**	11741	**69**	13731	**79**	15721	**89**	17711	**99**	19701
10	1990	**20**	3980	**30**	5970	**40**	7960	**50**	9950	**60**	11940	**70**	13930	**80**	15920	**90**	17910	**100**	19900

200

1	200	**11**	2200	**21**	4200	**31**	6200	**41**	8200	**51**	10200	**61**	12200	**71**	14200	**81**	16200	**91**	18200
2	400	**12**	2400	**22**	4400	**32**	6400	**42**	8400	**52**	10400	**62**	12400	**72**	14400	**82**	16400	**92**	18400
3	600	**13**	2600	**23**	4600	**33**	6600	**43**	8600	**53**	10600	**63**	12600	**73**	14600	**83**	16600	**93**	18600
4	800	**14**	2800	**24**	4800	**34**	6800	**44**	8800	**54**	10800	**64**	12800	**74**	14800	**84**	16800	**94**	18800
5	1000	**15**	3000	**25**	5000	**35**	7000	**45**	9000	**55**	11000	**65**	13000	**75**	15000	**85**	17000	**95**	19000
6	1200	**16**	3200	**26**	5200	**36**	7200	**46**	9200	**56**	11200	**66**	13200	**76**	15200	**86**	17200	**96**	19200
7	1400	**17**	3400	**27**	5400	**37**	7400	**47**	9400	**57**	11400	**67**	13400	**77**	15400	**87**	17400	**97**	19400
8	1600	**18**	3600	**28**	5600	**38**	7600	**48**	9600	**58**	11600	**68**	13600	**78**	15600	**88**	17600	**98**	19600
9	1800	**19**	3800	**29**	5800	**39**	7800	**49**	9800	**59**	11800	**69**	13800	**79**	15800	**89**	17800	**99**	19800
10	2000	**20**	4000	**30**	6000	**40**	8000	**50**	10000	**60**	12000	**70**	14000	**80**	16000	**90**	18000	**100**	20000

201

1	201	11	2211	21	4221	31	6231	41	8241	51	10251	61	12261	71	14271	81	16281	91	18291
2	402	12	2412	22	4422	32	6432	42	8442	52	10452	62	12462	72	14472	82	16482	92	18492
3	603	13	2613	23	4623	33	6633	43	8643	53	10653	63	12663	73	14673	83	16683	93	18693
4	804	14	2814	24	4824	34	6834	44	8844	54	10854	64	12864	74	14874	84	16884	94	18894
5	1005	15	3015	25	5025	35	7035	45	9045	55	11055	65	13065	75	15075	85	17085	95	19095
6	1206	16	3216	26	5226	36	7236	46	9246	56	11256	66	13266	76	15276	86	17286	96	19296
7	1407	17	3417	27	5427	37	7437	47	9447	57	11457	67	13467	77	15477	87	17487	97	19497
8	1608	18	3618	28	5628	38	7638	48	9648	58	11658	68	13668	78	15678	88	17688	98	19698
9	1809	19	3819	29	5829	39	7839	49	9849	59	11859	69	13869	79	15879	89	17889	99	19899
10	2010	20	4020	30	6030	40	8040	50	10050	60	12060	70	14070	80	16080	90	18090	100	20100

202

1	202	11	2222	21	4242	31	6262	41	8282	51	10302	61	12322	71	14342	81	16362	91	18382
2	404	12	2424	22	4444	32	6464	42	8484	52	10504	62	12524	72	14544	82	16564	92	18584
3	606	13	2626	23	4646	33	6666	43	8686	53	10706	63	12726	73	14746	83	16766	93	18786
4	808	14	2828	24	4848	34	6868	44	8888	54	10908	64	12928	74	14948	84	16968	94	18988
5	1010	15	3030	25	5050	35	7070	45	9090	55	11110	65	13130	75	15150	85	17170	95	19190
6	1212	16	3232	26	5252	36	7272	46	9292	56	11312	66	13332	76	15352	86	17372	96	19392
7	1414	17	3434	27	5454	37	7474	47	9494	57	11514	67	13534	77	15554	87	17574	97	19594
8	1616	18	3636	28	5656	38	7676	48	9696	58	11716	68	13736	78	15756	88	17776	98	19796
9	1818	19	3838	29	5858	39	7878	49	9898	59	11918	69	13938	79	15958	89	17978	99	19998
10	2020	20	4040	30	6060	40	8080	50	10100	60	12120	70	14140	80	16160	90	18180	100	20200

203

1	203	11	2233	21	4263	31	6293	41	8323	51	10353	61	12383	71	14413	81	16443	91	18473
2	406	12	2436	22	4466	32	6496	42	8526	52	10556	62	12586	72	14616	82	16646	92	18676
3	609	13	2639	23	4669	33	6699	43	8729	53	10759	63	12789	73	14819	83	16849	93	18879
4	812	14	2842	24	4872	34	6902	44	8932	54	10962	64	12992	74	15022	84	17052	94	19082
5	1015	15	3045	25	5075	35	7105	45	9135	55	11165	65	13195	75	15225	85	17255	95	19285
6	1218	16	3248	26	5278	36	7308	46	9338	56	11368	66	13398	76	15428	86	17458	96	19488
7	1421	17	3451	27	5481	37	7511	47	9541	57	11571	67	13601	77	15631	87	17661	97	19691
8	1624	18	3654	28	5684	38	7714	48	9744	58	11774	68	13804	78	15834	88	17864	98	19894
9	1827	19	3857	29	5887	39	7917	49	9947	59	11977	69	14007	79	16037	89	18067	99	20097
10	2030	20	4060	30	6090	40	8120	50	10150	60	12180	70	14210	80	16240	90	18270	100	20300

204

1	204	11	2244	21	4284	31	6324	41	8364	51	10404	61	12444	71	14484	81	16524	91	18564
2	408	12	2448	22	4488	32	6528	42	8568	52	10608	62	12648	72	14688	82	16728	92	18768
3	612	13	2652	23	4692	33	6732	43	8772	53	10812	63	12852	73	14892	83	16932	93	18972
4	816	14	2856	24	4896	34	6936	44	8976	54	11016	64	13056	74	15096	84	17136	94	19176
5	1020	15	3060	25	5100	35	7140	45	9180	55	11220	65	13260	75	15300	85	17340	95	19380
6	1224	16	3264	26	5304	36	7344	46	9384	56	11424	66	13464	76	15504	86	17544	96	19584
7	1428	17	3468	27	5508	37	7548	47	9588	57	11628	67	13668	77	15708	87	17748	97	19788
8	1632	18	3672	28	5712	38	7752	48	9792	58	11832	68	13872	78	15912	88	17952	98	19992
9	1836	19	3876	29	5916	39	7956	49	9996	59	12036	69	14076	79	16116	89	18156	99	20196
10	2040	20	4080	30	6120	40	8160	50	10200	60	12240	70	14280	80	16320	90	18360	100	20400

205

1	205	11	2255	21	4305	31	6355	41	8405	51	10455	61	12505	71	14555	81	16605	91	18655
2	410	12	2460	22	4510	32	6560	42	8610	52	10660	62	12710	72	14760	82	16810	92	18860
3	615	13	2665	23	4715	33	6765	43	8815	53	10865	63	12915	73	14965	83	17015	93	19065
4	820	14	2870	24	4920	34	6970	44	9020	54	11070	64	13120	74	15170	84	17220	94	19270
5	1025	15	3075	25	5125	35	7175	45	9225	55	11275	65	13325	75	15375	85	17425	95	19475
6	1230	16	3280	26	5330	36	7380	46	9430	56	11480	66	13530	76	15580	86	17630	96	19680
7	1435	17	3485	27	5535	37	7585	47	9635	57	11685	67	13735	77	15785	87	17835	97	19885
8	1640	18	3690	28	5740	38	7790	48	9840	58	11890	68	13940	78	15990	88	18040	98	20090
9	1845	19	3895	29	5945	39	7995	49	10045	59	12095	69	14145	79	16195	89	18245	99	20295
10	2050	20	4100	30	6150	40	8200	50	10250	60	12300	70	14350	80	16400	90	18450	100	20500

206

1	206	11	2266	21	4326	31	6386	41	8446	51	10506	61	12566	71	14626	81	16686	91	18746
2	412	12	2472	22	4532	32	6592	42	8652	52	10712	62	12772	72	14832	82	16892	92	18952
3	618	13	2678	23	4738	33	6798	43	8858	53	10918	63	12978	73	15038	83	17098	93	19158
4	824	14	2884	24	4944	34	7004	44	9064	54	11124	64	13184	74	15244	84	17304	94	19364
5	1030	15	3090	25	5150	35	7210	45	9270	55	11330	65	13390	75	15450	85	17510	95	19570
6	1236	16	3296	26	5356	36	7416	46	9476	56	11536	66	13596	76	15656	86	17716	96	19776
7	1442	17	3502	27	5562	37	7622	47	9682	57	11742	67	13802	77	15862	87	17922	97	19982
8	1648	18	3708	28	5768	38	7828	48	9888	58	11948	68	14008	78	16068	88	18128	98	20188
9	1854	19	3914	29	5974	39	8034	49	10094	59	12154	69	14214	79	16274	89	18334	99	20394
10	2060	20	4120	30	6180	40	8240	50	10300	60	12360	70	14420	80	16480	90	18540	100	20600

207

1	207	11	2277	21	4347	31	6417	41	8487	51	10557	61	12627	71	14697	81	16767	91	18837
2	414	12	2484	22	4554	32	6624	42	8694	52	10764	62	12834	72	14904	82	16974	92	19044
3	621	13	2691	23	4761	33	6831	43	8901	53	10971	63	13041	73	15111	83	17181	93	19251
4	828	14	2898	24	4968	34	7038	44	9108	54	11178	64	13248	74	15318	84	17388	94	19458
5	1035	15	3105	25	5175	35	7245	45	9315	55	11385	65	13455	75	15525	85	17595	95	19665
6	1242	16	3312	26	5382	36	7452	46	9522	56	11592	66	13662	76	15732	86	17802	96	19872
7	1449	17	3519	27	5589	37	7659	47	9729	57	11799	67	13869	77	15939	87	18009	97	20079
8	1656	18	3726	28	5796	38	7866	48	9936	58	12006	68	14076	78	16146	88	18216	98	20286
9	1863	19	3933	29	6003	39	8073	49	10143	59	12213	69	14283	79	16353	89	18423	99	20493
10	2070	20	4140	30	6210	40	8280	50	10350	60	12420	70	14490	80	16560	90	18630	100	20700

208

1	208	11	2288	21	4368	31	6448	41	8528	51	10608	61	12688	71	14768	81	16848	91	18928
2	416	12	2496	22	4576	32	6656	42	8736	52	10816	62	12896	72	14976	82	17056	92	19136
3	624	13	2704	23	4784	33	6864	43	8944	53	11024	63	13104	73	15184	83	17264	93	19344
4	832	14	2912	24	4992	34	7072	44	9152	54	11232	64	13312	74	15392	84	17472	94	19552
5	1040	15	3120	25	5200	35	7280	45	9360	55	11440	65	13520	75	15600	85	17680	95	19760
6	1248	16	3328	26	5408	36	7488	46	9568	56	11648	66	13728	76	15808	86	17888	96	19968
7	1456	17	3536	27	5616	37	7696	47	9776	57	11856	67	13936	77	16016	87	18096	97	20176
8	1664	18	3744	28	5824	38	7904	48	9984	58	12064	68	14144	78	16224	88	18304	98	20384
9	1872	19	3952	29	6032	39	8112	49	10192	59	12272	69	14352	79	16432	89	18512	99	20592
10	2080	20	4160	30	6240	40	8320	50	10400	60	12480	70	14560	80	16640	90	18720	100	20800

209

1	209	11	2299	21	4389	31	6479	41	8569	51	10659	61	12749	71	14839	81	16929	91	19019
2	418	12	2508	22	4598	32	6688	42	8778	52	10868	62	12958	72	15048	82	17138	92	19228
3	627	13	2717	23	4807	33	6897	43	8987	53	11077	63	13167	73	15257	83	17347	93	19437
4	836	14	2926	24	5016	34	7106	44	9196	54	11286	64	13376	74	15466	84	17556	94	19646
5	1045	15	3135	25	5225	35	7315	45	9405	55	11495	65	13585	75	15675	85	17765	95	19855
6	1254	16	3344	26	5434	36	7524	46	9614	56	11704	66	13794	76	15884	86	17974	96	20064
7	1463	17	3553	27	5643	37	7733	47	9823	57	11913	67	14003	77	16093	87	18183	97	20273
8	1672	18	3762	28	5852	38	7942	48	10032	58	12122	68	14212	78	16302	88	18392	98	20482
9	1881	19	3971	29	6061	39	8151	49	10241	59	12331	69	14421	79	16511	89	18601	99	20691
10	2090	20	4180	30	6270	40	8360	50	10450	60	12540	70	14630	80	16720	90	18810	100	20900

210

1	210	11	2310	21	4410	31	6510	41	8610	51	10710	61	12810	71	14910	81	17010	91	19110
2	420	12	2520	22	4620	32	6720	42	8820	52	10920	62	13020	72	15120	82	17220	92	19320
3	630	13	2730	23	4830	33	6930	43	9030	53	11130	63	13230	73	15330	83	17430	93	19530
4	840	14	2940	24	5040	34	7140	44	9240	54	11340	64	13440	74	15540	84	17640	94	19740
5	1050	15	3150	25	5250	35	7350	45	9450	55	11550	65	13650	75	15750	85	17850	95	19950
6	1260	16	3360	26	5460	36	7560	46	9660	56	11760	66	13860	76	15960	86	18060	96	20160
7	1470	17	3570	27	5670	37	7770	47	9870	57	11970	67	14070	77	16170	87	18270	97	20370
8	1680	18	3780	28	5880	38	7980	48	10080	58	12180	68	14280	78	16380	88	18480	98	20580
9	1890	19	3990	29	6090	39	8190	49	10290	59	12390	69	14490	79	16590	89	18690	99	20790
10	2100	20	4200	30	6300	40	8400	50	10500	60	12600	70	14700	80	16800	90	18900	100	21000

211

1	211	**11**	2321	**21**	4431	**31**	6541	**41**	8651	**51**	10761	**61**	12871	**71**	14981	**81**	17091	**91**	19201
2	422	**12**	2532	**22**	4642	**32**	6752	**42**	8862	**52**	10972	**62**	13082	**72**	15192	**82**	17302	**92**	19412
3	633	**13**	2743	**23**	4853	**33**	6963	**43**	9073	**53**	11183	**63**	13293	**73**	15403	**83**	17513	**93**	19623
4	844	**14**	2954	**24**	5064	**34**	7174	**44**	9284	**54**	11394	**64**	13504	**74**	15614	**84**	17724	**94**	19834
5	1055	**15**	3165	**25**	5275	**35**	7385	**45**	9495	**55**	11605	**65**	13715	**75**	15825	**85**	17935	**95**	20045
6	1266	**16**	3376	**26**	5486	**36**	7596	**46**	9706	**56**	11816	**66**	13926	**76**	16036	**86**	18146	**96**	20256
7	1477	**17**	3587	**27**	5697	**37**	7807	**47**	9917	**57**	12027	**67**	14137	**77**	16247	**87**	18357	**97**	20467
8	1688	**18**	3798	**28**	5908	**38**	8018	**48**	10128	**58**	12238	**68**	14348	**78**	16458	**88**	18568	**98**	20678
9	1899	**19**	4009	**29**	6119	**39**	8229	**49**	10339	**59**	12449	**69**	14559	**79**	16669	**89**	18779	**99**	20889
10	2110	**20**	4220	**30**	6330	**40**	8440	**50**	10550	**60**	12660	**70**	14770	**80**	16880	**90**	18990	**100**	21100

212

1	212	**11**	2332	**21**	4452	**31**	6572	**41**	8692	**51**	10812	**61**	12932	**71**	15052	**81**	17172	**91**	19292
2	424	**12**	2544	**22**	4664	**32**	6784	**42**	8904	**52**	11024	**62**	13144	**72**	15264	**82**	17384	**92**	19504
3	636	**13**	2756	**23**	4876	**33**	6996	**43**	9116	**53**	11236	**63**	13356	**73**	15476	**83**	17596	**93**	19716
4	848	**14**	2968	**24**	5088	**34**	7208	**44**	9328	**54**	11448	**64**	13568	**74**	15688	**84**	17808	**94**	19928
5	1060	**15**	3180	**25**	5300	**35**	7420	**45**	9540	**55**	11660	**65**	13780	**75**	15900	**85**	18020	**95**	20140
6	1272	**16**	3392	**26**	5512	**36**	7632	**46**	9752	**56**	11872	**66**	13992	**76**	16112	**86**	18232	**96**	20352
7	1484	**17**	3604	**27**	5724	**37**	7844	**47**	9964	**57**	12084	**67**	14204	**77**	16324	**87**	18444	**97**	20564
8	1696	**18**	3816	**28**	5936	**38**	8056	**48**	10176	**58**	12296	**68**	14416	**78**	16536	**88**	18656	**98**	20776
9	1908	**19**	4028	**29**	6148	**39**	8268	**49**	10388	**59**	12508	**69**	14628	**79**	16748	**89**	18868	**99**	20988
10	2120	**20**	4240	**30**	6360	**40**	8480	**50**	10600	**60**	12720	**70**	14840	**80**	16960	**90**	19080	**100**	21200

213

1	213	**11**	2343	**21**	4473	**31**	6603	**41**	8733	**51**	10863	**61**	12993	**71**	15123	**81**	17253	**91**	19383
2	426	**12**	2556	**22**	4686	**32**	6816	**42**	8946	**52**	11076	**62**	13206	**72**	15336	**82**	17466	**92**	19596
3	639	**13**	2769	**23**	4899	**33**	7029	**43**	9159	**53**	11289	**63**	13419	**73**	15549	**83**	17679	**93**	19809
4	852	**14**	2982	**24**	5112	**34**	7242	**44**	9372	**54**	11502	**64**	13632	**74**	15762	**84**	17892	**94**	20022
5	1065	**15**	3195	**25**	5325	**35**	7455	**45**	9585	**55**	11715	**65**	13845	**75**	15975	**85**	18105	**95**	20235
6	1278	**16**	3408	**26**	5538	**36**	7668	**46**	9798	**56**	11928	**66**	14058	**76**	16188	**86**	18318	**96**	20448
7	1491	**17**	3621	**27**	5751	**37**	7881	**47**	10011	**57**	12141	**67**	14271	**77**	16401	**87**	18531	**97**	20661
8	1704	**18**	3834	**28**	5964	**38**	8094	**48**	10224	**58**	12354	**68**	14484	**78**	16614	**88**	18744	**98**	20874
9	1917	**19**	4047	**29**	6177	**39**	8307	**49**	10437	**59**	12567	**69**	14697	**79**	16827	**89**	18957	**99**	21087
10	2130	**20**	4260	**30**	6390	**40**	8520	**50**	10650	**60**	12780	**70**	14910	**80**	17040	**90**	19170	**100**	21300

214

1	214	**11**	2354	**21**	4494	**31**	6634	**41**	8774	**51**	10914	**61**	13054	**71**	15194	**81**	17334	**91**	19474
2	428	**12**	2568	**22**	4708	**32**	6848	**42**	8988	**52**	11128	**62**	13268	**72**	15408	**82**	17548	**92**	19688
3	642	**13**	2782	**23**	4922	**33**	7062	**43**	9202	**53**	11342	**63**	13482	**73**	15622	**83**	17762	**93**	19902
4	856	**14**	2996	**24**	5136	**34**	7276	**44**	9416	**54**	11556	**64**	13696	**74**	15836	**84**	17976	**94**	20116
5	1070	**15**	3210	**25**	5350	**35**	7490	**45**	9630	**55**	11770	**65**	13910	**75**	16050	**85**	18190	**95**	20330
6	1284	**16**	3424	**26**	5564	**36**	7704	**46**	9844	**56**	11984	**66**	14124	**76**	16264	**86**	18404	**96**	20544
7	1498	**17**	3638	**27**	5778	**37**	7918	**47**	10058	**57**	12198	**67**	14338	**77**	16478	**87**	18618	**97**	20758
8	1712	**18**	3852	**28**	5992	**38**	8132	**48**	10272	**58**	12412	**68**	14552	**78**	16692	**88**	18832	**98**	20972
9	1926	**19**	4066	**29**	6206	**39**	8346	**49**	10486	**59**	12626	**69**	14766	**79**	16906	**89**	19046	**99**	21186
10	2140	**20**	4280	**30**	6420	**40**	8560	**50**	10700	**60**	12840	**70**	14980	**80**	17120	**90**	19260	**100**	21400

215

1	215	**11**	2365	**21**	4515	**31**	6665	**41**	8815	**51**	10965	**61**	13115	**71**	15265	**81**	17415	**91**	19565
2	430	**12**	2580	**22**	4730	**32**	6880	**42**	9030	**52**	11180	**62**	13330	**72**	15480	**82**	17630	**92**	19780
3	645	**13**	2795	**23**	4945	**33**	7095	**43**	9245	**53**	11395	**63**	13545	**73**	15695	**83**	17845	**93**	19995
4	860	**14**	3010	**24**	5160	**34**	7310	**44**	9460	**54**	11610	**64**	13760	**74**	15910	**84**	18060	**94**	20210
5	1075	**15**	3225	**25**	5375	**35**	7525	**45**	9675	**55**	11825	**65**	13975	**75**	16125	**85**	18275	**95**	20425
6	1290	**16**	3440	**26**	5590	**36**	7740	**46**	9890	**56**	12040	**66**	14190	**76**	16340	**86**	18490	**96**	20640
7	1505	**17**	3655	**27**	5805	**37**	7955	**47**	10105	**57**	12255	**67**	14405	**77**	16555	**87**	18705	**97**	20855
8	1720	**18**	3870	**28**	6020	**38**	8170	**48**	10320	**58**	12470	**68**	14620	**78**	16770	**88**	18920	**98**	21070
9	1935	**19**	4085	**29**	6235	**39**	8385	**49**	10535	**59**	12685	**69**	14835	**79**	16985	**89**	19135	**99**	21285
10	2150	**20**	4300	**30**	6450	**40**	8600	**50**	10750	**60**	12900	**70**	15050	**80**	17200	**90**	19350	**100**	21500

216

1	216	**11**	2376	**21**	4536	**31**	6696	**41**	8856	**51**	11016	**61**	13176	**71**	15336	**81**	17496	**91**	19656
2	432	**12**	2592	**22**	4752	**32**	6912	**42**	9072	**52**	11232	**62**	13392	**72**	15552	**82**	17712	**92**	19872
3	648	**13**	2808	**23**	4968	**33**	7128	**43**	9288	**53**	11448	**63**	13608	**73**	15768	**83**	17928	**93**	20088
4	864	**14**	3024	**24**	5184	**34**	7344	**44**	9504	**54**	11664	**64**	13824	**74**	15984	**84**	18144	**94**	20304
5	1080	**15**	3240	**25**	5400	**35**	7560	**45**	9720	**55**	11880	**65**	14040	**75**	16200	**85**	18360	**95**	20520
6	1296	**16**	3456	**26**	5616	**36**	7776	**46**	9936	**56**	12096	**66**	14256	**76**	16416	**86**	18576	**96**	20736
7	1512	**17**	3672	**27**	5832	**37**	7992	**47**	10152	**57**	12312	**67**	14472	**77**	16632	**87**	18792	**97**	20952
8	1728	**18**	3888	**28**	6048	**38**	8208	**48**	10368	**58**	12528	**68**	14688	**78**	16848	**88**	19008	**98**	21168
9	1944	**19**	4104	**29**	6264	**39**	8424	**49**	10584	**59**	12744	**69**	14904	**79**	17064	**89**	19224	**99**	21384
10	2160	**20**	4320	**30**	6480	**40**	8640	**50**	10800	**60**	12960	**70**	15120	**80**	17280	**90**	19440	**100**	21600

217

1	217	**11**	2387	**21**	4557	**31**	6727	**41**	8897	**51**	11067	**61**	13237	**71**	15407	**81**	17577	**91**	19747
2	434	**12**	2604	**22**	4774	**32**	6944	**42**	9114	**52**	11284	**62**	13454	**72**	15624	**82**	17794	**92**	19964
3	651	**13**	2821	**23**	4991	**33**	7161	**43**	9331	**53**	11501	**63**	13671	**73**	15841	**83**	18011	**93**	20181
4	868	**14**	3038	**24**	5208	**34**	7378	**44**	9548	**54**	11718	**64**	13888	**74**	16058	**84**	18228	**94**	20398
5	1085	**15**	3255	**25**	5425	**35**	7595	**45**	9765	**55**	11935	**65**	14105	**75**	16275	**85**	18445	**95**	20615
6	1302	**16**	3472	**26**	5642	**36**	7812	**46**	9982	**56**	12152	**66**	14322	**76**	16492	**86**	18662	**96**	20832
7	1519	**17**	3689	**27**	5859	**37**	8029	**47**	10199	**57**	12369	**67**	14539	**77**	16709	**87**	18879	**97**	21049
8	1736	**18**	3906	**28**	6076	**38**	8246	**48**	10416	**58**	12586	**68**	14756	**78**	16926	**88**	19096	**98**	21266
9	1953	**19**	4123	**29**	6293	**39**	8463	**49**	10633	**59**	12803	**69**	14973	**79**	17143	**89**	19313	**99**	21483
10	2170	**20**	4340	**30**	6510	**40**	8680	**50**	10850	**60**	13020	**70**	15190	**80**	17360	**90**	19530	**100**	21700

218

1	218	**11**	2398	**21**	4578	**31**	6758	**41**	8938	**51**	11118	**61**	13298	**71**	15478	**81**	17658	**91**	19838
2	436	**12**	2616	**22**	4796	**32**	6976	**42**	9156	**52**	11336	**62**	13516	**72**	15696	**82**	17876	**92**	20056
3	654	**13**	2834	**23**	5014	**33**	7194	**43**	9374	**53**	11554	**63**	13734	**73**	15914	**83**	18094	**93**	20274
4	872	**14**	3052	**24**	5232	**34**	7412	**44**	9592	**54**	11772	**64**	13952	**74**	16132	**84**	18312	**94**	20492
5	1090	**15**	3270	**25**	5450	**35**	7630	**45**	9810	**55**	11990	**65**	14170	**75**	16350	**85**	18530	**95**	20710
6	1308	**16**	3488	**26**	5668	**36**	7848	**46**	10028	**56**	12208	**66**	14388	**76**	16568	**86**	18748	**96**	20928
7	1526	**17**	3706	**27**	5886	**37**	8066	**47**	10246	**57**	12426	**67**	14606	**77**	16786	**87**	18966	**97**	21146
8	1744	**18**	3924	**28**	6104	**38**	8284	**48**	10464	**58**	12644	**68**	14824	**78**	17004	**88**	19184	**98**	21364
9	1962	**19**	4142	**29**	6322	**39**	8502	**49**	10682	**59**	12862	**69**	15042	**79**	17222	**89**	19402	**99**	21582
10	2180	**20**	4360	**30**	6540	**40**	8720	**50**	10900	**60**	13080	**70**	15260	**80**	17440	**90**	19620	**100**	21800

219

1	219	**11**	2409	**21**	4599	**31**	6789	**41**	8979	**51**	11169	**61**	13359	**71**	15549	**81**	17739	**91**	19929
2	438	**12**	2628	**22**	4818	**32**	7008	**42**	9198	**52**	11388	**62**	13578	**72**	15768	**82**	17958	**92**	20148
3	657	**13**	2847	**23**	5037	**33**	7227	**43**	9417	**53**	11607	**63**	13797	**73**	15987	**83**	18177	**93**	20367
4	876	**14**	3066	**24**	5256	**34**	7446	**44**	9636	**54**	11826	**64**	14016	**74**	16206	**84**	18396	**94**	20586
5	1095	**15**	3285	**25**	5475	**35**	7665	**45**	9855	**55**	12045	**65**	14235	**75**	16425	**85**	18615	**95**	20805
6	1314	**16**	3504	**26**	5694	**36**	7884	**46**	10074	**56**	12264	**66**	14454	**76**	16644	**86**	18834	**96**	21024
7	1533	**17**	3723	**27**	5913	**37**	8103	**47**	10293	**57**	12483	**67**	14673	**77**	16863	**87**	19053	**97**	21243
8	1752	**18**	3942	**28**	6132	**38**	8322	**48**	10512	**58**	12702	**68**	14892	**78**	17082	**88**	19272	**98**	21462
9	1971	**19**	4161	**29**	6351	**39**	8541	**49**	10731	**59**	12921	**69**	15111	**79**	17301	**89**	19491	**99**	21681
10	2190	**20**	4380	**30**	6570	**40**	8760	**50**	10950	**60**	13140	**70**	15330	**80**	17520	**90**	19710	**100**	21900

220

1	220	**11**	2420	**21**	4620	**31**	6820	**41**	9020	**51**	11220	**61**	13420	**71**	15620	**81**	17820	**91**	20020
2	440	**12**	2640	**22**	4840	**32**	7040	**42**	9240	**52**	11440	**62**	13640	**72**	15840	**82**	18040	**92**	20240
3	660	**13**	2860	**23**	5060	**33**	7260	**43**	9460	**53**	11660	**63**	13860	**73**	16060	**83**	18260	**93**	20460
4	880	**14**	3080	**24**	5280	**34**	7480	**44**	9680	**54**	11880	**64**	14080	**74**	16280	**84**	18480	**94**	20680
5	1100	**15**	3300	**25**	5500	**35**	7700	**45**	9900	**55**	12100	**65**	14300	**75**	16500	**85**	18700	**95**	20900
6	1320	**16**	3520	**26**	5720	**36**	7920	**46**	10120	**56**	12320	**66**	14520	**76**	16720	**86**	18920	**96**	21120
7	1540	**17**	3740	**27**	5940	**37**	8140	**47**	10340	**57**	12540	**67**	14740	**77**	16940	**87**	19140	**97**	21340
8	1760	**18**	3960	**28**	6160	**38**	8360	**48**	10560	**58**	12760	**68**	14960	**78**	17160	**88**	19360	**98**	21560
9	1980	**19**	4180	**29**	6380	**39**	8580	**49**	10780	**59**	12980	**69**	15180	**79**	17380	**89**	19580	**99**	21780
10	2200	**20**	4400	**30**	6600	**40**	8800	**50**	11000	**60**	13200	**70**	15400	**80**	17600	**90**	19800	**100**	22000

221

1	221	11	2431	21	4641	31	6851	41	9061	51	11271	61	13481	71	15691	81	17901	91	20111
2	442	12	2652	22	4862	32	7072	42	9282	52	11492	62	13702	72	15912	82	18122	92	20332
3	663	13	2873	23	5083	33	7293	43	9503	53	11713	63	13923	73	16133	83	18343	93	20553
4	884	14	3094	24	5304	34	7514	44	9724	54	11934	64	14144	74	16354	84	18564	94	20774
5	1105	15	3315	25	5525	35	7735	45	9945	55	12155	65	14365	75	16575	85	18785	95	20995
6	1326	16	3536	26	5746	36	7956	46	10166	56	12376	66	14586	76	16796	86	19006	96	21216
7	1547	17	3757	27	5967	37	8177	47	10387	57	12597	67	14807	77	17017	87	19227	97	21437
8	1768	18	3978	28	6188	38	8398	48	10608	58	12818	68	15028	78	17238	88	19448	98	21658
9	1989	19	4199	29	6409	39	8619	49	10829	59	13039	69	15249	79	17459	89	19669	99	21879
10	2210	20	4420	30	6630	40	8840	50	11050	60	13260	70	15470	80	17680	90	19890	100	22100

222

1	222	11	2442	21	4662	31	6882	41	9102	51	11322	61	13542	71	15762	81	17982	91	20202
2	444	12	2664	22	4884	32	7104	42	9324	52	11544	62	13764	72	15984	82	18204	92	20424
3	666	13	2886	23	5106	33	7326	43	9546	53	11766	63	13986	73	16206	83	18426	93	20646
4	888	14	3108	24	5328	34	7548	44	9768	54	11988	64	14208	74	16428	84	18648	94	20868
5	1110	15	3330	25	5550	35	7770	45	9990	55	12210	65	14430	75	16650	85	18870	95	21090
6	1332	16	3552	26	5772	36	7992	46	10212	56	12432	66	14652	76	16872	86	19092	96	21312
7	1554	17	3774	27	5994	37	8214	47	10434	57	12654	67	14874	77	17094	87	19314	97	21534
8	1776	18	3996	28	6216	38	8436	48	10656	58	12876	68	15096	78	17316	88	19536	98	21756
9	1998	19	4218	29	6438	39	8658	49	10878	59	13098	69	15318	79	17538	89	19758	99	21978
10	2220	20	4440	30	6660	40	8880	50	11100	60	13320	70	15540	80	17760	90	19980	100	22200

223

1	223	11	2453	21	4683	31	6913	41	9143	51	11373	61	13603	71	15833	81	18063	91	20293
2	446	12	2676	22	4906	32	7136	42	9366	52	11596	62	13826	72	16056	82	18286	92	20516
3	669	13	2899	23	5129	33	7359	43	9589	53	11819	63	14049	73	16279	83	18509	93	20739
4	892	14	3122	24	5352	34	7582	44	9812	54	12042	64	14272	74	16502	84	18732	94	20962
5	1115	15	3345	25	5575	35	7805	45	10035	55	12265	65	14495	75	16725	85	18955	95	21185
6	1338	16	3568	26	5798	36	8028	46	10258	56	12488	66	14718	76	16948	86	19178	96	21408
7	1561	17	3791	27	6021	37	8251	47	10481	57	12711	67	14941	77	17171	87	19401	97	21631
8	1784	18	4014	28	6244	38	8474	48	10704	58	12934	68	15164	78	17394	88	19624	98	21854
9	2007	19	4237	29	6467	39	8697	49	10927	59	13157	69	15387	79	17617	89	19847	99	22077
10	2230	20	4460	30	6690	40	8920	50	11150	60	13380	70	15610	80	17840	90	20070	100	22300

224

1	224	11	2464	21	4704	31	6944	41	9184	51	11424	61	13664	71	15904	81	18144	91	20384
2	448	12	2688	22	4928	32	7168	42	9408	52	11648	62	13888	72	16128	82	18368	92	20608
3	672	13	2912	23	5152	33	7392	43	9632	53	11872	63	14112	73	16352	83	18592	93	20832
4	896	14	3136	24	5376	34	7616	44	9856	54	12096	64	14336	74	16576	84	18816	94	21056
5	1120	15	3360	25	5600	35	7840	45	10080	55	12320	65	14560	75	16800	85	19040	95	21280
6	1344	16	3584	26	5824	36	8064	46	10304	56	12544	66	14784	76	17024	86	19264	96	21504
7	1568	17	3808	27	6048	37	8288	47	10528	57	12768	67	15008	77	17248	87	19488	97	21728
8	1792	18	4032	28	6272	38	8512	48	10752	58	12992	68	15232	78	17472	88	19712	98	21952
9	2016	19	4256	29	6496	39	8736	49	10976	59	13216	69	15456	79	17696	89	19936	99	22176
10	2240	20	4480	30	6720	40	8960	50	11200	60	13440	70	15680	80	17920	90	20160	100	22400

225

1	225	11	2475	21	4725	31	6975	41	9225	51	11475	61	13725	71	15975	81	18225	91	20475
2	450	12	2700	22	4950	32	7200	42	9450	52	11700	62	13950	72	16200	82	18450	92	20700
3	675	13	2925	23	5175	33	7425	43	9675	53	11925	63	14175	73	16425	83	18675	93	20925
4	900	14	3150	24	5400	34	7650	44	9900	54	12150	64	14400	74	16650	84	18900	94	21150
5	1125	15	3375	25	5625	35	7875	45	10125	55	12375	65	14625	75	16875	85	19125	95	21375
6	1350	16	3600	26	5850	36	8100	46	10350	56	12600	66	14850	76	17100	86	19350	96	21600
7	1575	17	3825	27	6075	37	8325	47	10575	57	12825	67	15075	77	17325	87	19575	97	21825
8	1800	18	4050	28	6300	38	8550	48	10800	58	13050	68	15300	78	17550	88	19800	98	22050
9	2025	19	4275	29	6525	39	8775	49	11025	59	13275	69	15525	79	17775	89	20025	99	22275
10	2250	20	4500	30	6750	40	9000	50	11250	60	13500	70	15750	80	18000	90	20250	100	22500

226

1	226	11	2486	21	4746	31	7006	41	9266	51	11526	61	13786	71	16046	81	18306	91	20566
2	452	12	2712	22	4972	32	7232	42	9492	52	11752	62	14012	72	16272	82	18532	92	20792
3	678	13	2938	23	5198	33	7458	43	9718	53	11978	63	14238	73	16498	83	18758	93	21018
4	904	14	3164	24	5424	34	7684	44	9944	54	12204	64	14464	74	16724	84	18984	94	21244
5	1130	15	3390	25	5650	35	7910	45	10170	55	12430	65	14690	75	16950	85	19210	95	21470
6	1356	16	3616	26	5876	36	8136	46	10396	56	12656	66	14916	76	17176	86	19436	96	21696
7	1582	17	3842	27	6102	37	8362	47	10622	57	12882	67	15142	77	17402	87	19662	97	21922
8	1808	18	4068	28	6328	38	8588	48	10848	58	13108	68	15368	78	17628	88	19888	98	22148
9	2034	19	4294	29	6554	39	8814	49	11074	59	13334	69	15594	79	17854	89	20114	99	22374
10	2260	20	4520	30	6780	40	9040	50	11300	60	13560	70	15820	80	18080	90	20340	100	22600

227

1	227	11	2497	21	4767	31	7037	41	9307	51	11577	61	13847	71	16117	81	18387	91	20657
2	454	12	2724	22	4994	32	7264	42	9534	52	11804	62	14074	72	16344	82	18614	92	20884
3	681	13	2951	23	5221	33	7491	43	9761	53	12031	63	14301	73	16571	83	18841	93	21111
4	908	14	3178	24	5448	34	7718	44	9988	54	12258	64	14528	74	16798	84	19068	94	21338
5	1135	15	3405	25	5675	35	7945	45	10215	55	12485	65	14755	75	17025	85	19295	95	21565
6	1362	16	3632	26	5902	36	8172	46	10442	56	12712	66	14982	76	17252	86	19522	96	21792
7	1589	17	3859	27	6129	37	8399	47	10669	57	12939	67	15209	77	17479	87	19749	97	22019
8	1816	18	4086	28	6356	38	8626	48	10896	58	13166	68	15436	78	17706	88	19976	98	22246
9	2043	19	4313	29	6583	39	8853	49	11123	59	13393	69	15663	79	17933	89	20203	99	22473
10	2270	20	4540	30	6810	40	9080	50	11350	60	13620	70	15890	80	18160	90	20430	100	22700

228

1	228	11	2508	21	4788	31	7068	41	9348	51	11628	61	13908	71	16188	81	18468	91	20748
2	456	12	2736	22	5016	32	7296	42	9576	52	11856	62	14136	72	16416	82	18696	92	20976
3	684	13	2964	23	5244	33	7524	43	9804	53	12084	63	14364	73	16644	83	18924	93	21204
4	912	14	3192	24	5472	34	7752	44	10032	54	12312	64	14592	74	16872	84	19152	94	21432
5	1140	15	3420	25	5700	35	7980	45	10260	55	12540	65	14820	75	17100	85	19380	95	21660
6	1368	16	3648	26	5928	36	8208	46	10488	56	12768	66	15048	76	17328	86	19608	96	21888
7	1596	17	3876	27	6156	37	8436	47	10716	57	12996	67	15276	77	17556	87	19836	97	22116
8	1824	18	4104	28	6384	38	8664	48	10944	58	13224	68	15504	78	17784	88	20064	98	22344
9	2052	19	4332	29	6612	39	8892	49	11172	59	13452	69	15732	79	18012	89	20292	99	22572
10	2280	20	4560	30	6840	40	9120	50	11400	60	13680	70	15960	80	18240	90	20520	100	22800

229

1	229	11	2519	21	4809	31	7099	41	9389	51	11679	61	13969	71	16259	81	18549	91	20839
2	458	12	2748	22	5038	32	7328	42	9618	52	11908	62	14198	72	16488	82	18778	92	21068
3	687	13	2977	23	5267	33	7557	43	9847	53	12137	63	14427	73	16717	83	19007	93	21297
4	916	14	3206	24	5496	34	7786	44	10076	54	12366	64	14656	74	16946	84	19236	94	21526
5	1145	15	3435	25	5725	35	8015	45	10305	55	12595	65	14885	75	17175	85	19465	95	21755
6	1374	16	3664	26	5954	36	8244	46	10534	56	12824	66	15114	76	17404	86	19694	96	21984
7	1603	17	3893	27	6183	37	8473	47	10763	57	13053	67	15343	77	17633	87	19923	97	22213
8	1832	18	4122	28	6412	38	8702	48	10992	58	13282	68	15572	78	17862	88	20152	98	22442
9	2061	19	4351	29	6641	39	8931	49	11221	59	13511	69	15801	79	18091	89	20381	99	22671
10	2290	20	4580	30	6870	40	9160	50	11450	60	13740	70	16030	80	18320	90	20610	100	22900

230

1	230	11	2530	21	4830	31	7130	41	9430	51	11730	61	14030	71	16330	81	18630	91	20930
2	460	12	2760	22	5060	32	7360	42	9660	52	11960	62	14260	72	16560	82	18860	92	21160
3	690	13	2990	23	5290	33	7590	43	9890	53	12190	63	14490	73	16790	83	19090	93	21390
4	920	14	3220	24	5520	34	7820	44	10120	54	12420	64	14720	74	17020	84	19320	94	21620
5	1150	15	3450	25	5750	35	8050	45	10350	55	12650	65	14950	75	17250	85	19550	95	21850
6	1380	16	3680	26	5980	36	8280	46	10580	56	12880	66	15180	76	17480	86	19780	96	22080
7	1610	17	3910	27	6210	37	8510	47	10810	57	13110	67	15410	77	17710	87	20010	97	22310
8	1840	18	4140	28	6440	38	8740	48	11040	58	13340	68	15640	78	17940	88	20240	98	22540
9	2070	19	4370	29	6670	39	8970	49	11270	59	13570	69	15870	79	18170	89	20470	99	22770
10	2300	20	4600	30	6900	40	9200	50	11500	60	13800	70	16100	80	18400	90	20700	100	23000

231

1	231	**11**	2541	**21**	4851	**31**	7161	**41**	9471	**51**	11781	**61**	14091	**71**	16401	**81**	18711	**91**	21021
2	462	**12**	2772	**22**	5082	**32**	7392	**42**	9702	**52**	12012	**62**	14322	**72**	16632	**82**	18942	**92**	21252
3	693	**13**	3003	**23**	5313	**33**	7623	**43**	9933	**53**	12243	**63**	14553	**73**	16863	**83**	19173	**93**	21483
4	924	**14**	3234	**24**	5544	**34**	7854	**44**	10164	**54**	12474	**64**	14784	**74**	17094	**84**	19404	**94**	21714
5	1155	**15**	3465	**25**	5775	**35**	8085	**45**	10395	**55**	12705	**65**	15015	**75**	17325	**85**	19635	**95**	21945
6	1386	**16**	3696	**26**	6006	**36**	8316	**46**	10626	**56**	12936	**66**	15246	**76**	17556	**86**	19866	**96**	22176
7	1617	**17**	3927	**27**	6237	**37**	8547	**47**	10857	**57**	13167	**67**	15477	**77**	17787	**87**	20097	**97**	22407
8	1848	**18**	4158	**28**	6468	**38**	8778	**48**	11088	**58**	13398	**68**	15708	**78**	18018	**88**	20328	**98**	22638
9	2079	**19**	4389	**29**	6699	**39**	9009	**49**	11319	**59**	13629	**69**	15939	**79**	18249	**89**	20559	**99**	22869
10	2310	**20**	4620	**30**	6930	**40**	9240	**50**	11550	**60**	13860	**70**	16170	**80**	18480	**90**	20790	**100**	23100

232

1	232	**11**	2552	**21**	4872	**31**	7192	**41**	9512	**51**	11832	**61**	14152	**71**	16472	**81**	18792	**91**	21112
2	464	**12**	2784	**22**	5104	**32**	7424	**42**	9744	**52**	12064	**62**	14384	**72**	16704	**82**	19024	**92**	21344
3	696	**13**	3016	**23**	5336	**33**	7656	**43**	9976	**53**	12296	**63**	14616	**73**	16936	**83**	19256	**93**	21576
4	928	**14**	3248	**24**	5568	**34**	7888	**44**	10208	**54**	12528	**64**	14848	**74**	17168	**84**	19488	**94**	21808
5	1160	**15**	3480	**25**	5800	**35**	8120	**45**	10440	**55**	12760	**65**	15080	**75**	17400	**85**	19720	**95**	22040
6	1392	**16**	3712	**26**	6032	**36**	8352	**46**	10672	**56**	12992	**66**	15312	**76**	17632	**86**	19952	**96**	22272
7	1624	**17**	3944	**27**	6264	**37**	8584	**47**	10904	**57**	13224	**67**	15544	**77**	17864	**87**	20184	**97**	22504
8	1856	**18**	4176	**28**	6496	**38**	8816	**48**	11136	**58**	13456	**68**	15776	**78**	18096	**88**	20416	**98**	22736
9	2088	**19**	4408	**29**	6728	**39**	9048	**49**	11368	**59**	13688	**69**	16008	**79**	18328	**89**	20648	**99**	22968
10	2320	**20**	4640	**30**	6960	**40**	9280	**50**	11600	**60**	13920	**70**	16240	**80**	18560	**90**	20880	**100**	23200

233

1	233	**11**	2563	**21**	4893	**31**	7223	**41**	9553	**51**	11883	**61**	14213	**71**	16543	**81**	18873	**91**	21203
2	466	**12**	2796	**22**	5126	**32**	7456	**42**	9786	**52**	12116	**62**	14446	**72**	16776	**82**	19106	**92**	21436
3	699	**13**	3029	**23**	5359	**33**	7689	**43**	10019	**53**	12349	**63**	14679	**73**	17009	**83**	19339	**93**	21669
4	932	**14**	3262	**24**	5592	**34**	7922	**44**	10252	**54**	12582	**64**	14912	**74**	17242	**84**	19572	**94**	21902
5	1165	**15**	3495	**25**	5825	**35**	8155	**45**	10485	**55**	12815	**65**	15145	**75**	17475	**85**	19805	**95**	22135
6	1398	**16**	3728	**26**	6058	**36**	8388	**46**	10718	**56**	13048	**66**	15378	**76**	17708	**86**	20038	**96**	22368
7	1631	**17**	3961	**27**	6291	**37**	8621	**47**	10951	**57**	13281	**67**	15611	**77**	17941	**87**	20271	**97**	22601
8	1864	**18**	4194	**28**	6524	**38**	8854	**48**	11184	**58**	13514	**68**	15844	**78**	18174	**88**	20504	**98**	22834
9	2097	**19**	4427	**29**	6757	**39**	9087	**49**	11417	**59**	13747	**69**	16077	**79**	18407	**89**	20737	**99**	23067
10	2330	**20**	4660	**30**	6990	**40**	9320	**50**	11650	**60**	13980	**70**	16310	**80**	18640	**90**	20970	**100**	23300

234

1	234	**11**	2574	**21**	4914	**31**	7254	**41**	9594	**51**	11934	**61**	14274	**71**	16614	**81**	18954	**91**	21294
2	468	**12**	2808	**22**	5148	**32**	7488	**42**	9828	**52**	12168	**62**	14508	**72**	16848	**82**	19188	**92**	21528
3	702	**13**	3042	**23**	5382	**33**	7722	**43**	10062	**53**	12402	**63**	14742	**73**	17082	**83**	19422	**93**	21762
4	936	**14**	3276	**24**	5616	**34**	7956	**44**	10296	**54**	12636	**64**	14976	**74**	17316	**84**	19656	**94**	21996
5	1170	**15**	3510	**25**	5850	**35**	8190	**45**	10530	**55**	12870	**65**	15210	**75**	17550	**85**	19890	**95**	22230
6	1404	**16**	3744	**26**	6084	**36**	8424	**46**	10764	**56**	13104	**66**	15444	**76**	17784	**86**	20124	**96**	22464
7	1638	**17**	3978	**27**	6318	**37**	8658	**47**	10998	**57**	13338	**67**	15678	**77**	18018	**87**	20358	**97**	22698
8	1872	**18**	4212	**28**	6552	**38**	8892	**48**	11232	**58**	13572	**68**	15912	**78**	18252	**88**	20592	**98**	22932
9	2106	**19**	4446	**29**	6786	**39**	9126	**49**	11466	**59**	13806	**69**	16146	**79**	18486	**89**	20826	**99**	23166
10	2340	**20**	4680	**30**	7020	**40**	9360	**50**	11700	**60**	14040	**70**	16380	**80**	18720	**90**	21060	**100**	23400

235

1	235	**11**	2585	**21**	4935	**31**	7285	**41**	9635	**51**	11985	**61**	14335	**71**	16685	**81**	19035	**91**	21385
2	470	**12**	2820	**22**	5170	**32**	7520	**42**	9870	**52**	12220	**62**	14570	**72**	16920	**82**	19270	**92**	21620
3	705	**13**	3055	**23**	5405	**33**	7755	**43**	10105	**53**	12455	**63**	14805	**73**	17155	**83**	19505	**93**	21855
4	940	**14**	3290	**24**	5640	**34**	7990	**44**	10340	**54**	12690	**64**	15040	**74**	17390	**84**	19740	**94**	22090
5	1175	**15**	3525	**25**	5875	**35**	8225	**45**	10575	**55**	12925	**65**	15275	**75**	17625	**85**	19975	**95**	22325
6	1410	**16**	3760	**26**	6110	**36**	8460	**46**	10810	**56**	13160	**66**	15510	**76**	17860	**86**	20210	**96**	22560
7	1645	**17**	3995	**27**	6345	**37**	8695	**47**	11045	**57**	13395	**67**	15745	**77**	18095	**87**	20445	**97**	22795
8	1880	**18**	4230	**28**	6580	**38**	8930	**48**	11280	**58**	13630	**68**	15980	**78**	18330	**88**	20680	**98**	23030
9	2115	**19**	4465	**29**	6815	**39**	9165	**49**	11515	**59**	13865	**69**	16215	**79**	18565	**89**	20915	**99**	23265
10	2350	**20**	4700	**30**	7050	**40**	9400	**50**	11750	**60**	14100	**70**	16450	**80**	18800	**90**	21150	**100**	23500

236

1	236	11	2596	21	4956	31	7316	41	9676	51	12036	61	14396	71	16756	81	19116	91	21476
2	472	12	2832	22	5192	32	7552	42	9912	52	12272	62	14632	72	16992	82	19352	92	21712
3	708	13	3068	23	5428	33	7788	43	10148	53	12508	63	14868	73	17228	83	19588	93	21948
4	944	14	3304	24	5664	34	8024	44	10384	54	12744	64	15104	74	17464	84	19824	94	22184
5	1180	15	3540	25	5900	35	8260	45	10620	55	12980	65	15340	75	17700	85	20060	95	22420
6	1416	16	3776	26	6136	36	8496	46	10856	56	13216	66	15576	76	17936	86	20296	96	22656
7	1652	17	4012	27	6372	37	8732	47	11092	57	13452	67	15812	77	18172	87	20532	97	22892
8	1888	18	4248	28	6608	38	8968	48	11328	58	13688	68	16048	78	18408	88	20768	98	23128
9	2124	19	4484	29	6844	39	9204	49	11564	59	13924	69	16284	79	18644	89	21004	99	23364
10	2360	20	4720	30	7080	40	9440	50	11800	60	14160	70	16520	80	18880	90	21240	100	23600

237

1	237	11	2607	21	4977	31	7347	41	9717	51	12087	61	14457	71	16827	81	19197	91	21567
2	474	12	2844	22	5214	32	7584	42	9954	52	12324	62	14694	72	17064	82	19434	92	21804
3	711	13	3081	23	5451	33	7821	43	10191	53	12561	63	14931	73	17301	83	19671	93	22041
4	948	14	3318	24	5688	34	8058	44	10428	54	12798	64	15168	74	17538	84	19908	94	22278
5	1185	15	3555	25	5925	35	8295	45	10665	55	13035	65	15405	75	17775	85	20145	95	22515
6	1422	16	3792	26	6162	36	8532	46	10902	56	13272	66	15642	76	18012	86	20382	96	22752
7	1659	17	4029	27	6399	37	8769	47	11139	57	13509	67	15879	77	18249	87	20619	97	22989
8	1896	18	4266	28	6636	38	9006	48	11376	58	13746	68	16116	78	18486	88	20856	98	23226
9	2133	19	4503	29	6873	39	9243	49	11613	59	13983	69	16353	79	18723	89	21093	99	23463
10	2370	20	4740	30	7110	40	9480	50	11850	60	14220	70	16590	80	18960	90	21330	100	23700

238

1	238	11	2618	21	4998	31	7378	41	9758	51	12138	61	14518	71	16898	81	19278	91	21658
2	476	12	2856	22	5236	32	7616	42	9996	52	12376	62	14756	72	17136	82	19516	92	21896
3	714	13	3094	23	5474	33	7854	43	10234	53	12614	63	14994	73	17374	83	19754	93	22134
4	952	14	3332	24	5712	34	8092	44	10472	54	12852	64	15232	74	17612	84	19992	94	22372
5	1190	15	3570	25	5950	35	8330	45	10710	55	13090	65	15470	75	17850	85	20230	95	22610
6	1428	16	3808	26	6188	36	8568	46	10948	56	13328	66	15708	76	18088	86	20468	96	22848
7	1666	17	4046	27	6426	37	8806	47	11186	57	13566	67	15946	77	18326	87	20706	97	23086
8	1904	18	4284	28	6664	38	9044	48	11424	58	13804	68	16184	78	18564	88	20944	98	23324
9	2142	19	4522	29	6902	39	9282	49	11662	59	14042	69	16422	79	18802	89	21182	99	23562
10	2380	20	4760	30	7140	40	9520	50	11900	60	14280	70	16660	80	19040	90	21420	100	23800

239

1	239	11	2629	21	5019	31	7409	41	9799	51	12189	61	14579	71	16969	81	19359	91	21749
2	478	12	2868	22	5258	32	7648	42	10038	52	12428	62	14818	72	17208	82	19598	92	21988
3	717	13	3107	23	5497	33	7887	43	10277	53	12667	63	15057	73	17447	83	19837	93	22227
4	956	14	3346	24	5736	34	8126	44	10516	54	12906	64	15296	74	17686	84	20076	94	22466
5	1195	15	3585	25	5975	35	8365	45	10755	55	13145	65	15535	75	17925	85	20315	95	22705
6	1434	16	3824	26	6214	36	8604	46	10994	56	13384	66	15774	76	18164	86	20554	96	22944
7	1673	17	4063	27	6453	37	8843	47	11233	57	13623	67	16013	77	18403	87	20793	97	23183
8	1912	18	4302	28	6692	38	9082	48	11472	58	13862	68	16252	78	18642	88	21032	98	23422
9	2151	19	4541	29	6931	39	9321	49	11711	59	14101	69	16491	79	18881	89	21271	99	23661
10	2390	20	4780	30	7170	40	9560	50	11950	60	14340	70	16730	80	19120	90	21510	100	23900

240

1	240	11	2640	21	5040	31	7440	41	9840	51	12240	61	14640	71	17040	81	19440	91	21840
2	480	12	2880	22	5280	32	7680	42	10080	52	12480	62	14880	72	17280	82	19680	92	22080
3	720	13	3120	23	5520	33	7920	43	10320	53	12720	63	15120	73	17520	83	19920	93	22320
4	960	14	3360	24	5760	34	8160	44	10560	54	12960	64	15360	74	17760	84	20160	94	22560
5	1200	15	3600	25	6000	35	8400	45	10800	55	13200	65	15600	75	18000	85	20400	95	22800
6	1440	16	3840	26	6240	36	8640	46	11040	56	13440	66	15840	76	18240	86	20640	96	23040
7	1680	17	4080	27	6480	37	8880	47	11280	57	13680	67	16080	77	18480	87	20880	97	23280
8	1920	18	4320	28	6720	38	9120	48	11520	58	13920	68	16320	78	18720	88	21120	98	23520
9	2160	19	4560	29	6960	39	9360	49	11760	59	14160	69	16560	79	18960	89	21360	99	23760
10	2400	20	4800	30	7200	40	9600	50	12000	60	14400	70	16800	80	19200	90	21600	100	24000

241

1	241	**11**	2651	**21**	5061	**31**	7471	**41**	9881	**51**	12291	**61**	14701	**71**	17111	**81**	19521	**91**	21931
2	482	**12**	2892	**22**	5302	**32**	7712	**42**	10122	**52**	12532	**62**	14942	**72**	17352	**82**	19762	**92**	22172
3	723	**13**	3133	**23**	5543	**33**	7953	**43**	10363	**53**	12773	**63**	15183	**73**	17593	**83**	20003	**93**	22413
4	964	**14**	3374	**24**	5784	**34**	8194	**44**	10604	**54**	13014	**64**	15424	**74**	17834	**84**	20244	**94**	22654
5	1205	**15**	3615	**25**	6025	**35**	8435	**45**	10845	**55**	13255	**65**	15665	**75**	18075	**85**	20485	**95**	22895
6	1446	**16**	3856	**26**	6266	**36**	8676	**46**	11086	**56**	13496	**66**	15906	**76**	18316	**86**	20726	**96**	23136
7	1687	**17**	4097	**27**	6507	**37**	8917	**47**	11327	**57**	13737	**67**	16147	**77**	18557	**87**	20967	**97**	23377
8	1928	**18**	4338	**28**	6748	**38**	9158	**48**	11568	**58**	13978	**68**	16388	**78**	18798	**88**	21208	**98**	23618
9	2169	**19**	4579	**29**	6989	**39**	9399	**49**	11809	**59**	14219	**69**	16629	**79**	19039	**89**	21449	**99**	23859
10	2410	**20**	4820	**30**	7230	**40**	9640	**50**	12050	**60**	14460	**70**	16870	**80**	19280	**90**	21690	**100**	24100

242

1	242	**11**	2662	**21**	5082	**31**	7502	**41**	9922	**51**	12342	**61**	14762	**71**	17182	**81**	19602	**91**	22022
2	484	**12**	2904	**22**	5324	**32**	7744	**42**	10164	**52**	12584	**62**	15004	**72**	17424	**82**	19844	**92**	22264
3	726	**13**	3146	**23**	5566	**33**	7986	**43**	10406	**53**	12826	**63**	15246	**73**	17666	**83**	20086	**93**	22506
4	968	**14**	3388	**24**	5808	**34**	8228	**44**	10648	**54**	13068	**64**	15488	**74**	17908	**84**	20328	**94**	22748
5	1210	**15**	3630	**25**	6050	**35**	8470	**45**	10890	**55**	13310	**65**	15730	**75**	18150	**85**	20570	**95**	22990
6	1452	**16**	3872	**26**	6292	**36**	8712	**46**	11132	**56**	13552	**66**	15972	**76**	18392	**86**	20812	**96**	23232
7	1694	**17**	4114	**27**	6534	**37**	8954	**47**	11374	**57**	13794	**67**	16214	**77**	18634	**87**	21054	**97**	23474
8	1936	**18**	4356	**28**	6776	**38**	9196	**48**	11616	**58**	14036	**68**	16456	**78**	18876	**88**	21296	**98**	23716
9	2178	**19**	4598	**29**	7018	**39**	9438	**49**	11858	**59**	14278	**69**	16698	**79**	19118	**89**	21538	**99**	23958
10	2420	**20**	4840	**30**	7260	**40**	9680	**50**	12100	**60**	14520	**70**	16940	**80**	19360	**90**	21780	**100**	24200

243

1	243	**11**	2673	**21**	5103	**31**	7533	**41**	9963	**51**	12393	**61**	14823	**71**	17253	**81**	19683	**91**	22113
2	486	**12**	2916	**22**	5346	**32**	7776	**42**	10206	**52**	12636	**62**	15066	**72**	17496	**82**	19926	**92**	22356
3	729	**13**	3159	**23**	5589	**33**	8019	**43**	10449	**53**	12879	**63**	15309	**73**	17739	**83**	20169	**93**	22599
4	972	**14**	3402	**24**	5832	**34**	8262	**44**	10692	**54**	13122	**64**	15552	**74**	17982	**84**	20412	**94**	22842
5	1215	**15**	3645	**25**	6075	**35**	8505	**45**	10935	**55**	13365	**65**	15795	**75**	18225	**85**	20655	**95**	23085
6	1458	**16**	3888	**26**	6318	**36**	8748	**46**	11178	**56**	13608	**66**	16038	**76**	18468	**86**	20898	**96**	23328
7	1701	**17**	4131	**27**	6561	**37**	8991	**47**	11421	**57**	13851	**67**	16281	**77**	18711	**87**	21141	**97**	23571
8	1944	**18**	4374	**28**	6804	**38**	9234	**48**	11664	**58**	14094	**68**	16524	**78**	18954	**88**	21384	**98**	23814
9	2187	**19**	4617	**29**	7047	**39**	9477	**49**	11907	**59**	14337	**69**	16767	**79**	19197	**89**	21627	**99**	24057
10	2430	**20**	4860	**30**	7290	**40**	9720	**50**	12150	**60**	14580	**70**	17010	**80**	19440	**90**	21870	**100**	24300

244

1	244	**11**	2684	**21**	5124	**31**	7564	**41**	10004	**51**	12444	**61**	14884	**71**	17324	**81**	19764	**91**	22204
2	488	**12**	2928	**22**	5368	**32**	7808	**42**	10248	**52**	12688	**62**	15128	**72**	17568	**82**	20008	**92**	22448
3	732	**13**	3172	**23**	5612	**33**	8052	**43**	10492	**53**	12932	**63**	15372	**73**	17812	**83**	20252	**93**	22692
4	976	**14**	3416	**24**	5856	**34**	8296	**44**	10736	**54**	13176	**64**	15616	**74**	18056	**84**	20496	**94**	22936
5	1220	**15**	3660	**25**	6100	**35**	8540	**45**	10980	**55**	13420	**65**	15860	**75**	18300	**85**	20740	**95**	23180
6	1464	**16**	3904	**26**	6344	**36**	8784	**46**	11224	**56**	13664	**66**	16104	**76**	18544	**86**	20984	**96**	23424
7	1708	**17**	4148	**27**	6588	**37**	9028	**47**	11468	**57**	13908	**67**	16348	**77**	18788	**87**	21228	**97**	23668
8	1952	**18**	4392	**28**	6832	**38**	9272	**48**	11712	**58**	14152	**68**	16592	**78**	19032	**88**	21472	**98**	23912
9	2196	**19**	4636	**29**	7076	**39**	9516	**49**	11956	**59**	14396	**69**	16836	**79**	19276	**89**	21716	**99**	24156
10	2440	**20**	4880	**30**	7320	**40**	9760	**50**	12200	**60**	14640	**70**	17080	**80**	19520	**90**	21960	**100**	24400

245

1	245	**11**	2695	**21**	5145	**31**	7595	**41**	10045	**51**	12495	**61**	14945	**71**	17395	**81**	19845	**91**	22295
2	490	**12**	2940	**22**	5390	**32**	7840	**42**	10290	**52**	12740	**62**	15190	**72**	17640	**82**	20090	**92**	22540
3	735	**13**	3185	**23**	5635	**33**	8085	**43**	10535	**53**	12985	**63**	15435	**73**	17885	**83**	20335	**93**	22785
4	980	**14**	3430	**24**	5880	**34**	8330	**44**	10780	**54**	13230	**64**	15680	**74**	18130	**84**	20580	**94**	23030
5	1225	**15**	3675	**25**	6125	**35**	8575	**45**	11025	**55**	13475	**65**	15925	**75**	18375	**85**	20825	**95**	23275
6	1470	**16**	3920	**26**	6370	**36**	8820	**46**	11270	**56**	13720	**66**	16170	**76**	18620	**86**	21070	**96**	23520
7	1715	**17**	4165	**27**	6615	**37**	9065	**47**	11515	**57**	13965	**67**	16415	**77**	18865	**87**	21315	**97**	23765
8	1960	**18**	4410	**28**	6860	**38**	9310	**48**	11760	**58**	14210	**68**	16660	**78**	19110	**88**	21560	**98**	24010
9	2205	**19**	4655	**29**	7105	**39**	9555	**49**	12005	**59**	14455	**69**	16905	**79**	19355	**89**	21805	**99**	24255
10	2450	**20**	4900	**30**	7350	**40**	9800	**50**	12250	**60**	14700	**70**	17150	**80**	19600	**90**	22050	**100**	24500

246

1	246	11	2706	21	5166	31	7626	41	10086	51	12546	61	15006	71	17466	81	19926	91	22386
2	492	12	2952	22	5412	32	7872	42	10332	52	12792	62	15252	72	17712	82	20172	92	22632
3	738	13	3198	23	5658	33	8118	43	10578	53	13038	63	15498	73	17958	83	20418	93	22878
4	984	14	3444	24	5904	34	8364	44	10824	54	13284	64	15744	74	18204	84	20664	94	23124
5	1230	15	3690	25	6150	35	8610	45	11070	55	13530	65	15990	75	18450	85	20910	95	23370
6	1476	16	3936	26	6396	36	8856	46	11316	56	13776	66	16236	76	18696	86	21156	96	23616
7	1722	17	4182	27	6642	37	9102	47	11562	57	14022	67	16482	77	18942	87	21402	97	23862
8	1968	18	4428	28	6888	38	9348	48	11808	58	14268	68	16728	78	19188	88	21648	98	24108
9	2214	19	4674	29	7134	39	9594	49	12054	59	14514	69	16974	79	19434	89	21894	99	24354
10	2460	20	4920	30	7380	40	9840	50	12300	60	14760	70	17220	80	19680	90	22140	100	24600

247

1	247	11	2717	21	5187	31	7657	41	10127	51	12597	61	15067	71	17537	81	20007	91	22477
2	494	12	2964	22	5434	32	7904	42	10374	52	12844	62	15314	72	17784	82	20254	92	22724
3	741	13	3211	23	5681	33	8151	43	10621	53	13091	63	15561	73	18031	83	20501	93	22971
4	988	14	3458	24	5928	34	8398	44	10868	54	13338	64	15808	74	18278	84	20748	94	23218
5	1235	15	3705	25	6175	35	8645	45	11115	55	13585	65	16055	75	18525	85	20995	95	23465
6	1482	16	3952	26	6422	36	8892	46	11362	56	13832	66	16302	76	18772	86	21242	96	23712
7	1729	17	4199	27	6669	37	9139	47	11609	57	14079	67	16549	77	19019	87	21489	97	23959
8	1976	18	4446	28	6916	38	9386	48	11856	58	14326	68	16796	78	19266	88	21736	98	24206
9	2223	19	4693	29	7163	39	9633	49	12103	59	14573	69	17043	79	19513	89	21983	99	24453
10	2470	20	4940	30	7410	40	9880	50	12350	60	14820	70	17290	80	19760	90	22230	100	24700

248

1	248	11	2728	21	5208	31	7688	41	10168	51	12648	61	15128	71	17608	81	20088	91	22568
2	496	12	2976	22	5456	32	7936	42	10416	52	12896	62	15376	72	17856	82	20336	92	22816
3	744	13	3224	23	5704	33	8184	43	10664	53	13144	63	15624	73	18104	83	20584	93	23064
4	992	14	3472	24	5952	34	8432	44	10912	54	13392	64	15872	74	18352	84	20832	94	23312
5	1240	15	3720	25	6200	35	8680	45	11160	55	13640	65	16120	75	18600	85	21080	95	23560
6	1488	16	3968	26	6448	36	8928	46	11408	56	13888	66	16368	76	18848	86	21328	96	23808
7	1736	17	4216	27	6696	37	9176	47	11656	57	14136	67	16616	77	19096	87	21576	97	24056
8	1984	18	4464	28	6944	38	9424	48	11904	58	14384	68	16864	78	19344	88	21824	98	24304
9	2232	19	4712	29	7192	39	9672	49	12152	59	14632	69	17112	79	19592	89	22072	99	24552
10	2480	20	4960	30	7440	40	9920	50	12400	60	14880	70	17360	80	19840	90	22320	100	24800

249

1	249	11	2739	21	5229	31	7719	41	10209	51	12699	61	15189	71	17679	81	20169	91	22659
2	498	12	2988	22	5478	32	7968	42	10458	52	12948	62	15438	72	17928	82	20418	92	22908
3	747	13	3237	23	5727	33	8217	43	10707	53	13197	63	15687	73	18177	83	20667	93	23157
4	996	14	3486	24	5976	34	8466	44	10956	54	13446	64	15936	74	18426	84	20916	94	23406
5	1245	15	3735	25	6225	35	8715	45	11205	55	13695	65	16185	75	18675	85	21165	95	23655
6	1494	16	3984	26	6474	36	8964	46	11454	56	13944	66	16434	76	18924	86	21414	96	23904
7	1743	17	4233	27	6723	37	9213	47	11703	57	14193	67	16683	77	19173	87	21663	97	24153
8	1992	18	4482	28	6972	38	9462	48	11952	58	14442	68	16932	78	19422	88	21912	98	24402
9	2241	19	4731	29	7221	39	9711	49	12201	59	14691	69	17181	79	19671	89	22161	99	24651
10	2490	20	4980	30	7470	40	9960	50	12450	60	14940	70	17430	80	19920	90	22410	100	24900

250

1	250	11	2750	21	5250	31	7750	41	10250	51	12750	61	15250	71	17750	81	20250	91	22750
2	500	12	3000	22	5500	32	8000	42	10500	52	13000	62	15500	72	18000	82	20500	92	23000
3	750	13	3250	23	5750	33	8250	43	10750	53	13250	63	15750	73	18250	83	20750	93	23250
4	1000	14	3500	24	6000	34	8500	44	11000	54	13500	64	16000	74	18500	84	21000	94	23500
5	1250	15	3750	25	6250	35	8750	45	11250	55	13750	65	16250	75	18750	85	21250	95	23750
6	1500	16	4000	26	6500	36	9000	46	11500	56	14000	66	16500	76	19000	86	21500	96	24000
7	1750	17	4250	27	6750	37	9250	47	11750	57	14250	67	16750	77	19250	87	21750	97	24250
8	2000	18	4500	28	7000	38	9500	48	12000	58	14500	68	17000	78	19500	88	22000	98	24500
9	2250	19	4750	29	7250	39	9750	49	12250	59	14750	69	17250	79	19750	89	22250	99	24750
10	2500	20	5000	30	7500	40	10000	50	12500	60	15000	70	17500	80	20000	90	22500	100	25000

251

1	251	11	2761	21	5271	31	7781	41	10291	51	12801	61	15311	71	17821	81	20331	91	22841
2	502	12	3012	22	5522	32	8032	42	10542	52	13052	62	15562	72	18072	82	20582	92	23092
3	753	13	3263	23	5773	33	8283	43	10793	53	13303	63	15813	73	18323	83	20833	93	23343
4	1004	14	3514	24	6024	34	8534	44	11044	54	13554	64	16064	74	18574	84	21084	94	23594
5	1255	15	3765	25	6275	35	8785	45	11295	55	13805	65	16315	75	18825	85	21335	95	23845
6	1506	16	4016	26	6526	36	9036	46	11546	56	14056	66	16566	76	19076	86	21586	96	24096
7	1757	17	4267	27	6777	37	9287	47	11797	57	14307	67	16817	77	19327	87	21837	97	24347
8	2008	18	4518	28	7028	38	9538	48	12048	58	14558	68	17068	78	19578	88	22088	98	24598
9	2259	19	4769	29	7279	39	9789	49	12299	59	14809	69	17319	79	19829	89	22339	99	24849
10	2510	20	5020	30	7530	40	10040	50	12550	60	15060	70	17570	80	20080	90	22590	100	25100

252

1	252	11	2772	21	5292	31	7812	41	10332	51	12852	61	15372	71	17892	81	20412	91	22932
2	504	12	3024	22	5544	32	8064	42	10584	52	13104	62	15624	72	18144	82	20664	92	23184
3	756	13	3276	23	5796	33	8316	43	10836	53	13356	63	15876	73	18396	83	20916	93	23436
4	1008	14	3528	24	6048	34	8568	44	11088	54	13608	64	16128	74	18648	84	21168	94	23688
5	1260	15	3780	25	6300	35	8820	45	11340	55	13860	65	16380	75	18900	85	21420	95	23940
6	1512	16	4032	26	6552	36	9072	46	11592	56	14112	66	16632	76	19152	86	21672	96	24192
7	1764	17	4284	27	6804	37	9324	47	11844	57	14364	67	16884	77	19404	87	21924	97	24444
8	2016	18	4536	28	7056	38	9576	48	12096	58	14616	68	17136	78	19656	88	22176	98	24696
9	2268	19	4788	29	7308	39	9828	49	12348	59	14868	69	17388	79	19908	89	22428	99	24948
10	2520	20	5040	30	7560	40	10080	50	12600	60	15120	70	17640	80	20160	90	22680	100	25200

253

1	253	11	2783	21	5313	31	7843	41	10373	51	12903	61	15433	71	17963	81	20493	91	23023
2	506	12	3036	22	5566	32	8096	42	10626	52	13156	62	15686	72	18216	82	20746	92	23276
3	759	13	3289	23	5819	33	8349	43	10879	53	13409	63	15939	73	18469	83	20999	93	23529
4	1012	14	3542	24	6072	34	8602	44	11132	54	13662	64	16192	74	18722	84	21252	94	23782
5	1265	15	3795	25	6325	35	8855	45	11385	55	13915	65	16445	75	18975	85	21505	95	24035
6	1518	16	4048	26	6578	36	9108	46	11638	56	14168	66	16698	76	19228	86	21758	96	24288
7	1771	17	4301	27	6831	37	9361	47	11891	57	14421	67	16951	77	19481	87	22011	97	24541
8	2024	18	4554	28	7084	38	9614	48	12144	58	14674	68	17204	78	19734	88	22264	98	24794
9	2277	19	4807	29	7337	39	9867	49	12397	59	14927	69	17457	79	19987	89	22517	99	25047
10	2530	20	5060	30	7590	40	10120	50	12650	60	15180	70	17710	80	20240	90	22770	100	25300

254

1	254	11	2794	21	5334	31	7874	41	10414	51	12954	61	15494	71	18034	81	20574	91	23114
2	508	12	3048	22	5588	32	8128	42	10668	52	13208	62	15748	72	18288	82	20828	92	23368
3	762	13	3302	23	5842	33	8382	43	10922	53	13462	63	16002	73	18542	83	21082	93	23622
4	1016	14	3556	24	6096	34	8636	44	11176	54	13716	64	16256	74	18796	84	21336	94	23876
5	1270	15	3810	25	6350	35	8890	45	11430	55	13970	65	16510	75	19050	85	21590	95	24130
6	1524	16	4064	26	6604	36	9144	46	11684	56	14224	66	16764	76	19304	86	21844	96	24384
7	1778	17	4318	27	6858	37	9398	47	11938	57	14478	67	17018	77	19558	87	22098	97	24638
8	2032	18	4572	28	7112	38	9652	48	12192	58	14732	68	17272	78	19812	88	22352	98	24892
9	2286	19	4826	29	7366	39	9906	49	12446	59	14986	69	17526	79	20066	89	22606	99	25146
10	2540	20	5080	30	7620	40	10160	50	12700	60	15240	70	17780	80	20320	90	22860	100	25400

255

1	255	11	2805	21	5355	31	7905	41	10455	51	13005	61	15555	71	18105	81	20655	91	23205
2	510	12	3060	22	5610	32	8160	42	10710	52	13260	62	15810	72	18360	82	20910	92	23460
3	765	13	3315	23	5865	33	8415	43	10965	53	13515	63	16065	73	18615	83	21165	93	23715
4	1020	14	3570	24	6120	34	8670	44	11220	54	13770	64	16320	74	18870	84	21420	94	23970
5	1275	15	3825	25	6375	35	8925	45	11475	55	14025	65	16575	75	19125	85	21675	95	24225
6	1530	16	4080	26	6630	36	9180	46	11730	56	14280	66	16830	76	19380	86	21930	96	24480
7	1785	17	4335	27	6885	37	9435	47	11985	57	14535	67	17085	77	19635	87	22185	97	24735
8	2040	18	4590	28	7140	38	9690	48	12240	58	14790	68	17340	78	19890	88	22440	98	24990
9	2295	19	4845	29	7395	39	9945	49	12495	59	15045	69	17595	79	20145	89	22695	99	25245
10	2550	20	5100	30	7650	40	10200	50	12750	60	15300	70	17850	80	20400	90	22950	100	25500

256

1	256	11	2816	21	5376	31	7936	41	10496	51	13056	61	15616	71	18176	81	20736	91	23296
2	512	12	3072	22	5632	32	8192	42	10752	52	13312	62	15872	72	18432	82	20992	92	23552
3	768	13	3328	23	5888	33	8448	43	11008	53	13568	63	16128	73	18688	83	21248	93	23808
4	1024	14	3584	24	6144	34	8704	44	11264	54	13824	64	16384	74	18944	84	21504	94	24064
5	1280	15	3840	25	6400	35	8960	45	11520	55	14080	65	16640	75	19200	85	21760	95	24320
6	1536	16	4096	26	6656	36	9216	46	11776	56	14336	66	16896	76	19456	86	22016	96	24576
7	1792	17	4352	27	6912	37	9472	47	12032	57	14592	67	17152	77	19712	87	22272	97	24832
8	2048	18	4608	28	7168	38	9728	48	12288	58	14848	68	17408	78	19968	88	22528	98	25088
9	2304	19	4864	29	7424	39	9984	49	12544	59	15104	69	17664	79	20224	89	22784	99	25344
10	2560	20	5120	30	7680	40	10240	50	12800	60	15360	70	17920	80	20480	90	23040	100	25600

257

1	257	11	2827	21	5397	31	7967	41	10537	51	13107	61	15677	71	18247	81	20817	91	23387
2	514	12	3084	22	5654	32	8224	42	10794	52	13364	62	15934	72	18504	82	21074	92	23644
3	771	13	3341	23	5911	33	8481	43	11051	53	13621	63	16191	73	18761	83	21331	93	23901
4	1028	14	3598	24	6168	34	8738	44	11308	54	13878	64	16448	74	19018	84	21588	94	24158
5	1285	15	3855	25	6425	35	8995	45	11565	55	14135	65	16705	75	19275	85	21845	95	24415
6	1542	16	4112	26	6682	36	9252	46	11822	56	14392	66	16962	76	19532	86	22102	96	24672
7	1799	17	4369	27	6939	37	9509	47	12079	57	14649	67	17219	77	19789	87	22359	97	24929
8	2056	18	4626	28	7196	38	9766	48	12336	58	14906	68	17476	78	20046	88	22616	98	25186
9	2313	19	4883	29	7453	39	10023	49	12593	59	15163	69	17733	79	20303	89	22873	99	25443
10	2570	20	5140	30	7710	40	10280	50	12850	60	15420	70	17990	80	20560	90	23130	100	25700

258

1	258	11	2838	21	5418	31	7998	41	10578	51	13158	61	15738	71	18318	81	20898	91	23478
2	516	12	3096	22	5676	32	8256	42	10836	52	13416	62	15996	72	18576	82	21156	92	23736
3	774	13	3354	23	5934	33	8514	43	11094	53	13674	63	16254	73	18834	83	21414	93	23994
4	1032	14	3612	24	6192	34	8772	44	11352	54	13932	64	16512	74	19092	84	21672	94	24252
5	1290	15	3870	25	6450	35	9030	45	11610	55	14190	65	16770	75	19350	85	21930	95	24510
6	1548	16	4128	26	6708	36	9288	46	11868	56	14448	66	17028	76	19608	86	22188	96	24768
7	1806	17	4386	27	6966	37	9546	47	12126	57	14706	67	17286	77	19866	87	22446	97	25026
8	2064	18	4644	28	7224	38	9804	48	12384	58	14964	68	17544	78	20124	88	22704	98	25284
9	2322	19	4902	29	7482	39	10062	49	12642	59	15222	69	17802	79	20382	89	22962	99	25542
10	2580	20	5160	30	7740	40	10320	50	12900	60	15480	70	18060	80	20640	90	23220	100	25800

259

1	259	11	2849	21	5439	31	8029	41	10619	51	13209	61	15799	71	18389	81	20979	91	23569
2	518	12	3108	22	5698	32	8288	42	10878	52	13468	62	16058	72	18648	82	21238	92	23828
3	777	13	3367	23	5957	33	8547	43	11137	53	13727	63	16317	73	18907	83	21497	93	24087
4	1036	14	3626	24	6216	34	8806	44	11396	54	13986	64	16576	74	19166	84	21756	94	24346
5	1295	15	3885	25	6475	35	9065	45	11655	55	14245	65	16835	75	19425	85	22015	95	24605
6	1554	16	4144	26	6734	36	9324	46	11914	56	14504	66	17094	76	19684	86	22274	96	24864
7	1813	17	4403	27	6993	37	9583	47	12173	57	14763	67	17353	77	19943	87	22533	97	25123
8	2072	18	4662	28	7252	38	9842	48	12432	58	15022	68	17612	78	20202	88	22792	98	25382
9	2331	19	4921	29	7511	39	10101	49	12691	59	15281	69	17871	79	20461	89	23051	99	25641
10	2590	20	5180	30	7770	40	10360	50	12950	60	15540	70	18130	80	20720	90	23310	100	25900

260

1	260	11	2860	21	5460	31	8060	41	10660	51	13260	61	15860	71	18460	81	21060	91	23660
2	520	12	3120	22	5720	32	8320	42	10920	52	13520	62	16120	72	18720	82	21320	92	23920
3	780	13	3380	23	5980	33	8580	43	11180	53	13780	63	16380	73	18980	83	21580	93	24180
4	1040	14	3640	24	6240	34	8840	44	11440	54	14040	64	16640	74	19240	84	21840	94	24440
5	1300	15	3900	25	6500	35	9100	45	11700	55	14300	65	16900	75	19500	85	22100	95	24700
6	1560	16	4160	26	6760	36	9360	46	11960	56	14560	66	17160	76	19760	86	22360	96	24960
7	1820	17	4420	27	7020	37	9620	47	12220	57	14820	67	17420	77	20020	87	22620	97	25220
8	2080	18	4680	28	7280	38	9880	48	12480	58	15080	68	17680	78	20280	88	22880	98	25480
9	2340	19	4940	29	7540	39	10140	49	12740	59	15340	69	17940	79	20540	89	23140	99	25740
10	2600	20	5200	30	7800	40	10400	50	13000	60	15600	70	18200	80	20800	90	23400	100	26000

261

1	261	11	2871	21	5481	31	8091	41	10701	51	13311	61	15921	71	18531	81	21141	91	23751
2	522	12	3132	22	5742	32	8352	42	10962	52	13572	62	16182	72	18792	82	21402	92	24012
3	783	13	3393	23	6003	33	8613	43	11223	53	13833	63	16443	73	19053	83	21663	93	24273
4	1044	14	3654	24	6264	34	8874	44	11484	54	14094	64	16704	74	19314	84	21924	94	24534
5	1305	15	3915	25	6525	35	9135	45	11745	55	14355	65	16965	75	19575	85	22185	95	24795
6	1566	16	4176	26	6786	36	9396	46	12006	56	14616	66	17226	76	19836	86	22446	96	25056
7	1827	17	4437	27	7047	37	9657	47	12267	57	14877	67	17487	77	20097	87	22707	97	25317
8	2088	18	4698	28	7308	38	9918	48	12528	58	15138	68	17748	78	20358	88	22968	98	25578
9	2349	19	4959	29	7569	39	10179	49	12789	59	15399	69	18009	79	20619	89	23229	99	25839
10	2610	20	5220	30	7830	40	10440	50	13050	60	15660	70	18270	80	20880	90	23490	100	26100

262

1	262	11	2882	21	5502	31	8122	41	10742	51	13362	61	15982	71	18602	81	21222	91	23842
2	524	12	3144	22	5764	32	8384	42	11004	52	13624	62	16244	72	18864	82	21484	92	24104
3	786	13	3406	23	6026	33	8646	43	11266	53	13886	63	16506	73	19126	83	21746	93	24366
4	1048	14	3668	24	6288	34	8908	44	11528	54	14148	64	16768	74	19388	84	22008	94	24628
5	1310	15	3930	25	6550	35	9170	45	11790	55	14410	65	17030	75	19650	85	22270	95	24890
6	1572	16	4192	26	6812	36	9432	46	12052	56	14672	66	17292	76	19912	86	22532	96	25152
7	1834	17	4454	27	7074	37	9694	47	12314	57	14934	67	17554	77	20174	87	22794	97	25414
8	2096	18	4716	28	7336	38	9956	48	12576	58	15196	68	17816	78	20436	88	23056	98	25676
9	2358	19	4978	29	7598	39	10218	49	12838	59	15458	69	18078	79	20698	89	23318	99	25938
10	2620	20	5240	30	7860	40	10480	50	13100	60	15720	70	18340	80	20960	90	23580	100	26200

263

1	263	11	2893	21	5523	31	8153	41	10783	51	13413	61	16043	71	18673	81	21303	91	23933
2	526	12	3156	22	5786	32	8416	42	11046	52	13676	62	16306	72	18936	82	21566	92	24196
3	789	13	3419	23	6049	33	8679	43	11309	53	13939	63	16569	73	19199	83	21829	93	24459
4	1052	14	3682	24	6312	34	8942	44	11572	54	14202	64	16832	74	19462	84	22092	94	24722
5	1315	15	3945	25	6575	35	9205	45	11835	55	14465	65	17095	75	19725	85	22355	95	24985
6	1578	16	4208	26	6838	36	9468	46	12098	56	14728	66	17358	76	19988	86	22618	96	25248
7	1841	17	4471	27	7101	37	9731	47	12361	57	14991	67	17621	77	20251	87	22881	97	25511
8	2104	18	4734	28	7364	38	9994	48	12624	58	15254	68	17884	78	20514	88	23144	98	25774
9	2367	19	4997	29	7627	39	10257	49	12887	59	15517	69	18147	79	20777	89	23407	99	26037
10	2630	20	5260	30	7890	40	10520	50	13150	60	15780	70	18410	80	21040	90	23670	100	26300

264

1	264	11	2904	21	5544	31	8184	41	10824	51	13464	61	16104	71	18744	81	21384	91	24024
2	528	12	3168	22	5808	32	8448	42	11088	52	13728	62	16368	72	19008	82	21648	92	24288
3	792	13	3432	23	6072	33	8712	43	11352	53	13992	63	16632	73	19272	83	21912	93	24552
4	1056	14	3696	24	6336	34	8976	44	11616	54	14256	64	16896	74	19536	84	22176	94	24816
5	1320	15	3960	25	6600	35	9240	45	11880	55	14520	65	17160	75	19800	85	22440	95	25080
6	1584	16	4224	26	6864	36	9504	46	12144	56	14784	66	17424	76	20064	86	22704	96	25344
7	1848	17	4488	27	7128	37	9768	47	12408	57	15048	67	17688	77	20328	87	22968	97	25608
8	2112	18	4752	28	7392	38	10032	48	12672	58	15312	68	17952	78	20592	88	23232	98	25872
9	2376	19	5016	29	7656	39	10296	49	12936	59	15576	69	18216	79	20856	89	23496	99	26136
10	2640	20	5280	30	7920	40	10560	50	13200	60	15840	70	18480	80	21120	90	23760	100	26400

265

1	265	11	2915	21	5565	31	8215	41	10865	51	13515	61	16165	71	18815	81	21465	91	24115
2	530	12	3180	22	5830	32	8480	42	11130	52	13780	62	16430	72	19080	82	21730	92	24380
3	795	13	3445	23	6095	33	8745	43	11395	53	14045	63	16695	73	19345	83	21995	93	24645
4	1060	14	3710	24	6360	34	9010	44	11660	54	14310	64	16960	74	19610	84	22260	94	24910
5	1325	15	3975	25	6625	35	9275	45	11925	55	14575	65	17225	75	19875	85	22525	95	25175
6	1590	16	4240	26	6890	36	9540	46	12190	56	14840	66	17490	76	20140	86	22790	96	25440
7	1855	17	4505	27	7155	37	9805	47	12455	57	15105	67	17755	77	20405	87	23055	97	25705
8	2120	18	4770	28	7420	38	10070	48	12720	58	15370	68	18020	78	20670	88	23320	98	25970
9	2385	19	5035	29	7685	39	10335	49	12985	59	15635	69	18285	79	20935	89	23585	99	26235
10	2650	20	5300	30	7950	40	10600	50	13250	60	15900	70	18550	80	21200	90	23850	100	26500

266

1	266	11	2926	21	5586	31	8246	41	10906	51	13566	61	16226	71	18886	81	21546	91	24206
2	532	12	3192	22	5852	32	8512	42	11172	52	13832	62	16492	72	19152	82	21812	92	24472
3	798	13	3458	23	6118	33	8778	43	11438	53	14098	63	16758	73	19418	83	22078	93	24738
4	1064	14	3724	24	6384	34	9044	44	11704	54	14364	64	17024	74	19684	84	22344	94	25004
5	1330	15	3990	25	6650	35	9310	45	11970	55	14630	65	17290	75	19950	85	22610	95	25270
6	1596	16	4256	26	6916	36	9576	46	12236	56	14896	66	17556	76	20216	86	22876	96	25536
7	1862	17	4522	27	7182	37	9842	47	12502	57	15162	67	17822	77	20482	87	23142	97	25802
8	2128	18	4788	28	7448	38	10108	48	12768	58	15428	68	18088	78	20748	88	23408	98	26068
9	2394	19	5054	29	7714	39	10374	49	13034	59	15694	69	18354	79	21014	89	23674	99	26334
10	2660	20	5320	30	7980	40	10640	50	13300	60	15960	70	18620	80	21280	90	23940	100	26600

267

1	267	11	2937	21	5607	31	8277	41	10947	51	13617	61	16287	71	18957	81	21627	91	24297
2	534	12	3204	22	5874	32	8544	42	11214	52	13884	62	16554	72	19224	82	21894	92	24564
3	801	13	3471	23	6141	33	8811	43	11481	53	14151	63	16821	73	19491	83	22161	93	24831
4	1068	14	3738	24	6408	34	9078	44	11748	54	14418	64	17088	74	19758	84	22428	94	25098
5	1335	15	4005	25	6675	35	9345	45	12015	55	14685	65	17355	75	20025	85	22695	95	25365
6	1602	16	4272	26	6942	36	9612	46	12282	56	14952	66	17622	76	20292	86	22962	96	25632
7	1869	17	4539	27	7209	37	9879	47	12549	57	15219	67	17889	77	20559	87	23229	97	25899
8	2136	18	4806	28	7476	38	10146	48	12816	58	15486	68	18156	78	20826	88	23496	98	26166
9	2403	19	5073	29	7743	39	10413	49	13083	59	15753	69	18423	79	21093	89	23763	99	26433
10	2670	20	5340	30	8010	40	10680	50	13350	60	16020	70	18690	80	21360	90	24030	100	26700

268

1	268	11	2948	21	5628	31	8308	41	10988	51	13668	61	16348	71	19028	81	21708	91	24388
2	536	12	3216	22	5896	32	8576	42	11256	52	13936	62	16616	72	19296	82	21976	92	24656
3	804	13	3484	23	6164	33	8844	43	11524	53	14204	63	16884	73	19564	83	22244	93	24924
4	1072	14	3752	24	6432	34	9112	44	11792	54	14472	64	17152	74	19832	84	22512	94	25192
5	1340	15	4020	25	6700	35	9380	45	12060	55	14740	65	17420	75	20100	85	22780	95	25460
6	1608	16	4288	26	6968	36	9648	46	12328	56	15008	66	17688	76	20368	86	23048	96	25728
7	1876	17	4556	27	7236	37	9916	47	12596	57	15276	67	17956	77	20636	87	23316	97	25996
8	2144	18	4824	28	7504	38	10184	48	12864	58	15544	68	18224	78	20904	88	23584	98	26264
9	2412	19	5092	29	7772	39	10452	49	13132	59	15812	69	18492	79	21172	89	23852	99	26532
10	2680	20	5360	30	8040	40	10720	50	13400	60	16080	70	18760	80	21440	90	24120	100	26800

269

1	269	11	2959	21	5649	31	8339	41	11029	51	13719	61	16409	71	19099	81	21789	91	24479
2	538	12	3228	22	5918	32	8608	42	11298	52	13988	62	16678	72	19368	82	22058	92	24748
3	807	13	3497	23	6187	33	8877	43	11567	53	14257	63	16947	73	19637	83	22327	93	25017
4	1076	14	3766	24	6456	34	9146	44	11836	54	14526	64	17216	74	19906	84	22596	94	25286
5	1345	15	4035	25	6725	35	9415	45	12105	55	14795	65	17485	75	20175	85	22865	95	25555
6	1614	16	4304	26	6994	36	9684	46	12374	56	15064	66	17754	76	20444	86	23134	96	25824
7	1883	17	4573	27	7263	37	9953	47	12643	57	15333	67	18023	77	20713	87	23403	97	26093
8	2152	18	4842	28	7532	38	10222	48	12912	58	15602	68	18292	78	20982	88	23672	98	26362
9	2421	19	5111	29	7801	39	10491	49	13181	59	15871	69	18561	79	21251	89	23941	99	26631
10	2690	20	5380	30	8070	40	10760	50	13450	60	16140	70	18830	80	21520	90	24210	100	26900

270

1	270	11	2970	21	5670	31	8370	41	11070	51	13770	61	16470	71	19170	81	21870	91	24570
2	540	12	3240	22	5940	32	8640	42	11340	52	14040	62	16740	72	19440	82	22140	92	24840
3	810	13	3510	23	6210	33	8910	43	11610	53	14310	63	17010	73	19710	83	22410	93	25110
4	1080	14	3780	24	6480	34	9180	44	11880	54	14580	64	17280	74	19980	84	22680	94	25380
5	1350	15	4050	25	6750	35	9450	45	12150	55	14850	65	17550	75	20250	85	22950	95	25650
6	1620	16	4320	26	7020	36	9720	46	12420	56	15120	66	17820	76	20520	86	23220	96	25920
7	1890	17	4590	27	7290	37	9990	47	12690	57	15390	67	18090	77	20790	87	23490	97	26190
8	2160	18	4860	28	7560	38	10260	48	12960	58	15660	68	18360	78	21060	88	23760	98	26460
9	2430	19	5130	29	7830	39	10530	49	13230	59	15930	69	18630	79	21330	89	24030	99	26730
10	2700	20	5400	30	8100	40	10800	50	13500	60	16200	70	18900	80	21600	90	24300	100	27000

271

1	271	**11**	2981	**21**	5691	**31**	8401	**41**	11111	**51**	13821	**61**	16531	**71**	19241	**81**	21951	**91**	24661
2	542	**12**	3252	**22**	5962	**32**	8672	**42**	11382	**52**	14092	**62**	16802	**72**	19512	**82**	22222	**92**	24932
3	813	**13**	3523	**23**	6233	**33**	8943	**43**	11653	**53**	14363	**63**	17073	**73**	19783	**83**	22493	**93**	25203
4	1084	**14**	3794	**24**	6504	**34**	9214	**44**	11924	**54**	14634	**64**	17344	**74**	20054	**84**	22764	**94**	25474
5	1355	**15**	4065	**25**	6775	**35**	9485	**45**	12195	**55**	14905	**65**	17615	**75**	20325	**85**	23035	**95**	25745
6	1626	**16**	4336	**26**	7046	**36**	9756	**46**	12466	**56**	15176	**66**	17886	**76**	20596	**86**	23306	**96**	26016
7	1897	**17**	4607	**27**	7317	**37**	10027	**47**	12737	**57**	15447	**67**	18157	**77**	20867	**87**	23577	**97**	26287
8	2168	**18**	4878	**28**	7588	**38**	10298	**48**	13008	**58**	15718	**68**	18428	**78**	21138	**88**	23848	**98**	26558
9	2439	**19**	5149	**29**	7859	**39**	10569	**49**	13279	**59**	15989	**69**	18699	**79**	21409	**89**	24119	**99**	26829
10	2710	**20**	5420	**30**	8130	**40**	10840	**50**	13550	**60**	16260	**70**	18970	**80**	21680	**90**	24390	**100**	27100

272

1	272	**11**	2992	**21**	5712	**31**	8432	**41**	11152	**51**	13872	**61**	16592	**71**	19312	**81**	22032	**91**	24752
2	544	**12**	3264	**22**	5984	**32**	8704	**42**	11424	**52**	14144	**62**	16864	**72**	19584	**82**	22304	**92**	25024
3	816	**13**	3536	**23**	6256	**33**	8976	**43**	11696	**53**	14416	**63**	17136	**73**	19856	**83**	22576	**93**	25296
4	1088	**14**	3808	**24**	6528	**34**	9248	**44**	11968	**54**	14688	**64**	17408	**74**	20128	**84**	22848	**94**	25568
5	1360	**15**	4080	**25**	6800	**35**	9520	**45**	12240	**55**	14960	**65**	17680	**75**	20400	**85**	23120	**95**	25840
6	1632	**16**	4352	**26**	7072	**36**	9792	**46**	12512	**56**	15232	**66**	17952	**76**	20672	**86**	23392	**96**	26112
7	1904	**17**	4624	**27**	7344	**37**	10064	**47**	12784	**57**	15504	**67**	18224	**77**	20944	**87**	23664	**97**	26384
8	2176	**18**	4896	**28**	7616	**38**	10336	**48**	13056	**58**	15776	**68**	18496	**78**	21216	**88**	23936	**98**	26656
9	2448	**19**	5168	**29**	7888	**39**	10608	**49**	13328	**59**	16048	**69**	18768	**79**	21488	**89**	24208	**99**	26928
10	2720	**20**	5440	**30**	8160	**40**	10880	**50**	13600	**60**	16320	**70**	19040	**80**	21760	**90**	24480	**100**	27200

273

1	273	**11**	3003	**21**	5733	**31**	8463	**41**	11193	**51**	13923	**61**	16653	**71**	19383	**81**	22113	**91**	24843
2	546	**12**	3276	**22**	6006	**32**	8736	**42**	11466	**52**	14196	**62**	16926	**72**	19656	**82**	22386	**92**	25116
3	819	**13**	3549	**23**	6279	**33**	9009	**43**	11739	**53**	14469	**63**	17199	**73**	19929	**83**	22659	**93**	25389
4	1092	**14**	3822	**24**	6552	**34**	9282	**44**	12012	**54**	14742	**64**	17472	**74**	20202	**84**	22932	**94**	25662
5	1365	**15**	4095	**25**	6825	**35**	9555	**45**	12285	**55**	15015	**65**	17745	**75**	20475	**85**	23205	**95**	25935
6	1638	**16**	4368	**26**	7098	**36**	9828	**46**	12558	**56**	15288	**66**	18018	**76**	20748	**86**	23478	**96**	26208
7	1911	**17**	4641	**27**	7371	**37**	10101	**47**	12831	**57**	15561	**67**	18291	**77**	21021	**87**	23751	**97**	26481
8	2184	**18**	4914	**28**	7644	**38**	10374	**48**	13104	**58**	15834	**68**	18564	**78**	21294	**88**	24024	**98**	26754
9	2457	**19**	5187	**29**	7917	**39**	10647	**49**	13377	**59**	16107	**69**	18837	**79**	21567	**89**	24297	**99**	27027
10	2730	**20**	5460	**30**	8190	**40**	10920	**56**	13650	**60**	16380	**70**	19110	**80**	21840	**90**	24570	**100**	27300

274

1	274	**11**	3014	**21**	5754	**31**	8494	**41**	11234	**51**	13974	**61**	16714	**71**	19454	**81**	22194	**91**	24934
2	548	**12**	3288	**22**	6028	**32**	8768	**42**	11508	**52**	14248	**62**	16988	**72**	19728	**82**	22468	**92**	25208
3	822	**13**	3562	**23**	6302	**33**	9042	**43**	11782	**53**	14522	**63**	17262	**73**	20002	**83**	22742	**93**	25482
4	1096	**14**	3836	**24**	6576	**34**	9316	**44**	12056	**54**	14796	**64**	17536	**74**	20276	**84**	23016	**94**	25756
5	1370	**15**	4110	**25**	6850	**35**	9590	**45**	12330	**55**	15070	**65**	17810	**75**	20550	**85**	23290	**95**	26030
6	1644	**16**	4384	**26**	7124	**36**	9864	**46**	12604	**56**	15344	**66**	18084	**76**	20824	**86**	23564	**96**	26304
7	1918	**17**	4658	**27**	7398	**37**	10138	**47**	12878	**57**	15618	**67**	18358	**77**	21098	**87**	23838	**97**	26578
8	2192	**18**	4932	**28**	7672	**38**	10412	**48**	13152	**58**	15892	**68**	18632	**78**	21372	**88**	24112	**98**	26852
9	2466	**19**	5206	**29**	7946	**39**	10686	**49**	13426	**59**	16166	**69**	18906	**79**	21646	**89**	24386	**99**	27126
10	2740	**20**	5480	**30**	8220	**40**	10960	**50**	13700	**60**	16440	**70**	19180	**80**	21920	**90**	24660	**100**	27400

271—275

275

1	275	**11**	3025	**21**	5775	**31**	8525	**41**	11275	**51**	14025	**61**	16775	**71**	19525	**81**	22275	**91**	25025
2	550	**12**	3300	**22**	6050	**32**	8800	**42**	11550	**52**	14300	**62**	17050	**72**	19800	**82**	22550	**92**	25300
3	825	**13**	3575	**23**	6325	**33**	9075	**43**	11825	**53**	14575	**63**	17325	**73**	20075	**83**	22825	**93**	25575
4	1100	**14**	3850	**24**	6600	**34**	9350	**44**	12100	**54**	14850	**64**	17600	**74**	20350	**84**	23100	**94**	25850
5	1375	**15**	4125	**25**	6875	**35**	9625	**45**	12375	**55**	15125	**65**	17875	**75**	20625	**85**	23375	**95**	26125
6	1650	**16**	4400	**26**	7150	**36**	9900	**46**	12650	**56**	15400	**66**	18150	**76**	20900	**86**	23650	**96**	26400
7	1925	**17**	4675	**27**	7425	**37**	10175	**47**	12925	**57**	15675	**67**	18425	**77**	21175	**87**	23925	**97**	26675
8	2200	**18**	4950	**28**	7700	**38**	10450	**48**	13200	**58**	15950	**68**	18700	**78**	21450	**88**	24200	**98**	26950
9	2475	**19**	5225	**29**	7975	**39**	10725	**49**	13475	**59**	16225	**69**	18975	**79**	21725	**89**	24475	**99**	27225
10	2750	**20**	5500	**30**	8250	**40**	11000	**50**	13750	**60**	16500	**70**	19250	**80**	22000	**90**	24750	**100**	27500

276

1	276	11	3036	21	5796	31	8556	41	11316	51	14076	61	16836	71	19596	81	22356	91	25116
2	552	12	3312	22	6072	32	8832	42	11592	52	14352	62	17112	72	19872	82	22632	92	25392
3	828	13	3588	23	6348	33	9108	43	11868	53	14628	63	17388	73	20148	83	22908	93	25668
4	1104	14	3864	24	6624	34	9384	44	12144	54	14904	64	17664	74	20424	84	23184	94	25944
5	1380	15	4140	25	6900	35	9660	45	12420	55	15180	65	17940	75	20700	85	23460	95	26220
6	1656	16	4416	26	7176	36	9936	46	12696	56	15456	66	18216	76	20976	86	23736	96	26496
7	1932	17	4692	27	7452	37	10212	47	12972	57	15732	67	18492	77	21252	87	24012	97	26772
8	2208	18	4968	28	7728	38	10488	48	13248	58	16008	68	18768	78	21528	88	24288	98	27048
9	2484	19	5244	29	8004	39	10764	49	13524	59	16284	69	19044	79	21804	89	24564	99	27324
10	2760	20	5520	30	8280	40	11040	50	13800	60	16560	70	19320	80	22080	90	24840	100	27600

277

1	277	11	3047	21	5817	31	8587	41	11357	51	14127	61	16897	71	19667	81	22437	91	25207
2	554	12	3324	22	6094	32	8864	42	11634	52	14404	62	17174	72	19944	82	22714	92	25484
3	831	13	3601	23	6371	33	9141	43	11911	53	14681	63	17451	73	20221	83	22991	93	25761
4	1108	14	3878	24	6648	34	9418	44	12188	54	14958	64	17728	74	20498	84	23268	94	26038
5	1385	15	4155	25	6925	35	9695	45	12465	55	15235	65	18005	75	20775	85	23545	95	26315
6	1662	16	4432	26	7202	36	9972	46	12742	56	15512	66	18282	76	21052	86	23822	96	26592
7	1939	17	4709	27	7479	37	10249	47	13019	57	15789	67	18559	77	21329	87	24099	97	26869
8	2216	18	4986	28	7756	38	10526	48	13296	58	16066	68	18836	78	21606	88	24376	98	27146
9	2493	19	5263	29	8033	39	10803	49	13573	59	16343	69	19113	79	21883	89	24653	99	27423
10	2770	20	5540	30	8310	40	11080	50	13850	60	16620	70	19390	80	22160	90	24930	100	27700

278

1	278	11	3058	21	5838	31	8618	41	11398	51	14178	61	16958	71	19738	81	22518	91	25298
2	556	12	3336	22	6116	32	8896	42	11676	52	14456	62	17236	72	20016	82	22796	92	25576
3	834	13	3614	23	6394	33	9174	43	11954	53	14734	63	17514	73	20294	83	23074	93	25854
4	1112	14	3892	24	6672	34	9452	44	12232	54	15012	64	17792	74	20572	84	23352	94	26132
5	1390	15	4170	25	6950	35	9730	45	12510	55	15290	65	18070	75	20850	85	23630	95	26410
6	1668	16	4448	26	7228	36	10008	46	12788	56	15568	66	18348	76	21128	86	23908	96	26688
7	1946	17	4726	27	7506	37	10286	47	13066	57	15846	67	18626	77	21406	87	24186	97	26966
8	2224	18	5004	28	7784	38	10564	48	13344	58	16124	68	18904	78	21684	88	24464	98	27244
9	2502	19	5282	29	8062	39	10842	49	13622	59	16402	69	19182	79	21962	89	24742	99	27522
10	2780	20	5560	30	8340	40	11120	50	13900	60	16680	70	19460	80	22240	90	25020	100	27800

279

1	279	11	3069	21	5859	31	8649	41	11439	51	14229	61	17019	71	19809	81	22599	91	25389
2	558	12	3348	22	6138	32	8928	42	11718	52	14508	62	17298	72	20088	82	22878	92	25668
3	837	13	3627	23	6417	33	9207	43	11997	53	14787	63	17577	73	20367	83	23157	93	25947
4	1116	14	3906	24	6696	34	9486	44	12276	54	15066	64	17856	74	20646	84	23436	94	26226
5	1395	15	4185	25	6975	35	9765	45	12555	55	15345	65	18135	75	20925	85	23715	95	26505
6	1674	16	4464	26	7254	36	10044	46	12834	56	15624	66	18414	76	21204	86	23994	96	26784
7	1953	17	4743	27	7533	37	10323	47	13113	57	15903	67	18693	77	21483	87	24273	97	27063
8	2232	18	5022	28	7812	38	10602	48	13392	58	16182	68	18972	78	21762	88	24552	98	27342
9	2511	19	5301	29	8091	39	10881	49	13671	59	16461	69	19251	79	22041	89	24831	99	27621
10	2790	20	5580	30	8370	40	11160	50	13950	60	16740	70	19530	80	22320	90	25110	100	27900

280

1	280	11	3080	21	5880	31	8680	41	11480	51	14280	61	17080	71	19880	81	22680	91	25480
2	560	12	3360	22	6160	32	8960	42	11760	52	14560	62	17360	72	20160	82	22960	92	25760
3	840	13	3640	23	6440	33	9240	43	12040	53	14840	63	17640	73	20440	83	23240	93	26040
4	1120	14	3920	24	6720	34	9520	44	12320	54	15120	64	17920	74	20720	84	23520	94	26320
5	1400	15	4200	25	7000	35	9800	45	12600	55	15400	65	18200	75	21000	85	23800	95	26600
6	1680	16	4480	26	7280	36	10080	46	12880	56	15680	66	18480	76	21280	86	24080	96	26880
7	1960	17	4760	27	7560	37	10360	47	13160	57	15960	67	18760	77	21560	87	24360	97	27160
8	2240	18	5040	28	7840	38	10640	48	13440	58	16240	68	19040	78	21840	88	24640	98	27440
9	2520	19	5320	29	8120	39	10920	49	13720	59	16520	69	19320	79	22120	89	24920	99	27720
10	2800	20	5600	30	8400	40	11200	50	14000	60	16800	70	19600	80	22400	90	25200	100	28000

281

1	281	**11**	3091	**21**	5901	**31**	8711	**41**	11521	**51**	14331	**61**	17141	**71**	19951	**81**	22761	**91**	25571
2	562	**12**	3372	**22**	6182	**32**	8992	**42**	11802	**52**	14612	**62**	17422	**72**	20232	**82**	23042	**92**	25852
3	843	**13**	3653	**23**	6463	**33**	9273	**43**	12083	**53**	14893	**63**	17703	**73**	20513	**83**	23323	**93**	26133
4	1124	**14**	3934	**24**	6744	**34**	9554	**44**	12364	**54**	15174	**64**	17984	**74**	20794	**84**	23604	**94**	26414
5	1405	**15**	4215	**25**	7025	**35**	9835	**45**	12645	**55**	15455	**65**	18265	**75**	21075	**85**	23885	**95**	26695
6	1686	**16**	4496	**26**	7306	**36**	10116	**46**	12926	**56**	15736	**66**	18546	**76**	21356	**86**	24166	**96**	26976
7	1967	**17**	4777	**27**	7587	**37**	10397	**47**	13207	**57**	16017	**67**	18827	**77**	21637	**87**	24447	**97**	27257
8	2248	**18**	5058	**28**	7868	**38**	10678	**48**	13488	**58**	16298	**68**	19108	**78**	21918	**88**	24728	**98**	27538
9	2529	**19**	5339	**29**	8149	**39**	10959	**49**	13769	**59**	16579	**69**	19389	**79**	22199	**89**	25009	**99**	27819
10	2810	**20**	5620	**30**	8430	**40**	11240	**50**	14050	**60**	16860	**70**	19670	**80**	22480	**90**	25290	**100**	28100

282

1	282	**11**	3102	**21**	5922	**31**	8742	**41**	11562	**51**	14382	**61**	17202	**71**	20022	**81**	22842	**91**	25662
2	564	**12**	3384	**22**	6204	**32**	9024	**42**	11844	**52**	14664	**62**	17484	**72**	20304	**82**	23124	**92**	25944
3	846	**13**	3666	**23**	6486	**33**	9306	**43**	12126	**53**	14946	**63**	17766	**73**	20586	**83**	23406	**93**	26226
4	1128	**14**	3948	**24**	6768	**34**	9588	**44**	12408	**54**	15228	**64**	18048	**74**	20868	**84**	23688	**94**	26508
5	1410	**15**	4230	**25**	7050	**35**	9870	**45**	12690	**55**	15510	**65**	18330	**75**	21150	**85**	23970	**95**	26790
6	1692	**16**	4512	**26**	7332	**36**	10152	**46**	12972	**56**	15792	**66**	18612	**76**	21432	**86**	24252	**96**	27072
7	1974	**17**	4794	**27**	7614	**37**	10434	**47**	13254	**57**	16074	**67**	18894	**77**	21714	**87**	24534	**97**	27354
8	2256	**18**	5076	**28**	7896	**38**	10716	**48**	13536	**58**	16356	**68**	19176	**78**	21996	**88**	24816	**98**	27636
9	2538	**19**	5358	**29**	8178	**39**	10998	**49**	13818	**59**	16638	**69**	19458	**79**	22278	**89**	25098	**99**	27918
10	2820	**20**	5640	**30**	8460	**40**	11280	**50**	14100	**60**	16920	**70**	19740	**80**	22560	**90**	25380	**100**	28200

283

1	283	**11**	3113	**21**	5943	**31**	8773	**41**	11603	**51**	14433	**61**	17263	**71**	20093	**81**	22923	**91**	25753
2	566	**12**	3396	**22**	6226	**32**	9056	**42**	11886	**52**	14716	**62**	17546	**72**	20376	**82**	23206	**92**	26036
3	849	**13**	3679	**23**	6509	**33**	9339	**43**	12169	**53**	14999	**63**	17829	**73**	20659	**83**	23489	**93**	26319
4	1132	**14**	3962	**24**	6792	**34**	9622	**44**	12452	**54**	15282	**64**	18112	**74**	20942	**84**	23772	**94**	26602
5	1415	**15**	4245	**25**	7075	**35**	9905	**45**	12735	**55**	15565	**65**	18395	**75**	21225	**85**	24055	**95**	26885
6	1698	**16**	4528	**26**	7358	**36**	10188	**46**	13018	**56**	15848	**66**	18678	**76**	21508	**86**	24338	**96**	27168
7	1981	**17**	4811	**27**	7641	**37**	10471	**47**	13301	**57**	16131	**67**	18961	**77**	21791	**87**	24621	**97**	27451
8	2264	**18**	5094	**28**	7924	**38**	10754	**48**	13584	**58**	16414	**68**	19244	**78**	22074	**88**	24904	**98**	27734
9	2547	**19**	5377	**29**	8207	**39**	11037	**49**	13867	**59**	16697	**69**	19527	**79**	22357	**89**	25187	**99**	28017
10	2830	**20**	5660	**30**	8490	**40**	11320	**50**	14150	**60**	16980	**70**	19810	**80**	22640	**90**	25470	**100**	28300

284

1	284	**11**	3124	**21**	5964	**31**	8804	**41**	11644	**51**	14484	**61**	17324	**71**	20164	**81**	23004	**91**	25844
2	568	**12**	3408	**22**	6248	**32**	9088	**42**	11928	**52**	14768	**62**	17608	**72**	20448	**82**	23288	**92**	26128
3	852	**13**	3692	**23**	6532	**33**	9372	**43**	12212	**53**	15052	**63**	17892	**73**	20732	**83**	23572	**93**	26412
4	1136	**14**	3976	**24**	6816	**34**	9656	**44**	12496	**54**	15336	**64**	18176	**74**	21016	**84**	23856	**94**	26696
5	1420	**15**	4260	**25**	7100	**35**	9940	**45**	12780	**55**	15620	**65**	18460	**75**	21300	**85**	24140	**95**	26980
6	1704	**16**	4544	**26**	7384	**36**	10224	**46**	13064	**56**	15904	**66**	18744	**76**	21584	**86**	24424	**96**	27264
7	1988	**17**	4828	**27**	7668	**37**	10508	**47**	13348	**57**	16188	**67**	19028	**77**	21868	**87**	24708	**97**	27548
8	2272	**18**	5112	**28**	7952	**38**	10792	**48**	13632	**58**	16472	**68**	19312	**78**	22152	**88**	24992	**98**	27832
9	2556	**19**	5396	**29**	8236	**39**	11076	**49**	13916	**59**	16756	**69**	19596	**79**	22436	**89**	25276	**99**	28116
10	2840	**20**	5680	**30**	8520	**40**	11360	**50**	14200	**60**	17040	**70**	19880	**80**	22720	**90**	25560	**100**	28400

281—285

285

1	285	**11**	3135	**21**	5985	**31**	8835	**41**	11685	**51**	14535	**61**	17385	**71**	20235	**81**	23085	**91**	25935
2	570	**12**	3420	**22**	6270	**32**	9120	**42**	11970	**52**	14820	**62**	17670	**72**	20520	**82**	23370	**92**	26220
3	855	**13**	3705	**23**	6555	**33**	9405	**43**	12255	**53**	15105	**63**	17955	**73**	20805	**83**	23655	**93**	26505
4	1140	**14**	3990	**24**	6840	**34**	9690	**44**	12540	**54**	15390	**64**	18240	**74**	21090	**84**	23940	**94**	26790
5	1425	**15**	4275	**25**	7125	**35**	9975	**45**	12825	**55**	15675	**65**	18525	**75**	21375	**85**	24225	**95**	27075
6	1710	**16**	4560	**26**	7410	**36**	10260	**46**	13110	**56**	15960	**66**	18810	**76**	21660	**86**	24510	**96**	27360
7	1995	**17**	4845	**27**	7695	**37**	10545	**47**	13395	**57**	16245	**67**	19095	**77**	21945	**87**	24795	**97**	27645
8	2280	**18**	5130	**28**	7980	**38**	10830	**48**	13680	**58**	16530	**68**	19380	**78**	22230	**88**	25080	**98**	27930
9	2565	**19**	5415	**29**	8265	**39**	11115	**49**	13965	**59**	16815	**69**	19665	**79**	22515	**89**	25365	**99**	28215
10	2850	**20**	5700	**30**	8550	**40**	11400	**50**	14250	**60**	17100	**70**	19950	**80**	22800	**90**	25650	**100**	28500

286

1	286	**11**	3146	**21**	6006	**31**	8866	**41**	11726	**51**	14586	**61**	17446	**71**	20306	**81**	23166	**91**	26026
2	572	**12**	3432	**22**	6292	**32**	9152	**42**	12012	**52**	14872	**62**	17732	**72**	20592	**82**	23452	**92**	26312
3	858	**13**	3718	**23**	6578	**33**	9438	**43**	12298	**53**	15158	**63**	18018	**73**	20878	**83**	23738	**93**	26598
4	1144	**14**	4004	**24**	6864	**34**	9724	**44**	12584	**54**	15444	**64**	18304	**74**	21164	**84**	24024	**94**	26884
5	1430	**15**	4290	**25**	7150	**35**	10010	**45**	12870	**55**	15730	**65**	18590	**75**	21450	**85**	24310	**95**	27170
6	1716	**16**	4576	**26**	7436	**36**	10296	**46**	13156	**56**	16016	**66**	18876	**76**	21736	**86**	24596	**96**	27456
7	2002	**17**	4862	**27**	7722	**37**	10582	**47**	13442	**57**	16302	**67**	19162	**77**	22022	**87**	24882	**97**	27742
8	2288	**18**	5148	**28**	8008	**38**	10868	**48**	13728	**58**	16588	**68**	19448	**78**	22308	**88**	25168	**98**	28028
9	2574	**19**	5434	**29**	8294	**39**	11154	**49**	14014	**59**	16874	**69**	19734	**79**	22594	**89**	25454	**99**	28314
10	2860	**20**	5720	**30**	8580	**40**	11440	**50**	14300	**60**	17160	**70**	20020	**80**	22880	**90**	25740	**100**	28600

287

1	287	**11**	3157	**21**	6027	**31**	8897	**41**	11767	**51**	14637	**61**	17507	**71**	20377	**81**	23247	**91**	26117
2	574	**12**	3444	**22**	6314	**32**	9184	**42**	12054	**52**	14924	**62**	17794	**72**	20664	**82**	23534	**92**	26404
3	861	**13**	3731	**23**	6601	**33**	9471	**43**	12341	**53**	15211	**63**	18081	**73**	20951	**83**	23821	**93**	26691
4	1148	**14**	4018	**24**	6888	**34**	9758	**44**	12628	**54**	15498	**64**	18368	**74**	21238	**84**	24108	**94**	26978
5	1435	**15**	4305	**25**	7175	**35**	10045	**45**	12915	**55**	15785	**65**	18655	**75**	21525	**85**	24395	**95**	27265
6	1722	**16**	4592	**26**	7462	**36**	10332	**46**	13202	**56**	16072	**66**	18942	**76**	21812	**86**	24682	**96**	27552
7	2009	**17**	4879	**27**	7749	**37**	10619	**47**	13489	**57**	16359	**67**	19229	**77**	22099	**87**	24969	**97**	27839
8	2296	**18**	5166	**28**	8036	**38**	10906	**48**	13776	**58**	16646	**68**	19516	**78**	22386	**88**	25256	**98**	28126
9	2583	**19**	5453	**29**	8323	**39**	11193	**49**	14063	**59**	16933	**69**	19803	**79**	22673	**89**	25543	**99**	28413
10	2870	**20**	5740	**30**	8610	**40**	11480	**50**	14350	**60**	17220	**70**	20090	**80**	22960	**90**	25830	**100**	28700

288

1	288	**11**	3168	**21**	6048	**31**	8928	**41**	11808	**51**	14688	**61**	17568	**71**	20448	**81**	23328	**91**	26208
2	576	**12**	3456	**22**	6336	**32**	9216	**42**	12096	**52**	14976	**62**	17856	**72**	20736	**82**	23616	**92**	26496
3	864	**13**	3744	**23**	6624	**33**	9504	**43**	12384	**53**	15264	**63**	18144	**73**	21024	**83**	23904	**93**	26784
4	1152	**14**	4032	**24**	6912	**34**	9792	**44**	12672	**54**	15552	**64**	18432	**74**	21312	**84**	24192	**94**	27072
5	1440	**15**	4320	**25**	7200	**35**	10080	**45**	12960	**55**	15840	**65**	18720	**75**	21600	**85**	24480	**95**	27360
6	1728	**16**	4608	**26**	7488	**36**	10368	**46**	13248	**56**	16128	**66**	19008	**76**	21888	**86**	24768	**96**	27648
7	2016	**17**	4896	**27**	7776	**37**	10656	**47**	13536	**57**	16416	**67**	19296	**77**	22176	**87**	25056	**97**	27936
8	2304	**18**	5184	**28**	8064	**38**	10944	**48**	13824	**58**	16704	**68**	19584	**78**	22464	**88**	25344	**98**	28224
9	2592	**19**	5472	**29**	8352	**39**	11232	**49**	14112	**59**	16992	**69**	19872	**79**	22752	**89**	25632	**99**	28512
10	2880	**20**	5760	**30**	8640	**40**	11520	**50**	14400	**60**	17280	**70**	20160	**80**	23040	**90**	25920	**100**	28800

289

1	289	**11**	3179	**21**	6069	**31**	8959	**41**	11849	**51**	14739	**61**	17629	**71**	20519	**81**	23409	**91**	26299
2	578	**12**	3468	**22**	6358	**32**	9248	**42**	12138	**52**	15028	**62**	17918	**72**	20808	**82**	23698	**92**	26588
3	867	**13**	3757	**23**	6647	**33**	9537	**43**	12427	**53**	15317	**63**	18207	**73**	21097	**83**	23987	**93**	26877
4	1156	**14**	4046	**24**	6936	**34**	9826	**44**	12716	**54**	15606	**64**	18496	**74**	21386	**84**	24276	**94**	27166
5	1445	**15**	4335	**25**	7225	**35**	10115	**45**	13005	**55**	15895	**65**	18785	**75**	21675	**85**	24565	**95**	27455
6	1734	**16**	4624	**26**	7514	**36**	10404	**46**	13294	**56**	16184	**66**	19074	**76**	21964	**86**	24854	**96**	27744
7	2023	**17**	4913	**27**	7803	**37**	10693	**47**	13583	**57**	16473	**67**	19363	**77**	22253	**87**	25143	**97**	28033
8	2312	**18**	5202	**28**	8092	**38**	10982	**48**	13872	**58**	16762	**68**	19652	**78**	22542	**88**	25432	**98**	28322
9	2601	**19**	5491	**29**	8381	**39**	11271	**49**	14161	**59**	17051	**69**	19941	**79**	22831	**89**	25721	**99**	28611
10	2890	**20**	5780	**30**	8670	**40**	11560	**50**	14450	**60**	17340	**70**	20230	**80**	23120	**90**	26010	**100**	28900

290

1	290	**11**	3190	**21**	6090	**31**	8990	**41**	11890	**51**	14790	**61**	17690	**71**	20590	**81**	23490	**91**	26390
2	580	**12**	3480	**22**	6380	**32**	9280	**42**	12180	**52**	15080	**62**	17980	**72**	20880	**82**	23780	**92**	26680
3	870	**13**	3770	**23**	6670	**33**	9570	**43**	12470	**53**	15370	**63**	18270	**73**	21170	**83**	24070	**93**	26970
4	1160	**14**	4060	**24**	6960	**34**	9860	**44**	12760	**54**	15660	**64**	18560	**74**	21460	**84**	24360	**94**	27260
5	1450	**15**	4350	**25**	7250	**35**	10150	**45**	13050	**55**	15950	**65**	18850	**75**	21750	**85**	24650	**95**	27550
6	1740	**16**	4640	**26**	7540	**36**	10440	**46**	13340	**56**	16240	**66**	19140	**76**	22040	**86**	24940	**96**	27840
7	2030	**17**	4930	**27**	7830	**37**	10730	**47**	13630	**57**	16530	**67**	19430	**77**	22330	**87**	25230	**97**	28130
8	2320	**18**	5220	**28**	8120	**38**	11020	**48**	13920	**58**	16820	**68**	19720	**78**	22620	**88**	25520	**98**	28420
9	2610	**19**	5510	**29**	8410	**39**	11310	**49**	14210	**59**	17110	**69**	20010	**79**	22910	**89**	25810	**99**	28710
10	2900	**20**	5800	**30**	8700	**40**	11600	**50**	14500	**60**	17400	**70**	20300	**80**	23200	**90**	26100	**100**	29000

291

1	291	**11**	3201	**21**	6111	**31**	9021	**41**	11931	**51**	14841	**61**	17751	**71**	20661	**81**	23571	**91**	26481
2	582	**12**	3492	**22**	6402	**32**	9312	**42**	12222	**52**	15132	**62**	18042	**72**	20952	**82**	23862	**92**	26772
3	873	**13**	3783	**23**	6693	**33**	9603	**43**	12513	**53**	15423	**63**	18333	**73**	21243	**83**	24153	**93**	27063
4	1164	**14**	4074	**24**	6984	**34**	9894	**44**	12804	**54**	15714	**64**	18624	**74**	21534	**84**	24444	**94**	27354
5	1455	**15**	4365	**25**	7275	**35**	10185	**45**	13095	**55**	16005	**65**	18915	**75**	21825	**85**	24735	**95**	27645
6	1746	**16**	4656	**26**	7566	**36**	10476	**46**	13386	**56**	16296	**66**	19206	**76**	22116	**86**	25026	**96**	27936
7	2037	**17**	4947	**27**	7857	**37**	10767	**47**	13677	**57**	16587	**67**	19497	**77**	22407	**87**	25317	**97**	28227
8	2328	**18**	5238	**28**	8148	**38**	11058	**48**	13968	**58**	16878	**68**	19788	**78**	22698	**88**	25608	**98**	28518
9	2619	**19**	5529	**29**	8439	**39**	11349	**49**	14259	**59**	17169	**69**	20079	**79**	22989	**89**	25899	**99**	28809
10	2910	**20**	5820	**30**	8730	**40**	11640	**50**	14550	**60**	17460	**70**	20370	**80**	23280	**90**	26190	**100**	29100

292

1	292	**11**	3212	**21**	6132	**31**	9052	**41**	11972	**51**	14892	**61**	17812	**71**	20732	**81**	23652	**91**	26572
2	584	**12**	3504	**22**	6424	**32**	9344	**42**	12264	**52**	15184	**62**	18104	**72**	21024	**82**	23944	**92**	26864
3	876	**13**	3796	**23**	6716	**33**	9636	**43**	12556	**53**	15476	**63**	18396	**73**	21316	**83**	24236	**93**	27156
4	1168	**14**	4088	**24**	7008	**34**	9928	**44**	12848	**54**	15768	**64**	18688	**74**	21608	**84**	24528	**94**	27448
5	1460	**15**	4380	**25**	7300	**35**	10220	**45**	13140	**55**	16060	**65**	18980	**75**	21900	**85**	24820	**95**	27740
6	1752	**16**	4672	**26**	7592	**36**	10512	**46**	13432	**56**	16352	**66**	19272	**76**	22192	**86**	25112	**96**	28032
7	2044	**17**	4964	**27**	7884	**37**	10804	**47**	13724	**57**	16644	**67**	19564	**77**	22484	**87**	25404	**97**	28324
8	2336	**18**	5256	**28**	8176	**38**	11096	**48**	14016	**58**	16936	**68**	19856	**78**	22776	**88**	25696	**98**	28616
9	2628	**19**	5548	**29**	8468	**39**	11388	**49**	14308	**59**	17228	**69**	20148	**79**	23068	**89**	25988	**99**	28908
10	2920	**20**	5840	**30**	8760	**40**	11680	**50**	14600	**60**	17520	**70**	20440	**80**	23360	**90**	26280	**100**	29200

293

1	293	**11**	3223	**21**	6153	**31**	9083	**41**	12013	**51**	14943	**61**	17873	**71**	20803	**81**	23733	**91**	26663
2	586	**12**	3516	**22**	6446	**32**	9376	**42**	12306	**52**	15236	**62**	18166	**72**	21096	**82**	24026	**92**	26956
3	879	**13**	3809	**23**	6739	**33**	9669	**43**	12599	**53**	15529	**63**	18459	**73**	21389	**83**	24319	**93**	27249
4	1172	**14**	4102	**24**	7032	**34**	9962	**44**	12892	**54**	15822	**64**	18752	**74**	21682	**84**	24612	**94**	27542
5	1465	**15**	4395	**25**	7325	**35**	10255	**45**	13185	**55**	16115	**65**	19045	**75**	21975	**85**	24905	**95**	27835
6	1758	**16**	4688	**26**	7618	**36**	10548	**46**	13478	**56**	16408	**66**	19338	**76**	22268	**86**	25198	**96**	28128
7	2051	**17**	4981	**27**	7911	**37**	10841	**47**	13771	**57**	16701	**67**	19631	**77**	22561	**87**	25491	**97**	28421
8	2344	**18**	5274	**28**	8204	**38**	11134	**48**	14064	**58**	16994	**68**	19924	**78**	22854	**88**	25784	**98**	28714
9	2637	**19**	5567	**29**	8497	**39**	11427	**49**	14357	**59**	17287	**69**	20217	**79**	23147	**89**	26077	**99**	29007
10	2930	**20**	5860	**30**	8790	**40**	11720	**50**	14650	**60**	17580	**70**	20510	**80**	23440	**90**	26370	**100**	29300

294

1	294	**11**	3234	**21**	6174	**31**	9114	**41**	12054	**51**	14994	**61**	17934	**71**	20874	**81**	23814	**91**	26754
2	588	**12**	3528	**22**	6468	**32**	9408	**42**	12348	**52**	15288	**62**	18228	**72**	21168	**82**	24108	**92**	27048
3	882	**13**	3822	**23**	6762	**33**	9702	**43**	12642	**53**	15582	**63**	18522	**73**	21462	**83**	24402	**93**	27342
4	1176	**14**	4116	**24**	7056	**34**	9996	**44**	12936	**54**	15876	**64**	18816	**74**	21756	**84**	24696	**94**	27636
5	1470	**15**	4410	**25**	7350	**35**	10290	**45**	13230	**55**	16170	**65**	19110	**75**	22050	**85**	24990	**95**	27930
6	1764	**16**	4704	**26**	7644	**36**	10584	**46**	13524	**56**	16464	**66**	19404	**76**	22344	**86**	25284	**96**	28224
7	2058	**17**	4998	**27**	7938	**37**	10878	**47**	13818	**57**	16758	**67**	19698	**77**	22638	**87**	25578	**97**	28518
8	2352	**18**	5292	**28**	8232	**38**	11172	**48**	14112	**58**	17052	**68**	19992	**78**	22932	**88**	25872	**98**	28812
9	2646	**19**	5586	**29**	8526	**39**	11466	**49**	14406	**59**	17346	**69**	20286	**79**	23226	**89**	26166	**99**	29106
10	2940	**20**	5880	**30**	8820	**40**	11760	**50**	14700	**60**	17640	**70**	20580	**80**	23520	**90**	26460	**100**	29400

295

1	295	**11**	3245	**21**	6195	**31**	9145	**41**	12095	**51**	15045	**61**	17995	**71**	20945	**81**	23895	**91**	26845
2	590	**12**	3540	**22**	6490	**32**	9440	**42**	12390	**52**	15340	**62**	18290	**72**	21240	**82**	24190	**92**	27140
3	885	**13**	3835	**23**	6785	**33**	9735	**43**	12685	**53**	15635	**63**	18585	**73**	21535	**83**	24485	**93**	27435
4	1180	**14**	4130	**24**	7080	**34**	10030	**44**	12980	**54**	15930	**64**	18880	**74**	21830	**84**	24780	**94**	27730
5	1475	**15**	4425	**25**	7375	**35**	10325	**45**	13275	**55**	16225	**65**	19175	**75**	22125	**85**	25075	**95**	28025
6	1770	**16**	4720	**26**	7670	**36**	10620	**46**	13570	**56**	16520	**66**	19470	**76**	22420	**86**	25370	**96**	28320
7	2065	**17**	5015	**27**	7965	**37**	10915	**47**	13865	**57**	16815	**67**	19765	**77**	22715	**87**	25665	**97**	28615
8	2360	**18**	5310	**28**	8260	**38**	11210	**48**	14160	**58**	17110	**68**	20060	**78**	23010	**88**	25960	**98**	28910
9	2655	**19**	5605	**29**	8555	**39**	11505	**49**	14455	**59**	17405	**69**	20355	**79**	23305	**89**	26255	**99**	29205
10	2950	**20**	5900	**30**	8850	**40**	11800	**50**	14750	**60**	17700	**70**	20650	**80**	23600	**90**	26550	**100**	29500

296

1	296	**11**	3256	**21**	6216	**31**	9176	**41**	12136	**51**	15096	**61**	18056	**71**	21016	**81**	23976	**91**	26936
2	592	**12**	3552	**22**	6512	**32**	9472	**42**	12432	**52**	15392	**62**	18352	**72**	21312	**82**	24272	**92**	27232
3	888	**13**	3848	**23**	6808	**33**	9768	**43**	12728	**53**	15688	**63**	18648	**73**	21608	**83**	24568	**93**	27528
4	1184	**14**	4144	**24**	7104	**34**	10064	**44**	13024	**54**	15984	**64**	18944	**74**	21904	**84**	24864	**94**	27824
5	1480	**15**	4440	**25**	7400	**35**	10360	**45**	13320	**55**	16280	**65**	19240	**75**	22200	**85**	25160	**95**	28120
6	1776	**16**	4736	**26**	7696	**36**	10656	**46**	13616	**56**	16576	**66**	19536	**76**	22496	**86**	25456	**96**	28416
7	2072	**17**	5032	**27**	7992	**37**	10952	**47**	13912	**57**	16872	**67**	19832	**77**	22792	**87**	25752	**97**	28712
8	2368	**18**	5328	**28**	8288	**38**	11248	**48**	14208	**58**	17168	**68**	20128	**78**	23088	**88**	26048	**98**	29008
9	2664	**19**	5624	**29**	8584	**39**	11544	**49**	14504	**59**	17464	**69**	20424	**79**	23384	**89**	26344	**99**	29304
10	2960	**20**	5920	**30**	8880	**40**	11840	**50**	14800	**60**	17760	**70**	20720	**80**	23680	**90**	26640	**100**	29600

297

1	297	**11**	3267	**21**	6237	**31**	9207	**41**	12177	**51**	15147	**61**	18117	**71**	21087	**81**	24057	**91**	27027
2	594	**12**	3564	**22**	6534	**32**	9504	**42**	12474	**52**	15444	**62**	18414	**72**	21384	**82**	24354	**92**	27324
3	891	**13**	3861	**23**	6831	**33**	9801	**43**	12771	**53**	15741	**63**	18711	**73**	21681	**83**	24651	**93**	27621
4	1188	**14**	4158	**24**	7128	**34**	10098	**44**	13068	**54**	16038	**64**	19008	**74**	21978	**84**	24948	**94**	27918
5	1485	**15**	4455	**25**	7425	**35**	10395	**45**	13365	**55**	16335	**65**	19305	**75**	22275	**85**	25245	**95**	28215
6	1782	**16**	4752	**26**	7722	**36**	10692	**46**	13662	**56**	16632	**66**	19602	**76**	22572	**86**	25542	**96**	28512
7	2079	**17**	5049	**27**	8019	**37**	10989	**47**	13959	**57**	16929	**67**	19899	**77**	22869	**87**	25839	**97**	28809
8	2376	**18**	5346	**28**	8316	**38**	11286	**48**	14256	**58**	17226	**68**	20196	**78**	23166	**88**	26136	**98**	29106
9	2673	**19**	5643	**29**	8613	**39**	11583	**49**	14553	**59**	17523	**69**	20493	**79**	23463	**89**	26433	**99**	29403
10	2970	**20**	5940	**30**	8910	**40**	11880	**50**	14850	**60**	17820	**70**	20790	**80**	23760	**90**	26730	**100**	29700

298

1	298	**11**	3278	**21**	6258	**31**	9238	**41**	12218	**51**	15198	**61**	18178	**71**	21158	**81**	24138	**91**	27118
2	596	**12**	3576	**22**	6556	**32**	9536	**42**	12516	**52**	15496	**62**	18476	**72**	21456	**82**	24436	**92**	27416
3	894	**13**	3874	**23**	6854	**33**	9834	**43**	12814	**53**	15794	**63**	18774	**73**	21754	**83**	24734	**93**	27714
4	1192	**14**	4172	**24**	7152	**34**	10132	**44**	13112	**54**	16092	**64**	19072	**74**	22052	**84**	25032	**94**	28012
5	1490	**15**	4470	**25**	7450	**35**	10430	**45**	13410	**55**	16390	**65**	19370	**75**	22350	**85**	25330	**95**	28310
6	1788	**16**	4768	**26**	7748	**36**	10728	**46**	13708	**56**	16688	**66**	19668	**76**	22648	**86**	25628	**96**	28608
7	2086	**17**	5066	**27**	8046	**37**	11026	**47**	14006	**57**	16986	**67**	19966	**77**	22946	**87**	25926	**97**	28906
8	2384	**18**	5364	**28**	8344	**38**	11324	**48**	14304	**58**	17284	**68**	20264	**78**	23244	**88**	26224	**98**	29204
9	2682	**19**	5662	**29**	8642	**39**	11622	**49**	14602	**59**	17582	**69**	20562	**79**	23542	**89**	26522	**99**	29502
10	2980	**20**	5960	**30**	8940	**40**	11920	**50**	14900	**60**	17880	**70**	20860	**80**	23840	**90**	26820	**100**	29800

299

1	299	**11**	3289	**21**	6279	**31**	9269	**41**	12259	**51**	15249	**61**	18239	**71**	21229	**81**	24219	**91**	27209
2	598	**12**	3588	**22**	6578	**32**	9568	**42**	12558	**52**	15548	**62**	18538	**72**	21528	**82**	24518	**92**	27508
3	897	**13**	3887	**23**	6877	**33**	9867	**43**	12857	**53**	15847	**63**	18837	**73**	21827	**83**	24817	**93**	27807
4	1196	**14**	4186	**24**	7176	**34**	10166	**44**	13156	**54**	16146	**64**	19136	**74**	22126	**84**	25116	**94**	28106
5	1495	**15**	4485	**25**	7475	**35**	10465	**45**	13455	**55**	16445	**65**	19435	**75**	22425	**85**	25415	**95**	28405
6	1794	**16**	4784	**26**	7774	**36**	10764	**46**	13754	**56**	16744	**66**	19734	**76**	22724	**86**	25714	**96**	28704
7	2093	**17**	5083	**27**	8073	**37**	11063	**47**	14053	**57**	17043	**67**	20033	**77**	23023	**87**	26013	**97**	29003
8	2392	**18**	5382	**28**	8372	**38**	11362	**48**	14352	**58**	17342	**68**	20332	**78**	23322	**88**	26312	**98**	29302
9	2691	**19**	5681	**29**	8671	**39**	11661	**49**	14651	**59**	17641	**69**	20631	**79**	23621	**89**	26611	**99**	29601
10	2990	**20**	5980	**30**	8970	**40**	11960	**50**	14950	**60**	17940	**70**	20930	**80**	23920	**90**	26910	**100**	29900

300

1	300	**11**	3300	**21**	6300	**31**	9300	**41**	12300	**51**	15300	**61**	18300	**71**	21300	**81**	24300	**91**	27300
2	600	**12**	3600	**22**	6600	**32**	9600	**42**	12600	**52**	15600	**62**	18600	**72**	21600	**82**	24600	**92**	27600
3	900	**13**	3900	**23**	6900	**33**	9900	**43**	12900	**53**	15900	**63**	18900	**73**	21900	**83**	24900	**93**	27900
4	1200	**14**	4200	**24**	7200	**34**	10200	**44**	13200	**54**	16200	**64**	19200	**74**	22200	**84**	25200	**94**	28200
5	1500	**15**	4500	**25**	7500	**35**	10500	**45**	13500	**55**	16500	**65**	19500	**75**	22500	**85**	25500	**95**	28500
6	1800	**16**	4800	**26**	7800	**36**	10800	**46**	13800	**56**	16800	**66**	19800	**76**	22800	**86**	25800	**96**	28800
7	2100	**17**	5100	**27**	8100	**37**	11100	**47**	14100	**57**	17100	**67**	20100	**77**	23100	**87**	26100	**97**	29100
8	2400	**18**	5400	**28**	8400	**38**	11400	**48**	14400	**58**	17400	**68**	20400	**78**	23400	**88**	26400	**98**	29400
9	2700	**19**	5700	**29**	8700	**39**	11700	**49**	14700	**59**	17700	**69**	20700	**79**	23700	**89**	26700	**99**	29700
10	3000	**20**	6000	**30**	9000	**40**	12000	**50**	15000	**60**	18000	**70**	21000	**80**	24000	**90**	27000	**100**	30000

301

1	301	**11**	3311	**21**	6321	**31**	9331	**41**	12341	**51**	15351	**61**	18361	**71**	21371	**81**	24381	**91**	27391
2	602	**12**	3612	**22**	6622	**32**	9632	**42**	12642	**52**	15652	**62**	18662	**72**	21672	**82**	24682	**92**	27692
3	903	**13**	3913	**23**	6923	**33**	9933	**43**	12943	**53**	15953	**63**	18963	**73**	21973	**83**	24983	**93**	27993
4	1204	**14**	4214	**24**	7224	**34**	10234	**44**	13244	**54**	16254	**64**	19264	**74**	22274	**84**	25284	**94**	28294
5	1505	**15**	4515	**25**	7525	**35**	10535	**45**	13545	**55**	16555	**65**	19565	**75**	22575	**85**	25585	**95**	28595
6	1806	**16**	4816	**26**	7826	**36**	10836	**46**	13846	**56**	16856	**66**	19866	**76**	22876	**86**	25886	**96**	28896
7	2107	**17**	5117	**27**	8127	**37**	11137	**47**	14147	**57**	17157	**67**	20167	**77**	23177	**87**	26187	**97**	29197
8	2408	**18**	5418	**28**	8428	**38**	11438	**48**	14448	**58**	17458	**68**	20468	**78**	23478	**88**	26488	**98**	29498
9	2709	**19**	5719	**29**	8729	**39**	11739	**49**	14749	**59**	17759	**69**	20769	**79**	23779	**89**	26789	**99**	29799
10	3010	**20**	6020	**30**	9030	**40**	12040	**50**	15050	**60**	18060	**70**	21070	**80**	24080	**90**	27090	**100**	30100

302

1	302	**11**	3322	**21**	6342	**31**	9362	**41**	12382	**51**	15402	**61**	18422	**71**	21442	**81**	24462	**91**	27482
2	604	**12**	3624	**22**	6644	**32**	9664	**42**	12684	**52**	15704	**62**	18724	**72**	21744	**82**	24764	**92**	27784
3	906	**13**	3926	**23**	6946	**33**	9966	**43**	12986	**53**	16006	**63**	19026	**73**	22046	**83**	25066	**93**	28086
4	1208	**14**	4228	**24**	7248	**34**	10268	**44**	13288	**54**	16308	**64**	19328	**74**	22348	**84**	25368	**94**	28388
5	1510	**15**	4530	**25**	7550	**35**	10570	**45**	13590	**55**	16610	**65**	19630	**75**	22650	**85**	25670	**95**	28690
6	1812	**16**	4832	**26**	7852	**36**	10872	**46**	13892	**56**	16912	**66**	19932	**76**	22952	**86**	25972	**96**	28992
7	2114	**17**	5134	**27**	8154	**37**	11174	**47**	14194	**57**	17214	**67**	20234	**77**	23254	**87**	26274	**97**	29294
8	2416	**18**	5436	**28**	8456	**38**	11476	**48**	14496	**58**	17516	**68**	20536	**78**	23556	**88**	26576	**98**	29596
9	2718	**19**	5738	**29**	8758	**39**	11778	**49**	14798	**59**	17818	**69**	20838	**79**	23858	**89**	26878	**99**	29898
10	3020	**20**	6040	**30**	9060	**40**	12080	**50**	15100	**60**	18120	**70**	21140	**80**	24160	**90**	27180	**100**	30200

303

1	303	**11**	3333	**21**	6363	**31**	9393	**41**	12423	**51**	15453	**61**	18483	**71**	21513	**81**	24543	**91**	27573
2	606	**12**	3636	**22**	6666	**32**	9696	**42**	12726	**52**	15756	**62**	18786	**72**	21816	**82**	24846	**92**	27876
3	909	**13**	3939	**23**	6969	**33**	9999	**43**	13029	**53**	16059	**63**	19089	**73**	22119	**83**	25149	**93**	28179
4	1212	**14**	4242	**24**	7272	**34**	10302	**44**	13332	**54**	16362	**64**	19392	**74**	22422	**84**	25452	**94**	28482
5	1515	**15**	4545	**25**	7575	**35**	10605	**45**	13635	**55**	16665	**65**	19695	**75**	22725	**85**	25755	**95**	28785
6	1818	**16**	4848	**26**	7878	**36**	10908	**46**	13938	**56**	16968	**66**	19998	**76**	23028	**86**	26058	**96**	29088
7	2121	**17**	5151	**27**	8181	**37**	11211	**47**	14241	**57**	17271	**67**	20301	**77**	23331	**87**	26361	**97**	29391
8	2424	**18**	5454	**28**	8484	**38**	11514	**48**	14544	**58**	17574	**68**	20604	**78**	23634	**88**	26664	**98**	29694
9	2727	**19**	5757	**29**	8787	**39**	11817	**49**	14847	**59**	17877	**69**	20907	**79**	23937	**89**	26967	**99**	29997
10	3030	**20**	6060	**30**	9090	**40**	12120	**50**	15150	**60**	18180	**70**	21210	**80**	24240	**90**	27270	**100**	30300

304

1	304	**11**	3344	**21**	6384	**31**	9424	**41**	12464	**51**	15504	**61**	18544	**71**	21584	**81**	24624	**91**	27664
2	608	**12**	3648	**22**	6688	**32**	9728	**42**	12768	**52**	15808	**62**	18848	**72**	21888	**82**	24928	**92**	27968
3	912	**13**	3952	**23**	6992	**33**	10032	**43**	13072	**53**	16112	**63**	19152	**73**	22192	**83**	25232	**93**	28272
4	1216	**14**	4256	**24**	7296	**34**	10336	**44**	13376	**54**	16416	**64**	19456	**74**	22496	**84**	25536	**94**	28576
5	1520	**15**	4560	**25**	7600	**35**	10640	**45**	13680	**55**	16720	**65**	19760	**75**	22800	**85**	25840	**95**	28880
6	1824	**16**	4864	**26**	7904	**36**	10944	**46**	13984	**56**	17024	**66**	20064	**76**	23104	**86**	26144	**96**	29184
7	2128	**17**	5168	**27**	8208	**37**	11248	**47**	14288	**57**	17328	**67**	20368	**77**	23408	**87**	26448	**97**	29488
8	2432	**18**	5472	**28**	8512	**38**	11552	**48**	14592	**58**	17632	**68**	20672	**78**	23712	**88**	26752	**98**	29792
9	2736	**19**	5776	**29**	8816	**39**	11856	**49**	14896	**59**	17936	**69**	20976	**79**	24016	**89**	27056	**99**	30096
10	3040	**20**	6080	**30**	9120	**40**	12160	**50**	15200	**60**	18240	**70**	21280	**80**	24320	**90**	27360	**100**	30400

305

1	305	**11**	3355	**21**	6405	**31**	9455	**41**	12505	**51**	15555	**61**	18605	**71**	21655	**81**	24705	**91**	27755
2	610	**12**	3660	**22**	6710	**32**	9760	**42**	12810	**52**	15860	**62**	18910	**72**	21960	**82**	25010	**92**	28060
3	915	**13**	3965	**23**	7015	**33**	10065	**43**	13115	**53**	16165	**63**	19215	**73**	22265	**83**	25315	**93**	28365
4	1220	**14**	4270	**24**	7320	**34**	10370	**44**	13420	**54**	16470	**64**	19520	**74**	22570	**84**	25620	**94**	28670
5	1525	**15**	4575	**25**	7625	**35**	10675	**45**	13725	**55**	16775	**65**	19825	**75**	22875	**85**	25925	**95**	28975
6	1830	**16**	4880	**26**	7930	**36**	10980	**46**	14030	**56**	17080	**66**	20130	**76**	23180	**86**	26230	**96**	29280
7	2135	**17**	5185	**27**	8235	**37**	11285	**47**	14335	**57**	17385	**67**	20435	**77**	23485	**87**	26535	**97**	29585
8	2440	**18**	5490	**28**	8540	**38**	11590	**48**	14640	**58**	17690	**68**	20740	**78**	23790	**88**	26840	**98**	29890
9	2745	**19**	5795	**29**	8845	**39**	11895	**49**	14945	**59**	17995	**69**	21045	**79**	24095	**89**	27145	**99**	30195
10	3050	**20**	6100	**30**	9150	**40**	12200	**50**	15250	**60**	18300	**70**	21350	**80**	24400	**90**	27450	**100**	30500

306

1	306	11	3366	21	6426	31	9486	41	12546	51	15606	61	18666	71	21726	81	24786	91	27846
2	612	12	3672	22	6732	32	9792	42	12852	52	15912	62	18972	72	22032	82	25092	92	28152
3	918	13	3978	23	7038	33	10098	43	13158	53	16218	63	19278	73	22338	83	25398	93	28458
4	1224	14	4284	24	7344	34	10404	44	13464	54	16524	64	19584	74	22644	84	25704	94	28764
5	1530	15	4590	25	7650	35	10710	45	13770	55	16830	65	19890	75	22950	85	26010	95	29070
6	1836	16	4896	26	7956	36	11016	46	14076	56	17136	66	20196	76	23256	86	26316	96	29376
7	2142	17	5202	27	8262	37	11322	47	14382	57	17442	67	20502	77	23562	87	26622	97	29682
8	2448	18	5508	28	8568	38	11628	48	14688	58	17748	68	20808	78	23868	88	26928	98	29988
9	2754	19	5814	29	8874	39	11934	49	14994	59	18054	69	21114	79	24174	89	27234	99	30294
10	3060	20	6120	30	9180	40	12240	50	15300	60	18360	70	21420	80	24480	90	27540	100	30600

307

1	307	11	3377	21	6447	31	9517	41	12587	51	15657	61	18727	71	21797	81	24867	91	27937
2	614	12	3684	22	6754	32	9824	42	12894	52	15964	62	19034	72	22104	82	25174	92	28244
3	921	13	3991	23	7061	33	10131	43	13201	53	16271	63	19341	73	22411	83	25481	93	28551
4	1228	14	4298	24	7368	34	10438	44	13508	54	16578	64	19648	74	22718	84	25788	94	28858
5	1535	15	4605	25	7675	35	10745	45	13815	55	16885	65	19955	75	23025	85	26095	95	29165
6	1842	16	4912	26	7982	36	11052	46	14122	56	17192	66	20262	76	23332	86	26402	96	29472
7	2149	17	5219	27	8289	37	11359	47	14429	57	17499	67	20569	77	23639	87	26709	97	29779
8	2456	18	5526	28	8596	38	11666	48	14736	58	17806	68	20876	78	23946	88	27016	98	30086
9	2763	19	5833	29	8903	39	11973	49	15043	59	18113	69	21183	79	24253	89	27323	99	30393
10	3070	20	6140	30	9210	40	12280	50	15350	60	18420	70	21490	80	24560	90	27630	100	30700

308

1	308	11	3388	21	6468	31	9548	41	12628	51	15708	61	18788	71	21868	81	24948	91	28028
2	616	12	3696	22	6776	32	9856	42	12936	52	16016	62	19096	72	22176	82	25256	92	28336
3	924	13	4004	23	7084	33	10164	43	13244	53	16324	63	19404	73	22484	83	25564	93	28644
4	1232	14	4312	24	7392	34	10472	44	13552	54	16632	64	19712	74	22792	84	25872	94	28952
5	1540	15	4620	25	7700	35	10780	45	13860	55	16940	65	20020	75	23100	85	26180	95	29260
6	1848	16	4928	26	8008	36	11088	46	14168	56	17248	66	20328	76	23408	86	26488	96	29568
7	2156	17	5236	27	8316	37	11396	47	14476	57	17556	67	20636	77	23716	87	26796	97	29876
8	2464	18	5544	28	8624	38	11704	48	14784	58	17864	68	20944	78	24024	88	27104	98	30184
9	2772	19	5852	29	8932	39	12012	49	15092	59	18172	69	21252	79	24332	89	27412	99	30492
10	3080	20	6160	30	9240	40	12320	50	15400	60	18480	70	21560	80	24640	90	27720	100	30800

309

1	309	11	3399	21	6489	31	9579	41	12669	51	15759	61	18849	71	21939	81	25029	91	28119
2	618	12	3708	22	6798	32	9888	42	12978	52	16068	62	19158	72	22248	82	25338	92	28428
3	927	13	4017	23	7107	33	10197	43	13287	53	16377	63	19467	73	22557	83	25647	93	28737
4	1236	14	4326	24	7416	34	10506	44	13596	54	16686	64	19776	74	22866	84	25956	94	29046
5	1545	15	4635	25	7725	35	10815	45	13905	55	16995	65	20085	75	23175	85	26265	95	29355
6	1854	16	4944	26	8034	36	11124	46	14214	56	17304	66	20394	76	23484	86	26574	96	29664
7	2163	17	5253	27	8343	37	11433	47	14523	57	17613	67	20703	77	23793	87	26883	97	29973
8	2472	18	5562	28	8652	38	11742	48	14832	58	17922	68	21012	78	24102	88	27192	98	30282
9	2781	19	5871	29	8961	39	12051	49	15141	59	18231	69	21321	79	24411	89	27501	99	30591
10	3090	20	6180	30	9270	40	12360	50	15450	60	18540	70	21630	80	24720	90	27810	100	30900

310

1	310	11	3410	21	6510	31	9610	41	12710	51	15810	61	18910	71	22010	81	25110	91	28210
2	620	12	3720	22	6820	32	9920	42	13020	52	16120	62	19220	72	22320	82	25420	92	28520
3	930	13	4030	23	7130	33	10230	43	13330	53	16430	63	19530	73	22630	83	25730	93	28830
4	1240	14	4340	24	7440	34	10540	44	13640	54	16740	64	19840	74	22940	84	26040	94	29140
5	1550	15	4650	25	7750	35	10850	45	13950	55	17050	65	20150	75	23250	85	26350	95	29450
6	1860	16	4960	26	8060	36	11160	46	14260	56	17360	66	20460	76	23560	86	26660	96	29760
7	2170	17	5270	27	8370	37	11470	47	14570	57	17670	67	20770	77	23870	87	26970	97	30070
8	2480	18	5580	28	8680	38	11780	48	14880	58	17980	68	21080	78	24180	88	27280	98	30380
9	2790	19	5890	29	8990	39	12090	49	15190	59	18290	69	21390	79	24490	89	27590	99	30690
10	3100	20	6200	30	9300	40	12400	50	15500	60	18600	70	21700	80	24800	90	27900	100	31000

311

1	311	11	3421	21	6531	31	9641	41	12751	51	15861	61	18971	71	22081	81	25191	91	28301
2	622	12	3732	22	6842	32	9952	42	13062	52	16172	62	19282	72	22392	82	25502	92	28612
3	933	13	4043	23	7153	33	10263	43	13373	53	16483	63	19593	73	22703	83	25813	93	28923
4	1244	14	4354	24	7464	34	10574	44	13684	54	16794	64	19904	74	23014	84	26124	94	29234
5	1555	15	4665	25	7775	35	10885	45	13995	55	17105	65	20215	75	23325	85	26435	95	29545
6	1866	16	4976	26	8086	36	11196	46	14306	56	17416	66	20526	76	23636	86	26746	96	29856
7	2177	17	5287	27	8397	37	11507	47	14617	57	17727	67	20837	77	23947	87	27057	97	30167
8	2488	18	5598	28	8708	38	11818	48	14928	58	18038	68	21148	78	24258	88	27368	98	30478
9	2799	19	5909	29	9019	39	12129	49	15239	59	18349	69	21459	79	24569	89	27679	99	30789
10	3110	20	6220	30	9330	40	12440	50	15550	60	18660	70	21770	80	24880	90	27990	100	31100

312

1	312	11	3432	21	6552	31	9672	41	12792	51	15912	61	19032	71	22152	81	25272	91	28392
2	624	12	3744	22	6864	32	9984	42	13104	52	16224	62	19344	72	22464	82	25584	92	28704
3	936	13	4056	23	7176	33	10296	43	13416	53	16536	63	19656	73	22776	83	25896	93	29016
4	1248	14	4368	24	7488	34	10608	44	13728	54	16848	64	19968	74	23088	84	26208	94	29328
5	1560	15	4680	25	7800	35	10920	45	14040	55	17160	65	20280	75	23400	85	26520	95	29640
6	1872	16	4992	26	8112	36	11232	46	14352	56	17472	66	20592	76	23712	86	26832	96	29952
7	2184	17	5304	27	8424	37	11544	47	14664	57	17784	67	20904	77	24024	87	27144	97	30264
8	2496	18	5616	28	8736	38	11856	48	14976	58	18096	68	21216	78	24336	88	27456	98	30576
9	2808	19	5928	29	9048	39	12168	49	15288	59	18408	69	21528	79	24648	89	27768	99	30888
10	3120	20	6240	30	9360	40	12480	50	15600	60	18720	70	21840	80	24960	90	28080	100	31200

313

1	313	11	3443	21	6573	31	9703	41	12833	51	15963	61	19093	71	22223	81	25353	91	28483
2	626	12	3756	22	6886	32	10016	42	13146	52	16276	62	19406	72	22536	82	25666	92	28796
3	939	13	4069	23	7199	33	10329	43	13459	53	16589	63	19719	73	22849	83	25979	93	29109
4	1252	14	4382	24	7512	34	10642	44	13772	54	16902	64	20032	74	23162	84	26292	94	29422
5	1565	15	4695	25	7825	35	10955	45	14085	55	17215	65	20345	75	23475	85	26605	95	29735
6	1878	16	5008	26	8138	36	11268	46	14398	56	17528	66	20658	76	23788	86	26918	96	30048
7	2191	17	5321	27	8451	37	11581	47	14711	57	17841	67	20971	77	24101	87	27231	97	30361
8	2504	18	5634	28	8764	38	11894	48	15024	58	18154	68	21284	78	24414	88	27544	98	30674
9	2817	19	5947	29	9077	39	12207	49	15337	59	18467	69	21597	79	24727	89	27857	99	30987
10	3130	20	6260	30	9390	40	12520	50	15650	60	18780	70	21910	80	25040	90	28170	100	31300

314

1	314	11	3454	21	6594	31	9734	41	12874	51	16014	61	19154	71	22294	81	25434	91	28574
2	628	12	3768	22	6908	32	10048	42	13188	52	16328	62	19468	72	22608	82	25748	92	28888
3	942	13	4082	23	7222	33	10362	43	13502	53	16642	63	19782	73	22922	83	26062	93	29202
4	1256	14	4396	24	7536	34	10676	44	13816	54	16956	64	20096	74	23236	84	26376	94	29516
5	1570	15	4710	25	7850	35	10990	45	14130	55	17270	65	20410	75	23550	85	26690	95	29830
6	1884	16	5024	26	8164	36	11304	46	14444	56	17584	66	20724	76	23864	86	27004	96	30144
7	2198	17	5338	27	8478	37	11618	47	14758	57	17898	67	21038	77	24178	87	27318	97	30458
8	2512	18	5652	28	8792	38	11932	48	15072	58	18212	68	21352	78	24492	88	27632	98	30772
9	2826	19	5966	29	9106	39	12246	49	15386	59	18526	69	21666	79	24806	89	27946	99	31086
10	3140	20	6280	30	9420	40	12560	50	15700	60	18840	70	21980	80	25120	90	28260	100	31400

315

1	315	11	3465	21	6615	31	9765	41	12915	51	16065	61	19215	71	22365	81	25515	91	28665
2	630	12	3780	22	6930	32	10080	42	13230	52	16380	62	19530	72	22680	82	25830	92	28980
3	945	13	4095	23	7245	33	10395	43	13545	53	16695	63	19845	73	22995	83	26145	93	29295
4	1260	14	4410	24	7560	34	10710	44	13860	54	17010	64	20160	74	23310	84	26460	94	29610
5	1575	15	4725	25	7875	35	11025	45	14175	55	17325	65	20475	75	23625	85	26775	95	29925
6	1890	16	5040	26	8190	36	11340	46	14490	56	17640	66	20790	76	23940	86	27090	96	30240
7	2205	17	5355	27	8505	37	11655	47	14805	57	17955	67	21105	77	24255	87	27405	97	30555
8	2520	18	5670	28	8820	38	11970	48	15120	58	18270	68	21420	78	24570	88	27720	98	30870
9	2835	19	5985	29	9135	39	12285	49	15435	59	18585	69	21735	79	24885	89	28035	99	31185
10	3150	20	6300	30	9450	40	12600	50	15750	60	18900	70	22050	80	25200	90	28350	100	31500

316

1	316	11	3476	21	6636	31	9796	41	12956	51	16116	61	19276	71	22436	81	25596	91	28756
2	632	12	3792	22	6952	32	10112	42	13272	52	16432	62	19592	72	22752	82	25912	92	29072
3	948	13	4108	23	7268	33	10428	43	13588	53	16748	63	19908	73	23068	83	26228	93	29388
4	1264	14	4424	24	7584	34	10744	44	13904	54	17064	64	20224	74	23384	84	26544	94	29704
5	1580	15	4740	25	7900	35	11060	45	14220	55	17380	65	20540	75	23700	85	26860	95	30020
6	1896	16	5056	26	8216	36	11376	46	14536	56	17696	66	20856	76	24016	86	27176	96	30336
7	2212	17	5372	27	8532	37	11692	47	14852	57	18012	67	21172	77	24332	87	27492	97	30652
8	2528	18	5688	28	8848	38	12008	48	15168	58	18328	68	21488	78	24648	88	27808	98	30968
9	2844	19	6004	29	9164	39	12324	49	15484	59	18644	69	21804	79	24964	89	28124	99	31284
10	3160	20	6320	30	9480	40	12640	50	15800	60	18960	70	22120	80	25280	90	28440	100	31600

317

1	317	11	3487	21	6657	31	9827	41	12997	51	16167	61	19337	71	22507	81	25677	91	28847
2	634	12	3804	22	6974	32	10144	42	13314	52	16484	62	19654	72	22824	82	25994	92	29164
3	951	13	4121	23	7291	33	10461	43	13631	53	16801	63	19971	73	23141	83	26311	93	29481
4	1268	14	4438	24	7608	34	10778	44	13948	54	17118	64	20288	74	23458	84	26628	94	29798
5	1585	15	4755	25	7925	35	11095	45	14265	55	17435	65	20605	75	23775	85	26945	95	30115
6	1902	16	5072	26	8242	36	11412	46	14582	56	17752	66	20922	76	24092	86	27262	96	30432
7	2219	17	5389	27	8559	37	11729	47	14899	57	18069	67	21239	77	24409	87	27579	97	30749
8	2536	18	5706	28	8876	38	12046	48	15216	58	18386	68	21556	78	24726	88	27896	98	31066
9	2853	19	6023	29	9193	39	12363	49	15533	59	18703	69	21873	79	25043	89	28213	99	31383
10	3170	20	6340	30	9510	40	12680	50	15850	60	19020	70	22190	80	25360	90	28530	100	31700

318

1	318	11	3498	21	6678	31	9858	41	13038	51	16218	61	19398	71	22578	81	25758	91	28938
2	636	12	3816	22	6996	32	10176	42	13356	52	16536	62	19716	72	22896	82	26076	92	29256
3	954	13	4134	23	7314	33	10494	43	13674	53	16854	63	20034	73	23214	83	26394	93	29574
4	1272	14	4452	24	7632	34	10812	44	13992	54	17172	64	20352	74	23532	84	26712	94	29892
5	1590	15	4770	25	7950	35	11130	45	14310	55	17490	65	20670	75	23850	85	27030	95	30210
6	1908	16	5088	26	8268	36	11448	46	14628	56	17808	66	20988	76	24168	86	27348	96	30528
7	2226	17	5406	27	8586	37	11766	47	14946	57	18126	67	21306	77	24486	87	27666	97	30846
8	2544	18	5724	28	8904	38	12084	48	15264	58	18444	68	21624	78	24804	88	27984	98	31164
9	2862	19	6042	29	9222	39	12402	49	15582	59	18762	69	21942	79	25122	89	28302	99	31482
10	3180	20	6360	30	9540	40	12720	50	15900	60	19080	70	22260	80	25440	90	28620	100	31800

319

1	319	11	3509	21	6699	31	9889	41	13079	51	16269	61	19459	71	22649	81	25839	91	29029
2	638	12	3828	22	7018	32	10208	42	13398	52	16588	62	19778	72	22968	82	26158	92	29348
3	957	13	4147	23	7337	33	10527	43	13717	53	16907	63	20097	73	23287	83	26477	93	29667
4	1276	14	4466	24	7656	34	10846	44	14036	54	17226	64	20416	74	23606	84	26796	94	29986
5	1595	15	4785	25	7975	35	11165	45	14355	55	17545	65	20735	75	23925	85	27115	95	30305
6	1914	16	5104	26	8294	36	11484	46	14674	56	17864	66	21054	76	24244	86	27434	96	30624
7	2233	17	5423	27	8613	37	11803	47	14993	57	18183	67	21373	77	24563	87	27753	97	30943
8	2552	18	5742	28	8932	38	12122	48	15312	58	18502	68	21692	78	24882	88	28072	98	31262
9	2871	19	6061	29	9251	39	12441	49	15631	59	18821	69	22011	79	25201	89	28391	99	31581
10	3190	20	6380	30	9570	40	12760	50	15950	60	19140	70	22330	80	25520	90	28710	100	31900

320

1	320	11	3520	21	6720	31	9920	41	13120	51	16320	61	19520	71	22720	81	25920	91	29120
2	640	12	3840	22	7040	32	10240	42	13440	52	16640	62	19840	72	23040	82	26240	92	29440
3	960	13	4160	23	7360	33	10560	43	13760	53	16960	63	20160	73	23360	83	26560	93	29760
4	1280	14	4480	24	7680	34	10880	44	14080	54	17280	64	20480	74	23680	84	26880	94	30080
5	1600	15	4800	25	8000	35	11200	45	14400	55	17600	65	20800	75	24000	85	27200	95	30400
6	1920	16	5120	26	8320	36	11520	46	14720	56	17920	66	21120	76	24320	86	27520	96	30720
7	2240	17	5440	27	8640	37	11840	47	15040	57	18240	67	21440	77	24640	87	27840	97	31040
8	2560	18	5760	28	8960	38	12160	48	15360	58	18560	68	21760	78	24960	88	28160	98	31360
9	2880	19	6080	29	9280	39	12480	49	15680	59	18880	69	22080	79	25280	89	28480	99	31680
10	3200	20	6400	30	9600	40	12800	50	16000	60	19200	70	22400	80	25600	90	28800	100	32000

321

1	321	**11**	3531	**21**	6741	**31**	9951	**41**	13161	**51**	16371	**61**	19581	**71**	22791	**81**	26001	**91**	29211
2	642	**12**	3852	**22**	7062	**32**	10272	**42**	13482	**52**	16692	**62**	19902	**72**	23112	**82**	26322	**92**	29532
3	963	**13**	4173	**23**	7383	**33**	10593	**43**	13803	**53**	17013	**63**	20223	**73**	23433	**83**	26643	**93**	29853
4	1284	**14**	4494	**24**	7704	**34**	10914	**44**	14124	**54**	17334	**64**	20544	**74**	23754	**84**	26964	**94**	30174
5	1605	**15**	4815	**25**	8025	**35**	11235	**45**	14445	**55**	17655	**65**	20865	**75**	24075	**85**	27285	**95**	30495
6	1926	**16**	5136	**26**	8346	**36**	11556	**46**	14766	**56**	17976	**66**	21186	**76**	24396	**86**	27606	**96**	30816
7	2247	**17**	5457	**27**	8667	**37**	11877	**47**	15087	**57**	18297	**67**	21507	**77**	24717	**87**	27927	**97**	31137
8	2568	**18**	5778	**28**	8988	**38**	12198	**48**	15408	**58**	18618	**68**	21828	**78**	25038	**88**	28248	**98**	31458
9	2889	**19**	6099	**29**	9309	**39**	12519	**49**	15729	**59**	18939	**69**	22149	**79**	25359	**89**	28569	**99**	31779
10	3210	**20**	6420	**30**	9630	**40**	12840	**50**	16050	**60**	19260	**70**	22470	**80**	25680	**90**	28890	**100**	32100

322

1	322	**11**	3542	**21**	6762	**31**	9982	**41**	13202	**51**	16422	**61**	19642	**71**	22862	**81**	26082	**91**	29302
2	644	**12**	3864	**22**	7084	**32**	10304	**42**	13524	**52**	16744	**62**	19964	**72**	23184	**82**	26404	**92**	29624
3	966	**13**	4186	**23**	7406	**33**	10626	**43**	13846	**53**	17066	**63**	20286	**73**	23506	**83**	26726	**93**	29946
4	1288	**14**	4508	**24**	7728	**34**	10948	**44**	14168	**54**	17388	**64**	20608	**74**	23828	**84**	27048	**94**	30268
5	1610	**15**	4830	**25**	8050	**35**	11270	**45**	14490	**55**	17710	**65**	20930	**75**	24150	**85**	27370	**95**	30590
6	1932	**16**	5152	**26**	8372	**36**	11592	**46**	14812	**56**	18032	**66**	21252	**76**	24472	**86**	27692	**96**	30912
7	2254	**17**	5474	**27**	8694	**37**	11914	**47**	15134	**57**	18354	**67**	21574	**77**	24794	**87**	28014	**97**	31234
8	2576	**18**	5796	**28**	9016	**38**	12236	**48**	15456	**58**	18676	**68**	21896	**78**	25116	**88**	28336	**98**	31556
9	2898	**19**	6118	**29**	9338	**39**	12558	**49**	15778	**59**	18998	**69**	22218	**79**	25438	**89**	28658	**99**	31878
10	3220	**20**	6440	**30**	9660	**40**	12880	**50**	16100	**60**	19320	**70**	22540	**80**	25760	**90**	28980	**100**	32200

323

1	323	**11**	3553	**21**	6783	**31**	10013	**41**	13243	**51**	16473	**61**	19703	**71**	22933	**81**	26163	**91**	29393
2	646	**12**	3876	**22**	7106	**32**	10336	**42**	13566	**52**	16796	**62**	20026	**72**	23256	**82**	26486	**92**	29716
3	969	**13**	4199	**23**	7429	**33**	10659	**43**	13889	**53**	17119	**63**	20349	**73**	23579	**83**	26809	**93**	30039
4	1292	**14**	4522	**24**	7752	**34**	10982	**44**	14212	**54**	17442	**64**	20672	**74**	23902	**84**	27132	**94**	30362
5	1615	**15**	4845	**25**	8075	**35**	11305	**45**	14535	**55**	17765	**65**	20995	**75**	24225	**85**	27455	**95**	30685
6	1938	**16**	5168	**26**	8398	**36**	11628	**46**	14858	**56**	18088	**66**	21318	**76**	24548	**86**	27778	**96**	31008
7	2261	**17**	5491	**27**	8721	**37**	11951	**47**	15181	**57**	18411	**67**	21641	**77**	24871	**87**	28101	**97**	31331
8	2584	**18**	5814	**28**	9044	**38**	12274	**48**	15504	**58**	18734	**68**	21964	**78**	25194	**88**	28424	**98**	31654
9	2907	**19**	6137	**29**	9367	**39**	12597	**49**	15827	**59**	19057	**69**	22287	**79**	25517	**89**	28747	**99**	31977
10	3230	**20**	6460	**30**	9690	**40**	12920	**50**	16150	**60**	19380	**70**	22610	**80**	25840	**90**	29070	**100**	32300

324

1	324	**11**	3564	**21**	6804	**31**	10044	**41**	13284	**51**	16524	**61**	19764	**71**	23004	**81**	26244	**91**	29484
2	648	**12**	3888	**22**	7128	**32**	10368	**42**	13608	**52**	16848	**62**	20088	**72**	23328	**82**	26568	**92**	29808
3	972	**13**	4212	**23**	7452	**33**	10692	**43**	13932	**53**	17172	**63**	20412	**73**	23652	**83**	26892	**93**	30132
4	1296	**14**	4536	**24**	7776	**34**	11016	**44**	14256	**54**	17496	**64**	20736	**74**	23976	**84**	27216	**94**	30456
5	1620	**15**	4860	**25**	8100	**35**	11340	**45**	14580	**55**	17820	**65**	21060	**75**	24300	**85**	27540	**95**	30780
6	1944	**16**	5184	**26**	8424	**36**	11664	**46**	14904	**56**	18144	**66**	21384	**76**	24624	**86**	27864	**96**	31104
7	2268	**17**	5508	**27**	8748	**37**	11988	**47**	15228	**57**	18468	**67**	21708	**77**	24948	**87**	28188	**97**	31428
8	2592	**18**	5832	**28**	9072	**38**	12312	**48**	15552	**58**	18792	**68**	22032	**78**	25272	**88**	28512	**98**	31752
9	2916	**19**	6156	**29**	9396	**39**	12636	**49**	15876	**59**	19116	**69**	22356	**79**	25596	**89**	28836	**99**	32076
10	3240	**20**	6480	**30**	9720	**40**	12960	**50**	16200	**60**	19440	**70**	22680	**80**	25920	**90**	29160	**100**	32400

325

1	325	**11**	3575	**21**	6825	**31**	10075	**41**	13325	**51**	16575	**61**	19825	**71**	23075	**81**	26325	**91**	29575
2	650	**12**	3900	**22**	7150	**32**	10400	**42**	13650	**52**	16900	**62**	20150	**72**	23400	**82**	26650	**92**	29900
3	975	**13**	4225	**23**	7475	**33**	10725	**43**	13975	**53**	17225	**63**	20475	**73**	23725	**83**	26975	**93**	30225
4	1300	**14**	4550	**24**	7800	**34**	11050	**44**	14300	**54**	17550	**64**	20800	**74**	24050	**84**	27300	**94**	30550
5	1625	**15**	4875	**25**	8125	**35**	11375	**45**	14625	**55**	17875	**65**	21125	**75**	24375	**85**	27625	**95**	30875
6	1950	**16**	5200	**26**	8450	**36**	11700	**46**	14950	**56**	18200	**66**	21450	**76**	24700	**86**	27950	**96**	31200
7	2275	**17**	5525	**27**	8775	**37**	12025	**47**	15275	**57**	18525	**67**	21775	**77**	25025	**87**	28275	**97**	31525
8	2600	**18**	5850	**28**	9100	**38**	12350	**48**	15600	**58**	18850	**68**	22100	**78**	25350	**88**	28600	**98**	31850
9	2925	**19**	6175	**29**	9425	**39**	12675	**49**	15925	**59**	19175	**69**	22425	**79**	25675	**89**	28925	**99**	32175
10	3250	**20**	6500	**30**	9750	**40**	13000	**50**	16250	**60**	19500	**70**	22750	**80**	26000	**90**	29250	**100**	32500

326

1	326	11	3586	21	6846	31	10106	41	13366	51	16626	61	19886	71	23146	81	26406	91	29666
2	652	12	3912	22	7172	32	10432	42	13692	52	16952	62	20212	72	23472	82	26732	92	29992
3	978	13	4238	23	7498	33	10758	43	14018	53	17278	63	20538	73	23798	83	27058	93	30318
4	1304	14	4564	24	7824	34	11084	44	14344	54	17604	64	20864	74	24124	84	27384	94	30644
5	1630	15	4890	25	8150	35	11410	45	14670	55	17930	65	21190	75	24450	85	27710	95	30970
6	1956	16	5216	26	8476	36	11736	46	14996	56	18256	66	21516	76	24776	86	28036	96	31296
7	2282	17	5542	27	8802	37	12062	47	15322	57	18582	67	21842	77	25102	87	28362	97	31622
8	2608	18	5868	28	9128	38	12388	48	15648	58	18908	68	22168	78	25428	88	28688	98	31948
9	2934	19	6194	29	9454	39	12714	49	15974	59	19234	69	22494	79	25754	89	29014	99	32274
10	3260	20	6520	30	9780	40	13040	50	16300	60	19560	70	22820	80	26080	90	29340	100	32600

327

1	327	11	3597	21	6867	31	10137	41	13407	51	16677	61	19947	71	23217	81	26487	91	29757
2	654	12	3924	22	7194	32	10464	42	13734	52	17004	62	20274	72	23544	82	26814	92	30084
3	981	13	4251	23	7521	33	10791	43	14061	53	17331	63	20601	73	23871	83	27141	93	30411
4	1308	14	4578	24	7848	34	11118	44	14388	54	17658	64	20928	74	24198	84	27468	94	30738
5	1635	15	4905	25	8175	35	11445	45	14715	55	17985	65	21255	75	24525	85	27795	95	31065
6	1962	16	5232	26	8502	36	11772	46	15042	56	18312	66	21582	76	24852	86	28122	96	31392
7	2289	17	5559	27	8829	37	12099	47	15369	57	18639	67	21909	77	25179	87	28449	97	31719
8	2616	18	5886	28	9156	38	12426	48	15696	58	18966	68	22236	78	25506	88	28776	98	32046
9	2943	19	6213	29	9483	39	12753	49	16023	59	19293	69	22563	79	25833	89	29103	99	32373
10	3270	20	6540	30	9810	40	13080	50	16350	60	19620	70	22890	80	26160	90	29430	100	32700

328

1	328	11	3608	21	6888	31	10168	41	13448	51	16728	61	20008	71	23288	81	26568	91	29848
2	656	12	3936	22	7216	32	10496	42	13776	52	17056	62	20336	72	23616	82	26896	92	30176
3	984	13	4264	23	7544	33	10824	43	14104	53	17384	63	20664	73	23944	83	27224	93	30504
4	1312	14	4592	24	7872	34	11152	44	14432	54	17712	64	20992	74	24272	84	27552	94	30832
5	1640	15	4920	25	8200	35	11480	45	14760	55	18040	65	21320	75	24600	85	27880	95	31160
6	1968	16	5248	26	8528	36	11808	46	15088	56	18368	66	21648	76	24928	86	28208	96	31488
7	2296	17	5576	27	8856	37	12136	47	15416	57	18696	67	21976	77	25256	87	28536	97	31816
8	2624	18	5904	28	9184	38	12464	48	15744	58	19024	68	22304	78	25584	88	28864	98	32144
9	2952	19	6232	29	9512	39	12792	49	16072	59	19352	69	22632	79	25912	89	29192	99	32472
10	3280	20	6560	30	9840	40	13120	50	16400	60	19680	70	22960	80	26240	90	29520	100	32800

329

1	329	11	3619	21	6909	31	10199	41	13489	51	16779	61	20069	71	23359	81	26649	91	29939
2	658	12	3948	22	7238	32	10528	42	13818	52	17108	62	20398	72	23688	82	26978	92	30268
3	987	13	4277	23	7567	33	10857	43	14147	53	17437	63	20727	73	24017	83	27307	93	30597
4	1316	14	4606	24	7896	34	11186	44	14476	54	17766	64	21056	74	24346	84	27636	94	30926
5	1645	15	4935	25	8225	35	11515	45	14805	55	18095	65	21385	75	24675	85	27965	95	31255
6	1974	16	5264	26	8554	36	11844	46	15134	56	18424	66	21714	76	25004	86	28294	96	31584
7	2303	17	5593	27	8883	37	12173	47	15463	57	18753	67	22043	77	25333	87	28623	97	31913
8	2632	18	5922	28	9212	38	12502	48	15792	58	19082	68	22372	78	25662	88	28952	98	32242
9	2961	19	6251	29	9541	39	12831	49	16121	59	19411	69	22701	79	25991	89	29281	99	32571
10	3290	20	6580	30	9870	40	13160	50	16450	60	19740	70	23030	80	26320	90	29610	100	32900

330

1	330	11	3630	21	6930	31	10230	41	13530	51	16830	61	20130	71	23430	81	26730	91	30030
2	660	12	3960	22	7260	32	10560	42	13860	52	17160	62	20460	72	23760	82	27060	92	30360
3	990	13	4290	23	7590	33	10890	43	14190	53	17490	63	20790	73	24090	83	27390	93	30690
4	1320	14	4620	24	7920	34	11220	44	14520	54	17820	64	21120	74	24420	84	27720	94	31020
5	1650	15	4950	25	8250	35	11550	45	14850	55	18150	65	21450	75	24750	85	28050	95	31350
6	1980	16	5280	26	8580	36	11880	46	15180	56	18480	66	21780	76	25080	86	28380	96	31680
7	2310	17	5610	27	8910	37	12210	47	15510	57	18810	67	22110	77	25410	87	28710	97	32010
8	2640	18	5940	28	9240	38	12540	48	15840	58	19140	68	22440	78	25740	88	29040	98	32340
9	2970	19	6270	29	9570	39	12870	49	16170	59	19470	69	22770	79	26070	89	29370	99	32670
10	3300	20	6600	30	9900	40	13200	50	16500	60	19800	70	23100	80	26400	90	29700	100	33000

331

1	331	**11**	3641	**21**	6951	**31**	10261	**41**	13571	**51**	16881	**61**	20191	**71**	23501	**81**	26811	**91**	30121
2	662	**12**	3972	**22**	7282	**32**	10592	**42**	13902	**52**	17212	**62**	20522	**72**	23832	**82**	27142	**92**	30452
3	993	**13**	4303	**23**	7613	**33**	10923	**43**	14233	**53**	17543	**63**	20853	**73**	24163	**83**	27473	**93**	30783
4	1324	**14**	4634	**24**	7944	**34**	11254	**44**	14564	**54**	17874	**64**	21184	**74**	24494	**84**	27804	**94**	31114
5	1655	**15**	4965	**25**	8275	**35**	11585	**45**	14895	**55**	18205	**65**	21515	**75**	24825	**85**	28135	**95**	31445
6	1986	**16**	5296	**26**	8606	**36**	11916	**46**	15226	**56**	18536	**66**	21846	**76**	25156	**86**	28466	**96**	31776
7	2317	**17**	5627	**27**	8937	**37**	12247	**47**	15557	**57**	18867	**67**	22177	**77**	25487	**87**	28797	**97**	32107
8	2648	**18**	5958	**28**	9268	**38**	12578	**48**	15888	**58**	19198	**68**	22508	**78**	25818	**88**	29128	**98**	32438
9	2979	**19**	6289	**29**	9599	**39**	12909	**49**	16219	**59**	19529	**69**	22839	**79**	26149	**89**	29459	**99**	32769
10	3310	**20**	6620	**30**	9930	**40**	13240	**50**	16550	**60**	19860	**70**	23170	**80**	26480	**90**	29790	**100**	33100

332

1	332	**11**	3652	**21**	6972	**31**	10292	**41**	13612	**51**	16932	**61**	20252	**71**	23572	**81**	26892	**91**	30212
2	664	**12**	3984	**22**	7304	**32**	10624	**42**	13944	**52**	17264	**62**	20584	**72**	23904	**82**	27224	**92**	30544
3	996	**13**	4316	**23**	7636	**33**	10956	**43**	14276	**53**	17596	**63**	20916	**73**	24236	**83**	27556	**93**	30876
4	1328	**14**	4648	**24**	7968	**34**	11288	**44**	14608	**54**	17928	**64**	21248	**74**	24568	**84**	27888	**94**	31208
5	1660	**15**	4980	**25**	8300	**35**	11620	**45**	14940	**55**	18260	**65**	21580	**75**	24900	**85**	28220	**95**	31540
6	1992	**16**	5312	**26**	8632	**36**	11952	**46**	15272	**56**	18592	**66**	21912	**76**	25232	**86**	28552	**96**	31872
7	2324	**17**	5644	**27**	8964	**37**	12284	**47**	15604	**57**	18924	**67**	22244	**77**	25564	**87**	28884	**97**	32204
8	2656	**18**	5976	**28**	9296	**38**	12616	**48**	15936	**58**	19256	**68**	22576	**78**	25896	**88**	29216	**98**	32536
9	2988	**19**	6308	**29**	9628	**39**	12948	**49**	16268	**59**	19588	**69**	22908	**79**	26228	**89**	29548	**99**	32868
10	3320	**20**	6640	**30**	9960	**40**	13280	**50**	16600	**60**	19920	**70**	23240	**80**	26560	**90**	29880	**100**	33200

333

1	333	**11**	3663	**21**	6993	**31**	10323	**41**	13653	**51**	16983	**61**	20313	**71**	23643	**81**	26973	**91**	30303
2	666	**12**	3996	**22**	7326	**32**	10656	**42**	13986	**52**	17316	**62**	20646	**72**	23976	**82**	27306	**92**	30636
3	999	**13**	4329	**23**	7659	**33**	10989	**43**	14319	**53**	17649	**63**	20979	**73**	24309	**83**	27639	**93**	30969
4	1332	**14**	4662	**24**	7992	**34**	11322	**44**	14652	**54**	17982	**64**	21312	**74**	24642	**84**	27972	**94**	31302
5	1665	**15**	4995	**25**	8325	**35**	11655	**45**	14985	**55**	18315	**65**	21645	**75**	24975	**85**	28305	**95**	31635
6	1998	**16**	5328	**26**	8658	**36**	11988	**46**	15318	**56**	18648	**66**	21978	**76**	25308	**86**	28638	**96**	31968
7	2331	**17**	5661	**27**	8991	**37**	12321	**47**	15651	**57**	18981	**67**	22311	**77**	25641	**87**	28971	**97**	32301
8	2664	**18**	5994	**28**	9324	**38**	12654	**48**	15984	**58**	19314	**68**	22644	**78**	25974	**88**	29304	**98**	32634
9	2997	**19**	6327	**29**	9657	**39**	12987	**49**	16317	**59**	19647	**69**	22977	**79**	26307	**89**	29637	**99**	32967
10	3330	**20**	6660	**30**	9990	**40**	13320	**50**	16650	**60**	19980	**70**	23310	**80**	26640	**90**	29970	**100**	33300

334

1	334	**11**	3674	**21**	7014	**31**	10354	**41**	13694	**51**	17034	**61**	20374	**71**	23714	**81**	27054	**91**	30394
2	668	**12**	4008	**22**	7348	**32**	10688	**42**	14028	**52**	17368	**62**	20708	**72**	24048	**82**	27388	**92**	30728
3	1002	**13**	4342	**23**	7682	**33**	11022	**43**	14362	**53**	17702	**63**	21042	**73**	24382	**83**	27722	**93**	31062
4	1336	**14**	4676	**24**	8016	**34**	11356	**44**	14696	**54**	18036	**64**	21376	**74**	24716	**84**	28056	**94**	31396
5	1670	**15**	5010	**25**	8350	**35**	11690	**45**	15030	**55**	18370	**65**	21710	**75**	25050	**85**	28390	**95**	31730
6	2004	**16**	5344	**26**	8684	**36**	12024	**46**	15364	**56**	18704	**66**	22044	**76**	25384	**86**	28724	**96**	32064
7	2338	**17**	5678	**27**	9018	**37**	12358	**47**	15698	**57**	19038	**67**	22378	**77**	25718	**87**	29058	**97**	32398
8	2672	**18**	6012	**28**	9352	**38**	12692	**48**	16032	**58**	19372	**68**	22712	**78**	26052	**88**	29392	**98**	32732
9	3006	**19**	6346	**29**	9686	**39**	13026	**49**	16366	**59**	19706	**69**	23046	**79**	26386	**89**	29726	**99**	33066
10	3340	**20**	6680	**30**	10020	**40**	13360	**50**	16700	**60**	20040	**70**	23380	**80**	26720	**90**	30060	**100**	33400

335

1	335	**11**	3685	**21**	7035	**31**	10385	**41**	13735	**51**	17085	**61**	20435	**71**	23785	**81**	27135	**91**	30485
2	670	**12**	4020	**22**	7370	**32**	10720	**42**	14070	**52**	17420	**62**	20770	**72**	24120	**82**	27470	**92**	30820
3	1005	**13**	4355	**23**	7705	**33**	11055	**43**	14405	**53**	17755	**63**	21105	**73**	24455	**83**	27805	**93**	31155
4	1340	**14**	4690	**24**	8040	**34**	11390	**44**	14740	**54**	18090	**64**	21440	**74**	24790	**84**	28140	**94**	31490
5	1675	**15**	5025	**25**	8375	**35**	11725	**45**	15075	**55**	18425	**65**	21775	**75**	25125	**85**	28475	**95**	31825
6	2010	**16**	5360	**26**	8710	**36**	12060	**46**	15410	**56**	18760	**66**	22110	**76**	25460	**86**	28810	**96**	32160
7	2345	**17**	5695	**27**	9045	**37**	12395	**47**	15745	**57**	19095	**67**	22445	**77**	25795	**87**	29145	**97**	32495
8	2680	**18**	6030	**28**	9380	**38**	12730	**48**	16080	**58**	19430	**68**	22780	**78**	26130	**88**	29480	**98**	32830
9	3015	**19**	6365	**29**	9715	**39**	13065	**49**	16415	**59**	19765	**69**	23115	**79**	26465	**89**	29815	**99**	33165
10	3350	**20**	6700	**30**	10050	**40**	13400	**50**	16750	**60**	20100	**70**	23450	**80**	26800	**90**	30150	**100**	33500

336

1	336	**11**	3696	**21**	7056	**31**	10416	**41**	13776	**51**	17136	**61**	20496	**71**	23856	**81**	27216	**91**	30576
2	672	**12**	4032	**22**	7392	**32**	10752	**42**	14112	**52**	17472	**62**	20832	**72**	24192	**82**	27552	**92**	30912
3	1008	**13**	4368	**23**	7728	**33**	11088	**43**	14448	**53**	17808	**63**	21168	**73**	24528	**83**	27888	**93**	31248
4	1344	**14**	4704	**24**	8064	**34**	11424	**44**	14784	**54**	18144	**64**	21504	**74**	24864	**84**	28224	**94**	31584
5	1680	**15**	5040	**25**	8400	**35**	11760	**45**	15120	**55**	18480	**65**	21840	**75**	25200	**85**	28560	**95**	31920
6	2016	**16**	5376	**26**	8736	**36**	12096	**46**	15456	**56**	18816	**66**	22176	**76**	25536	**86**	28896	**96**	32256
7	2352	**17**	5712	**27**	9072	**37**	12432	**47**	15792	**57**	19152	**67**	22512	**77**	25872	**87**	29232	**97**	32592
8	2688	**18**	6048	**28**	9408	**38**	12768	**48**	16128	**58**	19488	**68**	22848	**78**	26208	**88**	29568	**98**	32928
9	3024	**19**	6384	**29**	9744	**39**	13104	**49**	16464	**59**	19824	**69**	23184	**79**	26544	**89**	29904	**99**	33264
10	3360	**20**	6720	**30**	10080	**40**	13440	**50**	16800	**60**	20160	**70**	23520	**80**	26880	**90**	30240	**100**	33600

337

1	337	**11**	3707	**21**	7077	**31**	10447	**41**	13817	**51**	17187	**61**	20557	**71**	23927	**81**	27297	**91**	30667
2	674	**12**	4044	**22**	7414	**32**	10784	**42**	14154	**52**	17524	**62**	20894	**72**	24264	**82**	27634	**92**	31004
3	1011	**13**	4381	**23**	7751	**33**	11121	**43**	14491	**53**	17861	**63**	21231	**73**	24601	**83**	27971	**93**	31341
4	1348	**14**	4718	**24**	8088	**34**	11458	**44**	14828	**54**	18198	**64**	21568	**74**	24938	**84**	28308	**94**	31678
5	1685	**15**	5055	**25**	8425	**35**	11795	**45**	15165	**55**	18535	**65**	21905	**75**	25275	**85**	28645	**95**	32015
6	2022	**16**	5392	**26**	8762	**36**	12132	**46**	15502	**56**	18872	**66**	22242	**76**	25612	**86**	28982	**96**	32352
7	2359	**17**	5729	**27**	9099	**37**	12469	**47**	15839	**57**	19209	**67**	22579	**77**	25949	**87**	29319	**97**	32689
8	2696	**18**	6066	**28**	9436	**38**	12806	**48**	16176	**58**	19546	**68**	22916	**78**	26286	**88**	29656	**98**	33026
9	3033	**19**	6403	**29**	9773	**39**	13143	**49**	16513	**59**	19883	**69**	23253	**79**	26623	**89**	29993	**99**	33363
10	3370	**20**	6740	**30**	10110	**40**	13480	**50**	16850	**60**	20220	**70**	23590	**80**	26960	**90**	30330	**100**	33700

338

1	338	**11**	3718	**21**	7098	**31**	10478	**41**	13858	**51**	17238	**61**	20618	**71**	23998	**81**	27378	**91**	30758
2	676	**12**	4056	**22**	7436	**32**	10816	**42**	14196	**52**	17576	**62**	20956	**72**	24336	**82**	27716	**92**	31096
3	1014	**13**	4394	**23**	7774	**33**	11154	**43**	14534	**53**	17914	**63**	21294	**73**	24674	**83**	28054	**93**	31434
4	1352	**14**	4732	**24**	8112	**34**	11492	**44**	14872	**54**	18252	**64**	21632	**74**	25012	**84**	28392	**94**	31772
5	1690	**15**	5070	**25**	8450	**35**	11830	**45**	15210	**55**	18590	**65**	21970	**75**	25350	**85**	28730	**95**	32110
6	2028	**16**	5408	**26**	8788	**36**	12168	**46**	15548	**56**	18928	**66**	22308	**76**	25688	**86**	29068	**96**	32448
7	2366	**17**	5746	**27**	9126	**37**	12506	**47**	15886	**57**	19266	**67**	22646	**77**	26026	**87**	29406	**97**	32786
8	2704	**18**	6084	**28**	9464	**38**	12844	**48**	16224	**58**	19604	**68**	22984	**78**	26364	**88**	29744	**98**	33124
9	3042	**19**	6422	**29**	9802	**39**	13182	**49**	16562	**59**	19942	**69**	23322	**79**	26702	**89**	30082	**99**	33462
10	3380	**20**	6760	**30**	10140	**40**	13520	**50**	16900	**60**	20280	**70**	23660	**80**	27040	**90**	30420	**100**	33800

339

1	339	**11**	3729	**21**	7119	**31**	10509	**41**	13899	**51**	17289	**61**	20679	**71**	24069	**81**	27459	**91**	30849
2	678	**12**	4068	**22**	7458	**32**	10848	**42**	14238	**52**	17628	**62**	21018	**72**	24408	**82**	27798	**92**	31188
3	1017	**13**	4407	**23**	7797	**33**	11187	**43**	14577	**53**	17967	**63**	21357	**73**	24747	**83**	28137	**93**	31527
4	1356	**14**	4746	**24**	8136	**34**	11526	**44**	14916	**54**	18306	**64**	21696	**74**	25086	**84**	28476	**94**	31866
5	1695	**15**	5085	**25**	8475	**35**	11865	**45**	15255	**55**	18645	**65**	22035	**75**	25425	**85**	28815	**95**	32205
6	2034	**16**	5424	**26**	8814	**36**	12204	**46**	15594	**56**	18984	**66**	22374	**76**	25764	**86**	29154	**96**	32544
7	2373	**17**	5763	**27**	9153	**37**	12543	**47**	15933	**57**	19323	**67**	22713	**77**	26103	**87**	29493	**97**	32883
8	2712	**18**	6102	**28**	9492	**38**	12882	**48**	16272	**58**	19662	**68**	23052	**78**	26442	**88**	29832	**98**	33222
9	3051	**19**	6441	**29**	9831	**39**	13221	**49**	16611	**59**	20001	**69**	23391	**79**	26781	**89**	30171	**99**	33561
10	3390	**20**	6780	**30**	10170	**40**	13560	**50**	16950	**60**	20340	**70**	23730	**80**	27120	**90**	30510	**100**	33900

340

1	340	**11**	3740	**21**	7140	**31**	10540	**41**	13940	**51**	17340	**61**	20740	**71**	24140	**81**	27540	**91**	30940
2	680	**12**	4080	**22**	7480	**32**	10880	**42**	14280	**52**	17680	**62**	21080	**72**	24480	**82**	27880	**92**	31280
3	1020	**13**	4420	**23**	7820	**33**	11220	**43**	14620	**53**	18020	**63**	21420	**73**	24820	**83**	28220	**93**	31620
4	1360	**14**	4760	**24**	8160	**34**	11560	**44**	14960	**54**	18360	**64**	21760	**74**	25160	**84**	28560	**94**	31960
5	1700	**15**	5100	**25**	8500	**35**	11900	**45**	15300	**55**	18700	**65**	22100	**75**	25500	**85**	28900	**95**	32300
6	2040	**16**	5440	**26**	8840	**36**	12240	**46**	15640	**56**	19040	**66**	22440	**76**	25840	**86**	29240	**96**	32640
7	2380	**17**	5780	**27**	9180	**37**	12580	**47**	15980	**57**	19380	**67**	22780	**77**	26180	**87**	29580	**97**	32980
8	2720	**18**	6120	**28**	9520	**38**	12920	**48**	16320	**58**	19720	**68**	23120	**78**	26520	**88**	29920	**98**	33320
9	3060	**19**	6460	**29**	9860	**39**	13260	**49**	16660	**59**	20060	**69**	23460	**79**	26860	**89**	30260	**99**	33660
10	3400	**20**	6800	**30**	10200	**40**	13600	**50**	17000	**60**	20400	**70**	23800	**80**	27200	**90**	30600	**100**	34000

341

1	341	11	3751	21	7161	31	10571	41	13981	51	17391	61	20801	71	24211	81	27621	91	31031
2	682	12	4092	22	7502	32	10912	42	14322	52	17732	62	21142	72	24552	82	27962	92	31372
3	1023	13	4433	23	7843	33	11253	43	14663	53	18073	63	21483	73	24893	83	28303	93	31713
4	1364	14	4774	24	8184	34	11594	44	15004	54	18414	64	21824	74	25234	84	28644	94	32054
5	1705	15	5115	25	8525	35	11935	45	15345	55	18755	65	22165	75	25575	85	28985	95	32395
6	2046	16	5456	26	8866	36	12276	46	15686	56	19096	66	22506	76	25916	86	29326	96	32736
7	2387	17	5797	27	9207	37	12617	47	16027	57	19437	67	22847	77	26257	87	29667	97	33077
8	2728	18	6138	28	9548	38	12958	48	16368	58	19778	68	23188	78	26598	88	30008	98	33418
9	3069	19	6479	29	9889	39	13299	49	16709	59	20119	69	23529	79	26939	89	30349	99	33759
10	3410	20	6820	30	10230	40	13640	50	17050	60	20460	70	23870	80	27280	90	30690	100	34100

342

1	342	11	3762	21	7182	31	10602	41	14022	51	17442	61	20862	71	24282	81	27702	91	31122
2	684	12	4104	22	7524	32	10944	42	14364	52	17784	62	21204	72	24624	82	28044	92	31464
3	1026	13	4446	23	7866	33	11286	43	14706	53	18126	63	21546	73	24966	83	28386	93	31806
4	1368	14	4788	24	8208	34	11628	44	15048	54	18468	64	21888	74	25308	84	28728	94	32148
5	1710	15	5130	25	8550	35	11970	45	15390	55	18810	65	22230	75	25650	85	29070	95	32490
6	2052	16	5472	26	8892	36	12312	46	15732	56	19152	66	22572	76	25992	86	29412	96	32832
7	2394	17	5814	27	9234	37	12654	47	16074	57	19494	67	22914	77	26334	87	29754	97	33174
8	2736	18	6156	28	9576	38	12996	48	16416	58	19836	68	23256	78	26676	88	30096	98	33516
9	3078	19	6498	29	9918	39	13338	49	16758	59	20178	69	23598	79	27018	89	30438	99	33858
10	3420	20	6840	30	10260	40	13680	50	17100	60	20520	70	23940	80	27360	90	30780	100	34200

343

1	343	11	3773	21	7203	31	10633	41	14063	51	17493	61	20923	71	24353	81	27783	91	31213
2	686	12	4116	22	7546	32	10976	42	14406	52	17836	62	21266	72	24696	82	28126	92	31556
3	1029	13	4459	23	7889	33	11319	43	14749	53	18179	63	21609	73	25039	83	28469	93	31899
4	1372	14	4802	24	8232	34	11662	44	15092	54	18522	64	21952	74	25382	84	28812	94	32242
5	1715	15	5145	25	8575	35	12005	45	15435	55	18865	65	22295	75	25725	85	29155	95	32585
6	2058	16	5488	26	8918	36	12348	46	15778	56	19208	66	22638	76	26068	86	29498	96	32928
7	2401	17	5831	27	9261	37	12691	47	16121	57	19551	67	22981	77	26411	87	29841	97	33271
8	2744	18	6174	28	9604	38	13034	48	16464	58	19894	68	23324	78	26754	88	30184	98	33614
9	3087	19	6517	29	9947	39	13377	49	16807	59	20237	69	23667	79	27097	89	30527	99	33957
10	3430	20	6860	30	10290	40	13720	50	17150	60	20580	70	24010	80	27440	90	30870	100	34300

344

1	344	11	3784	21	7224	31	10664	41	14104	51	17544	61	20984	71	24424	81	27864	91	31304
2	688	12	4128	22	7568	32	11008	42	14448	52	17888	62	21328	72	24768	82	28208	92	31648
3	1032	13	4472	23	7912	33	11352	43	14792	53	18232	63	21672	73	25112	83	28552	93	31992
4	1376	14	4816	24	8256	34	11696	44	15136	54	18576	64	22016	74	25456	84	28896	94	32336
5	1720	15	5160	25	8600	35	12040	45	15480	55	18920	65	22360	75	25800	85	29240	95	32680
6	2064	16	5504	26	8944	36	12384	46	15824	56	19264	66	22704	76	26144	86	29584	96	33024
7	2408	17	5848	27	9288	37	12728	47	16168	57	19608	67	23048	77	26488	87	29928	97	33368
8	2752	18	6192	28	9632	38	13072	48	16512	58	19952	68	23392	78	26832	88	30272	98	33712
9	3096	19	6536	29	9976	39	13416	49	16856	59	20296	69	23736	79	27176	89	30616	99	34056
10	3440	20	6880	30	10320	40	13760	50	17200	60	20640	70	24080	80	27520	90	30960	100	34400

345

1	345	11	3795	21	7245	31	10695	41	14145	51	17595	61	21045	71	24495	81	27945	91	31395
2	690	12	4140	22	7590	32	11040	42	14490	52	17940	62	21390	72	24840	82	28290	92	31740
3	1035	13	4485	23	7935	33	11385	43	14835	53	18285	63	21735	73	25185	83	28635	93	32085
4	1380	14	4830	24	8280	34	11730	44	15180	54	18630	64	22080	74	25530	84	28980	94	32430
5	1725	15	5175	25	8625	35	12075	45	15525	55	18975	65	22425	75	25875	85	29325	95	32775
6	2070	16	5520	26	8970	36	12420	46	15870	56	19320	66	22770	76	26220	86	29670	96	33120
7	2415	17	5865	27	9315	37	12765	47	16215	57	19665	67	23115	77	26565	87	30015	97	33465
8	2760	18	6210	28	9660	38	13110	48	16560	58	20010	68	23460	78	26910	88	30360	98	33810
9	3105	19	6555	29	10005	39	13455	49	16905	59	20355	69	23805	79	27255	89	30705	99	34155
10	3450	20	6900	30	10350	40	13800	50	17250	60	20700	70	24150	80	27600	90	31050	100	34500

346

1	346	**11**	3806	**21**	7266	**31**	10726	**41**	14186	**51**	17646	**61**	21106	**71**	24566	**81**	28026	**91**	31486
2	692	**12**	4152	**22**	7612	**32**	11072	**42**	14532	**52**	17992	**62**	21452	**72**	24912	**82**	28372	**92**	31832
3	1038	**13**	4498	**23**	7958	**33**	11418	**43**	14878	**53**	18338	**63**	21798	**73**	25258	**83**	28718	**93**	32178
4	1384	**14**	4844	**24**	8304	**34**	11764	**44**	15224	**54**	18684	**64**	22144	**74**	25604	**84**	29064	**94**	32524
5	1730	**15**	5190	**25**	8650	**35**	12110	**45**	15570	**55**	19030	**65**	22490	**75**	25950	**85**	29410	**95**	32870
6	2076	**16**	5536	**26**	8996	**36**	12456	**46**	15916	**56**	19376	**66**	22836	**76**	26296	**86**	29756	**96**	33216
7	2422	**17**	5882	**27**	9342	**37**	12802	**47**	16262	**57**	19722	**67**	23182	**77**	26642	**87**	30102	**97**	33562
8	2768	**18**	6228	**28**	9688	**38**	13148	**48**	16608	**58**	20068	**68**	23528	**78**	26988	**88**	30448	**98**	33908
9	3114	**19**	6574	**29**	10034	**39**	13494	**49**	16954	**59**	20414	**69**	23874	**79**	27334	**89**	30794	**99**	34254
10	3460	**20**	6920	**30**	10380	**40**	13840	**50**	17300	**60**	20760	**70**	24220	**80**	27680	**90**	31140	**100**	34600

347

1	347	**11**	3817	**21**	7287	**31**	10757	**41**	14227	**51**	17697	**61**	21167	**71**	24637	**81**	28107	**91**	31577
2	694	**12**	4164	**22**	7634	**32**	11104	**42**	14574	**52**	18044	**62**	21514	**72**	24984	**82**	28454	**92**	31924
3	1041	**13**	4511	**23**	7981	**33**	11451	**43**	14921	**53**	18391	**63**	21861	**73**	25331	**83**	28801	**93**	32271
4	1388	**14**	4858	**24**	8328	**34**	11798	**44**	15268	**54**	18738	**64**	22208	**74**	25678	**84**	29148	**94**	32618
5	1735	**15**	5205	**25**	8675	**35**	12145	**45**	15615	**55**	19085	**65**	22555	**75**	26025	**85**	29495	**95**	32965
6	2082	**16**	5552	**26**	9022	**36**	12492	**46**	15962	**56**	19432	**66**	22902	**76**	26372	**86**	29842	**96**	33312
7	2429	**17**	5899	**27**	9369	**37**	12839	**47**	16309	**57**	19779	**67**	23249	**77**	26719	**87**	30189	**97**	33659
8	2776	**18**	6246	**28**	9716	**38**	13186	**48**	16656	**58**	20126	**68**	23596	**78**	27066	**88**	30536	**98**	34006
9	3123	**19**	6593	**29**	10063	**39**	13533	**49**	17003	**59**	20473	**69**	23943	**79**	27413	**89**	30883	**99**	34353
10	3470	**20**	6940	**30**	10410	**40**	13880	**50**	17350	**60**	20820	**70**	24290	**80**	27760	**90**	31230	**100**	34700

348

1	348	**11**	3828	**21**	7308	**31**	10788	**41**	14268	**51**	17748	**61**	21228	**71**	24708	**81**	28188	**91**	31668
2	696	**12**	4176	**22**	7656	**32**	11136	**42**	14616	**52**	18096	**62**	21576	**72**	25056	**82**	28536	**92**	32016
3	1044	**13**	4524	**23**	8004	**33**	11484	**43**	14964	**53**	18444	**63**	21924	**73**	25404	**83**	28884	**93**	32364
4	1392	**14**	4872	**24**	8352	**34**	11832	**44**	15312	**54**	18792	**64**	22272	**74**	25752	**84**	29232	**94**	32712
5	1740	**15**	5220	**25**	8700	**35**	12180	**45**	15660	**55**	19140	**65**	22620	**75**	26100	**85**	29580	**95**	33060
6	2088	**16**	5568	**26**	9048	**36**	12528	**46**	16008	**56**	19488	**66**	22968	**76**	26448	**86**	29928	**96**	33408
7	2436	**17**	5916	**27**	9396	**37**	12876	**47**	16356	**57**	19836	**67**	23316	**77**	26796	**87**	30276	**97**	33756
8	2784	**18**	6264	**28**	9744	**38**	13224	**48**	16704	**58**	20184	**68**	23664	**78**	27144	**88**	30624	**98**	34104
9	3132	**19**	6612	**29**	10092	**39**	13572	**49**	17052	**59**	20532	**69**	24012	**79**	27492	**89**	30972	**99**	34452
10	3480	**20**	6960	**30**	10440	**40**	13920	**50**	17400	**60**	20880	**70**	24360	**80**	27840	**90**	31320	**100**	34800

349

1	349	**11**	3839	**21**	7329	**31**	10819	**41**	14309	**51**	17799	**61**	21289	**71**	24779	**81**	28269	**91**	31759
2	698	**12**	4188	**22**	7678	**32**	11168	**42**	14658	**52**	18148	**62**	21638	**72**	25128	**82**	28618	**92**	32108
3	1047	**13**	4537	**23**	8027	**33**	11517	**43**	15007	**53**	18497	**63**	21987	**73**	25477	**83**	28967	**93**	32457
4	1396	**14**	4886	**24**	8376	**34**	11866	**44**	15356	**54**	18846	**64**	22336	**74**	25826	**84**	29316	**94**	32806
5	1745	**15**	5235	**25**	8725	**35**	12215	**45**	15705	**55**	19195	**65**	22685	**75**	26175	**85**	29665	**95**	33155
6	2094	**16**	5584	**26**	9074	**36**	12564	**46**	16054	**56**	19544	**66**	23034	**76**	26524	**86**	30014	**96**	33504
7	2443	**17**	5933	**27**	9423	**37**	12913	**47**	16403	**57**	19893	**67**	23383	**77**	26873	**87**	30363	**97**	33853
8	2792	**18**	6282	**28**	9772	**38**	13262	**48**	16752	**58**	20242	**68**	23732	**78**	27222	**88**	30712	**98**	34202
9	3141	**19**	6631	**29**	10121	**39**	13611	**49**	17101	**59**	20591	**69**	24081	**79**	27571	**89**	31061	**99**	34551
10	3490	**20**	6980	**30**	10470	**40**	13960	**50**	17450	**60**	20940	**70**	24430	**80**	27920	**90**	31410	**100**	34900

350

1	350	**11**	3850	**21**	7350	**31**	10850	**41**	14350	**51**	17850	**61**	21350	**71**	24850	**81**	28350	**91**	31850
2	700	**12**	4200	**22**	7700	**32**	11200	**42**	14700	**52**	18200	**62**	21700	**72**	25200	**82**	28700	**92**	32200
3	1050	**13**	4550	**23**	8050	**33**	11550	**43**	15050	**53**	18550	**63**	22050	**73**	25550	**83**	29050	**93**	32550
4	1400	**14**	4900	**24**	8400	**34**	11900	**44**	15400	**54**	18900	**64**	22400	**74**	25900	**84**	29400	**94**	32900
5	1750	**15**	5250	**25**	8750	**35**	12250	**45**	15750	**55**	19250	**65**	22750	**75**	26250	**85**	29750	**95**	33250
6	2100	**16**	5600	**26**	9100	**36**	12600	**46**	16100	**56**	19600	**66**	23100	**76**	26600	**86**	30100	**96**	33600
7	2450	**17**	5950	**27**	9450	**37**	12950	**47**	16450	**57**	19950	**67**	23450	**77**	26950	**87**	30450	**97**	33950
8	2800	**18**	6300	**28**	9800	**38**	13300	**48**	16800	**58**	20300	**68**	23800	**78**	27300	**88**	30800	**98**	34300
9	3150	**19**	6650	**29**	10150	**39**	13650	**49**	17150	**59**	20650	**69**	24150	**79**	27650	**89**	31150	**99**	34650
10	3500	**20**	7000	**30**	10500	**40**	14000	**50**	17500	**60**	21000	**70**	24500	**80**	28000	**90**	31500	**100**	35000

351

1	351	11	3861	21	7371	31	10881	41	14391	51	17901	61	21411	71	24921	81	28431	91	31941
2	702	12	4212	22	7722	32	11232	42	14742	52	18252	62	21762	72	25272	82	28782	92	32292
3	1053	13	4563	23	8073	33	11583	43	15093	53	18603	63	22113	73	25623	83	29133	93	32643
4	1404	14	4914	24	8424	34	11934	44	15444	54	18954	64	22464	74	25974	84	29484	94	32994
5	1755	15	5265	25	8775	35	12285	45	15795	55	19305	65	22815	75	26325	85	29835	95	33345
6	2106	16	5616	26	9126	36	12636	46	16146	56	19656	66	23166	76	26676	86	30186	96	33696
7	2457	17	5967	27	9477	37	12987	47	16497	57	20007	67	23517	77	27027	87	30537	97	34047
8	2808	18	6318	28	9828	38	13338	48	16848	58	20358	68	23868	78	27378	88	30888	98	34398
9	3159	19	6669	29	10179	39	13689	49	17199	59	20709	69	24219	79	27729	89	31239	99	34749
10	3510	20	7020	30	10530	40	14040	50	17550	60	21060	70	24570	80	28080	90	31590	100	35100

352

1	352	11	3872	21	7392	31	10912	41	14432	51	17952	61	21472	71	24992	81	28512	91	32032
2	704	12	4224	22	7744	32	11264	42	14784	52	18304	62	21824	72	25344	82	28864	92	32384
3	1056	13	4576	23	8096	33	11616	43	15136	53	18656	63	22176	73	25696	83	29216	93	32736
4	1408	14	4928	24	8448	34	11968	44	15488	54	19008	64	22528	74	26048	84	29568	94	33088
5	1760	15	5280	25	8800	35	12320	45	15840	55	19360	65	22880	75	26400	85	29920	95	33440
6	2112	16	5632	26	9152	36	12672	46	16192	56	19712	66	23232	76	26752	86	30272	96	33792
7	2464	17	5984	27	9504	37	13024	47	16544	57	20064	67	23584	77	27104	87	30624	97	34144
8	2816	18	6336	28	9856	38	13376	48	16896	58	20416	68	23936	78	27456	88	30976	98	34496
9	3168	19	6688	29	10208	39	13728	49	17248	59	20768	69	24288	79	27808	89	31328	99	34848
10	3520	20	7040	30	10560	40	14080	50	17600	60	21120	70	24640	80	28160	90	31680	100	35200

353

1	353	11	3883	21	7413	31	10943	41	14473	51	18003	61	21533	71	25063	81	28593	91	32123
2	706	12	4236	22	7766	32	11296	42	14826	52	18356	62	21886	72	25416	82	28946	92	32476
3	1059	13	4589	23	8119	33	11649	43	15179	53	18709	63	22239	73	25769	83	29299	93	32829
4	1412	14	4942	24	8472	34	12002	44	15532	54	19062	64	22592	74	26122	84	29652	94	33182
5	1765	15	5295	25	8825	35	12355	45	15885	55	19415	65	22945	75	26475	85	30005	95	33535
6	2118	16	5648	26	9178	36	12708	46	16238	56	19768	66	23298	76	26828	86	30358	96	33888
7	2471	17	6001	27	9531	37	13061	47	16591	57	20121	67	23651	77	27181	87	30711	97	34241
8	2824	18	6354	28	9884	38	13414	48	16944	58	20474	68	24004	78	27534	88	31064	98	34594
9	3177	19	6707	29	10237	39	13767	49	17297	59	20827	69	24357	79	27887	89	31417	99	34947
10	3530	20	7060	30	10590	40	14120	50	17650	60	21180	70	24710	80	28240	90	31770	100	35300

354

1	354	11	3894	21	7434	31	10974	41	14514	51	18054	61	21594	71	25134	81	28674	91	32214
2	708	12	4248	22	7788	32	11328	42	14868	52	18408	62	21948	72	25488	82	29028	92	32568
3	1062	13	4602	23	8142	33	11682	43	15222	53	18762	63	22302	73	25842	83	29382	93	32922
4	1416	14	4956	24	8496	34	12036	44	15576	54	19116	64	22656	74	26196	84	29736	94	33276
5	1770	15	5310	25	8850	35	12390	45	15930	55	19470	65	23010	75	26550	85	30090	95	33630
6	2124	16	5664	26	9204	36	12744	46	16284	56	19824	66	23364	76	26904	86	30444	96	33984
7	2478	17	6018	27	9558	37	13098	47	16638	57	20178	67	23718	77	27258	87	30798	97	34338
8	2832	18	6372	28	9912	38	13452	48	16992	58	20532	68	24072	78	27612	88	31152	98	34692
9	3186	19	6726	29	10266	39	13806	49	17346	59	20886	69	24426	79	27966	89	31506	99	35046
10	3540	20	7080	30	10620	40	14160	50	17700	60	21240	70	24780	80	28320	90	31860	100	35400

355

1	355	11	3905	21	7455	31	11005	41	14555	51	18105	61	21655	71	25205	81	28755	91	32305
2	710	12	4260	22	7810	32	11360	42	14910	52	18460	62	22010	72	25560	82	29110	92	32660
3	1065	13	4615	23	8165	33	11715	43	15265	53	18815	63	22365	73	25915	83	29465	93	33015
4	1420	14	4970	24	8520	34	12070	44	15620	54	19170	64	22720	74	26270	84	29820	94	33370
5	1775	15	5325	25	8875	35	12425	45	15975	55	19525	65	23075	75	26625	85	30175	95	33725
6	2130	16	5680	26	9230	36	12780	46	16330	56	19880	66	23430	76	26980	86	30530	96	34080
7	2485	17	6035	27	9585	37	13135	47	16685	57	20235	67	23785	77	27335	87	30885	97	34435
8	2840	18	6390	28	9940	38	13490	48	17040	58	20590	68	24140	78	27690	88	31240	98	34790
9	3195	19	6745	29	10295	39	13845	49	17395	59	20945	69	24495	79	28045	89	31595	99	35145
10	3550	20	7100	30	10650	40	14200	50	17750	60	21300	70	24850	80	28400	90	31950	100	35500

356

1	356	**11**	3916	**21**	7476	**31**	11036	**41**	14596	**51**	18156	**61**	21716	**71**	25276	**81**	28836	**91**	32396
2	712	**12**	4272	**22**	7832	**32**	11392	**42**	14952	**52**	18512	**62**	22072	**72**	25632	**82**	29192	**92**	32752
3	1068	**13**	4628	**23**	8188	**33**	11748	**43**	15308	**53**	18868	**63**	22428	**73**	25988	**83**	29548	**93**	33108
4	1424	**14**	4984	**24**	8544	**34**	12104	**44**	15664	**54**	19224	**64**	22784	**74**	26344	**84**	29904	**94**	33464
5	1780	**15**	5340	**25**	8900	**35**	12460	**45**	16020	**55**	19580	**65**	23140	**75**	26700	**85**	30260	**95**	33820
6	2136	**16**	5696	**26**	9256	**36**	12816	**46**	16376	**56**	19936	**66**	23496	**76**	27056	**86**	30616	**96**	34176
7	2492	**17**	6052	**27**	9612	**37**	13172	**47**	16732	**57**	20292	**67**	23852	**77**	27412	**87**	30972	**97**	34532
8	2848	**18**	6408	**28**	9968	**38**	13528	**48**	17088	**58**	20648	**68**	24208	**78**	27768	**88**	31328	**98**	34888
9	3204	**19**	6764	**29**	10324	**39**	13884	**49**	17444	**59**	21004	**69**	24564	**79**	28124	**89**	31684	**99**	35244
10	3560	**20**	7120	**30**	10680	**40**	14240	**50**	17800	**60**	21360	**70**	24920	**80**	28480	**90**	32040	**100**	35600

357

1	357	**11**	3927	**21**	7497	**31**	11067	**41**	14637	**51**	18207	**61**	21777	**71**	25347	**81**	28917	**91**	32487
2	714	**12**	4284	**22**	7854	**32**	11424	**42**	14994	**52**	18564	**62**	22134	**72**	25704	**82**	29274	**92**	32844
3	1071	**13**	4641	**23**	8211	**33**	11781	**43**	15351	**53**	18921	**63**	22491	**73**	26061	**83**	29631	**93**	33201
4	1428	**14**	4998	**24**	8568	**34**	12138	**44**	15708	**54**	19278	**64**	22848	**74**	26418	**84**	29988	**94**	33558
5	1785	**15**	5355	**25**	8925	**35**	12495	**45**	16065	**55**	19635	**65**	23205	**75**	26775	**85**	30345	**95**	33915
6	2142	**16**	5712	**26**	9282	**36**	12852	**46**	16422	**56**	19992	**66**	23562	**76**	27132	**86**	30702	**96**	34272
7	2499	**17**	6069	**27**	9639	**37**	13209	**47**	16779	**57**	20349	**67**	23919	**77**	27489	**87**	31059	**97**	34629
8	2856	**18**	6426	**28**	9996	**38**	13566	**48**	17136	**58**	20706	**68**	24276	**78**	27846	**88**	31416	**98**	34986
9	3213	**19**	6783	**29**	10353	**39**	13923	**49**	17493	**59**	21063	**69**	24633	**79**	28203	**89**	31773	**99**	35343
10	3570	**20**	7140	**30**	10710	**40**	14280	**50**	17850	**60**	21420	**70**	24990	**80**	28560	**90**	32130	**100**	35700

358

1	358	**11**	3938	**21**	7518	**31**	11098	**41**	14678	**51**	18258	**61**	21838	**71**	25418	**81**	28998	**91**	32578
2	716	**12**	4296	**22**	7876	**32**	11456	**42**	15036	**52**	18616	**62**	22196	**72**	25776	**82**	29356	**92**	32936
3	1074	**13**	4654	**23**	8234	**33**	11814	**43**	15394	**53**	18974	**63**	22554	**73**	26134	**83**	29714	**93**	33294
4	1432	**14**	5012	**24**	8592	**34**	12172	**44**	15752	**54**	19332	**64**	22912	**74**	26492	**84**	30072	**94**	33652
5	1790	**15**	5370	**25**	8950	**35**	12530	**45**	16110	**55**	19690	**65**	23270	**75**	26850	**85**	30430	**95**	34010
6	2148	**16**	5728	**26**	9308	**36**	12888	**46**	16468	**56**	20048	**66**	23628	**76**	27208	**86**	30788	**96**	34368
7	2506	**17**	6086	**27**	9666	**37**	13246	**47**	16826	**57**	20406	**67**	23986	**77**	27566	**87**	31146	**97**	34726
8	2864	**18**	6444	**28**	10024	**38**	13604	**48**	17184	**58**	20764	**68**	24344	**78**	27924	**88**	31504	**98**	35084
9	3222	**19**	6802	**29**	10382	**39**	13962	**49**	17542	**59**	21122	**69**	24702	**79**	28282	**89**	31862	**99**	35442
10	3580	**20**	7160	**30**	10740	**40**	14320	**50**	17900	**60**	21480	**70**	25060	**80**	28640	**90**	32220	**100**	35800

359

1	359	**11**	3949	**21**	7539	**31**	11129	**41**	14719	**51**	18309	**61**	21899	**71**	25489	**81**	29079	**91**	32669
2	718	**12**	4308	**22**	7898	**32**	11488	**42**	15078	**52**	18668	**62**	22258	**72**	25848	**82**	29438	**92**	33028
3	1077	**13**	4667	**23**	8257	**33**	11847	**43**	15437	**53**	19027	**63**	22617	**73**	26207	**83**	29797	**93**	33387
4	1436	**14**	5026	**24**	8616	**34**	12206	**44**	15796	**54**	19386	**64**	22976	**74**	26566	**84**	30156	**94**	33746
5	1795	**15**	5385	**25**	8975	**35**	12565	**45**	16155	**55**	19745	**65**	23335	**75**	26925	**85**	30515	**95**	34105
6	2154	**16**	5744	**26**	9334	**36**	12924	**46**	16514	**56**	20104	**66**	23694	**76**	27284	**86**	30874	**96**	34464
7	2513	**17**	6103	**27**	9693	**37**	13283	**47**	16873	**57**	20463	**67**	24053	**77**	27643	**87**	31233	**97**	34823
8	2872	**18**	6462	**28**	10052	**38**	13642	**48**	17232	**58**	20822	**68**	24412	**78**	28002	**88**	31592	**98**	35182
9	3231	**19**	6821	**29**	10411	**39**	14001	**49**	17591	**59**	21181	**69**	24771	**79**	28361	**89**	31951	**99**	35541
10	3590	**20**	7180	**30**	10770	**40**	14360	**50**	17950	**60**	21540	**70**	25130	**80**	28720	**90**	32310	**100**	35900

360

1	360	**11**	3960	**21**	7560	**31**	11160	**41**	14760	**51**	18360	**61**	21960	**71**	25560	**81**	29160	**91**	32760
2	720	**12**	4320	**22**	7920	**32**	11520	**42**	15120	**52**	18720	**62**	22320	**72**	25920	**82**	29520	**92**	33120
3	1080	**13**	4680	**23**	8280	**33**	11880	**43**	15480	**53**	19080	**63**	22680	**73**	26280	**83**	29880	**93**	33480
4	1440	**14**	5040	**24**	8640	**34**	12240	**44**	15840	**54**	19440	**64**	23040	**74**	26640	**84**	30240	**94**	33840
5	1800	**15**	5400	**25**	9000	**35**	12600	**45**	16200	**55**	19800	**65**	23400	**75**	27000	**85**	30600	**95**	34200
6	2160	**16**	5760	**26**	9360	**36**	12960	**46**	16560	**56**	20160	**66**	23760	**76**	27360	**86**	30960	**96**	34560
7	2520	**17**	6120	**27**	9720	**37**	13320	**47**	16920	**57**	20520	**67**	24120	**77**	27720	**87**	31320	**97**	34920
8	2880	**18**	6480	**28**	10080	**38**	13680	**48**	17280	**58**	20880	**68**	24480	**78**	28080	**88**	31680	**98**	35280
9	3240	**19**	6840	**29**	10440	**39**	14040	**49**	17640	**59**	21240	**69**	24840	**79**	28440	**89**	32040	**99**	35640
10	3600	**20**	7200	**30**	10800	**40**	14400	**50**	18000	**60**	21600	**70**	25200	**80**	28800	**90**	32400	**100**	36000

361

1	361	11	3971	21	7581	31	11191	41	14801	51	18411	61	22021	71	25631	81	29241	91	32851
2	722	12	4332	22	7942	32	11552	42	15162	52	18772	62	22382	72	25992	82	29602	92	33212
3	1083	13	4693	23	8303	33	11913	43	15523	53	19133	63	22743	73	26353	83	29963	93	33573
4	1444	14	5054	24	8664	34	12274	44	15884	54	19494	64	23104	74	26714	84	30324	94	33934
5	1805	15	5415	25	9025	35	12635	45	16245	55	19855	65	23465	75	27075	85	30685	95	34295
6	2166	16	5776	26	9386	36	12996	46	16606	56	20216	66	23826	76	27436	86	31046	96	34656
7	2527	17	6137	27	9747	37	13357	47	16967	57	20577	67	24187	77	27797	87	31407	97	35017
8	2888	18	6498	28	10108	38	13718	48	17328	58	20938	68	24548	78	28158	88	31768	98	35378
9	3249	19	6859	29	10469	39	14079	49	17689	59	21299	69	24909	79	28519	89	32129	99	35739
10	3610	20	7220	30	10830	40	14440	50	18050	60	21660	70	25270	80	28880	90	32490	100	36100

362

1	362	11	3982	21	7602	31	11222	41	14842	51	18462	61	22082	71	25702	81	29322	91	32942
2	724	12	4344	22	7964	32	11584	42	15204	52	18824	62	22444	72	26064	82	29684	92	33304
3	1086	13	4706	23	8326	33	11946	43	15566	53	19186	63	22806	73	26426	83	30046	93	33666
4	1448	14	5068	24	8688	34	12308	44	15928	54	19548	64	23168	74	26788	84	30408	94	34028
5	1810	15	5430	25	9050	35	12670	45	16290	55	19910	65	23530	75	27150	85	30770	95	34390
6	2172	16	5792	26	9412	36	13032	46	16652	56	20272	66	23892	76	27512	86	31132	96	34752
7	2534	17	6154	27	9774	37	13394	47	17014	57	20634	67	24254	77	27874	87	31494	97	35114
8	2896	18	6516	28	10136	38	13756	48	17376	58	20996	68	24616	78	28236	88	31856	98	35476
9	3258	19	6878	29	10498	39	14118	49	17738	59	21358	69	24978	79	28598	89	32218	99	35838
10	3620	20	7240	30	10860	40	14480	50	18100	60	21720	70	25340	80	28960	90	32580	100	36200

363

1	363	11	3993	21	7623	31	11253	41	14883	51	18513	61	22143	71	25773	81	29403	91	33033
2	726	12	4356	22	7986	32	11616	42	15246	52	18876	62	22506	72	26136	82	29766	92	33396
3	1089	13	4719	23	8349	33	11979	43	15609	53	19239	63	22869	73	26499	83	30129	93	33759
4	1452	14	5082	24	8712	34	12342	44	15972	54	19602	64	23232	74	26862	84	30492	94	34122
5	1815	15	5445	25	9075	35	12705	45	16335	55	19965	65	23595	75	27225	85	30855	95	34485
6	2178	16	5808	26	9438	36	13068	46	16698	56	20328	66	23958	76	27588	86	31218	96	34848
7	2541	17	6171	27	9801	37	13431	47	17061	57	20691	67	24321	77	27951	87	31581	97	35211
8	2904	18	6534	28	10164	38	13794	48	17424	58	21054	68	24684	78	28314	88	31944	98	35574
9	3267	19	6897	29	10527	39	14157	49	17787	59	21417	69	25047	79	28677	89	32307	99	35937
10	3630	20	7260	30	10890	40	14520	50	18150	60	21780	70	25410	80	29040	90	32670	100	36300

364

1	364	11	4004	21	7644	31	11284	41	14924	51	18564	61	22204	71	25844	81	29484	91	33124
2	728	12	4368	22	8008	32	11648	42	15288	52	18928	62	22568	72	26208	82	29848	92	33488
3	1092	13	4732	23	8372	33	12012	43	15652	53	19292	63	22932	73	26572	83	30212	93	33852
4	1456	14	5096	24	8736	34	12376	44	16016	54	19656	64	23296	74	26936	84	30576	94	34216
5	1820	15	5460	25	9100	35	12740	45	16380	55	20020	65	23660	75	27300	85	30940	95	34580
6	2184	16	5824	26	9464	36	13104	46	16744	56	20384	66	24024	76	27664	86	31304	96	34944
7	2548	17	6188	27	9828	37	13468	47	17108	57	20748	67	24388	77	28028	87	31668	97	35308
8	2912	18	6552	28	10192	38	13832	48	17472	58	21112	68	24752	78	28392	88	32032	98	35672
9	3276	19	6916	29	10556	39	14196	49	17836	59	21476	69	25116	79	28756	89	32396	99	36036
10	3640	20	7280	30	10920	40	14560	50	18200	60	21840	70	25480	80	29120	90	32760	100	36400

365

1	365	11	4015	21	7665	31	11315	41	14965	51	18615	61	22265	71	25915	81	29565	91	33215
2	730	12	4380	22	8030	32	11680	42	15330	52	18980	62	22630	72	26280	82	29930	92	33580
3	1095	13	4745	23	8395	33	12045	43	15695	53	19345	63	22995	73	26645	83	30295	93	33945
4	1460	14	5110	24	8760	34	12410	44	16060	54	19710	64	23360	74	27010	84	30660	94	34310
5	1825	15	5475	25	9125	35	12775	45	16425	55	20075	65	23725	75	27375	85	31025	95	34675
6	2190	16	5840	26	9490	36	13140	46	16790	56	20440	66	24090	76	27740	86	31390	96	35040
7	2555	17	6205	27	9855	37	13505	47	17155	57	20805	67	24455	77	28105	87	31755	97	35405
8	2920	18	6570	28	10220	38	13870	48	17520	58	21170	68	24820	78	28470	88	32120	98	35770
9	3285	19	6935	29	10585	39	14235	49	17885	59	21535	69	25185	79	28835	89	32485	99	36135
10	3650	20	7300	30	10950	40	14600	50	18250	60	21900	70	25550	80	29200	90	32850	100	36500

366

1	366	**11**	4026	**21**	7686	**31**	11346	**41**	15006	**51**	18666	**61**	22326	**71**	25986	**81**	29646	**91**	33306
2	732	**12**	4392	**22**	8052	**32**	11712	**42**	15372	**52**	19032	**62**	22692	**72**	26352	**82**	30012	**92**	33672
3	1098	**13**	4758	**23**	8418	**33**	12078	**43**	15738	**53**	19398	**63**	23058	**73**	26718	**83**	30378	**93**	34038
4	1464	**14**	5124	**24**	8784	**34**	12444	**44**	16104	**54**	19764	**64**	23424	**74**	27084	**84**	30744	**94**	34404
5	1830	**15**	5490	**25**	9150	**35**	12810	**45**	16470	**55**	20130	**65**	23790	**75**	27450	**85**	31110	**95**	34770
6	2196	**16**	5856	**26**	9516	**36**	13176	**46**	16836	**56**	20496	**66**	24156	**76**	27816	**86**	31476	**96**	35136
7	2562	**17**	6222	**27**	9882	**37**	13542	**47**	17202	**57**	20862	**67**	24522	**77**	28182	**87**	31842	**97**	35502
8	2928	**18**	6588	**28**	10248	**38**	13908	**48**	17568	**58**	21228	**68**	24888	**78**	28548	**88**	32208	**98**	35868
9	3294	**19**	6954	**29**	10614	**39**	14274	**49**	17934	**59**	21594	**69**	25254	**79**	28914	**89**	32574	**99**	36234
10	3660	**20**	7320	**30**	10980	**40**	14640	**50**	18300	**60**	21960	**70**	25620	**80**	29280	**90**	32940	**100**	36600

367

1	367	**11**	4037	**21**	7707	**31**	11377	**41**	15047	**51**	18717	**61**	22387	**71**	26057	**81**	29727	**91**	33397
2	734	**12**	4404	**22**	8074	**32**	11744	**42**	15414	**52**	19084	**62**	22754	**72**	26424	**82**	30094	**92**	33764
3	1101	**13**	4771	**23**	8441	**33**	12111	**43**	15781	**53**	19451	**63**	23121	**73**	26791	**83**	30461	**93**	34131
4	1468	**14**	5138	**24**	8808	**34**	12478	**44**	16148	**54**	19818	**64**	23488	**74**	27158	**84**	30828	**94**	34498
5	1835	**15**	5505	**25**	9175	**35**	12845	**45**	16515	**55**	20185	**65**	23855	**75**	27525	**85**	31195	**95**	34865
6	2202	**16**	5872	**26**	9542	**36**	13212	**46**	16882	**56**	20552	**66**	24222	**76**	27892	**86**	31562	**96**	35232
7	2569	**17**	6239	**27**	9909	**37**	13579	**47**	17249	**57**	20919	**67**	24589	**77**	28259	**87**	31929	**97**	35599
8	2936	**18**	6606	**28**	10276	**38**	13946	**48**	17616	**58**	21286	**68**	24956	**78**	28626	**88**	32296	**98**	35966
9	3303	**19**	6973	**29**	10643	**39**	14313	**49**	17983	**59**	21653	**69**	25323	**79**	28993	**89**	32663	**99**	36333
10	3670	**20**	7340	**30**	11010	**40**	14680	**50**	18350	**60**	22020	**70**	25690	**80**	29360	**90**	33030	**100**	36700

368

1	368	**11**	4048	**21**	7728	**31**	11408	**41**	15088	**51**	18768	**61**	22448	**71**	26128	**81**	29808	**91**	33488
2	736	**12**	4416	**22**	8096	**32**	11776	**42**	15456	**52**	19136	**62**	22816	**72**	26496	**82**	30176	**92**	33856
3	1104	**13**	4784	**23**	8464	**33**	12144	**43**	15824	**53**	19504	**63**	23184	**73**	26864	**83**	30544	**93**	34224
4	1472	**14**	5152	**24**	8832	**34**	12512	**44**	16192	**54**	19872	**64**	23552	**74**	27232	**84**	30912	**94**	34592
5	1840	**15**	5520	**25**	9200	**35**	12880	**45**	16560	**55**	20240	**65**	23920	**75**	27600	**85**	31280	**95**	34960
6	2208	**16**	5888	**26**	9568	**36**	13248	**46**	16928	**56**	20608	**66**	24288	**76**	27968	**86**	31648	**96**	35328
7	2576	**17**	6256	**27**	9936	**37**	13616	**47**	17296	**57**	20976	**67**	24656	**77**	28336	**87**	32016	**97**	35696
8	2944	**18**	6624	**28**	10304	**38**	13984	**48**	17664	**58**	21344	**68**	25024	**78**	28704	**88**	32384	**98**	36064
9	3312	**19**	6992	**29**	10672	**39**	14352	**49**	18032	**59**	21712	**69**	25392	**79**	29072	**89**	32752	**99**	36432
10	3680	**20**	7360	**30**	11040	**40**	14720	**50**	18400	**60**	22080	**70**	25760	**80**	29440	**90**	33120	**100**	36800

369

1	369	**11**	4059	**21**	7749	**31**	11439	**41**	15129	**51**	18819	**61**	22509	**71**	26199	**81**	29889	**91**	33579
2	738	**12**	4428	**22**	8118	**32**	11808	**42**	15498	**52**	19188	**62**	22878	**72**	26568	**82**	30258	**92**	33948
3	1107	**13**	4797	**23**	8487	**33**	12177	**43**	15867	**53**	19557	**63**	23247	**73**	26937	**83**	30627	**93**	34317
4	1476	**14**	5166	**24**	8856	**34**	12546	**44**	16236	**54**	19926	**64**	23616	**74**	27306	**84**	30996	**94**	34686
5	1845	**15**	5535	**25**	9225	**35**	12915	**45**	16605	**55**	20295	**65**	23985	**75**	27675	**85**	31365	**95**	35055
6	2214	**16**	5904	**26**	9594	**36**	13284	**46**	16974	**56**	20664	**66**	24354	**76**	28044	**86**	31734	**96**	35424
7	2583	**17**	6273	**27**	9963	**37**	13653	**47**	17343	**57**	21033	**67**	24723	**77**	28413	**87**	32103	**97**	35793
8	2952	**18**	6642	**28**	10332	**38**	14022	**48**	17712	**58**	21402	**68**	25092	**78**	28782	**88**	32472	**98**	36162
9	3321	**19**	7011	**29**	10701	**39**	14391	**49**	18081	**59**	21771	**69**	25461	**79**	29151	**89**	32841	**99**	36531
10	3690	**20**	7380	**30**	11070	**40**	14760	**50**	18450	**60**	22140	**70**	25830	**80**	29520	**90**	33210	**100**	36900

370

1	370	**11**	4070	**21**	7770	**31**	11470	**41**	15170	**51**	18870	**61**	22570	**71**	26270	**81**	29970	**91**	33670
2	740	**12**	4440	**22**	8140	**32**	11840	**42**	15540	**52**	19240	**62**	22940	**72**	26640	**82**	30340	**92**	34040
3	1110	**13**	4810	**23**	8510	**33**	12210	**43**	15910	**53**	19610	**63**	23310	**73**	27010	**83**	30710	**93**	34410
4	1480	**14**	5180	**24**	8880	**34**	12580	**44**	16280	**54**	19980	**64**	23680	**74**	27380	**84**	31080	**94**	34780
5	1850	**15**	5550	**25**	9250	**35**	12950	**45**	16650	**55**	20350	**65**	24050	**75**	27750	**85**	31450	**95**	35150
6	2220	**16**	5920	**26**	9620	**36**	13320	**46**	17020	**56**	20720	**66**	24420	**76**	28120	**86**	31820	**96**	35520
7	2590	**17**	6290	**27**	9990	**37**	13690	**47**	17390	**57**	21090	**67**	24790	**77**	28490	**87**	32190	**97**	35890
8	2960	**18**	6660	**28**	10360	**38**	14060	**48**	17760	**58**	21460	**68**	25160	**78**	28860	**88**	32560	**98**	36260
9	3330	**19**	7030	**29**	10730	**39**	14430	**49**	18130	**59**	21830	**69**	25530	**79**	29230	**89**	32930	**99**	36630
10	3700	**20**	7400	**30**	11100	**40**	14800	**50**	18500	**60**	22200	**70**	25900	**80**	29600	**90**	33300	**100**	37000

371

1	371	**11**	4081	**21**	7791	**31**	11501	**41**	15211	**51**	18921	**61**	22631	**71**	26341	**81**	30051	**91**	33761
2	742	**12**	4452	**22**	8162	**32**	11872	**42**	15582	**52**	19292	**62**	23002	**72**	26712	**82**	30422	**92**	34132
3	1113	**13**	4823	**23**	8533	**33**	12243	**43**	15953	**53**	19663	**63**	23373	**73**	27083	**83**	30793	**93**	34503
4	1484	**14**	5194	**24**	8904	**34**	12614	**44**	16324	**54**	20034	**64**	23744	**74**	27454	**84**	31164	**94**	34874
5	1855	**15**	5565	**25**	9275	**35**	12985	**45**	16695	**55**	20405	**65**	24115	**75**	27825	**85**	31535	**95**	35245
6	2226	**16**	5936	**26**	9646	**36**	13356	**46**	17066	**56**	20776	**66**	24486	**76**	28196	**86**	31906	**96**	35616
7	2597	**17**	6307	**27**	10017	**37**	13727	**47**	17437	**57**	21147	**67**	24857	**77**	28567	**87**	32277	**97**	35987
8	2968	**18**	6678	**28**	10388	**38**	14098	**48**	17808	**58**	21518	**68**	25228	**78**	28938	**88**	32648	**98**	36358
9	3339	**19**	7049	**29**	10759	**39**	14469	**49**	18179	**59**	21889	**69**	25599	**79**	29309	**89**	33019	**99**	36729
10	3710	**20**	7420	**30**	11130	**40**	14840	**50**	18550	**60**	22260	**70**	25970	**80**	29680	**90**	33390	**100**	37100

372

1	372	**11**	4092	**21**	7812	**31**	11532	**41**	15252	**51**	18972	**61**	22692	**71**	26412	**81**	30132	**91**	33852
2	744	**12**	4464	**22**	8184	**32**	11904	**42**	15624	**52**	19344	**62**	23064	**72**	26784	**82**	30504	**92**	34224
3	1116	**13**	4836	**23**	8556	**33**	12276	**43**	15996	**53**	19716	**63**	23436	**73**	27156	**83**	30876	**93**	34596
4	1488	**14**	5208	**24**	8928	**34**	12648	**44**	16368	**54**	20088	**64**	23808	**74**	27528	**84**	31248	**94**	34968
5	1860	**15**	5580	**25**	9300	**35**	13020	**45**	16740	**55**	20460	**65**	24180	**75**	27900	**85**	31620	**95**	35340
6	2232	**16**	5952	**26**	9672	**36**	13392	**46**	17112	**56**	20832	**66**	24552	**76**	28272	**86**	31992	**96**	35712
7	2604	**17**	6324	**27**	10044	**37**	13764	**47**	17484	**57**	21204	**67**	24924	**77**	28644	**87**	32364	**97**	36084
8	2976	**18**	6696	**28**	10416	**38**	14136	**48**	17856	**58**	21576	**68**	25296	**78**	29016	**88**	32736	**98**	36456
9	3348	**19**	7068	**29**	10788	**39**	14508	**49**	18228	**59**	21948	**69**	25668	**79**	29388	**89**	33108	**99**	36828
10	3720	**20**	7440	**30**	11160	**40**	14880	**50**	18600	**60**	22320	**70**	26040	**80**	29760	**90**	33480	**100**	37200

373

1	373	**11**	4103	**21**	7833	**31**	11563	**41**	15293	**51**	19023	**61**	22753	**71**	26483	**81**	30213	**91**	33943
2	746	**12**	4476	**22**	8206	**32**	11936	**42**	15666	**52**	19396	**62**	23126	**72**	26856	**82**	30586	**92**	34316
3	1119	**13**	4849	**23**	8579	**33**	12309	**43**	16039	**53**	19769	**63**	23499	**73**	27229	**83**	30959	**93**	34689
4	1492	**14**	5222	**24**	8952	**34**	12682	**44**	16412	**54**	20142	**64**	23872	**74**	27602	**84**	31332	**94**	35062
5	1865	**15**	5595	**25**	9325	**35**	13055	**45**	16785	**55**	20515	**65**	24245	**75**	27975	**85**	31705	**95**	35435
6	2238	**16**	5968	**26**	9698	**36**	13428	**46**	17158	**56**	20888	**66**	24618	**76**	28348	**86**	32078	**96**	35808
7	2611	**17**	6341	**27**	10071	**37**	13801	**47**	17531	**57**	21261	**67**	24991	**77**	28721	**87**	32451	**97**	36181
8	2984	**18**	6714	**28**	10444	**38**	14174	**48**	17904	**58**	21634	**68**	25364	**78**	29094	**88**	32824	**98**	36554
9	3357	**19**	7087	**29**	10817	**39**	14547	**49**	18277	**59**	22007	**69**	25737	**79**	29467	**89**	33197	**99**	36927
10	3730	**20**	7460	**30**	11190	**40**	14920	**50**	18650	**60**	22380	**70**	26110	**80**	29840	**90**	33570	**100**	37300

374

1	374	**11**	4114	**21**	7854	**31**	11594	**41**	15334	**51**	19074	**61**	22814	**71**	26554	**81**	30294	**91**	34034
2	748	**12**	4488	**22**	8228	**32**	11968	**42**	15708	**52**	19448	**62**	23188	**72**	26928	**82**	30668	**92**	34408
3	1122	**13**	4862	**23**	8602	**33**	12342	**43**	16082	**53**	19822	**63**	23562	**73**	27302	**83**	31042	**93**	34782
4	1496	**14**	5236	**24**	8976	**34**	12716	**44**	16456	**54**	20196	**64**	23936	**74**	27676	**84**	31416	**94**	35156
5	1870	**15**	5610	**25**	9350	**35**	13090	**45**	16830	**55**	20570	**65**	24310	**75**	28050	**85**	31790	**95**	35530
6	2244	**16**	5984	**26**	9724	**36**	13464	**46**	17204	**56**	20944	**66**	24684	**76**	28424	**86**	32164	**96**	35904
7	2618	**17**	6358	**27**	10098	**37**	13838	**47**	17578	**57**	21318	**67**	25058	**77**	28798	**87**	32538	**97**	36278
8	2992	**18**	6732	**28**	10472	**38**	14212	**48**	17952	**58**	21692	**68**	25432	**78**	29172	**88**	32912	**98**	36652
9	3366	**19**	7106	**29**	10846	**39**	14586	**49**	18326	**59**	22066	**69**	25806	**79**	29546	**89**	33286	**99**	37026
10	3740	**20**	7480	**30**	11220	**40**	14960	**50**	18700	**60**	22440	**70**	26180	**80**	29920	**90**	33660	**100**	37400

375

1	375	**11**	4125	**21**	7875	**31**	11625	**41**	15375	**51**	19125	**61**	22875	**71**	26625	**81**	30375	**91**	34125
2	750	**12**	4500	**22**	8250	**32**	12000	**42**	15750	**52**	19500	**62**	23250	**72**	27000	**82**	30750	**92**	34500
3	1125	**13**	4875	**23**	8625	**33**	12375	**43**	16125	**53**	19875	**63**	23625	**73**	27375	**83**	31125	**93**	34875
4	1500	**14**	5250	**24**	9000	**34**	12750	**44**	16500	**54**	20250	**64**	24000	**74**	27750	**84**	31500	**94**	35250
5	1875	**15**	5625	**25**	9375	**35**	13125	**45**	16875	**55**	20625	**65**	24375	**75**	28125	**85**	31875	**95**	35625
6	2250	**16**	6000	**26**	9750	**36**	13500	**46**	17250	**56**	21000	**66**	24750	**76**	28500	**86**	32250	**96**	36000
7	2625	**17**	6375	**27**	10125	**37**	13875	**47**	17625	**57**	21375	**67**	25125	**77**	28875	**87**	32625	**97**	36375
8	3000	**18**	6750	**28**	10500	**38**	14250	**48**	18000	**58**	21750	**68**	25500	**78**	29250	**88**	33000	**98**	36750
9	3375	**19**	7125	**29**	10875	**39**	14625	**49**	18375	**59**	22125	**69**	25875	**79**	29625	**89**	33375	**99**	37125
10	3750	**20**	7500	**30**	11250	**40**	15000	**50**	18750	**60**	22500	**70**	26250	**80**	30000	**90**	33750	**100**	37500

376

1	376	**11**	4136	**21**	7896	**31**	11656	**41**	15416	**51**	19176	**61**	22936	**71**	26696	**81**	30456	**91**	34216
2	752	**12**	4512	**22**	8272	**32**	12032	**42**	15792	**52**	19552	**62**	23312	**72**	27072	**82**	30832	**92**	34592
3	1128	**13**	4888	**23**	8648	**33**	12408	**43**	16168	**53**	19928	**63**	23688	**73**	27448	**83**	31208	**93**	34968
4	1504	**14**	5264	**24**	9024	**34**	12784	**44**	16544	**54**	20304	**64**	24064	**74**	27824	**84**	31584	**94**	35344
5	1880	**15**	5640	**25**	9400	**35**	13160	**45**	16920	**55**	20680	**65**	24440	**75**	28200	**85**	31960	**95**	35720
6	2256	**16**	6016	**26**	9776	**36**	13536	**46**	17296	**56**	21056	**66**	24816	**76**	28576	**86**	32336	**96**	36096
7	2632	**17**	6392	**27**	10152	**37**	13912	**47**	17672	**57**	21432	**67**	25192	**77**	28952	**87**	32712	**97**	36472
8	3008	**18**	6768	**28**	10528	**38**	14288	**48**	18048	**58**	21808	**68**	25568	**78**	29328	**88**	33088	**98**	36848
9	3384	**19**	7144	**29**	10904	**39**	14664	**49**	18424	**59**	22184	**69**	25944	**79**	29704	**89**	33464	**99**	37224
10	3760	**20**	7520	**30**	11280	**40**	15040	**50**	18800	**60**	22560	**70**	26320	**80**	30080	**90**	33840	**100**	37600

377

1	377	**11**	4147	**21**	7917	**31**	11687	**41**	15457	**51**	19227	**61**	22997	**71**	26767	**81**	30537	**91**	34307
2	754	**12**	4524	**22**	8294	**32**	12064	**42**	15834	**52**	19604	**62**	23374	**72**	27144	**82**	30914	**92**	34684
3	1131	**13**	4901	**23**	8671	**33**	12441	**43**	16211	**53**	19981	**63**	23751	**73**	27521	**83**	31291	**93**	35061
4	1508	**14**	5278	**24**	9048	**34**	12818	**44**	16588	**54**	20358	**64**	24128	**74**	27898	**84**	31668	**94**	35438
5	1885	**15**	5655	**25**	9425	**35**	13195	**45**	16965	**55**	20735	**65**	24505	**75**	28275	**85**	32045	**95**	35815
6	2262	**16**	6032	**26**	9802	**36**	13572	**46**	17342	**56**	21112	**66**	24882	**76**	28652	**86**	32422	**96**	36192
7	2639	**17**	6409	**27**	10179	**37**	13949	**47**	17719	**57**	21489	**67**	25259	**77**	29029	**87**	32799	**97**	36569
8	3016	**18**	6786	**28**	10556	**38**	14326	**48**	18096	**58**	21866	**68**	25636	**78**	29406	**88**	33176	**98**	36946
9	3393	**19**	7163	**29**	10933	**39**	14703	**49**	18473	**59**	22243	**69**	26013	**79**	29783	**89**	33553	**99**	37323
10	3770	**20**	7540	**30**	11310	**40**	15080	**50**	18850	**60**	22620	**70**	26390	**80**	30160	**90**	33930	**100**	37700

378

1	378	**11**	4158	**21**	7938	**31**	11718	**41**	15498	**51**	19278	**61**	23058	**71**	26838	**81**	30618	**91**	34398
2	756	**12**	4536	**22**	8316	**32**	12096	**42**	15876	**52**	19656	**62**	23436	**72**	27216	**82**	30996	**92**	34776
3	1134	**13**	4914	**23**	8694	**33**	12474	**43**	16254	**53**	20034	**63**	23814	**73**	27594	**83**	31374	**93**	35154
4	1512	**14**	5292	**24**	9072	**34**	12852	**44**	16632	**54**	20412	**64**	24192	**74**	27972	**84**	31752	**94**	35532
5	1890	**15**	5670	**25**	9450	**35**	13230	**45**	17010	**55**	20790	**65**	24570	**75**	28350	**85**	32130	**95**	35910
6	2268	**16**	6048	**26**	9828	**36**	13608	**46**	17388	**56**	21168	**66**	24948	**76**	28728	**86**	32508	**96**	36288
7	2646	**17**	6426	**27**	10206	**37**	13986	**47**	17766	**57**	21546	**67**	25326	**77**	29106	**87**	32886	**97**	36666
8	3024	**18**	6804	**28**	10584	**38**	14364	**48**	18144	**58**	21924	**68**	25704	**78**	29484	**88**	33264	**98**	37044
9	3402	**19**	7182	**29**	10962	**39**	14742	**49**	18522	**59**	22302	**69**	26082	**79**	29862	**89**	33642	**99**	37422
10	3780	**20**	7560	**30**	11340	**40**	15120	**50**	18900	**60**	22680	**70**	26460	**80**	30240	**90**	34020	**100**	37800

379

1	379	**11**	4169	**21**	7959	**31**	11749	**41**	15539	**51**	19329	**61**	23119	**71**	26909	**81**	30699	**91**	34489
2	758	**12**	4548	**22**	8338	**32**	12128	**42**	15918	**52**	19708	**62**	23498	**72**	27288	**82**	31078	**92**	34868
3	1137	**13**	4927	**23**	8717	**33**	12507	**43**	16297	**53**	20087	**63**	23877	**73**	27667	**83**	31457	**93**	35247
4	1516	**14**	5306	**24**	9096	**34**	12886	**44**	16676	**54**	20466	**64**	24256	**74**	28046	**84**	31836	**94**	35626
5	1895	**15**	5685	**25**	9475	**35**	13265	**45**	17055	**55**	20845	**65**	24635	**75**	28425	**85**	32215	**95**	36005
6	2274	**16**	6064	**26**	9854	**36**	13644	**46**	17434	**56**	21224	**66**	25014	**76**	28804	**86**	32594	**96**	36384
7	2653	**17**	6443	**27**	10233	**37**	14023	**47**	17813	**57**	21603	**67**	25393	**77**	29183	**87**	32973	**97**	36763
8	3032	**18**	6822	**28**	10612	**38**	14402	**48**	18192	**58**	21982	**68**	25772	**78**	29562	**88**	33352	**98**	37142
9	3411	**19**	7201	**29**	10991	**39**	14781	**49**	18571	**59**	22361	**69**	26151	**79**	29941	**89**	33731	**99**	37521
10	3790	**20**	7580	**30**	11370	**40**	15160	**50**	18950	**60**	22740	**70**	26530	**80**	30320	**90**	34110	**100**	37900

380

1	380	**11**	4180	**21**	7980	**31**	11780	**41**	15580	**51**	19380	**61**	23180	**71**	26980	**81**	30780	**91**	34580
2	760	**12**	4560	**22**	8360	**32**	12160	**42**	15960	**52**	19760	**62**	23560	**72**	27360	**82**	31160	**92**	34960
3	1140	**13**	4940	**23**	8740	**33**	12540	**43**	16340	**53**	20140	**63**	23940	**73**	27740	**83**	31540	**93**	35340
4	1520	**14**	5320	**24**	9120	**34**	12920	**44**	16720	**54**	20520	**64**	24320	**74**	28120	**84**	31920	**94**	35720
5	1900	**15**	5700	**25**	9500	**35**	13300	**45**	17100	**55**	20900	**65**	24700	**75**	28500	**85**	32300	**95**	36100
6	2280	**16**	6080	**26**	9880	**36**	13680	**46**	17480	**56**	21280	**66**	25080	**76**	28880	**86**	32680	**96**	36480
7	2660	**17**	6460	**27**	10260	**37**	14060	**47**	17860	**57**	21660	**67**	25460	**77**	29260	**87**	33060	**97**	36860
8	3040	**18**	6840	**28**	10640	**38**	14440	**48**	18240	**58**	22040	**68**	25840	**78**	29640	**88**	33440	**98**	37240
9	3420	**19**	7220	**29**	11020	**39**	14820	**49**	18620	**59**	22420	**69**	26220	**79**	30020	**89**	33820	**99**	37620
10	3800	**20**	7600	**30**	11400	**40**	15200	**50**	19000	**60**	22800	**70**	26600	**80**	30400	**90**	34200	**100**	38000

381

1	381	11	4191	21	8001	31	11811	41	15621	51	19431	61	23241	71	27051	81	30861	91	34671
2	762	12	4572	22	8382	32	12192	42	16002	52	19812	62	23622	72	27432	82	31242	92	35052
3	1143	13	4953	23	8763	33	12573	43	16383	53	20193	63	24003	73	27813	83	31623	93	35433
4	1524	14	5334	24	9144	34	12954	44	16764	54	20574	64	24384	74	28194	84	32004	94	35814
5	1905	15	5715	25	9525	35	13335	45	17145	55	20955	65	24765	75	28575	85	32385	95	36195
6	2286	16	6096	26	9906	36	13716	46	17526	56	21336	66	25146	76	28956	86	32766	96	36576
7	2667	17	6477	27	10287	37	14097	47	17907	57	21717	67	25527	77	29337	87	33147	97	36957
8	3048	18	6858	28	10668	38	14478	48	18288	58	22098	68	25908	78	29718	88	33528	98	37338
9	3429	19	7239	29	11049	39	14859	49	18669	59	22479	69	26289	79	30099	89	33909	99	37719
10	3810	20	7620	30	11430	40	15240	50	19050	60	22860	70	26670	80	30480	90	34290	100	38100

382

1	382	11	4202	21	8022	31	11842	41	15662	51	19482	61	23302	71	27122	81	30942	91	34762
2	764	12	4584	22	8404	32	12224	42	16044	52	19864	62	23684	72	27504	82	31324	92	35144
3	1146	13	4966	23	8786	33	12606	43	16426	53	20246	63	24066	73	27886	83	31706	93	35526
4	1528	14	5348	24	9168	34	12988	44	16808	54	20628	64	24448	74	28268	84	32088	94	35908
5	1910	15	5730	25	9550	35	13370	45	17190	55	21010	65	24830	75	28650	85	32470	95	36290
6	2292	16	6112	26	9932	36	13752	46	17572	56	21392	66	25212	76	29032	86	32852	96	36672
7	2674	17	6494	27	10314	37	14134	47	17954	57	21774	67	25594	77	29414	87	33234	97	37054
8	3056	18	6876	28	10696	38	14516	48	18336	58	22156	68	25976	78	29796	88	33616	98	37436
9	3438	19	7258	29	11078	39	14898	49	18718	59	22538	69	26358	79	30178	89	33998	99	37818
10	3820	20	7640	30	11460	40	15280	50	19100	60	22920	70	26740	80	30560	90	34380	100	38200

383

1	383	11	4213	21	8043	31	11873	41	15703	51	19533	61	23363	71	27193	81	31023	91	34853
2	766	12	4596	22	8426	32	12256	42	16086	52	19916	62	23746	72	27576	82	31406	92	35236
3	1149	13	4979	23	8809	33	12639	43	16469	53	20299	63	24129	73	27959	83	31789	93	35619
4	1532	14	5362	24	9192	34	13022	44	16852	54	20682	64	24512	74	28342	84	32172	94	36002
5	1915	15	5745	25	9575	35	13405	45	17235	55	21065	65	24895	75	28725	85	32555	95	36385
6	2298	16	6128	26	9958	36	13788	46	17618	56	21448	66	25278	76	29108	86	32938	96	36768
7	2681	17	6511	27	10341	37	14171	47	18001	57	21831	67	25661	77	29491	87	33321	97	37151
8	3064	18	6894	28	10724	38	14554	48	18384	58	22214	68	26044	78	29874	88	33704	98	37534
9	3447	19	7277	29	11107	39	14937	49	18767	59	22597	69	26427	79	30257	89	34087	99	37917
10	3830	20	7660	30	11490	40	15320	50	19150	60	22980	70	26810	80	30640	90	34470	100	38300

384

1	384	11	4224	21	8064	31	11904	41	15744	51	19584	61	23424	71	27264	81	31104	91	34944
2	768	12	4608	22	8448	32	12288	42	16128	52	19968	62	23808	72	27648	82	31488	92	35328
3	1152	13	4992	23	8832	33	12672	43	16512	53	20352	63	24192	73	28032	83	31872	93	35712
4	1536	14	5376	24	9216	34	13056	44	16896	54	20736	64	24576	74	28416	84	32256	94	36096
5	1920	15	5760	25	9600	35	13440	45	17280	55	21120	65	24960	75	28800	85	32640	95	36480
6	2304	16	6144	26	9984	36	13824	46	17664	56	21504	66	25344	76	29184	86	33024	96	36864
7	2688	17	6528	27	10368	37	14208	47	18048	57	21888	67	25728	77	29568	87	33408	97	37248
8	3072	18	6912	28	10752	38	14592	48	18432	58	22272	68	26112	78	29952	88	33792	98	37632
9	3456	19	7296	29	11136	39	14976	49	18816	59	22656	69	26496	79	30336	89	34176	99	38016
10	3840	20	7680	30	11520	40	15360	50	19200	60	23040	70	26880	80	30720	90	34560	100	38400

385

1	385	11	4235	21	8085	31	11935	41	15785	51	19635	61	23485	71	27335	81	31185	91	35035
2	770	12	4620	22	8470	32	12320	42	16170	52	20020	62	23870	72	27720	82	31570	92	35420
3	1155	13	5005	23	8855	33	12705	43	16555	53	20405	63	24255	73	28105	83	31955	93	35805
4	1540	14	5390	24	9240	34	13090	44	16940	54	20790	64	24640	74	28490	84	32340	94	36190
5	1925	15	5775	25	9625	35	13475	45	17325	55	21175	65	25025	75	28875	85	32725	95	36575
6	2310	16	6160	26	10010	36	13860	46	17710	56	21560	66	25410	76	29260	86	33110	96	36960
7	2695	17	6545	27	10395	37	14245	47	18095	57	21945	67	25795	77	29645	87	33495	97	37345
8	3080	18	6930	28	10780	38	14630	48	18480	58	22330	68	26180	78	30030	88	33880	98	37730
9	3465	19	7315	29	11165	39	15015	49	18865	59	22715	69	26565	79	30415	89	34265	99	38115
10	3850	20	7700	30	11550	40	15400	50	19250	60	23100	70	26950	80	30800	90	34650	100	38500

386

1	386	11	4246	21	8106	31	11966	41	15826	51	19686	61	23546	71	27406	81	31266	91	35126
2	772	12	4632	22	8492	32	12352	42	16212	52	20072	62	23932	72	27792	82	31652	92	35512
3	1158	13	5018	23	8878	33	12738	43	16598	53	20458	63	24318	73	28178	83	32038	93	35898
4	1544	14	5404	24	9264	34	13124	44	16984	54	20844	64	24704	74	28564	84	32424	94	36284
5	1930	15	5790	25	9650	35	13510	45	17370	55	21230	65	25090	75	28950	85	32810	95	36670
6	2316	16	6176	26	10036	36	13896	46	17756	56	21616	66	25476	76	29336	86	33196	96	37056
7	2702	17	6562	27	10422	37	14282	47	18142	57	22002	67	25862	77	29722	87	33582	97	37442
8	3088	18	6948	28	10808	38	14668	48	18528	58	22388	68	26248	78	30108	88	33968	98	37828
9	3474	19	7334	29	11194	39	15054	49	18914	59	22774	69	26634	79	30494	89	34354	99	38214
10	3860	20	7720	30	11580	40	15440	50	19300	60	23160	70	27020	80	30880	90	34740	100	38600

387

1	387	11	4257	21	8127	31	11997	41	15867	51	19737	61	23607	71	27477	81	31347	91	35217
2	774	12	4644	22	8514	32	12384	42	16254	52	20124	62	23994	72	27864	82	31734	92	35604
3	1161	13	5031	23	8901	33	12771	43	16641	53	20511	63	24381	73	28251	83	32121	93	35991
4	1548	14	5418	24	9288	34	13158	44	17028	54	20898	64	24768	74	28638	84	32508	94	36378
5	1935	15	5805	25	9675	35	13545	45	17415	55	21285	65	25155	75	29025	85	32895	95	36765
6	2322	16	6192	26	10062	36	13932	46	17802	56	21672	66	25542	76	29412	86	33282	96	37152
7	2709	17	6579	27	10449	37	14319	47	18189	57	22059	67	25929	77	29799	87	33669	97	37539
8	3096	18	6966	28	10836	38	14706	48	18576	58	22446	68	26316	78	30186	88	34056	98	37926
9	3483	19	7353	29	11223	39	15093	49	18963	59	22833	69	26703	79	30573	89	34443	99	38313
10	3870	20	7740	30	11610	40	15480	50	19350	60	23220	70	27090	80	30960	90	34830	100	38700

388

1	388	11	4268	21	8148	31	12028	41	15908	51	19788	61	23638	71	27548	81	31428	91	35308
2	776	12	4656	22	8536	32	12416	42	16296	52	20176	62	24056	72	27936	82	31816	92	35696
3	1164	13	5044	23	8924	33	12804	43	16684	53	20564	63	24444	73	28324	83	32204	93	36084
4	1552	14	5432	24	9312	34	13192	44	17072	54	20952	64	24832	74	28712	84	32592	94	36472
5	1940	15	5820	25	9700	35	13580	45	17460	55	21340	65	25220	75	29100	85	32980	95	36860
6	2328	16	6208	26	10088	36	13968	46	17848	56	21728	66	25608	76	29488	86	33368	96	37248
7	2716	17	6596	27	10476	37	14356	47	18236	57	22116	67	25996	77	29876	87	33756	97	37636
8	3104	18	6984	28	10864	38	14744	48	18624	58	22504	68	26384	78	30264	88	34144	98	38024
9	3492	19	7372	29	11252	39	15132	49	19012	59	22892	69	26772	79	30652	89	34532	99	38412
10	3880	20	7760	30	11640	40	15520	50	19400	60	23280	70	27160	80	31040	90	34920	100	38800

389

1	389	11	4279	21	8169	31	12059	41	15949	51	19839	61	23729	71	27619	81	31509	91	35399
2	778	12	4668	22	8558	32	12448	42	16338	52	20228	62	24118	72	28008	82	31898	92	35788
3	1167	13	5057	23	8947	33	12837	43	16727	53	20617	63	24507	73	28397	83	32287	93	36177
4	1556	14	5446	24	9336	34	13226	44	17116	54	21006	64	24896	74	28786	84	32676	94	36566
5	1945	15	5835	25	9725	35	13615	45	17505	55	21395	65	25285	75	29175	85	33065	95	36955
6	2334	16	6224	26	10114	36	14004	46	17894	56	21784	66	25674	76	29564	86	33454	96	37344
7	2723	17	6613	27	10503	37	14393	47	18283	57	22173	67	26063	77	29953	87	33843	97	37733
8	3112	18	7002	28	10892	38	14782	48	18672	58	22562	68	26452	78	30342	88	34232	98	38122
9	3501	19	7391	29	11281	39	15171	49	19061	59	22951	69	26841	79	30731	89	34621	99	38511
10	3890	20	7780	30	11670	40	15560	50	19450	60	23340	70	27230	80	31120	90	35010	100	38900

390

1	390	11	4290	21	8190	31	12090	41	15990	51	19890	61	23790	71	27690	81	31590	91	35490
2	780	12	4680	22	8580	32	12480	42	16380	52	20280	62	24180	72	28080	82	31980	92	35880
3	1170	13	5070	23	8970	33	12870	43	16770	53	20670	63	24570	73	28470	83	32370	93	36270
4	1560	14	5460	24	9360	34	13260	44	17160	54	21060	64	24960	74	28860	84	32760	94	36660
5	1950	15	5850	25	9750	35	13650	45	17550	55	21450	65	25350	75	29250	85	33150	95	37050
6	2340	16	6240	26	10140	36	14040	46	17940	56	21840	66	25740	76	29640	86	33540	96	37440
7	2730	17	6630	27	10530	37	14430	47	18330	57	22230	67	26130	77	30030	87	33930	97	37830
8	3120	18	7020	28	10920	38	14820	48	18720	58	22620	68	26520	78	30420	88	34320	98	38220
9	3510	19	7410	29	11310	39	15210	49	19110	59	23010	69	26910	79	30810	89	34710	99	38610
10	3900	20	7800	30	11700	40	15600	50	19500	60	23400	70	27300	80	31200	90	35100	100	39000

391

1	391	11	4301	21	8211	31	12121	41	16031	51	19941	61	23851	71	27761	81	31671	91	35581
2	782	12	4692	22	8602	32	12512	42	16422	52	20332	62	24242	72	28152	82	32062	92	35972
3	1173	13	5083	23	8993	33	12903	43	16813	53	20723	63	24633	73	28543	83	32453	93	36363
4	1564	14	5474	24	9384	34	13294	44	17204	54	21114	64	25024	74	28934	84	32844	94	36754
5	1955	15	5865	25	9775	35	13685	45	17595	55	21505	65	25415	75	29325	85	33235	95	37145
6	2346	16	6256	26	10166	36	14076	46	17986	56	21896	66	25806	76	29716	86	33626	96	37536
7	2737	17	6647	27	10557	37	14467	47	18377	57	22287	67	26197	77	30107	87	34017	97	37927
8	3128	18	7038	28	10948	38	14858	48	18768	58	22678	68	26588	78	30498	88	34408	98	38318
9	3519	19	7429	29	11339	39	15249	49	19159	59	23069	69	26979	79	30889	89	34799	99	38709
10	3910	20	7820	30	11730	40	15640	50	19550	60	23460	70	27370	80	31280	90	35190	100	39100

392

1	392	11	4312	21	8232	31	12152	41	16072	51	19992	61	23912	71	27832	81	31752	91	35672
2	784	12	4704	22	8624	32	12544	42	16464	52	20384	62	24304	72	28224	82	32144	92	36064
3	1176	13	5096	23	9016	33	12936	43	16856	53	20776	63	24696	73	28616	83	32536	93	36456
4	1568	14	5488	24	9408	34	13328	44	17248	54	21168	64	25088	74	29008	84	32928	94	36848
5	1960	15	5880	25	9800	35	13720	45	17640	55	21560	65	25480	75	29400	85	33320	95	37240
6	2352	16	6272	26	10192	36	14112	46	18032	56	21952	66	25872	76	29792	86	33712	96	37632
7	2744	17	6664	27	10584	37	14504	47	18424	57	22344	67	26264	77	30184	87	34104	97	38024
8	3136	18	7056	28	10976	38	14896	48	18816	58	22736	68	26656	78	30576	88	34496	98	38416
9	3528	19	7448	29	11368	39	15288	49	19208	59	23128	69	27048	79	30968	89	34888	99	38808
10	3920	20	7840	30	11760	40	15680	50	19600	60	23520	70	27440	80	31360	90	35280	100	39200

393

1	393	11	4323	21	8253	31	12183	41	16113	51	20043	61	23973	71	27903	81	31833	91	35763
2	786	12	4716	22	8646	32	12576	42	16506	52	20436	62	24366	72	28296	82	32226	92	36156
3	1179	13	5109	23	9039	33	12969	43	16899	53	20829	63	24759	73	28689	83	32619	93	36549
4	1572	14	5502	24	9432	34	13362	44	17292	54	21222	64	25152	74	29082	84	33012	94	36942
5	1965	15	5895	25	9825	35	13755	45	17685	55	21615	65	25545	75	29475	85	33405	95	37335
6	2358	16	6288	26	10218	36	14148	46	18078	56	22008	66	25938	76	29868	86	33798	96	37728
7	2751	17	6681	27	10611	37	14541	47	18471	57	22401	67	26331	77	30261	87	34191	97	38121
8	3144	18	7074	28	11004	38	14934	48	18864	58	22794	68	26724	78	30654	88	34584	98	38514
9	3537	19	7467	29	11397	39	15327	49	19257	59	23187	69	27117	79	31047	89	34977	99	38907
10	3930	20	7860	30	11790	40	15720	50	19650	60	23580	70	27510	80	31440	90	35370	100	39300

394

1	394	11	4334	21	8274	31	12214	41	16154	51	20094	61	24034	71	27974	81	31914	91	35854
2	788	12	4728	22	8668	32	12608	42	16548	52	20488	62	24428	72	28368	82	32308	92	36248
3	1182	13	5122	23	9062	33	13002	43	16942	53	20882	63	24822	73	28762	83	32702	93	36642
4	1576	14	5516	24	9456	34	13396	44	17336	54	21276	64	25216	74	29156	84	33096	94	37036
5	1970	15	5910	25	9850	35	13790	45	17730	55	21670	65	25610	75	29550	85	33490	95	37430
6	2364	16	6304	26	10244	36	14184	46	18124	56	22064	66	26004	76	29944	86	33884	96	37824
7	2758	17	6698	27	10638	37	14578	47	18518	57	22458	67	26398	77	30338	87	34278	97	38218
8	3152	18	7092	28	11032	38	14972	48	18912	58	22852	68	26792	78	30732	88	34672	98	38612
9	3546	19	7486	29	11426	39	15366	49	19306	59	23246	69	27186	79	31126	89	35066	99	39006
10	3940	20	7880	30	11820	40	15760	50	19700	60	23640	70	27580	80	31520	90	35460	100	39400

395

1	395	11	4345	21	8295	31	12245	41	16195	51	20145	61	24095	71	28045	81	31995	91	35945
2	790	12	4740	22	8690	32	12640	42	16590	52	20540	62	24490	72	28440	82	32390	92	36340
3	1185	13	5135	23	9085	33	13035	43	16985	53	20935	63	24885	73	28835	83	32785	93	36735
4	1580	14	5530	24	9480	34	13430	44	17380	54	21330	64	25280	74	29230	84	33180	94	37130
5	1975	15	5925	25	9875	35	13825	45	17775	55	21725	65	25675	75	29625	85	33575	95	37525
6	2370	16	6320	26	10270	36	14220	46	18170	56	22120	66	26070	76	30020	86	33970	96	37920
7	2765	17	6715	27	10665	37	14615	47	18565	57	22515	67	26465	77	30415	87	34365	97	38315
8	3160	18	7110	28	11060	38	15010	48	18960	58	22910	68	26860	78	30810	88	34760	98	38710
9	3555	19	7505	29	11455	39	15405	49	19355	59	23305	69	27255	79	31205	89	35155	99	39105
10	3950	20	7900	30	11850	40	15800	50	19750	60	23700	70	27650	80	31600	90	35550	100	39500

396

1	396	11	4356	21	8316	31	12276	41	16236	51	20196	61	24156	71	28116	81	32076	91	36036
2	792	12	4752	22	8712	32	12672	42	16632	52	20592	62	24552	72	28512	82	32472	92	36432
3	1188	13	5148	23	9108	33	13068	43	17028	53	20988	63	24948	73	28908	83	32868	93	36828
4	1584	14	5544	24	9504	34	13464	44	17424	54	21384	64	25344	74	29304	84	33264	94	37224
5	1980	15	5940	25	9900	35	13860	45	17820	55	21780	65	25740	75	29700	85	33660	95	37620
6	2376	16	6336	26	10296	36	14256	46	18216	56	22176	66	26136	76	30096	86	34056	96	38016
7	2772	17	6732	27	10692	37	14652	47	18612	57	22572	67	26532	77	30492	87	34452	97	38412
8	3168	18	7128	28	11088	38	15048	48	19008	58	22968	68	26928	78	30888	88	34848	98	38808
9	3564	19	7524	29	11484	39	15444	49	19404	59	23364	69	27324	79	31284	89	35244	99	39204
10	3960	20	7920	30	11880	40	15840	50	19800	60	23760	70	27720	80	31680	90	35640	100	39600

397

1	397	11	4367	21	8337	31	12307	41	16277	51	20247	61	24217	71	28187	81	32157	91	36127
2	794	12	4764	22	8734	32	12704	42	16674	52	20644	62	24614	72	28584	82	32554	92	36524
3	1191	13	5161	23	9131	33	13101	43	17071	53	21041	63	25011	73	28981	83	32951	93	36921
4	1588	14	5558	24	9528	34	13498	44	17468	54	21438	64	25408	74	29378	84	33348	94	37318
5	1985	15	5955	25	9925	35	13895	45	17865	55	21835	65	25805	75	29775	85	33745	95	37715
6	2382	16	6352	26	10322	36	14292	46	18262	56	22232	66	26202	76	30172	86	34142	96	38112
7	2779	17	6749	27	10719	37	14689	47	18659	57	22629	67	26599	77	30569	87	34539	97	38509
8	3176	18	7146	28	11116	38	15086	48	19056	58	23026	68	26996	78	30966	88	34936	98	38906
9	3573	19	7543	29	11513	39	15483	49	19453	59	23423	69	27393	79	31363	89	35333	99	39303
10	3970	20	7940	30	11910	40	15880	50	19850	60	23820	70	27790	80	31760	90	35730	100	39700

398

1	398	11	4378	21	8358	31	12338	41	16318	51	20298	61	24278	71	28258	81	32238	91	36218
2	796	12	4776	22	8756	32	12736	42	16716	52	20696	62	24676	72	28656	82	32636	92	36616
3	1194	13	5174	23	9154	33	13134	43	17114	53	21094	63	25074	73	29054	83	33034	93	37014
4	1592	14	5572	24	9552	34	13532	44	17512	54	21492	64	25472	74	29452	84	33432	94	37412
5	1990	15	5970	25	9950	35	13930	45	17910	55	21890	65	25870	75	29850	85	33850	95	37810
6	2388	16	6368	26	10348	36	14328	46	18308	56	22288	66	26268	76	30248	86	34228	96	38208
7	2786	17	6766	27	10746	37	14726	47	18706	57	22686	67	26666	77	30646	87	34626	97	38606
8	3184	18	7164	28	11144	38	15124	48	19104	58	23084	68	27064	78	31044	88	35024	98	39004
9	3582	19	7562	29	11542	39	15522	49	19502	59	23482	69	27462	79	31442	89	35422	99	39402
10	3980	20	7960	30	11940	40	15920	50	19900	60	23880	70	27860	80	31840	90	35820	100	39800

399

1	399	11	4389	21	8379	31	12369	41	16359	51	20349	61	24339	71	28329	81	32319	91	36309
2	798	12	4788	22	8778	32	12768	42	16758	52	20748	62	24738	72	28728	82	32718	92	36708
3	1197	13	5187	23	9177	33	13167	43	17157	53	21147	63	25137	73	29127	83	33117	93	37107
4	1596	14	5586	24	9576	34	13566	44	17556	54	21546	64	25536	74	29526	84	33516	94	37506
5	1995	15	5985	25	9975	35	13965	45	17955	55	21945	65	25935	75	29925	85	33915	95	37905
6	2394	16	6384	26	10374	36	14364	46	18354	56	22344	66	26334	76	30324	86	34314	96	38304
7	2793	17	6783	27	10773	37	14763	47	18753	57	22743	67	26733	77	30723	87	34713	97	38703
8	3192	18	7182	28	11172	38	15162	48	19152	58	23142	68	27132	78	31122	88	35112	98	39102
9	3591	19	7581	29	11571	39	15561	49	19551	59	23541	69	27531	79	31521	89	35511	99	39501
10	3990	20	7980	30	11970	40	15960	50	19950	60	23940	70	27930	80	31920	90	35910	100	39900

400

1	400	11	4400	21	8400	31	12400	41	16400	51	20400	61	24400	71	28400	81	32400	91	36400
2	800	12	4800	22	8800	32	12800	42	16800	52	20800	62	24800	72	28800	82	32800	92	36800
3	1200	13	5200	23	9200	33	13200	43	17200	53	21200	63	25200	73	29200	83	33200	93	37200
4	1600	14	5600	24	9600	34	13600	44	17600	54	21600	64	25600	74	29600	84	33600	94	37600
5	2000	15	6000	25	10000	35	14000	45	18000	55	22000	65	26000	75	30000	85	34000	95	38000
6	2400	16	6400	26	10400	36	14400	46	18400	56	22400	66	26400	76	30400	86	34400	96	38400
7	2800	17	6800	27	10800	37	14800	47	18800	57	22800	67	26800	77	30800	87	34800	97	38800
8	3200	18	7200	28	11200	38	15200	48	19200	58	23200	68	27200	78	31200	88	35200	98	39200
9	3600	19	7600	29	11600	39	15600	49	19600	59	23600	69	27600	79	31600	89	35600	99	39600
10	4000	20	8000	30	12000	40	16000	50	20000	60	24000	70	28000	80	32000	90	36000	100	40000

401

1	401	11	4411	21	8421	31	12431	41	16441	51	20451	61	24461	71	28471	81	32481	91	36491
2	802	12	4812	22	8822	32	12832	42	16842	52	20852	62	24862	72	28872	82	32882	92	36892
3	1203	13	5213	23	9223	33	13233	43	17243	53	21253	63	25263	73	29273	83	33283	93	37293
4	1604	14	5614	24	9624	34	13634	44	17644	54	21654	64	25664	74	29674	84	33684	94	37694
5	2005	15	6015	25	10025	35	14035	45	18045	55	22055	65	26065	75	30075	85	34085	95	38095
6	2406	16	6416	26	10426	36	14436	46	18446	56	22456	66	26466	76	30476	86	34486	96	38496
7	2807	17	6817	27	10827	37	14837	47	18847	57	22857	67	26867	77	30877	87	34887	97	38897
8	3208	18	7218	28	11228	38	15238	48	19248	58	23258	68	27268	78	31278	88	35288	98	39298
9	3609	19	7619	29	11629	39	15639	49	19649	59	23659	69	27669	79	31679	89	35689	99	39699
10	4010	20	8020	30	12030	40	16040	50	20050	60	24060	70	28070	80	32080	90	36090	100	40100

402

1	402	11	4422	21	8442	31	12462	41	16482	51	20502	61	24522	71	28542	81	32562	91	36582
2	804	12	4824	22	8844	32	12864	42	16884	52	20904	62	24924	72	28944	82	32964	92	36984
3	1206	13	5226	23	9246	33	13266	43	17286	53	21306	63	25326	73	29346	83	33366	93	37386
4	1608	14	5628	24	9648	34	13668	44	17688	54	21708	64	25728	74	29748	84	33768	94	37788
5	2010	15	6030	25	10050	35	14070	45	18090	55	22110	65	26130	75	30150	85	34170	95	38190
6	2412	16	6432	26	10452	36	14472	46	18492	56	22512	66	26532	76	30552	86	34572	96	38592
7	2814	17	6834	27	10854	37	14874	47	18894	57	22914	67	26934	77	30954	87	34974	97	38994
8	3216	18	7236	28	11256	38	15276	48	19296	58	23316	68	27336	78	31356	88	35376	98	39396
9	3618	19	7638	29	11658	39	15678	49	19698	59	23718	69	27738	79	31758	89	35778	99	39798
10	4020	20	8040	30	12060	40	16080	50	20100	60	24120	70	28140	80	32160	90	36180	100	40200

403

1	403	11	4433	21	8463	31	12493	41	16523	51	20553	61	24583	71	28613	81	32643	91	36673
2	806	12	4836	22	8866	32	12896	42	16926	52	20956	62	24986	72	29016	82	33046	92	37076
3	1209	13	5239	23	9269	33	13299	43	17329	53	21359	63	25389	73	29419	83	33449	93	37479
4	1612	14	5642	24	9672	34	13702	44	17732	54	21762	64	25792	74	29822	84	33852	94	37882
5	2015	15	6045	25	10075	35	14105	45	18135	55	22165	65	26195	75	30225	85	34255	95	38285
6	2418	16	6448	26	10478	36	14508	46	18538	56	22568	66	26598	76	30628	86	34658	96	38688
7	2821	17	6851	27	10881	37	14911	47	18941	57	22971	67	27001	77	31031	87	35061	97	39091
8	3224	18	7254	28	11284	38	15314	48	19344	58	23374	68	27404	78	31434	88	35464	98	39494
9	3627	19	7657	29	11687	39	15717	49	19747	59	23777	69	27807	79	31837	89	35867	99	39897
10	4030	20	8060	30	12090	40	16120	50	20150	60	24180	70	28210	80	32240	90	36270	100	40300

404

1	404	11	4444	21	8484	31	12524	41	16564	51	20604	61	24644	71	28684	81	32724	91	36764
2	808	12	4848	22	8888	32	12928	42	16968	52	21008	62	25048	72	29088	82	33128	92	37168
3	1212	13	5252	23	9292	33	13332	43	17372	53	21412	63	25452	73	29492	83	33532	93	37572
4	1616	14	5656	24	9696	34	13736	44	17776	54	21816	64	25856	74	29896	84	33936	94	37976
5	2020	15	6060	25	10100	35	14140	45	18180	55	22220	65	26260	75	30300	85	34340	95	38380
6	2424	16	6464	26	10504	36	14544	46	18584	56	22624	66	26664	76	30704	86	34744	96	38784
7	2828	17	6868	27	10908	37	14948	47	18988	57	23028	67	27068	77	31108	87	35148	97	39188
8	3232	18	7272	28	11312	38	15352	48	19392	58	23432	68	27472	78	31512	88	35552	98	39592
9	3636	19	7676	29	11716	39	15756	49	19796	59	23836	69	27876	79	31916	89	35956	99	39996
10	4040	20	8080	30	12120	40	16160	50	20200	60	24240	70	28280	80	32320	90	36360	100	40400

405

1	405	11	4455	21	8505	31	12555	41	16605	51	20655	61	24705	71	28755	81	32805	91	36855
2	810	12	4860	22	8910	32	12960	42	17010	52	21060	62	25110	72	29160	82	33210	92	37260
3	1215	13	5265	23	9315	33	13365	43	17415	53	21465	63	25515	73	29565	83	33615	93	37665
4	1620	14	5670	24	9720	34	13770	44	17820	54	21870	64	25920	74	29970	84	34020	94	38070
5	2025	15	6075	25	10125	35	14175	45	18225	55	22275	65	26325	75	30375	85	34425	95	38475
6	2430	16	6480	26	10530	36	14580	46	18630	56	22680	66	26730	76	30780	86	34830	96	38880
7	2835	17	6885	27	10935	37	14985	47	19035	57	23085	67	27135	77	31185	87	35235	97	39285
8	3240	18	7290	28	11340	38	15390	48	19440	58	23490	68	27540	78	31590	88	35640	98	39690
9	3645	19	7695	29	11745	39	15795	49	19845	59	23895	69	27945	79	31995	89	36045	99	40095
10	4050	20	8100	30	12150	40	16200	50	20250	60	24300	70	28350	80	32400	90	36450	100	40500

406

1	406	11	4466	21	8526	31	12586	41	16646	51	20706	61	24766	71	28826	81	32886	91	36946
2	812	12	4872	22	8932	32	12992	42	17052	52	21112	62	25172	72	29232	82	33292	92	37352
3	1218	13	5278	23	9338	33	13398	43	17458	53	21518	63	25578	73	29638	83	33698	93	37758
4	1624	14	5684	24	9744	34	13804	44	17864	54	21924	64	25984	74	30044	84	34104	94	38164
5	2030	15	6090	25	10150	35	14210	45	18270	55	22330	65	26390	75	30450	85	34510	95	38570
6	2436	16	6496	26	10556	36	14616	46	18676	56	22736	66	26796	76	30856	86	34916	96	38976
7	2842	17	6902	27	10962	37	15022	47	19082	57	23142	67	27202	77	31262	87	35322	97	39382
8	3248	18	7308	28	11368	38	15428	48	19488	58	23548	68	27608	78	31668	88	35728	98	39788
9	3654	19	7714	29	11774	39	15834	49	19894	59	23954	69	28014	79	32074	89	36134	99	40194
10	4060	20	8120	30	12180	40	16240	50	20300	60	24360	70	28420	80	32480	90	36540	100	40600

407

1	407	11	4477	21	8547	31	12617	41	16687	51	20757	61	24827	71	28897	81	32967	91	37037
2	814	12	4884	22	8954	32	13024	42	17094	52	21164	62	25234	72	29304	82	33374	92	37444
3	1221	13	5291	23	9361	33	13431	43	17501	53	21571	63	25641	73	29711	83	33781	93	37851
4	1628	14	5698	24	9768	34	13838	44	17908	54	21978	64	26048	74	30118	84	34188	94	38258
5	2035	15	6105	25	10175	35	14245	45	18315	55	22385	65	26455	75	30525	85	34595	95	38665
6	2442	16	6512	26	10582	36	14652	46	18722	56	22792	66	26862	76	30932	86	35002	96	39072
7	2849	17	6919	27	10989	37	15059	47	19129	57	23199	67	27269	77	31339	87	35409	97	39479
8	3256	18	7326	28	11396	38	15466	48	19536	58	23606	68	27676	78	31746	88	35816	98	39886
9	3663	19	7733	29	11803	39	15873	49	19943	59	24013	69	28083	79	32153	89	36223	99	40293
10	4070	20	8140	30	12210	40	16280	50	20350	60	24420	70	28490	80	32560	90	36630	100	40700

408

1	408	11	4488	21	8568	31	12648	41	16728	51	20808	61	24888	71	28968	81	33048	91	37128
2	816	12	4896	22	8976	32	13056	42	17136	52	21216	62	25296	72	29376	82	33456	92	37536
3	1224	13	5304	23	9384	33	13464	43	17544	53	21624	63	25704	73	29784	83	33864	93	37944
4	1632	14	5712	24	9792	34	13872	44	17952	54	22032	64	26112	74	30192	84	34272	94	38352
5	2040	15	6120	25	10200	35	14280	45	18360	55	22440	65	26520	75	30600	85	34680	95	38760
6	2448	16	6528	26	10608	36	14688	46	18768	56	22848	66	26928	76	31008	86	35088	96	39168
7	2856	17	6936	27	11016	37	15096	47	19176	57	23256	67	27336	77	31416	87	35496	97	39576
8	3264	18	7344	28	11424	38	15504	48	19584	58	23664	68	27744	78	31824	88	35904	98	39984
9	3672	19	7752	29	11832	39	15912	49	19992	59	24072	69	28152	79	32232	89	36312	99	40392
10	4080	20	8160	30	12240	40	16320	50	20400	60	24480	70	28560	80	32640	90	36720	100	40800

409

1	409	11	4499	21	8589	31	12679	41	16769	51	20859	61	24949	71	29039	81	33129	91	37219
2	818	12	4908	22	8998	32	13088	42	17178	52	21268	62	25358	72	29448	82	33538	92	37628
3	1227	13	5317	23	9407	33	13497	43	17587	53	21677	63	25767	73	29857	83	33947	93	38037
4	1636	14	5726	24	9816	34	13906	44	17996	54	22086	64	26176	74	30266	84	34356	94	38446
5	2045	15	6135	25	10225	35	14315	45	18405	55	22495	65	26585	75	30675	85	34765	95	38855
6	2454	16	6544	26	10634	36	14724	46	18814	56	22904	66	26994	76	31084	86	35174	96	39264
7	2863	17	6953	27	11043	37	15133	47	19223	57	23313	67	27403	77	31493	87	35583	97	39673
8	3272	18	7362	28	11452	38	15542	48	19632	58	23722	68	27812	78	31902	88	35992	98	40082
9	3681	19	7771	29	11861	39	15951	49	20041	59	24131	69	28221	79	32311	89	36401	99	40491
10	4090	20	8180	30	12270	40	16360	50	20450	60	24540	70	28630	80	32720	90	36810	100	40900

410

1	410	11	4510	21	8610	31	12710	41	16810	51	20910	61	25010	71	29110	81	33210	91	37310
2	820	12	4920	22	9020	32	13120	42	17220	52	21320	62	25420	72	29520	82	33620	92	37720
3	1230	13	5330	23	9430	33	13530	43	17630	53	21730	63	25830	73	29930	83	34030	93	38130
4	1640	14	5740	24	9840	34	13940	44	18040	54	22140	64	26240	74	30340	84	34440	94	38540
5	2050	15	6150	25	10250	35	14350	45	18450	55	22550	65	26650	75	30750	85	34850	95	38950
6	2460	16	6560	26	10660	36	14760	46	18860	56	22960	66	27060	76	31160	86	35260	96	39360
7	2870	17	6970	27	11070	37	15170	47	19270	57	23370	67	27470	77	31570	87	35670	97	39770
8	3280	18	7380	28	11480	38	15580	48	19680	58	23780	68	27880	78	31980	88	36080	98	40180
9	3690	19	7790	29	11890	39	15990	49	20090	59	24190	69	28290	79	32390	89	36490	99	40590
10	4100	20	8200	30	12300	40	16400	50	20500	60	24600	70	28700	80	32800	90	36900	100	41000

411

1	411	11	4521	21	8631	31	12741	41	16851	51	20961	61	25071	71	29181	81	33291	91	37401
2	822	12	4932	22	9042	32	13152	42	17262	52	21372	62	25482	72	29592	82	33702	92	37812
3	1233	13	5343	23	9453	33	13563	43	17673	53	21783	63	25893	73	30003	83	34113	93	38223
4	1644	14	5754	24	9864	34	13974	44	18084	54	22194	64	26304	74	30414	84	34524	94	38634
5	2055	15	6165	25	10275	35	14385	45	18495	55	22605	65	26715	75	30825	85	34935	95	39045
6	2466	16	6576	26	10686	36	14796	46	18906	56	23016	66	27126	76	31236	86	35346	96	39456
7	2877	17	6987	27	11097	37	15207	47	19317	57	23427	67	27537	77	31647	87	35757	97	39867
8	3288	18	7398	28	11508	38	15618	48	19728	58	23838	68	27948	78	32058	88	36168	98	40278
9	3699	19	7809	29	11919	39	16029	49	20139	59	24249	69	28359	79	32469	89	36579	99	40689
10	4110	20	8220	30	12330	40	16440	50	20550	60	24660	70	28770	80	32880	90	36990	100	41100

412

1	412	11	4532	21	8652	31	12772	41	16892	51	21012	61	25132	71	29252	81	33372	91	37492
2	824	12	4944	22	9064	32	13184	42	17304	52	21424	62	25544	72	29664	82	33784	92	37904
3	1236	13	5356	23	9476	33	13596	43	17716	53	21836	63	25956	73	30076	83	34196	93	38316
4	1648	14	5768	24	9888	34	14008	44	18128	54	22248	64	26368	74	30488	84	34608	94	38728
5	2060	15	6180	25	10300	35	14420	45	18540	55	22660	65	26780	75	30900	85	35020	95	39140
6	2472	16	6592	26	10712	36	14832	46	18952	56	23072	66	27192	76	31312	86	35432	96	39552
7	2884	17	7004	27	11124	37	15244	47	19364	57	23484	67	27604	77	31724	87	35844	97	39964
8	3296	18	7416	28	11536	38	15656	48	19776	58	23896	68	28016	78	32136	88	36256	98	40376
9	3708	19	7828	29	11948	39	16068	49	20188	59	24308	69	28428	79	32548	89	36668	99	40788
10	4120	20	8240	30	12360	40	16480	50	20600	60	24720	70	28840	80	32960	90	37080	100	41200

413

1	413	11	4543	21	8673	31	12803	41	16933	51	21063	61	25193	71	29323	81	33453	91	37583
2	826	12	4956	22	9086	32	13216	42	17346	52	21476	62	25606	72	29736	82	33866	92	37996
3	1239	13	5369	23	9499	33	13629	43	17759	53	21889	63	26019	73	30149	83	34279	93	38409
4	1652	14	5782	24	9912	34	14042	44	18172	54	22302	64	26432	74	30562	84	34692	94	38822
5	2065	15	6195	25	10325	35	14455	45	18585	55	22715	65	26845	75	30975	85	35105	95	39235
6	2478	16	6608	26	10738	36	14868	46	18998	56	23128	66	27258	76	31388	86	35518	96	39648
7	2891	17	7021	27	11151	37	15281	47	19411	57	23541	67	27671	77	31801	87	35931	97	40061
8	3304	18	7434	28	11564	38	15694	48	19824	58	23954	68	28084	78	32214	88	36344	98	40474
9	3717	19	7847	29	11977	39	16107	49	20237	59	24367	69	28497	79	32627	89	36757	99	40887
10	4130	20	8260	30	12390	40	16520	50	20650	60	24780	70	28910	80	33040	90	37170	100	41300

414

1	414	11	4554	21	8694	31	12834	41	16974	51	21114	61	25254	71	29394	81	33534	91	37674
2	828	12	4968	22	9108	32	13248	42	17388	52	21528	62	25668	72	29808	82	33948	92	38088
3	1242	13	5382	23	9522	33	13662	43	17802	53	21942	63	26082	73	30222	83	34362	93	38502
4	1656	14	5796	24	9936	34	14076	44	18216	54	22356	64	26496	74	30636	84	34776	94	38916
5	2070	15	6210	25	10350	35	14490	45	18630	55	22770	65	26910	75	31050	85	35190	95	39330
6	2484	16	6624	26	10764	36	14904	46	19044	56	23184	66	27324	76	31464	86	35604	96	39744
7	2898	17	7038	27	11178	37	15318	47	19458	57	23598	67	27738	77	31878	87	36018	97	40158
8	3312	18	7452	28	11592	38	15732	48	19872	58	24012	68	28152	78	32292	88	36432	98	40572
9	3726	19	7866	29	12006	39	16146	49	20286	59	24426	69	28566	79	32706	89	36846	99	40986
10	4140	20	8280	30	12420	40	16560	50	20700	60	24840	70	28980	80	33120	90	37260	100	41400

415

1	415	11	4565	21	8715	31	12865	41	17015	51	21165	61	25315	71	29465	81	33615	91	37765
2	830	12	4980	22	9130	32	13280	42	17430	52	21580	62	25730	72	29880	82	34030	92	38180
3	1245	13	5395	23	9545	33	13695	43	17845	53	21995	63	26145	73	30295	83	34445	93	38595
4	1660	14	5810	24	9960	34	14110	44	18260	54	22410	64	26560	74	30710	84	34860	94	39010
5	2075	15	6225	25	10375	35	14525	45	18675	55	22825	65	26975	75	31125	85	35275	95	39425
6	2490	16	6640	26	10790	36	14940	46	19090	56	23240	66	27390	76	31540	86	35690	96	39840
7	2905	17	7055	27	11205	37	15355	47	19505	57	23655	67	27805	77	31955	87	36105	97	40255
8	3320	18	7470	28	11620	38	15770	48	19920	58	24070	68	28220	78	32370	88	36520	98	40670
9	3735	19	7885	29	12035	39	16185	49	20335	59	24485	69	28635	79	32785	89	36935	99	41085
10	4150	20	8300	30	12450	40	16600	50	20750	60	24900	70	29050	80	33200	90	37350	100	41500

416

1	416	11	4576	21	8736	31	12896	41	17056	51	21216	61	25376	71	29536	81	33696	91	37856
2	832	12	4992	22	9152	32	13312	42	17472	52	21632	62	25792	72	29952	82	34112	92	38272
3	1248	13	5408	23	9568	33	13728	43	17888	53	22048	63	26208	73	30368	83	34528	93	38688
4	1664	14	5824	24	9984	34	14144	44	18304	54	22464	64	26624	74	30784	84	34944	94	39104
5	2080	15	6240	25	10400	35	14560	45	18720	55	22880	65	27040	75	31200	85	35360	95	39520
6	2496	16	6656	26	10816	36	14976	46	19136	56	23296	66	27456	76	31616	86	35776	96	39936
7	2912	17	7072	27	11232	37	15392	47	19552	57	23712	67	27872	77	32032	87	36192	97	40352
8	3328	18	7488	28	11648	38	15808	48	19968	58	24128	68	28288	78	32448	88	36608	98	40768
9	3744	19	7904	29	12064	39	16224	49	20384	59	24544	69	28704	79	32864	89	37024	99	41184
10	4160	20	8320	30	12480	40	16640	50	20800	60	24960	70	29120	80	33280	90	37440	100	41600

417

1	417	11	4587	21	8757	31	12927	41	17097	51	21267	61	25437	71	29607	81	33777	91	37947
2	834	12	5004	22	9174	32	13344	42	17514	52	21684	62	25854	72	30024	82	34194	92	38364
3	1251	13	5421	23	9591	33	13761	43	17931	53	22101	63	26271	73	30441	83	34611	93	38781
4	1668	14	5838	24	10008	34	14178	44	18348	54	22518	64	26688	74	30858	84	35028	94	39198
5	2085	15	6255	25	10425	35	14595	45	18765	55	22935	65	27105	75	31275	85	35445	95	39615
6	2502	16	6672	26	10842	36	15012	46	19182	56	23352	66	27522	76	31692	86	35862	96	40032
7	2919	17	7089	27	11259	37	15429	47	19599	57	23769	67	27939	77	32109	87	36279	97	40449
8	3336	18	7506	28	11676	38	15846	48	20016	58	24186	68	28356	78	32526	88	36696	98	40866
9	3753	19	7923	29	12093	39	16263	49	20433	59	24603	69	28773	79	32943	89	37113	99	41283
10	4170	20	8340	30	12510	40	16680	50	20850	60	25020	70	29190	80	33360	90	37530	100	41700

418

1	418	11	4598	21	8778	31	12958	41	17138	51	21318	61	25498	71	29678	81	33858	91	38038
2	836	12	5016	22	9196	32	13376	42	17556	52	21736	62	25916	72	30096	82	34276	92	38456
3	1254	13	5434	23	9614	33	13794	43	17974	53	22154	63	26334	73	30514	83	34694	93	38874
4	1672	14	5852	24	10032	34	14212	44	18392	54	22572	64	26752	74	30932	84	35112	94	39292
5	2090	15	6270	25	10450	35	14630	45	18810	55	22990	65	27170	75	31350	85	35530	95	39710
6	2508	16	6688	26	10868	36	15048	46	19228	56	23408	66	27588	76	31768	86	35948	96	40128
7	2926	17	7106	27	11286	37	15466	47	19646	57	23826	67	28006	77	32186	87	36366	97	40546
8	3344	18	7524	28	11704	38	15884	48	20064	58	24244	68	28424	78	32604	88	36784	98	40964
9	3762	19	7942	29	12122	39	16302	49	20482	59	24662	69	28842	79	33022	89	37202	99	41382
10	4180	20	8360	30	12540	40	16720	50	20900	60	25080	70	29260	80	33440	90	37620	100	41800

419

1	419	11	4609	21	8799	31	12989	41	17179	51	21369	61	25559	71	29749	81	33939	91	38129
2	838	12	5028	22	9218	32	13408	42	17598	52	21788	62	25978	72	30168	82	34358	92	38548
3	1257	13	5447	23	9637	33	13827	43	18017	53	22207	63	26397	73	30587	83	34777	93	38967
4	1676	14	5866	24	10056	34	14246	44	18436	54	22626	64	26816	74	31006	84	35196	94	39386
5	2095	15	6285	25	10475	35	14665	45	18855	55	23045	65	27235	75	31425	85	35615	95	39805
6	2514	16	6704	26	10894	36	15084	46	19274	56	23464	66	27654	76	31844	86	36034	96	40224
7	2933	17	7123	27	11313	37	15503	47	19693	57	23883	67	28073	77	32263	87	36453	97	40643
8	3352	18	7542	28	11732	38	15922	48	20112	58	24302	68	28492	78	32682	88	36872	98	41062
9	3771	19	7961	29	12151	39	16341	49	20531	59	24721	69	28911	79	33101	89	37291	99	41481
10	4190	20	8380	30	12570	40	16760	50	20950	60	25140	70	29330	80	33520	90	37710	100	41900

420

1	420	11	4620	21	8820	31	13020	41	17220	51	21420	61	25620	71	29820	81	34020	91	38220
2	840	12	5040	22	9240	32	13440	42	17640	52	21840	62	26040	72	30240	82	34440	92	38640
3	1260	13	5460	23	9660	33	13860	43	18060	53	22260	63	26460	73	30660	83	34860	93	39060
4	1680	14	5880	24	10080	34	14280	44	18480	54	22680	64	26880	74	31080	84	35280	94	39480
5	2100	15	6300	25	10500	35	14700	45	18900	55	23100	65	27300	75	31500	85	35700	95	39900
6	2520	16	6720	26	10920	36	15120	46	19320	56	23520	66	27720	76	31920	86	36120	96	40320
7	2940	17	7140	27	11340	37	15540	47	19740	57	23940	67	28140	77	32340	87	36540	97	40740
8	3360	18	7560	28	11760	38	15960	48	20160	58	24360	68	28560	78	32760	88	36960	98	41160
9	3780	19	7980	29	12180	39	16380	49	20580	59	24780	69	28980	79	33180	89	37380	99	41580
10	4200	20	8400	30	12600	40	16800	50	21000	60	25200	70	29400	80	33600	90	37800	100	42000

421

1	421	**11**	4631	**21**	8841	**31**	13051	**41**	17261	**51**	21471	**61**	25681	**71**	29891	**81**	34101	**91**	38311
2	842	**12**	5052	**22**	9262	**32**	13472	**42**	17682	**52**	21892	**62**	26102	**72**	30312	**82**	34522	**92**	38732
3	1263	**13**	5473	**23**	9683	**33**	13893	**43**	18103	**53**	22313	**63**	26523	**73**	30733	**83**	34943	**93**	39153
4	1684	**14**	5894	**24**	10104	**34**	14314	**44**	18524	**54**	22734	**64**	26944	**74**	31154	**84**	35364	**94**	39574
5	2105	**15**	6315	**25**	10525	**35**	14735	**45**	18945	**55**	23155	**65**	27365	**75**	31575	**85**	35785	**95**	39995
6	2526	**16**	6736	**26**	10946	**36**	15156	**46**	19366	**56**	23576	**66**	27786	**76**	31996	**86**	36206	**96**	40416
7	2947	**17**	7157	**27**	11367	**37**	15577	**47**	19787	**57**	23997	**67**	28207	**77**	32417	**87**	36627	**97**	40837
8	3368	**18**	7578	**28**	11788	**38**	15998	**48**	20208	**58**	24418	**68**	28628	**78**	32838	**88**	37048	**98**	41258
9	3789	**19**	7999	**29**	12209	**39**	16419	**49**	20629	**59**	24839	**69**	29049	**79**	33259	**89**	37469	**99**	41679
10	4210	**20**	8420	**30**	12630	**40**	16840	**50**	21050	**60**	25260	**70**	29470	**80**	33680	**90**	37890	**100**	42100

422

1	422	**11**	4642	**21**	8862	**31**	13082	**41**	17302	**51**	21522	**61**	25742	**71**	29962	**81**	34182	**91**	38402
2	844	**12**	5064	**22**	9284	**32**	13504	**42**	17724	**52**	21944	**62**	26164	**72**	30384	**82**	34604	**92**	38824
3	1266	**13**	5486	**23**	9706	**33**	13926	**43**	18146	**53**	22366	**63**	26586	**73**	30806	**83**	35026	**93**	39246
4	1688	**14**	5908	**24**	10128	**34**	14348	**44**	18568	**54**	22788	**64**	27008	**74**	31228	**84**	35448	**94**	39668
5	2110	**15**	6330	**25**	10550	**35**	14770	**45**	18990	**55**	23210	**65**	27430	**75**	31650	**85**	35870	**95**	40090
6	2532	**16**	6752	**26**	10972	**36**	15192	**46**	19412	**56**	23632	**66**	27852	**76**	32072	**86**	36292	**96**	40512
7	2954	**17**	7174	**27**	11394	**37**	15614	**47**	19834	**57**	24054	**67**	28274	**77**	32494	**87**	36714	**97**	40934
8	3376	**18**	7596	**28**	11816	**38**	16036	**48**	20256	**58**	24476	**68**	28696	**78**	32916	**88**	37136	**98**	41356
9	3798	**19**	8018	**29**	12238	**39**	16458	**49**	20678	**59**	24898	**69**	29118	**79**	33338	**89**	37558	**99**	41778
10	4220	**20**	8440	**30**	12660	**40**	16880	**50**	21100	**60**	25320	**70**	29540	**80**	33760	**90**	37980	**100**	42200

423

1	423	**11**	4653	**21**	8883	**31**	13113	**41**	17343	**51**	21573	**61**	25803	**71**	30033	**81**	34263	**91**	38493
2	846	**12**	5076	**22**	9306	**32**	13536	**42**	17766	**52**	21996	**62**	26226	**72**	30456	**82**	34686	**92**	38916
3	1269	**13**	5499	**23**	9729	**33**	13959	**43**	18189	**53**	22419	**63**	26649	**73**	30879	**83**	35109	**93**	39339
4	1692	**14**	5922	**24**	10152	**34**	14382	**44**	18612	**54**	22842	**64**	27072	**74**	31302	**84**	35532	**94**	39762
5	2115	**15**	6345	**25**	10575	**35**	14805	**45**	19035	**55**	23265	**65**	27495	**75**	31725	**85**	35955	**95**	40185
6	2538	**16**	6768	**26**	10998	**36**	15228	**46**	19458	**56**	23688	**66**	27918	**76**	32148	**86**	36378	**96**	40608
7	2961	**17**	7191	**27**	11421	**37**	15651	**47**	19881	**57**	24111	**67**	28341	**77**	32571	**87**	36801	**97**	41031
8	3384	**18**	7614	**28**	11844	**38**	16074	**48**	20304	**58**	24534	**68**	28764	**78**	32994	**88**	37224	**98**	41454
9	3807	**19**	8037	**29**	12267	**39**	16497	**49**	20727	**59**	24957	**69**	29187	**79**	33417	**89**	37647	**99**	41877
10	4230	**20**	8460	**30**	12690	**40**	16920	**50**	21150	**60**	25380	**70**	29610	**80**	33840	**90**	38070	**100**	42300

424

1	424	**11**	4664	**21**	8904	**31**	13144	**41**	17384	**51**	21624	**61**	25864	**71**	30104	**81**	34344	**91**	38584
2	848	**12**	5088	**22**	9328	**32**	13568	**42**	17808	**52**	22048	**62**	26288	**72**	30528	**82**	34768	**92**	39008
3	1272	**13**	5512	**23**	9752	**33**	13992	**43**	18232	**53**	22472	**63**	26712	**73**	30952	**83**	35192	**93**	39432
4	1696	**14**	5936	**24**	10176	**34**	14416	**44**	18656	**54**	22896	**64**	27136	**74**	31376	**84**	35616	**94**	39856
5	2120	**15**	6360	**25**	10600	**35**	14840	**45**	19080	**55**	23320	**65**	27560	**75**	31800	**85**	36040	**95**	40280
6	2544	**16**	6784	**26**	11024	**36**	15264	**46**	19504	**56**	23744	**66**	27984	**76**	32224	**86**	36464	**96**	40704
7	2968	**17**	7208	**27**	11448	**37**	15688	**47**	19928	**57**	24168	**67**	28408	**77**	32648	**87**	36888	**97**	41128
8	3392	**18**	7632	**28**	11872	**38**	16112	**48**	20352	**58**	24592	**68**	28832	**78**	33072	**88**	37312	**98**	41552
9	3816	**19**	8056	**29**	12296	**39**	16536	**49**	20776	**59**	25016	**69**	29256	**79**	33496	**89**	37736	**99**	41976
10	4240	**20**	8480	**30**	12720	**40**	16960	**50**	21200	**60**	25440	**70**	29680	**80**	33920	**90**	38160	**100**	42400

425

1	425	**11**	4675	**21**	8925	**31**	13175	**41**	17425	**51**	21675	**61**	25925	**71**	30175	**81**	34425	**91**	38675
2	850	**12**	5100	**22**	9350	**32**	13600	**42**	17850	**52**	22100	**62**	26350	**72**	30600	**82**	34850	**92**	39100
3	1275	**13**	5525	**23**	9775	**33**	14025	**43**	18275	**53**	22525	**63**	26775	**73**	31025	**83**	35275	**93**	39525
4	1700	**14**	5950	**24**	10200	**34**	14450	**44**	18700	**54**	22950	**64**	27200	**74**	31450	**84**	35700	**94**	39950
5	2125	**15**	6375	**25**	10625	**35**	14875	**45**	19125	**55**	23375	**65**	27625	**75**	31875	**85**	36125	**95**	40375
6	2550	**16**	6800	**26**	11050	**36**	15300	**46**	19550	**56**	23800	**66**	28050	**76**	32300	**86**	36550	**96**	40800
7	2975	**17**	7225	**27**	11475	**37**	15725	**47**	19975	**57**	24225	**67**	28475	**77**	32725	**87**	36975	**97**	41225
8	3400	**18**	7650	**28**	11900	**38**	16150	**48**	20400	**58**	24650	**68**	28900	**78**	33150	**88**	37400	**98**	41650
9	3825	**19**	8075	**29**	12325	**39**	16575	**49**	20825	**59**	25075	**69**	29325	**79**	33575	**89**	37825	**99**	42075
10	4250	**20**	8500	**30**	12750	**40**	17000	**50**	21250	**60**	25500	**70**	29750	**80**	34000	**90**	38250	**100**	42500

426

1	426	**11**	4686	**21**	8946	**31**	13206	**41**	17466	**51**	21726	**61**	25986	**71**	30246	**81**	34506	**91**	38766
2	852	**12**	5112	**22**	9372	**32**	13632	**42**	17892	**52**	22152	**62**	26412	**72**	30672	**82**	34932	**92**	39192
3	1278	**13**	5538	**23**	9798	**33**	14058	**43**	18318	**53**	22578	**63**	26838	**73**	31098	**83**	35358	**93**	39618
4	1704	**14**	5964	**24**	10224	**34**	14484	**44**	18744	**54**	23004	**64**	27264	**74**	31524	**84**	35784	**94**	40044
5	2130	**15**	6390	**25**	10650	**35**	14910	**45**	19170	**55**	23430	**65**	27690	**75**	31950	**85**	36210	**95**	40470
6	2556	**16**	6816	**26**	11076	**36**	15336	**46**	19596	**56**	23856	**66**	28116	**76**	32376	**86**	36636	**96**	40896
7	2982	**17**	7242	**27**	11502	**37**	15762	**47**	20022	**57**	24282	**67**	28542	**77**	32802	**87**	37062	**97**	41322
8	3408	**18**	7668	**28**	11928	**38**	16188	**48**	20448	**58**	24708	**68**	28968	**78**	33228	**88**	37488	**98**	41748
9	3834	**19**	8094	**29**	12354	**39**	16614	**49**	20874	**59**	25134	**69**	29394	**79**	33654	**89**	37914	**99**	42174
10	4260	**20**	8520	**30**	12780	**40**	17040	**50**	21300	**60**	25560	**70**	29820	**80**	34080	**90**	38340	**100**	42600

427

1	427	**11**	4697	**21**	8967	**31**	13237	**41**	17507	**51**	21777	**61**	26047	**71**	30317	**81**	34587	**91**	38857
2	854	**12**	5124	**22**	9394	**32**	13664	**42**	17934	**52**	22204	**62**	26474	**72**	30744	**82**	35014	**92**	39284
3	1281	**13**	5551	**23**	9821	**33**	14091	**43**	18361	**53**	22631	**63**	26901	**73**	31171	**83**	35441	**93**	39711
4	1708	**14**	5978	**24**	10248	**34**	14518	**44**	18788	**54**	23058	**64**	27328	**74**	31598	**84**	35868	**94**	40138
5	2135	**15**	6405	**25**	10675	**35**	14945	**45**	19215	**55**	23485	**65**	27755	**75**	32025	**85**	36295	**95**	40565
6	2562	**16**	6832	**26**	11102	**36**	15372	**46**	19642	**56**	23912	**66**	28182	**76**	32452	**86**	36722	**96**	40992
7	2989	**17**	7259	**27**	11529	**37**	15799	**47**	20069	**57**	24339	**67**	28609	**77**	32879	**87**	37149	**97**	41419
8	3416	**18**	7686	**28**	11956	**38**	16226	**48**	20496	**58**	24766	**68**	29036	**78**	33306	**88**	37576	**98**	41846
9	3843	**19**	8113	**29**	12383	**39**	16653	**49**	20923	**59**	25193	**69**	29463	**79**	33733	**89**	38003	**99**	42273
10	4270	**20**	8540	**30**	12810	**40**	17080	**50**	21350	**60**	25620	**70**	29890	**80**	34160	**90**	38430	**100**	42700

428

1	428	**11**	4708	**21**	8988	**31**	13268	**41**	17548	**51**	21828	**61**	26108	**71**	30388	**81**	34668	**91**	38948
2	856	**12**	5136	**22**	9416	**32**	13696	**42**	17976	**52**	22256	**62**	26536	**72**	30816	**82**	35096	**92**	39376
3	1284	**13**	5564	**23**	9844	**33**	14124	**43**	18404	**53**	22684	**63**	26964	**73**	31244	**83**	35524	**93**	39804
4	1712	**14**	5992	**24**	10272	**34**	14552	**44**	18832	**54**	23112	**64**	27392	**74**	31672	**84**	35952	**94**	40232
5	2140	**15**	6420	**25**	10700	**35**	14980	**45**	19260	**55**	23540	**65**	27820	**75**	32100	**85**	36380	**95**	40660
6	2568	**16**	6848	**26**	11128	**36**	15408	**46**	19688	**56**	23968	**66**	28248	**76**	32528	**86**	36808	**96**	41088
7	2996	**17**	7276	**27**	11556	**37**	15836	**47**	20116	**57**	24396	**67**	28676	**77**	32956	**87**	37236	**97**	41516
8	3424	**18**	7704	**28**	11984	**38**	16264	**48**	20544	**58**	24824	**68**	29104	**78**	33384	**88**	37664	**98**	41944
9	3852	**19**	8132	**29**	12412	**39**	16692	**49**	20972	**59**	25252	**69**	29532	**79**	33812	**89**	38092	**99**	42372
10	4280	**20**	8560	**30**	12840	**40**	17120	**50**	21400	**60**	25680	**70**	29960	**80**	34240	**90**	38520	**100**	42800

429

1	429	**11**	4719	**21**	9009	**31**	13299	**41**	17589	**51**	21879	**61**	26169	**71**	30459	**81**	34749	**91**	39039
2	858	**12**	5148	**22**	9438	**32**	13728	**42**	18018	**52**	22308	**62**	26598	**72**	30888	**82**	35178	**92**	39468
3	1287	**13**	5577	**23**	9867	**33**	14157	**43**	18447	**53**	22737	**63**	27027	**73**	31317	**83**	35607	**93**	39897
4	1716	**14**	6006	**24**	10296	**34**	14586	**44**	18876	**54**	23166	**64**	27456	**74**	31746	**84**	36036	**94**	40326
5	2145	**15**	6435	**25**	10725	**35**	15015	**45**	19305	**55**	23595	**65**	27885	**75**	32175	**85**	36465	**95**	40755
6	2574	**16**	6864	**26**	11154	**36**	15444	**46**	19734	**56**	24024	**66**	28314	**76**	32604	**86**	36894	**96**	41184
7	3003	**17**	7293	**27**	11583	**37**	15873	**47**	20163	**57**	24453	**67**	28743	**77**	33033	**87**	37323	**97**	41613
8	3432	**18**	7722	**28**	12012	**38**	16302	**48**	20592	**58**	24882	**68**	29172	**78**	33462	**88**	37752	**98**	42042
9	3861	**19**	8151	**29**	12441	**39**	16731	**49**	21021	**59**	25311	**69**	29601	**79**	33891	**89**	38181	**99**	42471
10	4290	**20**	8580	**30**	12870	**40**	17160	**50**	21450	**60**	25740	**70**	30030	**80**	34320	**90**	38610	**100**	42900

430

1	430	**11**	4730	**21**	9030	**31**	13330	**41**	17630	**51**	21930	**61**	26230	**71**	30530	**81**	34830	**91**	39130
2	860	**12**	5160	**22**	9460	**32**	13760	**42**	18060	**52**	22360	**62**	26660	**72**	30960	**82**	35260	**92**	39560
3	1290	**13**	5590	**23**	9890	**33**	14190	**43**	18490	**53**	22790	**63**	27090	**73**	31390	**83**	35690	**93**	39990
4	1720	**14**	6020	**24**	10320	**34**	14620	**44**	18920	**54**	23220	**64**	27520	**74**	31820	**84**	36120	**94**	40420
5	2150	**15**	6450	**25**	10750	**35**	15050	**45**	19350	**55**	23650	**65**	27950	**75**	32250	**85**	36550	**95**	40850
6	2580	**16**	6880	**26**	11180	**36**	15480	**46**	19780	**56**	24080	**66**	28380	**76**	32680	**86**	36980	**96**	41280
7	3010	**17**	7310	**27**	11610	**37**	15910	**47**	20210	**57**	24510	**67**	28810	**77**	33110	**87**	37410	**97**	41710
8	3440	**18**	7740	**28**	12040	**38**	16340	**48**	20640	**58**	24940	**68**	29240	**78**	33540	**88**	37840	**98**	42140
9	3870	**19**	8170	**29**	12470	**39**	16770	**49**	21070	**59**	25370	**69**	29670	**79**	33970	**89**	38270	**99**	42570
10	4300	**20**	8600	**30**	12900	**40**	17200	**50**	21500	**60**	25800	**70**	30100	**80**	34400	**90**	38700	**100**	43000

431

1	431	11	4741	21	9051	31	13361	41	17671	51	21981	61	26291	71	30601	81	34911	91	39221
2	862	12	5172	22	9482	32	13792	42	18102	52	22412	62	26722	72	31032	82	35342	92	39652
3	1293	13	5603	23	9913	33	14223	43	18533	53	22843	63	27153	73	31463	83	35773	93	40083
4	1724	14	6034	24	10344	34	14654	44	18964	54	23274	64	27584	74	31894	84	36204	94	40514
5	2155	15	6465	25	10775	35	15085	45	19395	55	23705	65	28015	75	32325	85	36635	95	40945
6	2586	16	6896	26	11206	36	15516	46	19826	56	24136	66	28446	76	32756	86	37066	96	41376
7	3017	17	7327	27	11637	37	15947	47	20257	57	24567	67	28877	77	33187	87	37497	97	41807
8	3448	18	7758	28	12068	38	16378	48	20688	58	24998	68	29308	78	33618	88	37928	98	42238
9	3879	19	8189	29	12499	39	16809	49	21119	59	25429	69	29739	79	34049	89	38359	99	42669
10	4310	20	8620	30	12930	40	17240	50	21550	60	25860	70	30170	80	34480	90	38790	100	43100

432

1	432	11	4752	21	9072	31	13392	41	17712	51	22032	61	26352	71	30672	81	34992	91	39312
2	864	12	5184	22	9504	32	13824	42	18144	52	22464	62	26784	72	31104	82	35424	92	39744
3	1296	13	5616	23	9936	33	14256	43	18576	53	22896	63	27216	73	31536	83	35856	93	40176
4	1728	14	6048	24	10368	34	14688	44	19008	54	23328	64	27648	74	31968	84	36288	94	40608
5	2160	15	6480	25	10800	35	15120	45	19440	55	23760	65	28080	75	32400	85	36720	95	41040
6	2592	16	6912	26	11232	36	15552	46	19872	56	24192	66	28512	76	32832	86	37152	96	41472
7	3024	17	7344	27	11664	37	15984	47	20304	57	24624	67	28944	77	33264	87	37584	97	41904
8	3456	18	7776	28	12096	38	16416	48	20736	58	25056	68	29376	78	33696	88	38016	98	42336
9	3888	19	8208	29	12528	39	16848	49	21168	59	25488	69	29808	79	34128	89	38448	99	42768
10	4320	20	8640	30	12960	40	17280	50	21600	60	25920	70	30240	80	34560	90	38880	100	43200

433

1	433	11	4763	21	9093	31	13423	41	17753	51	22083	61	26413	71	30743	81	35073	91	39403
2	866	12	5196	22	9526	32	13856	42	18186	52	22516	62	26846	72	31176	82	35506	92	39836
3	1299	13	5629	23	9959	33	14289	43	18619	53	22949	63	27279	73	31609	83	35939	93	40269
4	1732	14	6062	24	10392	34	14722	44	19052	54	23382	64	27712	74	32042	84	36372	94	40702
5	2165	15	6495	25	10825	35	15155	45	19485	55	23815	65	28145	75	32475	85	36805	95	41135
6	2598	16	6928	26	11258	36	15588	46	19918	56	24248	66	28578	76	32908	86	37238	96	41568
7	3031	17	7361	27	11691	37	16021	47	20351	57	24681	67	29011	77	33341	87	37671	97	42001
8	3464	18	7794	28	12124	38	16454	48	20784	58	25114	68	29444	78	33774	88	38104	98	42434
9	3897	19	8227	29	12557	39	16887	49	21217	59	25547	69	29877	79	34207	89	38537	99	42867
10	4330	20	8660	30	12990	40	17320	50	21650	60	25980	70	30310	80	34640	90	38970	100	43300

434

1	434	11	4774	21	9114	31	13454	41	17794	51	22134	61	26474	71	30814	81	35154	91	39494
2	868	12	5208	22	9548	32	13888	42	18228	52	22568	62	26908	72	31248	82	35588	92	39928
3	1302	13	5642	23	9982	33	14322	43	18662	53	23002	63	27342	73	31682	83	36022	93	40362
4	1736	14	6076	24	10416	34	14756	44	19096	54	23436	64	27776	74	32116	84	36456	94	40796
5	2170	15	6510	25	10850	35	15190	45	19530	55	23870	65	28210	75	32550	85	36890	95	41230
6	2604	16	6944	26	11284	36	15624	46	19964	56	24304	66	28644	76	32984	86	37324	96	41664
7	3038	17	7378	27	11718	37	16058	47	20398	57	24738	67	29078	77	33418	87	37758	97	42098
8	3472	18	7812	28	12152	38	16492	48	20832	58	25172	68	29512	78	33852	88	38192	98	42532
9	3906	19	8246	29	12586	39	16926	49	21266	59	25606	69	29946	79	34286	89	38626	99	42966
10	4340	20	8680	30	13020	40	17360	50	21700	60	26040	70	30380	80	34720	90	39060	100	43400

435

1	435	11	4785	21	9135	31	13485	41	17835	51	22185	61	26535	71	30885	81	35235	91	39585
2	870	12	5220	22	9570	32	13920	42	18270	52	22620	62	26970	72	31320	82	35670	92	40020
3	1305	13	5655	23	10005	33	14355	43	18705	53	23055	63	27405	73	31755	83	36105	93	40455
4	1740	14	6090	24	10440	34	14790	44	19140	54	23490	64	27840	74	32190	84	36540	94	40890
5	2175	15	6525	25	10875	35	15225	45	19575	55	23925	65	28275	75	32625	85	36975	95	41325
6	2610	16	6960	26	11310	36	15660	46	20010	56	24360	66	28710	76	33060	86	37410	96	41760
7	3045	17	7395	27	11745	37	16095	47	20445	57	24795	67	29145	77	33495	87	37845	97	42195
8	3480	18	7830	28	12180	38	16530	48	20880	58	25230	68	29580	78	33930	88	38280	98	42630
9	3915	19	8265	29	12615	39	16965	49	21315	59	25665	69	30015	79	34365	89	38715	99	43065
10	4350	20	8700	30	13050	40	17400	50	21750	60	26100	70	30450	80	34800	90	39150	100	43500

436

1	436	11	4796	21	9156	31	13516	41	17876	51	22236	61	26596	71	30956	81	35316	91	39676
2	872	12	5232	22	9592	32	13952	42	18312	52	22672	62	27032	72	31392	82	35752	92	40112
3	1308	13	5668	23	10028	33	14388	43	18748	53	23108	63	27468	73	31828	83	36188	93	40548
4	1744	14	6104	24	10464	34	14824	44	19184	54	23544	64	27904	74	32264	84	36624	94	40984
5	2180	15	6540	25	10900	35	15260	45	19620	55	23980	65	28340	75	32700	85	37060	95	41420
6	2616	16	6976	26	11336	36	15696	46	20056	56	24416	66	28776	76	33136	86	37496	96	41856
7	3052	17	7412	27	11772	37	16132	47	20492	57	24852	67	29212	77	33572	87	37932	97	42292
8	3488	18	7848	28	12208	38	16568	48	20928	58	25288	68	29648	78	34008	88	38368	98	42728
9	3924	19	8284	29	12644	39	17004	49	21364	59	25724	69	30084	79	34444	89	38804	99	43164
10	4360	20	8720	30	13080	40	17440	50	21800	60	26160	70	30520	80	34880	90	39240	100	43600

437

1	437	11	4807	21	9177	31	13547	41	17917	51	22287	61	26657	71	31027	81	35397	91	39767
2	874	12	5244	22	9614	32	13984	42	18354	52	22724	62	27094	72	31464	82	35834	92	40204
3	1311	13	5681	23	10051	33	14421	43	18791	53	23161	63	27531	73	31901	83	36271	93	40641
4	1748	14	6118	24	10488	34	14858	44	19228	54	23598	64	27968	74	32338	84	36708	94	41078
5	2185	15	6555	25	10925	35	15295	45	19665	55	24035	65	28405	75	32775	85	37145	95	41515
6	2622	16	6992	26	11362	36	15732	46	20102	56	24472	66	28842	76	33212	86	37582	96	41952
7	3059	17	7429	27	11799	37	16169	47	20539	57	24909	67	29279	77	33649	87	38019	97	42389
8	3496	18	7866	28	12236	38	16606	48	20976	58	25346	68	29716	78	34086	88	38456	98	42826
9	3933	19	8303	29	12673	39	17043	49	21413	59	25783	69	30153	79	34523	89	38893	99	43263
10	4370	20	8740	30	13110	40	17480	50	21850	60	26220	70	30590	80	34960	90	39330	100	43700

438

1	438	11	4818	21	9198	31	13578	41	17958	51	22338	61	26718	71	31098	81	35478	91	39858
2	876	12	5256	22	9636	32	14016	42	18396	52	22776	62	27156	72	31536	82	35916	92	40296
3	1314	13	5694	23	10074	33	14454	43	18834	53	23214	63	27594	73	31974	83	36354	93	40734
4	1752	14	6132	24	10512	34	14892	44	19272	54	23652	64	28032	74	32412	84	36792	94	41172
5	2190	15	6570	25	10950	35	15330	45	19710	55	24090	65	28470	75	32850	85	37230	95	41610
6	2628	16	7008	26	11388	36	15768	46	20148	56	24528	66	28908	76	33288	86	37668	96	42048
7	3066	17	7446	27	11826	37	16206	47	20586	57	24966	67	29346	77	33726	87	38106	97	42486
8	3504	18	7884	28	12264	38	16644	48	21024	58	25404	68	29784	78	34164	88	38544	98	42924
9	3942	19	8322	29	12702	39	17082	49	21462	59	25842	69	30222	79	34602	89	38982	99	43362
10	4380	20	8760	30	13140	40	17520	50	21900	60	26280	70	30660	80	35040	90	39420	100	43800

439

1	439	11	4829	21	9219	31	13609	41	17999	51	22389	61	26779	71	31169	81	35559	91	39949
2	878	12	5268	22	9658	32	14048	42	18438	52	22828	62	27218	72	31608	82	35998	92	40388
3	1317	13	5707	23	10097	33	14487	43	18877	53	23267	63	27657	73	32047	83	36437	93	40827
4	1756	14	6146	24	10536	34	14926	44	19316	54	23706	64	28096	74	32486	84	36876	94	41266
5	2195	15	6585	25	10975	35	15365	45	19755	55	24145	65	28535	75	32925	85	37315	95	41705
6	2634	16	7024	26	11414	36	15804	46	20194	56	24584	66	28974	76	33364	86	37754	96	42144
7	3073	17	7463	27	11853	37	16243	47	20633	57	25023	67	29413	77	33803	87	38193	97	42583
8	3512	18	7902	28	12292	38	16682	48	21072	58	25462	68	29852	78	34242	88	38632	98	43022
9	3951	19	8341	29	12731	39	17121	49	21511	59	25901	69	30291	79	34681	89	39071	99	43461
10	4390	20	8780	30	13170	40	17560	50	21950	60	26340	70	30730	80	35120	90	39510	100	43900

440

1	440	11	4840	21	9240	31	13640	41	18040	51	22440	61	26840	71	31240	81	35640	91	40040
2	880	12	5280	22	9680	32	14080	42	18480	52	22880	62	27280	72	31680	82	36080	92	40480
3	1320	13	5720	23	10120	33	14520	43	18920	53	23320	63	27720	73	32120	83	36520	93	40920
4	1760	14	6160	24	10560	34	14960	44	19360	54	23760	64	28160	74	32560	84	36960	94	41360
5	2200	15	6600	25	11000	35	15400	45	19800	55	24200	65	28600	75	33000	85	37400	95	41800
6	2640	16	7040	26	11440	36	15840	46	20240	56	24640	66	29040	76	33440	86	37840	96	42240
7	3080	17	7480	27	11880	37	16280	47	20680	57	25080	67	29480	77	33880	87	38280	97	42680
8	3520	18	7920	28	12320	38	16720	48	21120	58	25520	68	29920	78	34320	88	38720	98	43120
9	3960	19	8360	29	12760	39	17160	49	21560	59	25960	69	30360	79	34760	89	39160	99	43560
10	4400	20	8800	30	13200	40	17600	50	22000	60	26400	70	30800	80	35200	90	39600	100	44000

441

1	441	**11**	4851	**21**	9261	**31**	13671	**41**	18081	**51**	22491	**61**	26901	**71**	31311	**81**	35721	**91**	40131
2	882	**12**	5292	**22**	9702	**32**	14112	**42**	18522	**52**	22932	**62**	27342	**72**	31752	**82**	36162	**92**	40572
3	1323	**13**	5733	**23**	10143	**33**	14553	**43**	18963	**53**	23373	**63**	27783	**73**	32193	**83**	36603	**93**	41013
4	1764	**14**	6174	**24**	10584	**34**	14994	**44**	19404	**54**	23814	**64**	28224	**74**	32634	**84**	37044	**94**	41454
5	2205	**15**	6615	**25**	11025	**35**	15435	**45**	19845	**55**	24255	**65**	28665	**75**	33075	**85**	37485	**95**	41895
6	2646	**16**	7056	**26**	11466	**36**	15876	**46**	20286	**56**	24696	**66**	29106	**76**	33516	**86**	37926	**96**	42336
7	3087	**17**	7497	**27**	11907	**37**	16317	**47**	20727	**57**	25137	**67**	29547	**77**	33957	**87**	38367	**97**	42777
8	3528	**18**	7938	**28**	12348	**38**	16758	**48**	21168	**58**	25578	**68**	29988	**78**	34398	**88**	38808	**98**	43218
9	3969	**19**	8379	**29**	12789	**39**	17199	**49**	21609	**59**	26019	**69**	30429	**79**	34839	**89**	39249	**99**	43659
10	4410	**20**	8820	**30**	13230	**40**	17640	**50**	22050	**60**	26460	**70**	30870	**80**	35280	**90**	39690	**100**	44100

442

1	442	**11**	4862	**21**	9282	**31**	13702	**41**	18122	**51**	22542	**61**	26962	**71**	31382	**81**	35802	**91**	40222
2	884	**12**	5304	**22**	9724	**32**	14144	**42**	18564	**52**	22984	**62**	27404	**72**	31824	**82**	36244	**92**	40664
3	1326	**13**	5746	**23**	10166	**33**	14586	**43**	19006	**53**	23426	**63**	27846	**73**	32266	**83**	36686	**93**	41106
4	1768	**14**	6188	**24**	10608	**34**	15028	**44**	19448	**54**	23868	**64**	28288	**74**	32708	**84**	37128	**94**	41548
5	2210	**15**	6630	**25**	11050	**35**	15470	**45**	19890	**55**	24310	**65**	28730	**75**	33150	**85**	37570	**95**	41990
6	2652	**16**	7072	**26**	11492	**36**	15912	**46**	20332	**56**	24752	**66**	29172	**76**	33592	**86**	38012	**96**	42432
7	3094	**17**	7514	**27**	11934	**37**	16354	**47**	20774	**57**	25194	**67**	29614	**77**	34034	**87**	38454	**97**	42874
8	3536	**18**	7956	**28**	12376	**38**	16796	**48**	21216	**58**	25636	**68**	30056	**78**	34476	**88**	38896	**98**	43316
9	3978	**19**	8398	**29**	12818	**39**	17238	**49**	21658	**59**	26078	**69**	30498	**79**	34918	**89**	39338	**99**	43758
10	4420	**20**	8840	**30**	13260	**40**	17680	**50**	22100	**60**	26520	**70**	30940	**80**	35360	**90**	39780	**100**	44200

443

1	443	**11**	4873	**21**	9303	**31**	13733	**41**	18163	**51**	22593	**61**	27023	**71**	31453	**81**	35883	**91**	40313
2	886	**12**	5316	**22**	9746	**32**	14176	**42**	18606	**52**	23036	**62**	27466	**72**	31896	**82**	36326	**92**	40756
3	1329	**13**	5759	**23**	10189	**33**	14619	**43**	19049	**53**	23479	**63**	27909	**73**	32339	**83**	36769	**93**	41199
4	1772	**14**	6202	**24**	10632	**34**	15062	**44**	19492	**54**	23922	**64**	28352	**74**	32782	**84**	37212	**94**	41642
5	2215	**15**	6645	**25**	11075	**35**	15505	**45**	19935	**55**	24365	**65**	28795	**75**	33225	**85**	37655	**95**	42085
6	2658	**16**	7088	**26**	11518	**36**	15948	**46**	20378	**56**	24808	**66**	29238	**76**	33668	**86**	38098	**96**	42528
7	3101	**17**	7531	**27**	11961	**37**	16391	**47**	20821	**57**	25251	**67**	29681	**77**	34111	**87**	38541	**97**	42971
8	3544	**18**	7974	**28**	12404	**38**	16834	**48**	21264	**58**	25694	**68**	30124	**78**	34554	**88**	38984	**98**	43414
9	3987	**19**	8417	**29**	12847	**39**	17277	**49**	21707	**59**	26137	**69**	30567	**79**	34997	**89**	39427	**99**	43857
10	4430	**20**	8860	**30**	13290	**40**	17720	**50**	22150	**60**	26580	**70**	31010	**80**	35440	**90**	39870	**100**	44300

444

1	444	**11**	4884	**21**	9324	**31**	13764	**41**	18204	**51**	22644	**61**	27084	**71**	31524	**81**	35964	**91**	40404
2	888	**12**	5328	**22**	9768	**32**	14208	**42**	18648	**52**	23088	**62**	27528	**72**	31968	**82**	36408	**92**	40848
3	1332	**13**	5772	**23**	10212	**33**	14652	**43**	19092	**53**	23532	**63**	27972	**73**	32412	**83**	36852	**93**	41292
4	1776	**14**	6216	**24**	10656	**34**	15096	**44**	19536	**54**	23976	**64**	28416	**74**	32856	**84**	37296	**94**	41736
5	2220	**15**	6660	**25**	11100	**35**	15540	**45**	19980	**55**	24420	**65**	28860	**75**	33300	**85**	37740	**95**	42180
6	2664	**16**	7104	**26**	11544	**36**	15984	**46**	20424	**56**	24864	**66**	29304	**76**	33744	**86**	38184	**96**	42624
7	3108	**17**	7548	**27**	11988	**37**	16428	**47**	20868	**57**	25308	**67**	29748	**77**	34188	**87**	38628	**97**	43068
8	3552	**18**	7992	**28**	12432	**38**	16872	**48**	21312	**58**	25752	**68**	30192	**78**	34632	**88**	39072	**98**	43512
9	3996	**19**	8436	**29**	12876	**39**	17316	**49**	21756	**59**	26196	**69**	30636	**79**	35076	**89**	39516	**99**	43956
10	4440	**20**	8880	**30**	13320	**40**	17760	**50**	22200	**60**	26640	**70**	31080	**80**	35520	**90**	39960	**100**	44400

445

1	445	**11**	4895	**21**	9345	**31**	13795	**41**	18245	**51**	22695	**61**	27145	**71**	31595	**81**	36045	**91**	40495
2	890	**12**	5340	**22**	9790	**32**	14240	**42**	18690	**52**	23140	**62**	27590	**72**	32040	**82**	36490	**92**	40940
3	1335	**13**	5785	**23**	10235	**33**	14685	**43**	19135	**53**	23585	**63**	28035	**73**	32485	**83**	36935	**93**	41385
4	1780	**14**	6230	**24**	10680	**34**	15130	**44**	19580	**54**	24030	**64**	28480	**74**	32930	**84**	37380	**94**	41830
5	2225	**15**	6675	**25**	11125	**35**	15575	**45**	20025	**55**	24475	**65**	28925	**75**	33375	**85**	37825	**95**	42275
6	2670	**16**	7120	**26**	11570	**36**	16020	**46**	20470	**56**	24920	**66**	29370	**76**	33820	**86**	38270	**96**	42720
7	3115	**17**	7565	**27**	12015	**37**	16465	**47**	20915	**57**	25365	**67**	29815	**77**	34265	**87**	38715	**97**	43165
8	3560	**18**	8010	**28**	12460	**38**	16910	**48**	21360	**58**	25810	**68**	30260	**78**	34710	**88**	39160	**98**	43610
9	4005	**19**	8455	**29**	12905	**39**	17355	**49**	21805	**59**	26255	**69**	30705	**79**	35155	**89**	39605	**99**	44055
10	4450	**20**	8900	**30**	13350	**40**	17800	**50**	22250	**60**	26700	**70**	31150	**80**	35600	**90**	40050	**100**	44500

446

1	446	**11**	4906	**21**	9366	**31**	13826	**41**	18286	**51**	22746	**61**	27206	**71**	31666	**81**	36126	**91**	40586
2	892	**12**	5352	**22**	9812	**32**	14272	**42**	18732	**52**	23192	**62**	27652	**72**	32112	**82**	36572	**92**	41032
3	1338	**13**	5798	**23**	10258	**33**	14718	**43**	19178	**53**	23638	**63**	28098	**73**	32558	**83**	37018	**93**	41478
4	1784	**14**	6244	**24**	10704	**34**	15164	**44**	19624	**54**	24084	**64**	28544	**74**	33004	**84**	37464	**94**	41924
5	2230	**15**	6690	**25**	11150	**35**	15610	**45**	20070	**55**	24530	**65**	28990	**75**	33450	**85**	37910	**95**	42370
6	2676	**16**	7136	**26**	11596	**36**	16056	**46**	20516	**56**	24976	**66**	29436	**76**	33896	**86**	38356	**96**	42816
7	3122	**17**	7582	**27**	12042	**37**	16502	**47**	20962	**57**	25422	**67**	29882	**77**	34342	**87**	38802	**97**	43262
8	3568	**18**	8028	**28**	12488	**38**	16948	**48**	21408	**58**	25868	**68**	30328	**78**	34788	**88**	39248	**98**	43708
9	4014	**19**	8474	**29**	12934	**39**	17394	**49**	21854	**59**	26314	**69**	30774	**79**	35234	**89**	39694	**99**	44154
10	4460	**20**	8920	**30**	13380	**40**	17840	**50**	22300	**60**	26760	**70**	31220	**80**	35680	**90**	40140	**100**	44600

447

1	447	**11**	4917	**21**	9387	**31**	13857	**41**	18327	**51**	22797	**61**	27267	**71**	31737	**81**	36207	**91**	40677
2	894	**12**	5364	**22**	9834	**32**	14304	**42**	18774	**52**	23244	**62**	27714	**72**	32184	**82**	36654	**92**	41124
3	1341	**13**	5811	**23**	10281	**33**	14751	**43**	19221	**53**	23691	**63**	28161	**73**	32631	**83**	37101	**93**	41571
4	1788	**14**	6258	**24**	10728	**34**	15198	**44**	19668	**54**	24138	**64**	28608	**74**	33078	**84**	37548	**94**	42018
5	2235	**15**	6705	**25**	11175	**35**	15645	**45**	20115	**55**	24585	**65**	29055	**75**	33525	**85**	37995	**95**	42465
6	2682	**16**	7152	**26**	11622	**36**	16092	**46**	20562	**56**	25032	**66**	29502	**76**	33972	**86**	38442	**96**	42912
7	3129	**17**	7599	**27**	12069	**37**	16539	**47**	21009	**57**	25479	**67**	29949	**77**	34419	**87**	38889	**97**	43359
8	3576	**18**	8046	**28**	12516	**38**	16986	**48**	21456	**58**	25926	**68**	30396	**78**	34866	**88**	39336	**98**	43806
9	4023	**19**	8493	**29**	12963	**39**	17433	**49**	21903	**59**	26373	**69**	30843	**79**	35313	**89**	39783	**99**	44255
10	4470	**20**	8940	**30**	13410	**40**	17880	**50**	22350	**60**	26820	**70**	31290	**80**	35760	**90**	40230	**100**	44700

448

1	448	**11**	4928	**21**	9408	**31**	13888	**41**	18368	**51**	22848	**61**	27328	**71**	31808	**81**	36288	**91**	40768
2	896	**12**	5376	**22**	9856	**32**	14336	**42**	18816	**52**	23296	**62**	27776	**72**	32256	**82**	36736	**92**	41216
3	1344	**13**	5824	**23**	10304	**33**	14784	**43**	19264	**53**	23744	**63**	28224	**73**	32704	**83**	37184	**93**	41664
4	1792	**14**	6272	**24**	10752	**34**	15232	**44**	19712	**54**	24192	**64**	28672	**74**	33152	**84**	37632	**94**	42112
5	2240	**15**	6720	**25**	11200	**35**	15680	**45**	20160	**55**	24640	**65**	29120	**75**	33600	**85**	38080	**95**	42560
6	2688	**16**	7168	**26**	11648	**36**	16128	**46**	20608	**56**	25088	**66**	29568	**76**	34048	**86**	38528	**96**	43008
7	3136	**17**	7616	**27**	12096	**37**	16576	**47**	21056	**57**	25536	**67**	30016	**77**	34496	**87**	38976	**97**	43456
8	3584	**18**	8064	**28**	12544	**38**	17024	**48**	21504	**58**	25984	**68**	30464	**78**	34944	**88**	39424	**98**	43904
9	4032	**19**	8512	**29**	12992	**39**	17472	**49**	21952	**59**	26432	**69**	30912	**79**	35392	**89**	39872	**99**	44352
10	4480	**20**	8960	**30**	13440	**40**	17920	**50**	22400	**60**	26880	**70**	31360	**80**	35840	**90**	40320	**100**	44800

449

1	449	**11**	4939	**21**	9429	**31**	13919	**41**	18409	**51**	22899	**61**	27389	**71**	31879	**81**	36369	**91**	40859
2	898	**12**	5388	**22**	9878	**32**	14368	**42**	18858	**52**	23348	**62**	27838	**72**	32328	**82**	36818	**92**	41308
3	1347	**13**	5837	**23**	10327	**33**	14817	**43**	19307	**53**	23797	**63**	28287	**73**	32777	**83**	37267	**93**	41757
4	1796	**14**	6286	**24**	10776	**34**	15266	**44**	19756	**54**	24246	**64**	28736	**74**	33226	**84**	37716	**94**	42206
5	2245	**15**	6735	**25**	11225	**35**	15715	**45**	20205	**55**	24695	**65**	29185	**75**	33675	**85**	38165	**95**	42655
6	2694	**16**	7184	**26**	11674	**36**	16164	**46**	20654	**56**	25144	**66**	29634	**76**	34124	**86**	38614	**96**	43104
7	3143	**17**	7633	**27**	12123	**37**	16613	**47**	21103	**57**	25593	**67**	30083	**77**	34573	**87**	39063	**97**	43553
8	3592	**18**	8082	**28**	12572	**38**	17062	**48**	21552	**58**	26042	**68**	30532	**78**	35022	**88**	39512	**98**	44002
9	4041	**19**	8531	**29**	13021	**39**	17511	**49**	22001	**59**	26491	**69**	30981	**79**	35471	**89**	39961	**99**	44451
10	4490	**20**	8980	**30**	13470	**40**	17960	**50**	22450	**60**	26940	**70**	31430	**80**	35920	**90**	40410	**100**	44900

450

1	450	**11**	4950	**21**	9450	**31**	13950	**41**	18450	**51**	22950	**61**	27450	**71**	31950	**81**	36450	**91**	40950
2	900	**12**	5400	**22**	9900	**32**	14400	**42**	18900	**52**	23400	**62**	27900	**72**	32400	**82**	36900	**92**	41400
3	1350	**13**	5850	**23**	10350	**33**	14850	**43**	19350	**53**	23850	**63**	28350	**73**	32850	**83**	37350	**93**	41850
4	1800	**14**	6300	**24**	10800	**34**	15300	**44**	19800	**54**	24300	**64**	28800	**74**	33300	**84**	37800	**94**	42300
5	2250	**15**	6750	**25**	11250	**35**	15750	**45**	20250	**55**	24750	**65**	29250	**75**	33750	**85**	38250	**95**	42750
6	2700	**16**	7200	**26**	11700	**36**	16200	**46**	20700	**56**	25200	**66**	29700	**76**	34200	**86**	38700	**96**	43200
7	3150	**17**	7650	**27**	12150	**37**	16650	**47**	21150	**57**	25650	**67**	30150	**77**	34650	**87**	39150	**97**	43650
8	3600	**18**	8100	**28**	12600	**38**	17100	**48**	21600	**58**	26100	**68**	30600	**78**	35100	**88**	39600	**98**	44100
9	4050	**19**	8550	**29**	13050	**39**	17550	**49**	22050	**59**	26550	**69**	31050	**79**	35550	**89**	40050	**99**	44550
10	4500	**20**	9000	**30**	13500	**40**	18000	**50**	22500	**60**	27000	**70**	31500	**80**	36000	**90**	40500	**100**	45000

451

1	451	**11**	4961	**21**	9471	**31**	13981	**41**	18491	**51**	23001	**61**	27511	**71**	32021	**81**	36531	**91**	41041
2	902	**12**	5412	**22**	9922	**32**	14432	**42**	18942	**52**	23452	**62**	27962	**72**	32472	**82**	36982	**92**	41492
3	1353	**13**	5863	**23**	10373	**33**	14883	**43**	19393	**53**	23903	**63**	28413	**73**	32923	**83**	37433	**93**	41943
4	1804	**14**	6314	**24**	10824	**34**	15334	**44**	19844	**54**	24354	**64**	28864	**74**	33374	**84**	37884	**94**	42394
5	2255	**15**	6765	**25**	11275	**35**	15785	**45**	20295	**55**	24805	**65**	29315	**75**	33825	**85**	38335	**95**	42845
6	2706	**16**	7216	**26**	11726	**36**	16236	**46**	20746	**56**	25256	**66**	29766	**76**	34276	**86**	38786	**96**	43296
7	3157	**17**	7667	**27**	12177	**37**	16687	**47**	21197	**57**	25707	**67**	30217	**77**	34727	**87**	39237	**97**	43747
8	3608	**18**	8118	**28**	12628	**38**	17138	**48**	21648	**58**	26158	**68**	30668	**78**	35178	**88**	39688	**98**	44198
9	4059	**19**	8569	**29**	13079	**39**	17589	**49**	22099	**59**	26609	**69**	31119	**79**	35629	**89**	40139	**99**	44649
10	4510	**20**	9020	**30**	13530	**40**	18040	**50**	22550	**60**	27060	**70**	31570	**80**	36080	**90**	40590	**100**	45100

452

1	452	**11**	4972	**21**	9492	**31**	14012	**41**	18532	**51**	23052	**61**	27572	**71**	32092	**81**	36612	**91**	41132
2	904	**12**	5424	**22**	9944	**32**	14464	**42**	18984	**52**	23504	**62**	28024	**72**	32544	**82**	37064	**92**	41584
3	1356	**13**	5876	**23**	10396	**33**	14916	**43**	19436	**53**	23956	**63**	28476	**73**	32996	**83**	37516	**93**	42036
4	1808	**14**	6328	**24**	10848	**34**	15368	**44**	19888	**54**	24408	**64**	28928	**74**	33448	**84**	37968	**94**	42488
5	2260	**15**	6780	**25**	11300	**35**	15820	**45**	20340	**55**	24860	**65**	29380	**75**	33900	**85**	38420	**95**	42940
6	2712	**16**	7232	**26**	11752	**36**	16272	**46**	20792	**56**	25312	**66**	29832	**76**	34352	**86**	38872	**96**	43392
7	3164	**17**	7684	**27**	12204	**37**	16724	**47**	21244	**57**	25764	**67**	30284	**77**	34804	**87**	39324	**97**	43844
8	3616	**18**	8136	**28**	12656	**38**	17176	**48**	21696	**58**	26216	**68**	30736	**78**	35256	**88**	39776	**98**	44296
9	4068	**19**	8588	**29**	13108	**39**	17628	**49**	22148	**59**	26668	**69**	31188	**79**	35708	**89**	40228	**99**	44748
10	4520	**20**	9040	**30**	13560	**40**	18080	**50**	22600	**60**	27120	**70**	31640	**80**	36160	**90**	40680	**100**	45200

453

1	453	**11**	4983	**21**	9513	**31**	14043	**41**	18573	**51**	23103	**61**	27633	**71**	32163	**81**	36693	**91**	41223
2	906	**12**	5436	**22**	9966	**32**	14496	**42**	19026	**52**	23556	**62**	28086	**72**	32616	**82**	37146	**92**	41676
3	1359	**13**	5889	**23**	10419	**33**	14949	**43**	19479	**53**	24009	**63**	28539	**73**	33069	**83**	37599	**93**	42129
4	1812	**14**	6342	**24**	10872	**34**	15402	**44**	19932	**54**	24462	**64**	28992	**74**	33522	**84**	38052	**94**	42582
5	2265	**15**	6795	**25**	11325	**35**	15855	**45**	20385	**55**	24915	**65**	29445	**75**	33975	**85**	38505	**95**	43035
6	2718	**16**	7248	**26**	11778	**36**	16308	**46**	20838	**56**	25368	**66**	29898	**76**	34428	**86**	38958	**96**	43488
7	3171	**17**	7701	**27**	12231	**37**	16761	**47**	21291	**57**	25821	**67**	30351	**77**	34881	**87**	39411	**97**	43941
8	3624	**18**	8154	**28**	12684	**38**	17214	**48**	21744	**58**	26274	**68**	30804	**78**	35334	**88**	39864	**98**	44394
9	4077	**19**	8607	**29**	13137	**39**	17667	**49**	22197	**59**	26727	**69**	31257	**79**	35787	**89**	40317	**99**	44847
10	4530	**20**	9060	**30**	13590	**40**	18120	**50**	22650	**60**	27180	**70**	31710	**80**	36240	**90**	40770	**100**	45300

454

1	454	**11**	4994	**21**	9534	**31**	14074	**41**	18614	**51**	23154	**61**	27694	**71**	32234	**81**	36774	**91**	41314
2	908	**12**	5448	**22**	9988	**32**	14528	**42**	19068	**52**	23608	**62**	28148	**72**	32688	**82**	37228	**92**	41768
3	1362	**13**	5902	**23**	10442	**33**	14982	**43**	19522	**53**	24062	**63**	28602	**73**	33142	**83**	37682	**93**	42222
4	1816	**14**	6356	**24**	10896	**34**	15436	**44**	19976	**54**	24516	**64**	29056	**74**	33596	**84**	38136	**94**	42676
5	2270	**15**	6810	**25**	11350	**35**	15890	**45**	20430	**55**	24970	**65**	29510	**75**	34050	**85**	38590	**95**	43130
6	2724	**16**	7264	**26**	11804	**36**	16344	**46**	20884	**56**	25424	**66**	29964	**76**	34504	**86**	39044	**96**	43584
7	3178	**17**	7718	**27**	12258	**37**	16798	**47**	21338	**57**	25878	**67**	30418	**77**	34958	**87**	39498	**97**	44038
8	3632	**18**	8172	**28**	12712	**38**	17252	**48**	21792	**58**	26332	**68**	30872	**78**	35412	**88**	39952	**98**	44492
9	4086	**19**	8626	**29**	13166	**39**	17706	**49**	22246	**59**	26786	**69**	31326	**79**	35866	**89**	40406	**99**	44946
10	4540	**20**	9080	**30**	13620	**40**	18160	**50**	22700	**60**	27240	**70**	31780	**80**	36320	**90**	40860	**100**	45400

455

1	455	**11**	5005	**21**	9555	**31**	14105	**41**	18655	**51**	23205	**61**	27755	**71**	32305	**81**	36855	**91**	41405
2	910	**12**	5460	**22**	10010	**32**	14560	**42**	19110	**52**	23660	**62**	28210	**72**	32760	**82**	37310	**92**	41860
3	1365	**13**	5915	**23**	10465	**33**	15015	**43**	19565	**53**	24115	**63**	28665	**73**	33215	**83**	37765	**93**	42315
4	1820	**14**	6370	**24**	10920	**34**	15470	**44**	20020	**54**	24570	**64**	29120	**74**	33670	**84**	38220	**94**	42770
5	2275	**15**	6825	**25**	11375	**35**	15925	**45**	20475	**55**	25025	**65**	29575	**75**	34125	**85**	38675	**95**	43225
6	2730	**16**	7280	**26**	11830	**36**	16380	**46**	20930	**56**	25480	**66**	30030	**76**	34580	**86**	39130	**96**	43680
7	3185	**17**	7735	**27**	12285	**37**	16835	**47**	21385	**57**	25935	**67**	30485	**77**	35035	**87**	39585	**97**	44135
8	3640	**18**	8190	**28**	12740	**38**	17290	**48**	21840	**58**	26390	**68**	30940	**78**	35490	**88**	40040	**98**	44590
9	4095	**19**	8645	**29**	13195	**39**	17745	**49**	22295	**59**	26845	**69**	31395	**79**	35945	**89**	40495	**99**	45045
10	4550	**20**	9100	**30**	13650	**40**	18200	**50**	22750	**60**	27300	**70**	31850	**80**	36400	**90**	40950	**100**	45500

456

1	456	11	5016	21	9576	31	14136	41	18696	51	23256	61	27816	71	32376	81	36936	91	41496
2	912	12	5472	22	10032	32	14592	42	19152	52	23712	62	28272	72	32832	82	37392	92	41952
3	1368	13	5928	23	10488	33	15048	43	19608	53	24168	63	28728	73	33288	83	37848	93	42408
4	1824	14	6384	24	10944	34	15504	44	20064	54	24624	64	29184	74	33744	84	38304	94	42864
5	2280	15	6840	25	11400	35	15960	45	20520	55	25080	65	29640	75	34200	85	38760	95	43320
6	2736	16	7296	26	11856	36	16416	46	20976	56	25536	66	30096	76	34656	86	39216	96	43776
7	3192	17	7752	27	12312	37	16872	47	21432	57	25992	67	30552	77	35112	87	39672	97	44232
8	3648	18	8208	28	12768	38	17328	48	21888	58	26448	68	31008	78	35568	88	40128	98	44688
9	4104	19	8664	29	13224	39	17784	49	22344	59	26904	69	31464	79	36024	89	40584	99	45144
10	4560	20	9120	30	13680	40	18240	50	22800	60	27360	70	31920	80	36480	90	41040	100	45600

457

1	457	11	5027	21	9597	31	14167	41	18737	51	23307	61	27877	71	32447	81	37017	91	41587
2	914	12	5484	22	10054	32	14624	42	19194	52	23764	62	28334	72	32904	82	37474	92	42044
3	1371	13	5941	23	10511	33	15081	43	19651	53	24221	63	28791	73	33361	83	37931	93	42501
4	1828	14	6398	24	10968	34	15538	44	20108	54	24678	64	29248	74	33818	84	38388	94	42958
5	2285	15	6855	25	11425	35	15995	45	20565	55	25135	65	29705	75	34275	85	38845	95	43415
6	2742	16	7312	26	11882	36	16452	46	21022	56	25592	66	30162	76	34732	86	39302	96	43872
7	3199	17	7769	27	12339	37	16909	47	21479	57	26049	67	30619	77	35189	87	39759	97	44329
8	3656	18	8226	28	12796	38	17366	48	21936	58	26506	68	31076	78	35646	88	40216	98	44786
9	4113	19	8683	29	13253	39	17823	49	22393	59	26963	69	31533	79	36103	89	40673	99	45243
10	4570	20	9140	30	13710	40	18280	50	22850	60	27420	70	31990	80	36560	90	41130	100	45700

458

1	458	11	5038	21	9618	31	14198	41	18778	51	23358	61	27938	71	32518	81	37098	91	41678
2	916	12	5496	22	10076	32	14656	42	19236	52	23816	62	28396	72	32976	82	37556	92	42136
3	1374	13	5954	23	10534	33	15114	43	19694	53	24274	63	28854	73	33434	83	38014	93	42594
4	1832	14	6412	24	10992	34	15572	44	20152	54	24732	64	29312	74	33892	84	38472	94	43052
5	2290	15	6870	25	11450	35	16030	45	20610	55	25190	65	29770	75	34350	85	38930	95	43510
6	2748	16	7328	26	11908	36	16488	46	21068	56	25648	66	30228	76	34808	86	39388	96	43968
7	3206	17	7786	27	12366	37	16946	47	21526	57	26106	67	30686	77	35266	87	39846	97	44426
8	3664	18	8244	28	12824	38	17404	48	21984	58	26564	68	31144	78	35724	88	40304	98	44884
9	4122	19	8702	29	13282	39	17862	49	22442	59	27022	69	31602	79	36182	89	40762	99	45342
10	4580	20	9160	30	13740	40	18320	50	22900	60	27480	70	32060	80	36640	90	41220	100	45800

459

1	459	11	5049	21	9639	31	14229	41	18819	51	23409	61	27999	71	32589	81	37179	91	41769
2	918	12	5508	22	10098	32	14688	42	19278	52	23868	62	28458	72	33048	82	37638	92	42228
3	1377	13	5967	23	10557	33	15147	43	19737	53	24327	63	28917	73	33507	83	38097	93	42687
4	1836	14	6426	24	11016	34	15606	44	20196	54	24786	64	29376	74	33966	84	38556	94	43146
5	2295	15	6885	25	11475	35	16065	45	20655	55	25245	65	29835	75	34425	85	39015	95	43605
6	2754	16	7344	26	11934	36	16524	46	21114	56	25704	66	30294	76	34884	86	39474	96	44064
7	3213	17	7803	27	12393	37	16983	47	21573	57	26163	67	30753	77	35343	87	39933	97	44523
8	3672	18	8262	28	12852	38	17442	48	22032	58	26622	68	31212	78	35802	88	40392	98	44982
9	4131	19	8721	29	13311	39	17901	49	22491	59	27081	69	31671	79	36261	89	40851	99	45441
10	4590	20	9180	30	13770	40	18360	50	22950	60	27540	70	32130	80	36720	90	41310	100	45900

460

1	460	11	5060	21	9660	31	14260	41	18860	51	23460	61	28060	71	32660	81	37260	91	41860
2	920	12	5520	22	10120	32	14720	42	19320	52	23920	62	28520	72	33120	82	37720	92	42320
3	1380	13	5980	23	10580	33	15180	43	19780	53	24380	63	28980	73	33580	83	38180	93	42780
4	1840	14	6440	24	11040	34	15640	44	20240	54	24840	64	29440	74	34040	84	38640	94	43240
5	2300	15	6900	25	11500	35	16100	45	20700	55	25300	65	29900	75	34500	85	39100	95	43700
6	2760	16	7360	26	11960	36	16560	46	21160	56	25760	66	30360	76	34960	86	39560	96	44160
7	3220	17	7820	27	12420	37	17020	47	21620	57	26220	67	30820	77	35420	87	40020	97	44620
8	3680	18	8280	28	12880	38	17480	48	22080	58	26680	68	31280	78	35880	88	40480	98	45080
9	4140	19	8740	29	13340	39	17940	49	22540	59	27140	69	31740	79	36340	89	40940	99	45540
10	4600	20	9200	30	13800	40	18400	50	23000	60	27600	70	32200	80	36800	90	41400	100	46000

461

1	461	11	5071	21	9681	31	14291	41	18901	51	23511	61	28121	71	32731	81	37341	91	41951
2	922	12	5532	22	10142	32	14752	42	19362	52	23972	62	28582	72	33192	82	37802	92	42412
3	1383	13	5993	23	10603	33	15213	43	19823	53	24433	63	29043	73	33653	83	38263	93	42873
4	1844	14	6454	24	11064	34	15674	44	20284	54	24894	64	29504	74	34114	84	38724	94	43334
5	2305	15	6915	25	11525	35	16135	45	20745	55	25355	65	29965	75	34575	85	39185	95	43795
6	2766	16	7376	26	11986	36	16596	46	21206	56	25816	66	30426	76	35036	86	39646	96	44256
7	3227	17	7837	27	12447	37	17057	47	21667	57	26277	67	30887	77	35497	87	40107	97	44717
8	3688	18	8298	28	12908	38	17518	48	22128	58	26738	68	31348	78	35958	88	40568	98	45178
9	4149	19	8759	29	13369	39	17979	49	22589	59	27199	69	31809	79	36419	89	41029	99	45639
10	4610	20	9220	30	13830	40	18440	50	23050	60	27660	70	32270	80	36880	90	41490	100	46100

462

1	462	11	5082	21	9702	31	14322	41	18942	51	23562	61	28182	71	32802	81	37422	91	42042
2	924	12	5544	22	10164	32	14784	42	19404	52	24024	62	28644	72	33264	82	37884	92	42504
3	1386	13	6006	23	10626	33	15246	43	19866	53	24486	63	29106	73	33726	83	38346	93	42966
4	1848	14	6468	24	11088	34	15708	44	20328	54	24948	64	29568	74	34188	84	38808	94	43428
5	2310	15	6930	25	11550	35	16170	45	20790	55	25410	65	30030	75	34650	85	39270	95	43890
6	2772	16	7392	26	12012	36	16632	46	21252	56	25872	66	30492	76	35112	86	39732	96	44352
7	3234	17	7854	27	12474	37	17094	47	21714	57	26334	67	30954	77	35574	87	40194	97	44814
8	3696	18	8316	28	12936	38	17556	48	22176	58	26796	68	31416	78	36036	88	40656	98	45276
9	4158	19	8778	29	13398	39	18018	49	22638	59	27258	69	31878	79	36498	89	41118	99	45738
10	4620	20	9240	30	13860	40	18480	50	23100	60	27720	70	32340	80	36960	90	41580	100	46200

463

1	463	11	5093	21	9723	31	14353	41	18983	51	23613	61	28243	71	32873	81	37503	91	42133
2	926	12	5556	22	10186	32	14816	42	19446	52	24076	62	28706	72	33336	82	37966	92	42596
3	1389	13	6019	23	10649	33	15279	43	19909	53	24539	63	29169	73	33799	83	38429	93	43059
4	1852	14	6482	24	11112	34	15742	44	20372	54	25002	64	29632	74	34262	84	38892	94	43522
5	2315	15	6945	25	11575	35	16205	45	20835	55	25465	65	30095	75	34725	85	39355	95	43985
6	2778	16	7408	26	12038	36	16668	46	21298	56	25928	66	30558	76	35188	86	39818	96	44448
7	3241	17	7871	27	12501	37	17131	47	21761	57	26391	67	31021	77	35651	87	40281	97	44911
8	3704	18	8334	28	12964	38	17594	48	22224	58	26854	68	31484	78	36114	88	40744	98	45374
9	4167	19	8797	29	13427	39	18057	49	22687	59	27317	69	31947	79	36577	89	41207	99	45837
10	4630	20	9260	30	13890	40	18520	50	23150	60	27780	70	32410	80	37040	90	41670	100	46300

464

1	464	11	5104	21	9744	31	14384	41	19024	51	23664	61	28304	71	32944	81	37584	91	42224
2	928	12	5568	22	10208	32	14848	42	19488	52	24128	62	28768	72	33408	82	38048	92	42688
3	1392	13	6032	23	10672	33	15312	43	19952	53	24592	63	29232	73	33872	83	38512	93	43152
4	1856	14	6496	24	11136	34	15776	44	20416	54	25056	64	29696	74	34336	84	38976	94	43616
5	2320	15	6960	25	11600	35	16240	45	20880	55	25520	65	30160	75	34800	85	39440	95	44080
6	2784	16	7424	26	12064	36	16704	46	21344	56	25984	66	30624	76	35264	86	39904	96	44544
7	3248	17	7888	27	12528	37	17168	47	21808	57	26448	67	31088	77	35728	87	40368	97	45008
8	3712	18	8352	28	12992	38	17632	48	22272	58	26912	68	31552	78	36192	88	40832	98	45472
9	4176	19	8816	29	13456	39	18096	49	22736	59	27376	69	32016	79	36656	89	41296	99	45936
10	4640	20	9280	30	13920	40	18560	50	23200	60	27840	70	32480	80	37120	90	41760	100	46400

465

1	465	11	5115	21	9765	31	14415	41	19065	51	23715	61	28365	71	33015	81	37665	91	42315
2	930	12	5580	22	10230	32	14880	42	19530	52	24180	62	28830	72	33480	82	38130	92	42780
3	1395	13	6045	23	10695	33	15345	43	19995	53	24645	63	29295	73	33945	83	38595	93	43245
4	1860	14	6510	24	11160	34	15810	44	20460	54	25110	64	29760	74	34410	84	39060	94	43710
5	2325	15	6975	25	11625	35	16275	45	20925	55	25575	65	30225	75	34875	85	39525	95	44175
6	2790	16	7440	26	12090	36	16740	46	21390	56	26040	66	30690	76	35340	86	39990	96	44640
7	3255	17	7905	27	12555	37	17205	47	21855	57	26505	67	31155	77	35805	87	40455	97	45105
8	3720	18	8370	28	13020	38	17670	48	22320	58	26970	68	31620	78	36270	88	40920	98	45570
9	4185	19	8835	29	13485	39	18135	49	22785	59	27435	69	32085	79	36735	89	41385	99	46035
10	4650	20	9300	30	13950	40	18600	50	23250	60	27900	70	32550	80	37200	90	41850	100	46500

466

1	466	**11**	5126	**21**	9786	**31**	14446	**41**	19106	**51**	23766	**61**	28426	**71**	33086	**81**	37746	**91**	42406
2	932	**12**	5592	**22**	10252	**32**	14912	**42**	19572	**52**	24232	**62**	28892	**72**	33552	**82**	38212	**92**	42872
3	1398	**13**	6058	**23**	10718	**33**	15378	**43**	20038	**53**	24698	**63**	29358	**73**	34018	**83**	38678	**93**	43338
4	1864	**14**	6524	**24**	11184	**34**	15844	**44**	20504	**54**	25164	**64**	29824	**74**	34484	**84**	39144	**94**	43804
5	2330	**15**	6990	**25**	11650	**35**	16310	**45**	20970	**55**	25630	**65**	30290	**75**	34950	**85**	39610	**95**	44270
6	2796	**16**	7456	**26**	12116	**36**	16776	**46**	21436	**56**	26096	**66**	30756	**76**	35416	**86**	40076	**96**	44736
7	3262	**17**	7922	**27**	12582	**37**	17242	**47**	21902	**57**	26562	**67**	31222	**77**	35882	**87**	40542	**97**	45202
8	3728	**18**	8388	**28**	13048	**38**	17708	**48**	22368	**58**	27028	**68**	31688	**78**	36348	**88**	41008	**98**	45668
9	4194	**19**	8854	**29**	13514	**39**	18174	**49**	22834	**59**	27494	**69**	32154	**79**	36814	**89**	41474	**99**	46134
10	4660	**20**	9320	**30**	13980	**40**	18640	**50**	23300	**60**	27960	**70**	32620	**80**	37280	**90**	41940	**100**	46600

467

1	467	**11**	5137	**21**	9807	**31**	14477	**41**	19147	**51**	23817	**61**	28487	**71**	33157	**81**	37827	**91**	42497
2	934	**12**	5604	**22**	10274	**32**	14944	**42**	19614	**52**	24284	**62**	28954	**72**	33624	**82**	38294	**92**	42964
3	1401	**13**	6071	**23**	10741	**33**	15411	**43**	20081	**53**	24751	**63**	29421	**73**	34091	**83**	38761	**93**	43431
4	1868	**14**	6538	**24**	11208	**34**	15878	**44**	20548	**54**	25218	**64**	29888	**74**	34558	**84**	39228	**94**	43898
5	2335	**15**	7005	**25**	11675	**35**	16345	**45**	21015	**55**	25685	**65**	30355	**75**	35025	**85**	39695	**95**	44365
6	2802	**16**	7472	**26**	12142	**36**	16812	**46**	21482	**56**	26152	**66**	30822	**76**	35492	**86**	40162	**96**	44832
7	3269	**17**	7939	**27**	12609	**37**	17279	**47**	21949	**57**	26619	**67**	31289	**77**	35959	**87**	40629	**97**	45299
8	3736	**18**	8406	**28**	13076	**38**	17746	**48**	22416	**58**	27086	**68**	31756	**78**	36426	**88**	41096	**98**	45766
9	4203	**19**	8873	**29**	13543	**39**	18213	**49**	22883	**59**	27553	**69**	32223	**79**	36893	**89**	41563	**99**	46233
10	4670	**20**	9340	**30**	14010	**40**	18680	**50**	23350	**60**	28020	**70**	32690	**80**	37360	**90**	42030	**100**	46700

468

1	468	**11**	5148	**21**	9828	**31**	14508	**41**	19188	**51**	23868	**61**	28548	**71**	33228	**81**	37908	**91**	42588
2	936	**12**	5616	**22**	10296	**32**	14976	**42**	19656	**52**	24336	**62**	29016	**72**	33696	**82**	38376	**92**	43056
3	1404	**13**	6084	**23**	10764	**33**	15444	**43**	20124	**53**	24804	**63**	29484	**73**	34164	**83**	38844	**93**	43524
4	1872	**14**	6552	**24**	11232	**34**	15912	**44**	20592	**54**	25272	**64**	29952	**74**	34632	**84**	39312	**94**	43992
5	2340	**15**	7020	**25**	11700	**35**	16380	**45**	21060	**55**	25740	**65**	30420	**75**	35100	**85**	39780	**95**	44460
6	2808	**16**	7488	**26**	12168	**36**	16848	**46**	21528	**56**	26208	**66**	30888	**76**	35568	**86**	40248	**96**	44928
7	3276	**17**	7956	**27**	12636	**37**	17316	**47**	21996	**57**	26676	**67**	31356	**77**	36036	**87**	40716	**97**	45396
8	3744	**18**	8424	**28**	13104	**38**	17784	**48**	22464	**58**	27144	**68**	31824	**78**	36504	**88**	41184	**98**	45864
9	4212	**19**	8892	**29**	13572	**39**	18252	**49**	22932	**59**	27612	**69**	32292	**79**	36972	**89**	41652	**99**	46332
10	4680	**20**	9360	**30**	14040	**40**	18720	**50**	23400	**60**	28080	**70**	32760	**80**	37440	**90**	42120	**100**	46800

469

1	469	**11**	5159	**21**	9849	**31**	14539	**41**	19229	**51**	23919	**61**	28609	**71**	33299	**81**	37989	**91**	42679
2	938	**12**	5628	**22**	10318	**32**	15008	**42**	19698	**52**	24388	**62**	29078	**72**	33768	**82**	38458	**92**	43148
3	1407	**13**	6097	**23**	10787	**33**	15477	**43**	20167	**53**	24857	**63**	29547	**73**	34237	**83**	38927	**93**	43617
4	1876	**14**	6566	**24**	11256	**34**	15946	**44**	20636	**54**	25326	**64**	30016	**74**	34706	**84**	39396	**94**	44086
5	2345	**15**	7035	**25**	11725	**35**	16415	**45**	21105	**55**	25795	**65**	30485	**75**	35175	**85**	39865	**95**	44555
6	2814	**16**	7504	**26**	12194	**36**	16884	**46**	21574	**56**	26264	**66**	30954	**76**	35644	**86**	40334	**96**	45024
7	3283	**17**	7973	**27**	12663	**37**	17353	**47**	22043	**57**	26733	**67**	31423	**77**	36113	**87**	40803	**97**	45493
8	3752	**18**	8442	**28**	13132	**38**	17822	**48**	22512	**58**	27202	**68**	31892	**78**	36582	**88**	41272	**98**	45962
9	4221	**19**	8911	**29**	13601	**39**	18291	**49**	22981	**59**	27671	**69**	32361	**79**	37051	**89**	41741	**99**	46431
10	4690	**20**	9380	**30**	14070	**40**	18760	**50**	23450	**60**	28140	**70**	32830	**80**	37520	**90**	42210	**100**	46900

470

1	470	**11**	5170	**21**	9870	**31**	14570	**41**	19270	**51**	23970	**61**	28670	**71**	33370	**81**	38070	**91**	42770
2	940	**12**	5640	**22**	10340	**32**	15040	**42**	19740	**52**	24440	**62**	29140	**72**	33840	**82**	38540	**92**	43240
3	1410	**13**	6110	**23**	10810	**33**	15510	**43**	20210	**53**	24910	**63**	29610	**73**	34310	**83**	39010	**93**	43710
4	1880	**14**	6580	**24**	11280	**34**	15980	**44**	20680	**54**	25380	**64**	30080	**74**	34780	**84**	39480	**94**	44180
5	2350	**15**	7050	**25**	11750	**35**	16450	**45**	21150	**55**	25850	**65**	30550	**75**	35250	**85**	39950	**95**	44650
6	2820	**16**	7520	**26**	12220	**36**	16920	**46**	21620	**56**	26320	**66**	31020	**76**	35720	**86**	40420	**96**	45120
7	3290	**17**	7990	**27**	12690	**37**	17390	**47**	22090	**57**	26790	**67**	31490	**77**	36190	**87**	40890	**97**	45590
8	3760	**18**	8460	**28**	13160	**38**	17860	**48**	22560	**58**	27260	**68**	31960	**78**	36660	**88**	41360	**98**	46060
9	4230	**19**	8930	**29**	13630	**39**	18330	**49**	23030	**59**	27730	**69**	32430	**79**	37130	**89**	41830	**99**	46530
10	4700	**20**	9400	**30**	14100	**40**	18800	**50**	23500	**60**	28200	**70**	32900	**80**	37600	**90**	42300	**100**	47000

471

1	471	11	5181	21	9891	31	14601	41	19311	51	24021	61	28731	71	33441	81	38151	91	42861
2	942	12	5652	22	10362	32	15072	42	19782	52	24492	62	29202	72	33912	82	38622	92	43332
3	1413	13	6123	23	10833	33	15543	43	20253	53	24963	63	29673	73	34383	83	39093	93	43803
4	1884	14	6594	24	11304	34	16014	44	20724	54	25434	64	30144	74	34854	84	39564	94	44274
5	2355	15	7065	25	11775	35	16485	45	21195	55	25905	65	30615	75	35325	85	40035	95	44745
6	2826	16	7536	26	12246	36	16956	46	21666	56	26376	66	31086	76	35796	86	40506	96	45216
7	3297	17	8007	27	12717	37	17427	47	22137	57	26847	67	31557	77	36267	87	40977	97	45687
8	3768	18	8478	28	13188	38	17898	48	22608	58	27318	68	32028	78	36738	88	41448	98	46158
9	4239	19	8949	29	13659	39	18369	49	23079	59	27789	69	32499	79	37209	89	41919	99	46629
10	4710	20	9420	30	14130	40	18840	50	23550	60	28260	70	32970	80	37680	90	42390	100	47100

472

1	472	11	5192	21	9912	31	14632	41	19352	51	24072	61	28792	71	33512	81	38232	91	42952
2	944	12	5664	22	10384	32	15104	42	19824	52	24544	62	29264	72	33984	82	38704	92	43424
3	1416	13	6136	23	10856	33	15576	43	20296	53	25016	63	29736	73	34456	83	39176	93	43896
4	1888	14	6608	24	11328	34	16048	44	20768	54	25488	64	30208	74	34928	84	39648	94	44368
5	2360	15	7080	25	11800	35	16520	45	21240	55	25960	65	30680	75	35400	85	40120	95	44840
6	2832	16	7552	26	12272	36	16992	46	21712	56	26432	66	31152	76	35872	86	40592	96	45312
7	3304	17	8024	27	12744	37	17464	47	22184	57	26904	67	31624	77	36344	87	41064	97	45784
8	3776	18	8496	28	13216	38	17936	48	22656	58	27376	68	32096	78	36816	88	41536	98	46256
9	4248	19	8968	29	13688	39	18408	49	23128	59	27848	69	32568	79	37288	89	42008	99	46728
10	4720	20	9440	30	14160	40	18880	50	23600	60	28320	70	33040	80	37760	90	42480	100	47200

473

1	473	11	5203	21	9933	31	14663	41	19393	51	24123	61	28853	71	33583	81	38313	91	43043
2	946	12	5676	22	10406	32	15136	42	19866	52	24596	62	29326	72	34056	82	38786	92	43516
3	1419	13	6149	23	10879	33	15609	43	20339	53	25069	63	29799	73	34529	83	39259	93	43989
4	1892	14	6622	24	11352	34	16082	44	20812	54	25542	64	30272	74	35002	84	39732	94	44462
5	2365	15	7095	25	11825	35	16555	45	21285	55	26015	65	30745	75	35475	85	40205	95	44935
6	2838	16	7568	26	12298	36	17028	46	21758	56	26488	66	31218	76	35948	86	40678	96	45408
7	3311	17	8041	27	12771	37	17501	47	22231	57	26961	67	31691	77	36421	87	41151	97	45881
8	3784	18	8514	28	13244	38	17974	48	22704	58	27434	68	32164	78	36894	88	41624	98	46354
9	4257	19	8987	29	13717	39	18447	49	23177	59	27907	69	32637	79	37367	89	42097	99	46827
10	4730	20	9460	30	14190	40	18920	50	23650	60	28380	70	33110	80	37840	90	42570	100	47300

474

1	474	11	5214	21	9954	31	14694	41	19434	51	24174	61	28914	71	33654	81	38394	91	43134
2	948	12	5688	22	10428	32	15168	42	19908	52	24648	62	29388	72	34128	82	38868	92	43608
3	1422	13	6162	23	10902	33	15642	43	20382	53	25122	63	29862	73	34602	83	39342	93	44082
4	1896	14	6636	24	11376	34	16116	44	20856	54	25596	64	30336	74	35076	84	39816	94	44556
5	2370	15	7110	25	11850	35	16590	45	21330	55	26070	65	30810	75	35550	85	40290	95	45030
6	2844	16	7584	26	12324	36	17064	46	21804	56	26544	66	31284	76	36024	86	40764	96	45504
7	3318	17	8058	27	12798	37	17538	47	22278	57	27018	67	31758	77	36498	87	41238	97	45978
8	3792	18	8532	28	13272	38	18012	48	22752	58	27492	68	32232	78	36972	88	41712	98	46452
9	4266	19	9006	29	13746	39	18486	49	23226	59	27966	69	32706	79	37446	89	42186	99	46926
10	4740	20	9480	30	14220	40	18960	50	23700	60	28440	70	33180	80	37920	90	42660	100	47400

475

1	475	11	5225	21	9975	31	14725	41	19475	51	24225	61	28975	71	33725	81	38475	91	43225
2	950	12	5700	22	10450	32	15200	42	19950	52	24700	62	29450	72	34200	82	38950	92	43700
3	1425	13	6175	23	10925	33	15675	43	20425	53	25175	63	29925	73	34675	83	39425	93	44175
4	1900	14	6650	24	11400	34	16150	44	20900	54	25650	64	30400	74	35150	84	39900	94	44650
5	2375	15	7125	25	11875	35	16625	45	21375	55	26125	65	30875	75	35625	85	40375	95	45125
6	2850	16	7600	26	12350	36	17100	46	21850	56	26600	66	31350	76	36100	86	40850	96	45600
7	3325	17	8075	27	12825	37	17575	47	22325	57	27075	67	31825	77	36575	87	41325	97	46075
8	3800	18	8550	28	13300	38	18050	48	22800	58	27550	68	32300	78	37050	88	41800	98	46550
9	4275	19	9025	29	13775	39	18525	49	23275	59	28025	69	32775	79	37525	89	42275	99	47025
10	4750	20	9500	30	14250	40	19000	50	23750	60	28500	70	33250	80	38000	90	42750	100	47500

476

1	476	11	5236	21	9996	31	14756	41	19516	51	24276	61	29036	71	33796	81	38556	91	43316
2	952	12	5712	22	10472	32	15232	42	19992	52	24752	62	29512	72	34272	82	39032	92	43792
3	1428	13	6188	23	10948	33	15708	43	20468	53	25228	63	29988	73	34748	83	39508	93	44268
4	1904	14	6664	24	11424	34	16184	44	20944	54	25704	64	30464	74	35224	84	39984	94	44744
5	2380	15	7140	25	11900	35	16660	45	21420	55	26180	65	30940	75	35700	85	40460	95	45220
6	2856	16	7616	26	12376	36	17136	46	21896	56	26656	66	31416	76	36176	86	40936	96	45696
7	3332	17	8092	27	12852	37	17612	47	22372	57	27132	67	31892	77	36652	87	41412	97	46172
8	3808	18	8568	28	13328	38	18088	48	22848	58	27608	68	32368	78	37128	88	41888	98	46648
9	4284	19	9044	29	13804	39	18564	49	23324	59	28084	69	32844	79	37604	89	42364	99	47124
10	4760	20	9520	30	14280	40	19040	50	23800	60	28560	70	33320	80	38080	90	42840	100	47600

477

1	477	11	5247	21	10017	31	14787	41	19557	51	24327	61	29097	71	33867	81	38637	91	43407
2	954	12	5724	22	10494	32	15264	42	20034	52	24804	62	29574	72	34344	82	39114	92	43884
3	1431	13	6201	23	10971	33	15741	43	20511	53	25281	63	30051	73	34821	83	39591	93	44361
4	1908	14	6678	24	11448	34	16218	44	20988	54	25758	64	30528	74	35298	84	40068	94	44838
5	2385	15	7155	25	11925	35	16695	45	21465	55	26235	65	31005	75	35775	85	40545	95	45315
6	2862	16	7632	26	12402	36	17172	46	21942	56	26712	66	31482	76	36252	86	41022	96	45792
7	3339	17	8109	27	12879	37	17649	47	22419	57	27189	67	31959	77	36729	87	41499	97	46269
8	3816	18	8586	28	13356	38	18126	48	22896	58	27666	68	32436	78	37206	88	41976	98	46746
9	4293	19	9063	29	13833	39	18603	49	23373	59	28143	69	32913	79	37683	89	42453	99	47223
10	4770	20	9540	30	14310	40	19080	50	23850	60	28620	70	33390	80	38160	90	42930	100	47700

478

1	478	11	5258	21	10038	31	14818	41	19598	51	24378	61	29158	71	33938	81	38718	91	43498
2	956	12	5736	22	10516	32	15296	42	20076	52	24856	62	29636	72	34416	82	39196	92	43976
3	1434	13	6214	23	10994	33	15774	43	20554	53	25334	63	30114	73	34894	83	39674	93	44454
4	1912	14	6692	24	11472	34	16252	44	21032	54	25812	64	30592	74	35372	84	40152	94	44932
5	2390	15	7170	25	11950	35	16730	45	21510	55	26290	65	31070	75	35850	85	40630	95	45410
6	2868	16	7648	26	12428	36	17208	46	21988	56	26768	66	31548	76	36328	86	41108	96	45888
7	3346	17	8126	27	12906	37	17686	47	22466	57	27246	67	32026	77	36806	87	41586	97	46366
8	3824	18	8604	28	13384	38	18164	48	22944	58	27724	68	32504	78	37284	88	42064	98	46844
9	4302	19	9082	29	13862	39	18642	49	23422	59	28202	69	32982	79	37762	89	42542	99	47322
10	4780	20	9560	30	14340	40	19120	50	23900	60	28680	70	33460	80	38240	90	43020	100	47800

479

1	479	11	5269	21	10059	31	14849	41	19639	51	24429	61	29219	71	34009	81	38799	91	43589
2	958	12	5748	22	10538	32	15328	42	20118	52	24908	62	29698	72	34488	82	39278	92	44068
3	1437	13	6227	23	11017	33	15807	43	20597	53	25387	63	30177	73	34967	83	39757	93	44547
4	1916	14	6706	24	11496	34	16286	44	21076	54	25866	64	30656	74	35446	84	40236	94	45026
5	2395	15	7185	25	11975	35	16765	45	21555	55	26345	65	31135	75	35925	85	40715	95	45505
6	2874	16	7664	26	12454	36	17244	46	22034	56	26824	66	31614	76	36404	86	41194	96	45984
7	3353	17	8143	27	12933	37	17723	47	22513	57	27303	67	32093	77	36883	87	41673	97	46463
8	3832	18	8622	28	13412	38	18202	48	22992	58	27782	68	32572	78	37362	88	42152	98	46942
9	4311	19	9101	29	13891	39	18681	49	23471	59	28261	69	33051	79	37841	89	42631	99	47421
10	4790	20	9580	30	14370	40	19160	50	23950	60	28740	70	33530	80	38320	90	43110	100	47900

480

1	480	11	5280	21	10080	31	14880	41	19680	51	24480	61	29280	71	34080	81	38880	91	43680
2	960	12	5760	22	10560	32	15360	42	20160	52	24960	62	29760	72	34560	82	39360	92	44160
3	1440	13	6240	23	11040	33	15840	43	20640	53	25440	63	30240	73	35040	83	39840	93	44640
4	1920	14	6720	24	11520	34	16320	44	21120	54	25920	64	30720	74	35520	84	40320	94	45120
5	2400	15	7200	25	12000	35	16800	45	21600	55	26400	65	31200	75	36000	85	40800	95	45600
6	2880	16	7680	26	12480	36	17280	46	22080	56	26880	66	31680	76	36480	86	41280	96	46080
7	3360	17	8160	27	12960	37	17760	47	22560	57	27360	67	32160	77	36960	87	41760	97	46560
8	3840	18	8640	28	13440	38	18240	48	23040	58	27840	68	32640	78	37440	88	42240	98	47040
9	4320	19	9120	29	13920	39	18720	49	23520	59	28320	69	33120	79	37920	89	42720	99	47520
10	4800	20	9600	30	14400	40	19200	50	24000	60	28800	70	33600	80	38400	90	43200	100	48000

481

1	481	11	5291	21	10101	31	14911	41	19721	51	24531	61	29341	71	34151	81	38961	91	43771
2	962	12	5772	22	10582	32	15392	42	20202	52	25012	62	29822	72	34632	82	39442	92	44252
3	1443	13	6253	23	11063	33	15873	43	20683	53	25493	63	30303	73	35113	83	39923	93	44733
4	1924	14	6734	24	11544	34	16354	44	21164	54	25974	64	30784	74	35594	84	40404	94	45214
5	2405	15	7215	25	12025	35	16835	45	21645	55	26455	65	31265	75	36075	85	40885	95	45695
6	2886	16	7696	26	12506	36	17316	46	22126	56	26936	66	31746	76	36556	86	41366	96	46176
7	3367	17	8177	27	12987	37	17797	47	22607	57	27417	67	32227	77	37037	87	41847	97	46657
8	3848	18	8658	28	13468	38	18278	48	23088	58	27898	68	32708	78	37518	88	42328	98	47138
9	4329	19	9139	29	13949	39	18759	49	23569	59	28379	69	33189	79	37999	89	42809	99	47619
10	4810	20	9620	30	14430	40	19240	50	24050	60	28860	70	33670	80	38480	90	43290	100	48100

482

1	482	11	5302	21	10122	31	14942	41	19762	51	24582	61	29402	71	34222	81	39042	91	43862
2	964	12	5784	22	10604	32	15424	42	20244	52	25064	62	29884	72	34704	82	39524	92	44344
3	1446	13	6266	23	11086	33	15906	43	20726	53	25546	63	30366	73	35186	83	40006	93	44826
4	1928	14	6748	24	11568	34	16388	44	21208	54	26028	64	30848	74	35668	84	40488	94	45308
5	2410	15	7230	25	12050	35	16870	45	21690	55	26510	65	31330	75	36150	85	40970	95	45790
6	2892	16	7712	26	12532	36	17352	46	22172	56	26992	66	31812	76	36632	86	41452	96	46272
7	3374	17	8194	27	13014	37	17834	47	22654	57	27474	67	32294	77	37114	87	41934	97	46754
8	3856	18	8676	28	13496	38	18316	48	23136	58	27956	68	32776	78	37596	88	42416	98	47236
9	4338	19	9158	29	13978	39	18798	49	23618	59	28438	69	33258	79	38078	89	42898	99	47718
10	4820	20	9640	30	14460	40	19280	50	24100	60	28920	70	33740	80	38560	90	43380	100	48200

483

1	483	11	5313	21	10143	31	14973	41	19803	51	24633	61	29463	71	34293	81	39123	91	43953
2	966	12	5796	22	10626	32	15456	42	20286	52	25116	62	29946	72	34776	82	39606	92	44436
3	1449	13	6279	23	11109	33	15939	43	20769	53	25599	63	30429	73	35259	83	40089	93	44919
4	1932	14	6762	24	11592	34	16422	44	21252	54	26082	64	30912	74	35742	84	40572	94	45402
5	2415	15	7245	25	12075	35	16905	45	21735	55	26565	65	31395	75	36225	85	41055	95	45885
6	2898	16	7728	26	12558	36	17388	46	22218	56	27048	66	31878	76	36708	86	41538	96	46368
7	3381	17	8211	27	13041	37	17871	47	22701	57	27531	67	32361	77	37191	87	42021	97	46851
8	3864	18	8694	28	13524	38	18354	48	23184	58	28014	68	32844	78	37674	88	42504	98	47334
9	4347	19	9177	29	14007	39	18837	49	23667	59	28497	69	33327	79	38157	89	42987	99	47817
10	4830	20	9660	30	14490	40	19320	50	24150	60	28980	70	33810	80	38640	90	43470	100	48300

484

1	484	11	5324	21	10164	31	15004	41	19844	51	24684	61	29524	71	34364	81	39204	91	44044
2	968	12	5808	22	10648	32	15488	42	20328	52	25168	62	30008	72	34848	82	39688	92	44528
3	1452	13	6292	23	11132	33	15972	43	20812	53	25652	63	30492	73	35332	83	40172	93	45012
4	1936	14	6776	24	11616	34	16456	44	21296	54	26136	64	30976	74	35816	84	40656	94	45496
5	2420	15	7260	25	12100	35	16940	45	21780	55	26620	65	31460	75	36300	85	41140	95	45980
6	2904	16	7744	26	12584	36	17424	46	22264	56	27104	66	31944	76	36784	86	41624	96	46464
7	3388	17	8228	27	13068	37	17908	47	22748	57	27588	67	32428	77	37268	87	42108	97	46948
8	3872	18	8712	28	13552	38	18392	48	23232	58	28072	68	32912	78	37752	88	42592	98	47432
9	4356	19	9196	29	14036	39	18876	49	23716	59	28556	69	33396	79	38236	89	43076	99	47916
10	4840	20	9680	30	14520	40	19360	50	24200	60	29040	70	33880	80	38720	90	43560	100	48400

485

1	485	11	5335	21	10185	31	15035	41	19885	51	24735	61	29585	71	34435	81	39285	91	44135
2	970	12	5820	22	10670	32	15520	42	20370	52	25220	62	30070	72	34920	82	39770	92	44620
3	1455	13	6305	23	11155	33	16005	43	20855	53	25705	63	30555	73	35405	83	40255	93	45105
4	1940	14	6790	24	11640	34	16490	44	21340	54	26190	64	31040	74	35890	84	40740	94	45590
5	2425	15	7275	25	12125	35	16975	45	21825	55	26675	65	31525	75	36375	85	41225	95	46075
6	2910	16	7760	26	12610	36	17460	46	22310	56	27160	66	32010	76	36860	86	41710	96	46560
7	3395	17	8245	27	13095	37	17945	47	22795	57	27645	67	32495	77	37345	87	42195	97	47045
8	3880	18	8730	28	13580	38	18430	48	23280	58	28130	68	32980	78	37830	88	42680	98	47530
9	4365	19	9215	29	14065	39	18915	49	23765	59	28615	69	33465	79	38315	89	43165	99	48015
10	4850	20	9700	30	14550	40	19400	50	24250	60	29100	70	33950	80	38800	90	43650	100	48500

486

1	486	11	5346	21	10206	31	15066	41	19926	51	24786	61	29646	71	34506	81	39366	91	44226
2	972	12	5832	22	10692	32	15552	42	20412	52	25272	62	30132	72	34992	82	39852	92	44712
3	1458	13	6318	23	11178	33	16038	43	20898	53	25758	63	30618	73	35478	83	40338	93	45198
4	1944	14	6804	24	11664	34	16524	44	21384	54	26244	64	31104	74	35964	84	40824	94	45684
5	2430	15	7290	25	12150	35	17010	45	21870	55	26730	65	31590	75	36450	85	41310	95	46170
6	2916	16	7776	26	12636	36	17496	46	22356	56	27216	66	32076	76	36936	86	41796	96	46656
7	3402	17	8262	27	13122	37	17982	47	22842	57	27702	67	32562	77	37422	87	42282	97	47142
8	3888	18	8748	28	13608	38	18468	48	23328	58	28188	68	33048	78	37908	88	42768	98	47628
9	4374	19	9234	29	14094	39	18954	49	23814	59	28674	69	33534	79	38394	89	43254	99	48114
10	4860	20	9720	30	14580	40	19440	50	24300	60	29160	70	34020	80	38880	90	43740	100	48600

487

1	487	11	5357	21	10227	31	15097	41	19967	51	24837	61	29707	71	34577	81	39447	91	44317
2	974	12	5844	22	10714	32	15584	42	20454	52	25324	62	30194	72	35064	82	39934	92	44804
3	1461	13	6331	23	11201	33	16071	43	20941	53	25811	63	30681	73	35551	83	40421	93	45291
4	1948	14	6818	24	11688	34	16558	44	21428	54	26298	64	31168	74	36038	84	40908	94	45778
5	2435	15	7305	25	12175	35	17045	45	21915	55	26785	65	31655	75	36525	85	41395	95	46265
6	2922	16	7792	26	12662	36	17532	46	22402	56	27272	66	32142	76	37012	86	41882	96	46752
7	3409	17	8279	27	13149	37	18019	47	22889	57	27759	67	32629	77	37499	87	42369	97	47239
8	3896	18	8766	28	13636	38	18506	48	23376	58	28246	68	33116	78	37986	88	42856	98	47726
9	4383	19	9253	29	14123	39	18993	49	23863	59	28733	69	33603	79	38473	89	43343	99	48213
10	4870	20	9740	30	14610	40	19480	50	24350	60	29220	70	34090	80	38960	90	43830	100	48700

488

1	488	11	5368	21	10248	31	15128	41	20008	51	24888	61	29768	71	34648	81	39528	91	44408
2	976	12	5856	22	10736	32	15616	42	20496	52	25376	62	30256	72	35136	82	40016	92	44896
3	1464	13	6344	23	11224	33	16104	43	20984	53	25864	63	30744	73	35624	83	40504	93	45384
4	1952	14	6832	24	11712	34	16592	44	21472	54	26352	64	31232	74	36112	84	40992	94	45872
5	2440	15	7320	25	12200	35	17080	45	21960	55	26840	65	31720	75	36600	85	41480	95	46360
6	2928	16	7808	26	12688	36	17568	46	22448	56	27328	66	32208	76	37088	86	41968	96	46848
7	3416	17	8296	27	13176	37	18056	47	22936	57	27816	67	32696	77	37576	87	42456	97	47336
8	3904	18	8784	28	13664	38	18544	48	23424	58	28304	68	33184	78	38064	88	42944	98	47824
9	4392	19	9272	29	14152	39	19032	49	23912	59	28792	69	33672	79	38552	89	43432	99	48312
10	4880	20	9760	30	14640	40	19520	50	24400	60	29280	70	34160	80	39040	90	43920	100	48800

489

1	489	11	5379	21	10269	31	15159	41	20049	51	24939	61	29829	71	34719	81	39609	91	44499
2	978	12	5868	22	10758	32	15648	42	20538	52	25428	62	30318	72	35208	82	40098	92	44988
3	1467	13	6357	23	11247	33	16137	43	21027	53	25917	63	30807	73	35697	83	40587	93	45477
4	1956	14	6846	24	11736	34	16626	44	21516	54	26406	64	31296	74	36186	84	41076	94	45966
5	2445	15	7335	25	12225	35	17115	45	22005	55	26895	65	31785	75	36675	85	41565	95	46455
6	2934	16	7824	26	12714	36	17604	46	22494	56	27384	66	32274	76	37164	86	42054	96	46944
7	3423	17	8313	27	13203	37	18093	47	22983	57	27873	67	32763	77	37653	87	42543	97	47433
8	3912	18	8802	28	13692	38	18582	48	23472	58	28362	68	33252	78	38142	88	43032	98	47922
9	4401	19	9291	29	14181	39	19071	49	23961	59	28851	69	33741	79	38631	89	43521	99	48411
10	4890	20	9780	30	14670	40	19560	50	24450	60	29340	70	34230	80	39120	90	44010	100	48900

490

1	490	11	5390	21	10290	31	15190	41	20090	51	24990	61	29890	71	34790	81	39690	91	44590
2	980	12	5880	22	10780	32	15680	42	20580	52	25480	62	30380	72	35280	82	40180	92	45080
3	1470	13	6370	23	11270	33	16170	43	21070	53	25970	63	30870	73	35770	83	40670	93	45570
4	1960	14	6860	24	11760	34	16660	44	21560	54	26460	64	31360	74	36260	84	41160	94	46060
5	2450	15	7350	25	12250	35	17150	45	22050	55	26950	65	31850	75	36750	85	41650	95	46550
6	2940	16	7840	26	12740	36	17640	46	22540	56	27440	66	32340	76	37240	86	42140	96	47040
7	3430	17	8330	27	13230	37	18130	47	23030	57	27930	67	32830	77	37730	87	42630	97	47530
8	3920	18	8820	28	13720	38	18620	48	23520	58	28420	68	33320	78	38220	88	43120	98	48020
9	4410	19	9310	29	14210	39	19110	49	24010	59	28910	69	33810	79	38710	89	43610	99	48510
10	4900	20	9800	30	14700	40	19600	50	24500	60	29400	70	34300	80	39200	90	44100	100	49000

491

1	491	11	5401	21	10311	31	15221	41	20131	51	25041	61	29951	71	34861	81	39771	91	44681
2	982	12	5892	22	10802	32	15712	42	20622	52	25532	62	30442	72	35352	82	40262	92	45172
3	1473	13	6383	23	11293	33	16203	43	21113	53	26023	63	30933	73	35843	83	40753	93	45663
4	1964	14	6874	24	11784	34	16694	44	21604	54	26514	64	31424	74	36334	84	41244	94	46154
5	2455	15	7365	25	12275	35	17185	45	22095	55	27005	65	31915	75	36825	85	41735	95	46645
6	2946	16	7856	26	12766	36	17676	46	22586	56	27496	66	32406	76	37316	86	42226	96	47136
7	3437	17	8347	27	13257	37	18167	47	23077	57	27987	67	32897	77	37807	87	42717	97	47627
8	3928	18	8838	28	13748	38	18658	48	23568	58	28478	68	33388	78	38298	88	43208	98	48118
9	4419	19	9329	29	14239	39	19149	49	24059	59	28969	69	33879	79	38789	89	43699	99	48609
10	4910	20	9820	30	14730	40	19640	50	24550	60	29460	70	34370	80	39280	90	44190	100	49100

492

1	492	11	5412	21	10332	31	15252	41	20172	51	25092	61	30012	71	34932	81	39852	91	44772
2	984	12	5904	22	10824	32	15744	42	20664	52	25584	62	30504	72	35424	82	40344	92	45264
3	1476	13	6396	23	11316	33	16236	43	21156	53	26076	63	30996	73	35916	83	40836	93	45756
4	1968	14	6888	24	11808	34	16728	44	21648	54	26568	64	31488	74	36408	84	41328	94	46248
5	2460	15	7380	25	12300	35	17220	45	22140	55	27060	65	31980	75	36900	85	41820	95	46740
6	2952	16	7872	26	12792	36	17712	46	22632	56	27552	66	32472	76	37392	86	42312	96	47232
7	3444	17	8364	27	13284	37	18204	47	23124	57	28044	67	32964	77	37884	87	42804	97	47724
8	3936	18	8856	28	13776	38	18696	48	23616	58	28536	68	33456	78	38376	88	43296	98	48216
9	4428	19	9348	29	14268	39	19188	49	24108	59	29028	69	33948	79	38868	89	43788	99	48708
10	4920	20	9840	30	14760	40	19680	50	24600	60	29520	70	34440	80	39360	90	44280	100	49200

493

1	493	11	5423	21	10353	31	15283	41	20213	51	25143	61	30073	71	35003	81	39933	91	44863
2	986	12	5916	22	10846	32	15776	42	20706	52	25636	62	30566	72	35496	82	40426	92	45356
3	1479	13	6409	23	11339	33	16269	43	21199	53	26129	63	31059	73	35989	83	40919	93	45849
4	1972	14	6902	24	11832	34	16762	44	21692	54	26622	64	31552	74	36482	84	41412	94	46342
5	2465	15	7395	25	12325	35	17255	45	22185	55	27115	65	32045	75	36975	85	41905	95	46835
6	2958	16	7888	26	12818	36	17748	46	22678	56	27608	66	32538	76	37468	86	42398	96	47328
7	3451	17	8381	27	13311	37	18241	47	23171	57	28101	67	33031	77	37961	87	42891	97	47821
8	3944	18	8874	28	13804	38	18734	48	23664	58	28594	68	33524	78	38454	88	43384	98	48314
9	4437	19	9367	29	14297	39	19227	49	24157	59	29087	69	34017	79	38947	89	43877	99	48807
10	4930	20	9860	30	14790	40	19720	50	24650	60	29580	70	34510	80	39440	90	44370	100	49300

494

1	494	11	5434	21	10374	31	15314	41	20254	51	25194	61	30134	71	35074	81	40014	91	44954
2	988	12	5928	22	10868	32	15808	42	20748	52	25688	62	30628	72	35568	82	40508	92	45448
3	1482	13	6422	23	11362	33	16302	43	21242	53	26182	63	31122	73	36062	83	41002	93	45942
4	1976	14	6916	24	11856	34	16796	44	21736	54	26676	64	31616	74	36556	84	41496	94	46436
5	2470	15	7410	25	12350	35	17290	45	22230	55	27170	65	32110	75	37050	85	41990	95	46930
6	2964	16	7904	26	12844	36	17784	46	22724	56	27664	66	32604	76	37544	86	42484	96	47424
7	3458	17	8398	27	13338	37	18278	47	23218	57	28158	67	33098	77	38038	87	42978	97	47918
8	3952	18	8892	28	13832	38	18772	48	23712	58	28652	68	33592	78	38532	88	43472	98	48412
9	4446	19	9386	29	14326	39	19266	49	24206	59	29146	69	34086	79	39026	89	43966	99	48906
10	4940	20	9880	30	14820	40	19760	50	24700	60	29640	70	34580	80	39520	90	44460	100	49400

495

1	495	11	5445	21	10395	31	15345	41	20295	51	25245	61	30195	71	35145	81	40095	91	45045
2	990	12	5940	22	10890	32	15840	42	20790	52	25740	62	30690	72	35640	82	40590	92	45540
3	1485	13	6435	23	11385	33	16335	43	21285	53	26235	63	31185	73	36135	83	41085	93	46035
4	1980	14	6930	24	11880	34	16830	44	21780	54	26730	64	31680	74	36630	84	41580	94	46530
5	2475	15	7425	25	12375	35	17325	45	22275	55	27225	65	32175	75	37125	85	42075	95	47025
6	2970	16	7920	26	12870	36	17820	46	22770	56	27720	66	32670	76	37620	86	42570	96	47520
7	3465	17	8415	27	13365	37	18315	47	23265	57	28215	67	33165	77	38115	87	43065	97	48015
8	3960	18	8910	28	13860	38	18810	48	23760	58	28710	68	33660	78	38610	88	43560	98	48510
9	4455	19	9405	29	14355	39	19305	49	24255	59	29205	69	34155	79	39105	89	44055	99	49005
10	4950	20	9900	30	14850	40	19800	50	24750	60	29700	70	34650	80	39600	90	44550	100	49500

496

1	496	**11**	5456	**21**	10416	**31**	15376	**41**	20336	**51**	25296	**61**	30256	**71**	35216	**81**	40176	**91**	45136
2	992	**12**	5952	**22**	10912	**32**	15872	**42**	20832	**52**	25792	**62**	30752	**72**	35712	**82**	40672	**92**	45632
3	1488	**13**	6448	**23**	11408	**33**	16368	**43**	21328	**53**	26288	**63**	31248	**73**	36208	**83**	41168	**93**	46128
4	1984	**14**	6944	**24**	11904	**34**	16864	**44**	21824	**54**	26784	**64**	31744	**74**	36704	**84**	41664	**94**	46624
5	2480	**15**	7440	**25**	12400	**35**	17360	**45**	22320	**55**	27280	**65**	32240	**75**	37200	**85**	42160	**95**	47120
6	2976	**16**	7936	**26**	12896	**36**	17856	**46**	22816	**56**	27776	**66**	32736	**76**	37696	**86**	42656	**96**	47616
7	3472	**17**	8432	**27**	13392	**37**	18352	**47**	23312	**57**	28272	**67**	33232	**77**	38192	**87**	43152	**97**	48112
8	3968	**18**	8928	**28**	13888	**38**	18848	**48**	23808	**58**	28768	**68**	33728	**78**	38688	**88**	43648	**98**	48608
9	4464	**19**	9424	**29**	14384	**39**	19344	**49**	24304	**59**	29264	**69**	34224	**79**	39184	**89**	44144	**99**	49104
10	4960	**20**	9920	**30**	14880	**40**	19840	**50**	24800	**60**	29760	**70**	34720	**80**	39680	**90**	44640	**100**	49600

497

1	497	**11**	5467	**21**	10437	**31**	15407	**41**	20377	**51**	25347	**61**	30317	**71**	35287	**81**	40257	**91**	45227
2	994	**12**	5964	**22**	10934	**32**	15904	**42**	20874	**52**	25844	**62**	30814	**72**	35784	**82**	40754	**92**	45724
3	1491	**13**	6461	**23**	11431	**33**	16401	**43**	21371	**53**	26341	**63**	31311	**73**	36281	**83**	41251	**93**	46221
4	1988	**14**	6958	**24**	11928	**34**	16898	**44**	21868	**54**	26838	**64**	31808	**74**	36778	**84**	41748	**94**	46718
5	2485	**15**	7455	**25**	12425	**35**	17395	**45**	22365	**55**	27335	**65**	32305	**75**	37275	**85**	42245	**95**	47215
6	2982	**16**	7952	**26**	12922	**36**	17892	**46**	22862	**56**	27832	**66**	32802	**76**	37772	**86**	42742	**96**	47712
7	3479	**17**	8449	**27**	13419	**37**	18389	**47**	23359	**57**	28329	**67**	33299	**77**	38269	**87**	43239	**97**	48209
8	3976	**18**	8946	**28**	13916	**38**	18886	**48**	23856	**58**	28826	**68**	33796	**78**	38766	**88**	43736	**98**	48706
9	4473	**19**	9443	**29**	14413	**39**	19383	**49**	24353	**59**	29323	**69**	34293	**79**	39263	**89**	44233	**99**	49203
10	4970	**20**	9940	**30**	14910	**40**	19880	**50**	24850	**60**	29820	**70**	34790	**80**	39760	**90**	44730	**100**	49700

498

1	498	**11**	5478	**21**	10458	**31**	15438	**41**	20418	**51**	25398	**61**	30378	**71**	35358	**81**	40338	**91**	45318
2	996	**12**	5976	**22**	10956	**32**	15936	**42**	20916	**52**	25896	**62**	30876	**72**	35856	**82**	40836	**92**	45816
3	1494	**13**	6474	**23**	11454	**33**	16434	**43**	21414	**53**	26394	**63**	31374	**73**	36354	**83**	41334	**93**	46314
4	1992	**14**	6972	**24**	11952	**34**	16932	**44**	21912	**54**	26892	**64**	31872	**74**	36852	**84**	41832	**94**	46812
5	2490	**15**	7470	**25**	12450	**35**	17430	**45**	22410	**55**	27390	**65**	32370	**75**	37350	**85**	42330	**95**	47310
6	2988	**16**	7968	**26**	12948	**36**	17928	**46**	22908	**56**	27888	**66**	32868	**76**	37848	**86**	42828	**96**	47808
7	3486	**17**	8466	**27**	13446	**37**	18426	**47**	23406	**57**	28386	**67**	33366	**77**	38346	**87**	43326	**97**	48306
8	3984	**18**	8964	**28**	13944	**38**	18924	**48**	23904	**58**	28884	**68**	33864	**78**	38844	**88**	43824	**98**	48804
9	4482	**19**	9462	**29**	14442	**39**	19422	**49**	24402	**59**	29382	**69**	34362	**79**	39342	**89**	44322	**99**	49302
10	4980	**20**	9960	**30**	14940	**40**	19920	**50**	24900	**60**	29880	**70**	34860	**80**	39840	**90**	44820	**100**	49800

499

1	499	**11**	5489	**21**	10479	**31**	15469	**41**	20459	**51**	25449	**61**	30439	**71**	35429	**81**	40419	**91**	45409
2	998	**12**	5988	**22**	10978	**32**	15968	**42**	20958	**52**	25948	**62**	30938	**72**	35928	**82**	40918	**92**	45908
3	1497	**13**	6487	**23**	11477	**33**	16467	**43**	21457	**53**	26447	**63**	31437	**73**	36427	**83**	41417	**93**	46407
4	1996	**14**	6986	**24**	11976	**34**	16966	**44**	21956	**54**	26946	**64**	31936	**74**	36926	**84**	41916	**94**	46906
5	2495	**15**	7485	**25**	12475	**35**	17465	**45**	22455	**55**	27445	**65**	32435	**75**	37425	**85**	42415	**95**	47405
6	2994	**16**	7984	**26**	12974	**36**	17964	**46**	22954	**56**	27944	**66**	32934	**76**	37924	**86**	42914	**96**	47904
7	3493	**17**	8483	**27**	13473	**37**	18463	**47**	23453	**57**	28443	**67**	33433	**77**	38423	**87**	43413	**97**	48403
8	3992	**18**	8982	**28**	13972	**38**	18962	**48**	23952	**58**	28942	**68**	33932	**78**	38922	**88**	43912	**98**	48902
9	4491	**19**	9481	**29**	14471	**39**	19461	**49**	24451	**59**	29441	**69**	34431	**79**	39421	**89**	44411	**99**	49401
10	4990	**20**	9980	**30**	14970	**40**	19960	**50**	24950	**60**	29940	**70**	34930	**80**	39920	**90**	44910	**100**	49900

500

1	500	**11**	5500	**21**	10500	**31**	15500	**41**	20500	**51**	25500	**61**	30500	**71**	35500	**81**	40500	**91**	45500
2	1000	**12**	6000	**22**	11000	**32**	16000	**42**	21000	**52**	26000	**62**	31000	**72**	36000	**82**	41000	**92**	46000
3	1500	**13**	6500	**23**	11500	**33**	16500	**43**	21500	**53**	26500	**63**	31500	**73**	36500	**83**	41500	**93**	46500
4	2000	**14**	7000	**24**	12000	**34**	17000	**44**	22000	**54**	27000	**64**	32000	**74**	37000	**84**	42000	**94**	47000
5	2500	**15**	7500	**25**	12500	**35**	17500	**45**	22500	**55**	27500	**65**	32500	**75**	37500	**85**	42500	**95**	47500
6	3000	**16**	8000	**26**	13000	**36**	18000	**46**	23000	**56**	28000	**66**	33000	**76**	38000	**86**	43000	**96**	48000
7	3500	**17**	8500	**27**	13500	**37**	18500	**47**	23500	**57**	28500	**67**	33500	**77**	38500	**87**	43500	**97**	48500
8	4000	**18**	9000	**28**	14000	**38**	19000	**48**	24000	**58**	29000	**68**	34000	**78**	39000	**88**	44000	**98**	49000
9	4500	**19**	9500	**29**	14500	**39**	19500	**49**	24500	**59**	29500	**69**	34500	**79**	39500	**89**	44500	**99**	49500
10	5000	**20**	10000	**30**	15000	**40**	20000	**50**	25000	**60**	30000	**70**	35000	**80**	40000	**90**	45000	**100**	50000

501

1	501	**11**	5511	**21**	10521	**31**	15531	**41**	20541	**51**	25551	**61**	30561	**71**	35571	**81**	40581	**91**	45591
2	1002	**12**	6012	**22**	11022	**32**	16032	**42**	21042	**52**	26052	**62**	31062	**72**	36072	**82**	41082	**92**	46092
3	1503	**13**	6513	**23**	11523	**33**	16533	**43**	21543	**53**	26553	**63**	31563	**73**	36573	**83**	41583	**93**	46593
4	2004	**14**	7014	**24**	12024	**34**	17034	**44**	22044	**54**	27054	**64**	32064	**74**	37074	**84**	42084	**94**	47094
5	2505	**15**	7515	**25**	12525	**35**	17535	**45**	22545	**55**	27555	**65**	32565	**75**	37575	**85**	42585	**95**	47595
6	3006	**16**	8016	**26**	13026	**36**	18036	**46**	23046	**56**	28056	**66**	33066	**76**	38076	**86**	43086	**96**	48096
7	3507	**17**	8517	**27**	13527	**37**	18537	**47**	23547	**57**	28557	**67**	33567	**77**	38577	**87**	43587	**97**	48597
8	4008	**18**	9018	**28**	14028	**38**	19038	**48**	24048	**58**	29058	**68**	34068	**78**	39078	**88**	44088	**98**	49098
9	4509	**19**	9519	**29**	14529	**39**	19539	**49**	24549	**59**	29559	**69**	34569	**79**	39579	**89**	44589	**99**	49599
10	5010	**20**	10020	**30**	15030	**40**	20040	**50**	25050	**60**	30060	**70**	35070	**80**	40080	**90**	45090	**100**	50100

502

1	502	**11**	5522	**21**	10542	**31**	15562	**41**	20582	**51**	25602	**61**	30622	**71**	35642	**81**	40662	**91**	45682
2	1004	**12**	6024	**22**	11044	**32**	16064	**42**	21084	**52**	26104	**62**	31124	**72**	36144	**82**	41164	**92**	46184
3	1506	**13**	6526	**23**	11546	**33**	16566	**43**	21586	**53**	26606	**63**	31626	**73**	36646	**83**	41666	**93**	46686
4	2008	**14**	7028	**24**	12048	**34**	17068	**44**	22088	**54**	27108	**64**	32128	**74**	37148	**84**	42168	**94**	47188
5	2510	**15**	7530	**25**	12550	**35**	17570	**45**	22590	**55**	27610	**65**	32630	**75**	37650	**85**	42670	**95**	47690
6	3012	**16**	8032	**26**	13052	**36**	18072	**46**	23092	**56**	28112	**66**	33132	**76**	38152	**86**	43172	**96**	48192
7	3514	**17**	8534	**27**	13554	**37**	18574	**47**	23594	**57**	28614	**67**	33634	**77**	38654	**87**	43674	**97**	48694
8	4016	**18**	9036	**28**	14056	**38**	19076	**48**	24096	**58**	29116	**68**	34136	**78**	39156	**88**	44176	**98**	49196
9	4518	**19**	9538	**29**	14558	**39**	19578	**49**	24598	**59**	29618	**69**	34638	**79**	39658	**89**	44678	**99**	49698
10	5020	**20**	10040	**30**	15060	**40**	20080	**50**	25100	**60**	30120	**70**	35140	**80**	40160	**90**	45180	**100**	50200

503

1	503	**11**	5533	**21**	10563	**31**	15593	**41**	20623	**51**	25653	**61**	30683	**71**	35713	**81**	40743	**91**	45773
2	1006	**12**	6036	**22**	11066	**32**	16096	**42**	21126	**52**	26156	**62**	31186	**72**	36216	**82**	41246	**92**	46276
3	1509	**13**	6539	**23**	11569	**33**	16599	**43**	21629	**53**	26659	**63**	31689	**73**	36719	**83**	41749	**93**	46779
4	2012	**14**	7042	**24**	12072	**34**	17102	**44**	22132	**54**	27162	**64**	32192	**74**	37222	**84**	42252	**94**	47282
5	2515	**15**	7545	**25**	12575	**35**	17605	**45**	22635	**55**	27665	**65**	32695	**75**	37725	**85**	42755	**95**	47785
6	3018	**16**	8048	**26**	13078	**36**	18108	**46**	23138	**56**	28168	**66**	33198	**76**	38228	**86**	43258	**96**	48288
7	3521	**17**	8551	**27**	13581	**37**	18611	**47**	23641	**57**	28671	**67**	33701	**77**	38731	**87**	43761	**97**	48791
8	4024	**18**	9054	**28**	14084	**38**	19114	**48**	24144	**58**	29174	**68**	34204	**78**	39234	**88**	44264	**98**	49294
9	4527	**19**	9557	**29**	14587	**39**	19617	**49**	24647	**59**	29677	**69**	34707	**79**	39737	**89**	44767	**99**	49797
10	5030	**20**	10060	**30**	15090	**40**	20120	**50**	25150	**60**	30180	**70**	35210	**80**	40240	**90**	45270	**100**	50300

504

501—505

1	504	**11**	5544	**21**	10584	**31**	15624	**41**	20664	**51**	25704	**61**	30744	**71**	35784	**81**	40824	**91**	45864
2	1008	**12**	6048	**22**	11088	**32**	16128	**42**	21168	**52**	26208	**62**	31248	**72**	36288	**82**	41328	**92**	46368
3	1512	**13**	6552	**23**	11592	**33**	16632	**43**	21672	**53**	26712	**63**	31752	**73**	36792	**83**	41832	**93**	46872
4	2016	**14**	7056	**24**	12096	**34**	17136	**44**	22176	**54**	27216	**64**	32256	**74**	37296	**84**	42336	**94**	47376
5	2520	**15**	7560	**25**	12600	**35**	17640	**45**	22680	**55**	27720	**65**	32760	**75**	37800	**85**	42840	**95**	47880
6	3024	**16**	8064	**26**	13104	**36**	18144	**46**	23184	**56**	28224	**66**	33264	**76**	38304	**86**	43344	**96**	48384
7	3528	**17**	8568	**27**	13608	**37**	18648	**47**	23688	**57**	28728	**67**	33768	**77**	38808	**87**	43848	**97**	48888
8	4032	**18**	9072	**28**	14112	**38**	19152	**48**	24192	**58**	29232	**68**	34272	**78**	39312	**88**	44352	**98**	49392
9	4536	**19**	9576	**29**	14616	**39**	19656	**49**	24696	**59**	29736	**69**	34776	**79**	39816	**89**	44856	**99**	49896
10	5040	**20**	10080	**30**	15120	**40**	20160	**50**	25200	**60**	30240	**70**	35280	**80**	40320	**90**	45360	**100**	50400

505

1	505	**11**	5555	**21**	10605	**31**	15655	**41**	20705	**51**	25755	**61**	30805	**71**	35855	**81**	40905	**91**	45955
2	1010	**12**	6060	**22**	11110	**32**	16160	**42**	21210	**52**	26260	**62**	31310	**72**	36360	**82**	41410	**92**	46460
3	1515	**13**	6565	**23**	11615	**33**	16665	**43**	21715	**53**	26765	**63**	31815	**73**	36865	**83**	41915	**93**	46965
4	2020	**14**	7070	**24**	12120	**34**	17170	**44**	22220	**54**	27270	**64**	32320	**74**	37370	**84**	42420	**94**	47470
5	2525	**15**	7575	**25**	12625	**35**	17675	**45**	22725	**55**	27775	**65**	32825	**75**	37875	**85**	42925	**95**	47975
6	3030	**16**	8080	**26**	13130	**36**	18180	**46**	23230	**56**	28280	**66**	33330	**76**	38380	**86**	43430	**96**	48480
7	3535	**17**	8585	**27**	13635	**37**	18685	**47**	23735	**57**	28785	**67**	33835	**77**	38885	**87**	43935	**97**	48985
8	4040	**18**	9090	**28**	14140	**38**	19190	**48**	24240	**58**	29290	**68**	34340	**78**	39390	**88**	44440	**98**	49490
9	4545	**19**	9595	**29**	14645	**39**	19695	**49**	24745	**59**	29795	**69**	34845	**79**	39895	**89**	44945	**99**	49995
10	5050	**20**	10100	**30**	15150	**40**	20200	**50**	25250	**60**	30300	**70**	35350	**80**	40400	**90**	45450	**100**	50500

506

1	506	**11**	5566	**21**	10626	**31**	15686	**41**	20746	**51**	25806	**61**	30866	**71**	35926	**81**	40986	**91**	46046
2	1012	**12**	6072	**22**	11132	**32**	16192	**42**	21252	**52**	26312	**62**	31372	**72**	36432	**82**	41492	**92**	46552
3	1518	**13**	6578	**23**	11638	**33**	16698	**43**	21758	**53**	26818	**63**	31878	**73**	36938	**83**	41998	**93**	47058
4	2024	**14**	7084	**24**	12144	**34**	17204	**44**	22264	**54**	27324	**64**	32384	**74**	37444	**84**	42504	**94**	47564
5	2530	**15**	7590	**25**	12650	**35**	17710	**45**	22770	**55**	27830	**65**	32890	**75**	37950	**85**	43010	**95**	48070
6	3036	**16**	8096	**26**	13156	**36**	18216	**46**	23276	**56**	28336	**66**	33396	**76**	38456	**86**	43516	**96**	48576
7	3542	**17**	8602	**27**	13662	**37**	18722	**47**	23782	**57**	28842	**67**	33902	**77**	38962	**87**	44022	**97**	49082
8	4048	**18**	9108	**28**	14168	**38**	19228	**48**	24288	**58**	29348	**68**	34408	**78**	39468	**88**	44528	**98**	49588
9	4554	**19**	9614	**29**	14674	**39**	19734	**49**	24794	**59**	29854	**69**	34914	**79**	39974	**89**	45034	**99**	50094
10	5060	**20**	10120	**30**	15180	**40**	20240	**50**	25300	**60**	30360	**70**	35420	**80**	40480	**90**	45540	**100**	50600

507

1	507	**11**	5577	**21**	10647	**31**	15717	**41**	20787	**51**	25857	**61**	30927	**71**	35997	**81**	41067	**91**	46137
2	1014	**12**	6084	**22**	11154	**32**	16224	**42**	21294	**52**	26364	**62**	31434	**72**	36504	**82**	41574	**92**	46644
3	1521	**13**	6591	**23**	11661	**33**	16731	**43**	21801	**53**	26871	**63**	31941	**73**	37011	**83**	42081	**93**	47151
4	2028	**14**	7098	**24**	12168	**34**	17238	**44**	22308	**54**	27378	**64**	32448	**74**	37518	**84**	42588	**94**	47658
5	2535	**15**	7605	**25**	12675	**35**	17745	**45**	22815	**55**	27885	**65**	32955	**75**	38025	**85**	43095	**95**	48165
6	3042	**16**	8112	**26**	13182	**36**	18252	**46**	23322	**56**	28392	**66**	33462	**76**	38532	**86**	43602	**96**	48672
7	3549	**17**	8619	**27**	13689	**37**	18759	**47**	23829	**57**	28899	**67**	33969	**77**	39039	**87**	44109	**97**	49179
8	4056	**18**	9126	**28**	14196	**38**	19266	**48**	24336	**58**	29406	**68**	34476	**78**	39546	**88**	44616	**98**	49686
9	4563	**19**	9633	**29**	14703	**39**	19773	**49**	24843	**59**	29913	**69**	34983	**79**	40053	**89**	45123	**99**	50193
10	5070	**20**	10140	**30**	15210	**40**	20280	**50**	25350	**60**	30420	**70**	35490	**80**	40560	**90**	45630	**100**	50700

508

1	508	**11**	5588	**21**	10668	**31**	15748	**41**	20828	**51**	25908	**61**	30988	**71**	36068	**81**	41148	**91**	46228
2	1016	**12**	6096	**22**	11176	**32**	16256	**42**	21336	**52**	26416	**62**	31496	**72**	36576	**82**	41656	**92**	46736
3	1524	**13**	6604	**23**	11684	**33**	16764	**43**	21844	**53**	26924	**63**	32004	**73**	37084	**83**	42164	**93**	47244
4	2032	**14**	7112	**24**	12192	**34**	17272	**44**	22352	**54**	27432	**64**	32512	**74**	37592	**84**	42672	**94**	47752
5	2540	**15**	7620	**25**	12700	**35**	17780	**45**	22860	**55**	27940	**65**	33020	**75**	38100	**85**	43180	**95**	48260
6	3048	**16**	8128	**26**	13208	**36**	18288	**46**	23368	**56**	28448	**66**	33528	**76**	38608	**86**	43688	**96**	48768
7	3556	**17**	8636	**27**	13716	**37**	18796	**47**	23876	**57**	28956	**67**	34036	**77**	39116	**87**	44196	**97**	49276
8	4064	**18**	9144	**28**	14224	**38**	19304	**48**	24384	**58**	29464	**68**	34544	**78**	39624	**88**	44704	**98**	49784
9	4572	**19**	9652	**29**	14732	**39**	19812	**49**	24892	**59**	29972	**69**	35052	**79**	40132	**89**	45212	**99**	50292
10	5080	**20**	10160	**30**	15240	**40**	20320	**50**	25400	**60**	30480	**70**	35560	**80**	40640	**90**	45720	**100**	50800

509

1	509	**11**	5599	**21**	10689	**31**	15779	**41**	20869	**51**	25959	**61**	31049	**71**	36139	**81**	41229	**91**	46319
2	1018	**12**	6108	**22**	11198	**32**	16288	**42**	21378	**52**	26468	**62**	31558	**72**	36648	**82**	41738	**92**	46828
3	1527	**13**	6617	**23**	11707	**33**	16797	**43**	21887	**53**	26977	**63**	32067	**73**	37157	**83**	42247	**93**	47337
4	2036	**14**	7126	**24**	12216	**34**	17306	**44**	22396	**54**	27486	**64**	32576	**74**	37666	**84**	42756	**94**	47846
5	2545	**15**	7635	**25**	12725	**35**	17815	**45**	22905	**55**	27995	**65**	33085	**75**	38175	**85**	43265	**95**	48355
6	3054	**16**	8144	**26**	13234	**36**	18324	**46**	23414	**56**	28504	**66**	33594	**76**	38684	**86**	43774	**96**	48864
7	3563	**17**	8653	**27**	13743	**37**	18833	**47**	23923	**57**	29013	**67**	34103	**77**	39193	**87**	44283	**97**	49373
8	4072	**18**	9162	**28**	14252	**38**	19342	**48**	24432	**58**	29522	**68**	34612	**78**	39702	**88**	44792	**98**	49882
9	4581	**19**	9671	**29**	14761	**39**	19851	**49**	24941	**59**	30031	**69**	35121	**79**	40211	**89**	45301	**99**	50391
10	5090	**20**	10180	**30**	15270	**40**	20360	**50**	25450	**60**	30540	**70**	35630	**80**	40720	**90**	45810	**100**	50900

510

1	510	**11**	5610	**21**	10710	**31**	15810	**41**	20910	**51**	26010	**61**	31110	**71**	36210	**81**	41310	**91**	46410
2	1020	**12**	6120	**22**	11220	**32**	16320	**42**	21420	**52**	26520	**62**	31620	**72**	36720	**82**	41820	**92**	46920
3	1530	**13**	6630	**23**	11730	**33**	16830	**43**	21930	**53**	27030	**63**	32130	**73**	37230	**83**	42330	**93**	47430
4	2040	**14**	7140	**24**	12240	**34**	17340	**44**	22440	**54**	27540	**64**	32640	**74**	37740	**84**	42840	**94**	47940
5	2550	**15**	7650	**25**	12750	**35**	17850	**45**	22950	**55**	28050	**65**	33150	**75**	38250	**85**	43350	**95**	48450
6	3060	**16**	8160	**26**	13260	**36**	18360	**46**	23460	**56**	28560	**66**	33660	**76**	38760	**86**	43860	**96**	48960
7	3570	**17**	8670	**27**	13770	**37**	18870	**47**	23970	**57**	29070	**67**	34170	**77**	39270	**87**	44370	**97**	49470
8	4080	**18**	9180	**28**	14280	**38**	19380	**48**	24480	**58**	29580	**68**	34680	**78**	39780	**88**	44880	**98**	49980
9	4590	**19**	9690	**29**	14790	**39**	19890	**49**	24990	**59**	30090	**69**	35190	**79**	40290	**89**	45390	**99**	50490
10	5100	**20**	10200	**30**	15300	**40**	20400	**50**	25500	**60**	30600	**70**	35700	**80**	40800	**90**	45900	**100**	51000

511

1	511	**11**	5621	**21**	10731	**31**	15841	**41**	20951	**51**	26061	**61**	31171	**71**	36281	**81**	41391	**91**	46501
2	1022	**12**	6132	**22**	11242	**32**	16352	**42**	21462	**52**	26572	**62**	31682	**72**	36792	**82**	41902	**92**	47012
3	1533	**13**	6643	**23**	11753	**33**	16863	**43**	21973	**53**	27083	**63**	32193	**73**	37303	**83**	42413	**93**	47523
4	2044	**14**	7154	**24**	12264	**34**	17374	**44**	22484	**54**	27594	**64**	32704	**74**	37814	**84**	42924	**94**	48034
5	2555	**15**	7665	**25**	12775	**35**	17885	**45**	22995	**55**	28105	**65**	33215	**75**	38325	**85**	43435	**95**	48545
6	3066	**16**	8176	**26**	13286	**36**	18396	**46**	23506	**56**	28616	**66**	33726	**76**	38836	**86**	43946	**96**	49056
7	3577	**17**	8687	**27**	13797	**37**	18907	**47**	24017	**57**	29127	**67**	34237	**77**	39347	**87**	44457	**97**	49567
8	4088	**18**	9198	**28**	14308	**38**	19418	**48**	24528	**58**	29638	**68**	34748	**78**	39858	**88**	44968	**98**	50078
9	4599	**19**	9709	**29**	14819	**39**	19929	**49**	25039	**59**	30149	**69**	35259	**79**	40369	**89**	45479	**99**	50589
10	5110	**20**	10220	**30**	15330	**40**	20440	**50**	25550	**60**	30660	**70**	35770	**80**	40880	**90**	45990	**100**	51100

512

1	512	**11**	5632	**21**	10752	**31**	15872	**41**	20992	**51**	26112	**61**	31232	**71**	36352	**81**	41472	**91**	46592
2	1024	**12**	6144	**22**	11264	**32**	16384	**42**	21504	**52**	26624	**62**	31744	**72**	36864	**82**	41984	**92**	47104
3	1536	**13**	6656	**23**	11776	**33**	16896	**43**	22016	**53**	27136	**63**	32256	**73**	37376	**83**	42496	**93**	47616
4	2048	**14**	7168	**24**	12288	**34**	17408	**44**	22528	**54**	27648	**64**	32768	**74**	37888	**84**	43008	**94**	48128
5	2560	**15**	7680	**25**	12800	**35**	17920	**45**	23040	**55**	28160	**65**	33280	**75**	38400	**85**	43520	**95**	48640
6	3072	**16**	8192	**26**	13312	**36**	18432	**46**	23552	**56**	28672	**66**	33792	**76**	38912	**86**	44032	**96**	49152
7	3584	**17**	8704	**27**	13824	**37**	18944	**47**	24064	**57**	29184	**67**	34304	**77**	39424	**87**	44544	**97**	49664
8	4096	**18**	9216	**28**	14336	**38**	19456	**48**	24576	**58**	29696	**68**	34816	**78**	39936	**88**	45056	**98**	50176
9	4608	**19**	9728	**29**	14848	**39**	19968	**49**	25088	**59**	30208	**69**	35328	**79**	40448	**89**	45568	**99**	50688
10	5120	**20**	10240	**30**	15360	**40**	20480	**50**	25600	**60**	30720	**70**	35840	**80**	40960	**90**	46080	**100**	51200

513

1	513	**11**	5643	**21**	10773	**31**	15903	**41**	21033	**51**	26163	**61**	31293	**71**	36423	**81**	41553	**91**	46683
2	1026	**12**	6156	**22**	11286	**32**	16416	**42**	21546	**52**	26676	**62**	31806	**72**	36936	**82**	42066	**92**	47196
3	1539	**13**	6669	**23**	11799	**33**	16929	**43**	22059	**53**	27189	**63**	32319	**73**	37449	**83**	42579	**93**	47709
4	2052	**14**	7182	**24**	12312	**34**	17442	**44**	22572	**54**	27702	**64**	32832	**74**	37962	**84**	43092	**94**	48222
5	2565	**15**	7695	**25**	12825	**35**	17955	**45**	23085	**55**	28215	**65**	33345	**75**	38475	**85**	43605	**95**	48735
6	3078	**16**	8208	**26**	13338	**36**	18468	**46**	23598	**56**	28728	**66**	33858	**76**	38988	**86**	44118	**96**	49248
7	3591	**17**	8721	**27**	13851	**37**	18981	**47**	24111	**57**	29241	**67**	34371	**77**	39501	**87**	44631	**97**	49761
8	4104	**18**	9234	**28**	14364	**38**	19494	**48**	24624	**58**	29754	**68**	34884	**78**	40014	**88**	45144	**98**	50274
9	4617	**19**	9747	**29**	14877	**39**	20007	**49**	25137	**59**	30267	**69**	35397	**79**	40527	**89**	45657	**99**	50787
10	5130	**20**	10260	**30**	15390	**40**	20520	**50**	25650	**60**	30780	**70**	35910	**80**	41040	**90**	46170	**100**	51300

514

1	514	**11**	5654	**21**	10794	**31**	15934	**41**	21074	**51**	26214	**61**	31354	**71**	36494	**81**	41634	**91**	46774
2	1028	**12**	6168	**22**	11308	**32**	16448	**42**	21588	**52**	26728	**62**	31868	**72**	37008	**82**	42148	**92**	47288
3	1542	**13**	6682	**23**	11822	**33**	16962	**43**	22102	**53**	27242	**63**	32382	**73**	37522	**83**	42662	**93**	47802
4	2056	**14**	7196	**24**	12336	**34**	17476	**44**	22616	**54**	27756	**64**	32896	**74**	38036	**84**	43176	**94**	48316
5	2570	**15**	7710	**25**	12850	**35**	17990	**45**	23130	**55**	28270	**65**	33410	**75**	38550	**85**	43690	**95**	48830
6	3084	**16**	8224	**26**	13364	**36**	18504	**46**	23644	**56**	28784	**66**	33924	**76**	39064	**86**	44204	**96**	49344
7	3598	**17**	8738	**27**	13878	**37**	19018	**47**	24158	**57**	29298	**67**	34438	**77**	39578	**87**	44718	**97**	49858
8	4112	**18**	9252	**28**	14392	**38**	19532	**48**	24672	**58**	29812	**68**	34952	**78**	40092	**88**	45232	**98**	50372
9	4626	**19**	9766	**29**	14906	**39**	20046	**49**	25186	**59**	30326	**69**	35466	**79**	40606	**89**	45746	**99**	50886
10	5140	**20**	10280	**30**	15420	**40**	20560	**50**	25700	**60**	30840	**70**	35980	**80**	41120	**90**	46260	**100**	51400

515

1	515	**11**	5665	**21**	10815	**31**	15965	**41**	21115	**51**	26265	**61**	31415	**71**	36565	**81**	41715	**91**	46865
2	1030	**12**	6180	**22**	11330	**32**	16480	**42**	21630	**52**	26780	**62**	31930	**72**	37080	**82**	42230	**92**	47380
3	1545	**13**	6695	**23**	11845	**33**	16995	**43**	22145	**53**	27295	**63**	32445	**73**	37595	**83**	42745	**93**	47895
4	2060	**14**	7210	**24**	12360	**34**	17510	**44**	22660	**54**	27810	**64**	32960	**74**	38110	**84**	43260	**94**	48410
5	2575	**15**	7725	**25**	12875	**35**	18025	**45**	23175	**55**	28325	**65**	33475	**75**	38625	**85**	43775	**95**	48925
6	3090	**16**	8240	**26**	13390	**36**	18540	**46**	23690	**56**	28840	**66**	33990	**76**	39140	**86**	44290	**96**	49440
7	3605	**17**	8755	**27**	13905	**37**	19055	**47**	24205	**57**	29355	**67**	34505	**77**	39655	**87**	44805	**97**	49955
8	4120	**18**	9270	**28**	14420	**38**	19570	**48**	24720	**58**	29870	**68**	35020	**78**	40170	**88**	45320	**98**	50470
9	4635	**19**	9785	**29**	14935	**39**	20085	**49**	25235	**59**	30385	**69**	35535	**79**	40685	**89**	45835	**99**	50985
10	5150	**20**	10300	**30**	15450	**40**	20600	**50**	25750	**60**	30900	**70**	36050	**80**	41200	**90**	46350	**100**	51500

516

1	516	11	5676	21	10836	31	15996	41	21156	51	26316	61	31476	71	36636	81	41796	91	46956
2	1032	12	6192	22	11352	32	16512	42	21672	52	26832	62	31992	72	37152	82	42312	92	47472
3	1548	13	6708	23	11868	33	17028	43	22188	53	27348	63	32508	73	37668	83	42828	93	47988
4	2064	14	7224	24	12384	34	17544	44	22704	54	27864	64	33024	74	38184	84	43344	94	48504
5	2580	15	7740	25	12900	35	18060	45	23220	55	28380	65	33540	75	38700	85	43860	95	49020
6	3096	16	8256	26	13416	36	18576	46	23736	56	28896	66	34056	76	39216	86	44376	96	49536
7	3612	17	8772	27	13932	37	19092	47	24252	57	29412	67	34572	77	39732	87	44892	97	50052
8	4128	18	9288	28	14448	38	19608	48	24768	58	29928	68	35088	78	40248	88	45408	98	50568
9	4644	19	9804	29	14964	39	20124	49	25284	59	30444	69	35604	79	40764	89	45924	99	51084
10	5160	20	10320	30	15480	40	20640	50	25800	60	30960	70	36120	80	41280	90	46440	100	51600

517

1	517	11	5687	21	10857	31	16027	41	21197	51	26367	61	31537	71	36707	81	41877	91	47047
2	1034	12	6204	22	11374	32	16544	42	21714	52	26884	62	32054	72	37224	82	42394	92	47564
3	1551	13	6721	23	11891	33	17061	43	22231	53	27401	63	32571	73	37741	83	42911	93	48081
4	2068	14	7238	24	12408	34	17578	44	22748	54	27918	64	33088	74	38258	84	43428	94	48598
5	2585	15	7755	25	12925	35	18095	45	23265	55	28435	65	33605	75	38775	85	43945	95	49115
6	3102	16	8272	26	13442	36	18612	46	23782	56	28952	66	34122	76	39292	86	44462	96	49632
7	3619	17	8789	27	13959	37	19129	47	24299	57	29469	67	34639	77	39809	87	44979	97	50149
8	4136	18	9306	28	14476	38	19646	48	24816	58	29986	68	35156	78	40326	88	45496	98	50666
9	4653	19	9823	29	14993	39	20163	49	25333	59	30503	69	35673	79	40843	89	46013	99	51183
10	5170	20	10340	30	15510	40	20680	50	25850	60	31020	70	36190	80	41360	90	46530	100	51700

518

1	518	11	5698	21	10878	31	16058	41	21238	51	26418	61	31598	71	36778	81	41958	91	47138
2	1036	12	6216	22	11396	32	16576	42	21756	52	26936	62	32116	72	37296	82	42476	92	47656
3	1554	13	6734	23	11914	33	17094	43	22274	53	27454	63	32634	73	37814	83	42994	93	48174
4	2072	14	7252	24	12432	34	17612	44	22792	54	27972	64	33152	74	38332	84	43512	94	48692
5	2590	15	7770	25	12950	35	18130	45	23310	55	28490	65	33670	75	38850	85	44030	95	49210
6	3108	16	8288	26	13468	36	18648	46	23828	56	29008	66	34188	76	39368	86	44548	96	49728
7	3626	17	8806	27	13986	37	19166	47	24346	57	29526	67	34706	77	39886	87	45066	97	50246
8	4144	18	9324	28	14504	38	19684	48	24864	58	30044	68	35224	78	40404	88	45584	98	50764
9	4662	19	9842	29	15022	39	20202	49	25382	59	30562	69	35742	79	40922	89	46102	99	51282
10	5180	20	10360	30	15540	40	20720	50	25900	60	31080	70	36260	80	41440	90	46620	100	51800

519

1	519	11	5709	21	10899	31	16089	41	21279	51	26469	61	31659	71	36849	81	42039	91	47229
2	1038	12	6228	22	11418	32	16608	42	21798	52	26988	62	32178	72	37368	82	42558	92	47748
3	1557	13	6747	23	11937	33	17127	43	22317	53	27507	63	32697	73	37887	83	43077	93	48267
4	2076	14	7266	24	12456	34	17646	44	22836	54	28026	64	33216	74	38406	84	43596	94	48786
5	2595	15	7785	25	12975	35	18165	45	23355	55	28545	65	33735	75	38925	85	44115	95	49305
6	3114	16	8304	26	13494	36	18684	46	23874	56	29064	66	34254	76	39444	86	44634	96	49824
7	3633	17	8823	27	14013	37	19203	47	24393	57	29583	67	34773	77	39963	87	45153	97	50343
8	4152	18	9342	28	14532	38	19722	48	24912	58	30102	68	35292	78	40482	88	45672	98	50862
9	4671	19	9861	29	15051	39	20241	49	25431	59	30621	69	35811	79	41001	89	46191	99	51381
10	5190	20	10380	30	15570	40	20760	50	25950	60	31140	70	36330	80	41520	90	46710	100	51900

520

1	520	11	5720	21	10920	31	16120	41	21320	51	26520	61	31720	71	36920	81	42120	91	47320
2	1040	12	6240	22	11440	32	16640	42	21840	52	27040	62	32240	72	37440	82	42640	92	47840
3	1560	13	6760	23	11960	33	17160	43	22360	53	27560	63	32760	73	37960	83	43160	93	48360
4	2080	14	7280	24	12480	34	17680	44	22880	54	28080	64	33280	74	38480	84	43680	94	48880
5	2600	15	7800	25	13000	35	18200	45	23400	55	28600	65	33800	75	39000	85	44200	95	49400
6	3120	16	8320	26	13520	36	18720	46	23920	56	29120	66	34320	76	39520	86	44720	96	49920
7	3640	17	8840	27	14040	37	19240	47	24440	57	29640	67	34840	77	40040	87	45240	97	50440
8	4160	18	9360	28	14560	38	19760	48	24960	58	30160	68	35360	78	40560	88	45760	98	50960
9	4680	19	9880	29	15080	39	20280	49	25480	59	30680	69	35880	79	41080	89	46280	99	51480
10	5200	20	10400	30	15600	40	20800	50	26000	60	31200	70	36400	80	41600	90	46800	100	52000

521

1	521	**11**	5731	**21**	10941	**31**	16151	**41**	21361	**51**	26571	**61**	31781	**71**	36991	**81**	42201	**91**	47411
2	1042	**12**	6252	**22**	11462	**32**	16672	**42**	21882	**52**	27092	**62**	32302	**72**	37512	**82**	42722	**92**	47932
3	1563	**13**	6773	**23**	11983	**33**	17193	**43**	22403	**53**	27613	**63**	32823	**73**	38033	**83**	43243	**93**	48453
4	2084	**14**	7294	**24**	12504	**34**	17714	**44**	22924	**54**	28134	**64**	33344	**74**	38554	**84**	43764	**94**	48974
5	2605	**15**	7815	**25**	13025	**35**	18235	**45**	23445	**55**	28655	**65**	33865	**75**	39075	**85**	44285	**95**	49495
6	3126	**16**	8336	**26**	13546	**36**	18756	**46**	23966	**56**	29176	**66**	34386	**76**	39596	**86**	44806	**96**	50016
7	3647	**17**	8857	**27**	14067	**37**	19277	**47**	24487	**57**	29697	**67**	34907	**77**	40117	**87**	45327	**97**	50537
8	4168	**18**	9378	**28**	14588	**38**	19798	**48**	25008	**58**	30218	**68**	35428	**78**	40638	**88**	45848	**98**	51058
9	4689	**19**	9899	**29**	15109	**39**	20319	**49**	25529	**59**	30739	**69**	35949	**79**	41159	**89**	46369	**99**	51579
10	5210	**20**	10420	**30**	15630	**40**	20840	**50**	26050	**60**	31260	**70**	36470	**80**	41680	**90**	46890	**100**	52100

522

1	522	**11**	5742	**21**	10962	**31**	16182	**41**	21402	**51**	26622	**61**	31842	**71**	37062	**81**	42282	**91**	47502
2	1044	**12**	6264	**22**	11484	**32**	16704	**42**	21924	**52**	27144	**62**	32364	**72**	37584	**82**	42804	**92**	48024
3	1566	**13**	6786	**23**	12006	**33**	17226	**43**	22446	**53**	27666	**63**	32886	**73**	38106	**83**	43326	**93**	48546
4	2088	**14**	7308	**24**	12528	**34**	17748	**44**	22968	**54**	28188	**64**	33408	**74**	38628	**84**	43848	**94**	49068
5	2610	**15**	7830	**25**	13050	**35**	18270	**45**	23490	**55**	28710	**65**	33930	**75**	39150	**85**	44370	**95**	49590
6	3132	**16**	8352	**26**	13572	**36**	18792	**46**	24012	**56**	29232	**66**	34452	**76**	39672	**86**	44892	**96**	50112
7	3654	**17**	8874	**27**	14094	**37**	19314	**47**	24534	**57**	29754	**67**	34974	**77**	40194	**87**	45414	**97**	50634
8	4176	**18**	9396	**28**	14616	**38**	19836	**48**	25056	**58**	30276	**68**	35496	**78**	40716	**88**	45936	**98**	51156
9	4698	**19**	9918	**29**	15138	**39**	20358	**49**	25578	**59**	30798	**69**	36018	**79**	41238	**89**	46458	**99**	51678
10	5220	**20**	10440	**30**	15660	**40**	20880	**50**	26100	**60**	31320	**70**	36540	**80**	41760	**90**	46980	**100**	52200

523

1	523	**11**	5753	**21**	10983	**31**	16213	**41**	21443	**51**	26673	**61**	31903	**71**	37133	**81**	42363	**91**	47593
2	1046	**12**	6276	**22**	11506	**32**	16736	**42**	21966	**52**	27196	**62**	32426	**72**	37656	**82**	42886	**92**	48116
3	1569	**13**	6799	**23**	12029	**33**	17259	**43**	22489	**53**	27719	**63**	32949	**73**	38179	**83**	43409	**93**	48639
4	2092	**14**	7322	**24**	12552	**34**	17782	**44**	23012	**54**	28242	**64**	33472	**74**	38702	**84**	43932	**94**	49162
5	2615	**15**	7845	**25**	13075	**35**	18305	**45**	23535	**55**	28765	**65**	33995	**75**	39225	**85**	44455	**95**	49685
6	3138	**16**	8368	**26**	13598	**36**	18828	**46**	24058	**56**	29288	**66**	34518	**76**	39748	**86**	44978	**96**	50208
7	3661	**17**	8891	**27**	14121	**37**	19351	**47**	24581	**57**	29811	**67**	35041	**77**	40271	**87**	45501	**97**	50731
8	4184	**18**	9414	**28**	14644	**38**	19874	**48**	25104	**58**	30334	**68**	35564	**78**	40794	**88**	46024	**98**	51254
9	4707	**19**	9937	**29**	15167	**39**	20397	**49**	25627	**59**	30857	**69**	36087	**79**	41317	**89**	46547	**99**	51777
10	5230	**20**	10460	**30**	15690	**40**	20920	**50**	26150	**60**	31380	**70**	36610	**80**	41840	**90**	47070	**100**	52300

524

1	524	**11**	5764	**21**	11004	**31**	16244	**41**	21484	**51**	26724	**61**	31964	**71**	37204	**81**	42444	**91**	47684
2	1048	**12**	6288	**22**	11528	**32**	16768	**42**	22008	**52**	27248	**62**	32488	**72**	37728	**82**	42968	**92**	48208
3	1572	**13**	6812	**23**	12052	**33**	17292	**43**	22532	**53**	27772	**63**	33012	**73**	38252	**83**	43492	**93**	48732
4	2096	**14**	7336	**24**	12576	**34**	17816	**44**	23056	**54**	28296	**64**	33536	**74**	38776	**84**	44016	**94**	49256
5	2620	**15**	7860	**25**	13100	**35**	18340	**45**	23580	**55**	28820	**65**	34060	**75**	39300	**85**	44540	**95**	49780
6	3144	**16**	8384	**26**	13624	**36**	18864	**46**	24104	**56**	29344	**66**	34584	**76**	39824	**86**	45064	**96**	50304
7	3668	**17**	8908	**27**	14148	**37**	19388	**47**	24628	**57**	29868	**67**	35108	**77**	40348	**87**	45588	**97**	50828
8	4192	**18**	9432	**28**	14672	**38**	19912	**48**	25152	**58**	30392	**68**	35632	**78**	40872	**88**	46112	**98**	51352
9	4716	**19**	9956	**29**	15196	**39**	20436	**49**	25676	**59**	30916	**69**	36156	**79**	41396	**89**	46636	**99**	51876
10	5240	**20**	10480	**30**	15720	**40**	20960	**50**	26200	**60**	31440	**70**	36680	**80**	41920	**90**	47160	**100**	52400

525

1	525	**11**	5775	**21**	11025	**31**	16275	**41**	21525	**51**	26775	**61**	32025	**71**	37275	**81**	42525	**91**	47775
2	1050	**12**	6300	**22**	11550	**32**	16800	**42**	22050	**52**	27300	**62**	32550	**72**	37800	**82**	43050	**92**	48300
3	1575	**13**	6825	**23**	12075	**33**	17325	**43**	22575	**53**	27825	**63**	33075	**73**	38325	**83**	43575	**93**	48825
4	2100	**14**	7350	**24**	12600	**34**	17850	**44**	23100	**54**	28350	**64**	33600	**74**	38850	**84**	44100	**94**	49350
5	2625	**15**	7875	**25**	13125	**35**	18375	**45**	23625	**55**	28875	**65**	34125	**75**	39375	**85**	44625	**95**	49875
6	3150	**16**	8400	**26**	13650	**36**	18900	**46**	24150	**56**	29400	**66**	34650	**76**	39900	**86**	45150	**96**	50400
7	3675	**17**	8925	**27**	14175	**37**	19425	**47**	24675	**57**	29925	**67**	35175	**77**	40425	**87**	45675	**97**	50925
8	4200	**18**	9450	**28**	14700	**38**	19950	**48**	25200	**58**	30450	**68**	35700	**78**	40950	**88**	46200	**98**	51450
9	4725	**19**	9975	**29**	15225	**39**	20475	**49**	25725	**59**	30975	**69**	36225	**79**	41475	**89**	46725	**99**	51975
10	5250	**20**	10500	**30**	15750	**40**	21000	**50**	26250	**60**	31500	**70**	36750	**80**	42000	**90**	47250	**100**	52500

526

1	526	**11**	5786	**21**	11046	**31**	16306	**41**	21566	**51**	26826	**61**	32086	**71**	37346	**81**	42606	**91**	47866
2	1052	**12**	6312	**22**	11572	**32**	16832	**42**	22092	**52**	27352	**62**	32612	**72**	37872	**82**	43132	**92**	48392
3	1578	**13**	6838	**23**	12098	**33**	17358	**43**	22618	**53**	27878	**63**	33138	**73**	38398	**83**	43658	**93**	48918
4	2104	**14**	7364	**24**	12624	**34**	17884	**44**	23144	**54**	28404	**64**	33664	**74**	38924	**84**	44184	**94**	49444
5	2630	**15**	7890	**25**	13150	**35**	18410	**45**	23670	**55**	28930	**65**	34190	**75**	39450	**85**	44710	**95**	49970
6	3156	**16**	8416	**26**	13676	**36**	18936	**46**	24196	**56**	29456	**66**	34716	**76**	39976	**86**	45236	**96**	50496
7	3682	**17**	8942	**27**	14202	**37**	19462	**47**	24722	**57**	29982	**67**	35242	**77**	40502	**87**	45762	**97**	51022
8	4208	**18**	9468	**28**	14728	**38**	19988	**48**	25248	**58**	30508	**68**	35768	**78**	41028	**88**	46288	**98**	51548
9	4734	**19**	9994	**29**	15254	**39**	20514	**49**	25774	**59**	31034	**69**	36294	**79**	41554	**89**	46814	**99**	52074
10	5260	**20**	10520	**30**	15780	**40**	21040	**50**	26300	**60**	31560	**70**	36820	**80**	42080	**90**	47340	**100**	52600

527

1	527	**11**	5797	**21**	11067	**31**	16337	**41**	21607	**51**	26877	**61**	32147	**71**	37417	**81**	42687	**91**	47957
2	1054	**12**	6324	**22**	11594	**32**	16864	**42**	22134	**52**	27404	**62**	32674	**72**	37944	**82**	43214	**92**	48484
3	1581	**13**	6851	**23**	12121	**33**	17391	**43**	22661	**53**	27931	**63**	33201	**73**	38471	**83**	43741	**93**	49011
4	2108	**14**	7378	**24**	12648	**34**	17918	**44**	23188	**54**	28458	**64**	33728	**74**	38998	**84**	44268	**94**	49538
5	2635	**15**	7905	**25**	13175	**35**	18445	**45**	23715	**55**	28985	**65**	34255	**75**	39525	**85**	44795	**95**	50065
6	3162	**16**	8432	**26**	13702	**36**	18972	**46**	24242	**56**	29512	**66**	34782	**76**	40052	**86**	45322	**96**	50592
7	3689	**17**	8959	**27**	14229	**37**	19499	**47**	24769	**57**	30039	**67**	35309	**77**	40579	**87**	45849	**97**	51119
8	4216	**18**	9486	**28**	14756	**38**	20026	**48**	25296	**58**	30566	**68**	35836	**78**	41106	**88**	46376	**98**	51646
9	4743	**19**	10013	**29**	15283	**39**	20553	**49**	25823	**59**	31093	**69**	36363	**79**	41633	**89**	46903	**99**	52173
10	5270	**20**	10540	**30**	15810	**40**	21080	**50**	26350	**60**	31620	**70**	36890	**80**	42160	**90**	47430	**100**	52700

528

1	528	**11**	5808	**21**	11088	**31**	16368	**41**	21648	**51**	26928	**61**	32208	**71**	37488	**81**	42768	**91**	48048
2	1056	**12**	6336	**22**	11616	**32**	16896	**42**	22176	**52**	27456	**62**	32736	**72**	38016	**82**	43296	**92**	48576
3	1584	**13**	6864	**23**	12144	**33**	17424	**43**	22704	**53**	27984	**63**	33264	**73**	38544	**83**	43824	**93**	49104
4	2112	**14**	7392	**24**	12672	**34**	17952	**44**	23232	**54**	28512	**64**	33792	**74**	39072	**84**	44352	**94**	49632
5	2640	**15**	7920	**25**	13200	**35**	18480	**45**	23760	**55**	29040	**65**	34320	**75**	39600	**85**	44880	**95**	50160
6	3168	**16**	8448	**26**	13728	**36**	19008	**46**	24288	**56**	29568	**66**	34848	**76**	40128	**86**	45408	**96**	50688
7	3696	**17**	8976	**27**	14256	**37**	19536	**47**	24816	**57**	30096	**67**	35376	**77**	40656	**87**	45936	**97**	51216
8	4224	**18**	9504	**28**	14784	**38**	20064	**48**	25344	**58**	30624	**68**	35904	**78**	41184	**88**	46464	**98**	51744
9	4752	**19**	10032	**29**	15312	**39**	20592	**49**	25872	**59**	31152	**69**	36432	**79**	41712	**89**	46992	**99**	52272
10	5280	**20**	10560	**30**	15840	**40**	21120	**50**	26400	**60**	31680	**70**	36960	**80**	42240	**90**	47520	**100**	52800

529

1	529	**11**	5819	**21**	11109	**31**	16399	**41**	21689	**51**	26979	**61**	32269	**71**	37559	**81**	42849	**91**	48139
2	1058	**12**	6348	**22**	11638	**32**	16928	**42**	22218	**52**	27508	**62**	32798	**72**	38088	**82**	43378	**92**	48668
3	1587	**13**	6877	**23**	12167	**33**	17457	**43**	22747	**53**	28037	**63**	33327	**73**	38617	**83**	43907	**93**	49197
4	2116	**14**	7406	**24**	12696	**34**	17986	**44**	23276	**54**	28566	**64**	33856	**74**	39146	**84**	44436	**94**	49726
5	2645	**15**	7935	**25**	13225	**35**	18515	**45**	23805	**55**	29095	**65**	34385	**75**	39675	**85**	44965	**95**	50255
6	3174	**16**	8464	**26**	13754	**36**	19044	**46**	24334	**56**	29624	**66**	34914	**76**	40204	**86**	45494	**96**	50784
7	3703	**17**	8993	**27**	14283	**37**	19573	**47**	24863	**57**	30153	**67**	35443	**77**	40733	**87**	46023	**97**	51313
8	4232	**18**	9522	**28**	14812	**38**	20102	**48**	25392	**58**	30682	**68**	35972	**78**	41262	**88**	46552	**98**	51842
9	4761	**19**	10051	**29**	15341	**39**	20631	**49**	25921	**59**	31211	**69**	36501	**79**	41791	**89**	47081	**99**	52371
10	5290	**20**	10580	**30**	15870	**40**	21160	**50**	26450	**60**	31740	**70**	37030	**80**	42320	**90**	47610	**100**	52900

530

1	530	**11**	5830	**21**	11130	**31**	16430	**41**	21730	**51**	27030	**61**	32330	**71**	37630	**81**	42930	**91**	48230
2	1060	**12**	6360	**22**	11660	**32**	16960	**42**	22260	**52**	27560	**62**	32860	**72**	38160	**82**	43460	**92**	48760
3	1590	**13**	6890	**23**	12190	**33**	17490	**43**	22790	**53**	28090	**63**	33390	**73**	38690	**83**	43990	**93**	49290
4	2120	**14**	7420	**24**	12720	**34**	18020	**44**	23320	**54**	28620	**64**	33920	**74**	39220	**84**	44520	**94**	49820
5	2650	**15**	7950	**25**	13250	**35**	18550	**45**	23850	**55**	29150	**65**	34450	**75**	39750	**85**	45050	**95**	50350
6	3180	**16**	8480	**26**	13780	**36**	19080	**46**	24380	**56**	29680	**66**	34980	**76**	40280	**86**	45580	**96**	50880
7	3710	**17**	9010	**27**	14310	**37**	19610	**47**	24910	**57**	30210	**67**	35510	**77**	40810	**87**	46110	**97**	51410
8	4240	**18**	9540	**28**	14840	**38**	20140	**48**	25440	**58**	30740	**68**	36040	**78**	41340	**88**	46640	**98**	51940
9	4770	**19**	10070	**29**	15370	**39**	20670	**49**	25970	**59**	31270	**69**	36570	**79**	41870	**89**	47170	**99**	52470
10	5300	**20**	10600	**30**	15900	**40**	21200	**50**	26500	**60**	31800	**70**	37100	**80**	42400	**90**	47700	**100**	53000

531

1	531	11	5841	21	11151	31	16461	41	21771	51	27081	61	32391	71	37701	81	43011	91	48321
2	1062	12	6372	22	11682	32	16992	42	22302	52	27612	62	32922	72	38232	82	43542	92	48852
3	1593	13	6903	23	12213	33	17523	43	22833	53	28143	63	33453	73	38763	83	44073	93	49383
4	2124	14	7434	24	12744	34	18054	44	23364	54	28674	64	33984	74	39294	84	44604	94	49914
5	2655	15	7965	25	13275	35	18585	45	23895	55	29205	65	34515	75	39825	85	45135	95	50445
6	3186	16	8496	26	13806	36	19116	46	24426	56	29736	66	35046	76	40356	86	45666	96	50976
7	3717	17	9027	27	14337	37	19647	47	24957	57	30267	67	35577	77	40887	87	46197	97	51507
8	4248	18	9558	28	14868	38	20178	48	25488	58	30798	68	36108	78	41418	88	46728	98	52038
9	4779	19	10089	29	15399	39	20709	49	26019	59	31329	69	36639	79	41949	89	47259	99	52569
10	5310	20	10620	30	15930	40	21240	50	26550	60	31860	70	37170	80	42480	90	47790	100	53100

532

1	532	11	5852	21	11172	31	16492	41	21812	51	27132	61	32452	71	37772	81	43092	91	48412
2	1064	12	6384	22	11704	32	17024	42	22344	52	27664	62	32984	72	38304	82	43624	92	48944
3	1596	13	6916	23	12236	33	17556	43	22876	53	28196	63	33516	73	38836	83	44156	93	49476
4	2128	14	7448	24	12768	34	18088	44	23408	54	28728	64	34048	74	39368	84	44688	94	50008
5	2660	15	7980	25	13300	35	18620	45	23940	55	29260	65	34580	75	39900	85	45220	95	50540
6	3192	16	8512	26	13832	36	19152	46	24472	56	29792	66	35112	76	40432	86	45752	96	51072
7	3724	17	9044	27	14364	37	19684	47	25004	57	30324	67	35644	77	40964	87	46284	97	51604
8	4256	18	9576	28	14896	38	20216	48	25536	58	30856	68	36176	78	41496	88	46816	98	52136
9	4788	19	10108	29	15428	39	20748	49	26068	59	31388	69	36708	79	42028	89	47348	99	52668
10	5320	20	10640	30	15960	40	21280	50	26600	60	31920	70	37240	80	42560	90	47880	100	53200

533

1	533	11	5863	21	11193	31	16523	41	21853	51	27183	61	32513	71	37843	81	43173	91	48503
2	1066	12	6396	22	11726	32	17056	42	22386	52	27716	62	33046	72	38376	82	43706	92	49036
3	1599	13	6929	23	12259	33	17589	43	22919	53	28249	63	33579	73	38909	83	44239	93	49569
4	2132	14	7462	24	12792	34	18122	44	23452	54	28782	64	34112	74	39442	84	44772	94	50102
5	2665	15	7995	25	13325	35	18655	45	23985	55	29315	65	34645	75	39975	85	45305	95	50635
6	3198	16	8528	26	13858	36	19188	46	24518	56	29848	66	35178	76	40508	86	45838	96	51168
7	3731	17	9061	27	14391	37	19721	47	25051	57	30381	67	35711	77	41041	87	46371	97	51701
8	4264	18	9594	28	14924	38	20254	48	25584	58	30914	68	36244	78	41574	88	46904	98	52234
9	4797	19	10127	29	15457	39	20787	49	26117	59	31447	69	36777	79	42107	89	47437	99	52767
10	5330	20	10660	30	15990	40	21320	50	26650	60	31980	70	37310	80	42640	90	47970	100	53300

534

1	534	11	5874	21	11214	31	16554	41	21894	51	27234	61	32574	71	37914	81	43254	91	48594
2	1068	12	6408	22	11748	32	17088	42	22428	52	27768	62	33108	72	38448	82	43788	92	49128
3	1602	13	6942	23	12282	33	17622	43	22962	53	28302	63	33642	73	38982	83	44322	93	49662
4	2136	14	7476	24	12816	34	18156	44	23496	54	28836	64	34176	74	39516	84	44856	94	50196
5	2670	15	8010	25	13350	35	18690	45	24030	55	29370	65	34710	75	40050	85	45390	95	50730
6	3204	16	8544	26	13884	36	19224	46	24564	56	29904	66	35244	76	40584	86	45924	96	51264
7	3738	17	9078	27	14418	37	19758	47	25098	57	30438	67	35778	77	41118	87	46458	97	51798
8	4272	18	9612	28	14952	38	20292	48	25632	58	30972	68	36312	78	41652	88	46992	98	52332
9	4806	19	10146	29	15486	39	20826	49	26166	59	31506	69	36846	79	42186	89	47526	99	52866
10	5340	20	10680	30	16020	40	21360	50	26700	60	32040	70	37380	80	42720	90	48060	100	53400

535

1	535	11	5885	21	11235	31	16585	41	21935	51	27285	61	32635	71	37985	81	43335	91	48685
2	1070	12	6420	22	11770	32	17120	42	22470	52	27820	62	33170	72	38520	82	43870	92	49220
3	1605	13	6955	23	12305	33	17655	43	23005	53	28355	63	33705	73	39055	83	44405	93	49755
4	2140	14	7490	24	12840	34	18190	44	23540	54	28890	64	34240	74	39590	84	44940	94	50290
5	2675	15	8025	25	13375	35	18725	45	24075	55	29425	65	34775	75	40125	85	45475	95	50825
6	3210	16	8560	26	13910	36	19260	46	24610	56	29960	66	35310	76	40660	86	46010	96	51360
7	3745	17	9095	27	14445	37	19795	47	25145	57	30495	67	35845	77	41195	87	46545	97	51895
8	4280	18	9630	28	14980	38	20330	48	25680	58	31030	68	36380	78	41730	88	47080	98	52430
9	4815	19	10165	29	15515	39	20865	49	26215	59	31565	69	36915	79	42265	89	47615	99	52965
10	5350	20	10700	30	16050	40	21400	50	26750	60	32100	70	37450	80	42800	90	48150	100	53500

536

1	536	11	5896	21	11256	31	16616	41	21976	51	27336	61	32696	71	38056	81	43416	91	48776
2	1072	12	6432	22	11792	32	17152	42	22512	52	27872	62	33232	72	38592	82	43952	92	49312
3	1608	13	6968	23	12328	33	17688	43	23048	53	28408	63	33768	73	39128	83	44488	93	49848
4	2144	14	7504	24	12864	34	18224	44	23584	54	28944	64	34304	74	39664	84	45024	94	50384
5	2680	15	8040	25	13400	35	18760	45	24120	55	29480	65	34840	75	40200	85	45560	95	50920
6	3216	16	8576	26	13936	36	19296	46	24656	56	30016	66	35376	76	40736	86	46096	96	51456
7	3752	17	9112	27	14472	37	19832	47	25192	57	30552	67	35912	77	41272	87	46632	97	51992
8	4288	18	9648	28	15008	38	20368	48	25728	58	31088	68	36448	78	41808	88	47168	98	52528
9	4824	19	10184	29	15544	39	20904	49	26264	59	31624	69	36984	79	42344	89	47704	99	53064
10	5360	20	10720	30	16080	40	21440	50	26800	60	32160	70	37520	80	42880	90	48240	100	53600

537

1	537	11	5907	21	11277	31	16647	41	22017	51	27387	61	32757	71	38127	81	43497	91	48867
2	1074	12	6444	22	11814	32	17184	42	22554	52	27924	62	33294	72	38664	82	44034	92	49404
3	1611	13	6981	23	12351	33	17721	43	23091	53	28461	63	33831	73	39201	83	44571	93	49941
4	2148	14	7518	24	12888	34	18258	44	23628	54	28998	64	34368	74	39738	84	45108	94	50478
5	2685	15	8055	25	13425	35	18795	45	24165	55	29535	65	34905	75	40275	85	45645	95	51015
6	3222	16	8592	26	13962	36	19332	46	24702	56	30072	66	35442	76	40812	86	46182	96	51552
7	3759	17	9129	27	14499	37	19869	47	25239	57	30609	67	35979	77	41349	87	46719	97	52089
8	4296	18	9666	28	15036	38	20406	48	25776	58	31146	68	36516	78	41886	88	47256	98	52626
9	4833	19	10203	29	15573	39	20943	49	26313	59	31683	69	37053	79	42423	89	47793	99	53163
10	5370	20	10740	30	16110	40	21480	50	26850	60	32220	70	37590	80	42960	90	48330	100	53700

538

1	538	11	5918	21	11298	31	16678	41	22058	51	27438	61	32818	71	38198	81	43578	91	48958
2	1076	12	6456	22	11836	32	17216	42	22596	52	27976	62	33356	72	38736	82	44116	92	49496
3	1614	13	6994	23	12374	33	17754	43	23134	53	28514	63	33894	73	39274	83	44654	93	50034
4	2152	14	7532	24	12912	34	18292	44	23672	54	29052	64	34432	74	39812	84	45192	94	50572
5	2690	15	8070	25	13450	35	18830	45	24210	55	29590	65	34970	75	40350	85	45730	95	51110
6	3228	16	8608	26	13988	36	19368	46	24748	56	30128	66	35508	76	40888	86	46268	96	51648
7	3766	17	9146	27	14526	37	19906	47	25286	57	30666	67	36046	77	41426	87	46806	97	52186
8	4304	18	9684	28	15064	38	20444	48	25824	58	31204	68	36584	78	41964	88	47344	98	52724
9	4842	19	10222	29	15602	39	20982	49	26362	59	31742	69	37122	79	42502	89	47882	99	53262
10	5380	20	10760	30	16140	40	21520	50	26900	60	32280	70	37660	80	43040	90	48420	100	53800

539

1	539	11	5929	21	11319	31	16709	41	22099	51	27489	61	32879	71	38269	81	43659	91	49049
2	1078	12	6468	22	11858	32	17248	42	22638	52	28028	62	33418	72	38808	82	44198	92	49588
3	1617	13	7007	23	12397	33	17787	43	23177	53	28567	63	33957	73	39347	83	44737	93	50127
4	2156	14	7546	24	12936	34	18326	44	23716	54	29106	64	34496	74	39886	84	45276	94	50666
5	2695	15	8085	25	13475	35	18865	45	24255	55	29645	65	35035	75	40425	85	45815	95	51205
6	3234	16	8624	26	14014	36	19404	46	24794	56	30184	66	35574	76	40964	86	46354	96	51744
7	3773	17	9163	27	14553	37	19943	47	25333	57	30723	67	36113	77	41503	87	46893	97	52283
8	4312	18	9702	28	15092	38	20482	48	25872	58	31262	68	36652	78	42042	88	47432	98	52822
9	4851	19	10241	29	15631	39	21021	49	26411	59	31801	69	37191	79	42581	89	47971	99	53361
10	5390	20	10780	30	16170	40	21560	50	26950	60	32340	70	37730	80	43120	90	48510	100	53900

540

1	540	11	5940	21	11340	31	16740	41	22140	51	27540	61	32940	71	38340	81	43740	91	49140
2	1080	12	6480	22	11880	32	17280	42	22680	52	28080	62	33480	72	38880	82	44280	92	49680
3	1620	13	7020	23	12420	33	17820	43	23220	53	28620	63	34020	73	39420	83	44820	93	50220
4	2160	14	7560	24	12960	34	18360	44	23760	54	29160	64	34560	74	39960	84	45360	94	50760
5	2700	15	8100	25	13500	35	18900	45	24300	55	29700	65	35100	75	40500	85	45900	95	51300
6	3240	16	8640	26	14040	36	19440	46	24840	56	30240	66	35640	76	41040	86	46440	96	51840
7	3780	17	9180	27	14580	37	19980	47	25380	57	30780	67	36180	77	41580	87	46980	97	52380
8	4320	18	9720	28	15120	38	20520	48	25920	58	31320	68	36720	78	42120	88	47520	98	52920
9	4860	19	10260	29	15660	39	21060	49	26460	59	31860	69	37260	79	42660	89	48060	99	53460
10	5400	20	10800	30	16200	40	21600	50	27000	60	32400	70	37800	80	43200	90	48600	100	54000

541

1	541	11	5951	21	11361	31	16771	41	22181	51	27591	61	33001	71	38411	81	43821	91	49231
2	1082	12	6492	22	11902	32	17312	42	22722	52	28132	62	33542	72	38952	82	44362	92	49772
3	1623	13	7033	23	12443	33	17853	43	23263	53	28673	63	34083	73	39493	83	44903	93	50313
4	2164	14	7574	24	12984	34	18394	44	23804	54	29214	64	34624	74	40034	84	45444	94	50854
5	2705	15	8115	25	13525	35	18935	45	24345	55	29755	65	35165	75	40575	85	45985	95	51395
6	3246	16	8656	26	14066	36	19476	46	24886	56	30296	66	35706	76	41116	86	46526	96	51936
7	3787	17	9197	27	14607	37	20017	47	25427	57	30837	67	36247	77	41657	87	47067	97	52477
8	4328	18	9738	28	15148	38	20558	48	25968	58	31378	68	36788	78	42198	88	47608	98	53018
9	4869	19	10279	29	15689	39	21099	49	26509	59	31919	69	37329	79	42739	89	48149	99	53559
10	5410	20	10820	30	16230	40	21640	50	27050	60	32460	70	37870	80	43280	90	48690	100	54100

542

1	542	11	5962	21	11382	31	16802	41	22222	51	27642	61	33062	71	38482	81	43902	91	49322
2	1084	12	6504	22	11924	32	17344	42	22764	52	28184	62	33604	72	39024	82	44444	92	49864
3	1626	13	7046	23	12466	33	17886	43	23306	53	28726	63	34146	73	39566	83	44986	93	50406
4	2168	14	7588	24	13008	34	18428	44	23848	54	29268	64	34688	74	40108	84	45528	94	50948
5	2710	15	8130	25	13550	35	18970	45	24390	55	29810	65	35230	75	40650	85	46070	95	51490
6	3252	16	8672	26	14092	36	19512	46	24932	56	30352	66	35772	76	41192	86	46612	96	52032
7	3794	17	9214	27	14634	37	20054	47	25474	57	30894	67	36314	77	41734	87	47154	97	52574
8	4336	18	9756	28	15176	38	20596	48	26016	58	31436	68	36856	78	42276	88	47696	98	53116
9	4878	19	10298	29	15718	39	21138	49	26558	59	31978	69	37398	79	42818	89	48238	99	53658
10	5420	20	10840	30	16260	40	21680	50	27100	60	32520	70	37940	80	43360	90	48780	100	54200

543

1	543	11	5973	21	11403	31	16833	41	22263	51	27693	61	33123	71	38553	81	43983	91	49413
2	1086	12	6516	22	11946	32	17376	42	22806	52	28236	62	33666	72	39096	82	44526	92	49956
3	1629	13	7059	23	12489	33	17919	43	23349	53	28779	63	34209	73	39639	83	45069	93	50499
4	2172	14	7602	24	13032	34	18462	44	23892	54	29322	64	34752	74	40182	84	45612	94	51042
5	2715	15	8145	25	13575	35	19005	45	24435	55	29865	65	35295	75	40725	85	46155	95	51585
6	3258	16	8688	26	14118	36	19548	46	24978	56	30408	66	35838	76	41268	86	46698	96	52128
7	3801	17	9231	27	14661	37	20091	47	25521	57	30951	67	36381	77	41811	87	47241	97	52671
8	4344	18	9774	28	15204	38	20634	48	26064	58	31494	68	36924	78	42354	88	47784	98	53214
9	4887	19	10317	29	15747	39	21177	49	26607	59	32037	69	37467	79	42897	89	48327	99	53757
10	5430	20	10860	30	16290	40	21720	50	27150	60	32580	70	38010	80	43440	90	48870	100	54300

544

1	544	11	5984	21	11424	31	16864	41	22304	51	27744	61	33184	71	38624	81	44064	91	49504
2	1088	12	6528	22	11968	32	17408	42	22848	52	28288	62	33728	72	39168	82	44608	92	50048
3	1632	13	7072	23	12512	33	17952	43	23392	53	28832	63	34272	73	39712	83	45152	93	50592
4	2176	14	7616	24	13056	34	18496	44	23936	54	29376	64	34816	74	40256	84	45696	94	51136
5	2720	15	8160	25	13600	35	19040	45	24480	55	29920	65	35360	75	40800	85	46240	95	51680
6	3264	16	8704	26	14144	36	19584	46	25024	56	30464	66	35904	76	41344	86	46784	96	52224
7	3808	17	9248	27	14688	37	20128	47	25568	57	31008	67	36448	77	41888	87	47328	97	52768
8	4352	18	9792	28	15232	38	20672	48	26112	58	31552	68	36992	78	42432	88	47872	98	53312
9	4896	19	10336	29	15776	39	21216	49	26656	59	32096	69	37536	79	42976	89	48416	99	53856
10	5440	20	10880	30	16320	40	21760	50	27200	60	32640	70	38080	80	43520	90	48960	100	54400

545

1	545	11	5995	21	11445	31	16895	41	22345	51	27795	61	33245	71	38695	81	44145	91	49595
2	1090	12	6540	22	11990	32	17440	42	22890	52	28340	62	33790	72	39240	82	44690	92	50140
3	1635	13	7085	23	12535	33	17985	43	23435	53	28885	63	34335	73	39785	83	45235	93	50685
4	2180	14	7630	24	13080	34	18530	44	23980	54	29430	64	34880	74	40330	84	45780	94	51230
5	2725	15	8175	25	13625	35	19075	45	24525	55	29975	65	35425	75	40875	85	46325	95	51775
6	3270	16	8720	26	14170	36	19620	46	25070	56	30520	66	35970	76	41420	86	46870	96	52320
7	3815	17	9265	27	14715	37	20165	47	25615	57	31065	67	36515	77	41965	87	47415	97	52865
8	4360	18	9810	28	15260	38	20710	48	26160	58	31610	68	37060	78	42510	88	47960	98	53410
9	4905	19	10355	29	15805	39	21255	49	26705	59	32155	69	37605	79	43055	89	48505	99	53955
10	5450	20	10900	30	16350	40	21800	50	27250	60	32700	70	38150	80	43600	90	49050	100	54500

546

1	546	11	6006	21	11466	31	16926	41	22386	51	27846	61	33306	71	38766	81	44226	91	49686
2	1092	12	6552	22	12012	32	17472	42	22932	52	28392	62	33852	72	39312	82	44772	92	50232
3	1638	13	7098	23	12558	33	18018	43	23478	53	28938	63	34398	73	39858	83	45318	93	50778
4	2184	14	7644	24	13104	34	18564	44	24024	54	29484	64	34944	74	40404	84	45864	94	51324
5	2730	15	8190	25	13650	35	19110	45	24570	55	30030	65	35490	75	40950	85	46410	95	51870
6	3276	16	8736	26	14196	36	19656	46	25116	56	30576	66	36036	76	41496	86	46956	96	52416
7	3822	17	9282	27	14742	37	20202	47	25662	57	31122	67	36582	77	42042	87	47502	97	52962
8	4368	18	9828	28	15288	38	20748	48	26208	58	31668	68	37128	78	42588	88	48048	98	53508
9	4914	19	10374	29	15834	39	21294	49	26754	59	32214	69	37674	79	43134	89	48594	99	54054
10	5460	20	10920	30	16380	40	21840	50	27300	60	32760	70	38220	80	43680	90	49140	100	54600

547

1	547	11	6017	21	11487	31	16957	41	22427	51	27897	61	33367	71	38837	81	44307	91	49777
2	1094	12	6564	22	12034	32	17504	42	22974	52	28444	62	33914	72	39384	82	44854	92	50324
3	1641	13	7111	23	12581	33	18051	43	23521	53	28991	63	34461	73	39931	83	45401	93	50871
4	2188	14	7658	24	13128	34	18598	44	24068	54	29538	64	35008	74	40478	84	45948	94	51418
5	2735	15	8205	25	13675	35	19145	45	24615	55	30085	65	35555	75	41025	85	46495	95	51965
6	3282	16	8752	26	14222	36	19692	46	25162	56	30632	66	36102	76	41572	86	47042	96	52512
7	3829	17	9299	27	14769	37	20239	47	25709	57	31179	67	36649	77	42119	87	47589	97	53059
8	4376	18	9846	28	15316	38	20786	48	26256	58	31726	68	37196	78	42666	88	48136	98	53606
9	4923	19	10393	29	15863	39	21333	49	26803	59	32273	69	37743	79	43213	89	48683	99	54153
10	5470	20	10940	30	16410	40	21880	50	27350	60	32820	70	38290	80	43760	90	49230	100	54700

548

1	548	11	6028	21	11508	31	16988	41	22468	51	27948	61	33428	71	38908	81	44388	91	49868
2	1096	12	6576	22	12056	32	17536	42	23016	52	28496	62	33976	72	39456	82	44936	92	50416
3	1644	13	7124	23	12604	33	18084	43	23564	53	29044	63	34524	73	40004	83	45484	93	50964
4	2192	14	7672	24	13152	34	18632	44	24112	54	29592	64	35072	74	40552	84	46032	94	51512
5	2740	15	8220	25	13700	35	19180	45	24660	55	30140	65	35620	75	41100	85	46580	95	52060
6	3288	16	8768	26	14248	36	19728	46	25208	56	30688	66	36168	76	41648	86	47128	96	52608
7	3836	17	9316	27	14796	37	20276	47	25756	57	31236	67	36716	77	42196	87	47676	97	53156
8	4384	18	9864	28	15344	38	20824	48	26304	58	31784	68	37264	78	42744	88	48224	98	53704
9	4932	19	10412	29	15892	39	21372	49	26852	59	32332	69	37812	79	43292	89	48772	99	54252
10	5480	20	10960	30	16440	40	21920	50	27400	60	32880	70	38360	80	43840	90	49320	100	54800

549

1	549	11	6039	21	11529	31	17019	41	22509	51	27999	61	33489	71	38979	81	44469	91	49959
2	1098	12	6588	22	12078	32	17568	42	23058	52	28548	62	34038	72	39528	82	45018	92	50508
3	1647	13	7137	23	12627	33	18117	43	23607	53	29097	63	34587	73	40077	83	45567	93	51057
4	2196	14	7686	24	13176	34	18666	44	24156	54	29646	64	35136	74	40626	84	46116	94	51606
5	2745	15	8235	25	13725	35	19215	45	24705	55	30195	65	35685	75	41175	85	46665	95	52155
6	3294	16	8784	26	14274	36	19764	46	25254	56	30744	66	36234	76	41724	86	47214	96	52704
7	3843	17	9333	27	14823	37	20313	47	25803	57	31293	67	36783	77	42273	87	47763	97	53253
8	4392	18	9882	28	15372	38	20862	48	26352	58	31842	68	37332	78	42822	88	48312	98	53802
9	4941	19	10431	29	15921	39	21411	49	26901	59	32391	69	37881	79	43371	89	48861	99	54351
10	5490	20	10980	30	16470	40	21960	50	27450	60	32940	70	38430	80	43920	90	49410	100	54900

550

1	550	11	6050	21	11550	31	17050	41	22550	51	28050	61	33550	71	39050	81	44550	91	50050
2	1100	12	6600	22	12100	32	17600	42	23100	52	28600	62	34100	72	39600	82	45100	92	50600
3	1650	13	7150	23	12650	33	18150	43	23650	53	29150	63	34650	73	40150	83	45650	93	51150
4	2200	14	7700	24	13200	34	18700	44	24200	54	29700	64	35200	74	40700	84	46200	94	51700
5	2750	15	8250	25	13750	35	19250	45	24750	55	30250	65	35750	75	41250	85	46750	95	52250
6	3300	16	8800	26	14300	36	19800	46	25300	56	30800	66	36300	76	41800	86	47300	96	52800
7	3850	17	9350	27	14850	37	20350	47	25850	57	31350	67	36850	77	42350	87	47850	97	53350
8	4400	18	9900	28	15400	38	20900	48	26400	58	31900	68	37400	78	42900	88	48400	98	53900
9	4950	19	10450	29	15950	39	21450	49	26950	59	32450	69	37950	79	43450	89	48950	99	54450
10	5500	20	11000	30	16500	40	22000	50	27500	60	33000	70	38500	80	44000	90	49500	100	55000

551

1	551	11	6061	21	11571	31	17081	41	22591	51	28101	61	33611	71	39121	81	44631	91	50141
2	1102	12	6612	22	12122	32	17632	42	23142	52	28652	62	34162	72	39672	82	45182	92	50692
3	1653	13	7163	23	12673	33	18183	43	23693	53	29203	63	34713	73	40223	83	45733	93	51243
4	2204	14	7714	24	13224	34	18734	44	24244	54	29754	64	35264	74	40774	84	46284	94	51794
5	2755	15	8265	25	13775	35	19285	45	24795	55	30305	65	35815	75	41325	85	46835	95	52345
6	3306	16	8816	26	14326	36	19836	46	25346	56	30856	66	36366	76	41876	86	47386	96	52896
7	3857	17	9367	27	14877	37	20387	47	25897	57	31407	67	36917	77	42427	87	47937	97	53447
8	4408	18	9918	28	15428	38	20938	48	26448	58	31958	68	37468	78	42978	88	48488	98	53998
9	4959	19	10469	29	15979	39	21489	49	26999	59	32509	69	38019	79	43529	89	49039	99	54549
10	5510	20	11020	30	16530	40	22040	50	27550	60	33060	70	38570	80	44080	90	49590	100	55100

552

1	552	11	6072	21	11592	31	17112	41	22632	51	28152	61	33672	71	39192	81	44712	91	50232
2	1104	12	6624	22	12144	32	17664	42	23184	52	28704	62	34224	72	39744	82	45264	92	50784
3	1656	13	7176	23	12696	33	18216	43	23736	53	29256	63	34776	73	40296	83	45816	93	51336
4	2208	14	7728	24	13248	34	18768	44	24288	54	29808	64	35328	74	40848	84	46368	94	51888
5	2760	15	8280	25	13800	35	19320	45	24840	55	30360	65	35880	75	41400	85	46920	95	52440
6	3312	16	8832	26	14352	36	19872	46	25392	56	30912	66	36432	76	41952	86	47472	96	52992
7	3864	17	9384	27	14904	37	20424	47	25944	57	31464	67	36984	77	42504	87	48024	97	53544
8	4416	18	9936	28	15456	38	20976	48	26496	58	32016	68	37536	78	43056	88	48576	98	54096
9	4968	19	10488	29	16008	39	21528	49	27048	59	32568	69	38088	79	43608	89	49128	99	54648
10	5520	20	11040	30	16560	40	22080	50	27600	60	33120	70	38640	80	44160	90	49680	100	55200

553

1	553	11	6083	21	11613	31	17143	41	22673	51	28203	61	33733	71	39263	81	44793	91	50323
2	1106	12	6636	22	12166	32	17696	42	23226	52	28756	62	34286	72	39816	82	45346	92	50876
3	1659	13	7189	23	12719	33	18249	43	23779	53	29309	63	34839	73	40369	83	45899	93	51429
4	2212	14	7742	24	13272	34	18802	44	24332	54	29862	64	35392	74	40922	84	46452	94	51982
5	2765	15	8295	25	13825	35	19355	45	24885	55	30415	65	35945	75	41475	85	47005	95	52535
6	3318	16	8848	26	14378	36	19908	46	25438	56	30968	66	36498	76	42028	86	47558	96	53088
7	3871	17	9401	27	14931	37	20461	47	25991	57	31521	67	37051	77	42581	87	48111	97	53641
8	4424	18	9954	28	15484	38	21014	48	26544	58	32074	68	37604	78	43134	88	48664	98	54194
9	4977	19	10507	29	16037	39	21567	49	27097	59	32627	69	38157	79	43687	89	49217	99	54747
10	5530	20	11060	30	16590	40	22120	50	27650	60	33180	70	38710	80	44240	90	49770	100	55300

554

1	554	11	6094	21	11634	31	17174	41	22714	51	28254	61	33794	71	39334	81	44874	91	50414
2	1108	12	6648	22	12188	32	17728	42	23268	52	28808	62	34348	72	39888	82	45428	92	50968
3	1662	13	7202	23	12742	33	18282	43	23822	53	29362	63	34902	73	40442	83	45982	93	51522
4	2216	14	7756	24	13296	34	18836	44	24376	54	29916	64	35456	74	40996	84	46536	94	52076
5	2770	15	8310	25	13850	35	19390	45	24930	55	30470	65	36010	75	41550	85	47090	95	52630
6	3324	16	8864	26	14404	36	19944	46	25484	56	31024	66	36564	76	42104	86	47644	96	53184
7	3878	17	9418	27	14958	37	20498	47	26038	57	31578	67	37118	77	42658	87	48198	97	53738
8	4432	18	9972	28	15512	38	21052	48	26592	58	32132	68	37672	78	43212	88	48752	98	54292
9	4986	19	10526	29	16066	39	21606	49	27146	59	32686	69	38226	79	43766	89	49306	99	54846
10	5540	20	11080	30	16620	40	22160	50	27700	60	33240	70	38780	80	44320	90	49860	100	55400

555

1	555	11	6105	21	11655	31	17205	41	22755	51	28305	61	33855	71	39405	81	44955	91	50505
2	1110	12	6660	22	12210	32	17760	42	23310	52	28860	62	34410	72	39960	82	45510	92	51060
3	1665	13	7215	23	12765	33	18315	43	23865	53	29415	63	34965	73	40515	83	46065	93	51615
4	2220	14	7770	24	13320	34	18870	44	24420	54	29970	64	35520	74	41070	84	46620	94	52170
5	2775	15	8325	25	13875	35	19425	45	24975	55	30525	65	36075	75	41625	85	47175	95	52725
6	3330	16	8880	26	14430	36	19980	46	25530	56	31080	66	36630	76	42180	86	47730	96	53280
7	3885	17	9435	27	14985	37	20535	47	26085	57	31635	67	37185	77	42735	87	48285	97	53835
8	4440	18	9990	28	15540	38	21090	48	26640	58	32190	68	37740	78	43290	88	48840	98	54390
9	4995	19	10545	29	16095	39	21645	49	27195	59	32745	69	38295	79	43845	89	49395	99	54945
10	5550	20	11100	30	16650	40	22200	50	27750	60	33300	70	38850	80	44400	90	49950	100	55500

556

1	556	11	6116	21	11676	31	17236	41	22796	51	28356	61	33916	71	39476	81	45036	91	50596
2	1112	12	6672	22	12232	32	17792	42	23352	52	28912	62	34472	72	40032	82	45592	92	51152
3	1668	13	7228	23	12788	33	18348	43	23908	53	29468	63	35028	73	40588	83	46148	93	51708
4	2224	14	7784	24	13344	34	18904	44	24464	54	30024	64	35584	74	41144	84	46704	94	52264
5	2780	15	8340	25	13900	35	19460	45	25020	55	30580	65	36140	75	41700	85	47260	95	52820
6	3336	16	8896	26	14456	36	20016	46	25576	56	31136	66	36696	76	42256	86	47816	96	53376
7	3892	17	9452	27	15012	37	20572	47	26132	57	31692	67	37252	77	42812	87	48372	97	53932
8	4448	18	10008	28	15568	38	21128	48	26688	58	32248	68	37808	78	43368	88	48928	98	54488
9	5004	19	10564	29	16124	39	21684	49	27244	59	32804	69	38364	79	43924	89	49484	99	55044
10	5560	20	11120	30	16680	40	22240	50	27800	60	33360	70	38920	80	44480	90	50040	100	55600

557

1	557	11	6127	21	11697	31	17267	41	22837	51	28407	61	33977	71	39547	81	45117	91	50687
2	1114	12	6684	22	12254	32	17824	42	23394	52	28964	62	34534	72	40104	82	45674	92	51244
3	1671	13	7241	23	12811	33	18381	43	23951	53	29521	63	35091	73	40661	83	46231	93	51801
4	2228	14	7798	24	13368	34	18938	44	24508	54	30078	64	35648	74	41218	84	46788	94	52358
5	2785	15	8355	25	13925	35	19495	45	25065	55	30635	65	36205	75	41775	85	47345	95	52915
6	3342	16	8912	26	14482	36	20052	46	25622	56	31192	66	36762	76	42332	86	47902	96	53472
7	3899	17	9469	27	15039	37	20609	47	26179	57	31749	67	37319	77	42889	87	48459	97	54029
8	4456	18	10026	28	15596	38	21166	48	26736	58	32306	68	37876	78	43446	88	49016	98	54586
9	5013	19	10583	29	16153	39	21723	49	27293	59	32863	69	38433	79	44003	89	49573	99	55143
10	5570	20	11140	30	16710	40	22280	50	27850	60	33420	70	38990	80	44560	90	50130	100	55700

558

1	558	11	6138	21	11718	31	17298	41	22878	51	28458	61	34038	71	39618	81	45198	91	50778
2	1116	12	6696	22	12276	32	17856	42	23436	52	29016	62	34596	72	40176	82	45756	92	51336
3	1674	13	7254	23	12834	33	18414	43	23994	53	29574	63	35154	73	40734	83	46314	93	51894
4	2232	14	7812	24	13392	34	18972	44	24552	54	30132	64	35712	74	41292	84	46872	94	52452
5	2790	15	8370	25	13950	35	19530	45	25110	55	30690	65	36270	75	41850	85	47430	95	53010
6	3348	16	8928	26	14508	36	20088	46	25668	56	31248	66	36828	76	42408	86	47988	96	53568
7	3906	17	9486	27	15066	37	20646	47	26226	57	31806	67	37386	77	42966	87	48546	97	54126
8	4464	18	10044	28	15624	38	21204	48	26784	58	32364	68	37944	78	43524	88	49104	98	54684
9	5022	19	10602	29	16182	39	21762	49	27342	59	32922	69	38502	79	44082	89	49662	99	55242
10	5580	20	11160	30	16740	40	22320	50	27900	60	33480	70	39060	80	44640	90	50220	100	55800

559

1	559	11	6149	21	11739	31	17329	41	22919	51	28509	61	34099	71	39689	81	45279	91	50869
2	1118	12	6708	22	12298	32	17888	42	23478	52	29068	62	34658	72	40248	82	45838	92	51428
3	1677	13	7267	23	12857	33	18447	43	24037	53	29627	63	35217	73	40807	83	46397	93	51987
4	2236	14	7826	24	13416	34	19006	44	24596	54	30186	64	35776	74	41366	84	46956	94	52546
5	2795	15	8385	25	13975	35	19565	45	25155	55	30745	65	36335	75	41925	85	47515	95	53105
6	3354	16	8944	26	14534	36	20124	46	25714	56	31304	66	36894	76	42484	86	48074	96	53664
7	3913	17	9503	27	15093	37	20683	47	26273	57	31863	67	37453	77	43043	87	48633	97	54223
8	4472	18	10062	28	15652	38	21242	48	26832	58	32422	68	38012	78	43602	88	49192	98	54782
9	5031	19	10621	29	16211	39	21801	49	27391	59	32981	69	38571	79	44161	89	49751	99	55341
10	5590	20	11180	30	16770	40	22360	50	27950	60	33540	70	39130	80	44720	90	50310	100	55900

560

1	560	11	6160	21	11760	31	17360	41	22960	51	28560	61	34160	71	39760	81	45360	91	50960
2	1120	12	6720	22	12320	32	17920	42	23520	52	29120	62	34720	72	40320	82	45920	92	51520
3	1680	13	7280	23	12880	33	18480	43	24080	53	29680	63	35280	73	40880	83	46480	93	52080
4	2240	14	7840	24	13440	34	19040	44	24640	54	30240	64	35840	74	41440	84	47040	94	52640
5	2800	15	8400	25	14000	35	19600	45	25200	55	30800	65	36400	75	42000	85	47600	95	53200
6	3360	16	8960	26	14560	36	20160	46	25760	56	31360	66	36960	76	42560	86	48160	96	53760
7	3920	17	9520	27	15120	37	20720	47	26320	57	31920	67	37520	77	43120	87	48720	97	54320
8	4480	18	10080	28	15680	38	21280	48	26880	58	32480	68	38080	78	43680	88	49280	98	54880
9	5040	19	10640	29	16240	39	21840	49	27440	59	33040	69	38640	79	44240	89	49840	99	55440
10	5600	20	11200	30	16800	40	22400	50	28000	60	33600	70	39200	80	44800	90	50400	100	56000

561

1	561	11	6171	21	11781	31	17391	41	23001	51	28611	61	34221	71	39831	81	45441	91	51051
2	1122	12	6732	22	12342	32	17952	42	23562	52	29172	62	34782	72	40392	82	46002	92	51612
3	1683	13	7293	23	12903	33	18513	43	24123	53	29733	63	35343	73	40953	83	46563	93	52173
4	2244	14	7854	24	13464	34	19074	44	24684	54	30294	64	35904	74	41514	84	47124	94	52734
5	2805	15	8415	25	14025	35	19635	45	25245	55	30855	65	36465	75	42075	85	47685	95	53295
6	3366	16	8976	26	14586	36	20196	46	25806	56	31416	66	37026	76	42636	86	48246	96	53856
7	3927	17	9537	27	15147	37	20757	47	26367	57	31977	67	37587	77	43197	87	48807	97	54417
8	4488	18	10098	28	15708	38	21318	48	26928	58	32538	68	38148	78	43758	88	49368	98	54978
9	5049	19	10659	29	16269	39	21879	49	27489	59	33099	69	38709	79	44319	89	49929	99	55539
10	5610	20	11220	30	16830	40	22440	50	28050	60	33660	70	39270	80	44880	90	50490	100	56100

562

1	562	11	6182	21	11802	31	17422	41	23042	51	28662	61	34282	71	39902	81	45522	91	51142
2	1124	12	6744	22	12364	32	17984	42	23604	52	29224	62	34844	72	40464	82	46084	92	51704
3	1686	13	7306	23	12926	33	18546	43	24166	53	29786	63	35406	73	41026	83	46646	93	52266
4	2248	14	7868	24	13488	34	19108	44	24728	54	30348	64	35968	74	41588	84	47208	94	52828
5	2810	15	8430	25	14050	35	19670	45	25290	55	30910	65	36530	75	42150	85	47770	95	53390
6	3372	16	8992	26	14612	36	20232	46	25852	56	31472	66	37092	76	42712	86	48332	96	53952
7	3934	17	9554	27	15174	37	20794	47	26414	57	32034	67	37654	77	43274	87	48894	97	54514
8	4496	18	10116	28	15736	38	21356	48	26976	58	32596	68	38216	78	43836	88	49456	98	55076
9	5058	19	10678	29	16298	39	21918	49	27538	59	33158	69	38778	79	44398	89	50018	99	55638
10	5620	20	11240	30	16860	40	22480	50	28100	60	33720	70	39340	80	44960	90	50580	100	56200

563

1	563	11	6193	21	11823	31	17453	41	23083	51	28713	61	34343	71	39973	81	45603	91	51233
2	1126	12	6756	22	12386	32	18016	42	23646	52	29276	62	34906	72	40536	82	46166	92	51796
3	1689	13	7319	23	12949	33	18579	43	24209	53	29839	63	35469	73	41099	83	46729	93	52359
4	2252	14	7882	24	13512	34	19142	44	24772	54	30402	64	36032	74	41662	84	47292	94	52922
5	2815	15	8445	25	14075	35	19705	45	25335	55	30965	65	36595	75	42225	85	47855	95	53485
6	3378	16	9008	26	14638	36	20268	46	25898	56	31528	66	37158	76	42788	86	48418	96	54048
7	3941	17	9571	27	15201	37	20831	47	26461	57	32091	67	37721	77	43351	87	48981	97	54611
8	4504	18	10134	28	15764	38	21394	48	27024	58	32654	68	38284	78	43914	88	49544	98	55174
9	5067	19	10697	29	16327	39	21957	49	27587	59	33217	69	38847	79	44477	89	50107	99	55737
10	5630	20	11260	30	16890	40	22520	50	28150	60	33780	70	39410	80	45040	90	50670	100	56300

564

1	564	11	6204	21	11844	31	17484	41	23124	51	28764	61	34404	71	40044	81	45684	91	51324
2	1128	12	6768	22	12408	32	18048	42	23688	52	29328	62	34968	72	40608	82	46248	92	51888
3	1692	13	7332	23	12972	33	18612	43	24252	53	29892	63	35532	73	41172	83	46812	93	52452
4	2256	14	7896	24	13536	34	19176	44	24816	54	30456	64	36096	74	41736	84	47376	94	53016
5	2820	15	8460	25	14100	35	19740	45	25380	55	31020	65	36660	75	42300	85	47940	95	53580
6	3384	16	9024	26	14664	36	20304	46	25944	56	31584	66	37224	76	42864	86	48504	96	54144
7	3948	17	9588	27	15228	37	20868	47	26508	57	32148	67	37788	77	43428	87	49068	97	54708
8	4512	18	10152	28	15792	38	21432	48	27072	58	32712	68	38352	78	43992	88	49632	98	55272
9	5076	19	10716	29	16356	39	21996	49	27636	59	33276	69	38916	79	44556	89	50196	99	55836
10	5640	20	11280	30	16920	40	22560	50	28200	60	33840	70	39480	80	45120	90	50760	100	56400

565

561—565

1	565	11	6215	21	11865	31	17515	41	23165	51	28815	61	34465	71	40115	81	45765	91	51415
2	1130	12	6780	22	12430	32	18080	42	23730	52	29380	62	35030	72	40680	82	46330	92	51980
3	1695	13	7345	23	12995	33	18645	43	24295	53	29945	63	35595	73	41245	83	46895	93	52545
4	2260	14	7910	24	13560	34	19210	44	24860	54	30510	64	36160	74	41810	84	47460	94	53110
5	2825	15	8475	25	14125	35	19775	45	25425	55	31075	65	36725	75	42375	85	48025	95	53675
6	3390	16	9040	26	14690	36	20340	46	25990	56	31640	66	37290	76	42940	86	48590	96	54240
7	3955	17	9605	27	15255	37	20905	47	26555	57	32205	67	37855	77	43505	87	49155	97	54805
8	4520	18	10170	28	15820	38	21470	48	27120	58	32770	68	38420	78	44070	88	49720	98	55370
9	5085	19	10735	29	16385	39	22035	49	27685	59	33335	69	38985	79	44635	89	50285	99	55935
10	5650	20	11300	30	16950	40	22600	50	28250	60	33900	70	39550	80	45200	90	50850	100	56500

566

1	566	**11**	6226	**21**	11886	**31**	17546	**41**	23206	**51**	28866	**61**	34526	**71**	40186	**81**	45846	**91**	51506
2	1132	**12**	6792	**22**	12452	**32**	18112	**42**	23772	**52**	29432	**62**	35092	**72**	40752	**82**	46412	**92**	52072
3	1698	**13**	7358	**23**	13018	**33**	18678	**43**	24338	**53**	29998	**63**	35658	**73**	41318	**83**	46978	**93**	52638
4	2264	**14**	7924	**24**	13584	**34**	19244	**44**	24904	**54**	30564	**64**	36224	**74**	41884	**84**	47544	**94**	53204
5	2830	**15**	8490	**25**	14150	**35**	19810	**45**	25470	**55**	31130	**65**	36790	**75**	42450	**85**	48110	**95**	53770
6	3396	**16**	9056	**26**	14716	**36**	20376	**46**	26036	**56**	31696	**66**	37356	**76**	43016	**86**	48676	**96**	54336
7	3962	**17**	9622	**27**	15282	**37**	20942	**47**	26602	**57**	32262	**67**	37922	**77**	43582	**87**	49242	**97**	54902
8	4528	**18**	10188	**28**	15848	**38**	21508	**48**	27168	**58**	32828	**68**	38488	**78**	44148	**88**	49808	**98**	55468
9	5094	**19**	10754	**29**	16414	**39**	22074	**49**	27734	**59**	33394	**69**	39054	**79**	44714	**89**	50374	**99**	56034
10	5660	**20**	11320	**30**	16980	**40**	22640	**50**	28300	**60**	33960	**70**	39620	**80**	45280	**90**	50940	**100**	56600

567

1	567	**11**	6237	**21**	11907	**31**	17577	**41**	23247	**51**	28917	**61**	34587	**71**	40257	**81**	45927	**91**	51597
2	1134	**12**	6804	**22**	12474	**32**	18144	**42**	23814	**52**	29484	**62**	35154	**72**	40824	**82**	46494	**92**	52164
3	1701	**13**	7371	**23**	13041	**33**	18711	**43**	24381	**53**	30051	**63**	35721	**73**	41391	**83**	47061	**93**	52731
4	2268	**14**	7938	**24**	13608	**34**	19278	**44**	24948	**54**	30618	**64**	36288	**74**	41958	**84**	47628	**94**	53298
5	2835	**15**	8505	**25**	14175	**35**	19845	**45**	25515	**55**	31185	**65**	36855	**75**	42525	**85**	48195	**95**	53865
6	3402	**16**	9072	**26**	14742	**36**	20412	**46**	26082	**56**	31752	**66**	37422	**76**	43092	**86**	48762	**96**	54432
7	3969	**17**	9639	**27**	15309	**37**	20979	**47**	26649	**57**	32319	**67**	37989	**77**	43659	**87**	49329	**97**	54999
8	4536	**18**	10206	**28**	15876	**38**	21546	**48**	27216	**58**	32886	**68**	38556	**78**	44226	**88**	49896	**98**	55566
9	5103	**19**	10773	**29**	16443	**39**	22113	**49**	27783	**59**	33453	**69**	39123	**79**	44793	**89**	50463	**99**	56133
10	5670	**20**	11340	**30**	17010	**40**	22680	**50**	28350	**60**	34020	**70**	39690	**80**	45360	**90**	51030	**100**	56700

568

1	568	**11**	6248	**21**	11928	**31**	17608	**41**	23288	**51**	28968	**61**	34648	**71**	40328	**81**	46008	**91**	51688
2	1136	**12**	6816	**22**	12496	**32**	18176	**42**	23856	**52**	29536	**62**	35216	**72**	40896	**82**	46576	**92**	52256
3	1704	**13**	7384	**23**	13064	**33**	18744	**43**	24424	**53**	30104	**63**	35784	**73**	41464	**83**	47144	**93**	52824
4	2272	**14**	7952	**24**	13632	**34**	19312	**44**	24992	**54**	30672	**64**	36352	**74**	42032	**84**	47712	**94**	53392
5	2840	**15**	8520	**25**	14200	**35**	19880	**45**	25560	**55**	31240	**65**	36920	**75**	42600	**85**	48280	**95**	53960
6	3408	**16**	9088	**26**	14768	**36**	20448	**46**	26128	**56**	31808	**66**	37488	**76**	43168	**86**	48848	**96**	54528
7	3976	**17**	9656	**27**	15336	**37**	21016	**47**	26696	**57**	32376	**67**	38056	**77**	43736	**87**	49416	**97**	55096
8	4544	**18**	10224	**28**	15904	**38**	21584	**48**	27264	**58**	32944	**68**	38624	**78**	44304	**88**	49984	**98**	55664
9	5112	**19**	10792	**29**	16472	**39**	22152	**49**	27832	**59**	33512	**69**	39192	**79**	44872	**89**	50552	**99**	56232
10	5680	**20**	11360	**30**	17040	**40**	22720	**50**	28400	**60**	34080	**70**	39760	**80**	45440	**90**	51120	**100**	56800

569

1	569	**11**	6259	**21**	11949	**31**	17639	**41**	23329	**51**	29019	**61**	34709	**71**	40399	**81**	46089	**91**	51779
2	1138	**12**	6828	**22**	12518	**32**	18208	**42**	23898	**52**	29588	**62**	35278	**72**	40968	**82**	46658	**92**	52348
3	1707	**13**	7397	**23**	13087	**33**	18777	**43**	24467	**53**	30157	**63**	35847	**73**	41537	**83**	47227	**93**	52917
4	2276	**14**	7966	**24**	13656	**34**	19346	**44**	25036	**54**	30726	**64**	36416	**74**	42106	**84**	47796	**94**	53486
5	2845	**15**	8535	**25**	14225	**35**	19915	**45**	25605	**55**	31295	**65**	36985	**75**	42675	**85**	48365	**95**	54055
6	3414	**16**	9104	**26**	14794	**36**	20484	**46**	26174	**56**	31864	**66**	37554	**76**	43244	**86**	48934	**96**	54624
7	3983	**17**	9673	**27**	15363	**37**	21053	**47**	26743	**57**	32433	**67**	38123	**77**	43813	**87**	49503	**97**	55193
8	4552	**18**	10242	**28**	15932	**38**	21622	**48**	27312	**58**	33002	**68**	38692	**78**	44382	**88**	50072	**98**	55762
9	5121	**19**	10811	**29**	16501	**39**	22191	**49**	27881	**59**	33571	**69**	39261	**79**	44951	**89**	50641	**99**	56331
10	5690	**20**	11380	**30**	17070	**40**	22760	**50**	28450	**60**	34140	**70**	39830	**80**	45520	**90**	51210	**100**	56900

570

1	570	**11**	6270	**21**	11970	**31**	17670	**41**	23370	**51**	29070	**61**	34770	**71**	40470	**81**	46170	**91**	51870
2	1140	**12**	6840	**22**	12540	**32**	18240	**42**	23940	**52**	29640	**62**	35340	**72**	41040	**82**	46740	**92**	52440
3	1710	**13**	7410	**23**	13110	**33**	18810	**43**	24510	**53**	30210	**63**	35910	**73**	41610	**83**	47310	**93**	53010
4	2280	**14**	7980	**24**	13680	**34**	19380	**44**	25080	**54**	30780	**64**	36480	**74**	42180	**84**	47880	**94**	53580
5	2850	**15**	8550	**25**	14250	**35**	19950	**45**	25650	**55**	31350	**65**	37050	**75**	42750	**85**	48450	**95**	54150
6	3420	**16**	9120	**26**	14820	**36**	20520	**46**	26220	**56**	31920	**66**	37620	**76**	43320	**86**	49020	**96**	54720
7	3990	**17**	9690	**27**	15390	**37**	21090	**47**	26790	**57**	32490	**67**	38190	**77**	43890	**87**	49590	**97**	55290
8	4560	**18**	10260	**28**	15960	**38**	21660	**48**	27360	**58**	33060	**68**	38760	**78**	44460	**88**	50160	**98**	55860
9	5130	**19**	10830	**29**	16530	**39**	22230	**49**	27930	**59**	33630	**69**	39330	**79**	45030	**89**	50730	**99**	56430
10	5700	**20**	11400	**30**	17100	**40**	22800	**50**	28500	**60**	34200	**70**	39900	**80**	45600	**90**	51300	**100**	57000

571

1	571	**11**	6281	**21**	11991	**31**	17701	**41**	23411	**51**	29121	**61**	34831	**71**	40541	**81**	46251	**91**	51961
2	1142	**12**	6852	**22**	12562	**32**	18272	**42**	23982	**52**	29692	**62**	35402	**72**	41112	**82**	46822	**92**	52532
3	1713	**13**	7423	**23**	13133	**33**	18843	**43**	24553	**53**	30263	**63**	35973	**73**	41683	**83**	47393	**93**	53103
4	2284	**14**	7994	**24**	13704	**34**	19414	**44**	25124	**54**	30834	**64**	36544	**74**	42254	**84**	47964	**94**	53674
5	2855	**15**	8565	**25**	14275	**35**	19985	**45**	25695	**55**	31405	**65**	37115	**75**	42825	**85**	48535	**95**	54245
6	3426	**16**	9136	**26**	14846	**36**	20556	**46**	26266	**56**	31976	**66**	37686	**76**	43396	**86**	49106	**96**	54816
7	3997	**17**	9707	**27**	15417	**37**	21127	**47**	26837	**57**	32547	**67**	38257	**77**	43967	**87**	49677	**97**	55387
8	4568	**18**	10278	**28**	15988	**38**	21698	**48**	27408	**58**	33118	**68**	38828	**78**	44538	**88**	50248	**98**	55958
9	5139	**19**	10849	**29**	16559	**39**	22269	**49**	27979	**59**	33689	**69**	39399	**79**	45109	**89**	50819	**99**	56529
10	5710	**20**	11420	**30**	17130	**40**	22840	**50**	28550	**60**	34260	**70**	39970	**80**	45680	**90**	51390	**100**	57100

572

1	572	**11**	6292	**21**	12012	**31**	17732	**41**	23452	**51**	29172	**61**	34892	**71**	40612	**81**	46332	**91**	52052
2	1144	**12**	6864	**22**	12584	**32**	18304	**42**	24024	**52**	29744	**62**	35464	**72**	41184	**82**	46904	**92**	52624
3	1716	**13**	7436	**23**	13156	**33**	18876	**43**	24596	**53**	30316	**63**	36036	**73**	41756	**83**	47476	**93**	53196
4	2288	**14**	8008	**24**	13728	**34**	19448	**44**	25168	**54**	30888	**64**	36608	**74**	42328	**84**	48048	**94**	53768
5	2860	**15**	8580	**25**	14300	**35**	20020	**45**	25740	**55**	31460	**65**	37180	**75**	42900	**85**	48620	**95**	54340
6	3432	**16**	9152	**26**	14872	**36**	20592	**46**	26312	**56**	32032	**66**	37752	**76**	43472	**86**	49192	**96**	54912
7	4004	**17**	9724	**27**	15444	**37**	21164	**47**	26884	**57**	32604	**67**	38324	**77**	44044	**87**	49764	**97**	55484
8	4576	**18**	10296	**28**	16016	**38**	21736	**48**	27456	**58**	33176	**68**	38896	**78**	44616	**88**	50336	**98**	56056
9	5148	**19**	10868	**29**	16588	**39**	22308	**49**	28028	**59**	33748	**69**	39468	**79**	45188	**89**	50908	**99**	56628
10	5720	**20**	11440	**30**	17160	**40**	22880	**50**	28600	**60**	34320	**70**	40040	**80**	45760	**90**	51480	**100**	57200

573

1	573	**11**	6303	**21**	12033	**31**	17763	**41**	23493	**51**	29223	**61**	34953	**71**	40683	**81**	46413	**91**	52143
2	1146	**12**	6876	**22**	12606	**32**	18336	**42**	24066	**52**	29796	**62**	35526	**72**	41256	**82**	46986	**92**	52716
3	1719	**13**	7449	**23**	13179	**33**	18909	**43**	24639	**53**	30369	**63**	36099	**73**	41829	**83**	47559	**93**	53289
4	2292	**14**	8022	**24**	13752	**34**	19482	**44**	25212	**54**	30942	**64**	36672	**74**	42402	**84**	48132	**94**	53862
5	2865	**15**	8595	**25**	14325	**35**	20055	**45**	25785	**55**	31515	**65**	37245	**75**	42975	**85**	48705	**95**	54435
6	3438	**16**	9168	**26**	14898	**36**	20628	**46**	26358	**56**	32088	**66**	37818	**76**	43548	**86**	49278	**96**	55008
7	4011	**17**	9741	**27**	15471	**37**	21201	**47**	26931	**57**	32661	**67**	38391	**77**	44121	**87**	49851	**97**	55581
8	4584	**18**	10314	**28**	16044	**38**	21774	**48**	27504	**58**	33234	**68**	38964	**78**	44694	**88**	50424	**98**	56154
9	5157	**19**	10887	**29**	16617	**39**	22347	**49**	28077	**59**	33807	**69**	39537	**79**	45267	**89**	50997	**99**	56727
10	5730	**20**	11460	**30**	17190	**40**	22920	**50**	28650	**60**	34380	**70**	40110	**80**	45840	**90**	51570	**100**	57300

574

1	574	**11**	6314	**21**	12054	**31**	17794	**41**	23534	**51**	29274	**61**	35014	**71**	40754	**81**	46494	**91**	52234
2	1148	**12**	6888	**22**	12628	**32**	18368	**42**	24108	**52**	29848	**62**	35588	**72**	41328	**82**	47068	**92**	52808
3	1722	**13**	7462	**23**	13202	**33**	18942	**43**	24682	**53**	30422	**63**	36162	**73**	41902	**83**	47642	**93**	53382
4	2296	**14**	8036	**24**	13776	**34**	19516	**44**	25256	**54**	30996	**64**	36736	**74**	42476	**84**	48216	**94**	53956
5	2870	**15**	8610	**25**	14350	**35**	20090	**45**	25830	**55**	31570	**65**	37310	**75**	43050	**85**	48790	**95**	54530
6	3444	**16**	9184	**26**	14924	**36**	20664	**46**	26404	**56**	32144	**66**	37884	**76**	43624	**86**	49364	**96**	55104
7	4018	**17**	9758	**27**	15498	**37**	21238	**47**	26978	**57**	32718	**67**	38458	**77**	44198	**87**	49938	**97**	55678
8	4592	**18**	10332	**28**	16072	**38**	21812	**48**	27552	**58**	33292	**68**	39032	**78**	44772	**88**	50512	**98**	56252
9	5166	**19**	10906	**29**	16646	**39**	22386	**49**	28126	**59**	33866	**69**	39606	**79**	45346	**89**	51086	**99**	56826
10	5740	**20**	11480	**30**	17220	**40**	22960	**50**	28700	**60**	34440	**70**	40180	**80**	45920	**90**	51660	**100**	57400

575

1	575	**11**	6325	**21**	12075	**31**	17825	**41**	23575	**51**	29325	**61**	35075	**71**	40825	**81**	46575	**91**	52325
2	1150	**12**	6900	**22**	12650	**32**	18400	**42**	24150	**52**	29900	**62**	35650	**72**	41400	**82**	47150	**92**	52900
3	1725	**13**	7475	**23**	13225	**33**	18975	**43**	24725	**53**	30475	**63**	36225	**73**	41975	**83**	47725	**93**	53475
4	2300	**14**	8050	**24**	13800	**34**	19550	**44**	25300	**54**	31050	**64**	36800	**74**	42550	**84**	48300	**94**	54050
5	2875	**15**	8625	**25**	14375	**35**	20125	**45**	25875	**55**	31625	**65**	37375	**75**	43125	**85**	48875	**95**	54625
6	3450	**16**	9200	**26**	14950	**36**	20700	**46**	26450	**56**	32200	**66**	37950	**76**	43700	**86**	49450	**96**	55200
7	4025	**17**	9775	**27**	15525	**37**	21275	**47**	27025	**57**	32775	**67**	38525	**77**	44275	**87**	50025	**97**	55775
8	4600	**18**	10350	**28**	16100	**38**	21850	**48**	27600	**58**	33350	**68**	39100	**78**	44850	**88**	50600	**98**	56350
9	5175	**19**	10925	**29**	16675	**39**	22425	**49**	28175	**59**	33925	**69**	39675	**79**	45425	**89**	51175	**99**	56925
10	5750	**20**	11500	**30**	17250	**40**	23000	**50**	28750	**60**	34500	**70**	40250	**80**	46000	**90**	51750	**100**	57500

576

1	576	11	6336	21	12096	31	17856	41	23616	51	29376	61	35136	71	40896	81	46656	91	52416
2	1152	12	6912	22	12672	32	18432	42	24192	52	29952	62	35712	72	41472	82	47232	92	52992
3	1728	13	7488	23	13248	33	19008	43	24768	53	30528	63	36288	73	42048	83	47808	93	53568
4	2304	14	8064	24	13824	34	19584	44	25344	54	31104	64	36864	74	42624	84	48384	94	54144
5	2880	15	8640	25	14400	35	20160	45	25920	55	31680	65	37440	75	43200	85	48960	95	54720
6	3456	16	9216	26	14976	36	20736	46	26496	56	32256	66	38016	76	43776	86	49536	96	55296
7	4032	17	9792	27	15552	37	21312	47	27072	57	32832	67	38592	77	44352	87	50112	97	55872
8	4608	18	10368	28	16128	38	21888	48	27648	58	33408	68	39168	78	44928	88	50688	98	56448
9	5184	19	10944	29	16704	39	22464	49	28224	59	33984	69	39744	79	45504	89	51264	99	57024
10	5760	20	11520	30	17280	40	23040	50	28800	60	34560	70	40320	80	46080	90	51840	100	57600

577

1	577	11	6347	21	12117	31	17887	41	23657	51	29427	61	35197	71	40967	81	46737	91	52507
2	1154	12	6924	22	12694	32	18464	42	24234	52	30004	62	35774	72	41544	82	47314	92	53084
3	1731	13	7501	23	13271	33	19041	43	24811	53	30581	63	36351	73	42121	83	47891	93	53661
4	2308	14	8078	24	13848	34	19618	44	25388	54	31158	64	36928	74	42698	84	48468	94	54238
5	2885	15	8655	25	14425	35	20195	45	25965	55	31735	65	37505	75	43275	85	49045	95	54815
6	3462	16	9232	26	15002	36	20772	46	26542	56	32312	66	38082	76	43852	86	49622	96	55392
7	4039	17	9809	27	15579	37	21349	47	27119	57	32889	67	38659	77	44429	87	50199	97	55969
8	4616	18	10386	28	16156	38	21926	48	27696	58	33466	68	39236	78	45006	88	50776	98	56546
9	5193	19	10963	29	16733	39	22503	49	28273	59	34043	69	39813	79	45583	89	51353	99	57123
10	5770	20	11540	30	17310	40	23080	50	28850	60	34620	70	40390	80	46160	90	51930	100	57700

578

1	578	11	6358	21	12138	31	17918	41	23698	51	29478	61	35258	71	41038	81	46818	91	52598
2	1156	12	6936	22	12716	32	18496	42	24276	52	30056	62	35836	72	41616	82	47396	92	53176
3	1734	13	7514	23	13294	33	19074	43	24854	53	30634	63	36414	73	42194	83	47974	93	53754
4	2312	14	8092	24	13872	34	19652	44	25432	54	31212	64	36992	74	42772	84	48552	94	54332
5	2890	15	8670	25	14450	35	20230	45	26010	55	31790	65	37570	75	43350	85	49130	95	54910
6	3468	16	9248	26	15028	36	20808	46	26588	56	32368	66	38148	76	43928	86	49708	96	55488
7	4046	17	9826	27	15606	37	21386	47	27166	57	32946	67	38726	77	44506	87	50286	97	56066
8	4624	18	10404	28	16184	38	21964	48	27744	58	33524	68	39304	78	45084	88	50864	98	56644
9	5202	19	10982	29	16762	39	22542	49	28322	59	34102	69	39882	79	45662	89	51442	99	57222
10	5780	20	11560	30	17340	40	23120	50	28900	60	34680	70	40460	80	46240	90	52020	100	57800

579

1	579	11	6369	21	12159	31	17949	41	23739	51	29529	61	35319	71	41109	81	46899	91	52689
2	1158	12	6948	22	12738	32	18528	42	24318	52	30108	62	35898	72	41688	82	47478	92	53268
3	1737	13	7527	23	13317	33	19107	43	24897	53	30687	63	36477	73	42267	83	48057	93	53847
4	2316	14	8106	24	13896	34	19686	44	25476	54	31266	64	37056	74	42846	84	48636	94	54426
5	2895	15	8685	25	14475	35	20265	45	26055	55	31845	65	37635	75	43425	85	49215	95	55005
6	3474	16	9264	26	15054	36	20844	46	26634	56	32424	66	38214	76	44004	86	49794	96	55584
7	4053	17	9843	27	15633	37	21423	47	27213	57	33003	67	38793	77	44583	87	50373	97	56163
8	4632	18	10422	28	16212	38	22002	48	27792	58	33582	68	39372	78	45162	88	50952	98	56742
9	5211	19	11001	29	16791	39	22581	49	28371	59	34161	69	39951	79	45741	89	51531	99	57321
10	5790	20	11580	30	17370	40	23160	50	28950	60	34740	70	40530	80	46320	90	52110	100	57900

580

1	580	11	6380	21	12180	31	17980	41	23780	51	29580	61	35380	71	41180	81	46980	91	52780
2	1160	12	6960	22	12760	32	18560	42	24360	52	30160	62	35960	72	41760	82	47560	92	53360
3	1740	13	7540	23	13340	33	19140	43	24940	53	30740	63	36540	73	42340	83	48140	93	53940
4	2320	14	8120	24	13920	34	19720	44	25520	54	31320	64	37120	74	42920	84	48720	94	54520
5	2900	15	8700	25	14500	35	20300	45	26100	55	31900	65	37700	75	43500	85	49300	95	55100
6	3480	16	9280	26	15080	36	20880	46	26680	56	32480	66	38280	76	44080	86	49880	96	55680
7	4060	17	9860	27	15660	37	21460	47	27260	57	33060	67	38860	77	44660	87	50460	97	56260
8	4640	18	10440	28	16240	38	22040	48	27840	58	33640	68	39440	78	45240	88	51040	98	56840
9	5220	19	11020	29	16820	39	22620	49	28420	59	34220	69	40020	79	45820	89	51620	99	57420
10	5800	20	11600	30	17400	40	23200	50	29000	60	34800	70	40600	80	46400	90	52200	100	58000

581

1	581	11	6391	21	12201	31	18011	41	23821	51	29631	61	35441	71	41251	81	47061	91	52871
2	1162	12	6972	22	12782	32	18592	42	24402	52	30212	62	36022	72	41832	82	47642	92	53452
3	1743	13	7553	23	13363	33	19173	43	24983	53	30793	63	36603	73	42413	83	48223	93	54033
4	2324	14	8134	24	13944	34	19754	44	25564	54	31374	64	37184	74	42994	84	48804	94	54614
5	2905	15	8715	25	14525	35	20335	45	26145	55	31955	65	37765	75	43575	85	49385	95	55195
6	3486	16	9296	26	15106	36	20916	46	26726	56	32536	66	38346	76	44156	86	49966	96	55776
7	4067	17	9877	27	15687	37	21497	47	27307	57	33117	67	38927	77	44737	87	50547	97	56357
8	4648	18	10458	28	16268	38	22078	48	27888	58	33698	68	39508	78	45318	88	51128	98	56938
9	5229	19	11039	29	16849	39	22659	49	28469	59	34279	69	40089	79	45899	89	51709	99	57519
10	5810	20	11620	30	17430	40	23240	50	29050	60	34860	70	40670	80	46480	90	52290	100	58100

582

1	582	11	6402	21	12222	31	18042	41	23862	51	29682	61	35502	71	41322	81	47142	91	52962
2	1164	12	6984	22	12804	32	18624	42	24444	52	30264	62	36084	72	41904	82	47724	92	53544
3	1746	13	7566	23	13386	33	19206	43	25026	53	30846	63	36666	73	42486	83	48306	93	54126
4	2328	14	8148	24	13968	34	19788	44	25608	54	31428	64	37248	74	43068	84	48888	94	54708
5	2910	15	8730	25	14550	35	20370	45	26190	55	32010	65	37830	75	43650	85	49470	95	55290
6	3492	16	9312	26	15132	36	20952	46	26772	56	32592	66	38412	76	44232	86	50052	96	55872
7	4074	17	9894	27	15714	37	21534	47	27354	57	33174	67	38994	77	44814	87	50634	97	56454
8	4656	18	10476	28	16296	38	22116	48	27936	58	33756	68	39576	78	45396	88	51216	98	57036
9	5238	19	11058	29	16878	39	22698	49	28518	59	34338	69	40158	79	45978	89	51798	99	57618
10	5820	20	11640	30	17460	40	23280	50	29100	60	34920	70	40740	80	46560	90	52380	100	58200

583

1	583	11	6413	21	12243	31	18073	41	23903	51	29733	61	35563	71	41393	81	47223	91	53053
2	1166	12	6996	22	12826	32	18656	42	24486	52	30316	62	36146	72	41976	82	47806	92	53636
3	1749	13	7579	23	13409	33	19239	43	25069	53	30899	63	36729	73	42559	83	48389	93	54219
4	2332	14	8162	24	13992	34	19822	44	25652	54	31482	64	37312	74	43142	84	48972	94	54802
5	2915	15	8745	25	14575	35	20405	45	26235	55	32065	65	37895	75	43725	85	49555	95	55385
6	3498	16	9328	26	15158	36	20988	46	26818	56	32648	66	38478	76	44308	86	50138	96	55968
7	4081	17	9911	27	15741	37	21571	47	27401	57	33231	67	39061	77	44891	87	50721	97	56551
8	4664	18	10494	28	16324	38	22154	48	27984	58	33814	68	39644	78	45474	88	51304	98	57134
9	5247	19	11077	29	16907	39	22737	49	28567	59	34397	69	40227	79	46057	89	51887	99	57717
10	5830	20	11660	30	17490	40	23320	50	29150	60	34980	70	40810	80	46640	90	52470	100	58300

584

1	584	11	6424	21	12264	31	18104	41	23944	51	29784	61	35624	71	41464	81	47304	91	53144
2	1168	12	7008	22	12848	32	18688	42	24528	52	30368	62	36208	72	42048	82	47888	92	53728
3	1752	13	7592	23	13432	33	19272	43	25112	53	30952	63	36792	73	42632	83	48472	93	54312
4	2336	14	8176	24	14016	34	19856	44	25696	54	31536	64	37376	74	43216	84	49056	94	54896
5	2920	15	8760	25	14600	35	20440	45	26280	55	32120	65	37960	75	43800	85	49640	95	55480
6	3504	16	9344	26	15184	36	21024	46	26864	56	32704	66	38544	76	44384	86	50224	96	56064
7	4088	17	9928	27	15768	37	21608	47	27448	57	33288	67	39128	77	44968	87	50808	97	56648
8	4672	18	10512	28	16352	38	22192	48	28032	58	33872	68	39712	78	45552	88	51392	98	57232
9	5256	19	11096	29	16936	39	22776	49	28616	59	34456	69	40296	79	46136	89	51976	99	57816
10	5840	20	11680	30	17520	40	23360	50	29200	60	35040	70	40880	80	46720	90	52560	100	58400

585

1	585	11	6435	21	12285	31	18135	41	23985	51	29835	61	35685	71	41535	81	47385	91	53235
2	1170	12	7020	22	12870	32	18720	42	24570	52	30420	62	36270	72	42120	82	47970	92	53820
3	1755	13	7605	23	13455	33	19305	43	25155	53	31005	63	36855	73	42705	83	48555	93	54405
4	2340	14	8190	24	14040	34	19890	44	25740	54	31590	64	37440	74	43290	84	49140	94	54990
5	2925	15	8775	25	14625	35	20475	45	26325	55	32175	65	38025	75	43875	85	49725	95	55575
6	3510	16	9360	26	15210	36	21060	46	26910	56	32760	66	38610	76	44460	86	50310	96	56160
7	4095	17	9945	27	15795	37	21645	47	27495	57	33345	67	39195	77	45045	87	50895	97	56745
8	4680	18	10530	28	16380	38	22230	48	28080	58	33930	68	39780	78	45630	88	51480	98	57330
9	5265	19	11115	29	16965	39	22815	49	28665	59	34515	69	40365	79	46215	89	52065	99	57915
10	5850	20	11700	30	17550	40	23400	50	29250	60	35100	70	40950	80	46800	90	52650	100	58500

586

1	586	**11**	6446	**21**	12306	**31**	18166	**41**	24026	**51**	29886	**61**	35746	**71**	41606	**81**	47466	**91**	53326
2	1172	**12**	7032	**22**	12892	**32**	18752	**42**	24612	**52**	30472	**62**	36332	**72**	42192	**82**	48052	**92**	53912
3	1758	**13**	7618	**23**	13478	**33**	19338	**43**	25198	**53**	31058	**63**	36918	**73**	42778	**83**	48638	**93**	54498
4	2344	**14**	8204	**24**	14064	**34**	19924	**44**	25784	**54**	31644	**64**	37504	**74**	43364	**84**	49224	**94**	55084
5	2930	**15**	8790	**25**	14650	**35**	20510	**45**	26370	**55**	32230	**65**	38090	**75**	43950	**85**	49810	**95**	55670
6	3516	**16**	9376	**26**	15236	**36**	21096	**46**	26956	**56**	32816	**66**	38676	**76**	44536	**86**	50396	**96**	56256
7	4102	**17**	9962	**27**	15822	**37**	21682	**47**	27542	**57**	33402	**67**	39262	**77**	45122	**87**	50982	**97**	56842
8	4688	**18**	10548	**28**	16408	**38**	22268	**48**	28128	**58**	33988	**68**	39848	**78**	45708	**88**	51568	**98**	57428
9	5274	**19**	11134	**29**	16994	**39**	22854	**49**	28714	**59**	34574	**69**	40434	**79**	46294	**89**	52154	**99**	58014
10	5860	**20**	11720	**30**	17580	**40**	23440	**50**	29300	**60**	35160	**70**	41020	**80**	46880	**90**	52740	**100**	58600

587

1	587	**11**	6457	**21**	12327	**31**	18197	**41**	24067	**51**	29937	**61**	35807	**71**	41677	**81**	47547	**91**	53417
2	1174	**12**	7044	**22**	12914	**32**	18784	**42**	24654	**52**	30524	**62**	36394	**72**	42264	**82**	48134	**92**	54004
3	1761	**13**	7631	**23**	13501	**33**	19371	**43**	25241	**53**	31111	**63**	36981	**73**	42851	**83**	48721	**93**	54591
4	2348	**14**	8218	**24**	14088	**34**	19958	**44**	25828	**54**	31698	**64**	37568	**74**	43438	**84**	49308	**94**	55178
5	2935	**15**	8805	**25**	14675	**35**	20545	**45**	26415	**55**	32285	**65**	38155	**75**	44025	**85**	49895	**95**	55765
6	3522	**16**	9392	**26**	15262	**36**	21132	**46**	27002	**56**	32872	**66**	38742	**76**	44612	**86**	50482	**96**	56352
7	4109	**17**	9979	**27**	15849	**37**	21719	**47**	27589	**57**	33459	**67**	39329	**77**	45199	**87**	51069	**97**	56939
8	4696	**18**	10566	**28**	16436	**38**	22306	**48**	28176	**58**	34046	**68**	39916	**78**	45786	**88**	51656	**98**	57526
9	5283	**19**	11153	**29**	17023	**39**	22893	**49**	28763	**59**	34633	**69**	40503	**79**	46373	**89**	52243	**99**	58113
10	5870	**20**	11740	**30**	17610	**40**	23480	**50**	29350	**60**	35220	**70**	41090	**80**	46960	**90**	52830	**100**	58700

588

1	588	**11**	6468	**21**	12348	**31**	18228	**41**	24108	**51**	29988	**61**	35868	**71**	41748	**81**	47628	**91**	53508
2	1176	**12**	7056	**22**	12936	**32**	18816	**42**	24696	**52**	30576	**62**	36456	**72**	42336	**82**	48216	**92**	54096
3	1764	**13**	7644	**23**	13524	**33**	19404	**43**	25284	**53**	31164	**63**	37044	**73**	42924	**83**	48804	**93**	54684
4	2352	**14**	8232	**24**	14112	**34**	19992	**44**	25872	**54**	31752	**64**	37632	**74**	43512	**84**	49392	**94**	55272
5	2940	**15**	8820	**25**	14700	**35**	20580	**45**	26460	**55**	32340	**65**	38220	**75**	44100	**85**	49980	**95**	55860
6	3528	**16**	9408	**26**	15288	**36**	21168	**46**	27048	**56**	32928	**66**	38808	**76**	44688	**86**	50568	**96**	56448
7	4116	**17**	9996	**27**	15876	**37**	21756	**47**	27636	**57**	33516	**67**	39396	**77**	45276	**87**	51156	**97**	57036
8	4704	**18**	10584	**28**	16464	**38**	22344	**48**	28224	**58**	34104	**68**	39984	**78**	45864	**88**	51744	**98**	57624
9	5292	**19**	11172	**29**	17052	**39**	22932	**49**	28812	**59**	34692	**69**	40572	**79**	46452	**89**	52332	**99**	58212
10	5880	**20**	11760	**30**	17640	**40**	23520	**50**	29400	**60**	35280	**70**	41160	**80**	47040	**90**	52920	**100**	58800

589

1	589	**11**	6479	**21**	12369	**31**	18259	**41**	24149	**51**	30039	**61**	35929	**71**	41819	**81**	47709	**91**	53599
2	1178	**12**	7068	**22**	12958	**32**	18848	**42**	24738	**52**	30628	**62**	36518	**72**	42408	**82**	48298	**92**	54188
3	1767	**13**	7657	**23**	13547	**33**	19437	**43**	25327	**53**	31217	**63**	37107	**73**	42997	**83**	48887	**93**	54777
4	2356	**14**	8246	**24**	14136	**34**	20026	**44**	25916	**54**	31806	**64**	37696	**74**	43586	**84**	49476	**94**	55366
5	2945	**15**	8835	**25**	14725	**35**	20615	**45**	26505	**55**	32395	**65**	38285	**75**	44175	**85**	50065	**95**	55955
6	3534	**16**	9424	**26**	15314	**36**	21204	**46**	27094	**56**	32984	**66**	38874	**76**	44764	**86**	50654	**96**	56544
7	4123	**17**	10013	**27**	15903	**37**	21793	**47**	27683	**57**	33573	**67**	39463	**77**	45353	**87**	51243	**97**	57133
8	4712	**18**	10602	**28**	16492	**38**	22382	**48**	28272	**58**	34162	**68**	40052	**78**	45942	**88**	51832	**98**	57722
9	5301	**19**	11191	**29**	17081	**39**	22971	**49**	28861	**59**	34751	**69**	40641	**79**	46531	**89**	52421	**99**	58311
10	5890	**20**	11780	**30**	17670	**40**	23560	**50**	29450	**60**	35340	**70**	41230	**80**	47120	**90**	53010	**100**	58900

590

1	590	**11**	6490	**21**	12390	**31**	18290	**41**	24190	**51**	30090	**61**	35990	**71**	41890	**81**	47790	**91**	53690
2	1180	**12**	7080	**22**	12980	**32**	18880	**42**	24780	**52**	30680	**62**	36580	**72**	42480	**82**	48380	**92**	54280
3	1770	**13**	7670	**23**	13570	**33**	19470	**43**	25370	**53**	31270	**63**	37170	**73**	43070	**83**	48970	**93**	54870
4	2360	**14**	8260	**24**	14160	**34**	20060	**44**	25960	**54**	31860	**64**	37760	**74**	43660	**84**	49560	**94**	55460
5	2950	**15**	8850	**25**	14750	**35**	20650	**45**	26550	**55**	32450	**65**	38350	**75**	44250	**85**	50150	**95**	56050
6	3540	**16**	9440	**26**	15340	**36**	21240	**46**	27140	**56**	33040	**66**	38940	**76**	44840	**86**	50740	**96**	56640
7	4130	**17**	10030	**27**	15930	**37**	21830	**47**	27730	**57**	33630	**67**	39530	**77**	45430	**87**	51330	**97**	57230
8	4720	**18**	10620	**28**	16520	**38**	22420	**48**	28320	**58**	34220	**68**	40120	**78**	46020	**88**	51920	**98**	57820
9	5310	**19**	11210	**29**	17110	**39**	23010	**49**	28910	**59**	34810	**69**	40710	**79**	46610	**89**	52510	**99**	58410
10	5900	**20**	11800	**30**	17700	**40**	23600	**50**	29500	**60**	35400	**70**	41300	**80**	47200	**90**	53100	**100**	59000

591

1	591	**11**	6501	**21**	12411	**31**	18321	**41**	24231	**51**	30141	**61**	36051	**71**	41961	**81**	47871	**91**	53781
2	1182	**12**	7092	**22**	13002	**32**	18912	**42**	24822	**52**	30732	**62**	36642	**72**	42552	**82**	48462	**92**	54372
3	1773	**13**	7683	**23**	13593	**33**	19503	**43**	25413	**53**	31323	**63**	37233	**73**	43143	**83**	49053	**93**	54963
4	2364	**14**	8274	**24**	14184	**34**	20094	**44**	26004	**54**	31914	**64**	37824	**74**	43734	**84**	49644	**94**	55554
5	2955	**15**	8865	**25**	14775	**35**	20685	**45**	26595	**55**	32505	**65**	38415	**75**	44325	**85**	50235	**95**	56145
6	3546	**16**	9456	**26**	15366	**36**	21276	**46**	27186	**56**	33096	**66**	39006	**76**	44916	**86**	50826	**96**	56736
7	4137	**17**	10047	**27**	15957	**37**	21867	**47**	27777	**57**	33687	**67**	39597	**77**	45507	**87**	51417	**97**	57327
8	4728	**18**	10638	**28**	16548	**38**	22458	**48**	28368	**58**	34278	**68**	40188	**78**	46098	**88**	52008	**98**	57918
9	5319	**19**	11229	**29**	17139	**39**	23049	**49**	28959	**59**	34869	**69**	40779	**79**	46689	**89**	52599	**99**	58509
10	5910	**20**	11820	**30**	17730	**40**	23640	**50**	29550	**60**	35460	**70**	41370	**80**	47280	**90**	53190	**100**	59100

592

1	592	**11**	6512	**21**	12432	**31**	18352	**41**	24272	**51**	30192	**61**	36112	**71**	42032	**81**	47952	**91**	53872
2	1184	**12**	7104	**22**	13024	**32**	18944	**42**	24864	**52**	30784	**62**	36704	**72**	42624	**82**	48544	**92**	54464
3	1776	**13**	7696	**23**	13616	**33**	19536	**43**	25456	**53**	31376	**63**	37296	**73**	43216	**83**	49136	**93**	55056
4	2368	**14**	8288	**24**	14208	**34**	20128	**44**	26048	**54**	31968	**64**	37888	**74**	43808	**84**	49728	**94**	55648
5	2960	**15**	8880	**25**	14800	**35**	20720	**45**	26640	**55**	32560	**65**	38480	**75**	44400	**85**	50320	**95**	56240
6	3552	**16**	9472	**26**	15392	**36**	21312	**46**	27232	**56**	33152	**66**	39072	**76**	44992	**86**	50912	**96**	56832
7	4144	**17**	10064	**27**	15984	**37**	21904	**47**	27824	**57**	33744	**67**	39664	**77**	45584	**87**	51504	**97**	57424
8	4736	**18**	10656	**28**	16576	**38**	22496	**48**	28416	**58**	34336	**68**	40256	**78**	46176	**88**	52096	**98**	58016
9	5328	**19**	11248	**29**	17168	**39**	23088	**49**	29008	**59**	34928	**69**	40848	**79**	46768	**89**	52688	**99**	58608
10	5920	**20**	11840	**30**	17760	**40**	23680	**50**	29600	**60**	35520	**70**	41440	**80**	47360	**90**	53280	**100**	59200

593

1	593	**11**	6523	**21**	12453	**31**	18383	**41**	24313	**51**	30243	**61**	36173	**71**	42103	**81**	48033	**91**	53963
2	1186	**12**	7116	**22**	13046	**32**	18976	**42**	24906	**52**	30836	**62**	36766	**72**	42696	**82**	48626	**92**	54556
3	1779	**13**	7709	**23**	13639	**33**	19569	**43**	25499	**53**	31429	**63**	37359	**73**	43289	**83**	49219	**93**	55149
4	2372	**14**	8302	**24**	14232	**34**	20162	**44**	26092	**54**	32022	**64**	37952	**74**	43882	**84**	49812	**94**	55742
5	2965	**15**	8895	**25**	14825	**35**	20755	**45**	26685	**55**	32615	**65**	38545	**75**	44475	**85**	50405	**95**	56335
6	3558	**16**	9488	**26**	15418	**36**	21348	**46**	27278	**56**	33208	**66**	39138	**76**	45068	**86**	50998	**96**	56928
7	4151	**17**	10081	**27**	16011	**37**	21941	**47**	27871	**57**	33801	**67**	39731	**77**	45661	**87**	51591	**97**	57521
8	4744	**18**	10674	**28**	16604	**38**	22534	**48**	28464	**58**	34394	**68**	40324	**78**	46254	**88**	52184	**98**	58114
9	5337	**19**	11267	**29**	17197	**39**	23127	**49**	29057	**59**	34987	**69**	40917	**79**	46847	**89**	52777	**99**	58707
10	5930	**20**	11860	**30**	17790	**40**	23720	**50**	29650	**60**	35580	**70**	41510	**80**	47440	**90**	53370	**100**	59300

594

1	594	**11**	6534	**21**	12474	**31**	18414	**41**	24354	**51**	30294	**61**	36234	**71**	42174	**81**	48114	**91**	54054
2	1188	**12**	7128	**22**	13068	**32**	19008	**42**	24948	**52**	30888	**62**	36828	**72**	42768	**82**	48708	**92**	54648
3	1782	**13**	7722	**23**	13662	**33**	19602	**43**	25542	**53**	31482	**63**	37422	**73**	43362	**83**	49302	**93**	55242
4	2376	**14**	8316	**24**	14256	**34**	20196	**44**	26136	**54**	32076	**64**	38016	**74**	43956	**84**	49896	**94**	55836
5	2970	**15**	8910	**25**	14850	**35**	20790	**45**	26730	**55**	32670	**65**	38610	**75**	44550	**85**	50490	**95**	56430
6	3564	**16**	9504	**26**	15444	**36**	21384	**46**	27324	**56**	33264	**66**	39204	**76**	45144	**86**	51084	**96**	57024
7	4158	**17**	10098	**27**	16038	**37**	21978	**47**	27918	**57**	33858	**67**	39798	**77**	45738	**87**	51678	**97**	57618
8	4752	**18**	10692	**28**	16632	**38**	22572	**48**	28512	**58**	34452	**68**	40392	**78**	46332	**88**	52272	**98**	58212
9	5346	**19**	11286	**29**	17226	**39**	23166	**49**	29106	**59**	35046	**69**	40986	**79**	46926	**89**	52866	**99**	58806
10	5940	**20**	11880	**30**	17820	**40**	23760	**50**	29700	**60**	35640	**70**	41580	**80**	47520	**90**	53460	**100**	59400

595

1	595	**11**	6545	**21**	12495	**31**	18445	**41**	24395	**51**	30345	**61**	36295	**71**	42245	**81**	48195	**91**	54145
2	1190	**12**	7140	**22**	13090	**32**	19040	**42**	24990	**52**	30940	**62**	36890	**72**	42840	**82**	48790	**92**	54740
3	1785	**13**	7735	**23**	13685	**33**	19635	**43**	25585	**53**	31535	**63**	37485	**73**	43435	**83**	49385	**93**	55335
4	2380	**14**	8330	**24**	14280	**34**	20230	**44**	26180	**54**	32130	**64**	38080	**74**	44030	**84**	49980	**94**	55930
5	2975	**15**	8925	**25**	14875	**35**	20825	**45**	26775	**55**	32725	**65**	38675	**75**	44625	**85**	50575	**95**	56525
6	3570	**16**	9520	**26**	15470	**36**	21420	**46**	27370	**56**	33320	**66**	39270	**76**	45220	**86**	51170	**96**	57120
7	4165	**17**	10115	**27**	16065	**37**	22015	**47**	27965	**57**	33915	**67**	39865	**77**	45815	**87**	51765	**97**	57715
8	4760	**18**	10710	**28**	16660	**38**	22610	**48**	28560	**58**	34510	**68**	40460	**78**	46410	**88**	52360	**98**	58310
9	5355	**19**	11305	**29**	17255	**39**	23205	**49**	29155	**59**	35105	**69**	41055	**79**	47005	**89**	52955	**99**	58905
10	5950	**20**	11900	**30**	17850	**40**	23800	**50**	29750	**60**	35700	**70**	41650	**80**	47600	**90**	53550	**100**	59500

596

1	596	**11**	6556	**21**	12516	**31**	18476	**41**	24436	**51**	30396	**61**	36356	**71**	42316	**81**	48276	**91**	54236
2	1192	**12**	7152	**22**	13112	**32**	19072	**42**	25032	**52**	30992	**62**	36952	**72**	42912	**82**	48872	**92**	54832
3	1788	**13**	7748	**23**	13708	**33**	19668	**43**	25628	**53**	31588	**63**	37548	**73**	43508	**83**	49468	**93**	55428
4	2384	**14**	8344	**24**	14304	**34**	20264	**44**	26224	**54**	32184	**64**	38144	**74**	44104	**84**	50064	**94**	56024
5	2980	**15**	8940	**25**	14900	**35**	20860	**45**	26820	**55**	32780	**65**	38740	**75**	44700	**85**	50660	**95**	56620
6	3576	**16**	9536	**26**	15496	**36**	21456	**46**	27416	**56**	33376	**66**	39336	**76**	45296	**86**	51256	**96**	57216
7	4172	**17**	10132	**27**	16092	**37**	22052	**47**	28012	**57**	33972	**67**	39932	**77**	45892	**87**	51852	**97**	57812
8	4768	**18**	10728	**28**	16688	**38**	22648	**48**	28608	**58**	34568	**68**	40528	**78**	46488	**88**	52448	**98**	58408
9	5364	**19**	11324	**29**	17284	**39**	23244	**49**	29204	**59**	35164	**69**	41124	**79**	47084	**89**	53044	**99**	59004
10	5960	**20**	11920	**30**	17880	**40**	23840	**50**	29800	**60**	35760	**70**	41720	**80**	47680	**90**	53640	**100**	59600

597

1	597	**11**	6567	**21**	12537	**31**	18507	**41**	24477	**51**	30447	**61**	36417	**71**	42387	**81**	48357	**91**	54327
2	1194	**12**	7164	**22**	13134	**32**	19104	**42**	25074	**52**	31044	**62**	37014	**72**	42984	**82**	48954	**92**	54924
3	1791	**13**	7761	**23**	13731	**33**	19701	**43**	25671	**53**	31641	**63**	37611	**73**	43581	**83**	49551	**93**	55521
4	2388	**14**	8358	**24**	14328	**34**	20298	**44**	26268	**54**	32238	**64**	38208	**74**	44178	**84**	50148	**94**	56118
5	2985	**15**	8955	**25**	14925	**35**	20895	**45**	26865	**55**	32835	**65**	38805	**75**	44775	**85**	50745	**95**	56715
6	3582	**16**	9552	**26**	15522	**36**	21492	**46**	27462	**56**	33432	**66**	39402	**76**	45372	**86**	51342	**96**	57312
7	4179	**17**	10149	**27**	16119	**37**	22089	**47**	28059	**57**	34029	**67**	39999	**77**	45969	**87**	51939	**97**	57909
8	4776	**18**	10746	**28**	16716	**38**	22686	**48**	28656	**58**	34626	**68**	40596	**78**	46566	**88**	52536	**98**	58506
9	5373	**19**	11343	**29**	17313	**39**	23283	**49**	29253	**59**	35223	**69**	41193	**79**	47163	**89**	53133	**99**	59103
10	5970	**20**	11940	**30**	17910	**40**	23880	**50**	29850	**60**	35820	**70**	41790	**80**	47760	**90**	53730	**100**	59700

598

1	598	**11**	6578	**21**	12558	**31**	18538	**41**	24518	**51**	30498	**61**	36478	**71**	42458	**81**	48438	**91**	54418
2	1196	**12**	7176	**22**	13156	**32**	19136	**42**	25116	**52**	31096	**62**	37076	**72**	43056	**82**	49036	**92**	55016
3	1794	**13**	7774	**23**	13754	**33**	19734	**43**	25714	**53**	31694	**63**	37674	**73**	43654	**83**	49634	**93**	55614
4	2392	**14**	8372	**24**	14352	**34**	20332	**44**	26312	**54**	32292	**64**	38272	**74**	44252	**84**	50232	**94**	56212
5	2990	**15**	8970	**25**	14950	**35**	20930	**45**	26910	**55**	32890	**65**	38870	**75**	44850	**85**	50830	**95**	56810
6	3588	**16**	9568	**26**	15548	**36**	21528	**46**	27508	**56**	33488	**66**	39468	**76**	45448	**86**	51428	**96**	57408
7	4186	**17**	10166	**27**	16146	**37**	22126	**47**	28106	**57**	34086	**67**	40066	**77**	46046	**87**	52026	**97**	58006
8	4784	**18**	10764	**28**	16744	**38**	22724	**48**	28704	**58**	34684	**68**	40664	**78**	46644	**88**	52624	**98**	58604
9	5382	**19**	11362	**29**	17342	**39**	23322	**49**	29302	**59**	35282	**69**	41262	**79**	47242	**89**	53222	**99**	59202
10	5980	**20**	11960	**30**	17940	**40**	23920	**50**	29900	**60**	35880	**70**	41860	**80**	47840	**90**	53820	**100**	59800

599

1	559	**11**	6589	**21**	12579	**31**	18569	**41**	24559	**51**	30549	**61**	36539	**71**	42529	**81**	48519	**91**	54509
2	1118	**12**	7188	**22**	13178	**32**	19168	**42**	25158	**52**	31148	**62**	37138	**72**	43128	**82**	49118	**92**	55108
3	1677	**13**	7787	**23**	13777	**33**	19767	**43**	25757	**53**	31747	**63**	37737	**73**	43727	**83**	49717	**93**	55707
4	2236	**14**	8386	**24**	14376	**34**	20366	**44**	26356	**54**	32346	**64**	38336	**74**	44326	**84**	50316	**94**	56306
5	2795	**15**	8985	**25**	14975	**35**	20965	**45**	26955	**55**	32945	**65**	38935	**75**	44925	**85**	50915	**95**	56905
6	3354	**16**	9584	**26**	15574	**36**	21564	**46**	27554	**56**	33544	**66**	39534	**76**	45524	**86**	51514	**96**	57504
7	3913	**17**	10183	**27**	16173	**37**	22163	**47**	28153	**57**	34143	**67**	40133	**77**	46123	**87**	52113	**97**	58103
8	4472	**18**	10782	**28**	16772	**38**	22762	**48**	28752	**58**	34742	**68**	40732	**78**	46722	**88**	52712	**98**	58702
9	5031	**19**	11381	**29**	17371	**39**	23361	**49**	29351	**59**	35341	**69**	41331	**79**	47321	**89**	53311	**99**	59301
10	5590	**20**	11980	**30**	17970	**40**	23960	**50**	29950	**60**	35940	**70**	41930	**80**	47920	**90**	53910	**100**	59900

600

1	600	**11**	6600	**21**	12600	**31**	18600	**41**	24600	**51**	30600	**61**	36600	**71**	42600	**81**	48600	**91**	54600
2	1200	**12**	7200	**22**	13200	**32**	19200	**42**	25200	**52**	31200	**62**	37200	**72**	43200	**82**	49200	**92**	55200
3	1800	**13**	7800	**23**	13800	**33**	19800	**43**	25800	**53**	31800	**63**	37800	**73**	43800	**83**	49800	**93**	55800
4	2400	**14**	8400	**24**	14400	**34**	20400	**44**	26400	**54**	32400	**64**	38400	**74**	44400	**84**	50400	**94**	56400
5	3000	**15**	9000	**25**	15000	**35**	21000	**45**	27000	**55**	33000	**65**	39000	**75**	45000	**85**	51000	**95**	57000
6	3600	**16**	9600	**26**	15600	**36**	21600	**46**	27600	**56**	33600	**66**	39600	**76**	45600	**86**	51600	**96**	57600
7	4200	**17**	10200	**27**	16200	**37**	22200	**47**	28200	**57**	34200	**67**	40200	**77**	46200	**87**	52200	**97**	58200
8	4800	**18**	10800	**28**	16800	**38**	22800	**48**	28800	**58**	34800	**68**	40800	**78**	46800	**88**	52800	**98**	58800
9	5400	**19**	11400	**29**	17400	**39**	23400	**49**	29400	**59**	35400	**69**	41400	**79**	47400	**89**	53400	**99**	59400
10	6000	**20**	12000	**30**	18000	**40**	24000	**50**	30000	**60**	36000	**70**	42000	**80**	48000	**90**	54000	**100**	60000

601

1	601	11	6611	21	12621	31	18631	41	24641	51	30651	61	36661	71	42671	81	48681	91	54691
2	1202	12	7212	22	13222	32	19232	42	25242	52	31252	62	37262	72	43272	82	49282	92	55292
3	1803	13	7813	23	13823	33	19833	43	25843	53	31853	63	37863	73	43873	83	49883	93	55893
4	2404	14	8414	24	14424	34	20434	44	26444	54	32454	64	38464	74	44474	84	50484	94	56494
5	3005	15	9015	25	15025	35	21035	45	27045	55	33055	65	39065	75	45075	85	51085	95	57095
6	3606	16	9616	26	15626	36	21636	46	27646	56	33656	66	39666	76	45676	86	51686	96	57696
7	4207	17	10217	27	16227	37	22237	47	28247	57	34257	67	40267	77	46277	87	52287	97	58297
8	4808	18	10818	28	16828	38	22838	48	28848	58	34858	68	40868	78	46878	88	52888	98	58898
9	5409	19	11419	29	17429	39	23439	49	29449	59	35459	69	41469	79	47479	89	53489	99	59499
10	6010	20	12020	30	18030	40	24040	50	30050	60	36060	70	42070	80	48080	90	54090	100	60100

602

1	602	11	6622	21	12642	31	18662	41	24682	51	30702	61	36722	71	42742	81	48762	91	54782
2	1204	12	7224	22	13244	32	19264	42	25284	52	31304	62	37324	72	43344	82	49364	92	55384
3	1806	13	7826	23	13846	33	19866	43	25886	53	31906	63	37926	73	43946	83	49966	93	55986
4	2408	14	8428	24	14448	34	20468	44	26488	54	32508	64	38528	74	44548	84	50568	94	56588
5	3010	15	9030	25	15050	35	21070	45	27090	55	33110	65	39130	75	45150	85	51170	95	57190
6	3612	16	9632	26	15652	36	21672	46	27692	56	33712	66	39732	76	45752	86	51772	96	57792
7	4214	17	10234	27	16254	37	22274	47	28294	57	34314	67	40334	77	46354	87	52374	97	58394
8	4816	18	10836	28	16856	38	22876	48	28896	58	34916	68	40936	78	46956	88	52976	98	58996
9	5418	19	11438	29	17458	39	23478	49	29498	59	35518	69	41538	79	47558	89	53578	99	59598
10	6020	20	12040	30	18060	40	24080	50	30100	60	36120	70	42140	80	48160	90	54180	100	60200

603

1	603	11	6633	21	12663	31	18693	41	24723	51	30753	61	36783	71	42813	81	48843	91	54873
2	1206	12	7236	22	13266	32	19296	42	25326	52	31356	62	37386	72	43416	82	49446	92	55476
3	1809	13	7839	23	13869	33	19899	43	25929	53	31959	63	37989	73	44019	83	50049	93	56079
4	2412	14	8442	24	14472	34	20502	44	26532	54	32562	64	38592	74	44622	84	50652	94	56682
5	3015	15	9045	25	15075	35	21105	45	27135	55	33165	65	39195	75	45225	85	51255	95	57285
6	3618	16	9648	26	15678	36	21708	46	27738	56	33768	66	39798	76	45828	86	51858	96	57888
7	4221	17	10251	27	16281	37	22311	47	28341	57	34371	67	40401	77	46431	87	52461	97	58491
8	4824	18	10854	28	16884	38	22914	48	28944	58	34974	68	41004	78	47034	88	53064	98	59094
9	5427	19	11457	29	17487	39	23517	49	29547	59	35577	69	41607	79	47637	89	53667	99	59697
10	6030	20	12060	30	18090	40	24120	50	30150	60	36180	70	42210	80	48240	90	54270	100	60300

604

1	604	11	6644	21	12684	31	18724	41	24764	51	30804	61	36844	71	42884	81	48924	91	54964
2	1208	12	7248	22	13288	32	19328	42	25368	52	31408	62	37448	72	43488	82	49528	92	55568
3	1812	13	7852	23	13892	33	19932	43	25972	53	32012	63	38052	73	44092	83	50132	93	56172
4	2416	14	8456	24	14496	34	20536	44	26576	54	32616	64	38656	74	44696	84	50736	94	56776
5	3020	15	9060	25	15100	35	21140	45	27180	55	33220	65	39260	75	45300	85	51340	95	57380
6	3624	16	9664	26	15704	36	21744	46	27784	56	33824	66	39864	76	45904	86	51944	96	57984
7	4228	17	10268	27	16308	37	22348	47	28388	57	34428	67	40468	77	46508	87	52548	97	58588
8	4832	18	10872	28	16912	38	22952	48	28992	58	35032	68	41072	78	47112	88	53152	98	59192
9	5436	19	11476	29	17516	39	23556	49	29596	59	35636	69	41676	79	47716	89	53756	99	59796
10	6040	20	12080	30	18120	40	24160	50	30200	60	36240	70	42280	80	48320	90	54360	100	60400

605

1	605	11	6655	21	12705	31	18755	41	24805	51	30855	61	36905	71	42955	81	49005	91	55055
2	1210	12	7260	22	13310	32	19360	42	25410	52	31460	62	37510	72	43560	82	49610	92	55660
3	1815	13	7865	23	13915	33	19965	43	26015	53	32065	63	38115	73	44165	83	50215	93	56265
4	2420	14	8470	24	14520	34	20570	44	26620	54	32670	64	38720	74	44770	84	50820	94	56870
5	3025	15	9075	25	15125	35	21175	45	27225	55	33275	65	39325	75	45375	85	51425	95	57475
6	3630	16	9680	26	15730	36	21780	46	27830	56	33880	66	39930	76	45980	86	52030	96	58080
7	4235	17	10285	27	16335	37	22385	47	28435	57	34485	67	40535	77	46585	87	52635	97	58685
8	4840	18	10890	28	16940	38	22990	48	29040	58	35090	68	41140	78	47190	88	53240	98	59290
9	5445	19	11495	29	17545	39	23595	49	29645	59	35695	69	41745	79	47795	89	53845	99	59895
10	6050	20	12100	30	18150	40	24200	50	30250	60	36300	70	42350	80	48400	90	54450	100	60500

606

1	606	**11**	6666	**21**	12726	**31**	18786	**41**	24846	**51**	30906	**61**	36966	**71**	43026	**81**	49086	**91**	55146
2	1212	**12**	7272	**22**	13332	**32**	19392	**42**	25452	**52**	31512	**62**	37572	**72**	43632	**82**	49692	**92**	55752
3	1818	**13**	7878	**23**	13938	**33**	19998	**43**	26058	**53**	32118	**63**	38178	**73**	44238	**83**	50298	**93**	56358
4	2424	**14**	8484	**24**	14544	**34**	20604	**44**	26664	**54**	32724	**64**	38784	**74**	44844	**84**	50904	**94**	56964
5	3030	**15**	9090	**25**	15150	**35**	21210	**45**	27270	**55**	33330	**65**	39390	**75**	45450	**85**	51510	**95**	57570
6	3636	**16**	9696	**26**	15756	**36**	21816	**46**	27876	**56**	33936	**66**	39996	**76**	46056	**86**	52116	**96**	58176
7	4242	**17**	10302	**27**	16362	**37**	22422	**47**	28482	**57**	34542	**67**	40602	**77**	46662	**87**	52722	**97**	58782
8	4848	**18**	10908	**28**	16968	**38**	23028	**48**	29088	**58**	35148	**68**	41208	**78**	47268	**88**	53328	**98**	59388
9	5454	**19**	11514	**29**	17574	**39**	23634	**49**	29694	**59**	35754	**69**	41814	**79**	47874	**89**	53934	**99**	59994
10	6060	**20**	12120	**30**	18180	**40**	24240	**50**	30300	**60**	36360	**70**	42420	**80**	48480	**90**	54540	**100**	60600

607

1	607	**11**	6677	**21**	12747	**31**	18817	**41**	24887	**51**	30957	**61**	37027	**71**	43097	**81**	49167	**91**	55237
2	1214	**12**	7284	**22**	13354	**32**	19424	**42**	25494	**52**	31564	**62**	37634	**72**	43704	**82**	49774	**92**	55844
3	1821	**13**	7891	**23**	13961	**33**	20031	**43**	26101	**53**	32171	**63**	38241	**73**	44311	**83**	50381	**93**	56451
4	2428	**14**	8498	**24**	14568	**34**	20638	**44**	26708	**54**	32778	**64**	38848	**74**	44918	**84**	50988	**94**	57058
5	3035	**15**	9105	**25**	15175	**35**	21245	**45**	27315	**55**	33385	**65**	39455	**75**	45525	**85**	51595	**95**	57665
6	3642	**16**	9712	**26**	15782	**36**	21852	**46**	27922	**56**	33992	**66**	40062	**76**	46132	**86**	52202	**96**	58272
7	4249	**17**	10319	**27**	16389	**37**	22459	**47**	28529	**57**	34599	**67**	40669	**77**	46739	**87**	52809	**97**	58879
8	4856	**18**	10926	**28**	16996	**38**	23066	**48**	29136	**58**	35206	**68**	41276	**78**	47346	**88**	53416	**98**	59486
9	5463	**19**	11533	**29**	17603	**39**	23673	**49**	29743	**59**	35813	**69**	41883	**79**	47953	**89**	54023	**99**	60093
10	6070	**20**	12140	**30**	18210	**40**	24280	**50**	30350	**60**	36420	**70**	42490	**80**	48560	**90**	54630	**100**	60700

608

1	608	**11**	6688	**21**	12768	**31**	18848	**41**	24928	**51**	31008	**61**	37088	**71**	43168	**81**	49248	**91**	55328
2	1216	**12**	7296	**22**	13376	**32**	19456	**42**	25536	**52**	31616	**62**	37696	**72**	43776	**82**	49856	**92**	55936
3	1824	**13**	7904	**23**	13984	**33**	20064	**43**	26144	**53**	32224	**63**	38304	**73**	44384	**83**	50464	**93**	56544
4	2432	**14**	8512	**24**	14592	**34**	20672	**44**	26752	**54**	32832	**64**	38912	**74**	44992	**84**	51072	**94**	57152
5	3040	**15**	9120	**25**	15200	**35**	21280	**45**	27360	**55**	33440	**65**	39520	**75**	45600	**85**	51680	**95**	57760
6	3648	**16**	9728	**26**	15808	**36**	21888	**46**	27968	**56**	34048	**66**	40128	**76**	46208	**86**	52288	**96**	58368
7	4256	**17**	10336	**27**	16416	**37**	22496	**47**	28576	**57**	34656	**67**	40736	**77**	46816	**87**	52896	**97**	58976
8	4864	**18**	10944	**28**	17024	**38**	23104	**48**	29184	**58**	35264	**68**	41344	**78**	47424	**88**	53504	**98**	59584
9	5472	**19**	11552	**29**	17632	**39**	23712	**49**	29792	**59**	35872	**69**	41952	**79**	48032	**89**	54112	**99**	60192
10	6080	**20**	12160	**30**	18240	**40**	24320	**50**	30400	**60**	36480	**70**	42560	**80**	48640	**90**	54720	**100**	60800

609

1	609	**11**	6699	**21**	12789	**31**	18879	**41**	24969	**51**	31059	**61**	37149	**71**	43239	**81**	49329	**91**	55419
2	1218	**12**	7308	**22**	13398	**32**	19488	**42**	25578	**52**	31668	**62**	37758	**72**	43848	**82**	49938	**92**	56028
3	1827	**13**	7917	**23**	14007	**33**	20097	**43**	26187	**53**	32277	**63**	38367	**73**	44457	**83**	50547	**93**	56637
4	2436	**14**	8526	**24**	14616	**34**	20706	**44**	26796	**54**	32886	**64**	38976	**74**	45066	**84**	51156	**94**	57246
5	3045	**15**	9135	**25**	15225	**35**	21315	**45**	27405	**55**	33495	**65**	39585	**75**	45675	**85**	51765	**95**	57855
6	3654	**16**	9744	**26**	15834	**36**	21924	**46**	28014	**56**	34104	**66**	40194	**76**	46284	**86**	52374	**96**	58464
7	4263	**17**	10353	**27**	16443	**37**	22533	**47**	28623	**57**	34713	**67**	40803	**77**	46893	**87**	52983	**97**	59073
8	4872	**18**	10962	**28**	17052	**38**	23142	**48**	29232	**58**	35322	**68**	41412	**78**	47502	**88**	53592	**98**	59682
9	5481	**19**	11571	**29**	17661	**39**	23751	**49**	29841	**59**	35931	**69**	42021	**79**	48111	**89**	54201	**99**	60291
10	6090	**20**	12180	**30**	18270	**40**	24360	**50**	30450	**60**	36540	**70**	42630	**80**	48720	**90**	54810	**100**	60900

610

1	610	**11**	6710	**21**	12810	**31**	18910	**41**	25010	**51**	31110	**61**	37210	**71**	43310	**81**	49410	**91**	55510
2	1220	**12**	7320	**22**	13420	**32**	19520	**42**	25620	**52**	31720	**62**	37820	**72**	43920	**82**	50020	**92**	56120
3	1830	**13**	7930	**23**	14030	**33**	20130	**43**	26230	**53**	32330	**63**	38430	**73**	44530	**83**	50630	**93**	56730
4	2440	**14**	8540	**24**	14640	**34**	20740	**44**	26840	**54**	32940	**64**	39040	**74**	45140	**84**	51240	**94**	57340
5	3050	**15**	9150	**25**	15250	**35**	21350	**45**	27450	**55**	33550	**65**	39650	**75**	45750	**85**	51850	**95**	57950
6	3660	**16**	9760	**26**	15860	**36**	21960	**46**	28060	**56**	34160	**66**	40260	**76**	46360	**86**	52460	**96**	58560
7	4270	**17**	10370	**27**	16470	**37**	22570	**47**	28670	**57**	34770	**67**	40870	**77**	46970	**87**	53070	**97**	59170
8	4880	**18**	10980	**28**	17080	**38**	23180	**48**	29280	**58**	35380	**68**	41480	**78**	47580	**88**	53680	**98**	59780
9	5490	**19**	11590	**29**	17690	**39**	23790	**49**	29890	**59**	35990	**69**	42090	**79**	48190	**89**	54290	**99**	60390
10	6100	**20**	12200	**30**	18300	**40**	24400	**50**	30500	**60**	36600	**70**	42700	**80**	48800	**90**	54900	**100**	61000

611

1	611	**11**	6721	**21**	12831	**31**	18941	**41**	25051	**51**	31161	**61**	37271	**71**	43381	**81**	49491	**91**	55601
2	1222	**12**	7332	**22**	13442	**32**	19552	**42**	25662	**52**	31772	**62**	37882	**72**	43992	**82**	50102	**92**	56212
3	1833	**13**	7943	**23**	14053	**33**	20163	**43**	26273	**53**	32383	**63**	38493	**73**	44603	**83**	50713	**93**	56823
4	2444	**14**	8554	**24**	14664	**34**	20774	**44**	26884	**54**	32994	**64**	39104	**74**	45214	**84**	51324	**94**	57434
5	3055	**15**	9165	**25**	15275	**35**	21385	**45**	27495	**55**	33605	**65**	39715	**75**	45825	**85**	51935	**95**	58045
6	3666	**16**	9776	**26**	15886	**36**	21996	**46**	28106	**56**	34216	**66**	40326	**76**	46436	**86**	52546	**96**	58656
7	4277	**17**	10387	**27**	16497	**37**	22607	**47**	28717	**57**	34827	**67**	40937	**77**	47047	**87**	53157	**97**	59267
8	4888	**18**	10998	**28**	17108	**38**	23218	**48**	29328	**58**	35438	**68**	41548	**78**	47658	**88**	53768	**98**	59878
9	5499	**19**	11609	**29**	17719	**39**	23829	**49**	29939	**59**	36049	**69**	42159	**79**	48269	**89**	54379	**99**	60489
10	6110	**20**	12220	**30**	18330	**40**	24440	**50**	30550	**60**	36660	**70**	42770	**80**	48880	**90**	54990	**100**	61100

612

1	612	**11**	6732	**21**	12852	**31**	18972	**41**	25092	**51**	31212	**61**	37332	**71**	43452	**81**	49572	**91**	55692
2	1224	**12**	7344	**22**	13464	**32**	19584	**42**	25704	**52**	31824	**62**	37944	**72**	44064	**82**	50184	**92**	56304
3	1836	**13**	7956	**23**	14076	**33**	20196	**43**	26316	**53**	32436	**63**	38556	**73**	44676	**83**	50796	**93**	56916
4	2448	**14**	8568	**24**	14688	**34**	20808	**44**	26928	**54**	33048	**64**	39168	**74**	45288	**84**	51408	**94**	57528
5	3060	**15**	9180	**25**	15300	**35**	21420	**45**	27540	**55**	33660	**65**	39780	**75**	45900	**85**	52020	**95**	58140
6	3672	**16**	9792	**26**	15912	**36**	22032	**46**	28152	**56**	34272	**66**	40392	**76**	46512	**86**	52632	**96**	58752
7	4284	**17**	10404	**27**	16524	**37**	22644	**47**	28764	**57**	34884	**67**	41004	**77**	47124	**87**	53244	**97**	59364
8	4896	**18**	11016	**28**	17136	**38**	23256	**48**	29376	**58**	35496	**68**	41616	**78**	47736	**88**	53856	**98**	59976
9	5508	**19**	11628	**29**	17748	**39**	23868	**49**	29988	**59**	36108	**69**	42228	**79**	48348	**89**	54468	**99**	60588
10	6120	**20**	12240	**30**	18360	**40**	24480	**50**	30600	**60**	36720	**70**	42840	**80**	48960	**90**	55080	**100**	61200

613

1	613	**11**	6743	**21**	12873	**31**	19003	**41**	25133	**51**	31263	**61**	37393	**71**	43523	**81**	49653	**91**	55783
2	1226	**12**	7356	**22**	13486	**32**	19616	**42**	25746	**52**	31876	**62**	38006	**72**	44136	**82**	50266	**92**	56396
3	1839	**13**	7969	**23**	14099	**33**	20229	**43**	26359	**53**	32489	**63**	38619	**73**	44749	**83**	50879	**93**	57009
4	2452	**14**	8582	**24**	14712	**34**	20842	**44**	26972	**54**	33102	**64**	39232	**74**	45362	**84**	51492	**94**	57622
5	3065	**15**	9195	**25**	15325	**35**	21455	**45**	27585	**55**	33715	**65**	39845	**75**	45975	**85**	52105	**95**	58235
6	3678	**16**	9808	**26**	15938	**36**	22068	**46**	28198	**56**	34328	**66**	40458	**76**	46588	**86**	52718	**96**	58848
7	4291	**17**	10421	**27**	16551	**37**	22681	**47**	28811	**57**	34941	**67**	41071	**77**	47201	**87**	53331	**97**	59461
8	4904	**18**	11034	**28**	17164	**38**	23294	**48**	29424	**58**	35554	**68**	41684	**78**	47814	**88**	53944	**98**	60074
9	5517	**19**	11647	**29**	17777	**39**	23907	**49**	30037	**59**	36167	**69**	42297	**79**	48427	**89**	54557	**99**	60687
10	6130	**20**	12260	**30**	18390	**40**	24520	**50**	30650	**60**	36780	**70**	42910	**80**	49040	**90**	55170	**100**	61300

614

1	614	**11**	6754	**21**	12894	**31**	19034	**41**	25174	**51**	31314	**61**	37454	**71**	43594	**81**	49734	**91**	55874
2	1228	**12**	7368	**22**	13508	**32**	19648	**42**	25788	**52**	31928	**62**	38068	**72**	44208	**82**	50348	**92**	56488
3	1842	**13**	7982	**23**	14122	**33**	20262	**43**	26402	**53**	32542	**63**	38682	**73**	44822	**83**	50962	**93**	57102
4	2456	**14**	8596	**24**	14736	**34**	20876	**44**	27016	**54**	33156	**64**	39296	**74**	45436	**84**	51576	**94**	57716
5	3070	**15**	9210	**25**	15350	**35**	21490	**45**	27630	**55**	33770	**65**	39910	**75**	46050	**85**	52190	**95**	58330
6	3684	**16**	9824	**26**	15964	**36**	22104	**46**	28244	**56**	34384	**66**	40524	**76**	46664	**86**	52804	**96**	58944
7	4298	**17**	10438	**27**	16578	**37**	22718	**47**	28858	**57**	34998	**67**	41138	**77**	47278	**87**	53418	**97**	59558
8	4912	**18**	11052	**28**	17192	**38**	23332	**48**	29472	**58**	35612	**68**	41752	**78**	47892	**88**	54032	**98**	60172
9	5526	**19**	11666	**29**	17806	**39**	23946	**49**	30086	**59**	36226	**69**	42366	**79**	48506	**89**	54646	**99**	60786
10	6140	**20**	12280	**30**	18420	**40**	24560	**50**	30700	**60**	36840	**70**	42980	**80**	49120	**90**	55260	**100**	61400

615

1	615	**11**	6765	**21**	12915	**31**	19065	**41**	25215	**51**	31365	**61**	37515	**71**	43665	**81**	49815	**91**	55965
2	1230	**12**	7380	**22**	13530	**32**	19680	**42**	25830	**52**	31980	**62**	38130	**72**	44280	**82**	50430	**92**	56580
3	1845	**13**	7995	**23**	14145	**33**	20295	**43**	26445	**53**	32595	**63**	38745	**73**	44895	**83**	51045	**93**	57195
4	2460	**14**	8610	**24**	14760	**34**	20910	**44**	27060	**54**	33210	**64**	39360	**74**	45510	**84**	51660	**94**	57810
5	3075	**15**	9225	**25**	15375	**35**	21525	**45**	27675	**55**	33825	**65**	39975	**75**	46125	**85**	52275	**95**	58425
6	3690	**16**	9840	**26**	15990	**36**	22140	**46**	28290	**56**	34440	**66**	40590	**76**	46740	**86**	52890	**96**	59040
7	4305	**17**	10455	**27**	16605	**37**	22755	**47**	28905	**57**	35055	**67**	41205	**77**	47355	**87**	53505	**97**	59655
8	4920	**18**	11070	**28**	17220	**38**	23370	**48**	29520	**58**	35670	**68**	41820	**78**	47970	**88**	54120	**98**	60270
9	5535	**19**	11685	**29**	17835	**39**	23985	**49**	30135	**59**	36285	**69**	42435	**79**	48585	**89**	54735	**99**	60885
10	6150	**20**	12300	**30**	18450	**40**	24600	**50**	30750	**60**	36900	**70**	43050	**80**	49200	**90**	55350	**100**	61500

616

1	616	11	6776	21	12936	31	19096	41	25256	51	31416	61	37576	71	43736	81	49896	91	56056
2	1232	12	7392	22	13552	32	19712	42	25872	52	32032	62	38192	72	44352	82	50512	92	56672
3	1848	13	8008	23	14168	33	20328	43	26488	53	32648	63	38808	73	44968	83	51128	93	57288
4	2464	14	8624	24	14784	34	20944	44	27104	54	33264	64	39424	74	45584	84	51744	94	57904
5	3080	15	9240	25	15400	35	21560	45	27720	55	33880	65	40040	75	46200	85	52360	95	58520
6	3696	16	9856	26	16016	36	22176	46	28336	56	34496	66	40656	76	46816	86	52976	96	59136
7	4312	17	10472	27	16632	37	22792	47	28952	57	35112	67	41272	77	47432	87	53592	97	59752
8	4928	18	11088	28	17248	38	23408	48	29568	58	35728	68	41888	78	48048	88	54208	98	60368
9	5544	19	11704	29	17864	39	24024	49	30184	59	36344	69	42504	79	48664	89	54824	99	60984
10	6160	20	12320	30	18480	40	24640	50	30800	60	36960	70	43120	80	49280	90	55440	100	61600

617

1	617	11	6787	21	12957	31	19127	41	25297	51	31467	61	37637	71	43807	81	49977	91	56147
2	1234	12	7404	22	13574	32	19744	42	25914	52	32084	62	38254	72	44424	82	50594	92	56764
3	1851	13	8021	23	14191	33	20361	43	26531	53	32701	63	38871	73	45041	83	51211	93	57381
4	2468	14	8638	24	14808	34	20978	44	27148	54	33318	64	39488	74	45658	84	51828	94	57998
5	3085	15	9255	25	15425	35	21595	45	27765	55	33935	65	40105	75	46275	85	52445	95	58615
6	3702	16	9872	26	16042	36	22212	46	28382	56	34552	66	40722	76	46892	86	53062	96	59232
7	4319	17	10489	27	16659	37	22829	47	28999	57	35169	67	41339	77	47509	87	53679	97	59849
8	4936	18	11106	28	17276	38	23446	48	29616	58	35786	68	41956	78	48126	88	54296	98	60466
9	5553	19	11723	29	17893	39	24063	49	30233	59	36403	69	42573	79	48743	89	54913	99	61083
10	6170	20	12340	30	18510	40	24680	50	30850	60	37020	70	43190	80	49360	90	55530	100	61700

618

1	618	11	6798	21	12978	31	19158	41	25338	51	31518	61	37698	71	43878	81	50058	91	56238
2	1236	12	7416	22	13596	32	19776	42	25956	52	32136	62	38316	72	44496	82	50676	92	56856
3	1854	13	8034	23	14214	33	20394	43	26574	53	32754	63	38934	73	45114	83	51294	93	57474
4	2472	14	8652	24	14832	34	21012	44	27192	54	33372	64	39552	74	45732	84	51912	94	58092
5	3090	15	9270	25	15450	35	21630	45	27810	55	33990	65	40170	75	46350	85	52530	95	58710
6	3708	16	9888	26	16068	36	22248	46	28428	56	34608	66	40788	76	46968	86	53148	96	59328
7	4326	17	10506	27	16686	37	22866	47	29046	57	35226	67	41406	77	47586	87	53766	97	59946
8	4944	18	11124	28	17304	38	23484	48	29664	58	35844	68	42024	78	48204	88	54384	98	60564
9	5562	19	11742	29	17922	39	24102	49	30282	59	36462	69	42642	79	48822	89	55002	99	61182
10	6180	20	12360	30	18540	40	24720	50	30900	60	37080	70	43260	80	49440	90	55620	100	61800

619

1	619	11	6809	21	12999	31	19189	41	25379	51	31569	61	37759	71	43949	81	50139	91	56329
2	1238	12	7428	22	13618	32	19808	42	25998	52	32188	62	38378	72	44568	82	50758	92	56948
3	1857	13	8047	23	14237	33	20427	43	26617	53	32807	63	38997	73	45187	83	51377	93	57567
4	2476	14	8666	24	14856	34	21046	44	27236	54	33426	64	39616	74	45806	84	51996	94	58186
5	3095	15	9285	25	15475	35	21665	45	27855	55	34045	65	40235	75	46425	85	52615	95	58805
6	3714	16	9904	26	16094	36	22284	46	28474	56	34664	66	40854	76	47044	86	53234	96	59424
7	4333	17	10523	27	16713	37	22903	47	29093	57	35283	67	41473	77	47663	87	53853	97	60043
8	4952	18	11142	28	17332	38	23522	48	29712	58	35902	68	42092	78	48282	88	54472	98	60662
9	5571	19	11761	29	17951	39	24141	49	30331	59	36521	69	42711	79	48901	89	55091	99	61281
10	6190	20	12380	30	18570	40	24760	50	30950	60	37140	70	43330	80	49520	90	55710	100	61900

620

1	620	11	6820	21	13020	31	19220	41	25420	51	31620	61	37820	71	44020	81	50220	91	56420
2	1240	12	7440	22	13640	32	19840	42	26040	52	32240	62	38440	72	44640	82	50840	92	57040
3	1860	13	8060	23	14260	33	20460	43	26660	53	32860	63	39060	73	45260	83	51460	93	57660
4	2480	14	8680	24	14880	34	21080	44	27280	54	33480	64	39680	74	45880	84	52080	94	58280
5	3100	15	9300	25	15500	35	21700	45	27900	55	34100	65	40300	75	46500	85	52700	95	58900
6	3720	16	9920	26	16120	36	22320	46	28520	56	34720	66	40920	76	47120	86	53320	96	59520
7	4340	17	10540	27	16740	37	22940	47	29140	57	35340	67	41540	77	47740	87	53940	97	60140
8	4960	18	11160	28	17360	38	23560	48	29760	58	35960	68	42160	78	48360	88	54560	98	60760
9	5580	19	11780	29	17980	39	24180	49	30380	59	36580	69	42780	79	48980	89	55180	99	61380
10	6200	20	12400	30	18600	40	24800	50	31000	60	37200	70	43400	80	49600	90	55800	100	62000

621

621—625

1	621	11	6831	21	13041	31	19251	41	25461	51	31671	61	37881	71	44091	81	50301	91	56511
2	1242	12	7452	22	13662	32	19872	42	26082	52	32292	62	38502	72	44712	82	50922	92	57132
3	1863	13	8073	23	14283	33	20493	43	26703	53	32913	63	39123	73	45333	83	51543	93	57753
4	2484	14	8694	24	14904	34	21114	44	27324	54	33534	64	39744	74	45954	84	52164	94	58374
5	3105	15	9315	25	15525	35	21735	45	27945	55	34155	65	40365	75	46575	85	52785	95	58995
6	3726	16	9936	26	16146	36	22356	46	28566	56	34776	66	40986	76	47196	86	53406	96	59616
7	4347	17	10557	27	16767	37	22977	47	29187	57	35397	67	41607	77	47817	87	54027	97	60237
8	4968	18	11178	28	17388	38	23598	48	29808	58	36018	68	42228	78	48438	88	54648	98	60858
9	5589	19	11799	29	18009	39	24219	49	30429	59	36639	69	42849	79	49059	89	55269	99	61479
10	6210	20	12420	30	18630	40	24840	50	31050	60	37260	70	43470	80	49680	90	55890	100	62100

622

1	622	11	6842	21	13062	31	19282	41	25502	51	31722	61	37942	71	44162	81	50382	91	56602
2	1244	12	7464	22	13684	32	19904	42	26124	52	32344	62	38564	72	44784	82	51004	92	57224
3	1866	13	8086	23	14306	33	20526	43	26746	53	32966	63	39186	73	45406	83	51626	93	57846
4	2488	14	8708	24	14928	34	21148	44	27368	54	33588	64	39808	74	46028	84	52248	94	58468
5	3110	15	9330	25	15550	35	21770	45	27990	55	34210	65	40430	75	46650	85	52870	95	59090
6	3732	16	9952	26	16172	36	22392	46	28612	56	34832	66	41052	76	47272	86	53492	96	59712
7	4354	17	10574	27	16794	37	23014	47	29234	57	35454	67	41674	77	47894	87	54114	97	60334
8	4976	18	11196	28	17416	38	23636	48	29856	58	36076	68	42296	78	48516	88	54736	98	60956
9	5598	19	11818	29	18038	39	24258	49	30478	59	36698	69	42918	79	49138	89	55358	99	61578
10	6220	20	12440	30	18660	40	24880	50	31100	60	37320	70	43540	80	49760	90	55980	100	62200

623

1	623	11	6853	21	13083	31	19313	41	25543	51	31773	61	38003	71	44233	81	50463	91	56693
2	1246	12	7476	22	13706	32	19936	42	26166	52	32396	62	38626	72	44856	82	51086	92	57316
3	1869	13	8099	23	14329	33	20559	43	26789	53	33019	63	39249	73	45479	83	51709	93	57939
4	2492	14	8722	24	14952	34	21182	44	27412	54	33642	64	39872	74	46102	84	52332	94	58562
5	3115	15	9345	25	15575	35	21805	45	28035	55	34265	65	40495	75	46725	85	52955	95	59185
6	3738	16	9968	26	16198	36	22428	46	28658	56	34888	66	41118	76	47348	86	53578	96	59808
7	4361	17	10591	27	16821	37	23051	47	29281	57	35511	67	41741	77	47971	87	54201	97	60431
8	4984	18	11214	28	17444	38	23674	48	29904	58	36134	68	42364	78	48594	88	54824	98	61054
9	5607	19	11837	29	18067	39	24297	49	30527	59	36757	69	42987	79	49217	89	55447	99	61677
10	6230	20	12460	30	18690	40	24920	50	31150	60	37380	70	43610	80	49840	90	56070	100	62300

624

1	624	11	6864	21	13104	31	19344	41	25584	51	31824	61	38064	71	44304	81	50544	91	56784
2	1248	12	7488	22	13728	32	19968	42	26208	52	32448	62	38688	72	44928	82	51168	92	57408
3	1872	13	8112	23	14352	33	20592	43	26832	53	33072	63	39312	73	45552	83	51792	93	58032
4	2496	14	8736	24	14976	34	21216	44	27456	54	33696	64	39936	74	46176	84	52416	94	58656
5	3120	15	9360	25	15600	35	21840	45	28080	55	34320	65	40560	75	46800	85	53040	95	59280
6	3744	16	9984	26	16224	36	22464	46	28704	56	34944	66	41184	76	47424	86	53664	96	59904
7	4368	17	10608	27	16848	37	23088	47	29328	57	35568	67	41808	77	48048	87	54288	97	60528
8	4992	18	11232	28	17472	38	23712	48	29952	58	36192	68	42432	78	48672	88	54912	98	61152
9	5616	19	11856	29	18096	39	24336	49	30576	59	36816	69	43056	79	49296	89	55536	99	61776
10	6240	20	12480	30	18720	40	24960	50	31200	60	37440	70	43680	80	49920	90	56160	100	62400

625

1	625	11	6875	21	13125	31	19375	41	25625	51	31875	61	38125	71	44375	81	50625	91	56875
2	1250	12	7500	22	13750	32	20000	42	26250	52	32500	62	38750	72	45000	82	51250	92	57500
3	1875	13	8125	23	14375	33	20625	43	26875	53	33125	63	39375	73	45625	83	51875	93	58125
4	2500	14	8750	24	15000	34	21250	44	27500	54	33750	64	40000	74	46250	84	52500	94	58750
5	3125	15	9375	25	15625	35	21875	45	28125	55	34375	65	40625	75	46875	85	53125	95	59375
6	3750	16	10000	26	16250	36	22500	46	28750	56	35000	66	41250	76	47500	86	53750	96	60000
7	4375	17	10625	27	16875	37	23125	47	29375	57	35625	67	41875	77	48125	87	54375	97	60625
8	5000	18	11250	28	17500	38	23750	48	30000	58	36250	68	42500	78	48750	88	55000	98	61250
9	5625	19	11875	29	18125	39	24375	49	30625	59	36875	69	43125	79	49375	89	55625	99	61875
10	6250	20	12500	30	18750	40	25000	50	31250	60	37500	70	43750	80	50000	90	56250	100	62500

626

1	626	**11**	6886	**21**	13146	**31**	19406	**41**	25666	**51**	31926	**61**	38186	**71**	44446	**81**	50706	**91**	56966
2	1252	**12**	7512	**22**	13772	**32**	20032	**42**	26292	**52**	32552	**62**	38812	**72**	45072	**82**	51332	**92**	57592
3	1878	**13**	8138	**23**	14398	**33**	20658	**43**	26918	**53**	33178	**63**	39438	**73**	45698	**83**	51958	**93**	58218
4	2504	**14**	8764	**24**	15024	**34**	21284	**44**	27544	**54**	33804	**64**	40064	**74**	46324	**84**	52584	**94**	58844
5	3130	**15**	9390	**25**	15650	**35**	21910	**45**	28170	**55**	34430	**65**	40690	**75**	46950	**85**	53210	**95**	59470
6	3756	**16**	10016	**26**	16276	**36**	22536	**46**	28796	**56**	35056	**66**	41316	**76**	47576	**86**	53836	**96**	60096
7	4382	**17**	10642	**27**	16902	**37**	23162	**47**	29422	**57**	35682	**67**	41942	**77**	48202	**87**	54462	**97**	60722
8	5008	**18**	11268	**28**	17528	**38**	23788	**48**	30048	**58**	36308	**68**	42568	**78**	48828	**88**	55088	**98**	61348
9	5634	**19**	11894	**29**	18154	**39**	24414	**49**	30674	**59**	36934	**69**	43194	**79**	49454	**89**	55714	**99**	61974
10	6260	**20**	12520	**30**	18780	**40**	25040	**50**	31300	**60**	37560	**70**	43820	**80**	50080	**90**	56340	**100**	62600

627

1	627	**11**	6897	**21**	13167	**31**	19437	**41**	25707	**51**	31977	**61**	38247	**71**	44517	**81**	50787	**91**	57057
2	1254	**12**	7524	**22**	13794	**32**	20064	**42**	26334	**52**	32604	**62**	38874	**72**	45144	**82**	51414	**92**	57684
3	1881	**13**	8151	**23**	14421	**33**	20691	**43**	26961	**53**	33231	**63**	39501	**73**	45771	**83**	52041	**93**	58311
4	2508	**14**	8778	**24**	15048	**34**	21318	**44**	27588	**54**	33858	**64**	40128	**74**	46398	**84**	52668	**94**	58938
5	3135	**15**	9405	**25**	15675	**35**	21945	**45**	28215	**55**	34485	**65**	40755	**75**	47025	**85**	53295	**95**	59565
6	3762	**16**	10032	**26**	16302	**36**	22572	**46**	28842	**56**	35112	**66**	41382	**76**	47652	**86**	53922	**96**	60192
7	4389	**17**	10659	**27**	16929	**37**	23199	**47**	29469	**57**	35739	**67**	42009	**77**	48279	**87**	54549	**97**	60819
8	5016	**18**	11286	**28**	17556	**38**	23826	**48**	30096	**58**	36366	**68**	42636	**78**	48906	**88**	55176	**98**	61446
9	5643	**19**	11913	**29**	18183	**39**	24453	**49**	30723	**59**	36993	**69**	43263	**79**	49533	**89**	55803	**99**	62073
10	6270	**20**	12540	**30**	18810	**40**	25080	**50**	31350	**60**	37620	**70**	43890	**80**	50160	**90**	56430	**100**	62700

628

1	628	**11**	6908	**21**	13188	**31**	19468	**41**	25748	**51**	32028	**61**	38308	**71**	44588	**81**	50868	**91**	57148
2	1256	**12**	7536	**22**	13816	**32**	20096	**42**	26376	**52**	32656	**62**	38936	**72**	45216	**82**	51496	**92**	57776
3	1884	**13**	8164	**23**	14444	**33**	20724	**43**	27004	**53**	33284	**63**	39564	**73**	45844	**83**	52124	**93**	58404
4	2512	**14**	8792	**24**	15072	**34**	21352	**44**	27632	**54**	33912	**64**	40192	**74**	46472	**84**	52752	**94**	59032
5	3140	**15**	9420	**25**	15700	**35**	21980	**45**	28260	**55**	34540	**65**	40820	**75**	47100	**85**	53380	**95**	59660
6	3768	**16**	10048	**26**	16328	**36**	22608	**46**	28888	**56**	35168	**66**	41448	**76**	47728	**86**	54008	**96**	60288
7	4396	**17**	10676	**27**	16956	**37**	23236	**47**	29516	**57**	35796	**67**	42076	**77**	48356	**87**	54636	**97**	60916
8	5024	**18**	11304	**28**	17584	**38**	23864	**48**	30144	**58**	36424	**68**	42704	**78**	48984	**88**	55264	**98**	61544
9	5652	**19**	11932	**29**	18212	**39**	24492	**49**	30772	**59**	37052	**69**	43332	**79**	49612	**89**	55892	**99**	62172
10	6280	**20**	12560	**30**	18840	**40**	25120	**50**	31400	**60**	37680	**70**	43960	**80**	50240	**90**	56520	**100**	62800

629

1	629	**11**	6919	**21**	13209	**31**	19499	**41**	25789	**51**	32079	**61**	38369	**71**	44659	**81**	50949	**91**	57239
2	1258	**12**	7548	**22**	13838	**32**	20128	**42**	26418	**52**	32708	**62**	38998	**72**	45288	**82**	51578	**92**	57868
3	1887	**13**	8177	**23**	14467	**33**	20757	**43**	27047	**53**	33337	**63**	39627	**73**	45917	**83**	52207	**93**	58497
4	2516	**14**	8806	**24**	15096	**34**	21386	**44**	27676	**54**	33966	**64**	40256	**74**	46546	**84**	52836	**94**	59126
5	3145	**15**	9435	**25**	15725	**35**	22015	**45**	28305	**55**	34595	**65**	40885	**75**	47175	**85**	53465	**95**	59755
6	3774	**16**	10064	**26**	16354	**36**	22644	**46**	28934	**56**	35224	**66**	41514	**76**	47804	**86**	54094	**96**	60384
7	4403	**17**	10693	**27**	16983	**37**	23273	**47**	29563	**57**	35853	**67**	42143	**77**	48433	**87**	54723	**97**	61013
8	5032	**18**	11322	**28**	17612	**38**	23902	**48**	30192	**58**	36482	**68**	42772	**78**	49062	**88**	55352	**98**	61642
9	5661	**19**	11951	**29**	18241	**39**	24531	**49**	30821	**59**	37111	**69**	43401	**79**	49691	**89**	55981	**99**	62271
10	6290	**20**	12580	**30**	18870	**40**	25160	**50**	31450	**60**	37740	**70**	44030	**80**	50320	**90**	56610	**100**	62900

630

1	630	**11**	6930	**21**	13230	**31**	19530	**41**	25830	**51**	32130	**61**	38430	**71**	44730	**81**	51030	**91**	57330
2	1260	**12**	7560	**22**	13860	**32**	20160	**42**	26460	**52**	32760	**62**	39060	**72**	45360	**82**	51660	**92**	57960
3	1890	**13**	8190	**23**	14490	**33**	20790	**43**	27090	**53**	33390	**63**	39690	**73**	45990	**83**	52290	**93**	58590
4	2520	**14**	8820	**24**	15120	**34**	21420	**44**	27720	**54**	34020	**64**	40320	**74**	46620	**84**	52920	**94**	59220
5	3150	**15**	9450	**25**	15750	**35**	22050	**45**	28350	**55**	34650	**65**	40950	**75**	47250	**85**	53550	**95**	59850
6	3780	**16**	10080	**26**	16380	**36**	22680	**46**	28980	**56**	35280	**66**	41580	**76**	47880	**86**	54180	**96**	60480
7	4410	**17**	10710	**27**	17010	**37**	23310	**47**	29610	**57**	35910	**67**	42210	**77**	48510	**87**	54810	**97**	61110
8	5040	**18**	11340	**28**	17640	**38**	23940	**48**	30240	**58**	36540	**68**	42840	**78**	49140	**88**	55440	**98**	61740
9	5670	**19**	11970	**29**	18270	**39**	24570	**49**	30870	**59**	37170	**69**	43470	**79**	49770	**89**	56070	**99**	62370
10	6300	**20**	12600	**30**	18900	**40**	25200	**50**	31500	**60**	37800	**70**	44100	**80**	50400	**90**	56700	**100**	63000

631

1	631	11	6941	21	13251	31	19561	41	25871	51	32181	61	38491	71	44801	81	51111	91	57421
2	1262	12	7572	22	13882	32	20192	42	26502	52	32812	62	39122	72	45432	82	51742	92	58052
3	1893	13	8203	23	14513	33	20823	43	27133	53	33443	63	39753	73	46063	83	52373	93	58683
4	2524	14	8834	24	15144	34	21454	44	27764	54	34074	64	40384	74	46694	84	53004	94	59314
5	3155	15	9465	25	15775	35	22085	45	28395	55	34705	65	41015	75	47325	85	53635	95	59945
6	3786	16	10096	26	16406	36	22716	46	29026	56	35336	66	41646	76	47956	86	54266	96	60576
7	4417	17	10727	27	17037	37	23347	47	29657	57	35967	67	42277	77	48587	87	54897	97	61207
8	5048	18	11358	28	17668	38	23978	48	30288	58	36598	68	42908	78	49218	88	55528	98	61838
9	5679	19	11989	29	18299	39	24609	49	30919	59	37229	69	43539	79	49849	89	56159	99	62469
10	6310	20	12620	30	18930	40	25240	50	31550	60	37860	70	44170	80	50480	90	56790	100	63100

632

1	632	11	6952	21	13272	31	19592	41	25912	51	32232	61	38552	71	44872	81	51192	91	57512
2	1264	12	7584	22	13904	32	20224	42	26544	52	32864	62	39184	72	45504	82	51824	92	58144
3	1896	13	8216	23	14536	33	20856	43	27176	53	33496	63	39816	73	46136	83	52456	93	58776
4	2528	14	8848	24	15168	34	21488	44	27808	54	34128	64	40448	74	46768	84	53088	94	59408
5	3160	15	9480	25	15800	35	22120	45	28440	55	34760	65	41080	75	47400	85	53720	95	60040
6	3792	16	10112	26	16432	36	22752	46	29072	56	35392	66	41712	76	48032	86	54352	96	60672
7	4424	17	10744	27	17064	37	23384	47	29704	57	36024	67	42344	77	48664	87	54984	97	61304
8	5056	18	11376	28	17696	38	24016	48	30336	58	36656	68	42976	78	49296	88	55616	98	61936
9	5688	19	12008	29	18328	39	24648	49	30968	59	37288	69	43608	79	49928	89	56248	99	62568
10	6320	20	12640	30	18960	40	25280	50	31600	60	37920	70	44240	80	50560	90	56880	100	63200

633

1	633	11	6963	21	13293	31	19623	41	25953	51	32283	61	38613	71	44943	81	51273	91	57603
2	1266	12	7596	22	13926	32	20256	42	26586	52	32916	62	39246	72	45576	82	51906	92	58236
3	1899	13	8229	23	14559	33	20889	43	27219	53	33549	63	39879	73	46209	83	52539	93	58869
4	2532	14	8862	24	15192	34	21522	44	27852	54	34182	64	40512	74	46842	84	53172	94	59502
5	3165	15	9495	25	15825	35	22155	45	28485	55	34815	65	41145	75	47475	85	53805	95	60135
6	3798	16	10128	26	16458	36	22788	46	29118	56	35448	66	41778	76	48108	86	54438	96	60768
7	4431	17	10761	27	17091	37	23421	47	29751	57	36081	67	42411	77	48741	87	55071	97	61401
8	5064	18	11394	28	17724	38	24054	48	30384	58	36714	68	43044	78	49374	88	55704	98	62034
9	5697	19	12027	29	18357	39	24687	49	31017	59	37347	69	43677	79	50007	89	56337	99	62667
10	6330	20	12660	30	18990	40	25320	50	31650	60	37980	70	44310	80	50640	90	56970	100	63300

634

1	634	11	6974	21	13314	31	19654	41	25994	51	32334	61	38674	71	45014	81	51354	91	57694
2	1268	12	7608	22	13948	32	20288	42	26628	52	32968	62	39308	72	45648	82	51988	92	58328
3	1902	13	8242	23	14582	33	20922	43	27262	53	33602	63	39942	73	46282	83	52622	93	58962
4	2536	14	8876	24	15216	34	21556	44	27896	54	34236	64	40576	74	46916	84	53256	94	59596
5	3170	15	9510	25	15850	35	22190	45	28530	55	34870	65	41210	75	47550	85	53890	95	60230
6	3804	16	10144	26	16484	36	22824	46	29164	56	35504	66	41844	76	48184	86	54524	96	60864
7	4438	17	10778	27	17118	37	23458	47	29798	57	36138	67	42478	77	48818	87	55158	97	61498
8	5072	18	11412	28	17752	38	24092	48	30432	58	36772	68	43112	78	49452	88	55792	98	62132
9	5706	19	12046	29	18386	39	24726	49	31066	59	37406	69	43746	79	50086	89	56426	99	62766
10	6340	20	12680	30	19020	40	25360	50	31700	60	38040	70	44380	80	50720	90	57060	100	63400

635

1	635	11	6985	21	13335	31	19685	41	26035	51	32385	61	38735	71	45085	81	51435	91	57785
2	1270	12	7620	22	13970	32	20320	42	26670	52	33020	62	39370	72	45720	82	52070	92	58420
3	1905	13	8255	23	14605	33	20955	43	27305	53	33655	63	40005	73	46355	83	52705	93	59055
4	2540	14	8890	24	15240	34	21590	44	27940	54	34290	64	40640	74	46990	84	53340	94	59690
5	3175	15	9525	25	15875	35	22225	45	28575	55	34925	65	41275	75	47625	85	53975	95	60325
6	3810	16	10160	26	16510	36	22860	46	29210	56	35560	66	41910	76	48260	86	54610	96	60960
7	4445	17	10795	27	17145	37	23495	47	29845	57	36195	67	42545	77	48895	87	55245	97	61595
8	5080	18	11430	28	17780	38	24130	48	30480	58	36830	68	43180	78	49530	88	55880	98	62230
9	5715	19	12065	29	18415	39	24765	49	31115	59	37465	69	43815	79	50165	89	56515	99	62865
10	6350	20	12700	30	19050	40	25400	50	31750	60	38100	70	44450	80	50800	90	57150	100	63500

636

1	636	**11**	6996	**21**	13356	**31**	19716	**41**	26076	**51**	32436	**61**	38796	**71**	45156	**81**	51516	**91**	57876
2	1272	**12**	7632	**22**	13992	**32**	20352	**42**	26712	**52**	33072	**62**	39432	**72**	45792	**82**	52152	**92**	58512
3	1908	**13**	8268	**23**	14628	**33**	20988	**43**	27348	**53**	33708	**63**	40068	**73**	46428	**83**	52788	**93**	59148
4	2544	**14**	8904	**24**	15264	**34**	21624	**44**	27984	**54**	34344	**64**	40704	**74**	47064	**84**	53424	**94**	59784
5	3180	**15**	9540	**25**	15900	**35**	22260	**45**	28620	**55**	34980	**65**	41340	**75**	47700	**85**	54060	**95**	60420
6	3816	**16**	10176	**26**	16536	**36**	22896	**46**	29256	**56**	35616	**66**	41976	**76**	48336	**86**	54696	**96**	61056
7	4452	**17**	10812	**27**	17172	**37**	23532	**47**	29892	**57**	36252	**67**	42612	**77**	48972	**87**	55332	**97**	61692
8	5088	**18**	11448	**28**	17808	**38**	24168	**48**	30528	**58**	36888	**68**	43248	**78**	49608	**88**	55968	**98**	62328
9	5724	**19**	12084	**29**	18444	**39**	24804	**49**	31164	**59**	37524	**69**	43884	**79**	50244	**89**	56604	**99**	62964
10	6360	**20**	12720	**30**	19080	**40**	25440	**50**	31800	**60**	38160	**70**	44520	**80**	50880	**90**	57240	**100**	63600

637

1	637	**11**	7007	**21**	13377	**31**	19747	**41**	26117	**51**	32487	**61**	38857	**71**	45227	**81**	51597	**91**	57967
2	1274	**12**	7644	**22**	14014	**32**	20384	**42**	26754	**52**	33124	**62**	39494	**72**	45864	**82**	52234	**92**	58604
3	1911	**13**	8281	**23**	14651	**33**	21021	**43**	27391	**53**	33761	**63**	40131	**73**	46501	**83**	52871	**93**	59241
4	2548	**14**	8918	**24**	15288	**34**	21658	**44**	28028	**54**	34398	**64**	40768	**74**	47138	**84**	53508	**94**	59878
5	3185	**15**	9555	**25**	15925	**35**	22295	**45**	28665	**55**	35035	**65**	41405	**75**	47775	**85**	54145	**95**	60515
6	3822	**16**	10192	**26**	16562	**36**	22932	**46**	29302	**56**	35672	**66**	42042	**76**	48412	**86**	54782	**96**	61152
7	4459	**17**	10829	**27**	17199	**37**	23569	**47**	29939	**57**	36309	**67**	42679	**77**	49049	**87**	55419	**97**	61789
8	5096	**18**	11466	**28**	17836	**38**	24206	**48**	30576	**58**	36946	**68**	43316	**78**	49686	**88**	56056	**98**	62426
9	5733	**19**	12103	**29**	18473	**39**	24843	**49**	31213	**59**	37583	**69**	43953	**79**	50323	**89**	56693	**99**	63063
10	6370	**20**	12740	**30**	19110	**40**	25480	**50**	31850	**60**	38220	**70**	44590	**80**	50960	**90**	57330	**100**	63700

638

1	638	**11**	7018	**21**	13398	**31**	19778	**41**	26158	**51**	32538	**61**	38918	**71**	45298	**81**	51678	**91**	58058
2	1276	**12**	7656	**22**	14036	**32**	20416	**42**	26796	**52**	33176	**62**	39556	**72**	45936	**82**	52316	**92**	58696
3	1914	**13**	8294	**23**	14674	**33**	21054	**43**	27434	**53**	33814	**63**	40194	**73**	46574	**83**	52954	**93**	59334
4	2552	**14**	8932	**24**	15312	**34**	21692	**44**	28072	**54**	34452	**64**	40832	**74**	47212	**84**	53592	**94**	59972
5	3190	**15**	9570	**25**	15950	**35**	22330	**45**	28710	**55**	35090	**65**	41470	**75**	47850	**85**	54230	**95**	60610
6	3828	**16**	10208	**26**	16588	**36**	22968	**46**	29348	**56**	35728	**66**	42108	**76**	48488	**86**	54868	**96**	61248
7	4466	**17**	10846	**27**	17226	**37**	23606	**47**	29986	**57**	36366	**67**	42746	**77**	49126	**87**	55506	**97**	61886
8	5104	**18**	11484	**28**	17864	**38**	24244	**48**	30624	**58**	37004	**68**	43384	**78**	49764	**88**	56144	**98**	62524
9	5742	**19**	12122	**29**	18502	**39**	24882	**49**	31262	**59**	37642	**69**	44022	**79**	50402	**89**	56782	**99**	63162
10	6380	**20**	12760	**30**	19140	**40**	25520	**50**	31900	**60**	38280	**70**	44660	**80**	51040	**90**	57420	**100**	63800

639

1	639	**11**	7029	**21**	13419	**31**	19809	**41**	26199	**51**	32589	**61**	38979	**71**	45369	**81**	51759	**91**	58149
2	1278	**12**	7668	**22**	14058	**32**	20448	**42**	26838	**52**	33228	**62**	39618	**72**	46008	**82**	52398	**92**	58788
3	1917	**13**	8307	**23**	14697	**33**	21087	**43**	27477	**53**	33867	**63**	40257	**73**	46647	**83**	53037	**93**	59427
4	2556	**14**	8946	**24**	15336	**34**	21726	**44**	28116	**54**	34506	**64**	40896	**74**	47286	**84**	53676	**94**	60066
5	3195	**15**	9585	**25**	15975	**35**	22365	**45**	28755	**55**	35145	**65**	41535	**75**	47925	**85**	54315	**95**	60705
6	3834	**16**	10224	**26**	16614	**36**	23004	**46**	29394	**56**	35784	**66**	42174	**76**	48564	**86**	54954	**96**	61344
7	4473	**17**	10863	**27**	17253	**37**	23643	**47**	30033	**57**	36423	**67**	42813	**77**	49203	**87**	55593	**97**	61983
8	5112	**18**	11502	**28**	17892	**38**	24282	**48**	30672	**58**	37062	**68**	43452	**78**	49842	**88**	56232	**98**	62622
9	5751	**19**	12141	**29**	18531	**39**	24921	**49**	31311	**59**	37701	**69**	44091	**79**	50481	**89**	56871	**99**	63261
10	6390	**20**	12780	**30**	19170	**40**	25560	**50**	31950	**60**	38340	**70**	44730	**80**	51120	**90**	57510	**100**	63900

640

1	640	**11**	7040	**21**	13440	**31**	19840	**41**	26240	**51**	32640	**61**	39040	**71**	45440	**81**	51840	**91**	58240
2	1280	**12**	7680	**22**	14080	**32**	20480	**42**	26880	**52**	33280	**62**	39680	**72**	46080	**82**	52480	**92**	58880
3	1920	**13**	8320	**23**	14720	**33**	21120	**43**	27520	**53**	33920	**63**	40320	**73**	46720	**83**	53120	**93**	59520
4	2560	**14**	8960	**24**	15360	**34**	21760	**44**	28160	**54**	34560	**64**	40960	**74**	47360	**84**	53760	**94**	60160
5	3200	**15**	9600	**25**	16000	**35**	22400	**45**	28800	**55**	35200	**65**	41600	**75**	48000	**85**	54400	**95**	60800
6	3840	**16**	10240	**26**	16640	**36**	23040	**46**	29440	**56**	35840	**66**	42240	**76**	48640	**86**	55040	**96**	61440
7	4480	**17**	10880	**27**	17280	**37**	23680	**47**	30080	**57**	36480	**67**	42880	**77**	49280	**87**	55680	**97**	62080
8	5120	**18**	11520	**28**	17920	**38**	24320	**48**	30720	**58**	37120	**68**	43520	**78**	49920	**88**	56320	**98**	62720
9	5760	**19**	12160	**29**	18560	**39**	24960	**49**	31360	**59**	37760	**69**	44160	**79**	50560	**89**	56960	**99**	63360
10	6400	**20**	12800	**30**	19200	**40**	25600	**50**	32000	**60**	38400	**70**	44800	**80**	51200	**90**	57600	**100**	64000

641

1	641	11	7051	21	13461	31	19871	41	26281	51	32691	61	39101	71	45511	81	51921	91	58331
2	1282	12	7692	22	14102	32	20512	42	26922	52	33332	62	39742	72	46152	82	52562	92	58972
3	1923	13	8333	23	14743	33	21153	43	27563	53	33973	63	40383	73	46793	83	53203	93	59613
4	2564	14	8974	24	15384	34	21794	44	28204	54	34614	64	41024	74	47434	84	53844	94	60254
5	3205	15	9615	25	16025	35	22435	45	28845	55	35255	65	41665	75	48075	85	54485	95	60895
6	3846	16	10256	26	16666	36	23076	46	29486	56	35896	66	42306	76	48716	86	55126	96	61536
7	4487	17	10897	27	17307	37	23717	47	30127	57	36537	67	42947	77	49357	87	55767	97	62177
8	5128	18	11538	28	17948	38	24358	48	30768	58	37178	68	43588	78	49998	88	56408	98	62818
9	5769	19	12179	29	18589	39	24999	49	31409	59	37819	69	44229	79	50639	89	57049	99	63459
10	6410	20	12820	30	19230	40	25640	50	32050	60	38460	70	44870	80	51280	90	57690	100	64100

642

1	642	11	7062	21	13482	31	19902	41	26322	51	32742	61	39162	71	45582	81	52002	91	58422
2	1284	12	7704	22	14124	32	20544	42	26964	52	33384	62	39804	72	46224	82	52644	92	59064
3	1926	13	8346	23	14766	33	21186	43	27606	53	34026	63	40446	73	46866	83	53286	93	59706
4	2568	14	8988	24	15408	34	21828	44	28248	54	34668	64	41088	74	47508	84	53928	94	60348
5	3210	15	9630	25	16050	35	22470	45	28890	55	35310	65	41730	75	48150	85	54570	95	60990
6	3852	16	10272	26	16692	36	23112	46	29532	56	35952	66	42372	76	48792	86	55212	96	61632
7	4494	17	10914	27	17334	37	23754	47	30174	57	36594	67	43014	77	49434	87	55854	97	62274
8	5136	18	11556	28	17976	38	24396	48	30816	58	37236	68	43656	78	50076	88	56496	98	62916
9	5778	19	12198	29	18618	39	25038	49	31458	59	37878	69	44298	79	50718	89	57138	99	63558
10	6420	20	12840	30	19260	40	25680	50	32100	60	38520	70	44940	80	51360	90	57780	100	64200

643

1	643	11	7073	21	13503	31	19933	41	26363	51	32793	61	39223	71	45653	81	52083	91	58513
2	1286	12	7716	22	14146	32	20576	42	27006	52	33436	62	39866	72	46296	82	52726	92	59156
3	1929	13	8359	23	14789	33	21219	43	27649	53	34079	63	40509	73	46939	83	53369	93	59799
4	2572	14	9002	24	15432	34	21862	44	28292	54	34722	64	41152	74	47582	84	54012	94	60442
5	3215	15	9645	25	16075	35	22505	45	28935	55	35365	65	41795	75	48225	85	54655	95	61085
6	3858	16	10288	26	16718	36	23148	46	29578	56	36008	66	42438	76	48868	86	55298	96	61728
7	4501	17	10931	27	17361	37	23791	47	30221	57	36651	67	43081	77	49511	87	55941	97	62371
8	5144	18	11574	28	18004	38	24434	48	30864	58	37294	68	43724	78	50154	88	56584	98	63014
9	5787	19	12217	29	18647	39	25077	49	31507	59	37937	69	44367	79	50797	89	57227	99	63657
10	6430	20	12860	30	19290	40	25720	50	32150	60	38580	70	45010	80	51440	90	57870	100	64300

644

1	644	11	7084	21	13524	31	19964	41	26404	51	32844	61	39284	71	45724	81	52164	91	58604
2	1288	12	7728	22	14168	32	20608	42	27048	52	33488	62	39928	72	46368	82	52808	92	59248
3	1932	13	8372	23	14812	33	21252	43	27692	53	34132	63	40572	73	47012	83	53452	93	59892
4	2576	14	9016	24	15456	34	21896	44	28336	54	34776	64	41216	74	47656	84	54096	94	60536
5	3220	15	9660	25	16100	35	22540	45	28980	55	35420	65	41860	75	48300	85	54740	95	61180
6	3864	16	10304	26	16744	36	23184	46	29624	56	36064	66	42504	76	48944	86	55384	96	61824
7	4508	17	10948	27	17388	37	23828	47	30268	57	36708	67	43148	77	49588	87	56028	97	62468
8	5152	18	11592	28	18032	38	24472	48	30912	58	37352	68	43792	78	50232	88	56672	98	63112
9	5796	19	12236	29	18676	39	25116	49	31556	59	37996	69	44436	79	50876	89	57316	99	63756
10	6440	20	12880	30	19320	40	25760	50	32200	60	38640	70	45080	80	51520	90	57960	100	64400

645

1	645	11	7095	21	13545	31	19995	41	26445	51	32895	61	39345	71	45795	81	52245	91	58695
2	1290	12	7740	22	14190	32	20640	42	27090	52	33540	62	39990	72	46440	82	52890	92	59340
3	1935	13	8385	23	14835	33	21285	43	27735	53	34185	63	40635	73	47085	83	53535	93	59985
4	2580	14	9030	24	15480	34	21930	44	28380	54	34830	64	41280	74	47730	84	54180	94	60630
5	3225	15	9675	25	16125	35	22575	45	29025	55	35475	65	41925	75	48375	85	54825	95	61275
6	3870	16	10320	26	16770	36	23220	46	29670	56	36120	66	42570	76	49020	86	55470	96	61920
7	4515	17	10965	27	17415	37	23865	47	30315	57	36765	67	43215	77	49665	87	56115	97	62565
8	5160	18	11610	28	18060	38	24510	48	30960	58	37410	68	43860	78	50310	88	56760	98	63210
9	5805	19	12255	29	18705	39	25155	49	31605	59	38055	69	44505	79	50955	89	57405	99	63855
10	6450	20	12900	30	19350	40	25800	50	32250	60	38700	70	45150	80	51600	90	58050	100	64500

646

1	646	11	7106	21	13566	31	20026	41	26486	51	32946	61	39406	71	45866	81	52326	91	58786
2	1292	12	7752	22	14212	32	20672	42	27132	52	33592	62	40052	72	46512	82	52972	92	59432
3	1938	13	8398	23	14858	33	21318	43	27778	53	34238	63	40698	73	47158	83	53618	93	60078
4	2584	14	9044	24	15504	34	21964	44	28424	54	34884	64	41344	74	47804	84	54264	94	60724
5	3230	15	9690	25	16150	35	22610	45	29070	55	35530	65	41990	75	48450	85	54910	95	61370
6	3876	16	10336	26	16796	36	23256	46	29716	56	36176	66	42636	76	49096	86	55556	96	62016
7	4522	17	10982	27	17442	37	23902	47	30362	57	36822	67	43282	77	49742	87	56202	97	62662
8	5168	18	11628	28	18088	38	24548	48	31008	58	37468	68	43928	78	50388	88	56848	98	63308
9	5814	19	12274	29	18734	39	25194	49	31654	59	38114	69	44574	79	51034	89	57494	99	63954
10	6460	20	12920	30	19380	40	25840	50	32300	60	38760	70	45220	80	51680	90	58140	100	64600

647

1	647	11	7117	21	13587	31	20057	41	26527	51	32997	61	39467	71	45937	81	52407	91	58877
2	1294	12	7764	22	14234	32	20704	42	27174	52	33644	62	40114	72	46584	82	53054	92	59524
3	1941	13	8411	23	14881	33	21351	43	27821	53	34291	63	40761	73	47231	83	53701	93	60171
4	2588	14	9058	24	15528	34	21998	44	28468	54	34938	64	41408	74	47878	84	54348	94	60818
5	3235	15	9705	25	16175	35	22645	45	29115	55	35585	65	42055	75	48525	85	54995	95	61465
6	3882	16	10352	26	16822	36	23292	46	29762	56	36232	66	42702	76	49172	86	55642	96	62112
7	4529	17	10999	27	17469	37	23939	47	30409	57	36879	67	43349	77	49819	87	56289	97	62759
8	5176	18	11646	28	18116	38	24586	48	31056	58	37526	68	43996	78	50466	88	56936	98	63406
9	5823	19	12293	29	18763	39	25233	49	31703	59	38173	69	44643	79	51113	89	57583	99	64053
10	6470	20	12940	30	19410	40	25880	50	32350	60	38820	70	45290	80	51760	90	58230	100	64700

648

1	648	11	7128	21	13608	31	20088	41	26568	51	33048	61	39528	71	46008	81	52488	91	58968
2	1296	12	7776	22	14256	32	20736	42	27216	52	33696	62	40176	72	46656	82	53136	92	59616
3	1944	13	8424	23	14904	33	21384	43	27864	53	34344	63	40824	73	47304	83	53784	93	60264
4	2592	14	9072	24	15552	34	22032	44	28512	54	34992	64	41472	74	47952	84	54432	94	60912
5	3240	15	9720	25	16200	35	22680	45	29160	55	35640	65	42120	75	48600	85	55080	95	61560
6	3888	16	10368	26	16848	36	23328	46	29808	56	36288	66	42768	76	49248	86	55728	96	62208
7	4536	17	11016	27	17496	37	23976	47	30456	57	36936	67	43416	77	49896	87	56376	97	62856
8	5184	18	11664	28	18144	38	24624	48	31104	58	37584	68	44064	78	50544	88	57024	98	63504
9	5832	19	12312	29	18792	39	25272	49	31752	59	38232	69	44712	79	51192	89	57672	99	64152
10	6480	20	12960	30	19440	40	25920	50	32400	60	38880	70	45360	80	51840	90	58320	100	64800

649

1	649	11	7139	21	13629	31	20119	41	26609	51	33099	61	39589	71	46079	81	52569	91	59059
2	1298	12	7788	22	14278	32	20768	42	27258	52	33748	62	40238	72	46728	82	53218	92	59708
3	1947	13	8437	23	14927	33	21417	43	27907	53	34397	63	40887	73	47377	83	53867	93	60357
4	2596	14	9086	24	15576	34	22066	44	28556	54	35046	64	41536	74	48026	84	54516	94	61006
5	3245	15	9735	25	16225	35	22715	45	29205	55	35695	65	42185	75	48675	85	55165	95	61655
6	3894	16	10384	26	16874	36	23364	46	29854	56	36344	66	42834	76	49324	86	55814	96	62304
7	4543	17	11033	27	17523	37	24013	47	30503	57	36993	67	43483	77	49973	87	56463	97	62953
8	5192	18	11682	28	18172	38	24662	48	31152	58	37642	68	44132	78	50622	88	57112	98	63602
9	5841	19	12331	29	18821	39	25311	49	31801	59	38291	69	44781	79	51271	89	57761	99	64251
10	6490	20	12980	30	19470	40	25960	50	32450	60	38940	70	45430	80	51920	90	58410	100	64900

650

1	650	11	7150	21	13650	31	20150	41	26650	51	33150	61	39650	71	46150	81	52650	91	59150
2	1300	12	7800	22	14300	32	20800	42	27300	52	33800	62	40300	72	46800	82	53300	92	59800
3	1950	13	8450	23	14950	33	21450	43	27950	53	34450	63	40950	73	47450	83	53950	93	60450
4	2600	14	9100	24	15600	34	22100	44	28600	54	35100	64	41600	74	48100	84	54600	94	61100
5	3250	15	9750	25	16250	35	22750	45	29250	55	35750	65	42250	75	48750	85	55250	95	61750
6	3900	16	10400	26	16900	36	23400	46	29900	56	36400	66	42900	76	49400	86	55900	96	62400
7	4550	17	11050	27	17550	37	24050	47	30550	57	37050	67	43550	77	50050	87	56550	97	63050
8	5200	18	11700	28	18200	38	24700	48	31200	58	37700	68	44200	78	50700	88	57200	98	63700
9	5850	19	12350	29	18850	39	25350	49	31850	59	38350	69	44850	79	51350	89	57850	99	64350
10	6500	20	13000	30	19500	40	26000	50	32500	60	39000	70	45500	80	52000	90	58500	100	65000

651

1	651	11	7161	21	13671	31	20181	41	26691	51	33201	61	39711	71	46221	81	52731	91	59241
2	1302	12	7812	22	14322	32	20832	42	27342	52	33852	62	40362	72	46872	82	53382	92	59892
3	1953	13	8463	23	14973	33	21483	43	27993	53	34503	63	41013	73	47523	83	54033	93	60543
4	2604	14	9114	24	15624	34	22134	44	28644	54	35154	64	41664	74	48174	84	54684	94	61194
5	3255	15	9765	25	16275	35	22785	45	29295	55	35805	65	42315	75	48825	85	55335	95	61845
6	3906	16	10416	26	16926	36	23436	46	29946	56	36456	66	42966	76	49476	86	55986	96	62496
7	4557	17	11067	27	17577	37	24087	47	30597	57	37107	67	43617	77	50127	87	56637	97	63147
8	5208	18	11718	28	18228	38	24738	48	31248	58	37758	68	44268	78	50778	88	57288	98	63798
9	5859	19	12369	29	18879	39	25389	49	31899	59	38409	69	44919	79	51429	89	57939	99	64449
10	6510	20	13020	30	19530	40	26040	50	32550	60	39060	70	45570	80	52080	90	58590	100	65100

652

1	652	11	7172	21	13692	31	20212	41	26732	51	33252	61	39772	71	46292	81	52812	91	59332
2	1304	12	7824	22	14344	32	20864	42	27384	52	33904	62	40424	72	46944	82	53464	92	59984
3	1956	13	8476	23	14996	33	21516	43	28036	53	34556	63	41076	73	47596	83	54116	93	60636
4	2608	14	9128	24	15648	34	22168	44	28688	54	35208	64	41728	74	48248	84	54768	94	61288
5	3260	15	9780	25	16300	35	22820	45	29340	55	35860	65	42380	75	48900	85	55420	95	61940
6	3912	16	10432	26	16952	36	23472	46	29992	56	36512	66	43032	76	49552	86	56072	96	62592
7	4564	17	11084	27	17604	37	24124	47	30644	57	37164	67	43684	77	50204	87	56724	97	63244
8	5216	18	11736	28	18256	38	24776	48	31296	58	37816	68	44336	78	50856	88	57376	98	63896
9	5868	19	12388	29	18908	39	25428	49	31948	59	38468	69	44988	79	51508	89	58028	99	64548
10	6520	20	13040	30	19560	40	26080	50	32600	60	39120	70	45640	80	52160	90	58680	100	65200

653

1	653	11	7183	21	13713	31	20243	41	26773	51	33303	61	39833	71	46363	81	52893	91	59423
2	1306	12	7836	22	14366	32	20896	42	27426	52	33956	62	40486	72	47016	82	53546	92	60076
3	1959	13	8489	23	15019	33	21549	43	28079	53	34609	63	41139	73	47669	83	54199	93	60729
4	2612	14	9142	24	15672	34	22202	44	28732	54	35262	64	41792	74	48322	84	54852	94	61382
5	3265	15	9795	25	16325	35	22855	45	29385	55	35915	65	42445	75	48975	85	55505	95	62035
6	3918	16	10448	26	16978	36	23508	46	30038	56	36568	66	43098	76	49628	86	56158	96	62688
7	4571	17	11101	27	17631	37	24161	47	30691	57	37221	67	43751	77	50281	87	56811	97	63341
8	5224	18	11754	28	18284	38	24814	48	31344	58	37874	68	44404	78	50934	88	57464	98	63994
9	5877	19	12407	29	18937	39	25467	49	31997	59	38527	69	45057	79	51587	89	58117	99	64647
10	6530	20	13060	30	19590	40	26120	50	32650	60	39180	70	45710	80	52240	90	58770	100	65300

654

1	654	11	7194	21	13734	31	20274	41	26814	51	33354	61	39894	71	46434	81	52974	91	59514
2	1308	12	7848	22	14388	32	20928	42	27468	52	34008	62	40548	72	47088	82	53628	92	60168
3	1962	13	8502	23	15042	33	21582	43	28122	53	34662	63	41202	73	47742	83	54282	93	60822
4	2616	14	9156	24	15696	34	22236	44	28776	54	35316	64	41856	74	48396	84	54936	94	61476
5	3270	15	9810	25	16350	35	22890	45	29430	55	35970	65	42510	75	49050	85	55590	95	62130
6	3924	16	10464	26	17004	36	23544	46	30084	56	36624	66	43164	76	49704	86	56244	96	62784
7	4578	17	11118	27	17658	37	24198	47	30738	57	37278	67	43818	77	50358	87	56898	97	63438
8	5232	18	11772	28	18312	38	24852	48	31392	58	37932	68	44472	78	51012	88	57552	98	64092
9	5886	19	12426	29	18966	39	25506	49	32046	59	38586	69	45126	79	51666	89	58206	99	64746
10	6540	20	13080	30	19620	40	26160	50	32700	60	39240	70	45780	80	52320	90	58860	100	65400

655

1	655	11	7205	21	13755	31	20305	41	26855	51	33405	61	39955	71	46505	81	53055	91	59605
2	1310	12	7860	22	14410	32	20960	42	27510	52	34060	62	40610	72	47160	82	53710	92	60260
3	1965	13	8515	23	15065	33	21615	43	28165	53	34715	63	41265	73	47815	83	54365	93	60915
4	2620	14	9170	24	15720	34	22270	44	28820	54	35370	64	41920	74	48470	84	55020	94	61570
5	3275	15	9825	25	16375	35	22925	45	29475	55	36025	65	42575	75	49125	85	55675	95	62225
6	3930	16	10480	26	17030	36	23580	46	30130	56	36680	66	43230	76	49780	86	56330	96	62880
7	4585	17	11135	27	17685	37	24235	47	30785	57	37335	67	43885	77	50435	87	56985	97	63535
8	5240	18	11790	28	18340	38	24890	48	31440	58	37990	68	44540	78	51090	88	57640	98	64190
9	5895	19	12445	29	18995	39	25545	49	32095	59	38645	69	45195	79	51745	89	58295	99	64845
10	6550	20	13100	30	19650	40	26200	50	32750	60	39300	70	45850	80	52400	90	58950	100	65500

656

1	656	11	7216	21	13776	31	20336	41	26896	51	33456	61	40016	71	46576	81	53136	91	59696
2	1312	12	7872	22	14432	32	20992	42	27552	52	34112	62	40672	72	47232	82	53792	92	60352
3	1968	13	8528	23	15088	33	21648	43	28208	53	34768	63	41328	73	47888	83	54448	93	61008
4	2624	14	9184	24	15744	34	22304	44	28864	54	35424	64	41984	74	48544	84	55104	94	61664
5	3280	15	9840	25	16400	35	22960	45	29520	55	36080	65	42640	75	49200	85	55760	95	62320
6	3936	16	10496	26	17056	36	23616	46	30176	56	36736	66	43296	76	49856	86	56416	96	62976
7	4592	17	11152	27	17712	37	24272	47	30832	57	37392	67	43952	77	50512	87	57072	97	63632
8	5248	18	11808	28	18368	38	24928	48	31488	58	38048	68	44608	78	51168	88	57728	98	64288
9	5904	19	12464	29	19024	39	25584	49	32144	59	38704	69	45264	79	51824	89	58384	99	64944
10	6560	20	13120	30	19680	40	26240	50	32800	60	39360	70	45920	80	52480	90	59040	100	65600

657

1	657	11	7227	21	13797	31	20367	41	26937	51	33507	61	40077	71	46647	81	53217	91	59787
2	1314	12	7884	22	14454	32	21024	42	27594	52	34164	62	40734	72	47304	82	53874	92	60444
3	1971	13	8541	23	15111	33	21681	43	28251	53	34821	63	41391	73	47961	83	54531	93	61101
4	2628	14	9198	24	15768	34	22338	44	28908	54	35478	64	42048	74	48618	84	55188	94	61758
5	3285	15	9855	25	16425	35	22995	45	29565	55	36135	65	42705	75	49275	85	55845	95	62415
6	3942	16	10512	26	17082	36	23652	46	30222	56	36792	66	43362	76	49932	86	56502	96	63072
7	4599	17	11169	27	17739	37	24309	47	30879	57	37449	67	44019	77	50589	87	57159	97	63729
8	5256	18	11826	28	18396	38	24966	48	31536	58	38106	68	44676	78	51246	88	57816	98	64386
9	5913	19	12483	29	19053	39	25623	49	32193	59	38763	69	45333	79	51903	89	58473	99	65043
10	6570	20	13140	30	19710	40	26280	50	32850	60	39420	70	45990	80	52560	90	59130	100	65700

658

1	658	11	7238	21	13818	31	20398	41	26978	51	33558	61	40138	71	46718	81	53298	91	59878
2	1316	12	7896	22	14476	32	21056	42	27636	52	34216	62	40796	72	47376	82	53956	92	60536
3	1974	13	8554	23	15134	33	21714	43	28294	53	34874	63	41454	73	48034	83	54614	93	61194
4	2632	14	9212	24	15792	34	22372	44	28952	54	35532	64	42112	74	48692	84	55272	94	61852
5	3290	15	9870	25	16450	35	23030	45	29610	55	36190	65	42770	75	49350	85	55930	95	62510
6	3948	16	10528	26	17108	36	23688	46	30268	56	36848	66	43428	76	50008	86	56588	96	63168
7	4606	17	11186	27	17766	37	24346	47	30926	57	37506	67	44086	77	50666	87	57246	97	63826
8	5264	18	11844	28	18424	38	25004	48	31584	58	38164	68	44744	78	51324	88	57904	98	64484
9	5922	19	12502	29	19082	39	25662	49	32242	59	38822	69	45402	79	51982	89	58562	99	65142
10	6580	20	13160	30	19740	40	26320	50	32900	60	39480	70	46060	80	52640	90	59220	100	65800

659

1	659	11	7249	21	13839	31	20429	41	27019	51	33609	61	40199	71	46789	81	53379	91	59969
2	1318	12	7908	22	14498	32	21088	42	27678	52	34268	62	40858	72	47448	82	54038	92	60628
3	1977	13	8567	23	15157	33	21747	43	28337	53	34927	63	41517	73	48107	83	54697	93	61287
4	2636	14	9226	24	15816	34	22406	44	28996	54	35586	64	42176	74	48766	84	55356	94	61946
5	3295	15	9885	25	16475	35	23065	45	29655	55	36245	65	42835	75	49425	85	56015	95	62605
6	3954	16	10544	26	17134	36	23724	46	30314	56	36904	66	43494	76	50084	86	56674	96	63264
7	4613	17	11203	27	17793	37	24383	47	30973	57	37563	67	44153	77	50743	87	57333	97	63923
8	5272	18	11862	28	18452	38	25042	48	31632	58	38222	68	44812	78	51402	88	57992	98	64582
9	5931	19	12521	29	19111	39	25701	49	32291	59	38881	69	45471	79	52061	89	58651	99	65241
10	6590	20	13180	30	19770	40	26360	50	32950	60	39540	70	46130	80	52720	90	59310	100	65900

660

1	660	11	7260	21	13860	31	20460	41	27060	51	33660	61	40260	71	46860	81	53460	91	60060
2	1320	12	7920	22	14520	32	21120	42	27720	52	34320	62	40920	72	47520	82	54120	92	60720
3	1980	13	8580	23	15180	33	21780	43	28380	53	34980	63	41580	73	48180	83	54780	93	61380
4	2640	14	9240	24	15840	34	22440	44	29040	54	35640	64	42240	74	48840	84	55440	94	62040
5	3300	15	9900	25	16500	35	23100	45	29700	55	36300	65	42900	75	49500	85	56100	95	62700
6	3960	16	10560	26	17160	36	23760	46	30360	56	36960	66	43560	76	50160	86	56760	96	63360
7	4620	17	11220	27	17820	37	24420	47	31020	57	37620	67	44220	77	50820	87	57420	97	64020
8	5280	18	11880	28	18480	38	25080	48	31680	58	38280	68	44880	78	51480	88	58080	98	64680
9	5940	19	12540	29	19140	39	25740	49	32340	59	38940	69	45540	79	52140	89	58740	99	65340
10	6600	20	13200	30	19800	40	26400	50	33000	60	39600	70	46200	80	52800	90	59400	100	66000

661

1	661	11	7271	21	13881	31	20491	41	27101	51	33711	61	40321	71	46931	81	53541	91	60151
2	1322	12	7932	22	14542	32	21152	42	27762	52	34372	62	40982	72	47592	82	54202	92	60812
3	1983	13	8593	23	15203	33	21813	43	28423	53	35033	63	41643	73	48253	83	54863	93	61473
4	2644	14	9254	24	15864	34	22474	44	29084	54	35694	64	42304	74	48914	84	55524	94	62134
5	3305	15	9915	25	16525	35	23135	45	29745	55	36355	65	42965	75	49575	85	56185	95	62795
6	3966	16	10576	26	17186	36	23796	46	30406	56	37016	66	43626	76	50236	86	56846	96	63456
7	4627	17	11237	27	17847	37	24457	47	31067	57	37677	67	44287	77	50897	87	57507	97	64117
8	5288	18	11898	28	18508	38	25118	48	31728	58	38338	68	44948	78	51558	88	58168	98	64778
9	5949	19	12559	29	19169	39	25779	49	32389	59	38999	69	45609	79	52219	89	58829	99	65439
10	6610	20	13220	30	19830	40	26440	50	33050	60	39660	70	46270	80	52880	90	59490	100	66100

662

1	662	11	7282	21	13902	31	20522	41	27142	51	33762	61	40382	71	47002	81	53622	91	60242
2	1324	12	7944	22	14564	32	21184	42	27804	52	34424	62	41044	72	47664	82	54284	92	60904
3	1986	13	8606	23	15226	33	21846	43	28466	53	35086	63	41706	73	48326	83	54946	93	61566
4	2648	14	9268	24	15888	34	22508	44	29128	54	35748	64	42368	74	48988	84	55608	94	62228
5	3310	15	9930	25	16550	35	23170	45	29790	55	36410	65	43030	75	49650	85	56270	95	62890
6	3972	16	10592	26	17212	36	23832	46	30452	56	37072	66	43692	76	50312	86	56932	96	63552
7	4634	17	11254	27	17874	37	24494	47	31114	57	37734	67	44354	77	50974	87	57594	97	64214
8	5296	18	11916	28	18536	38	25156	48	31776	58	38396	68	45016	78	51636	88	58256	98	64876
9	5958	19	12578	29	19198	39	25818	49	32438	59	39058	69	45678	79	52298	89	58918	99	65538
10	6620	20	13240	30	19860	40	26480	50	33100	60	39720	70	46340	80	52960	90	59580	100	66200

663

1	663	11	7293	21	13923	31	20553	41	27183	51	33813	61	40443	71	47073	81	53703	91	60333
2	1326	12	7956	22	14586	32	21216	42	27846	52	34476	62	41106	72	47736	82	54366	92	60996
3	1989	13	8619	23	15249	33	21879	43	28509	53	35139	63	41769	73	48399	83	55029	93	61659
4	2652	14	9282	24	15912	34	22542	44	29172	54	35802	64	42432	74	49062	84	55692	94	62322
5	3315	15	9945	25	16575	35	23205	45	29835	55	36465	65	43095	75	49725	85	56355	95	62985
6	3978	16	10608	26	17238	36	23868	46	30498	56	37128	66	43758	76	50388	86	57018	96	63648
7	4641	17	11271	27	17901	37	24531	47	31161	57	37791	67	44421	77	51051	87	57681	97	64311
8	5304	18	11934	28	18564	38	25194	48	31824	58	38454	68	45084	78	51714	88	58344	98	64974
9	5967	19	12597	29	19227	39	25857	49	32487	59	39117	69	45747	79	52377	89	59007	99	65637
10	6630	20	13260	30	19890	40	26520	50	33150	60	39780	70	46410	80	53040	90	59670	100	66300

664

1	664	11	7304	21	13944	31	20584	41	27224	51	33864	61	40504	71	47144	81	53784	91	60424
2	1328	12	7968	22	14608	32	21248	42	27888	52	34528	62	41168	72	47808	82	54448	92	61088
3	1992	13	8632	23	15272	33	21912	43	28552	53	35192	63	41832	73	48472	83	55112	93	61752
4	2656	14	9296	24	15936	34	22576	44	29216	54	35856	64	42496	74	49136	84	55776	94	62416
5	3320	15	9960	25	16600	35	23240	45	29880	55	36520	65	43160	75	49800	85	56440	95	63080
6	3984	16	10624	26	17264	36	23904	46	30544	56	37184	66	43824	76	50464	86	57104	96	63744
7	4648	17	11288	27	17928	37	24568	47	31208	57	37848	67	44488	77	51128	87	57768	97	64408
8	5312	18	11952	28	18592	38	25232	48	31872	58	38512	68	45152	78	51792	88	58432	98	65072
9	5976	19	12616	29	19256	39	25896	49	32536	59	39176	69	45816	79	52456	89	59096	99	65736
10	6640	20	13280	30	19920	40	26560	50	33200	60	39840	70	46480	80	53120	90	59760	100	66400

665

1	665	11	7315	21	13965	31	20615	41	27265	51	33915	61	40565	71	47215	81	53865	91	60515
2	1330	12	7980	22	14630	32	21280	42	27930	52	34580	62	41230	72	47880	82	54530	92	61180
3	1995	13	8645	23	15295	33	21945	43	28595	53	35245	63	41895	73	48545	83	55195	93	61845
4	2660	14	9310	24	15960	34	22610	44	29260	54	35910	64	42560	74	49210	84	55860	94	62510
5	3325	15	9975	25	16625	35	23275	45	29925	55	36575	65	43225	75	49875	85	56525	95	63175
6	3990	16	10640	26	17290	36	23940	46	30590	56	37240	66	43890	76	50540	86	57190	96	63840
7	4655	17	11305	27	17955	37	24605	47	31255	57	37905	67	44555	77	51205	87	57855	97	64505
8	5320	18	11970	28	18620	38	25270	48	31920	58	38570	68	45220	78	51870	88	58520	98	65170
9	5985	19	12635	29	19285	39	25935	49	32585	59	39235	69	45885	79	52535	89	59185	99	65835
10	6650	20	13300	30	19950	40	26600	50	33250	60	39900	70	46550	80	53200	90	59850	100	66500

666

1	666	11	7326	21	13986	31	20646	41	27306	51	33966	61	40626	71	47286	81	53946	91	60606
2	1332	12	7992	22	14652	32	21312	42	27972	52	34632	62	41292	72	47952	82	54612	92	61272
3	1998	13	8658	23	15318	33	21978	43	28638	53	35298	63	41958	73	48618	83	55278	93	61938
4	2664	14	9324	24	15984	34	22644	44	29304	54	35964	64	42624	74	49284	84	55944	94	62604
5	3330	15	9990	25	16650	35	23310	45	29970	55	36630	65	43290	75	49950	85	56610	95	63270
6	3996	16	10656	26	17316	36	23976	46	30636	56	37296	66	43956	76	50616	86	57276	96	63936
7	4662	17	11322	27	17982	37	24642	47	31302	57	37962	67	44622	77	51282	87	57942	97	64602
8	5328	18	11988	28	18648	38	25308	48	31968	58	38628	68	45288	78	51948	88	58608	98	65268
9	5994	19	12654	29	19314	39	25974	49	32634	59	39294	69	45954	79	52614	89	59274	99	65934
10	6660	20	13320	30	19980	40	26640	50	33300	60	39960	70	46620	80	53280	90	59940	100	66600

667

1	667	11	7337	21	14007	31	20677	41	27347	51	34017	61	40687	71	47357	81	54027	91	60697
2	1334	12	8004	22	14674	32	21344	42	28014	52	34684	62	41354	72	48024	82	54694	92	61364
3	2001	13	8671	23	15341	33	22011	43	28681	53	35351	63	42021	73	48691	83	55361	93	62031
4	2668	14	9338	24	16008	34	22678	44	29348	54	36018	64	42688	74	49358	84	56028	94	62698
5	3335	15	10005	25	16675	35	23345	45	30015	55	36685	65	43355	75	50025	85	56695	95	63365
6	4002	16	10672	26	17342	36	24012	46	30682	56	37352	66	44022	76	50692	86	57362	96	64032
7	4669	17	11339	27	18009	37	24679	47	31349	57	38019	67	44689	77	51359	87	58029	97	64699
8	5336	18	12006	28	18676	38	25346	48	32016	58	38686	68	45356	78	52026	88	58696	98	65366
9	6003	19	12673	29	19343	39	26013	49	32683	59	39353	69	46023	79	52693	89	59363	99	66033
10	6670	20	13340	30	20010	40	26680	50	33350	60	40020	70	46690	80	53360	90	60030	100	66700

668

1	668	11	7348	21	14028	31	20708	41	27388	51	34068	61	40748	71	47428	81	54108	91	60788
2	1336	12	8016	22	14696	32	21376	42	28056	52	34736	62	41416	72	48096	82	54776	92	61456
3	2004	13	8684	23	15364	33	22044	43	28724	53	35404	63	42084	73	48764	83	55444	93	62124
4	2672	14	9352	24	16032	34	22712	44	29392	54	36072	64	42752	74	49432	84	56112	94	62792
5	3340	15	10020	25	16700	35	23380	45	30060	55	36740	65	43420	75	50100	85	56780	95	63460
6	4008	16	10688	26	17368	36	24048	46	30728	56	37408	66	44088	76	50768	86	57448	96	64128
7	4676	17	11356	27	18036	37	24716	47	31396	57	38076	67	44756	77	51436	87	58116	97	64796
8	5344	18	12024	28	18704	38	25384	48	32064	58	38744	68	45424	78	52104	88	58784	98	65464
9	6012	19	12692	29	19372	39	26052	49	32732	59	39412	69	46092	79	52772	89	59452	99	66132
10	6680	20	13360	30	20040	40	26720	50	33400	60	40080	70	46760	80	53440	90	60120	100	66800

669

1	669	11	7359	21	14049	31	20739	41	27429	51	34119	61	40809	71	47499	81	54189	91	60879
2	1338	12	8028	22	14718	32	21408	42	28098	52	34788	62	41478	72	48168	82	54858	92	61548
3	2007	13	8697	23	15387	33	22077	43	28767	53	35457	63	42147	73	48837	83	55527	93	62217
4	2676	14	9366	24	16056	34	22746	44	29436	54	36126	64	42816	74	49506	84	56196	94	62886
5	3345	15	10035	25	16725	35	23415	45	30105	55	36795	65	43485	75	50175	85	56865	95	63555
6	4014	16	10704	26	17394	36	24084	46	30774	56	37464	66	44154	76	50844	86	57534	96	64224
7	4683	17	11373	27	18063	37	24753	47	31443	57	38133	67	44823	77	51513	87	58203	97	64893
8	5352	18	12042	28	18732	38	25422	48	32112	58	38802	68	45492	78	52182	88	58872	98	65562
9	6021	19	12711	29	19401	39	26091	49	32781	59	39471	69	46161	79	52851	89	59541	99	66231
10	6690	20	13380	30	20070	40	26760	50	33450	60	40140	70	46830	80	53520	90	60210	100	66900

670

1	670	11	7370	21	14070	31	20770	41	27470	51	34170	61	40870	71	47570	81	54270	91	60970
2	1340	12	8040	22	14740	32	21440	42	28140	52	34840	62	41540	72	48240	82	54940	92	61640
3	2010	13	8710	23	15410	33	22110	43	28810	53	35510	63	42210	73	48910	83	55610	93	62310
4	2680	14	9380	24	16080	34	22780	44	29480	54	36180	64	42880	74	49580	84	56280	94	62980
5	3350	15	10050	25	16750	35	23450	45	30150	55	36850	65	43550	75	50250	85	56950	95	63650
6	4020	16	10720	26	17420	36	24120	46	30820	56	37520	66	44220	76	50920	86	57620	96	64320
7	4690	17	11390	27	18090	37	24790	47	31490	57	38190	67	44890	77	51590	87	58290	97	64990
8	5360	18	12060	28	18760	38	25460	48	32160	58	38860	68	45560	78	52260	88	58960	98	65660
9	6030	19	12730	29	19430	39	26130	49	32830	59	39530	69	46230	79	52930	89	59630	99	66330
10	6700	20	13400	30	20100	40	26800	50	33500	60	40200	70	46900	80	53600	90	60300	100	67000

671

1	671	11	7381	21	14091	31	20801	41	27511	51	34221	61	40931	71	47641	81	54351	91	61061
2	1342	12	8052	22	14762	32	21472	42	28182	52	34892	62	41602	72	48312	82	55022	92	61732
3	2013	13	8723	23	15433	33	22143	43	28853	53	35563	63	42273	73	48983	83	55693	93	62403
4	2684	14	9394	24	16104	34	22814	44	29524	54	36234	64	42944	74	49654	84	56364	94	63074
5	3355	15	10065	25	16775	35	23485	45	30195	55	36905	65	43615	75	50325	85	57035	95	63745
6	4026	16	10736	26	17446	36	24156	46	30866	56	37576	66	44286	76	50996	86	57706	96	64416
7	4697	17	11407	27	18117	37	24827	47	31537	57	38247	67	44957	77	51667	87	58377	97	65087
8	5368	18	12078	28	18788	38	25498	48	32208	58	38918	68	45628	78	52338	88	59048	98	65758
9	6039	19	12749	29	19459	39	26169	49	32879	59	39589	69	46299	79	53009	89	59719	99	66429
10	6710	20	13420	30	20130	40	26840	50	33550	60	40260	70	46970	80	53680	90	60390	100	67100

672

1	672	11	7392	21	14112	31	20832	41	27552	51	34272	61	40992	71	47712	81	54432	91	61152
2	1344	12	8064	22	14784	32	21504	42	28224	52	34944	62	41664	72	48384	82	55104	92	61824
3	2016	13	8736	23	15456	33	22176	43	28896	53	35616	63	42336	73	49056	83	55776	93	62496
4	2688	14	9408	24	16128	34	22848	44	29568	54	36288	64	43008	74	49728	84	56448	94	63168
5	3360	15	10080	25	16800	35	23520	45	30240	55	36960	65	43680	75	50400	85	57120	95	63840
6	4032	16	10752	26	17472	36	24192	46	30912	56	37632	66	44352	76	51072	86	57792	96	64512
7	4704	17	11424	27	18144	37	24864	47	31584	57	38304	67	45024	77	51744	87	58464	97	65184
8	5376	18	12096	28	18816	38	25536	48	32256	58	38976	68	45696	78	52416	88	59136	98	65856
9	6048	19	12768	29	19488	39	26208	49	32928	59	39648	69	46368	79	53088	89	59808	99	66528
10	6720	20	13440	30	20160	40	26880	50	33600	60	40320	70	47040	80	53760	90	60480	100	67200

673

1	673	11	7403	21	14133	31	20863	41	27593	51	34323	61	41053	71	47783	81	54513	91	61243
2	1346	12	8076	22	14806	32	21536	42	28266	52	34996	62	41726	72	48456	82	55186	92	61916
3	2019	13	8749	23	15479	33	22209	43	28939	53	35669	63	42399	73	49129	83	55859	93	62589
4	2692	14	9422	24	16152	34	22882	44	29612	54	36342	64	43072	74	49802	84	56532	94	63262
5	3365	15	10095	25	16825	35	23555	45	30285	55	37015	65	43745	75	50475	85	57205	95	63935
6	4038	16	10768	26	17498	36	24228	46	30958	56	37688	66	44418	76	51148	86	57878	96	64608
7	4711	17	11441	27	18171	37	24901	47	31631	57	38361	67	45091	77	51821	87	58551	97	65281
8	5384	18	12114	28	18844	38	25574	48	32304	58	39034	68	45764	78	52494	88	59224	98	65954
9	6057	19	12787	29	19517	39	26247	49	32977	59	39707	69	46437	79	53167	89	59897	99	66627
10	6730	20	13460	30	20190	40	26920	50	33650	60	40380	70	47110	80	53840	90	60570	100	67300

674

1	674	11	7414	21	14154	31	20894	41	27634	51	34374	61	41114	71	47854	81	54594	91	61334
2	1348	12	8088	22	14828	32	21568	42	28308	52	35048	62	41788	72	48528	82	55268	92	62008
3	2022	13	8762	23	15502	33	22242	43	28982	53	35722	63	42462	73	49202	83	55942	93	62682
4	2696	14	9436	24	16176	34	22916	44	29656	54	36396	64	43136	74	49876	84	56616	94	63356
5	3370	15	10110	25	16850	35	23590	45	30330	55	37070	65	43810	75	50550	85	57290	95	64030
6	4044	16	10784	26	17524	36	24264	46	31004	56	37744	66	44484	76	51224	86	57964	96	64704
7	4718	17	11458	27	18198	37	24938	47	31678	57	38418	67	45158	77	51898	87	58638	97	65378
8	5392	18	12132	28	18872	38	25612	48	32352	58	39092	68	45832	78	52572	88	59312	98	66052
9	6066	19	12806	29	19546	39	26286	49	33026	59	39766	69	46506	79	53246	89	59986	99	66726
10	6740	20	13480	30	20220	40	26960	50	33700	60	40440	70	47180	80	53920	90	60660	100	67400

675

1	675	11	7425	21	14175	31	20925	41	27675	51	34425	61	41175	71	47925	81	54675	91	61425
2	1350	12	8100	22	14850	32	21600	42	28350	52	35100	62	41850	72	48600	82	55350	92	62100
3	2025	13	8775	23	15525	33	22275	43	29025	53	35775	63	42525	73	49275	83	56025	93	62775
4	2700	14	9450	24	16200	34	22950	44	29700	54	36450	64	43200	74	49950	84	56700	94	63450
5	3375	15	10125	25	16875	35	23625	45	30375	55	37125	65	43875	75	50625	85	57375	95	64125
6	4050	16	10800	26	17550	36	24300	46	31050	56	37800	66	44550	76	51300	86	58050	96	64800
7	4725	17	11475	27	18225	37	24975	47	31725	57	38475	67	45225	77	51975	87	58725	97	65475
8	5400	18	12150	28	18900	38	25650	48	32400	58	39150	68	45900	78	52650	88	59400	98	66150
9	6075	19	12825	29	19575	39	26325	49	33075	59	39825	69	46575	79	53325	89	60075	99	66825
10	6750	20	13500	30	20250	40	27000	50	33750	60	40500	70	47250	80	54000	90	60750	100	67500

676

1	676	11	7436	21	14196	31	20956	41	27716	51	34476	61	41236	71	47996	81	54756	91	61516
2	1352	12	8112	22	14872	32	21632	42	28392	52	35152	62	41912	72	48672	82	55432	92	62192
3	2028	13	8788	23	15548	33	22308	43	29068	53	35828	63	42588	73	49348	83	56108	93	62868
4	2704	14	9464	24	16224	34	22984	44	29744	54	36504	64	43264	74	50024	84	56784	94	63544
5	3380	15	10140	25	16900	35	23660	45	30420	55	37180	65	43940	75	50700	85	57460	95	64220
6	4056	16	10816	26	17576	36	24336	46	31096	56	37856	66	44616	76	51376	86	58136	96	64896
7	4732	17	11492	27	18252	37	25012	47	31772	57	38532	67	45292	77	52052	87	58812	97	65572
8	5408	18	12168	28	18928	38	25688	48	32448	58	39208	68	45968	78	52728	88	59488	98	66248
9	6084	19	12844	29	19604	39	26364	49	33124	59	39884	69	46644	79	53404	89	60164	99	66924
10	6760	20	13520	30	20280	40	27040	50	33800	60	40560	70	47320	80	54080	90	60840	100	67600

677

1	677	11	7447	21	14217	31	20987	41	27757	51	34527	61	41297	71	48067	81	54837	91	61607
2	1354	12	8124	22	14894	32	21664	42	28434	52	35204	62	41974	72	48744	82	55514	92	62284
3	2031	13	8801	23	15571	33	22341	43	29111	53	35881	63	42651	73	49421	83	56191	93	62961
4	2708	14	9478	24	16248	34	23018	44	29788	54	36558	64	43328	74	50098	84	56868	94	63638
5	3385	15	10155	25	16925	35	23695	45	30465	55	37235	65	44005	75	50775	85	57545	95	64315
6	4062	16	10832	26	17602	36	24372	46	31142	56	37912	66	44682	76	51452	86	58222	96	64992
7	4739	17	11509	27	18279	37	25049	47	31819	57	38589	67	45359	77	52129	87	58899	97	65669
8	5416	18	12186	28	18956	38	25726	48	32496	58	39266	68	46036	78	52806	88	59576	98	66346
9	6093	19	12863	29	19633	39	26403	49	33173	59	39943	69	46713	79	53483	89	60253	99	67023
10	6770	20	13540	30	20310	40	27080	50	33850	60	40620	70	47390	80	54160	90	60930	100	67700

678

1	678	11	7458	21	14238	31	21018	41	27798	51	34578	61	41358	71	48138	81	54918	91	61698
2	1356	12	8136	22	14916	32	21696	42	28476	52	35256	62	42036	72	48816	82	55596	92	62376
3	2034	13	8814	23	15594	33	22374	43	29154	53	35934	63	42714	73	49494	83	56274	93	63054
4	2712	14	9492	24	16272	34	23052	44	29832	54	36612	64	43392	74	50172	84	56952	94	63732
5	3390	15	10170	25	16950	35	23730	45	30510	55	37290	65	44070	75	50850	85	57630	95	64410
6	4068	16	10848	26	17628	36	24408	46	31188	56	37968	66	44748	76	51528	86	58308	96	65088
7	4746	17	11526	27	18306	37	25086	47	31866	57	38646	67	45426	77	52206	87	58986	97	65766
8	5424	18	12204	28	18984	38	25764	48	32544	58	39324	68	46104	78	52884	88	59664	98	66444
9	6102	19	12882	29	19662	39	26442	49	33222	59	40002	69	46782	79	53562	89	60342	99	67122
10	6780	20	13560	30	20340	40	27120	50	33900	60	40680	70	47460	80	54240	90	61020	100	67800

679

1	679	11	7469	21	14259	31	21049	41	27839	51	34629	61	41419	71	48209	81	54999	91	61789
2	1358	12	8148	22	14938	32	21728	42	28518	52	35308	62	42098	72	48888	82	55678	92	62468
3	2037	13	8827	23	15617	33	22407	43	29197	53	35987	63	42777	73	49567	83	56357	93	63147
4	2716	14	9506	24	16296	34	23086	44	29876	54	36666	64	43456	74	50246	84	57036	94	63826
5	3395	15	10185	25	16975	35	23765	45	30555	55	37345	65	44135	75	50925	85	57715	95	64505
6	4074	16	10864	26	17654	36	24444	46	31234	56	38024	66	44814	76	51604	86	58394	96	65184
7	4753	17	11543	27	18333	37	25123	47	31913	57	38703	67	45493	77	52283	87	59073	97	65863
8	5432	18	12222	28	19012	38	25802	48	32592	58	39382	68	46172	78	52962	88	59752	98	66542
9	6111	19	12901	29	19691	39	26481	49	33271	59	40061	69	46851	79	53641	89	60431	99	67221
10	6790	20	13580	30	20370	40	27160	50	33950	60	40740	70	47530	80	54320	90	61110	100	67900

680

1	680	11	7480	21	14280	31	21080	41	27880	51	34680	61	41480	71	48280	81	55080	91	61880
2	1360	12	8160	22	14960	32	21760	42	28560	52	35360	62	42160	72	48960	82	55760	92	62560
3	2040	13	8840	23	15640	33	22440	43	29240	53	36040	63	42840	73	49640	83	56440	93	63240
4	2720	14	9520	24	16320	34	23120	44	29920	54	36720	64	43520	74	50320	84	57120	94	63920
5	3400	15	10200	25	17000	35	23800	45	30600	55	37400	65	44200	75	51000	85	57800	95	64600
6	4080	16	10880	26	17680	36	24480	46	31280	56	38080	66	44880	76	51680	86	58480	96	65280
7	4760	17	11560	27	18360	37	25160	47	31960	57	38760	67	45560	77	52360	87	59160	97	65960
8	5440	18	12240	28	19040	38	25840	48	32640	58	39440	68	46240	78	53040	88	59840	98	66640
9	6120	19	12920	29	19720	39	26520	49	33320	59	40120	69	46920	79	53720	89	60520	99	67320
10	6800	20	13600	30	20400	40	27200	50	34000	60	40800	70	47600	80	54400	90	61200	100	68000

681

1	681	**11**	7491	**21**	14301	**31**	21111	**41**	27921	**51**	34731	**61**	41541	**71**	48351	**81**	55161	**91**	61971
2	1362	**12**	8172	**22**	14982	**32**	21792	**42**	28602	**52**	35412	**62**	42222	**72**	49032	**82**	55842	**92**	62652
3	2043	**13**	8853	**23**	15663	**33**	22473	**43**	29283	**53**	36093	**63**	42903	**73**	49713	**83**	56523	**93**	63333
4	2724	**14**	9534	**24**	16344	**34**	23154	**44**	29964	**54**	36774	**64**	43584	**74**	50394	**84**	57204	**94**	64014
5	3405	**15**	10215	**25**	17025	**35**	23835	**45**	30645	**55**	37455	**65**	44265	**75**	51075	**85**	57885	**95**	64695
6	4086	**16**	10896	**26**	17706	**36**	24516	**46**	31326	**56**	38136	**66**	44946	**76**	51756	**86**	58566	**96**	65376
7	4767	**17**	11577	**27**	18387	**37**	25197	**47**	32007	**57**	38817	**67**	45627	**77**	52437	**87**	59247	**97**	66057
8	5448	**18**	12258	**28**	19068	**38**	25878	**48**	32688	**58**	39498	**68**	46308	**78**	53118	**88**	59928	**98**	66738
9	6129	**19**	12939	**29**	19749	**39**	26559	**49**	33369	**59**	40179	**69**	46989	**79**	53799	**89**	60609	**99**	67419
10	6810	**20**	13620	**30**	20430	**40**	27240	**50**	34050	**60**	40860	**70**	47670	**80**	54480	**90**	61290	**100**	68100

682

1	682	**11**	7502	**21**	14322	**31**	21142	**41**	27962	**51**	34782	**61**	41602	**71**	48422	**81**	55242	**91**	62062
2	1364	**12**	8184	**22**	15004	**32**	21824	**42**	28644	**52**	35464	**62**	42284	**72**	49104	**82**	55924	**92**	62744
3	2046	**13**	8866	**23**	15686	**33**	22506	**43**	29326	**53**	36146	**63**	42966	**73**	49786	**83**	56606	**93**	63426
4	2728	**14**	9548	**24**	16368	**34**	23188	**44**	30008	**54**	36828	**64**	43648	**74**	50468	**84**	57288	**94**	64108
5	3410	**15**	10230	**25**	17050	**35**	23870	**45**	30690	**55**	37510	**65**	44330	**75**	51150	**85**	57970	**95**	64790
6	4092	**16**	10912	**26**	17732	**36**	24552	**46**	31372	**56**	38192	**66**	45012	**76**	51832	**86**	58652	**96**	65472
7	4774	**17**	11594	**27**	18414	**37**	25234	**47**	32054	**57**	38874	**67**	45694	**77**	52514	**87**	59334	**97**	66154
8	5456	**18**	12276	**28**	19096	**38**	25916	**48**	32736	**58**	39556	**68**	46376	**78**	53196	**88**	60016	**98**	66836
9	6138	**19**	12958	**29**	19778	**39**	26598	**49**	33418	**59**	40238	**69**	47058	**79**	53878	**89**	60698	**99**	67518
10	6820	**20**	13640	**30**	20460	**40**	27280	**50**	34100	**60**	40920	**70**	47740	**80**	54560	**90**	61380	**100**	68200

683

1	683	**11**	7513	**21**	14343	**31**	21173	**41**	28003	**51**	34833	**61**	41663	**71**	48493	**81**	55323	**91**	62153
2	1366	**12**	8196	**22**	15026	**32**	21856	**42**	28686	**52**	35516	**62**	42346	**72**	49176	**82**	56006	**92**	62836
3	2049	**13**	8879	**23**	15709	**33**	22539	**43**	29369	**53**	36199	**63**	43029	**73**	49859	**83**	56689	**93**	63519
4	2732	**14**	9562	**24**	16392	**34**	23222	**44**	30052	**54**	36882	**64**	43712	**74**	50542	**84**	57372	**94**	64202
5	3415	**15**	10245	**25**	17075	**35**	23905	**45**	30735	**55**	37565	**65**	44395	**75**	51225	**85**	58055	**95**	64885
6	4098	**16**	10928	**26**	17758	**36**	24588	**46**	31418	**56**	38248	**66**	45078	**76**	51908	**86**	58738	**96**	65568
7	4781	**17**	11611	**27**	18441	**37**	25271	**47**	32101	**57**	38931	**67**	45761	**77**	52591	**87**	59421	**97**	66251
8	5464	**18**	12294	**28**	19124	**38**	25954	**48**	32784	**58**	39614	**68**	46444	**78**	53274	**88**	60104	**98**	66934
9	6147	**19**	12977	**29**	19807	**39**	26637	**49**	33467	**59**	40297	**69**	47127	**79**	53957	**89**	60787	**99**	67617
10	6830	**20**	13660	**30**	20490	**40**	27320	**50**	34150	**60**	40980	**70**	47810	**80**	54640	**90**	61470	**100**	68300

684

1	684	**11**	7524	**21**	14364	**31**	21204	**41**	28044	**51**	34884	**61**	41724	**71**	48564	**81**	55404	**91**	62244
2	1368	**12**	8208	**22**	15048	**32**	21888	**42**	28728	**52**	35568	**62**	42408	**72**	49248	**82**	56088	**92**	62928
3	2052	**13**	8892	**23**	15732	**33**	22572	**43**	29412	**53**	36252	**63**	43092	**73**	49932	**83**	56772	**93**	63612
4	2736	**14**	9576	**24**	16416	**34**	23256	**44**	30096	**54**	36936	**64**	43776	**74**	50616	**84**	57456	**94**	64296
5	3420	**15**	10260	**25**	17100	**35**	23940	**45**	30780	**55**	37620	**65**	44460	**75**	51300	**85**	58140	**95**	64980
6	4104	**16**	10944	**26**	17784	**36**	24624	**46**	31464	**56**	38304	**66**	45144	**76**	51984	**86**	58824	**96**	65664
7	4788	**17**	11628	**27**	18468	**37**	25308	**47**	32148	**57**	38988	**67**	45828	**77**	52668	**87**	59508	**97**	66348
8	5472	**18**	12312	**28**	19152	**38**	25992	**48**	32832	**58**	39672	**68**	46512	**78**	53352	**88**	60192	**98**	67032
9	6156	**19**	12996	**29**	19836	**39**	26676	**49**	33516	**59**	40356	**69**	47196	**79**	54036	**89**	60876	**99**	67716
10	6840	**20**	13680	**30**	20520	**40**	27360	**50**	34200	**60**	41040	**70**	47880	**80**	54720	**90**	61560	**100**	68400

685

1	685	**11**	7535	**21**	14385	**31**	21235	**41**	28085	**51**	34935	**61**	41785	**71**	48635	**81**	55485	**91**	62335
2	1370	**12**	8220	**22**	15070	**32**	21920	**42**	28770	**52**	35620	**62**	42470	**72**	49320	**82**	56170	**92**	63020
3	2055	**13**	8905	**23**	15755	**33**	22605	**43**	29455	**53**	36305	**63**	43155	**73**	50005	**83**	56855	**93**	63705
4	2740	**14**	9590	**24**	16440	**34**	23290	**44**	30140	**54**	36990	**64**	43840	**74**	50690	**84**	57540	**94**	64390
5	3425	**15**	10275	**25**	17125	**35**	23975	**45**	30825	**55**	37675	**65**	44525	**75**	51375	**85**	58225	**95**	65075
6	4110	**16**	10960	**26**	17810	**36**	24660	**46**	31510	**56**	38360	**66**	45210	**76**	52060	**86**	58910	**96**	65760
7	4795	**17**	11645	**27**	18495	**37**	25345	**47**	32195	**57**	39045	**67**	45895	**77**	52745	**87**	59595	**97**	66445
8	5480	**18**	12330	**28**	19180	**38**	26030	**48**	32880	**58**	39730	**68**	46580	**78**	53430	**88**	60280	**98**	67130
9	6165	**19**	13015	**29**	19865	**39**	26715	**49**	33565	**59**	40415	**69**	47265	**79**	54115	**89**	60965	**99**	67815
10	6850	**20**	13700	**30**	20550	**40**	27400	**50**	34250	**60**	41100	**70**	47950	**80**	54800	**90**	61650	**100**	68500

686

1	686	11	7546	21	14406	31	21266	41	28126	51	34986	61	41846	71	48706	81	55566	91	62426
2	1372	12	8232	22	15092	32	21952	42	28812	52	35672	62	42532	72	49392	82	56252	92	63112
3	2058	13	8918	23	15778	33	22638	43	29498	53	36358	63	43218	73	50078	83	56938	93	63798
4	2744	14	9604	24	16464	34	23324	44	30184	54	37044	64	43904	74	50764	84	57624	94	64484
5	3430	15	10290	25	17150	35	24010	45	30870	55	37730	65	44590	75	51450	85	58310	95	65170
6	4116	16	10976	26	17836	36	24696	46	31556	56	38416	66	45276	76	52136	86	58996	96	65856
7	4802	17	11662	27	18522	37	25382	47	32242	57	39102	67	45962	77	52822	87	59682	97	66542
8	5488	18	12348	28	19208	38	26068	48	32928	58	39788	68	46648	78	53508	88	60368	98	67228
9	6174	19	13034	29	19894	39	26754	49	33614	59	40474	69	47334	79	54194	89	61054	99	67914
10	6860	20	13720	30	20580	40	27440	50	34300	60	41160	70	48020	80	54880	90	61740	100	68600

687

1	687	11	7557	21	14427	31	21297	41	28167	51	35037	61	41907	71	48777	81	55647	91	62517
2	1374	12	8244	22	15114	32	21984	42	28854	52	35724	62	42594	72	49464	82	56334	92	63204
3	2061	13	8931	23	15801	33	22671	43	29541	53	36411	63	43281	73	50151	83	57021	93	63891
4	2748	14	9618	24	16488	34	23358	44	30228	54	37098	64	43968	74	50838	84	57708	94	64578
5	3435	15	10305	25	17175	35	24045	45	30915	55	37785	65	44655	75	51525	85	58395	95	65265
6	4122	16	10992	26	17862	36	24732	46	31602	56	38472	66	45342	76	52212	86	59082	96	65952
7	4809	17	11679	27	18549	37	25419	47	32289	57	39159	67	46029	77	52899	87	59769	97	66639
8	5496	18	12366	28	19236	38	26106	48	32976	58	39846	68	46716	78	53586	88	60456	98	67326
9	6183	19	13053	29	19923	39	26793	49	33663	59	40533	69	47403	79	54273	89	61143	99	68013
10	6870	20	13740	30	20610	40	27480	50	34350	60	41220	70	48090	80	54960	90	61830	100	68700

688

1	688	11	7568	21	14448	31	21328	41	28208	51	35088	61	41968	71	48848	81	55728	91	62608
2	1376	12	8256	22	15136	32	22016	42	28896	52	35776	62	42656	72	49536	82	56416	92	63296
3	2064	13	8944	23	15824	33	22704	43	29584	53	36464	63	43344	73	50224	83	57104	93	63984
4	2752	14	9632	24	16512	34	23392	44	30272	54	37152	64	44032	74	50912	84	57792	94	64672
5	3440	15	10320	25	17200	35	24080	45	30960	55	37840	65	44720	75	51600	85	58480	95	65360
6	4128	16	11008	26	17888	36	24768	46	31648	56	38528	66	45408	76	52288	86	59168	96	66048
7	4816	17	11696	27	18576	37	25456	47	32336	57	39216	67	46096	77	52976	87	59856	97	66736
8	5504	18	12384	28	19264	38	26144	48	33024	58	39904	68	46784	78	53664	88	60544	98	67424
9	6192	19	13072	29	19952	39	26832	49	33712	59	40592	69	47472	79	54352	89	61232	99	68112
10	6880	20	13760	30	20640	40	27520	50	34400	60	41280	70	48160	80	55040	90	61920	100	68800

689

1	689	11	7579	21	14469	31	21359	41	28249	51	35139	61	42029	71	48919	81	55809	91	62699
2	1378	12	8268	22	15158	32	22048	42	28938	52	35828	62	42718	72	49608	82	56498	92	63388
3	2067	13	8957	23	15847	33	22737	43	29627	53	36517	63	43407	73	50297	83	57187	93	64077
4	2756	14	9646	24	16536	34	23426	44	30316	54	37206	64	44096	74	50986	84	57876	94	64766
5	3445	15	10335	25	17225	35	24115	45	31005	55	37895	65	44785	75	51675	85	58565	95	65455
6	4134	16	11024	26	17914	36	24804	46	31694	56	38584	66	45474	76	52364	86	59254	96	66144
7	4823	17	11713	27	18603	37	25493	47	32383	57	39273	67	46163	77	53053	87	59943	97	66833
8	5512	18	12402	28	19292	38	26182	48	33072	58	39962	68	46852	78	53742	88	60632	98	67522
9	6201	19	13091	29	19981	39	26871	49	33761	59	40651	69	47541	79	54431	89	61321	99	68211
10	6890	20	13780	30	20670	40	27560	50	34450	60	41340	70	48230	80	55120	90	62010	100	68900

690

1	690	11	7590	21	14490	31	21390	41	28290	51	35190	61	42090	71	48990	81	55890	91	62790
2	1380	12	8280	22	15180	32	22080	42	28980	52	35880	62	42780	72	49680	82	56580	92	63480
3	2070	13	8970	23	15870	33	22770	43	29670	53	36570	63	43470	73	50370	83	57270	93	64170
4	2760	14	9660	24	16560	34	23460	44	30360	54	37260	64	44160	74	51060	84	57960	94	64860
5	3450	15	10350	25	17250	35	24150	45	31050	55	37950	65	44850	75	51750	85	58650	95	65550
6	4140	16	11040	26	17940	36	24840	46	31740	56	38640	66	45540	76	52440	86	59340	96	66240
7	4830	17	11730	27	18630	37	25530	47	32430	57	39330	67	46230	77	53130	87	60030	97	66930
8	5520	18	12420	28	19320	38	26220	48	33120	58	40020	68	46920	78	53820	88	60720	98	67620
9	6210	19	13110	29	20010	39	26910	49	33810	59	40710	69	47610	79	54510	89	61410	99	68310
10	6900	20	13800	30	20700	40	27600	50	34500	60	41400	70	48300	80	55200	90	62100	100	69000

691

1	691	11	7601	21	14511	31	21421	41	28331	51	35241	61	42151	71	49061	81	55971	91	62881
2	1382	12	8292	22	15202	32	22112	42	29022	52	35932	62	42842	72	49752	82	56662	92	63572
3	2073	13	8983	23	15893	33	22803	43	29713	53	36623	63	43533	73	50443	83	57353	93	64263
4	2764	14	9674	24	16584	34	23494	44	30404	54	37314	64	44224	74	51134	84	58044	94	64954
5	3455	15	10365	25	17275	35	24185	45	31095	55	38005	65	44915	75	51825	85	58735	95	65645
6	4146	16	11056	26	17966	36	24876	46	31786	56	38696	66	45606	76	52516	86	59426	96	66336
7	4837	17	11747	27	18657	37	25567	47	32477	57	39387	67	46297	77	53207	87	60117	97	67027
8	5528	18	12438	28	19348	38	26258	48	33168	58	40078	68	46988	78	53898	88	60808	98	67718
9	6219	19	13129	29	20039	39	26949	49	33859	59	40769	69	47679	79	54589	89	61499	99	68409
10	6910	20	13820	30	20730	40	27640	50	34550	60	41460	70	48370	80	55280	90	62190	100	69100

692

1	692	11	7612	21	14532	31	21452	41	28372	51	35292	61	42212	71	49132	81	56052	91	62972
2	1384	12	8304	22	15224	32	22144	42	29064	52	35984	62	42904	72	49824	82	56744	92	63664
3	2076	13	8996	23	15916	33	22836	43	29756	53	36676	63	43596	73	50516	83	57436	93	64356
4	2768	14	9688	24	16608	34	23528	44	30448	54	37368	64	44288	74	51208	84	58128	94	65048
5	3460	15	10380	25	17300	35	24220	45	31140	55	38060	65	44980	75	51900	85	58820	95	65740
6	4152	16	11072	26	17992	36	24912	46	31832	56	38752	66	45672	76	52592	86	59512	96	66432
7	4844	17	11764	27	18684	37	25604	47	32524	57	39444	67	46364	77	53284	87	60204	97	67124
8	5536	18	12456	28	19376	38	26296	48	33216	58	40136	68	47056	78	53976	88	60896	98	67816
9	6228	19	13148	29	20068	39	26988	49	33908	59	40828	69	47748	79	54668	89	61588	99	68508
10	6920	20	13840	30	20760	40	27680	50	34600	60	41520	70	48440	80	55360	90	62280	100	69200

693

1	693	11	7623	21	14553	31	21483	41	28413	51	35343	61	42273	71	49203	81	56133	91	63063
2	1386	12	8316	22	15246	32	22176	42	29106	52	36036	62	42966	72	49896	82	56826	92	63756
3	2079	13	9009	23	15939	33	22869	43	29799	53	36729	63	43659	73	50589	83	57519	93	64449
4	2772	14	9702	24	16632	34	23562	44	30492	54	37422	64	44352	74	51282	84	58212	94	65142
5	3465	15	10395	25	17325	35	24255	45	31185	55	38115	65	45045	75	51975	85	58905	95	65835
6	4158	16	11088	26	18018	36	24948	46	31878	56	38808	66	45738	76	52668	86	59598	96	66528
7	4851	17	11781	27	18711	37	25641	47	32571	57	39501	67	46431	77	53361	87	60291	97	67221
8	5544	18	12474	28	19404	38	26334	48	33264	58	40194	68	47124	78	54054	88	60984	98	67914
9	6237	19	13167	29	20097	39	27027	49	33957	59	40887	69	47817	79	54747	89	61677	99	68607
10	6930	20	13860	30	20790	40	27720	50	34650	60	41580	70	48510	80	55440	90	62370	100	69300

694

1	694	11	7634	21	14574	31	21514	41	28454	51	35394	61	42334	71	49274	81	56214	91	63154
2	1388	12	8328	22	15268	32	22208	42	29148	52	36088	62	43028	72	49968	82	56908	92	63848
3	2082	13	9022	23	15962	33	22902	43	29842	53	36782	63	43722	73	50662	83	57602	93	64542
4	2776	14	9716	24	16656	34	23596	44	30536	54	37476	64	44416	74	51356	84	58296	94	65236
5	3470	15	10410	25	17350	35	24290	45	31230	55	38170	65	45110	75	52050	85	58990	95	65930
6	4164	16	11104	26	18044	36	24984	46	31924	56	38864	66	45804	76	52744	86	59684	96	66624
7	4858	17	11798	27	18738	37	25678	47	32618	57	39558	67	46498	77	53438	87	60378	97	67318
8	5552	18	12492	28	19432	38	26372	48	33312	58	40252	68	47192	78	54132	88	61072	98	68012
9	6246	19	13186	29	20126	39	27066	49	34006	59	40946	69	47886	79	54826	89	61766	99	68706
10	6940	20	13880	30	20820	40	27760	50	34700	60	41640	70	48580	80	55520	90	62460	100	69400

695

1	695	11	7645	21	14595	31	21545	41	28495	51	35445	61	42395	71	49345	81	56295	91	63245
2	1390	12	8340	22	15290	32	22240	42	29190	52	36140	62	43090	72	50040	82	56990	92	63940
3	2085	13	9035	23	15985	33	22935	43	29885	53	36835	63	43785	73	50735	83	57685	93	64635
4	2780	14	9730	24	16680	34	23630	44	30580	54	37530	64	44480	74	51430	84	58380	94	65330
5	3475	15	10425	25	17375	35	24325	45	31275	55	38225	65	45175	75	52125	85	59075	95	66025
6	4170	16	11120	26	18070	36	25020	46	31970	56	38920	66	45870	76	52820	86	59770	96	66720
7	4865	17	11815	27	18765	37	25715	47	32665	57	39615	67	46565	77	53515	87	60465	97	67415
8	5560	18	12510	28	19460	38	26410	48	33360	58	40310	68	47260	78	54210	88	61160	98	68110
9	6255	19	13205	29	20155	39	27105	49	34055	59	41005	69	47955	79	54905	89	61855	99	68805
10	6950	20	13900	30	20850	40	27800	50	34750	60	41700	70	48650	80	55600	90	62550	100	69500

696

1	696	11	7656	21	14616	31	21576	41	28536	51	35496	61	42456	71	49416	81	56376	91	63336
2	1392	12	8352	22	15312	32	22272	42	29232	52	36192	62	43152	72	50112	82	57072	92	64032
3	2088	13	9048	23	16008	33	22968	43	29928	53	36888	63	43848	73	50808	83	57768	93	64728
4	2784	14	9744	24	16704	34	23664	44	30624	54	37584	64	44544	74	51504	84	58464	94	65424
5	3480	15	10440	25	17400	35	24360	45	31320	55	38280	65	45240	75	52200	85	59160	95	66120
6	4176	16	11136	26	18096	36	25056	46	32016	56	38976	66	45936	76	52896	86	59856	96	66816
7	4872	17	11832	27	18792	37	25752	47	32712	57	39672	67	46632	77	53592	87	60552	97	67512
8	5568	18	12528	28	19488	38	26448	48	33408	58	40368	68	47328	78	54288	88	61248	98	68208
9	6264	19	13224	29	20184	39	27144	49	34104	59	41064	69	48024	79	54984	89	61944	99	68904
10	6960	20	13920	30	20880	40	27840	50	34800	60	41760	70	48720	80	55680	90	62640	100	69600

697

1	697	11	7667	21	14637	31	21607	41	28577	51	35547	61	42517	71	49487	81	56457	91	63427
2	1394	12	8364	22	15334	32	22304	42	29274	52	36244	62	43214	72	50184	82	57154	92	64124
3	2091	13	9061	23	16031	33	23001	43	29971	53	36941	63	43911	73	50881	83	57851	93	64821
4	2788	14	9758	24	16728	34	23698	44	30668	54	37638	64	44608	74	51578	84	58548	94	65518
5	3485	15	10455	25	17425	35	24395	45	31365	55	38335	65	45305	75	52275	85	59245	95	66215
6	4182	16	11152	26	18122	36	25092	46	32062	56	39032	66	46002	76	52972	86	59942	96	66912
7	4879	17	11849	27	18819	37	25789	47	32759	57	39729	67	46699	77	53669	87	60639	97	67609
8	5576	18	12546	28	19516	38	26486	48	33456	58	40426	68	47396	78	54366	88	61336	98	68306
9	6273	19	13243	29	20213	39	27183	49	34153	59	41123	69	48093	79	55063	89	62033	99	69003
10	6970	20	13940	30	20910	40	27880	50	34850	60	41820	70	48790	80	55760	90	62730	100	69700

698

1	698	11	7678	21	14658	31	21638	41	28618	51	35598	61	42578	71	49558	81	56538	91	63518
2	1396	12	8376	22	15356	32	22336	42	29316	52	36296	62	43276	72	50256	82	57236	92	64216
3	2094	13	9074	23	16054	33	23034	43	30014	53	36994	63	43974	73	50954	83	57934	93	64914
4	2792	14	9772	24	16752	34	23732	44	30712	54	37692	64	44672	74	51652	84	58632	94	65612
5	3490	15	10470	25	17450	35	24430	45	31410	55	38390	65	45370	75	52350	85	59330	95	66310
6	4188	16	11168	26	18148	36	25128	46	32108	56	39088	66	46068	76	53048	86	60028	96	67008
7	4886	17	11866	27	18846	37	25826	47	32806	57	39786	67	46766	77	53746	87	60726	97	67706
8	5584	18	12564	28	19544	38	26524	48	33504	58	40484	68	47464	78	54444	88	61424	98	68404
9	6282	19	13262	29	20242	39	27222	49	34202	59	41182	69	48162	79	55142	89	62122	99	69102
10	6980	20	13960	30	20940	40	27920	50	34900	60	41880	70	48860	80	55840	90	62820	100	69800

699

1	699	11	7689	21	14679	31	21669	41	28659	51	35649	61	42639	71	49629	81	56619	91	63609
2	1398	12	8388	22	15378	32	22368	42	29358	52	36348	62	43338	72	50328	82	57318	92	64308
3	2097	13	9087	23	16077	33	23067	43	30057	53	37047	63	44037	73	51027	83	58017	93	65007
4	2796	14	9786	24	16776	34	23766	44	30756	54	37746	64	44736	74	51726	84	58716	94	65706
5	3495	15	10485	25	17475	35	24465	45	31455	55	38445	65	45435	75	52425	85	59415	95	66405
6	4194	16	11184	26	18174	36	25164	46	32154	56	39144	66	46134	76	53124	86	60114	96	67104
7	4893	17	11883	27	18873	37	25863	47	32853	57	39843	67	46833	77	53823	87	60813	97	67803
8	5592	18	12582	28	19572	38	26562	48	33552	58	40542	68	47532	78	54522	88	61512	98	68502
9	6291	19	13281	29	20271	39	27261	49	34251	59	41241	69	48231	79	55221	89	62211	99	69201
10	6990	20	13980	30	20970	40	27960	50	34950	60	41940	70	48930	80	55920	90	62910	100	69900

700

1	700	11	7700	21	14700	31	21700	41	28700	51	35700	61	42700	71	49700	81	56700	91	63700
2	1400	12	8400	22	15400	32	22400	42	29400	52	36400	62	43400	72	50400	82	57400	92	64400
3	2100	13	9100	23	16100	33	23100	43	30100	53	37100	63	44100	73	51100	83	58100	93	65100
4	2800	14	9800	24	16800	34	23800	44	30800	54	37800	64	44800	74	51800	84	58800	94	65800
5	3500	15	10500	25	17500	35	24500	45	31500	55	38500	65	45500	75	52500	85	59500	95	66500
6	4200	16	11200	26	18200	36	25200	46	32200	56	39200	66	46200	76	53200	86	60200	96	67200
7	4900	17	11900	27	18900	37	25900	47	32900	57	39900	67	46900	77	53900	87	60900	97	67900
8	5600	18	12600	28	19600	38	26600	48	33600	58	40600	68	47600	78	54600	88	61600	98	68600
9	6300	19	13300	29	20300	39	27300	49	34300	59	41300	69	48300	79	55300	89	62300	99	69300
10	7000	20	14000	30	21000	40	28000	50	35000	60	42000	70	49000	80	56000	90	63000	100	70000

701

1	701	11	7711	21	14721	31	21731	41	28741	51	35751	61	42761	71	49771	81	56781	91	63791
2	1402	12	8412	22	15422	32	22432	42	29442	52	36452	62	43462	72	50472	82	57482	92	64492
3	2103	13	9113	23	16123	33	23133	43	30143	53	37153	63	44163	73	51173	83	58183	93	65193
4	2804	14	9814	24	16824	34	23834	44	30844	54	37854	64	44864	74	51874	84	58884	94	65894
5	3505	15	10515	25	17525	35	24535	45	31545	55	38555	65	45565	75	52575	85	59585	95	66595
6	4206	16	11216	26	18226	36	25236	46	32246	56	39256	66	46266	76	53276	86	60286	96	67296
7	4907	17	11917	27	18927	37	25937	47	32947	57	39957	67	46967	77	53977	87	60987	97	67997
8	5608	18	12618	28	19628	38	26638	48	33648	58	40658	68	47668	78	54678	88	61688	98	68698
9	6309	19	13319	29	20329	39	27339	49	34349	59	41359	69	48369	79	55379	89	62389	99	69399
10	7010	20	14020	30	21030	40	28040	50	35050	60	42060	70	49070	80	56080	90	63090	100	70100

702

1	702	11	7722	21	14742	31	21762	41	28782	51	35802	61	42822	71	49842	81	56862	91	63882
2	1404	12	8424	22	15444	32	22464	42	29484	52	36504	62	43524	72	50544	82	57564	92	64584
3	2106	13	9126	23	16146	33	23166	43	30186	53	37206	63	44226	73	51246	83	58266	93	65286
4	2808	14	9828	24	16848	34	23868	44	30888	54	37908	64	44928	74	51948	84	58968	94	65988
5	3510	15	10530	25	17550	35	24570	45	31590	55	38610	65	45630	75	52650	85	59670	95	66690
6	4212	16	11232	26	18252	36	25272	46	32292	56	39312	66	46332	76	53352	86	60372	96	67392
7	4914	17	11934	27	18954	37	25974	47	32994	57	40014	67	47034	77	54054	87	61074	97	68094
8	5616	18	12636	28	19656	38	26676	48	33696	58	40716	68	47736	78	54756	88	61776	98	68796
9	6318	19	13338	29	20358	39	27378	49	34398	59	41418	69	48438	79	55458	89	62478	99	69498
10	7020	20	14040	30	21060	40	28080	50	35100	60	42120	70	49140	80	56160	90	63180	100	70200

703

1	703	11	7733	21	14763	31	21793	41	28823	51	35853	61	42883	71	49913	81	56943	91	63973
2	1406	12	8436	22	15466	32	22496	42	29526	52	36556	62	43586	72	50616	82	57646	92	64676
3	2109	13	9139	23	16169	33	23199	43	30229	53	37259	63	44289	73	51319	83	58349	93	65379
4	2812	14	9842	24	16872	34	23902	44	30932	54	37962	64	44992	74	52022	84	59052	94	66082
5	3515	15	10545	25	17575	35	24605	45	31635	55	38665	65	45695	75	52725	85	59755	95	66785
6	4218	16	11248	26	18278	36	25308	46	32338	56	39368	66	46398	76	53428	86	60458	96	67488
7	4921	17	11951	27	18981	37	26011	47	33041	57	40071	67	47101	77	54131	87	61161	97	68191
8	5624	18	12654	28	19684	38	26714	48	33744	58	40774	68	47804	78	54834	88	61864	98	68894
9	6327	19	13357	29	20387	39	27417	49	34447	59	41477	69	48507	79	55537	89	62567	99	69597
10	7030	20	14060	30	21090	40	28120	50	35150	60	42180	70	49210	80	56240	90	63270	100	70300

704

1	704	11	7744	21	14784	31	21824	41	28864	51	35904	61	42944	71	49984	81	57024	91	64064
2	1408	12	8448	22	15488	32	22528	42	29568	52	36608	62	43648	72	50688	82	57728	92	64768
3	2112	13	9152	23	16192	33	23232	43	30272	53	37312	63	44352	73	51392	83	58432	93	65472
4	2816	14	9856	24	16896	34	23936	44	30976	54	38016	64	45056	74	52096	84	59136	94	66176
5	3520	15	10560	25	17600	35	24640	45	31680	55	38720	65	45760	75	52800	85	59840	95	66880
6	4224	16	11264	26	18304	36	25344	46	32384	56	39424	66	46464	76	53504	86	60544	96	67584
7	4928	17	11968	27	19008	37	26048	47	33088	57	40128	67	47168	77	54208	87	61248	97	68288
8	5632	18	12672	28	19712	38	26752	48	33792	58	40832	68	47872	78	54912	88	61952	98	68992
9	6336	19	13376	29	20416	39	27456	49	34496	59	41536	69	48576	79	55616	89	62656	99	69696
10	7040	20	14080	30	21120	40	28160	50	35200	60	42240	70	49280	80	56320	90	63360	100	70400

705

1	705	11	7755	21	14805	31	21855	41	28905	51	35955	61	43005	71	50055	81	57105	91	64155
2	1410	12	8460	22	15510	32	22560	42	29610	52	36660	62	43710	72	50760	82	57810	92	64860
3	2115	13	9165	23	16215	33	23265	43	30315	53	37365	63	44415	73	51465	83	58515	93	65565
4	2820	14	9870	24	16920	34	23970	44	31020	54	38070	64	45120	74	52170	84	59220	94	66270
5	3525	15	10575	25	17625	35	24675	45	31725	55	38775	65	45825	75	52875	85	59925	95	66975
6	4230	16	11280	26	18330	36	25380	46	32430	56	39480	66	46530	76	53580	86	60630	96	67680
7	4935	17	11985	27	19035	37	26085	47	33135	57	40185	67	47235	77	54285	87	61335	97	68385
8	5640	18	12690	28	19740	38	26790	48	33840	58	40890	68	47940	78	54990	88	62040	98	69090
9	6345	19	13395	29	20445	39	27495	49	34545	59	41595	69	48645	79	55695	89	62745	99	69795
10	7050	20	14100	30	21150	40	28200	50	35250	60	42300	70	49350	80	56400	90	63450	100	70500

706

1	706	11	7766	21	14826	31	21886	41	28946	51	36006	61	43066	71	50126	81	57186	91	64246
2	1412	12	8472	22	15532	32	22592	42	29652	52	36712	62	43772	72	50832	82	57892	92	64952
3	2118	13	9178	23	16238	33	23298	43	30358	53	37418	63	44478	73	51538	83	58598	93	65658
4	2824	14	9884	24	16944	34	24004	44	31064	54	38124	64	45184	74	52244	84	59304	94	66364
5	3530	15	10590	25	17650	35	24710	45	31770	55	38830	65	45890	75	52950	85	60010	95	67070
6	4236	16	11296	26	18356	36	25416	46	32476	56	39536	66	46596	76	53656	86	60716	96	67776
7	4942	17	12002	27	19062	37	26122	47	33182	57	40242	67	47302	77	54362	87	61422	97	68482
8	5648	18	12708	28	19768	38	26828	48	33888	58	40948	68	48008	78	55068	88	62128	98	69188
9	6354	19	13414	29	20474	39	27534	49	34594	59	41654	69	48714	79	55774	89	62834	99	69894
10	7060	20	14120	30	21180	40	28240	50	35300	60	42360	70	49420	80	56480	90	63540	100	70600

707

1	707	11	7777	21	14847	31	21917	41	28987	51	36057	61	43127	71	50197	81	57267	91	64337
2	1414	12	8484	22	15554	32	22624	42	29694	52	36764	62	43834	72	50904	82	57974	92	65044
3	2121	13	9191	23	16261	33	23331	43	30401	53	37471	63	44541	73	51611	83	58681	93	65751
4	2828	14	9898	24	16968	34	24038	44	31108	54	38178	64	45248	74	52318	84	59388	94	66458
5	3535	15	10605	25	17675	35	24745	45	31815	55	38885	65	45955	75	53025	85	60095	95	67165
6	4242	16	11312	26	18382	36	25452	46	32522	56	39592	66	46662	76	53732	86	60802	96	67872
7	4949	17	12019	27	19089	37	26159	47	33229	57	40299	67	47369	77	54439	87	61509	97	68579
8	5656	18	12726	28	19796	38	26866	48	33936	58	41006	68	48076	78	55146	88	62216	98	69286
9	6363	19	13433	29	20503	39	27573	49	34643	59	41713	69	48783	79	55853	89	62923	99	69993
10	7070	20	14140	30	21210	40	28280	50	35350	60	42420	70	49490	80	56560	90	63630	100	70700

708

1	708	11	7788	21	14868	31	21948	41	29028	51	36108	61	43188	71	50268	81	57348	91	64428
2	1416	12	8496	22	15576	32	22656	42	29736	52	36816	62	43896	72	50976	82	58056	92	65136
3	2124	13	9204	23	16284	33	23364	43	30444	53	37524	63	44604	73	51684	83	58764	93	65844
4	2832	14	9912	24	16992	34	24072	44	31152	54	38232	64	45312	74	52392	84	59472	94	66552
5	3540	15	10620	25	17700	35	24780	45	31860	55	38940	65	46020	75	53100	85	60180	95	67260
6	4248	16	11328	26	18408	36	25488	46	32568	56	39648	66	46728	76	53808	86	60888	96	67968
7	4956	17	12036	27	19116	37	26196	47	33276	57	40356	67	47436	77	54516	87	61596	97	68676
8	5664	18	12744	28	19824	38	26904	48	33984	58	41064	68	48144	78	55224	88	62304	98	69384
9	6372	19	13452	29	20532	39	27612	49	34692	59	41772	69	48852	79	55932	89	63012	99	70092
10	7080	20	14160	30	21240	40	28320	50	35400	60	42480	70	49560	80	56640	90	63720	100	70800

709

1	709	11	7799	21	14889	31	21979	41	29069	51	36159	61	43249	71	50339	81	57429	91	64519
2	1418	12	8508	22	15598	32	22688	42	29778	52	36868	62	43958	72	51048	82	58138	92	65228
3	2127	13	9217	23	16307	33	23397	43	30487	53	37577	63	44667	73	51757	83	58847	93	65937
4	2836	14	9926	24	17016	34	24106	44	31196	54	38286	64	45376	74	52466	84	59556	94	66646
5	3545	15	10635	25	17725	35	24815	45	31905	55	38995	65	46085	75	53175	85	60265	95	67355
6	4254	16	11344	26	18434	36	25524	46	32614	56	39704	66	46794	76	53884	86	60974	96	68064
7	4963	17	12053	27	19143	37	26233	47	33323	57	40413	67	47503	77	54593	87	61683	97	68773
8	5672	18	12762	28	19852	38	26942	48	34032	58	41122	68	48212	78	55302	88	62392	98	69482
9	6381	19	13471	29	20561	39	27651	49	34741	59	41831	69	48921	79	56011	89	63101	99	70191
10	7090	20	14180	30	21270	40	28360	50	35450	60	42540	70	49630	80	56720	90	63810	100	70900

710

1	710	11	7810	21	14910	31	22010	41	29110	51	36210	61	43310	71	50410	81	57510	91	64610
2	1420	12	8520	22	15620	32	22720	42	29820	52	36920	62	44020	72	51120	82	58220	92	65320
3	2130	13	9230	23	16330	33	23430	43	30530	53	37630	63	44730	73	51830	83	58930	93	66030
4	2840	14	9940	24	17040	34	24140	44	31240	54	38340	64	45440	74	52540	84	59640	94	66740
5	3550	15	10650	25	17750	35	24850	45	31950	55	39050	65	46150	75	53250	85	60350	95	67450
6	4260	16	11360	26	18460	36	25560	46	32660	56	39760	66	46860	76	53960	86	61060	96	68160
7	4970	17	12070	27	19170	37	26270	47	33370	57	40470	67	47570	77	54670	87	61770	97	68870
8	5680	18	12780	28	19880	38	26980	48	34080	58	41180	68	48280	78	55380	88	62480	98	69580
9	6390	19	13490	29	20590	39	27690	49	34790	59	41890	69	48990	79	56090	89	63190	99	70290
10	7100	20	14200	30	21300	40	28400	50	35500	60	42600	70	49700	80	56800	90	63900	100	71000

711

1	711	11	7821	21	14931	31	22041	41	29151	51	36261	61	43371	71	50481	81	57591	91	64701
2	1422	12	8532	22	15642	32	22752	42	29862	52	36972	62	44082	72	51192	82	58302	92	65412
3	2133	13	9243	23	16353	33	23463	43	30573	53	37683	63	44793	73	51903	83	59013	93	66123
4	2844	14	9954	24	17064	34	24174	44	31284	54	38394	64	45504	74	52614	84	59724	94	66834
5	3555	15	10665	25	17775	35	24885	45	31995	55	39105	65	46215	75	53325	85	60435	95	67545
6	4266	16	11376	26	18486	36	25596	46	32706	56	39816	66	46926	76	54036	86	61146	96	68256
7	4977	17	12087	27	19197	37	26307	47	33417	57	40527	67	47637	77	54747	87	61857	97	68967
8	5688	18	12798	28	19908	38	27018	48	34128	58	41238	68	48348	78	55458	88	62568	98	69678
9	6399	19	13509	29	20619	39	27729	49	34839	59	41949	69	49059	79	56169	89	63279	99	70389
10	7110	20	14220	30	21330	40	28440	50	35550	60	42660	70	49770	80	56880	90	63990	100	71100

712

1	712	11	7832	21	14952	31	22072	41	29192	51	36312	61	43432	71	50552	81	57672	91	64792
2	1424	12	8544	22	15664	32	22784	42	29904	52	37024	62	44144	72	51264	82	58384	92	65504
3	2136	13	9256	23	16376	33	23496	43	30616	53	37736	63	44856	73	51976	83	59096	93	66216
4	2848	14	9968	24	17088	34	24208	44	31328	54	38448	64	45568	74	52688	84	59808	94	66928
5	3560	15	10680	25	17800	35	24920	45	32040	55	39160	65	46280	75	53400	85	60520	95	67640
6	4272	16	11392	26	18512	36	25632	46	32752	56	39872	66	46992	76	54112	86	61232	96	68352
7	4984	17	12104	27	19224	37	26344	47	33464	57	40584	67	47704	77	54824	87	61944	97	69064
8	5696	18	12816	28	19936	38	27056	48	34176	58	41296	68	48416	78	55536	88	62656	98	69776
9	6408	19	13528	29	20648	39	27768	49	34888	59	42008	69	49128	79	56248	89	63368	99	70488
10	7120	20	14240	30	21360	40	28480	50	35600	60	42720	70	49840	80	56960	90	64080	100	71200

713

1	713	11	7843	21	14973	31	22103	41	29233	51	36363	61	43493	71	50623	81	57753	91	64883
2	1426	12	8556	22	15686	32	22816	42	29946	52	37076	62	44206	72	51336	82	58466	92	65596
3	2139	13	9269	23	16399	33	23529	43	30659	53	37789	63	44919	73	52049	83	59179	93	66309
4	2852	14	9982	24	17112	34	24242	44	31372	54	38502	64	45632	74	52762	84	59892	94	67022
5	3565	15	10695	25	17825	35	24955	45	32085	55	39215	65	46345	75	53475	85	60605	95	67735
6	4278	16	11408	26	18538	36	25668	46	32798	56	39928	66	47058	76	54188	86	61318	96	68448
7	4991	17	12121	27	19251	37	26381	47	33511	57	40641	67	47771	77	54901	87	62031	97	69161
8	5704	18	12834	28	19964	38	27094	48	34224	58	41354	68	48484	78	55614	88	62744	98	69874
9	6417	19	13547	29	20677	39	27807	49	34937	59	42067	69	49197	79	56327	89	63457	99	70587
10	7130	20	14260	30	21390	40	28520	50	35650	60	42780	70	49910	80	57040	90	64170	100	71300

714

1	714	11	7854	21	14994	31	22134	41	29274	51	36414	61	43554	71	50694	81	57834	91	64974
2	1428	12	8568	22	15708	32	22848	42	29988	52	37128	62	44268	72	51408	82	58548	92	65688
3	2142	13	9282	23	16422	33	23562	43	30702	53	37842	63	44982	73	52122	83	59262	93	66402
4	2856	14	9996	24	17136	34	24276	44	31416	54	38556	64	45696	74	52836	84	59976	94	67116
5	3570	15	10710	25	17850	35	24990	45	32130	55	39270	65	46410	75	53550	85	60690	95	67830
6	4284	16	11424	26	18564	36	25704	46	32844	56	39984	66	47124	76	54264	86	61404	96	68544
7	4998	17	12138	27	19278	37	26418	47	33558	57	40698	67	47838	77	54978	87	62118	97	69258
8	5712	18	12852	28	19992	38	27132	48	34272	58	41412	68	48552	78	55692	88	62832	98	69972
9	6426	19	13566	29	20706	39	27846	49	34986	59	42126	69	49266	79	56406	89	63546	99	70686
10	7140	20	14280	30	21420	40	28560	50	35700	60	42840	70	49980	80	57120	90	64260	100	71400

715

1	715	11	7865	21	15015	31	22165	41	29315	51	36465	61	43615	71	50765	81	57915	91	65065
2	1430	12	8580	22	15730	32	22880	42	30030	52	37180	62	44330	72	51480	82	58630	92	65780
3	2145	13	9295	23	16445	33	23595	43	30745	53	37895	63	45045	73	52195	83	59345	93	66495
4	2860	14	10010	24	17160	34	24310	44	31460	54	38610	64	45760	74	52910	84	60060	94	67210
5	3575	15	10725	25	17875	35	25025	45	32175	55	39325	65	46475	75	53625	85	60775	95	67925
6	4290	16	11440	26	18590	36	25740	46	32890	56	40040	66	47190	76	54340	86	61490	96	68640
7	5005	17	12155	27	19305	37	26455	47	33605	57	40755	67	47905	77	55055	87	62205	97	69355
8	5720	18	12870	28	20020	38	27170	48	34320	58	41470	68	48620	78	55770	88	62920	98	70070
9	6435	19	13585	29	20735	39	27885	49	35035	59	42185	69	49335	79	56485	89	63635	99	70785
10	7150	20	14300	30	21450	40	28600	50	35750	60	42900	70	50050	80	57200	90	64350	100	71500

716

1	716	11	7876	21	15036	31	22196	41	29356	51	36516	61	43676	71	50836	81	57996	91	65156
2	1432	12	8592	22	15752	32	22912	42	30072	52	37232	62	44392	72	51552	82	58712	92	65872
3	2148	13	9308	23	16468	33	23628	43	30788	53	37948	63	45108	73	52268	83	59428	93	66588
4	2864	14	10024	24	17184	34	24344	44	31504	54	38664	64	45824	74	52984	84	60144	94	67304
5	3580	15	10740	25	17900	35	25060	45	32220	55	39380	65	46540	75	53700	85	60860	95	68020
6	4296	16	11456	26	18616	36	25776	46	32936	56	40096	66	47256	76	54416	86	61576	96	68736
7	5012	17	12172	27	19332	37	26492	47	33652	57	40812	67	47972	77	55132	87	62292	97	69452
8	5728	18	12888	28	20048	38	27208	48	34368	58	41528	68	48688	78	55848	88	63008	98	70168
9	6444	19	13604	29	20764	39	27924	49	35084	59	42244	69	49404	79	56564	89	63724	99	70884
10	7160	20	14320	30	21480	40	28640	50	35800	60	42960	70	50120	80	57280	90	64440	100	71600

717

1	717	11	7887	21	15057	31	22227	41	29397	51	36567	61	43737	71	50907	81	58077	91	65247
2	1434	12	8604	22	15774	32	22944	42	30114	52	37284	62	44454	72	51624	82	58794	92	65964
3	2151	13	9321	23	16491	33	23661	43	30831	53	38001	63	45171	73	52341	83	59511	93	66681
4	2868	14	10038	24	17208	34	24378	44	31548	54	38718	64	45888	74	53058	84	60228	94	67398
5	3585	15	10755	25	17925	35	25095	45	32265	55	39435	65	46605	75	53775	85	60945	95	68115
6	4302	16	11472	26	18642	36	25812	46	32982	56	40152	66	47322	76	54492	86	61662	96	68832
7	5019	17	12189	27	19359	37	26529	47	33699	57	40869	67	48039	77	55209	87	62379	97	69549
8	5736	18	12906	28	20076	38	27246	48	34416	58	41586	68	48756	78	55926	88	63096	98	70266
9	6453	19	13623	29	20793	39	27963	49	35133	59	42303	69	49473	79	56643	89	63813	99	70983
10	7170	20	14340	30	21510	40	28680	50	35850	60	43020	70	50190	80	57360	90	64530	100	71700

718

1	718	11	7898	21	15078	31	22258	41	29438	51	36618	61	43798	71	50978	81	58158	91	65338
2	1436	12	8616	22	15796	32	22976	42	30156	52	37336	62	44516	72	51696	82	58876	92	66056
3	2154	13	9334	23	16514	33	23694	43	30874	53	38054	63	45234	73	52414	83	59594	93	66774
4	2872	14	10052	24	17232	34	24412	44	31592	54	38772	64	45952	74	53132	84	60312	94	67492
5	3590	15	10770	25	17950	35	25130	45	32310	55	39490	65	46670	75	53850	85	61030	95	68210
6	4308	16	11488	26	18668	36	25848	46	33028	56	40208	66	47388	76	54568	86	61748	96	68928
7	5026	17	12206	27	19386	37	26566	47	33746	57	40926	67	48106	77	55286	87	62466	97	69646
8	5744	18	12924	28	20104	38	27284	48	34464	58	41644	68	48824	78	56004	88	63184	98	70364
9	6462	19	13642	29	20822	39	28002	49	35182	59	42362	69	49542	79	56722	89	63902	99	71082
10	7180	20	14360	30	21540	40	28720	50	35900	60	43080	70	50260	80	57440	90	64620	100	71800

719

1	719	11	7909	21	15099	31	22289	41	29479	51	36669	61	43859	71	51049	81	58239	91	65429
2	1438	12	8628	22	15818	32	23008	42	30198	52	37388	62	44578	72	51768	82	58958	92	66148
3	2157	13	9347	23	16537	33	23727	43	30917	53	38107	63	45297	73	52487	83	59677	93	66867
4	2876	14	10066	24	17256	34	24446	44	31636	54	38826	64	46016	74	53206	84	60396	94	67586
5	3595	15	10785	25	17975	35	25165	45	32355	55	39545	65	46735	75	53925	85	61115	95	68305
6	4314	16	11504	26	18694	36	25884	46	33074	56	40264	66	47454	76	54644	86	61834	96	69024
7	5033	17	12223	27	19413	37	26603	47	33793	57	40983	67	48173	77	55363	87	62553	97	69743
8	5752	18	12942	28	20132	38	27322	48	34512	58	41702	68	48892	78	56082	88	63272	98	70462
9	6471	19	13661	29	20851	39	28041	49	35231	59	42421	69	49611	79	56801	89	63991	99	71181
10	7190	20	14380	30	21570	40	28760	50	35950	60	43140	70	50330	80	57520	90	64710	100	71900

720

1	720	11	7920	21	15120	31	22320	41	29520	51	36720	61	43920	71	51120	81	58320	91	65520
2	1440	12	8640	22	15840	32	23040	42	30240	52	37440	62	44640	72	51840	82	59040	92	66240
3	2160	13	9360	23	16560	33	23760	43	30960	53	38160	63	45360	73	52560	83	59760	93	66960
4	2880	14	10080	24	17280	34	24480	44	31680	54	38880	64	46080	74	53280	84	60480	94	67680
5	3600	15	10800	25	18000	35	25200	45	32400	55	39600	65	46800	75	54000	85	61200	95	68400
6	4320	16	11520	26	18720	36	25920	46	33120	56	40320	66	47520	76	54720	86	61920	96	69120
7	5040	17	12240	27	19440	37	26640	47	33840	57	41040	67	48240	77	55440	87	62640	97	69840
8	5760	18	12960	28	20160	38	27360	48	34560	58	41760	68	48960	78	56160	88	63360	98	70560
9	6480	19	13680	29	20880	39	28080	49	35280	59	42480	69	49680	79	56880	89	64080	99	71280
10	7200	20	14400	30	21600	40	28800	50	36000	60	43200	70	50400	80	57600	90	64800	100	72000

721

1	721	11	7931	21	15141	31	22351	41	29561	51	36771	61	43981	71	51191	81	58401	91	65611
2	1442	12	8652	22	15862	32	23072	42	30282	52	37492	62	44702	72	51912	82	59122	92	66332
3	2163	13	9373	23	16583	33	23793	43	31003	53	38213	63	45423	73	52633	83	59843	93	67053
4	2884	14	10094	24	17304	34	24514	44	31724	54	38934	64	46144	74	53354	84	60564	94	67774
5	3605	15	10815	25	18025	35	25235	45	32445	55	39655	65	46865	75	54075	85	61285	95	68495
6	4326	16	11536	26	18746	36	25956	46	33166	56	40376	66	47586	76	54796	86	62006	96	69216
7	5047	17	12257	27	19467	37	26677	47	33887	57	41097	67	48307	77	55517	87	62727	97	69937
8	5768	18	12978	28	20188	38	27398	48	34608	58	41818	68	49028	78	56238	88	63448	98	70658
9	6489	19	13699	29	20909	39	28119	49	35329	59	42539	69	49749	79	56959	89	64169	99	71379
10	7210	20	14420	30	21630	40	28840	50	36050	60	43260	70	50470	80	57680	90	64890	100	72100

722

1	722	11	7942	21	15162	31	22382	41	29602	51	36822	61	44042	71	51262	81	58482	91	65702
2	1444	12	8664	22	15884	32	23104	42	30324	52	37544	62	44764	72	51984	82	59204	92	66424
3	2166	13	9386	23	16606	33	23826	43	31046	53	38266	63	45486	73	52706	83	59926	93	67146
4	2888	14	10108	24	17328	34	24548	44	31768	54	38988	64	46208	74	53428	84	60648	94	67868
5	3610	15	10830	25	18050	35	25270	45	32490	55	39710	65	46930	75	54150	85	61370	95	68590
6	4332	16	11552	26	18772	36	25992	46	33212	56	40432	66	47652	76	54872	86	62092	96	69312
7	5054	17	12274	27	19494	37	26714	47	33934	57	41154	67	48374	77	55594	87	62814	97	70034
8	5776	18	12996	28	20216	38	27436	48	34656	58	41876	68	49096	78	56316	88	63536	98	70756
9	6498	19	13718	29	20938	39	28158	49	35378	59	42598	69	49818	79	57038	89	64258	99	71478
10	7220	20	14440	30	21660	40	28880	50	36100	60	43320	70	50540	80	57760	90	64980	100	72200

723

1	723	11	7953	21	15183	31	22413	41	29643	51	36873	61	44103	71	51333	81	58563	91	65793
2	1446	12	8676	22	15906	32	23136	42	30366	52	37596	62	44826	72	52056	82	59286	92	66516
3	2169	13	9399	23	16629	33	23859	43	31089	53	38319	63	45549	73	52779	83	60009	93	67239
4	2892	14	10122	24	17352	34	24582	44	31812	54	39042	64	46272	74	53502	84	60732	94	67962
5	3615	15	10845	25	18075	35	25305	45	32535	55	39765	65	46995	75	54225	85	61455	95	68685
6	4338	16	11568	26	18798	36	26028	46	33258	56	40488	66	47718	76	54948	86	62178	96	69408
7	5061	17	12291	27	19521	37	26751	47	33981	57	41211	67	48441	77	55671	87	62901	97	70131
8	5784	18	13014	28	20244	38	27474	48	34704	58	41934	68	49164	78	56394	88	63624	98	70854
9	6507	19	13737	29	20967	39	28197	49	35427	59	42657	69	49887	79	57117	89	64347	99	71577
10	7230	20	14460	30	21690	40	28920	50	36150	60	43380	70	50610	80	57840	90	65070	100	72300

724

1	724	11	7964	21	15204	31	22444	41	29684	51	36924	61	44164	71	51404	81	58644	91	65884
2	1448	12	8688	22	15928	32	23168	42	30408	52	37648	62	44888	72	52128	82	59368	92	66608
3	2172	13	9412	23	16652	33	23892	43	31132	53	38372	63	45612	73	52852	83	60092	93	67332
4	2896	14	10136	24	17376	34	24616	44	31856	54	39096	64	46336	74	53576	84	60816	94	68056
5	3620	15	10860	25	18100	35	25340	45	32580	55	39820	65	47060	75	54300	85	61540	95	68780
6	4344	16	11584	26	18824	36	26064	46	33304	56	40544	66	47784	76	55024	86	62264	96	69504
7	5068	17	12308	27	19548	37	26788	47	34028	57	41268	67	48508	77	55748	87	62988	97	70228
8	5792	18	13032	28	20272	38	27512	48	34752	58	41992	68	49232	78	56472	88	63712	98	70952
9	6516	19	13756	29	20996	39	28236	49	35476	59	42716	69	49956	79	57196	89	64436	99	71676
10	7240	20	14480	30	21720	40	28960	50	36200	60	43440	70	50680	80	57920	90	65160	100	72400

725

1	725	11	7975	21	15225	31	22475	41	29725	51	36975	61	44225	71	51475	81	58725	91	65975
2	1450	12	8700	22	15950	32	23200	42	30450	52	37700	62	44950	72	52200	82	59450	92	66700
3	2175	13	9425	23	16675	33	23925	43	31175	53	38425	63	45675	73	52925	83	60175	93	67425
4	2900	14	10150	24	17400	34	24650	44	31900	54	39150	64	46400	74	53650	84	60900	94	68150
5	3625	15	10875	25	18125	35	25375	45	32625	55	39875	65	47125	75	54375	85	61625	95	68875
6	4350	16	11600	26	18850	36	26100	46	33350	56	40600	66	47850	76	55100	86	62350	96	69600
7	5075	17	12325	27	19575	37	26825	47	34075	57	41325	67	48575	77	55825	87	63075	97	70325
8	5800	18	13050	28	20300	38	27550	48	34800	58	42050	68	49300	78	56550	88	63800	98	71050
9	6525	19	13775	29	21025	39	28275	49	35525	59	42775	69	50025	79	57275	89	64525	99	71775
10	7250	20	14500	30	21750	40	29000	50	36250	60	43500	70	50750	80	58000	90	65250	100	72500

726

1	726	11	7986	21	15246	31	22506	41	29766	51	37026	61	44286	71	51546	81	58806	91	66066
2	1452	12	8712	22	15972	32	23232	42	30492	52	37752	62	45012	72	52272	82	59532	92	66792
3	2178	13	9438	23	16698	33	23958	43	31218	53	38478	63	45738	73	52998	83	60258	93	67518
4	2904	14	10164	24	17424	34	24684	44	31944	54	39204	64	46464	74	53724	84	60984	94	68244
5	3630	15	10890	25	18150	35	25410	45	32670	55	39930	65	47190	75	54450	85	61710	95	68970
6	4356	16	11616	26	18876	36	26136	46	33396	56	40656	66	47916	76	55176	86	62436	96	69696
7	5082	17	12342	27	19602	37	26862	47	34122	57	41382	67	48642	77	55902	87	63162	97	70422
8	5808	18	13068	28	20328	38	27588	48	34848	58	42108	68	49368	78	56628	88	63888	98	71148
9	6534	19	13794	29	21054	39	28314	49	35574	59	42834	69	50094	79	57354	89	64614	99	71874
10	7260	20	14520	30	21780	40	29040	50	36300	60	43560	70	50820	80	58080	90	65340	100	72600

727

1	727	11	7997	21	15267	31	22537	41	29807	51	37077	61	44347	71	51617	81	58887	91	66157
2	1454	12	8724	22	15994	32	23264	42	30534	52	37804	62	45074	72	52344	82	59614	92	66884
3	2181	13	9451	23	16721	33	23991	43	31261	53	38531	63	45801	73	53071	83	60341	93	67611
4	2908	14	10178	24	17448	34	24718	44	31988	54	39258	64	46528	74	53798	84	61068	94	68338
5	3635	15	10905	25	18175	35	25445	45	32715	55	39985	65	47255	75	54525	85	61795	95	69065
6	4362	16	11632	26	18902	36	26172	46	33442	56	40712	66	47982	76	55252	86	62522	96	69792
7	5089	17	12359	27	19629	37	26899	47	34169	57	41439	67	48709	77	55979	87	63249	97	70519
8	5816	18	13086	28	20356	38	27626	48	34896	58	42166	68	49436	78	56706	88	63976	98	71246
9	6543	19	13813	29	21083	39	28353	49	35623	59	42893	69	50163	79	57433	89	64703	99	71973
10	7270	20	14540	30	21810	40	29080	50	36350	60	43620	70	50890	80	58160	90	65430	100	72700

728

1	728	11	8008	21	15288	31	22568	41	29848	51	37128	61	44408	71	51688	81	58968	91	66248
2	1456	12	8736	22	16016	32	23296	42	30576	52	37856	62	45136	72	52416	82	59696	92	66976
3	2184	13	9464	23	16744	33	24024	43	31304	53	38584	63	45864	73	53144	83	60424	93	67704
4	2912	14	10192	24	17472	34	24752	44	32032	54	39312	64	46592	74	53872	84	61152	94	68432
5	3640	15	10920	25	18200	35	25480	45	32760	55	40040	65	47320	75	54600	85	61880	95	69160
6	4368	16	11648	26	18928	36	26208	46	33488	56	40768	66	48048	76	55328	86	62608	96	69888
7	5096	17	12376	27	19656	37	26936	47	34216	57	41496	67	48776	77	56056	87	63336	97	70616
8	5824	18	13104	28	20384	38	27664	48	34944	58	42224	68	49504	78	56784	88	64064	98	71344
9	6552	19	13832	29	21112	39	28392	49	35672	59	42952	69	50232	79	57512	89	64792	99	72072
10	7280	20	14560	30	21840	40	29120	50	36400	60	43680	70	50960	80	58240	90	65520	100	72800

729

1	729	11	8019	21	15309	31	22599	41	29889	51	37179	61	44469	71	51759	81	59049	91	66339
2	1458	12	8748	22	16038	32	23328	42	30618	52	37908	62	45198	72	52488	82	59778	92	67068
3	2187	13	9477	23	16767	33	24057	43	31347	53	38637	63	45927	73	53217	83	60507	93	67797
4	2916	14	10206	24	17496	34	24786	44	32076	54	39366	64	46656	74	53946	84	61236	94	68526
5	3645	15	10935	25	18225	35	25515	45	32805	55	40095	65	47385	75	54675	85	61965	95	69255
6	4374	16	11664	26	18954	36	26244	46	33534	56	40824	66	48114	76	55404	86	62694	96	69984
7	5103	17	12393	27	19683	37	26973	47	34263	57	41553	67	48843	77	56133	87	63423	97	70713
8	5832	18	13122	28	20412	38	27702	48	34992	58	42282	68	49572	78	56862	88	64152	98	71442
9	6561	19	13851	29	21141	39	28431	49	35721	59	43011	69	50301	79	57591	89	64881	99	72171
10	7290	20	14580	30	21870	40	29160	50	36450	60	43740	70	51030	80	58320	90	65610	100	72900

730

1	730	11	8030	21	15330	31	22630	41	29930	51	37230	61	44530	71	51830	81	59130	91	66430
2	1460	12	8760	22	16060	32	23360	42	30660	52	37960	62	45260	72	52560	82	59860	92	67160
3	2190	13	9490	23	16790	33	24090	43	31390	53	38690	63	45990	73	53290	83	60590	93	67890
4	2920	14	10220	24	17520	34	24820	44	32120	54	39420	64	46720	74	54020	84	61320	94	68620
5	3650	15	10950	25	18250	35	25550	45	32850	55	40150	65	47450	75	54750	85	62050	95	69350
6	4380	16	11680	26	18980	36	26280	46	33580	56	40880	66	48180	76	55480	86	62780	96	70080
7	5110	17	12410	27	19710	37	27010	47	34310	57	41610	67	48910	77	56210	87	63510	97	70810
8	5840	18	13140	28	20440	38	27740	48	35040	58	42340	68	49640	78	56940	88	64240	98	71540
9	6570	19	13870	29	21170	39	28470	49	35770	59	43070	69	50370	79	57670	89	64970	99	72270
10	7300	20	14600	30	21900	40	29200	50	36500	60	43800	70	51100	80	58400	90	65700	100	73000

731

1	731	11	8041	21	15351	31	22661	41	29971	51	37281	61	44591	71	51901	81	59211	91	66521
2	1462	12	8772	22	16082	32	23392	42	30702	52	38012	62	45322	72	52632	82	59942	92	67252
3	2193	13	9503	23	16813	33	24123	43	31433	53	38743	63	46053	73	53363	83	60673	93	67983
4	2924	14	10234	24	17544	34	24854	44	32164	54	39474	64	46784	74	54094	84	61404	94	68714
5	3655	15	10965	25	18275	35	25585	45	32895	55	40205	65	47515	75	54825	85	62135	95	69445
6	4386	16	11696	26	19006	36	26316	46	33626	56	40936	66	48246	76	55556	86	62866	96	70176
7	5117	17	12427	27	19737	37	27047	47	34357	57	41667	67	48977	77	56287	87	63597	97	70907
8	5848	18	13158	28	20468	38	27778	48	35088	58	42398	68	49708	78	57018	88	64328	98	71638
9	6579	19	13889	29	21199	39	28509	49	35819	59	43129	69	50439	79	57749	89	65059	99	72369
10	7310	20	14620	30	21930	40	29240	50	36550	60	43860	70	51170	80	58480	90	65790	100	73100

732

1	732	11	8052	21	15372	31	22692	41	30012	51	37332	61	44652	71	51972	81	59292	91	66612
2	1464	12	8784	22	16104	32	23424	42	30744	52	38064	62	45384	72	52704	82	60024	92	67344
3	2196	13	9516	23	16836	33	24156	43	31476	53	38796	63	46116	73	53436	83	60756	93	68076
4	2928	14	10248	24	17568	34	24888	44	32208	54	39528	64	46848	74	54168	84	61488	94	68808
5	3660	15	10980	25	18300	35	25620	45	32940	55	40260	65	47580	75	54900	85	62220	95	69540
6	4392	16	11712	26	19032	36	26352	46	33672	56	40992	66	48312	76	55632	86	62952	96	70272
7	5124	17	12444	27	19764	37	27084	47	34404	57	41724	67	49044	77	56364	87	63684	97	71004
8	5856	18	13176	28	20496	38	27816	48	35136	58	42456	68	49776	78	57096	88	64416	98	71736
9	6588	19	13908	29	21228	39	28548	49	35868	59	43188	69	50508	79	57828	89	65148	99	72468
10	7320	20	14640	30	21960	40	29280	50	36600	60	43920	70	51240	80	58560	90	65880	100	73200

733

1	733	11	8063	21	15393	31	22723	41	30053	51	37383	61	44713	71	52043	81	59373	91	66703
2	1466	12	8796	22	16126	32	23456	42	30786	52	38116	62	45446	72	52776	82	60106	92	67436
3	2199	13	9529	23	16859	33	24189	43	31519	53	38849	63	46179	73	53509	83	60839	93	68169
4	2932	14	10262	24	17592	34	24922	44	32252	54	39582	64	46912	74	54242	84	61572	94	68902
5	3665	15	10995	25	18325	35	25655	45	32985	55	40315	65	47645	75	54975	85	62305	95	69635
6	4398	16	11728	26	19058	36	26388	46	33718	56	41048	66	48378	76	55708	86	63038	96	70368
7	5131	17	12461	27	19791	37	27121	47	34451	57	41781	67	49111	77	56441	87	63771	97	71101
8	5864	18	13194	28	20524	38	27854	48	35184	58	42514	68	49844	78	57174	88	64504	98	71834
9	6597	19	13927	29	21257	39	28587	49	35917	59	43247	69	50577	79	57907	89	65237	99	72567
10	7330	20	14660	30	21990	40	29320	50	36650	60	43980	70	51310	80	58640	90	65970	100	73300

734

1	734	11	8074	21	15414	31	22754	41	30094	51	37434	61	44774	71	52114	81	59454	91	66794
2	1468	12	8808	22	16148	32	23488	42	30828	52	38168	62	45508	72	52848	82	60188	92	67528
3	2202	13	9542	23	16882	33	24222	43	31562	53	38902	63	46242	73	53582	83	60922	93	68262
4	2936	14	10276	24	17616	34	24956	44	32296	54	39636	64	46976	74	54316	84	61656	94	68996
5	3670	15	11010	25	18350	35	25690	45	33030	55	40370	65	47710	75	55050	85	62390	95	69730
6	4404	16	11744	26	19084	36	26424	46	33764	56	41104	66	48444	76	55784	86	63124	96	70464
7	5138	17	12478	27	19818	37	27158	47	34498	57	41838	67	49178	77	56518	87	63858	97	71198
8	5872	18	13212	28	20552	38	27892	48	35232	58	42572	68	49912	78	57252	88	64592	98	71932
9	6606	19	13946	29	21286	39	28626	49	35966	59	43306	69	50646	79	57986	89	65326	99	72666
10	7340	20	14680	30	22020	40	29360	50	36700	60	44040	70	51380	80	58720	90	66060	100	73400

735

1	735	11	8085	21	15435	31	22785	41	30135	51	37485	61	44835	71	52185	81	59535	91	66885
2	1470	12	8820	22	16170	32	23520	42	30870	52	38220	62	45570	72	52920	82	60270	92	67620
3	2205	13	9555	23	16905	33	24255	43	31605	53	38955	63	46305	73	53655	83	61005	93	68355
4	2940	14	10290	24	17640	34	24990	44	32340	54	39690	64	47040	74	54390	84	61740	94	69090
5	3675	15	11025	25	18375	35	25725	45	33075	55	40425	65	47775	75	55125	85	62475	95	69825
6	4410	16	11760	26	19110	36	26460	46	33810	56	41160	66	48510	76	55860	86	63210	96	70560
7	5145	17	12495	27	19845	37	27195	47	34545	57	41895	67	49245	77	56595	87	63945	97	71295
8	5880	18	13230	28	20580	38	27930	48	35280	58	42630	68	49980	78	57330	88	64680	98	72030
9	6615	19	13965	29	21315	39	28665	49	36015	59	43365	69	50715	79	58065	89	65415	99	72765
10	7350	20	14700	30	22050	40	29400	50	36750	60	44100	70	51450	80	58800	90	66150	100	73500

736

1	736	11	8096	21	15456	31	22816	41	30176	51	37536	61	44896	71	52256	81	59616	91	66976
2	1472	12	8832	22	16192	32	23552	42	30912	52	38272	62	45632	72	52992	82	60352	92	67712
3	2208	13	9568	23	16928	33	24288	43	31648	53	39008	63	46368	73	53728	83	61088	93	68448
4	2944	14	10304	24	17664	34	25024	44	32384	54	39744	64	47104	74	54464	84	61824	94	69184
5	3680	15	11040	25	18400	35	25760	45	33120	55	40480	65	47840	75	55200	85	62560	95	69920
6	4416	16	11776	26	19136	36	26496	46	33856	56	41216	66	48576	76	55936	86	63296	96	70656
7	5152	17	12512	27	19872	37	27232	47	34592	57	41952	67	49312	77	56672	87	64032	97	71392
8	5888	18	13248	28	20608	38	27968	48	35328	58	42688	68	50048	78	57408	88	64768	98	72128
9	6624	19	13984	29	21344	39	28704	49	36064	59	43424	69	50784	79	58144	89	65504	99	72864
10	7360	20	14720	30	22080	40	29440	50	36800	60	44160	70	51520	80	58880	90	66240	100	73600

737

1	737	11	8107	21	15477	31	22847	41	30217	51	37587	61	44957	71	52327	81	59697	91	67067
2	1474	12	8844	22	16214	32	23584	42	30954	52	38324	62	45694	72	53064	82	60434	92	67804
3	2211	13	9581	23	16951	33	24321	43	31691	53	39061	63	46431	73	53801	83	61171	93	68541
4	2948	14	10318	24	17688	34	25058	44	32428	54	39798	64	47168	74	54538	84	61908	94	69278
5	3685	15	11055	25	18425	35	25795	45	33165	55	40535	65	47905	75	55275	85	62645	95	70015
6	4422	16	11792	26	19162	36	26532	46	33902	56	41272	66	48642	76	56012	86	63382	96	70752
7	5159	17	12529	27	19899	37	27269	47	34639	57	42009	67	49379	77	56749	87	64119	97	71489
8	5896	18	13266	28	20636	38	28006	48	35376	58	42746	68	50116	78	57486	88	64856	98	72226
9	6633	19	14003	29	21373	39	28743	49	36113	59	43483	69	50853	79	58223	89	65593	99	72963
10	7370	20	14740	30	22110	40	29480	50	36850	60	44220	70	51590	80	58960	90	66330	100	73700

738

1	738	11	8118	21	15498	31	22878	41	30258	51	37638	61	45018	71	52398	81	59778	91	67158
2	1476	12	8856	22	16236	32	23616	42	30996	52	38376	62	45756	72	53136	82	60516	92	67896
3	2214	13	9594	23	16974	33	24354	43	31734	53	39114	63	46494	73	53874	83	61254	93	68634
4	2952	14	10332	24	17712	34	25092	44	32472	54	39852	64	47232	74	54612	84	61992	94	69372
5	3690	15	11070	25	18450	35	25830	45	33210	55	40590	65	47970	75	55350	85	62730	95	70110
6	4428	16	11808	26	19188	36	26568	46	33948	56	41328	66	48708	76	56088	86	63468	96	70848
7	5166	17	12546	27	19926	37	27306	47	34686	57	42066	67	49446	77	56826	87	64206	97	71586
8	5904	18	13284	28	20664	38	28044	48	35424	58	42804	68	50184	78	57564	88	64944	98	72324
9	6642	19	14022	29	21402	39	28782	49	36162	59	43542	69	50922	79	58302	89	65682	99	73062
10	7380	20	14760	30	22140	40	29520	50	36900	60	44280	70	51660	80	59040	90	66420	100	73800

739

1	739	11	8129	21	15519	31	22909	41	30299	51	37689	61	45079	71	52469	81	59859	91	67249
2	1478	12	8868	22	16258	32	23648	42	31038	52	38428	62	45818	72	53208	82	60598	92	67988
3	2217	13	9607	23	16997	33	24387	43	31777	53	39167	63	46557	73	53947	83	61337	93	68727
4	2956	14	10346	24	17736	34	25126	44	32516	54	39906	64	47296	74	54686	84	62076	94	69466
5	3695	15	11085	25	18475	35	25865	45	33255	55	40645	65	48035	75	55425	85	62815	95	70205
6	4434	16	11824	26	19214	36	26604	46	33994	56	41384	66	48774	76	56164	86	63554	96	70944
7	5173	17	12563	27	19953	37	27343	47	34733	57	42123	67	49513	77	56903	87	64293	97	71683
8	5912	18	13302	28	20692	38	28082	48	35472	58	42862	68	50252	78	57642	88	65032	98	72422
9	6651	19	14041	29	21431	39	28821	49	36211	59	43601	69	50991	79	58381	89	65771	99	73161
10	7390	20	14780	30	22170	40	29560	50	36950	60	44340	70	51730	80	59120	90	66510	100	73900

740

1	740	11	8140	21	15540	31	22940	41	30340	51	37740	61	45140	71	52540	81	59940	91	67340
2	1480	12	8880	22	16280	32	23680	42	31080	52	38480	62	45880	72	53280	82	60680	92	68080
3	2220	13	9620	23	17020	33	24420	43	31820	53	39220	63	46620	73	54020	83	61420	93	68820
4	2960	14	10360	24	17760	34	25160	44	32560	54	39960	64	47360	74	54760	84	62160	94	69560
5	3700	15	11100	25	18500	35	25900	45	33300	55	40700	65	48100	75	55500	85	62900	95	70300
6	4440	16	11840	26	19240	36	26640	46	34040	56	41440	66	48840	76	56240	86	63640	96	71040
7	5180	17	12580	27	19980	37	27380	47	34780	57	42180	67	49580	77	56980	87	64380	97	71780
8	5920	18	13320	28	20720	38	28120	48	35520	58	42920	68	50320	78	57720	88	65120	98	72520
9	6660	19	14060	29	21460	39	28860	49	36260	59	43660	69	51060	79	58460	89	65860	99	73260
10	7400	20	14800	30	22200	40	29600	50	37000	60	44400	70	51800	80	59200	90	66600	100	74000

741

1	741	11	8151	21	15561	31	22971	41	30381	51	37791	61	45201	71	52611	81	60021	91	67431
2	1482	12	8892	22	16302	32	23712	42	31122	52	38532	62	45942	72	53352	82	60762	92	68172
3	2223	13	9633	23	17043	33	24453	43	31863	53	39273	63	46683	73	54093	83	61503	93	68913
4	2964	14	10374	24	17784	34	25194	44	32604	54	40014	64	47424	74	54834	84	62244	94	69654
5	3705	15	11115	25	18525	35	25935	45	33345	55	40755	65	48165	75	55575	85	62985	95	70395
6	4446	16	11856	26	19266	36	26676	46	34086	56	41496	66	48906	76	56316	86	63726	96	71136
7	5187	17	12597	27	20007	37	27417	47	34827	57	42237	67	49647	77	57057	87	64467	97	71877
8	5928	18	13338	28	20748	38	28158	48	35568	58	42978	68	50388	78	57798	88	65208	98	72618
9	6669	19	14079	29	21489	39	28899	49	36309	59	43719	69	51129	79	58539	89	65949	99	73359
10	7410	20	14820	30	22230	40	29640	50	37050	60	44460	70	51870	80	59280	90	66690	100	74100

742

1	742	11	8162	21	15582	31	23002	41	30422	51	37842	61	45262	71	52682	81	60102	91	67522
2	1484	12	8904	22	16324	32	23744	42	31164	52	38584	62	46004	72	53424	82	60844	92	68264
3	2226	13	9646	23	17066	33	24486	43	31906	53	39326	63	46746	73	54166	83	61586	93	69006
4	2968	14	10388	24	17808	34	25228	44	32648	54	40068	64	47488	74	54908	84	62328	94	69748
5	3710	15	11130	25	18550	35	25970	45	33390	55	40810	65	48230	75	55650	85	63070	95	70490
6	4452	16	11872	26	19292	36	26712	46	34132	56	41552	66	48972	76	56392	86	63812	96	71232
7	5194	17	12614	27	20034	37	27454	47	34874	57	42294	67	49714	77	57134	87	64554	97	71974
8	5936	18	13356	28	20776	38	28196	48	35616	58	43036	68	50456	78	57876	88	65296	98	72716
9	6678	19	14098	29	21518	39	28938	49	36358	59	43778	69	51198	79	58618	89	66038	99	73458
10	7420	20	14840	30	22260	40	29680	50	37100	60	44520	70	51940	80	59360	90	66780	100	74200

743

1	743	11	8173	21	15603	31	23033	41	30463	51	37893	61	45323	71	52753	81	60183	91	67613
2	1486	12	8916	22	16346	32	23776	42	31206	52	38636	62	46066	72	53496	82	60926	92	68356
3	2229	13	9659	23	17089	33	24519	43	31949	53	39379	63	46809	73	54239	83	61669	93	69099
4	2972	14	10402	24	17832	34	25262	44	32692	54	40122	64	47552	74	54982	84	62412	94	69842
5	3715	15	11145	25	18575	35	26005	45	33435	55	40865	65	48295	75	55725	85	63155	95	70585
6	4458	16	11888	26	19318	36	26748	46	34178	56	41608	66	49038	76	56468	86	63898	96	71328
7	5201	17	12631	27	20061	37	27491	47	34921	57	42351	67	49781	77	57211	87	64641	97	72071
8	5944	18	13374	28	20804	38	28234	48	35664	58	43094	68	50524	78	57954	88	65384	98	72814
9	6687	19	14117	29	21547	39	28977	49	36407	59	43837	69	51267	79	58697	89	66127	99	73557
10	7430	20	14860	30	22290	40	29720	50	37150	60	44580	70	52010	80	59440	90	66870	100	74300

744

1	744	11	8184	21	15624	31	23064	41	30504	51	37944	61	45384	71	52824	81	60264	91	67704
2	1488	12	8928	22	16368	32	23808	42	31248	52	38688	62	46128	72	53568	82	61008	92	68448
3	2232	13	9672	23	17112	33	24552	43	31992	53	39432	63	46872	73	54312	83	61752	93	69192
4	2976	14	10416	24	17856	34	25296	44	32736	54	40176	64	47616	74	55056	84	62496	94	69936
5	3720	15	11160	25	18600	35	26040	45	33480	55	40920	65	48360	75	55800	85	63240	95	70680
6	4464	16	11904	26	19344	36	26784	46	34224	56	41664	66	49104	76	56544	86	63984	96	71424
7	5208	17	12648	27	20088	37	27528	47	34968	57	42408	67	49848	77	57288	87	64728	97	72168
8	5952	18	13392	28	20832	38	28272	48	35712	58	43152	68	50592	78	58032	88	65472	98	72912
9	6696	19	14136	29	21576	39	29016	49	36456	59	43896	69	51336	79	58776	89	66216	99	73656
10	7440	20	14880	30	22320	40	29760	50	37200	60	44640	70	52080	80	59520	90	66960	100	74400

745

1	745	11	8195	21	15645	31	23095	41	30545	51	37995	61	45445	71	52895	81	60345	91	67795
2	1490	12	8940	22	16390	32	23840	42	31290	52	38740	62	46190	72	53640	82	61090	92	68540
3	2235	13	9685	23	17135	33	24585	43	32035	53	39485	63	46935	73	54385	83	61835	93	69285
4	2980	14	10430	24	17880	34	25330	44	32780	54	40230	64	47680	74	55130	84	62580	94	70030
5	3725	15	11175	25	18625	35	26075	45	33525	55	40975	65	48425	75	55875	85	63325	95	70775
6	4470	16	11920	26	19370	36	26820	46	34270	56	41720	66	49170	76	56620	86	64070	96	71520
7	5215	17	12665	27	20115	37	27565	47	35015	57	42465	67	49915	77	57365	87	64815	97	72265
8	5960	18	13410	28	20860	38	28310	48	35760	58	43210	68	50660	78	58110	88	65560	98	73010
9	6705	19	14155	29	21605	39	29055	49	36505	59	43955	69	51405	79	58855	89	66305	99	73755
10	7450	20	14900	30	22350	40	29800	50	37250	60	44700	70	52150	80	59600	90	67050	100	74500

746

1	746	11	8206	21	15666	31	23126	41	30586	51	38046	61	45506	71	52966	81	60426	91	67886
2	1492	12	8952	22	16412	32	23872	42	31332	52	38792	62	46252	72	53712	82	61172	92	68632
3	2238	13	9698	23	17158	33	24618	43	32078	53	39538	63	46998	73	54458	83	61918	93	69378
4	2984	14	10444	24	17904	34	25364	44	32824	54	40284	64	47744	74	55204	84	62664	94	70124
5	3730	15	11190	25	18650	35	26110	45	33570	55	41030	65	48490	75	55950	85	63410	95	70870
6	4476	16	11936	26	19396	36	26856	46	34316	56	41776	66	49236	76	56696	86	64156	96	71616
7	5222	17	12682	27	20142	37	27602	47	35062	57	42522	67	49982	77	57442	87	64902	97	72362
8	5968	18	13428	28	20888	38	28348	48	35808	58	43268	68	50728	78	58188	88	65648	98	73108
9	6714	19	14174	29	21634	39	29094	49	36554	59	44014	69	51474	79	58934	89	66394	99	73854
10	7460	20	14920	30	22380	40	29840	50	37300	60	44760	70	52220	80	59680	90	67140	100	74600

747

1	747	11	8217	21	15687	31	23157	41	30627	51	38097	61	45567	71	53037	81	60507	91	67977
2	1494	12	8964	22	16434	32	23904	42	31374	52	38844	62	46314	72	53784	82	61254	92	68724
3	2241	13	9711	23	17181	33	24651	43	32121	53	39591	63	47061	73	54531	83	62001	93	69471
4	2988	14	10458	24	17928	34	25398	44	32868	54	40338	64	47808	74	55278	84	62748	94	70218
5	3735	15	11205	25	18675	35	26145	45	33615	55	41085	65	48555	75	56025	85	63495	95	70965
6	4482	16	11952	26	19422	36	26892	46	34362	56	41832	66	49302	76	56772	86	64242	96	71712
7	5229	17	12699	27	20169	37	27639	47	35109	57	42579	67	50049	77	57519	87	64989	97	72459
8	5976	18	13446	28	20916	38	28386	48	35856	58	43326	68	50796	78	58266	88	65736	98	73206
9	6723	19	14193	29	21663	39	29133	49	36603	59	44073	69	51543	79	59013	89	66483	99	73953
10	7470	20	14940	30	22410	40	29880	50	37350	60	44820	70	52290	80	59760	90	67230	100	74700

748

1	748	11	8228	21	15708	31	23188	41	30668	51	38148	61	45628	71	53108	81	60588	91	68068
2	1496	12	8976	22	16456	32	23936	42	31416	52	38896	62	46376	72	53856	82	61336	92	68816
3	2244	13	9724	23	17204	33	24684	43	32164	53	39644	63	47124	73	54604	83	62084	93	69564
4	2992	14	10472	24	17952	34	25432	44	32912	54	40392	64	47872	74	55352	84	62832	94	70312
5	3740	15	11220	25	18700	35	26180	45	33660	55	41140	65	48620	75	56100	85	63580	95	71060
6	4488	16	11968	26	19448	36	26928	46	34408	56	41888	66	49368	76	56848	86	64328	96	71808
7	5236	17	12716	27	20196	37	27676	47	35156	57	42636	67	50116	77	57596	87	65076	97	72556
8	5984	18	13464	28	20944	38	28424	48	35904	58	43384	68	50864	78	58344	88	65824	98	73304
9	6732	19	14212	29	21692	39	29172	49	36652	59	44132	69	51612	79	59092	89	66572	99	74052
10	7480	20	14960	30	22440	40	29920	50	37400	60	44880	70	52360	80	59840	90	67320	100	74800

749

1	749	11	8239	21	15729	31	23219	41	30709	51	38199	61	45689	71	53179	81	60669	91	68159
2	1498	12	8988	22	16478	32	23968	42	31458	52	38948	62	46438	72	53928	82	61418	92	68908
3	2247	13	9737	23	17227	33	24717	43	32207	53	39697	63	47187	73	54677	83	62167	93	69657
4	2996	14	10486	24	17976	34	25466	44	32956	54	40446	64	47936	74	55426	84	62916	94	70406
5	3745	15	11235	25	18725	35	26215	45	33705	55	41195	65	48685	75	56175	85	63665	95	71155
6	4494	16	11984	26	19474	36	26964	46	34454	56	41944	66	49434	76	56924	86	64414	96	71904
7	5243	17	12733	27	20223	37	27713	47	35203	57	42693	67	50183	77	57673	87	65163	97	72653
8	5992	18	13482	28	20972	38	28462	48	35952	58	43442	68	50932	78	58422	88	65912	98	73402
9	6741	19	14231	29	21721	39	29211	49	36701	59	44191	69	51681	79	59171	89	66661	99	74151
10	7490	20	14980	30	22470	40	29960	50	37450	60	44940	70	52430	80	59920	90	67410	100	74900

750

1	750	11	8250	21	15750	31	23250	41	30750	51	38250	61	45750	71	53250	81	60750	91	68250
2	1500	12	9000	22	16500	32	24000	42	31500	52	39000	62	46500	72	54000	82	61500	92	69000
3	2250	13	9750	23	17250	33	24750	43	32250	53	39750	63	47250	73	54750	83	62250	93	69750
4	3000	14	10500	24	18000	34	25500	44	33000	54	40500	64	48000	74	55500	84	63000	94	70500
5	3750	15	11250	25	18750	35	26250	45	33750	55	41250	65	48750	75	56250	85	63750	95	71250
6	4500	16	12000	26	19500	36	27000	46	34500	56	42000	66	49500	76	57000	86	64500	96	72000
7	5250	17	12750	27	20250	37	27750	47	35250	57	42750	67	50250	77	57750	87	65250	97	72750
8	6000	18	13500	28	21000	38	28500	48	36000	58	43500	68	51000	78	58500	88	66000	98	73500
9	6750	19	14250	29	21750	39	29250	49	36750	59	44250	69	51750	79	59250	89	66750	99	74250
10	7500	20	15000	30	22500	40	30000	50	37500	60	45000	70	52500	80	60000	90	67500	100	75000

751

1	751	11	8261	21	15771	31	23281	41	30791	51	38301	61	45811	71	53321	81	60831	91	68341
2	1502	12	9012	22	16522	32	24032	42	31542	52	39052	62	46562	72	54072	82	61582	92	69092
3	2253	13	9763	23	17273	33	24783	43	32293	53	39803	63	47313	73	54823	83	62333	93	69843
4	3004	14	10514	24	18024	34	25534	44	33044	54	40554	64	48064	74	55574	84	63084	94	70594
5	3755	15	11265	25	18775	35	26285	45	33795	55	41305	65	48815	75	56325	85	63835	95	71345
6	4506	16	12016	26	19526	36	27036	46	34546	56	42056	66	49566	76	57076	86	64586	96	72096
7	5257	17	12767	27	20277	37	27787	47	35297	57	42807	67	50317	77	57827	87	65337	97	72847
8	6008	18	13518	28	21028	38	28538	48	36048	58	43558	68	51068	78	58578	88	66088	98	73598
9	6759	19	14269	29	21779	39	29289	49	36799	59	44309	69	51819	79	59329	89	66839	99	74349
10	7510	20	15020	30	22530	40	30040	50	37550	60	45060	70	52570	80	60080	90	67590	100	75100

752

1	752	11	8272	21	15792	31	23312	41	30832	51	38352	61	45872	71	53392	81	60912	91	68432
2	1504	12	9024	22	16544	32	24064	42	31584	52	39104	62	46624	72	54144	82	61664	92	69184
3	2256	13	9776	23	17296	33	24816	43	32336	53	39856	63	47376	73	54896	83	62416	93	69936
4	3008	14	10528	24	18048	34	25568	44	33088	54	40608	64	48128	74	55648	84	63168	94	70688
5	3760	15	11280	25	18800	35	26320	45	33840	55	41360	65	48880	75	56400	85	63920	95	71440
6	4512	16	12032	26	19552	36	27072	46	34592	56	42112	66	49632	76	57152	86	64672	96	72192
7	5264	17	12784	27	20304	37	27824	47	35344	57	42864	67	50384	77	57904	87	65424	97	72944
8	6016	18	13536	28	21056	38	28576	48	36096	58	43616	68	51136	78	58656	88	66176	98	73696
9	6768	19	14288	29	21808	39	29328	49	36848	59	44368	69	51888	79	59408	89	66928	99	74448
10	7520	20	15040	30	22560	40	30080	50	37600	60	45120	70	52640	80	60160	90	67680	100	75200

753

1	753	11	8283	21	15813	31	23343	41	30873	51	38403	61	45933	71	53463	81	60993	91	68523
2	1506	12	9036	22	16566	32	24096	42	31626	52	39156	62	46686	72	54216	82	61746	92	69276
3	2259	13	9789	23	17319	33	24849	43	32379	53	39909	63	47439	73	54969	83	62499	93	70029
4	3012	14	10542	24	18072	34	25602	44	33132	54	40662	64	48192	74	55722	84	63252	94	70782
5	3765	15	11295	25	18825	35	26355	45	33885	55	41415	65	48945	75	56475	85	64005	95	71535
6	4518	16	12048	26	19578	36	27108	46	34638	56	42168	66	49698	76	57228	86	64758	96	72288
7	5271	17	12801	27	20331	37	27861	47	35391	57	42921	67	50451	77	57981	87	65511	97	73041
8	6024	18	13554	28	21084	38	28614	48	36144	58	43674	68	51204	78	58734	88	66264	98	73794
9	6777	19	14307	29	21837	39	29367	49	36897	59	44427	69	51957	79	59487	89	67017	99	74547
10	7530	20	15060	30	22590	40	30120	50	37650	60	45180	70	52710	80	60240	90	67770	100	75300

754

751—755

1	754	11	8294	21	15834	31	23374	41	30914	51	38454	61	45994	71	53534	81	61074	91	68614
2	1508	12	9048	22	16588	32	24128	42	31668	52	39208	62	46748	72	54288	82	61828	92	69368
3	2262	13	9802	23	17342	33	24882	43	32422	53	39962	63	47502	73	55042	83	62582	93	70122
4	3016	14	10556	24	18096	34	25636	44	33176	54	40716	64	48256	74	55796	84	63336	94	70876
5	3770	15	11310	25	18850	35	26390	45	33930	55	41470	65	49010	75	56550	85	64090	95	71630
6	4524	16	12064	26	19604	36	27144	46	34684	56	42224	66	49764	76	57304	86	64844	96	72384
7	5278	17	12818	27	20358	37	27898	47	35438	57	42978	67	50518	77	58058	87	65598	97	73138
8	6032	18	13572	28	21112	38	28652	48	36192	58	43732	68	51272	78	58812	88	66352	98	73892
9	6786	19	14326	29	21866	39	29406	49	36946	59	44486	69	52026	79	59566	89	67106	99	74646
10	7540	20	15080	30	22620	40	30160	50	37700	60	45240	70	52780	80	60320	90	67860	100	75400

755

1	755	11	8305	21	15855	31	23405	41	30955	51	38505	61	46055	71	53605	81	61155	91	68705
2	1510	12	9060	22	16610	32	24160	42	31710	52	39260	62	46810	72	54360	82	61910	92	69460
3	2265	13	9815	23	17365	33	24915	43	32465	53	40015	63	47565	73	55115	83	62665	93	70215
4	3020	14	10570	24	18120	34	25670	44	33220	54	40770	64	48320	74	55870	84	63420	94	70970
5	3775	15	11325	25	18875	35	26425	45	33975	55	41525	65	49075	75	56625	85	64175	95	71725
6	4530	16	12080	26	19630	36	27180	46	34730	56	42280	66	49830	76	57380	86	64930	96	72480
7	5285	17	12835	27	20385	37	27935	47	35485	57	43035	67	50585	77	58135	87	65685	97	73235
8	6040	18	13590	28	21140	38	28690	48	36240	58	43790	68	51340	78	58890	88	66440	98	73990
9	6795	19	14345	29	21895	39	29445	49	36995	59	44545	69	52095	79	59645	89	67195	99	74745
10	7550	20	15100	30	22650	40	30200	50	37750	60	45300	70	52850	80	60400	90	67950	100	75500

756

1	756	11	8316	21	15876	31	23436	41	30996	51	38556	61	46116	71	53676	81	61236	91	68796
2	1512	12	9072	22	16632	32	24192	42	31752	52	39312	62	46872	72	54432	82	61992	92	69552
3	2268	13	9828	23	17388	33	24948	43	32508	53	40068	63	47628	73	55188	83	62748	93	70308
4	3024	14	10584	24	18144	34	25704	44	33264	54	40824	64	48384	74	55944	84	63504	94	71064
5	3780	15	11340	25	18900	35	26460	45	34020	55	41580	65	49140	75	56700	85	64260	95	71820
6	4536	16	12096	26	19656	36	27216	46	34776	56	42336	66	49896	76	57456	86	65016	96	72576
7	5292	17	12852	27	20412	37	27972	47	35532	57	43092	67	50652	77	58212	87	65772	97	73332
8	6048	18	13608	28	21168	38	28728	48	36288	58	43848	68	51408	78	58968	88	66528	98	74088
9	6804	19	14364	29	21924	39	29484	49	37044	59	44604	69	52164	79	59724	89	67284	99	74844
10	7560	20	15120	30	22680	40	30240	50	37800	60	45360	70	52920	80	60480	90	68040	100	75600

757

1	757	11	8327	21	15897	31	23467	41	31037	51	38607	61	46177	71	53747	81	61317	91	68887
2	1514	12	9084	22	16654	32	24224	42	31794	52	39364	62	46934	72	54504	82	62074	92	69644
3	2271	13	9841	23	17411	33	24981	43	32551	53	40121	63	47691	73	55261	83	62831	93	70401
4	3028	14	10598	24	18168	34	25738	44	33308	54	40878	64	48448	74	56018	84	63588	94	71158
5	3785	15	11355	25	18925	35	26495	45	34065	55	41635	65	49205	75	56775	85	64345	95	71915
6	4542	16	12112	26	19682	36	27252	46	34822	56	42392	66	49962	76	57532	86	65102	96	72672
7	5299	17	12869	27	20439	37	23009	47	35579	57	43149	67	50719	77	58289	87	65859	97	73429
8	6056	18	13626	28	21196	38	28766	48	36336	58	43906	68	51476	78	59046	88	66616	98	74186
9	6813	19	14383	29	21953	39	29523	49	37093	59	44663	69	52233	79	59803	89	67373	99	74943
10	7570	20	15140	30	22710	40	30280	50	37850	60	45420	70	52990	80	60560	90	68130	100	75700

758

1	758	11	8338	21	15918	31	23498	41	31078	51	38658	61	46238	71	53818	81	61398	91	68978
2	1516	12	9096	22	16676	32	24256	42	31836	52	39416	62	46996	72	54576	82	62156	92	69736
3	2274	13	9854	23	17434	33	25014	43	32594	53	40174	63	47754	73	55334	83	62914	93	70494
4	3032	14	10612	24	18192	34	25772	44	33352	54	40932	64	48512	74	56092	84	63672	94	71252
5	3790	15	11370	25	18950	35	26530	45	34110	55	41690	65	49270	75	56850	85	64430	95	72010
6	4548	16	12128	26	19708	36	27288	46	34868	56	42448	66	50028	76	57608	86	65188	96	72768
7	5306	17	12886	27	20466	37	28046	47	35626	57	43206	67	50786	77	58366	87	65946	97	73526
8	6064	18	13644	28	21224	38	28804	48	36384	58	43964	68	51544	78	59124	88	66704	98	74284
9	6822	19	14402	29	21982	39	29562	49	37142	59	44722	69	52302	79	59882	89	67462	99	75042
10	7580	20	15160	30	22740	40	30320	50	37900	60	45480	70	53060	80	60640	90	68220	100	75800

759

1	759	11	8349	21	15939	31	23529	41	31119	51	38709	61	46299	71	53889	81	61479	91	69069
2	1518	12	9108	22	16698	32	24288	42	31878	52	39468	62	47058	72	54648	82	62238	92	69828
3	2277	13	9867	23	17457	33	25047	43	32637	53	40227	63	47817	73	55407	83	62997	93	70587
4	3036	14	10626	24	18216	34	25806	44	33396	54	40986	64	48576	74	56166	84	63756	94	71346
5	3795	15	11385	25	18975	35	26565	45	34155	55	41745	65	49335	75	56925	85	64515	95	72105
6	4554	16	12144	26	19734	36	27324	46	34914	56	42504	66	50094	76	57684	86	65274	96	72864
7	5313	17	12903	27	20493	37	28083	47	35673	57	43263	67	50853	77	58443	87	66033	97	73623
8	6072	18	13662	28	21252	38	28842	48	36432	58	44022	68	51612	78	59202	88	66792	98	74382
9	6831	19	14421	29	22011	39	29601	49	37191	59	44781	69	52371	79	59961	89	67551	99	75141
10	7590	20	15180	30	22770	40	30360	50	37950	60	45540	70	53130	80	60720	90	68310	100	75900

760

1	760	11	8360	21	15960	31	23560	41	31160	51	38760	61	46360	71	53960	81	61560	91	69160
2	1520	12	9120	22	16720	32	24320	42	31920	52	39520	62	47120	72	54720	82	62320	92	69920
3	2280	13	9880	23	17480	33	25080	43	32680	53	40280	63	47880	73	55480	83	63080	93	70680
4	3040	14	10640	24	18240	34	25840	44	33440	54	41040	64	48640	74	56240	84	63840	94	71440
5	3800	15	11400	25	19000	35	26600	45	34200	55	41800	65	49400	75	57000	85	64600	95	72200
6	4560	16	12160	26	19760	36	27360	46	34960	56	42560	66	50160	76	57760	86	65360	96	72960
7	5320	17	12920	27	20520	37	28120	47	35720	57	43320	67	50920	77	58520	87	66120	97	73720
8	6080	18	13680	28	21280	38	28880	48	36480	58	44080	68	51680	78	59280	88	66880	98	74480
9	6840	19	14440	29	22040	39	29640	49	37240	59	44840	69	52440	79	60040	89	67640	99	75240
10	7600	20	15200	30	22800	40	30400	50	38000	60	45600	70	53200	80	60800	90	68400	100	76000

761

1	761	11	8371	21	15981	31	23591	41	31201	51	38811	61	46421	71	54031	81	61641	91	69251
2	1522	12	9132	22	16742	32	24352	42	31962	52	39572	62	47182	72	54792	82	62402	92	70012
3	2283	13	9893	23	17503	33	25113	43	32723	53	40333	63	47943	73	55553	83	63163	93	70773
4	3044	14	10654	24	18264	34	25874	44	33484	54	41094	64	48704	74	56314	84	63924	94	71534
5	3805	15	11415	25	19025	35	26635	45	34245	55	41855	65	49465	75	57075	85	64685	95	72295
6	4566	16	12176	26	19786	36	27396	46	35006	56	42616	66	50226	76	57836	86	65446	96	73056
7	5327	17	12937	27	20547	37	28157	47	35767	57	43377	67	50987	77	58597	87	66207	97	73817
8	6088	18	13698	28	21308	38	28918	48	36528	58	44138	68	51748	78	59358	88	66968	98	74578
9	6849	19	14459	29	22069	39	29679	49	37289	59	44899	69	52509	79	60119	89	67729	99	75339
10	7610	20	15220	30	22830	40	30440	50	38050	60	45660	70	53270	80	60880	90	68490	100	76100

762

1	762	11	8382	21	16002	31	23622	41	31242	51	38862	61	46482	71	54102	81	61722	91	69342
2	1524	12	9144	22	16764	32	24384	42	32004	52	39624	62	47244	72	54864	82	62484	92	70104
3	2286	13	9906	23	17526	33	25146	43	32766	53	40386	63	48006	73	55626	83	63246	93	70866
4	3048	14	10668	24	18288	34	25908	44	33528	54	41148	64	48768	74	56388	84	64008	94	71628
5	3810	15	11430	25	19050	35	26670	45	34290	55	41910	65	49530	75	57150	85	64770	95	72390
6	4572	16	12192	26	19812	36	27432	46	35052	56	42672	66	50292	76	57912	86	65532	96	73152
7	5334	17	12954	27	20574	37	28194	47	35814	57	43434	67	51054	77	58674	87	66294	97	73914
8	6096	18	13716	28	21336	38	28956	48	36576	58	44196	68	51816	78	59436	88	67056	98	74676
9	6858	19	14478	29	22098	39	29718	49	37338	59	44958	69	52578	79	60198	89	67818	99	75438
10	7620	20	15240	30	22860	40	30480	50	38100	60	45720	70	53340	80	60960	90	68580	100	76200

763

1	763	11	8393	21	16023	31	23653	41	31283	51	38913	61	46543	71	54173	81	61803	91	69433
2	1526	12	9156	22	16786	32	24416	42	32046	52	39676	62	47306	72	54936	82	62566	92	70196
3	2289	13	9919	23	17549	33	25179	43	32809	53	40439	63	48069	73	55699	83	63329	93	70959
4	3052	14	10682	24	18312	34	25942	44	33572	54	41202	64	48832	74	56462	84	64092	94	71722
5	3815	15	11445	25	19075	35	26705	45	34335	55	41965	65	49595	75	57225	85	64855	95	72485
6	4578	16	12208	26	19838	36	27468	46	35098	56	42728	66	50358	76	57988	86	65618	96	73248
7	5341	17	12971	27	20601	37	28231	47	35861	57	43491	67	51121	77	58751	87	66381	97	74011
8	6104	18	13734	28	21364	38	28994	48	36624	58	44254	68	51884	78	59514	88	67144	98	74774
9	6867	19	14497	29	22127	39	29757	49	37387	59	45017	69	52647	79	60277	89	67907	99	75537
10	7630	20	15260	30	22890	40	30520	50	38150	60	45780	70	53410	80	61040	90	68670	100	76300

764

1	764	11	8404	21	16044	31	23684	41	31324	51	38964	61	46604	71	54244	81	61884	91	69524
2	1528	12	9168	22	16808	32	24448	42	32088	52	39728	62	47368	72	55008	82	62648	92	70288
3	2292	13	9932	23	17572	33	25212	43	32852	53	40492	63	48132	73	55772	83	63412	93	71052
4	3056	14	10696	24	18336	34	25976	44	33616	54	41256	64	48896	74	56536	84	64176	94	71816
5	3820	15	11460	25	19100	35	26740	45	34380	55	42020	65	49660	75	57300	85	64940	95	72580
6	4584	16	12224	26	19864	36	27504	46	35144	56	42784	66	50424	76	58064	86	65704	96	73344
7	5348	17	12988	27	20628	37	28268	47	35908	57	43548	67	51188	77	58828	87	66468	97	74108
8	6112	18	13752	28	21392	38	29032	48	36672	58	44312	68	51952	78	59592	88	67232	98	74872
9	6876	19	14516	29	22156	39	29796	49	37436	59	45076	69	52716	79	60356	89	67996	99	75636
10	7640	20	15280	30	22920	40	30560	50	38200	60	45840	70	53480	80	61120	90	68760	100	76400

765

1	765	11	8415	21	16065	31	23715	41	31365	51	39015	61	46665	71	54315	81	61965	91	69615
2	1530	12	9180	22	16830	32	24480	42	32130	52	39780	62	47430	72	55080	82	62730	92	70380
3	2295	13	9945	23	17595	33	25245	43	32895	53	40545	63	48195	73	55845	83	63495	93	71145
4	3060	14	10710	24	18360	34	26010	44	33660	54	41310	64	48960	74	56610	84	64260	94	71910
5	3825	15	11475	25	19125	35	26775	45	34425	55	42075	65	49725	75	57375	85	65025	95	72675
6	4590	16	12240	26	19890	36	27540	46	35190	56	42840	66	50490	76	58140	86	65790	96	73440
7	5355	17	13005	27	20655	37	28305	47	35955	57	43605	67	51255	77	58905	87	66555	97	74205
8	6120	18	13770	28	21420	38	29070	48	36720	58	44370	68	52020	78	59670	88	67320	98	74970
9	6885	19	14535	29	22185	39	29835	49	37485	59	45135	69	52785	79	60435	89	68085	99	75735
10	7650	20	15300	30	22950	40	30600	50	38250	60	45900	70	53550	80	61200	90	68850	100	76500

766

1	766	**11**	8426	**21**	16086	**31**	23746	**41**	31406	**51**	39066	**61**	46726	**71**	54386	**81**	62046	**91**	69706
2	1532	**12**	9192	**22**	16852	**32**	24512	**42**	32172	**52**	39832	**62**	47492	**72**	55152	**82**	62812	**92**	70472
3	2298	**13**	9958	**23**	17618	**33**	25278	**43**	32938	**53**	40598	**63**	48258	**73**	55918	**83**	63578	**93**	71238
4	3064	**14**	10724	**24**	18384	**34**	26044	**44**	33704	**54**	41364	**64**	49024	**74**	56684	**84**	64344	**94**	72004
5	3830	**15**	11490	**25**	19150	**35**	26810	**45**	34470	**55**	42130	**65**	49790	**75**	57450	**85**	65110	**95**	72770
6	4596	**16**	12256	**26**	19916	**36**	27576	**46**	35236	**56**	42896	**66**	50556	**76**	58216	**86**	65876	**96**	73536
7	5362	**17**	13022	**27**	20682	**37**	28342	**47**	36002	**57**	43662	**67**	51322	**77**	58982	**87**	66642	**97**	74302
8	6128	**18**	13788	**28**	21448	**38**	29108	**48**	36768	**58**	44428	**68**	52088	**78**	59748	**88**	67408	**98**	75068
9	6894	**19**	14554	**29**	22214	**39**	29874	**49**	37534	**59**	45194	**69**	52854	**79**	60514	**89**	68174	**99**	75834
10	7660	**20**	15320	**30**	22980	**40**	30640	**50**	38300	**60**	45960	**70**	53620	**80**	61280	**90**	68940	**100**	76600

767

1	767	**11**	8437	**21**	16107	**31**	23777	**41**	31447	**51**	39117	**61**	46787	**71**	54457	**81**	62127	**91**	69797
2	1534	**12**	9204	**22**	16874	**32**	24544	**42**	32214	**52**	39884	**62**	47554	**72**	55224	**82**	62894	**92**	70564
3	2301	**13**	9971	**23**	17641	**33**	25311	**43**	32981	**53**	40651	**63**	48321	**73**	55991	**83**	63661	**93**	71331
4	3068	**14**	10738	**24**	18408	**34**	26078	**44**	33748	**54**	41418	**64**	49088	**74**	56758	**84**	64428	**94**	72098
5	3835	**15**	11505	**25**	19175	**35**	26845	**45**	34515	**55**	42185	**65**	49855	**75**	57525	**85**	65195	**95**	72865
6	4602	**16**	12272	**26**	19942	**36**	27612	**46**	35282	**56**	42952	**66**	50622	**76**	58292	**86**	65962	**96**	73632
7	5369	**17**	13039	**27**	20709	**37**	28379	**47**	36049	**57**	43719	**67**	51389	**77**	59059	**87**	66729	**97**	74399
8	6136	**18**	13806	**28**	21476	**38**	29146	**48**	36816	**58**	44486	**68**	52156	**78**	59826	**88**	67496	**98**	75166
9	6903	**19**	14573	**29**	22243	**39**	29913	**49**	37583	**59**	45253	**69**	52923	**79**	60593	**89**	68263	**99**	75933
10	7670	**20**	15340	**30**	23010	**40**	30680	**50**	38350	**60**	46020	**70**	53690	**80**	61360	**90**	69030	**100**	76700

768

1	768	**11**	8448	**21**	16128	**31**	23808	**41**	31488	**51**	39168	**61**	46848	**71**	54528	**81**	62208	**91**	69888
2	1536	**12**	9216	**22**	16896	**32**	24576	**42**	32256	**52**	39936	**62**	47616	**72**	55296	**82**	62976	**92**	70656
3	2304	**13**	9984	**23**	17664	**33**	25344	**43**	33024	**53**	40704	**63**	48384	**73**	56064	**83**	63744	**93**	71424
4	3072	**14**	10752	**24**	18432	**34**	26112	**44**	33792	**54**	41472	**64**	49152	**74**	56832	**84**	64512	**94**	72192
5	3840	**15**	11520	**25**	19200	**35**	26880	**45**	34560	**55**	42240	**65**	49920	**75**	57600	**85**	65280	**95**	72960
6	4608	**16**	12288	**26**	19968	**36**	27648	**46**	35328	**56**	43008	**66**	50688	**76**	58368	**86**	66048	**96**	73728
7	5376	**17**	13056	**27**	20736	**37**	28416	**47**	36096	**57**	43776	**67**	51456	**77**	59136	**87**	66816	**97**	74496
8	6144	**18**	13824	**28**	21504	**38**	29184	**48**	36864	**58**	44544	**68**	52224	**78**	59904	**88**	67584	**98**	75264
9	6912	**19**	14592	**29**	22272	**39**	29952	**49**	37632	**59**	45312	**69**	52992	**79**	60672	**89**	68352	**99**	76032
10	7680	**20**	15360	**30**	23040	**40**	30720	**50**	38400	**60**	46080	**70**	53760	**80**	61440	**90**	69120	**100**	76800

769

1	769	**11**	8459	**21**	16149	**31**	23839	**41**	31529	**51**	39219	**61**	46909	**71**	54599	**81**	62289	**91**	69979
2	1538	**12**	9228	**22**	16918	**32**	24608	**42**	32298	**52**	39988	**62**	47678	**72**	55368	**82**	63058	**92**	70748
3	2307	**13**	9997	**23**	17687	**33**	25377	**43**	33067	**53**	40757	**63**	48447	**73**	56137	**83**	63827	**93**	71517
4	3076	**14**	10766	**24**	18456	**34**	26146	**44**	33836	**54**	41526	**64**	49216	**74**	56906	**84**	64596	**94**	72286
5	3845	**15**	11535	**25**	19225	**35**	26915	**45**	34605	**55**	42295	**65**	49985	**75**	57675	**85**	65365	**95**	73055
6	4614	**16**	12304	**26**	19994	**36**	27684	**46**	35374	**56**	43064	**66**	50754	**76**	58444	**86**	66134	**96**	73824
7	5383	**17**	13073	**27**	20763	**37**	28453	**47**	36143	**57**	43833	**67**	51523	**77**	59213	**87**	66903	**97**	74593
8	6152	**18**	13842	**28**	21532	**38**	29222	**48**	36912	**58**	44602	**68**	52292	**78**	59982	**88**	67672	**98**	75362
9	6921	**19**	14611	**29**	22301	**39**	29991	**49**	37681	**59**	45371	**69**	53061	**79**	60751	**89**	68441	**99**	76131
10	7690	**20**	15380	**30**	23070	**40**	30760	**50**	38450	**60**	46140	**70**	53830	**80**	61520	**90**	69210	**100**	76900

770

1	770	**11**	8470	**21**	16170	**31**	23870	**41**	31570	**51**	39270	**61**	46970	**71**	54670	**81**	62370	**91**	70070
2	1540	**12**	9240	**22**	16940	**32**	24640	**42**	32340	**52**	40040	**62**	47740	**72**	55440	**82**	63140	**92**	70840
3	2310	**13**	10010	**23**	17710	**33**	25410	**43**	33110	**53**	40810	**63**	48510	**73**	56210	**83**	63910	**93**	71610
4	3080	**14**	10780	**24**	18480	**34**	26180	**44**	33880	**54**	41580	**64**	49280	**74**	56980	**84**	64680	**94**	72380
5	3850	**15**	11550	**25**	19250	**35**	26950	**45**	34650	**55**	42350	**65**	50050	**75**	57750	**85**	65450	**95**	73150
6	4620	**16**	12320	**26**	20020	**36**	27720	**46**	35420	**56**	43120	**66**	50820	**76**	58520	**86**	66220	**96**	73920
7	5390	**17**	13090	**27**	20790	**37**	28490	**47**	36190	**57**	43890	**67**	51590	**77**	59290	**87**	66990	**97**	74690
8	6160	**18**	13860	**28**	21560	**38**	29260	**48**	36960	**58**	44660	**68**	52360	**78**	60060	**88**	67760	**98**	75460
9	6930	**19**	14630	**29**	22330	**39**	30030	**49**	37730	**59**	45430	**69**	53130	**79**	60830	**89**	68530	**99**	76230
10	7700	**20**	15400	**30**	23100	**40**	30800	**50**	38500	**60**	46200	**70**	53900	**80**	61600	**90**	69300	**100**	77000

771

1	771	11	8481	21	16191	31	23901	41	31611	51	39321	61	47031	71	54741	81	62451	91	70161
2	1542	12	9252	22	16962	32	24672	42	32382	52	40092	62	47802	72	55512	82	63222	92	70932
3	2313	13	10023	23	17733	33	25443	43	33153	53	40863	63	48573	73	56283	83	63993	93	71703
4	3084	14	10794	24	18504	34	26214	44	33924	54	41634	64	49344	74	57054	84	64764	94	72474
5	3855	15	11565	25	19275	35	26985	45	34695	55	42405	65	50115	75	57825	85	65535	95	73245
6	4626	16	12336	26	20046	36	27756	46	35466	56	43176	66	50886	76	58596	86	66306	96	74016
7	5397	17	13107	27	20817	37	28527	47	36237	57	43947	67	51657	77	59367	87	67077	97	74787
8	6168	18	13878	28	21588	38	29298	48	37008	58	44718	68	52428	78	60138	88	67848	98	75558
9	6939	19	14649	29	22359	39	30069	49	37779	59	45489	69	53199	79	60909	89	68619	99	76329
10	7710	20	15420	30	23130	40	30840	50	38550	60	46260	70	53970	80	61680	90	69390	100	77100

772

1	772	11	8492	21	16212	31	23932	41	31652	51	39372	61	47092	71	54812	81	62532	91	70252
2	1544	12	9264	22	16984	32	24704	42	32424	52	40144	62	47864	72	55584	82	63304	92	71024
3	2316	13	10036	23	17756	33	25476	43	33196	53	40916	63	48636	73	56356	83	64076	93	71796
4	3088	14	10808	24	18528	34	26248	44	33968	54	41688	64	49408	74	57128	84	64848	94	72568
5	3860	15	11580	25	19300	35	27020	45	34740	55	42460	65	50180	75	57900	85	65620	95	73340
6	4632	16	12352	26	20072	36	27792	46	35512	56	43232	66	50952	76	58672	86	66392	96	74112
7	5404	17	13124	27	20844	37	28564	47	36284	57	44004	67	51724	77	59444	87	67164	97	74884
8	6176	18	13896	28	21616	38	29336	48	37056	58	44776	68	52496	78	60216	88	67936	98	75656
9	6948	19	14668	29	22388	39	30108	49	37828	59	45548	69	53268	79	60988	89	68708	99	76428
10	7720	20	15440	30	23160	40	30880	50	38600	60	46320	70	54040	80	61760	90	69480	100	77200

773

1	773	11	8503	21	16233	31	23963	41	31693	51	39423	61	47153	71	54883	81	62613	91	70343
2	1546	12	9276	22	17006	32	24736	42	32466	52	40196	62	47926	72	55656	82	63386	92	71116
3	2319	13	10049	23	17779	33	25509	43	33239	53	40969	63	48699	73	56429	83	64159	93	71889
4	3092	14	10822	24	18552	34	26282	44	34012	54	41742	64	49472	74	57202	84	64932	94	72662
5	3865	15	11595	25	19325	35	27055	45	34785	55	42515	65	50245	75	57975	85	65705	95	73435
6	4638	16	12368	26	20098	36	27828	46	35558	56	43288	66	51018	76	58748	86	66478	96	74208
7	5411	17	13141	27	20871	37	28601	47	36331	57	44061	67	51791	77	59521	87	67251	97	74981
8	6184	18	13914	28	21644	38	29374	48	37104	58	44834	68	52564	78	60294	88	68024	98	75754
9	6957	19	14687	29	22417	39	30147	49	37877	59	45607	69	53337	79	61067	89	68797	99	76527
10	7730	20	15460	30	23190	40	30920	50	38650	60	46380	70	54110	80	61840	90	69570	100	77300

774

1	774	11	8514	21	16254	31	23994	41	31734	51	39474	61	47214	71	54954	81	62694	91	70434
2	1548	12	9288	22	17028	32	24768	42	32508	52	40248	62	47988	72	55728	82	63468	92	71208
3	2322	13	10062	23	17802	33	25542	43	33282	53	41022	63	48762	73	56502	83	64242	93	71982
4	3096	14	10836	24	18576	34	26316	44	34056	54	41796	64	49536	74	57276	84	65016	94	72756
5	3870	15	11610	25	19350	35	27090	45	34830	55	42570	65	50310	75	58050	85	65790	95	73530
6	4644	16	12384	26	20124	36	27864	46	35604	56	43344	66	51084	76	58824	86	66564	96	74304
7	5418	17	13158	27	20898	37	28638	47	36378	57	44118	67	51858	77	59598	87	67338	97	75078
8	6192	18	13932	28	21672	38	29412	48	37152	58	44892	68	52632	78	60372	88	68112	98	75852
9	6966	19	14706	29	22446	39	30186	49	37926	59	45666	69	53406	79	61146	89	68886	99	76626
10	7740	20	15480	30	23220	40	30960	50	38700	60	46440	70	54180	80	61920	90	69660	100	77400

775

1	775	11	8525	21	16275	31	24025	41	31775	51	39525	61	47275	71	55025	81	62775	91	70525
2	1550	12	9300	22	17050	32	24800	42	32550	52	40300	62	48050	72	55800	82	63550	92	71300
3	2325	13	10075	23	17825	33	25575	43	33325	53	41075	63	48825	73	56575	83	64325	93	72075
4	3100	14	10850	24	18600	34	26350	44	34100	54	41850	64	49600	74	57350	84	65100	94	72850
5	3875	15	11625	25	19375	35	27125	45	34875	55	42625	65	50375	75	58125	85	65875	95	73625
6	4650	16	12400	26	20150	36	27900	46	35650	56	43400	66	51150	76	58900	86	66650	96	74400
7	5425	17	13175	27	20925	37	28675	47	36425	57	44175	67	51925	77	59675	87	67425	97	75175
8	6200	18	13950	28	21700	38	29450	48	37200	58	44950	68	52700	78	60450	88	68200	98	75950
9	6975	19	14725	29	22475	39	30225	49	37975	59	45725	69	53475	79	61225	89	68975	99	76725
10	7750	20	15500	30	23250	40	31000	50	38750	60	46500	70	54250	80	62000	90	69750	100	77500

776

1	776	11	8536	21	16296	31	24056	41	31816	51	39576	61	47336	71	55096	81	62856	91	70616
2	1552	12	9312	22	17072	32	24832	42	32592	52	40352	62	48112	72	55872	82	63632	92	71392
3	2328	13	10088	23	17848	33	25608	43	33368	53	41128	63	48888	73	56648	83	64408	93	72168
4	3104	14	10864	24	18624	34	26384	44	34144	54	41904	64	49664	74	57424	84	65184	94	72944
5	3880	15	11640	25	19400	35	27160	45	34920	55	42680	65	50440	75	58200	85	65960	95	73720
6	4656	16	12416	26	20176	36	27936	46	35696	56	43456	66	51216	76	58976	86	66736	96	74496
7	5432	17	13192	27	20952	37	28712	47	36472	57	44232	67	51992	77	59752	87	67512	97	75272
8	6208	18	13968	28	21728	38	29488	48	37248	58	45008	68	52768	78	60528	88	68288	98	76048
9	6984	19	14744	29	22504	39	30264	49	38024	59	45784	69	53544	79	61304	89	69064	99	76824
10	7760	20	15520	30	23280	40	31040	50	38800	60	46560	70	54320	80	62080	90	69840	100	77600

777

1	777	11	8547	21	16317	31	24087	41	31857	51	39627	61	47397	71	55167	81	62937	91	70707
2	1554	12	9324	22	17094	32	24864	42	32634	52	40404	62	48174	72	55944	82	63714	92	71484
3	2331	13	10101	23	17871	33	25641	43	33411	53	41181	63	48951	73	56721	83	64491	93	72261
4	3108	14	10878	24	18648	34	26418	44	34188	54	41958	64	49728	74	57498	84	65268	94	73038
5	3885	15	11655	25	19425	35	27195	45	34965	55	42735	65	50505	75	58275	85	66045	95	73815
6	4662	16	12432	26	20202	36	27972	46	35742	56	43512	66	51282	76	59052	86	66822	96	74592
7	5439	17	13209	27	20979	37	28749	47	36519	57	44289	67	52059	77	59829	87	67599	97	75369
8	6216	18	13986	28	21756	38	29526	48	37296	58	45066	68	52836	78	60606	88	68376	98	76146
9	6993	19	14763	29	22533	39	30303	49	38073	59	45843	69	53613	79	61383	89	69153	99	76923
10	7770	20	15540	30	23310	40	31080	50	38850	60	46620	70	54390	80	62160	90	69930	100	77700

778

1	778	11	8558	21	16338	31	24118	41	31898	51	39678	61	47458	71	55238	81	63018	91	70798
2	1556	12	9336	22	17116	32	24896	42	32676	52	40456	62	48236	72	56016	82	63796	92	71576
3	2334	13	10114	23	17894	33	25674	43	33454	53	41234	63	49014	73	56794	83	64574	93	72354
4	3112	14	10892	24	18672	34	26452	44	34232	54	42012	64	49792	74	57572	84	65352	94	73132
5	3890	15	11670	25	19450	35	27230	45	35010	55	42790	65	50570	75	58350	85	66130	95	73910
6	4668	16	12448	26	20228	36	28008	46	35788	56	43568	66	51348	76	59128	86	66908	96	74688
7	5446	17	13226	27	21006	37	28786	47	36566	57	44346	67	52126	77	59906	87	67686	97	75466
8	6224	18	14004	28	21784	38	29564	48	37344	58	45124	68	52904	78	60684	88	68464	98	76244
9	7002	19	14782	29	22562	39	30342	49	38122	59	45902	69	53682	79	61462	89	69242	99	77022
10	7780	20	15560	30	23340	40	31120	50	38900	60	46680	70	54460	80	62240	90	70020	100	77800

779

1	779	11	8569	21	16359	31	24149	41	31939	51	39729	61	47519	71	55309	81	63099	91	70889
2	1558	12	9348	22	17138	32	24928	42	32718	52	40508	62	48298	72	56088	82	63878	92	71668
3	2337	13	10127	23	17917	33	25707	43	33497	53	41287	63	49077	73	56867	83	64657	93	72447
4	3116	14	10906	24	18696	34	26486	44	34276	54	42066	64	49856	74	57646	84	65436	94	73226
5	3895	15	11685	25	19475	35	27265	45	35055	55	42845	65	50635	75	58425	85	66215	95	74005
6	4674	16	12464	26	20254	36	28044	46	35834	56	43624	66	51414	76	59204	86	66994	96	74784
7	5453	17	13243	27	21033	37	28823	47	36613	57	44403	67	52193	77	59983	87	67773	97	75563
8	6232	18	14022	28	21812	38	29602	48	37392	58	45182	68	52972	78	60762	88	68552	98	76342
9	7011	19	14801	29	22591	39	30381	49	38171	59	45961	69	53751	79	61541	89	69331	99	77121
10	7790	20	15580	30	23370	40	31160	50	38950	60	46740	70	54530	80	62320	90	70110	100	77900

780

1	780	11	8580	21	16380	31	24180	41	31980	51	39780	61	47580	71	55380	81	63180	91	70980
2	1560	12	9360	22	17160	32	24960	42	32760	52	40560	62	48360	72	56160	82	63960	92	71760
3	2340	13	10140	23	17940	33	25740	43	33540	53	41340	63	49140	73	56940	83	64740	93	72540
4	3120	14	10920	24	18720	34	26520	44	34320	54	42120	64	49920	74	57720	84	65520	94	73320
5	3900	15	11700	25	19500	35	27300	45	35100	55	42900	65	50700	75	58500	85	66300	95	74100
6	4680	16	12480	26	20280	36	28080	46	35880	56	43680	66	51480	76	59280	86	67080	96	74880
7	5460	17	13260	27	21060	37	28860	47	36660	57	44460	67	52260	77	60060	87	67860	97	75660
8	6240	18	14040	28	21840	38	29640	48	37440	58	45240	68	53040	78	60840	88	68640	98	76440
9	7020	19	14820	29	22620	39	30420	49	38220	59	46020	69	53820	79	61620	89	69420	99	77220
10	7800	20	15600	30	23400	40	31200	50	39000	60	46800	70	54600	80	62400	90	70200	100	78000

781

1	781	11	8591	21	16401	31	24211	41	32021	51	39831	61	47641	71	55451	81	63261	91	71071
2	1562	12	9372	22	17182	32	24992	42	32802	52	40612	62	48422	72	56232	82	64042	92	71852
3	2343	13	10153	23	17963	33	25773	43	33583	53	41393	63	49203	73	57013	83	64823	93	72633
4	3124	14	10934	24	18744	34	26554	44	34364	54	42174	64	49984	74	57794	84	65604	94	73414
5	3905	15	11715	25	19525	35	27335	45	35145	55	42955	65	50765	75	58575	85	66385	95	74195
6	4686	16	12496	26	20306	36	28116	46	35926	56	43736	66	51546	76	59356	86	67166	96	74976
7	5467	17	13277	27	21087	37	28897	47	36707	57	44517	67	52327	77	60137	87	67947	97	75757
8	6248	18	14058	28	21868	38	29678	48	37488	58	45298	68	53108	78	60918	88	68728	98	76538
9	7029	19	14839	29	22649	39	30459	49	38269	59	46079	69	53889	79	61699	89	69509	99	77319
10	7810	20	15620	30	23430	40	31240	50	39050	60	46860	70	54670	80	62480	90	70290	100	78100

782

1	782	11	8602	21	16422	31	24242	41	32062	51	39882	61	47702	71	55522	81	63342	91	71162
2	1564	12	9384	22	17204	32	25024	42	32844	52	40664	62	48484	72	56304	82	64124	92	71944
3	2346	13	10166	23	17986	33	25806	43	33626	53	41446	63	49266	73	57086	83	64906	93	72726
4	3128	14	10948	24	18768	34	26588	44	34408	54	42228	64	50048	74	57868	84	65688	94	73508
5	3910	15	11730	25	19550	35	27370	45	35190	55	43010	65	50830	75	58650	85	66470	95	74290
6	4692	16	12512	26	20332	36	28152	46	35972	56	43792	66	51612	76	59432	86	67252	96	75072
7	5474	17	13294	27	21114	37	28934	47	36754	57	44574	67	52394	77	60214	87	68034	97	75854
8	6256	18	14076	28	21896	38	29716	48	37536	58	45356	68	53176	78	60996	88	68816	98	76636
9	7038	19	14858	29	22678	39	30498	49	38318	59	46138	69	53958	79	61778	89	69598	99	77418
10	7820	20	15640	30	23460	40	31280	50	39100	60	46920	70	54740	80	62560	90	70380	100	78200

783

1	783	11	8613	21	16443	31	24273	41	32103	51	39933	61	47763	71	55593	81	63423	91	71253
2	1566	12	9396	22	17226	32	25056	42	32886	52	40716	62	48546	72	56376	82	64206	92	72036
3	2349	13	10179	23	18009	33	25839	43	33669	53	41499	63	49329	73	57159	83	64989	93	72819
4	3132	14	10962	24	18792	34	26622	44	34452	54	42282	64	50112	74	57942	84	65772	94	73602
5	3915	15	11745	25	19575	35	27405	45	35235	55	43065	65	50895	75	58725	85	66555	95	74385
6	4698	16	12528	26	20358	36	28188	46	36018	56	43848	66	51678	76	59508	86	67338	96	75168
7	5481	17	13311	27	21141	37	28971	47	36801	57	44631	67	52461	77	60291	87	68121	97	75951
8	6264	18	14094	28	21924	38	29754	48	37584	58	45414	68	53244	78	61074	88	68904	98	76734
9	7047	19	14877	29	22707	39	30537	49	38367	59	46197	69	54027	79	61857	89	69687	99	77517
10	7830	20	15660	30	23490	40	31320	50	39150	60	46980	70	54810	80	62640	90	70470	100	78300

784

1	784	11	8624	21	16464	31	24304	41	32144	51	39984	61	47824	71	55664	81	63504	91	71344
2	1568	12	9408	22	17248	32	25088	42	32928	52	40768	62	48608	72	56448	82	64288	92	72128
3	2352	13	10192	23	18032	33	25872	43	33712	53	41552	63	49392	73	57232	83	65072	93	72912
4	3136	14	10976	24	18816	34	26656	44	34496	54	42336	64	50176	74	58016	84	65856	94	73696
5	3920	15	11760	25	19600	35	27440	45	35280	55	43120	65	50960	75	58800	85	66640	95	74480
6	4704	16	12544	26	20384	36	28224	46	36064	56	43904	66	51744	76	59584	86	67424	96	75264
7	5488	17	13328	27	21168	37	29008	47	36848	57	44688	67	52528	77	60368	87	68208	97	76048
8	6272	18	14112	28	21952	38	29792	48	37632	58	45472	68	53312	78	61152	88	68992	98	76832
9	7056	19	14896	29	22736	39	30576	49	38416	59	46256	69	54096	79	61936	89	69776	99	77616
10	7840	20	15680	30	23520	40	31360	50	39200	60	47040	70	54880	80	62720	90	70560	100	78400

785

1	785	11	8635	21	16485	31	24335	41	32185	51	40035	61	47885	71	55735	81	63585	91	71435
2	1570	12	9420	22	17270	32	25120	42	32970	52	40820	62	48670	72	56520	82	64370	92	72220
3	2355	13	10205	23	18055	33	25905	43	33755	53	41605	63	49455	73	57305	83	65155	93	73005
4	3140	14	10990	24	18840	34	26690	44	34540	54	42390	64	50240	74	58090	84	65940	94	73790
5	3925	15	11775	25	19625	35	27475	45	35325	55	43175	65	51025	75	58875	85	66725	95	74575
6	4710	16	12560	26	20410	36	28260	46	36110	56	43960	66	51810	76	59660	86	67510	96	75360
7	5495	17	13345	27	21195	37	29045	47	36895	57	44745	67	52595	77	60445	87	68295	97	76145
8	6280	18	14130	28	21980	38	29830	48	37680	58	45530	68	53380	78	61230	88	69080	98	76930
9	7065	19	14915	29	22765	39	30615	49	38465	59	46315	69	54165	79	62015	89	69865	99	77715
10	7850	20	15700	30	23550	40	31400	50	39250	60	47100	70	54950	80	62800	90	70650	100	78500

786

1	786	11	8646	21	16506	31	24366	41	32226	51	40086	61	47946	71	55806	81	63666	91	71526
2	1572	12	9432	22	17292	32	25152	42	33012	52	40872	62	48732	72	56592	82	64452	92	72312
3	2358	13	10218	23	18078	33	25938	43	33798	53	41658	63	49518	73	57378	83	65238	93	73098
4	3144	14	11004	24	18864	34	26724	44	34584	54	42444	64	50304	74	58164	84	66024	94	73884
5	3930	15	11790	25	19650	35	27510	45	35370	55	43230	65	51090	75	58950	85	66810	95	74670
6	4716	16	12576	26	20436	36	28296	46	36156	56	44016	66	51876	76	59736	86	67596	96	75456
7	5502	17	13362	27	21222	37	29082	47	36942	57	44802	67	52662	77	60522	87	68382	97	76242
8	6288	18	14148	28	22008	38	29868	48	37728	58	45588	68	53448	78	61308	88	69168	98	77028
9	7074	19	14934	29	22794	39	30654	49	38514	59	46374	69	54234	79	62094	89	69954	99	77814
10	7860	20	15720	30	23580	40	31440	50	39300	60	47160	70	55020	80	62880	90	70740	100	78600

787

1	787	11	8657	21	16527	31	24397	41	32267	51	40137	61	48007	71	55877	81	63747	91	71617
2	1574	12	9444	22	17314	32	25184	42	33054	52	40924	62	48794	72	56664	82	64534	92	72404
3	2361	13	10231	23	18101	33	25971	43	33841	53	41711	63	49581	73	57451	83	65321	93	73191
4	3148	14	11018	24	18888	34	26758	44	34628	54	42498	64	50368	74	58238	84	66108	94	73978
5	3935	15	11805	25	19675	35	27545	45	35415	55	43285	65	51155	75	59025	85	66895	95	74765
6	4722	16	12592	26	20462	36	28332	46	36202	56	44072	66	51942	76	59812	86	67682	96	75552
7	5509	17	13379	27	21249	37	29119	47	36989	57	44859	67	52729	77	60599	87	68469	97	76339
8	6296	18	14166	28	22036	38	29906	48	37776	58	45646	68	53516	78	61386	88	69256	98	77126
9	7083	19	14953	29	22823	39	30693	49	38563	59	46433	69	54303	79	62173	89	70043	99	77913
10	7870	20	15740	30	23610	40	31480	50	39350	60	47220	70	55090	80	62960	90	70830	100	78700

788

1	788	11	8668	21	16548	31	24428	41	32308	51	40188	61	48068	71	55948	81	63828	91	71708
2	1576	12	9456	22	17336	32	25216	42	33096	52	40976	62	48856	72	56736	82	64616	92	72496
3	2364	13	10244	23	18124	33	26004	43	33884	53	41764	63	49644	73	57524	83	65404	93	73284
4	3152	14	11032	24	18912	34	26792	44	34672	54	42552	64	50432	74	58312	84	66192	94	74072
5	3940	15	11820	25	19700	35	27580	45	35460	55	43340	65	51220	75	59100	85	66980	95	74860
6	4728	16	12608	26	20488	36	28368	46	36248	56	44128	66	52008	76	59888	86	67768	96	75648
7	5516	17	13396	27	21276	37	29156	47	37036	57	44916	67	52796	77	60676	87	68556	97	76436
8	6304	18	14184	28	22064	38	29944	48	37824	58	45704	68	53584	78	61464	88	69344	98	77224
9	7092	19	14972	29	22852	39	30732	49	38612	59	46492	69	54372	79	62252	89	70132	99	78012
10	7880	20	15760	30	23640	40	31520	50	39400	60	47280	70	55160	80	63040	90	70920	100	78800

789

1	789	11	8679	21	16569	31	24459	41	32349	51	40239	61	48129	71	56019	81	63909	91	71799
2	1578	12	9468	22	17358	32	25248	42	33138	52	41028	62	48918	72	56808	82	64698	92	72588
3	2367	13	10257	23	18147	33	26037	43	33927	53	41817	63	49707	73	57597	83	65487	93	73377
4	3156	14	11046	24	18936	34	26826	44	34716	54	42606	64	50496	74	58386	84	66276	94	74166
5	3945	15	11835	25	19725	35	27615	45	35505	55	43395	65	51285	75	59175	85	67065	95	74955
6	4734	16	12624	26	20514	36	28404	46	36294	56	44184	66	52074	76	59964	86	67854	96	75744
7	5523	17	13413	27	21303	37	29193	47	37083	57	44973	67	52863	77	60753	87	68643	97	76533
8	6312	18	14202	28	22092	38	29982	48	37872	58	45762	68	53652	78	61542	88	69432	98	77322
9	7101	19	14991	29	22881	39	30771	49	38661	59	46551	69	54441	79	62331	89	70221	99	78111
10	7890	20	15780	30	23670	40	31560	50	39450	60	47340	70	55230	80	63120	90	71010	100	78900

790

1	790	11	8690	21	16590	31	24490	41	32390	51	40290	61	48190	71	56090	81	63990	91	71890
2	1580	12	9480	22	17380	32	25280	42	33180	52	41080	62	48980	72	56880	82	64780	92	72680
3	2370	13	10270	23	18170	33	26070	43	33970	53	41870	63	49770	73	57670	83	65570	93	73470
4	3160	14	11060	24	18960	34	26860	44	34760	54	42660	64	50560	74	58460	84	66360	94	74260
5	3950	15	11850	25	19750	35	27650	45	35550	55	43450	65	51350	75	59250	85	67150	95	75050
6	4740	16	12640	26	20540	36	28440	46	36340	56	44240	66	52140	76	60040	86	67940	96	75840
7	5530	17	13430	27	21330	37	29230	47	37130	57	45030	67	52930	77	60830	87	68730	97	76630
8	6320	18	14220	28	22120	38	30020	48	37920	58	45820	68	53720	78	61620	88	69520	98	77420
9	7110	19	15010	29	22910	39	30810	49	38710	59	46610	69	54510	79	62410	89	70310	99	78210
10	7900	20	15800	30	23700	40	31600	50	39500	60	47400	70	55300	80	63200	90	71100	100	79000

791

1	791	11	8701	21	16611	31	24521	41	32431	51	40341	61	48251	71	56161	81	64071	91	71981
2	1582	12	9492	22	17402	32	25312	42	33222	52	41132	62	49042	72	56952	82	64862	92	72772
3	2373	13	10283	23	18193	33	26103	43	34013	53	41923	63	49833	73	57743	83	65653	93	73563
4	3164	14	11074	24	18984	34	26894	44	34804	54	42714	64	50624	74	58534	84	66444	94	74354
5	3955	15	11865	25	19775	35	27685	45	35595	55	43505	65	51415	75	59325	85	67235	95	75145
6	4746	16	12656	26	20566	36	28476	46	36386	56	44296	66	52206	76	60116	86	68026	96	75936
7	5537	17	13447	27	21357	37	29267	47	37177	57	45087	67	52997	77	60907	87	68817	97	76727
8	6328	18	14238	28	22148	38	30058	48	37968	58	45878	68	53788	78	61698	88	69608	98	77518
9	7119	19	15029	29	22939	39	30849	49	38759	59	46669	69	54579	79	62489	89	70399	99	78309
10	7910	20	15820	30	23730	40	31640	50	39550	60	47460	70	55370	80	63280	90	71190	100	79100

792

1	792	11	8712	21	16632	31	24552	41	32472	51	40392	61	48312	71	56232	81	64152	91	72072
2	1584	12	9504	22	17424	32	25344	42	33264	52	41184	62	49104	72	57024	82	64944	92	72864
3	2376	13	10296	23	18216	33	26136	43	34056	53	41976	63	49896	73	57816	83	65736	93	73656
4	3168	14	11088	24	19008	34	26928	44	34848	54	42768	64	50688	74	58608	84	66528	94	74448
5	3960	15	11880	25	19800	35	27720	45	35640	55	43560	65	51480	75	59400	85	67320	95	75240
6	4752	16	12672	26	20592	36	28512	46	36432	56	44352	66	52272	76	60192	86	68112	96	76032
7	5544	17	13464	27	21384	37	29304	47	37224	57	45144	67	53064	77	60984	87	68904	97	76824
8	6336	18	14256	28	22176	38	30096	48	38016	58	45936	68	53856	78	61776	88	69696	98	77616
9	7128	19	15048	29	22968	39	30888	49	38808	59	46728	69	54648	79	62568	89	70488	99	78408
10	7920	20	15840	30	23760	40	31680	50	39600	60	47520	70	55440	80	63360	90	71280	100	79200

793

1	793	11	8723	21	16653	31	24583	41	32513	51	40443	61	48373	71	56303	81	64233	91	72163
2	1586	12	9516	22	17446	32	25376	42	33306	52	41236	62	49166	72	57096	82	65026	92	72956
3	2379	13	10309	23	18239	33	26169	43	34099	53	42029	63	49959	73	57889	83	65819	93	73749
4	3172	14	11102	24	19032	34	26962	44	34892	54	42822	64	50752	74	58682	84	66612	94	74542
5	3965	15	11895	25	19825	35	27755	45	35685	55	43615	65	51545	75	59475	85	67405	95	75335
6	4758	16	12688	26	20618	36	28548	46	36478	56	44408	66	52338	76	60268	86	68198	96	76128
7	5551	17	13481	27	21411	37	29341	47	37271	57	45201	67	53131	77	61061	87	68991	97	76921
8	6344	18	14274	28	22204	38	30134	48	38064	58	45994	68	53924	78	61854	88	69784	98	77714
9	7137	19	15067	29	22997	39	30927	49	38857	59	46787	69	54717	79	62647	89	70577	99	78507
10	7930	20	15860	30	23790	40	31720	50	39650	60	47580	70	55510	80	63440	90	71370	100	79300

794

1	794	11	8734	21	16674	31	24614	41	32554	51	40494	61	48434	71	56374	81	64314	91	72254
2	1588	12	9528	22	17468	32	25408	42	33348	52	41288	62	49228	72	57168	82	65108	92	73048
3	2382	13	10322	23	18262	33	26202	43	34142	53	42082	63	50022	73	57962	83	65902	93	73842
4	3176	14	11116	24	19056	34	26996	44	34936	54	42876	64	50816	74	58756	84	66696	94	74636
5	3970	15	11910	25	19850	35	27790	45	35730	55	43670	65	51610	75	59550	85	67490	95	75430
6	4764	16	12704	26	20644	36	28584	46	36524	56	44464	66	52404	76	60344	86	68284	96	76224
7	5558	17	13498	27	21438	37	29378	47	37318	57	45258	67	53198	77	61138	87	69078	97	77018
8	6352	18	14292	28	22232	38	30172	48	38112	58	46052	68	53992	78	61932	88	69872	98	77812
9	7146	19	15086	29	23026	39	30966	49	38906	59	46846	69	54786	79	62726	89	70666	99	78606
10	7940	20	15880	30	23820	40	31760	50	39700	60	47640	70	55580	80	63520	90	71460	100	79400

795

1	795	11	8745	21	16695	31	24645	41	32595	51	40545	61	48495	71	56445	81	64395	91	72345
2	1590	12	9540	22	17490	32	25440	42	33390	52	41340	62	49290	72	57240	82	65190	92	73140
3	2385	13	10335	23	18285	33	26235	43	34185	53	42135	63	50085	73	58035	83	65985	93	73935
4	3180	14	11130	24	19080	34	27030	44	34980	54	42930	64	50880	74	58830	84	66780	94	74730
5	3975	15	11925	25	19875	35	27825	45	35775	55	43725	65	51675	75	59625	85	67575	95	75525
6	4770	16	12720	26	20670	36	28620	46	36570	56	44520	66	52470	76	60420	86	68370	96	76320
7	5565	17	13515	27	21465	37	29415	47	37365	57	45315	67	53265	77	61215	87	69165	97	77115
8	6360	18	14310	28	22260	38	30210	48	38160	58	46110	68	54060	78	62010	88	69960	98	77910
9	7155	19	15105	29	23055	39	31005	49	38955	59	46905	69	54855	79	62805	89	70755	99	78705
10	7950	20	15900	30	23850	40	31800	50	39750	60	47700	70	55650	80	63600	90	71550	100	79500

796

1	796	11	8756	21	16716	31	24676	41	32636	51	40596	61	48556	71	56516	81	64476	91	72436
2	1592	12	9552	22	17512	32	25472	42	33432	52	41392	62	49352	72	57312	82	65272	92	73232
3	2388	13	10348	23	18308	33	26268	43	34228	53	42188	63	50148	73	58108	83	66068	93	74028
4	3184	14	11144	24	19104	34	27064	44	35024	54	42984	64	50944	74	58904	84	66864	94	74824
5	3980	15	11940	25	19900	35	27860	45	35820	55	43780	65	51740	75	59700	85	67660	95	75620
6	4776	16	12736	26	20696	36	28656	46	36616	56	44576	66	52536	76	60496	86	68456	96	76416
7	5572	17	13532	27	21492	37	29452	47	37412	57	45372	67	53332	77	61292	87	69252	97	77212
8	6368	18	14328	28	22288	38	30248	48	38208	58	46168	68	54128	78	62088	88	70048	98	78008
9	7164	19	15124	29	23084	39	31044	49	39004	59	46964	69	54924	79	62884	89	70844	99	78804
10	7960	20	15920	30	23880	40	31840	50	39800	60	47760	70	55720	80	63680	90	71640	100	79600

797

1	797	11	8767	21	16737	31	24707	41	32677	51	40647	61	48617	71	56587	81	64557	91	72527
2	1594	12	9564	22	17534	32	25504	42	33474	52	41444	62	49414	72	57384	82	65354	92	73324
3	2391	13	10361	23	18331	33	26301	43	34271	53	42241	63	50211	73	58181	83	66151	93	74121
4	3188	14	11158	24	19128	34	27098	44	35068	54	43038	64	51008	74	58978	84	66948	94	74918
5	3985	15	11955	25	19925	35	27895	45	35865	55	43835	65	51805	75	59775	85	67745	95	75715
6	4782	16	12752	26	20722	36	28692	46	36662	56	44632	66	52602	76	60572	86	68542	96	76512
7	5579	17	13549	27	21519	37	29489	47	37459	57	45429	67	53399	77	61369	87	69339	97	77309
8	6376	18	14346	28	22316	38	30286	48	38256	58	46226	68	54196	78	62166	88	70136	98	78106
9	7173	19	15143	29	23113	39	31083	49	39053	59	47023	69	54993	79	62963	89	70933	99	78903
10	7970	20	15940	30	23910	40	31880	50	39850	60	47820	70	55790	80	63760	90	71730	100	79700

798

1	798	11	8778	21	16758	31	24738	41	32718	51	40698	61	48678	71	56658	81	64638	91	72618
2	1596	12	9576	22	17556	32	25536	42	33516	52	41496	62	49476	72	57456	82	65436	92	73416
3	2394	13	10374	23	18354	33	26334	43	34314	53	42294	63	50274	73	58254	83	66234	93	74214
4	3192	14	11172	24	19152	34	27132	44	35112	54	43092	64	51072	74	59052	84	67032	94	75012
5	3990	15	11970	25	19950	35	27930	45	35910	55	43890	65	51870	75	59850	85	67830	95	75810
6	4788	16	12768	26	20748	36	28728	46	36708	56	44688	66	52668	76	60648	86	68628	96	76608
7	5586	17	13566	27	21546	37	29526	47	37506	57	45486	67	53466	77	61446	87	69426	97	77406
8	6384	18	14364	28	22344	38	30324	48	38304	58	46284	68	54264	78	62244	88	70224	98	78204
9	7182	19	15162	29	23142	39	31122	49	39102	59	47082	69	55062	79	63042	89	71022	99	79002
10	7980	20	15960	30	23940	40	31920	50	39900	60	47880	70	55860	80	63840	90	71820	100	79800

799

1	799	11	8789	21	16779	31	24769	41	32759	51	40749	61	48739	71	56729	81	64719	91	72709
2	1598	12	9588	22	17578	32	25568	42	33558	52	41548	62	49538	72	57528	82	65518	92	73508
3	2397	13	10387	23	18377	33	26367	43	34357	53	42347	63	50337	73	58327	83	66317	93	74307
4	3196	14	11186	24	19176	34	27166	44	35156	54	43146	64	51136	74	59126	84	67116	94	75106
5	3995	15	11985	25	19975	35	27965	45	35955	55	43945	65	51935	75	59925	85	67915	95	75905
6	4794	16	12784	26	20774	36	28764	46	36754	56	44744	66	52734	76	60724	86	68714	96	76704
7	5593	17	13583	27	21573	37	29563	47	37553	57	45543	67	53533	77	61523	87	69513	97	77503
8	6392	18	14382	28	22372	38	30362	48	38352	58	46342	68	54332	78	62322	88	70312	98	78302
9	7191	19	15181	29	23171	39	31161	49	39151	59	47141	69	55131	79	63121	89	71111	99	79101
10	7990	20	15980	30	23970	40	31960	50	39950	60	47940	70	55930	80	63920	90	71910	100	79900

800

1	800	11	8800	21	16800	31	24800	41	32800	51	40800	61	48800	71	56800	81	64800	91	72800
2	1600	12	9600	22	17600	32	25600	42	33600	52	41600	62	49600	72	57600	82	65600	92	73600
3	2400	13	10400	23	18400	33	26400	43	34400	53	42400	63	50400	73	58400	83	66400	93	74400
4	3200	14	11200	24	19200	34	27200	44	35200	54	43200	64	51200	74	59200	84	67200	94	75200
5	4000	15	12000	25	20000	35	28000	45	36000	55	44000	65	52000	75	60000	85	68000	95	76000
6	4800	16	12800	26	20800	36	28800	46	36800	56	44800	66	52800	76	60800	86	68800	96	76800
7	5600	17	13600	27	21600	37	29600	47	37600	57	45600	67	53600	77	61600	87	69600	97	77600
8	6400	18	14400	28	22400	38	30400	48	38400	58	46400	68	54400	78	62400	88	70400	98	78400
9	7200	19	15200	29	23200	39	31200	49	39200	59	47200	69	55200	79	63200	89	71200	99	79200
10	8000	20	16000	30	24000	40	32000	50	40000	60	48000	70	56000	80	64000	90	72000	100	80000

801

1	801	11	8811	21	16821	31	24831	41	32841	51	40851	61	48861	71	56871	81	64881	91	72891
2	1602	12	9612	22	17622	32	25632	42	33642	52	41652	62	49662	72	57672	82	65682	92	73692
3	2403	13	10413	23	18423	33	26433	43	34443	53	42453	63	50463	73	58473	83	66483	93	74493
4	3204	14	11214	24	19224	34	27234	44	35244	54	43254	64	51264	74	59274	84	67284	94	75294
5	4005	15	12015	25	20025	35	28035	45	36045	55	44055	65	52065	75	60075	85	68085	95	76095
6	4806	16	12816	26	20826	36	28836	46	36846	56	44856	66	52866	76	60876	86	68886	96	76896
7	5607	17	13617	27	21627	37	29637	47	37647	57	45657	67	53667	77	61677	87	69687	97	77697
8	6408	18	14418	28	22428	38	30438	48	38448	58	46458	68	54468	78	62478	88	70488	98	78498
9	7209	19	15219	29	23229	39	31239	49	39249	59	47259	69	55269	79	63279	89	71289	99	79299
10	8010	20	16020	30	24030	40	32040	50	40050	60	48060	70	56070	80	64080	90	72090	100	80100

802

1	802	11	8822	21	16842	31	24862	41	32882	51	40902	61	48922	71	56942	81	64962	91	72982
2	1604	12	9624	22	17644	32	25664	42	33684	52	41704	62	49724	72	57744	82	65764	92	73784
3	2406	13	10426	23	18446	33	26466	43	34486	53	42506	63	50526	73	58546	83	66566	93	74586
4	3208	14	11228	24	19248	34	27268	44	35288	54	43308	64	51328	74	59348	84	67368	94	75388
5	4010	15	12030	25	20050	35	28070	45	36090	55	44110	65	52130	75	60150	85	68170	95	76190
6	4812	16	12832	26	20852	36	28872	46	36892	56	44912	66	52932	76	60952	86	68972	96	76992
7	5614	17	13634	27	21654	37	29674	47	37694	57	45714	67	53734	77	61754	87	69774	97	77794
8	6416	18	14436	28	22456	38	30476	48	38496	58	46516	68	54536	78	62556	88	70576	98	78596
9	7218	19	15238	29	23258	39	31278	49	39298	59	47318	69	55338	79	63358	89	71378	99	79398
10	8020	20	16040	30	24060	40	32080	50	40100	60	48120	70	56140	80	64160	90	72180	100	80200

803

1	803	11	8833	21	16863	31	24893	41	32923	51	40953	61	48983	71	57013	81	65043	91	73073
2	1606	12	9636	22	17666	32	25696	42	33726	52	41756	62	49786	72	57816	82	65846	92	73876
3	2409	13	10439	23	18469	33	26499	43	34529	53	42559	63	50589	73	58619	83	66649	93	74679
4	3212	14	11242	24	19272	34	27302	44	35332	54	43362	64	51392	74	59422	84	67452	94	75482
5	4015	15	12045	25	20075	35	28105	45	36135	55	44165	65	52195	75	60225	85	68255	95	76285
6	4818	16	12848	26	20878	36	28908	46	36938	56	44968	66	52998	76	61028	86	69058	96	77088
7	5621	17	13651	27	21681	37	29711	47	37741	57	45771	67	53801	77	61831	87	69861	97	77891
8	6424	18	14454	28	22484	38	30514	48	38544	58	46574	68	54604	78	62634	88	70664	98	78694
9	7227	19	15257	29	23287	39	31317	49	39347	59	47377	69	55407	79	63437	89	71467	99	79497
10	8030	20	16060	30	24090	40	32120	50	40150	60	48180	70	56210	80	64240	90	72270	100	80300

804

1	804	11	8844	21	16884	31	24924	41	32964	51	41004	61	49044	71	57084	81	65124	91	73164
2	1608	12	9648	22	17688	32	25728	42	33768	52	41808	62	49848	72	57888	82	65928	92	73968
3	2412	13	10452	23	18492	33	26532	43	34572	53	42612	63	50652	73	58692	83	66732	93	74772
4	3216	14	11256	24	19296	34	27336	44	35376	54	43416	64	51456	74	59496	84	67536	94	75576
5	4020	15	12060	25	20100	35	28140	45	36180	55	44220	65	52260	75	60300	85	68340	95	76380
6	4824	16	12864	26	20904	36	28944	46	36984	56	45024	66	53064	76	61104	86	69144	96	77184
7	5628	17	13668	27	21708	37	29748	47	37788	57	45828	67	53868	77	61908	87	69948	97	77988
8	6432	18	14472	28	22512	38	30552	48	38592	58	46632	68	54672	78	62712	88	70752	98	78792
9	7236	19	15276	29	23316	39	31356	49	39396	59	47436	69	55476	79	63516	89	71556	99	79596
10	8040	20	16080	30	24120	40	32160	50	40200	60	48240	70	56280	80	64320	90	72360	100	80400

805

1	805	11	8855	21	16905	31	24955	41	33005	51	41055	61	49105	71	57155	81	65205	91	73255
2	1610	12	9660	22	17710	32	25760	42	33810	52	41860	62	49910	72	57960	82	66010	92	74060
3	2415	13	10465	23	18515	33	26565	43	34615	53	42665	63	50715	73	58765	83	66815	93	74865
4	3220	14	11270	24	19320	34	27370	44	35420	54	43470	64	51520	74	59570	84	67620	94	75670
5	4025	15	12075	25	20125	35	28175	45	36225	55	44275	65	52325	75	60375	85	68425	95	76475
6	4830	16	12880	26	20930	36	28980	46	37030	56	45080	66	53130	76	61180	86	69230	96	77280
7	5635	17	13685	27	21735	37	29785	47	37835	57	45885	67	53935	77	61985	87	70035	97	78085
8	6440	18	14490	28	22540	38	30590	48	38640	58	46690	68	54740	78	62790	88	70840	98	78890
9	7245	19	15295	29	23345	39	31395	49	39445	59	47495	69	55545	79	63595	89	71645	99	79695
10	8050	20	16100	30	24150	40	32200	50	40250	60	48300	70	56350	80	64400	90	72450	100	80500

806

1	806	**11**	8866	**21**	16926	**31**	24986	**41**	33046	**51**	41106	**61**	49166	**71**	57226	**81**	65286	**91**	73346
2	1612	**12**	9672	**22**	17732	**32**	25792	**42**	33852	**52**	41912	**62**	49972	**72**	58032	**82**	66092	**92**	74152
3	2418	**13**	10478	**23**	18538	**33**	26598	**43**	34658	**53**	42718	**63**	50778	**73**	58838	**83**	66898	**93**	74958
4	3224	**14**	11284	**24**	19344	**34**	27404	**44**	35464	**54**	43524	**64**	51584	**74**	59644	**84**	67704	**94**	75764
5	4030	**15**	12090	**25**	20150	**35**	28210	**45**	36270	**55**	44330	**65**	52390	**75**	60450	**85**	68510	**95**	76570
6	4836	**16**	12896	**26**	20956	**36**	29016	**46**	37076	**56**	45136	**66**	53196	**76**	61256	**86**	69316	**96**	77376
7	5642	**17**	13702	**27**	21762	**37**	29822	**47**	37882	**57**	45942	**67**	54002	**77**	62062	**87**	70122	**97**	78182
8	6448	**18**	14508	**28**	22568	**38**	30628	**48**	38688	**58**	46748	**68**	54808	**78**	62868	**88**	70928	**98**	78988
9	7254	**19**	15314	**29**	23374	**39**	31434	**49**	39494	**59**	47554	**69**	55614	**79**	63674	**89**	71734	**99**	79794
10	8060	**20**	16120	**30**	24180	**40**	32240	**50**	40300	**60**	48360	**70**	56420	**80**	64480	**90**	72540	**100**	80600

807

1	807	**11**	8877	**21**	16947	**31**	25017	**41**	33087	**51**	41157	**61**	49227	**71**	57297	**81**	65367	**91**	73437
2	1614	**12**	9684	**22**	17754	**32**	25824	**42**	33894	**52**	41964	**62**	50034	**72**	58104	**82**	66174	**92**	74244
3	2421	**13**	10491	**23**	18561	**33**	26631	**43**	34701	**53**	42771	**63**	50841	**73**	58911	**83**	66981	**93**	75051
4	3228	**14**	11298	**24**	19368	**34**	27438	**44**	35508	**54**	43578	**64**	51648	**74**	59718	**84**	67788	**94**	75858
5	4035	**15**	12105	**25**	20175	**35**	28245	**45**	36315	**55**	44385	**65**	52455	**75**	60525	**85**	68595	**95**	76665
6	4842	**16**	12912	**26**	20982	**36**	29052	**46**	37122	**56**	45192	**66**	53262	**76**	61332	**86**	69402	**96**	77472
7	5649	**17**	13719	**27**	21789	**37**	29859	**47**	37929	**57**	45999	**67**	54069	**77**	62139	**87**	70209	**97**	78279
8	6456	**18**	14526	**28**	22596	**38**	30666	**48**	38736	**58**	46806	**68**	54876	**78**	62946	**88**	71016	**98**	79086
9	7263	**19**	15333	**29**	23403	**39**	31473	**49**	39543	**59**	47613	**69**	55683	**79**	63753	**89**	71823	**99**	79893
10	8070	**20**	16140	**30**	24210	**40**	32280	**50**	40350	**60**	48420	**70**	56490	**80**	64560	**90**	72630	**100**	80700

808

1	808	**11**	8888	**21**	16968	**31**	25048	**41**	33128	**51**	41208	**61**	49288	**71**	57368	**81**	65448	**91**	73528
2	1616	**12**	9696	**22**	17776	**32**	25856	**42**	33936	**52**	42016	**62**	50096	**72**	58176	**82**	66256	**92**	74336
3	2424	**13**	10504	**23**	18584	**33**	26664	**43**	34744	**53**	42824	**63**	50904	**73**	58984	**83**	67064	**93**	75144
4	3232	**14**	11312	**24**	19392	**34**	27472	**44**	35552	**54**	43632	**64**	51712	**74**	59792	**84**	67872	**94**	75952
5	4040	**15**	12120	**25**	20200	**35**	28280	**45**	36360	**55**	44440	**65**	52520	**75**	60600	**85**	68680	**95**	76760
6	4848	**16**	12928	**26**	21008	**36**	29088	**46**	37168	**56**	45248	**66**	53328	**76**	61408	**86**	69488	**96**	77568
7	5656	**17**	13736	**27**	21816	**37**	29896	**47**	37976	**57**	46056	**67**	54136	**77**	62216	**87**	70296	**97**	78376
8	6464	**18**	14544	**28**	22624	**38**	30704	**48**	38784	**58**	46864	**68**	54944	**78**	63024	**88**	71104	**98**	79184
9	7272	**19**	15352	**29**	23432	**39**	31512	**49**	39592	**59**	47672	**69**	55752	**79**	63832	**89**	71912	**99**	79992
10	8080	**20**	16160	**30**	24240	**40**	32320	**50**	40400	**60**	48480	**70**	56560	**80**	64640	**90**	72720	**100**	80800

809

1	809	**11**	8899	**21**	16989	**31**	25079	**41**	33169	**51**	41259	**61**	49349	**71**	57439	**81**	65529	**91**	73619
2	1618	**12**	9708	**22**	17798	**32**	25888	**42**	33978	**52**	42068	**62**	50158	**72**	58248	**82**	66338	**92**	74428
3	2427	**13**	10517	**23**	18607	**33**	26697	**43**	34787	**53**	42877	**63**	50967	**73**	59057	**83**	67147	**93**	75237
4	3236	**14**	11326	**24**	19416	**34**	27506	**44**	35596	**54**	43686	**64**	51776	**74**	59866	**84**	67956	**94**	76046
5	4045	**15**	12135	**25**	20225	**35**	28315	**45**	36405	**55**	44495	**65**	52585	**75**	60675	**85**	68765	**95**	76855
6	4854	**16**	12944	**26**	21034	**36**	29124	**46**	37214	**56**	45304	**66**	53394	**76**	61484	**86**	69574	**96**	77664
7	5663	**17**	13753	**27**	21843	**37**	29933	**47**	38023	**57**	46113	**67**	54203	**77**	62293	**87**	70383	**97**	78473
8	6472	**18**	14562	**28**	22652	**38**	30742	**48**	38832	**58**	46922	**68**	55012	**78**	63102	**88**	71192	**98**	79282
9	7281	**19**	15371	**29**	23461	**39**	31551	**49**	39641	**59**	47731	**69**	55821	**79**	63911	**89**	72001	**99**	80091
10	8090	**20**	16180	**30**	24270	**40**	32360	**50**	40450	**60**	48540	**70**	56630	**80**	64720	**90**	72810	**100**	80900

810

1	810	**11**	8910	**21**	17010	**31**	25110	**41**	33210	**51**	41310	**61**	49410	**71**	57510	**81**	65610	**91**	73710
2	1620	**12**	9720	**22**	17820	**32**	25920	**42**	34020	**52**	42120	**62**	50220	**72**	58320	**82**	66420	**92**	74520
3	2430	**13**	10530	**23**	18630	**33**	26730	**43**	34830	**53**	42930	**63**	51030	**73**	59130	**83**	67230	**93**	75330
4	3240	**14**	11340	**24**	19440	**34**	27540	**44**	35640	**54**	43740	**64**	51840	**74**	59940	**84**	68040	**94**	76140
5	4050	**15**	12150	**25**	20250	**35**	28350	**45**	36450	**55**	44550	**65**	52650	**75**	60750	**85**	68850	**95**	76950
6	4860	**16**	12960	**26**	21060	**36**	29160	**46**	37260	**56**	45360	**66**	53460	**76**	61560	**86**	69660	**96**	77760
7	5670	**17**	13770	**27**	21870	**37**	29970	**47**	38070	**57**	46170	**67**	54270	**77**	62370	**87**	70470	**97**	78570
8	6480	**18**	14580	**28**	22680	**38**	30780	**48**	38880	**58**	46980	**68**	55080	**78**	63180	**88**	71280	**98**	79380
9	7290	**19**	15390	**29**	23490	**39**	31590	**49**	39690	**59**	47790	**69**	55890	**79**	63990	**89**	72090	**99**	80190
10	8100	**20**	16200	**30**	24300	**40**	32400	**50**	40500	**60**	48600	**70**	56700	**80**	64800	**90**	72900	**100**	81000

811

1	811	11	8921	21	17031	31	25141	41	33251	51	41361	61	49471	71	57581	81	65691	91	73801
2	1622	12	9732	22	17842	32	25952	42	34062	52	42172	62	50282	72	58392	82	66502	92	74612
3	2433	13	10543	23	18653	33	26763	43	34873	53	42983	63	51093	73	59203	83	67313	93	75423
4	3244	14	11354	24	19464	34	27574	44	35684	54	43794	64	51904	74	60014	84	68124	94	76234
5	4055	15	12165	25	20275	35	28385	45	36495	55	44605	65	52715	75	60825	85	68935	95	77045
6	4866	16	12976	26	21086	36	29196	46	37306	56	45416	66	53526	76	61636	86	69746	96	77856
7	5677	17	13787	27	21897	37	30007	47	38117	57	46227	67	54337	77	62447	87	70557	97	78667
8	6488	18	14598	28	22708	38	30818	48	38928	58	47038	68	55148	78	63258	88	71368	98	79478
9	7299	19	15409	29	23519	39	31629	49	39739	59	47849	69	55959	79	64069	89	72179	99	80289
10	8110	20	16220	30	24330	40	32440	50	40550	60	48660	70	56770	80	64880	90	72990	100	81100

812

1	812	11	8932	21	17052	31	25172	41	33292	51	41412	61	49532	71	57652	81	65772	91	73892
2	1624	12	9744	22	17864	32	25984	42	34104	52	42224	62	50344	72	58464	82	66584	92	74704
3	2436	13	10556	23	18676	33	26796	43	34916	53	43036	63	51156	73	59276	83	67396	93	75516
4	3248	14	11368	24	19488	34	27608	44	35728	54	43848	64	51968	74	60088	84	68208	94	76328
5	4060	15	12180	25	20300	35	28420	45	36540	55	44660	65	52780	75	60900	85	69020	95	77140
6	4872	16	12992	26	21112	36	29232	46	37352	56	45472	66	53592	76	61712	86	69832	96	77952
7	5684	17	13804	27	21924	37	30044	47	38164	57	46284	67	54404	77	62524	87	70644	97	78764
8	6496	18	14616	28	22736	38	30856	48	38976	58	47096	68	55216	78	63336	88	71456	98	79576
9	7308	19	15428	29	23548	39	31668	49	39788	59	47908	69	56028	79	64148	89	72268	99	80388
10	8120	20	16240	30	24360	40	32480	50	40600	60	48720	70	56840	80	64960	90	73080	100	81200

813

1	813	11	8943	21	17073	31	25203	41	33333	51	41463	61	49593	71	57723	81	65853	91	73983
2	1626	12	9756	22	17886	32	26016	42	34146	52	42276	62	50406	72	58536	82	66666	92	74796
3	2439	13	10569	23	18699	33	26829	43	34959	53	43089	63	51219	73	59349	83	67479	93	75609
4	3252	14	11382	24	19512	34	27642	44	35772	54	43902	64	52032	74	60162	84	68292	94	76422
5	4065	15	12195	25	20325	35	28455	45	36585	55	44715	65	52845	75	60975	85	69105	95	77235
6	4878	16	13008	26	21138	36	29268	46	37398	56	45528	66	53658	76	61788	86	69918	96	78048
7	5691	17	13821	27	21951	37	30081	47	38211	57	46341	67	54471	77	62601	87	70731	97	78861
8	6504	18	14634	28	22764	38	30894	48	39024	58	47154	68	55284	78	63414	88	71544	98	79674
9	7317	19	15447	29	23577	39	31707	49	39837	59	47967	69	56097	79	64227	89	72357	99	80487
10	8130	20	16260	30	24390	40	32520	50	40650	60	48780	70	56910	80	65040	90	73170	100	81300

814

1	814	11	8954	21	17094	31	25234	41	33374	51	41514	61	49654	71	57794	81	65934	91	74074
2	1628	12	9768	22	17908	32	26048	42	34188	52	42328	62	50468	72	58608	82	66748	92	74888
3	2442	13	10582	23	18722	33	26862	43	35002	53	43142	63	51282	73	59422	83	67562	93	75702
4	3256	14	11396	24	19536	34	27676	44	35816	54	43956	64	52096	74	60236	84	68376	94	76516
5	4070	15	12210	25	20350	35	28490	45	36630	55	44770	65	52910	75	61050	85	69190	95	77330
6	4884	16	13024	26	21164	36	29304	46	37444	56	45584	66	53724	76	61864	86	70004	96	78144
7	5698	17	13838	27	21978	37	30118	47	38258	57	46398	67	54538	77	62678	87	70818	97	78958
8	6512	18	14652	28	22792	38	30932	48	39072	58	47212	68	55352	78	63492	88	71632	98	79772
9	7326	19	15466	29	23606	39	31746	49	39886	59	48026	69	56166	79	64306	89	72446	99	80586
10	8140	20	16280	30	24420	40	32560	50	40700	60	48840	70	56980	80	65120	90	73260	100	81400

815

1	815	11	8965	21	17115	31	25265	41	33415	51	41565	61	49715	71	57865	81	66015	91	74165
2	1630	12	9780	22	17930	32	26080	42	34230	52	42380	62	50530	72	58680	82	66830	92	74980
3	2445	13	10595	23	18745	33	26895	43	35045	53	43195	63	51345	73	59495	83	67645	93	75795
4	3260	14	11410	24	19560	34	27710	44	35860	54	44010	64	52160	74	60310	84	68460	94	76610
5	4075	15	12225	25	20375	35	28525	45	36675	55	44825	65	52975	75	61125	85	69275	95	77425
6	4890	16	13040	26	21190	36	29340	46	37490	56	45640	66	53790	76	61940	86	70090	96	78240
7	5705	17	13855	27	22005	37	30155	47	38305	57	46455	67	54605	77	62755	87	70905	97	79055
8	6520	18	14670	28	22820	38	30970	48	39120	58	47270	68	55420	78	63570	88	71720	98	79870
9	7335	19	15485	29	23635	39	31785	49	39935	59	48085	69	56235	79	64385	89	72535	99	80685
10	8150	20	16300	30	24450	40	32600	50	40750	60	48900	70	57050	80	65200	90	73350	100	81500

816

1	816	11	8976	21	17136	31	25296	41	33456	51	41616	61	49776	71	57936	81	66096	91	74256
2	1632	12	9792	22	17952	32	26112	42	34272	52	42432	62	50592	72	58752	82	66912	92	75072
3	2448	13	10608	23	18768	33	26928	43	35088	53	43248	63	51408	73	59568	83	67728	93	75888
4	3264	14	11424	24	19584	34	27744	44	35904	54	44064	64	52224	74	60384	84	68544	94	76704
5	4080	15	12240	25	20400	35	28560	45	36720	55	44880	65	53040	75	61200	85	69360	95	77520
6	4896	16	13056	26	21216	36	29376	46	37536	56	45696	66	53856	76	62016	86	70176	96	78336
7	5712	17	13872	27	22032	37	30192	47	38352	57	46512	67	54672	77	62832	87	70992	97	79152
8	6528	18	14688	28	22848	38	31008	48	39168	58	47328	68	55488	78	63648	88	71808	98	79968
9	7344	19	15504	29	23664	39	31824	49	39984	59	48144	69	56304	79	64464	89	72624	99	80784
10	8160	20	16320	30	24480	40	32640	50	40800	60	48960	70	57120	80	65280	90	73440	100	81600

817

1	817	11	8987	21	17157	31	25327	41	33497	51	41667	61	49837	71	58007	81	66177	91	74347
2	1634	12	9804	22	17974	32	26144	42	34314	52	42484	62	50654	72	58824	82	66994	92	75164
3	2451	13	10621	23	18791	33	26961	43	35131	53	43301	63	51471	73	59641	83	67811	93	75981
4	3268	14	11438	24	19608	34	27778	44	35948	54	44118	64	52288	74	60458	84	68628	94	76798
5	4085	15	12255	25	20425	35	28595	45	36765	55	44935	65	53105	75	61275	85	69445	95	77615
6	4902	16	13072	26	21242	36	29412	46	37582	56	45752	66	53922	76	62092	86	70262	96	78432
7	5719	17	13889	27	22059	37	30229	47	38399	57	46569	67	54739	77	62909	87	71079	97	79249
8	6536	18	14706	28	22876	38	31046	48	39216	58	47386	68	55556	78	63726	88	71896	98	80066
9	7353	19	15523	29	23693	39	31863	49	40033	59	48203	69	56373	79	64543	89	72713	99	80883
10	8170	20	16340	30	24510	40	32680	50	40850	60	49020	70	57190	80	65360	90	73530	100	81700

818

1	818	11	8998	21	17178	31	25358	41	33538	51	41718	61	49898	71	58078	81	66258	91	74438
2	1636	12	9816	22	17996	32	26176	42	34356	52	42536	62	50716	72	58896	82	67076	92	75256
3	2454	13	10634	23	18814	33	26994	43	35174	53	43354	63	51534	73	59714	83	67894	93	76074
4	3272	14	11452	24	19632	34	27812	44	35992	54	44172	64	52352	74	60532	84	68712	94	76892
5	4090	15	12270	25	20450	35	28630	45	36810	55	44990	65	53170	75	61350	85	69530	95	77710
6	4908	16	13088	26	21268	36	29448	46	37628	56	45808	66	53988	76	62168	86	70348	96	78528
7	5726	17	13906	27	22086	37	30266	47	38446	57	46626	67	54806	77	62986	87	71166	97	79346
8	6544	18	14724	28	22904	38	31084	48	39264	58	47444	68	55624	78	63804	88	71984	98	80164
9	7362	19	15542	29	23722	39	31902	49	40082	59	48262	69	56442	79	64622	89	72802	99	80982
10	8180	20	16360	30	24540	40	32720	50	40900	60	49080	70	57260	80	65440	90	73620	100	81800

819

1	819	11	9009	21	17199	31	25389	41	33579	51	41769	61	49959	71	58149	81	66339	91	74529
2	1638	12	9828	22	18018	32	26208	42	34398	52	42588	62	50778	72	58968	82	67158	92	75348
3	2457	13	10647	23	18837	33	27027	43	35217	53	43407	63	51597	73	59787	83	67977	93	76167
4	3276	14	11466	24	19656	34	27846	44	36036	54	44226	64	52416	74	60606	84	68796	94	76986
5	4095	15	12285	25	20475	35	28665	45	36855	55	45045	65	53235	75	61425	85	69615	95	77805
6	4914	16	13104	26	21294	36	29484	46	37674	56	45864	66	54054	76	62244	86	70434	96	78624
7	5733	17	13923	27	22113	37	30303	47	38493	57	46683	67	54873	77	63063	87	71253	97	79443
8	6552	18	14742	28	22932	38	31122	48	39312	58	47502	68	55692	78	63882	88	72072	98	80262
9	7371	19	15561	29	23751	39	31941	49	40131	59	48321	69	56511	79	64701	89	72891	99	81081
10	8190	20	16380	30	24570	40	32760	50	40950	60	49140	70	57330	80	65520	90	73710	100	81900

820

1	820	11	9020	21	17220	31	25420	41	33620	51	41820	61	50020	71	58220	81	66420	91	74620
2	1640	12	9840	22	18040	32	26240	42	34440	52	42640	62	50840	72	59040	82	67240	92	75440
3	2460	13	10660	23	18860	33	27060	43	35260	53	43460	63	51660	73	59860	83	68060	93	76260
4	3280	14	11480	24	19680	34	27880	44	36080	54	44280	64	52480	74	60680	84	68880	94	77080
5	4100	15	12300	25	20500	35	28700	45	36900	55	45100	65	53300	75	61500	85	69700	95	77900
6	4920	16	13120	26	21320	36	29520	46	37720	56	45920	66	54120	76	62320	86	70520	96	78720
7	5740	17	13940	27	22140	37	30340	47	38540	57	46740	67	54940	77	63140	87	71340	97	79540
8	6560	18	14760	28	22960	38	31160	48	39360	58	47560	68	55760	78	63960	88	72160	98	80360
9	7380	19	15580	29	23780	39	31980	49	40180	59	48380	69	56580	79	64780	89	72980	99	81180
10	8200	20	16400	30	24600	40	32800	50	41000	60	49200	70	57400	80	65600	90	73800	100	82000

821

1	821	11	9031	21	17241	31	25451	41	33661	51	41871	61	50081	71	58291	81	66501	91	74711
2	1642	12	9852	22	18062	32	26272	42	34482	52	42692	62	50902	72	59112	82	67322	92	75532
3	2463	13	10673	23	18883	33	27093	43	35303	53	43513	63	51723	73	59933	83	68143	93	76353
4	3284	14	11494	24	19704	34	27914	44	36124	54	44334	64	52544	74	60754	84	68964	94	77174
5	4105	15	12315	25	20525	35	28735	45	36945	55	45155	65	53365	75	61575	85	69785	95	77995
6	4926	16	13136	26	21346	36	29556	46	37766	56	45976	66	54186	76	62396	86	70606	96	78816
7	5747	17	13957	27	22167	37	30377	47	38587	57	46797	67	55007	77	63217	87	71427	97	79637
8	6568	18	14778	28	22988	38	31198	48	39408	58	47618	68	55828	78	64038	88	72248	98	80458
9	7389	19	15599	29	23809	39	32019	49	40229	59	48439	69	56649	79	64859	89	73069	99	81279
10	8210	20	16420	30	24630	40	32840	50	41050	60	49260	70	57470	80	65680	90	73890	100	82100

822

1	822	11	9042	21	17262	31	25482	41	33702	51	41922	61	50142	71	58362	81	66582	91	74802
2	1644	12	9864	22	18084	32	26304	42	34524	52	42744	62	50964	72	59184	82	67404	92	75624
3	2466	13	10686	23	18906	33	27126	43	35346	53	43566	63	51786	73	60006	83	68226	93	76446
4	3288	14	11508	24	19728	34	27948	44	36168	54	44388	64	52608	74	60828	84	69048	94	77268
5	4110	15	12330	25	20550	35	28770	45	36990	55	45210	65	53430	75	61650	85	69870	95	78090
6	4932	16	13152	26	21372	36	29592	46	37812	56	46032	66	54252	76	62472	86	70692	96	78912
7	5754	17	13974	27	22194	37	30414	47	38634	57	46854	67	55074	77	63294	87	71514	97	79734
8	6576	18	14796	28	23016	38	31236	48	39456	58	47676	68	55896	78	64116	88	72336	98	80556
9	7398	19	15618	29	23838	39	32058	49	40278	59	48498	69	56718	79	64938	89	73158	99	81378
10	8220	20	16440	30	24660	40	32880	50	41100	60	49320	70	57540	80	65760	90	73980	100	82200

823

1	823	11	9053	21	17283	31	25513	41	33743	51	41973	61	50203	71	58433	81	66663	91	74893
2	1646	12	9876	22	18106	32	26336	42	34566	52	42796	62	51026	72	59256	82	67486	92	75716
3	2469	13	10699	23	18929	33	27159	43	35389	53	43619	63	51849	73	60079	83	68309	93	76539
4	3292	14	11522	24	19752	34	27982	44	36212	54	44442	64	52672	74	60902	84	69132	94	77362
5	4115	15	12345	25	20575	35	28805	45	37035	55	45265	65	53495	75	61725	85	69955	95	78185
6	4938	16	13168	26	21398	36	29628	46	37858	56	46088	66	54318	76	62548	86	70778	96	79008
7	5761	17	13991	27	22221	37	30451	47	38681	57	46911	67	55141	77	63371	87	71601	97	79831
8	6584	18	14814	28	23044	38	31274	48	39504	58	47734	68	55964	78	64194	88	72424	98	80654
9	7407	19	15637	29	23867	39	32097	49	40327	59	48557	69	56787	79	65017	89	73247	99	81477
10	8230	20	16460	30	24690	40	32920	50	41150	60	49380	70	57610	80	65840	90	74070	100	82300

824

1	824	11	9064	21	17304	31	25544	41	33784	51	42024	61	50264	71	58504	81	66744	91	74984
2	1648	12	9888	22	18128	32	26368	42	34608	52	42848	62	51088	72	59328	82	67568	92	75808
3	2472	13	10712	23	18952	33	27192	43	35432	53	43672	63	51912	73	60152	83	68392	93	76632
4	3296	14	11536	24	19776	34	28016	44	36256	54	44496	64	52736	74	60976	84	69216	94	77456
5	4120	15	12360	25	20600	35	28840	45	37080	55	45320	65	53560	75	61800	85	70040	95	78280
6	4944	16	13184	26	21424	36	29664	46	37904	56	46144	66	54384	76	62624	86	70864	96	79104
7	5768	17	14008	27	22248	37	30488	47	38728	57	46968	67	55208	77	63448	87	71688	97	79928
8	6592	18	14832	28	23072	38	31312	48	39552	58	47792	68	56032	78	64272	88	72512	98	80752
9	7416	19	15656	29	23896	39	32136	49	40376	59	48616	69	56856	79	65096	89	73336	99	81576
10	8240	20	16480	30	24720	40	32960	50	41200	60	49440	70	57680	80	65920	90	74160	100	82400

825

1	825	11	9075	21	17325	31	25575	41	33825	51	42075	61	50325	71	58575	81	66825	91	75075
2	1650	12	9900	22	18150	32	26400	42	34650	52	42900	62	51150	72	59400	82	67650	92	75900
3	2475	13	10725	23	18975	33	27225	43	35475	53	43725	63	51975	73	60225	83	68475	93	76725
4	3300	14	11550	24	19800	34	28050	44	36300	54	44550	64	52800	74	61050	84	69300	94	77550
5	4125	15	12375	25	20625	35	28875	45	37125	55	45375	65	53625	75	61875	85	70125	95	78375
6	4950	16	13200	26	21450	36	29700	46	37950	56	46200	66	54450	76	62700	86	70950	96	79200
7	5775	17	14025	27	22275	37	30525	47	38775	57	47025	67	55275	77	63525	87	71775	97	80025
8	6600	18	14850	28	23100	38	31350	48	39600	58	47850	68	56100	78	64350	88	72600	98	80850
9	7425	19	15675	29	23925	39	32175	49	40425	59	48675	69	56925	79	65175	89	73425	99	81675
10	8250	20	16500	30	24750	40	33000	50	41250	60	49500	70	57750	80	66000	90	74250	100	82500

826

1	826	11	9086	21	17346	31	25606	41	33866	51	42126	61	50386	71	58646	81	66906	91	75166
2	1652	12	9912	22	18172	32	26432	42	34692	52	42952	62	51212	72	59472	82	67732	92	75992
3	2478	13	10738	23	18998	33	27258	43	35518	53	43778	63	52038	73	60298	83	68558	93	76818
4	3304	14	11564	24	19824	34	28084	44	36344	54	44604	64	52864	74	61124	84	69384	94	77644
5	4130	15	12390	25	20650	35	28910	45	37170	55	45430	65	53690	75	61950	85	70210	95	78470
6	4956	16	13216	26	21476	36	29736	46	37996	56	46256	66	54516	76	62776	86	71036	96	79296
7	5782	17	14042	27	22302	37	30562	47	38822	57	47082	67	55342	77	63602	87	71862	97	80122
8	6608	18	14868	28	23128	38	31388	48	39648	58	47908	68	56168	78	64428	88	72688	98	80948
9	7434	19	15694	29	23954	39	32214	49	40474	59	48734	69	56994	79	65254	89	73514	99	81774
10	8260	20	16520	30	24780	40	33040	50	41300	60	49560	70	57820	80	66080	90	74340	100	82600

827

1	827	11	9097	21	17367	31	25637	41	33907	51	42177	61	50447	71	58717	81	66987	91	75257
2	1654	12	9924	22	18194	32	26464	42	34734	52	43004	62	51274	72	59544	82	67814	92	76084
3	2481	13	10751	23	19021	33	27291	43	35561	53	43831	63	52101	73	60371	83	68641	93	76911
4	3308	14	11578	24	19848	34	28118	44	36388	54	44658	64	52928	74	61198	84	69468	94	77738
5	4135	15	12405	25	20675	35	28945	45	37215	55	45485	65	53755	75	62025	85	70295	95	78565
6	4962	16	13232	26	21502	36	29772	46	38042	56	46312	66	54582	76	62852	86	71122	96	79392
7	5789	17	14059	27	22329	37	30599	47	38869	57	47139	67	55409	77	63679	87	71949	97	80219
8	6616	18	14886	28	23156	38	31426	48	39696	58	47966	68	56236	78	64506	88	72776	98	81046
9	7443	19	15713	29	23983	39	32253	49	40523	59	48793	69	57063	79	65333	89	73603	99	81873
10	8270	20	16540	30	24810	40	33080	50	41350	60	49620	70	57890	80	66160	90	74430	100	82700

828

1	828	11	9108	21	17388	31	25668	41	33948	51	42228	61	50508	71	58788	81	67068	91	75348
2	1656	12	9936	22	18216	32	26496	42	34776	52	43056	62	51336	72	59616	82	67896	92	76176
3	2484	13	10764	23	19044	33	27324	43	35604	53	43884	63	52164	73	60444	83	68724	93	77004
4	3312	14	11592	24	19872	34	28152	44	36432	54	44712	64	52992	74	61272	84	69552	94	77832
5	4140	15	12420	25	20700	35	28980	45	37260	55	45540	65	53820	75	62100	85	70380	95	78660
6	4968	16	13248	26	21528	36	29808	46	38088	56	46368	66	54648	76	62928	86	71208	96	79488
7	5796	17	14076	27	22356	37	30636	47	38916	57	47196	67	55476	77	63756	87	72036	97	80316
8	6624	18	14904	28	23184	38	31464	48	39744	58	48024	68	56304	78	64584	88	72864	98	81144
9	7452	19	15732	29	24012	39	32292	49	40572	59	48852	69	57132	79	65412	89	73692	99	81972
10	8280	20	16560	30	24840	40	33120	50	41400	60	49680	70	57960	80	66240	90	74520	100	82800

829

1	829	11	9119	21	17409	31	25699	41	33989	51	42279	61	50569	71	58859	81	67149	91	75439
2	1658	12	9948	22	18238	32	26528	42	34818	52	43108	62	51398	72	59688	82	67978	92	76268
3	2487	13	10777	23	19067	33	27357	43	35647	53	43937	63	52227	73	60517	83	68807	93	77097
4	3316	14	11606	24	19896	34	28186	44	36476	54	44766	64	53056	74	61346	84	69636	94	77926
5	4145	15	12435	25	20725	35	29015	45	37305	55	45595	65	53885	75	62175	85	70465	95	78755
6	4974	16	13264	26	21554	36	29844	46	38134	56	46424	66	54714	76	63004	86	71294	96	79584
7	5803	17	14093	27	22383	37	30673	47	38963	57	47253	67	55543	77	63833	87	72123	97	80413
8	6632	18	14922	28	23212	38	31502	48	39792	58	48082	68	56372	78	64662	88	72952	98	81242
9	7461	19	15751	29	24041	39	32331	49	40621	59	48911	69	57201	79	65491	89	73781	99	82071
10	8290	20	16580	30	24870	40	33160	50	41450	60	49740	70	58030	80	66320	90	74610	100	82900

830

1	830	11	9130	21	17430	31	25730	41	34030	51	42330	61	50630	71	58930	81	67230	91	75530
2	1660	12	9960	22	18260	32	26560	42	34860	52	43160	62	51460	72	59760	82	68060	92	76360
3	2490	13	10790	23	19090	33	27390	43	35690	53	43990	63	52290	73	60590	83	68890	93	77190
4	3320	14	11620	24	19920	34	28220	44	36520	54	44820	64	53120	74	61420	84	69720	94	78020
5	4150	15	12450	25	20750	35	29050	45	37350	55	45650	65	53950	75	62250	85	70550	95	78850
6	4980	16	13280	26	21580	36	29880	46	38180	56	46480	66	54780	76	63080	86	71380	96	79680
7	5810	17	14110	27	22410	37	30710	47	39010	57	47310	67	55610	77	63910	87	72210	97	80510
8	6640	18	14940	28	23240	38	31540	48	39840	58	48140	68	56440	78	64740	88	73040	98	81340
9	7470	19	15770	29	24070	39	32370	49	40670	59	48970	69	57270	79	65570	89	73870	99	82170
10	8300	20	16600	30	24900	40	33200	50	41500	60	49800	70	58100	80	66400	90	74700	100	83000

831

1	831	**11**	9141	**21**	17451	**31**	25761	**41**	34071	**51**	42381	**61**	50691	**71**	59001	**81**	67311	**91**	75621
2	1662	**12**	9972	**22**	18282	**32**	26592	**42**	34902	**52**	43212	**62**	51522	**72**	59832	**82**	68142	**92**	76452
3	2493	**13**	10803	**23**	19113	**33**	27423	**43**	35733	**53**	44043	**63**	52353	**73**	60663	**83**	68973	**93**	77283
4	3324	**14**	11634	**24**	19944	**34**	28254	**44**	36564	**54**	44874	**64**	53184	**74**	61494	**84**	69804	**94**	78114
5	4155	**15**	12465	**25**	20775	**35**	29085	**45**	37395	**55**	45705	**65**	54015	**75**	62325	**85**	70635	**95**	78945
6	4986	**16**	13296	**26**	21606	**36**	29916	**46**	38226	**56**	46536	**66**	54846	**76**	63156	**86**	71466	**96**	79776
7	5817	**17**	14127	**27**	22437	**37**	30747	**47**	39057	**57**	47367	**67**	55677	**77**	63987	**87**	72297	**97**	80607
8	6648	**18**	14958	**28**	23268	**38**	31578	**48**	39888	**58**	48198	**68**	56508	**78**	64818	**88**	73128	**98**	81438
9	7479	**19**	15789	**29**	24099	**39**	32409	**49**	40719	**59**	49029	**69**	57339	**79**	65649	**89**	73959	**99**	82269
10	8310	**20**	16620	**30**	24930	**40**	33240	**50**	41550	**60**	49860	**70**	58170	**80**	66480	**90**	74790	**100**	83100

832

1	832	**11**	9152	**21**	17472	**31**	25792	**41**	34112	**51**	42432	**61**	50752	**71**	59072	**81**	67392	**91**	75712
2	1664	**12**	9984	**22**	18304	**32**	26624	**42**	34944	**52**	43264	**62**	51584	**72**	59904	**82**	68224	**92**	76544
3	2496	**13**	10816	**23**	19136	**33**	27456	**43**	35776	**53**	44096	**63**	52416	**73**	60736	**83**	69056	**93**	77376
4	3328	**14**	11648	**24**	19968	**34**	28288	**44**	36608	**54**	44928	**64**	53248	**74**	61568	**84**	69888	**94**	78208
5	4160	**15**	12480	**25**	20800	**35**	29120	**45**	37440	**55**	45760	**65**	54080	**75**	62400	**85**	70720	**95**	79040
6	4992	**16**	13312	**26**	21632	**36**	29952	**46**	38272	**56**	46592	**66**	54912	**76**	63232	**86**	71552	**96**	79872
7	5824	**17**	14144	**27**	22464	**37**	30784	**47**	39104	**57**	47424	**67**	55744	**77**	64064	**87**	72384	**97**	80704
8	6656	**18**	14976	**28**	23296	**38**	31616	**48**	39936	**58**	48256	**68**	56576	**78**	64896	**88**	73216	**98**	81536
9	7488	**19**	15808	**29**	24128	**39**	32448	**49**	40768	**59**	49088	**69**	57408	**79**	65728	**89**	74048	**99**	82368
10	8320	**20**	16640	**30**	24960	**40**	33280	**50**	41600	**60**	49920	**70**	58240	**80**	66560	**90**	74880	**100**	83200

833

1	833	**11**	9163	**21**	17493	**31**	25823	**41**	34153	**51**	42483	**61**	50813	**71**	59143	**81**	67473	**91**	75803
2	1666	**12**	9996	**22**	18326	**32**	26656	**42**	34986	**52**	43316	**62**	51646	**72**	59976	**82**	68306	**92**	76636
3	2499	**13**	10829	**23**	19159	**33**	27489	**43**	35819	**53**	44149	**63**	52479	**73**	60809	**83**	69139	**93**	77469
4	3332	**14**	11662	**24**	19992	**34**	28322	**44**	36652	**54**	44982	**64**	53312	**74**	61642	**84**	69972	**94**	78302
5	4165	**15**	12495	**25**	20825	**35**	29155	**45**	37485	**55**	45815	**65**	54145	**75**	62475	**85**	70805	**95**	79135
6	4998	**16**	13328	**26**	21658	**36**	29988	**46**	38318	**56**	46648	**66**	54978	**76**	63308	**86**	71638	**96**	79968
7	5831	**17**	14161	**27**	22491	**37**	30821	**47**	39151	**57**	47481	**67**	55811	**77**	64141	**87**	72471	**97**	80801
8	6664	**18**	14994	**28**	23324	**38**	31654	**48**	39984	**58**	48314	**68**	56644	**78**	64974	**88**	73304	**98**	81634
9	7497	**19**	15827	**29**	24157	**39**	32487	**49**	40817	**59**	49147	**69**	57477	**79**	65807	**89**	74137	**99**	82467
10	8330	**20**	16660	**30**	24990	**40**	33320	**50**	41650	**60**	49980	**70**	58310	**80**	66640	**90**	74970	**100**	83300

834

1	834	**11**	9174	**21**	17514	**31**	25854	**41**	34194	**51**	42534	**61**	50874	**71**	59214	**81**	67554	**91**	75894
2	1668	**12**	10008	**22**	18348	**32**	26688	**42**	35028	**52**	43368	**62**	51708	**72**	60048	**82**	68388	**92**	76728
3	2502	**13**	10842	**23**	19182	**33**	27522	**43**	35862	**53**	44202	**63**	52542	**73**	60882	**83**	69222	**93**	77562
4	3336	**14**	11676	**24**	20016	**34**	28356	**44**	36696	**54**	45036	**64**	53376	**74**	61716	**84**	70056	**94**	78396
5	4170	**15**	12510	**25**	20850	**35**	29190	**45**	37530	**55**	45870	**65**	54210	**75**	62550	**85**	70890	**95**	79230
6	5004	**16**	13344	**26**	21684	**36**	30024	**46**	38364	**56**	46704	**66**	55044	**76**	63384	**86**	71724	**96**	80064
7	5838	**17**	14178	**27**	22518	**37**	30858	**47**	39198	**57**	47538	**67**	55878	**77**	64218	**87**	72558	**97**	80898
8	6672	**18**	15012	**28**	23352	**38**	31692	**48**	40032	**58**	48372	**68**	56712	**78**	65052	**88**	73392	**98**	81732
9	7506	**19**	15846	**29**	24186	**39**	32526	**49**	40866	**59**	49206	**69**	57546	**79**	65886	**89**	74226	**99**	82566
10	8340	**20**	16680	**30**	25020	**40**	33360	**50**	41700	**60**	50040	**70**	58380	**80**	66720	**90**	75060	**100**	83400

835

1	835	**11**	9185	**21**	17535	**31**	25885	**41**	34235	**51**	42585	**61**	50935	**71**	59285	**81**	67635	**91**	75985
2	1670	**12**	10020	**22**	18370	**32**	26720	**42**	35070	**52**	43420	**62**	51770	**72**	60120	**82**	68470	**92**	76820
3	2505	**13**	10855	**23**	19205	**33**	27555	**43**	35905	**53**	44255	**63**	52605	**73**	60955	**83**	69305	**93**	77655
4	3340	**14**	11690	**24**	20040	**34**	28390	**44**	36740	**54**	45090	**64**	53440	**74**	61790	**84**	70140	**94**	78490
5	4175	**15**	12525	**25**	20875	**35**	29225	**45**	37575	**55**	45925	**65**	54275	**75**	62625	**85**	70975	**95**	79325
6	5010	**16**	13360	**26**	21710	**36**	30060	**46**	38410	**56**	46760	**66**	55110	**76**	63460	**86**	71810	**96**	80160
7	5845	**17**	14195	**27**	22545	**37**	30895	**47**	39245	**57**	47595	**67**	55945	**77**	64295	**87**	72645	**97**	80995
8	6680	**18**	15030	**28**	23380	**38**	31730	**48**	40080	**58**	48430	**68**	56780	**78**	65130	**88**	73480	**98**	81830
9	7515	**19**	15865	**29**	24215	**39**	32565	**49**	40915	**59**	49265	**69**	57615	**79**	65965	**89**	74315	**99**	82665
10	8350	**20**	16700	**30**	25050	**40**	33400	**50**	41750	**60**	50100	**70**	58450	**80**	66800	**90**	75150	**100**	83500

836

1	836	**11**	9196	**21**	17556	**31**	25916	**41**	34276	**51**	42636	**61**	50996	**71**	59356	**81**	67716	**91**	76076
2	1672	**12**	10032	**22**	18392	**32**	26752	**42**	35112	**52**	43472	**62**	51832	**72**	60192	**82**	68552	**92**	76912
3	2508	**13**	10868	**23**	19228	**33**	27588	**43**	35948	**53**	44308	**63**	52668	**73**	61028	**83**	69388	**93**	77748
4	3344	**14**	11704	**24**	20064	**34**	28424	**44**	36784	**54**	45144	**64**	53504	**74**	61864	**84**	70224	**94**	78584
5	4180	**15**	12540	**25**	20900	**35**	29260	**45**	37620	**55**	45980	**65**	54340	**75**	62700	**85**	71060	**95**	79420
6	5016	**16**	13376	**26**	21736	**36**	30096	**46**	38456	**56**	46816	**66**	55176	**76**	63536	**86**	71896	**96**	80256
7	5852	**17**	14212	**27**	22572	**37**	30932	**47**	39292	**57**	47652	**67**	56012	**77**	64372	**87**	72732	**97**	81092
8	6688	**18**	15048	**28**	23408	**38**	31768	**48**	40128	**58**	48488	**68**	56848	**78**	65208	**88**	73568	**98**	81928
9	7524	**19**	15884	**29**	24244	**39**	32604	**49**	40964	**59**	49324	**69**	57684	**79**	66044	**89**	74404	**99**	82764
10	8360	**20**	16720	**30**	25080	**40**	33440	**50**	41800	**60**	50160	**70**	58520	**80**	66880	**90**	75240	**100**	83600

837

1	837	**11**	9207	**21**	17577	**31**	25947	**41**	34317	**51**	42687	**61**	51057	**71**	59427	**81**	67797	**91**	76167
2	1674	**12**	10044	**22**	18414	**32**	26784	**42**	35154	**52**	43524	**62**	51894	**72**	60264	**82**	68634	**92**	77004
3	2511	**13**	10881	**23**	19251	**33**	27621	**43**	35991	**53**	44361	**63**	52731	**73**	61101	**83**	69471	**93**	77841
4	3348	**14**	11718	**24**	20088	**34**	28458	**44**	36828	**54**	45198	**64**	53568	**74**	61938	**84**	70308	**94**	78678
5	4185	**15**	12555	**25**	20925	**35**	29295	**45**	37665	**55**	46035	**65**	54405	**75**	62775	**85**	71145	**95**	79515
6	5022	**16**	13392	**26**	21762	**36**	30132	**46**	38502	**56**	46872	**66**	55242	**76**	63612	**86**	71982	**96**	80352
7	5859	**17**	14229	**27**	22599	**37**	30969	**47**	39339	**57**	47709	**67**	56079	**77**	64449	**87**	72819	**97**	81189
8	6696	**18**	15066	**28**	23436	**38**	31806	**48**	40176	**58**	48546	**68**	56916	**78**	65286	**88**	73656	**98**	82026
9	7533	**19**	15903	**29**	24273	**39**	32643	**49**	41013	**59**	49383	**69**	57753	**79**	66123	**89**	74493	**99**	82863
10	8370	**20**	16740	**30**	25110	**40**	33480	**50**	41850	**60**	50220	**70**	58590	**80**	66960	**90**	75330	**100**	83700

838

1	838	**11**	9218	**21**	17598	**31**	25978	**41**	34358	**51**	42738	**61**	51118	**71**	59498	**81**	67878	**91**	76258
2	1676	**12**	10056	**22**	18436	**32**	26816	**42**	35196	**52**	43576	**62**	51956	**72**	60336	**82**	68716	**92**	77096
3	2514	**13**	10894	**23**	19274	**33**	27654	**43**	36034	**53**	44414	**63**	52794	**73**	61174	**83**	69554	**93**	77934
4	3352	**14**	11732	**24**	20112	**34**	28492	**44**	36872	**54**	45252	**64**	53632	**74**	62012	**84**	70392	**94**	78772
5	4190	**15**	12570	**25**	20950	**35**	29330	**45**	37710	**55**	46090	**65**	54470	**75**	62850	**85**	71230	**95**	79610
6	5028	**16**	13408	**26**	21788	**36**	30168	**46**	38548	**56**	46928	**66**	55308	**76**	63688	**86**	72068	**96**	80448
7	5866	**17**	14246	**27**	22626	**37**	31006	**47**	39386	**57**	47766	**67**	56146	**77**	64526	**87**	72906	**97**	81286
8	6704	**18**	15084	**28**	23464	**38**	31844	**48**	40224	**58**	48604	**68**	56984	**78**	65364	**88**	73744	**98**	82124
9	7542	**19**	15922	**29**	24302	**39**	32682	**49**	41062	**59**	49442	**69**	57822	**79**	66202	**89**	74582	**99**	82962
10	8380	**20**	16760	**30**	25140	**40**	33520	**50**	41900	**60**	50280	**70**	58660	**80**	67040	**90**	75420	**100**	83800

839

1	839	**11**	9229	**21**	17619	**31**	26009	**41**	34399	**51**	42789	**61**	51179	**71**	59569	**81**	67959	**91**	76349
2	1678	**12**	10068	**22**	18458	**32**	26848	**42**	35238	**52**	43628	**62**	52018	**72**	60408	**82**	68798	**92**	77188
3	2517	**13**	10907	**23**	19297	**33**	27687	**43**	36077	**53**	44467	**63**	52857	**73**	61247	**83**	69637	**93**	78027
4	3356	**14**	11746	**24**	20136	**34**	28526	**44**	36916	**54**	45306	**64**	53696	**74**	62086	**84**	70476	**94**	78866
5	4195	**15**	12585	**25**	20975	**35**	29365	**45**	37755	**55**	46145	**65**	54535	**75**	62925	**85**	71315	**95**	79705
6	5034	**16**	13424	**26**	21814	**36**	30204	**46**	38594	**56**	46984	**66**	55374	**76**	63764	**86**	72154	**96**	80544
7	5873	**17**	14263	**27**	22653	**37**	31043	**47**	39433	**57**	47823	**67**	56213	**77**	64603	**87**	72993	**97**	81383
8	6712	**18**	15102	**28**	23492	**38**	31882	**48**	40272	**58**	48662	**68**	57052	**78**	65442	**88**	73832	**98**	82222
9	7551	**19**	15941	**29**	24331	**39**	32721	**49**	41111	**59**	49501	**69**	57891	**79**	66281	**89**	74671	**99**	83061
10	8390	**20**	16780	**30**	25170	**40**	33560	**50**	41950	**60**	50340	**70**	58730	**80**	67120	**90**	75510	**100**	83900

840

1	840	**11**	9240	**21**	17640	**31**	26040	**41**	34440	**51**	42840	**61**	51240	**71**	59640	**81**	68040	**91**	76440
2	1680	**12**	10080	**22**	18480	**32**	26880	**42**	35280	**52**	43680	**62**	52080	**72**	60480	**82**	68880	**92**	77280
3	2520	**13**	10920	**23**	19320	**33**	27720	**43**	36120	**53**	44520	**63**	52920	**73**	61320	**83**	69720	**93**	78120
4	3360	**14**	11760	**24**	20160	**34**	28560	**44**	36960	**54**	45360	**64**	53760	**74**	62160	**84**	70560	**94**	78960
5	4200	**15**	12600	**25**	21000	**35**	29400	**45**	37800	**55**	46200	**65**	54600	**75**	63000	**85**	71400	**95**	79800
6	5040	**16**	13440	**26**	21840	**36**	30240	**46**	38640	**56**	47040	**66**	55440	**76**	63840	**86**	72240	**96**	80640
7	5880	**17**	14280	**27**	22680	**37**	31080	**47**	39480	**57**	47880	**67**	56280	**77**	64680	**87**	73080	**97**	81480
8	6720	**18**	15120	**28**	23520	**38**	31920	**48**	40320	**58**	48720	**68**	57120	**78**	65520	**88**	73920	**98**	82320
9	7560	**19**	15960	**29**	24360	**39**	32760	**49**	41160	**59**	49560	**69**	57960	**79**	66360	**89**	74760	**99**	83160
10	8400	**20**	16800	**30**	25200	**40**	33600	**50**	42000	**60**	50400	**70**	58800	**80**	67200	**90**	75600	**100**	84000

841

1	841	11	9251	21	17661	31	26071	41	34481	51	42891	61	51301	71	59711	81	68121	91	76531
2	1682	12	10092	22	18502	32	26912	42	35322	52	43732	62	52142	72	60552	82	68962	92	77372
3	2523	13	10933	23	19343	33	27753	43	36163	53	44573	63	52983	73	61393	83	69803	93	78213
4	3364	14	11774	24	20184	34	28594	44	37004	54	45414	64	53824	74	62234	84	70644	94	79054
5	4205	15	12615	25	21025	35	29435	45	37845	55	46255	65	54665	75	63075	85	71485	95	79895
6	5046	16	13456	26	21866	36	30276	46	38686	56	47096	66	55506	76	63916	86	72326	96	80736
7	5887	17	14297	27	22707	37	31117	47	39527	57	47937	67	56347	77	64757	87	73167	97	81577
8	6728	18	15138	28	23548	38	31958	48	40368	58	48778	68	57188	78	65598	88	74008	98	82418
9	7569	19	15979	29	24389	39	32799	49	41209	59	49619	69	58029	79	66439	89	74849	99	83259
10	8410	20	16820	30	25230	40	33640	50	42050	60	50460	70	58870	80	67280	90	75690	100	84100

842

1	842	11	9262	21	17682	31	26102	41	34522	51	42942	61	51362	71	59782	81	68202	91	76622
2	1684	12	10104	22	18524	32	26944	42	35364	52	43784	62	52204	72	60624	82	69044	92	77464
3	2526	13	10946	23	19366	33	27786	43	36206	53	44626	63	53046	73	61466	83	69886	93	78306
4	3368	14	11788	24	20208	34	28628	44	37048	54	45468	64	53888	74	62308	84	70728	94	79148
5	4210	15	12630	25	21050	35	29470	45	37890	55	46310	65	54730	75	63150	85	71570	95	79990
6	5052	16	13472	26	21892	36	30312	46	38732	56	47152	66	55572	76	63992	86	72412	96	80832
7	5894	17	14314	27	22734	37	31154	47	39574	57	47994	67	56414	77	64834	87	73254	97	81674
8	6736	18	15156	28	23576	38	31996	48	40416	58	48836	68	57256	78	65676	88	74096	98	82516
9	7578	19	15998	29	24418	39	32838	49	41258	59	49678	69	58098	79	66518	89	74938	99	83358
10	8420	20	16840	30	25260	40	33680	50	42100	60	50520	70	58940	80	67360	90	75780	100	84200

843

1	843	11	9273	21	17703	31	26133	41	34563	51	42993	61	51423	71	59853	81	68283	91	76713
2	1686	12	10116	22	18546	32	26976	42	35406	52	43836	62	52266	72	60696	82	69126	92	77556
3	2529	13	10959	23	19389	33	27819	43	36249	53	44679	63	53109	73	61539	83	69969	93	78399
4	3372	14	11802	24	20232	34	28662	44	37092	54	45522	64	53952	74	62382	84	70812	94	79242
5	4215	15	12645	25	21075	35	29505	45	37935	55	46365	65	54795	75	63225	85	71655	95	80085
6	5058	16	13488	26	21918	36	30348	46	38778	56	47208	66	55638	76	64068	86	72498	96	80928
7	5901	17	14331	27	22761	37	31191	47	39621	57	48051	67	56481	77	64911	87	73341	97	81771
8	6744	18	15174	28	23604	38	32034	48	40464	58	48894	68	57324	78	65754	88	74184	98	82614
9	7587	19	16017	29	24447	39	32877	49	41307	59	49737	69	58167	79	66597	89	75027	99	83457
10	8430	20	16860	30	25290	40	33720	50	42150	60	50580	70	59010	80	67440	90	75870	100	84300

844

1	844	11	9284	21	17724	31	26164	41	34604	51	43044	61	51484	71	59924	81	68364	91	76804
2	1688	12	10128	22	18568	32	27008	42	35448	52	43888	62	52328	72	60768	82	69208	92	77648
3	2532	13	10972	23	19412	33	27852	43	36292	53	44732	63	53172	73	61612	83	70052	93	78492
4	3376	14	11816	24	20256	34	28696	44	37136	54	45576	64	54016	74	62456	84	70896	94	79336
5	4220	15	12660	25	21100	35	29540	45	37980	55	46420	65	54860	75	63300	85	71740	95	80180
6	5064	16	13504	26	21944	36	30384	46	38824	56	47264	66	55704	76	64144	86	72584	96	81024
7	5908	17	14348	27	22788	37	31228	47	39668	57	48108	67	56548	77	64988	87	73428	97	81868
8	6752	18	15192	28	23632	38	32072	48	40512	58	48952	68	57392	78	65832	88	74272	98	82712
9	7596	19	16036	29	24476	39	32916	49	41356	59	49796	69	58236	79	66676	89	75116	99	83556
10	8440	20	16880	30	25320	40	33760	50	42200	60	50640	70	59080	80	67520	90	75960	100	84400

845

1	845	11	9295	21	17745	31	26195	41	34645	51	43095	61	51545	71	59995	81	68445	91	76895
2	1690	12	10140	22	18590	32	27040	42	35490	52	43940	62	52390	72	60840	82	69290	92	77740
3	2535	13	10985	23	19435	33	27885	43	36335	53	44785	63	53235	73	61685	83	70135	93	78585
4	3380	14	11830	24	20280	34	28730	44	37180	54	45630	64	54080	74	62530	84	70980	94	79430
5	4225	15	12675	25	21125	35	29575	45	38025	55	46475	65	54925	75	63375	85	71825	95	80275
6	5070	16	13520	26	21970	36	30420	46	38870	56	47320	66	55770	76	64220	86	72670	96	81120
7	5915	17	14365	27	22815	37	31265	47	39715	57	48165	67	56615	77	65065	87	73515	97	81965
8	6760	18	15210	28	23660	38	32110	48	40560	58	49010	68	57460	78	65910	88	74360	98	82810
9	7605	19	16055	29	24505	39	32955	49	41405	59	49855	69	58305	79	66755	89	75205	99	83655
10	8450	20	16900	30	25350	40	33800	50	42250	60	50700	70	59150	80	67600	90	76050	100	84500

846

1	846	11	9306	21	17766	31	26226	41	34686	51	43146	61	51606	71	60066	81	68526	91	76986
2	1692	12	10152	22	18612	32	27072	42	35532	52	43992	62	52452	72	60912	82	69372	92	77832
3	2538	13	10998	23	19458	33	27918	43	36378	53	44838	63	53298	73	61758	83	70218	93	78678
4	3384	14	11844	24	20304	34	28764	44	37224	54	45684	64	54144	74	62604	84	71064	94	79524
5	4230	15	12690	25	21150	35	29610	45	38070	55	46530	65	54990	75	63450	85	71910	95	80370
6	5076	16	13536	26	21996	36	30456	46	38916	56	47376	66	55836	76	64296	86	72756	96	81216
7	5922	17	14382	27	22842	37	31302	47	39762	57	48222	67	56682	77	65142	87	73602	97	82062
8	6768	18	15228	28	23688	38	32148	48	40608	58	49068	68	57528	78	65988	88	74448	98	82908
9	7614	19	16074	29	24534	39	32994	49	41454	59	49914	69	58374	79	66834	89	75294	99	83754
10	8460	20	16920	30	25380	40	33840	50	42300	60	50760	70	59220	80	67680	90	76140	100	84600

847

1	847	11	9317	21	17787	31	26257	41	34727	51	43197	61	51667	71	60137	81	68607	91	77077
2	1694	12	10164	22	18634	32	27104	42	35574	52	44044	62	52514	72	60984	82	69454	92	77924
3	2541	13	11011	23	19481	33	27951	43	36421	53	44891	63	53361	73	61831	83	70301	93	78771
4	3388	14	11858	24	20328	34	28798	44	37268	54	45738	64	54208	74	62678	84	71148	94	79618
5	4235	15	12705	25	21175	35	29645	45	38115	55	46585	65	55055	75	63525	85	71995	95	80465
6	5082	16	13552	26	22022	36	30492	46	38962	56	47432	66	55902	76	64372	86	72842	96	81312
7	5929	17	14399	27	22869	37	31339	47	39809	57	48279	67	56749	77	65219	87	73689	97	82159
8	6776	18	15246	28	23716	38	32186	48	40656	58	49126	68	57596	78	66066	88	74536	98	83006
9	7623	19	16093	29	24563	39	33033	49	41503	59	49973	69	58443	79	66913	89	75383	99	83853
10	8470	20	16940	30	25410	40	33880	50	42350	60	50820	70	59290	80	67760	90	76230	100	84700

848

1	848	11	9328	21	17808	31	26288	41	34768	51	43248	61	51728	71	60208	81	68688	91	77168
2	1696	12	10176	22	18656	32	27136	42	35616	52	44096	62	52576	72	61056	82	69536	92	78016
3	2544	13	11024	23	19504	33	27984	43	36464	53	44944	63	53424	73	61904	83	70384	93	78864
4	3392	14	11872	24	20352	34	28832	44	37312	54	45792	64	54272	74	62752	84	71232	94	79712
5	4240	15	12720	25	21200	35	29680	45	38160	55	46640	65	55120	75	63600	85	72080	95	80560
6	5088	16	13568	26	22048	36	30528	46	39008	56	47488	66	55968	76	64448	86	72928	96	81408
7	5936	17	14416	27	22896	37	31376	47	39856	57	48336	67	56816	77	65296	87	73776	97	82256
8	6784	18	15264	28	23744	38	32224	48	40704	58	49184	68	57664	78	66144	88	74624	98	83104
9	7632	19	16112	29	24592	39	33072	49	41552	59	50032	69	58512	79	66992	89	75472	99	83952
10	8480	20	16960	30	25440	40	33920	50	42400	60	50880	70	59360	80	67840	90	76320	100	84800

849

1	849	11	9339	21	17829	31	26319	41	34809	51	43299	61	51789	71	60279	81	68769	91	77259
2	1698	12	10188	22	18678	32	27168	42	35658	52	44148	62	52638	72	61128	82	69618	92	78108
3	2547	13	11037	23	19527	33	28017	43	36507	53	44997	63	53487	73	61977	83	70467	93	78957
4	3396	14	11886	24	20376	34	28866	44	37356	54	45846	64	54336	74	62826	84	71316	94	79806
5	4245	15	12735	25	21225	35	29715	45	38205	55	46695	65	55185	75	63675	85	72165	95	80655
6	5094	16	13584	26	22074	36	30564	46	39054	56	47544	66	56034	76	64524	86	73014	96	81504
7	5943	17	14433	27	22923	37	31413	47	39903	57	48393	67	56883	77	65373	87	73863	97	82353
8	6792	18	15282	28	23772	38	32262	48	40752	58	49242	68	57732	78	66222	88	74712	98	83202
9	7641	19	16131	29	24621	39	33111	49	41601	59	50091	69	58581	79	67071	89	75561	99	84051
10	8490	20	16980	30	25470	40	33960	50	42450	60	50940	70	59430	80	67920	90	76410	100	84900

850

1	850	11	9350	21	17850	31	26350	41	34850	51	43350	61	51850	71	60350	81	68850	91	77350
2	1700	12	10200	22	18700	32	27200	42	35700	52	44200	62	52700	72	61200	82	69700	92	78200
3	2550	13	11050	23	19550	33	28050	43	36550	53	45050	63	53550	73	62050	83	70550	93	79050
4	3400	14	11900	24	20400	34	28900	44	37400	54	45900	64	54400	74	62900	84	71400	94	79900
5	4250	15	12750	25	21250	35	29750	45	38250	55	46750	65	55250	75	63750	85	72250	95	80750
6	5100	16	13600	26	22100	36	30600	46	39100	56	47600	66	56100	76	64600	86	73100	96	81600
7	5950	17	14450	27	22950	37	31450	47	39950	57	48450	67	56950	77	65450	87	73950	97	82450
8	6800	18	15300	28	23800	38	32300	48	40800	58	49300	68	57800	78	66300	88	74800	98	83300
9	7650	19	16150	29	24650	39	33150	49	41650	59	50150	69	58650	79	67150	89	75650	99	84150
10	8500	20	17000	30	25500	40	34000	50	42500	60	51000	70	59500	80	68000	90	76500	100	85000

851

1	851	11	9361	21	17871	31	26381	41	34891	51	43401	61	51911	71	60421	81	68931	91	77441
2	1702	12	10212	22	18722	32	27232	42	35742	52	44252	62	52762	72	61272	82	69782	92	78292
3	2553	13	11063	23	19573	33	28083	43	36593	53	45103	63	53613	73	62123	83	70633	93	79143
4	3404	14	11914	24	20424	34	28934	44	37444	54	45954	64	54464	74	62974	84	71484	94	79994
5	4255	15	12765	25	21275	35	29785	45	38295	55	46805	65	55315	75	63825	85	72335	95	80845
6	5106	16	13616	26	22126	36	30636	46	39146	56	47656	66	56166	76	64676	86	73186	96	81696
7	5957	17	14467	27	22977	37	31487	47	39997	57	48507	67	57017	77	65527	87	74037	97	82547
8	6808	18	15318	28	23828	38	32338	48	40848	58	49358	68	57868	78	66378	88	74888	98	83398
9	7659	19	16169	29	24679	39	33189	49	41699	59	50209	69	58719	79	67229	89	75739	99	84249
10	8510	20	17020	30	25530	40	34040	50	42550	60	51060	70	59570	80	68080	90	76590	100	85100

852

1	852	11	9372	21	17892	31	26412	41	34932	51	43452	61	51972	71	60492	81	69012	91	77532
2	1704	12	10224	22	18744	32	27264	42	35784	52	44304	62	52824	72	61344	82	69864	92	78384
3	2556	13	11076	23	19596	33	28116	43	36636	53	45156	63	53676	73	62196	83	70716	93	79236
4	3408	14	11928	24	20448	34	28968	44	37488	54	46008	64	54528	74	63048	84	71568	94	80088
5	4260	15	12780	25	21300	35	29820	45	38340	55	46860	65	55380	75	63900	85	72420	95	80940
6	5112	16	13632	26	22152	36	30672	46	39192	56	47712	66	56232	76	64752	86	73272	96	81792
7	5964	17	14484	27	23004	37	31524	47	40044	57	48564	67	57084	77	65604	87	74124	97	82644
8	6816	18	15336	28	23856	38	32376	48	40896	58	49416	68	57936	78	66456	88	74976	98	83496
9	7668	19	16188	29	24708	39	33228	49	41748	59	50268	69	58788	79	67308	89	75828	99	84348
10	8520	20	17040	30	25560	40	34080	50	42600	60	51120	70	59640	80	68160	90	76680	100	85200

853

1	853	11	9383	21	17913	31	26443	41	34973	51	43503	61	52033	71	60563	81	69093	91	77623
2	1706	12	10236	22	18766	32	27296	42	35826	52	44356	62	52886	72	61416	82	69946	92	78476
3	2559	13	11089	23	19619	33	28149	43	36679	53	45209	63	53739	73	62269	83	70799	93	79329
4	3412	14	11942	24	20472	34	29002	44	37532	54	46062	64	54592	74	63122	84	71652	94	80182
5	4265	15	12795	25	21325	35	29855	45	38385	55	46915	65	55445	75	63975	85	72505	95	81035
6	5118	16	13648	26	22178	36	30708	46	39238	56	47768	66	56298	76	64828	86	73358	96	81888
7	5971	17	14501	27	23031	37	31561	47	40091	57	48621	67	57151	77	65681	87	74211	97	82741
8	6824	18	15354	28	23884	38	32414	48	40944	58	49474	68	58004	78	66534	88	75064	98	83594
9	7677	19	16207	29	24737	39	33267	49	41797	59	50327	69	58857	79	67387	89	75917	99	84447
10	8530	20	17060	30	25590	40	34120	50	42650	60	51180	70	59710	80	68240	90	76770	100	85300

854

1	854	11	9394	21	17934	31	26474	41	35014	51	43554	61	52094	71	60634	81	69174	91	77714
2	1708	12	10248	22	18788	32	27328	42	35868	52	44408	62	52948	72	61488	82	70028	92	78568
3	2562	13	11102	23	19642	33	28182	43	36722	53	45262	63	53802	73	62342	83	70882	93	79422
4	3416	14	11956	24	20496	34	29036	44	37576	54	46116	64	54656	74	63196	84	71736	94	80276
5	4270	15	12810	25	21350	35	29890	45	38430	55	46970	65	55510	75	64050	85	72590	95	81130
6	5124	16	13664	26	22204	36	30744	46	39284	56	47824	66	56364	76	64904	86	73444	96	81984
7	5978	17	14518	27	23058	37	31598	47	40138	57	48678	67	57218	77	65758	87	74298	97	82838
8	6832	18	15372	28	23912	38	32452	48	40992	58	49532	68	58072	78	66612	88	75152	98	83692
9	7686	19	16226	29	24766	39	33306	49	41846	59	50386	69	58926	79	67466	89	76006	99	84546
10	8540	20	17080	30	25620	40	34160	50	42700	60	51240	70	59780	80	68320	90	76860	100	85400

855

1	855	11	9405	21	17955	31	26505	41	35055	51	43605	61	52155	71	60705	81	69255	91	77805
2	1710	12	10260	22	18810	32	27360	42	35910	52	44460	62	53010	72	61560	82	70110	92	78660
3	2565	13	11115	23	19665	33	28215	43	36765	53	45315	63	53865	73	62415	83	70965	93	79515
4	3420	14	11970	24	20520	34	29070	44	37620	54	46170	64	54720	74	63270	84	71820	94	80370
5	4275	15	12825	25	21375	35	29925	45	38475	55	47025	65	55575	75	64125	85	72675	95	81225
6	5130	16	13680	26	22230	36	30780	46	39330	56	47880	66	56430	76	64980	86	73530	96	82080
7	5985	17	14535	27	23085	37	31635	47	40185	57	48735	67	57285	77	65835	87	74385	97	82935
8	6840	18	15390	28	23940	38	32490	48	41040	58	49590	68	58140	78	66690	88	75240	98	83790
9	7695	19	16245	29	24795	39	33345	49	41895	59	50445	69	58995	79	67545	89	76095	99	84645
10	8550	20	17100	30	25650	40	34200	50	42750	60	51300	70	59850	80	68400	90	76950	100	85500

856

1	856	11	9416	21	17976	31	26536	41	35096	51	43656	61	52216	71	60776	81	69336	91	77896
2	1712	12	10272	22	18832	32	27392	42	35952	52	44512	62	53072	72	61632	82	70192	92	78752
3	2568	13	11128	23	19688	33	28248	43	36808	53	45368	63	53928	73	62488	83	71048	93	79608
4	3424	14	11984	24	20544	34	29104	44	37664	54	46224	64	54784	74	63344	84	71904	94	80464
5	4280	15	12840	25	21400	35	29960	45	38520	55	47080	65	55640	75	64200	85	72760	95	81320
6	5136	16	13696	26	22256	36	30816	46	39376	56	47936	66	56496	76	65056	86	73616	96	82176
7	5992	17	14552	27	23112	37	31672	47	40232	57	48792	67	57352	77	65912	87	74472	97	83032
8	6848	18	15408	28	23968	38	32528	48	41088	58	49648	68	58208	78	66768	88	75328	98	83888
9	7704	19	16264	29	24824	39	33384	49	41944	59	50504	69	59064	79	67624	89	76184	99	84744
10	8560	20	17120	30	25680	40	34240	50	42800	60	51360	70	59920	80	68480	90	77040	100	85600

857

1	857	11	9427	21	17997	31	26567	41	35137	51	43707	61	52277	71	60847	81	69417	91	77987
2	1714	12	10284	22	18854	32	27424	42	35994	52	44564	62	53134	72	61704	82	70274	92	78844
3	2571	13	11141	23	19711	33	28281	43	36851	53	45421	63	53991	73	62561	83	71131	93	79701
4	3428	14	11998	24	20568	34	29138	44	37708	54	46278	64	54848	74	63418	84	71988	94	80558
5	4285	15	12855	25	21425	35	29995	45	38565	55	47135	65	55705	75	64275	85	72845	95	81415
6	5142	16	13712	26	22282	36	30852	46	39422	56	47992	66	56562	76	65132	86	73702	96	82272
7	5999	17	14569	27	23139	37	31709	47	40279	57	48849	67	57419	77	65989	87	74559	97	83129
8	6856	18	15426	28	23996	38	32566	48	41136	58	49706	68	58276	78	66846	88	75416	98	83986
9	7713	19	16283	29	24853	39	33423	49	41993	59	50563	69	59133	79	67703	89	76273	99	84843
10	8570	20	17140	30	25710	40	34280	50	42850	60	51420	70	59990	80	68560	90	77130	100	85700

858

1	858	11	9438	21	18018	31	26598	41	35178	51	43758	61	52338	71	60918	81	69498	91	78078
2	1716	12	10296	22	18876	32	27456	42	36036	52	44616	62	53196	72	61776	82	70356	92	78936
3	2574	13	11154	23	19734	33	28314	43	36894	53	45474	63	54054	73	62634	83	71214	93	79794
4	3432	14	12012	24	20592	34	29172	44	37752	54	46332	64	54912	74	63492	84	72072	94	80652
5	4290	15	12870	25	21450	35	30030	45	38610	55	47190	65	55770	75	64350	85	72930	95	81510
6	5148	16	13728	26	22308	36	30888	46	39468	56	48048	66	56628	76	65208	86	73788	96	82368
7	6006	17	14586	27	23166	37	31746	47	40326	57	48906	67	57486	77	66066	87	74646	97	83226
8	6864	18	15444	28	24024	38	32604	48	41184	58	49764	68	58344	78	66924	88	75504	98	84084
9	7722	19	16302	29	24882	39	33462	49	42042	59	50622	69	59202	79	67782	89	76362	99	84942
10	8580	20	17160	30	25740	40	34320	50	42900	60	51480	70	60060	80	68640	90	77220	100	85800

859

1	859	11	9449	21	18039	31	26629	41	35219	51	43809	61	52399	71	60989	81	69579	91	78169
2	1718	12	10308	22	18898	32	27488	42	36078	52	44668	62	53258	72	61848	82	70438	92	79028
3	2577	13	11167	23	19757	33	28347	43	36937	53	45527	63	54117	73	62707	83	71297	93	79887
4	3436	14	12026	24	20616	34	29206	44	37796	54	46386	64	54976	74	63566	84	72156	94	80746
5	4295	15	12885	25	21475	35	30065	45	38655	55	47245	65	55835	75	64425	85	73015	95	81605
6	5154	16	13744	26	22334	36	30924	46	39514	56	48104	66	56694	76	65284	86	73874	96	82464
7	6013	17	14603	27	23193	37	31783	47	40373	57	48963	67	57553	77	66143	87	74733	97	83323
8	6872	18	15462	28	24052	38	32642	48	41232	58	49822	68	58412	78	67002	88	75592	98	84182
9	7731	19	16321	29	24911	39	33501	49	42091	59	50681	69	59271	79	67861	89	76451	99	85041
10	8590	20	17180	30	25770	40	34360	50	42950	60	51540	70	60130	80	68720	90	77310	100	85900

860

1	860	11	9460	21	18060	31	26660	41	35260	51	43860	61	52460	71	61060	81	69660	91	78260
2	1720	12	10320	22	18920	32	27520	42	36120	52	44720	62	53320	72	61920	82	70520	92	79120
3	2580	13	11180	23	19780	33	28380	43	36980	53	45580	63	54180	73	62780	83	71380	93	79980
4	3440	14	12040	24	20640	34	29240	44	37840	54	46440	64	55040	74	63640	84	72240	94	80840
5	4300	15	12900	25	21500	35	30100	45	38700	55	47300	65	55900	75	64500	85	73100	95	81700
6	5160	16	13760	26	22360	36	30960	46	39560	56	48160	66	56760	76	65360	86	73960	96	82560
7	6020	17	14620	27	23220	37	31820	47	40420	57	49020	67	57620	77	66220	87	74820	97	83420
8	6880	18	15480	28	24080	38	32680	48	41280	58	49880	68	58480	78	67080	88	75680	98	84280
9	7740	19	16340	29	24940	39	33540	49	42140	59	50740	69	59340	79	67940	89	76540	99	85140
10	8600	20	17200	30	25800	40	34400	50	43000	60	51600	70	60200	80	68800	90	77400	100	86000

861

1	861	**11**	9471	**21**	18081	**31**	26691	**41**	35301	**51**	43911	**61**	52521	**71**	61131	**81**	69741	**91**	78351
2	1722	**12**	10332	**22**	18942	**32**	27552	**42**	36162	**52**	44772	**62**	53382	**72**	61992	**82**	70602	**92**	79212
3	2583	**13**	11193	**23**	19803	**33**	28413	**43**	37023	**53**	45633	**63**	54243	**73**	62853	**83**	71463	**93**	80073
4	3444	**14**	12054	**24**	20664	**34**	29274	**44**	37884	**54**	46494	**64**	55104	**74**	63714	**84**	72324	**94**	80934
5	4305	**15**	12915	**25**	21525	**35**	30135	**45**	38745	**55**	47355	**65**	55965	**75**	64575	**85**	73185	**95**	81795
6	5166	**16**	13776	**26**	22386	**36**	30996	**46**	39606	**56**	48216	**66**	56826	**76**	65436	**86**	74046	**96**	82656
7	6027	**17**	14637	**27**	23247	**37**	31857	**47**	40467	**57**	49077	**67**	57687	**77**	66297	**87**	74907	**97**	83517
8	6888	**18**	15498	**28**	24108	**38**	32718	**48**	41328	**58**	49938	**68**	58548	**78**	67158	**88**	75768	**98**	84378
9	7749	**19**	16359	**29**	24969	**39**	33579	**49**	42189	**59**	50799	**69**	59409	**79**	68019	**89**	76629	**99**	85239
10	8610	**20**	17220	**30**	25830	**40**	34440	**50**	43050	**60**	51660	**70**	60270	**80**	68880	**90**	77490	**100**	86100

862

1	862	**11**	9482	**21**	18102	**31**	26722	**41**	35342	**51**	43962	**61**	52582	**71**	61202	**81**	69822	**91**	78442
2	1724	**12**	10344	**22**	18964	**32**	27584	**42**	36204	**52**	44824	**62**	53444	**72**	62064	**82**	70684	**92**	79304
3	2586	**13**	11206	**23**	19826	**33**	28446	**43**	37066	**53**	45686	**63**	54306	**73**	62926	**83**	71546	**93**	80166
4	3448	**14**	12068	**24**	20688	**34**	29308	**44**	37928	**54**	46548	**64**	55168	**74**	63788	**84**	72408	**94**	81028
5	4310	**15**	12930	**25**	21550	**35**	30170	**45**	38790	**55**	47410	**65**	56030	**75**	64650	**85**	73270	**95**	81890
6	5172	**16**	13792	**26**	22412	**36**	31032	**46**	39652	**56**	48272	**66**	56892	**76**	65512	**86**	74132	**96**	82752
7	6034	**17**	14654	**27**	23274	**37**	31894	**47**	40514	**57**	49134	**67**	57754	**77**	66374	**87**	74994	**97**	83614
8	6896	**18**	15516	**28**	24136	**38**	32756	**48**	41376	**58**	49996	**68**	58616	**78**	67236	**88**	75856	**98**	84476
9	7758	**19**	16378	**29**	24998	**39**	33618	**49**	42238	**59**	50858	**69**	59478	**79**	68098	**89**	76718	**99**	85338
10	8620	**20**	17240	**30**	25860	**40**	34480	**50**	43100	**60**	51720	**70**	60340	**80**	68960	**90**	77580	**100**	86200

863

1	863	**11**	9493	**21**	18123	**31**	26753	**41**	35383	**51**	44013	**61**	52643	**71**	61273	**81**	69903	**91**	78533
2	1726	**12**	10356	**22**	18986	**32**	27616	**42**	36246	**52**	44876	**62**	53506	**72**	62136	**82**	70766	**92**	79396
3	2589	**13**	11219	**23**	19849	**33**	28479	**43**	37109	**53**	45739	**63**	54369	**73**	62999	**83**	71629	**93**	80259
4	3452	**14**	12082	**24**	20712	**34**	29342	**44**	37972	**54**	46602	**64**	55232	**74**	63862	**84**	72492	**94**	81122
5	4315	**15**	12945	**25**	21575	**35**	30205	**45**	38835	**55**	47465	**65**	56095	**75**	64725	**85**	73355	**95**	81985
6	5178	**16**	13808	**26**	22438	**36**	31068	**46**	39698	**56**	48328	**66**	56958	**76**	65588	**86**	74218	**96**	82848
7	6041	**17**	14671	**27**	23301	**37**	31931	**47**	40561	**57**	49191	**67**	57821	**77**	66451	**87**	75081	**97**	83711
8	6904	**18**	15534	**28**	24164	**38**	32794	**48**	41424	**58**	50054	**68**	58684	**78**	67314	**88**	75944	**98**	84574
9	7767	**19**	16397	**29**	25027	**39**	33657	**49**	42287	**59**	50917	**69**	59547	**79**	68177	**89**	76807	**99**	85437
10	8630	**20**	17260	**30**	25890	**40**	34520	**50**	43150	**60**	51780	**70**	60410	**80**	69040	**90**	77670	**100**	86300

864

1	864	**11**	9504	**21**	18144	**31**	26784	**41**	35424	**51**	44064	**61**	52704	**71**	61344	**81**	69984	**91**	78624
2	1728	**12**	10368	**22**	19008	**32**	27648	**42**	36288	**52**	44928	**62**	53568	**72**	62208	**82**	70848	**92**	79488
3	2592	**13**	11232	**23**	19872	**33**	28512	**43**	37152	**53**	45792	**63**	54432	**73**	63072	**83**	71712	**93**	80352
4	3456	**14**	12096	**24**	20736	**34**	29376	**44**	38016	**54**	46656	**64**	55296	**74**	63936	**84**	72576	**94**	81216
5	4320	**15**	12960	**25**	21600	**35**	30240	**45**	38880	**55**	47520	**65**	56160	**75**	64800	**85**	73440	**95**	82080
6	5184	**16**	13824	**26**	22464	**36**	31104	**46**	39744	**56**	48384	**66**	57024	**76**	65664	**86**	74304	**96**	82944
7	6048	**17**	14688	**27**	23328	**37**	31968	**47**	40608	**57**	49248	**67**	57888	**77**	66528	**87**	75168	**97**	83808
8	6912	**18**	15552	**28**	24192	**38**	32832	**48**	41472	**58**	50112	**68**	58752	**78**	67392	**88**	76032	**98**	84672
9	7776	**19**	16416	**29**	25056	**39**	33696	**49**	42336	**59**	50976	**69**	59616	**79**	68256	**89**	76896	**99**	85536
10	8640	**20**	17280	**30**	25920	**40**	34560	**50**	43200	**60**	51840	**70**	60480	**80**	69120	**90**	77760	**100**	86400

865

1	865	**11**	9515	**21**	18165	**31**	26815	**41**	35465	**51**	44115	**61**	52765	**71**	61415	**81**	70065	**91**	78715
2	1730	**12**	10380	**22**	19030	**32**	27680	**42**	36330	**52**	44980	**62**	53630	**72**	62280	**82**	70930	**92**	79580
3	2595	**13**	11245	**23**	19895	**33**	28545	**43**	37195	**53**	45845	**63**	54495	**73**	63145	**83**	71795	**93**	80445
4	3460	**14**	12110	**24**	20760	**34**	29410	**44**	38060	**54**	46710	**64**	55360	**74**	64010	**84**	72660	**94**	81310
5	4325	**15**	12975	**25**	21625	**35**	30275	**45**	38925	**55**	47575	**65**	56225	**75**	64875	**85**	73525	**95**	82175
6	5190	**16**	13840	**26**	22490	**36**	31140	**46**	39790	**56**	48440	**66**	57090	**76**	65740	**86**	74390	**96**	83040
7	6055	**17**	14705	**27**	23355	**37**	32005	**47**	40655	**57**	49305	**67**	57955	**77**	66605	**87**	75255	**97**	83905
8	6920	**18**	15570	**28**	24220	**38**	32870	**48**	41520	**58**	50170	**68**	58820	**78**	67470	**88**	76120	**98**	84770
9	7785	**19**	16435	**29**	25085	**39**	33735	**49**	42385	**59**	51035	**69**	59685	**79**	68335	**89**	76985	**99**	85635
10	8650	**20**	17300	**30**	25950	**40**	34600	**50**	43250	**60**	51900	**70**	60550	**80**	69200	**90**	77850	**100**	86500

866

1	866	11	9526	21	18186	31	26846	41	35506	51	44166	61	52826	71	61486	81	70146	91	78806
2	1732	12	10392	22	19052	32	27712	42	36372	52	45032	62	53692	72	62352	82	71012	92	79672
3	2598	13	11258	23	19918	33	28578	43	37238	53	45898	63	54558	73	63218	83	71878	93	80538
4	3464	14	12124	24	20784	34	29444	44	38104	54	46764	64	55424	74	64084	84	72744	94	81404
5	4330	15	12990	25	21650	35	30310	45	38970	55	47630	65	56290	75	64950	85	73610	95	82270
6	5196	16	13856	26	22516	36	31176	46	39836	56	48496	66	57156	76	65816	86	74476	96	83136
7	6062	17	14722	27	23382	37	32042	47	40702	57	49362	67	58022	77	66682	87	75342	97	84002
8	6928	18	15588	28	24248	38	32908	48	41568	58	50228	68	58888	78	67548	88	76208	98	84868
9	7794	19	16454	29	25114	39	33774	49	42434	59	51094	69	59754	79	68414	89	77074	99	85734
10	8660	20	17320	30	25980	40	34640	50	43300	60	51960	70	60620	80	69280	90	77940	100	86600

867

1	867	11	9537	21	18207	31	26877	41	35547	51	44217	61	52887	71	61557	81	70227	91	78897
2	1734	12	10404	22	19074	32	27744	42	36414	52	45084	62	53754	72	62424	82	71094	92	79764
3	2601	13	11271	23	19941	33	28611	43	37281	53	45951	63	54621	73	63291	83	71961	93	80631
4	3468	14	12138	24	20808	34	29478	44	38148	54	46818	64	55488	74	64158	84	72828	94	81498
5	4335	15	13005	25	21675	35	30345	45	39015	55	47685	65	56355	75	65025	85	73695	95	82365
6	5202	16	13872	26	22542	36	31212	46	39882	56	48552	66	57222	76	65892	86	74562	96	83232
7	6069	17	14739	27	23409	37	32079	47	40749	57	49419	67	58089	77	66759	87	75429	97	84099
8	6936	18	15606	28	24276	38	32946	48	41616	58	50286	68	58956	78	67626	88	76296	98	84966
9	7803	19	16473	29	25143	39	33813	49	42483	59	51153	69	59823	79	68493	89	77163	99	85833
10	8670	20	17340	30	26010	40	34680	50	43350	60	52020	70	60690	80	69360	90	78030	100	86700

868

1	868	11	9548	21	18228	31	26908	41	35588	51	44268	61	52948	71	61628	81	70308	91	78988
2	1736	12	10416	22	19096	32	27776	42	36456	52	45136	62	53816	72	62496	82	71176	92	79856
3	2604	13	11284	23	19964	33	28644	43	37324	53	46004	63	54684	73	63364	83	72044	93	80724
4	3472	14	12152	24	20832	34	29512	44	38192	54	46872	64	55552	74	64232	84	72912	94	81592
5	4340	15	13020	25	21700	35	30380	45	39060	55	47740	65	56420	75	65100	85	73780	95	82460
6	5208	16	13888	26	22568	36	31248	46	39928	56	48608	66	57288	76	65968	86	74648	96	83328
7	6076	17	14756	27	23436	37	32116	47	40796	57	49476	67	58156	77	66836	87	75516	97	84196
8	6944	18	15624	28	24304	38	32984	48	41664	58	50344	68	59024	78	67704	88	76384	98	85064
9	7812	19	16492	29	25172	39	33852	49	42532	59	51212	69	59892	79	68572	89	77252	99	85932
10	8680	20	17360	30	26040	40	34720	50	43400	60	52080	70	60760	80	69440	90	78120	100	86800

869

1	869	11	9559	21	18249	31	26939	41	35629	51	44319	61	53009	71	61699	81	70389	91	79079
2	1738	12	10428	22	19118	32	27808	42	36498	52	45188	62	53878	72	62568	82	71258	92	79948
3	2607	13	11297	23	19987	33	28677	43	37367	53	46057	63	54747	73	63437	83	72127	93	80817
4	3476	14	12166	24	20856	34	29546	44	38236	54	46926	64	55616	74	64306	84	72996	94	81686
5	4345	15	13035	25	21725	35	30415	45	39105	55	47795	65	56485	75	65175	85	73865	95	82555
6	5214	16	13904	26	22594	36	31284	46	39974	56	48664	66	57354	76	66044	86	74734	96	83424
7	6083	17	14773	27	23463	37	32153	47	40843	57	49533	67	58223	77	66913	87	75603	97	84293
8	6952	18	15642	28	24332	38	33022	48	41712	58	50402	68	59092	78	67782	88	76472	98	85162
9	7821	19	16511	29	25201	39	33891	49	42581	59	51271	69	59961	79	68651	89	77341	99	86031
10	8690	20	17380	30	26070	40	34760	50	43450	60	52140	70	60830	80	69520	90	78210	100	86900

870

1	870	11	9570	21	18270	31	26970	41	35670	51	44370	61	53070	71	61770	81	70470	91	79170
2	1740	12	10440	22	19140	32	27840	42	36540	52	45240	62	53940	72	62640	82	71340	92	80040
3	2610	13	11310	23	20010	33	28710	43	37410	53	46110	63	54810	73	63510	83	72210	93	80910
4	3480	14	12180	24	20880	34	29580	44	38280	54	46980	64	55680	74	64380	84	73080	94	81780
5	4350	15	13050	25	21750	35	30450	45	39150	55	47850	65	56550	75	65250	85	73950	95	82650
6	5220	16	13920	26	22620	36	31320	46	40020	56	48720	66	57420	76	66120	86	74820	96	83520
7	6090	17	14790	27	23490	37	32190	47	40890	57	49590	67	58290	77	66990	87	75690	97	84390
8	6960	18	15660	28	24360	38	33060	48	41760	58	50460	68	59160	78	67860	88	76560	98	85260
9	7830	19	16530	29	25230	39	33930	49	42630	59	51330	69	60030	79	68730	89	77430	99	86130
10	8700	20	17400	30	26100	40	34800	50	43500	60	52200	70	60900	80	69600	90	78300	100	87000

871

1	871	11	9581	21	18291	31	27001	41	35711	51	44421	61	53131	71	61841	81	70551	91	79261
2	1742	12	10452	22	19162	32	27872	42	36582	52	45292	62	54002	72	62712	82	71422	92	80132
3	2613	13	11323	23	20033	33	28743	43	37453	53	46163	63	54873	73	63583	83	72293	93	81003
4	3484	14	12194	24	20904	34	29614	44	38324	54	47034	64	55744	74	64454	84	73164	94	81874
5	4355	15	13065	25	21775	35	30485	45	39195	55	47905	65	56615	75	65325	85	74035	95	82745
6	5226	16	13936	26	22646	36	31356	46	40066	56	48776	66	57486	76	66196	86	74906	96	83616
7	6097	17	14807	27	23517	37	32227	47	40937	57	49647	67	58357	77	67067	87	75777	97	84487
8	6968	18	15678	28	24388	38	33098	48	41808	58	50518	68	59228	78	67938	88	76648	98	85358
9	7839	19	16549	29	25259	39	33969	49	42679	59	51389	69	60099	79	68809	89	77519	99	86229
10	8710	20	17420	30	26130	40	34840	50	43550	60	52260	70	60970	80	69680	90	78390	100	87100

872

1	872	11	9592	21	18312	31	27032	41	35752	51	44472	61	53192	71	61912	81	70632	91	79352
2	1744	12	10464	22	19184	32	27904	42	36624	52	45344	62	54064	72	62784	82	71504	92	80224
3	2616	13	11336	23	20056	33	28776	43	37496	53	46216	63	54936	73	63656	83	72376	93	81096
4	3488	14	12208	24	20928	34	29648	44	38368	54	47088	64	55808	74	64528	84	73248	94	81968
5	4360	15	13080	25	21800	35	30520	45	39240	55	47960	65	56680	75	65400	85	74120	95	82840
6	5232	16	13952	26	22672	36	31392	46	40112	56	48832	66	57552	76	66272	86	74992	96	83712
7	6104	17	14824	27	23544	37	32264	47	40984	57	49704	67	58424	77	67144	87	75864	97	84584
8	6976	18	15696	28	24416	38	33136	48	41856	58	50576	68	59296	78	68016	88	76736	98	85456
9	7848	19	16568	29	25288	39	34008	49	42728	59	51448	69	60168	79	68888	89	77608	99	86328
10	8720	20	17440	30	26160	40	34880	50	43600	60	52320	70	61040	80	69760	90	78480	100	87200

873

1	873	11	9603	21	18333	31	27063	41	35793	51	44523	61	53253	71	61983	81	70713	91	79443
2	1746	12	10476	22	19206	32	27936	42	36666	52	45396	62	54126	72	62856	82	71586	92	80316
3	2619	13	11349	23	20079	33	28809	43	37539	53	46269	63	54999	73	63729	83	72459	93	81189
4	3492	14	12222	24	20952	34	29682	44	38412	54	47142	64	55872	74	64602	84	73332	94	82062
5	4365	15	13095	25	21825	35	30555	45	39285	55	48015	65	56745	75	65475	85	74205	95	82935
6	5238	16	13968	26	22698	36	31428	46	40158	56	48888	66	57618	76	66348	86	75078	96	83808
7	6111	17	14841	27	23571	37	32301	47	41031	57	49761	67	58491	77	67221	87	75951	97	84681
8	6984	18	15714	28	24444	38	33174	48	41904	58	50634	68	59364	78	68094	88	76824	98	85554
9	7857	19	16587	29	25317	39	34047	49	42777	59	51507	69	60237	79	68967	89	77697	99	86427
10	8730	20	17460	30	26190	40	34920	50	43650	60	52380	70	61110	80	69840	90	78570	100	87300

874

1	874	11	9614	21	18354	31	27094	41	35834	51	44574	61	53314	71	62054	81	70794	91	79534
2	1748	12	10488	22	19228	32	27968	42	36708	52	45448	62	54188	72	62928	82	71668	92	80408
3	2622	13	11362	23	20102	33	28842	43	37582	53	46322	63	55062	73	63802	83	72542	93	81282
4	3496	14	12236	24	20976	34	29716	44	38456	54	47196	64	55936	74	64676	84	73416	94	82156
5	4370	15	13110	25	21850	35	30590	45	39330	55	48070	65	56810	75	65550	85	74290	95	83030
6	5244	16	13984	26	22724	36	31464	46	40204	56	48944	66	57684	76	66424	86	75164	96	83904
7	6118	17	14858	27	23598	37	32338	47	41078	57	49818	67	58558	77	67298	87	76038	97	84778
8	6992	18	15732	28	24472	38	33212	48	41952	58	50692	68	59432	78	68172	88	76912	98	85652
9	7866	19	16606	29	25346	39	34086	49	42826	59	51566	69	60306	79	69046	89	77786	99	86526
10	8740	20	17480	30	26220	40	34960	50	43700	60	52440	70	61180	80	69920	90	78660	100	87400

875

1	875	11	9625	21	18375	31	27125	41	35875	51	44625	61	53375	71	62125	81	70875	91	79625
2	1750	12	10500	22	19250	32	28000	42	36750	52	45500	62	54250	72	63000	82	71750	92	80500
3	2625	13	11375	23	20125	33	28875	43	37625	53	46375	63	55125	73	63875	83	72625	93	81375
4	3500	14	12250	24	21000	34	29750	44	38500	54	47250	64	56000	74	64750	84	73500	94	82250
5	4375	15	13125	25	21875	35	30625	45	39375	55	48125	65	56875	75	65625	85	74375	95	83125
6	5250	16	14000	26	22750	36	31500	46	40250	56	49000	66	57750	76	66500	86	75250	96	84000
7	6125	17	14875	27	23625	37	32375	47	41125	57	49875	67	58625	77	67375	87	76125	97	84875
8	7000	18	15750	28	24500	38	33250	48	42000	58	50750	68	59500	78	68250	88	77000	98	85750
9	7875	19	16625	29	25375	39	34125	49	42875	59	51625	69	60375	79	69125	89	77875	99	86625
10	8750	20	17500	30	26250	40	35000	50	43750	60	52500	70	61250	80	70000	90	78750	100	87500

876

1	876	11	9636	21	18396	31	27156	41	35916	51	44676	61	53436	71	62196	81	70956	91	79716
2	1752	12	10512	22	19272	32	28032	42	36792	52	45552	62	54312	72	63072	82	71832	92	80592
3	2628	13	11388	23	20148	33	28908	43	37668	53	46428	63	55188	73	63948	83	72708	93	81468
4	3504	14	12264	24	21024	34	29784	44	38544	54	47304	64	56064	74	64824	84	73584	94	82344
5	4380	15	13140	25	21900	35	30660	45	39420	55	48180	65	56940	75	65700	85	74460	95	83220
6	5256	16	14016	26	22776	36	31536	46	40296	56	49056	66	57816	76	66576	86	75336	96	84096
7	6132	17	14892	27	23652	37	32412	47	41172	57	49932	67	58692	77	67452	87	76212	97	84972
8	7008	18	15768	28	24528	38	33288	48	42048	58	50808	68	59568	78	68328	88	77088	98	85848
9	7884	19	16644	29	25404	39	34164	49	42924	59	51684	69	60444	79	69204	89	77964	99	86724
10	8760	20	17520	30	26280	40	35040	50	43800	60	52560	70	61320	80	70080	90	78840	100	87600

877

1	877	11	9647	21	18417	31	27187	41	35957	51	44727	61	53497	71	62267	81	71037	91	79807
2	1754	12	10524	22	19294	32	28064	42	36834	52	45604	62	54374	72	63144	82	71914	92	80684
3	2631	13	11401	23	20171	33	28941	43	37711	53	46481	63	55251	73	64021	83	72791	93	81561
4	3508	14	12278	24	21048	34	29818	44	38588	54	47358	64	56128	74	64898	84	73668	94	82438
5	4385	15	13155	25	21925	35	30695	45	39465	55	48235	65	57005	75	65775	85	74545	95	83315
6	5262	16	14032	26	22802	36	31572	46	40342	56	49112	66	57882	76	66652	86	75422	96	84192
7	6139	17	14909	27	23679	37	32449	47	41219	57	49989	67	58759	77	67529	87	76299	97	85069
8	7016	18	15786	28	24556	38	33326	48	42096	58	50866	68	59636	78	68406	88	77176	98	85946
9	7893	19	16663	29	25433	39	34203	49	42973	59	51743	69	60513	79	69283	89	78053	99	86823
10	8770	20	17540	30	26310	40	35080	50	43850	60	52620	70	61390	80	70160	90	78930	100	87700

878

1	878	11	9658	21	18438	31	27218	41	35998	51	44778	61	53558	71	62338	81	71118	91	79898
2	1756	12	10536	22	19316	32	28096	42	36876	52	45656	62	54436	72	63216	82	71996	92	80776
3	2634	13	11414	23	20194	33	28974	43	37754	53	46534	63	55314	73	64094	83	72874	93	81654
4	3512	14	12292	24	21072	34	29852	44	38632	54	47412	64	56192	74	64972	84	73752	94	82532
5	4390	15	13170	25	21950	35	30730	45	39510	55	48290	65	57070	75	65850	85	74630	95	83410
6	5268	16	14048	26	22828	36	31608	46	40388	56	49168	66	57948	76	66728	86	75508	96	84288
7	6146	17	14926	27	23706	37	32486	47	41266	57	50046	67	58826	77	67606	87	76386	97	85166
8	7024	18	15804	28	24584	38	33364	48	42144	58	50924	68	59704	78	68484	88	77264	98	86044
9	7902	19	16682	29	25462	39	34242	49	43022	59	51802	69	60582	79	69362	89	78142	99	86922
10	8780	20	17560	30	26340	40	35120	50	43900	60	52680	70	61460	80	70240	90	79020	100	87800

879

1	879	11	9669	21	18459	31	27249	41	36039	51	44829	61	53619	71	62409	81	71199	91	79989
2	1758	12	10548	22	19338	32	28128	42	36918	52	45708	62	54498	72	63288	82	72078	92	80868
3	2637	13	11427	23	20217	33	29007	43	37797	53	46587	63	55377	73	64167	83	72957	93	81747
4	3516	14	12306	24	21096	34	29886	44	38676	54	47466	64	56256	74	65046	84	73836	94	82626
5	4395	15	13185	25	21975	35	30765	45	39555	55	48345	65	57135	75	65925	85	74715	95	83505
6	5274	16	14064	26	22854	36	31644	46	40434	56	49224	66	58014	76	66804	86	75594	96	84384
7	6153	17	14943	27	23733	37	32523	47	41313	57	50103	67	58893	77	67683	87	76473	97	85263
8	7032	18	15822	28	24612	38	33402	48	42192	58	50982	68	59772	78	68562	88	77352	98	86142
9	7911	19	16701	29	25491	39	34281	49	43071	59	51861	69	60651	79	69441	89	78231	99	87021
10	8790	20	17580	30	26370	40	35160	50	43950	60	52740	70	61530	80	70320	90	79110	100	87900

880

1	880	11	9680	21	18480	31	27280	41	36080	51	44880	61	53680	71	62480	81	71280	91	80080
2	1760	12	10560	22	19360	32	28160	42	36960	52	45760	62	54560	72	63360	82	72160	92	80960
3	2640	13	11440	23	20240	33	29040	43	37840	53	46640	63	55440	73	64240	83	73040	93	81840
4	3520	14	12320	24	21120	34	29920	44	38720	54	47520	64	56320	74	65120	84	73920	94	82720
5	4400	15	13200	25	22000	35	30800	45	39600	55	48400	65	57200	75	66000	85	74800	95	83600
6	5280	16	14080	26	22880	36	31680	46	40480	56	49280	66	58080	76	66880	86	75680	96	84480
7	6160	17	14960	27	23760	37	32560	47	41360	57	50160	67	58960	77	67760	87	76560	97	85360
8	7040	18	15840	28	24640	38	33440	48	42240	58	51040	68	59840	78	68640	88	77440	98	86240
9	7920	19	16720	29	25520	39	34320	49	43120	59	51920	69	60720	79	69520	89	78320	99	87120
10	8800	20	17600	30	26400	40	35200	50	44000	60	52800	70	61600	80	70400	90	79200	100	88000

881

1	881	11	9691	21	18501	31	27311	41	36121	51	44931	61	53741	71	62551	81	71361	91	80171
2	1762	12	10572	22	19382	32	28192	42	37002	52	45812	62	54622	72	63432	82	72242	92	81052
3	2643	13	11453	23	20263	33	29073	43	37883	53	46693	63	55503	73	64313	83	73123	93	81933
4	3524	14	12334	24	21144	34	29954	44	38764	54	47574	64	56384	74	65194	84	74004	94	82814
5	4405	15	13215	25	22025	35	30835	45	39645	55	48455	65	57265	75	66075	85	74885	95	83695
6	5286	16	14096	26	22906	36	31716	46	40526	56	49336	66	58146	76	66956	86	75766	96	84576
7	6167	17	14977	27	23787	37	32597	47	41407	57	50217	67	59027	77	67837	87	76647	97	85457
8	7048	18	15858	28	24668	38	33478	48	42288	58	51098	68	59908	78	68718	88	77528	98	86338
9	7929	19	16739	29	25549	39	34359	49	43169	59	51979	69	60789	79	69599	89	78409	99	87219
10	8810	20	17620	30	26430	40	35240	50	44050	60	52860	70	61670	80	70480	90	79290	100	88100

882

1	882	11	9702	21	18522	31	27342	41	36162	51	44982	61	53802	71	62622	81	71442	91	80262
2	1764	12	10584	22	19404	32	28224	42	37044	52	45864	62	54684	72	63504	82	72324	92	81144
3	2646	13	11466	23	20286	33	29106	43	37926	53	46746	63	55566	73	64386	83	73206	93	82026
4	3528	14	12348	24	21168	34	29988	44	38808	54	47628	64	56448	74	65268	84	74088	94	82908
5	4410	15	13230	25	22050	35	30870	45	39690	55	48510	65	57330	75	66150	85	74970	95	83790
6	5292	16	14112	26	22932	36	31752	46	40572	56	49392	66	58212	76	67032	86	75852	96	84672
7	6174	17	14994	27	23814	37	32634	47	41454	57	50274	67	59094	77	67914	87	76734	97	85554
8	7056	18	15876	28	24696	38	33516	48	42336	58	51156	68	59976	78	68796	88	77616	98	86436
9	7938	19	16758	29	25578	39	34398	49	43218	59	52038	69	60858	79	69678	89	78498	99	87318
10	8820	20	17640	30	26460	40	35280	50	44100	60	52920	70	61740	80	70560	90	79380	100	88200

883

1	883	11	9713	21	18543	31	27373	41	36203	51	45033	61	53863	71	62693	81	71523	91	80353
2	1766	12	10596	22	19426	32	28256	42	37086	52	45916	62	54746	72	63576	82	72406	92	81236
3	2649	13	11479	23	20309	33	29139	43	37969	53	46799	63	55629	73	64459	83	73289	93	82119
4	3532	14	12362	24	21192	34	30022	44	38852	54	47682	64	56512	74	65342	84	74172	94	83002
5	4415	15	13245	25	22075	35	30905	45	39735	55	48565	65	57395	75	66225	85	75055	95	83885
6	5298	16	14128	26	22958	36	31788	46	40618	56	49448	66	58278	76	67108	86	75938	96	84768
7	6181	17	15011	27	23841	37	32671	47	41501	57	50331	67	59161	77	67991	87	76821	97	85651
8	7064	18	15894	28	24724	38	33554	48	42384	58	51214	68	60044	78	68874	88	77704	98	86534
9	7947	19	16777	29	25607	39	34437	49	43267	59	52097	69	60927	79	69757	89	78587	99	87417
10	8830	20	17660	30	26490	40	35320	50	44150	60	52980	70	61810	80	70640	90	79470	100	88300

884

1	884	11	9724	21	18564	31	27404	41	36244	51	45084	61	53924	71	62764	81	71604	91	80444
2	1768	12	10608	22	19448	32	28288	42	37128	52	45968	62	54808	72	63648	82	72488	92	81328
3	2652	13	11492	23	20332	33	29172	43	38012	53	46852	63	55692	73	64532	83	73372	93	82212
4	3536	14	12376	24	21216	34	30056	44	38896	54	47736	64	56576	74	65416	84	74256	94	83096
5	4420	15	13260	25	22100	35	30940	45	39780	55	48620	65	57460	75	66300	85	75140	95	83980
6	5304	16	14144	26	22984	36	31824	46	40664	56	49504	66	58344	76	67184	86	76024	96	84864
7	6188	17	15028	27	23868	37	32708	47	41548	57	50388	67	59228	77	68068	87	76908	97	85748
8	7072	18	15912	28	24752	38	33592	48	42432	58	51272	68	60112	78	68952	88	77792	98	86632
9	7956	19	16796	29	25636	39	34476	49	43316	59	52156	69	60996	79	69836	89	78676	99	87516
10	8840	20	17680	30	26520	40	35360	50	44200	60	53040	70	61880	80	70720	90	79560	100	88400

885

1	885	11	9735	21	18585	31	27435	41	36285	51	45135	61	53985	71	62835	81	71685	91	80535
2	1770	12	10620	22	19470	32	28320	42	37170	52	46020	62	54870	72	63720	82	72570	92	81420
3	2655	13	11505	23	20355	33	29205	43	38055	53	46905	63	55755	73	64605	83	73455	93	82305
4	3540	14	12390	24	21240	34	30090	44	38940	54	47790	64	56640	74	65490	84	74340	94	83190
5	4425	15	13275	25	22125	35	30975	45	39825	55	48675	65	57525	75	66375	85	75225	95	84075
6	5310	16	14160	26	23010	36	31860	46	40710	56	49560	66	58410	76	67260	86	76110	96	84960
7	6195	17	15045	27	23895	37	32745	47	41595	57	50445	67	59295	77	68145	87	76995	97	85845
8	7080	18	15930	28	24780	38	33630	48	42480	58	51330	68	60180	78	69030	88	77880	98	86730
9	7965	19	16815	29	25665	39	34515	49	43365	59	52215	69	61065	79	69915	89	78765	99	87615
10	8850	20	17700	30	26550	40	35400	50	44250	60	53100	70	61950	80	70800	90	79650	100	88500

886

1	886	11	9746	21	18606	31	27466	41	36326	51	45186	61	54046	71	62906	81	71766	91	80626
2	1772	12	10632	22	19492	32	28352	42	37212	52	46072	62	54932	72	63792	82	72652	92	81512
3	2658	13	11518	23	20378	33	29238	43	38098	53	46958	63	55818	73	64678	83	73538	93	82398
4	3544	14	12404	24	21264	34	30124	44	38984	54	47844	64	56704	74	65564	84	74424	94	83284
5	4430	15	13290	25	22150	35	31010	45	39870	55	48730	65	57590	75	66450	85	75310	95	84170
6	5316	16	14176	26	23036	36	31896	46	40756	56	49616	66	58476	76	67336	86	76196	96	85056
7	6202	17	15062	27	23922	37	32782	47	41642	57	50502	67	59362	77	68222	87	77082	97	85942
8	7088	18	15948	28	24808	38	33668	48	42528	58	51388	68	60248	78	69108	88	77968	98	86828
9	7974	19	16834	29	25694	39	34554	49	43414	59	52274	69	61134	79	69994	89	78854	99	87714
10	8860	20	17720	30	26580	40	35440	50	44300	60	53160	70	62020	80	70880	90	79740	100	88600

887

1	887	11	9757	21	18627	31	27497	41	36367	51	45237	61	54107	71	62977	81	71847	91	80717
2	1774	12	10644	22	19514	32	28384	42	37254	52	46124	62	54994	72	63864	82	72734	92	81604
3	2661	13	11531	23	20401	33	29271	43	38141	53	47011	63	55881	73	64751	83	73621	93	82491
4	3548	14	12418	24	21288	34	30158	44	39028	54	47898	64	56768	74	65638	84	74508	94	83378
5	4435	15	13305	25	22175	35	31045	45	39915	55	48785	65	57655	75	66525	85	75395	95	84265
6	5322	16	14192	26	23062	36	31932	46	40802	56	49672	66	58542	76	67412	86	76282	96	85152
7	6209	17	15079	27	23949	37	32819	47	41689	57	50559	67	59429	77	68299	87	77169	97	86039
8	7096	18	15966	28	24836	38	33706	48	42576	58	51446	68	60316	78	69186	88	78056	98	86926
9	7983	19	16853	29	25723	39	34593	49	43463	59	52333	69	61203	79	70073	89	78943	99	87813
10	8870	20	17740	30	26610	40	35480	50	44350	60	53220	70	62090	80	70960	90	79830	100	88700

888

1	888	11	9768	21	18648	31	27528	41	36408	51	45288	61	54168	71	63048	81	71928	91	80808
2	1776	12	10656	22	19536	32	28416	42	37296	52	46176	62	55056	72	63936	82	72816	92	81696
3	2664	13	11544	23	20424	33	29304	43	38184	53	47064	63	55944	73	64824	83	73704	93	82584
4	3552	14	12432	24	21312	34	30192	44	39072	54	47952	64	56832	74	65712	84	74592	94	83472
5	4440	15	13320	25	22200	35	31080	45	39960	55	48840	65	57720	75	66600	85	75480	95	84360
6	5328	16	14208	26	23088	36	31968	46	40848	56	49728	66	58608	76	67488	86	76368	96	85248
7	6216	17	15096	27	23976	37	32856	47	41736	57	50616	67	59496	77	68376	87	77256	97	86136
8	7104	18	15984	28	24864	38	33744	48	42624	58	51504	68	60384	78	69264	88	78144	98	87024
9	7992	19	16872	29	25752	39	34632	49	43512	59	52392	69	61272	79	70152	89	79032	99	87912
10	8880	20	17760	30	26640	40	35520	50	44400	60	53280	70	62160	80	71040	90	79920	100	88800

889

1	889	11	9779	21	18669	31	27559	41	36449	51	45339	61	54229	71	63119	81	72009	91	80899
2	1778	12	10668	22	19558	32	28448	42	37338	52	46228	62	55118	72	64008	82	72898	92	81788
3	2667	13	11557	23	20447	33	29337	43	38227	53	47117	63	56007	73	64897	83	73787	93	82677
4	3556	14	12446	24	21336	34	30226	44	39116	54	48006	64	56896	74	65786	84	74676	94	83566
5	4445	15	13335	25	22225	35	31115	45	40005	55	48895	65	57785	75	66675	85	75565	95	84455
6	5334	16	14224	26	23114	36	32004	46	40894	56	49784	66	58674	76	67564	86	76454	96	85344
7	6223	17	15113	27	24003	37	32893	47	41783	57	50673	67	59563	77	68453	87	77343	97	86233
8	7112	18	16002	28	24892	38	33782	48	42672	58	51562	68	60452	78	69342	88	78232	98	87122
9	8001	19	16891	29	25781	39	34671	49	43561	59	52451	69	61341	79	70231	89	79121	99	88011
10	8890	20	17780	30	26670	40	35560	50	44450	60	53340	70	62230	80	71120	90	80010	100	88900

890

1	890	11	9790	21	18690	31	27590	41	36490	51	45390	61	54290	71	63190	81	72090	91	80990
2	1780	12	10680	22	19580	32	28480	42	37380	52	46280	62	55180	72	64080	82	72980	92	81880
3	2670	13	11570	23	20470	33	29370	43	38270	53	47170	63	56070	73	64970	83	73870	93	82770
4	3560	14	12460	24	21360	34	30260	44	39160	54	48060	64	56960	74	65860	84	74760	94	83660
5	4450	15	13350	25	22250	35	31150	45	40050	55	48950	65	57850	75	66750	85	75650	95	84550
6	5340	16	14240	26	23140	36	32040	46	40940	56	49840	66	58740	76	67640	86	76540	96	85440
7	6230	17	15130	27	24030	37	32930	47	41830	57	50730	67	59630	77	68530	87	77430	97	86330
8	7120	18	16020	28	24920	38	33820	48	42720	58	51620	68	60520	78	69420	88	78320	98	87220
9	8010	19	16910	29	25810	39	34710	49	43610	59	52510	69	61410	79	70310	89	79210	99	88110
10	8900	20	17800	30	26700	40	35600	50	44500	60	53400	70	62300	80	71200	90	80100	100	89000

891

1	891	11	9801	21	18711	31	27621	41	36531	51	45441	61	54351	71	63261	81	72171	91	81081
2	1782	12	10692	22	19602	32	28512	42	37422	52	46332	62	55242	72	64152	82	73062	92	81972
3	2673	13	11583	23	20493	33	29403	43	38313	53	47223	63	56133	73	65043	83	73953	93	82863
4	3564	14	12474	24	21384	34	30294	44	39204	54	48114	64	57024	74	65934	84	74844	94	83754
5	4455	15	13365	25	22275	35	31185	45	40095	55	49005	65	57915	75	66825	85	75735	95	84645
6	5346	16	14256	26	23166	36	32076	46	40986	56	49896	66	58806	76	67716	86	76626	96	85536
7	6237	17	15147	27	24057	37	32967	47	41877	57	50787	67	59697	77	68607	87	77517	97	86427
8	7128	18	16038	28	24948	38	33858	48	42768	58	51678	68	60588	78	69498	88	78408	98	87318
9	8019	19	16929	29	25839	39	34749	49	43659	59	52569	69	61479	79	70389	89	79299	99	88209
10	8910	20	17820	30	26730	40	35640	50	44550	60	53460	70	62370	80	71280	90	80190	100	89100

892

1	892	11	9812	21	18732	31	27652	41	36572	51	45492	61	54412	71	63332	81	72252	91	81172
2	1784	12	10704	22	19624	32	28544	42	37464	52	46384	62	55304	72	64224	82	73144	92	82064
3	2676	13	11596	23	20516	33	29436	43	38356	53	47276	63	56196	73	65116	83	74036	93	82956
4	3568	14	12488	24	21408	34	30328	44	39248	54	48168	64	57088	74	66008	84	74928	94	83848
5	4460	15	13380	25	22300	35	31220	45	40140	55	49060	65	57980	75	66900	85	75820	95	84740
6	5352	16	14272	26	23192	36	32112	46	41032	56	49952	66	58872	76	67792	86	76712	96	85632
7	6244	17	15164	27	24084	37	33004	47	41924	57	50844	67	59764	77	68684	87	77604	97	86524
8	7136	18	16056	28	24976	38	33896	48	42816	58	51736	68	60656	78	69576	88	78496	98	87416
9	8028	19	16948	29	25868	39	34788	49	43708	59	52628	69	61548	79	70468	89	79388	99	88308
10	8920	20	17840	30	26760	40	35680	50	44600	60	53520	70	62440	80	71360	90	80280	100	89200

893

1	893	11	9823	21	18753	31	27683	41	36613	51	45543	61	54473	71	63403	81	72333	91	81263
2	1786	12	10716	22	19646	32	28576	42	37506	52	46436	62	55366	72	64296	82	73226	92	82156
3	2679	13	11609	23	20539	33	29469	43	38399	53	47329	63	56259	73	65189	83	74119	93	83049
4	3572	14	12502	24	21432	34	30362	44	39292	54	48222	64	57152	74	66082	84	75012	94	83942
5	4465	15	13395	25	22325	35	31255	45	40185	55	49115	65	58045	75	66975	85	75905	95	84835
6	5358	16	14288	26	23218	36	32148	46	41078	56	50008	66	58938	76	67868	86	76798	96	85728
7	6251	17	15181	27	24111	37	33041	47	41971	57	50901	67	59831	77	68761	87	77691	97	86621
8	7144	18	16074	28	25004	38	33934	48	42864	58	51794	68	60724	78	69654	88	78584	98	87514
9	8037	19	16967	29	25897	39	34827	49	43757	59	52687	69	61617	79	70547	89	79477	99	88407
10	8930	20	17860	30	26790	40	35720	50	44650	60	53580	70	62510	80	71440	90	80370	100	89300

894

1	894	11	9834	21	18774	31	27714	41	36654	51	45594	61	54534	71	63474	81	72414	91	81354
2	1788	12	10728	22	19668	32	28608	42	37548	52	46488	62	55428	72	64368	82	73308	92	82248
3	2682	13	11622	23	20562	33	29502	43	38442	53	47382	63	56322	73	65262	83	74202	93	83142
4	3576	14	12516	24	21456	34	30396	44	39336	54	48276	64	57216	74	66156	84	75096	94	84036
5	4470	15	13410	25	22350	35	31290	45	40230	55	49170	65	58110	75	67050	85	75990	95	84930
6	5364	16	14304	26	23244	36	32184	46	41124	56	50064	66	59004	76	67944	86	76884	96	85824
7	6258	17	15198	27	24138	37	33078	47	42018	57	50958	67	59898	77	68838	87	77778	97	86718
8	7152	18	16092	28	25032	38	33972	48	42912	58	51852	68	60792	78	69732	88	78672	98	87612
9	8046	19	16986	29	25926	39	34866	49	43806	59	52746	69	61686	79	70626	89	79566	99	88506
10	8940	20	17880	30	26820	40	35760	50	44700	60	53640	70	62580	80	71520	90	80460	100	89400

895

1	895	11	9845	21	18795	31	27745	41	36695	51	45645	61	54595	71	63545	81	72495	91	81445
2	1790	12	10740	22	19690	32	28640	42	37590	52	46540	62	55490	72	64440	82	73390	92	82340
3	2685	13	11635	23	20585	33	29535	43	38485	53	47435	63	56385	73	65335	83	74285	93	83235
4	3580	14	12530	24	21480	34	30430	44	39380	54	48330	64	57280	74	66230	84	75180	94	84130
5	4475	15	13425	25	22375	35	31325	45	40275	55	49225	65	58175	75	67125	85	76075	95	85025
6	5370	16	14320	26	23270	36	32220	46	41170	56	50120	66	59070	76	68020	86	76970	96	85920
7	6265	17	15215	27	24165	37	33115	47	42065	57	51015	67	59965	77	68915	87	77865	97	86815
8	7160	18	16110	28	25060	38	34010	48	42960	58	51910	68	60860	78	69810	88	78760	98	87710
9	8055	19	17005	29	25955	39	34905	49	43855	59	52805	69	61755	79	70705	89	79655	99	88605
10	8950	20	17900	30	26850	40	35800	50	44750	60	53700	70	62650	80	71600	90	80550	100	89500

896

1	896	**11**	9856	**21**	18816	**31**	27776	**41**	36736	**51**	45696	**61**	54656	**71**	63616	**81**	72576	**91**	81536
2	1792	**12**	10752	**22**	19712	**32**	28672	**42**	37632	**52**	46592	**62**	55552	**72**	64512	**82**	73472	**92**	82432
3	2688	**13**	11648	**23**	20608	**33**	29568	**43**	38528	**53**	47488	**63**	56448	**73**	65408	**83**	74368	**93**	83328
4	3584	**14**	12544	**24**	21504	**34**	30464	**44**	39424	**54**	48384	**64**	57344	**74**	66304	**84**	75264	**94**	84224
5	4480	**15**	13440	**25**	22400	**35**	31360	**45**	40320	**55**	49280	**65**	58240	**75**	67200	**85**	76160	**95**	85120
6	5376	**16**	14336	**26**	23296	**36**	32256	**46**	41216	**56**	50176	**66**	59136	**76**	68096	**86**	77056	**96**	86016
7	6272	**17**	15232	**27**	24192	**37**	33152	**47**	42112	**57**	51072	**67**	60032	**77**	68992	**87**	77952	**97**	86912
8	7168	**18**	16128	**28**	25088	**38**	34048	**48**	43008	**58**	51968	**68**	60928	**78**	69888	**88**	78848	**98**	87808
9	8064	**19**	17024	**29**	25984	**39**	34944	**49**	43904	**59**	52864	**69**	61824	**79**	70784	**89**	79744	**99**	88704
10	8960	**20**	17920	**30**	26880	**40**	35840	**50**	44800	**60**	53760	**70**	62720	**80**	71680	**90**	80640	**100**	89600

897

1	897	**11**	9867	**21**	18837	**31**	27807	**41**	36777	**51**	45747	**61**	54717	**71**	63687	**81**	72657	**91**	81627
2	1794	**12**	10764	**22**	19734	**32**	28704	**42**	37674	**52**	46644	**62**	55614	**72**	64584	**82**	73554	**92**	82524
3	2691	**13**	11661	**23**	20631	**33**	29601	**43**	38571	**53**	47541	**63**	56511	**73**	65481	**83**	74451	**93**	83421
4	3588	**14**	12558	**24**	21528	**34**	30498	**44**	39468	**54**	48438	**64**	57408	**74**	66378	**84**	75348	**94**	84318
5	4485	**15**	13455	**25**	22425	**35**	31395	**45**	40365	**55**	49335	**65**	58305	**75**	67275	**85**	76245	**95**	85215
6	5382	**16**	14352	**26**	23322	**36**	32292	**46**	41262	**56**	50232	**66**	59202	**76**	68172	**86**	77142	**96**	86112
7	6279	**17**	15249	**27**	24219	**37**	33189	**47**	42159	**57**	51129	**67**	60099	**77**	69069	**87**	78039	**97**	87009
8	7176	**18**	16146	**28**	25116	**38**	34086	**48**	43056	**58**	52026	**68**	60996	**78**	69966	**88**	78936	**98**	87906
9	8073	**19**	17043	**29**	26013	**39**	34983	**49**	43953	**59**	52923	**69**	61893	**79**	70863	**89**	79833	**99**	88803
10	8970	**20**	17940	**30**	26910	**40**	35880	**50**	44850	**60**	53820	**70**	62790	**80**	71760	**90**	80730	**100**	89700

898

1	898	**11**	9878	**21**	18858	**31**	27838	**41**	36818	**51**	45798	**61**	54778	**71**	63758	**81**	72738	**91**	81718
2	1796	**12**	10776	**22**	19756	**32**	28736	**42**	37716	**52**	46696	**62**	55676	**72**	64656	**82**	73636	**92**	82616
3	2694	**13**	11674	**23**	20654	**33**	29634	**43**	38614	**53**	47594	**63**	56574	**73**	65554	**83**	74534	**93**	83514
4	3592	**14**	12572	**24**	21552	**34**	30532	**44**	39512	**54**	48492	**64**	57472	**74**	66452	**84**	75432	**94**	84412
5	4490	**15**	13470	**25**	22450	**35**	31430	**45**	40410	**55**	49390	**65**	58370	**75**	67350	**85**	76330	**95**	85310
6	5388	**16**	14368	**26**	23348	**36**	32328	**46**	41308	**56**	50288	**66**	59268	**76**	68248	**86**	77228	**96**	86208
7	6286	**17**	15266	**27**	24246	**37**	33226	**47**	42206	**57**	51186	**67**	60166	**77**	69146	**87**	78126	**97**	87106
8	7184	**18**	16164	**28**	25144	**38**	34124	**48**	43104	**58**	52084	**68**	61064	**78**	70044	**88**	79024	**98**	88004
9	8082	**19**	17062	**29**	26042	**39**	35022	**49**	44002	**59**	52982	**69**	61962	**79**	70942	**89**	79922	**99**	88902
10	8980	**20**	17960	**30**	26940	**40**	35920	**50**	44900	**60**	53880	**70**	62860	**80**	71840	**90**	80820	**100**	89800

899

1	899	**11**	9889	**21**	18879	**31**	27869	**41**	36859	**51**	45849	**61**	54839	**71**	63829	**81**	72819	**91**	81809
2	1798	**12**	10788	**22**	19778	**32**	28768	**42**	37758	**52**	46748	**62**	55738	**72**	64728	**82**	73718	**92**	82708
3	2697	**13**	11687	**23**	20677	**33**	29667	**43**	38657	**53**	47647	**63**	56637	**73**	65627	**83**	74617	**93**	83607
4	3596	**14**	12586	**24**	21576	**34**	30566	**44**	39556	**54**	48546	**64**	57536	**74**	66526	**84**	75516	**94**	84506
5	4495	**15**	13485	**25**	22475	**35**	31465	**45**	40455	**55**	49445	**65**	58435	**75**	67425	**85**	76415	**95**	85405
6	5394	**16**	14384	**26**	23374	**36**	32364	**46**	41354	**56**	50344	**66**	59334	**76**	68324	**86**	77314	**96**	86304
7	6293	**17**	15283	**27**	24273	**37**	33263	**47**	42253	**57**	51243	**67**	60233	**77**	69223	**87**	78213	**97**	87203
8	7192	**18**	16182	**28**	25172	**38**	34162	**48**	43152	**58**	52142	**68**	61132	**78**	70122	**88**	79112	**98**	88102
9	8091	**19**	17081	**29**	26071	**39**	35061	**49**	44051	**59**	53041	**69**	62031	**79**	71021	**89**	80011	**99**	89001
10	8990	**20**	17980	**30**	26970	**40**	35960	**50**	44950	**60**	53940	**70**	62930	**80**	71920	**90**	80910	**100**	89900

900

1	900	**11**	9900	**21**	18900	**31**	27900	**41**	36900	**51**	45900	**61**	54900	**71**	63900	**81**	72900	**91**	81900
2	1800	**12**	10800	**22**	19800	**32**	28800	**42**	37800	**52**	46800	**62**	55800	**72**	64800	**82**	73800	**92**	82800
3	2700	**13**	11700	**23**	20700	**33**	29700	**43**	38700	**53**	47700	**63**	56700	**73**	65700	**83**	74700	**93**	83700
4	3600	**14**	12600	**24**	21600	**34**	30600	**44**	39600	**54**	48600	**64**	57600	**74**	66600	**84**	75600	**94**	84600
5	4500	**15**	13500	**25**	22500	**35**	31500	**45**	40500	**55**	49500	**65**	58500	**75**	67500	**85**	76500	**95**	85500
6	5400	**16**	14400	**26**	23400	**36**	32400	**46**	41400	**56**	50400	**66**	59400	**76**	68400	**86**	77400	**96**	86400
7	6300	**17**	15300	**27**	24300	**37**	33300	**47**	42300	**57**	51300	**67**	60300	**77**	69300	**87**	78300	**97**	87300
8	7200	**18**	16200	**28**	25200	**38**	34200	**48**	43200	**58**	52200	**68**	61200	**78**	70200	**88**	79200	**98**	88200
9	8100	**19**	17100	**29**	26100	**39**	35100	**49**	44100	**59**	53100	**69**	62100	**79**	71100	**89**	80100	**99**	89100
10	9000	**20**	18000	**30**	27000	**40**	36000	**50**	45000	**60**	54000	**70**	63000	**80**	72000	**90**	81000	**100**	90000

901

1	901	11	9911	21	18921	31	27931	41	36941	51	45951	61	54961	71	63971	81	72981	91	81991
2	1802	12	10812	22	19822	32	28832	42	37842	52	46852	62	55862	72	64872	82	73882	92	82892
3	2703	13	11713	23	20723	33	29733	43	38743	53	47753	63	56763	73	65773	83	74783	93	83793
4	3604	14	12614	24	21624	34	30634	44	39644	54	48654	64	57664	74	66674	84	75684	94	84694
5	4505	15	13515	25	22525	35	31535	45	40545	55	49555	65	58565	75	67575	85	76585	95	85595
6	5406	16	14416	26	23426	36	32436	46	41446	56	50456	66	59466	76	68476	86	77486	96	86496
7	6307	17	15317	27	24327	37	33337	47	42347	57	51357	67	60367	77	69377	87	78387	97	87397
8	7208	18	16218	28	25228	38	34238	48	43248	58	52258	68	61268	78	70278	88	79288	98	88298
9	8109	19	17119	29	26129	39	35139	49	44149	59	53159	69	62169	79	71179	89	80189	99	89199
10	9010	20	18020	30	27030	40	36040	50	45050	60	54060	70	63070	80	72080	90	81090	100	90100

902

1	902	11	9922	21	18942	31	27962	41	36982	51	46002	61	55022	71	64042	81	73062	91	82082
2	1804	12	10824	22	19844	32	28864	42	37884	52	46904	62	55924	72	64944	82	73964	92	82984
3	2706	13	11726	23	20746	33	29766	43	38786	53	47806	63	56826	73	65846	83	74866	93	83886
4	3608	14	12628	24	21648	34	30668	44	39688	54	48708	64	57728	74	66748	84	75768	94	84788
5	4510	15	13530	25	22550	35	31570	45	40590	55	49610	65	58630	75	67650	85	76670	95	85690
6	5412	16	14432	26	23452	36	32472	46	41492	56	50512	66	59532	76	68552	86	77572	96	86592
7	6314	17	15334	27	24354	37	33374	47	42394	57	51414	67	60434	77	69454	87	78474	97	87494
8	7216	18	16236	28	25256	38	34276	48	43296	58	52316	68	61336	78	70356	88	79376	98	88396
9	8118	19	17138	29	26158	39	35178	49	44198	59	53218	69	62238	79	71258	89	80278	99	89298
10	9020	20	18040	30	27060	40	36080	50	45100	60	54120	70	63140	80	72160	90	81180	100	90200

903

1	903	11	9933	21	18963	31	27993	41	37023	51	46053	61	55083	71	64113	81	73143	91	82173
2	1806	12	10836	22	19866	32	28896	42	37926	52	46956	62	55986	72	65016	82	74046	92	83076
3	2709	13	11739	23	20769	33	29799	43	38829	53	47859	63	56889	73	65919	83	74949	93	83979
4	3612	14	12642	24	21672	34	30702	44	39732	54	48762	64	57792	74	66822	84	75852	94	84882
5	4515	15	13545	25	22575	35	31605	45	40635	55	49665	65	58695	75	67725	85	76755	95	85785
6	5418	16	14448	26	23478	36	32508	46	41538	56	50568	66	59598	76	68628	86	77658	96	86688
7	6321	17	15351	27	24381	37	33411	47	42441	57	51471	67	60501	77	69531	87	78561	97	87591
8	7224	18	16254	28	25284	38	34314	48	43344	58	52374	68	61404	78	70434	88	79464	98	88494
9	8127	19	17157	29	26187	39	35217	49	44247	59	53277	69	62307	79	71337	89	80367	99	89397
10	9030	20	18060	30	27090	40	36120	50	45150	60	54180	70	63210	80	72240	90	81270	100	90300

904

1	904	11	9944	21	18984	31	28024	41	37064	51	46104	61	55144	71	64184	81	73224	91	82264
2	1808	12	10848	22	19888	32	28928	42	37968	52	47008	62	56048	72	65088	82	74128	92	83168
3	2712	13	11752	23	20792	33	29832	43	38872	53	47912	63	56952	73	65992	83	75032	93	84072
4	3616	14	12656	24	21696	34	30736	44	39776	54	48816	64	57856	74	66896	84	75936	94	84976
5	4520	15	13560	25	22600	35	31640	45	40680	55	49720	65	58760	75	67800	85	76840	95	85880
6	5424	16	14464	26	23504	36	32544	46	41584	56	50624	66	59664	76	68704	86	77744	96	86784
7	6328	17	15368	27	24408	37	33448	47	42488	57	51528	67	60568	77	69608	87	78648	97	87688
8	7232	18	16272	28	25312	38	34352	48	43392	58	52432	68	61472	78	70512	88	79552	98	88592
9	8136	19	17176	29	26216	39	35256	49	44296	59	53336	69	62376	79	71416	89	80456	99	89496
10	9040	20	18080	30	27120	40	36160	50	45200	60	54240	70	63280	80	72320	90	81360	100	90400

905

1	905	11	9955	21	19005	31	28055	41	37105	51	46155	61	55205	71	64255	81	73305	91	82355
2	1810	12	10860	22	19910	32	28960	42	38010	52	47060	62	56110	72	65160	82	74210	92	83260
3	2715	13	11765	23	20815	33	29865	43	38915	53	47965	63	57015	73	66065	83	75115	93	84165
4	3620	14	12670	24	21720	34	30770	44	39820	54	48870	64	57920	74	66970	84	76020	94	85070
5	4525	15	13575	25	22625	35	31675	45	40725	55	49775	65	58825	75	67875	85	76925	95	85975
6	5430	16	14480	26	23530	36	32580	46	41630	56	50680	66	59730	76	68780	86	77830	96	86880
7	6335	17	15385	27	24435	37	33485	47	42535	57	51585	67	60635	77	69685	87	78735	97	87785
8	7240	18	16290	28	25340	38	34390	48	43440	58	52490	68	61540	78	70590	88	79640	98	88690
9	8145	19	17195	29	26245	39	35295	49	44345	59	53395	69	62445	79	71495	89	80545	99	89595
10	9050	20	18100	30	27150	40	36200	50	45250	60	54300	70	63350	80	72400	90	81450	100	90500

906

1	906	11	9966	21	19026	31	28086	41	37146	51	46206	61	55266	71	64326	81	73386	91	82446
2	1812	12	10872	22	19932	32	28992	42	38052	52	47112	62	56172	72	65232	82	74292	92	83352
3	2718	13	11778	23	20838	33	29898	43	38958	53	48018	63	57078	73	66138	83	75198	93	84258
4	3624	14	12684	24	21744	34	30804	44	39864	54	48924	64	57984	74	67044	84	76104	94	85164
5	4530	15	13590	25	22650	35	31710	45	40770	55	49830	65	58890	75	67950	85	77010	95	86070
6	5436	16	14496	26	23556	36	32616	46	41676	56	50736	66	59796	76	68856	86	77916	96	86976
7	6342	17	15402	27	24462	37	33522	47	42582	57	51642	67	60702	77	69762	87	78822	97	87882
8	7248	18	16308	28	25368	38	34428	48	43488	58	52548	68	61608	78	70668	88	79728	98	88788
9	8154	19	17214	29	26274	39	35334	49	44394	59	53454	69	62514	79	71574	89	80634	99	89694
10	9060	20	18120	30	27180	40	36240	50	45300	60	54360	70	63420	80	72480	90	81540	100	90600

907

1	907	11	9977	21	19047	31	28117	41	37187	51	46257	61	55327	71	64397	81	73467	91	82537
2	1814	12	10884	22	19954	32	29024	42	38094	52	47164	62	56234	72	65304	82	74374	92	83444
3	2721	13	11791	23	20861	33	29931	43	39001	53	48071	63	57141	73	66211	83	75281	93	84351
4	3628	14	12698	24	21768	34	30838	44	39908	54	48978	64	58048	74	67118	84	76188	94	85258
5	4535	15	13605	25	22675	35	31745	45	40815	55	49885	65	58955	75	68025	85	77095	95	86165
6	5442	16	14512	26	23582	36	32652	46	41722	56	50792	66	59862	76	68932	86	78002	96	87072
7	6349	17	15419	27	24489	37	33559	47	42629	57	51699	67	60769	77	69839	87	78909	97	87979
8	7256	18	16326	28	25396	38	34466	48	43536	58	52606	68	61676	78	70746	88	79816	98	88886
9	8163	19	17233	29	26303	39	35373	49	44443	59	53513	69	62583	79	71653	89	80723	99	89793
10	9070	20	18140	30	27210	40	36280	50	45350	60	54420	70	63490	80	72560	90	81630	100	90700

908

1	908	11	9988	21	19068	31	28148	41	37228	51	46308	61	55388	71	64468	81	73548	91	82628
2	1816	12	10896	22	19976	32	29056	42	38136	52	47216	62	56296	72	65376	82	74456	92	83536
3	2724	13	11804	23	20884	33	29964	43	39044	53	48124	63	57204	73	66284	83	75364	93	84444
4	3632	14	12712	24	21792	34	30872	44	39952	54	49032	64	58112	74	67192	84	76272	94	85352
5	4540	15	13620	25	22700	35	31780	45	40860	55	49940	65	59020	75	68100	85	77180	95	86260
6	5448	16	14528	26	23608	36	32688	46	41768	56	50848	66	59928	76	69008	86	78088	96	87168
7	6356	17	15436	27	24516	37	33596	47	42676	57	51756	67	60836	77	69916	87	78996	97	88076
8	7264	18	16344	28	25424	38	34504	48	43584	58	52664	68	61744	78	70824	88	79904	98	88984
9	8172	19	17252	29	26332	39	35412	49	44492	59	53572	69	62652	79	71732	89	80812	99	89892
10	9080	20	18160	30	27240	40	36320	50	45400	60	54480	70	63560	80	72640	90	81720	100	90800

909

1	909	11	9999	21	19089	31	28179	41	37269	51	46359	61	55449	71	64539	81	73629	91	82719
2	1818	12	10908	22	19998	32	29088	42	38178	52	47268	62	56358	72	65448	82	74538	92	83628
3	2727	13	11817	23	20907	33	29997	43	39087	53	48177	63	57267	73	66357	83	75447	93	84537
4	3636	14	12726	24	21816	34	30906	44	39996	54	49086	64	58176	74	67266	84	76356	94	85446
5	4545	15	13635	25	22725	35	31815	45	40905	55	49995	65	59085	75	68175	85	77265	95	86355
6	5454	16	14544	26	23634	36	32724	46	41814	56	50904	66	59994	76	69084	86	78174	96	87264
7	6363	17	15453	27	24543	37	33633	47	42723	57	51813	67	60903	77	69993	87	79083	97	88173
8	7272	18	16362	28	25452	38	34542	48	43632	58	52722	68	61812	78	70902	88	79992	98	89082
9	8181	19	17271	29	26361	39	35451	49	44541	59	53631	69	62721	79	71811	89	80901	99	89991
10	9090	20	18180	30	27270	40	36360	50	45450	60	54540	70	63630	80	72720	90	81810	100	90900

910

1	910	11	10010	21	19110	31	28210	41	37310	51	46410	61	55510	71	64610	81	73710	91	82810
2	1820	12	10920	22	20020	32	29120	42	38220	52	47320	62	56420	72	65520	82	74620	92	83720
3	2730	13	11830	23	20930	33	30030	43	39130	53	48230	63	57330	73	66430	83	75530	93	84630
4	3640	14	12740	24	21840	34	30940	44	40040	54	49140	64	58240	74	67340	84	76440	94	85540
5	4550	15	13650	25	22750	35	31850	45	40950	55	50050	65	59150	75	68250	85	77350	95	86450
6	5460	16	14560	26	23660	36	32760	46	41860	56	50960	66	60060	76	69160	86	78260	96	87360
7	6370	17	15470	27	24570	37	33670	47	42770	57	51870	67	60970	77	70070	87	79170	97	88270
8	7280	18	16380	28	25480	38	34580	48	43680	58	52780	68	61880	78	70980	88	80080	98	89180
9	8190	19	17290	29	26390	39	35490	49	44590	59	53690	69	62790	79	71890	89	80990	99	90090
10	9100	20	18200	30	27300	40	36400	50	45500	60	54600	70	63700	80	72800	90	81900	100	91000

911

1	911	11	10021	21	19131	31	28241	41	37351	51	46461	61	55571	71	64681	81	73791	91	82901
2	1822	12	10932	22	20042	32	29152	42	38262	52	47372	62	56482	72	65592	82	74702	92	83812
3	2733	13	11843	23	20953	33	30063	43	39173	53	48283	63	57393	73	66503	83	75613	93	84723
4	3644	14	12754	24	21864	34	30974	44	40084	54	49194	64	58304	74	67414	84	76524	94	85634
5	4555	15	13665	25	22775	35	31885	45	40995	55	50105	65	59215	75	68325	85	77435	95	86545
6	5466	16	14576	26	23686	36	32796	46	41906	56	51016	66	60126	76	69236	86	78346	96	87456
7	6377	17	15487	27	24597	37	33707	47	42817	57	51927	67	61037	77	70147	87	79257	97	88367
8	7288	18	16398	28	25508	38	34618	48	43728	58	52838	68	61948	78	71058	88	80168	98	89278
9	8199	19	17309	29	26419	39	35529	49	44639	59	53749	69	62859	79	71969	89	81079	99	90189
10	9110	20	18220	30	27330	40	36440	50	45550	60	54660	70	63770	80	72880	90	81990	100	91100

912

1	912	11	10032	21	19152	31	28272	41	37392	51	46512	61	55632	71	64752	81	73872	91	82992
2	1824	12	10944	22	20064	32	29184	42	38304	52	47424	62	56544	72	65664	82	74784	92	83904
3	2736	13	11856	23	20976	33	30096	43	39216	53	48336	63	57456	73	66576	83	75696	93	84816
4	3648	14	12768	24	21888	34	31008	44	40128	54	49248	64	58368	74	67488	84	76608	94	85728
5	4560	15	13680	25	22800	35	31920	45	41040	55	50160	65	59280	75	68400	85	77520	95	86640
6	5472	16	14592	26	23712	36	32832	46	41952	56	51072	66	60192	76	69312	86	78432	96	87552
7	6384	17	15504	27	24624	37	33744	47	42864	57	51984	67	61104	77	70224	87	79344	97	88464
8	7296	18	16416	28	25536	38	34656	48	43776	58	52896	68	62016	78	71136	88	80256	98	89376
9	8208	19	17328	29	26448	39	35568	49	44688	59	53808	69	62928	79	72048	89	81168	99	90288
10	9120	20	18240	30	27360	40	36480	50	45600	60	54720	70	63840	80	72960	90	82080	100	91200

913

1	913	11	10043	21	19173	31	28303	41	37433	51	46563	61	55693	71	64823	81	73953	91	83083
2	1826	12	10956	22	20086	32	29216	42	38346	52	47476	62	56606	72	65736	82	74866	92	83996
3	2739	13	11869	23	20999	33	30129	43	39259	53	48389	63	57519	73	66649	83	75779	93	84909
4	3652	14	12782	24	21912	34	31042	44	40172	54	49302	64	58432	74	67562	84	76692	94	85822
5	4565	15	13695	25	22825	35	31955	45	41085	55	50215	65	59345	75	68475	85	77605	95	86735
6	5478	16	14608	26	23738	36	32868	46	41998	56	51128	66	60258	76	69388	86	78518	96	87648
7	6391	17	15521	27	24651	37	33781	47	42911	57	52041	67	61171	77	70301	87	79431	97	88561
8	7304	18	16434	28	25564	38	34694	48	43824	58	52954	68	62084	78	71214	88	80344	98	89474
9	8217	19	17347	29	26477	39	35607	49	44737	59	53867	69	62997	79	72127	89	81257	99	90387
10	9130	20	18260	30	27390	40	36520	50	45650	60	54780	70	63910	80	73040	90	82170	100	91300

914

1	914	11	10054	21	19194	31	28334	41	37474	51	46614	61	55754	71	64894	81	74034	91	83174
2	1828	12	10968	22	20108	32	29248	42	38388	52	47528	62	56668	72	65808	82	74948	92	84088
3	2742	13	11882	23	21022	33	30162	43	39302	53	48442	63	57582	73	66722	83	75862	93	85002
4	3656	14	12796	24	21936	34	31076	44	40216	54	49356	64	58496	74	67636	84	76776	94	85916
5	4570	15	13710	25	22850	35	31990	45	41130	55	50270	65	59410	75	68550	85	77690	95	86830
6	5484	16	14624	26	23764	36	32904	46	42044	56	51184	66	60324	76	69464	86	78604	96	87744
7	6398	17	15538	27	24678	37	33818	47	42958	57	52098	67	61238	77	70378	87	79518	97	88658
8	7312	18	16452	28	25592	38	34732	48	43872	58	53012	68	62152	78	71292	88	80432	98	89572
9	8226	19	17366	29	26506	39	35646	49	44786	59	53926	69	63066	79	72206	89	81346	99	90486
10	9140	20	18280	30	27420	40	36560	50	45700	60	54840	70	63980	80	73120	90	82260	100	91400

915

1	915	11	10065	21	19215	31	28365	41	37515	51	46665	61	55815	71	64965	81	74115	91	83265
2	1830	12	10980	22	20130	32	29280	42	38430	52	47580	62	56730	72	65880	82	75030	92	84180
3	2745	13	11895	23	21045	33	30195	43	39345	53	48495	63	57645	73	66795	83	75945	93	85095
4	3660	14	12810	24	21960	34	31110	44	40260	54	49410	64	58560	74	67710	84	76860	94	86010
5	4575	15	13725	25	22875	35	32025	45	41175	55	50325	65	59475	75	68625	85	77775	95	86925
6	5490	16	14640	26	23790	36	32940	46	42090	56	51240	66	60390	76	69540	86	78690	96	87840
7	6405	17	15555	27	24705	37	33855	47	43005	57	52155	67	61305	77	70455	87	79605	97	88755
8	7320	18	16470	28	25620	38	34770	48	43920	58	53070	68	62220	78	71370	88	80520	98	89670
9	8235	19	17385	29	26535	39	35685	49	44835	59	53985	69	63135	79	72285	89	81435	99	90585
10	9150	20	18300	30	27450	40	36600	50	45750	60	54900	70	64050	80	73200	90	82350	100	91500

916

1	916	11	10076	21	19236	31	28396	41	37556	51	46716	61	55876	71	65036	81	74196	91	83356
2	1832	12	10992	22	20152	32	29312	42	38472	52	47632	62	56792	72	65952	82	75112	92	84272
3	2748	13	11908	23	21068	33	30228	43	39388	53	48548	63	57708	73	66868	83	76028	93	85188
4	3664	14	12824	24	21984	34	31144	44	40304	54	49464	64	58624	74	67784	84	76944	94	86104
5	4580	15	13740	25	22900	35	32060	45	41220	55	50380	65	59540	75	68700	85	77860	95	87020
6	5496	16	14656	26	23816	36	32976	46	42136	56	51296	66	60456	76	69616	86	78776	96	87936
7	6412	17	15572	27	24732	37	33892	47	43052	57	52212	67	61372	77	70532	87	79692	97	88852
8	7328	18	16488	28	25648	38	34808	48	43968	58	53128	68	62288	78	71448	88	80608	98	89768
9	8244	19	17404	29	26564	39	35724	49	44884	59	54044	69	63204	79	72364	89	81524	99	90684
10	9160	20	18320	30	27480	40	36640	50	45800	60	54960	70	64120	80	73280	90	82440	100	91600

917

1	917	11	10087	21	19257	31	28427	41	37597	51	46767	61	55937	71	65107	81	74277	91	83447
2	1834	12	11004	22	20174	32	29344	42	38514	52	47684	62	56854	72	66024	82	75194	92	84364
3	2751	13	11921	23	21091	33	30261	43	39431	53	48601	63	57771	73	66941	83	76111	93	85281
4	3668	14	12838	24	22008	34	31178	44	40348	54	49518	64	58688	74	67858	84	77028	94	86198
5	4585	15	13755	25	22925	35	32095	45	41265	55	50435	65	59605	75	68775	85	77945	95	87115
6	5502	16	14672	26	23842	36	33012	46	42182	56	51352	66	60522	76	69692	86	78862	96	88032
7	6419	17	15589	27	24759	37	33929	47	43099	57	52269	67	61439	77	70609	87	79779	97	88949
8	7336	18	16506	28	25676	38	34846	48	44016	58	53186	68	62356	78	71526	88	80696	98	89866
9	8253	19	17423	29	26593	39	35763	49	44933	59	54103	69	63273	79	72443	89	81613	99	90783
10	9170	20	18340	30	27510	40	36680	50	45850	60	55020	70	64190	80	73360	90	82530	100	91700

918

1	918	11	10098	21	19278	31	28458	41	37638	51	46818	61	55998	71	65178	81	74358	91	83538
2	1836	12	11016	22	20196	32	29376	42	38556	52	47736	62	56916	72	66096	82	75276	92	84456
3	2754	13	11934	23	21114	33	30294	43	39474	53	48654	63	57834	73	67014	83	76194	93	85374
4	3672	14	12852	24	22032	34	31212	44	40392	54	49572	64	58752	74	67932	84	77112	94	86292
5	4590	15	13770	25	22950	35	32130	45	41310	55	50490	65	59670	75	68850	85	78030	95	87210
6	5508	16	14688	26	23868	36	33048	46	42228	56	51408	66	60588	76	69768	86	78948	96	88128
7	6426	17	15606	27	24786	37	33966	47	43146	57	52326	67	61506	77	70686	87	79866	97	89046
8	7344	18	16524	28	25704	38	34884	48	44064	58	53244	68	62424	78	71604	88	80784	98	89964
9	8262	19	17442	29	26622	39	35802	49	44982	59	54162	69	63342	79	72522	89	81702	99	90882
10	9180	20	18360	30	27540	40	36720	50	45900	60	55080	70	64260	80	73440	90	82620	100	91800

919

1	919	11	10109	21	19299	31	28489	41	37679	51	46869	61	56059	71	65249	81	74439	91	83629
2	1838	12	11028	22	20218	32	29408	42	38598	52	47788	62	56978	72	66168	82	75358	92	84548
3	2757	13	11947	23	21137	33	30327	43	39517	53	48707	63	57897	73	67087	83	76277	93	85467
4	3676	14	12866	24	22056	34	31246	44	40436	54	49626	64	58816	74	68006	84	77196	94	86386
5	4595	15	13785	25	22975	35	32165	45	41355	55	50545	65	59735	75	68925	85	78115	95	87305
6	5514	16	14704	26	23894	36	33084	46	42274	56	51464	66	60654	76	69844	86	79034	96	88224
7	6433	17	15623	27	24813	37	34003	47	43193	57	52383	67	61573	77	70763	87	79953	97	89143
8	7352	18	16542	28	25732	38	34922	48	44112	58	53302	68	62492	78	71682	88	80872	98	90062
9	8271	19	17461	29	26651	39	35841	49	45031	59	54221	69	63411	79	72601	89	81791	99	90981
10	9190	20	18380	30	27570	40	36760	50	45950	60	55140	70	64330	80	73520	90	82710	100	91900

920

1	920	11	10120	21	19320	31	28520	41	37720	51	46920	61	56120	71	65320	81	74520	91	83720
2	1840	12	11040	22	20240	32	29440	42	38640	52	47840	62	57040	72	66240	82	75440	92	84640
3	2760	13	11960	23	21160	33	30360	43	39560	53	48760	63	57960	73	67160	83	76360	93	85560
4	3680	14	12880	24	22080	34	31280	44	40480	54	49680	64	58880	74	68080	84	77280	94	86480
5	4600	15	13800	25	23000	35	32200	45	41400	55	50600	65	59800	75	69000	85	78200	95	87400
6	5520	16	14720	26	23920	36	33120	46	42320	56	51520	66	60720	76	69920	86	79120	96	88320
7	6440	17	15640	27	24840	37	34040	47	43240	57	52440	67	61640	77	70840	87	80040	97	89240
8	7360	18	16560	28	25760	38	34960	48	44160	58	53360	68	62560	78	71760	88	80960	98	90160
9	8280	19	17480	29	26680	39	35880	49	45080	59	54280	69	63480	79	72680	89	81880	99	91080
10	9200	20	18400	30	27600	40	36800	50	46000	60	55200	70	64400	80	73600	90	82800	100	92000

921

1	921	11	10131	21	19341	31	28551	41	37761	51	46971	61	56181	71	65391	81	74601	91	83811
2	1842	12	11052	22	20262	32	29472	42	38682	52	47892	62	57102	72	66312	82	75522	92	84732
3	2763	13	11973	23	21183	33	30393	43	39603	53	48813	63	58023	73	67233	83	76443	93	85653
4	3684	14	12894	24	22104	34	31314	44	40524	54	49734	64	58944	74	68154	84	77364	94	86574
5	4605	15	13815	25	23025	35	32235	45	41445	55	50655	65	59865	75	69075	85	78285	95	87495
6	5526	16	14736	26	23946	36	33156	46	42366	56	51576	66	60786	76	69996	86	79206	96	88416
7	6447	17	15657	27	24867	37	34077	47	43287	57	52497	67	61707	77	70917	87	80127	97	89337
8	7368	18	16578	28	25788	38	34998	48	44208	58	53418	68	62628	78	71838	88	81048	98	90258
9	8289	19	17499	29	26709	39	35919	49	45129	59	54339	69	63549	79	72759	89	81969	99	91179
10	9210	20	18420	30	27630	40	36840	50	46050	60	55260	70	64470	80	73680	90	82890	100	92100

922

1	922	11	10142	21	19362	31	28582	41	37802	51	47022	61	56242	71	65462	81	74682	91	83902
2	1844	12	11064	22	20284	32	29504	42	38724	52	47944	62	57164	72	66384	82	75604	92	84824
3	2766	13	11986	23	21206	33	30426	43	39646	53	48866	63	58086	73	67306	83	76526	93	85746
4	3688	14	12908	24	22128	34	31348	44	40568	54	49788	64	59008	74	68228	84	77448	94	86668
5	4610	15	13830	25	23050	35	32270	45	41490	55	50710	65	59930	75	69150	85	78370	95	87590
6	5532	16	14752	26	23972	36	33192	46	42412	56	51632	66	60852	76	70072	86	79292	96	88512
7	6454	17	15674	27	24894	37	34114	47	43334	57	52554	67	61774	77	70994	87	80214	97	89434
8	7376	18	16596	28	25816	38	35036	48	44256	58	53476	68	62696	78	71916	88	81136	98	90356
9	8298	19	17518	29	26738	39	35958	49	45178	59	54398	69	63618	79	72838	89	82058	99	91278
10	9220	20	18440	30	27660	40	36880	50	46100	60	55320	70	64540	80	73760	90	82980	100	92200

923

1	923	11	10153	21	19383	31	28613	41	37843	51	47073	61	56303	71	65533	81	74763	91	83993
2	1846	12	11076	22	20306	32	29536	42	38766	52	47996	62	57226	72	66456	82	75686	92	84916
3	2769	13	11999	23	21229	33	30459	43	39689	53	48919	63	58149	73	67379	83	76609	93	85839
4	3692	14	12922	24	22152	34	31382	44	40612	54	49842	64	59072	74	68302	84	77532	94	86762
5	4615	15	13845	25	23075	35	32305	45	41535	55	50765	65	59995	75	69225	85	78455	95	87685
6	5538	16	14768	26	23998	36	33228	46	42458	56	51688	66	60918	76	70148	86	79378	96	88608
7	6461	17	15691	27	24921	37	34151	47	43381	57	52611	67	61841	77	71071	87	80301	97	89531
8	7384	18	16614	28	25844	38	35074	48	44304	58	53534	68	62764	78	71994	88	81224	98	90454
9	8307	19	17537	29	26767	39	35997	49	45227	59	54457	69	63687	79	72917	89	82147	99	91377
10	9230	20	18460	30	27690	40	36920	50	46150	60	55380	70	64610	80	73840	90	83070	100	92300

924

1	924	11	10164	21	19404	31	28644	41	37884	51	47124	61	56364	71	65604	81	74844	91	84084
2	1848	12	11088	22	20328	32	29568	42	38808	52	48048	62	57288	72	66528	82	75768	92	85008
3	2772	13	12012	23	21252	33	30492	43	39732	53	48972	63	58212	73	67452	83	76692	93	85932
4	3696	14	12936	24	22176	34	31416	44	40656	54	49896	64	59136	74	68376	84	77616	94	86856
5	4620	15	13860	25	23100	35	32340	45	41580	55	50820	65	60060	75	69300	85	78540	95	87780
6	5544	16	14784	26	24024	36	33264	46	42504	56	51744	66	60984	76	70224	86	79464	96	88704
7	6468	17	15708	27	24948	37	34188	47	43428	57	52668	67	61908	77	71148	87	80388	97	89628
8	7392	18	16632	28	25872	38	35112	48	44352	58	53592	68	62832	78	72072	88	81312	98	90552
9	8316	19	17556	29	26796	39	36036	49	45276	59	54516	69	63756	79	72996	89	82236	99	91476
10	9240	20	18480	30	27720	40	36960	50	46200	60	55440	70	64680	80	73920	90	83160	100	92400

925

1	925	11	10175	21	19425	31	28675	41	37925	51	47175	61	56425	71	65675	81	74925	91	84175
2	1850	12	11100	22	20350	32	29600	42	38850	52	48100	62	57350	72	66600	82	75850	92	85100
3	2775	13	12025	23	21275	33	30525	43	39775	53	49025	63	58275	73	67525	83	76775	93	86025
4	3700	14	12950	24	22200	34	31450	44	40700	54	49950	64	59200	74	68450	84	77700	94	86950
5	4625	15	13875	25	23125	35	32375	45	41625	55	50875	65	60125	75	69375	85	78625	95	87875
6	5550	16	14800	26	24050	36	33300	46	42550	56	51800	66	61050	76	70300	86	79550	96	88800
7	6475	17	15725	27	24975	37	34225	47	43475	57	52725	67	61975	77	71225	87	80475	97	89725
8	7400	18	16650	28	25900	38	35150	48	44400	58	53650	68	62900	78	72150	88	81400	98	90650
9	8325	19	17575	29	26825	39	36075	49	45325	59	54575	69	63825	79	73075	89	82325	99	91575
10	9250	20	18500	30	27750	40	37000	50	46250	60	55500	70	64750	80	74000	90	83250	100	92500

926

1	926	11	10186	21	19446	31	28706	41	37966	51	47226	61	56486	71	65746	81	75006	91	84266
2	1852	12	11112	22	20372	32	29632	42	38892	52	48152	62	57412	72	66672	82	75932	92	85192
3	2778	13	12038	23	21298	33	30558	43	39818	53	49078	63	58338	73	67598	83	76858	93	86118
4	3704	14	12964	24	22224	34	31484	44	40744	54	50004	64	59264	74	68524	84	77784	94	87044
5	4630	15	13890	25	23150	35	32410	45	41670	55	50930	65	60190	75	69450	85	78710	95	87970
6	5556	16	14816	26	24076	36	33336	46	42596	56	51856	66	61116	76	70376	86	79636	96	88896
7	6482	17	15742	27	25002	37	34262	47	43522	57	52782	67	62042	77	71302	87	80562	97	89822
8	7408	18	16668	28	25928	38	35188	48	44448	58	53708	68	62968	78	72228	88	81488	98	90748
9	8334	19	17594	29	26854	39	36114	49	45374	59	54634	69	63894	79	73154	89	82414	99	91674
10	9260	20	18520	30	27780	40	37040	50	46300	60	55560	70	64820	80	74080	90	83340	100	92600

927

1	927	11	10197	21	19467	31	28737	41	38007	51	47277	61	56547	71	65817	81	75087	91	84357
2	1854	12	11124	22	20394	32	29664	42	38934	52	48204	62	57474	72	66744	82	76014	92	85284
3	2781	13	12051	23	21321	33	30591	43	39861	53	49131	63	58401	73	67671	83	76941	93	86211
4	3708	14	12978	24	22248	34	31518	44	40788	54	50058	64	59328	74	68598	84	77868	94	87138
5	4635	15	13905	25	23175	35	32445	45	41715	55	50985	65	60255	75	69525	85	78795	95	88065
6	5562	16	14832	26	24102	36	33372	46	42642	56	51912	66	61182	76	70452	86	79722	96	88992
7	6489	17	15759	27	25029	37	34299	47	43569	57	52839	67	62109	77	71379	87	80649	97	89919
8	7416	18	16686	28	25956	38	35226	48	44496	58	53766	68	63036	78	72306	88	81576	98	90846
9	8343	19	17613	29	26883	39	36153	49	45423	59	54693	69	63963	79	73233	89	82503	99	91773
10	9270	20	18540	30	27810	40	37080	50	46350	60	55620	70	64890	80	74160	90	83430	100	92700

928

1	928	11	10208	21	19488	31	28768	41	38048	51	47328	61	56608	71	65888	81	75168	91	84448
2	1856	12	11136	22	20416	32	29696	42	38976	52	48256	62	57536	72	66816	82	76096	92	85376
3	2784	13	12064	23	21344	33	30624	43	39904	53	49184	63	58464	73	67744	83	77024	93	86304
4	3712	14	12992	24	22272	34	31552	44	40832	54	50112	64	59392	74	68672	84	77952	94	87232
5	4640	15	13920	25	23200	35	32480	45	41760	55	51040	65	60320	75	69600	85	78880	95	88160
6	5568	16	14848	26	24128	36	33408	46	42688	56	51968	66	61248	76	70528	86	79808	96	89088
7	6496	17	15776	27	25056	37	34336	47	43616	57	52896	67	62176	77	71456	87	80736	97	90016
8	7424	18	16704	28	25984	38	35264	48	44544	58	53824	68	63104	78	72384	88	81664	98	90944
9	8352	19	17632	29	26912	39	36192	49	45472	59	54752	69	64032	79	73312	89	82592	99	91872
10	9280	20	18560	30	27840	40	37120	50	46400	60	55680	70	64960	80	74240	90	83520	100	92800

929

1	929	11	10219	21	19509	31	28799	41	38089	51	47379	61	56669	71	65959	81	75249	91	84539
2	1858	12	11148	22	20438	32	29728	42	39018	52	48308	62	57598	72	66888	82	76178	92	85468
3	2787	13	12077	23	21367	33	30657	43	39947	53	49237	63	58527	73	67817	83	77107	93	86397
4	3716	14	13006	24	22296	34	31586	44	40876	54	50166	64	59456	74	68746	84	78036	94	87326
5	4645	15	13935	25	23225	35	32515	45	41805	55	51095	65	60385	75	69675	85	78965	95	88255
6	5574	16	14864	26	24154	36	33444	46	42734	56	52024	66	61314	76	70604	86	79894	96	89184
7	6503	17	15793	27	25083	37	34373	47	43663	57	52953	67	62243	77	71533	87	80823	97	90113
8	7432	18	16722	28	26012	38	35302	48	44592	58	53882	68	63172	78	72462	88	81752	98	91042
9	8361	19	17651	29	26941	39	36231	49	45521	59	54811	69	64101	79	73391	89	82681	99	91971
10	9290	20	18580	30	27870	40	37160	50	46450	60	55740	70	65030	80	74320	90	83610	100	92900

930

1	930	11	10230	21	19530	31	28830	41	38130	51	47430	61	56730	71	66030	81	75330	91	84630
2	1860	12	11160	22	20460	32	29760	42	39060	52	48360	62	57660	72	66960	82	76260	92	85560
3	2790	13	12090	23	21390	33	30690	43	39990	53	49290	63	58590	73	67890	83	77190	93	86490
4	3720	14	13020	24	22320	34	31620	44	40920	54	50220	64	59520	74	68820	84	78120	94	87420
5	4650	15	13950	25	23250	35	32550	45	41850	55	51150	65	60450	75	69750	85	79050	95	88350
6	5580	16	14880	26	24180	36	33480	46	42780	56	52080	66	61380	76	70680	86	79980	96	89280
7	6510	17	15810	27	25110	37	34410	47	43710	57	53010	67	62310	77	71610	87	80910	97	90210
8	7440	18	16740	28	26040	38	35340	48	44640	58	53940	68	63240	78	72540	88	81840	98	91140
9	8370	19	17670	29	26970	39	36270	49	45570	59	54870	69	64170	79	73470	89	82770	99	92070
10	9300	20	18600	30	27900	40	37200	50	46500	60	55800	70	65100	80	74400	90	83700	100	93000

931

1	931	11	10241	21	19551	31	28861	41	38171	51	47481	61	56791	71	66101	81	75411	91	84721
2	1862	12	11172	22	20482	32	29792	42	39102	52	48412	62	57722	72	67032	82	76342	92	85652
3	2793	13	12103	23	21413	33	30723	43	40033	53	49343	63	58653	73	67963	83	77273	93	86583
4	3724	14	13034	24	22344	34	31654	44	40964	54	50274	64	59584	74	68894	84	78204	94	87514
5	4655	15	13965	25	23275	35	32585	45	41895	55	51205	65	60515	75	69825	85	79135	95	88445
6	5586	16	14896	26	24206	36	33516	46	42826	56	52136	66	61446	76	70756	86	80066	96	89376
7	6517	17	15827	27	25137	37	34447	47	43757	57	53067	67	62377	77	71687	87	80997	97	90307
8	7448	18	16758	28	26068	38	35378	48	44688	58	53998	68	63308	78	72618	88	81928	98	91238
9	8379	19	17689	29	26999	39	36309	49	45619	59	54929	69	64239	79	73549	89	82859	99	92169
10	9310	20	18620	30	27930	40	37240	50	46550	60	55860	70	65170	80	74480	90	83790	100	93100

932

1	932	11	10252	21	19572	31	28892	41	38212	51	47532	61	56852	71	66172	81	75492	91	84812
2	1864	12	11184	22	20504	32	29824	42	39144	52	48464	62	57784	72	67104	82	76424	92	85744
3	2796	13	12116	23	21436	33	30756	43	40076	53	49396	63	58716	73	68036	83	77356	93	86676
4	3728	14	13048	24	22368	34	31688	44	41008	54	50328	64	59648	74	68968	84	78288	94	87608
5	4660	15	13980	25	23300	35	32620	45	41940	55	51260	65	60580	75	69900	85	79220	95	88540
6	5592	16	14912	26	24232	36	33552	46	42872	56	52192	66	61512	76	70832	86	80152	96	89472
7	6524	17	15844	27	25164	37	34484	47	43804	57	53124	67	62444	77	71764	87	81084	97	90404
8	7456	18	16776	28	26096	38	35416	48	44736	58	54056	68	63376	78	72696	88	82016	98	91336
9	8388	19	17708	29	27028	39	36348	49	45668	59	54988	69	64308	79	73628	89	82948	99	92268
10	9320	20	18640	30	27960	40	37280	50	46600	60	55920	70	65240	80	74560	90	83880	100	93200

933

1	933	11	10263	21	19593	31	28923	41	38253	51	47583	61	56913	71	66243	81	75573	91	84903
2	1866	12	11196	22	20526	32	29856	42	39186	52	48516	62	57846	72	67176	82	76506	92	85836
3	2799	13	12129	23	21459	33	30789	43	40119	53	49449	63	58779	73	68109	83	77439	93	86769
4	3732	14	13062	24	22392	34	31722	44	41052	54	50382	64	59712	74	69042	84	78372	94	87702
5	4665	15	13995	25	23325	35	32655	45	41985	55	51315	65	60645	75	69975	85	79305	95	88635
6	5598	16	14928	26	24258	36	33588	46	42918	56	52248	66	61578	76	70908	86	80238	96	89568
7	6531	17	15861	27	25191	37	34521	47	43851	57	53181	67	62511	77	71841	87	81171	97	90501
8	7464	18	16794	28	26124	38	35454	48	44784	58	54114	68	63444	78	72774	88	82104	98	91434
9	8397	19	17727	29	27057	39	36387	49	45717	59	55047	69	64377	79	73707	89	83037	99	92367
10	9330	20	18660	30	27990	40	37320	50	46650	60	55980	70	65310	80	74640	90	83970	100	93300

934

1	934	11	10274	21	19614	31	28954	41	38294	51	47634	61	56974	71	66314	81	75654	91	84994
2	1868	12	11208	22	20548	32	29888	42	39228	52	48568	62	57908	72	67248	82	76588	92	85928
3	2802	13	12142	23	21482	33	30822	43	40162	53	49502	63	58842	73	68182	83	77522	93	86862
4	3736	14	13076	24	22416	34	31756	44	41096	54	50436	64	59776	74	69116	84	78456	94	87796
5	4670	15	14010	25	23350	35	32690	45	42030	55	51370	65	60710	75	70050	85	79390	95	88730
6	5604	16	14944	26	24284	36	33624	46	42964	56	52304	66	61644	76	70984	86	80324	96	89664
7	6538	17	15878	27	25218	37	34558	47	43898	57	53238	67	62578	77	71918	87	81258	97	90598
8	7472	18	16812	28	26152	38	35492	48	44832	58	54172	68	63512	78	72852	88	82192	98	91532
9	8406	19	17746	29	27086	39	36426	49	45766	59	55106	69	64446	79	73786	89	83126	99	92466
10	9340	20	18680	30	28020	40	37360	50	46700	60	56040	70	65380	80	74720	90	84060	100	93400

935

1	935	11	10285	21	19635	31	28985	41	38335	51	47685	61	57035	71	66385	81	75735	91	85085
2	1870	12	11220	22	20570	32	29920	42	39270	52	48620	62	57970	72	67320	82	76670	92	86020
3	2805	13	12155	23	21505	33	30855	43	40205	53	49555	63	58905	73	68255	83	77605	93	86955
4	3740	14	13090	24	22440	34	31790	44	41140	54	50490	64	59840	74	69190	84	78540	94	87890
5	4675	15	14025	25	23375	35	32725	45	42075	55	51425	65	60775	75	70125	85	79475	95	88825
6	5610	16	14960	26	24310	36	33660	46	43010	56	52360	66	61710	76	71060	86	80410	96	89760
7	6545	17	15895	27	25245	37	34595	47	43945	57	53295	67	62645	77	71995	87	81345	97	90695
8	7480	18	16830	28	26180	38	35530	48	44880	58	54230	68	63580	78	72930	88	82280	98	91630
9	8415	19	17765	29	27115	39	36465	49	45815	59	55165	69	64515	79	73865	89	83215	99	92565
10	9350	20	18700	30	28050	40	37400	50	46750	60	56100	70	65450	80	74800	90	84150	100	93500

936

1	936	11	10296	21	19656	31	29016	41	38376	51	47736	61	57096	71	66456	81	75816	91	85176
2	1872	12	11232	22	20592	32	29952	42	39312	52	48672	62	58032	72	67392	82	76752	92	86112
3	2808	13	12168	23	21528	33	30888	43	40248	53	49608	63	58968	73	68328	83	77688	93	87048
4	3744	14	13104	24	22464	34	31824	44	41184	54	50544	64	59904	74	69264	84	78624	94	87984
5	4680	15	14040	25	23400	35	32760	45	42120	55	51480	65	60840	75	70200	85	79560	95	88920
6	5616	16	14976	26	24336	36	33696	46	43056	56	52416	66	61776	76	71136	86	80496	96	89856
7	6552	17	15912	27	25272	37	34632	47	43992	57	53352	67	62712	77	72072	87	81432	97	90792
8	7488	18	16848	28	26208	38	35568	48	44928	58	54288	68	63648	78	73008	88	82368	98	91728
9	8424	19	17784	29	27144	39	36504	49	45864	59	55224	69	64584	79	73944	89	83304	99	92664
10	9360	20	18720	30	28080	40	37440	50	46800	60	56160	70	65520	80	74880	90	84240	100	93600

937

1	937	11	10307	21	19677	31	29047	41	38417	51	47787	61	57157	71	66527	81	75897	91	85267
2	1874	12	11244	22	20614	32	29984	42	39354	52	48724	62	58094	72	67464	82	76834	92	86204
3	2811	13	12181	23	21551	33	30921	43	40291	53	49661	63	59031	73	68401	83	77771	93	87141
4	3748	14	13118	24	22488	34	31858	44	41228	54	50598	64	59968	74	69338	84	78708	94	88078
5	4685	15	14055	25	23425	35	32795	45	42165	55	51535	65	60905	75	70275	85	79645	95	89015
6	5622	16	14992	26	24362	36	33732	46	43102	56	52472	66	61842	76	71212	86	80582	96	89952
7	6559	17	15929	27	25299	37	34669	47	44039	57	53409	67	62779	77	72149	87	81519	97	90889
8	7496	18	16866	28	26236	38	35606	48	44976	58	54346	68	63716	78	73086	88	82456	98	91826
9	8433	19	17803	29	27173	39	36543	49	45913	59	55283	69	64653	79	74023	89	83393	99	92763
10	9370	20	18740	30	28110	40	37480	50	46850	60	56220	70	65590	80	74960	90	84330	100	93700

938

1	938	11	10318	21	19698	31	29078	41	38458	51	47838	61	57218	71	66598	81	75978	91	85358
2	1876	12	11256	22	20636	32	30016	42	39396	52	48776	62	58156	72	67536	82	76916	92	86296
3	2814	13	12194	23	21574	33	30954	43	40334	53	49714	63	59094	73	68474	83	77854	93	87234
4	3752	14	13132	24	22512	34	31892	44	41272	54	50652	64	60032	74	69412	84	78792	94	88172
5	4690	15	14070	25	23450	35	32830	45	42210	55	51590	65	60970	75	70350	85	79730	95	89110
6	5628	16	15008	26	24388	36	33768	46	43148	56	52528	66	61908	76	71288	86	80668	96	90048
7	6566	17	15946	27	25326	37	34706	47	44086	57	53466	67	62846	77	72226	87	81606	97	90986
8	7504	18	16884	28	26264	38	35644	48	45024	58	54404	68	63784	78	73164	88	82544	98	91924
9	8442	19	17822	29	27202	39	36582	49	45962	59	55342	69	64722	79	74102	89	83482	99	92862
10	9380	20	18760	30	28140	40	37520	50	46900	60	56280	70	65660	80	75040	90	84420	100	93800

939

1	939	11	10329	21	19719	31	29109	41	38499	51	47889	61	57279	71	66669	81	76059	91	85449
2	1878	12	11268	22	20658	32	30048	42	39438	52	48828	62	58218	72	67608	82	76998	92	86388
3	2817	13	12207	23	21597	33	30987	43	40377	53	49767	63	59157	73	68547	83	77937	93	87327
4	3756	14	13146	24	22536	34	31926	44	41316	54	50706	64	60096	74	69486	84	78876	94	88266
5	4695	15	14085	25	23475	35	32865	45	42255	55	51645	65	61035	75	70425	85	79815	95	89205
6	5634	16	15024	26	24414	36	33804	46	43194	56	52584	66	61974	76	71364	86	80754	96	90144
7	6573	17	15963	27	25353	37	34743	47	44133	57	53523	67	62913	77	72303	87	81693	97	91083
8	7512	18	16902	28	26292	38	35682	48	45072	58	54462	68	63852	78	73242	88	82632	98	92022
9	8451	19	17841	29	27231	39	36621	49	46011	59	55401	69	64791	79	74181	89	83571	99	92961
10	9390	20	18780	30	28170	40	37560	50	46950	60	56340	70	65730	80	75120	90	84510	100	93900

940

1	940	11	10340	21	19740	31	29140	41	38540	51	47940	61	57340	71	66740	81	76140	91	85540
2	1880	12	11280	22	20680	32	30080	42	39480	52	48880	62	58280	72	67680	82	77080	92	86480
3	2820	13	12220	23	21620	33	31020	43	40420	53	49820	63	59220	73	68620	83	78020	93	87420
4	3760	14	13160	24	22560	34	31960	44	41360	54	50760	64	60160	74	69560	84	78960	94	88360
5	4700	15	14100	25	23500	35	32900	45	42300	55	51700	65	61100	75	70500	85	79900	95	89300
6	5640	16	15040	26	24440	36	33840	46	43240	56	52640	66	62040	76	71440	86	80840	96	90240
7	6580	17	15980	27	25380	37	34780	47	44180	57	53580	67	62980	77	72380	87	81780	97	91180
8	7520	18	16920	28	26320	38	35720	48	45120	58	54520	68	63920	78	73320	88	82720	98	92120
9	8460	19	17860	29	27260	39	36660	49	46060	59	55460	69	64860	79	74260	89	83660	99	93060
10	9400	20	18800	30	28200	40	37600	50	47000	60	56400	70	65800	80	75200	90	84600	100	94000

941

1	941	**11**	10351	**21**	19761	**31**	29171	**41**	38581	**51**	47991	**61**	57401	**71**	66811	**81**	76221	**91**	85631
2	1882	**12**	11292	**22**	20702	**32**	30112	**42**	39522	**52**	48932	**62**	58342	**72**	67752	**82**	77162	**92**	86572
3	2823	**13**	12233	**23**	21643	**33**	31053	**43**	40463	**53**	49873	**63**	59283	**73**	68693	**83**	78103	**93**	87513
4	3764	**14**	13174	**24**	22584	**34**	31994	**44**	41404	**54**	50814	**64**	60224	**74**	69634	**84**	79044	**94**	88454
5	4705	**15**	14115	**25**	23525	**35**	32935	**45**	42345	**55**	51755	**65**	61165	**75**	70575	**85**	79985	**95**	89395
6	5646	**16**	15056	**26**	24466	**36**	33876	**46**	43286	**56**	52696	**66**	62106	**76**	71516	**86**	80926	**96**	90336
7	6587	**17**	15997	**27**	25407	**37**	34817	**47**	44227	**57**	53637	**67**	63047	**77**	72457	**87**	81867	**97**	91277
8	7528	**18**	16938	**28**	26348	**38**	35758	**48**	45168	**58**	54578	**68**	63988	**78**	73398	**88**	82808	**98**	92218
9	8469	**19**	17879	**29**	27289	**39**	36699	**49**	46109	**59**	55519	**69**	64929	**79**	74339	**89**	83749	**99**	93159
10	9410	**20**	18820	**30**	28230	**40**	37640	**50**	47050	**60**	56460	**70**	65870	**80**	75280	**90**	84690	**100**	94100

942

1	942	**11**	10362	**21**	19782	**31**	29202	**41**	38622	**51**	48042	**61**	57462	**71**	66882	**81**	76302	**91**	85722
2	1884	**12**	11304	**22**	20724	**32**	30144	**42**	39564	**52**	48984	**62**	58404	**72**	67824	**82**	77244	**92**	86664
3	2826	**13**	12246	**23**	21666	**33**	31086	**43**	40506	**53**	49926	**63**	59346	**73**	68766	**83**	78186	**93**	87606
4	3768	**14**	13188	**24**	22608	**34**	32028	**44**	41448	**54**	50868	**64**	60288	**74**	69708	**84**	79128	**94**	88548
5	4710	**15**	14130	**25**	23550	**35**	32970	**45**	42390	**55**	51810	**65**	61230	**75**	70650	**85**	80070	**95**	89490
6	5652	**16**	15072	**26**	24492	**36**	33912	**46**	43332	**56**	52752	**66**	62172	**76**	71592	**86**	81012	**96**	90432
7	6594	**17**	16014	**27**	25434	**37**	34854	**47**	44274	**57**	53694	**67**	63114	**77**	72534	**87**	81954	**97**	91374
8	7536	**18**	16956	**28**	26376	**38**	35796	**48**	45216	**58**	54636	**68**	64056	**78**	73476	**88**	82896	**98**	92316
9	8478	**19**	17898	**29**	27318	**39**	36738	**49**	46158	**59**	55578	**69**	64998	**79**	74418	**89**	83838	**99**	93258
10	9420	**20**	18840	**30**	28260	**40**	37680	**50**	47100	**60**	56520	**70**	65940	**80**	75360	**90**	84780	**100**	94200

943

1	943	**11**	10373	**21**	19803	**31**	29233	**41**	38663	**51**	48093	**61**	57523	**71**	66953	**81**	76383	**91**	85813
2	1886	**12**	11316	**22**	20746	**32**	30176	**42**	39606	**52**	49036	**62**	58466	**72**	67896	**82**	77326	**92**	86756
3	2829	**13**	12259	**23**	21689	**33**	31119	**43**	40549	**53**	49979	**63**	59409	**73**	68839	**83**	78269	**93**	87699
4	3772	**14**	13202	**24**	22632	**34**	32062	**44**	41492	**54**	50922	**64**	60352	**74**	69782	**84**	79212	**94**	88642
5	4715	**15**	14145	**25**	23575	**35**	33005	**45**	42435	**55**	51865	**65**	61295	**75**	70725	**85**	80155	**95**	89585
6	5658	**16**	15088	**26**	24518	**36**	33948	**46**	43378	**56**	52808	**66**	62238	**76**	71668	**86**	81098	**96**	90528
7	6601	**17**	16031	**27**	25461	**37**	34891	**47**	44321	**57**	53751	**67**	63181	**77**	72611	**87**	82041	**97**	91471
8	7544	**18**	16974	**28**	26404	**38**	35834	**48**	45264	**58**	54694	**68**	64124	**78**	73554	**88**	82984	**98**	92414
9	8487	**19**	17917	**29**	27347	**39**	36777	**49**	46207	**59**	55637	**69**	65067	**79**	74497	**89**	83927	**99**	93357
10	9430	**20**	18860	**30**	28290	**40**	37720	**50**	47150	**60**	56580	**70**	66010	**80**	75440	**90**	84870	**100**	94300

944

1	944	**11**	10384	**21**	19824	**31**	29264	**41**	38704	**51**	48144	**61**	57584	**71**	67024	**81**	76464	**91**	85904
2	1888	**12**	11328	**22**	20768	**32**	30208	**42**	39648	**52**	49088	**62**	58528	**72**	67968	**82**	77408	**92**	86848
3	2832	**13**	12272	**23**	21712	**33**	31152	**43**	40592	**53**	50032	**63**	59472	**73**	68912	**83**	78352	**93**	87792
4	3776	**14**	13216	**24**	22656	**34**	32096	**44**	41536	**54**	50976	**64**	60416	**74**	69856	**84**	79296	**94**	88736
5	4720	**15**	14160	**25**	23600	**35**	33040	**45**	42480	**55**	51920	**65**	61360	**75**	70800	**85**	80240	**95**	89680
6	5664	**16**	15104	**26**	24544	**36**	33984	**46**	43424	**56**	52864	**66**	62304	**76**	71744	**86**	81184	**96**	90624
7	6608	**17**	16048	**27**	25488	**37**	34928	**47**	44368	**57**	53808	**67**	63248	**77**	72688	**87**	82128	**97**	91568
8	7552	**18**	16992	**28**	26432	**38**	35872	**48**	45312	**58**	54752	**68**	64192	**78**	73632	**88**	83072	**98**	92512
9	8496	**19**	17936	**29**	27376	**39**	36816	**49**	46256	**59**	55696	**69**	65136	**79**	74576	**89**	84016	**99**	93456
10	9440	**20**	18880	**30**	28320	**40**	37760	**50**	47200	**60**	56640	**70**	66080	**80**	75520	**90**	84960	**100**	94400

945

1	945	**11**	10395	**21**	19845	**31**	29295	**41**	38745	**51**	48195	**61**	57645	**71**	67095	**81**	76545	**91**	85995
2	1890	**12**	11340	**22**	20790	**32**	30240	**42**	39690	**52**	49140	**62**	58590	**72**	68040	**82**	77490	**92**	86940
3	2835	**13**	12285	**23**	21735	**33**	31185	**43**	40635	**53**	50085	**63**	59535	**73**	68985	**83**	78435	**93**	87885
4	3780	**14**	13230	**24**	22680	**34**	32130	**44**	41580	**54**	51030	**64**	60480	**74**	69930	**84**	79380	**94**	88830
5	4725	**15**	14175	**25**	23625	**35**	33075	**45**	42525	**55**	51975	**65**	61425	**75**	70875	**85**	80325	**95**	89775
6	5670	**16**	15120	**26**	24570	**36**	34020	**46**	43470	**56**	52920	**66**	62370	**76**	71820	**86**	81270	**96**	90720
7	6615	**17**	16065	**27**	25515	**37**	34965	**47**	44415	**57**	53865	**67**	63315	**77**	72765	**87**	82215	**97**	91665
8	7560	**18**	17010	**28**	26460	**38**	35910	**48**	45360	**58**	54810	**68**	64260	**78**	73710	**88**	83160	**98**	92610
9	8505	**19**	17955	**29**	27405	**39**	36855	**49**	46305	**59**	55755	**69**	65205	**79**	74655	**89**	84105	**99**	93555
10	9450	**20**	18900	**30**	28350	**40**	37800	**50**	47250	**60**	56700	**70**	66150	**80**	75600	**90**	85050	**100**	94500

946

1	946	11	10406	21	19866	31	29326	41	38786	51	48246	61	57706	71	67166	81	76626	91	86086
2	1892	12	11352	22	20812	32	30272	42	39732	52	49192	62	58652	72	68112	82	77572	92	87032
3	2838	13	12298	23	21758	33	31218	43	40678	53	50138	63	59598	73	69058	83	78518	93	87978
4	3784	14	13244	24	22704	34	32164	44	41624	54	51084	64	60544	74	70004	84	79464	94	88924
5	4730	15	14190	25	23650	35	33110	45	42570	55	52030	65	61490	75	70950	85	80410	95	89870
6	5676	16	15136	26	24596	36	34056	46	43516	56	52976	66	62436	76	71896	86	81356	96	90816
7	6622	17	16082	27	25542	37	35002	47	44462	57	53922	67	63382	77	72842	87	82302	97	91762
8	7568	18	17028	28	26488	38	35948	48	45408	58	54868	68	64328	78	73788	88	83248	98	92708
9	8514	19	17974	29	27434	39	36894	49	46354	59	55814	69	65274	79	74734	89	84194	99	93654
10	9460	20	18920	30	28380	40	37840	50	47300	60	56760	70	66220	80	75680	90	85140	100	94600

947

1	947	11	10417	21	19887	31	29357	41	38827	51	48297	61	57767	71	67237	81	76707	91	86177
2	1894	12	11364	22	20834	32	30304	42	39774	52	49244	62	58714	72	68184	82	77654	92	87124
3	2841	13	12311	23	21781	33	31251	43	40721	53	50191	63	59661	73	69131	83	78601	93	88071
4	3788	14	13258	24	22728	34	32198	44	41668	54	51138	64	60608	74	70078	84	79548	94	89018
5	4735	15	14205	25	23675	35	33145	45	42615	55	52085	65	61555	75	71025	85	80495	95	89965
6	5682	16	15152	26	24622	36	34092	46	43562	56	53032	66	62502	76	71972	86	81442	96	90912
7	6629	17	16099	27	25569	37	35039	47	44509	57	53979	67	63449	77	72919	87	82389	97	91859
8	7576	18	17046	28	26516	38	35986	48	45456	58	54926	68	64396	78	73866	88	83336	98	92806
9	8523	19	17993	29	27463	39	36933	49	46403	59	55873	69	65343	79	74813	89	84283	99	93753
10	9470	20	18940	30	28410	40	37880	50	47350	60	56820	70	66290	80	75760	90	85230	100	94700

948

1	948	11	10428	21	19908	31	29388	41	38868	51	48348	61	57828	71	67308	81	76788	91	86268
2	1896	12	11376	22	20856	32	30336	42	39816	52	49296	62	58776	72	68256	82	77736	92	87216
3	2844	13	12324	23	21804	33	31284	43	40764	53	50244	63	59724	73	69204	83	78684	93	88164
4	3792	14	13272	24	22752	34	32232	44	41712	54	51192	64	60672	74	70152	84	79632	94	89112
5	4740	15	14220	25	23700	35	33180	45	42660	55	52140	65	61620	75	71100	85	80580	95	90060
6	5688	16	15168	26	24648	36	34128	46	43608	56	53088	66	62568	76	72048	86	81528	96	91008
7	6636	17	16116	27	25596	37	35076	47	44556	57	54036	67	63516	77	72996	87	82476	97	91956
8	7584	18	17064	28	26544	38	36024	48	45504	58	54984	68	64464	78	73944	88	83424	98	92904
9	8532	19	18012	29	27492	39	36972	49	46452	59	55932	69	65412	79	74892	89	84372	99	93852
10	9480	20	18960	30	28440	40	37920	50	47400	60	56880	70	66360	80	75840	90	85320	100	94800

949

1	949	11	10439	21	19929	31	29419	41	38909	51	48399	61	57889	71	67379	81	76869	91	86359
2	1898	12	11388	22	20878	32	30368	42	39858	52	49348	62	58838	72	68328	82	77818	92	87308
3	2847	13	12337	23	21827	33	31317	43	40807	53	50297	63	59787	73	69277	83	78767	93	88257
4	3796	14	13286	24	22776	34	32266	44	41756	54	51246	64	60736	74	70226	84	79716	94	89206
5	4745	15	14235	25	23725	35	33215	45	42705	55	52195	65	61685	75	71175	85	80665	95	90155
6	5694	16	15184	26	24674	36	34164	46	43654	56	53144	66	62634	76	72124	86	81614	96	91104
7	6643	17	16133	27	25623	37	35113	47	44603	57	54093	67	63583	77	73073	87	82563	97	92053
8	7592	18	17082	28	26572	38	36062	48	45552	58	55042	68	64532	78	74022	88	83512	98	93002
9	8541	19	18031	29	27521	39	37011	49	46501	59	55991	69	65481	79	74971	89	84461	99	93951
10	9490	20	18980	30	28470	40	37960	50	47450	60	56940	70	66430	80	75920	90	85410	100	94900

950

1	950	11	10450	21	19950	31	29450	41	38950	51	48450	61	57950	71	67450	81	76950	91	86450
2	1900	12	11400	22	20900	32	30400	42	39900	52	49400	62	58900	72	68400	82	77900	92	87400
3	2850	13	12350	23	21850	33	31350	43	40850	53	50350	63	59850	73	69350	83	78850	93	88350
4	3800	14	13300	24	22800	34	32300	44	41800	54	51300	64	60800	74	70300	84	79800	94	89300
5	4750	15	14250	25	23750	35	33250	45	42750	55	52250	65	61750	75	71250	85	80750	95	90250
6	5700	16	15200	26	24700	36	34200	46	43700	56	53200	66	62700	76	72200	86	81700	96	91200
7	6650	17	16150	27	25650	37	35150	47	44650	57	54150	67	63650	77	73150	87	82650	97	92150
8	7600	18	17100	28	26600	38	36100	48	45600	58	55100	68	64600	78	74100	88	83600	98	93100
9	8550	19	18050	29	27550	39	37050	49	46550	59	56050	69	65550	79	75050	89	84550	99	94050
10	9500	20	19000	30	28500	40	38000	50	47500	60	57000	70	66500	80	76000	90	85500	100	95000

951

1	951	**11**	10461	**21**	19971	**31**	29481	**41**	38991	**51**	48501	**61**	58011	**71**	67521	**81**	77031	**91**	86541
2	1902	**12**	11412	**22**	20922	**32**	30432	**42**	39942	**52**	49452	**62**	58962	**72**	68472	**82**	77982	**92**	87492
3	2853	**13**	12363	**23**	21873	**33**	31383	**43**	40893	**53**	50403	**63**	59913	**73**	69423	**83**	78933	**93**	88443
4	3804	**14**	13314	**24**	22824	**34**	32334	**44**	41844	**54**	51354	**64**	60864	**74**	70374	**84**	79884	**94**	89394
5	4755	**15**	14265	**25**	23775	**35**	33285	**45**	42795	**55**	52305	**65**	61815	**75**	71325	**85**	80835	**95**	90345
6	5706	**16**	15216	**26**	24726	**36**	34236	**46**	43746	**56**	53256	**66**	62766	**76**	72276	**86**	81786	**96**	91296
7	6657	**17**	16167	**27**	25677	**37**	35187	**47**	44697	**57**	54207	**67**	63717	**77**	73227	**87**	82737	**97**	92247
8	7608	**18**	17118	**28**	26628	**38**	36138	**48**	45648	**58**	55158	**68**	64668	**78**	74178	**88**	83688	**98**	93198
9	8559	**19**	18069	**29**	27579	**39**	37089	**49**	46599	**59**	56109	**69**	65619	**79**	75129	**89**	84639	**99**	94149
10	9510	**20**	19020	**30**	28530	**40**	38040	**50**	47550	**60**	57060	**70**	66570	**80**	76080	**90**	85590	**100**	95100

952

1	952	**11**	10472	**21**	19992	**31**	29512	**41**	39032	**51**	48552	**61**	58072	**71**	67592	**81**	77112	**91**	86632
2	1904	**12**	11424	**22**	20944	**32**	30464	**42**	39984	**52**	49504	**62**	59024	**72**	68544	**82**	78064	**92**	87584
3	2856	**13**	12376	**23**	21896	**33**	31416	**43**	40936	**53**	50456	**63**	59976	**73**	69496	**83**	79016	**93**	88536
4	3808	**14**	13328	**24**	22848	**34**	32368	**44**	41888	**54**	51408	**64**	60928	**74**	70448	**84**	79968	**94**	89488
5	4760	**15**	14280	**25**	23800	**35**	33320	**45**	42840	**55**	52360	**65**	61880	**75**	71400	**85**	80920	**95**	90440
6	5712	**16**	15232	**26**	24752	**36**	34272	**46**	43792	**56**	53312	**66**	62832	**76**	72352	**86**	81872	**96**	91392
7	6664	**17**	16184	**27**	25704	**37**	35224	**47**	44744	**57**	54264	**67**	63784	**77**	73304	**87**	82824	**97**	92344
8	7616	**18**	17136	**28**	26656	**38**	36176	**48**	45696	**58**	55216	**68**	64736	**78**	74256	**88**	83776	**98**	93296
9	8568	**19**	18088	**29**	27608	**39**	37128	**49**	46648	**59**	56168	**69**	65688	**79**	75208	**89**	84728	**99**	94248
10	9520	**20**	19040	**30**	28560	**40**	38080	**50**	47600	**60**	57120	**70**	66640	**80**	76160	**90**	85680	**100**	95200

953

1	953	**11**	10483	**21**	20013	**31**	29543	**41**	39073	**51**	48603	**61**	58133	**71**	67663	**81**	77193	**91**	86723
2	1906	**12**	11436	**22**	20966	**32**	30496	**42**	40026	**52**	49556	**62**	59086	**72**	68616	**82**	78146	**92**	87676
3	2859	**13**	12389	**23**	21919	**33**	31449	**43**	40979	**53**	50509	**63**	60039	**73**	69569	**83**	79099	**93**	88629
4	3812	**14**	13342	**24**	22872	**34**	32402	**44**	41932	**54**	51462	**64**	60992	**74**	70522	**84**	80052	**94**	89582
5	4765	**15**	14295	**25**	23825	**35**	33355	**45**	42885	**55**	52415	**65**	61945	**75**	71475	**85**	81005	**95**	90535
6	5718	**16**	15248	**26**	24778	**36**	34308	**46**	43838	**56**	53368	**66**	62898	**76**	72428	**86**	81958	**96**	91488
7	6671	**17**	16201	**27**	25731	**37**	35261	**47**	44791	**57**	54321	**67**	63851	**77**	73381	**87**	82911	**97**	92441
8	7624	**18**	17154	**28**	26684	**38**	36214	**48**	45744	**58**	55274	**68**	64804	**78**	74334	**88**	83864	**98**	93394
9	8577	**19**	18107	**29**	27637	**39**	37167	**49**	46697	**59**	56227	**69**	65757	**79**	75287	**89**	84817	**99**	94347
10	9530	**20**	19060	**30**	28590	**40**	38120	**50**	47650	**60**	57180	**70**	66710	**80**	76240	**90**	85770	**100**	95300

954

1	954	**11**	10494	**21**	20034	**31**	29574	**41**	39114	**51**	48654	**61**	58194	**71**	67734	**81**	77274	**91**	86814
2	1908	**12**	11448	**22**	20988	**32**	30528	**42**	40068	**52**	49608	**62**	59148	**72**	68688	**82**	78228	**92**	87768
3	2862	**13**	12402	**23**	21942	**33**	31482	**43**	41022	**53**	50562	**63**	60102	**73**	69642	**83**	79182	**93**	88722
4	3816	**14**	13356	**24**	22896	**34**	32436	**44**	41976	**54**	51516	**64**	61056	**74**	70596	**84**	80136	**94**	89676
5	4770	**15**	14310	**25**	23850	**35**	33390	**45**	42930	**55**	52470	**65**	62010	**75**	71550	**85**	81090	**95**	90630
6	5724	**16**	15264	**26**	24804	**36**	34344	**46**	43884	**56**	53424	**66**	62964	**76**	72504	**86**	82044	**96**	91584
7	6678	**17**	16218	**27**	25758	**37**	35298	**47**	44838	**57**	54378	**67**	63918	**77**	73458	**87**	82998	**97**	92538
8	7632	**18**	17172	**28**	26712	**38**	36252	**48**	45792	**58**	55332	**68**	64872	**78**	74412	**88**	83952	**98**	93492
9	8586	**19**	18126	**29**	27666	**39**	37206	**49**	46746	**59**	56286	**69**	65826	**79**	75366	**89**	84906	**99**	94446
10	9540	**20**	19080	**30**	28620	**40**	38160	**50**	47700	**60**	57240	**70**	66780	**80**	76320	**90**	85860	**100**	95400

955

1	955	**11**	10505	**21**	20055	**31**	29605	**41**	39155	**51**	48705	**61**	58255	**71**	67805	**81**	77355	**91**	86905
2	1910	**12**	11460	**22**	21010	**32**	30560	**42**	40110	**52**	49660	**62**	59210	**72**	68760	**82**	78310	**92**	87860
3	2865	**13**	12415	**23**	21965	**33**	31515	**43**	41065	**53**	50615	**63**	60165	**73**	69715	**83**	79265	**93**	88815
4	3820	**14**	13370	**24**	22920	**34**	32470	**44**	42020	**54**	51570	**64**	61120	**74**	70670	**84**	80220	**94**	89770
5	4775	**15**	14325	**25**	23875	**35**	33425	**45**	42975	**55**	52525	**65**	62075	**75**	71625	**85**	81175	**95**	90725
6	5730	**16**	15280	**26**	24830	**36**	34380	**46**	43930	**56**	53480	**66**	63030	**76**	72580	**86**	82130	**96**	91680
7	6685	**17**	16235	**27**	25785	**37**	35335	**47**	44885	**57**	54435	**67**	63985	**77**	73535	**87**	83085	**97**	92635
8	7640	**18**	17190	**28**	26740	**38**	36290	**48**	45840	**58**	55390	**68**	64940	**78**	74490	**88**	84040	**98**	93590
9	8595	**19**	18145	**29**	27695	**39**	37245	**49**	46795	**59**	56345	**69**	65895	**79**	75445	**89**	84995	**99**	94545
10	9550	**20**	19100	**30**	28650	**40**	38200	**50**	47750	**60**	57300	**70**	66850	**80**	76400	**90**	85950	**100**	95500

956

1	956	**11**	10516	**21**	20076	**31**	29636	**41**	39196	**51**	48756	**61**	58316	**71**	67876	**81**	77436	**91**	86996
2	1912	**12**	11472	**22**	21032	**32**	30592	**42**	40152	**52**	49712	**62**	59272	**72**	68832	**82**	78392	**92**	87952
3	2868	**13**	12428	**23**	21988	**33**	31548	**43**	41108	**53**	50668	**63**	60228	**73**	69788	**83**	79348	**93**	88908
4	3824	**14**	13384	**24**	22944	**34**	32504	**44**	42064	**54**	51624	**64**	61184	**74**	70744	**84**	80304	**94**	89864
5	4780	**15**	14340	**25**	23900	**35**	33460	**45**	43020	**55**	52580	**65**	62140	**75**	71700	**85**	81260	**95**	90820
6	5736	**16**	15296	**26**	24856	**36**	34416	**46**	43976	**56**	53536	**66**	63096	**76**	72656	**86**	82216	**96**	91776
7	6692	**17**	16252	**27**	25812	**37**	35372	**47**	44932	**57**	54492	**67**	64052	**77**	73612	**87**	83172	**97**	92732
8	7648	**18**	17208	**28**	26768	**38**	36328	**48**	45888	**58**	55448	**68**	65008	**78**	74568	**88**	84128	**98**	93688
9	8604	**19**	18164	**29**	27724	**39**	37284	**49**	46844	**59**	56404	**69**	65964	**79**	75524	**89**	85084	**99**	94644
10	9560	**20**	19120	**30**	28680	**40**	38240	**50**	47800	**60**	57360	**70**	66920	**80**	76480	**90**	86040	**100**	95600

957

1	957	**11**	10527	**21**	20097	**31**	29667	**41**	39237	**51**	48807	**61**	58377	**71**	67947	**81**	77517	**91**	87087
2	1914	**12**	11484	**22**	21054	**32**	30624	**42**	40194	**52**	49764	**62**	59334	**72**	68904	**82**	78474	**92**	88044
3	2871	**13**	12441	**23**	22011	**33**	31581	**43**	41151	**53**	50721	**63**	60291	**73**	69861	**83**	79431	**93**	89001
4	3828	**14**	13398	**24**	22968	**34**	32538	**44**	42108	**54**	51678	**64**	61248	**74**	70818	**84**	80388	**94**	89958
5	4785	**15**	14355	**25**	23925	**35**	33495	**45**	43065	**55**	52635	**65**	62205	**75**	71775	**85**	81345	**95**	90915
6	5742	**16**	15312	**26**	24882	**36**	34452	**46**	44022	**56**	53592	**66**	63162	**76**	72732	**86**	82302	**96**	91872
7	6699	**17**	16269	**27**	25839	**37**	35409	**47**	44979	**57**	54549	**67**	64119	**77**	73689	**87**	83259	**97**	92829
8	7656	**18**	17226	**28**	26796	**38**	36366	**48**	45936	**58**	55506	**68**	65076	**78**	74646	**88**	84216	**98**	93786
9	8613	**19**	18183	**29**	27753	**39**	37323	**49**	46893	**59**	56463	**69**	66033	**79**	75603	**89**	85173	**99**	94743
10	9570	**20**	19140	**30**	28710	**40**	38280	**50**	47850	**60**	57420	**70**	66990	**80**	76560	**90**	86130	**100**	95700

958

1	958	**11**	10538	**21**	20118	**31**	29698	**41**	39278	**51**	48858	**61**	58438	**71**	68018	**81**	77598	**91**	87178
2	1916	**12**	11496	**22**	21076	**32**	30656	**42**	40236	**52**	49816	**62**	59396	**72**	68976	**82**	78556	**92**	88136
3	2874	**13**	12454	**23**	22034	**33**	31614	**43**	41194	**53**	50774	**63**	60354	**73**	69934	**83**	79514	**93**	89094
4	3832	**14**	13412	**24**	22992	**34**	32572	**44**	42152	**54**	51732	**64**	61312	**74**	70892	**84**	80472	**94**	90052
5	4790	**15**	14370	**25**	23950	**35**	33530	**45**	43110	**55**	52690	**65**	62270	**75**	71850	**85**	81430	**95**	91010
6	5748	**16**	15328	**26**	24908	**36**	34488	**46**	44068	**56**	53648	**66**	63228	**76**	72808	**86**	82388	**96**	91968
7	6706	**17**	16286	**27**	25866	**37**	35446	**47**	45026	**57**	54606	**67**	64186	**77**	73766	**87**	83346	**97**	92926
8	7664	**18**	17244	**28**	26824	**38**	36404	**48**	45984	**58**	55564	**68**	65144	**78**	74724	**88**	84304	**98**	93884
9	8622	**19**	18202	**29**	27782	**39**	37362	**49**	46942	**59**	56522	**69**	66102	**79**	75682	**89**	85262	**99**	94842
10	9580	**20**	19160	**30**	28740	**40**	38320	**50**	47900	**60**	57480	**70**	67060	**80**	76640	**90**	86220	**100**	95800

959

1	959	**11**	10549	**21**	20139	**31**	29729	**41**	39319	**51**	48909	**61**	58499	**71**	68089	**81**	77679	**91**	87269
2	1918	**12**	11508	**22**	21098	**32**	30688	**42**	40278	**52**	49868	**62**	59458	**72**	69048	**82**	78638	**92**	88228
3	2877	**13**	12467	**23**	22057	**33**	31647	**43**	41237	**53**	50827	**63**	60417	**73**	70007	**83**	79597	**93**	89187
4	3836	**14**	13426	**24**	23016	**34**	32606	**44**	42196	**54**	51786	**64**	61376	**74**	70966	**84**	80556	**94**	90146
5	4795	**15**	14385	**25**	23975	**35**	33565	**45**	43155	**55**	52745	**65**	62335	**75**	71925	**85**	81515	**95**	91105
6	5754	**16**	15344	**26**	24934	**36**	34524	**46**	44114	**56**	53704	**66**	63294	**76**	72884	**86**	82474	**96**	92064
7	6713	**17**	16303	**27**	25893	**37**	35483	**47**	45073	**57**	54663	**67**	64253	**77**	73843	**87**	83433	**97**	93023
8	7672	**18**	17262	**28**	26852	**38**	36442	**48**	46032	**58**	55622	**68**	65212	**78**	74802	**88**	84392	**98**	93982
9	8631	**19**	18221	**29**	27811	**39**	37401	**49**	46991	**59**	56581	**69**	66171	**79**	75761	**89**	85351	**99**	94941
10	9590	**20**	19180	**30**	28770	**40**	38360	**50**	47950	**60**	57540	**70**	67130	**80**	76720	**90**	86310	**100**	95900

960

1	960	**11**	10560	**21**	20160	**31**	29760	**41**	39360	**51**	48960	**61**	58560	**71**	68160	**81**	77760	**91**	87360
2	1920	**12**	11520	**22**	21120	**32**	30720	**42**	40320	**52**	49920	**62**	59520	**72**	69120	**82**	78720	**92**	88320
3	2880	**13**	12480	**23**	22080	**33**	31680	**43**	41280	**53**	50880	**63**	60480	**73**	70080	**83**	79680	**93**	89280
4	3840	**14**	13440	**24**	23040	**34**	32640	**44**	42240	**54**	51840	**64**	61440	**74**	71040	**84**	80640	**94**	90240
5	4800	**15**	14400	**25**	24000	**35**	33600	**45**	43200	**55**	52800	**65**	62400	**75**	72000	**85**	81600	**95**	91200
6	5760	**16**	15360	**26**	24960	**36**	34560	**46**	44160	**56**	53760	**66**	63360	**76**	72960	**86**	82560	**96**	92160
7	6720	**17**	16320	**27**	25920	**37**	35520	**47**	45120	**57**	54720	**67**	64320	**77**	73920	**87**	83520	**97**	93120
8	7680	**18**	17280	**28**	26880	**38**	36480	**48**	46080	**58**	55680	**68**	65280	**78**	74880	**88**	84480	**98**	94080
9	8640	**19**	18240	**29**	27840	**39**	37440	**49**	47040	**59**	56640	**69**	66240	**79**	75840	**89**	85440	**99**	95040
10	9600	**20**	19200	**30**	28800	**40**	38400	**50**	48000	**60**	57600	**70**	67200	**80**	76800	**90**	86400	**100**	96000

961

1	961	11	10571	21	20181	31	29791	41	39401	51	49011	61	58621	71	68231	81	77841	91	87451
2	1922	12	11532	22	21142	32	30752	42	40362	52	49972	62	59582	72	69192	82	78802	92	88412
3	2883	13	12493	23	22103	33	31713	43	41323	53	50933	63	60543	73	70153	83	79763	93	89373
4	3844	14	13454	24	23064	34	32674	44	42284	54	51894	64	61504	74	71114	84	80724	94	90334
5	4805	15	14415	25	24025	35	33635	45	43245	55	52855	65	62465	75	72075	85	81685	95	91295
6	5766	16	15376	26	24986	36	34596	46	44206	56	53816	66	63426	76	73036	86	82646	96	92256
7	6727	17	16337	27	25947	37	35557	47	45167	57	54777	67	64387	77	73997	87	83607	97	93217
8	7688	18	17298	28	26908	38	36518	48	46128	58	55738	68	65348	78	74958	88	84568	98	94178
9	8649	19	18259	29	27869	39	37479	49	47089	59	56699	69	66309	79	75919	89	85529	99	95139
10	9610	20	19220	30	28830	40	38440	50	48050	60	57660	70	67270	80	76880	90	86490	100	96100

962

1	962	11	10582	21	20202	31	29822	41	39442	51	49062	61	58682	71	68302	81	77922	91	87542
2	1924	12	11544	22	21164	32	30784	42	40404	52	50024	62	59644	72	69264	82	78884	92	88504
3	2886	13	12506	23	22126	33	31746	43	41366	53	50986	63	60606	73	70226	83	79846	93	89466
4	3848	14	13468	24	23088	34	32708	44	42328	54	51948	64	61568	74	71188	84	80808	94	90428
5	4810	15	14430	25	24050	35	33670	45	43290	55	52910	65	62530	75	72150	85	81770	95	91390
6	5772	16	15392	26	25012	36	34632	46	44252	56	53872	66	63492	76	73112	86	82732	96	92352
7	6734	17	16354	27	25974	37	35594	47	45214	57	54834	67	64454	77	74074	87	83694	97	93314
8	7696	18	17316	28	26936	38	36556	48	46176	58	55796	68	65416	78	75036	88	84656	98	94276
9	8658	19	18278	29	27898	39	37518	49	47138	59	56758	69	66378	79	75998	89	85618	99	95238
10	9620	20	19240	30	28860	40	38480	50	48100	60	57720	70	67340	80	76960	90	86580	100	96200

963

1	963	11	10593	21	20223	31	29853	41	39483	51	49113	61	58743	71	68373	81	78003	91	87633
2	1926	12	11556	22	21186	32	30816	42	40446	52	50076	62	59706	72	69336	82	78966	92	88596
3	2889	13	12519	23	22149	33	31779	43	41409	53	51039	63	60669	73	70299	83	79929	93	89559
4	3852	14	13482	24	23112	34	32742	44	42372	54	52002	64	61632	74	71262	84	80892	94	90522
5	4815	15	14445	25	24075	35	33705	45	43335	55	52965	65	62595	75	72225	85	81855	95	91485
6	5778	16	15408	26	25038	36	34668	46	44298	56	53928	66	63558	76	73188	86	82818	96	92448
7	6741	17	16371	27	26001	37	35631	47	45261	57	54891	67	64521	77	74151	87	83781	97	93411
8	7704	18	17334	28	26964	38	36594	48	46224	58	55854	68	65484	78	75114	88	84744	98	94374
9	8667	19	18297	29	27927	39	37557	49	47187	59	56817	69	66447	79	76077	89	85707	99	95337
10	9630	20	19260	30	28890	40	38520	50	48150	60	57780	70	67410	80	77040	90	86670	100	96300

964

1	964	11	10604	21	20244	31	29884	41	39524	51	49164	61	58804	71	68444	81	78084	91	87724
2	1928	12	11568	22	21208	32	30848	42	40488	52	50128	62	59768	72	69408	82	79048	92	88688
3	2892	13	12532	23	22172	33	31812	43	41452	53	51092	63	60732	73	70372	83	80012	93	89652
4	3856	14	13496	24	23136	34	32776	44	42416	54	52056	64	61696	74	71336	84	80976	94	90616
5	4820	15	14460	25	24100	35	33740	45	43380	55	53020	65	62660	75	72300	85	81940	95	91580
6	5784	16	15424	26	25064	36	34704	46	44344	56	53984	66	63624	76	73264	86	82904	96	92544
7	6748	17	16388	27	26028	37	35668	47	45308	57	54948	67	64588	77	74228	87	83868	97	93508
8	7712	18	17352	28	26992	38	36632	48	46272	58	55912	68	65552	78	75192	88	84832	98	94472
9	8676	19	18316	29	27956	39	37596	49	47236	59	56876	69	66516	79	76156	89	85796	99	95436
10	9640	20	19280	30	28920	40	38560	50	48200	60	57840	70	67480	80	77120	90	86760	100	96400

965

1	965	11	10615	21	20265	31	29915	41	39565	51	49215	61	58865	71	68515	81	78165	91	87815
2	1930	12	11580	22	21230	32	30880	42	40530	52	50180	62	59830	72	69480	82	79130	92	88780
3	2895	13	12545	23	22195	33	31845	43	41495	53	51145	63	60795	73	70445	83	80095	93	89745
4	3860	14	13510	24	23160	34	32810	44	42460	54	52110	64	61760	74	71410	84	81060	94	90710
5	4825	15	14475	25	24125	35	33775	45	43425	55	53075	65	62725	75	72375	85	82025	95	91675
6	5790	16	15440	26	25090	36	34740	46	44390	56	54040	66	63690	76	73340	86	82990	96	92640
7	6755	17	16405	27	26055	37	35705	47	45355	57	55005	67	64655	77	74305	87	83955	97	93605
8	7720	18	17370	28	27020	38	36670	48	46320	58	55970	68	65620	78	75270	88	84920	98	94570
9	8685	19	18335	29	27985	39	37635	49	47285	59	56935	69	66585	79	76235	89	85885	99	95535
10	9650	20	19300	30	28950	40	38600	50	48250	60	57900	70	67550	80	77200	90	86850	100	96500

966

1	966	11	10626	21	20286	31	29946	41	39606	51	49266	61	58926	71	68586	81	78246	91	87906
2	1932	12	11592	22	21252	32	30912	42	40572	52	50232	62	59892	72	69552	82	79212	92	88872
3	2898	13	12558	23	22218	33	31878	43	41538	53	51198	63	60858	73	70518	83	80178	93	89838
4	3864	14	13524	24	23184	34	32844	44	42504	54	52164	64	61824	74	71484	84	81144	94	90804
5	4830	15	14490	25	24150	35	33810	45	43470	55	53130	65	62790	75	72450	85	82110	95	91770
6	5796	16	15456	26	25116	36	34776	46	44436	56	54096	66	63756	76	73416	86	83076	96	92736
7	6762	17	16422	27	26082	37	35742	47	45402	57	55062	67	64722	77	74382	87	84042	97	93702
8	7728	18	17388	28	27048	38	36708	48	46368	58	56028	68	65688	78	75348	88	85008	98	94668
9	8694	19	18354	29	28014	39	37674	49	47334	59	56994	69	66654	79	76314	89	85974	99	95634
10	9660	20	19320	30	28980	40	38640	50	48300	60	57960	70	67620	80	77280	90	86940	100	96600

967

1	967	11	10637	21	20307	31	29977	41	39647	51	49317	61	58987	71	68657	81	78327	91	87997
2	1934	12	11604	22	21274	32	30944	42	40614	52	50284	62	59954	72	69624	82	79294	92	88964
3	2901	13	12571	23	22241	33	31911	43	41581	53	51251	63	60921	73	70591	83	80261	93	89931
4	3868	14	13538	24	23208	34	32878	44	42548	54	52218	64	61888	74	71558	84	81228	94	90898
5	4835	15	14505	25	24175	35	33845	45	43515	55	53185	65	62855	75	72525	85	82195	95	91865
6	5802	16	15472	26	25142	36	34812	46	44482	56	54152	66	63822	76	73492	86	83162	96	92832
7	6769	17	16439	27	26109	37	35779	47	45449	57	55119	67	64789	77	74459	87	84129	97	93799
8	7736	18	17406	28	27076	38	36746	48	46416	58	56086	68	65756	78	75426	88	85096	98	94766
9	8703	19	18373	29	28043	39	37713	49	47383	59	57053	69	66723	79	76393	89	86063	99	95733
10	9670	20	19340	30	29010	40	38680	50	48350	60	58020	70	67690	80	77360	90	87030	100	96700

968

1	968	11	10648	21	20328	31	30008	41	39688	51	49368	61	59048	71	68728	81	78408	91	88088
2	1936	12	11616	22	21296	32	30976	42	40656	52	50336	62	60016	72	69696	82	79376	92	89056
3	2904	13	12584	23	22264	33	31944	43	41624	53	51304	63	60984	73	70664	83	80344	93	90024
4	3872	14	13552	24	23232	34	32912	44	42592	54	52272	64	61952	74	71632	84	81312	94	90992
5	4840	15	14520	25	24200	35	33880	45	43560	55	53240	65	62920	75	72600	85	82280	95	91960
6	5808	16	15488	26	25168	36	34848	46	44528	56	54208	66	63888	76	73568	86	83248	96	92928
7	6776	17	16456	27	26136	37	35816	47	45496	57	55176	67	64856	77	74536	87	84216	97	93896
8	7744	18	17424	28	27104	38	36784	48	46464	58	56144	68	65824	78	75504	88	85184	98	94864
9	8712	19	18392	29	28072	39	37752	49	47432	59	57112	69	66792	79	76472	89	86152	99	95832
10	9680	20	19360	30	29040	40	38720	50	48400	60	58080	70	67760	80	77440	90	87120	100	96800

969

1	969	11	10659	21	20349	31	30039	41	39729	51	49419	61	59109	71	68799	81	78489	91	88179
2	1938	12	11628	22	21318	32	31008	42	40698	52	50388	62	60078	72	69768	82	79458	92	89148
3	2907	13	12597	23	22287	33	31977	43	41667	53	51357	63	61047	73	70737	83	80427	93	90117
4	3876	14	13566	24	23256	34	32946	44	42636	54	52326	64	62016	74	71706	84	81396	94	91086
5	4845	15	14535	25	24225	35	33915	45	43605	55	53295	65	62985	75	72675	85	82365	95	92055
6	5814	16	15504	26	25194	36	34884	46	44574	56	54264	66	63954	76	73644	86	83334	96	93024
7	6783	17	16473	27	26163	37	35853	47	45543	57	55233	67	64923	77	74613	87	84303	97	93993
8	7752	18	17442	28	27132	38	36822	48	46512	58	56202	68	65892	78	75582	88	85272	98	94962
9	8721	19	18411	29	28101	39	37791	49	47481	59	57171	69	66861	79	76551	89	86241	99	95931
10	9690	20	19380	30	29070	40	38760	50	48450	60	58140	70	67830	80	77520	90	87210	100	96900

970

1	970	11	10670	21	20370	31	30070	41	39770	51	49470	61	59170	71	68870	81	78570	91	88270
2	1940	12	11640	22	21340	32	31040	42	40740	52	50440	62	60140	72	69840	82	79540	92	89240
3	2910	13	12610	23	22310	33	32010	43	41710	53	51410	63	61110	73	70810	83	80510	93	90210
4	3880	14	13580	24	23280	34	32980	44	42680	54	52380	64	62080	74	71780	84	81480	94	91180
5	4850	15	14550	25	24250	35	33950	45	43650	55	53350	65	63050	75	72750	85	82450	95	92150
6	5820	16	15520	26	25220	36	34920	46	44620	56	54320	66	64020	76	73720	86	83420	96	93120
7	6790	17	16490	27	26190	37	35890	47	45590	57	55290	67	64990	77	74690	87	84390	97	94090
8	7760	18	17460	28	27160	38	36860	48	46560	58	56260	68	65960	78	75660	88	85360	98	95060
9	8730	19	18430	29	28130	39	37830	49	47530	59	57230	69	66930	79	76630	89	86330	99	96030
10	9700	20	19400	30	29100	40	38800	50	48500	60	58200	70	67900	80	77600	90	87300	100	97000

971

1	971	**11**	10681	**21**	20391	**31**	30101	**41**	39811	**51**	49521	**61**	59231	**71**	68941	**81**	78651	**91**	88361
2	1942	**12**	11652	**22**	21362	**32**	31072	**42**	40782	**52**	50492	**62**	60202	**72**	69912	**82**	79622	**92**	89332
3	2913	**13**	12623	**23**	22333	**33**	32043	**43**	41753	**53**	51463	**63**	61173	**73**	70883	**83**	80593	**93**	90303
4	3884	**14**	13594	**24**	23304	**34**	33014	**44**	42724	**54**	52434	**64**	62144	**74**	71854	**84**	81564	**94**	91274
5	4855	**15**	14565	**25**	24275	**35**	33985	**45**	43695	**55**	53405	**65**	63115	**75**	72825	**85**	82535	**95**	92245
6	5826	**16**	15536	**26**	25246	**36**	34956	**46**	44666	**56**	54376	**66**	64086	**76**	73796	**86**	83506	**96**	93216
7	6797	**17**	16507	**27**	26217	**37**	35927	**47**	45637	**57**	55347	**67**	65057	**77**	74767	**87**	84477	**97**	94187
8	7768	**18**	17478	**28**	27188	**38**	36898	**48**	46608	**58**	56318	**68**	66028	**78**	75738	**88**	85448	**98**	95158
9	8739	**19**	18449	**29**	28159	**39**	37869	**49**	47579	**59**	57289	**69**	66999	**79**	76709	**89**	86419	**99**	96129
10	9710	**20**	19420	**30**	29130	**40**	38840	**50**	48550	**60**	58260	**70**	67970	**80**	77680	**90**	87390	**100**	97100

972

1	972	**11**	10692	**21**	20412	**31**	30132	**41**	39852	**51**	49572	**61**	59292	**71**	69012	**81**	78732	**91**	88452
2	1944	**12**	11664	**22**	21384	**32**	31104	**42**	40824	**52**	50544	**62**	60264	**72**	69984	**82**	79704	**92**	89424
3	2916	**13**	12636	**23**	22356	**33**	32076	**43**	41796	**53**	51516	**63**	61236	**73**	70956	**83**	80676	**93**	90396
4	3888	**14**	13608	**24**	23328	**34**	33048	**44**	42768	**54**	52488	**64**	62208	**74**	71928	**84**	81648	**94**	91368
5	4860	**15**	14580	**25**	24300	**35**	34020	**45**	43740	**55**	53460	**65**	63180	**75**	72900	**85**	82620	**95**	92340
6	5832	**16**	15552	**26**	25272	**36**	34992	**46**	44712	**56**	54432	**66**	64152	**76**	73872	**86**	83592	**96**	93312
7	6804	**17**	16524	**27**	26244	**37**	35964	**47**	45684	**57**	55404	**67**	65124	**77**	74844	**87**	84564	**97**	94284
8	7776	**18**	17496	**28**	27216	**38**	36936	**48**	46656	**58**	56376	**68**	66096	**78**	75816	**88**	85536	**98**	95256
9	8748	**19**	18468	**29**	28188	**39**	37908	**49**	47628	**59**	57348	**69**	67068	**79**	76788	**89**	86508	**99**	96228
10	9720	**20**	19440	**30**	29160	**40**	38880	**50**	48600	**60**	58320	**70**	68040	**80**	77760	**90**	87480	**100**	97200

973

1	973	**11**	10703	**21**	20433	**31**	30163	**41**	39893	**51**	49623	**61**	59353	**71**	69083	**81**	78813	**91**	88543
2	1946	**12**	11676	**22**	21406	**32**	31136	**42**	40866	**52**	50596	**62**	60326	**72**	70056	**82**	79786	**92**	89516
3	2919	**13**	12649	**23**	22379	**33**	32109	**43**	41839	**53**	51569	**63**	61299	**73**	71029	**83**	80759	**93**	90489
4	3892	**14**	13622	**24**	23352	**34**	33082	**44**	42812	**54**	52542	**64**	62272	**74**	72002	**84**	81732	**94**	91462
5	4865	**15**	14595	**25**	24325	**35**	34055	**45**	43785	**55**	53515	**65**	63245	**75**	72975	**85**	82705	**95**	92435
6	5838	**16**	15568	**26**	25298	**36**	35028	**46**	44758	**56**	54488	**66**	64218	**76**	73948	**86**	83678	**96**	93408
7	6811	**17**	16541	**27**	26271	**37**	36001	**47**	45731	**57**	55461	**67**	65191	**77**	74921	**87**	84651	**97**	94381
8	7784	**18**	17514	**28**	27244	**38**	36974	**48**	46704	**58**	56434	**68**	66164	**78**	75894	**88**	85624	**98**	95354
9	8757	**19**	18487	**29**	28217	**39**	37947	**49**	47677	**59**	57407	**69**	67137	**79**	76867	**89**	86597	**99**	96327
10	9730	**20**	19460	**30**	29190	**40**	38920	**50**	48650	**60**	58380	**70**	68110	**80**	77840	**90**	87570	**100**	97300

974

1	974	**11**	10714	**21**	20454	**31**	30194	**41**	39934	**51**	49674	**61**	59414	**71**	69154	**81**	78894	**91**	88634
2	1948	**12**	11688	**22**	21428	**32**	31168	**42**	40908	**52**	50648	**62**	60388	**72**	70128	**82**	79868	**92**	89608
3	2922	**13**	12662	**23**	22402	**33**	32142	**43**	41882	**53**	51622	**63**	61362	**73**	71102	**83**	80842	**93**	90582
4	3896	**14**	13636	**24**	23376	**34**	33116	**44**	42856	**54**	52596	**64**	62336	**74**	72076	**84**	81816	**94**	91556
5	4870	**15**	14610	**25**	24350	**35**	34090	**45**	43830	**55**	53570	**65**	63310	**75**	73050	**85**	82790	**95**	92530
6	5844	**16**	15584	**26**	25324	**36**	35064	**46**	44804	**56**	54544	**66**	64284	**76**	74024	**86**	83764	**96**	93504
7	6818	**17**	16558	**27**	26298	**37**	36038	**47**	45778	**57**	55518	**67**	65258	**77**	74998	**87**	84738	**97**	94478
8	7792	**18**	17532	**28**	27272	**38**	37012	**48**	46752	**58**	56492	**68**	66232	**78**	75972	**88**	85712	**98**	95452
9	8766	**19**	18506	**29**	28246	**39**	37986	**49**	47726	**59**	57466	**69**	67206	**79**	76946	**89**	86686	**99**	96426
10	9740	**20**	19480	**30**	29220	**40**	38960	**50**	48700	**60**	58440	**70**	68180	**80**	77920	**90**	87660	**100**	97400

975

1	975	**11**	10725	**21**	20475	**31**	30225	**41**	39975	**51**	49725	**61**	59475	**71**	69225	**81**	78975	**91**	88725
2	1950	**12**	11700	**22**	21450	**32**	31200	**42**	40950	**52**	50700	**62**	60450	**72**	70200	**82**	79950	**92**	89700
3	2925	**13**	12675	**23**	22425	**33**	32175	**43**	41925	**53**	51675	**63**	61425	**73**	71175	**83**	80925	**93**	90675
4	3900	**14**	13650	**24**	23400	**34**	33150	**44**	42900	**54**	52650	**64**	62400	**74**	72150	**84**	81900	**94**	91650
5	4875	**15**	14625	**25**	24375	**35**	34125	**45**	43875	**55**	53625	**65**	63375	**75**	73125	**85**	82875	**95**	92625
6	5850	**16**	15600	**26**	25350	**36**	35100	**46**	44850	**56**	54600	**66**	64350	**76**	74100	**86**	83850	**96**	93600
7	6825	**17**	16575	**27**	26325	**37**	36075	**47**	45825	**57**	55575	**67**	65325	**77**	75075	**87**	84825	**97**	94575
8	7800	**18**	17550	**28**	27300	**38**	37050	**48**	46800	**58**	56550	**68**	66300	**78**	76050	**88**	85800	**98**	95550
9	8775	**19**	18525	**29**	28275	**39**	38025	**49**	47775	**59**	57525	**69**	67275	**79**	77025	**89**	86775	**99**	96525
10	9750	**20**	19500	**30**	29250	**40**	39000	**50**	48750	**60**	58500	**70**	68250	**80**	78000	**90**	87750	**100**	97500

976

1	976	11	10736	21	20496	31	30256	41	40016	51	49776	61	59536	71	69296	81	79056	91	88816
2	1952	12	11712	22	21472	32	31232	42	40992	52	50752	62	60512	72	70272	82	80032	92	89792
3	2928	13	12688	23	22448	33	32208	43	41968	53	51728	63	61488	73	71248	83	81008	93	90768
4	3904	14	13664	24	23424	34	33184	44	42944	54	52704	64	62464	74	72224	84	81984	94	91744
5	4880	15	14640	25	24400	35	34160	45	43920	55	53680	65	63440	75	73200	85	82960	95	92720
6	5856	16	15616	26	25376	36	35136	46	44896	56	54656	66	64416	76	74176	86	83936	96	93696
7	6832	17	16592	27	26352	37	36112	47	45872	57	55632	67	65392	77	75152	87	84912	97	94672
8	7808	18	17568	28	27328	38	37088	48	46848	58	56608	68	66368	78	76128	88	85888	98	95648
9	8784	19	18544	29	28304	39	38064	49	47824	59	57584	69	67344	79	77104	89	86864	99	96624
10	9760	20	19520	30	29280	40	39040	50	48800	60	58560	70	68320	80	78080	90	87840	100	97600

977

1	977	11	10747	21	20517	31	30287	41	40057	51	49827	61	59597	71	69367	81	79137	91	88907
2	1954	12	11724	22	21494	32	31264	42	41034	52	50804	62	60574	72	70344	82	80114	92	89884
3	2931	13	12701	23	22471	33	32241	43	42011	53	51781	63	61551	73	71321	83	81091	93	90861
4	3908	14	13678	24	23448	34	33218	44	42988	54	52758	64	62528	74	72298	84	82068	94	91838
5	4885	15	14655	25	24425	35	34195	45	43965	55	53735	65	63505	75	73275	85	83045	95	92815
6	5862	16	15632	26	25402	36	35172	46	44942	56	54712	66	64482	76	74252	86	84022	96	93792
7	6839	17	16609	27	26379	37	36149	47	45919	57	55689	67	65459	77	75229	87	84999	97	94769
8	7816	18	17586	28	27356	38	37126	48	46896	58	56666	68	66436	78	76206	88	85976	98	95746
9	8793	19	18563	29	28333	39	38103	49	47873	59	57643	69	67413	79	77183	89	86953	99	96723
10	9770	20	19540	30	29310	40	39080	50	48850	60	58620	70	68390	80	78160	90	87930	100	97700

978

1	978	11	10758	21	20538	31	30318	41	40098	51	49878	61	59658	71	69438	81	79218	91	88998
2	1956	12	11736	22	21516	32	31296	42	41076	52	50856	62	60636	72	70416	82	80196	92	89976
3	2934	13	12714	23	22494	33	32274	43	42054	53	51834	63	61614	73	71394	83	81174	93	90954
4	3912	14	13692	24	23472	34	33252	44	43032	54	52812	64	62592	74	72372	84	82152	94	91932
5	4890	15	14670	25	24450	35	34230	45	44010	55	53790	65	63570	75	73350	85	83130	95	92910
6	5868	16	15648	26	25428	36	35208	46	44988	56	54768	66	64548	76	74328	86	84108	96	93888
7	6846	17	16626	27	26406	37	36186	47	45966	57	55746	67	65526	77	75306	87	85086	97	94866
8	7824	18	17604	28	27384	38	37164	48	46944	58	56724	68	66504	78	76284	88	86064	98	95844
9	8802	19	18582	29	28362	39	38142	49	47922	59	57702	69	67482	79	77262	89	87042	99	96822
10	9780	20	19560	30	29340	40	39120	50	48900	60	58680	70	68460	80	78240	90	88020	100	97800

979

1	979	11	10769	21	20559	31	30349	41	40139	51	49929	61	59719	71	69509	81	79299	91	89089
2	1958	12	11748	22	21538	32	31328	42	41118	52	50908	62	60698	72	70488	82	80278	92	90068
3	2937	13	12727	23	22517	33	32307	43	42097	53	51887	63	61677	73	71467	83	81257	93	91047
4	3916	14	13706	24	23496	34	33286	44	43076	54	52866	64	62656	74	72446	84	82236	94	92026
5	4895	15	14685	25	24475	35	34265	45	44055	55	53845	65	63635	75	73425	85	83215	95	93005
6	5874	16	15664	26	25454	36	35244	46	45034	56	54824	66	64614	76	74404	86	84194	96	93984
7	6853	17	16643	27	26433	37	36223	47	46013	57	55803	67	65593	77	75383	87	85173	97	94963
8	7832	18	17622	28	27412	38	37202	48	46992	58	56782	68	66572	78	76362	88	86152	98	95942
9	8811	19	18601	29	28391	39	38181	49	47971	59	57761	69	67551	79	77341	89	87131	99	96921
10	9790	20	19580	30	29370	40	39160	50	48950	60	58740	70	68530	80	78320	90	88110	100	97900

980

1	980	11	10780	21	20580	31	30380	41	40180	51	49980	61	59780	71	69580	81	79380	91	89180
2	1960	12	11760	22	21560	32	31360	42	41160	52	50960	62	60760	72	70560	82	80360	92	90160
3	2940	13	12740	23	22540	33	32340	43	42140	53	51940	63	61740	73	71540	83	81340	93	91140
4	3920	14	13720	24	23520	34	33320	44	43120	54	52920	64	62720	74	72520	84	82320	94	92120
5	4900	15	14700	25	24500	35	34300	45	44100	55	53900	65	63700	75	73500	85	83300	95	93100
6	5880	16	15680	26	25480	36	35280	46	45080	56	54880	66	64680	76	74480	86	84280	96	94080
7	6860	17	16660	27	26460	37	36260	47	46060	57	55860	67	65660	77	75460	87	85260	97	95060
8	7840	18	17640	28	27440	38	37240	48	47040	58	56840	68	66640	78	76440	88	86240	98	96040
9	8820	19	18620	29	28420	39	38220	49	48020	59	57820	69	67620	79	77420	89	87220	99	97020
10	9800	20	19600	30	29400	40	39200	50	49000	60	58800	70	68600	80	78400	90	88200	100	98000

981

1	981	**11**	10791	**21**	20601	**31**	30411	**41**	40221	**51**	50031	**61**	59841	**71**	69651	**81**	79461	**91**	89271
2	1962	**12**	11772	**22**	21582	**32**	31392	**42**	41202	**52**	51012	**62**	60822	**72**	70632	**82**	80442	**92**	90252
3	2943	**13**	12753	**23**	22563	**33**	32373	**43**	42183	**53**	51993	**63**	61803	**73**	71613	**83**	81423	**93**	91233
4	3924	**14**	13734	**24**	23544	**34**	33354	**44**	43164	**54**	52974	**64**	62784	**74**	72594	**84**	82404	**94**	92214
5	4905	**15**	14715	**25**	24525	**35**	34335	**45**	44145	**55**	53955	**65**	63765	**75**	73575	**85**	83385	**95**	93195
6	5886	**16**	15696	**26**	25506	**36**	35316	**46**	45126	**56**	54936	**66**	64746	**76**	74556	**86**	84366	**96**	94176
7	6867	**17**	16677	**27**	26487	**37**	36297	**47**	46107	**57**	55917	**67**	65727	**77**	75537	**87**	85347	**97**	95157
8	7848	**18**	17658	**28**	27468	**38**	37278	**48**	47088	**58**	56898	**68**	66708	**78**	76518	**88**	86328	**98**	96138
9	8829	**19**	18639	**29**	28449	**39**	38259	**49**	48069	**59**	57879	**69**	67689	**79**	77499	**89**	87309	**99**	97119
10	9810	**20**	19620	**30**	29430	**40**	39240	**50**	49050	**60**	58860	**70**	68670	**80**	78480	**90**	88290	**100**	98100

982

1	982	**11**	10802	**21**	20622	**31**	30442	**41**	40262	**51**	50082	**61**	59902	**71**	69722	**81**	79542	**91**	89362
2	1964	**12**	11784	**22**	21604	**32**	31424	**42**	41244	**52**	51064	**62**	60884	**72**	70704	**82**	80524	**92**	90344
3	2946	**13**	12766	**23**	22586	**33**	32406	**43**	42226	**53**	52046	**63**	61866	**73**	71686	**83**	81506	**93**	91326
4	3928	**14**	13748	**24**	23568	**34**	33388	**44**	43208	**54**	53028	**64**	62848	**74**	72668	**84**	82488	**94**	92308
5	4910	**15**	14730	**25**	24550	**35**	34370	**45**	44190	**55**	54010	**65**	63830	**75**	73650	**85**	83470	**95**	93290
6	5892	**16**	15712	**26**	25532	**36**	35352	**46**	45172	**56**	54992	**66**	64812	**76**	74632	**86**	84452	**96**	94272
7	6874	**17**	16694	**27**	26514	**37**	36334	**47**	46154	**57**	55974	**67**	65794	**77**	75614	**87**	85434	**97**	95254
8	7856	**18**	17676	**28**	27496	**38**	37316	**48**	47136	**58**	56956	**68**	66776	**78**	76596	**88**	86416	**98**	96236
9	8838	**19**	18658	**29**	28478	**39**	38298	**49**	48118	**59**	57938	**69**	67758	**79**	77578	**89**	87398	**99**	97218
10	9820	**20**	19640	**30**	29460	**40**	39280	**50**	49100	**60**	58920	**70**	68740	**80**	78560	**90**	88380	**100**	98200

983

1	983	**11**	10813	**21**	20643	**31**	30473	**41**	40303	**51**	50133	**61**	59963	**71**	69793	**81**	79623	**91**	89453
2	1966	**12**	11796	**22**	21626	**32**	31456	**42**	41286	**52**	51116	**62**	60946	**72**	70776	**82**	80606	**92**	90436
3	2949	**13**	12779	**23**	22609	**33**	32439	**43**	42269	**53**	52099	**63**	61929	**73**	71759	**83**	81589	**93**	91419
4	3932	**14**	13762	**24**	23592	**34**	33422	**44**	43252	**54**	53082	**64**	62912	**74**	72742	**84**	82572	**94**	92402
5	4915	**15**	14745	**25**	24575	**35**	34405	**45**	44235	**55**	54065	**65**	63895	**75**	73725	**85**	83555	**95**	93385
6	5898	**16**	15728	**26**	25558	**36**	35388	**46**	45218	**56**	55048	**66**	64878	**76**	74708	**86**	84538	**96**	94368
7	6881	**17**	16711	**27**	26541	**37**	36371	**47**	46201	**57**	56031	**67**	65861	**77**	75691	**87**	85521	**97**	95351
8	7864	**18**	17694	**28**	27524	**38**	37354	**48**	47184	**58**	57014	**68**	66844	**78**	76674	**88**	86504	**98**	96334
9	8847	**19**	18677	**29**	28507	**39**	38337	**49**	48167	**59**	57997	**69**	67827	**79**	77657	**89**	87487	**99**	97317
10	9830	**20**	19660	**30**	29490	**40**	39320	**50**	49150	**60**	58980	**70**	68810	**80**	78640	**90**	88470	**100**	98300

984

1	984	**11**	10824	**21**	20664	**31**	30504	**41**	40344	**51**	50184	**61**	60024	**71**	69864	**81**	79704	**91**	89544
2	1968	**12**	11808	**22**	21648	**32**	31488	**42**	41328	**52**	51168	**62**	61008	**72**	70848	**82**	80688	**92**	90528
3	2952	**13**	12792	**23**	22632	**33**	32472	**43**	42312	**53**	52152	**63**	61992	**73**	71832	**83**	81672	**93**	91512
4	3936	**14**	13776	**24**	23616	**34**	33456	**44**	43296	**54**	53136	**64**	62976	**74**	72816	**84**	82656	**94**	92496
5	4920	**15**	14760	**25**	24600	**35**	34440	**45**	44280	**55**	54120	**65**	63960	**75**	73800	**85**	83640	**95**	93480
6	5904	**16**	15744	**26**	25584	**36**	35424	**46**	45264	**56**	55104	**66**	64944	**76**	74784	**86**	84624	**96**	94464
7	6888	**17**	16728	**27**	26568	**37**	36408	**47**	46248	**57**	56088	**67**	65928	**77**	75768	**87**	85608	**97**	95448
8	7872	**18**	17712	**28**	27552	**38**	37392	**48**	47232	**58**	57072	**68**	66912	**78**	76752	**88**	86592	**98**	96432
9	8856	**19**	18696	**29**	28536	**39**	38376	**49**	48216	**59**	58056	**69**	67896	**79**	77736	**89**	87576	**99**	97416
10	9840	**20**	19680	**30**	29520	**40**	39360	**50**	49200	**60**	59040	**70**	68880	**80**	78720	**90**	88560	**100**	98400

985

1	985	**11**	10835	**21**	20685	**31**	30535	**41**	40385	**51**	50235	**61**	60085	**71**	69935	**81**	79785	**91**	89635
2	1970	**12**	11820	**22**	21670	**32**	31520	**42**	41370	**52**	51220	**62**	61070	**72**	70920	**82**	80770	**92**	90620
3	2955	**13**	12805	**23**	22655	**33**	32505	**43**	42355	**53**	52205	**63**	62055	**73**	71905	**83**	81755	**93**	91605
4	3940	**14**	13790	**24**	23640	**34**	33490	**44**	43340	**54**	53190	**64**	63040	**74**	72890	**84**	82740	**94**	92590
5	4925	**15**	14775	**25**	24625	**35**	34475	**45**	44325	**55**	54175	**65**	64025	**75**	73875	**85**	83725	**95**	93575
6	5910	**16**	15760	**26**	25610	**36**	35460	**46**	45310	**56**	55160	**66**	65010	**76**	74860	**86**	84710	**96**	94560
7	6895	**17**	16745	**27**	26595	**37**	36445	**47**	46295	**57**	56145	**67**	65995	**77**	75845	**87**	85695	**97**	95545
8	7880	**18**	17730	**28**	27580	**38**	37430	**48**	47280	**58**	57130	**68**	66980	**78**	76830	**88**	86680	**98**	96530
9	8865	**19**	18715	**29**	28565	**39**	38415	**49**	48265	**59**	58115	**69**	67965	**79**	77815	**89**	87665	**99**	97515
10	9850	**20**	19700	**30**	29550	**40**	39400	**50**	49250	**60**	59100	**70**	68950	**80**	78800	**90**	88650	**100**	98500

986

1	986	**11**	10846	**21**	20706	**31**	30566	**41**	40426	**51**	50286	**61**	60146	**71**	70006	**81**	79866	**91**	89726
2	1972	**12**	11832	**22**	21692	**32**	31552	**42**	41412	**52**	51272	**62**	61132	**72**	70992	**82**	80852	**92**	90712
3	2958	**13**	12818	**23**	22678	**33**	32538	**43**	42398	**53**	52258	**63**	62118	**73**	71978	**83**	81838	**93**	91698
4	3944	**14**	13804	**24**	23664	**34**	33524	**44**	43384	**54**	53244	**64**	63104	**74**	72964	**84**	82824	**94**	92684
5	4930	**15**	14790	**25**	24650	**35**	34510	**45**	44370	**55**	54230	**65**	64090	**75**	73950	**85**	83810	**95**	93670
6	5916	**16**	15776	**26**	25636	**36**	35496	**46**	45356	**56**	55216	**66**	65076	**76**	74936	**86**	84796	**96**	94656
7	6902	**17**	16762	**27**	26622	**37**	36482	**47**	46342	**57**	56202	**67**	66062	**77**	75922	**87**	85782	**97**	95642
8	7888	**18**	17748	**28**	27608	**38**	37468	**48**	47328	**58**	57188	**68**	67048	**78**	76908	**88**	86768	**98**	96628
9	8874	**19**	18734	**29**	28594	**39**	38454	**49**	48314	**59**	58174	**69**	68034	**79**	77894	**89**	87754	**99**	97614
10	9860	**20**	19720	**30**	29580	**40**	39440	**50**	49300	**60**	59160	**70**	69020	**80**	78880	**90**	88740	**100**	98600

987

1	987	**11**	10857	**21**	20727	**31**	30597	**41**	40467	**51**	50337	**61**	60207	**71**	70077	**81**	79947	**91**	89817
2	1974	**12**	11844	**22**	21714	**32**	31584	**42**	41454	**52**	51324	**62**	61194	**72**	71064	**82**	80934	**92**	90804
3	2961	**13**	12831	**23**	22701	**33**	32571	**43**	42441	**53**	52311	**63**	62181	**73**	72051	**83**	81921	**93**	91791
4	3948	**14**	13818	**24**	23688	**34**	33558	**44**	43428	**54**	53298	**64**	63168	**74**	73038	**84**	82908	**94**	92778
5	4935	**15**	14805	**25**	24675	**35**	34545	**45**	44415	**55**	54285	**65**	64155	**75**	74025	**85**	83895	**95**	93765
6	5922	**16**	15792	**26**	25662	**36**	35532	**46**	45402	**56**	55272	**66**	65142	**76**	75012	**86**	84882	**96**	94752
7	6909	**17**	16779	**27**	26649	**37**	36519	**47**	46389	**57**	56259	**67**	66129	**77**	75999	**87**	85869	**97**	95739
8	7896	**18**	17766	**28**	27636	**38**	37506	**48**	47376	**58**	57246	**68**	67116	**78**	76986	**88**	86856	**98**	96726
9	8883	**19**	18753	**29**	28623	**39**	38493	**49**	48363	**59**	58233	**69**	68103	**79**	77973	**89**	87843	**99**	97713
10	9870	**20**	19740	**30**	29610	**40**	39480	**50**	49350	**60**	59220	**70**	69090	**80**	78960	**90**	88830	**100**	98700

988

1	988	**11**	10868	**21**	20748	**31**	30628	**41**	40508	**51**	50388	**61**	60268	**71**	70148	**81**	80028	**91**	89908
2	1976	**12**	11856	**22**	21736	**32**	31616	**42**	41496	**52**	51376	**62**	61256	**72**	71136	**82**	81016	**92**	90896
3	2964	**13**	12844	**23**	22724	**33**	32604	**43**	42484	**53**	52364	**63**	62244	**73**	72124	**83**	82004	**93**	91884
4	3952	**14**	13832	**24**	23712	**34**	33592	**44**	43472	**54**	53352	**64**	63232	**74**	73112	**84**	82992	**94**	92872
5	4940	**15**	14820	**25**	24700	**35**	34580	**45**	44460	**55**	54340	**65**	64220	**75**	74100	**85**	83980	**95**	93860
6	5928	**16**	15808	**26**	25688	**36**	35568	**46**	45448	**56**	55328	**66**	65208	**76**	75088	**86**	84968	**96**	94848
7	6916	**17**	16796	**27**	26676	**37**	36556	**47**	46436	**57**	56316	**67**	66196	**77**	76076	**87**	85956	**97**	95836
8	7904	**18**	17784	**28**	27664	**38**	37544	**48**	47424	**58**	57304	**68**	67184	**78**	77064	**88**	86944	**98**	96824
9	8892	**19**	18772	**29**	28652	**39**	38532	**49**	48412	**59**	58292	**69**	68172	**79**	78052	**89**	87932	**99**	97812
10	9880	**20**	19760	**30**	29640	**40**	39520	**50**	49400	**60**	59280	**70**	69160	**80**	79040	**90**	88920	**100**	98800

989

1	989	**11**	10879	**21**	20769	**31**	30659	**41**	40549	**51**	50439	**61**	60329	**71**	70219	**81**	80109	**91**	89999
2	1978	**12**	11868	**22**	21758	**32**	31648	**42**	41538	**52**	51428	**62**	61318	**72**	71208	**82**	81098	**92**	90988
3	2967	**13**	12857	**23**	22747	**33**	32637	**43**	42527	**53**	52417	**63**	62307	**73**	72197	**83**	82087	**93**	91977
4	3956	**14**	13846	**24**	23736	**34**	33626	**44**	43516	**54**	53406	**64**	63296	**74**	73186	**84**	83076	**94**	92966
5	4945	**15**	14835	**25**	24725	**35**	34615	**45**	44505	**55**	54395	**65**	64285	**75**	74175	**85**	84065	**95**	93955
6	5934	**16**	15824	**26**	25714	**36**	35604	**46**	45494	**56**	55384	**66**	65274	**76**	75164	**86**	85054	**96**	94944
7	6923	**17**	16813	**27**	26703	**37**	36593	**47**	46483	**57**	56373	**67**	66263	**77**	76153	**87**	86043	**97**	95933
8	7912	**18**	17802	**28**	27692	**38**	37582	**48**	47472	**58**	57362	**68**	67252	**78**	77142	**88**	87032	**98**	96922
9	8901	**19**	18791	**29**	28681	**39**	38571	**49**	48461	**59**	58351	**69**	68241	**79**	78131	**89**	88021	**99**	97911
10	9890	**20**	19780	**30**	29670	**40**	39560	**50**	49450	**60**	59340	**70**	69230	**80**	79120	**90**	89010	**100**	98900

990

1	990	**11**	10890	**21**	20790	**31**	30690	**41**	40590	**51**	50490	**61**	60390	**71**	70290	**81**	80190	**91**	90090
2	1980	**12**	11880	**22**	21780	**32**	31680	**42**	41580	**52**	51480	**62**	61380	**72**	71280	**82**	81180	**92**	91080
3	2970	**13**	12870	**23**	22770	**33**	32670	**43**	42570	**53**	52470	**63**	62370	**73**	72270	**83**	82170	**93**	92070
4	3960	**14**	13860	**24**	23760	**34**	33660	**44**	43560	**54**	53460	**64**	63360	**74**	73260	**84**	83160	**94**	93060
5	4950	**15**	14850	**25**	24750	**35**	34650	**45**	44550	**55**	54450	**65**	64350	**75**	74250	**85**	84150	**95**	94050
6	5940	**16**	15840	**26**	25740	**36**	35640	**46**	45540	**56**	55440	**66**	65340	**76**	75240	**86**	85140	**96**	95040
7	6930	**17**	16830	**27**	26730	**37**	36630	**47**	46530	**57**	56430	**67**	66330	**77**	76230	**87**	86130	**97**	96030
8	7920	**18**	17820	**28**	27720	**38**	37620	**48**	47520	**58**	57420	**68**	67320	**78**	77220	**88**	87120	**98**	97020
9	8910	**19**	18810	**29**	28710	**39**	38610	**49**	48510	**59**	58410	**69**	68310	**79**	78210	**89**	88110	**99**	98010
10	9900	**20**	19800	**30**	29700	**40**	39600	**50**	49500	**60**	59400	**70**	69300	**80**	79200	**90**	89100	**100**	99000

991

1	991	**11**	10901	**21**	20811	**31**	30721	**41**	40631	**51**	50541	**61**	60451	**71**	70361	**81**	80271	**91**	90181
2	1982	**12**	11892	**22**	21802	**32**	31712	**42**	41622	**52**	51532	**62**	61442	**72**	71352	**82**	81262	**92**	91172
3	2973	**13**	12883	**23**	22793	**33**	32703	**43**	42613	**53**	52523	**63**	62433	**73**	72343	**83**	82253	**93**	92163
4	3964	**14**	13874	**24**	23784	**34**	33694	**44**	43604	**54**	53514	**64**	63424	**74**	73334	**84**	83244	**94**	93154
5	4955	**15**	14865	**25**	24775	**35**	34685	**45**	44595	**55**	54505	**65**	64415	**75**	74325	**85**	84235	**95**	94145
6	5946	**16**	15856	**26**	25766	**36**	35676	**46**	45586	**56**	55496	**66**	65406	**76**	75316	**86**	85226	**96**	95136
7	6937	**17**	16847	**27**	26757	**37**	36667	**47**	46577	**57**	56487	**67**	66397	**77**	76307	**87**	86217	**97**	96127
8	7928	**18**	17838	**28**	27748	**38**	37658	**48**	47568	**58**	57478	**68**	67388	**78**	77298	**88**	87208	**98**	97118
9	8919	**19**	18829	**29**	28739	**39**	38649	**49**	48559	**59**	58469	**69**	68379	**79**	78289	**89**	88199	**99**	98109
10	9910	**20**	19820	**30**	29730	**40**	39640	**50**	49550	**60**	59460	**70**	69370	**80**	79280	**90**	89190	**100**	99100

992

1	992	**11**	10912	**21**	20832	**31**	30752	**41**	40672	**51**	50592	**61**	60512	**71**	70432	**81**	80352	**91**	90272
2	1984	**12**	11904	**22**	21824	**32**	31744	**42**	41664	**52**	51584	**62**	61504	**72**	71424	**82**	81344	**92**	91264
3	2976	**13**	12896	**23**	22816	**33**	32736	**43**	42656	**53**	52576	**63**	62496	**73**	72416	**83**	82336	**93**	92256
4	3968	**14**	13888	**24**	23808	**34**	33728	**44**	43648	**54**	53568	**64**	63488	**74**	73408	**84**	83328	**94**	93248
5	4960	**15**	14880	**25**	24800	**35**	34720	**45**	44640	**55**	54560	**65**	64480	**75**	74400	**85**	84320	**95**	94240
6	5952	**16**	15872	**26**	25792	**36**	35712	**46**	45632	**56**	55552	**66**	65472	**76**	75392	**86**	85312	**96**	95232
7	6944	**17**	16864	**27**	26784	**37**	36704	**47**	46624	**57**	56544	**67**	66464	**77**	76384	**87**	86304	**97**	96224
8	7936	**18**	17856	**28**	27776	**38**	37696	**48**	47616	**58**	57536	**68**	67456	**78**	77376	**88**	87296	**98**	97216
9	8928	**19**	18848	**29**	28768	**39**	38688	**49**	48608	**59**	58528	**69**	68448	**79**	78368	**89**	88288	**99**	98208
10	9920	**20**	19840	**30**	29760	**40**	39680	**50**	49600	**60**	59520	**70**	69440	**80**	79360	**90**	89280	**100**	99200

993

1	993	**11**	10923	**21**	20853	**31**	30783	**41**	40713	**51**	50643	**61**	60573	**71**	70503	**81**	80433	**91**	90363
2	1986	**12**	11916	**22**	21846	**32**	31776	**42**	41706	**52**	51636	**62**	61566	**72**	71496	**82**	81426	**92**	91356
3	2979	**13**	12909	**23**	22839	**33**	32769	**43**	42699	**53**	52629	**63**	62559	**73**	72489	**83**	82419	**93**	92349
4	3972	**14**	13902	**24**	23832	**34**	33762	**44**	43692	**54**	53622	**64**	63552	**74**	73482	**84**	83412	**94**	93342
5	4965	**15**	14895	**25**	24825	**35**	34755	**45**	44685	**55**	54615	**65**	64545	**75**	74475	**85**	84405	**95**	94335
6	5958	**16**	15888	**26**	25818	**36**	35748	**46**	45678	**56**	55608	**66**	65538	**76**	75468	**86**	85398	**96**	95328
7	6951	**17**	16881	**27**	26811	**37**	36741	**47**	46671	**57**	56601	**67**	66531	**77**	76461	**87**	86391	**97**	96321
8	7944	**18**	17874	**28**	27804	**38**	37734	**48**	47664	**58**	57594	**68**	67524	**78**	77454	**88**	87384	**98**	97314
9	8937	**19**	18867	**29**	28797	**39**	38727	**49**	48657	**59**	58587	**69**	68517	**79**	78447	**89**	88377	**99**	98307
10	9930	**20**	19860	**30**	29790	**40**	39720	**50**	49650	**60**	59580	**70**	69510	**80**	79440	**90**	89370	**100**	99300

994

1	994	**11**	10934	**21**	20874	**31**	30814	**41**	40754	**51**	50694	**61**	60634	**71**	70574	**81**	80514	**91**	90454
2	1988	**12**	11928	**22**	21868	**32**	31808	**42**	41748	**52**	51688	**62**	61628	**72**	71568	**82**	81508	**92**	91448
3	2982	**13**	12922	**23**	22862	**33**	32802	**43**	42742	**53**	52682	**63**	62622	**73**	72562	**83**	82502	**93**	92442
4	3976	**14**	13916	**24**	23856	**34**	33796	**44**	43736	**54**	53676	**64**	63616	**74**	73556	**84**	83496	**94**	93436
5	4970	**15**	14910	**25**	24850	**35**	34790	**45**	44730	**55**	54670	**65**	64610	**75**	74550	**85**	84490	**95**	94430
6	5964	**16**	15904	**26**	25844	**36**	35784	**46**	45724	**56**	55664	**66**	65604	**76**	75544	**86**	85484	**96**	95424
7	6958	**17**	16898	**27**	26838	**37**	36778	**47**	46718	**57**	56658	**67**	66598	**77**	76538	**87**	86478	**97**	96418
8	7952	**18**	17892	**28**	27832	**38**	37772	**48**	47712	**58**	57652	**68**	67592	**78**	77532	**88**	87472	**98**	97412
9	8946	**19**	18886	**29**	28826	**39**	38766	**49**	48706	**59**	58646	**69**	68586	**79**	78526	**89**	88466	**99**	98406
10	9940	**20**	19880	**30**	29820	**40**	39760	**50**	49700	**60**	59640	**70**	69580	**80**	79520	**90**	89460	**100**	99400

995

1	995	**11**	10945	**21**	20895	**31**	30845	**41**	40795	**51**	50745	**61**	60695	**71**	70645	**81**	80595	**91**	90545
2	1990	**12**	11940	**22**	21890	**32**	31840	**42**	41790	**52**	51740	**62**	61690	**72**	71640	**82**	81590	**92**	91540
3	2985	**13**	12935	**23**	22885	**33**	32835	**43**	42785	**53**	52735	**63**	62685	**73**	72635	**83**	82585	**93**	92535
4	3980	**14**	13930	**24**	23880	**34**	33830	**44**	43780	**54**	53730	**64**	63680	**74**	73630	**84**	83580	**94**	93530
5	4975	**15**	14925	**25**	24875	**35**	34825	**45**	44775	**55**	54725	**65**	64675	**75**	74625	**85**	84575	**95**	94525
6	5970	**16**	15920	**26**	25870	**36**	35820	**46**	45770	**56**	55720	**66**	65670	**76**	75620	**86**	85570	**96**	95520
7	6965	**17**	16915	**27**	26865	**37**	36815	**47**	46765	**57**	56715	**67**	66665	**77**	76615	**87**	86565	**97**	96515
8	7960	**18**	17910	**28**	27860	**38**	37810	**48**	47760	**58**	57710	**68**	67660	**78**	77610	**88**	87560	**98**	97510
9	8955	**19**	18905	**29**	28855	**39**	38805	**49**	48755	**59**	58705	**69**	68655	**79**	78605	**89**	88555	**99**	98505
10	9950	**20**	19900	**30**	29850	**40**	39800	**50**	49750	**60**	59700	**70**	69650	**80**	79600	**90**	89550	**100**	99500

996

1	996	11	10956	21	20916	31	30876	41	40836	51	50796	61	60756	71	70716	81	80676	91	90636
2	1992	12	11952	22	21912	32	31872	42	41832	52	51792	62	61752	72	71712	82	81672	92	91632
3	2988	13	12948	23	22908	33	32868	43	42828	53	52788	63	62748	73	72708	83	82668	93	92628
4	3984	14	13944	24	23904	34	33864	44	43824	54	53784	64	63744	74	73704	84	83664	94	93624
5	4980	15	14940	25	24900	35	34860	45	44820	55	54780	65	64740	75	74700	85	84660	95	94620
6	5976	16	15936	26	25896	36	35856	46	45816	56	55776	66	65736	76	75696	86	85656	96	95616
7	6972	17	16932	27	26892	37	36852	47	46812	57	56772	67	66732	77	76692	87	86652	97	96612
8	7968	18	17928	28	27888	38	37848	48	47808	58	57768	68	67728	78	77688	88	87648	98	97608
9	8964	19	18924	29	28884	39	38844	49	48804	59	58764	69	68724	79	78684	89	88644	99	98604
10	9960	20	19920	30	29880	40	39840	50	49800	60	59760	70	69720	80	79680	90	89640	100	99600

997

1	997	11	10967	21	20937	31	30907	41	40877	51	50847	61	60817	71	70787	81	80757	91	90727
2	1994	12	11964	22	21934	32	31904	42	41874	52	51844	62	61814	72	71784	82	81754	92	91724
3	2991	13	12961	23	22931	33	32901	43	42871	53	52841	63	62811	73	72781	83	82751	93	92721
4	3988	14	13958	24	23928	34	33898	44	43868	54	53838	64	63808	74	73778	84	83748	94	93718
5	4985	15	14955	25	24925	35	34895	45	44865	55	54835	65	64805	75	74775	85	84745	95	94715
6	5982	16	15952	26	25922	36	35892	46	45862	56	55832	66	65802	76	75772	86	85742	96	95712
7	6979	17	16949	27	26919	37	36889	47	46859	57	56829	67	66799	77	76769	87	86739	97	96709
8	7976	18	17946	28	27916	38	37886	48	47856	58	57826	68	67796	78	77766	88	87736	98	97706
9	8973	19	18943	29	28913	39	38883	49	48853	59	58823	69	68793	79	78763	89	88733	99	98703
10	9970	20	19940	30	29910	40	39880	50	49850	60	59820	70	69790	80	79760	90	89730	100	99700

998

1	998	11	10978	21	20958	31	30938	41	40918	51	50898	61	60878	71	70858	81	80838	91	90818
2	1996	12	11976	22	21956	32	31936	42	41916	52	51896	62	61876	72	71856	82	81836	92	91816
3	2994	13	12974	23	22954	33	32934	43	42914	53	52894	63	62874	73	72854	83	82834	93	92814
4	3992	14	13972	24	23952	34	33932	44	43912	54	53892	64	63872	74	73852	84	83832	94	93812
5	4990	15	14970	25	24950	35	34930	45	44910	55	54890	65	64870	75	74850	85	84830	95	94810
6	5988	16	15968	26	25948	36	35928	46	45908	56	55888	66	65868	76	75848	86	85828	96	95808
7	6986	17	16966	27	26946	37	36926	47	46906	57	56886	67	66866	77	76846	87	86826	97	96806
8	7984	18	17964	28	27944	38	37924	48	47904	58	57884	68	67864	78	77844	88	87824	98	97804
9	8982	19	18962	29	28942	39	38922	49	48902	59	58882	69	68862	79	78842	89	88822	99	98802
10	9980	20	19960	30	29940	40	39920	50	49900	60	59880	70	69860	80	79840	90	89820	100	99800

999

1	999	11	10989	21	20979	31	30969	41	40959	51	50949	61	60939	71	70929	81	80919	91	90909
2	1998	12	11988	22	21978	32	31968	42	41958	52	51948	62	61938	72	71928	82	81918	92	91908
3	2997	13	12987	23	22977	33	32967	43	42957	53	52947	63	62937	73	72927	83	82917	93	92907
4	3996	14	13986	24	23976	34	33966	44	43956	54	53946	64	63936	74	73926	84	83916	94	93906
5	4995	15	14985	25	24975	35	34965	45	44955	55	54945	65	64935	75	74925	85	84915	95	94905
6	5994	16	15984	26	25974	36	35964	46	45954	56	55944	66	65934	76	75924	86	85914	96	95904
7	6993	17	16983	27	26973	37	36963	47	46953	57	56943	67	66933	77	76923	87	86913	97	96903
8	7992	18	17982	28	27972	38	37962	48	47952	58	57942	68	67932	78	77922	88	87912	98	97902
9	8991	19	18981	29	28971	39	38961	49	48951	59	58941	69	68931	79	78921	89	88911	99	98901
10	9990	20	19980	30	29970	40	39960	50	49950	60	59940	70	69930	80	79920	90	89910	100	99900

1000

1	1000	11	11000	21	21000	31	31000	41	41000	51	51000	61	61000	71	71000	81	81000	91	91000
2	2000	12	12000	22	22000	32	32000	42	42000	52	52000	62	62000	72	72000	82	82000	92	92000
3	3000	13	13000	23	23000	33	33000	43	43000	53	53000	63	63000	73	73000	83	83000	93	93000
4	4000	14	14000	24	24000	34	34000	44	44000	54	54000	64	64000	74	74000	84	84000	94	94000
5	5000	15	15000	25	25000	35	35000	45	45000	55	55000	65	65000	75	75000	85	85000	95	95000
6	6000	16	16000	26	26000	36	36000	46	46000	56	56000	66	66000	76	76000	86	86000	96	96000
7	7000	17	17000	27	27000	37	37000	47	47000	57	57000	67	67000	77	77000	87	87000	97	97000
8	8000	18	18000	28	28000	38	38000	48	48000	58	58000	68	68000	78	78000	88	88000	98	98000
9	9000	19	19000	29	29000	39	39000	49	49000	59	59000	69	69000	79	79000	89	89000	99	99000
10	10000	20	20000	30	30000	40	40000	50	50000	60	60000	70	70000	80	80000	90	90000	100	100000

Anhang für Berechnungen mit den Bruchteilen

$^1/_6$ $^1/_3$ und $^2/_3$

Dieser Anhang enthält die Ergebnisse (Resultate) der Vervielfachungen (Multiplikationen) von 1—300 mit den Bruchteilen $^1/_6$ $^1/_3$ und $^2/_3$. Die Ergebnisse in den mit den fetten Bruchziffern gekennzeichneten Längsspalten beziehen sich auf die daneben befindlichen kleinen fetten Zahlen. Gehen die zu berechnenden Zahlen über 300 hinaus, dann sind sie nach Art der Beispiele 5—8 in Gruppen zu zerlegen. Da bei der Zerlegung größerer Zahlen an die Teilergebnisse Nullen anzuhängen sind, ist bei der Zerlegung eine ohne Rest teilbare Zahl zu wählen, bei der also die letzte Ziffer des abzulesenden Ergebnisses in den mit den fetten Bruchziffern gekennzeichneten Längsspalten eine Null ist.

Beispiele

1.

$^1/_6$ $^1/_3$ $^2/_3$ Dutzend zu 95 DPf

Die Ergebnisse (15,83 — 31,67 — 63,33 DPf, abgerundet: 16, 32, 63 DPf) befinden sich neben der kleinen fetten Zahl 95 in den im Kopf der Tabelle mit den fetten Bruchziffern gekennzeichneten Längsspalten.

2.

⅙ ⅓ ⅔ Dutzend zu 145 DM

Die Ergebnisse (24,17 — 48,33 — 96,67 DM) befinden sich neben der kleinen fetten Zahl 145 in den im Kopf der Tabelle mit den fetten Bruchziffern gekennzeichneten Längsspalten.

3.

15⅔ Dutzend zu 74 DM

Dem aus der Tabelle mit der großen Kopfzahl 74 abzulesenden Ergebnis von 15 × 74 = 1110 DM ist das aus dem Anhang abzulesende Ergebnis für ⅔ = 49,33 DM hinzuzuzählen.

4.

1125$^1/_6$ Dutzend zu 2,35 DM

Dem aus der Tabelle mit der großen Kopfzahl 235 zu errechnenden Ergebnis von 1125 × 2,35 = 2643,75 DM ist das aus dem Anhang abzulesende abgerundete Ergebnis von $^1/_6$ = 0,39 DM hinzuzuzählen.

5.

⅔ Dutzend zu 427 DM

Das Ergebnis ist durch Zerlegung der Zahl 427 zu ermitteln. (Vgl. Anleitung am Kopf.)

1. Gruppe: 300 × ⅔ = 200,— DM
2. „ : 127 × ⅔ = 84,67 „

Ergebnis: 284,67 DM

6.

16⅓ Dutzend zu 7,35 DM

1. Teilergebnis: 16 × 7,35 = 117,60 DM
(aus Tabelle 735 abzulesen!)

Dazu: ⅓ × 720 DPf = 2,40 „
⅓ × 15 „ = —,05 „

Ergebnis: 120,05 DM

7.

16⅔ Prozent von 293 DM

Dem aus der Tabelle mit der großen Kopfzahl 293 unter Berücksichtigung des zu setzenden Kommas abzulesenden Ergebnis von 16 Prozent = 46,88 DM ist das aus dem Anhang abzulesende Ergebnis von ⅔ Prozent = 1,95 DM hinzuzuzählen.

8.

15⅓ Prozent von 745 DM

15 Prozent von 745 DM = 111,75 DM
(aus Tabelle 745 abzulesen!)

Dazu ⅓ Prozent von 720 DM = 2,40 „
⅓ „ „ 25 „ = —,08 „

Ergebnis: 114,23 DM

	1/6	1/3	2/3		1/6	1/3	2/3		1/6	1/3	2/3
1	0,17	0,33	0,67	**51**	8,50	17,00	34,00	**101**	16,83	33,67	67,33
2	0,33	0,67	1,33	**52**	8,67	17,33	34,67	**102**	17,00	34,00	68,00
3	0,50	1,00	2,00	**53**	8,83	17,67	35,33	**103**	17,17	34,33	68,67
4	0,67	1,33	2,67	**54**	9,00	18,00	36,00	**104**	17,33	34,67	69,33
5	0,83	1,67	3,33	**55**	9,17	18,33	36,67	**105**	17,50	35,00	70,00
6	1,00	2,00	4,00	**56**	9,33	18,67	37,33	**106**	17,67	35,33	70,67
7	1,17	2,33	4,67	**57**	9,50	19,00	38,00	**107**	17,83	35,67	71,33
8	1,33	2,67	5,33	**58**	9,67	19,33	38,67	**108**	18,00	36,00	72,00
9	1,50	3,00	6,00	**59**	9,83	19,67	39,33	**109**	18,17	36,33	72,67
10	1,67	3,33	6,67	**60**	10,00	20,00	40,00	**110**	18,33	36,67	73,33
11	1,83	3,67	7,33	**61**	10,17	20,33	40,67	**111**	18,50	37,00	74,00
12	2,00	4,00	8,00	**62**	10,33	20,67	41,33	**112**	18,67	37,33	74,67
13	2,17	4,33	8,67	**63**	10,50	21,00	42,00	**113**	18,83	37,67	75,33
14	2,33	4,67	9,33	**64**	10,67	21,33	42,67	**114**	19,00	38,00	76,00
15	2,50	5,00	10,00	**65**	10,83	21,67	43,33	**115**	19,17	38,33	76,67
16	2,67	5,33	10,67	**66**	11,00	22,00	44,00	**116**	19,33	38,67	77,33
17	2,83	5,67	11,33	**67**	11,17	22,33	44,67	**117**	19,50	39,00	78,00
18	3,00	6,00	12,00	**68**	11,33	22,67	45,33	**118**	19,67	39,33	78,67
19	3,17	6,33	12,67	**69**	11,50	23,00	46,00	**119**	19,83	39,67	79,33
20	3,33	6,67	13,33	**70**	11,67	23,33	46,67	**120**	20,00	40,00	80,00
21	3,50	7,00	14,00	**71**	11,83	23,67	47,33	**121**	20,17	40,33	80,67
22	3,67	7,33	14,67	**72**	12,00	24,00	48,00	**122**	20,33	40,67	81,33
23	3,83	7,67	15,33	**73**	12,17	24,33	48,67	**123**	20,50	41,00	82,00
24	4,00	8,00	16,00	**74**	12,33	24,67	49,33	**124**	20,67	41,33	82,67
25	4,17	8,33	16,67	**75**	12,50	25,00	50,00	**125**	20,83	41,67	83,33
26	4,33	8,67	17,33	**76**	12,67	25,33	50,67	**126**	21,00	42,00	84,00
27	4,50	9,00	18,00	**77**	12,83	25,67	51,33	**127**	21,17	42,33	84,67
28	4,67	9,33	18,67	**78**	13,00	26,00	52,00	**128**	21,33	42,67	85,33
29	4,83	9,67	19,33	**79**	13,17	26,33	52,67	**129**	21,50	43,00	86,00
30	5,00	10,00	20,00	**80**	13,33	26,67	53,33	**130**	21,67	43,33	86,67
31	5,17	10,33	20,67	**81**	13,50	27,00	54,00	**131**	21,83	43,67	87,33
32	5,33	10,67	21,33	**82**	13,67	27,33	54,67	**132**	22,00	44,00	88,00
33	5,50	11,00	22,00	**83**	13,83	27,67	55,33	**133**	22,17	44,33	88,67
34	5,67	11,33	22,67	**84**	14,00	28,00	56,00	**134**	22,33	44,67	89,33
35	5,83	11,67	23,33	**85**	14,17	28,33	56,67	**135**	22,50	45,00	90,00
36	6,00	12,00	24,00	**86**	14,33	28,67	57,33	**136**	22,67	45,33	90,67
37	6,17	12,33	24,67	**87**	14,50	29,00	58,00	**137**	22,83	45,67	91,33
38	6,33	12,67	25,33	**88**	14,67	29,33	58,67	**138**	23,00	46,00	92,00
39	6,50	13,00	26,00	**89**	14,83	29,67	59,33	**139**	23,17	46,33	92,67
40	6,67	13,33	26,67	**90**	15,00	30,00	60,00	**140**	23,33	46,67	93,33
41	6,83	13,67	27,33	**91**	15,17	30,33	60,67	**141**	23,50	47,00	94,00
42	7,00	14,00	28,00	**92**	15,33	30,67	61,33	**142**	23,67	47,33	94,67
43	7,17	14,33	28,67	**93**	15,50	31,00	62,00	**143**	23,83	47,67	95,33
44	7,33	14,67	29,33	**94**	15,67	31,33	62,67	**144**	24,00	48,00	96,00
45	7,50	15,00	30,00	**95**	15,83	31,67	63,33	**145**	24,17	48,33	96,67
46	7,67	15,33	30,67	**96**	16,00	32,00	64,00	**146**	24,33	48,67	97,33
47	7,83	15,67	31,33	**97**	16,17	32,33	64,67	**147**	24,50	49,00	98,00
48	8,00	16,00	32,00	**98**	16,33	32,67	65,33	**148**	24,67	49,33	98,67
49	8,17	16,33	32,67	**99**	16,50	33,00	66,00	**149**	24,83	49,67	99,33
50	8,33	16,67	33,33	**100**	16,67	33,33	66,67	**150**	25,00	50,00	100,00

151—300

	1/6	1/3	2/3		1/6	1/3	2/3		1/6	1/3	2/3
151	25,17	50,33	100,67	**201**	33,50	67,00	134,00	**251**	41,83	83,67	167,33
152	25,33	50,67	101,33	**202**	33,67	67,33	134,67	**252**	42,00	84,00	168,00
153	25,50	51,00	102,00	**203**	33,83	67,67	135,33	**253**	42,17	84,33	168,67
154	25,67	51,33	102,67	**204**	34,00	68,00	136,00	**254**	42,33	84,67	169,33
155	25,83	51,67	103,33	**205**	34,17	68,33	136,67	**255**	42,50	85,00	170,00
156	26,00	52,00	104,00	**206**	34,33	68,67	137,33	**256**	42,67	85,33	170,67
157	26,17	52,33	104,67	**207**	34,50	69,00	138,00	**257**	42,83	85,67	171,33
158	26,33	52,67	105,33	**208**	34,67	69,33	138,67	**258**	43,00	86,00	172,00
159	26,50	53,00	106,00	**209**	34,83	69,67	139,33	**259**	43,17	86,33	172,67
160	26,67	53,33	106,67	**210**	35,00	70,00	140,00	**260**	43,33	86,67	173,33
161	26,83	53,67	107,33	**211**	35,17	70,33	140,67	**261**	43,50	87,00	174,00
162	27,00	54,00	108,00	**212**	35,33	70,67	141,33	**262**	43,67	87,33	174,67
163	27,17	54,33	108,67	**213**	35,50	71,00	142,00	**263**	43,83	87,67	175,33
164	27,33	54,67	109,33	**214**	35,67	71,33	142,67	**264**	44,00	88,00	176,00
165	27,50	55,00	110,00	**215**	35,83	71,67	143,33	**265**	44,17	88,33	176,67
166	27,67	55,33	110,67	**216**	36,00	72,00	144,00	**266**	44,33	88,67	177,33
167	27,83	55,67	111,33	**217**	36,17	72,33	144,67	**267**	44,50	89,00	178,00
168	28,00	56,00	112,00	**218**	36,33	72,67	145,33	**268**	44,67	89,33	178,67
169	28,17	56,33	112,67	**219**	36,50	73,00	146,00	**269**	44,83	89,67	179,33
170	28,33	56,67	113,33	**220**	36,67	73,33	146,67	**270**	45,00	90,00	180,00
171	28,50	57,00	114,00	**221**	36,83	73,67	147,33	**271**	45,17	90,33	180,67
172	28,67	57,33	114,67	**222**	37,00	74,00	148,00	**272**	45,33	90,67	181,33
173	28,83	57,67	115,33	**223**	37,17	74,33	148,67	**273**	45,50	91,00	182,00
174	29,00	58,00	116,00	**224**	37,33	74,67	149,33	**274**	45,67	91,33	182,67
175	29,17	58,33	116,67	**225**	37,50	75,00	150,00	**275**	45,83	91,67	183,33
176	29,33	58,67	117,33	**226**	37,67	75,33	150,67	**276**	46,00	92,00	184,00
177	29,50	59,00	118,00	**227**	37,83	75,67	151,33	**277**	46,17	92,33	184,67
178	29,67	59,33	118,67	**228**	38,00	76,00	152,00	**278**	46,33	92,67	185,33
179	29,83	59,67	119,33	**229**	38,17	76,33	152,67	**279**	46,50	93,00	186,00
180	30,00	60,00	120,00	**230**	38,33	76,67	153,33	**280**	46,67	93,33	186,67
181	30,17	60,33	120,67	**231**	38,50	77,00	154,00	**281**	46,83	93,67	187,33
182	30,33	60,67	121,33	**232**	38,67	77,33	154,67	**282**	47,00	94,00	188,00
183	30,50	61,00	122,00	**233**	38 83	77,67	155,33	**283**	47,17	94,33	188,67
184	30,67	61,33	122,67	**234**	39,00	78,00	156,00	**284**	47,33	94,67	189,33
185	30,83	61,67	123,33	**235**	39,17	78,33	156,67	**285**	47,50	95,00	190,00
186	31,00	62,00	124,00	**236**	39,33	78,67	157,33	**286**	47,67	95,33	190,67
187	31,17	62,33	124,67	**237**	39,50	79,00	158,00	**287**	47,83	95,67	191,33
188	31,33	62,67	125,33	**238**	39,67	79,33	158,67	**288**	48,00	96,00	192,00
189	31,50	63,00	126,00	**239**	39,83	79,67	159,33	**289**	48,17	96,33	192,67
190	31,67	63,33	126,67	**240**	40,00	80,00	160,00	**290**	48,33	96,67	193,33
191	31,83	63,67	127,33	**241**	40,17	80,33	160,67	**291**	48,50	97,00	194,00
192	32,00	64,00	128,00	**242**	40,33	80,67	161,33	**292**	48,67	97,33	194,67
193	32,17	64,33	128,67	**243**	40,50	81,00	162,00	**293**	48,83	97,67	195,33
194	32,33	64,67	129,33	**244**	40,67	81,33	162,67	**294**	49,00	98,00	196,00
195	32,50	65,00	130,00	**245**	40,83	81,67	163,33	**295**	49,17	98,33	196,67
196	32,67	65,33	130,67	**246**	41,00	82,00	164,00	**296**	49,33	98,67	197,33
197	32,83	65,67	131,33	**247**	41,17	82,33	164,67	**297**	49,50	99,00	198,00
198	33,00	66,00	132,00	**248**	41,33	82,67	165,33	**298**	49,67	99,33	198,67
199	33,17	66,33	132,67	**249**	41,50	83,00	166,00	**299**	49,83	99,67	199,33
200	33,33	66,67	133,33	**250**	41,67	83,33	166,67	**300**	50,00	100,00	200,00

www.ingramcontent.com/pod-product-compliance
Lightning Source LLC
LaVergne TN
LVHW080754300926
849162LV00008BA/1812